Ad Anna, Chiara e Giulia

Bazalgette, dal canto suo, si dedicò ad altri progetti. Costruì alcuni dei più bei ponti di Londra, a Hammersmith, Battersea e Putney, e per alleggerire il traffico nel cuore della città aggiunse diverse nuove strade piuttosto audaci, fra cui Charing Cross Road e Shaftesbury Avenue. Negli ultimi anni della sua vita venne nominato cavaliere, ma in realtà non ottenne mai la fama che avrebbe meritato. Capita di rado agli ingegneri fognari.

(Bill Bryson, "Breve storia della vita privata")

Corrado Gisonni • Willi H. Hager

Idraulica dei sistemi fognari

Dalla teoria alla pratica

Springer

Corrado Gisonni
Dipartimento di Ingegneria Civile
Seconda Università di Napoli

Willi H. Hager
Laboratorio di Idraulica
Politecnico Federale di Zurigo

UNITEXT – Collana di Ingegneria
ISSN versione cartacea: 2038-5749   ISSN elettronico: 2038-5773

ISBN 978-88-470-1444-2   ISBN 978-88-470-1445-9 (eBook)
DOI 10.1007/978-88-470-1445-9

Springer Milan Dordrecht Heidelberg London New York

© Springer-Verlag Italia 2012

1   2   3   4   5   6   7   8   9

Layout copertina: Beatrice &, Milano

Impaginazione: PTP-Berlin, Protago TEX-Production GmbH, Germany (www.ptp-berlin.eu)
Stampa: Grafiche Porpora, Segrate (MI)

Springer-Verlag Italia S.r.l., Via Decembre 28, I-20137 Milano
Springer-Verlag fa parte di Springer Science+Business Media (www.springer.com)

Prefazione del primo autore

Alle soglie del terzo millennio, bisogna prendere atto della cardinale importanza del sistema fognario come infrastruttura a servizio di un centro abitato, con il duplice obiettivo di proteggere la popolazione dagli effetti di eventi meteorici estremi e di preservare, al tempo stesso, la qualità delle acque dei corpi idrici individuati come punti di recapito finale. Troppo spesso, nel corso degli ultimi anni, abbiamo assistito a dolorose e ripetute tragedie che hanno segnato la storia di importanti centri abitati, consegnando ai posteri l'ennesima lista di vittime di una giornata tristemente piovosa. Se è vero, com'è vero, che il territorio italiano si distingue per una endemica esposizione al rischio idrogeologico, bisogna definitivamente prendere coscienza della conclamata vulnerabilità delle nostre città, dettata anche dalla inadeguatezza delle reti di drenaggio a loro servizio.

Ad oggi, in Italia, si rileva ancora una preponderante presenza di sistemi fognari misti, in cui le esigenze di protezione del territorio da fenomeni di allagamento assumono importanza paritetica a quelli della tutela dall'inquinamento, sintetizzando in un unico sistema di canalizzazioni il paradigma più moderno della *salvaguardia ambientale*: la protezione dell'uomo dalle acque e la protezione delle acque dall'uomo. Ovviamente, analoghe considerazioni possono essere estese ai sistemi fognari separati che essenzialmente si differenziano da quelli misti per la esistenza di una doppia rete fognaria, destinata a convogliare in maniera separata le acque meteoriche da quelle reflue.

L'esperienza ci insegna che le infrastrutture fognarie si sono talora dimostrate incapaci di assolvere al meglio alle proprie funzioni a causa di svariati fattori, spesso concomitanti, quali ad esempio: carenza di manutenzione dei manufatti, errori di realizzazione in fase costruttiva e imprecisioni in sede progettuale.

La casistica degli incidenti mostra che la maggior parte di essi scaturisce da un'anomala condizione di funzionamento dei collettori che vengono ad essere interessati da deflusso in pressione della corrente, piuttosto che a superficie libera. Tali circostanze sono particolarmente ricorrenti in contesti urbani collinari, in cui il deflusso delle portate è caratterizzato da notevoli contenuti energetici, di natura cinetica, che conferiscono alle correnti idriche una elevata capacità distruttiva; basti pensare al caso emblematico di pesanti chiusini in ghisa che vengono rimossi dal proprio alloggiamento, per effetto del sovraccarico di un collettore fognario.

Negli ultimi anni, la ricerca scientifica ha fornito apprezzabili contributi con l'intento di fornire ai tecnici un adeguato avanzamento del quadro delle conoscenze che, troppo spesso, restava affidato a cognizioni pratiche dettate dalla consuetudine, ma prive dei necessari fondamenti fisici.

Per verità, un'attenta analisi della bibliografia internazionale rivela che il numero dei lavori scientifici rivolti allo studio dell'idraulica dei sistemi fognari è decisamente inferiore rispetto ad altri argomenti tipici della Ingegneria Idraulica. Se, da un lato, tale circostanza sembrerebbe denotare un affievolimento di interesse rispetto a questa problematica, bisogna, per contro, riconoscere che la comunità scientifica Italiana si è distinta per una continua e notevole presenza nella produzione scientifica di riferimento, con contributi basati sia su modellazione matematica che su sperimentazione in campo ed in laboratorio.

I contenuti del libro scaturiscono quindi da approcci sia teorici sia sperimentali e tendono a presentare metodi e soluzioni utili allo studio del comportamento idraulico di un sistema fognario. Tipici esempi sono rappresentati dalla costruzione del profilo di corrente in un collettore, ovvero dalla valutazione della massima portata che può transitare attraverso un manufatto fognario.

Da quanto fin qui detto, scaturiscono naturalmente gli scopi che il libro intende perseguire:

- rappresentare un utile strumento ingegneristico per i tecnici coinvolti nelle attività di progettazione, costruzione e gestione dei manufatti fognari;
- fornire agli studenti dei corsi di Ingegneria Civile ed Ambientale un valido supporto per l'approfondimento di problematiche tradizionalmente affrontate nelle lezioni dei corsi di Ingegneria Idraulica;
- costituire un riferimento aggiornato per studiosi e ricercatori interessati alle correnti a pelo libero e, più specificamente, all'idraulica dei sistemi fognari.

Ogni capitolo introduce l'argomento trattato mediante un breve sommario. La trattazione teorica è stata talvolta arricchita con riferimenti storiografici e date importanti che sono collegate ai contributi di eminenti studiosi del passato. I simboli utilizzati nel testo sono definiti all'atto della loro introduzione e, al termine di ogni capitolo, è riportato l'elenco delle grandezze e dei simboli utilizzati.

Il testo è completato da numerosi esempi numerici che agevolano il lettore per un'efficace comprensione delle trattazioni e per la pratica applicazione delle procedure e dei criteri illustrati.

La stesura di questo libro rappresenta un'evoluzione dell'opera *Wastewater Hydraulics*, la cui prima edizione è stata redatta nel 1999 dal secondo autore, anche con la collaborazione del sottoscritto. Si ritiene comunque opportuno evidenziare i principali elementi di distinzione rispetto all'opera inglese:

- alcuni argomenti specifici sono stati oggetto di approfondimenti e miglioramenti, per effetto degli aggiornamenti imposti dalla letteratura più recente (quali, ad esempio, quelli introdotti nei capitoli 15 e 16);
- adeguamento dei contenuti alla luce delle indicazioni normative e della pratica tecnica Italiana (quali, ad esempio, quelli introdotti nei capitoli 3 e 4);

- rimozioni di sviste o errori tipografici che inevitabilmente affliggono un testo di alcune centinaia di pagine (con l'auspicio che le pagine successive costituiscano un'eccezione!);
- miglioramento della leggibilità del testo con particolare cura al linguaggio ed alla definizione dei concetti fondamentali mediante la terminologia tipica della secolare Scuola Italiana dell'Idraulica.

Ovviamente, non esiste prefazione che possa esaurirsi senza i doverosi e sentiti ringraziamenti a coloro che, con vario titolo e misura, hanno fatto sì che questo lavoro giungesse a compimento.

Il primo va senza dubbio ai maestri: al compianto Michele Viparelli, del quale mi onoro essere stato l'ultimo allievo di dottorato, a Giuseppe De Martino, guida severa e preziosa tra le innumerevoli difficoltà della vita accademica, ed a Giacomo Rasulo, che mi ha sapientemente iniziato alla conoscenza dei sistemi fognari, rafforzata dalla frequentazione dei labirinti sotterranei durante la indimenticabile esperienza di supporto al Commissario di Governo per l'emergenza del sottosuolo napoletano.

Un sincero ringraziamento va agli amici e colleghi che, del corso degli anni, si sono succeduti presso il Laboratorio di Idraulica (VAW-ETHZ) del Politecnico Federale di Zurigo e, in particolare, al mio coautore Willi H. Hager. Nel corso della nostra lunga collaborazione, oltre dieci anni fa, egli mi esortò alla scrittura di questo libro; sono contento di aver accolto la sua sollecitazione, con consapevole ritardo, ma convinto che fosse questo il momento più giusto per farlo.

Sarò oltremodo grato ai colleghi che giudicheranno benevolmente questo lavoro, ma mi sentirò ugualmente debitore verso chi vorrà segnalarmi imprecisioni e inesattezze o semplicemente una diversità di opinione su argomenti particolari. I colleghi Andrea Vacca e Michele Iervolino non mi hanno fatto mancare i loro valevoli commenti, di cui ho tenuto debitamente conto.

Al giovane collega ingegnere Gaetano Crispino, allievo scrupoloso, riconosco il merito di avermi sostenuto nella compilazione e nella revisione finale del manoscritto, animato da quella rara passione che alimenta l'interesse dello studioso.

Ai veri amici e alla famiglia va il mio tributo finale di infinita riconoscenza; coloro che mi hanno affettuosamente sorretto e sopportato difficilmente dimenticheranno le difficoltà che gli ho chiesto di condividere nel corso degli ultimi anni. Anch'io non dimenticherò!

Grazie infine a Springer Italia, il cui supporto professionale ha grandemente contribuito al raggiungimento del risultato finale.

Napoli, gennaio 2012   *Corrado Gisonni*

Prefazione del secondo autore

Il Prof. Corrado Gisonni, cui sono legato da lunga amicizia ed intensa collaborazione su temi dell'ingegneria idraulica, ha predisposto questo testo in lingua italiana, che tratta l'idraulica delle acque reflue, oggetto del libro che pubblicai in lingua tedesca nel 1994 ed inglese nel 1999. Mi congratulo con il mio collega per la pazienza e la notevole competenza nel portare a termine questo lavoro, nonostante i suoi numerosi impegni accademici e professionali; auspico che il volume sia accolto positivamente da quanti sono impegnati negli aspetti teorici e pratici del comportamento idraulico dei sistemi fognari.

Quasi due anni sono trascorsi dalla pubblicazione della seconda edizione inglese del volume, *Wastewater Hydraulics: Theory and Practice*, che ha migliorato la versione originale in termini di aggiornamento della ricerca, del testo e della struttura. I contenuti fondamentali, tuttavia, sono rimasti inalterati.

Aggiunte alla prima edizione sono riportate principalmente nei capitoli che si occupano del risalto idraulico, della progettazione di pozzetti interessati da corrente supercritica e degli sfioratori laterali, il che ha comportato un incremento di circa cento pagine.

Errori, principalmente negli esempi, sono stati corretti anche sulla base di una dettagliata rilettura e sulla base dell'edizione giapponese del volume, i cui autori hanno ricalcolato tutti gli esempi. Vorrei ringraziare quindi il Prof. Youichi Yasuda della Nihon University (Tokyo), per aver svolto questa attività. In buona sostanza, si può affermare che l'*Idraulica dei sistemi fognari* è oggi trattata in quattro lingue diverse, dimostrando il notevole interesse pratico e scientifico verso questa tematica.

Tutte le figure della versione inglese sono state migliorate da Walter Thürig del Laboratory of Hydraulics, Hydrology and Glaciology di Zurigo (VAW). Le equazioni sono state riscritte e migliorate con strumenti moderni da Cornelia Auer dello VAW, che ha anche riletto interamente il testo. Devo infine la mia gratitudine a Corrado Gisonni per l'attenta revisione delle edizioni inglesi.

Zurigo, gennaio 2012   *Willi H. Hager*

Indice

1

Equazioni fondamentali

Sommario Vengono illustrati i tre principi fondamentali che governano lo studio dell'Idraulica: l'equazione di continuità che assicura la conservazione della massa, il principio di conservazione della quantità di moto ed il principio di conservazione dell'energia. Il capitolo illustra le suddette leggi fondamentali, anche con l'ausilio di alcuni riferimenti applicativi. In particolare, viene discusso l'approccio teorico basato su modelli idraulici monodimensionali, la cui validità è, in alcuni casi, estendibile anche a problemi idrodinamici tridimensionali.

1.1 Introduzione

Il moto dei fluidi può essere descritto attraverso rappresentazioni matematiche che, nel rispetto delle leggi della fisica, sono state originariamente sviluppate da Isaac Newton (1642–1727) nel XVII secolo. Ancora oggi, la meccanica classica, così come l'idrodinamica, è essenzialmente basata sulle *Leggi di Newton*.

L'*Idrodinamica* è la disciplina che studia la meccanica dei fluidi incomprimibili in cui il moto è caratterizzato dalla presenza di tre componenti; ovviamente, nel caso generale di correnti non stazionarie, la struttura del campo di moto deve essere analizzata in funzione delle quattro variabili indipendenti, comprendendo anche la variabile tempo. Fenomeni tridimensionali non stazionari possono essere schematizzati attraverso modelli matematici, la cui risoluzione, normalmente affidata ad algoritmi numerici avanzati, mal si presta alla concreta applicazione in problemi tecnici caratterizzati da domini di calcolo con notevole estensione nello spazio e nel tempo.

D'altro canto, la disciplina dell'*Idraulica* analizza il moto dei fluidi che si sviluppa prevalentemente in un'unica dimensione, quale, ad esempio, il moto a superficie libera in canali senza brusche variazioni di sezione in cui le linee di corrente sono tutte sostanzialmente parallele all'asse del canale. Nella Fig. 1.1 è mostrato il confronto tra due tipologie di moto di cui la prima, per la presenza di un pozzo (Fig. 1.1a), presenta caratteristiche spiccatamente bi-dimensionali a differenza della seconda, in cui è individuata una direzione prevalente del movimento (Fig. 1.1b).

Sebbene in natura tutti i fenomeni siano tridimensionali, il moto dei fluidi in condotte e canali può con buona approssimazione essere studiato mediante una sche-

Gisonni C., Hager W.H.: Idraulica dei sistemi fognari. Dalla teoria alla pratica.
DOI 10.1007/978-88-470-1445-9_1, © Springer-Verlag Italia 2012

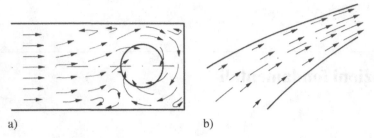

a)   b)

Fig. 1.1. Moto bi-dimensionale: a) con notevole componente rotazionale; b) con direzione prevalente ben definita

matizzazione *mono-dimensionale*. Grazie a tale semplificazione, la soluzione delle equazioni poste a base del modello è certamente più agevole, pur se a costo della perdita di informazioni sulle grandezze fisiche riferite alle direzioni trascurate; peraltro, ai fini pratici, tale approssimazione è spesso accettabile, in quanto vengono trascurati effetti locali del campo di moto. Pertanto, nel prosieguo della trattazione, verrà preferito l'*approccio idraulico monodimensionale* che rappresenta un *ragionevole compromesso* tra le esigenze tecniche e la accuratezza della soluzione. Inoltre, laddove non diversamente specificato, si farà riferimento al caso in cui il fluido è *omogeneo*, il canale o la tubazione sono essenzialmente a *sezione costante*, il moto è *stazionario* (inglese: "steady flow") e la distribuzione delle pressioni è di tipo *idrostatico*.

In definitiva, i processi di moto dei fluidi possono essere studiati sia attraverso un approccio idraulico che idrodinamico a partire dalle tre leggi fondamentali della Fisica, rappresentate dai *principi di conservazione* della massa, della quantità di moto e dell'energia. Le grandezze fisiche, quali ad esempio pressione e velocità, sono funzioni delle coordinate spaziali e del tempo ed i loro valori possono essere ottenuti dalla soluzione delle equazioni che descrivono il moto del fluido.

1.2 Equazione di continuità

Per fluidi omogenei, ovvero con proprietà fisiche costanti in ogni punto, il principio di conservazione della massa è espresso dall'equazione di continuità, per definire la quale è opportuno introdurre il concetto di *volume di controllo*, definito come un volume fisso ed invariabile, delimitato da una superficie di contorno. Inoltre, si definisce *permanente* un moto stazionario non dipendente dal tempo, a differenza del moto vario, per il quale ad ogni istante corrisponde una diversa configurazione del campo di moto. Nel prosieguo, in generale, verrà fatto riferimento a condizioni di moto permanente.

I moti stazionari possono essere descritti mediante l'ausilio delle *linee di corrente* (inglese: "streamlines") ciascuna delle quali è ottenuta tracciando una linea continua tangente in ogni punto alla direzione del vettore di velocità (Fig. 1.2); è pertanto impossibile che le linee di corrente possano intersecarsi. Ne consegue che

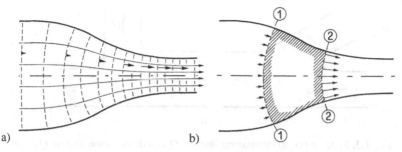

Fig. 1.2. Linee di corrente e volume di controllo: a) linee di corrente e linee equipotenziali in un graduale restringimento; b) linee equipotenziali nelle sezioni ① e ②, con indicazione dei vettori velocità

ad un avvicinamento delle linee di corrente corrisponde un'accelerazione del flusso, mentre il moto è ritardato nel caso opposto. L'insieme delle linee di corrente, delimitate da superfici ideali di contorno attraverso cui non avviene passaggio di fluido, costituisce il *tubo di flusso* (inglese: "streamtube"), concetto particolarmente adatto alla descrizione di processi di moto monodimensionali. Le superfici perpendicolari in ogni punto alle linee di corrente sono definite come *superfici equipotenziali*, ovvero *linee equipotenziali* se si considera la loro traccia in un piano. Il tracciamento delle linee di corrente è senza dubbio di notevole aiuto nella interpretazione di flussi aventi caratteristiche bi-dimensionali.

Nella Fig. 1.2b è rappresentato un *volume di controllo* corrispondente al graduale restringimento disegnato in Fig. 1.2a. I vettori rappresentati in figura indicano una distribuzione pressoché uniforme della velocità, e la loro direzione è ovviamente perpendicolare alle linee equipotenziali. In accordo con quanto riportato in figura, è buona norma individuare il contorno del volume di controllo, tenendo opportunamente conto dell'andamento delle linee di corrente e delle linee equipotenziali (Fig. 1.2).

La *portata Q* (inglese: "discharge") che attraversa una assegnata superficie viene definita come prodotto scalare dei vettori velocità e superficie, ovvero Q è pari al prodotto della velocità per l'estensione della superficie normale al vettore. Di conseguenza, con riferimento alla Fig. 1.2b, la portata Q_1 che attraversa la superficie equipotenziale ① è pari alla sommatoria delle portate elementari, ciascuna delle quali è pari al prodotto del vettore velocità per la lunghezza del rispettivo segmento di linea equipotenziale, moltiplicato per la profondità ortogonale al piano del disegno. Ovviamente, analoga considerazione vale anche per la superficie equipotenziale ②.

In condizioni di moto stazionario, l'*equazione di continuità* implica che le portate Q_1 e Q_2 siano uguali, a meno che non esistano immissioni o fuoriuscite di portata attraverso il contorno laterale del volume di controllo. In generale, l'equazione di continuità esprime il principio per effetto del quale la somma delle portate in ingresso al volume di controllo è pari alla somma delle portate in uscita dal volume stesso.

Nelle pratiche applicazioni sono spesso noti i valori della portata Q e della sezione idrica A (per esempio di una condotta), per cui la *velocità media V*, o *velocità di portata* (inglese: "average velocity"), può essere calcolata mediante la seguente

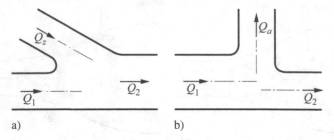

Fig. 1.3. Schema per: a) immissione laterale Q_z; b) derivazione laterale Q_a

relazione:

$$V = Q/A. \tag{1.1}$$

Il valore della velocità media V calcolato mediante l'Eq. (1.1) è tanto più in accordo con il valore della velocità locale quanto più il moto si presta ad essere schematizzato come monodimensionale. Nel caso di *distribuzione uniforme di velocità*, ovviamente, il valore della velocità media coinciderà con il valore locale della distribuzione di velocità.

Nella generalità dei casi, ad eccezione di manufatti particolari (ad esempio, partitori, confluenze, ecc.), non si riscontrano variazioni di portata lungo un canale; in tali condizioni, l'equazione di continuità si semplifica nella relazione

$$Q_1 = Q_2. \tag{1.2}$$

La portata Q_1 in ingresso al volume di controllo risulterà allora essere pari alla portata Q_2 in uscita dal volume stesso. Pertanto, utilizzando l'Eq. (1.1), è possibile scrivere l'Eq. (1.2) nella seguente forma:

$$V_1 A_1 = V_2 A_2, \tag{1.3}$$

dalla quale si evince immediatamente che all'aumentare della sezione idrica il valore della corrispondente velocità tende a diminuire e viceversa.

Sulla scorta di quanto precedentemente illustrato, è possibile esprimere il bilancio di massa per i casi schematizzati in Fig. 1.3. In particolare, per il caso della immissione laterale, ovvero della confluenza di due canali, in cui la *portata laterale immessa* è detta Q_z, il rispetto dell'equazione di continuità implica che:

$$Q_1 + Q_z = Q_2. \tag{1.4}$$

Nell'altro caso, quale può essere quello di un'opera di derivazione, in cui la *portata derivata* è detta Q_a, il rispetto dell'equazione di continuità implica che:

$$Q_1 = Q_2 + Q_a. \tag{1.5}$$

È possibile quindi generalizzare l'Eq. (1.2) come segue:

$$Q_1 + Q_z = Q_2 + Q_a. \tag{1.6}$$

Il principio di conservazione della massa è senza dubbio il più semplice dei tre princi-pi di conservazione e risulta certamente intuitivo oltre che di immediata applicazione ai casi reali.

1.3 Principio di conservazione della quantità di moto

Il termine *quantità di moto* (inglese: "momentum") denota il vettore I ottenuto dal prodotto della massa m per il vettore velocità V con cui essa si muove. Per effetto del principio di conservazione della quantità di moto, la derivata rispetto al tempo della quantità di moto di un corpo è pari alla risultante delle forze esterne agenti sul corpo stesso. Da tale principio discende la cosiddetta *equazione del moto*. Sebbene tale principio sia stato ripetutamente utilizzato con successo per risolvere numerosi problemi di pratico interesse, risulta stranamente ostico a molti tecnici, probabilmente per la necessità di formulare equazioni di bilancio che coinvolgono funzioni, non sempre di immediata definizione, che richiedono una particolare rigorosità formale. Nel prosieguo del capitolo verrà inoltre dimostrato che il principio di conservazione della quantità di moto presenta indubbi vantaggi nell'applicazione a processi di moto che si caratterizzano per la presenza di notevoli perdite di energia. Si illustrano di seguito alcune considerazioni semplificative, per le quali è necessario introdurre il concetto di *spinta totale* (inglese: "specific force").

Si consideri il tubo di flusso di Fig. 1.4, caratterizzato dalla sezioni di ingresso ① e di uscita ②, soggetto alle varie forze K agenti sulla superficie di contorno del volume di controllo. In particolare, sono da considerare:

- le *forze di pressione* K_D che vanno sempre applicate lungo la superficie di con-torno del volume di controllo laddove il fluido la attraversi in ingresso o in uscita;
- le *forze tangenziali* K_T, generate dalle resistenze viscose al moto, che condizio-nano la configurazione del flusso sia da un punto di vista meramente matematico che da un punto di vista meccanico, come è possibile osservare dagli effetti indotti nei modelli fisici (o modelli idraulici).

Per completezza della trattazione vanno citati anche altri tipi di forze, sebbene non considerate nel seguito, quali ad esempio la forza dovuta alla tensione superficiale o la forza di Coriolis indotta dalla rotazione della Terra.

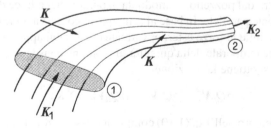

Fig. 1.4. Tubo di flusso soggetto a forze esterne agenti sul suo contorno

Tra le forze *esterne* va senz'altro incluso il peso del fluido contenuto nel volume di controllo, mentre non vanno certamente considerate le dissipazioni energetiche interne al volume stesso. In definitiva, tutte le forze *esterne* agenti sul volume di controllo vanno definite, anche se la loro valutazione può talvolta presentare qualche insidia. Da quanto precedentemente illustrato, traspare chiaramente che l'applicazione del principio di conservazione della quantità di moto prescinde dalla conoscenza del campo di moto all'interno del volume di controllo. Questo principio, originariamente concepito da Newton, risulta intuitivo oltre che di facile applicazione a casi reali, riscuotendo apprezzamento tra tecnici e studiosi.

La variazione con il tempo t del vettore *quantità di moto* $I = mV$ può essere espressa, coerentemente con le regole del calcolo differenziale, come:

$$\frac{\mathrm{d}I}{\mathrm{d}t} = \frac{\mathrm{d}}{\mathrm{d}t}(mV) = V\frac{\mathrm{d}m}{\mathrm{d}t} + m\frac{\mathrm{d}V}{\mathrm{d}t}. \tag{1.7}$$

Essendo la massa espressa dal prodotto del volume per la densità, la variazione nel tempo della massa di un fluido avente densità costante ρ è espressa come $\mathrm{d}m/\mathrm{d}t = \rho Q$, per cui l'Eq. (1.7) può essere riscritta nella forma

$$\frac{\mathrm{d}I}{\mathrm{d}t} = V(\rho Q) + m\frac{\mathrm{d}V}{\mathrm{d}t}. \tag{1.8}$$

Nello studio della meccanica di un corpo rigido una variazione di quantità di moto può avere luogo solamente nel caso in cui intervenga una variazione di velocità del corpo stesso. Invece, per i fluidi caratterizzati da una portata massica ρQ variabile, si può avere una variazione di quantità di moto anche in condizioni stazionarie; in tal caso la variazione temporale della velocità $\mathrm{d}V/\mathrm{d}t$ è nulla, di modo che il secondo membro dell'Eq. (1.8) si riduce al solo termine $V(\rho Q)$. Quindi, in condizioni di moto stazionario, il principio di conservazione della quantità di moto può essere scritto come:

$$\rho Q V = \Sigma K_e, \tag{1.9}$$

avendo denotato con K_e la generica forza esterna agente sul volume di controllo.

L'Eq. (1.9) può essere proiettata secondo le tre direzioni fondamentali di un sistema di riferimento; ovviamente, nelle ipotesi di moto monodimensionale, si può considerare solo la direzione in cui il moto è prevalente. La Fig. 1.5 illustra due applicazioni dei principi fin qui considerati. In particolare, nella Fig. 1.5a i contorni del volume di controllo riproducono quelli di un pozzetto e ricalcano le sezioni dei canali, essendo perpendicolari alle linee di corrente; inoltre tali sezioni sono sufficientemente distanti dal centro del pozzetto, in modo da garantire che le linee di corrente siano approssimativamente parallele. In base al principio di conservazione della quantità di moto, la somma di tutte le forze esterne, valutate con i segni appropriati, deve essere pari alla variazione temporale della quantità di moto; ne consegue che, per il caso di moto stazionario, si ottiene la relazione

$$\rho Q_o V_o + \rho Q_z V_z - \rho Q_u V_u = \Sigma K_e. \tag{1.10}$$

Al secondo membro dell'Eq. (1.10) compaiono essenzialmente *forze di pressione* che agiscono sia sulle sezioni di flusso che sul contorno impermeabile del volume di

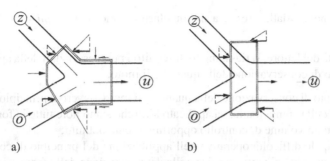

a)   b)

Fig. 1.5. Applicazione del principio di conservazione della quantità di moto ad un pozzetto di confluenza, con le corrispondenti forze da considerare per due diverse definizioni del volume di controllo

controllo. Stante l'ipotesi di distribuzione idrostatica delle pressioni, le forze agenti sulle sezioni di ingresso e di uscita della portata sono sempre espresse dal prodotto del valore della pressione p_s, calcolata nel baricentro della sezione idrica, per il vettore A rappresentativo della sezione stessa, risultando quindi pari a $P_s = p_s A$. La grandezza definita come *spinta totale* S è composta dalla somma delle componenti statica e dinamica della quantità di moto, divise per il peso specifico del fluido, ed è espressa come:

$$S = \frac{p_s}{\rho g}A + \frac{QV}{g}. \qquad (1.11)$$

La *spinta totale* S è una grandezza di tipo vettoriale ed ha la dimensione di un volume; tale tipo di rappresentazione risulta agevole nelle applicazioni pratiche, in quanto per fluidi omogenei la densità ρ è costante e la accelerazione di gravità può essere assunta costante.

L'Eq. (1.11) consente una rappresentazione modificata del principio di conservazione della quantità di moto; infatti, sommando le forze di pressione alle corrispondenti componenti dinamiche al primo membro dell'Eq. (1.10), e dividendo l'equazione risultante per il peso specifico (ρg), si ottiene la relazione

$$S = \Sigma K_B, \qquad (1.12)$$

dalla quale si evince che la somma delle spinte totali è pari alla somma di tutte le forze esterne agenti sulla superficie impemeabile di contorno (pedice B) del volume di controllo. In particolare, nello studio delle correnti a superficie libera, tali forze possono essere così classificate:

- *reazione vincolare* sulle pareti, avente direzione diversa da quella della corrente principale; un tipico caso è rappresentato dalle superfici che delimitano canali non prismatici o canali in curva;
- *forza di massa*, dovuta alla componente del peso del fluido agente secondo la direzione del flusso principale;
- *forze resistenti*, dipendenti dalla viscosità del fluido e dalla scabrezza delle superfici;

- forze generate dalla presenza di singolarità come *immissioni* o *derivazioni* di portata.

Per comodità del lettore, si riassumono di seguito i punti essenziali della applicazione del principio di conservazione della quantità di moto:

- il principio di conservazione della quantità di moto, ovvero il principio di conservazione della spinta totale, va applicato allorchè siano note tutte le forze *esterne* agenti su un volume di controllo opportunamente definito;
- la principale difficoltà operativa nell'applicazione del principio di conservazione della quantità di moto consiste nella determinazione delle forze esterne agenti sulle superfici di contorno del volume di controllo. Nei casi in cui sono note le sole grandezze idrauliche delle sezioni di ingresso ed uscita del volume di controllo, è necessario formulare ipotesi plausibili sulla *distribuzione di pressione* in corrispondenza delle superfici di contorno;
- spesso si rendono necessarie *semplificazioni* per il calcolo delle forze di massa e delle forze resistenti; in alcuni casi, esse possono essere stimate in via approssimata, ovvero essere ritenute trascurabili rispetto alle spinte totali;
- per particolari manufatti, è plausibile ritenere che la forza di massa sia compensata dalle forze resistenti al moto. Tale ipotesi consente notevoli *semplificazioni*, che talvolta conducono ad interessanti e pratiche soluzioni di problemi complessi;
- il principio di conservazione della quantità di moto può essere applicato in *forma integrale*, come rappresentato dall'Eq. (1.12) ovvero in *forma differenziale*; quest'ultima consente di studiare fenomeni in cui le grandezze fisiche variano con continuità. Nel prosieguo, entrambi i tipi di rappresentazione vengono considerati.

1.4 Principio di conservazione della energia

Il principio di conservazione dell'*energia* (inglese: "energy") afferma che la variazione di energia posseduta da un sistema fisico è pari alla somministrazione di calore fornito al sistema, cui va sottratto il lavoro compiuto dal sistema stesso. Tale enunciato, talvolta anche espresso come "primo principio della Termodinamica", va opportunamente riguardato ai fini dello studio dei fenomeni idraulici; si definisca *energia idraulica totale* (o, più correttamente, flusso di energia totale) la grandezza

$$E = \rho g Q[z + p/(\rho g) + V^2/(2g)], \qquad (1.13)$$

in cui z è la quota rispetto ad un piano di riferimento, p il valore della pressione e V la velocità. Nel caso di moti stazionari, la variazione temporale del calore fornito al sistema, cui va sottratto il lavoro compiuto e dissipato dal sistema stesso, valutata tra due posizioni generiche ① e ②, è pari alla differenza di energia totale $E_1 - E_2$. La riduzione del contenuto di energia meccanica posseduta dalla corrente, secondo la direzione del moto, appare evidente. D'altronde, riferendoci normalmente ad energia di tipo meccanico, l'energia dissipata (ad esempio, sotto forma di calore) non è più recuperabile, dando luogo al termine *perdita di energia* (inglese: "energy loss"). È quindi possibile scrivere la seguente equazione, applicata alle posizioni ① e ②:

$$E_1 - E_2 = E_d > 0. \tag{1.14}$$

Nel moto di un fluido, la perdita di energia è essenzialmente dovuta alla *viscosità del fluido* (inglese: "fluid viscosity"), per effetto della quale si instaurano gradienti di velocità in seno al campo di moto. Nel principio di conservazione della quantità di moto, le perdite dovute per attrito alla parete sono interpretate come forze agenti sul contorno impermeabile del volume di controllo, laddove le *perdite di energia* non devono essere portate in conto nel computo delle forze esterne.

In molte applicazioni, la portata Q resta costante tra due sezioni trasversali; inoltre, qualora la densità del fluido sia anch'essa costante ($\rho_1 = \rho_2$), dividendo per il peso specifico (ρg) e la portata Q, è possibile riformulare l'Eq. (1.13) definendo l'energia come:

$$H = E/(\rho g Q) = z + p/(\rho g) + V^2/(2g). \tag{1.15}$$

La grandezza H viene denominata *carico totale* (inglese: "energy head") ed è dimensionalmente rappresentata da una lunghezza che si compone dalla somma delle seguenti grandezze (Fig. 1.6):

- z definita come *quota geometrica* rispetto ad un prefissato piano di riferimento;
- $p/(\rho g)$ detta *altezza piezometrica*;
- $V^2/(2g)$ detta *altezza cinetica*, essendo V il valore della velocità.

È possibile calcolare il carico totale H in un punto generico una volta che siano noti i valori della quota geometrica, della altezza piezometrica e della altezza cinetica (Fig. 1.6a). In forza dell'Eq. (1.14), procedendo lungo una linea di corrente, il carico totale non può che diminuire, per cui nella posizione ② il carico totale sarà affetto da una riduzione ΔH, detta *perdita di carico* (inglese: "head loss"), rispetto al valore posseduto nella posizione ①.

È quindi possibile estendere ad un tubo di flusso le suddette considerazioni, piuttosto che limitarle ad una semplice linea di corrente. Utilizzando un approccio monodimensionale al caso rappresentato in Fig. 1.6b, si nota che il carico totale H della

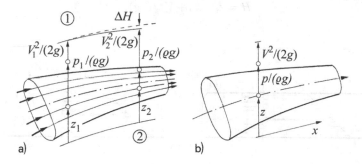

Fig. 1.6. a) Carico totale nelle posizioni ① e ② di una linea di corrente, con indicazione della perdita di carico ΔH; b) carico totale di un tubo di flusso

linea di corrente in asse al tubo di flusso è quasi coincidente con quello di ogni altra generica linea di corrente in una prefissata sezione trasversale. Ovviamente, tale affermazione sarà tanto più valida quanto più, nella generica sezione, la corrente idrica si presenti *gradualmente variata* (inglese: "gradually varied flow"), ovvero la variabilità della velocità nella sezione stessa sia trascurabile e la distribuzione della pressione sia di tipo idrostatico, e quindi la somma $z + p/(\rho g)$ è costante. Sebbene gli effetti della viscosità rendano non uniforme la distribuzione di velocità in prossimità della parete, ai fini applicativi viene spesso assunta una distribuzione *praticamente uniforme* della velocità.

Indicando con y_p la *quota piezometrica* per un punto generico della sezione, nel caso di distribuzione uniforme della velocità, si deduce che

$$y_p = H - V^2/(2g) = z + p/(\rho g). \tag{1.16}$$

Se questa relazione viene modificata tenendo conto della pressione relativa rispetto a quella atmosferica, ovvero $p(z = y_p) = 0$, la *distribuzione idrostatica delle pressioni* nella sezione idrica è data dalla seguente relazione:

$$p/(\rho g) = y_p - z. \tag{1.17}$$

Questa rappresentazione consente di considerare separatamente i termini di pressione e velocità, rendendo più agevole l'analisi di correnti idriche monodimensionali. La Fig. 1.7 illustra le distribuzioni di velocità e pressione per correnti idriche caratterizzate da *moto in pressione* (inglese: "pressurized flow") o *deflusso a superficie libera* (inglese: "free surface flow"), che possono essere trattate in modo analogo, tenendo ben presenti le seguenti differenze fondamentali:

• nel caso di *moto in pressione*, in una condotta la linea piezometrica non coincide con il cielo della tubazione;
• nel caso di *moto a pelo libero*, la superficie idrica non è nota a priori.

Denotando con z_s la distanza dal fondo della tubazione del baricentro del diagramma delle pressioni e con h_p la altezza piezometrica nel medesimo baricentro, il carico totale H per una *corrente in pressione* (inglese: "pressurized conduit flow") è dato da:

$$H = z_s + h_p + V^2/(2g), \tag{1.18}$$

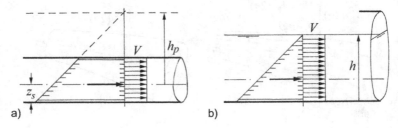

a)   b)

Fig. 1.7. Distribuzioni di pressione e velocità assunte in: a) condotta in pressione; b) canale a pelo libero

in cui z_s e h_p possono variare lungo la ascissa progressiva. Nel caso di *corrente a superficie libera*, il tirante idrico h è dato dalla somma $z_s + h_p = h$; è quindi possibile definire il carico totale rispetto al fondo del canale, anche detto *carico specifico H_**:

$$H_* = h + V^2/(2g). \tag{1.19}$$

Sulla scorta dei precedenti sviluppi, è possibile pervenire a relazioni analoghe all'Eq. (1.11), utili per effettuare alcune considerazioni di carattere energetico. Riferendosi al valore medio della velocità $V = Q/A$ definito dall'Eq. (1.1) ed alla quota di fondo del canale $z = z(x)$ rispetto ad un piano di riferimento, il *carico totale* $H = H_* + z$ per canali a superficie libera è dato dalla relazione

$$H = z + h + Q^2/(2gA^2). \tag{1.20}$$

Nell'Eq. (1.20) la sezione idrica A, il tirante idrico h ed il profilo della linea di fondo $z(x)$ sono tutte grandezze che possono variare secondo la progressiva x.

In definitiva, è possibile formulare il *principio generalizzato di conservazione dell'energia* tra due sezioni ① e ② di un tubo di flusso, che può essere scritto come:

$$H_1 - H_2 = \Delta H, \tag{1.21}$$

in cui $\Delta H > 0$ è la perdita di energia meccanica. Nei casi in cui tali perdite energetiche siano trascurabili, ovvero $\Delta H \to 0$, si perviene alla ben nota *relazione di Bernoulli* (Daniel Bernoulli, 1700–1782):

$$H_1 = H_2. \tag{1.22}$$

La relazione di Bernoulli afferma che, in condizioni di moto stazionario e con portata costante lungo x, la somma delle quota geometrica z, dell'altezza piezometrica $p/(\rho g)$ e dell'altezza cinetica $V^2/(2g)$ resta costante; in tal caso, la conoscenza del valore del carico totale in un sol punto della corrente consente di trarre immediate conclusioni anche sulla rimanente parte del dominio del moto.

Ai fini pratici, nello studio dei fenomeni idraulici il principio di conservazione dell'energia è spesso preferito al principio di conservazione della quantità di moto, in quanto il contenuto energetico viene agevolmente rappresentato da una quota, rispetto ad un opportuno piano di riferimento. Si definisce inoltre *linea dei carichi totali* (inglese: "energy line") la curva $H(x)$ tracciata rispetto ad un prefissato piano di riferimento, che individua per ogni ascissa x il contenuto energetico della corrente. Per moti stazionari a portata costante, la linea dei carichi totali non può avere pendenze acclivi lungo la direzione della corrente.

1.5 Considerazioni conclusive

1.5.1 Coefficienti di ragguaglio

Nei paragrafi precedenti sono stati introdotti i tre principi di conservazione ricorrenti nello studio della meccanica, specificamente riferiti alla conservazione della massa, della quantità di moto e dell'energia. Ai fini pratici, le considerazioni fatte per il singolo tubo di flusso possono essere applicate all'intera corrente idrica, nelle ipotesi di moto *gradualmente vario*, per effetto delle quali sono garantite le seguenti condizioni:

- distribuzione *idrostatica* delle pressioni;
- distribuzione *uniforme* della velocità.

Tali ipotesi consentono di enunciare l'equazione di continuità come segue: la somma delle portate entranti in un volume di controllo è pari alla somma delle portate uscenti dal volume stesso.

Per quanto concerne il principio di conservazione delle quantità di moto, esso può essere enunciato facendo riferimento alla grandezza fisica denominata *spinta totale*: la somma delle spinte totali relative ad un volume di controllo è pari alla somma di tutte le forze agenti sulla superficie impermeabile di contorno del volume stesso.

Infine, il principio di conservazione dell'energia afferma che il contenuto energetico nella sezione iniziale di una corrente idrica è pari alla somma del contenuto energetico nella sezione terminale e della energia dissipata tra le due sezioni.

L'ipotesi di *distribuzione uniforme della velocità* viene approssimata nelle applicazioni pratiche mediante l'introduzione di opportuni *coefficienti di ragguaglio* che consentono di estendere all'intera corrente idrica le valutazioni effettuate per il singolo tubo di flusso. In particolare, per l'equazione della quantità di moto è possibile introdurre il coefficiente correttivo β, la cui espressione può essere dedotta dall'integrazione dell'equazione relativa alla singola linea di corrente ed estesa all'intera sezione idrica, ed è data dalla relazione

$$\beta = \frac{A}{Q^2} \int u^2 \mathrm{d}A, \tag{1.23}$$

in cui u è la componente del vettore velocità locale secondo la direzione principale del moto. Analogamente, ai fini delle valutazioni energetiche, viene introdotto il coefficiente di ragguaglio della potenza cinetica α definito come:

$$\alpha = \frac{A^2}{Q^3} \int u^3 \mathrm{d}A. \tag{1.24}$$

Pertanto, l'Eq. (1.20) può essere riscritta nella forma più generale

$$H = z + h + \alpha Q^2/(2gA^2). \tag{1.25}$$

È possibile dimostrare che, in generale, risulta $1 < \beta < \alpha$, con valori dei coefficienti correttivi che, nei casi di interesse pratico, sono molto prossimi all'unità. Pertanto, tenendo anche conto delle altre approssimazioni generalmente accettate all'atto della trattazione delle correnti idriche, ai fini pratici è lecito assumere $\alpha = \beta = 1$.

1.5.2 Effetti della curvatura delle linee di corrente

Nel caso di correnti in cui la distribuzione delle pressioni non sia di tipo idrostatico, è necessario introdurre un coefficiente correttivo della pressione (α_p) per il termine

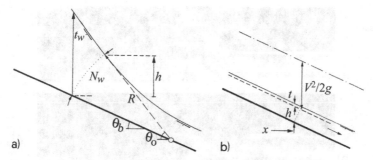

Fig. 1.8. Corrente in canale ad elevata pendenza, con linee di corrente praticamente rettilinee nel caso di: a) moto stazionario non uniforme; b) moto uniforme

h nell'Eq. (1.25), che tenga conto della *curvatura delle linee di corrente* (inglese: "streamline curvature") secondo quanto evidenziato da Press e Schröder [13]. Se il centro di curvatura giace al di sopra della corrente, allora risulta $\alpha_p > 1$; una tipica condizione di moto con $\alpha_p > 1$ è rappresentata dal deflusso lungo uno scivolo con elevata pendenza. Per contro, nei casi in cui il centro di curvatura giace al di sotto della corrente, quale ad esempio lo sbocco libero da un canale, risulta $\alpha_p < 1$.

Un ulteriore effetto della distribuzione non idrostatica può manifestarsi in canali ad elevata pendenza in cui le linee di corrente possono comunque essere sensibilmente rettilinee. La Fig. 1.8a illustra le linee di corrente relative sia al fondo (pedice b) che alla superficie libera (pedice o) in un canale caratterizzato da una altezza idrica t_w misurata lungo la verticale, da un arco di lunghezza N_w e da un'altezza piezometrica h. La forma della sezione idrica perpendicolare alle linee di corrente può essere approssimata con un arco di circonferenza di raggio R; in tale ipotesi, semplici considerazioni geometriche portano a calcolare che $t_w = R\cos\theta_b(\tan\theta_o - \tan\theta_b)$, $N_w = R(\theta_o - \theta_b)$ e $h = R\cos\theta_b(\sin\theta_o - \sin\theta_b)$. Poiché, per definizione risulta $\theta_b = dz/dx = z'$, ed essendo $\theta_o = (dz + dh)/dx = z' + h'$, se ne deduce che

$$\frac{h}{N_w} = \frac{\sin\theta_o - \sin\theta_b}{\theta_o - \theta_b} \cong 1 - \frac{3z'^2 + 3z'h' + h'^2}{6}, \qquad (1.26)$$

$$\frac{t_w}{N_w} = \cos\theta_b \frac{\tan\theta_o - \tan\theta_b}{\theta_o - \theta_b} \cong 1 + \frac{3z'^2 + 6z'h' + 2h'^2}{6}. \qquad (1.27)$$

Le approssimazioni indicate nelle precedenti equazioni sono valide per piccoli valori di h' e z', oltre che per modeste pendenze delle linee di corrente.

Tenendo conto delle ultime due equazioni, l'Eq. (1.25) può essere riscritta per canali di forma rettangolare in cui la sezione idrica sia esprimibile come $A = bN_w$. Infatti, sostituendo nell'Eq. (1.25) la espressione approssimata di h/N_w dell'Eq. (1.26) si ottiene, in prima approssimazione, la seguente espressione del carico totale H:

$$H = z + h + \frac{Q^2}{2gb^2h^2}\left[1 - z'^2 - z'h' - \frac{1}{3}h'^2\right]. \qquad (1.28)$$

Nel caso di deflusso in condizioni di moto uniforme, l'espressione del fattore correttivo si riduce a $1 - z'^2$, ovvero, per elevati valori delle pendenze di fondo θ_b, al valore

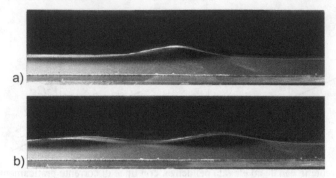

Fig. 1.9. a) Onda solitaria; b) onda cnoidale in un canale di laboratorio a sezione rettangolare

$\cos^2 \theta_b$. Per un assegnato profilo del fondo del canale $z(x)$, fissati i valori del carico totale e della portata, il profilo idrico $h(x)$ può quindi essere determinato mediante la soluzione di un'equazione differenziale del primo ordine.

Se gli *effetti della curvatura delle linee di corrente* (inglese: "streamline curvature effects") vengono portati in conto, i termini hh'' e zz'' devono essere inclusi negli sviluppi delle derivate. In tal caso si perviene alla formulazione delle cosiddette *equazioni di Boussinesq* (Joseph V. Boussinesq, 1842–1929), la cui soluzione risulta particolarmente laboriosa. Sinniger e Hager [16], partendo dall'assunzione di una variazione lineare della curvatura della linea di corrente lungo una linea equipotenziale, dal fondo del canale fino alla superficie libera, ottennero la relazione

$$H = z + h + \frac{Q^2}{2gb^2h^2}\left[1 + \frac{2hh'' - h'^2}{3} + hz'' - z'^2 - z'h'\right], \qquad (1.29)$$

che si presta ad essere risolta per via analitica in particolari condizioni di moto; nella generalità dei casi, si deve comunque procedere per via numerica.

Un classico esempio è rappresentato dalla *onda solitaria* (inglese: "solitary wave") raffigurata nella Fig. 1.9 e discussa successivamente nel capitolo 7. Tale tipologia di onda si caratterizza per essere costituita da un rigonfiamento isolato della superficie idrica che si propaga su acqua ferma di profondità h_o; essa appare come un fenomeno di tipo impulsivo la cui trattazione può essere effettuata solo a partire dall'assunzione di una distribuzione non idrostatica delle pressioni. Altri esempi rappresentativi sono riportati nei capitoli 6 e 12, nei quali vengono trattati anche casi di canali aventi sezione diversa da quella rettangolare.

I riferimenti bibliografici riportati al termine del presente capitolo coprono i casi più generali per la formulazione delle equazioni fondamentali e la rispettiva applicazione a fenomeni idraulici complessi; si rimanda pertanto alla loro consultazione per la trattazione di casi specifici.

Simboli

A	[m^2]	sezione idrica
b	[m]	larghezza del canale
E	[Nm]	energia
g	[ms^{-2}]	accelerazione di gravità
h	[m]	tirante idrico
h_p	[m]	altezza piezometrica
H	[m]	carico totale
H_*	[m]	carico specifico
I	[N]	quantità di moto
K	[N]	forza
K_e	[N]	forza esterna
m	[kg]	massa
N_w	[m]	lunghezza della normale
p	[Nm^{-2}]	pressione
P	[N]	forza di pressione
Q	[m^{3}s^{-1}]	portata
R	[m^{3}s^{-1}]	raggio
S	[m^3]	spinta totale
t	[s]	tempo
t_w	[m]	altezza idrica secondo la verticale
u	[ms^{-1}]	componente locale della velocità secondo la direzione principale
V	[ms^{-1}]	velocità media
x	[m]	ascissa
y_p	[m]	quota piezometrica
z	[m]	quota geometrica
z_s	[m]	quota geometrica del baricentro
α	[-]	coefficiente di ragguaglio della potenza cinetica
α_p	[-]	coefficiente correttivo della pressione
β	[-]	coefficiente di ragguaglio della quantità di moto
ΔH	[m]	perdita di carico
ρ	[kgm^{-3}]	densità
θ	[-]	pendenza

Pedici

a	derivazione laterale
b	fondo del canale
B	superficie di contorno
d	dissipata
D	pressione
o	monte, superficie libera
s	statica
T	tangenziale
u	valle

z immissione laterale
1   sezione di ingresso
2   sezione di uscita

Bibliografia

1. Blevins R.D.: Applied fluid dynamics handbook. Van Nostrand Reinhold, New York (1984).
2. Chanson H.: The hydraulics of open channel flow. An introduction. Elsevier Butterworth-Heinemann, Oxford (2004).
3. Daily J.W., Harlemann D.R.F.: Fluid dynamics. Addison-Wesley, Reading MA (1996).
4. Eck B.: Technische Strömungslehre [Idraulica tecnica]. Vienna (1966).
5. Graf W.H., Altinakar M.S.: Hydrodynamique – une introduction. Presses Polytechniques et Universitaires Romandes, Losanna (1995).
6. Ivicsics L.: Hydraulic models. Research Institute for Water Resources Development. VITUKI, Budapest (1975).
7. Liggett J.A.: Fluid mechanics. McGraw-Hill, New York (1994).
8. Lugt H.J.: Vortex flow in nature and technology. Wiley, New York (1983).
9. Martin H., Pohl R.: Technische Hydromechanik 4 [Idromeccanica tecnica]. Verlag Bauwesen, Berlin (2000).
10. Montes S.: Hydraulics of open channel flow. ASCE Press, Reston VA (1998).
11. Naudascher E.: Hydraulik der Gerinne und Gerinnebauwerke [Idraulica dei canali e delle strutture dei canali]. Springer, Wien (1992).
12. Prandtl L.: Führer durch die Strömungslehre [Guida attraverso il moto dei fluidi]. 6. Aufl. Vieweg, Braunschweig (1965).
13. Press H., Schröder R.: Hydrodynamik im Wasserbau [Idrodinamica delle strutture idrauliche]. Ernst & Sohn, Berlin (1966).
14. Schlichting H.: Grenzschicht. Theorie [Teoria dello strato limite]. 5th edition. Braun, Karlsruhe (1965).
15. Singh V.P., Hager W.H. (eds.): Environmental hydraulics. Kluwer Academic Publishers, Dordrecht (1996).
16. Sinniger R.O., Hager W.H.: Constructions Hydrauliques – Ecoulements Stationnaires. Presses Polytechniques et Universitaires Romandes, Losanna (1989).
17. Townson J.M.: Free surface hydraulics. Unwin Hyman, London (1991).
18. Truckenbrodt E.: Strömungsmechanik [Meccanica dei fluidi]. Springer-Verlag, Heidelberg Berlin New York (1968).
19. White F.M.: Viscous fluid flow. McGraw-Hill, New York (1991).

2

Dissipazioni di energia nelle correnti idriche

Sommario In una corrente idrica, le perdite di energia (o di carico) possono essere distinte in due tipologie fondamentali: perdite distribuite e perdite localizzate. Le prime sono essenzialmente originate dalle resistenze al moto indotte dagli attriti in corrispondenza della parete del canale e dalla viscosità del fluido; le seconde dipendono principalmente da particolari singolarità che possono caratterizzare la geometria del canale o della tubazione. Nel seguito, entrambe le tipologie verranno descritte in dettaglio con specifico riferimento ai moti in pressione.

Le *perdite distribuite* vengono analizzate alla luce della legge di resistenza proposta da Colebrook e White, valida per il moto turbolento intermedio tra il regime di tubo liscio ed il regime di moto assolutamente turbolento per tubo scabro, oltre che della classica formulazione di Gauckler-Manning-Strickler. Vengono illustrati i criteri di applicazione di entrambi gli approcci, con il supporto di tabelle che illustrano i valori suggeriti per le rispettive scabrezze. Vengono inoltre fornite indicazioni per il calcolo delle *perdite localizzate* con riferimento a numerose configurazioni geometriche di tubazioni e canali ed anche richiamando le applicazioni progettuali maggiormente ricorrenti.

2.1 Introduzione

Le correnti idriche, così come ogni processo meccanico, si caratterizzano per la presenza di fenomeni dissipativi, per effetto dei quali il contenuto energetico di un corpo in movimento è destinato a diminuire a causa di processi di trasformazione di energia meccanica in energia termica. In generale, si usa il termine *perdita di energia* (inglese: "energy loss"), sebbene a rigore si dovrebbe parlare di perdita dell'energia meccanica originariamente posseduta dal corpo.

Nello studio dell'Idraulica, vengono generalmente distinte due tipologie di perdita di energia. Da un lato, i processi dissipativi discendono dalla resistenza al moto opposta dalla parete della tubazione in prossimità della stessa (inglese: "boundary layer") per effetto della condizione della superficie e della viscosità del fluido. Tale tipologia di perdita di carico viene generalmente indicata come *perdita continua* (o perdita distribuita).

Per contro, significative dissipazioni di energia possono aversi anche in corrispondenza di brusche variazioni della sezione idrica lungo la direzione del moto.

Gisonni C., Hager W.H.: Idraulica dei sistemi fognari. Dalla teoria alla pratica.
DOI 10.1007/978-88-470-1445-9_2, © Springer-Verlag Italia 2012

Tali variazioni inducono l'insorgenza di fenomeni di *distacco* della vena che, soprattutto per correnti decelerate, si accompagnano alla formazione di macrovortici che sottraggono energia meccanica alla corrente idrica principale. L'entità di tale perdita di carico dipende quindi strettamente da variazioni geometriche locali del canale o della tubazione, per cui viene normalmente utilizzata la denominazione di *perdita localizzata* (o perdita concentrata).

Ovviamente, le perdite distribuite dipendono dagli sforzi tangenziali resistenti alla parete, di cui si tiene conto all'atto della scrittura della equazione di conservazione della quantità di moto. Per contro, le perdite localizzate scaturiscono da sforzi tangenziali turbolenti presenti in seno alla corrente idrica e possono essere valutate solo mediante approcci indiretti.

Nei paragrafi successivi, vengono distintamente analizzate le due tipologie di perdita di carico. La *perdita di carico totale* (o globale) ΔH_{tot} è quindi definita come la somma di perdita di carico distribuita (pedice R) e perdite localizzate (pedice L):

$$\Delta H_{tot} = \Delta H_R + \Delta H_L. \tag{2.1}$$

In definitiva, le perdite di carico potranno essere stimate facendo ricorso al *principio di sovrapposizione degli effetti*, che trova piena applicazione nei casi in cui non esiste mutua influenza tra i meccanismi che originano le due distinte tipologie di dissipazione.

2.2 Perdite distribuite

2.2.1 Equazione di Colebrook e White

Si consideri una *condotta circolare* di notevole lunghezza, convogliante un liquido a temperatura costante; siano inoltre noti i valori della portata Q, del diametro D della tubazione, della velocità media di portata $V = Q/(\pi D^2/4)$ e della viscosità cinematica v. Considerando la perdita di carico distribuita ΔH_R per un tratto di lunghezza Δx, è possibile definire la *cadente piezometrica* $S_f = \Delta H_R/\Delta x$, pari alla perdita di energia subita dall'unità di peso del liquido defluito lungo un percorso di lunghezza unitaria. Il valore della grandezza S_f dipende da quello assunto dalle altre variabili che caratterizzano il processo di moto.

Lo scienziato inglese Osborne Reynolds (1842–1912) stabilì che è possibile caratterizzare il *regime* di una corrente mediante il raggruppamento adimensionale

$$R = VD/v, \tag{2.2}$$

oggi noto come *numero di Reynolds*. In particolare, grazie ad una scrupolosa indagine sperimentale condotta su diversi fluidi, Reynolds dimostrò che è possibile distinguere un regime *laminare*, con predominanza degli effetti viscosi, da un regime *turbolento*, in cui il moto generale è accompagnato da intensi moti di agitazione; il passaggio da moto laminare a moto turbolento sussiste allorché viene superato un valore del numero di Reynolds pari a circa 2300. In condizioni ordinarie, ad una temperatura prossima a 10°C (cui corrisponde v pari a circa $1 \cdot 10^{-6} m^2 s^{-1}$), il valore della velocità di transizione (pedice t) al moto turbolento per una condotta di diametro $D = 1$ m è pari a circa $V_t = 2 \cdot 10^{-3} ms^{-1}$. Da questa semplice valutazione, appare chiaro che, nelle applicazioni pratiche, ricorre quasi esclusivamente il *moto turbolento*.

Poiché fu osservato che la cadente piezometrica S_f cresce approssimativamente con la altezza cinetica ($V^2/2g$), mentre diminuisce quasi linearmente con il diametro D della condotta, gli studiosi Henry Darcy (1803–1858) e Julius Weisbach (1806–1871) proposero la seguente espressione:

$$S_f = \frac{V^2}{2g} \cdot \frac{f}{D}, \qquad (2.3)$$

nella quale il *coefficiente di resistenza* f (indicato in molti testi con il simbolo λ), talvolta denominato anche *coefficiente di perdita distribuita*, deve essere all'incirca costante. Accurate misure di laboratorio, eseguite nei primi anni del '900, hanno messo in evidenza che il coefficiente f dipende essenzialmente dal *numero di Reynolds* R, già definito nell'Eq. (2.2), e dalla cosiddetta *scabrezza relativa di parete* $\varepsilon = k_s/D$. In particolare, il parametro k_s indica la altezza della scabrezza della parete di una tubazione che sia caratterizzata dallo stesso valore delle perdite di carico distribuite misurato da Nikuradse (Johann Nikuradse 1894–1979) nei suoi esperimenti su tubazioni rivestite internamente di sabbia di granulometria omogenea. Infatti, il parametro $\varepsilon = k_s/D$ viene anche denominato *scabrezza relativa in sabbia equivalente*.

Ludwig Prandtl (1875–1953) per primo formalizzò la ingegnosa idea di sintetizzare in un unico parametro di scabrezza la complessa irregolarità della superficie interna di una tubazione. Gli esperimenti consentirono di misurare le perdite di carico distribuite in tubazioni rivestite con sabbia di diametro costante; pertanto, ad ogni coppia di valori (R; ε) corrispondeva un valore del coefficiente di resistenza f.

Le tubazioni correntemente in commercio sono caratterizzate da scabrezza non uniforme e, ai fini delle perdite di carico, hanno un comportamento diverso rispetto alle tubazioni rivestite internamente di sabbia uniforme sperimentate da Nikuradse. Infatti, per un assegnato valore di portata, lo spessore dello strato limite può essere tale da inglobare simultaneamente tutte le asperità costituite da una scabrezza uniforme, mentre possono emergere le protuberanze di maggiore dimensione nel caso di scabrezza irregolare. A tale proposito, vale la pena ricordare che lo spessore del substrato limite diminuisce progressivamente all'aumentare del numero di Reynolds R.

La procedura sperimentale fu quindi ripetuta anche su tubazioni commerciali in modo da sottoporre a test diverse combinazioni dei parametri sperimentali che fossero rappresentativi anche di tubazioni che, seppur caratterizzate da una diversa natura delle pareti, presentavano un identico valore della *scabrezza in sabbia equivalente* per la portata assegnata. Infatti, per quanto richiamato in precedenza circa gli effetti del substrato limite viscoso, il valore di k_s varia in generale con R e quindi con la portata Q.

Nel 1937 gli studiosi inglesi Colebrook e White analizzarono i risultati sperimentali relativi a prove effettuate, in regime di moto turbolento, su *tubi lisci* (inglese: "smooth pipes") per i quali è predominante l'effetto della viscosità, e quindi del numero di Reynolds, e su *tubi scabri* (inglese: "rough pipes") nei quali è invece pre-

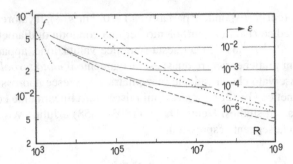

Fig. 2.1. Abaco di Moody: coefficiente di resistenza f in funzione del numero di Reynolds $R = VD/\nu$ per diversi valori della scabrezza relativa $\varepsilon = k_s/D$, secondo l'Eq. (2.4); regime di moto laminare $(-\cdot\cdot-)$, limite di moto assolutamente turbolento con scarto pari a 0.75% $(-\cdot-)$ e 1.5% $(\cdots)$

valente l'effetto della scabrezza delle pareti e quindi del parametro ε. Per correnti in pressione in regime turbolento Colebrook e White svilupparono la seguente relazione di validità generale, nella quale il coefficiente di resistenza f è funzione sia della scabrezza relativa $\varepsilon = k_s/D$ che del numero di Reynolds R, valida per $R > 2300$:

$$\frac{1}{\sqrt{f}} = -2\log\left[\frac{\varepsilon}{3.7} + \frac{2.51}{R\sqrt{f}}\right]. \tag{2.4}$$

La Fig. 2.1 rappresenta la soluzione dell'Eq. (2.4), proposta per la prima volta da Moody (1880–1953) nel suo omonimo abaco. Si nota che le diverse curve $f(R)$, ciascuna caratterizzata da un valore della scabrezza relativa ε, tendono asintoticamente ad attingere un valore costante del coefficiente di resistenza f, che sarà tanto maggiore quanto più elevato è il valore di ε. Nel *moto assolutamente turbolento* (inglese: "rough flow regime"), per valori di R tendenti all'infinito, si individua un valore minimo del coefficiente di resistenza f per ogni valore della scabrezza relativa ε. In particolare, secondo l'Eq. (2.4), il valore minimo cui f tende asintoticamente è pari a

$$f_m^{-1/2} = -2\log(\varepsilon/3.7). \tag{2.5}$$

Hager [12] osservò uno scostamento tra f e f_m pari a circa 1.5% nella condizione limite di *moto assolutamente tubolento* ai fini delle applicazioni pratiche, delimitata dal seguente valore limite della scabrezza relativa:

$$\varepsilon_r = \frac{1050}{R}. \tag{2.6}$$

Quindi, per $\varepsilon > \varepsilon_r$, condizione frequente nei moti turbolenti di pratico interesse, è possibile fare riferimento all'Eq. (2.5) per la valutazione di f. Qualora, invece, risulta $\varepsilon < \varepsilon_r$, è necessario fare ricorso all'Eq. (2.4), proposta da Colebrook e White, ed avente validità generale.

La condizione di *moto idraulicamente liscio* o *tubo liscio* (inglese: "smooth flow regime") si scosta in modo trascurabile dalla condizione in cui la scabrezza relativa tende a zero ($\varepsilon \to 0$). In tal caso, l'effetto della scabrezza di parete diviene piccolo rispetto a quello della viscosità, per cui si parla di *tubo praticamente liscio* (pedice *s*); si ricade in tale condizione allorchè risulta $\varepsilon < \varepsilon_s$, essendo ε_s espresso dalla relazione [12]

$$\varepsilon_s = (3.475R)^{-0.9}. \tag{2.7}$$

L'intervallo in cui risulta $\varepsilon_s < \varepsilon < \varepsilon_r$ viene normalmente definito *moto turbolento di transizione* (inglese: "turbulent transition regime") per il quale gli effetti della viscosità e della scabrezza di parete sono entrambi determinanti.

Le correnti a pelo libero, nelle pratiche applicazioni, sono caratterizzate da valori del numero di Reynolds R variabili tra 3×10^4 e 3×10^7, con scabrezze relative ε comprese tra 10^{-5} e 10^{-1}; per tali condizioni, dall'esame della Fig. 2.1, si vede che è improbabile che si verifichi la condizione di moto idraulicamente liscio. Pertanto, nel prosieguo del capitolo verranno esclusivamente trattati le condizioni di moto turbolento di transizione e di moto assolutamente turbolento.

2.2.2 Regime di transizione

I processi di moto in pressione in *condotte circolari* sono governati dai seguenti cinque parametri:

- cadente piezometrica S_f;
- portata Q;
- diametro D;
- scabrezza in sabbia equivalente k_s;
- viscosità cinematica v.

Nelle pratiche applicazioni, risulta fondamentale la valutazione dei primi tre parametri prima elencati; infatti, il valore della viscosità v è generalmente noto a priori, mentre quello della scabrezza k_s è assegnato dal progettista in virtù del tipo di tubazione considerata (Tabella 3.1).

Si definisce *problema del primo tipo* il caso in cui sono noti il numero di Reynolds $R = 4Q/(\pi v D)$ e la scabrezza caratteristica $\varepsilon = k_s/D$; il coefficiente di resistenza f può allora essere determinato graficamente dall'abaco di Moody (Fig. 2.1) o risolvendo per via iterativa la relazione di Colebrook e White. Peraltro, l'Eq. (2.4), implicita in f, può essere approssimata da relazioni di tipo esplicito, tra le quali si ricorda, ad esempio, quella proposta da Zigrang e Sylvester [30]:

$$f = \frac{1}{4}\left[\log\left(\frac{\varepsilon}{3.7} + \frac{13}{R}\right)\right]^{-2}. \tag{2.8}$$

Nel campo di valori di pratico interesse per i parametri R e ε, l'Eq. (2.8) fornisce valori di f che si scostano di circa il 2% da quelli calcolati mediante la relazione di Colebrook e White. Ulteriori relazioni di tipo esplicito sono state illustrate in [4].

Il *problema del secondo tipo*, nel quale la portata Q è incognita, può essere risolto per via esplicita, ricorrendo ad una trasformazione dell'Eq. (2.4), in cui si pone

$$\hat{q} = Q/Q_o; \quad N = Q_o/(Dv), \tag{2.9}$$

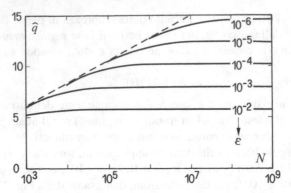

Fig. 2.2. Portata relativa $\widehat{q} = Q/(gS_fD^5)^{1/2}$ in funzione di $N = (gS_fD^3)^{1/2}v^{-1}$ per diverse scabrezze relative $\varepsilon = k_s/D$; (– – –) tubo liscio

essendo $Q_o = (gS_fD^5)^{1/2}$ una portata di riferimento. Sostituendo le suddette grandezze nell'Eq. (2.4) si ottiene la relazione che esprime la portata [27]:

$$\widehat{q} = -\frac{\pi}{\sqrt{2}}\log\left[\frac{\varepsilon}{3.7} + \frac{2.51}{\sqrt{2}N}\right], \tag{2.10}$$

il cui utilizzo è agevolato dal ricorso alla Fig. 2.2.

Il *problema del terzo tipo* è quello maggiormente ricorrente nelle applicazioni progettuali, in quanto consiste nel dimensionamento del diametro D della condotta. Introducendo nell'Eq. (2.4) i seguenti parametri adimensionali, marcati con asterisco (*):

$$D^* = D/D_o; \quad k_s^* = k_s/D_o; \quad v^* = D_o v/Q, \tag{2.11}$$

in cui $D_o = [Q^2/(gS_f)]^{1/5}$ è un diametro di riferimento, si perviene alla seguente relazione implicita in D^*:

$$v^* = \left[10^{-\sqrt{2}/(\pi D^{*5/2})} - \frac{k_s^*}{3.7D^*}\right]\frac{D^{*3/2}}{1.776}. \tag{2.12}$$

Nella Fig. 2.3 è illustrata la curva tratteggiata (– – –), corrispondente al regime di tubo liscio, mentre il regime assolutamente turbolento è rappresentato, per assegnato valore di k_s^*, dal tratto orizzontale della curva $D^*(v^*)$. Dallo stesso grafico si nota anche che i valori di D^* variano in un intervallo ristretto, tra 0.35 e 0.55; ad esempio, per un valore $D^* = 0.40$, cui corrisponde $D = 0.4[Q^2/(gS_f)]^{1/5}$, si ottiene $Q = [gS_f(2.5D)^5]^{1/2}$, da cui si deduce che, a parità di ogni altro parametro, la portata varia con il diametro in funzione di $D^{5/2}$.

La soluzione alle tre tipologie di problemi fin qui illustrati va quindi ricercata per via iterativa, facendo ricorso a semplici raggruppamenti dei parametri in gioco. I valori più opportuni da attribuire alla *altezza della scabrezza in sabbia equivalente k_s* (inglese: "equivalent sand-roughness height") in [mm] sono presentati nelle Tabelle 2.1, 2.2 e 2.3. Numerosi esempi di interessanti problemi relativi alla determinazione del parametro di scabrezza sono stati illustrati da Schröder [26].

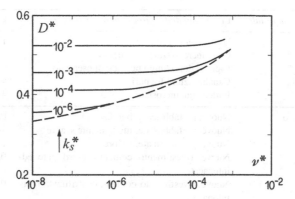

Fig. 2.3. Diametro relativo della condotta $D^* = D/D_o$, con $D_o = \lfloor Q^2/(gS_f)\rfloor^{1/5}$, in funzione della viscosità cinematica relativa $v^* = vD_o/Q$ per diversi valori di $k_s^* = k_s/D_o$; (– – –) tubo liscio

Tabella 2.1. Scabrezza in sabbia equivalente k_s [24]

Tipo di tubazione e materiale	Condizioni delle pareti e note particolari	k_s [mm]
Tubazioni trafilate in rame o ottone, tubi di vetro	Tecnicamente lisce; condizione valida anche per parete rivestita o trattata (rame, nickel, cromo)	0.00135–0.00152
Tubazioni plastiche	Nuove	0.0015–0.0070
Tubazioni in acciaio senza giunti trafilate nuove	Rivestimento normale per centrifugazione	0.02–0.06
	Con ruggine	0.03–0.04
	Senza ruggine	0.03–0.06
	Zincatura commerciale	0.10–0.16
Tubazioni in lamiera saldata, nuove	Rivestimento normale per centrifugazione	0.04–0.10
	Bitumate	0.01–0.05
	Rivestimento cementizio	≈ 0.18
	Per condotte in pressione	≈ 0.008
Tubazioni in acciaio, usate	Ruggine con tubercolizzazione uniforme	≈ 0.15
	Lievemente arrugginita, con leggere incrostazioni	0.15–0.40
	Significative incrostazioni	≈ 0.15
	Fortemente incrostata	2–4
	Ripulita dopo lungo periodo di esercizio	0.15–0.20
	Bitumate, parzialmente degradate, con ruggine	≈ 0.1
	In uso corrente da molti anni	≈ 0.5
	Presenza di depositi stratificati	≈ 1.1
	25 anni di servizio, tubercolizzazione diffusa e presenza di depositi	≈ 2.5
Tubazioni in ghisa	Nuove, con rivestimento normale	0.2–0.3
	Nuove, con rivestimento bituminoso	0.1–0.13

Tipo di tubazione e materiale	Condizioni delle pareti e note particolari	k_s [mm]
	Usate, con ruggine	1–1.5
	Con tubercolizzazione diffusa	1.5–4
	Ripulita dopo lungo periodo di esercizio	0.3–1.5
	Canalizzazioni fognarie	≈ 1.2
	Fortemente incrostate	4.5
Tubazioni in cemento	Nuove, prefabbricate, ben lisciate	0.3–0.8
	Nuove, prefabbricate, mediamente scabre	1–2
	Nuove, prefabbricate, scabre	2–3
	Nuove, rivestimento cement. centrifugato ed intonacato	0.1–0.15
	Nuove, rivestimento cement. centrifugato non intonacato	0.2–0.8
	Valore medio per raccordi con giunti	0.2
	Valore medio per raccordi senza giunti	2.0
Tubazioni in cemento amianto	Nuove, lisce	0.03–0.10
Gres	Tubazioni nuove, per reti fognarie	≈ 0.7
	Tubazioni, senza rivestimento ceramico	≈ 9

Tabella 2.2. Scabrezza in sabbia equivalente k_s per tubazioni di diversi materiali [15]

Gruppo	Tipo di materiale	Caratteristiche della superficie e condizione di esercizio	k_s [mm]
I	Tubazioni trafilate di		
	ottone e rame	tecnicamente lisce	0.0015–0.01
	alluminio	tecnicamente lisce	0.015–0.06
II	Tubi trafilati in acciaio	nuove ripulite dopo alcuni anni di esercizio	0.02–0.10
			fino a 0.04
		con rivestimento bituminoso	fino a 0.04
		tubazioni per acqua calda	0.20
		tubazioni per oleodotto, condizioni normali	0.20
		presenza di ruggine con depositi oleosi	≈ 0.40
		acquedotto in uso corrente	1.2–1.5
		con depositi e/o incrostazioni	≈ 3.0
		superfici fortemente incrostate	≥ 5.0
III	Tubi in acciaio saldati	nuovi o usati, in buone condizioni, presenza di saldature o chiodature	0.04–0.10
		nuove, rivestimento bituminoso	≈ 0.05
		in servizio corrente, lieve tubercolizzazione	≈ 0.10
		in serv. corrente, tubercolizzazione diffusa	≈ 0.15
		saldature poco intrusive, ma con superfici in condizioni precarie	0.3–0.4

Tabella 2.3. Scabrezza in sabbia equivalente k_s [1]

Materiale	Condizioni/Note	k_s [mm]	$1/n$ $[m^{1/3}s^{-1}]$
Tubazioni			
cemento amianto		0.3–3	67–91
mattoni		1.5–6	58–77
ghisa sferoidale	nuove, senza rivestimento	0.25	–
	nuove, con rivestimento bituminoso	0.12	–
	nuove, con rivestimento cementizio	0.3–3	67–91
calcestruzzo, gettato in opera	intonacato	0.3–1.5	70–83
	non intonacato	1.5–6	58–67
calcestruzzo, prefabbricato		0.3–3	67–91
tubazioni corrugate internamente	senza rivestimento	30–60	38–45
	con rivestimento del fondo	10–30	45–55
	rivestite con bitume	0.3–3	67–90
tubazioni plastiche	tecnicamente liscio	0.3–3	70–90
gres		0.3–3	70–90
Canali			
rivestiti con			
bitume		–	60–77
mattoni		–	55–83
calcestruzzo		0.3–1	50–90
rip rap		6	30–50
vegetazione			25–33
non rivestiti			
in terra, rettilinei		3	33–50
non rettilinei		–	25–40
in roccia		–	22–33
senza manutenzione		–	7–20
naturali			
piccoli fossi		30–1000	–
sezione pressoché regolare		–	14–30
sezione irregolare		–	10–25

2.2.3 Moto assolutamente turbolento

Nel regime di moto turbolento completamente sviluppato (inglese: "fully developed turbulent flow regime"), l'effetto della viscosità è trascurabile rispetto a quello della scabrezza delle pareti. In tale condizione, il coefficiente di resistenza f dato dall'Eq. (2.4) può essere stimato mediante la seguente relazione semplificata:

$$f = \frac{1}{4}\left[\log(\varepsilon/3.7)\right]^{-2} \tag{2.13}$$

e la portata adimensionale, invece che dall'Eq. (2.10), può essere calcolata come:

$$\hat{q} = -\frac{\pi}{\sqrt{2}}\log(\varepsilon/3.7). \tag{2.14}$$

Il corrispondente valore del diametro, partendo dall'Eq. (2.12), è fornito dalla espressione

$$k_s^* = 3.7D^* \cdot 10^{-\sqrt{2}/(\pi D^{*5/2})}. \tag{2.15}$$

Le precedenti relazioni possono essere *approssimate* dalle seguenti relazioni esplicite proposte da Sinniger e Hager [27]:

$$D^* = k_s^{*0.03}/1.853, \quad \text{per} \quad 10^{-8} < \varepsilon < 7 \cdot 10^{-4}; \tag{2.16}$$

$$D^* = k_s^{*1/16}/1.422, \quad \text{per} \quad 7 \cdot 10^{-4} < \varepsilon < 7 \cdot 10^{-2}. \tag{2.17}$$

L'Eq. (2.17) è di particolare interesse, in quanto valida in un intervallo di valori di ε ricorrenti nelle applicazioni pratiche; la corrispondente soluzione, in termini di portata e velocità, è data dalle seguenti relazioni:

$$Q = 2.56(gS_f)^{1/2}k_s^{-1/6}D^{8/3}; \qquad V = 3.256(gS_f)^{1/2}k_s^{-1/6}D^{2/3}. \tag{2.18}$$

In questo caso particolare, il valore della portata dipende in modo determinante dal diametro, mentre è poco sensibile rispetto a variazioni della cadente piezometrica S_f; inoltre, l'influenza della scabrezza in sabbia equivalente k_s è poco significativa.

Le *leggi di resistenza* (inglese: "flow formulae") storicamente utilizzate dai tecnici hanno una forma che differisce solo marginalmente dall'Eq. (2.18). Dal confronto della espressione ordinaria per la velocità $V = (2gS_f)^{1/2}(D/f)^{1/2}$, scaturita dall'Eq. (2.3), con la espressione fornita dall'Eq. (2.18), si ottiene l'espressione del coefficiente di resistenza $f = (1/21.2)(k_s/D)^{1/3}$. Ricordando l'espressione del raggio idraulico $R_h = D/4$, nonchè la seguente relazione:

$$1/n = K = 6.51g^{1/2}k_s^{-1/6}, \tag{2.19}$$

in cui $1/n = K$ [m$^{1/3}$s^{-1}] è un *coefficiente di scabrezza* dimensionale, si ottiene la ben nota relazione

$$V = (1/n)S_f^{1/2}R_h^{2/3}, \tag{2.20}$$

anche nota come *formula di Gauckler, Manning e Strickler* (inglese: "GMS relation"), in onore degli studiosi Philippe Gauckler (1826–1905), Robert Manning (1816–1897) e Albert Strickler (1887–1963), sui quali è opportuno soffermarsi brevemente.

I tecnici svizzeri fanno spesso riferimento all'Eq. (2.20) come *formula di Strickler*, sebbene essa fu proposta per la prima volta, nel 1867, dal ricercatore francese Gauckler. Nel 1889, la stessa Eq. (2.20) fu anche proposta da Manning, ingegnere irlandese, sulla scorta dei dati sperimentali raccolti da Darcy e Bazin, integrati da alcuni nuovi esperimenti effettuati da egli stesso. Nel 1895, Manning formulò una relazione modificata rispetto all'Eq. (2.20), che sebbene proposta in prima approssimazione, oggi è generalmente ricordata come *formula di Manning* nei paesi di lingua sassone. L'ingegnere svizzero Albert Strickler, nel 1923, analizzò i risultati di numerose misure sperimentali acquisite sia su condotte in pressione che in canali a pelo libero, giungendo a proporre una equazione formalmente identica all'Eq. (2.20). Il suo principale contributo consiste nell'aver proposto una formula analoga all'Eq. (2.19); infatti, considerando il diametro medio dei sedimenti costituenti le pareti di un alveo naturale, Strickler propose una equazione identica all'Eq. (2.19), ma con la costante numerica pari a 6.72 invece che 6.51 ottenuta mediante le considerazioni precedentemente illustrate. Nella pratica tecnica internazionale, la Eq. (2.20) è spesso denominata come *formula di Manning e Strickler*.

L'Eq. (2.19) consente di stabilire un legame diretto tra i valori di K (ovvero di $1/n$) e quelli di k_s per correnti idriche in regime di moto assolutamente turbolento. Secondo quanto proposto da Sinniger e Hager [27], l'Eq. (2.19) può essere applicata purchè siano soddisfatte entrambe le seguenti condizioni:

- moto assolutamente turbolento, ovvero trascurabilità degli effetti viscosi, tali che:

$$k_s > 30\nu(g^2 S_f^2 Q)^{-1/5};\tag{2.21}$$

- scabrezza relativa ε compresa nell'intervallo

$$7 \times 10^{-4} < \varepsilon < 7 \times 10^{-2},\tag{2.22}$$

in modo da considerare tubazioni che non siano eccessivamente lisce, ovvero con scabrezza troppo elevata.

Ancora oggi, ad oltre 70 anni dalla pubblicazione del lavoro di Colebrook e White e circa 90 anni dopo le ricerche effettuate da Blasius e Prandtl presso la università di Göttingen, la formula di Gauckler, Manning e Strickler ha ancora grande rilevanza pratica; tale circostanza può essere spiegata dalle seguenti considerazioni:

- in primo luogo, come verrà illustrato in seguito, la determinazione di un esatto valore della portata è di fatto resa impossibile dalla difficoltà nel determinare un valore globale da assegnare alla scabrezza ε per le pareti delle tubazioni o dei canali;
- nella pratica tecnica, la semplice struttura matematica della formula si presta bene per calcoli mirati alla valutazione di grandezze quali la portata Q, la velocità V o il diametro D, in particolare per le correnti a superficie libera.

L'applicazione dei criteri dettati dalle Eq. (2.21) e (2.22) si traduce nel considerare un *valore minimo* del coefficiente $1/n = 20$ m$^{1/3}$s^{-1} ed un *valore massimo* $1/n = 90$ m$^{1/3}$s^{-1}, cui corrisponde un valore minimo della cadente energetica approssimativamente pari a $S_f = 0.1\%$. Inoltre, si ribadisce che l'Eq. (2.4), così come l'Eq. (2.10), è valida solo per canali e tubazioni di tipo prismatico con pareti aventi scabrezza uniforme. La Tabella 2.4 fornisce valori numerici per il coefficiente di scabrezza $1/n$, in funzione del tipo di tubazione considerata e della condizione delle pareti, classificata come buona, normale e degradata.

I valori riportati nelle Tabelle 2.4 e 2.5 rendono conto della approssimazione che caratterizza il coefficiente di scabrezza; generalmente, il valore da attribuire al coefficiente di scabrezza $1/n$ è affetto da una accuratezza pari a $\pm5\%$. Si noti che, secondo l'Eq. (2.20), i valori di velocità e portata sono direttamente proporzionali ai valori del coefficiente di scabrezza $1/n$.

Inoltre, per canali e tubazioni in esercizio corrente, è opportuno tenere conto delle condizioni di *invecchiamento* delle superfici che possono comportare variazioni del coefficiente di scabrezza $1/n$. Infatti, si ricorda che la cadente S_f, pari alla perdita di energia subita dall'unità di peso del liquido defluito lungo un percorso di lunghezza unitaria, è generalmente crescente con la durata del periodo di esercizio. Ai fini tecnici, è possibile stimare il valore della cadente S_f al termine della vita utile dell'opera in virtù di un coefficiente amplificativo, detto *coefficiente di invecchiamento* γ_v, il cui valore è approssimativamente compreso tra 1.05 (per tubazioni con rivestimento interno poco degradabile, ovvero con improbabile formazione di incrostazioni) ed 1.30 (per tubazioni con rivestimento interno fortemente degradabile, ovvero formazione di notevoli depositi o incrostazioni in condotta). Conseguentemente, una assegnata canalizzazione, in condizioni di *tubo usato*, sarà sempre caratterizzata da un valore del coefficiente di scabrezza inferiore rispetto a quello riferito alla condizione di *tubo nuovo*, con riduzioni all'incirca variabili tra il 10% ed il 40% del coefficiente $1/n$, rispettivamente per valori di γ_v pari 1.05 e 1.30.

Si può quindi concludere che la *accuratezza* dei risultati forniti dalla legge di resistenza dipende dalla difficoltà nell'assegnare il valore più opportuno al coefficiente di scabrezza $1/n$; ovviamente, l'esperienza del tecnico consente di superare agevolmente tali controindicazioni.

Tabella 2.4. Coefficienti di scabrezza ε [m$^{1/3}$s^{-1}] per la formula di Gauckler, Manning e Strickler per tubazioni di diverso materiale [5]

Tipo di tubazione	Condizione della parete		
	buona	*normale*	*degradata*
ghisa, senza rivestimento	85	70	65
ghisa, con rivestimento	90	85	75
acciaio	75	65	60
gres ceramico	90	75	65
calcestruzzo	85	65	60
calcestruzzo intonacato	90	85	75
muratura	75	65	60
mattoni	85	65	60
muratura intonacata	90	75	65
rivestimento in calcestruzzo	85	65	55
muratura a pietra viva	60	50	35
muratura a secco	40	30	25

Tabella 2.5. Coefficiente di scabrezza ε [m$^{1/3}$s^{-1}] per la formula di Gauckler, Manning e Strickler, al variare della condizione delle pareti del canale [23]

Tipologia di tubazione o canale	ε [m$^{1/3}$s^{-1}]
Canali con blindatura metallica	
pareti lisce, con chiodature ribattute	90–95
pareti rivettate, chiodature non ribattute	65–70
Canali in calcestruzzo	
superfici perfettamente lisciate	100
realizzato con casseforme metalliche	90–100
con intonaco lisciato	90–95
con calcestruzzo lisciato	90
con intonaco cementizio liscio	80–90
realizzato con casseforme in legno, senza intonaco	65–70
calcestruzzo vibrato con superficie regolare	60–65
calcestruzzo in servizio da più anni, con superfici pulite	60
rivestimento con calcestruzzo grezzo	55
superfici irregolari in calcestruzzo	50
Canali in muratura	
muratura in mattoni, ben giuntati	80
rivestiti in pietra	70–80
muratura in pietra con superficie piana	70
muratura in mattoni (normale)	60
muratura in pietra viva	50
Canali in terra	
in materiale rigido, lisce	60
pareti sabbiose con presenza di terreno e ghia	50
letto in sabbia e ghiaia, sponde rivestite	45–50
ghiaia fine, con granulometria 10/20/30 mm	45
ghiaia media, con granulometria 20/40/60 mm	40
ghiaia grossolana e ciottoli, con granulometria 50/100/150 mm	35
terreni argillosi	30
conglomerato di rocce grossolane	25–30
sabbia, argilla o ghiaia, con intensa vegetazione	20–25
Corsi d'acqua naturali	
fondo fisso, sezione regolare	40
con depositi di limitata entità	33–35
con copertura vegetale	30–35
con fondo ghiaioso, sezione irregolare	30
con intenso trasporto solido	28
con ciottoli e pietrisco di notevole dimensione, circa 0.2–0.3 m	25–28
con ciottoli e pietrisco, con trasporto solido	19–22

Si ribadisce che la espressione di Gauckler, Manning e Strickler è rigorosamente valida nel caso di moto assolutamente turbolento, mentre è opportuno fare riferimento alla formula di Colebrook e White nei casi in cui non siano rispettate le condizioni espresse dalle Eq. (2.21) e (2.22).

Nel prosieguo del capitolo verrà mostrato che l'utilizzo della formula di Colebrook e White, così come quella di Gauckler, Manning e Strickler, può essere semplicemente esteso anche ai *canali a pelo libero*, per i quali le caratteristiche di scabrezza delle superfici sono comunque rappresentate nelle Tabelle 2.1 e 2.2.

2.3 Perdite di carico localizzate

2.3.1 Descrizione

Le perdite di carico localizzate sono generate dalla presenza di singolarità lungo una corrente idrica, quali variazioni di sezione più o meno brusche ovvero variazioni di portata, che comportino una significativa deviazione delle linee di corrente. In particolare, per correnti ritardate, in cui il flusso subisce un rallentamento, si manifesta un allargamento delle linee di corrente che può provocare l'insorgenza di fenomeni di separazione dello strato limite con conseguente formazione di intensi moti vorticosi. Gli esempi della Fig. 2.4 illustrano casi in cui la notevole variazione di direzione del flusso principale comporta la formazione di correnti secondarie. In presenza di un allargamento di sezione (Fig. 2.4a), anche detto *divergente*, la corrente principale tende a distaccarsi dalle pareti laterali andando a creare, nella zona posta a ridosso dell'allargamento di sezione, due *regioni di separazione del flusso* ai lati della corrente principale; tale circostanza è ovviamente accompagnata dalla presenza di fenomeni di ricircolazione della massa idrica. La separazione del flusso innesca moti macrovorticosi che sono alla origine della dissipazione di energia che interessa la corrente idrica in presenza del divergente.

Analoga fenomenologia si può riscontrare per una *corrente in curva*, come illustrato nella Fig. 2.4b; a causa della regione di alta pressione che si sviluppa in corrispondenza della parete esterna della curva, alcune particelle non seguono la corrente principale ma restano confinate nella corrente secondaria di ricircolo. Poco più a val-

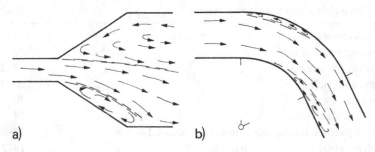

Fig. 2.4. Perdite di carico localizzate in: a) divergente; b) curva; schema della separazione tra corrente principale e moti secondari; linea o superficie di separazione (−−)

le, in corrispondenza del lato interno della curva, si verifica una separazione del flusso dalla parete; le perdite di carico in presenza di curve sono quindi dovute alla macro-turbolenza innescata dai suddetti moti secondari. Studi specifici hanno confermato che la dissipazione di energia è essenzialmente causata dai fenomeni di separazione o distacco della corrente [6], piuttosto che dal ripristino delle condizioni di aderenza della corrente principale alla parete della tubazione.

Com'è noto, le zone di separazione si caratterizzano per la presenza di elevata turbolenza, e quindi le componenti dinamiche delle grandezze fisiche in gioco sono importanti. Secondo quanto originariamente proposto da Reynolds, ciascuna delle grandezze fisiche, ad esempio la pressione locale ed istantanea p, è data dalla somma del *valore medio nel tempo* $\bar{p}$ e di una componente di *fluttuazione turbolenta* p'. Ovviamente, in condizioni stazionarie, l'integrale della fluttuazione turbolenta $\int p' dt$ deve essere nullo su intervalli temporali sufficientemente lunghi. Introduciamo il parametro di *intensità turbolenta* T come rapporto tra un opportuno valore della fluttuazione turbolenta p' (tipicamente lo scarto quadratico medio) ed il valore medio $\bar{p}$; ad esempio, una espressione ricorrente è data da $(\overline{p'^2})^{1/2}/\bar{p}$, che quindi assume solo valori positivi. In particolare, le regioni del campo di moto in cui si sviluppano correnti secondarie sono normalmente caratterizzate da valori della intensità turbolenta superiori di alcuni ordini di grandezza rispetto ai valori caratteristici della corrente principale. In generale, il valore massimo di T, sia esso riferito alla pressione o alla velocità locale, si manifesta in corrispondenza della superficie di separazione che divide il moto principale e corrente secondaria (Fig. 2.4); tale superficie di separazione è peraltro fluttuante, conferendo caratteristiche di instabilità al campo di moto. L'interesse dei tecnici è generalmente rivolto alla quantificazione delle perdite di carico ed alla loro eventuale riduzione, piuttosto che allo studio dei complessi fenomeni che accompagnano la separazione di una corrente. A tale scopo, è necessario introdurre i cosiddetti *coefficienti di perdita localizzata* [6].

Per i moti turbolenti di pratico interesse, le perdite di carico localizzate dipendono essenzialmente dalle caratteristiche peculiari del campo di moto, piuttosto che da resistenze di tipo viscoso. Ricordando l'equazione di Bernoulli (1.15), l'energia specifica H è data dalla somma di pressione statica (altezza piezometrica) e dinamica (altezza cinetica), essendo $H = (p_s + p_d)/(\rho g)$, in cui i termini p_s e p_d sono rispettivamente misurati perpendicolarmente e tangenzialmente alla direzione della linea di corrente. Com'è noto, la *pressione dinamica* è data dalla espressione $p_d/(\rho g) = V^2/(2g)$; la pressione totale (pedice g) e quindi pari alla somma $p_g = p_s + p_d$.

La perdita di carico localizzata ΔH_L dipende essenzialmente dalla pressione dinamica p_d. Infatti, in assenza di moto ($p_d = 0$) non si hanno perdite di energia, mentre queste aumenteranno al crescere della velocità della corrente idrica. Si può quindi assumere che le perdite di carico localizzate siano proporzionali alla altezza cinetica, attraverso un coefficiente denominato appunto *coefficiente di perdita localizzata* (inglese: "loss coefficient"):

$$\xi = \Delta H_L/(V_i^2/2g), \qquad (2.23)$$

in cui V_i è una velocità di riferimento. Si precisa che il coefficiente ξ ha valore pressoché costante per un assegnata configurazione geometrica, sempre che la *velocità di riferimento* V_i sia stata opportunamente definita.

Generalmente, la velocità V_i è identificata con la velocità media della corrente nella sezione di ingresso, oppure di uscita, a seconda della particolare singolarità che si sta considerando. Molto spesso, viene fatto riferimento al maggiore dei due valori, ad esempio il valore della corrente in arrivo nel caso della Fig. 2.4a. In presenza di confluenze, il valore V_i è assunto in corrispondenza della sezione di valle, laddove, in presenza di manufatti di separazione, si fa generalmente riferimento al valore della velocità nella sezione presente a monte della singolarità.

Ulteriori caratteristiche peculiari dei coefficienti di perdita sono illustrate in appositi esempi da Naudascher [23], dai quali si evince che il coefficiente di perdita localizzata ξ dipende anche dal coefficiente di resistenza c_w che caratterizza l'ostacolo o la singolarità. Nei casi di correnti a superficie libera defluenti in prossimità di *pile di ponti* e *griglie*, per i quali sono disponibili numerosi studi sperimentali, i valori dei coefficienti dipendono da parametri che esprimono la resistenza al moto offerta dall'ostacolo, quali ad esempio:

- numero di Reynolds e forma della pila o delle sbarre;
- effetti dovuti a macroscabrezza ed alla turbolenza;
- configurazione geometrica della base di appoggio della pila del ponte;
- disposizione planimetrica ed interasse dei singoli elementi.

Nei casi in cui non sono disponibili risultati sperimentali specifici, è opportuno riferirsi a *valori di riferimento* per il coefficiente ξ. In letteratura sono disponibili numerosi lavori sull'argomento, tra cui quelli di Richter [24], Miller [20,21], Idel'cik [15,16], Ward-Smith [29], e Blevins [3], ai quali si rimanda per ulteriori approfondimenti.

Nel prosieguo del presente capitolo, vengono illustrati i valori da assegnare al coefficiente ξ per alcuni casi particolarmente ricorrenti nella pratica, con specifico riferimento ai *moti in pressione* ed a condotte a *sezione circolare*, laddove non diversamente stabilito. Nel successivo paragrafo 2.4 verrà discussa l'estensione al caso di *correnti a superficie libera*. In particolare, vengono considerate curve, riduzioni e aumenti di sezione, imbocchi e sbocchi, raccordi per la confluenza o la separazione di correnti, oltre che alcuni manufatti specifici per i sistemi fognari.

2.3.2 Curva

La linea piezometrica lungo una curva monocentrica a raggio costante, anche detta *curva circolare* (inglese: "circular bend"), presenta un andamento del tipo raffigurato nella Fig. 2.5. Sia a monte che a valle della curva la linea piezometrica ha pendenza pari a S_f; lungo la curva essa si presenta più ripida, tendendo a raccordarsi con la linea piezometrica insistente sul tratto rettilineo a valle.

La *perdita di carico* ΔH_L lungo la curva può essere calcolata in modo semplificato, assumendo che le perdite di carico distribuite siano concentrate in una sezione e pari alla distanza, misurata lungo la verticale, tra le due linee piezometriche indisturbate a monte ed a valle della curva (Fig. 2.5). Il valore della perdita di carico totale ΔH_{tot}, nel rispetto dell'Eq. (2.1), sarà dato dalla somma delle perdite di carico distribuite

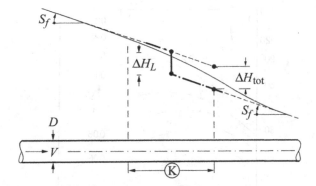

Fig. 2.5. (——) Linea piezometrica lungo una curva circolare K, (– – –) cadente S_f, (– · –) linea piezometrica di calcolo con la perdita concentrata ΔH_L

ΔH_R lungo la curva e della perdita localizzata, ipotizzate concentrate nella sezione terminale della curva stessa. Ai fini pratici, si può assumere che la perdita di carico totale sia prodotta da un elemento di lunghezza nulla e venga indicata nella *sezione di valle* della curva.

Il coefficiente ξ_k per una curva circolare (pedice k) dipende essenzialmente dal raggio di curvatura R in asse alla condotta e dal suo diametro D, oltre che dall'angolo di deviazione δ e dal numero di Reynolds $R = VD/\nu$. La Fig. 2.6 mostra le curve ottenute sperimentalmente da Ito [17], per un numero di Reynolds pari a $R = 10^6$, e quindi corrispondente ad una corrente avente velocità media di 1 ms^{-1} in una condotta avente diametro pari a 1 m. È opportuno rimarcare che in tale studio gli effetti delle perdite distribuite sono comprese nel coefficiente globale $\overline{\xi}_k$. Dalla Fig. 2.6 appare evidente che, per ogni angolo di deviazione δ, in prossimità dell'ascissa R/D

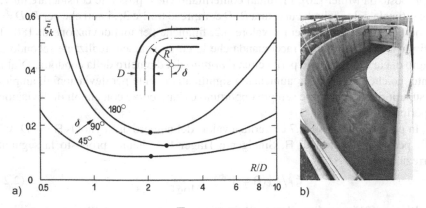

Fig. 2.6. a) Coefficiente di perdita totale $\overline{\xi}_k = \Delta H_k/(V^2/2g)$ in funzione del raggio di curvatura relativo R/D e dell'angolo di deviazione δ per $R \geq 10^6$ [3, 17], valore minimo; b) canale in curva, in un impianto di depurazione

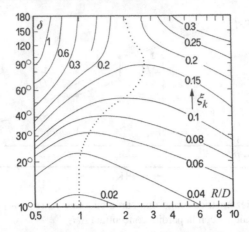

Fig. 2.7. Coefficiente di perdita localizzata ξ_k per corrente in curva [20] in funzione del raggio di curvatura relativo R/D e dell'angolo di deviazione δ per condotta circolare e R $= 10^6$, ($\cdots$) valore minimo

pari a 2 esiste un *valore minimo* (pedice *m*) del coefficiente di perdita totale ξ_{km}. Tale comportamento è conseguenza del fatto che:

- per piccoli raggi di curvatura R/D, la zona di separazione è molto estesa;
- per grandi raggi di curvatura R/D, predominano le perdite di carico distribuite.

Pertanto, i valori ottimali da assegnare al raggio di curvatura R/D sono compresi tra 2 e 3. Si tenga altresì presente che le curve riportante in Fig. 2.6 rappresentano i valori più bassi che possono caratterizzare il coefficiente di perdita; infatti, per valori del numero di Reynolds R inferiori a 10^6, il valore di ξ_k ottenuto dalla Fig. 2.6 deve essere moltiplicato per il coefficiente amplificativo $(10^6/R)^{1/6} > 1$.

La Fig. 2.7 riporta i valori del *coefficiente di perdita localizzata* ξ_k secondo quanto proposto da Miller [20]. I risultati confermano che è possibile considerare un valore ottimale del raggio di curvatura R/D compreso tra 1 e 3; si noti che per $R/D = 2$ il coefficiente ξ_k non supera il valore 0.2, finanche per una deviazione di 180° In definitiva, ai fini pratici si raccomanda che le curve vengano realizzate secondo un raggio di curvatura assiale pari a circa il *doppio* del diametro della condotta. D'altro canto, poiché i valori di ξ_k aumentano significativamente per deviazioni di ampiezza superiori a 60°, sarebbe sempre opportuno evitare curve con angoli di deviazione superiori a 90°.

In particolare, la Fig. 2.7 è riferita a valori del numero di Reynolds R $= VD/\nu \cong 10^6$; per diversi valori di R, Sinniger e Hager [27] hanno proposto la seguente correzione:

$$\xi_k/\xi_k(R = 10^6) = \frac{3.7}{\log R - 2.3}. \tag{2.24}$$

Blevins [3] ha studiato il caso di *doppie curve*, costituite dall'accoppiamento di due curve a 90° distanziate da un tronco rettilineo di lunghezza L_k. Il rapporto Ξ tra il valore del coefficiente ξ_k di tale elemento e la somma dei valori singoli ξ_{ki} varia

Tabella 2.6. Coefficiente di perdita $\Xi = \xi_k/\Sigma\xi_{ki}$ per due curve a 90° disposte in serie: a) nello stesso piano; b) in due piani distinti

	R/D	L_k/D				
		0	4	10	20	30
a)	1.85	0.86	0.72	0.82	0.95	0.96
	3.3	0.84	0.82	0.86	0.96	1.0
	7.5	0.93	0.96	0.97	1.0	1.0
b)	1.85	0.88	0.73	0.86	0.96	0.97
	3.3	0.86	0.81	0.88	0.97	1.0

con il raggio di curvatura R/D e con la distanza L_k/D. Nei casi in cui $L_k/D > 20$, si ha $\Xi = 1$, mentre per distanze inferiori risulta $\Xi < 1$, come si vede dai risultati di dettaglio riportati in Tabella 2.6. Quindi, l'assunzione che normalmente viene fatta nel porre $\Xi = 1$ corrisponde ad una sovrastima delle perdite di carico. La Tabella 2.6 presenta i valori di di Ξ riferiti sia alla configurazione di due curve complanari che a quella di due curve giacenti in piani diversi, con valori che si differenziano solo in modo marginale.

Le *curve a spigolo vivo* (inglese: "mitre-bends"), nelle quali il cambio di direzione avviene in modo brusco, sono generalmente sconsigliate nelle applicazioni idrauliche, ed in particolare nelle fognature. Per piccole deviazioni, anche inferiori a $\delta = 40°$, il coefficiente di perdita attinge valori apprezzabili e pari a $\xi_k = 0.25$, mentre per $\delta = 90°$ il coefficiente ξ_k giunge ad essere circa pari a 1.2, valore molto superiore ai coefficienti di perdita localizzata che caratterizzano le curve circolari. Ulteriori informazioni di dettaglio sulle curve a spigolo vivo sono reperibili nei lavori di Sinniger e Hager [27] e Hager [14].

2.3.3 Allargamento di sezione

In un tronco di tubazione divergente (inglese: "expansion") la geometria dell'elemento è descritta dall'angolo di espansione δ e dal rapporto tra le sezioni idriche A_1/A_2. La definizione del *coefficiente di perdita* $\xi_e = \Delta H_{12}/(V_1^2/2g)$ di un divergente (pedice e) coinvolge la velocità della corrente in arrivo V_1 (Fig. 2.8).

In linea generale, la corrente idrica in tronchi di condotta divergenti si presenta asimmetrica; infatti, per rapporti dei diametri $D_2/D_1 > 1.4$, il flusso tende ad aderire ad una delle due pareti laterali della condotta di valle (Fig. 2.4a e Fig. 2.8a), con un comportamento che può essere instabile, secondo i valori dell'angolo δ, del rapporto tra le sezioni idriche A_1/A_2e del numero di Reynolds. La struttura del campo di moto in elementi divergenti viene descritta negli studi di Blevins [3] e Hager [13], e non viene qui ulteriormente trattata.

Il caso particolare delle perdite di carico localizzate in corrispondenza di un *brusco allargamento* (angolo di espansione $\delta = 90°$) può essere semplicemente affrontato sulla base di elementari considerazioni di carattere idraulico. Nell'ipotesi che nella sezione in cui avviene il brusco allargamento la pressione agente sulla superfi-

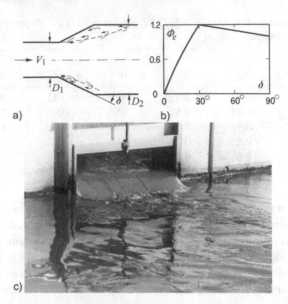

Fig. 2.8. Tronco divergente: a) schema e struttura del flusso; b) coefficiente di perdita $\Phi_e(\delta) = \cdot \xi_e/\xi_{e90°}$ in funzione dell'angolo δ; c) espansione di una corrente in uscita da una vasca di aerazione in un impianto di depurazione

cie di raccordo tra la sezione di area A_1 e quella di area A_2 sia distribuita con legge idrostatica e che sia congruente con la pressione p_1 agente nella sezione terminale di area A_1, ed assumendo che siano trascurabili le resistenze al moto esercitate dalle pareti, la applicazione del principio di conservazione della quantità di moto conduce alla nota relazione di Borda-Carnot

$$\xi_{e90°} = \Delta H_{12}/(V_1^2/2g) = [1 - (A_1/A_2)]^2. \tag{2.25}$$

Il coefficiente $\xi_{e90°}$ viene quindi definito assumendo a riferimento la velocità V_1 della corrente in ingresso; ovviamente, per condotte circolari, il coefficiente dipende semplicemente dal rapporto dei diametri (D_1/D_2).

In analogia a questo caso particolare, l'effetto dell'angolo di espansione δ sul coefficiente ξ_e può essere portato in conto attraverso la seguente relazione:

$$\xi_e = \Phi_e(\delta) \cdot \xi_{e90°}. \tag{2.26}$$

L'Eq. (2.26) fa dipendere il coefficiente ξ_e da due termini, il primo dei quali è funzione esclusivamente dell'angolo δ, mentre il secondo dipende dal rapporto tra le sezioni idriche A_1/A_2. I valori di $\Phi_e(\delta)$ sono stati misurati sperimentalmente e possono essere espressi dalle seguenti relazioni [27]:

$$\Phi_e(\delta) = \frac{\delta}{90°} + \sin(2\delta), \quad 0 \le \delta \le 30°; \tag{2.27}$$

$$\Phi_e(\delta) = \frac{5}{4} - \frac{\delta}{360°}, \quad 30° \le \delta \le 90°. \tag{2.28}$$

Entrambe le equazioni rispettano le condizioni estreme, ovvero $\Phi_e(\delta = 0) = 0$ e $\Phi_e(\delta = 90°) = 1$ (Fig. 2.8b); inoltre, il coefficiente Φ_e attinge il massimo valore per $\delta = 30°$. Le prove di laboratorio hanno evidenziato che il comportamento idraulico è simile per divergenti con angolo δ superiore a $30°$, come evidenziato dalla scarsa variabilità del coefficiente Φ_e in tale intervallo. I valori più bassi delle perdite di carico si manifestano per angoli di espansione di ampiezza contenuta ($\delta < 10°$). In definitiva, il massimo valore del coefficiente ξ_e può essere leggermente superiore all'unità, comportando quindi la dissipazione dell'intera altezza cinetica della corrente in arrivo.

Lo *sbocco di una condotta* (inglese: "conduit outlet") in un serbatoio può essere visto come un caso particolare di brusco allargamento di sezione per il quale il rapporto tra le sezioni idriche tende a zero ($A_1/A_2 \to 0$). Pertanto, l'Eq. (2.25) fornisce il valore $\xi_{e90°} = 1$ ed il coefficiente di perdita resta pari a $\xi_e = \Phi_e(\delta)$; ne consegue che, in tronchi divergenti caratterizzati da angoli $\delta > 30°$ e con una sezione di valle molto maggiore di quella di monte, viene dissipata l'intera energia cinetica della corrente in arrivo.

Vale la pena sottolineare che le precedenti relazioni sono applicabili esclusivamente a manufatti di sbocco di condotte sommersi. Infatti, per *sbocco libero* in atmosfera, la corrente è costituita da un getto compatto, cui è associata una perdita di carico localizzata di entità assolutamente trascurabile.

2.3.4 Restringimento di sezione

Sebbene la geometria di un tronco convergente di condotta sia equivalente a quella di un tronco divergente, con la sola eccezione della direzione del flusso, le strutture del campo di moto che si realizzano in questi due elementi sono radicalmente diverse, per effetto delle notevoli differenze tra le rispettive zone di separazione che vengono a crearsi. Nella Fig. 2.9a viene schematicamente rappresentato l'andamento di una corrente idrica in presenza di un restringimento di sezione a spigolo vivo (inglese: "sharp-edged contraction"); nella sezione terminale del convergente si rileva una ulteriore contrazione K della corrente, che solo più a valle torna ad espandersi per impegnare l'intera sezione idrica A_2. È ben noto che in una corrente accelerata le perdite di carico sono pressoché trascurabili; dunque, la perdita di carico in un restringimento di sezione è fondamentalmente indotta dal fenomeno di *espansione della corrente* che si verifica immediatamente a valle del convergente (pedice v), e la sua entità dipende dall'angolo di convergenza δ e dal rapporto tra le sezioni $\phi = A_2/A_1 < 1$.

La letteratura tecnica presenta pochissimi lavori sperimentali su questa singolarità; degno di nota è il lavoro presentato da Gardel [9], in cui il coefficiente di perdita ξ_v è espresso dalla relazione

$$\xi_v = \Delta H_{12}/(V_2^2/2g) = \frac{1}{2}(1-\phi)(\delta/90°)^{1.83(1-\phi)^{0.4}}. \tag{2.29}$$

Si noti che il valore del coefficiente di perdita localizzata per un restringimento di sezione è sempre inferiore a quello corrispondente ad un allargamento di sezione. Inoltre, ξ_v cresce notevolmente all'aumentare dell'angolo δ, pur presentando valori

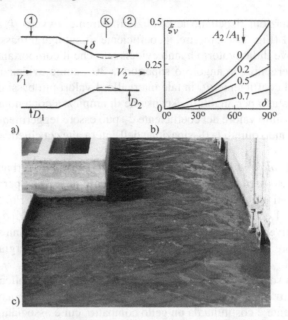

Fig. 2.9. Restringimento di sezione: a) schema e struttura del flusso; b) coefficiente di perdita $\xi_V = \Delta H_{12}/(V_2^2/2g)$ in funzione dell'angolo δ per diversi valori del rapporto delle aree $\phi = A_2/A_1$, secondo Gardel [9]; c) restringimento di sezione in un canale distributore, in un impianto di depurazione

molto bassi, in forza dell'Eq. (2.29), per $\delta < 30°$. Per $\delta = 90°$, risulta $\xi_V = (1-\phi)/2$, ovvero il coefficiente cresce linearmente con la riduzione del rapporto di contrazione. Ulteriori informazioni sono reperibili in [2].

L'*imbocco di una condotta* (inglese: "conduit inlet") può essere visto come un caso particolare di restringimento di sezione, nel quale il rapporto tra le aree tende a zero. Dalla applicazione dell'Eq. (2.29) si ottiene $\xi_V(\phi = 0) = (1/2)(\delta/90°)^{1.83}$; il caso maggiormente ricorrente è certamente quello in cui $\delta = 90°$, cui corrisponde un coefficiente di perdita localizzata $\xi_V = 0.5$. Dunque, per un imbocco a spigolo vivo la perdita di carico localizzata è pari alla metà dell'altezza cinetica in condotta, e cioè $(1/2)[V_2^2/(2g)]$. Tale valore può essere ridotto, avendo cura di realizzare un *imbocco smussato* (inglese: "rounding") secondo un raggio di curvatura r_V. Idel'cik [15] ha eseguito appositi studi sperimentali, i cui risultati sono approssimati dalla seguente relazione:

$$\xi_V = \frac{1}{2}\exp(-15r_V/D). \qquad (2.30)$$

Dalla Fig. 2.10b si apprezza come il coefficiente ξ_V diminuisce rapidamente all'aumentare del raggio di curvatura relativo. L'Eq. (2.30) è anche confortata dai risultati ottenuti da Knapp [19], il quale notò che per $r_V/D > 1/6$ la perdita di carico all'imbocco è praticamente trascurabile. Per contro, lo smussamento dello spigolo all'imbocco rende indeterminato il *punto di distacco* in cui ha inizio la separazione

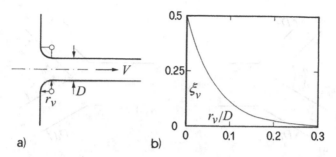

Fig. 2.10. Imbocco raccordato: a) definizione dei simboli; b) coefficiente $\xi_V = \Delta H_V/(V^2/2g)$ in funzione del raggio di curvatura relativo r_V/D

del flusso; va altresì ricordato che la realizzazione di un imbocco ben raccordato può essere costosa in assenza di pezzi speciali prefabbricati.

2.3.5 Confluenze

Nei sistemi di canalizzazioni sono frequenti punti singolari costituiti da confluenze e biforcazioni (paragrafo 2.3.6). La perdita di carico può essere importante ed è quindi necessario procedere ad una valutazione numerica del coefficiente di perdita localizzata.

La Fig. 2.11a presenta lo schema con la definizione dei parametri fondamentali per una *confluenza* (inglese: "combining conduit"). Nello schema viene distinta la corrente in arrivo dal tronco principale (pedice *o*) da quella proveniente da una immissione laterale (pedice *z*). Le immissioni sono caratterizzate rispettivamente dagli angoli δ_o e δ_z, e dalle sezioni idriche A_o e A_z. Il rapporto tra le portate varia tra zero ed uno, mentre la portata in uscita dalla confluenza è denominata Q_u. Si definisce immissione relativa la grandezza $q = Q_z/Q_u$, per cui si ha $Q_o = Q_u - Q_z = Q_u(1-q)$. Per quanto concerne i rapporti tra le sezioni idriche, assumendo a riferimento la sezione idrica di valle A_u, questi sono definiti dalle seguenti espressioni:

$$m = A_z/A_u; \qquad n = A_o/A_u. \tag{2.31}$$

I *coefficienti di perdita localizzata* per la corrente principale e l'immissione laterale, sono rispettivamente definiti dalle relazioni

$$\xi_o = \frac{H_o - H_u}{V_u^2/2g}; \qquad \xi_z = \frac{H_z - H_u}{V_u^2/2g}. \tag{2.32}$$

Si noti che entrambi i valori sono definiti assumendo a riferimento la velocità V_u della corrente idrica nella sezione di valle, essendo $V_u > 0$.

La confluenza di correnti idriche viene studiata facendo ricorso ai principi fondamentali della idrostatica e della conservazione della quantità di moto. Vischer [28] ottenne, per confluenze *a spigolo vivo*, le seguenti espressioni dei coefficienti:

$$\xi_z = 1 - 2m^{-1}q^2\cos\delta_z - 2n^{-1}(1-q)^2\cos\delta_o + (m^{-1}q)^2, \tag{2.33}$$

$$\xi_o = 1 - 2m^{-1}q^2\cos\delta_z - 2n^{-1}(1-q)^2\cos\delta_o + [n^{-1}(1-q)]^2. \tag{2.34}$$

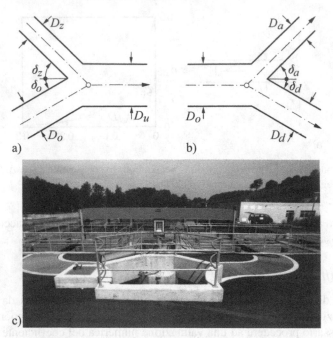

Fig. 2.11. Schema e simboli per: a) confluenza; b) biforcazione; c) manufatto di confluenza in un impianto di depurazione

Si noti che le due espressioni differiscono solo per l'ultimo termine; i coefficienti di perdita localizzata dipendono dunque da cinque parametri indipendenti: δ_o, δ_z, m, n e q. Un *caso particolare* si ha per $n = 1$ ($A_o = A_u$) e $\delta_o = 0$ (tronco principale di monte allineato con la condotta di valle), per il quale trovano applicazione le espressioni formulate da Favre [7], successivamente ottenute anche da Idel'cik [16]:

$$\xi_z = -1 + 4q + (m^{-2} - 2m^{-1}\cos\delta_z - 2)q^2, \tag{2.35}$$

$$\xi_o = q[2 - (1 + 2m^{-1}\cos\delta_z)q]. \tag{2.36}$$

Dall'esame delle Eq. (2.33) e (2.34) si nota la modesta influenza dell'angolo di confluenza δ_z su entrambi i coefficienti ξ_z e ξ_o. La Fig. 2.12 mostra l'andamento dei coefficienti ξ_z e ξ_o per $\delta_z = 45°$; valori molto prossimi a questi si ottengono anche per differenti angoli δ_z. La stessa figura evidenzia anche la notevole influenza dei due parametri m e n sui valori di ξ_o e ξ_z. Per valori sufficientemente elevati di q, ovvero nel caso di notevole portata laterale immessa, il coefficiente ξ_z è sempre positivo e l'energia specifica della corrente immessa lateralmente è sempre maggiore dell'energia H_u posseduta dalla corrente a valle della confluenza. Per contro, nella medesima circostanza (valore elevato di q), il valore del coefficiente ξ_o è negativo; in pratica, è come se la corrente di monte venisse aspirata dalla corrente laterale verso la confluenza, in modo simile al funzionamento di una pompa ad idrogetto.

Quindi, la corrente proveniente da monte subisce un incremento di energia, confermato dal valore *negativo* del coefficiente ξ_o. Ovviamente, il bilancio energetico è

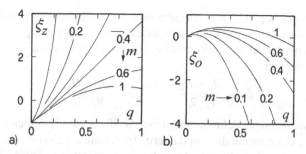

Fig. 2.12. Coefficienti di perdita localizzata in una confluenza per $\delta_z = 45°$ e $\delta_o = 0$: a) ξ_z per il tronco laterale; b) ξ_o per il tronco di monte, in funzione del rapporto tra le portate $q = Q_z/Q_u$ e per diversi valori del rapporto delle aree ($m = A_z/A_u, n = 1$)

tale che la somma dei contenuti energetici della corrente proveniente da monte H_o e di quella immessa lateralmente H_z sia sempre superiore all'energia H_u totale posseduta dalla corrente nella sezione di valle della confluenza.

Di notevole interesse pratico sono gli elementi di confluenza che minimizzano le perdite di carico. Escludendo il caso in cui $\delta_o \to 0$ e $\delta_z \to 0$, in cui entrambi i tronchi confluenti sono praticamente allineati con la corrente di valle, Vischer [28] propose le seguenti espressioni per il *rapporto ottimale tra le aree* (pedice opt):

$$m_{opt} = q/\cos\delta_z; \qquad n_{opt} = (1-q)/\cos\delta_o. \qquad (2.37)$$

Tali relazioni affermano che le proiezioni delle sezioni idriche A_o e A_z sulla condotta di valle corrispondono alla rispettiva aliquota di portata immessa dai due tronchi di monte. Nei casi in cui il rapporto di portate q è variabile, le Eq. (2.37) vanno utilizzate con riferimento alle portate di progetto.

Qualora le velocità siano confrontabili per le tre correnti, le perdite di carico sono piccole e possono essere ulteriormente ridotte provvedendo ad un opportuno *arrotondamento* degli spigoli. Per ulteriori approfondimenti, si rimanda alla notevole mole di dati sperimentali raccolti da Gardel [8] e da Gardel e Rechsteiner [10], successivamente ripresi e rielaborati da Ito e Imai [18]. Informazioni specifiche sulle perdite di carico in manufatti di confluenza per correnti a pelo libero sono riportate nel capitolo 16.

2.3.6 Biforcazione o suddivisione di corrente

Nel paragrafo precedente si è visto che il comportamento idraulico di una confluenza è assimilabile a quello di un restringimento di sezione, con conseguenti considerazioni sulle valutazioni delle perdite di carico. Analogamente, un elemento di biforcazione (inglese: "flow division"), che suddivide una corrente in arrivo, induce un campo di moto assimilabile a quello generato da un allargamento di sezione, in cui le perdite di carico sono fondamentalmente causate da fenomeni di *separazione della corrente*.

Denotando con il pedice o la corrente proveniente da monte, con il pedice a la corrente derivata lateralmente e con il pedice d la corrente principale che prosegue verso valle, i coefficienti di perdita localizzati per la biforcazione (Fig. 2.11b) sono definiti dalle relazioni

$$\xi_a = \frac{H_o - H_a}{V_o^2/2g}; \qquad \xi_d = \frac{H_o - H_d}{V_o^2/2g}. \tag{2.38}$$

I coefficienti sono dunque definiti, assumendo a riferimento la velocitò V_o della corrente in arrivo, sicuramente diversa da zero. Ipotizzando valori di interesse pratico dell'angolo di derivazione laterale δ_a, nel caso particolare in cui $A_o = A_a = A_d$ e $\delta_d = 0$, Hager [11] ha proposto le seguenti relazioni, in cui $\bar{q} = Q_a/Q_o$:

$$\xi_a = 1 - 2\bar{q}\,\cos\left(\frac{3}{4}\delta_a\right) + \bar{q}^2, \tag{2.39}$$

$$\xi_d = \frac{4}{5}\bar{q}\left(\bar{q} - \frac{1}{2}\right). \tag{2.40}$$

Idel'cik [15] ha analizzato configurazioni in cui $\delta_d = 0$ e $A_a + A_d = A_o$, di modo che la sezione idrica della corrente in arrivo fosse pari alla somma delle sezioni idriche delle correnti in uscita; introducendo i rapporti di velocità

$$\mu_a = V_a/V_o; \qquad \mu_d = V_d/V_o, \tag{2.41}$$

vengono proposte le seguenti relazioni:

$$\xi_a = 1 - 2\cos\delta_a\mu_a + (1 - \sin^3\delta_a)\mu_a^2, \tag{2.42}$$

$$\xi_d = (1 + \mu_d)(1 - \mu_d)^2. \tag{2.43}$$

In generale, il coefficiente ξ_d è *indipendente* dall'angolo di derivazione ξ_a; inoltre per portate derivate molto piccole, cioè $\bar{q} \ll 1$, il valore del coefficiente ξ_a è prossimo all'unità (Fig. 2.13b). Pertanto, qualora la portata defluisca quasi totalmente verso valle, la dissipazione di energia è pari all'altezza cinetica della corrente in arrivo. Idel'cik [16] ha studiato l'effetto di un eventuale smussamento degli spigoli, che certamente influenza l'entità della perdita di carico localizzata.

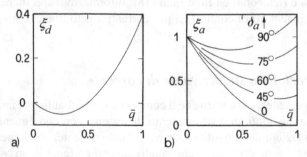

Fig. 2.13. Coefficienti di perdita localizzata per biforcazione con $\delta_d = 0$ e $A_o = A_a = A_d$: a) ξ_d per la corrente principale; b) ξ_a per la corrente derivata, in funzione del rapporto di portata $\bar{q} = Q_a/Q_o$ e dell'angolo di derivazione δ_a

2.3.7 Manufatto a Y

In un *manufatto ad Y* (inglese: "Y-junction") la confluenza o la biforcazione di due correnti avviene in modo simmetrico, come rappresentato nella Fig. 2.14. Lo stesso manufatto può essere denominato anche *manufatto a T* (inglese: "T-junction"), qualora, nel caso di una confluenza, i due tratti provenienti da monte sono entrambi perpendicolari al tratto di valle, ovvero quando in una biforcazione il tratto di monte suddivide la propria portata tra due tratti ad esso perpendicolari. Nel seguito verranno quindi esaminati i casi di confluenze in cui $\delta_z = \delta_o$ e quelli di biforcazioni in cui $\delta_a = \delta_d$. Secondo la trattazione di Miller [21], viene dapprima considerato il caso in cui le sezioni idriche dei tre tratti siano uguali tra loro; successivamente viene analizzata la configurazione in cui la somma delle sezioni idriche delle correnti in arrivo al manufatto è pari alla somma delle sezioni idriche delle correnti in uscita.

Per *confluenze* in manufatti a T (pedice T) si può far riferimento ai risultati di Idel'cik [15], esprimendo il coefficiente di perdita $\xi_{Tv} = \Delta H_{Tv}/(V_u^2/2g)$ con riferimento all'altezza cinetica della corrente di valle. Definendo inoltre con $q_z = Q_z/Q_u$ il rapporto delle portate e $\phi = A_u/A_z$ il rapporto tra le sezioni idriche, per $\delta_z = 90°$ vale la seguente relazione:

$$\xi_{Tv} = 1 + \phi^2 + 3\phi^2(q_z^2 - q_z). \tag{2.44}$$

Dalla Fig. 2.15a si nota che l'andamento del coefficiente ξ_{Tv} è simmetrico rispetto al valore ottimale $q_z = 0.5$, con valori sempre superiori all'unità. Prove di laboratorio hanno evidenziato che il valore del coefficiente di perdita si riduce sensibilmente inserendo un *setto divisorio* (Fig. 2.15b), in presenza del quale si può utilizzare la

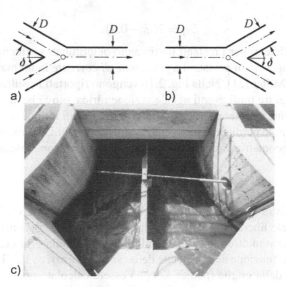

Fig. 2.14. Manufatto ad Y per a) confluenza e b) biforcazione; c) tipico manufatto di confluenza in un impianto di depurazione

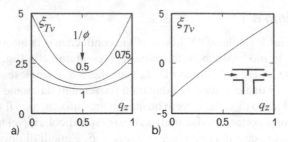

Fig. 2.15. Coefficiente di perdita per una confluenza a T, $\xi_{Tv} = \Delta H / (V_u^2/(2g))$ in funzione del rapporto di portate $q_z = Q_z/Q_u$ e del rapporto tra le aree $1/\phi = A_z/A_u$, valido per $\delta_z = 90°$: a) senza setto divisorio; b) *con* setto divisorio

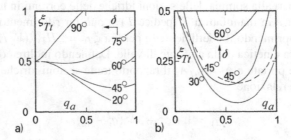

Fig. 2.16. Coefficiente di perdita per una biforcazione a Y, $\xi_{Tt} = \Delta H_{Tt}/(V_o^2/(2g))$ in funzione del rapporto di portata $q_a = Q_a/Q_o$ per diversi valori dell'angolo δ [21]: a) tre tratti con uguale sezione idrica; b) sezione idrica della corrente di monte pari alla somma delle sezioni idriche di valle

relazione

$$\xi_{Tv} = 7(q_z - 0.4). \tag{2.45}$$

I valori dei coefficienti per i restanti tratti vanno determinati in funzione del rispettivo valore del rapporto di portata. La *partizione di corrente* in un manufatto ad Y è stata studiata da Miller [21]. Nella Fig. 2.16 vengono riportati i risultati sperimentali relativi al caso dei tre tratti aventi uguale sezione idrica, oltre che al caso di sezione idrica della corrente di monte pari alla somma delle sezioni idriche di valle. In definitiva, per contenere le perdite di carico entro valori accettabili, si dovrebbero adottare elementi aventi geometria simmetrica, con angoli di deviazione inferiori a 60°.

2.3.8 Griglie

La Fig. 2.17a mostra lo schema di una griglia (inglese: "trash rack") installata in un canale a superficie libera con un angolo di inclinazione δ_{Re} rispetto alla direzione della corrente; sono inoltre indicate la perdita di carico della griglia ΔH_{Re}, che può essere espressa in funzione della velocità della corrente in arrivo V_o. Il coefficiente di perdita di carico della griglia (pedice Re) può essere calcolato mediante la seguente relazione [27]:

$$\xi_{Re} = \beta_{Re} \, \zeta_{Re} c_{Re} \sin \delta_{Re}, \tag{2.46}$$

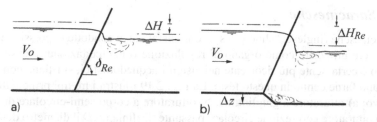

Fig. 2.17. Schema di una griglia in un canale aperto: a) *senza* e b) *con* salto a valle

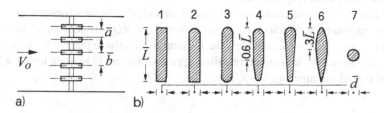

Fig. 2.18. a) Griglia (pianta); b) tipologia di barre

Tabella 2.7. Valori del coefficiente β_{Re} per le diverse geometrie di griglia illustrate in Fig. 2.18

Tipologia	1	2	3	4	5	6	7
β_{Re}	1	0.76	0.76	0.43	0.37	0.30	0.74

in cui β_{Re} è un coefficiente dipendente dal tipo di griglia (Tabella 2.7, Fig. 2.18). La Fig. 2.18 indica anche i parametri geometrici fondamentali della griglia, ovvero la luce libera $\bar{a}$, l'interasse $\bar{b}$, la lunghezza $\bar{L}$ e lo spessore $\bar{d}$ che caratterizzano le barre.

Per *griglie pulite* risulta $c_{Re} = 1$; per griglie autopulenti il valore di c_{Re} varia tra 1.1 e 1.3, mentre per griglie a pulizia manuale c_{Re} è compreso tra 1.5 e 2. Il coefficiente ζ_{Re} dipende dalla geometria della griglia [15], ed ha generalmente valore prossimo all'unità. Viene di seguito illustrata una procedura semplificata di calcolo.

L'Eq. (2.46) si semplifica nei casi in cui il rapporto $\bar{L}/\bar{d}$ è circa pari a 5 e risulta $\bar{a}/\bar{b} > 0.5$, e cioè nei casi in cui le barre sono snelle; in tali condizioni, secondo Idel'cik [15] vale la relazione:

$$\xi_{Re} = \frac{7}{3}\beta_{Re}c_{Re}\left[\frac{\bar{b}}{\bar{a}} - 1\right]^{4/3} \sin\delta_{Re}. \tag{2.47}$$

Per una valutazione preliminare delle perdite di carico, si può assumere che, in presenza di una corrente avente velocità pari a circa 1 ms^{-1}, esse ammontano a circa 5 cm per griglie a pulitura meccanica, ovvero 10 cm per griglie a pulitura manuale. Talvolta, per compensare la perdita di carico localizzata $\Delta H_{Re} = \xi_{Re} \cdot V_o^2/(2g)$, viene realizzato un abbassamento del fondo del canale a valle della griglia, imponendo un dislivello pari a $\Delta z = \Delta H_{Re}$ (Fig. 2.17b).

2.3.9 Saracinesche

Le saracinesche (inglese: "slide gates") sono installate in condotte in pressione e possono essere utilizzate come organo di regolazione o intercettazione; pur se il loro impiego è certamente più ricorrente nei sistemi acquedottistici, si ritiene comunque opportuno farne cenno in questo testo. La Fig. 2.19 illustra i tre tipi principali di dispositivo: a) otturatore a ghigliottina, b) otturatore a corpo semi-circolare di raggio R_s, e c) otturatore con sezione circolare passante. Definiamo D il diametro della condotta, s la altezza della luce libera, r_v il raggio dello smussamento dell'estremità e t_p lo spessore del piatto (Fig. 2.19d).

Nel prosieguo, viene considerato il caso ricorrente di una saracinesca con sezione circolare, sagomata a spigolo vivo, di superficie $A_o = \pi D^2/4$; nel caso di otturatore con fondo semi-circolare si consideri che il diametro relativo è pari a $2R_s/D \cong 1.2$. In tali ipotesi, sussistono le seguenti relazioni approssimate tra la sezione idrica relativa A/A_o ed il grado di apertura $S = s/D$:

otturatore a ghigliottina $\qquad A/A_o = 1.70 S^{3/2}\left[1 - \frac{1}{4}S - \frac{4}{25}S^2\right]$, (2.48)

otturatore semicircolare $\qquad A/A_o = 1.20 S\left[1 - \frac{1}{6}S^3\right]$, (2.49)

otturatore con foro circolare $\qquad A/A_o = S^{4/3}$. (2.50)

Gli studi sperimentali di Schedelberger [25] hanno mostrato che il coefficiente di contrazione C_d (Fig. 2.19d) ed il corrispondente coefficiente di perdita localizzata ξ_p dipendono esclusivamente dal raggio di raccordo r_v e dal rapporto delle sezioni $\phi = A/A_o$. Per contro, risultano essere trascurabili gli effetti derivanti da diversi valori dello spessore relativo del piatto t_p/D e del numero di Reynolds $\mathsf{R} = V_o D/\nu$, nonchè

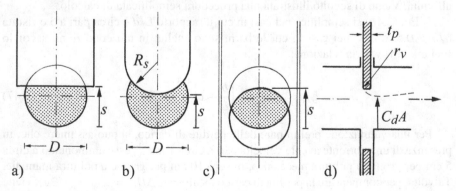

Fig. 2.19. Schema di a) otturatore a ghiottina; b) otturatore a corpo semi-circolare; c) otturatore con sezione circolare passante; d) saracinesca: sezione

dalla forma del piatto stesso. I risultati di laboratorio hanno evidenziato la esistenza di un valore minimo (pedice *m*) del coefficiente

$$C_{dm} = 0.61 + \frac{2}{3}\rho_p^{1/2},$$ (2.51)

in cui $\rho_p = r_v/D \leq 0.2$ è lo smussamento relativo. Per $\rho_p = 0$, l'Eq. (2.51) si riduce al valore base del coefficiente di contrazione, pari a 0.61. La variazione del *coefficiente di efflusso* C_d in funzione del rapporto ϕ tra le sezioni è espressa dalla relazione

$$C_d = C_{dm} + 0.73\left[\phi - \frac{2}{3}\rho_p^{1/7}\right]^2.$$ (2.52)

Per $\phi = 1$, il coefficiente C_d tende ad assumere valori unitari.

Il *coefficiente di perdita localizzata* $\xi_p = \Delta H/\left[V_o^2/(2g)\right]$, espresso con riferimento alla altezza cinetica della corrente in arrivo, essendo $V_o = Q/(\pi D^2/4)$, può essere calcolato mediante la relazione di Borda-Carnot, opportunamente modificata

$$\xi_p = \left[\frac{1}{C_d\phi} - 1\right]^2.$$ (2.53)

Ovviamente quest'ultima relazione vale esclusivamente per moto in pressione; infatti, per *correnti a superficie libera* risulta $\xi_p = 0$, e la *portata* Q può essere stimata mediante la successiva relazione:

$$Q = C_d A[2g(h_{po} - h_u)]^{1/2},$$ (2.54)

in cui C_d è espresso dall'Eq. (2.52), h_{po} è la altezza piezometrica di monte e h_u il tirante idrico medio di valle. Spesso, nelle pratiche applicazioni, il valore di h_u è trascurabile rispetto a quello di h_{po}.

2.4 Considerazioni ai fini progettuali

2.4.1 Analogie tra correnti a superficie libera e moti in pressione

Nei paragrafi precedenti si è fatto essenzialmente riferimento alla valutazione delle perdite di carico localizzate che possono insorgere in *condotte in pressione* (inglese: "pressurized conduit flow"). Di seguito, viene discussa la possibilità di estendere i risultati precedenti anche al caso di *correnti a superficie libera* (inglese: "free surface flows"), dal momento che una corrente in pressione può essere considerata come il caso particolare di una corrente a pelo libero il cui numero di Froude (capitolo 6) tende a zero.

Esiste una notevole quantità di dati sui coefficienti di perdita localizzata che sono stati esaurientemente riassunti nei lavori di autorevoli autori, tra cui Idel'cik [15], Blevins [3] o Miller [22]. Ad ogni modo, la letteratura è particolarmente incentrata sul caso dei moti in pressione, mentre pochi studi specifici sono stati eseguiti su correnti a pelo libero. Poiché le singolarità fin qui trattate, oltre che in condotte in pressione,

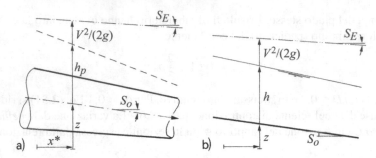

Fig. 2.20. Analogia tra corrente idrica per moto: a) in pressione e b) a superficie libera

sono frequenti anche nel caso dei correnti in canali aperti (quali ad esempio, manufatti di curva o di confluenza nelle fognature), è lecito chiedersi se i risultati ottenuti per le condotte in pressione possano essere estesi al caso di correnti a superficie libera e, se del caso, entro quali limiti di validità.

Si considerino allora le equazioni che caratterizzano il moto di una corrente idrica in una condotta in pressione ovvero in un canale aperto; a tale scopo, si indichi con S_E la cadente energetica e con S_o la pendenza dell'asse della tubazione ovvero del fondo del canale. Detta $h_p = p/(\rho g)$ la altezza piezometrica, il sistema di equazioni per una *condotta in pressione* all'ascissa generica $x = x^*$ è dato da (Fig. 2.20):

$$H = h_p + \frac{V^2}{2g}; \qquad \frac{dH}{dx} = S_o - S_E, \qquad (2.55)$$

mentre per un *canale a pelo libero*, essendo h il tirante idrico, si ha

$$H = h + \frac{V^2}{2g}; \qquad \frac{dH}{dx} = S_o - S_E. \qquad (2.56)$$

La *sezione idrica A* di una condotta in pressione è data da $A = A(x)$ e tiene quindi conto della variazione della sezione trasversale nella direzione della corrente (Fig. 2.20a). Per una corrente a superficie libera, la sezione idrica A nella generica ascissa $x = x^*$ può variare sia per effetto del tirante idrico locale h che in funzione della progressiva lungo il canale, essendo espresso come $A = A(x, h)$. Se nelle Eq. (2.55) e (2.56) si pone la velocità V pari al rapporto Q/A e si derivano le equazioni rispetto all'ascissa x, nella ipotesi di portata Q costante, per *moto in pressione* si ottiene

$$\frac{dh_p}{dx} - \frac{Q^2}{gA^3}\frac{dA}{dx} = S_o - S_E \qquad (2.57)$$

e per *corrente a pelo libero*

$$\frac{dh}{dx} - \frac{Q^2}{gA^3}\frac{dA}{dx} = S_o - S_E. \qquad (2.58)$$

Per una condotta avente assegnata geometria, essendo noti la funzione della sezione $A(x)$, la pendenza dell'asse $S_o(x)$, la portata Q e la cadente S_E, l'Eq. (2.57) consente di determinare il valore locale della altezza piezometrica $h_p(x)$. Invece, la soluzione dell'Eq. (2.58) richiede ulteriori sviluppi; considerato che la *derivata totale* della funzione $A = A(x, h)$ è espressa come

$$\frac{dA}{dx} = \frac{\partial A}{\partial x} + \frac{\partial A}{\partial h} \cdot \frac{dh}{dx}, \qquad (2.59)$$

l'Eq. (2.58) può essere riscritta come segue:

$$\frac{dh}{dx}[1 - F^2] - \frac{Q^2}{gA^3} \frac{\partial A}{\partial x} = S_o - S_E. \qquad (2.60)$$

La analogia tra l'Eq. (2.57) e l'Eq. (2.60) mostra che i moti in pressione ed a superficie libera sono descritti dalla stessa equazione differenziale, purchè risulti $F^2 = Q^2/(gA^3)(\partial A/\partial h) = 0$, e cioè il *numero di Froude* (inglese: "Froude number") della corrente deve essere pari a zero. Come illustrato nel successivo capitolo 6, il parametro adimensionale F è fondamentale nella caratterizzazione della dinamica delle correnti a superficie libera. Le precedenti considerazioni dimostrano quindi che il moto in pressione rappresenta un caso particolare di moto a superficie libera; pertanto, nelle correnti a pelo libero possono essere adottati i medesimi coefficienti di perdita di carico localizzata (generalmente ottenuti da esperimenti su condotte in pressione) a patto che il valore del numero di Froude sia sufficientemente piccolo. In generale, il limite superiore è dato da $F = 1$, corrispondente alla condizione di *stato critico* (inglese: "critical flow"), in corrispondenza della quale il termine di pressione nell'Eq. (2.60) si azzera. Ai fini pratici, si raccomanda di utilizzare per le correnti a pelo libero le medesime valutazioni fin qui esposte, purchè il valore del numero di Froude sia approssimativamente inferiore a $F = 0.7$; al di sopra di tale valore, la analogia tra corrente in pressione e corrente a superficie libera viene a cadere in difetto, a causa degli effetti indotti dalla curvatura delle linee di corrente che si manifestano come *ondulazioni della superficie libera* (capitolo 1).

2.4.2 Principio di trasformazione

Come accennato in precedenza, il *principio di trasformazione*, per effetto del quale correnti in pressione ed a superficie libera possono essere trattate in modo analogo, ha notevole importanza ai fini pratici. Tale principio ha consentito di risparmiare il ricorso a lunghe ed impegnative indagini sperimentali mirate alla determinazione dei coefficienti di perdita localizzata per le correnti a pelo libero. Ciò nonostante, numerosi studi sono stati effettuati per dimostrare la trasferibilità dei coefficienti di perdita tra le due diverse condizioni di moto; peraltro, la corrente pratica progettuale si avvale di tale analogia, soprattutto in assenza di dati sperimentali specifici. Nel successivo capitolo 16, viene peraltro dimostrato che il *principio di trasformazione* da moto in pressione a moto a pelo libero conduce a risultati più che soddisfacenti nel caso di un manufatto di confluenza.

In tale contesto, si ritiene utile fornire un ulteriore contributo sull'argomento, basato su semplici valutazioni di carattere analitico. Ricordando la definizione di *carico*

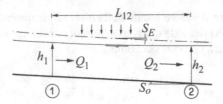

Fig. 2.21. Schema di una corrente a superficie libera

totale:

$$H = z + h + \frac{Q^2}{2gA^2} \tag{2.61}$$

riferito ad una sezione di ascissa $x = x^*$ (Fig. 2.21), ed indicando con S_E il valore medio della cadente tra due sezioni trasversali adiacenti, denotate con ① e ②, il principio di conservazione dell'energia può essere scritto come:

$$z_1 + h_1 + \frac{Q_1^2}{2gA_1^2} = z_2 + h_2 + \frac{Q_2^2}{2gA_2^2} + S_E L_{12}. \tag{2.62}$$

La *perdita di carico* $\Delta H_{12} = S_E L_{12}$ è pari alla somma della perdita di carico *continua* $\Delta H_R = S_f L_{12}$ e della perdita di carico *localizzata* $\Delta H_L = \xi_{12}(V_1^2/2g)$. Per una assegnata pendenza del canale S_o, il dislivello tra il fondo delle due sezioni è pari a $(z_1 - z_2) = S_o L_{12}$, da cui si ottiene (Fig. 2.21)

$$(S_o - S_f)L_{12} = h_2 - h_1 + \frac{Q_2^2}{2gA_2^2} - \frac{Q_1^2}{2gA_1^2}(1 - \xi_{12}). \tag{2.63}$$

L'Eq. (2.63) rappresenta la equazione fondamentale per il calcolo di un *profilo di rigurgito* lungo il tratto di lunghezza L_{12}, che tenga conto delle perdite di carico localizzate. Come si avrà modo di illustrare nel capitolo 8, per correnti lente sono assegnati i valori dei parametri nella sezione ② di valle, mentre quelli relativi alla sezione ① di monte, e specificamente il tirante idrico h_1, possono essere calcolati mediante l'Eq. (2.63), una volta assegnata la geometria del canale.

Le *correnti lente* ($F < 1$) si caratterizzano per una prevalenza della componente statica della pressione h rispetto ad una modesta componente cinetica $V^2/2g$; la *energia specifica*, misurata rispetto al fondo del canale, è espressa come

$$H_* = H(z = 0) = h + \frac{Q^2}{2gA^2}. \tag{2.64}$$

Per correnti lente con $F < 0.5$, si ottiene $Q^2/(2gA^2 h) \ll 1$; pertanto è possibile modificare la componente cinetica della pressione, ricorrendo ad una opportuna approssimazione. Assumendo che il valore della altezza cinetica si conservi costante lungo il tratto L_{12}, l'Eq. (2.63) può essere riscritta come

$$h_2 - h_1 = (S_o - S_f)L_{12} - \frac{Q_2^2}{2gA_2^2}\xi_{12}. \tag{2.65}$$

Quest'ultima relazione fornisce, in via esplicita, il valore incognito del tirante idrico h_1 di monte, allorchè il valore medio della cadente $S_{fa} = (S_{f1} + S_{f2})/2$ è sostituito dal valore *costante* della cadente $S_f = S_{f2}$; si ottiene quindi:

$$h_2 - h_1 = (S_o - S_{f2})L_{12} - \frac{Q_2^2}{2gA_2^2}\xi_{12}. \qquad (2.66)$$

Tale semplificazione è senz'altro valida, in quanto il valore della cadente dipende fortemente dal numero di Froude e tende a zero per piccoli valori di F. Inoltre, la lunghezza L_{12} è spesso sufficientemente piccola da poter ritenere trascurabili gli effetti delle resistenze continue al moto. L'Eq. (2.66) risulta di semplice applicazione ai fini pratici, consentendo il calcolo *esplicito* del tirante idrico h_1 nella sezione di monte. Per un canale in cui le resistenze al moto S_f siano approssimativamente compensate dalla pendenza di fondo S_o, l'Eq. (2.66) si riduce alla seguente relazione:

$$h_1 = h_2 + \frac{Q_2^2}{2gA_2^2}\xi_{12}. \qquad (2.67)$$

Nella pratica progettuale è frequente considerare il caso di canali che soddisfano la condizione $S_o = S_f$, in quanto la cadente S_f assume normalmente valori compresi tra 0.1% e 1%. L'Eq. (2.67) pone in evidenza che il tirante idrico di monte h_1 è pari al tirante idrico di valle h_2 cui va sommato il prodotto del coefficiente ξ_{12} per l'altezza cinetica $V_2^2/(2g)$. Nei successivi capitoli, si avrà modo di discutere l'applicazione delle equazioni fin qui illustrate.

Simboli

$\bar{a}$	[m]	luce libera tra le barre della griglia
A	[m²]	sezione idrica
$\bar{b}$	[m]	interasse tra le barre della griglia
c_{Re}	[-]	coefficiente di pulitura della griglia
c_w	[-]	coefficiente di resistenza di un ostacolo
C_d	[-]	coefficiente di contrazione
$\bar{d}$	[m]	spessore delle barre della griglia
D	[m]	diametro
D_o	[m]	diametro normalizzato rispetto a S_f e D
D^*	[-]	diametro relativo
f	[-]	coefficiente di resistenza
F	[-]	numero di Froude
g	[ms⁻²]	accelerazione di gravità
h	[m]	tirante idrico
h_p	[m]	altezza piezometrica
H	[m]	energia specifica
k_s	[m]	scabrezza in sabbia equivalente
k_s^*	[-]	scabrezza in sabbia normalizzata rispetto a D_o
$\bar{L}$	[m]	lunghezza delle barre della griglia

L_k	[m]	lunghezza del tronco rettilineo tra due curve in serie
L_{12}	[m]	distanza tra due sezioni trasversali
m	[-]	rapporto tra aree (confluenza)
n	[-]	rapporto tra aree (confluenza)
$1/n$	[$m^{1/3}s^{-1}$]	coefficiente di scabrezza di Manning
N	[-]	parametro di viscosità
p	[Nm^{-2}]	pressione
$\bar{p}$	[Nm^{-2}]	pressione media
p'	[Nm^{-2}]	pressione di fluttuazione turbolenta
p_d	[Nm^{-2}]	pressione dinamica
p_g	[Nm^{-2}]	pressione totale
p_s	[Nm^{-2}]	pressione statica
q	[-]	immissione relativa (confluenza)
$\hat{q}$	[-]	portata relativa
$\bar{q}$	[-]	rapporto di portata (biforcazione)
Q	[m^3s^{-1}]	portata
Q_o	[m^3s^{-1}]	portata normalizzata rispetto a S_f e D
r_v	[m]	raggio di curvatura dello smussamento
R	[m]	raggio di curvatura di un canale in curva
R_h	[m]	raggio idraulico
R_s	[m]	raggio della saracinesca semi-circolare
R	[-]	numero di Reynolds
s	[m]	altezza di luce libera
S	[-]	grado di apertura della saracinesca
S_E	[-]	cadente energetica totale
S_f	[-]	cadente piezometrica
S_o	[-]	pendenza di fondo
t_p	[m]	spessore della saracinesca
T	[-]	parametro di intensità turbolenta
V	[ms^{-1}]	velocità media
V_i	[ms^{-1}]	velocità di riferimento
x	[m]	ascissa
z	[m]	quota verticale
β_{Re}	[-]	coefficiente legato alla tipologia di griglia
K_v	[-]	coefficiente di invecchiamento
δ	[-]	angolo
δ_{Re}	[-]	angolo di inclinazione della griglia
ΔH	[-]	perdita di carico
ε	[-]	scabrezza relativa di parete
ϕ	[-]	rapporto di contrazione
Φ_e	[-]	coefficiente di influenza dell'angolo di espansione
μ	[-]	rapporto di velocità
ν	[m^2s^{-1}]	viscosità cinematica
ν^*	[-]	viscosità normalizzata rispetto a D_o e Q

ρ	[kgm^{-3}]	densità
ρ_p	[-]	smussamento relativo
ξ	[-]	coefficiente di perdita di carico localizzata
ξ_{12}	[-]	coefficiente di perdita di carico tra due sezioni trasversali
ζ_{Re}	[-]	coefficiente legato alla geometria della griglia
Ξ	[-]	rapporto tra i coefficienti di perdita

Pedici

a	canale di derivazione laterale (biforcazione), media
d	canale principale di valle (biforcazione)
e	divergente
k	curva circolare
L	localizzata
m	minimo
o	monte, canale principale (confluenza), canale di monte (biforcazione)
opt	ottimale
p	saracinesca
R	distribuita
r	regime di tubi scabri
Re	griglia
s	regime di tubi lisci
t	transizione
tot	totale, globale
T_t	manufatto di partizione a T
T_v	manufatto di confluenza a T
u	valle, canale di valle (confluenza)
v	convergente
z	immissione laterale (confluenza)
1	imbocco
2	sbocco

Bibliografia

1. Design and construction of sanitary and storm sewers. Manuals and Reports of Civil Engineering Practise 37. American Society of Civil Engineers, New York (1969).
2. Benedict R.P., Carlucci N.A., Swetz S.D.: Flow loss in abrupt enlargements and contractions. Journal of Engineering for Power **88**(1): 73–81 (1966).
3. Blevins R.D.: Applied fluid dynamics handbook. Van Nostrand Reinhold, New York (1984).
4. Chen J.J.J.: Systematic explicit solutions of the Prandtl and Colebrook-White equations for pipe flow. Proc. Institution Civil Engineers **79**: 383–389; **81**: 159–165 (1985).
5. Chow, V.T.: Open channel hydraulics. McGraw-Hill, New York (1959).
6. Eck B.: Technische Strömungslehre [Tecnica delle correnti idriche]. 9th edition. Springer, Heidelberg Berlin New York (1991).

7. Favre H.: Sur les lois régissant le mouvement des fluides dans les conduites en charge avec adduction latéral. Revue Universelle des Mines **80**: 502–512 (1937).

8. Gardel A.: Les pertes de charge dans les écoulements au travers de branchements en té. Bulletin Technique de la Suisse Romande **83**(9): 123–130; **83**(10): 143–148 (1957).

9. Gardel A. : Perte de charge dans un étranglement conique. Bulletin Technique de la Suisse Romande **88**(21): 313–320; **88**(22): 325–337 (1962).

10. Gardel A., Rechsteiner G.F.: Les pertes de charge dans les branchements en té des conduites de section circulaire. Bulletin Technique de la Suisse Romande **96**(25): 363–391 (1970).

11. Hager W.H.: An approximate treatment of flow in branches and bends. Proc. Institution of Mechanical Engineers **198C**(4): 63–69 (1984).

12. Hager W.H.: Die Berechnung turbulenter Rohrströmungen [Il calcolo delle correnti in pressione in regime turbolento]. 3R-International **26**(2): 116–121 (1987).

13. Hager W.H.: Stömungsverhältnisse in Rohr- und Kanal-Erweiterungen [Comportamento idraulico di manufatti di espansione per tubazioni e canali] Österreichische Wasserwirtschaft **42**(11/12): 305–312 (1990).

14. Hager W.H.: Kniekrümmer [Curve a spigolo vivo]. 3R-International **32**(2/3): 94–100 (1992).

15. Idel'cik I.E.: Memento des pertes de charge. 2nd edition. Eyrolles, Paris (1979).

16. Idel'cik I.E.: Handbook of hydraulic resistance. Hemisphere Publishing Corporation, Washington (1986).

17. Ito H.: Pressure losses in smooth pipe bends. Journal of Basic Engineering **82**: 131–143 (1960).

18. Ito H., Imai K.: Energy losses at 90° pipe junctions. Journal of the Hydraulics Division ASCE **99**(HY9): 1353–1368; **100**(HY8): 1183–1185; **100**(HY9): 1281–1283; **100**(HY100): 1491–1493; **101**(HY6): 772–774 (1973).

19. Knapp F.H.: Ausfluss, Überfall und Durchfluss im Wasserbau [Processi di efflusso, sfioro ed attraversamento nei manufatti idraulici]. Braun, Karlsruhe (1960).

20. Miller D.S.: Internal flow. BHRA, Cranfield-Bedford (1971).

21. Miller D.S.: Internal flow systems. BHRA Fluid Engineering, Cranfield-Bedford (1978).

22. Miller D.S.: Discharge characteristics. IAHR Hydraulic Structures Design Manual 8. Balkema, Rotterdam (1994).

23. Naudascher E.: Hydraulik der Gerinne und Gerinnebauwerke [Idraulica dei canali e dei manufatti]. Springer, Wien (1987).

24. Richter H.: Rohrhydraulik [Idraulica delle tubazioni]. Springer, Heidelberg Berlin New York (1971).

25. Schedelberger J.: Schliesscharakteristiken von Einplattenschiebern [Caratteristiche di chiusura di saracinesche a corpo piatto]. 3R-International **14**(3): 174–177 (1975).

26. Schröder R.C.M.: Hydraulische Methoden zur Erfassung von Rauheiten [Metodi idraulici per la definizione della scabrezza]. DVWK Schrift 92. Parey, Hamburg Berlin (1990).

27. Sinniger R.O., Hager W.H.: Constructions hydrauliques – Ecoulements stationnaires. Presses Polytechniques Romandes, Lausanne (1989).

28. Vischer D.: Die zusätzlichen Verluste bei Stromvereinigung in Druckleitungen [Le perdite di carico localizzate nei manufatti di confluenza]. Dissertation TH Karlsruhe, appeared also as Arbeit 147, Th. Rehbock-Laboratorium, Karlsruhe (1958).

29. Ward-Smith A.I.: Internal fluid flow. Clarendon Press, Oxford (1980).

30. Zigrang D.J., Sylvester N.D.: Discussion to "A simple explicit formula for the estimation of pipe friction factor", von J.J.J. Chen. Proc. Institution Civil Engineers **79**: 218–219 (1985).

3

Il progetto del sistema fognario

Sommario Nell'ambito della attività di progettazione di un sistema di drenaggio urbano, il dimensionamento idraulico dei manufatti rappresenta una fase cruciale di estrema importanza. Di norma, la progettazione viene effettuata sulla base di due particolari valori della portata di progetto: la *portata minima* e la *portata massima*. Il valore della portata minima condiziona alcune tra le più importanti scelte progettuali, quale ad esempio la definizione della pendenza dei collettori, in quanto da essa dipendono i processi di sedimentazione che possono verificarsi in fognatura. Di contro, la portata massima di progetto risulta determinante nella individuazione delle dimensioni da assegnare alle canalizzazioni fognarie. Ovviamente, le principali difficoltà progettuali scaturiscono dal fatto che, a meno di casi particolari, la portata massima e quella minima differiscono di almeno due ordini di grandezza. Nella parte conclusiva, viene discussa la geometria della sezione ottimale da adottare nei canali fognari.

3.1 Introduzione

La progettazione di un sistema fognario va eseguita con estrema cautela; essa deve scaturire da procedure chiare e consolidate, tenendo in opportuno conto i valori estremi della portata di progetto: portata minima e portata massima.

Con riferimento alla *portata massima* (paragrafo 3.2), bisogna verificare che i collettori fognari siano in grado di convogliare la portata di progetto con adeguati valori del franco idraulico; a tale scopo, in via semplificativa, viene generalmente considerata la condizione di *moto uniforme* (capitolo 5). In presenza di singolarità idrauliche, quali brusche variazioni di pendenza, di sezione o di portata, la approssimazione del moto uniforme non è più accettabile; in tali condizioni, è opportuno fare riferimento alle condizioni di *moto permanente*, procedendo al calcolo dei corrispondenti profili di corrente (capitolo 8), al fine di verificare che le sezioni di progetto siano effettivamente in grado di convogliare la portata massima.

Per quanto concerne la condizione di deflusso della *portata minima*, essa va attentamente valutata al fine di prevenire pericolosi fenomeni di accumulo di sedimenti che, depositandosi sul fondo delle canalizzazioni, tendono a ridurne la sezione utile, oltre a comportare effetti sgradevoli sull'ambiente. Per tali motivi, bisogna assicurarsi che, soprattutto quando il rapporto tra la portata massima e quella minima è molto

Gisonni C., Hager W.H.: Idraulica dei sistemi fognari. Dalla teoria alla pratica.
DOI 10.1007/978-88-470-1445-9_3, © Springer-Verlag Italia 2012

elevato, sia garantito il trasporto dei solidi all'interno dei collettori fognari per effetto di un adeguato valore delle azioni tangenziali agenti sul fondo. Nel paragrafo 3.3 vengono descritte alcune procedure di calcolo, con le corrispondenti raccomandazioni operative. In generale, gli approcci utilizzati si basano sull'assunzione di un valore dello 'sforzo tangenziale minimo' sul fondo del canale; tale principio comporta che dovrà essere garantita una velocità minima di deflusso, il cui valore cresce all'aumentare delle dimensioni della sezione del collettore.

Fino ad oggi gli effetti dell'abrasione e dell'invecchiamento sugli spechi fognari sono stati valutati solo in casi eccezionali. Tali aspetti non possono essere trattati in via generale e devono essere valutati sulla base di dati raccolti in situazioni simili a quella per cui si sta eseguendo la progettazione. Pfeiff [20] affermò che le massime velocità di deflusso dovrebbero essere contenute entro i 5 ms^{-1}; tale valore, peraltro, è raccomandato per le fognature miste e pluviali nella Circolare del Ministero dei Lavori Pubblici n. 11633 del 7 gennaio 1974 [16], contenente le "Istruzioni per la progettazione delle fognature e degli impianti di trattamento delle acque di rifiuto". Ad ogni modo, oggigiorno esistono collettori fognari in esercizio, con pendenze particolarmente elevate, caratterizzati da valori massimi delle velocità di progetto anche superiori a 10 ms^{-1}, per i quali non si sono manifestati significativi effetti dovuti all'abrasione; evidentemente, in tali condizioni vanno assunte particolari cautele all'atto della scelta del materiale costituente le pareti delle canalizzazioni, ovvero prevedendo opportuni rivestimenti delle stesse.

Nella pratica progettuale, le canalizzazioni fognarie hanno sezioni prevalentemente di tipo circolare, ovoidale e rettangolare. Laddove non sia specificamente indicato, nei paragrafi seguenti, si farà riferimento alla sezione circolare, diffusamente utilizzata per la realizzazione di collettori fognari.

3.2 Portata massima

3.2.1 Dimensionamento della sezione

Com'è noto, il deflusso delle portate di progetto nei collettori fognari avviene in condizioni di moto a superficie libera, a meno di condizioni eccezionali, quali ad esempio gli impianti di sollevamento (capitolo 4). Per un primo dimensionamento idraulico della sezione, in prima approssimazione, è possibile fare riferimento alla condizione di deflusso a *sezione piena* (anche denominata a bocca piena), ovvero quella condizione di moto che rappresenta la transizione tra deflusso a superficie libera e deflusso in pressione (inglese: "flowing full condition"). Come verrà spiegato nel capitolo 5, questa particolare condizione di funzionamento è assolutamente teorica e non è riproducibile in laboratorio. In una sezione circolare, il valore della portata convogliata a sezione piena è pressoché pari a quello corrispondente alla condizione di deflusso a superficie libera con un grado di riempimento pari a circa l'85%; per tale motivo, è possibile dimensionare un collettore fognario, prendendo a riferimento la portata convogliata a sezione piena, dal momento che la stessa portata verrà convogliata con un

Tabella 3.1. Viscosità cinematica v di acque reflue in funzione della temperatura T_s

T_s [°C]	5	10	15	20	25	30
$v \cdot 10^6$ [m^{2}s^{-1}]	1.52	1.31	1.15	1.01	0.90	0.80

grado di riempimento prossimo all'85% della sezione, e quindi con un franco idrico pari al 15%.

La condizione di deflusso a sezione piena (pedice v) si distingue dalla condizione con sezione con riempimento parziale (inglese: "part-full flow") per il fatto che la geometria della sezione ha una espressione più semplice, che meglio si presta a calcoli preliminari. Si consideri una generica sezione circolare, la cui area è ovviamente pari a $A_v = (\pi/4)D^2$, essendo D il diametro del collettore; per la stessa sezione sono definiti, inoltre, il perimetro bagnato $P_v = \pi D$ ed il raggio idraulico $R_{hv} = A_v/P_v = D/4$ (capitolo 5). Utilizzando la formula di resistenza di Colebrook e White (capitolo 2), la portata relativa $q_r = Q_v/(S_E g D^5)^{1/2}$ può essere espressa dalla relazione

$$q_r = -\frac{\pi}{\sqrt{2}} \log \left[\frac{2.51v}{(2gS_E D^3)^{1/2}} + \frac{k_s}{3.71D} \right], \qquad (3.1)$$

in cui v è la viscosità cinematica, g l'accelerazione di gravità, S_E la cadente energetica e k_s la scabrezza equivalente in sabbia. L'Eq. (3.1) può essere riscritta come

$$q_r = -\frac{\pi}{\sqrt{2}} \log \left[1.77 q_r R_r^{-1} + 0.27 \kappa_s \right]. \qquad (3.2)$$

Di conseguenza, la portata relativa q_r dipende dal numero di Reynolds riferito al diametro $R_r = Q/(vD)$ e dalla scabrezza relativa $\kappa_s = k_s/D$. Il numero di Reynolds R_r e la scabrezza relativa in sabbia κ_s rendono rispettivamente conto dell'effetto della viscosità del fluido e del materiale con cui sono rivestite le pareti dello speco fognario.

La viscosità v per una corrente puramente idrica varia essenzialmente con la temperatura T_s del fluido. Nella seguente Tabella 3.1 sono riportati i valori suggeriti dall'ATV [2]; nel caso di acque reflue, viene generalmente assunta una viscosità pari a $v = 1.31 \times 10^{-6}$m^{2}s^{-1}, in modo da tenere conto sia della temperatura del fluido che della presenza di sostanze all'interno della massa idrica.

L'Eq. (3.1) contiene ben sei parametri, Q_v, S_E, g, D, v e k_s; pertanto, è necessario che cinque di essi siano noti, affinché il sesto possa essere determinato. Nella procedura di calcolo del diametro, il parametro D compare nei tre parametri relativi q_r, R_r e κ_s presenti nell'Eq. (3.2), per cui sembrerebbe che il problema di progetto risulti indeterminato. In realtà, in condizioni di moto uniforme (capitolo 5), la cadente energetica S_E è pari alla pendenza al fondo S_o, per cui il diametro può essere determinato usando una formulazione esplicita (paragrafo 2.2). Ulteriori dettagli circa le procedure di calcolo sono illustrate nel capitolo 5.

3.2.2 Scabrezza effettiva

Ai fini progettuali, la esatta conoscenza del valore da assegnare alla scabrezza equivalente dipende dalle condizioni di moto della corrente idrica (capitolo 2). In particolare, se l'effetto delle azioni viscose è predominante (*regime di moto turbolento in condotti lisci*; inglese: "smooth turbulent flow regime") non è necessario conoscere precisamente il valore della scabrezza equivalente in sabbia k_s. Viceversa, se la corrente si trova in *regime di turbolenza in condotti scabri* (inglese: "rough turbulent flow regime"), per cui l'effetto della viscosità diviene trascurabile, bisogna disporre a priori di un'indicazione relativa la scabrezza equivalente in sabbia. In presenza di un *regime intermedio* (o *di transizione*; inglese: "transition regime"), circostanza ricorrente nella progettazione di sistemi fognari, è altrettanto importante conoscere il valore da attribuire alla scabrezza equivalente in sabbia k_s.

Le forze resistenti al moto sono essenzialmente dovute alla viscosità del fluido e alla scabrezza del materiale costituente le pareti; tali azioni giocano un ruolo fondamentale nel bilancio energetico di una corrente idrica defluente in un collettore fognario. In linea generale, vanno poi considerate anche altre azioni resistenti, quale ad esempio la perdita di energia aggiuntiva indotta dalla presenza di un canale non prismatico, già discussa nel capitolo 2. Secondo il principio di conservazione dell'energia, le perdite d'energia possono essere calcolate mediante l'uso di un unico coefficiente di perdita, il quale, moltiplicato per l'altezza cinetica della corrente, tiene conto degli effetti di tutte le azioni che concorrono al fenomeno di resistenza al moto della corrente. In alternativa, si possono combinare tutti i fattori che concorrono alla perdita di energia, adottando un valore maggiore della scabrezza propria delle pareti; viene quindi ad essere introdotta la cosiddetta *scabrezza di calcolo* (inglese: "operative roughness") k_b che consente di calcolare la perdita di carico totale. Attraverso questo modello di rappresentazione, le singole perdite di carico risultano distribuite lungo l'intero tratto fognario e vengono espresse mediante un valore medio della scabrezza. La procedura basata sulla *scabrezza di calcolo* [2, 10] presenta certamente il vantaggio di inglobare in un unico parametro gli effetti delle singole perdite di carico, agevolando così la procedura di calcolo. D'altra parte, bisogna fare attenzione a non assegnare valori troppo alti alla scabrezza di calcolo perché, per canalizzazioni di notevole lunghezza, tale assunzione potrebbe comportare un sovradimensionamento della sezione del collettore, con conseguenti aggravi di costo dell'opera.

In linea generale, la scabrezza di calcolo k_b tiene conto dei seguenti fattori che influenzano le resistenze al moto [2]:

- scabrezza della parete;
- imperfezioni costruttive;
- presenza di giunti lungo la condotta;
- forma dell'imbocco del canale;
- presenza di pozzetti e manufatti lungo il canale.

Per la definizione dei valori della scabrezza equivalente in sabbia k_s si rimanda alle Tabelle riportate nel capitolo 2; ai fini del dimensionamento idraulico, si raccomanda di tenere sempre in conto l'effettiva scabrezza della parete dello speco in condizioni di esercizio corrente. Ovviamente, per la valutazione della scabrezza di calcolo k_b, bisognerebbe anche aggiungere l'effetto dei seguenti fattori:

*   riduzione della larghezza della sezione, per effetto di depositi o incrostazioni;
*   presenza di manufatti di confluenza;
*   presenza di dispositivi limitatori di portata e di tratti caratterizzati da moto in pressione.

L'ATV [2] fornisce alcune indicazioni per la stima della riduzione del diametro di una canalizzazione fognaria, ma si tratta di valutazioni di massima che possono essere normalmente trascurate. In via cautelativa, laddove non si abbia la disponibilità di misure puntuali, per fognature circolari in esercizio da lungo tempo si può assumere una riduzione del 5% del diametro nominale del collettore.

Secondo l'ATV [2], in presenza di un salto sul fondo di altezza pari a $D/20$, con D diametro del collettore, la perdita di carico localizzata può essere trascurata.

Per quanto riguarda i manufatti di confluenza ed altri pozzetti particolari (capitolo 16), le perdite di carico possono essere stimate caso per caso.

Nella Tabella 3.2 sono riportati alcuni valori raccomandati dall'ATV [2] per il coefficiente globale k_b, la cui adozione resta sempre affidata alla scelta critica del progettista. Le perdite dovute alla sola scabrezza k_s delle pareti dello speco fognario vanno valutate sulla base di un valore minimo, per cui risulta generalmente $k_s \geq 0.2$ mm. L'ATV [2] suggerisce l'approccio basato sull'assunzione di un coefficiente globale, sia in fase di progettazione di nuovi collettori che in fase di verifica della capacità idrovettrice di collettori esistenti, adottando i valori di k_b precedentemente riportati in tabella. Nel caso di canali con sezioni particolari e di collettori in calcestruzzo gettati in opera, in assenza di specifiche informazioni, è opportuno adottare una scabrezza di calcolo pari a $k_b = 1.5$ mm.

Tabella 3.2. Valori della scabrezza di calcolo k_b [mm] suggeriti dalla ATV [2]: a) senza perdite dovute allo sbocco o corrente in curva; b) senza presenza di tratti con moto in pressione

Casi di applicazione	k_b [mm]
Condotte limitatrici di portata[a], Sifoni rovesci[a,b] e tronchi fognari rivestiti senza pozzetti	0.25
Collettori secondari rettilinei con pozzetti di ispezione	0.50
Collettori principali rettilinei con pozzetti di ispezione, collettori secondari con pozzetti e manufatti speciali	0.75
Collettori principali con pozzetti e manufatti speciali, canali in muratura, canali in calcestruzzo gettati in opera, fognature con condotte in materiale non normato o in assenza di informazioni relative la scabrezza	1.50

3.3 Portata minima

3.3.1 Considerazioni progettuali

Vicari [32] indicò che, per collettori fognari, dovessero essere soddisfatte due condizioni in presenza della portata minima Q_m (pedice m):

- tirante idrico minimo $h_m = 3$ cm;
- sforzo tangenziale minimo al fondo $\tau_{om} = 2.5$ N/m^2.

Sulla base di tali indicazioni, può essere effettuata la verifica o il dimensionamento di un collettore fognario per il convogliamento della minima portata di progetto.

Ackers et al. [1] hanno eseguito uno studio sistematico riguardante l'invecchiamento dei collettori fognari, giungendo alle seguenti conclusioni:

- l'evoluzione temporale del rivestimento di un collettore fognario dipende significativamente dalle condizioni di deflusso e dalla natura delle acque reflue convogliate. Lo spessore del rivestimento tende rapidamente verso un valore limite;
- in presenza di elevate velocità di deflusso, il rivestimento si degrada maggiormente che in presenza di velocità minori;
- per spessori del rivestimento inferiori a 3 mm, può essere adottata la stessa scabrezza superficiale riferita alla condizione di tubi nuovi. Oltre tale spessore limite, le resistenze al moto aumentano in maniera netta;
- nei collettori il cui fondo è ricoperto da ghiaia e che convogliano correnti caratterizzate da numeri di Froude circa pari a 0.5, si formano onde stazionarie cui sono associati elevati valori delle resistenze al moto;
- sono consigliati valori della scabrezza equivalente pari a $k_s = 1.5$ mm per collettori in condizioni ordinarie con rivestimento di spessore inferiore a 5 mm, $k_s = 0.5$ mm per collettori in buone condizioni e $k_s = 3$ mm in cattive condizioni. I valori della scabrezza possono aumentare fino a 25 mm per collettori con notevoli incrostazioni ed essere ancora più elevati per canalizzazioni fognarie con depositi di materiale grossolano sul fondo.

Secondo Smith [28], un collettore dovrebbe essere in grado di convogliare la portata massima, ma anche di garantire la condizione di auto-pulitura in presenza della portata minima, proponendo una procedura progettuale basata sul concetto di velocità minima di deflusso.

Al principio della *velocità minima* di auto-pulitura sono ispirate anche le indicazioni della normativa tecnica italiana [16], la quale raccomanda che sia rispettata una velocità almeno pari a 0.50 ms^{-1} in corrispondenza del deflusso della portata media nera.

3.3.2 La procedura di Yao

Yao [33] ha evidenziato che la *velocità minima in fogna* dipende dalle caratteristiche delle pareti a contatto con la corrente, dai sedimenti eventualmente presenti e dal tirante idrico. Invece del concetto di velocità minima, è possibile fare riferimento a quello della sussistenza di un valore minimo dello sforzo tangenziale alla parete.

Affinché una particella possa depositarsi sul fondo della sezione idrica, la pendenza delle pareti del canale deve essere inferiore all'angolo di attrito interno dei sedimenti. Secondo Lysne [12], è possibile assumere un valore medio dell'angolo di attrito interno pari a 35°; pertanto, in una sezione circolare, il fenomeno di accumulo di sedimenti può avere luogo solo per gradi di riempimento inferiori al 10%, e cioè dove la pendenza delle pareti è sub-orizzontale.

In canali a pelo libero, lo *sforzo tangenziale medio* τ_o al fondo in condizioni di moto uniforme è dato dalla nota relazione

$$\tau_o = \rho g R_h S_o, \tag{3.3}$$

in cui ρ è la densità del fluido, g l'accelerazione di gravità, R_h il raggio idraulico ed S_o la pendenza al fondo. Lungo il perimetro della sezione idrica, lo sforzo tangenziale τ varia dal valore massimo, in corrispondenza del fondo, a quello minimo sulla superficie libera. Nei collettori fognari in cui il grado di riempimento è piccolo, la variazione locale di τ è trascurabile ed il suo valore può essere ritenuto costante.

La condizione di inizio del moto della singola particella sul fondo del canale può essere valutata mediante il calcolo dello *sforzo tangenziale minimo* τ_{om} che, per sedimenti sabbiosi, può essere effettuato dall'*abaco di Shields* [8, 21]. Nella pratica tecnica, questa valutazione andrebbe fatta sulla base di dati sperimentali ottenuti in sistemi fognari reali, ed è pertanto di difficile determinazione. Yao [33] raccomanda, per i sistemi fognari separati, di assumere un valore dello sforzo tangenziale minimo al fondo τ_{om} compreso tra 1 e 2 N/m^2, per particelle di diametro compreso tra 0.2 mm e 1 mm; per i sistemi misti, invece, vengono suggeriti valori compresi tra 3 e 4 N/m^2. Applicando la formula di Manning e Strickler, in cui $K = 1/n$ è il coefficiente di scabrezza, la portata convogliata a sezione piena (pedice v) in un collettore circolare è pari a

$$Q_v = 0.62(1/n)(\tau_o/\rho)^{1/2}D^{13/6}. \tag{3.4}$$

Da un confronto tra il concetto di velocità minima costante V_m e quello di sforzo tangenziale costante sul fondo, si deduce che, per un prefissato valore di V_m, si ha un effetto di auto-pulitura minore all'aumentare del diametro del collettore.

L'Eq. (3.3) può anche essere interpretata come una relazione tra la pendenza del canale S_o, il diametro del collettore D e lo sforzo tangenziale al fondo τ_o; infatti, dalle caratteristiche geometriche della sezione circolare (Tabella 5.3) è possibile ritenere approssimativamente $R_h = 0.1 \cdot D \approx D/g$, per gradi di riempimento $0.15 < y < 0.20$, per cui la Eq. (3.3) può essere riscritta come

$$S_o = \tau_o/(\rho D). \tag{3.5}$$

Per valori costanti di τ_o/ρ, più grande è il diametro e minore sarà la pendenza al fondo richiesta. È possibile ottenere una relazione che lega la velocità di deflusso a sezione piena V_v, il diametro D ed la tensione sul fondo (τ_o/ρ), ovvero

$$\frac{V_v}{(1/n)D^{1/6}(\tau_o/\rho)^{1/2}} = 0.79. \tag{3.6}$$

Esempio 3.1. In un collettore fognario di diametro pari a 500 mm, con $1/n = 85 \mathrm{m}^{1/3}\mathrm{s}^{-1}$, ponendo lo sforzo tangenziale minimo al fondo al fondo pari a 2 N/m², qual è la velocità minima da garantire in condizioni di deflusso a sezione piena?

Dall'Eq. (3.6) si ricava $V_v = 0.79 \cdot 85 \cdot 0.5^{1/6}(0.2/1000)^{1/2} = 0.85 \mathrm{ms}^{-1}$. Dunque, la corrispondente portata è $Q_v = 0.85(\pi/4)0.5^2 = 0.167 \mathrm{m}^3\mathrm{s}^{-1}$.

Per correnti *in condizioni di parziale riempimento* (pedice *t*) bisogna utilizzare il raggio idraulico e, secondo l'Eq. (3.3), la velocità corrispondente risulta pari a

$$V_t = 1/n(\tau_o/\rho)^{1/2}R_h^{1/6}. \tag{3.7}$$

Quando si abbiano valori ridotti del grado di riempimento, ovvero $y = h/D < 1/2$, è possibile calcolare il raggio idraulico mediante la seguente relazione, caratterizzata da un errore contenuto entro l'1%

$$R_h/D = \frac{2}{3}y\left(1 - \frac{1}{2}y\right). \tag{3.8}$$

Dalle Eq. (3.7) e (3.8) si può ricavare il valore della velocità in condizioni di parziale riempimento V_t mediante la relazione

$$\frac{V_t}{(1/n)D^{1/6}(\tau_o/\rho)^{1/2}} = 0.935y^{1/6}(1 - 0.08y). \tag{3.9}$$

Esempio 3.2. Determinare la velocità minima per un grado di riempimento pari al 15%, nel caso dell'Esempio 3.1.

Con $y = 0.15$, il membro destro dell'Eq. (3.9) equivale a $0.935 \cdot 0.15^{1/6}(1 - 0.08 \cdot 0.15) = 0.67$ e quindi risulta $V_t = 0.67 \cdot 85 \cdot 0.5^{1/6}(0.2/1000)^{1/2} = 0.72 \mathrm{ms}^{-1}$. Dunque, in tal caso la velocità minima è di poco inferiore (circa il 15%) al valore corrispondente alla condizione di deflusso a sezione piena.

La Tabella 3.3 fornisce i rapporti tra le velocità in condizioni di parziale riempimento e quelle in condizioni di sezione piena, per un numero rappresentativo di gradi di riempimento. Si può notare che, per gradi di riempimento superiori al 40%, si ha una influenza marginale sul valore della velocità minima.

Per un grado di riempimento minimo pari al 5%, dall'Eq. (3.9) si ottiene

$$\frac{V_t}{(1/n)D^{1/6}(\tau_o/\rho)^{1/2}} = 0.57. \tag{3.10}$$

In presenza di uno sforzo tangenziale minimo pari a $\tau_o = 2$ N/m² e ponendo $(1/n) = 85 \mathrm{m}^{1/3}\mathrm{s}^{-1}$, l'Eq. (3.10) consente di calcolare i valori della velocità minima V_t per

Tabella 3.3. Rapporto tra le velocità minime $\mu_t = V_t/V_v$ in condizioni di parziale riempimento e di sezione piena in un collettore circolare

Grado di riempimento y	0.05	0.1	0.2	0.4	0.6	0.8	1
Rapporto μ_t	0.72	0.80	0.89	0.98	[1.09]	[1.13]	1

Tabella 3.4. Valori della velocità minima V_t, per un grado di riempimento pari al 5% e con $1/n = 85 \text{ m}^{1/3}\text{s}^{-1}$, ricavati in base all'Eq. (3.10)

D [mm]	150	200	250	300	400	500	600	700	800
V_t [ms^{-1}]	0.50	0.52	0.54	0.56	0.59	0.61	0.63	0.65	0.66

900	1000	1200	1400	1500	1600	1800	2000	2500
0.67	0.69	0.71	0.72	0.73	0.74	0.76	0.77	0.80

diversi valori del diametro D del collettore, come riportato nella Tabella 3.4. Per un diametro pari a 150 mm, la velocità minima corrispondente risulta pari a 0.50 ms^{-1} ed aumenta fino a 0.80 ms^{-1} per un collettore fognario di diametro pari a 2500 mm. Alla luce delle suddette considerazioni, per i diametri maggiormente utilizzati, sarebbe opportuno adottare approssimativamente un valore della velocità minima compresa tra 0.60 e 0.70 ms^{-1}.

Ulteriori ricerche sperimentali finalizzate alla definizione della pendenza minima richiesta per evitare la sedimentazione di sabbie e ghiaie sul fondo dei collettori fognari sono state eseguite da Novak e Nalluri [18], Mayerle et al. [15], Butler et al. [3], e Nalluri e Ab Ghani [17]. Hager [9] ha presentato uno stato dell'arte sulle ricerche aggiornate alla fine del secolo scorso.

3.3.3 Procedura ATV

L'ATV [2] propone una procedura basata sui lavori di Macke [13,14] e Sander [23], che può essere riassunta in una tabella in cui, al variare del diametro del collettore e per gradi di riempimento pari al 50%, sono riportati i valori delle velocità minime V_m e delle corrispondenti pendenze minime del collettore S_{om}, tali da scongiurare il deposito di materiale solido. La relazione sussistente tra il diametro D del collettore, V_m e S_{om} è riprodotta dai valori riportati nella Tabella 3.5. Inoltre, la relazione che lega D a V_m può anche essere espressa come

$$V_m \text{ [ms}^{-1}] = 0.5 + 0.55D \text{ [m]}. \tag{3.11}$$

I valori di V_m ottenuti dall'Eq. (3.11) sono in accordo con quelli riportati nella Tabella 3.5 per diametri inferiori a 300 mm; oltre tale limite, l'ATV raccomanda velocità maggiori. Per un grado di riempimento pari al 10%, le velocità minime ricavate dall'Eq. (3.11) andrebbero aumentate di circa il 10%.

Schütz [27] ha evidenziato l'effetto del rigurgito sulle condizioni di auto-pulitura; infatti, tutte le relazioni fin qui illustrate sono valide solo in condizione di moto uniforme. In particolare, in corrispondenza di manufatti di confluenza, bisogna porre particolare attenzione agli effetti di rigurgito indotti dalla presenza di una immissione laterale. Schütz propose la seguente relazione empirica

$$S_{om} [-] = 1/D \text{ [mm]}, \tag{3.12}$$

Tabella 3.5. Velocità minima V_m e corrispondente pendenza minima S_{om} in funzione del diametro della condotta D, per un grado di riempimento pari al 50%. Per gradi di riempimento compresi tra 10% e 20%, il valore di V_m va aumentato di circa il 10% [2]

D [mm]	150	200	250	300	400	500	600	800	1000
V_m [ms^{-1}]	0.48	0.50	0.52	0.56	0.67	0.76	0.84	0.98	1.12
S_{om} [%]	0.27	0.20	0.16	0.15	0.14	0.14	0.14	0.13	0.13
	1200	1400	1500	1600	1800	2000	2200	2400	3000
	1.24	1.34	1.39	1.44	1.54	1.62	1.72	1.79	2.03
	0.12	0.12	0.12	0.12	0.12	0.11	0.11	0.11	0.11

secondo la quale la pendenza minima di un collettore di diametro pari a 1000 mm deve essere almeno pari a 0.1%. Analogamente, per un diametro di 250 mm è sufficiente una pendenza minima $S_{om} = 0.4\%$.

Sander [23] rilevò una dimensione media dei sedimenti fognari pari a $d = 0.35$ mm; inoltre, stabilì che il grado di riempimento dovrebbe essere posto pari al 10% e lo sforzo tangenziale minimo al fondo uguale a 0.8 Nm^{-2}. Per diametri inferiori a $D = 1$ m, per contrastare la sedimentazione a lungo termine, viene quindi raccomandata una pendenza minima del collettore pari a

$$S_{om} = 1.2\%_0 D^{-1} \text{ [m]}. \tag{3.13}$$

Per collettori con $D > 1$ m, non si dovrebbero adottare pendenze inferiori alla *pendenza minima assoluta* $S_o = 1.2\%_0$. L'Eq. (3.12) andrebbe quindi modificata a seconda che si tratti di piccoli o grandi valori del diametro del collettore. L'applicazione della Eq. (3.13) ha trovato buoni riscontri in alcuni sistemi fognari e risulta appropriata per applicazioni in cui sono presenti le acque reflue civili.

3.4 Spechi fognari

In passato i collettori fognari sono stati realizzati facendo ricorso a sezioni di varia geometria (Fig. 3.1). Ad esempio, Carson et al. [4] definirono diverse geometrie: la sezione *a maniglia* (inglese: "handle cross-section"), simile ad una sezione a ferro di cavallo con un tratto intermedio di pareti verticali e la volta costituita da una semicerchio, la sezione *gotica* (inglese: "gothic section") con un arco a sesto acuto, la sezione ovoidale (inglese: "egg-shaped section"), oltre che la classica sezione circolare.

French [7] confrontò le sopra citate quattro tipologie di sezione valutando, a parità di portata, le rispettive velocità di deflusso mediante l'applicazione della formula di Kutter. La sezione ovoidale è stata identificata come la sezione trasversale caratterizzata dalla *maggiore capacità idrovettrice* per gradi riempimento fino al 35%, mentre per tiranti idrici maggiori le sezioni si equivalgono presentando caratteristiche idrauliche con scarti inferiori al 5%. French definì la sezione circolare come quella che

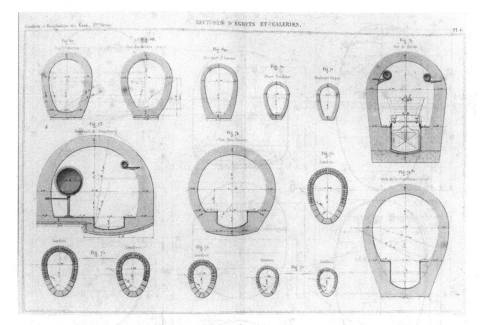

Fig. 3.1. Sezioni tipo di collettori utilizzati nella città di Parigi [6]

presenta complessivamente il comportamento migliore, evidenziando una maggiore predisposizione a fenomeni di sedimentazione nella sezione ovoidale rispetto alla corrispondente sezione circolare. Lo studio descriveva trenta sezioni tra quelle maggiormente utilizzate all'epoca negli USA, fornendo le caratteristiche idrauliche di tali sezioni in condizioni di deflusso a sezione piena.

Donkin [5] confrontò la sezione circolare con quella ovoidale e quella ad U, valutandole sia da un punto di vista sia idraulico che economico, concludendo che la sezione ad U realizzata in mattoni rappresenta, seppur di poco, la migliore soluzione rispetto alle altre due. Ovviamente, tali conclusioni non possono essere ritenute valide ai giorni nostri, visti i notevoli progressi tecnologici che si sono recentemente registrati nel campo delle tubazioni prefabbricate.

Thormann [29,30] introdusse una sorta di *standardizzazione* delle varie tipologie di sezione trasversale dei collettori fognari. Furono proposte quindici sezioni, tutte con geometria policentrica, assimilabili a sezioni di tipo ovoidale o a ferro di cavallo (Fig. 3.2). Dette B la larghezza e T l'altezza utile della sezione, furono proposte sezioni con sei diversi valori del rapporto $B : T = 2 : \alpha_p$, assegnando i valori $\alpha_p = 3.5$, 3, 2.5, 2, 1.5 e 1. Si ottengono quindi molteplici tipologie di sezione, tra cui:

- sezioni ovoidali che a loro volta si differenziano in: molto alte, normali e ribassate;
- sezioni circolari molto alte e normali;
- sezioni con calotta o a cappa (inglese: "cap- or hood-shaped section") con $\alpha_p = 2.5$ e 2;

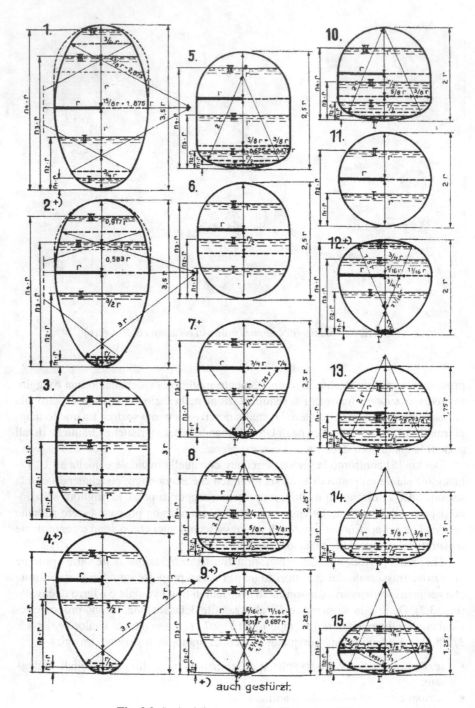

Fig. 3.2. Sezioni tipo proposte da Thormann [30]

- sezione parabolica (inglese: "parabolic section") con rapporto 2 : 2;
- sezione a forma d'aquilone (inglese: "kite-shaped section") con rapporto 2 : 2;
- sezioni a ferro di cavallo (inglese: "horseshoe section") con $\alpha_p = 1.5$ e 1.

Tali sezioni trasversali rappresentano la base delle raccomandazioni tecniche contenute nelle linee guida ATV 110 [2].

Schoenefeldt et al. [26] descrissero le tecniche costruttive delle sezioni fognarie. Roske [22] introdusse la rappresentazione adimensionale delle sezioni trasversali di tipo circolare, ovoidale ed a ferro di cavallo.

Secondo Kuhn [11], non è possibile individuare una sezione che in assoluto sia preferibile alle altre, per cui non può essere fornito alcun suggerimento avente validità generale. Per effetto delle tecnologie industriali per la costruzione di condotte fognarie, la *sezione circolare* è sicuramente quella maggiormente impiegata; per tale motivo essa è talvolta considerata come la sezione standard nelle applicazioni fognarie.

Schmidt [25] ha confrontato le caratteristiche della sezione ovoidale standard con quelle della sezione circolare. A parità di sezione trasversale, detto D_E il diametro della sezione ovoidale, coincidente con la larghezza dello speco, il diametro D_k della sezione circolare equivalente risulta pari a $D_k = 1.2D_E$. Inoltre, per valori di portata Q tali che $Q/Q_v \leq 0.22$, la velocità di deflusso all'interno della sezione ovoidale è maggiore che nella corrispondente sezione circolare di uguale area. In sistemi fognari misti, in presenza di deflusso delle portate minime, con bassi valori del grado di riempimento, un collettore circolare richiede una pendenza superiore del 30% rispetto a quella ovoidale di pari area totale, al fine di garantire la stessa velocità media della corrente. Quindi, è possibile concludere che, in presenza di pendenze modeste, la sezione *ovoidale standard* offre maggiori garanzie di prevenire accumuli di sedimenti durante il deflusso delle portate di tempo asciutto.

Sartor e Weber [24], nel condividere le conclusioni di Schmidt [25], hanno evidenziato i vantaggi della sezione ovoidale, con particolare riferimento alla manutenzione dei manufatti ed alla qualità dei reflui convogliati; per quest'ultimo aspetto, la valutazione di dettaglio richiede la conoscenza dei carichi inquinanti trasportati nei collettori fognari ed è pertanto molto difficoltosa.

Secondo l'ATV [2] le *sezioni trasversali standard* sono (capitolo 5):

- la sezione circolare;
- la sezione ovoidale, con rapporto tra gli assi 2 : 3;
- la sezione a ferro di cavallo, con rapporto tra gli assi 2 : 1.5.

Le rimanenti dodici tipologie di sezione trasversale classificate da Thormann verranno richiamate nel capitolo 5, pur con semplice riferimento alle condizioni di riempimento a sezione piena. Aldilà delle indicazioni ATV [2] non sono presenti in letteratura specifiche definizioni di sezioni standardizzate per i collettori fognari; ad ogni modo, si deve constatare che la maggior parte delle opere realizzate presenta collettori a sezione circolare ed ovoidale Unger [31]. Per collettori di grossa dimensione, la sezione a ferro di cavallo ha frequenza di impiego confrontabile con la sezione ovoidale e circolare [19].

Simboli

A	[m^2]	sezione idrica
B	[m]	larghezza della sezione
d	[m]	dimensione media dei sedimenti
D	[m]	diametro del collettore
D_E	[m]	diametro (larghezza) della sezione ovoidale
D_k	[m]	diametro della sezione circolare equivalente
g	[ms^{-2}]	accelerazione di gravità
h	[m]	tirante idrico
k_b	[m]	scabrezza di calcolo
k_s	[m]	scabrezza equivalente in sabbia
K	[m$^{1/3}$s^{-1}]	coefficiente di scabrezza
n	[sm$^{-1/3}$]	coefficiente di scabrezza di Manning
P	[m]	perimetro bagnato
q_r	[-]	portata relativa
Q	[m^{3}s^{-1}]	portata
R_h	[m]	raggio idraulico
R_r	[-]	numero di Reynolds con riferimento a D
S_E	[-]	cadente energetica
S_o	[-]	pendenza al fondo
T	[m]	altezza utile della sezione
T_s	[°C]	temperatura del fluido
V	[ms^{-1}]	velocità
y	[-]	grado di riempimento
α_p	[-]	rapporto tra gli assi
κ_s	[-]	scabrezza relativa
μ_t	[-]	rapporto tra velocità
ν	[m^{2}s^{-1}]	viscosità cinematica
ρ	[kgm^{-3}]	densità del fluido
τ	[Nm^{-2}]	sforzo tangenziale

Pedici

m minimo
o sul fondo
t condizione di parziale riempimento
v condizione di deflusso a sezione piena

Bibliografia

1. Ackers P., Crickmore M.J., Holmes D.W.: Effects of use on the hydraulic resistance of drainage conduits. Proc. Institution Civil Engineers **28**: 339–360; **34**: 219–230 (1964).
2. ATV: Richtlinien für die hydraulische Dimensionierung und den Leistungsnachweis von Abwasserkanälen und -leitungen [Linee guida per il progetto idraulico di un si-

stema fognario]. Regelwerk Abwasser – Abfall, Arbeitsblatt A110. Abwassertechnische Vereinigung: St. Augustin (1988).

3. Butler D., May R.W.P., Ackers J.C.: Sediment transport in sewers. Proc. Institution Civil Engineers Water, Maritime & Energy **118**(6): 103–120 (1996).

4. Carson H., Kingman H., Haynes T., Collison H.N.: Cross-sections of sewers and diagrams showing hydraulic elements of four general types, Metropolitan Sewerage Systems. Engineering News **30**(5): 121–123 (1894).

5. Donkin T.: The effect of the form of cross-section on the capacity and cost of trunk sewers. Journal Institution of Civil Engineers **7**: 261–279 (1937).

6. Dupuit J.: Traité théorique et pratique de la conduite et de la distribution des eaux. Carilian-Goeury et Dalmont, Paris (1854).

7. French R. de L.: Circular sewers versus egg-shaped, catenary and horseshoe cross-sections. Engineering Record **72**(8): 222–223; **72**(20): 608–610 (1915).

8. Graf W.H.: Hydraulics of sediment transport. McGraw-Hill, New York (1971).

9. Hager W.H.: Minimalgeschwindigkeit und Sedimenttransport in Kanalisationen [Velocità minima e trasporto solido nei colletori fognari]. Gas Wasser Abwasser **78**(5): 346–350 (1998).

10. Howe H.: Grundzüge des neuen ATV-Arbeitsblattes A110 [Principi fondamentali delle nuove linee guida dell'ATV A110]. Korrespondenz Abwasser **36**(1): 28–29 (1989).

11. Kuhn W.: Der manipulierte Kreis - Gedanken zur Profilform bei Abwasserkanälen [Sezioni circolari deformate - Riflessioni sulle sezioni dei collettori fognari]. Korrespondenz Abwasser **23**(2): 30–37 (1976).

12. Lysne D.K.: Hydraulic design of self-cleaning sewage tunnels. Journal Sanitary Engineering Division ASCE **95**(SA1): 17–36 (1969).

13. Macke E.: Über Feststofftransport bei niedrigen Konzentrationen in teilgefüllten Rohrleitungen [Sul trasporto solido a basse concentrazioni in canali parzialmente riempiti]. Mitteilung 69. Leichtweiss-Institut für Wasserbau, TU Braunschweig: Braunschweig (1980).

14. Macke E.: Bemessung ablagerungsfreier Strömungszustände in Kanalisationsleitungen [Progetto di collettori fognari senza fenomeni di deposito]. Korrespondenz Abwasser **30**(7): 462–469 (1983).

15. Mayerle R., Nalluri C., Novak P.: Sediment transport in rigid bed conveyances. Journal Hydraulic Research **29**(4): 475–495 (1991).

16. Ministero LL. PP.: Istruzioni per la progettazione delle fognature e degli impianti di trattamento delle acque di rifiuto. Servizio Tecnico Centrale, Circolare n. 11633 (1974).

17. Nalluri C., Ab Ghani A.: Design options for self-cleansing storm sewers. Water Science and Technology **33**(9): 215–220 (1996).

18. Novak P., Nalluri C.: Sewer design for no-sediment deposition. Proc. Institution Civil Engineers **65**(2): 669–674; **67**(2): 251–252 (1978).

19. Pecher R., Schmidt H., Pecher D.: Hydraulik der Abwasserkanäle in der Praxis [L'Idraulica fognaria nella pratica]. Parey, Hamburg Berlin (1991).

20. Pfeiff S.: Mindest- und Höchstfliessgeschwindigkeiten in Entwässerungsnetzen [Velocità minime e massime nelle reti fognarie]. gwf Wasser/Abwasser **101**(4): 83–85 (1960).

21. Raudkivi A.J.: Sedimentation - Exclusion and removal of sediment from diverted water. IAHR Hydraulic Structures Design Manual 6. Balkema, Rotterdam (1993).

22. Roske K: Dimensionslose Grössen in der Hydrodynamik der offenen Gerinne [Parametri adimensionali nell'Idrodinamica dei canali a pelo libero]. Stuttgarter Bericht 5. Inst. Industrie und Siedlungswasserwirtschaft, TU Stuttgart. Oldenbourg, München (1958).

23. Sander T.: Zur Dimensionierung von ablagerungsfreien Abwasserkanälen unter besonderer Berücksichtigung von neuen Erkenntnissen zum Sedimentationsverhalten [Il progetto dei collettori fognari in assenza di deposito con particolare attenzione ai recenti risultati sul fenomeno della sedimentazione]. Korrespondenz Abwasser **32**(5): 415–419 (1994).

24. Sartor J., Weber J.: Die Wiederentdeckung des Eiprofils aufgrund von Schmutz-Frachtbetrachtungen [La riscoperta della sezione ovoidale in base a considerazioni riguardanti il convogliamento di inquinanti]. Korrespondenz Abwasser **37**(6): 689–693 (1990).

25. Schmidt H.: Die Verwendung von Eiprofilen aus hydraulischer Sicht [L'utilizzo degli alvei a sezione ovoidale basato su considerazioni idrauliche]. Korrespondenz Abwasser **23**(7): 209–212 (1976).

26. Schoenefeldt O., Thormann E., Conrads A.: Einheitliche Leitungsquerschnitte für die Stadtentwässerung [Sezioni uniformate per le reti di drenaggio urbano]. Gesundheits-Ingenieur **66**(16): 192–200 (1943).

27. Schütz M.: Zur Bemessung weitgehend ablagerungsfreier Strömungszustände in Kanalisationsleitungen nach Macke [Sul progetto di alvei in assenza di sedimentazione secondo Macke]. Korrespondenz Abwasser **32**(5): 415–419 (1985).

28. Smith A.A.: Optimum design of sewers. Civil Engineering and Public Works Review **60**(2): 206–208; **60**(3): 350–353; **60**(9): 1279–1283 (1965).

29. Thormann E.: Einheitliche Leitungsquerschnitte für Entwässerungsleitungen [Curve di riempimento nei collettori fognari]. Gesundheits-Ingenieur **64**(8): 103–110 (1941).

30. Thormann E.: Füllhöhenkurven von Entwässerungsleitungen [Curve di riempimento nei collettori fognari]. Gesundheits-Ingenieur **67**(2): 35–47 (1944).

31. Unger P.: Tabellen zur hydraulischen Dimensionierung von Abwasserkanälen und -leitungen, DN 100–4000 und DN 300/450 - 1400/2100 [Tabelle per il progetto idraulico di collettori fognari]. Ingwis-Verlag: Lich (1988).

32. Vicari M.: Kleinste Sohlgefälle für Schmutzwasserkanäle [Pendenze minime dei collettori fognari]. Gesundheits-Ingenieur **39**(51): 537–540 (1916).

33. Yao K.M.: Sewer line design based on critical shear stress. Journal Environmental Engineering Division ASCE **100**(EE2): 507–520; **101**(EE1): 179–181; **101**(EE4): 668–669 (1974).

4

Sistemi di pompaggio e dispositivi di controllo

Sommario Sebbene le pompe e le stazioni di pompaggio appartengano ad un settore altamente tecnologico, verranno trattati alcuni argomenti essenziali per le stazioni di sollevamento fognarie, comprendendo anche importanti nozioni relative alle coclee (o viti di Archimede). Saranno altresì descritte le principali caratteristiche di alcuni dispositivi limitatori di portata, illustrando anche i requisiti richiesti dalla ATV. Sarà infine fatto riferimento ai sistemi di controllo automatico della portata e del livello idrico nei sistemi fognari.

4.1 Introduzione

Una *stazione di sollevamento* (inglese: "pumping station") può talvolta essere indispensabile per il buon funzionamento dei sistemi fognari, soprattutto ai fini ambientali, poiché garantisce il convogliamento dei reflui verso un *impianto di depurazione* ovvero verso un opportuno punto di recapito. D'altra parte, anche in considerazione dei notevoli progressi compiuti dalla tecnica, l'adozione di impianti di sollevamento non presenta più le preoccupazioni che si avevano in passato, grazie al miglioramento della loro affidabilità, anche ai fini degli oneri gestionali.

L'impianto elevatorio, deve essere dimensionato per la portata massima da sollevare, distribuendo la stessa tra più pompe e assegnando alla vasca di carico una adeguata volumetria.

Per il buon funzionamento di una stazione di sollevamento bisogna garantire che:

- le pompe siano installate in modo da essere sottoposte al livello idrico nella vasca di carico;
- l'impianto sia equipaggiato con una *griglia* (inglese: "trash rack") per l'intercettazione dei corpi grossolani in arrivo all'impianto, in modo da evitare costose e fastidiose operazioni di pulizia delle pompe.

Le macchine idrauliche utilizzate in un impianto di sollevamento sono generalmente costituite da *pompe centrifughe* (inglese: "centrifugal pumps") o da *coclee*, anche note come viti di Archimede (inglese: "screw pumps").

Le pompe centrifughe, in particolare, dovranno essere installate in modo tale che la girante si trovi ad una quota inferiore al livello idrico minimo nella vasca (*giran-*

Gisonni C., Hager W.H.: Idraulica dei sistemi fognari. Dalla teoria alla pratica.
DOI 10.1007/978-88-470-1445-9_4, © Springer-Verlag Italia 2012

te annegata) evitando un funzionamento in aspirazione. Quest'ultima condizione di funzionamento è assolutamente sconsigliata, in quanto rende necessaria l'installazione di valvole di ritegno sulla condotta di aspirazione; tali valvole tendono inevitabilmente a bloccarsi o a non chiudersi perfettamente, a causa della presenza di materiali grossolani presenti nei liquami fognari. Peraltro, la inevitabile formazione di gas rende ulteriormente inopportuna l'installazione di un impianto elevatorio in aspirazione. A differenza delle pompe centrifughe per uso acquedottistico, le pompe dedicate al sollevamento di reflui fognari sono dotate di una *girante aperta*, costituita da un numero ridotto di pale disposte a sbalzo sul mozzo della pompa, in modo da prevenire fenomeni di intasamento.

Per le stazioni di sollevamento di piccole dimensioni bisogna prestare particolare attenzione per evitare la formazione di *ostruzioni* (inglese: "clogging"). È buona norma dimensionare l'impianto in modo tale da garantire il passaggio di una sfera di diametro pari a 100 mm. A tale scopo, si ricorre a pompe centrifughe a singola girante, preferibilmente aperta (e sovente arretrata), ovvero a coclee in cui le dimensioni utili al passaggio dei liquami sia sufficientemente ampio; ad esempio, per una coclea il cui albero motore ha diametro pari a 200 mm, il diametro esterno della coclea deve essere almeno pari a 500 mm.

Nei sollevamenti fognari sono presenti tratti di condotte in pressione (*condotte prementi*), per le quali deve essere assicurata una *velocità minima* compresa tra 0.5 ms^{-1} e 1 ms^{-1}, al fine di prevenire accumulo di materiali e formazione di occlusioni. Ai fini del contenimento dei costi totali dell'impianto, la massima velocità non dovrebbe, di norma, superare i 2.0 ms^{-1}; in casi eccezionali si possono ammettere valori prossimi a 2.5 ms^{-1}. Per condizioni operative comprese tra i suddetti valori di velocità, le perdite di carico e le pressioni di esercizio dell'impianto variano entro limiti tecnicamente accettabili. Va altresì tenuto conto che, come illustrato nel seguito, le pompe hanno un funzionamento discontinuo nel tempo ed il numero di avviamenti orari non deve, di norma, essere superiore a 10–12. Informazioni di carattere generale sulle tipologie di pompe e sulle stazioni di sollevamento utilizzate nei sistemi fognari possono essere ricavate dai lavori di Tuttahs [20, 21].

Si tenga infine conto che ogni singolo componente di una stazione di sollevamento deve essere selezionato ed installato in modo da prevenire fenomeni di occlusione che, oltre a compromettere la funzionalità dell'impianto elevatorio, possono comportare un deflusso discontinuo dei liquami verso l'impianto di trattamento, con conseguente diminuzione della efficienza dei processi di depurazione. In tale ottica, alcuni paesi europei, quali ad esempio la Germania, hanno istituito appositi organismi di controllo, il cui compito è quello di certificare dispositivi e attrezzature per l'impiego nei sistemi fognari; ai progettisti viene inoltre fornita una scheda contenente le specifiche tecniche che devono caratterizzare i componenti di un impianto di sollevamento, al fine di agevolare il tecnico nelle scelte progettuali.

4.2 Tipologie di pompe

In una stazione di sollevamento è buona norma prevedere la installazione di almeno *due* pompe, di modo che esiste comunque una macchina in esercizio, anche nel caso in cui una pompa sia guasta o in manutenzione. Lessmeier [16] ha fornito una descrizione generale dei sistemi di sollevamento fognari.

4.2.1 Pompe centrifughe

Una prima classificazione essenziale delle pompe centrifughe può essere effettuata in funzione delle condizioni di installazione:

* *sommerse* o all'*asciutto*, a seconda che la macchina sia immersa direttamente nella vasca di carico o installata in un locale separato;
* *sotto battente* o *in aspirazione*, se la pompa è installata rispettivamente al di sotto o al di sopra del livello idrico nella vasca di carico.

Inoltre si parla di pompe ad *asse orizzontale* o ad *asse verticale*, in funzione della inclinazione dell'asse di rotazione della girante.

Secondo l'ATV A134 [1] non è possibile definire a priori quale sia in assoluto la condizione ideale di installazione; ad ogni modo, sono stati precedentemente illustrati i motivi che portano a sconsigliare la realizzazione di un sistema di sollevamento fognario con pompe in aspirazione. Considerazioni riguardanti la funzionalità, l'igiene e la sicurezza dell'impianto farebbero propendere per l'installazione fuori acqua, cui corrisponde, per contro, un maggiore costo di realizzazione.

Le pompe ad asse orizzontale presentano pochi vantaggi rispetto a quelle ad asse verticale tra cui, per esempio, riparazioni più semplici e minore suscettibilità alle vibrazioni. La Fig. 4.1 mostra alcune delle principali condizioni di installazione di una pompa centrifuga. Maggiori dettagli riguardanti le configurazioni di installazione di pompe centrifughe sono forniti da Dasek [10].

I parametri idraulici fondamentali di una pompa sono la *portata sollevata* Q e la *prevalenza manometrica* H; quest'ultima è data dalla somma dei seguenti termini:

* prevalenza geodetica H_g, pari alla differenza di quota tra il punto più alto della condotta di mandata ed il livello idrico nella vasca di carico;
* perdite di carico totali tra i due punti sopra indicati.

La Fig. 4.2 mostra il diagramma $Q - H$ con la presenza di due possibili *curve caratteristiche* di una pompa centrifuga; in un caso la curva (linea tratto e punto) è *ripida*, mentre nell'altro (linea tratteggiata) essa è meno inclinata; la curva caratteristica della pompa viene fornita dal costruttore della macchina. La *curva di funzionamento dell'impianto* può essere invece definita dal tecnico, mettendo in grafico la prevalenza manometrica che, per definizione, è funzione delle perdite di carico totali, e quindi della portata Q. L'intersezione della curva caratteristica della pompa con la curva di funzionamento dell'impianto individua il *punto di funzionamento* dell'impianto, e quindi il valore della portata sollevata e la corrispondente prevalenza manometrica.

Nella Fig. 4.2 si nota che vengono indicate due distinte curve di funzionamento

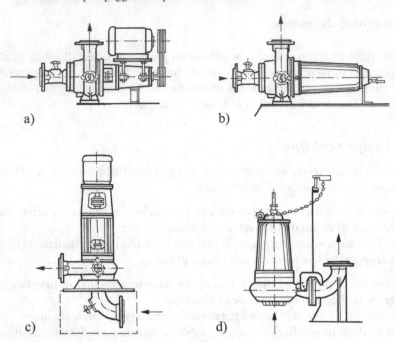

Fig. 4.1. Condizioni di installazione delle pompe centrifughe secondo l'ATV A134 [1]: a) ad asse orizzontale ed all'asciutto, con motore separato; b) ad asse orizzontale ed all'asciutto con motore incluso; c) ad asse verticale ed all'asciutto; d) ad asse verticale e sommersa

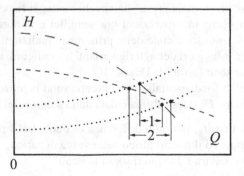

Fig. 4.2. Funzionamento di un impianto di sollevamento. Curva caratteristica ripida ($- \cdot -$) e piatta ($- - -$), con due curve di funzionamento dell'impianto ($\cdots$) per diversi valori della prevalenza geodetica e le corrispondenti condizioni di funzionamento

dell'impianto (linea a puntini), riferite a due diversi valori della prevalenza geodetica; infatti, in un impianto di sollevamento in fognatura, lo svuotamento della vasca di carico comporta un aumento della prevalenza geodetica che incide significativamente sulla prevalenza.

Per tale motivo, più che di punto di funzionamento, si parla generalmente di *in-*

tervallo di funzionamento, la cui ampiezza è delimitata dai due punti estremi di possibile funzionamento dell'impianto. Dalla stessa Fig. 4.2, si nota che l'intervallo di funzionamento è più ampio nel caso in cui la curva caratteristica della pompa è meno ripida.

4.2.2 Coclee o viti di Archimede

La *coclea*, o *vite di Archimede* (inglese: "screw pump"; francese: "vis d'Archimède"), è diffusamente utilizzata per sollevare liquami nell'ambito di impianti fognari e di depurazione in cui il deflusso avviene a pelo libero. Tale apparecchiatura si caratterizza per una scarsa capacità di disfacimento del materiale solido trasportato dal liquame; inoltre, la coclea è dotata di notevole *affidabilità* grazie alla bassa velocità di rotazione. Il sollevamento inizia in corrispondenza del punto in cui la spirale in rotazione entra in contatto con il liquido, detto *punto di contatto*; la massima efficienza si attinge allorchè il livello nella vasca di carico raggiunge il *punto di riempimento* (Fig. 4.3). La coclea si distingue per un funzionamento sufficientemente flessibile, che le consente di realizzare un pompaggio continuo.

L'*angolo di installazione* delle coclee è compreso tra 30° e 40° rispetto all'orizzontale; ragioni di ordine strutturale ne limitano la lunghezza, generalmente compresa tra 8 e 12 m, per cui la *altezza di sollevamento* è compresa tra 6 e 8 m. Ciascuna coclea è composta da una o più eliche disposte a spirale lungo l'asse di rotazione; vengono generalmente installate da 1 a 3 eliche, e la velocità di rotazione è di norma pari a $50 \div 75$ giri al minuto. La esatta definizione dei livelli idrici nelle vasche di carico e di arrivo è fondamentale per un utilizzo ottimale delle viti di Archimede. Inoltre, tali valutazioni devono essere scrupolosamente eseguite in fase di progetto poiché, a differenza degli impianti con pompe centrifughe, risulta difficoltoso apportare modifiche sostanziali ai manufatti, una volta ultimata la loro realizzazione.

Come mostrato nella Fig. 4.3, il punto di riempimento è localizzato all'incirca in

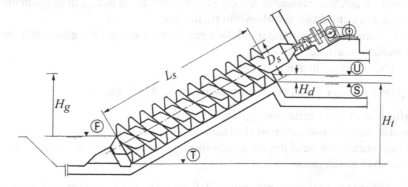

Fig. 4.3. Coclea con vite ad elica di diametro D_s, lunghezza L_s, dislivello geodetico H_g, prevalenza totale H_t ed escursione H_d del pelo libero; in caso di arresto del flusso risulta $H_d = 0$. Sono inoltre visibili: il punto T di contatto, il punto F di riempimento, il punto S di sormonto ed il massimo livello idrico U a valle

corrispondenza del livello idrico nel canale in arrivo all'impianto; il *punto di contatto* è quindi dettato delle dimensioni delle eliche. Per la costruzione della vasca di carico, va attentamente evitata la formazione di zone di ricircolo in cui si accumulerebbe materiale. Il punto di sormonto andrebbe posto al di sopra del massimo livello raggiunto dal pelo libero nel canale di valle, al fine di prevenire effetti di rigurgito che provocherebbero riflussi verso la vasca di carico.

In una stazione di sollevamento composta da più coclee, deve essere possibile arrestare una singola coclea, interrompendo l'afflusso alla vasca di carico mediante una apposita paratoia. È inoltre opportuno che le coclee siano ispezionabili, installando una rampa di scale, disposta lateralmente, in modo da agevolare le operazioni di lavaggio. Le coclee installate all'esterno vanno opportunamente protette dall'irraggiamento solare, anche per evitare sollecitazioni strutturali aggiuntive provocate dalle distorsioni termiche.

Secondo quanto proposto da Witschi [24], le coclee trovano impiego nei seguenti casi:

- sollevamento di portate nere verso l'impianto di depurazione;
- per superare dislivelli di quota in sistemi di drenaggio;
- per il ricircolo di fanghi in un impianto di depurazione;
- per la bonifica di aree paludose.

I principali *vantaggi* legati all'utilizzo delle coclee sono:

- elevato valore dell'efficienza, pari circa al 75%, scarsamente influenzato dalla variabilità della portata sollevata;
- elevata affidabilità di funzionamento;
- elasticità di funzionamento rispetto alla variabilità delle condizioni di immissione della portata da sollevare;
- capacità di sollevare materiale solido, unitamente alla portata idrica;
- il fluido è sollevato in modo tale da non compromettere i processi di flocculazione e sedimentazione che avvengono in un impianto di depurazione;
- assenza di picchi di consumo dell'energia, poiché, anche in fase di avviamento la coclea non richiede un assorbimento particolare;
- usura contenuta dei cuscinetti e delle componenti meccaniche, grazie alla bassa velocità di rotazione;
- semplicità di manutenzione.

I maggiori *svantaggi* delle coclee possono essere così individuati:

- diffusione di odori nelle installazioni all'aperto;
- costi di installazione superiori rispetto alle pompe centrifughe;
- particolare attenzione al dimensionamento strutturale dei manufatti, aventi elevato costo di realizzazione.

Se la portata in arrivo all'impianto scende al di sotto del 30% della portata di progetto, la coclea dovrebbe lavorare ad intermittenza; per contenere il *numero di avviamenti* al di sotto di 10 in un ora, è necessario assegnare alla vasca di carico un volume di accumulo sufficientemente ampio. Una ulteriore raccomandazione riguarda la dimensione dell'involucro entro cui l'elica è in rotazione; essa dovrebbe essere non troppo piccola per evitare contatto tra parte fissa e parte in rotazione, né eccessivamente ampia per contenere il fisiologico riflusso verso la vasca di carico. A tale scopo, l'ampiezza dell'intercapedine dovrebbe essere pari circa a $0.005D_s^{1/2}$ [m], essendo D_s il diametro dell'albero di rotazione della coclea.

4.2.3 Volume della vasca di carico

Nel dimensionamento di un impianto elevatorio a servizio di acque nere, uno dei principali problemi consiste nello stabilire la capacità della vasca di carico delle portate affluenti. Il volume della vasca deve essere contenuto nel minimo necessario in modo da ridurre i costi di realizzazione, oltre che evitare i tempi di stagnazione del liquame eccessivamente lunghi.

Tale volume minimo è funzione del numero di avviamenti orari consentiti dal gruppo di pompaggio; come già accennato in precedenza, di norma, il numero di avviamenti è compreso tra 4 e 12 per ogni ora di funzionamento, in funzione del tipo di pompa e della potenza installata.

Il livello nella vasca di carico è generalmente regolato da un interruttore a bulbo di mercurio rinchiuso in un involucro impermeabile galleggiante (anche detto interruttore *a pera*), sospeso all'altezza voluta tramite il cavo elettrico che lo collega al quadro di avviamento dell'elettropompa. La variazione di livello del liquido varia la posizione del regolatore e di conseguenza l'interruttore a mercurio apre o chiude il circuito di controllo (Fig. 4.4).

In alternativa, possono essere installate *sonde ad ultrasuoni* disposte al disopra della superficie libera, che misurano il livello raggiunto nella vasca di carico per poi inviare il segnale di avvio o arresto delle pompe ad una centralina di controllo.

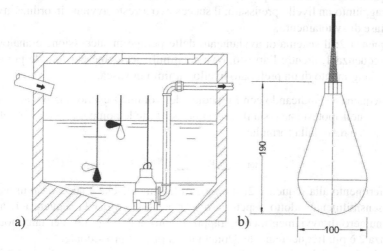

Fig. 4.4. Schema di una vasca di carico con: a) diversi livelli idrici; b) schema di un interruttore (dimensioni in mm) a bulbo di mercurio (immagine modificata da catalogo ITT Flygt)

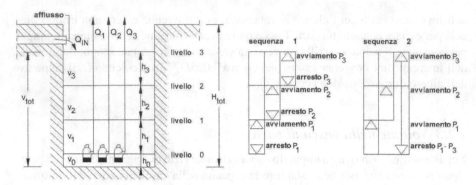

Fig. 4.5. Possibili sequenze di avviamento/arresto di pompe centrifughe

Nel caso di impianto con una sola pompa che solleva una portata costante Q_1, il calcolo del volume va effettuato con riferimento alla condizione più svantaggiosa che si dimostra essere quella in cui la portata in arrivo è pari alla metà di Q_1. Ponendo il tempo totale che occorre per il riempimento ed il successivo svuotamento della vasca di carico uguale a quello che intercorre tra due avviamenti successivi, si perviene all'espressione del volume:

$$v_1 = 900 \, Q_1/n \tag{4.1}$$

essendo v_1 la capacità della vasca in m^3, Q_1 la portata sollevata dalla pompa in m^3/s e n il numero di avviamenti orari della pompa.

Nel caso in cui l'impianto di sollevamento sia costituito da più pompe, è possibile considerare diverse sequenze di lavoro cicliche delle macchine, tra le quali, le più semplici sono quelle riportate nella Fig. 4.5:

- sequenza 1: l'avvio delle pompe avviene in successione, una dopo l'altra, una volta raggiunto un livello prefissato; il successivo arresto avviene in ordine inverso, in fase di svuotamento;
- sequenza 2: il sistema di avviamento delle pompe in successione è analogo alla sequenza 1, mentre l'arresto avviene simultaneamente per tutte le pompe, al raggiungimento di un prefissato livello minimo in vasca.

Per la sequenza 1, indicando con i il pedice del volume i-esimo relativo alla pompa i-esima, e nell'ipotesi che n sia il medesimo per tutte le pompe, il volume totale V_{tot} della vasca è dato dalla formula:

$$V_{\text{tot}} = \sum v_i = \sum 900 Q_i/n. \tag{4.2}$$

Con riferimento alla sequenza 2, si dimostra facilmente che è necessario un volume totale sensibilmente ridotto rispetto a quello necessario per la sequenza 1, a parità del numero di avviamenti, come rappresentato nella Fig. 4.6. Per tale motivo la sequenza 2 è più frequentemente adottata nella pratica progettuale.

Le dimensioni da assegnare alla vasca di carico possono essere definite con l'ausilio di manuali contenenti regole pratiche, scaturite da una estesa serie di dati acquisiti

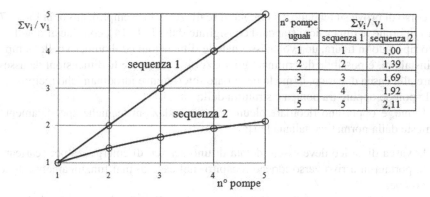

Fig. 4.6. Abaco per il calcolo del volume complessivo da assegnare ad una vasca a servizio di pompe centrifughe identiche a seconda delle sequenze di lavoro descritte

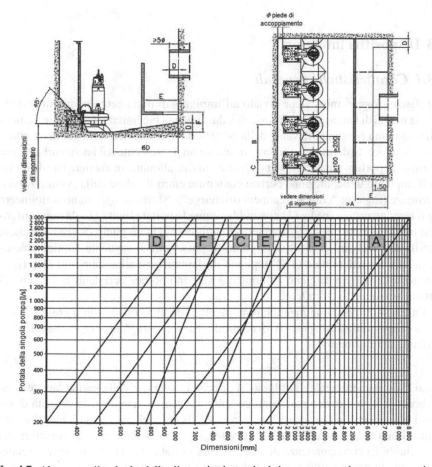

Fig. 4.7. Abaco per il calcolo delle dimensioni standard da assegnare ad una vasca a pianta rettangolare a servizio di più pompe [14] (riprodotto su autorizzazione di ITT Water & Wastewater Italia)

nel corso di prove su modello e su impianti reali. A titolo esemplificativo, in Fig. 4.7 sono riportate le dimensioni standard consigliate dalla ITT [14]; con l'ausilio dell'abaco riportato in figura, una volta assegnate le dimensioni ed il numero delle pompe da installare, è possibile determinare gli spazi di ingombro e le dimensioni da assegnare alla vasca di carico, in modo da evitare interferenze idrodinamiche reciproche tra le pompe oppure tra pompa e struttura della vasca.

Infine, è opportuno ricordare alcune raccomandazioni tecniche specificamente richieste dalla normativa italiana [17]:

• la vasca di carico deve essere dotata di uno scarico di emergenza per scaricare la portata in arrivo verso idoneo recapito, nel caso di mal funzionamento delle pompe;
• qualora ciò non sia possibile, si dovrà prevedere l'installazione di gruppi elettrogeni di riserva, in modo da assicurare il funzionamento delle macchine anche in caso di emergenza.

4.3 Dispositivi limitatori

4.3.1 Caratteristiche generali

Nei sistemi fognari misti viene inviato all'impianto di trattamento un multiplo della portata media di tempo asciutto, cosicché, durante una precipitazione sufficientemente intensa, una porzione rilevante della portata deve essere scaricata verso un corpo idrico ricettore. In definitiva, l'intera portata mista proveniente dal bacino urbano, per effetto di opportuni manufatti, viene separata in due aliquote, in maniera tale da inviare all'impianto di depurazione portate contenute entro il valore della *portata critica da trattare* (inglese: "critical treatment discharge"). Si ritiene opportuno sottolineare che il termine *critico* (pedice k) contraddistingue la portata limite Q_k, da non confondersi con la portata critica Q_c trattata nel capitolo 6. Da un punto di vista idraulico, si tratta di concepire dispositivi in grado di perseguire il seguente duplice obiettivo: inviare l'intera portata Q all'impianto di depurazione allorché risulti $Q < Q_k$ e, allo stesso tempo, evitare che all'impianto arrivino portate eccedenti la capacità di trattamento, quando $Q \geq Q_k$.

La Fig. 4.8 mostra un manufatto, alimentato da una condotta in ingresso, la cui uscita è regolata da un dispositivo di controllo. La *portata effluente Q_a* viene calcolata mediante la relazione:

$$Q_a = C_d A_a (2gh_a)^{1/2}, \qquad (4.3)$$

in cui C_d è il coefficiente di efflusso, A_a l'area trasversale della particolare sezione di sbocco e h_a è il carico piezometrico sullo sbocco; ovviamente, la velocità di efflusso allo sbocco sarà pari a $(2gh_a)^{1/2} = V_a$. Il coefficiente C_d ingloba gli effetti di tutti i fattori addizionali, come le perdite di carico all'imbocco e la curvatura dei filetti fluidi. In corrispondenza di una generica portata $Q > Q_k$, è importante rendere costante la portata effluente Q_a; per ottenere tale risultato, è possibile ricorrere ai seguenti espedienti:

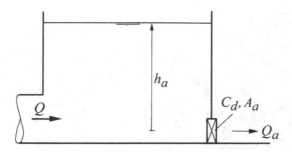

Fig. 4.8. Deflusso schematico da una vasca di accumulo

- mantenendo costante il *carico piezometrico* h_a, ipotizzando che siano costanti i valori di C_d e A_a (Tipo A, dispositivo a galleggiante);
- riducendo l'area della sezione di sbocco A_a all'aumentare di h_a (Tipo B, tubo valvola); oppure
- riducendo C_d all'aumentare di h_a (Tipo C, dispositivo limitatore a vortice).

È anche possibile combinare i tre effetti. La condotta limitatrice di portata (capitolo 9) appartiene alla tipologia B; poiché essa non può essere considerata un dispositivo meccanico a tutti gli effetti, non verrà ulteriormente trattata.

La maggior parte dei dispositivi limitatori presentano sezioni trasversali fortemente ridotte. Poiché essi scaricano portate contenenti anche materiale solido, bisogna fare attenzione alle possibili ostruzioni e quindi alla *sicurezza di funzionamento* dell'intero sistema [15].

L'ATV [2] distingue tra dispositivi limitatori e manufatti di sbocco. Il dispositivo limitatore a vortice (inglese: "vortex throttle") ed il tubo valvola (inglese: "hose throttle") appartengono certamente alla categoria dei dispositivi limitatori di portata.

4.3.2 Limitatore a vortice

Il limitatore a vortice (inglese: "vortex throttle") è un dispositivo per il controllo della portata, inventato negli anni '20 e successivamente sviluppato a Stoccarda, in Germania, negli anni '70; attualmente viene prodotto da industrie specializzate. Il dispositivo non contiene parti meccaniche in movimento ed il suo principio di funzionamento consiste nell'indurre perdite di energia grazie al *flusso tangenziale* indotto dalla geometria del dispositivo. Al centro del dispositivo si forma una sacca d'aria direttamente a contatto con l'atmosfera per mezzo di una canna di ventilazione. La Fig. 4.9 mostra la base della camera a vortice ① solitamente posata orizzontalmente. L'immissione tangenziale ② è collegata col fondo del canale d'ingresso. La copertura ③ può essere aperta e sostiene il tubo di ventilazione ④. Sul fondo ⑤ del dispositivo è ubicato il diaframma ⑥ di imbocco, che deve essere realizzato in materiale particolarmente resistente all'abrasione e può essere sostituito all'occorrenza.

L'acqua lascia la camera a vortice, praticamente senza significative perdite di carico, presentandosi come un *getto cavo* che ruota ad alta velocità. Il deflusso a vortice è stabile e presenta bassa turbolenza in presenza della minima portata; il dispositivo

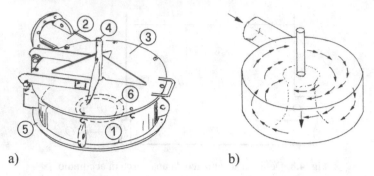

a)   b)

Fig. 4.9. Limitatore a vortice a) assemblaggio e b) comportamento della corrente [5]. ① Camera a vortice, ② condotta d'imbocco, ③ copertura rimovibile, ④ tubo di ventilazione, ⑤ base, ⑥ diaframma circolare

funziona altrettanto bene anche in condizioni di massimo carico. L'energia cinetica a valle del pozzo a vortice viene dissipata in una opportuna vasca di calma.

Il diametro di imbocco del pozzo a vortice più piccolo è di 200 mm, ed il diaframma di sbocco deve presentare almeno questo diametro. Tali dispositivi trovano impiego *ottimale* nel caso di piccole portate in gioco ed in presenza di sufficienti valori delle pendenze al fondo.

Il limitatore a vortice è caratterizzato da un'elevata *affidabilità di funzionamento* perché non si presta alla formazione di *ostruzioni* da parte dei corpi grossolani presenti nei liquami fognari; anche materiali fibrosi non danno alcun problema e non portano alla formazione di intasamenti filamentosi. Il diaframma è costituito da un elemento modulare ed è pertanto sostituibile in modo da adattare le prestazioni del dispositivo durante il suo esercizio. Ovviamente, poiché è impensabile realizzare una perfetta *auto-pulitura* del dispositivo, si raccomanda di eseguire operazioni di manutenzione programmata che prevedano, tra l'altro, la rimozione di accumuli fangosi.

4.3.3 Dispositivi di regolazione

Paratoia a ghigliottina

La paratoia a ghigliottina (inglese: "gate valve"), mostrata nella Fig. 4.10a, viene utilizzata piuttosto raramente nei manufatti di invaso o accumulo delle acque meteoriche, mentre trova spesso impiego come dispositivo per il controllo delle portate a servizio degli scaricatori di piena. Secondo Brombach [5], la ragione di questo particolare utilizzo va imputata alla mancanza di adeguate scale di deflusso per questo tipo di dispositivo. Il dispositivo è costituito da una luce di efflusso circolare di diametro D, la cui apertura è regolata da un diaframma avente geometria ad U o rettangolare.

Il funzionamento idraulico della paratoia cambia a seconda che il livello idrico a monte del dispositivo sia più alto o più basso rispetto alla quota del ciglio inferiore del diaframma. Finchè il tirante idrico h_p a monte del dispositivo è inferiore alla luce s, la portata cresce con il tirante fino a presentare un picco nel diagramma $Q(h_p)$, come

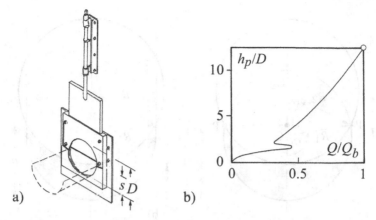

Fig. 4.10. Paratoia: a) montaggio del dispositivo e b) tipico andamento della scala di deflusso

da Fig. 4.10b. Nell'istante in cui il dispositivo funziona come una luce a battente, la portata Q subisce dapprima una lieve riduzione per poi riprendere ad aumentare, più gradualmente, all'aumentare del carico h_p (Fig. 4.10b). La portata di progetto dipende fondamentalmente dalla dimensione nominale della luce di efflusso e dal valore massimo che può attingere il carico idraulico a monte della paratoia. Sono da sconsigliare dispositivi di dimensioni inferiori a 20 cm e, in ogni caso, l'apertura minima della paratoia non dovrebbe essere inferiore a 10–15 cm, per evitare occlusioni della luce. Le saracinesche, descritte nel paragrafo 2.3.9, possono essere considerate come un caso particolare delle paratoie a ghigliottina.

È possibile trovare in commercio dispositivi prodotti in serie, i quali presentano i seguenti vantaggi:

- facilità di installazione;
- possibilità di ottenere una maggiore precisione nella regolazione della portata;
- installazione di un'asta graduata per l'indicazione del grado di apertura del diaframma;
- compattezza del dispositivo, con conseguente minimizzazione delle perdite di carico;
- utilizzo di materiali resistenti alla corrosione (generalmente acciaio inossidabile o materiali plastici di ultima generazione).

Tale dispositivo ha generalmente dimensioni nominali non inferiori a 250 mm e può anche avere diametri pari o superiori a 1000 mm; conseguentemente, le portate variano tra 0.105 e 1.9 m^{3}s^{-1}.

Hager [12] ha studiato il comportamento idraulico delle paratoie, giungendo a definire alcune relazioni utili al loro dimensionamento. La Fig. 4.11 mostra la geometria schematizzata di un diaframma circolare di raggio R_2 che regola l'efflusso verso un canale con sezione circolare o con sezione trasversale ad U, di raggio R_1. In presenza di un diaframma circolare in un canale circolare, detto $r = R_2/R_1 > 1$ il rapporto tra i diametri e $S = s/R_1$ il grado di apertura della valvola, la *area della*

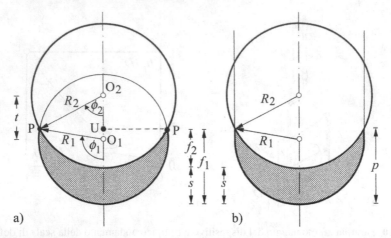

Fig. 4.11. Geometria del dispositivo nel caso di diaframma circolare installato su canale a sezione a) circolare e b) ad U

sezione trasversale A_D è espressa dalla relazione

$$A_D/R_1^2 = 1.9S \qquad\qquad\qquad \text{per} \quad r \cong 1.05 \qquad (4.4)$$

$$A_D/R_1^2 = \arccos(1-S) - (1-S)(2S-S^2)^{1/2} \qquad \text{per} \quad r \to \infty. \qquad (4.5)$$

Il rapporto tra i diametri viene tipicamente fissato pari a $r = 1.05$; la alternativa maggiormente utilizzata è quella in cui il bordo inferiore del diaframma è rettilineo, ovvero con $r \to \infty$ (Fig. 2.19a). Analoghe espressioni possono essere utilizzate anche nel caso di sezioni trasversali ad U [12].

La *scala di deflusso* del dispositivo è fornita dalla relazione

$$Q_a = C_d A_D [2g(H-s)]^{1/2} \qquad\qquad\qquad (4.6)$$

in cui $H = h_o + V_o^2/(2g)$ è l'energia specifica della corrente in ingresso (pedice *o*) e *s* è l'altezza della luce in asse al diaframma. Generalmente l'imbocco del dispositivo è costituito da un bacino di calma, nel qual caso è lecito porre *H* pari al livello idrico h_o.

Prove di laboratorio hanno evidenziato che il coefficiente di efflusso C_d non dipende dal parametro s/H; inoltre, si può assumere che il *coefficiente di efflusso* è pari a $C_d = 0.69 \pm 0.02$, ad eccezione dei casi in cui i gradi di apertura della paratoia siano molto piccoli e tali quindi da non essere utili nelle applicazioni reali. Le caratteristiche idrauliche della corrente idrica defluente a valle del dispositivo sono descritte nello studio effettuato da Hager [13].

Valvola a galleggiante

Alcune ditte specializzate producono un particolare tipo di *valvola limitatrice a galleggiante* (inglese: "float-throttle valve") che può essere impiegata per controllare le portate effluenti da un bacino di calma o da una vasca di accumulo. In alcune applicazioni, questo dispositivo viene anche utilizzato come *valvola antiriflusso*. Il dispositivo è costituito dall'insieme di una valvola a galleggiante e di una luce di efflusso

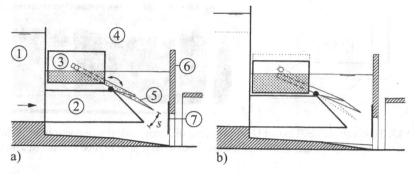

Fig. 4.12. Valvola di deflusso con galleggiante di controllo a) simboli, ① vasca di accumulo, ② valvola di deflusso, ③ galleggiante, ④ camera della valvola, ⑤ elemento basculante, ⑥ parete del manufatto, ⑦ diaframma scorrevole; b) effetto dell'aumento del livello idrico sul galleggiante

di ampiezza variabile mediante un diaframma regolabile, entrambi alloggiati in uno stesso pozzetto (Fig. 4.12).

Le valvole a galleggiante più comunemente impiegate sono in grado di controllare una portata minima pari a 30 ls^{-1}. All'aumentare del livello idrico nel pozzetto, il galleggiante sale andando a regolare l'apertura della valvola; il livello idrico nel pozzetto viene controllato mediante la regolazione del diaframma mobile ⑦ sulla luce di efflusso dal pozzetto stesso (Fig. 4.12).

La scala di deflusso $Q(h_o)$ del dispositivo dipende certamente dall'apertura s della valvola a galleggiante e dall'ampiezza della luce di efflusso regolata mediante il diaframma scorrevole; tale tipo di dispositivo consente di regolare portate in un ampio intervallo di variazioni. Le caratteristiche idrauliche di queste valvole sono state studiate in dettaglio da Burrows [8]; esse presentano i seguenti *vantaggi*:

- la portata effluente varia liberamente fino a che non è raggiunto il valore limite imposto dal dispositivo;
- la portata effluente è indipendente dal livello idrico nella vasca ① a monte della valvola (Fig. 4.12);
- il dispositivo si presta ad agevoli interventi di regolazione e manutenzione ordinaria;
- il rischio di ostruzioni e deposito di materiale è contenuto;
- non è necessaria l'alimentazione elettrica.

A differenza degli altri dispositivi di controllo sin qui trattati, la valvola limitatrice a galleggiante non è stata oggetto di studi sperimentali sistematici sul funzionamento del dispositivo.

Tubo valvola

Il tubo valvola (inglese: "hose throttle") è un dispositivo che consente di garantire una portata effluente pressoché costante da un serbatoio con livello variabile [22]. Il dispositivo trova impiego nel controllo di piccole portate scaricate da vasche per la

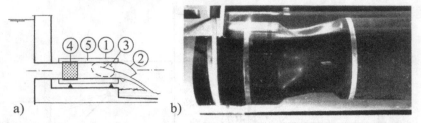

Fig. 4.13. Tubo valvola del Tipo ad U: a) principio di funzionamento: ① controtubo, ② tubo valvola, ③ tratto deformabile, ④ filtro in tessuto, ⑤ cuscino d'aria; b) tubo valvola in azione

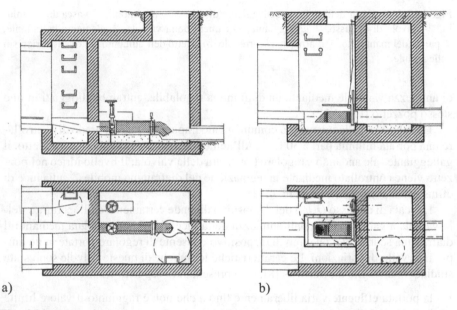

Fig. 4.14. Tubo valvola montato in un particolare pozzetto: a) tipologia U e b) tipologia I. Sezione longitudunale (sopra) e pianta (sotto)

laminazione delle acque meteoriche caratterizzate da volumi contenuti e tiranti idrici di pochi metri. Di solito, il tubo valvola può essere installato sia in configurazione asciutta (tipologia U), che immersa (tipologia I), come da Fig. 4.14.

Nel caso dell'installazione *tipo U*, la valvola è installata all'interno di un contro-tubo, preferibilmente trasparente, montato co-assialmente al dispositivo (Fig. 4.13). In prossimità della membrana della valvola, il tubo presenta due aperture protette da un *filtro in tessuto* (inglese: "filter cloth"). Nel momento in cui la vasca di lamina-zione si riempie, la corrente idrica defluisce verso il tubo e, mediante le due aper-ture, tende a riempire l'intercapedine tra tubo e contro tubo, comprimendo l'aria ivi intrappolata; per effetto del *cuscino d'aria* intrappolato nell'intercapedine, la parte deformabile viene ad essere ristretta, così da ridurre la sezione trasversale del tubo e quindi indurre un effetto limitatore sulla portata defluente. Pertanto, ad ogni attivazione del dispositivo, un certo quantitativo di acqua entra nella intercapedine anulare, per poi fuoriuscirne durante la fasi terminali dello svuotamento. Sebbene col tempo questo fenomeno finisca per intasare l'intercapedine con materiale trasportato in seno alla corrente idrica, il dispositivo non perde la propria funzionalità; infatti, basta un minimo volume d'aria intrappolata nell'intercapedine per garantire l'efficacia del fenomeno di strozzamento della sezione trasversale.

La Fig. 4.14a illustra una tipica installazione *tipo U* del dispositivo, alloggiato in un apposito manufatto. Il tubo valvola di *tipo I* (Fig. 4.14b) è utilizzato nel caso delle installazioni in acqua; la parte a sbalzo del dispositivo è installata all'interno della vasca di accumulo. In tal caso, in prossimità del dispositivo, il fondo del manufatto deve essere leggermente depresso in modo che il dispositivo sia prevalentemente sommerso; tale configurazione svolge anche la funzione di trappola per l'accumulo di sedimenti grossolani.

In presenza di deflussi in tempo asciutto il tubo valvola è parzialmente sommerso e l'imbocco rastremato a becco di flauto contribuisce a mitigare il rischio di ostruzioni; nel pozzetto adiacente, il getto effluente sbocca liberamente in atmosfera. Per portate maggiori la pressione nel serbatoio agisce direttamente sulla membrana, riducendo la sezione trasversale del tubo limitatore.

La *scala di deflusso* del tubo valvola [7] è funzione della geometria del dispositivo, oltre che dell'elasticità della membrana; è possibile anche apportare modifiche a dispositivi installati, per adattare la scala di deflusso a nuove esigenze di funzionamento. La scala di deflusso, ad ogni modo, si presenta pressoché verticale (ovvero dà valori costanti della portata) a partire da valori del carico prossimi a quello del diametro del tubo limitatore. Volendo fornire alcune indicazioni di dettaglio, si può affermare che dispositivi con diametri nominali compresi tra 200 e 250 mm garantiscono portate defluenti comprese tra 10 ls^{-1} e 60 ls^{-1}. Dispositivi di maggiori dimensioni riescono ad attuare la limitazione delle portate defluenti entro alcuni metri cubi al secondo.

Per quanto riguarda la *manutenzione*, il tubo valvola necessita di opportuni controlli per verificare la presenza di eventuali *ostruzioni*. In caso di occlusione dello sbocco, la vasca di accumulo deve poter essere evacuata mediante un dispositivo automatico di emergenza. La membrana in materiale plastico va opportunamente protetta dall'impatto di corpi esterni e da condizioni di carico gravose; Volkart e de Vries [23] hanno valutato le deformazioni del dispositivo, sia in condizioni statiche che dinamiche, analizzando anche l'effetto di fenomeni di isteresi.

Esistono numerosi dispositivi, pur se con caratteristiche particolari, che variano a seconda del produttore e che sono correntemente disponibili in commercio.

4.4 Raccomandazioni dell'ATV

Attualmente esiste in commercio una vasta gamma di dispositivi limitatori di portata, utili ai fini della gestione dei sistemi fognari e per il controllo dell'inquinamento ambientale. Allo scopo di valutare le prestazioni ed i vantaggi dei singoli dispositivi nelle varie condizioni di impiego, l'ATV A111 [2] ha predisposto una guida di sup-

Tabella 4.1. Norme sui dispositivi di controllo [2]

A *Dichiarazione del produttore*
  A.1 Tipologia di dispositivo
  A.2 Caratteristiche dimensionali
  A.3 Caratteristiche del misuratore
  A.4 Principio di funzionamento
  A.5 Componenti per il controllo del funzionamento

B *Informazioni riguardanti il funzionamento*
  Per tutti i dispositivi devono essere fornite le scale di deflusso, certificate da un laboratorio accreditato; nel caso di modifiche apportate al dispositivo, devono essere fornite le nuove scale di deflusso.

C *Accuratezza*
  C.1 Massimo ±5% per dispositivi utilizzati a servizio di vasche volano
  C.2 Massimo ±10% per dispositivi utilizzati a servizio di scaricatori di piena

D *Criteri per la scelta*
  D.1 Necessità di alimentazione elettrica
  D.2 Modifiche delle strutture murarie da apportare per l'installazione del dispositivo
  D.3 Massima portata regolata dal dispositivo
  D.4 Possibilità di apportare variazioni alla massima portata regolata
  D.5 Condizioni imposte dal tirante idrico a valle del dispositivo
  D.6 Portata minima e dimensione minima della sezione di efflusso
  D.7 Materiali utilizzati

E *Indicazioni per l'esercizio*
  E.1 Ispezione: la frequenza delle operazioni di ispezione deve essere specificata dal produttore e deve essere rispettata dal gestore.
  E.2 Manutenzione ordinaria: le istruzioni relative alle misure di manutenzione necessarie devono essere fornite dal produttore. Le eventuali modifiche apportate alla installazione standard dovrebbero essere concordate tra il produttore del dispositivo ed il gestore.
  E.3 Rimozione delle ostruzioni: le istruzioni per la rimozione delle ostruzioni devono essere fornite dal produttore, e devono comprendere gli avvertimenti circa i pericoli derivanti dalla ostruzione del dispositivo; deve inoltre essere previsto un circuito per il by-pass del dispositivo.

porto alla progettazione. I *dispositivi* di *regolazione* e *controllo* delle portate possono essere installati a servizio degli scaricatori di piena o nelle vasche volano delle acque meteoriche. In generale, il minimo valore della portata regolata è pari a 10 ls^{-1}. Le istruzioni prescritte nelle *Linee Guida* della *ATV* (Tabella 4.1) sono riferite a specifici requisiti che devono essere posseduti dai vari dispositivi posti in commercio, per i quali è richiesta una idonea certificazione da parte della stessa ATV o di un qualsiasi istituto specializzato ed accreditato presso l'Associazione Europea per il Controllo dell'Inquinamento delle Acque (E.W.P.C.A., European Water Pollution Control Association).

Per quanto riguarda la fabbricazione ed installazione, devono essere usati solo materiali di adeguate caratteristiche; per le parti mobili dei dispositivi devono essere fornite informazioni circa la loro usura ed il loro comportamento in presenza di un ambiente corrosivo. La frequenza delle operazioni di ispezione e manutenzione ordinaria deve essere almeno annuale e richiede personale specializzato allo scopo. Le eventuali riparazioni, così come la manutenzione straordinaria, devono essere eseguite esclusivamente sotto la supervisione del produttore o di personale opportunamente autorizzato.

4.5 Paratoia basculante

4.5.1 Descrizione

Le paratoie basculanti (inglese: "hinged flap gates") rappresentano una innovazione progettuale e costituiscono un semplice *sistema di controllo del livello idrico*. Esse possono essere installate in collettori fognari a sezione rettangolare cui si vuole affidare una funzione di laminazione (inglese: "storage sewer") e consentono di mantenere un prefissato *livello di invaso* nel collettore. Tale dispositivo è stato testato in laboratorio [18] ed ha le seguenti caratteristiche:

- paratoia piana fissata mediante cerniere al cielo del canale fognario;
- guarnizioni mobili disposte su entrambe le pareti laterali per garantire la tenuta idraulica;
- deflusso non rigurgitato da valle;
- angolo di apertura compreso nell'intervallo $0 \leq \delta \leq 45°$;
- regolazione della paratoia mediante contrappeso;
- ottimo comportamento dinamico con assenza di vibrazioni;
- facilità di riparazione e manutenzione.

La Fig. 4.15 illustra uno schema del dispositivo. Il corpo della paratoia ① è collegato mediante il supporto ② alla barra ③, sulla quale è fissato un contrappeso calibrato ④; la posizione del peso può essere variata facendolo scorrere lungo la barra. La paratoia è incernierata sulla sommità ⑤ in modo tale che la sua estremità inferiore tocchi il fondo del canale nella posizione di riposo ($\delta = 0$). L'angolo della paratoia δ viene misurato rispetto alla posizione di riposo considerando positivi gli angoli formati rispetto alla verticale nella direzione della corrente idrica. Ulteriori parametri da considerare sono il tirante idrico h_o a monte del dispositivo ed il franco f rispetto al bordo superiore del canale. Il ciglio inferiore della paratoia è configurato come parete sottile; in condizioni ordinarie, la corrente defluisce sotto battente, mentre, in caso di bloccaggio del dispositivo, la corrente sfiora al di sopra della paratoia, innescando un funzionamento a stramazzo.

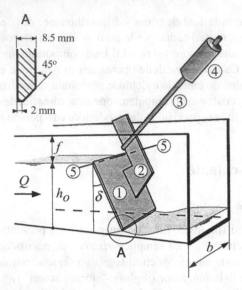

Fig. 4.15. Schema della paratoia basculante con particolare del ciglio inferiore della paratoia

4.5.2 Comportamento idraulico

La *portata Q* defluente attraverso una paratoia può essere espressa come [4]

$$Q = C_d ab(2gh_o)^{1/2}, \qquad (4.7)$$

in cui a è il tirante idrico nella sezione di sbocco, b la larghezza del canale, e C_d il coefficiente di efflusso.

La *distribuzione delle pressioni* sulla paratoia basculante aumenta in modo idrostatico dalla superficie libera verso il fondo del canale, per poi ridursi bruscamente in corrispondenza del ciglio inferiore della paratoia, in corrispondenza del quale vige la pressione atmosferica. Tipicamente, nei calcoli strutturali si assume, a vantaggio di sicurezza, che la distribuzione delle pressioni è idrostatica, con una conseguente sovrastima della reale distribuzione delle pressioni. Accurate misure della pressione sulle paratoie basculanti [18] hanno consentito di stimare il rapporto tra la spinta idrodinamica e quella idrostatica; in particolare, tale rapporto è prossimo ad 1 quando l'angolo della paratoia δ è piccolo, e si riduce all'aumentare dell'angolo stesso.

La condizione di progetto consiste nel controllo di un livello idrico pari alla quota di cresta della paratoia, e cioè quella condizione per la quale il tirante h_o della corrente in arrivo risulta pari alla lunghezza della paratoia L (Fig. 4.16). Il rapporto tra i momenti $\mu = M_d/M_s$, intendendo con M_d c M_s i momenti rispetto all'asse di rotazione (cresta della paratoia) rispettivamente dovuti alle distribuzioni di pressioni idrodinamica ed idrostatica, varia secondo la seguente relazione

$$\mu = 1 - \frac{1}{4}\tan\delta. \qquad (4.8)$$

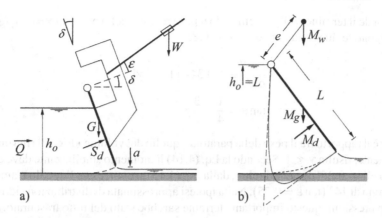

Fig. 4.16. Paratoia basculante: a) definizione dei simboli; b) equilibrio alla rotazione

L'assunzione convenzionale secondo cui la distribuzione delle pressioni è idrostatica corrisponde al valore $\mu = 1$, mentre il termine $(1/4)\tan\delta$ rende conto dell'effetto della spinta idrodinamica.

Noto μ, il *coefficiente di efflusso* C_d può essere valutato utilizzando l'equazione di conservazione della quantità di moto. Per valori compresi nell'intervallo $0 < \delta < 30°$, C_d aumenta leggermente con δ [rad] secondo la relazione

$$C_d = 0.60[1 + 0.23\delta - 0.16\delta^2]. \qquad (4.9)$$

Il progetto della paratoia basculante si basa sull'applicazione dell'*equazione di equilibrio alla rotazione*, in cui il momento dinamico M_d dovuto alla pressione idrodinamica S_d sulla paratoia è il momento ribaltante, e la somma dei momenti $M_g + M_w$ dovuti al peso della paratoia G ed al contrappeso W sono i momenti stabilizzanti (Fig. 4.16). La condizione di equilibrio è espressa dalla equazione

$$M_d = \frac{1}{2}GL\sin\delta + eW\cos(\varepsilon + \delta), \qquad (4.10)$$

in cui L indica la lunghezza della paratoia, e la distanza del baricentro del contrappeso dal centro di rotazione e ε l'angolo formato dall'asse del peso con la normale alla paratoia (Fig. 4.16).

Il momento statico sulla paratoia è pari a $M_s = (1/2)\rho gbL^2(2L/3)\cos\delta$, essendo ρ la densità del fluido. Ponendo $M_d = \mu M_s$, facendo riferimento alla condizione in cui $h_o = L$, le Eq. (4.8) e (4.10) portano a

$$(1/3)\rho gbL^3 - eW\cos\varepsilon = [(1/2)GL - eW\sin\varepsilon + (1/12)\rho gbL^3]\tan\delta. \qquad (4.11)$$

Per soddisfare la *condizione di equilibrio* al variare dell'angolo δ, nella Eq. (4.11) devono essere rispettate le seguenti due condizioni:

(1) momento stabilizzante $eW/(\rho gbL^3) = (3\cos\varepsilon)^{-1};$ $\qquad (4.12)$

(2) angolo ε $\sin\varepsilon = (eW)^{-1}[(1/2)GL + (1/12)\rho gbL^3].$ $\qquad (4.13)$

Eliminando il termine (eW), e definendo il peso relativo della paratoia $\gamma = G/(\rho g b L^2)$, si ottengono le due seguenti condizioni [18]:

$$\frac{eW}{\rho g b L^3} \cong 0.344 \left[1 + \frac{1}{3}\gamma \right], \tag{4.14}$$

$$\tan \varepsilon = \frac{1}{4} + \frac{3}{2}\gamma, \tag{4.15}$$

in cui γ è il rapporto tra il peso della paratoia e quello del volume idrico di riferimento; tipicamente, risulta $\gamma \ll 1$. Secondo la Eq. (4.14) il momento stabilizzante deve essere almeno $eW = 0.35(\rho g b L^3)$; inoltre, dalla Eq. (4.15) si evince che l'angolo ε ammette un minimo di $14°$ ($\tan \varepsilon = 0.25$). Nella ipotesi approssimata di distribuzione idrostatica delle pressioni, questo importante termine sarebbe stato del tutto trascurato. Nelle pratiche applicazioni, (e/L) è circa pari a 3, cosicché risulta $W = (1/10)(\rho g b L^2)$, ovvero il peso W è il 10% del volume idrico di riferimento $(\rho g b L^2)$. Nel caso in cui la paratoia è realizzata in acciaio, il volume del contrappeso sarebbe circa pari all'1% del volume idrico di riferimento $b L^2$.

4.5.3 Caratteristiche di funzionamento

Nel modello di laboratorio utilizzato da Raemy e Hager [18], la paratoia era in alluminio con peso $G = 46$ N; il contrappeso era pari a 106.6 N, con una struttura di sostegno di peso pari a 27.7 N, per cui risultava $W = 134.3$ N. In corrispondenza di un tirante $h_o = 415$ mm è stato regolato un braccio $e = 860$ mm di modo che, con $\varepsilon = 18.5°$ s si avesse la condizione $Q = 0$ ($\delta = 0$). L'incremento di portata non ha avuto alcun effetto significativo sul tirante idrico in ingresso, per il quale le massime escursioni sono state pari a $\pm 1\%$ per $0 < \delta < 45°$. La paratoia basculante si caratterizza per una notevole *stabilità*; infatti, anche nei casi in cui venivano imposti manualmente scostamenti dalla posizione di equilibrio, la paratoia ritornava rapidamente nella posizione d'equilibrio. Gli esperimenti hanno mostrato che la *stabilità della paratoia* aumenta all'aumentare della portata; in presenza di piccole portate ($\delta < 10°$) è possibile osservare piccole oscillazioni del dispositivo. Per le portate maggiori ($\delta > 45°$) si possono manifestare ondulazioni della superficie idrica; per prevenire tale fenomeno, è opportuno installare *dispositivi d'arresto* che limitano il funzionamento della paratoia all'interno dell'intervallo $0 \le \delta < 45°$.

La *massima portata* defluente può essere espressa in forma adimensionale

$$\frac{Q}{(g b^2 L^3)^{1/2}} = 0.90(1 - \cos \delta). \tag{4.16}$$

Quando $\delta_M = 45°$, la Eq. (4.16) restituisce il massimo valore (pedice M) della portata $Q_M = 0.27(g b^2 L^3)^{1/2}$.

Il *franco idrico f* richiesto per una paratoia chiusa ($\delta = 0$) dipende dalla portata che si ammette possa essere sfiorata al di sopra del dispositivo. In caso di sormonto della paratoia, contemporaneamente ad una condizione di efflusso sotto battente, il

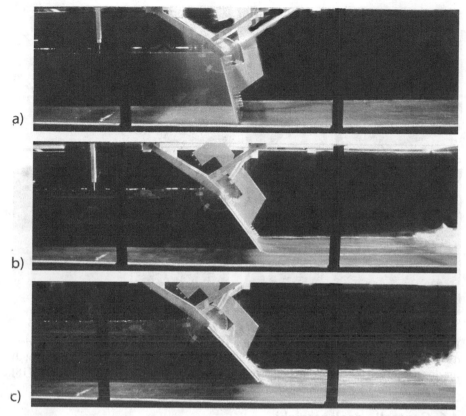

Fig. 4.17. Paratoia basculante per $\delta =$ a) $13°$; b) $31°$; c) $45°$

tirante idrico h_W, misurato dal fondo del canale, è dato dalla relazione:

$$\frac{h_W}{L} = 1 + \left[(1 - \cos\delta)\frac{C_d}{C_W}\right]^{2/3}, \qquad (4.17)$$

in cui C_W è il coefficiente di efflusso per una luce a stramazzo.

Per $\delta = 45°$ si ottiene $h_W = 1.6L$, con un franco f che deve essere almeno pari a $(h_W - L)$; nel caso in cui tale valore del tirante risulti eccessivo, esso può essere significativamente ridotto, prevedendo uno sfioro laterale a monte della paratoia.

La Fig. 4.17 mostra diverse condizioni di funzionamento del dispositivo, per diversi valori di δ, con un accettabile controllo del livello idrico e senza formazione di onde superficiali. La Fig. 4.18 illustra aspetti particolari della corrente idrica, tra cui la contrazione della vena a valle della paratoia ed il punto di ristagno a monte della stessa. La paratoia basculante è stata anche testata per $\varepsilon = 0$, come era stato precedentemente suggerito da diversi tecnici; gli esperimenti hanno dimostrato che tale configurazione dà origine ad un comportamento idraulico insoddisfacente.

Fig. 4.18. Particolari della corrente idrica in prossimità di una paratoia basculante: a) vista da valle; b) contrazione della vena idrica; c) vista da monte, verso la cresta della paratoia; d) funzionamento della paratoia, con eccellente condizione di deflusso a valle del dispositivo [18]

4.6 Controllo degli scarichi

Negli ultimi anni, il settore della gestione dei sistemi fognari ha subito particolare impulso, favorendo lo sviluppo di sistemi automatici di monitoraggio e controllo delle reti. In particolare, con riferimento agli aspetti della *sicurezza* in ambiente urbano, hanno talvolta trovato impiego le *vasche volano* per la laminazione dei deflussi di piena, oltre che per il controllo qualitativo degli scarichi; la efficacia di tali manufatti dipende, ovviamente, dalla piena funzionalità dei dispositivi di controllo installati, che può essere garantita solo mediante opportuni investimenti ed un'accorta manutenzione ordinaria. In tale contesto, si rende necessaria una riorganizzazione delle tecniche e dei dispositivi di controllo, che non possono più essere semplicemente di tipo meccanico. Diventa sempre più indispensabile procedere all'installazione di sonde per la misura in tempo reale delle portate e dei livelli idrici all'interno dei manufatti fognari, al fine di poter poi consentire agli operatori esperti di mettere in atto gli eventuali provvedimenti del caso.

Le moderne tecniche di *gestione dei sistemi fognari* dovrebbero consentire di limitare le disfunzioni dei sistemi di drenaggio, sia ai fini della mitigazione dei fenomeni di allagamento in area urbana, che di un miglioramento delle prestazioni qualitative degli impianti di depurazione dei reflui. A tali scopi, la ricerca è impegnata nella messa a punto di sistemi esperti per la gestione di reti complesse, oltre che nella definizione di modelli di previsione idrologica-idraulica per la simulazione degli impatti provocati da eventi meteorologici particolarmente intensi.

La progettazione dei nuovi sistemi di drenaggio urbano dovrebbe certamente essere impostata in modo da renderne possibile il controllo automatico; attualmente esistono ancora notevoli limitazioni nella messa a punto dei sistemi di controllo in tempo reale (RTC), a causa della difficoltà nel simulare il funzionamento idraulico di particolari componenti. Una descrizione di alcuni sistemi automatici per il controllo degli scarichi e la laminazione delle portate di pioggia è stata presentata da Schilling [19] e Campisano e Sanfilippo [9].

Simboli

a	[m]	tirante allo sbocco
A_a	[m²]	area della sezione di sbocco
A_d	[m²]	area del diaframma
b	[m]	larghezza del canale
C_d	[-]	coefficiente di efflusso
C_W	[-]	coefficiente di efflusso per luce a stramazzo
D	[m]	diametro
D_s	[m]	diametro della vita della coclea
e	[m]	distanza del contrappeso dal centro di rotazione
f	[m]	franco
g	[ms⁻²]	accelerazione di gravità
G	[N]	peso della paratoia
h_a	[m]	carico piezometrico allo sbocco
h_o	[m]	tirante idrico in ingresso
h_p	[m]	tirante idrico a monte della paratoia
h_W	[m]	tirante idrico di sormonto
H	[m]	energia specifica e prevalenza manometrica
H_d	[m]	escursione del pelo libero
H_g	[m]	dislivello geodetico
H_t	[m]	prevalenza totale
L	[m]	lunghezza della paratoia
L_s	[m]	lunghezza della coclea
M	[Nm]	momento
n	[-]	numero di avviamenti orari e numero di pompe
Q	[m³s⁻¹]	portata
Q_a	[m³s⁻¹]	portata effluente allo sbocco
Q_k	[m³s⁻¹]	portata critica di trattamento
Q_M	[m³s⁻¹]	portata massima
r	[-]	rapporto tra i raggi
R_1	[m]	raggio del canale
R_2	[m]	raggio del diaframma
s	[m]	altezza della luce e apertura della paratoia
S	[-]	grado di apertura relativa della valvola

v_1 $[m^3]$ capacità della vasca di carico
V_a $[ms^{-1}]$ velocità di efflusso allo sbocco
V_o $[ms^{-1}]$ velocità della corrente in ingresso
V_{tot} $[ms^{-1}]$ volume totale della vasca di carico
W $[N]$ peso bilanciato
γ $[-]$ peso relativo della paratoia
δ $[-]$ angolo di apertura della paratoia
ε $[-]$ angolo del peso bilanciato
μ $[-]$ rapporto tra i momenti
ρ $[kgm^{-3}]$ densità

Pedici

k critico
M massimo
o imbocco

Bibliografia

1. ATV: Planung und Bau von Abwasserpumpwerken mit kleinen Zuflüssen [Pianificazione e costruzione di impianti di sollevamento fognari per piccole portate]. ATV-Regelwerk, Arbeitsblatt A134. ATV: St. Augustin (1980).
2. ATV: Hydraulische Dimensionierung und betrieblicher Leistungsnachweis von Anlagen zur Abfluss- und Wasserstandsbegrenzung in Entwässerungssystemen Richtlinien für die hydraulische Dimensionierung und den Leistungsnachweis von Regenwasser-Entlastungsanlagen in Abwasserkanälen und -leitungen [Linee guida per il dimensionamento idraulico ed il collaudo di manufatti fognari per acque meteoriche]. Arbeitsblatt A111. Abwassertechnische Vereinigung: St. Augustin (1994).
3. Borcherding H., Brombach H.: Hydraulische Eigenschaften gehäuseloser Abwasser-Rückstauklappen [Caratteristiche idrauliche di paratoie mobili]. Wasserwirtschaft **85**(4): 200–203 (1995).
4. Bos M.G.: Discharge measurement structures. Laboratorium voor Hydraulica en Afvoerhydrologie. Rapport 4. Landbouwhogeschool, Wageningen (1976).
5. Brombach H.: Drosselstrecken und Wirbeldrosseln an Regenbecken [Condotte limitatrici e dispositivi a vortice per bacini di calma]. Schweizer Ingenieur und Architekt **102**(33/34): 670–674 (1982).
6. Brombach H.: Abflusssteuerung von Regenwasserbehandlungsanlagen [Controllo delle portate effluenti da impianti di trattamento delle acque meteoriche]. Wasserwirtschaft **72**(2): 44–52 (1982).
7. Brombach H.: Eine späte Nutzung des Bernoulli-Effekts: Die Schlauchdrossel [Una recente applicazione dell'effetto Bernoulli: il tubo valvola]. Wasser und Boden **39**(11): 564–571 (1987).
8. Burrows R.: The hydraulic characteristics of hinged flap gates. Hydraulic design in water resources engineering: Land Drainage. K.V.H. Smith, D.W. Rycroft (eds.). Springer, Heidelberg Berlin New York (1984).
9. Campisano A., Sanfilippo U.: Controllo in tempo reale dei sistemi di fognatura. CSDU, Milano (2011).

10. Dasek I.V.: Pumpensumpfbemessung in Abwasserpumpwerken [Dimensionamento della vasca di carico negli impianti di sollevamento fognari]. Schweizer Ingenieur und Architekt **109**(41): 1107–1112. [in tedesco.] (1989).

11. Fass W.: Vakuum in Abwasser-Pumpstationen [Il vuoto nelle stazioni fognarie di sollevamento]. Gas - Wasserfach Wasser/Abwasser **111**(6): 334–337 (1970).

12. Hager W.H.: Circular gates in circular and U-shaped channels. Journal of Irrigation and Drainage Engineering **113**(3): 413–419 (1987).

13. Hager W.H.: Abfluss im U-Profil [Deflusso in sezione a U]. Korrespondenz Abwasser **34**(5): 468–482 (1987).

14. ITT: Progettazione di stazioni di pompaggio con pompe centrifughe per acque reflue Flygt di grandi dimensioni. Design Recommendations. Ita.01.10. ITT Water & Wastewater (2010).

15. Kaul G.: Mindestabfluss von Drosseleinrichtungen in Mischwasserkanälen [Portata minima di dispositivi limitatori in sistemi fognari misti]. Korrespondenz Abwasser **33**(7): 587–591 (1986).

16. Lessmeier H.: Pumpen und kleine Hebewerke für die Abwasserförderung [Pompe e manufatti per sollevamenti fognari]. Wasser und Boden **35**(10): 452–456 (1983).

17. Ministero LL. PP.: Istruzioni per la progettazione delle fognature e degli impianti di trattamento delle acque di rifiuto. Servizio Tecnico Centrale, Circolare n. 11633 del 7 gennaio 1974 (1974).

18. Raemy F., Hager W.H.: Hydraulic level control by Hinged Flap Gate. Proc. Institution Civil Engineers Water Maritime & Energy **130**(June): 95–103 (1998).

19. Schilling W.: Operationelle Siedlungsentwässerung [Drenaggio urbano operativo]. Oldenbourg, Monaco (1990).

20. Tuttahs G.: Gesichtspunkte bei der Bemessung von Abwasserpumpwerken [Punti di vista sulla progettazione di impianti di sollevamento in fogna]. Wasser und Boden **39**(1): 30–34 (1987).

21. Tuttahs G.: Förderanlagen für Abwasser [Pompe per fognature]. Wasser und Boden **39**(5): 246–250. [in tedesco.] (1987).

22. Vischer D.: Die selbsttätige Schlauchdrossel zur Gewährleistung konstanter Beckenausflüsse [Tubo balvola automatico per garantire una portata effluente costante da un bacino di ritenuta]. Wasserwirtschaft **65**(12): 371–375 (1979).

23. Volkart P.U., de Vries F.: Automatic throttle hose – a new flow regulator. Journal of Irrigation and Drainage Engineering **111**(3): 247–264 (1985).

24. Witschi R.: Die Schneckenpumpe und ihr Einsatz bei der Abwasserreinigung [La coclea ed il suo utilizzo negli impianti di trattamento delle acque reflue] (1970).

5

Moto uniforme

Sommario Il moto uniforme ha origine dalla condizione di equilibrio tra le forze motrici e le forze resistenti al moto. Viene anzitutto descritta in maniera dettagliata la condizione di moto uniforme, con indicazione delle formule di moto uniforme da applicare nel caso di correnti a pelo libero in canali a sezione circolare, ovoidale ed a ferro di cavallo. Sono inoltre proposte alcune espressioni semplificate in grado di agevolare il calcolo delle grandezze idrauliche principali, quali portata, tirante idrico e carico specifico, in condizione di moto uniforme. Nel prosieguo vengono poi specificamente trattate alcune problematiche relative al funzionamento dei sistemi fognari quali, ad esempio, la presenza di correnti aerate in collettori fognari con pendenze elevate e la transizione da deflusso a superficie libera a moto in pressione (inglese: "choking"). Infine, vengono illustrati criteri di dimensionamento idraulico dei collettori fognari, anche con l'ausilio di esempi numerici.

5.1 Introduzione

Fra la grande varietà di condizioni di deflusso di un fluido merita attenzione il *moto uniforme*. In meccanica dei fluidi, col termine moto uniforme si indicano tutti i processi di movimento nei quali le caratteristiche del moto si mantengono identiche nei punti di ogni traiettoria, pur potendo essere differenti da una traiettoria all'altra.

Il moto uniforme può verificarsi sia per correnti in pressione (inglese: "pressurized flows") che per correnti a pelo libero (inglese: "free surface flows"). In questo capitolo, viene specificamente trattato il caso del moto uniforme per correnti a pelo libero. In tal caso la superficie di contorno superiore, comunemente denominata *pelo libero*, viene a contatto con un gas, costituito nelle pratiche applicazioni da aria a pressione atmosferica. Le correnti a pelo libero presentano un grado di libertà in più rispetto ai moti in pressione; difatti, confrontando le leggi che regolano il moto per correnti a pelo libero con quelle valide per correnti in pressione, è possibile constatare che le correnti a pelo libero sono caratterizzate dal termine aggiuntivo $\partial(V^2/2g)/\partial x$, in cui V è la velocità della corrente e g l'accelerazione di gravità. Tale termine è convenzionalmente denominato *accelerazione convettiva* e tiene conto della variazione di altezza cinetica tra due sezioni. Pertanto, anche in presenza di *moto stazionario* o

Gisonni C., Hager W.H.: Idraulica dei sistemi fognari. Dalla teoria alla pratica.
DOI 10.1007/978-88-470-1445-9_5, © Springer-Verlag Italia 2012

permanente ($\partial/\partial t = 0$), la corrente può essere soggetta ad accelerazioni, a differenza di quanto capita con la cinematica dei corpi solidi.

Fondamentalmente, nel moto permanente tutte le variabili risultano indipendenti dal tempo. È possibile, poi, distinguere i moti permanenti uniformi e non uniformi ed è chiaro che nell'ambito dei primi tutte le grandezze cinematiche debbano rappresentare delle invarianti sia del tempo che dello spazio. Come verrà chiarito nel seguito del capitolo, la condizione di *moto uniforme* rappresenta una condizione ideale di deflusso per una corrente a pelo libero, e pertanto è improbabile che si manifesti nella realtà. Le condizioni di deflusso in moto permanente, non uniforme, sono specificamente trattate nel capitolo 8.

5.2 Descrizione del moto uniforme

È opportuno specificare che, mentre per le correnti in pressione il moto uniforme costituisce la "normalità", nel caso delle correnti a pelo libero esso rappresenta un caso "eccezionale" e, per tale motivo, deve essere inteso come una condizione che non si potrà ritenere mai verificata se non in via approssimativa, quale *un processo di moto asintotico* a cui tende lo stato della corrente.

Il moto uniforme (inglese: "uniform flow") può essere definito in vari modi, quali ad esempio il rispetto delle seguenti condizioni:

- velocità V costante;
- tirante idrico h costante;
- pelo libero parallelo alla generatrice dell'alveo;
- equilibrio tra forze motrici e forze resistenti.

Le suddette definizioni non assicurano la presenza di moto uniforme, risultando addirittura erronee in alcuni casi. Infatti, al fine di presentare una definizione rigorosa di moto uniforme, bisogna sottolineare le seguenti *condizioni necessarie* che devono essere soddisfatte:

- pendenza S_o dell'alveo costante;
- scabrezza delle pareti uniformemente distribuita;
- portata costante nel tempo e nello spazio;
- alveo prismatico;
- asse del canale rettilineo;
- pressione dell'aria costante sulla superficie libera;
- fluido omogeneo;
- stazionarietà dei parametri fondamentali.

Se sono soddisfatte tutte le suddette condizioni e, al tempo stesso, sussiste la condizione di equilibrio tra la componente della forza gravitazionale diretta lungo la direzione di moto e le forze di attrito, allora si può parlare di condizione di moto uniforme, in cui le particelle fluide non sono soggette ad alcuna accelerazione e quindi ad alcuna forza, secondo le leggi di Newton. Ciò comporta che:

- il campo di moto nella sezione idrica, e quindi la corrispondente velocità media, non varia lungo il canale;
- per una assegnata portata, la sezione idrica rimane costante e, quindi, il tirante idrico non può essere soggetto a variazioni locali;
- il pelo libero è rettilineo e parallelo al fondo del canale;
- la linea dell'energia risulta parallela alla superficie del pelo libero e quindi anche al fondo del canale.

Come già detto, il moto uniforme per correnti a pelo libero rappresenta una *condizione di moto ideale*, ma, poiché la conoscenza del rapporto tra il tirante di moto uniforme e le altezze idriche riferite ad altre tipologie di moto consente di individuare le caratteristiche del deflusso di una corrente idrica, lo studio di tale condizione si rivela fondamentale. In definitiva, la progettazione idraulica dei canali artificiali è basata sul calcolo del tirante idrico del moto uniforme, a patto che si tengano ben presenti le limitazioni fin qui illustrate.

5.3 Legge del moto uniforme

Come già detto nel capitolo 2, la condizione di moto uniforme nei canali a pelo libero può essere assimilata al caso di correnti in pressione in assenza di un gradiente di pressione. In accordo con la *legge di Darcy e Weisbach*, in condizione di moto uniforme la cadente piezometrica S_f può essere espressa come

$$S_f = \frac{V^2}{2g} \frac{f}{D}, \tag{5.1}$$

in cui V è la velocità media di portata, f il coefficiente di scabrezza e D il diametro della condotta.

Nella fattispecie, il coefficiente di scabrezza può essere determinato mediante l'utilizzo della *formula di Colebrook e White* (Press e Schröder 1966, Daily e Harleman 1966) secondo cui

$$\frac{1}{\sqrt{f}} = -2 \cdot \log \left(\frac{\varepsilon}{3.7} + \frac{2.51}{R\sqrt{f}} \right), \quad R > 2300, \tag{5.2}$$

avendo inteso con $\varepsilon = k_s/D$ la scabrezza relativa equivalente in sabbia e con $R = VD/\nu$ il numero di Reynolds, essendo ν la viscosità cinematica (paragrafo 2.2.1). Le Eq. (5.1) e (5.2) possono essere estese convenzionalmente alle correnti in pressione in condotti a sezione non-circolare introducendo la quantità $4R_h$ al posto del diametro D, essendo R_h il raggio idraulico. Tale procedura può essere applicata anche per il calcolo del moto uniforme in canali a pelo libero. Nel caso di moti turbolenti in regime di tubi idraulicamente lisci è stato dimostrato che il deflusso della corrente risente dell'influenza della *forma del canale* [4,15,19,20] e del *numero di Froude* [23] secondo leggi ben definite. Quindi, al momento di applicare il sistema di Eq. (5.1) e (5.2), è necessario introdurre il cosìdetto parametro di forma ϕ_f, della cui stima si sono occupati Sinniger e Hager [26]. In particolare, a causa dell'esiguo numero di prove sperimentali ad oggi effettuate, non è possibile quantificare con certezza l'effetto che la geometria del canale presenta sulla legge di resistenza. Si tenga comunque presente che generalmente il deflusso di una corrente in pressione è soggetto normalmente a forze resistenti di entità minore rispetto a quelle che si sviluppano in un canale equivalente a pelo libero. In linea di principio, è possibile poi affermare che l'utilizzo delle Eq. (5.1) e (5.2) conduce a risultati certamente più corretti, quanto più la sezione del canale è prossima a quella circolare.

Dunque, la formula di moto uniforme va riscritta generalizzando l'Eq. (5.1) nel modo seguente:

$$S_f = \frac{V^2}{2g} \cdot \frac{f}{4R_h},$$ (5.3)

al cui interno f è ricavato dall'Eq. (5.2), in cui andrà posto $\varepsilon = k_s/(4R_h)$ e $R = V(4R_h)/v$. Allo stesso modo, tutte le formule approssimate valide per il generico moto di una corrente ed introdotte nel capitolo 2 possono essere utilizzate avendo cura di sostituire il termine $(4R_h)$ al posto del diametro D della condotta.

5.4 Le formule del moto uniforme

Trascurando il caso di *moto laminare* che non trova riscontro nei sistemi fognari, consideriamo tre diversi regimi di *moto turbolento* (capitolo 2) in funzione della scabrezza relativa ε e del numero di Reynolds R:

- regime di *moto turbolento in tubi idraulicamente lisci*, in cui l'influenza di ε è trascurabile rispetto a quella di R;
- regime di *moto assolutamente turbolento*, nel quale l'influenza di ε è preponderante rispetto a quella di R;
- regime di *moto turbolento di transizione*, in cui gli effetti della viscosità e del numero di Reynolds sono ugualmente significativi.

Si tenga presente che all'interno di un canale possono verificarsi tutti i tre diversi tipi di regime di moto, a seconda del valore assunto dalla velocità della corrente.

Nelle canalizzazioni fognarie, i cui valori caratteristici di scabrezza equivalente, diametro e velocità variano entro limiti ristretti, il regime di transizione è di particolare rilevanza. A dimostrazione di quanto detto, si consideri un collettore fognario di diametro $D = 1$ m al cui interno defluisce un refluo caratterizzato da viscosità cinematica $v = 1 \times 10^{-6} \text{m}^2\text{s}^{-1}$, alla temperatura di 20°C. La scabrezza equivalente in sabbia k_s risulta sicuramente compresa tra i valori k_{sr} e k_{ss} (capitolo 2), indicati nella Tabella 5.1 e riferiti, rispettivamente, alla condizione di moto turbolento in regime di tubo idraulicamente scabro (pedice r) e liscio (pedice s).

Ipotizzando una velocità di $V = 1$ ms^{-1}, un tubo in calcestruzzo caratterizzato da una scabrezza $k_s = 2.5$ mm si comporta alla stregua di un tubo idraulicamente scabro; per contro, un condotto in fibro-cemento con un coefficiente di scabrezza equivalente $k_s = 0.1$ mm si caratterizza con un regime di transizione, mentre una condotta nuova in PVC funzionerà come un tubo idraulicamente liscio. Ancora una volta si ricorda

Tabella 5.1. Scabrezze k_{sr} [mm] per moto assolutamente turbolento, e k_{ss} [mm] per moto turbolento in tubo liscio, in funzione della velocità V [ms^{-1}] secondo [26]

V [m/s]	0.1	0.5	1	2	3	5	10
k_{sr} [mm]	10.5	2.1	1	0.52	0.35	0.21	0.11
k_{ss} [mm]	0.01	0.002	0.0013	–	–	–	–

che la transizione tra i vari regimi di moto può essere determinata mediante le equazioni illustrate nel capitolo 2, avendo cura di sostituire il termine $(4R_h)$ al posto del diametro D della condotta.

È opportuno sottolineare che, in regime di *moto assolutamente turbolento* la formula di Colebrook-White (capitoli 2 e 4) è ben approssimata una legge di resistenza di tipo quadratico, espressa dalla *formula di Manning-Strickler*:

$$V = (1/n)S_o^{1/2}R_h^{2/3}, \qquad (5.4)$$

al cui interno $1/n$ [m$^{1/3}$s^{-1}] è il coefficiente di scabrezza di Manning, S_o la pendenza del canale e R_h il raggio idraulico.

Si tenga presente che in canali caratterizzati da scabrezza costante il coefficiente $1/n$ resta anch'esso invariato. Si ricorda inoltre che, per valori della scabrezza relativa $7 \times 10^{-4} < k_s/(4R_h) < 7 \times 10^{-2}$, l'Eq. (5.4) può essere applicata solo se risulta $k_s > 30v \left[g^2 S_o^2 Q\right]^{-1/5}$ [8], come mostrato dalla Eq. (2.21). Strickler [27] ha messo in relazione il coefficiente di scabrezza $1/n$ con il coefficiente di scabrezza equivalente in sabbia k_s ottenendo la seguente espressione:

$$\frac{(1/n)k_s^{1/6}}{g^{1/2}} = 8.2, \qquad (5.5)$$

la quale, sostituita nelle due suddette condizioni da rispettare per l'esistenza di moto assolutamente turbolento, conduce a:

$$0.036 < \frac{g^{1/2}}{(1/n)D^{1/6}} < 0.179; \qquad (1/n) < 8.2g^{1/2}\frac{\left[g^2 S_o^2 Q\right]^{1/30}}{(30v)^{1/6}}. \qquad (5.6a)$$

Assumendo valori ricorrenti nelle pratiche applicazioni del diametro della condotta, ad esempio $D \cong 1$ m, e della viscosità cinematica $v = 10^{-6}$m^{2}s^{-1}, si ricavano i valori limite del coefficiente di scabrezza $1/n$ entro i quali è possibile applicare la formula di Manning-Strickler:

$$18 \text{ m}^{1/3}\text{s}^{-1} < 1/n < 87 \text{ m}^{1/3}\text{s}^{-1}; \qquad 1/n < 170(S_o^2 Q)^{1/30}. \qquad (5.6b)$$

Come si può notare dall'Eq. (5.6b) il coefficiente $1/n$ è funzione della pendenza del canale S_o e della portata Q. A tal proposito, nella Tabella 5.2 è riportata la corrispondenza tra i due parametri nel caso in cui il coefficiente di scabrezza risulti $n = 0.011$ m$^{-1/3}$s. Per pendenze al fondo inferiori a 0,1% (ovvero 0,001 m/m) a

Tabella 5.2. Valori della portata minima Q_{min} in funzione della pendenza di fondo S_o, per $n = 0.011$ m$^{-1/3}$s, al di sotto dei quali non può essere applicata la formula di Manning-Strickler

S_o [‰]	0.1	0.5	1	5	10
Q_{min} [ls^{-1}]	520	21	5	0.2	–

causa degli effetti viscosi è opportuno considerare con attenzione l'utilizzo della formula di Manning-Strickler; poiché tali valori della pendenza risultano poco frequenti nelle pratiche applicazioni, anche per la necessità di soddisfare le verifiche rispetto alla velocità minima (capitolo 3), la formula di Manning-Strickler può essere utilizzata nella quasi totalità dei casi.

Esempio 5.1. Verificare se ad una condotta avente $D = 0.50$ m, $S_o = 1\%$ e $k_s = 0.1$ mm può essere applicata la formula di Manning-Strickler per una portata $Q = 0.15$ m^{3}s^{-1}.

La scabrezza relativa in sabbia è pari a $k_s/D = 10^{-4}/0.5 = 2 \cdot 10^{-4}$, mentre risulta $30\nu[g^2 S_o^2 Q]^{-1/5} = 30 \cdot 1.3 \cdot 10^{-6}[9.81^2 0.01^2 0.15]^{-1/5} = 1.44 \cdot 10^{-4}$ m $> k_s = 10^{-4}$ m; pertanto le condizioni di validità del moto assolutamente turbolento non risultano soddisfatte e, dunque, l'Eq. (5.4) non può essere applicata.

Esempio 5.2. Con riferimento ai dati dell'Esempio 5.1, dimostrare utilizzando le Eq. (5.6a) che la formula di Manning-Strickler non può essere utilizzata.

Dall'Eq. (5.5) si ottiene $1/n = 8.2 \cdot 9.81^{1/2}(10^{-4})^{-1/6} = 119$ m$^{1/3}$s^{-1}; per la Eq. (5.6a) $1/n$ dovrebbe essere inferiore al valore $8.2 \cdot 9.81^{1/2}[9.81^2 0.01^2 0.15]^{1/30}/(30 \cdot 1.3 \cdot 10^{-6})^{-1/6} = 112$ m$^{1/3}$s^{-1}.

Inoltre, dall'Eq. (5.6b) risulta $1/n = 119$ m$^{1/3}$s^{-1} $> 170(0.01^2 0.15)^{1/30} = 117$ m$^{1/3}$s^{-1}, e dunque l'Eq. (5.4) non può essere applicata.

L'equazione di Manning-Strickler è diffusamente utilizzata e presenta una significativa *rilevanza pratica*, anche alla luce delle seguenti peculiarità:

- è semplice da applicare;
- fornisce soluzioni esplicite per il calcolo della velocità V, del raggio idraulico R_h e della pendenza di fondo S_o;
- trova applicazione per un ampio intervallo di valori della scabrezza relativa e, quindi, per le tubazioni e le canalizzazioni fognare in commercio;
- il coefficiente di scabrezza $1/n$ è ben noto e tabellato per i tutti i materiali costituenti i tubi commerciali.

Nel paragrafo 5.8.2 sono proposte ulteriori considerazioni sull'utilizzo della formula di Manning-Strickler.

5.5 Correnti a pelo libero in canali a sezione chiusa

5.5.1 Diagrammi di parziale riempimento dei canali

A differenza dei canali a cielo aperto, nei collettori le correnti possono defluire sia in pressione che in condizione di parziale riempimento. Convenzionalmente una condotta si ritiene in condizione di totale riempimento quando al suo interno il tirante idrico è pari al diametro del tubo; tale condizione è puramente teorica, poiché non è possibile realizzare sperimentalmente lo stato di moto uniforme in condizione di massimo riempimento, visto che un condotto non potrà mai presentare un riempimento totale sotto pressione atmosferica. Il *grado di riempimento del canale* (inglese: "pipe filling ratio") è pari al rapporto tra il tirante idrico h ed il diametro D potendo, quindi, variare tra zero ed uno. Dunque, la portata defluente in una condotta in condizione di totale riempimento (pedice v) Q_v dipende esclusivamente dall'indice di riempimento e dalla geometria della sezione trasversale del tubo, individuata dal diametro D nel caso di condotti circolari o dalla generica altezza utile T della sezione per tutte le altre forme geometriche. Analogamente, è possibile ricavare le relazioni sussistenti tra le velocità V/V_v, le aree A/A_v ed altri parametri idraulici in funzione del grado di riempimento $y = h/T$.

Le *scale di deflusso* in condizioni di *riempimento parziale* sono molto diffuse grazie alla loro semplicità di rappresentazione; ovviamente, possono essere applicate solo in condizione di moto uniforme. A partire dall'Eq. (5.4), è possibile ricavare la *scala di deflusso* in condizione di parziale riempimento mediante la seguente relazione:

$$Q/Q_v = (A/A_v)(R_h/R_{hv})^{2/3}. \tag{5.7}$$

I termini presenti al membro destro dell'Eq. (5.7) non dipendono né dalla pendenza al fondo né dalla scabrezza del canale, ma sono funzione esclusivamente della *geometria del condotto*; per tale motivo è opportuno preferire l'Eq. (5.7) all'analoga relazione ricavata a partire dalla formula di Colebrook-White, la quale non presenta la stessa semplicità di applicazione.

5.5.2 Transizione da deflusso a pelo libero a moto in pressione

Le differenze tra il moto uniforme in un canale a pelo libero ed in una condotta in pressione diventano più marcate quando la condotta presenta una sezione diversa da quella circolare. Come già detto, nei canali chiusi è necessario tenere in conto anche il parametro di forma ϕ_f al cui interno è inglobata l'influenza che la particolare geometria della sezione ha sul deflusso della corrente. Il *passaggio da deflusso a pelo libero a moto in pressione* (inglese: "choking") dipende, però, anche dalla distribuzione delle pressioni che agiscono sulla superficie idrica, effetto particolarmente sentito soprattutto in presenza di elevati gradi di riempimento. Nel gergo tecnico corrente, tale fenomenologia è anche denominata come *entrata in pressione* di un collettore. In tale condizione si riduce drasticamente la ventilazione del canale e basta una piccola perturbazione della superficie libera per innescare il fenomeno di *choking*. Il processo inverso di *transizione brusca dal moto in pressione a deflusso a pelo libero* non ha an-

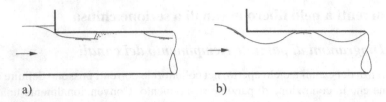

a)   b)

Fig. 5.1. Transizione da moto a pelo libero a moto in pressione in collettori fognari determinata da: a) particolare tipologia di imbocco del canale; b) formazione di onde di shock

cora trovato un termine altrettanto efficace nell'inglese tecnico; tale fenomeno si può verificare in collettori con elevata pendenza in cui defluisce una corrente fortemente aerata con presenza di sacche d'aria al proprio interno.

Sebbene il fenomeno di entrata in pressione di collettori fognari può essere molto pericoloso e riveste notevole importanza nelle pratiche applicazioni, esso ha sinora ricevuto scarsa attenzione. In realtà, sono numerosi i casi in cui la condizione di moto uniforme è perturbata dalla presenza di una singolarità, quale, ad esempio, la zona di imbocco di un collettore o una significativa variazione planimetrica del canale; in tali situazioni, si può addirittura assistere alla formazione di *onde a fronte ripido* o *onde di shock* (inglese: "shock waves"), la cui trattazione è riportata nel capitolo 16. La Fig. 5.1 illustra due casi in cui non può instaurarsi la condizione di moto uniforme a causa delle particolari caratteristiche di imbocco del collettore (Fig. 5.1a) o per effetto della formazione di onde di shock (Fig. 5.1b).

Quando, all'uscita da un pozzetto o da altro manufatto, il tirante idrico è prossimo alla parte superiore della tubazione, la *ventilazione* della corrente può essere insufficiente, instaurando un funzionamento intermittente con alternanza di deflusso a pelo libero e moto in pressione nella sezione di imbocco del collettore (Fig. 5.1a). In tale situazione, possono insorgere locali aumenti o riduzione di pressione che impediscono il deflusso della corrente in moto uniforme e portano alla formazione di bolle e sacche d'aria in seno alla corrente idrica. Tale fenomeno può essere limitato assicurando una sufficiente ventilazione del canale oppure inducendo una accelerazione alla corrente; tali espedienti sono però impraticabili all'interno dei sistemi fognari e, per questo motivo, il solo modo per inibire l'insorgenza del fenomeno del *choking* all'interno dei collettori fognari è quello di contenere il grado di riempimento per la portata di progetto assegnata.

La Fig. 5.1b si riferisce, invece, al caso in cui si manifesta il passaggio da una corrente subcritica di monte ad una debolmente supercritica a valle; in tale condizione, se la corrente impatta la parte superiore della tubazione, si verifica un risalto idraulico ondulato (capitolo 7) che interrompe la ventilazione del canale con conseguente formazione di sacche d'aria.

Il fenomeno di entrata in pressione, così come il suo inverso, può essere analizzato sulla base dei risultati forniti da Sauerbrey [25], a patto di trovarsi nelle medesime condizioni della sua installazione sperimentale. Secondo Sauerbrey, il fenomeno di choking si propagherebbe secondo la direzione della corrente, mentre il fenomeno opposto si propaga da valle verso monte. Si tenga presente che al momento non esi-

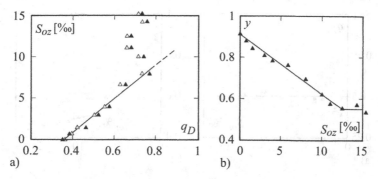

Fig. 5.2. Valori limite della pendenza di fondo S_{oz} [‰] che innescano l'entrata in pressione del collettore, in base ai dati sperimentali di Sauerbrey [25], in funzione di: a) portata relativa $q_D = Q/(gD^5)^{1/2}$ in presenza di (▲) canale non aerato e (△) canale aerato e con (—) Eq. (5.8); b) corrispondente grado di riempimento $y = h/D$ con (—) Eq. (5.9)

ste alcuna ricerca sperimentale sistematica che sia finalizzata allo studio degli effetti della corrente di monte sul fenomeno del choking; pertanto, le formulazioni di seguito proposte sono applicabili esclusivamente ai casi in cui sono valide le condizioni sperimentali della ricerca di Sauerbrey. I risultati di recenti ricerche sono invece riportati nel capitolo 16, in cui sono anche illustrate le conseguenti linee guida per la progettazione dei pozzetti nelle canalizzazioni fognarie.

Indicando con $q_D = Q/(gD^5)^{1/2}$ la portata relativa e con S_{oz} la pendenza di fondo del collettore che innesca il fenomeno del choking (pedice z), la condizione di entrata in pressione può essere espressa dalla seguente relazione [9], valida per $S_{oz} < 0.8\%$:

$$S_{oz}\ [\text{‰}] = 20.5(q_D - 0.36). \tag{5.8}$$

La Fig. 5.2a mostra che non si avrà condizione di choking se $q_D < 0.36$, mentre il collettore è incompatibile con il deflusso a pelo libero se $q_D > 0.70$.

Inoltre, è possibile mettere in relazione il grado di riempimento y che determina il passaggio da deflusso a pelo libero a moto in pressione con la pendenza del condotto S_{oz}. Nella fattispecie, la Fig. 5.2b evidenzia che gradi di riempimento maggiori del 92% provocano sempre l'entrata in pressione del collettore. La stessa figura mostra che, all'aumentare della pendenza S_{oz}, il corrispondente grado di riempimento si riduce; in particolare, è stato osservato che la distribuzione di dati sperimentali è ben riprodotta dalla seguente funzione lineare, valida per $y > 0.55$:

$$y = 0.92 - \phi_z S_{oz}\ [\text{‰}], \tag{5.9}$$

in cui $\phi_z = 0.03$.

Apparentemente, per pendenze maggiori del 12‰ l'effetto del fenomeno tende a ridursi. Secondo l'Eq. (5.9), in condotti con pendenza pari al 12‰ l'entrata in pressione avviene qualora il grado di riempimento y risulti maggiore di 0.56. Pertanto, in collettori caratterizzati da pendenze dell'1%, valori tipici nelle fognature a servizio di zone collinari, bastano gradi di riempimento modesti per innescare il fenomeno del

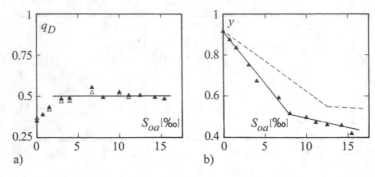

Fig. 5.3. Valori della pendenza di fondo S_{oa} [‰], in corrispondenza dei quali si ripristina il deflusso a pelo libero in un collettore, secondo i dati sperimentali di Sauerbrey [25], in funzione di: a) portata relativa $q_D = Q/(gD^5)^{1/2}$ con (—) $q_D = 0.50$; b) grado di riempimento $y = h/D$ con (—) Eq. (5.9). Per i simboli vedi Fig. 5.2

choking. I dati forniti da Sauerbrey [25] dovrebbero essere validati, per poter essere considerati ai fini progettuali per il dimensionamento di canalizzazioni fognarie ad elevata pendenza.

Nella Fig. 5.3 sono indicate le condizioni di innesco del fenomeno di transizione dal moto in pressione al deflusso a pelo libero (perdice *a*) in una condotta in condizione di moto uniforme, espresse mediante la pendenza di fondo limite S_{oa}, e la corrispondente portata relativa q_D (Fig. 5.3a), o il corrispondente grado di riempimento y (Fig. 5.3b). In particolare, è stato dimostrato che in un condotto con pendenza $S_o > 3.6‰$ tale fenomeno fisico avviene sempre se $q_D < 0.50$ mentre, nel caso in cui $q_D \geq 0.50$, il collettore conserverà la condizione di moto in pressione, una volta che questa è stata innescata. Il corrispondente grado di riempimento y è riportato in Fig. 5.3b, al cui interno è rappresentata l'Eq. (5.9) nella quale, in luogo di ϕ_z, va posto $\phi_a = 0.05$. Nella stessa figura è inclusa la curva di choking della tubazione (linea tratteggiata) dalla quale è evidente che, per un assegnato valore del grado di riempimento y, la pendenza di fondo S_o richiesta affinché si inneschi il passaggio da moto in pressione a moto a pelo libero del canale è inferiore a quella che dà luogo all'entrata in pressione del collettore.

L'entrata in pressione di un collettore può anche essere causata da singolarità che costituiscono una *perturbazione della corrente*, quali ad esempio variazioni di pendenza o direzione del canale, presenza di manufatti di confluenza o di salto, oppure accumuli di sedimenti; tali perturbazioni danno origine ad increspature della superficie idrica che riducono significativamente la ventilazione della corrente. In particolare, il deflusso di correnti aerate viene trattato nel paragrafo 5.6, mentre le caratteristiche di una corrente bifase vengono analizzate nel paragrafo 5.7. Si tenga comunque presente che i fenomeni di scarsa ventilazione e di choking sono illustrati nel capitolo 16, con particolare riferimento al comportamento idraulico dei pozzetti di curva, di confluenza e di salto.

Ad ogni modo, le suddette considerazioni sono valide per correnti debolmente ipercritiche, caratterizzate da valori del numero di Froude inferiori a 2. La presenza di una corrente di aria sovrapposta alla corrente idrica va attentamente valutata poiché può perturbare la condizione di moto uniforme; tale effetto è tanto più marcato, quanto maggiore è il grado di riempimento in un collettore. Al momento, la bibliografia propone pochi studi su questo tipo di fenomeni, esclusivamente riferiti a canali a sezione circolare; nessuna indicazione è disponibile per altre tipologie di sezione. È auspicabile che nel prossimo futuro vengano effettuate indagini sperimentali per la caratterizzazione dei fenomeni di transizione, anche al fine di fornire ai tecnici criteri utili per la progettazione dei collettori fognari.

5.5.3 Parametri geometrici di un canale a sezione circolare

La *geometria* di un collettore circolare di diametro D è espressa dalle seguenti relazioni in funzione del semi-angolo al centro δ (Fig. 5.4):

$$\frac{h}{D} = \frac{1}{2}(1 - \cos\delta); \tag{5.10}$$

$$\frac{P}{D} = \delta; \tag{5.11}$$

$$\frac{A}{D^2} = \frac{1}{4}(\delta - \sin\delta\cos\delta), \tag{5.12}$$

essendo h il tirante idrico, P il perimetro bagnato ed A la sezione idrica. Il raggio idraulico è ovviamente calcolato come $R_h = A/P$.

Nel caso di canali in condizione di riempimento totale (pedice v) in cui $h_v/D = 1$, ovvero $\delta_v = 180° = \pi$ s si ottiene $P_v/D = \pi$, $A_v/D^2 = \pi/4$ e $R_h/D = 1/4$. Dunque, la portata in un canale circolare in condizione di massimo riempimento è pari al valore $Q_v = (\pi/4^{5/3})(1/n)S_o^{1/2}D^{8/3}$. In base all'Eq. (5.7), è possibile ricavare il rapporto

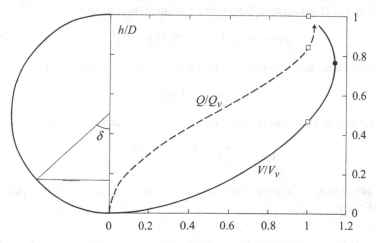

Fig. 5.4. Curve caratteristiche per *canali circolari* secondo l'Eq. (5.14), ($- - -$) rapporto di portate Q/Q_v e ($—$) di velocità V/V_v in funzione del grado di riempimento h/D; ($\square$) condizione di massimo riempimento, ($\bullet$) velocità massima, e ($\blacktriangle$) massima portata

$q_v = Q_N/Q_v$ tra la portata in condizione di moto uniforme (pedice N) e quella di massimo riempimento:

$$q_v = \left(\frac{\pi}{\delta}\right)^{2/3} \left(\frac{\delta - \sin\delta\cos\delta}{\pi}\right)^{5/3}. \tag{5.13}$$

La relazione sussistente tra la portata relativa q_v ed il grado di riempimento $y = h/D$ può essere calcolata sfruttando l'Eq. (5.10). La curva $q_v(y_N)$ presenta un *punto di massimo* di coordinate $(y_N;q_v)_M = (0.94; 1.076)$; ciò significa che il valore della portata in massimo riempimento è inferiore a quello corrispondete a $y_N = 0.94$. Tale circostanza è dovuta al rapido incremento del raggio idraulico in prossimità della sommità della sezione, presentando un massimo $(R_h/R_{hv})_M = 1.217$ per $y_N = 0.81$.

Sauerbrey [25] ha analizzato in maniera esaustiva il problema del riempimento parziale dei condotti circolari. In particolare, la curva $q_v(y_N)$ può ritenersi valida fino a $y_N = 0.95$; al di sopra di tale valore essa va interrotta alla luce del fatto che, per $0.95 < y_N \leq 1$, la corrente idrica è *instabile* e, quindi, irrilevante da un punto di vista pratico. Hager [7] propose una formula, di seguito riportata, valida per il calcolo della portata $q_N = nQ/(S_o^{1/2}D^{8/3})$, la quale è coerente con le condizioni proposte da Sauerbrey ed i suoi dati sperimentali:

$$q_N = \frac{nQ}{S_o^{1/2}D^{8/3}} = \frac{3}{4}y_N^2\left(1 - \frac{7}{12}y_N^2\right), y_N < 0.95. \tag{5.14}$$

I risultati ottenuti dalla Eq. (5.14) presentano scostamenti, rispetto a quelli ricavati tramite la formula empirica di Sauerbrey, inferiori al 5% per $0.2 < y_N < 0.95$ ed al 3% per $y_N > 0.4$. Inoltre, l'Eq. (5.14) fornisce valori di portata sistematicamente inferiori, seppur di poco, a quelli dedotti da Sauerbrey; dunque il suo utilizzo nella pratica progettuale è certamente cautelativo.

L'Eq. (5.14) può essere risolta per via esplicita per ricavare il *grado di riempimento* $y_N = h_N/D$ in funzione della portata relativa q_N, ottenendo

$$y_N = 0.926[1 - (1 - 3.11q_N)^{1/2}]^{1/2}, \tag{5.15a}$$

la quale può essere approssimata con una accuratezza del $\pm 10\%$ dalla seguente

$$y_N = (4/3)q_N^{1/2}. \tag{5.15b}$$

La *sezione idrica A* può essere calcolata, con una accuratezza del $\pm 1\%$, come

$$A/D^2 = \frac{4}{3}y^{3/2}\left(1 - \frac{y}{4} - \frac{4y^2}{25}\right), \tag{5.16a}$$

mentre, accettando un'approssimazione pari a $\pm 10\%$, la sezione idrica può essere calcolata come

$$A/D^2 = y^{1.4}. \tag{5.16b}$$

Quindi, nota la portata e l'area della sezione idrica trasversale, la velocità media della corrente $V = Q/A$ può essere determinata in funzione del grado di riempimento y. Definendo la velocità relativa di moto uniforme come $\mu_N = q_N/(A_N/D^2) =$

$(Q/A_N)[n/(S_o^{1/2}D^{2/3})]$, partendo dalle Eq. (5.14) e (5.16) si ottiene la seguente relazione, caratterizzata da un'approssimazione del $\pm 5\%$, e valida per $0.01 < y_N < 0.75$

$$\mu_N = 0.56 y_N^{1/2}. \tag{5.17}$$

Si ricorda, infine, che secondo la Eq. (3.8) il *raggio idraulico* R_h può essere espresso in funzione del grado di riempimento y come

$$R_h/D = (2/3)y\left(1 - \frac{1}{2}y\right), \tag{5.18a}$$

oppure, con una accuratezza del $\pm 10\%$ e per $0.05 < y < 0.85$, come una potenza dello stesso grado di riempimento

$$R_h/D = 0.40 y^{0.80}. \tag{5.18b}$$

Le equazioni comprese tra la (5.14) e la (5.18) sono di grande ausilio nello studio del comportamento idraulico dei collettori circolari; in particolare, per un generico problema di *progetto* esse forniscono esplicitamente i valori di portata, velocità, sezione idrica e raggio idraulico, in funzione del grado di riempimento $y_N = h_N/D$. Ovviamente, al giorno d'oggi sono facilmente disponibili mezzi di calcolo per la rapida ricostruzione di scale di deflusso, direttamente basate su una generica formula di resistenza; pertanto, la principale utilità delle espressioni approssimate sta nella loro semplicità algebrica, che le rende particolarmente idonee ad essere inserite in calcoli analitici complessi, come verrà mostrato nei capitoli successivi. La Tabella 5.3, basandosi sulla formula di Manning-Strickler, restituisce valori esatti delle grandezze relative in funzione del grado di riempimento.

Tabella 5.3. Caratteristiche geometriche di collettori circolari in funzione del grado di riempimento $y = h/D$. I valori massimi sono indicati in *corsivo* [1]

h/D	A/A_v	P/P_v	R_h/R_{hv}	B/D	V/V_v	Q/Q_v
0.02	0.0048	0.0903	0.0528	0.2800	0.1592	0.0008
0.04	0.0134	0.1262	0.1047	0.3919	0.2440	0.0033
0.06	0.0245	0.1575	0.1555	0.4750	0.3125	0.0077
0.08	0.0375	0.1826	0.2053	0.5426	0.3717	0.0139
0.10	0.0520	0.2048	0.2541	0.6000	0.4247	0.0221
0.12	0.0680	0.2252	0.3018	0.6499	0.4730	0.0322
0.14	0.0851	0.2441	0.3485	0.6940	0.5175	0.0440
0.16	0.1033	0.2620	0.3942	0.7332	0.5589	0.0577
0.18	0.1224	0.2789	0.4388	0.7684	0.5976	0.0732
0.20	0.1424	0.2952	0.4824	0.8000	0.6340	0.0903
0.22	0.1631	0.3108	0.5248	0.8285	0.6684	0.1090
0.24	0.1845	0.3259	0.5662	0.8542	0.7008	0.1293
0.26	0.2066	0.3406	0.6065	0.8773	0.7316	0.1511
0.28	0.2292	0.3550	0.6457	0.8980	0.7608	0.1744
0.30	0.2523	0.3690	0.6838	0.9165	0.7885	0.1990

h/D	A/A_v	P/P_v	R_h/R_{hv}	B/D	V/V_v	Q/Q_v
0.32	0.2759	0.3828	0.7207	0.9330	0.8149	0.2248
0.34	0.2998	0.3963	0.7565	0.9474	0.8400	0.2518
0.36	0.3241	0.4097	0.7911	0.9600	0.8638	0.2800
0.38	0.3487	0.4229	0.8246	0.9708	0.8865	0.3091
0.40	0.3735	0.4359	0.8569	0.9798	0.9080	0.3392
0.42	0.3986	0.4489	0.8880	0.9871	0.9284	0.3701
0.44	0.4238	0.4617	0.9179	0.9928	0.9478	0.4017
0.46	0.4491	0.4745	0.9465	0.9968	0.9662	0.4340
0.48	0.4745	0.4873	0.9739	0.9992	0.9836	0.4668
0.50	0.5000	0.5000	1.0000	1.0000	1.0000	0.5000
0.52	0.5255	0.5127	1.0248	0.9992	1.0154	0.5336
0.54	0.5509	0.5255	1.0483	0.9968	1.0299	0.5674
0.56	0.5762	0.5383	1.0704	0.9928	1.0435	0.6013
0.58	0.6014	0.5511	1.0913	0.9871	1.0561	0.6351
0.60	0.6265	0.5641	1.1106	0.9798	1.0677	0.6689
0.62	0.6513	0.5771	1.1285	0.9708	1.0785	0.7024
0.64	0.6759	0.5903	1.1449	0.9600	1.0883	0.7356
0.66	0.7002	0.6037	1.1599	0.9474	1.0971	0.7682
0.68	0.7241	0.6172	1.1732	0.9330	1.1050	0.8002
0.70	0.7477	0.6310	1.1849	0.9165	1.1119	0.8313
0.72	0.7708	0.6450	1.1950	0.8980	1.1178	0.8616
0.74	0.7934	0.6594	1.2033	0.8773	1.1226	0.8907
0.76	0.8154	0.6741	1.2097	0.8542	1.1264	0.9185
0.78	0.8369	0.6892	1.2143	0.8285	1.1290	0.9448
0.80	0.8576	0.7048	1.2168	0.8000	1.1305	0.9695
0.82	0.8776	0.7211	1.2171	0.7684	1.1306	0.9922
0.84	0.8967	0.7380	1.2150	0.7332		
0.86	0.9149	0.7559	1.2104	0.6940		
0.88	0.9320	0.7748	1.2029	0.6499		
0.90	0.9480	0.7952	1.1921	0.6000		
0.92	0.9625	0.8174	1.1775	0.5426		
0.94	0.9755	0.8425	1.1579	0.4750		
0.96	0.9866	0.8718	1.1316	0.3919		
0.98	0.9952	0.9097	1.0941	0.2800		
1.00	1.0000	1.0000	1.0000	0.0000	1.0000	1.0000

Esempio 5.3. Assegnato un collettore a sezione circolare, caratterizzato da $S_o = 0.4\%$, $D = 0.70$ m e $1/n = 85$ m$^{1/3}$s^{-1}, calcolare il tirante di moto uniforme h_N per una portata di $Q = 0.46$ m^{3}s^{-1}.

Con una portata relativa $q_N = 0.46/(85 \cdot 0.004^{1/2}0.70^{8/3}) = 0.222$, l'Eq. (5.15a) dà $y_N = 0.926[1 - (1 - 3.11 \cdot 0.222)^{1/2}]^{1/2} = 0.616$, da cui $h_N = y_N \cdot D = 0.616 \cdot 0.7 = 0.43$ m.

La corrispondente sezione idrica è $A_N/D^2 = (4/3)0.616^{3/2}[1 - 0.616/4 - (4/25)0.616^2] = 0.506$ secondo l'Eq. (5.16a), da cui $A_N = 0.506 \cdot 0.7^2 = 0.248$ m^2. Poiché la velocità di moto uniforme è $V_N = Q/A_N = 0.46/0.248 = 1.85$ ms^{-1}, il carico o specifico risulta $H_N = h_N + V_N^2/2g = 0.43 + 1.85^2/19.62 = 0.605$ m. Calcolando invece la velocità relativa come $\mu_N = 0.56 \cdot 0.616^{1/2} = 0.44$ in base all'Eq. (5.17), si ricava $V_N = \mu_N[(S_o^{1/2}D^{2/3})/n] = 0.44 \cdot 0.004^{1/2}0.7^{2/3}85 = 1.86$ ms^{-1}, praticamente coincidente con il valore prima determinato.

L'effetto di una sezione circolare chiusa sulla condizione di moto uniforme può essere espresso mediante il rapporto Q_{ex}/Q_{th} tra la portata determinata sperimentalmente (pedice *ex*) mediante l'Eq. (5.14) e quella calcolata per via teorica (pedice *th*). Gli scostamenti sono inferiori al 4% per $y_N > 0.50$ e sono quindi trascurabili se confrontati con gli errori in cui si incorre nella stima del coefficiente di scabrezza.

5.5.4 Parametri geometrici di canali a sezione non circolare

Sebbene oggigiorno i collettori fognari vengano prevalentemente realizzati impiegando canali a sezione circolare, esistono numerose reti fognarie che impiegano canalizzazioni con sezione tipo differente da quella circolare. In particolare, può risultare conveniente adottare un canale a sezione non circolare nei casi in cui si abbiano le seguenti esigenze:

* migliorare le caratteristiche di deflusso della corrente per piccoli gradi di riempimento, in modo da prevenire fenomeni di sedimentazione (capitolo 3);
* realizzare collettori di grosse dimensioni, per le quali non sono disponibili sezioni commerciali di tipo circolare.

I *collettori a sezione ovoidale* (inglese: "egg-shaped sewers") sono maggiormente sviluppati in altezza piuttosto che in larghezza. Essi vengono sovente utilizzati quando è necessario aumentare le velocità di deflusso ed inoltre il loro utilizzo presenta vantaggi da un punto di vista statico. I *collettori a ferro di cavallo* (inglese: "horseshoe sewers") richiedono invece altezze si scavo più contenute vista la loro forma compatta. Molto spesso, si adottano *canali rettangolari* (inglese: "rectangular sewers") per la realizzazione di collettori fognari di notevoli dimensioni, tipicamente per larghezze maggiori di 1.50 m. Oltre alle sezioni standard, sono talvolta reperibili anche altri tipi di sezioni, per le quali vanno opportunamente formulate le caratteristiche idrauliche fondamentali, quali la massima portata convogliata. Nella Tabella 5.4 sono riportate le sezioni geometriche più ricorrenti, con indicazione delle dimensioni principali.

Il primo a proporre una *standardizzazione* delle sezioni fognarie fu Thormann [29] il quale, verso alla fine della Seconda Guerra Mondiale classificò 15 sezioni tipo, tra cui tre sezioni ovoidali, tre sezioni circolari allungate, quattro sezioni a ferro di cavallo e tre profili speciali (Tabella 5.4). Successivamente l'ATV [1] ha classificato le sezioni geometriche descritte da Thormann come sezioni non convenzionali, definendo le seguenti *sezioni standard*:

* sezione circolare;
* sezione ovoidale, con $B/T = 2 : 3$;
* la sezione a ferro di cavallo, con $B/T = 2 : 1.5$.

Tabella 5.4. Caratteristiche geometriche delle sezioni standard e non, proposti da Thormann [29], o dall'ATV [1], in cui B è la larghezza maggiore e T l'altezza del profilo (Fig. 5.5)

Tipo	Denominazione	T/B	A_v/B^2	P_v/B	R_{hv}/B
A	Circolare	2 : 2	0.785	3.141	0.250
B	Ovoidale	3 : 2	1.149	3.965	0.290
C	A ferro di cavallo	1.5 : 2	0.595	2.801	0.212
a	Circolare allungata	2.5 : 2	1.036	3.642	0.285
b	Circolare allungata	3 : 2	1.286	4.141	0.311
c	Ovoidale allungata	3.5 : 2	1.373	4.425	0.311
d	Ovoidale allargata	2.5 : 2	0.956	3.515	0.272
e	Ovoidale ribassata	2 : 2	0.775	3.141	0.246
f	A ferro di cavallo allungata	2 : 2	0.845	3.301	0.256
g	A ferro di cavallo ribassata	1.25 : 2	0.484	2.585	0.187
h	A ferro di cavallo rialzata	1.75 : 2	0.723	3.070	0.235
i	A ferro di cavallo schiacciata	1 : 2	0.402	2.461	0.163
k	A cappello	2.5 : 2	1.097	3.819	0.288
l	Parabolica	2 : 2	0.752	3.141	0.239
m	Ad aquilone	2 : 2	0.730	3.063	0.238

Nella Fig. 5.5 sono raccolti tutte le sezioni non convenzionali caratterizzate da larghezza B unitaria; tutte le altre dimensioni sono indicate in funzione della larghezza unitaria. L'altezza utile della sezione è indicata con T. La Fig. 5.6 mostra le tre sezioni fognarie standard, le cui dimensioni sono anch'esse riferite ad una larghezza $B = 1$.

Nel seguito sono illustrate le caratteristiche idrauliche di una corrente idrica defluente in canalizzazioni fognarie con sezioni standard, in condizione di moto uniforme, di stato critico (capitolo 6) e con riferimento anche alla determinazione dei tiranti coniugati in presenza di risalto idraulico (capitolo 7).

Sezione ovoidale standard

La sezione ovoidale può essere scomposta in tre parti, rispettivamente un arco circolare di raggio $B/4$ che si estende fino a $h/B = 0.25$, due archi circolari di raggio $1.5B$ per $0.25 \leq h/B \leq 1$, ed un semicerchio caratterizzato da un raggio pari a $B/2$ per $1 < h/B < 1.5$ (Fig. 5.6b).

La portata convogliata a *sezione piena* da un collettore a sezione ovoidale vale

$$Q_v = 0.503(1/n)S_o^{1/2}B^{8/3} = 0.171(1/n)S_o^{1/2}T^{8/3}. \qquad (5.19)$$

Nella Tabella 5.5 sono riportati gli elementi geometrici ed idraulici principali della *sezione ovoidale* in condizione di riempimento parziale, basati sull'applicazione della formula di Manning-Strickler. Si noti che la massima portata è associata ad un grado di riempimento pari al 95% mentre la velocità massima è raggiunta per un grado di riempimento pari all'85%. Alla condizione di sezione piena corrispondono una velocità ed una portata uguali ai valori corrispondenti a gradi di riempimento rispettivamente pari al 57% ed all'86%.

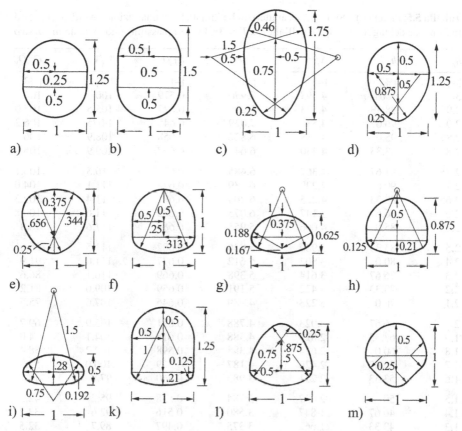

Fig. 5.5. Sezioni non standard con larghezza $B = 1$; le altre dimensioni espresse in funzione di B [1]

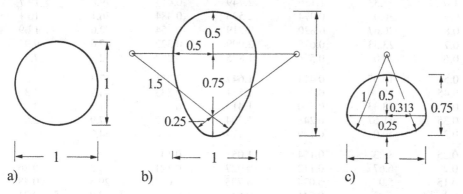

Fig. 5.6. Sezioni standard riportate con larghezza $B = 1$: a) sezione circolare; b) sezione ovoidale 2 : 3; c) sezione a ferro di cavallo 2 : 1.5

Tabella 5.5. Parametri geometrici e caratteristiche idrauliche di una sezione ovoidale standard in funzione del raggio $r = B/2$ e dell'altezza $T = 3r$. I valori massimi sono indicate in *corsivo*

h/r	h/T	A/r^2	P/r	R_h/r	V/V_v	Q/Q_v
[–]	[%]	[–]	[–]	[–]	[%]	[%]
3	*100*	*4.593*	*7.930*	0.579	100	100
2.95	98.33	4.573	7.296	0.627	105.5	105.0
2.9	96.67	4.536	7.029	0.645	1.075	106.2
2.85	95.0	4.488	6.822	0.658	108.9	106.4
2.8	93.33	4.430	6.643	0.667	109.9	106.0
2.75	91.67	4.367	6.485	0.673	110.5	105.1
2.7	90.0	4.299	6.339	0.678	111.1	104.0
2.65	88.33	4.225	6.204	0.681	111.4	102.5
2.6	86.67	4.147	6.075	0.683	111.6	100.8
2.55	85.0	4.066	5.955	*0.683*	*111.6*	98.8
2.5	83.33	3.980	5.836	0.682	111.5	96.6
2.4	80.0	3.802	5.612	0.677	111.0	91.9
2.3	76.67	3.614	5.398	0.669	110.1	86.6
2.2	73.33	3.422	5.191	0.659	109.0	81.2
2.1	70.0	3.223	4.989	0.646	107.6	75.5
2	66.67	3.023	4.788	0.631	105.9	69.7
1.9	63.33	2.823	4.588	0.615	104.1	64.0
1.8	60.0	2.624	4.388	0.598	102.2	58.4
1.7	56.67	2.426	4.187	0.579	100.0	52.8
1.6	53.33	2.231	3.985	0.560	97.8	47.5
1.5	50	2.037	3.784	0.538	95.2	42.2
1.4	46.67	1.847	3.580	0.516	92.6	37.2
1.3	43.33	1.662	3.375	0.492	89.7	32.5
1.2	40.0	1.481	3.169	0.468	86.8	28.0
1.1	36.67	1.306	2.960	0.441	83.4	23.7
1.0	33.33	1.136	2.749	0.413	79.8	19.7
0.9	30.0	0.974	2.536	0.384	76.1	16.1
0.8	26.67	0.820	2.319	0.354	72.0	12.9
0.7	23.33	0.675	2.099	0.322	67.6	9.9
0.6	20.0	0.538	1.875	0.287	62.6	7.3
0.5	16.67	0.414	1.647	0.251	57.3	5.2
0.45	15	0.366	1.531	0.233	54.5	4.3
0.4	13.33	0.300	1.413	0.212	51.2	3.3
0.35	11.67	0.248	1.294	0.192	47.9	2.6
0.3	10.0	0.199	1.174	0.170	44.2	1.9
0.25	8.33	0.154	1.051	0.147	40.1	1.3
0.2	6.67	0.112	0.927	0.121	35.2	0.86
0.15	5.0	0.074	0.795	0.093	29.5	0.48
0.1	3.33	0.041	0.644	0.064	23.0	0.21
0.05	1.67	0.015	0.451	0.033	14.8	0.05
0	0	0	0	0	0	0

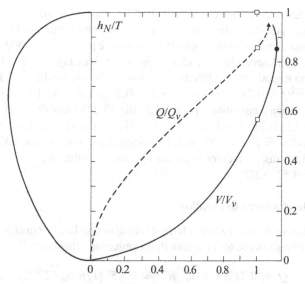

Fig. 5.7. Curve caratteristiche per una *sezione ovoidale* standard; (□) riempimento totale, (▲) massima portata, (•) la velocità massima. Velocità (—) e portata (−−) relative in funzione di $y_N = h_N/T$

Per le sezioni ovoidali, in condizione di *moto uniforme*, vale la seguente espressione caratterizzata da una approssimazione del ±3%:

$$q_v = Q/Q_v = 1.9y_N^2(1 - 0.42y_N^2), y_N < 0.95, \tag{5.20}$$

la quale presenta una struttura analoga a quella dell'Eq. (5.14), ed in cui la portata Q_v va calcolata tramite l'Eq. (5.19). Inoltre, l'Eq. (5.20) può essere risolta in via esplicita nell'incognita costituita dal grado di riempimento in moto uniforme $y_N = h_N/T$ come

$$y_N = 1.09[1 - (1 - 0.884q_v)^{1/2}]^{1/2}. \tag{5.21}$$

Si noti che entrambe le Eq. (5.20) e (5.21) possono essere applicate solo se $y_N < 0.95$, mentre in condizione di massimo riempimento si può ricorrere all'Eq. (5.19) o alle relazioni riportate nel capitolo 3.

La *sezione idrica* normalizzata rispetto al quadrato del raggio $r = T/3$, analogamente all'Eq. (5.16a), può essere calcolata utilizzando la seguente relazione, avente una approssimazione del 2%:

$$A/r^2 = 6.25y^{3/2}[1 - 0.15y - 0.10y^4]. \tag{5.22}$$

Per esempio, in condizione di massimo riempimento, l'Eq. (5.22) restituisce un valore di 4.68 anziché 4.593 (Tabella 5.5), con uno scostamento del +2.1%.

Esempio 5.4. Data una sezione ovoidale 120/180, caratterizzata da $S_o = 1.5\%$ e $1/n = 80$ m$^{1/3}$s^{-1}, calcolare il tirante di moto uniforme per una portata di $Q = 1.2$ m^{3}s^{-1}.

In condizione di massimo riempimento la portata è pari a $Q_v = 0.503 \cdot 80 \cdot 0.015^{1/2}$ $1.2^{8/3} = 8.01$ m^{3}s^{-1} secondo l'Eq. (5.19), da cui si ricava $q_v = 1.2/8.01 = 0.15$, in maniera tale che il grado di riempimento in moto uniforme risulti $y_N = 1.09[1 - (1 - 0.884 \cdot 0.15)^{1/2}]^{1/2} = 0.285$, cioè $h_N = y_N T = 0.285 \cdot 1.8 = 0.51$ m.

La sezione idrica è calcolata a partire dall'Eq. (5.22) secondo cui $A_N/r^2 = 6.25 \cdot 0.285^{1.5}(1 - 0.15 \cdot 0.285 - 0.1 \cdot 0.285^4) = 0.91$, da cui risulta $A_N = 0.91 \cdot 0.6^2 = 0.328$ m^2 essendo $r = B/2 = 0.60$ m. La velocità di moto uniforme è $V_N = Q/A_N = 1.2/0.328 = 3.66$ ms^{-1}, mentre il carico specifico risulta $H_N = h_N + V_N^2/(2g) = 0.51 + 3.66^2/19.62 = 1.19$ m.

Sezione standard a ferro di cavallo

La scala di deflusso di una sezione a ferro di cavallo con larghezza $B = (4/3)T$ ed in condizione di riempimento totale è data dalla seguente relazione:

$$Q_v = 0.212(1/n)S_o^{1/2}B^{8/3} = 0.457(1/n)S_o^{1/2}T^{8/3}. \tag{5.23}$$

Nella Tabella 5.6 sono riportate le caratteristiche geometriche ed idrauliche della sezione a ferro di cavallo per vari gradi di riempimento [1].

Tabella 5.6. Caratteristiche geometriche ed idrauliche di una sezione a ferro di cavallo standard per vari gradi di riempimento, in funzione del raggio $r = B/2$ e dell'altezza $T = 1.5r$. I valori massimi sono indicati in *corsivo*

h/D	A/A_v	P/P_v	R_h/R_{hv}	B/D	V/V_v	Q/Q_v
0.02	0.0058	0.1238	0.0470	0.3451	0.1479	0.0009
0.04	0.0164	0.1753	0.0936	0.4862	0.2275	0.0037
0.06	0.0301	0.2150	0.1399	0.5932	0.2925	0.0088
0.08	0.0462	0.2486	0.1859	0.6823	0.3493	0.0161
0.10	0.0644	0.2783	0.2315	0.7599	0.4007	0.0258
0.12	0.0844	0.3024	0.2791	0.8205	0.4504	0.0380
0.14	0.1057	0.3209	0.3293	0.8627	0.4994	0.0528
0.16	0.1279	0.3367	0.3797	0.8952	0.5460	0.0698
0.18	0.1508	0.3509	0.4297	0.9212	0.5899	0.0889
0.20	0.1743	0.3640	0.4789	0.9422	0.6312	0.1100
0.22	0.1983	0.3763	0.5270	0.9593	0.6701	0.1329
0.24	0.2227	0.3881	0.5739	0.9729	0.7067	0.1574
0.26	0.2474	0.3994	0.6193	0.9835	0.7412	0.1834
0.28	0.2723	0.4105	0.6633	0.9914	0.7737	0.2107
0.30	0.2974	0.4214	0.7058	0.9967	0.8043	0.2392
0.32	0.3226	0.4312	0.7465	0.9995	0.8330	0.2687
0.34	0.3478	0.4428	0.7854	*0.9999*	0.8599	0.2991
0.36	0.3730	0.4536	0.8225	0.9992	0.8850	0.3301
0.38	0.3982	0.4643	0.8577	0.9975	0.9035	0.3618

h/D	A/A_v	P/P_v	R_h/R_{hv}	B/D	V/V_v	Q/Q_v
0.40	0.4234	0.4750	0.8912	0.9950	0.9306	0.3940
0.42	0.4484	0.4858	0.9231	0.9915	0.9512	0.4365
0.44	0.4734	0.4966	0.9532	0.9871	0.9705	0.4594
0.46	0.4982	0.5075	0.9817	0.9818	0.9885	0.4925
0.48	0.5229	0.5185	1.0086	0.9755	1.0054	0.5258
0.50	0.5475	0.5295	1.0340	0.9682	1.0211	0.5590
0.52	0.5718	0.5406	1.0577	0.9600	1.0357	0.5922
0.54	0.5959	0.5518	1.0799	0.9507	1.0492	0.6252
0.56	0.6198	0.5631	1.1006	0.9404	1.0617	0.6580
0.58	0.6434	0.5746	1.1197	0.9229	1.0732	0.6905
0.60	0.6666	0.5862	1.1373	0.9165	1.0837	0.7224
0.62	0.6896	0.5979	1.1533	0.9028	1.0932	0.7539
0.64	0.7122	0.6099	1.1677	0.8879	1.1018	0.7847
0.66	0.7344	0.6221	1.1806	0.8717	1.1093	0.8147
0.68	0.7562	0.6345	1.1918	0.8542	1.1159	0.8438
0.70	0.7775	0.6472	1.2014	0.8352	1.1215	0.8720
0.72	0.7983	0.6601	1.2093	0.8146	1.1261	0.8990
0.74	0.8186	0.6735	1.2155	0.7924	1.1297	0.9248
0.76	0.8383	0.6872	1.2199	0.7684	1.1323	0.9492
0.78	0.8573	0.7014	1.2224	0.7424	1.1337	0.9720
0.80	0.8757	0.7161	*1.2230*	0.7141	*1.1341*	*0.9931*
0.82	0.8934	0.7314	1.2215	0.6834		
0.84	0.9102	0.7475	1.2177	0.6499		
0.86	0.9261	0.7644	1.2116	0.6131		
0.88	0.9411	0.7825	1.2027	0.5724		
0.90	0.9550	0.8020	1.1908	0.5268		
0.92	0.9676	0.8233	1.1753	0.4750		
0.94	0.9789	0.8474	1.1552	0.4146		
0.96	0.9885	0.8757	1.1287	0.3412		
0.98	0.9959	0.9123	1.0916	0.2431		
1.00	*1.0000*	*1.0000*	1.0000	0.0000	1.0000	*1.0000*

Analogamente a quanto fatto per la sezione circolare, in moto uniforme la *portata* può essere espressa in funzione del grado di riempimento $y_N = h_N/T$ come

$$q_v = Q/Q_v = 2.8y_N^2(1 - 0.71y_N^2), y_N < 0.80 \qquad (5.24)$$

valida per gradi di riempimento $y_N < 0.80$. Per valori maggiori del grado di riempimento, e fino a $y_N = 0.93$, la portata può essere calcolata con una accuratezza del 3% mediante della seguente espressione, appena più articolata della precedente:

$$q_v = 2.8y_N^2(1 - 0.8y_N^2 + 0.25y_N^6), y_N < 0.93. \qquad (5.25)$$

Entrambe le Eq. (5.24) e (5.25) forniscono risultati affetti da errore notevole per valori superiori del grado di riempimento.

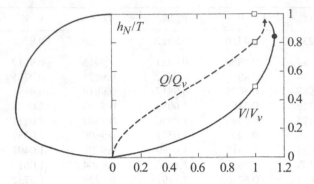

Fig. 5.8. Curve caratteristiche per una *sezione a ferro di cavallo* standard; (□) riempimento totale, (▲) massima portata, (●) velocità massima; velocità (——) e portata (– – –) relative in funzione di $y_N = h_N/T$

Il *grado di riempimento* $y_N = h_N/T$ può essere calcolato esplicitamente in funzione della portata relativa $q_v = Q/Q_v$, con una accuratezza del 5%, come

$$y_N = 0.85[1 - (1 - q_v)^{1/2}]^{1/2}. \tag{5.26}$$

Infine, sapendo che la sezione idrica in condizione di massimo riempimento è pari a $A_v = 0.595B^2 = 1.058T^2$, la sezione a riempimento parziale può essere stimata, accettando un errore del 5%, mediante la relazione:

$$A/A_v = 2y^{3/2}[1 - 0.6y^{3/2} + 0.1y^3]. \tag{5.27}$$

Esempio 5.5. La portata defluente in un canale con sezione a ferro di cavallo 150/200 è $Q = 2.2$ m³s⁻¹. La pendenza del canale ed il coefficiente di scabrezza sono rispettivamente $S_o = 2\%$ $1/n = 75$ m$^{1/3}$s⁻¹. Calcolare il tirante di moto uniforme.

Essendo $B = 2.00$ m, la portata in condizione di massimo riempimento è $Q_v = 0.212 \cdot 75 \cdot 0.02^{1/2}2^{8/3} = 14.3$ m³s⁻¹ secondo l'Eq. (5.23), da cui risulta $q_v = 2.2/14.3 = 0.154$. Dall'Eq. (5.26) si ricava $y_N = 0.85[1 - (1 - 0.154)^{1/2}]^{1/2} = 0.241$, e quindi $h_N = 0.241 \cdot 1.5 = 0.36$ m.

Avendo ricavato $y_N = 0.241$, la sezione idrica relativa di moto uniforme è pari a $A_N/A_v = 2 \cdot 0.241^{3/2}(1 - 0.6 \cdot 0.241^{3/2} + 0.1 \cdot 0.241^3) = 0.22$ dall'Eq. (5.27), da cui risulta $A_N = 0.22 \cdot 0.595 \cdot 2^2 = 0.524$ m². Quindi, la velocità di moto uniforme è $V_N = Q/A_N = 2.2/0.524 = 4.2$ ms⁻¹, mentre il carico specifico risulta $H_N = h_N + V_N^2/(2g) = 0.36 + 4.2^2/(19.62) = 1.26$ m.

Considerazioni conclusive

Come già detto, il grado di riempimento di moto uniforme $y_N = h_N/T$ può essere espresso esclusivamente in funzione della portata relativa $q_N = nQ/(S_o^{1/2}T^{8/3})$, laddove T rappresenta l'*altezza utile della sezione*. A tal proposito, con riferimento ai tre profili fognari standard, nella Tabella 5.7 sono riepilogate le espressioni valide per il

Tabella 5.7. Grado di riempimento $y_N = h_N/T$ e sezione idrica A/T^2 o A/D^2 per sezioni standard

Sezione	Grado di riempimento in moto uniforme	Area trasversale
(1)	(2)	(3)
Circolare	$y_N = 0.926[1 - (1 - 3.11q_N)^{1/2}]^{1/2}$	$A/D^2 = 1.333y^{3/2}[1 - 0.25y - 0.16y^4]$
Ovoidale	$y_N = 1.090[1 - (1 - 5.18q_N)^{1/2}]^{1/2}$	$A/T^2 = 0.695y^{3/2}[1 - 0.15y - 0.10y^4]$
A ferro di cavallo	$y_N = 0.850[1 - (1 - 2.19q_N)^{1/2}]^{1/2}$	$A/T^2 = 2.116y^{3/2}[1 - 0.6y^{3/2} + 0.1y^3]$

calcolo del grado di riempimento y_N e della sezione idrica rapportata all'altezza della sezione A/T^2.

Nella Fig. 5.9 sono confrontate le curve di riempimento corrispondenti ai tre profili standard. Nonostante le differenti caratteristiche geometriche, è evidente che le curve di portata e di velocità delle tre sezioni presentano un andamento molto simile tra loro, con deviazioni contenute entro il 10%. Quindi, in via semplificativa, all'atto del dimensionamento di un collettore fognario è possibile considerare indistintamente le suddette sezioni, sapendo che tale assunzione comporta un errore inferiore al ±10%; tale imprecisione è certamente accettabile in fase di progettazione preliminare, anche alla luce dell'approssimazione che normalmente si accetta per la stima del valore del coefficiente di scabrezza n.

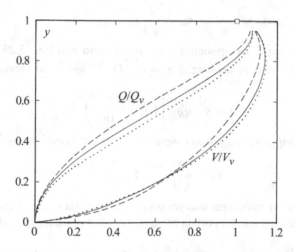

Fig. 5.9. Confronto tra le curve Q/Q_v e V/V_v in funzione di y per (—) sezione circolare, (– –) sezione ovoidale e (···) sezione a ferro di cavallo secondo la formula di Manning-Strickler; (□) condizione di massimo riempimento

5.5.5 Carico specifico in moto uniforme

Il *carico specifico*, o *energia specifica* (inglese: "energy head"), rappresenta una grandezza fisica fondamentale per lo studio delle correnti a pelo libero (capitolo 1). Nel seguito, vengono illustrate una serie di espressioni per il calcolo del carico specifico nel caso delle tre sezioni fognarie standard: circolare, ovoidale ed a ferro di cavallo. Si ricorda che il carico specifico è definito come

$$H_N = h_N + \frac{Q^2}{2gA_N^2}. \tag{5.28}$$

Dividendo ambo i membri dell'Eq. (5.28) per l'altezza della sezione T, si ottiene

$$Y_N = \frac{H_N}{T} = \frac{h_N}{T} + \frac{Q^2}{2gT^5}\frac{1}{(A_N/T^2)^2}. \tag{5.29}$$

Quindi, per determinare il carico specifico relativo Y_N, devono essere a priori note la portata di moto uniforme $Q(y_N)$ e l'area della sezione idrica A_N/T^2, entrambe funzioni del grado di riempimento $y_N = h_N/T$ e della particolare geometria considerata.

Sezione circolare

A partire dalle Eq. (5.15) e (5.16), ponendo $T = D$ e ricordando che $q_N = nQ/(S_o^{1/2}D^{8/3})$, per valori ridotti della portata relativa q_N è possibile calcolare il grado di riempimento mediante la relazione approssimata

$$y_N = \frac{2}{\sqrt{3}}q_N^{1/2}. \tag{5.30}$$

Sostituendo il grado di riempimento y_N così calcolato nell'Eq. (5.29), ed introducendo la *caratteristica di scabrezza* $\chi = S_o^{1/2}D^{1/6}/(ng^{1/2})$, si ricava la seguente espressione:

$$Y_N = \frac{2}{\sqrt{3}}q_N^{1/2}\left[1 + \frac{1}{2}\left(\frac{9}{16}\chi\right)^2\right], \tag{5.31}$$

che, per valori maggiori di q_N, può essere modificata nella espressione

$$Y_N = \frac{2}{\sqrt{3}}q_N^{3/5}\left[1 + \frac{1}{6}\chi^2\right]. \tag{5.32}$$

In tal modo, è stata introdotta una relazione in base alla quale il carico specifico dipende essenzialmente dalla portata relativa q_N e dalla caratteristica di scabrezza.

Sezione ovoidale

Analogamente a quanto fatto per la sezione circolare, ponendo stavolta $q_N = nQ/(S_o^{1/2}B^{8/3})$, il grado di riempimento $y_N = h_N/T$ può essere calcolato, in condizione di riempimento limitato, in funzione della portata relativa q_N come

$$y_N = 1.022q_N^{1/2}, \tag{5.33}$$

a partire da cui si ricava una relazione simile all'Eq. (5.31) per valori ridotti del grado di riempimento

$$Y_N = 1.022 q_N^{1/2} \left[1 + \frac{1}{8} \chi^2 \right],$$ (5.34)

mentre una espressione più generale e caratterizzata da una accuratezza del $\pm 5\%$ è la seguente relazione, valida per $\chi < 2$:

$$Y_N = 1.20 q_N^{0.55} \left[1 + \frac{1}{8} \chi^2 \right].$$ (5.35)

Sezione a ferro di cavallo

In analogia alle Eq. (5.30) e (5.33), e ponendo $q_N = nQ/(S_o^{1/2} B^{8/3})$, il grado di riempimento di moto uniforme $y_N = h_N/T$, per bassi valori di y_N, è dato da:

$$y_N = 1.305 q_N^{1/2},$$ (5.36)

da cui si ricava la relazione valida per il calcolo del carico specifico relativo in presenza di valori contenuti di q_N

$$Y_N = 1.305 q_N^{1/2} \left[1 + \frac{1}{6} \chi^2 \right].$$ (5.37)

Invece, per valori maggiori della portata relativa q_N, analogamente alle Eq. (5.32) e (5.35), il carico specifico relativo può essere determinato con una accuratezza del 10% come

$$Y_N = 2.0 q_N^{0.60} \left[1 + \frac{1}{6} \chi^2 \right].$$ (5.38)

In ogni caso, tale relazione non va applicata in presenza di valori elevati di y_N e χ.

Esempio 5.6. Determinare il carico specifico relativamente al caso dell'Esempio 5.3. Con $q_N = 0.222$ e $\chi = 85 \cdot 0.004^{1/2} 0.7^{1/6}/9.81^{1/2} = 1.62$, tramite l'Eq. (5.32) si ricava $Y_N = 1.15 \cdot 0.222^{0.6}[1 + 0.17 \cdot 1.62^2] = 0.674$, a cui corrisponde $H_N = 0.674 \cdot 0.7 = 0.472$ m; si nota uno scarto del 20% rispetto al caso precedente, che impone qualche cautela.

Esempio 5.7. Determinare l'energia specifica con riferimento ai dati dell'Esempio 5.4. Risultando $q_v = 0.150$, $1/n = 80$ m$^{1/3}$s^{-1}, $S_o = 0.015$ e $B = 1.2$ m, si ricava $q_N = 0.075$ e $\chi = 80 \cdot 0.015^{1/2} 1.2^{1/6}/9.81^{1/2} = 3.22$ da cui, tramite l'Eq. (5.35), si ricava $Y_N = 1.2 \cdot 0.075^{0.55}[1 + 0.125 \cdot 3.22^2] = 0.663$, a cui corrisponde $H_N = 0.663 \cdot 1.8 = 1.19$ m $(+1\%)$.

Esempio 5.8. Calcolare l'energia specifica relativamente ai dati dell'Esempio 5.5. Poiché risulta $q_v = 0.154$, $1/n = 75$ m$^{1/3}$s^{-1}, $S_o = 0.02$ e $B = 2.0$ m, si ha $q_N = 0.033$ e $\chi = 75 \cdot 0.02^{1/2} 2^{1/6}/9.81^{1/2} = 3.80$, e quindi si ottiene $Y_N = 2 \cdot 0.033^{0.6}[1 + 0.17 \cdot 3.80^2] = 0.880$ tramite l'Eq. (5.38), da cui $H_N = 0.880 \cdot 1.5 = 1.32$ m $(+5\%)$.

5.6 Collettori fognari a forte pendenza

5.6.1 Correnti aerate

Le correnti defluenti all'interno di collettori fognari caratterizzati da pendenze elevate sono soggette al fenomeno dell'*auto-aerazione* (inglese: "self aeration"). Tale fenomeno, denominato di *acqua bianca*, si verifica in corrispondenza della condizione di *aerazione incipiente* della corrente: per effetto dell'elevata turbolenza che caratterizza la superficie idrica, alcune particelle di fluido vengono espulse dalla massa idrica; secondo Volkart [31], le stesse particelle fluide, ricadendo verso la superficie, trascinano all'interno della corrente idrica piccole bolle d'aria, dando così origine alla cosiddetta *corrente mista o bifase aria-acqua* (inglese: "air-water mixture flow"), specificamente trattate nel paragrafo 5.7.

Attualmente, sono disponibili i risultati di numerosi studi sulla condizione di *aerazione incipiente*, sulla concentrazione d'aria nella corrente idrica e la distribuzione delle cavità gassose, con riferimento agli scaricatori di piena a servizio di sbarramenti di ritenuta [12, 34]. Per contro, nel caso di canali a sezione chiusa, la conoscenza di tale fenomeno è circoscritta alla condizione di moto uniforme-aerato. Di seguito viene presentata una rassegna delle principali conoscenze ad oggi disponibili, confrontando tali nozioni con i risultati relativi al caso di canali rettangolari a cielo aperto nei quali, naturalmente, l'apporto di aria alla corrente è teoricamente illimitato.

5.6.2 Aerazione incipiente

La Fig. 5.10 mostra una corrente supercritica in un canale rettangolare a pendenza costante S_o. A partire dalla prima sezione di monte, in cui è posta l'origine $x = 0$ dell'ascissa, si sviluppa uno *strato limite turbolento* (inglese: "turbulent boundary layer") di spessore δ_g crescente che va ad intersecare la superficie idrica all'ascissa $x = x_i$ in cui ha inizio il fenomeno di aerazione incipiente (pedice i). A partire da questa ascissa, la corrente idrica turbolenta raggiunge la superficie libera andando, così, a definire il punto di *aerazione incipiente* (inglese: "incipient aeration"). Lo spessore dello strato limite $\delta_g(x)$ dipende dal rapporto tra la scabrezza equivalente in

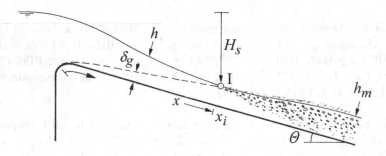

Fig. 5.10. Aerazione incipiente in canali a forte pendenza

sabbia k_s e la altezza cinetica $H_s = V_i^2/(2g)$ secondo la seguente relazione [34]

$$\delta_g/x = 0.021(k_s/H_s)^{0.10}. \tag{5.39}$$

A monte del punto di incipiente aerazione I lo strato limite funge da superficie di separazione tra la corrente turbolenta completamente sviluppata (sotto lo strato limite) ed la corrente con moto a potenziale (sopra lo strato limite). L'ascissa x_i in cui risulta $\delta_g = h$, può essere determinata tracciando il profilo di corrente di veloce accelerata, mentre la formazione dello strato limite viene definita a partire dall'Eq. (5.39). Hager e Blaser [11] hanno elaborato una analisi dettagliata del fenomeno in presenza di canali rettangolari.

Una ulteriore relazione approssimata, consente di stimare l'ascissa x_i in funzione della portata per unità di larghezza, secondo la equazione [22]:

$$x_i = 15(Q/B)^{0.50}. \tag{5.40}$$

Il problema del posizionamento del punto di aerazione incipiente nei collettori fognari non è stato ancora investigato nel dettaglio. A tal riguardo, come già detto, si suggerisce di determinare l'ascissa x_i tracciando i profili di corrente veloce accelerata (capitolo 8) ed utilizzare l'Eq. (5.39) per definire la curva $\delta_g(x)$, in cui H_s va intesa come la differenza di quota tra l'energia specifica di stato critico, definita in corrispondenza della sezione di controllo di monte e l'energia specifica calcolata nel punto di aerazione incipiente. Poiché l'ascissa x_i non è inizialmente nota, è necessario ricorrere ad una procedura iterativa.

5.6.3 Corrente aerata in moto uniforme

La *concentrazione media d'aria* $\bar{C}$ di una corrente mista aria-acqua è funzione del numero di Boussinesq $\mathsf{B} = V/(gR_h)^{1/2}$, in cui la velocità di riferimento è rapportata al raggio idraulico R_h piuttosto che al tirante idrico medio A/B_s (essendo B_s la larghezza di pelo libero), a differenza del numero di Froude (capitolo 6). Per correnti aerate in moto uniforme, Volkart [30] propose la seguente espressione:

$$\bar{C} = 1 - [1 + 0.02(\mathsf{B} - 6)^{1.5}]^{-1}. \tag{5.41}$$

Dunque, in canali circolari, si innesca la condizione di *aerazione incipiente* quando risulta $\mathsf{B} = 6$, ovvero per valori della velocità V maggiori di $6(gR_h)^{1/2}$. Inoltre, tale condizione può essere espressa in via esplicita attraverso la *caratteristica di scabrezza* χ_i, in accordo con la formula di Manning-Strickler, in funzione della pendenza di fondo S_o, del diametro D e dell'accelerazione di gravità [7]

$$\chi_i = (1/n)S_o^{1/2}D^{1/6}g^{-1/2} = 8. \tag{5.42}$$

Dalla Eq. (5.41) si nota che il fenomeno è condizionato in maniera prevalente dal coefficiente di scabrezza $1/n$, con un effetto apprezzabile della pendenza di fondo S_o, mentre appare quasi trascurabile l'influenza del diametro del collettore.

Sostituendo il coefficiente di scabrezza n espresso secondo la Eq. (5.5) nell'Eq. (5.41) si ottiene $S_{oi} = 0.93(k_s/D)^{1/3}$. Quindi, per valori tipici della scabrezza equivalente in sabbia, ad esempio $k_s = 0.5$ mm, e ponendo $D = 1$ m, la pendenza del canale che innesca aerazione incipiente è pari a $S_{oi} = 0.07$; i corrispondenti valori di pendenza S_{oi} associati ad un diametro $D = 0.30$ m e $D = 2$ m sono pari rispettivamente a 0.11 e 0.06. Ciò significa che, quando la pendenza è all'incirca compresa tra il 5 ed il 10%, probabilmente si innescherà il fenomeno di auto-aerazione. Si noti, infine, che l'Eq. (5.42) non dipende dalla portata e dal tirante idrico.

La portata mista (pedice m) Q_m è somma della portata d'aria Q_a e di quella idrica Q_w, per cui una corrente bifase aria-acqua richiede una sezione trasversale maggiore di quella associata ad una corrente puramente idrica. Quindi, il *tirante idrico misto* h_m risulta più grande del corrispondente tirante idrico h. La Fig. 5.11 mostra il legame sussistente tra il grado di riempimento di una corrente mista h_m/D ed il grado di riempimento di una corrente puramente idrica h_N/D, al variare della caratteristica di scabrezza, posto che $\chi > 8$. La curva viene tracciata avvalendosi dell'Eq. (5.41) valida per correnti bifase in moto uniforme, e quindi escludendo i gradi di riempimento $y_N > 0.95$. Secondo quanto riportato nel paragrafo 5.5.2, per una corrente mista si innesca il fenomeno del choking per gradi di riempimento anche inferiori a $y_N = 0.95$, in funzione del valore assunto dalla pendenza.

Il legame sussistente tra i tiranti idrici, così come rappresentato graficamente in Fig. 5.11, può essere espresso analiticamente, per $h_m > h_N$, come

$$h_m/D = (1/4)\chi^{2/3}(h_N/D)^{10/9},   (5.43a)$$

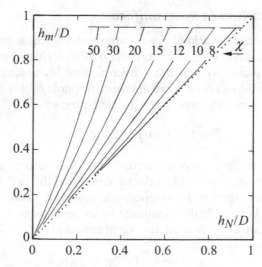

Fig. 5.11. *Corrente aerata* in moto uniforme in canali circolari. Grado di riempimento della corrente mista h_m/D in funzione del grado di riempimento di una corrente puramente idrica h_N/D al variare di $\chi = S_o^{1/2}D^{1/6}/(ng^{1/2})$; (− − −) condizione di totale riempimento del canale, (⋯) limite di auto-aerazione

da cui, esplicitando la caratteristica di scabrezza $\chi = S_o^{1/2} D^{1/6}/(ng^{1/2})$, si ricava:

$$\frac{h_m}{h_N} = \frac{1}{4}\left(\frac{S_o h_N^{1/3}}{n^2 g}\right)^{1/3}. \tag{5.43b}$$

Quindi, il rapporto tra i tiranti dipende in maniera significativa dal coefficiente di scabrezza, in misura inferiore dalla pendenza di fondo mentre è quasi trascurabile l'influenza della altezza idrica di moto uniforme.

Esempio 5.9. Assegnata una portata $Q = 1.7$ m³s⁻¹, un diametro $D = 0.9$ m, un coefficiente di scabrezza $1/n = 80$ m$^{1/3}$s⁻¹ ed una pendenza al fondo $S_o = 40\%$, determinare il tirante idrico uniforme della corrente mista h_m.

Poiché risulta $\chi = 80 \cdot 0.4^{1/2} 0.9^{1/6}/9.81^{1/2} = 15.87 > 8$, la corrente uniforme risulta aerata. Essendo $q_N = 1.7/(80 \cdot 0.4^{1/2} 0.9^{8/3}) = 0.044$ tramite l'Eq. (5.15) è possibile calcolare il grado di riempimento di moto uniforme $y_N = 0.248$.

Entrando nel diagramma di Fig. 5.11 con $(y_N; \chi) = (0.248; 15.87)$, si ricava $y_m = 0.34$, da cui si ottiene il tirante di moto uniforme della corrente mista $h_m = 0.34 \cdot 0.9 = 0.306$ m, il quale risulta maggiore di circa il 37% di h_N. Utilizzando, invece, l'Eq. (5.42) si calcola $h_m/D = 0.25 \cdot 15.87^{2/3} 0.248^{1.11} = 0.335$ (scarto pari a circa il 2%).

5.6.4 Procedura di progetto

La procedura progettuale da seguire nel caso di *correnti aerate* è semplice e può quindi essere facilmente integrata nell'ambito del classico dimensionamento idraulico di canalizzazioni fognarie. In primo luogo, è necessario calcolare il tirante di moto uniforme della corrente puramente idrica, utilizzando indifferentemente la formula di Colebrook-White o quella di Manning-Strickler. Quindi, si procede al calcolo del parametro χ per verificare se la corrente è auto-aerata ($\chi > 8$) o meno ($\chi < 8$). Nel caso in cui risulta $\chi > 8$, si procede alla determinazione del tirante di moto uniforme della corrente mista aria-acqua h_m, utilizzando il grafico di Fig. 5.11 o alternativamente l'Eq. (5.43), che quindi va a sostituire il tirante h_N della corrente idrica in tutte le successive elaborazioni quali, ad esempio, il tracciamento dei profili di corrente (capitolo 8).

Ulteriori informazioni sul fenomeno di auto-aerazione delle correnti in collettori fognari con pendenze elevate possono essere tratte per similitudine dai risultati ottenuti per le correnti rapide in opere di scarico delle dighe; in particolare, è possibile fare riferimento alle seguenti caratteristiche idrauliche [34]:

- distribuzione di velocità;
- distribuzione di concentrazione d'aria in una generica sezione trasversale;
- influenza della concentrazione d'aria sul coefficiente di scabrezza;
- concentrazione d'aria sul fondo del canale, necessaria per stabilire il potenziale innesco di fenomeni di cavitazione.

Ovviamente, anche nella fase di ricostruzione dei profili di corrente, bisogna ricordare che, a differenza dei canali a cielo aperto, per una corrente defluente in un collettore fognario la aerazione non è illimitata, e dipende dalla effettiva disponibilità della necessaria ventilazione del sistema fognario.

In ogni caso, sono ancora molteplici i punti da chiarire relativamente al deflusso di correnti aerate in collettori fognari. Infatti, sono ancora in fase di avanzamento studi riguardanti la formazione di onde di shock in presenza di curve, confluenze e salti; alcuni importanti risultati sono illustrati nel capitolo 16. Inoltre, al momento non sono disponibili criteri per valutare la possibile formazione di *sacche d'aria* e le conseguenti *pulsazioni della corrente* in collettori fognari. Per questo motivo, ad oggi la progettazione di canali fognari con pendenze elevate non è vincolata da criteri progettuali ben definiti, ma esistono solo indicazioni generali secondo cui, ad esempio, è opportuno che la canalizzazione sia rettilinea e che la corrente defluisca con un grado di riempimento contenuto entro il 60%; è infine fondamentale che la corrente risulti sufficientemente aerata in modo da non indurre la formazione di tratti a bassa pressione, in prossimità dei quali si può manifestare l'entrata in pressione del collettore (choking).

5.7 Correnti bifase aria-acqua

5.7.1 Introduzione

Le correnti liquido-gassose (inglese: "gas-liquid flows") costituiscono argomento di particolare interesse nel settore dell'impiantistica industriale. Tale tipologia di corrente è prevalentemente presente in dispositivi quali sifoni, scambiatori di calore, torri di raffreddamento oltre che in sistemi impiegati dall'ingegneria nucleare. Lo studio delle correnti bifase aria-acqua mira a caratterizzare i seguenti parametri: frazione fluida in sospensione, percentuale dei vuoti nella massa idrica e perdite di carico.

Hewitt e Hall-Taylor [14] hanno proposto una classificazione delle correnti liquido-gassose in canali *sub-orizzontali*; nella fattispecie è possibile distinguere otto diverse configurazioni di corrente bifase (Fig. 5.12), la cui denominazione trova origine da quella originalmente attribuita da studiosi inglesi e americani [20]:

① *corrente stratificata* (inglese: "stratified flow"), in cui la fase liquida defluisce al di sotto di quella gassosa, con una superficie di separazione pressoché piana e regolare;

② *corrente ondulata* (inglese: "wavy flow"), analoga alla precedente, ma con un'interfaccia aria-acqua irregolare ed ondulata;

③ *corrente a tamponi* (inglese: "slug flow"), in cui la superficie idrica raggiunge sporadicamente la sommità del canale; la fase gassosa defluisce in sacche che possono occupare l'intera sezione del canale;

④ *corrente con sacche* (inglese: "plug flow"), caratterizzata dalla presenza di bollicine e cavità gassose più grosse, distribuite nella corrente idrica;

⑤ *corrente con bolle* (inglese: "bubbly flow"), con una distribuzione quasi uniforme di bollicine di gas all'interno della fase liquida;

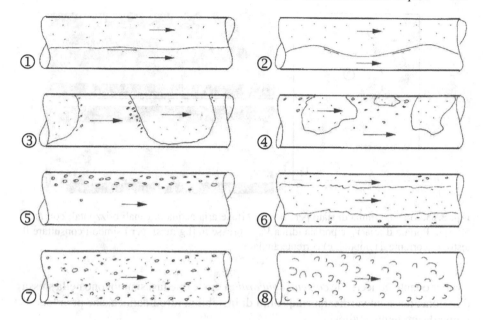

Fig. 5.12. Configurazioni di corrente bifase in canali pressoché orizzontali

⑥ *corrente anulare* (inglese: "annular flow"), la corrente liquida defluisce aderendo alle pareti della tubazione, mentre quella aeriforme ne occupa il nucleo centrale.
⑦ *corrente polverizzata* (inglese: "spray flow"), caratterizzata da una miscela quasi uniforme di aria e acqua;
⑧ *corrente schiumosa* (inglese: "froth flow"), in cui la fase gassosa è finemente dispersa nella fase liquida.

Le condizioni in cui si manifestano le varie tipologie di corrente bifase possono essere individuate mediante un *diagramma di stato*, in funzione della portata specifica di aria V_a e quella idrica V_w espresse in [kg/m²s]. Nella Fig. 5.13 sono indicate le linee principali di separazione, che indicano le transizioni da correnti stratificate ① a correnti con sacche ④, da correnti ondulate ② a correnti a tamponi ③, ovvero le linee rappresentative del passaggio da moto con sacche ④ e moto a tamponi ③ a corrente polverizzata ⑦. Si noti che, in presenza di una portata d'aria V_a elevata, si ricade sempre all'interno della regione ⑥ delle correnti anulari.

I regimi di corrente ② e ⑥ possono anche essere sinteticamente indicati come *correnti distaccate* (inglese: "separated flows") mentre i regimi③ e ④ vengono denominati *correnti intermittenti* (inglese: "intermittent flows"). Weismann [33] ha successivamente presentato una classificazione alternativa a quella proposta in Fig. 5.13.

In letteratura sono reperibili anche diagrammi di stato relativi al caso di condotti verticali e di *correnti bifase contrapposte* in cui la fase gassosa e quella idrica defluiscono in direzione opposta.

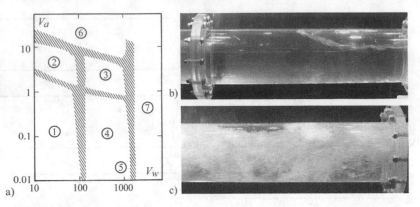

Fig. 5.13. a) Diagramma di stato per correnti bifase aria-acqua in canali orizzontali con $D = 50$ mm. Portata d'aria V_a e portata idrica V_w espresse in [kg/m^{2}s], per i simboli consultare il testo; b) corrente a tamponi; c) corrente anulare

Per quanto concerne le *correnti concordi* in cui le due fasi si muovono nella stessa direzione, possono verificarsi cinque tipi di instabilità idrodinamica, che prendono il nome da eminenti studiosi:

- *Kelvin-Helmholtz* dovuta all'interazione tra le due fasi che si propagano con velocità diverse. Tale tipologia di instabilità viene descritta attraverso il numero di Froude densimetrico che tiene conto della forza d'inerzia e della spinta di galleggiamento;
- *Tollmien-Schlichting* da intendere come fenomeno di transizione correnti laminari e turbolente; tale tipologia di instabilità è governata dal numero di Reynolds;
- *Rayleigh-Taylor* causata dalla differenza di densità tra le due fasi;
- *Rayleigh-Bénard* dovuta alle differenze di temperatura o di concentrazione tra le due fasi;
- *Marangoni* legata agli effetti di tensione superficiale.

La presenza di tante possibili forme di instabilità all'interno delle correnti bifase è indicativa della estrema complessità di tali fenomeni; nel prosieguo del paragrafo, vengono presentate alcune importanti relazioni valide per le *correnti aria-acqua*.

5.7.2 Correlazioni empiriche

La *perdita di carico* in una corrente bifase può essere determinata sulla base dei risultati sperimentali di Lockhart e Martinelli [18]. Vengono introdotti i due seguenti parametri:

$$\Phi_g = \left(\frac{\mathrm{d}p/\mathrm{d}x)_{gw}}{\mathrm{d}p/\mathrm{d}x)_g}\right)^{1/2}, \qquad \Phi_w = \left(\frac{\mathrm{d}p/\mathrm{d}x)_{gw}}{\mathrm{d}p/\mathrm{d}x)_w}\right)^{1/2}, \tag{5.44}$$

oltre al seguente:

$$X = \left(\frac{\mathrm{d}p/\mathrm{d}x)_w}{\mathrm{d}p/\mathrm{d}x)_g}\right)^{1/2}. \tag{5.45}$$

Nelle suddette espressioni $(dp/dx)_g$ e $(dp/dx)_w$ rappresentano i gradienti *isolati* di pressione della fase gassosa (pedice g) e liquida (pedice w), vale a dire valutati come se si trattasse di correnti monofase, mentre con $(dp/dx)_{gw}$ si intende il gradiente di pressione della corrente mista *aria-acqua* (pedice gw). Sebbene studi recenti abbiano modificato la classica teoria di Lockhart-Martinelli, il loro approccio viene generalmente utilizzato attraverso l'utilizzo delle seguenti espressioni simmetriche:

$$\Phi_g = 1 + 4X^{+0.7}; \qquad (5.46)$$

$$\Phi_w = 1 + 4X^{-0.7}. \qquad (5.47)$$

Poiché sia Φ_g che Φ_w risultano sempre maggiori di 1, la *perdita di carico della corrente mista* risulta maggiore di quella corrispondente ad una corrente monofase.

Il cosiddetto *ritardo del fluido* X^{-1} varia con la frazione di vuoti R_a secondo l'espressione

$$\frac{1}{X} = 1 - \frac{\rho_a}{\rho_w}\left(1 - \frac{K_h}{R_a}\right); \qquad (5.48)$$

$$K_h = \text{Tanh}\,[0.2 \cdot (Z - 0.5)], \qquad (5.49)$$

in cui, $Z = R^{1/6}F^{2/3}Ri^{-1/4}$, essendo $R = VD/\nu$ il numero di Reynolds, $F = V/(gD)^{1/2}$ il numero di Froude della condotta e $Ri = [D \cdot g(\rho_w - \rho_a)/\rho_w]/V^2$ il numero di Richardson.

5.7.3 Corrente a tamponi

Come già anticipato nei precedenti paragrafi, il moto a tamponi rappresenta un regime di moto che può manifestarsi in collettori fognari pressoché orizzontali, in concomitanza con la transizione da deflusso a pelo libero a moto in pressione. Tale tipologia di corrente bifase può essere vista come il moto di una corrente idrica caratterizzata dalla presenza di sacche d'aria in prossimità della parte superiore del tubo, ed in cui le creste d'onda si propagano molto più velocemente del fluido sottostante. Inoltre, le variazioni di pressione tra la fase gassosa e quella liquida possono attingere valori talmente elevati da compromettere l'integrità strutturale del collettore.

In Fig. 5.14 è illustrata la *formazione di una corrente a tamponi*, che si evolve partendo da una fase iniziale di corrente stratificata; tale circostanza è particolarmente ricorrente in corrispondenza di manufatti di imbocco non adeguatamente dimensionati. La Fig. 5.14a mostra l'avanzamento di un'onda a fronte ripido, accompagnata dalla propagazione di una piccola perturbazione superficiale che raggiungendo la cresta ne innalza l'altezza (Fig. 5.14b). L'onda diventa sempre più ripida fino a toccare la sommità il cielo del collettore, determinando così la transizione locale da deflusso a pelo libero a moto in pressione ed interrompendo la aerazione della corrente (Fig. 5.14c). Si forma quindi un tappo, o tampone, liquido che viene ad essere accelerato dalla corrente gassosa a monte del tappo, fino a generare una depressione superficiale a monte del tappo stesso, il che instaura tiranti idrici inferiori a quelli della corrente in arrivo (Fig. 5.14d). Taitel e Dukler [28] hanno proposto un modello numerico per simulare tale processo di moto; ai fini progettuali è fondamentale valutare l'entità dei tiranti idrici massimi e minimi in prossimità dell'onda a fronte ripido.

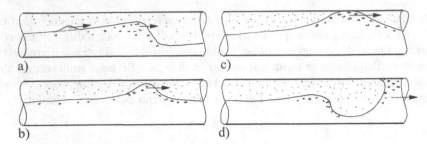

Fig. 5.14. Meccanismo di formazione di una corrente a tamponi secondo Taitel e Dukler [28]

5.7.4 Instabilità della superficie di separazione

Secondo la teoria di *Kelvin-Helmholtz*, la instabilità di onde bidimensionali sulla superficie di interfaccia di una corrente bifase di aria (pedice a) e acqua (pedice w) è retta dal numero di Froude densimetrico (Fig. 5.15)

$$F_\Delta = \frac{V_a - V_w}{\left[g(\rho_w - \rho_a) \left(\frac{h_a}{\rho_a} + \frac{h_w}{\rho_w} \right) \right]^{1/2}}, \tag{5.50}$$

in cui V, h e ρ sono rispettivamente velocità media, il tirante medio e la densità della singola fase. Un'onda di piccola ampiezza diventa instabile se risulta $F_\Delta \geq 1$, aumentando a dismisura la propria ampiezza. Gli esperimenti condotti da Wallis e Dobson [32] hanno, invece, dimostrato che basta che $F_\Delta = 0.5$ perché si verifichi tale instabilità. Fisicamente, questo fenomeno si spiega con una sorta di *effetto di suzione* esercitato dalla fase gassosa che tende a sollevare la fase liquida verso la sommità del condotto, risultando preponderante rispetto alla azioni gravitazionali.

In una sezione di forma generica il *numero di Froude densimetrico* è espresso come [16]:

$$F_\Delta = \frac{V_a - V_w}{\left[g(\rho_w - \rho_a) \left(\frac{A_w}{\rho_w B_i} + \frac{A_a}{\rho_a B_i} \right) \right]^{1/2}}, \tag{5.51}$$

in cui A è l'area della sezione trasversale occupata dalla fase considerata e B_i la larghezza della superficie d'interfaccia tra le due fasi. Nei canali circolari, l'area della

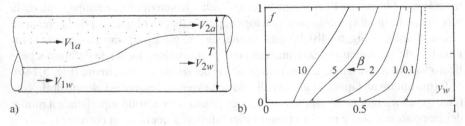

Fig. 5.15. a) Instabilità d'onda di una corrente bifase [6]; b) numero di Froude densimetrico relativo $f_d = F_\Delta/F_d$ in funzione del grado di riempimento liquido $y_w = h_w/D$ per vari rapporti di fase $\beta = Q_a/Q_w$

sezione idrica può essere calcolata mediante l'Eq. (5.16) $A/D^2 = y^{1.4}$; inoltre, si può assumere $B_i/D = 2(y - y^2)^{1/2}$. Inserendo tali espressioni nell'Eq. (5.51) si ricava [10]

$$f_d = F_\Delta/F_d = \frac{\beta/(\pi/4 - y^{1.4}) - 1/y^{1.4}}{\left[\frac{y^{1.4}}{2(y-y^2)^{1/2}} + \frac{\pi/4 - y^{1.4}}{2(y-y^2)^{1/2}}R\right]^{1/2}}, \tag{5.52}$$

in cui $F_d = Q_w/(g'D^5)^{1/2}$ rappresenta il *numero di Froude densimetrico della condotta*, $g' = [(\rho_w - \rho_a)/\rho_w]g$ è l'accelerazione di gravità ridotta, $\beta = Q_a/Q_w$ è il rapporto tra le portate e $R = \rho_w/\rho_a$ denota il rapporto tra le densità delle fasi. La Fig. 5.15b mostra il rapporto f_d in funzione di $y_w = h_w/D$ per vari valori di β e con $R = 1000/1.4 = 714$. Quindi, assegnati F_d e β, può essere determinato il grado di riempimento liquido limite y_w in corrispondenza del quale si innesca la condizione di *incipiente instabilità della superficie*, e cioè quando risulta $F_\Delta = 0.50$. Si ricorda infine che, a prescindere dal valore assunto da β, è molto probabile che un collettore fognario entri in pressione (choking) allorché si ha $y_w > 0.85$.

Esempio 5.10. Assegnati $Q = 2.1$ m^{3}s^{-1}, $D = 0.80$ m e $\beta = 2$, calcolare il valore limite del grado di riempimento della fase liquida.

Essendo $g' = [(1000 - 1.4)/1000]9.81 = 9.80$ ms^{-2}, il numero di Froude densimetrico della condotta è $F_d = 2.1/(9.80 \cdot 0.8^5)^{1/2} = 1.17$ da cui si ricava $f_d = 0.5/1.17 = 0.43$. Allora, entrando nel diagramma di Fig. 5.15b con $\beta = 2$ e $f_d = 0.43$, si ottiene $y_w = 0.62$. In alternativa alla Fig. 5.15b si potrebbe utilizzare la Eq. (5.52). Dunque, per qualunque valore del tirante idrico maggiore di $h_w = 0.62 \cdot 0.8 = 0.50$ m si manifesterà il choking della canalizzazione.

Dalla Fig. 5.15b si evince che il valore limite y_w diminuisce all'aumentare di β. Per portate d'aria elevate la altezza cinetica sulla cresta dell'onda assume valori notevoli, mentre la altezza piezometrica nella fase gassosa si riduce in maniera tale da consentire l'espansione dell'onda fino a toccare il cielo del collettore. Se le velocità delle fasi sono uguali, $V_a = V_w$, il rapporto tra le portate è $\beta = (\pi/4)y^{-1.4} - 1$ ed inoltre risulta $f_d = 0$. In questo caso particolare, dall'Eq. (5.52) si ricava la condizione limite per y_w:

$$y_w = \left(\frac{\pi/4}{1+\beta}\right)^{0.70}. \tag{5.53}$$

Mishima e Ishii [21] hanno studiato l'effetto della curvatura delle linee di corrente sul fenomeno di instabilità della superficie di interfaccia e, in base ad una analisi di tipo non lineare, hanno confermato la validità del valore critico $F_\Delta = 0.5$.

Ruder et al. [24] si sono occupati della definizione della condizione necessaria affinché si verifichi l'instabilità. Come mostrato in Fig. 5.16a, la corrente presenta una onda a fronte ripido, a valle della quale si ha un tirante idrico h_1 e una velocità V_1. Nella sezione 2 la corrente presenta linee di corrente parallele, costituendo una condizione assimilabile al fenomeno del risalto idraulico (capitolo 7). Trascurando l'aerazione della corrente ed introducendo un sistema di coordinate mobile con celerità c,

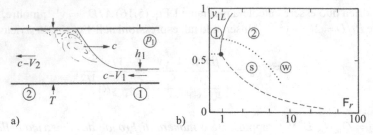

Fig. 5.16. a) Moto a tamponi in una condotta, simboli; b) grado di riempimento limite $y_{1L} = h_{1L}/D$ in un canale circolare in funzione del numero di Froude relativo F_r in condizione di transizione tra la ① corrente con sacche e la ② corrente a tamponi secondo Ruder et al. [24], (•) Benjamin bubble, e ($\cdots$) limite di stabilità tra onde stabili s e crescenti w

la *condizione di stabilità* è data dalla condizione

$$F_r = \frac{c - V_1}{(gD)^{1/2}} > 1, \tag{5.54}$$

secondo cui il numero di Froude, basato sul valore della velocità relativa $c - V_1$ e del diametro della condotta D, deve essere maggiore di 1. Una seconda condizione di stabilità può invece essere riferita alla parte terminale della onda; la condizione necessaria affinché si verifichi la corrente a tamponi è riportata in Fig. 5.16b. Quando risulta $y_1 > 0.56$, essa è riferita al fronte dell'onda, mentre per gradi di riempimento inferiori interessa la propagazione dell'onda. A sinistra della curva di transizione si è nella condizione di moto con bolle, mentre alla sua destra c'è la zona di corrente a tamponi. Nella stessa Fig. 5.16b sono rappresentate anche le curve di stabilità di Lin e Hanratty [17].

Secondo Fan et al. [5] il profilo superficiale della parte terminale dell'onda a fronte ripido può essere considerato assimilabile a quello di una *bolla di Benjamin* (Inglese: "Benjamin bubble"). La condizione di deflusso a tamponi di una corrente in un collettore a bassa pendenza può essere rimossa, avendo cura di ridurre la portata mista Q_m al di sotto del valore limite

$$Q_m = 0.54(\pi D^2/4)(gD)^{1/2}. \tag{5.55}$$

Per portate inferiori a Q_m si avrà una condizione di corrente *stratificata*.

5.7.5 Bolla di Benjamin

Benjamin [2] introdusse il concetto di *corrente gravitazionale*, intendendo tale tipo di corrente come frutto della intrusione di un fluido più pesante all'interno di uno più leggero e per il quale possono essere trascurati l'effetto della viscosità e dello scambio di materia lungo la superficie di separazione; tale fenomeno è talvolta indicato anche come *corrente di densità*. Nella Fig. 5.17a è rappresentata una corrente di densità, simile a quella che, ad esempio, si manifesta sul fondo di una vasca di sedimentazione; normalmente, la corrente presenta un fronte, che precede il corpo della corrente ed una coda nella estremità di monte.

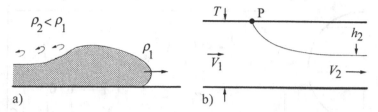

Fig. 5.17. a) Schema di una corrente di densità in un canale con pendenza ridotta; b) Benjamin bubble in un condotto rettangolare

Nella Fig. 5.17b, invece, è mostrato il *processo di svuotamento* di un *condotto rettangolare* di altezza T inizialmente riempito con un fluido pesante. Ipotizziamo di rimuovere istantaneamente la chiusura presente nella sezione terminale del condotto; ne scaturisce un'*onda negativa* che si propaga verso monte, caratterizzata da altezza idrica h_2 e velocità V_2 a valle del fronte. Indicando con P il punto di ristagno, a partire dall'equazione di Bernoulli si ricava:

$$V_2^2/(2g) = T - h_2.\tag{5.56}$$

Ipotizzando che sulla superficie idrica vige la pressione atmosferica, la scrittura dell'equazione di conservazione dell'energia tra le sezioni indisturbate a monte (pedice 1) ed a valle (pedice 2) del punto di ristagno P porta a

$$\frac{p_1}{\rho g} + \frac{V_1^2}{2g} = H_2 = 0.\tag{5.57}$$

Dunque, l'altezza piezometrica a monte del punto di ristagno è pari a $-V_1^2/(2g)$ al di sotto della copertura del canale. Assumendo che la distribuzione di pressioni sia idrostatica e che quella della velocità sia uniforme, dall'equazione di conservazione della quantità di moto si ricava:

$$p_1 T + \frac{1}{2}\rho g T^2 + \rho V_1^2 T = \frac{1}{2}\rho g h_2^2 + \rho V_2^2 h_2.\tag{5.58}$$

Sostituendo la pressione p_1 ricavata dall'Eq. (5.57) e tenendo presente che, in virtù della continuità del massa, risulta $V_1 T = V_2 h_2$, si ottiene

$$V_2^2 = \frac{g(T^2 - h_2^2)T}{(2T - h_2)h_2}.\tag{5.59}$$

Mettendo a sistema le Eq. (5.56) e (5.58) si ricavano due soluzioni, ovvero la soluzione banale $y = h_2/T = 1$ e $y = 1/2$, la quale invece assume una certa rilevanza fisica. Infatti, sostituendo quest'ultima nelle Eq. (5.56) e (5.57), si ottiene $V_1/(gT)^{1/2} = 1/2$ e $V_2/(gT)^{1/2} = 2^{1/2}$. Quindi, in corrispondenza del punto di ristagno si ha la transizione da moto in pressione a deflusso a pelo libero. In particolare, Benjamin scoprì che per $y > 0.653$ la corrente risulta lenta, mentre se $0.5 < y < 0.653$ la corrente è veloce. Passando al caso di *canali circolari* di diametro D, si ha rispettivamente

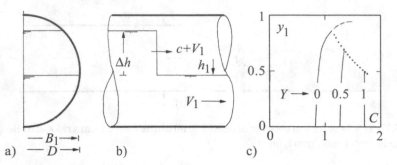

Fig. 5.18. Onda a fronte ripido in un canale circolare: a) sezione trasversale; b) sezione longitudinale; c) velocità di propagazione relativa $C = c/(gh_1)^{1/2}$ espressa in funzione del grado di riempimento $y_1 = h_1/D$ al variare dell'altezza relativa del fronte $Y_h = \Delta h/h_1$

$V_2/(gD)^{1/2} = 0.935$ e $V_1/(gD)^{1/2} = 0.542$, mentre il numero di Froude di valle è pari a $F_2 = 1.328$ anziché $2^{1/2}$ [2].

Blind [3] ha studiato la *velocità di propagazione* c di un'onda a fronte ripido in un canale (Fig. 5.18) e, partendo dall'equazione di conservazione della quantità di moto, ottenne (Fig. 5.18c):

$$C = \frac{c}{(gh_1)^{1/2}} = \left[\varphi + \frac{3}{2}Y_h + \frac{1}{2\varphi}Y_2^2 \right]^{1/2}, \tag{5.60}$$

in cui $\varphi = A_1/(B_m h_1)$ e $Y_h = \Delta h/h_1$. Approssimando la larghezza media in superficie B_m con la larghezza B_1 (Fig. 5.18c), φ può essere messo in relazione a y_1. In particolare, dalla Fig. 5.18c si evince che la *celerità relativa* C dipende in minima parte da y_1, per cui si può fare riferimento alla seguente espressione approssimata [10]:

$$C = 0.85(1 + Y_h), \tag{5.61}$$

secondo cui, allora, la velocità di propagazione relativa C aumenta linearmente con l'altezza relativa del fronte.

5.8 Il dimensionamento idraulico dei collettori fognari

5.8.1 Nozioni generali

Le canalizzazioni fognarie a sezione circolare sono disponibili in serie commerciali con diametri nominali standard $D = 0.25$, 0.30, 0.40 m fino a diametri massimi pari approssimativamente a $D = 2$ m; le serie di diametri commerciali variano a seconda del tipo di materiale costituente la canalizzazione (lapideo, plastico, metallico, composito, ecc.). Il problema di progetto di una canalizzazione consiste nella determinazione del diametro della condotta; nella pratica tecnica, viene scelto il *diametro commerciale* immediatamente superiore al *diametro teorico di calcolo*. Tale assunzione, più che avere una significativa incidenza sui costi, può pregiudicare il soddisfacimento della verifica idraulica nei confronti della velocità minima di deflusso in presenza di portate piccole. Solitamente, quando sono richiesti diametri maggiori di 1.5 o 2 m, vengono utilizzati canali rettangolari in calcestruzzo di tipo prefabbricato o, in casi particolari, *gettato in opera*. Dunque, alla luce di quanto detto sin'ora, è necessario distinguere tra:

- calcolo del *diametro teorico*, che scaturisce dal dimensionamento idraulico;
- scelta del *diametro commerciale* e del materiale della condotta, in funzione delle esigenze dettate dagli aspetti costruttivi e manutentivi delle fognature.

Sebbene nel paragrafo 5.5 sia stato evidenziato che, in via teorica, i canali fognari con gradi di riempimento pari a circa il 90% hanno una capacità idrovettrice maggiore che in condizioni di massimo riempimento, in sede progettuale si faranno scelte tali da assicurare le seguenti condizioni:

- gradi di riempimento contenuti, in modo da tenere anche conto delle eventuali singolarità, quali le condizioni di imbocco e di sbocco, che non rientrano nelle valutazioni effettuate in condizione di moto uniforme;
- una corrente idrica stabile e caratterizzata da un buon margine di sicurezza rispetto al *choking* del canale;
- una adeguata ventilazione delle canalizzazioni, in modo evitare la formazione di depressioni.

Ai fini di una progettazione preliminare, è possibile dimensionare un collettore fognario in base alla *portata a sezione piena* Q_v; a tale riguardo l'ATV [1] raccomanda di stimare la capacità idrovettrice di un collettore non superiore al 90% di Q_v. Tale raccomandazione è pienamente condivisibile, a meno che non sia necessario procedere a calcoli idraulici più raffinati per tenere conto, ad esempio, di eventuali effetti di rigurgito o di singolarità idrauliche.

5.8.2 Procedura di progetto

La capacità idrovettrice a sezione piena di un collettore fognario può essere stimata utilizzando sia la formula di Colebrook-White che quella di Manning-Strickler; quest'ultima, però, trova piena applicazione esclusivamente in regime di moto assolutamente turbolento, come ribadito nel capitolo 2 e nel paragrafo 5.3. D'altra parte, l'utilizzo della formula di Manning-Strickler presenta dei notevoli vantaggi, quale, ad esempio, la possibilità di calcolare in via esplicita il diametro richiesto. Detti D il diametro dell'alveo e B la larghezza della sezione standard ovoidale o a ferro di cavallo, valgono le seguenti *relazioni di progetto*:

Profilo circolare $\qquad\qquad D = 1.55 \left(\dfrac{nQ}{S_o} \right)^{3/8} ;$ $\qquad$ (5.62)

Sezione ovoidale standard $\qquad B = 1.294 \left(\dfrac{nQ}{S_o} \right)^{3/8} ;$ $\qquad$ (5.63)

Sezione a ferro di cavallo $\qquad B = 1.791 \left(\dfrac{nQ}{S_o} \right)^{3/8} .$ $\qquad$ (5.64)

Ricordando che la portata relativa è $q_N = [nQ/(S_o^{1/2}B^{8/3})]$, e introducendo il generico parametro q_D di progetto (pedice D), deve risultare

$$q_N = \frac{nQ}{S_o^{1/2}B^{8/3}} < q_D, \tag{5.65}$$

in cui q_D assume i seguenti valori al variare della geometria della sezione:

- sezione circolare $q_D = 1.55$;
- sezione ovoidale $q_D = 1.30$;
- sezione a ferro di cavallo $q_D = 1.80$.

È opportuno ricordare che le unità di misura utilizzate sono quelle del Sistema Internazionale, per cui si avrà la portata Q in $[\text{m}^3\text{s}^{-1}]$, il coefficiente di scabrezza $(1/n)$ in $[\text{m}^{1/3}\text{s}^{-1}]$ e la larghezza B in $[\text{m}]$. Inoltre, la pendenza di fondo S_o va indicata come un numero assoluto, evitando i valori in [%] o in [‰].

In idraulica fognaria, le condizioni di moto tipiche sono di moto assolutamente turbolento o di regime turbolento di transizione. Il primo è sempre caratterizzato da perdite di carico maggiori del secondo, per cui a vantaggio di sicurezza è opportuno calcolare il diametro della condotta in regime di moto assolutamente turbolento. Per stimare l'effetto della viscosità v sul diametro D di un collettore circolare, Hager e Schwalt [13] hanno introdotto la seguente relazione esplicita:

$$D^{*-5/2} = -\frac{\pi}{\sqrt{2}}\log\left[(0.361k_s^*)^{15/16} + (3.434v^*)^{15/16}\right], \tag{5.66}$$

avendo adottato gli stessi simboli introdotti nel capitolo 2

$$D^* = D/D_o, \quad k_s^* = k_s/D_o, \quad v^* = vD_o/Q, \tag{5.67}$$

in cui il diametro di riferimento D_o è

$$D_o = \left[Q^2/(gS_o)\right]^{1/5}. \tag{5.68}$$

Noti i parametri (v, k_s, Q, S_o) è possibile calcolare dapprima D_o; quindi, possono essere determinati k_s^* e v^* in base alle Eq. (5.67), i quali vanno poi introdotti nell'Eq. (5.66) allo scopo di ricavare D^*. Il diametro dedotto dalla risoluzione dell'Eq. (5.66) risulta sempre minore dell'$\pm 1\%$ rispetto al valore esatto ottenuto tramite l'applicazione della formula di Colebrook-White.

Le velocità calcolate mediante le formule di Manning-Strickler e Colebrook-White differiscono di una quantità inferiore al 5% a patto che risulti $k_s^* < 30v^*$. La formula di Manning-Strickler andrebbe applicata solamente nel caso di scabrezze relative tali che $7 \cdot 10^{-4} < k_s/D < 7 \cdot 10^{-2}$, come detto nel paragrafo 5.4. Inoltre, si tenga presente che quanto riportato nel presente capitolo vale esclusivamente in condizione di *moto uniforme*, per cui effetti dovuti a disturbi alla corrente nelle sezioni di monte o di valle vanno considerati separatamente.

Nel seguito viene descritta una *procedura di progetto modificata*, basata sulla risoluzione delle formule del moto uniforme (Manning-Strickler) e costituita dai seguenti cinque passaggi:

1. Definizione dei dati di progetto:
   - portata Q;
   - pendenza del collettore S_o;
   - scabrezza equivalente in sabbia k_s;
   - viscosità cinematica v.

Per un refluo ordinario, la viscosità cinematica è $v = 1.3 \cdot 10^{-6}$ m^{2}s^{-1} (Tabella 3.1) a temperatura ambiente di 12°C [1]. La scabrezza equivalente in sabbia va stimata secondo quanto indicato nei capitoli 2 e 3.

2. Determinazione del regime di moto:
   - calcolo del diametro di riferimento D_o in base all'Eq. (5.68);
   - calcolo di $k_s^* = k_s/D_o$ e $v^* = vD_o/Q$;
   - se risulta $k_s^* > 30v^*$ la corrente è in regime di moto assolutamente turbolento e, nel caso si ha $7 \cdot 10^{-4} < k_s/D < 7 \cdot 10^{-2}$, va applicata la formula di Manning-Strickler;
   - se le ultime due condizioni non sono soddisfatte, il progetto va effettuato utilizzando l'Eq. (5.66), basato sulla formula di Colebrook-White.

3. Calcolo del diametro di progetto:
   - a seconda del tipo di sezione prescelta, vanno applicate le equazioni comprese tra l'Eq. (5.62) e l'Eq. (5.64);
   - se non viene adoperata la formula di Manning-Strickler, può essere applicata l'Eq. (5.64) per canali circolari ponendo $D = D_o D^*$.

4. Valutazione degli effetti di aerazione:
   - calcolo della caratteristica di scabrezza $\chi = S_o^{1/2} D^{1/6}/(ng^{1/2})$;
   - se $\chi < 8$, la corrente non risulta auto-aerata e va utilizzato il diametro precedentemente calcolato;
   - se $\chi \geq 8$, si verifica l'auto-aerazione e, quindi, il diametro va aumentato in ragione del fattore h_m/h_N calcolato secondo l'Eq. (5.43).

5. Precauzioni contro il funzionamento in pressione:
   - può risultare conveniente introdurre una ulteriore cautela per prevenire la condizione di *choking*, funzione principalmente del parametro χ. Per $\chi > 5$, il grado di riempimento deve essere inferiore all'80%, mentre esso andrebbe contenuto al di sotto del 70% se $\chi > 10$. Alcune indicazioni più dettagliate vengono fornite nel capitolo 16, per tenere conto dei sovralzi idrici che si formano in prossimità di particolari pozzetti di fognatura.

A differenza della procedura di progetto basata sulla applicazione della formula di Colebrook-White, l'*approccio modificato* si caratterizza per il fatto che la formula di resistenza da utilizzare dipende dal regime di moto, secondo quanto illustrato al passo 2. D'altro canto, tale procedura consente di ottenere informazioni aggiuntive sul regime di moto e su altre importanti caratteristiche idrauliche della corrente.

Esempio 5.11. Determinare il diametro di un collettore in calcestruzzo prefabbricato al cui interno defluisce una portata $Q = 2$ m^{3}s^{-1} con pendenza di fondo $S_o = 0.1\%$.

1. $Q = 2$ m^{3}s^{-1}, $S_o = 0.001$, $k_s = 2.5 \cdot 10^{-4}$ m, $v = 1.3 \cdot 10^{-6}$ m^{2}s^{-1};
2. $D_o = [2^2/(9.81 \cdot 0.001)]^{1/5} = 3.33$ m, $k_s^* = 2.5 \cdot 10^{-4}/3.33 = 7.5 \cdot 10^{-5}$, $v^* = 1.3 \cdot 10^{-6} \cdot 3.33/2 = 2.16 \cdot 10^{-6}$, $30v^* = 6.5 \cdot 10^{-5}$. Quindi risulta $k_s^* > 30v^*$, per cui il regime di moto è assolutamente turbolento;
3. utilizzando la formula di Manning-Strickler, il coefficiente di scabrezza è pari a $1/n = 8.2 \cdot 9.81^{1/2}(2.5 \cdot 10^{-4})^{-1/6} = 102$ m$^{1/3}$s^{-1} secondo l'Eq. (5.62), e quindi il diametro risulta pari a $D = 1.55[2/(102 \cdot 0.001^{1/2})]^{3/8} = 1.29$ m;
4. noti $1/n$ e D, si può calcolare $\chi = 102 \cdot 0.001^{1/2}1.29^{1/6}9.81^{-1/2} = 1.07 < 8$. Dunque non sussiste auto-aerazione della corrente;
5. visto il valore di χ, non è necessario effettuare ulteriori valutazioni ai fini della condizione di choking.

Se fosse stato $k_s^* < 30v^*$, cioè con corrente in regime di turbolento di transizione, essendo $k_s^* = 7.5 \cdot 10^{-5}$ e $v^* = 2.16 \cdot 10^{-6}$, il diametro relativo sarebbe stato valutato secondo l'Eq. (5.66), $D^{*-5/2} = -2.22\log[(2.71 \cdot 10^{-5})^{15/16} + (7.42 \cdot 10^{-6})^{15/16}] = 9.35$, da cui $D^* = 9.25^{-0.40} = 0.411$ e quindi $D = 0.411 \cdot 3.33 = 1.37$ m, con una minima differenza rispetto al valore prima ottenuto con la formula di Manning-Strickler. Ad ogni modo, in entrambe i casi va scelto un diametro commerciale $D = 1.50$ m. Nel caso in esame si nota l'effetto rilevante della viscosità, attesa la bassa scabrezza della tubazione (elevato valore del parametro $1/n$).

Esempio 5.12. Progettare un canale fognario con portata $Q = 1.2$ m^{3}s^{-1}, nel caso in cui $S_o = 14\%$ e $1/n = 85$ m$^{1/3}$s^{-1}.

1. $Q = 1.2$ m^{3}s^{-1}, $S_o = 0.14$, $v = 1.3 \cdot 10^{-6}$ m^{2}s^{-1}, $1/n = 85$ m$^{1/3}$s^{-1};
2. $D_o = [1.2^2 9.81^{-1}0.14^{-1})]^{1/5} = 1.01$ m;
   $k_s = (8.2 \cdot 9.81^{1/2}85^{-1})^6 = 0.76 \cdot 10^{-3}$ m secondo l'Eq. (5.5), e quindi $k_s^* = 0.75 \cdot 10^{-3}$ e $v^* = 1.3 \cdot 10^{-6}1.01/1.2 = 1.09 \cdot 10^{-6}$. Poiché $k_s^* = 0.75 \cdot 10^{-3} > 3.28 \cdot 10^{-5} = 30v^*$, la corrente è in regime di moto assolutamente turbolento e può essere applicata l'equazione di Manning-Strickler;
3. dall'Eq. (5.62) si ricava $D = 1.55(1.2/85 \cdot 0.14^{1/2})^{3/8} = 0.45$ m;
4. risulta $\chi = 85 \cdot 0.14^{1/2}0.45^{1/6}9.81^{-1/2} = 8.9 > 8$, dunque la corrente è auto-aerata. Dalla Fig. 5.11, ponendo $h_m/D = 0.85$, il grado di riempimento della corrente idrica è $h_N/D = 0.80$, da cui $h_m/h_N = 1.06$. Incrementando il diametro in ragione del fattore appena calcolato, si ottiene $D = 1.06 \cdot 0.45 = 0.48$ m, per cui viene scelto $D = 0.50$ m;
5. il margine di sicurezza nei confronti del fenomeno del choking è garantito dalla scelta del diametro maggiore.

Spesso risulta necessario determinare anche i tiranti di moto uniforme per portate minori di quella di progetto, i quali possono essere semplicemente calcolati in base alle indicazioni fornite nel paragrafo 5.5.

5.9 Sezioni composte

Merita un breve accenno la descrizione delle caratteristiche geometriche ed idrauliche del deflusso di una corrente in moto uniforme all'interno di una sezione composta, che risulta costituita da due o più sezioni standard. Le *sezioni composte* (inglese: "compound profiles") sono tipicamente ricorrenti lungo i corsi d'acqua naturali ed i canali di bonifica, dove assumono l'assetto di sezioni geometriche mistilinee. Nella progettazione idraulica dei sistemi fognari, sovente si ricorre all'utilizzo di sezioni composte, specialmente nelle fognature miste; in tali casi, infatti, le portate di tempo asciutto sono molto più piccole delle portate meteoriche di progetto e può risultare problematico soddisfare la verifica idraulica di velocità minima (capitolo 3). Come sarà di seguito illustrato, il principio fondamentale del funzionamento idraulico di una sezione composta consiste nel realizzare una sezione idrica crescente con il grado di riempimento nel canale, ma che comporti valori del perimetro bagnato, e quindi anche del raggio idraulico, tali da indurre un valore soddisfacente della velocità di deflusso anche in presenza di gradi di riempimento modesti.

Analogamente a quanto fatto per i profili fognari standard, viene illustrata una procedura di calcolo della portata Q e del carico totale H di una corrente defluente in condizione di moto uniforme all'interno di un alveo a sezione composta.

Nella Fig. 5.19 sono illustrati due tipiche sezioni composte; all'aumentare del tirante h della corrente, la larghezza di pelo libero B_s ed il perimetro bagnato P della sezione non variano in maniera continua, ma subiscono un brusco incremento appena il tirante idrico supera l'altezza utile della savanella, o altezza h_{ta} di tempo asciutto (pedice *ta*) ed interessa le banchine laterali. Ad esempio, si consideri la condizio-

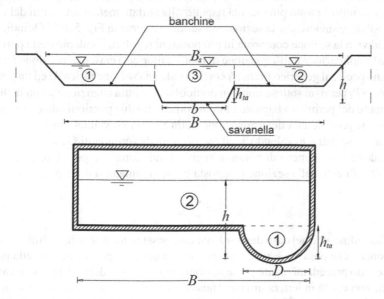

Fig. 5.19. Esempio di suddivisione di una sezione composta in porzioni regolari nel caso di: a) sezione fluviale e b) sezione fognaria; (— — —) linee di suddivisione

ne di riempimento in cui il tirante idrico h risulti appena maggiore del tirante idrico h_{ta} (Fig. 5.19); in tale condizione, la larghezza della superficie libera B_s subisce un brusco incremento. Analogamente, la base della sezione idrica passa bruscamente da b a B, determinando, in virtù delle leggi di resistenza, una repentina riduzione della portata defluente nel canale. Difatti, per effetto del brusco aumento della base, la sezione idrica $A(h)$ rimane pressoché invariata mentre il raggio idraulico $R(h)$ risulta notevolmente ridotto. Ovviamente, tale fenomeno costituisce una condizione fisicamente irreale; affinché la trattazione analitica non risenta di tale apparente incongruenza, bisogna analizzare il reale andamento degli sforzi resistenti al moto in una siffatta sezione.

Ipotizzando di procedere al tracciamento delle *isotachie* (luogo geometrico dei punti aventi uguale velocità), si potrebbero definire le linee normali alle isotachie a partire dai punti di singolarità della sezione composta. Per loro stessa definizione, attraverso le normali alle isotachie non vengono trasmessi sforzi tangenziali, in quanto è nullo il gradiente di velocità; pertanto le linee normali alle isotachie, originate dai punti singolari della sezione, delimitano più porzioni contigue, ciascuna delle quali può ritenersi regolare, per forma e ripartizione della scabrezza sul contorno. In pratica, tale procedimento sarebbe particolarmente laborioso ed andrebbe ripetuto per diversi valori della portata; pertanto, ai fini pratici, la suddivisione viene effettuata come indicato nella Fig. (5.19a) per le sezioni fluviali e nella Fig. (5.19b) per le sezioni fognarie.

Infatti, per le sezioni fluviali, in cui la portata convogliata dalla savanella è dello stesso ordine di grandezza di quella convogliata sulla banchina, è possibile confondere le linee normali alle isotachie con le linee verticali che partono dagli spigoli (Fig. 5.19a). Per contro, nelle sezioni fognarie, in cui la portata convogliata in periodo di tempo asciutto è molto più piccola rispetto alla portata meteorica, ai fini del calcolo, è possibile assumere che la sezione sia suddivisa come in Fig. 5.19b. Quindi, dopo aver suddiviso la sezione composta in più porzioni regolari, il calcolo della portata Q richiede l'applicazione dell'equazione di moto uniforme a ciascuna porzione i-esima. Nella fattispecie, al generico tirante h corrisponde una sezione idrica A_i ed un perimetro bagnato P_i per ogni sottosezione; in particolare, va fatta attenzione a non includere nel computo del perimetro bagnato i lati in comune tra due porzioni adiacenti. A questo punto, si procede alla determinazione della portata Q_i valutata in base all'altezza idrica h assegnata, avvalendosi, ad esempio, della formula di Gauckler-Strickler. Quindi, detto N il numero di porzioni regolari individuate, è possibile calcolare la portata Q defluente nella sezione composta come sommatoria delle portate Q_i:

$$Q = \sum_{i=1}^{N} Q_i. \tag{5.69}$$

Si precisa, infine, che nel caso delle sezioni composte non è possibile definire formule approssimate che possano essere applicate in via generale per il calcolo della portata Q, come fatto precedentemente per le sezioni circolare, ovoidale ed a ferro di cavallo, visto che non esiste in letteratura una standardizzazione delle sezioni composte.

In analogia a quanto fatto per la portata Q, viene di seguito illustrato il procedimento per il calcolo del carico totale H in una sezione composta.

In particolare, per ciascuna delle sottosezioni regolari, così come prima ottenute, è possibile determinare il corrispondente valore della velocità media; di conseguenza, assumendo la superficie idrica orizzontale, ne risulterebbe una linea dell'energia non orizzontale nella sezione complessiva. Per ovviare a questa circostanza, è possibile considerare una *altezza cinetica media*, ponderata rispetto alle singole portate Q_i, definita come

$$\frac{\overline{V^2}}{2g} = \frac{1}{2g}\left(\sum_{i=1}^{N} Q_i V_i^2 \bigg/ \sum_{i=1}^{N} Q_i\right). \tag{5.70}$$

In forza di tali ipotesi, il *carico specifico medio* della generica sezione composta è allora pari a

$$\overline{H} = h + \frac{\overline{V^2}}{2g}. \tag{5.71}$$

Si tenga presente che in letteratura è discusso approfonditamente anche il caso della sezione a scabrezza variabile lungo il perimetro bagnato. In tale condizione, il problema del calcolo delle grandezze idrauliche fondamentali, quali portata Q e carico specifico H, è concettualmente assimilabile a quello dello studio della sezione composta; difatti, la difficoltà legata alla presenza della discontinuità di un parametro idraulico, in questo caso la scabrezza, è facilmente superabile ricorrendo nuovamente al frazionamento della sezione idrica in più parti, in modo tale che lungo la superficie di separazione tra due porzioni attigue non sussista trasmissione di sforzi tangenziali. Nelle pratiche applicazioni dell'idraulica fognaria la variazione della scabrezza è comunque limitata ad intervalli molto ristretti, sia per l'omogeneità dei materiali impiegati, sia per la presenza di sedimenti e depositi uniformemente distribuiti sulle pareti dello speco. Per tali motivi, non si ritiene utile approfondire ulteriormente lo studio delle sezioni a scabrezza variabile.

Simboli

A	[m^2]	sezione idrica
B	[m]	larghezza della sezione
B_s	[m]	larghezza di pelo libero
B	[-]	numero di Boussinesq
c	[ms^{-1}]	celerità
C	[-]	$= c/(gh_1)^{1/2}$
$\bar{C}$	[-]	concentrazione media d'aria
D	[m]	diametro
D_o	[m]	diametro di riferimento
D^*	[-]	diametro relativo
f	[-]	coefficiente di scabrezza
f_d	[-]	$= F_\Delta/F_d$
F	[-]	numero di Froude della condotta
F_d	[-]	numero di Froude densimetrico della condotta
F_Δ	[-]	numero di Froude densimetrico
F_r	[-]	$= (c - V_1)/(gD)^{1/2}$
g	[ms^{-2}]	accelerazione di gravità
g'	[ms^{-2}]	accelerazione di gravità ridotta

h	[m]	tirante idrico
h_{ta}	[m]	altezza della sezione di tempo asciutto
H	[m]	carico specifico (o energia specifica)
H_s	[m]	altezza cinetica
$\overline{H}$	[m]	carico specifico medio
k_s	[m]	scabrezza equivalente in sabbia
k_s^*	[-]	scabrezza in sabbia relativa
K_h	[-]	parametro
m	[-]	numero di sottosezioni del profilo mistilineo
$1/n$	$[\mathrm{m}^{1/3}\mathrm{s}^{-1}]$	coefficiente di scabrezza di Manning
p	$[\mathrm{Nm}^{-2}]$	pressione
P	[m]	perimetro bagnato
q_B	[-]	portata di progetto relativa
q_D	[-]	portata rapportata a $(gD^5)^{1/2}$
q_N	[-]	portata rapportata a $(1/n)S_o^{1/2}D^{8/3}$
q_v	[-]	rapporto tra portate di moto uniforme e di massimo riempimento
Q	$[\mathrm{m}^3\mathrm{s}^{-1}]$	portata
Q_m	$[\mathrm{m}^3\mathrm{s}^{-1}]$	portata della corrente mista aria-acqua
r	[m]	raggio d'arco superiore
R	[-]	rapporto di densità delle fasi
R	[-]	numero di Reynolds
Ri	[-]	numero di Richardson
R_a	[-]	frazione di vuoti
R_h	[m]	raggio idraulico
S_f	[-]	cadente energetica
S_o	[-]	pendenza di fondo
t	[s]	tempo
T	[m]	altezza della sezione
V	$[\mathrm{ms}^{-1}]$	velocità media
V_a	$[\mathrm{ms}^{-1}]$	velocità o portata specifica d'aria di una corrente mista
V_w	$[\mathrm{ms}^{-1}]$	velocità o portata idrica specifica di una corrente mista
x	[m]	ascissa
y	[-]	grado di riempimento
Y	[n]	carico specifico relativo
Y_h	[n]	altezza relativa dell'onda a fronte ripido
Z	[-]	parametro per la frazione di vuoti
β	[-]	rapporto di portata
δ	[-]	angolo al centro dimezzato
δ_g	[m]	spessore dello strato limite
ε	[-]	scabrezza relativa
φ	[-]	coefficiente di forma
μ	[-]	velocità relativa
ν	$[\mathrm{m}^2\mathrm{s}^{-1}]$	viscosità cinematica
ν^*	[-]	viscosità relativa
χ	[-]	caratteristica di scabrezza
X	[-]	rapporto tra gradienti di pressione

ρ $[\mathrm{kgm}^{-3}]$ densità
ϕ_f $[-]$ parametro di forma
ϕ $[-]$ coefficiente
Φ $[-]$ rapporto tra gradienti di pressione

Pedici

a	transizione da moto in pressione a moto a pelo libero, aria
D	di progetto
g	fase gassosa
gw	aria-acqua
i	aerazione incipiente
L	limite
m	corrente mista aria-acqua
min	minimo
M	massimo
N	moto uniforme
r	tubo idraulicamente scabro
s	tubo idraulicamente liscio
v	riempimento totale
w	fase liquida
z	condizione di *choking*
1	a valle del fronte
2	a monte dell'onda

Bibliografia

1. Abwassertechnische Vereinigung ATV: Richtlinien für die hydraulische Dimensionierung von Abwasserkanälen und -leitungen [Linee guida per il progetto idraulico delle fognature]. Regelwerk Abwasser Arbeitsheft A110. ATV, St. Augustin (1988).
2. Benjamin T.B.: Gravity currents and related phenomena. Journal Fluid Mechanics **31**(2): 209–248 (1968).
3. Blind H.: Nichtstationäre Strömungen im Unterwasserstollen [Moto vario in gallerie]. Dissertation Technische Hochschule Karlsruhe. Springer, Heidelberg Berlin New York(1956).
4. Bock J.: Einfluss der Querschnittsform auf die Widerstandsbeiwerte offener Gerinne [Influenza della forma della sezione sui coefficienti di resistenza in canali aperti]. Technischer Bericht 2, O. Kirschmer, ed. Institut für Hydromechanik und Wasserbau, TH Darmstadt, Darmstadt (1966).
5. Fan Z., Jepson W.P., Hanratty T.J.: A model for stationary slugs. Int. Journal of Multiphase Flow **18**(4): 477–494 (1992).
6. Gardner G.C.: Onset of slugging in horizontal ducts. Int. Journal of Multiphase Flow **5**: 201–209 (1979).
7. Hager W.H.: Abflusseigenschaften in offenen Kanälen [Caratteristiche delle correnti in canali aperti]. Schweizer Ingenieur und Architekt **103**(13): 252–264 (1985).
8. Hager W.H.: Abflussformeln für turbulente Strömungen [Formule di resistenza per moto turbolento]. Wasserwirtschaft **78**(2): 79–84 (1988).

9. Hager W.H.: Teilfüllung in geschlossenen Kanälen [Correnti a pelo libero in canali chiusi]. Gas-Wasserfach Wasser/Abwasser **132**(10): 558–564; **132**(11): 641–647 (1991).

10. Hager W.H.: Zuschlagen von teilgefüllten Rohren [Transizione da deflusso a pelo libero a moto in pressione]. gwf-Wasser/Abwasser **136**(4): 200–210 (1995).

11. Hager W.H., Blaser F.: Drawdown curve and incipient aeration for chute flow. Canadian Journal of Civil Engineering **25**(3): 467–473 (1998).

12. Hager W.H., Schleiss A.J. : Constructions hydrauliques – Ecoulements stationnaires, Seconda edizione. Presses Polytechniques et Universitaires Romandes, Lausanne (2009).

13. Hager W.H., Schwalt M.: Explizite Fliessformel für turbulente Rohrströmung [Formule esplicite per correnti turbolente in pressione]. 3R-International **31**(1/2): 18–21 (1992).

14. Hewitt G.F., Hall-Taylor N.S.: Annular two-phase flow. Pergamon, Elmsford (1970).

15. Kazemipour A.K., Apelt C.I.: New data on shape effect in smooth rectangular channels. J. Hydraulic Research **20**(3): 225–233 (1982).

16. Kubie J.: The presence of slug flow in horizontal two-phase flow. Int. Journal of Multiphase Flow **5**(4): 327–339 (1979).

17. Lin P.Y., Hanratty T.J.: Prediction of the initiation of slugs with linear stability theory. International Journal of Multiphase Flow **12**(1): 79–98 (1986).

18. Lockhart R.W., Martinelli R.C.: Proposed correlation of data for isothermal two-phase, two-component flow in pipes. Chemical Engineering Progress **45**(1): 49–58 (1949).

19. Marchi E.: Il moto uniforme delle correnti liquide nei condotti chiusi e aperti. L'Energia Elettrica **38**(4): 289–301; **38**(5): 393–413 (1961).

20. Marchi E., Rubatta A.: Meccanica dei fluidi. UTET, Torino (1981).

21. Mishima K., Ishii M.: Theoretical prediction of onset of horizontal slug flow. Journal Fluids Engineering **102**(12): 441–445 (1980).

22. Novak P., Guinot V., Jeffrey A., Reeve D.E.: Hydraulic Modelling – an Introduction: Principles, Methods and Applications. Spon Press, London (2010).

23. Rouse H.: Critical analysis of open-channel resistance. Proc. ASCE Journal of the Hydraulics Division **91**(HY4): 1–25; **91**(HY6): 247–248; 92(HY2): 387–409; **92**(HY4): 154; **92**(HY5): 204–206 (1965).

24. Ruder Z., Hanratty P.J., Hanratty T.J.: Necessary condition for the existence of stable slugs. Int. Journal of Multiphase Flow **15**: 209–226 (1989).

25. Sauerbrey M.: Abfluss in Entwässerungsleitungen unter besonderer Berücksichtigung der Fliessvorgänge in teilgefüllten Rohren [Corrente idrica in collettori fognari con parziale riempimento]. Wasser und Abwasser in Forschung und Praxis 1. Erich Schmidt: Bielefeld (1969).

26. Sinniger R.O., Hager W.H.: Constructions hydrauliques – Ecoulements stationnaires. Presses Polytechniques et Universitaires Romandes, Lausanne (1989).

27. Strickler A.: Beiträge zur Frage der Geschwindigkeitsformel und der Rauhigkeitszahlen für Ströme, Kanäle und geschlossene Leitungen [Contributi alla determinazione dei coefficienti di scabrezza per aste fluviali, canali e condotte]. Mitteilung 16. Amt für Wasserwirtschaft, Bern (1923).

28. Taitel Y., Dukler A.E.: A model for slug flow frequency during gas-liquid flow in horizontal and near horizontal pipes. International Journal of Multiphase Flow **3**: 585–596 (1977).

29. Thormann E.: Füllungskurven von Entwässerungsleitungen [Curve di riempimento di canali fognari]. Gesundheits-Ingenieur **67**(2): 35–47 (1944).

30. Volkart P.: Hydraulische Bemessung teilgefüllter Steilleitungen [Dimensionamento idraulico di collettori fognari a forte pendenza]. Gas – Wasser – Abwasser **58**(11): 658–667 (1978).

31. Volkart P.U.: The mechanism of air bubble entrainment in self-aerated flow. International Journal of Multiphase Flow **6**: 411–423 (1980).
32. Wallis G.B., Dobson J.E.: The onset of slugging in horizontal stratified air-water flow. International Journal of Multiphase Flow **1**: 173–193 (1973).
33. Weismann J.: Two-phase flow patterns. Handbook of Fluids in Motion: 409–425. N.P. Cheremisinoff, R. Gupta, eds. Ann Arbor Science, Houston (1983).
34. ICOLD: Spillways and bottom outlets: Shockwaves and air entrainment in chutes. Bulletin 81. Commission Internationale des Grands Barrages, Paris (1992).

6
Stato critico

Sommario La condizione di stato critico si instaura allorché si verifica un insieme di condizioni, che vengono dettagliatamente esaminate. La condizione di stato critico viene quindi analizzata con specifico riferimento alle tre sezioni standard: circolare, ovoidale ed a ferro di cavallo. Tra i parametri fondamentali del moto critico, particolare attenzione è dedicata al carico specifico ed alla pendenza. Nel prosieguo, viene discusso il caso del passaggio da un alveo a debole pendenza ad un alveo a forte pendenza, quale contesto di applicazione dei fondamenti della teoria dello stato critico. Tale singolarità viene anche esaminata con l'ausilio di relazioni semplificate, allo scopo di agevolare la sua trattazione nelle pratiche applicazioni.

6.1 Introduzione

Lo *stato critico* (inglese: "critical flow"), insieme al moto uniforme, rappresenta una fondamentale condizione di moto che caratterizza il deflusso di una corrente idrica a superficie libera. A differenza del moto uniforme, che si basa su un principio di equilibrio statico tra forze resistenti al moto e forze motrici, lo stato critico può essere interpretato come un principio *dinamico*; infatti, esso si manifesta nel momento in cui la velocità di deflusso della corrente idrica risulta pari alla celerità di propagazione di una perturbazione indotta sulla superficie idrica.

Come accade nel caso del moto uniforme, la condizione di stato critico dipende dalla particolare geometria del canale. Nel seguito del capitolo, sono esaminati due aspetti:

- definizione e descrizione della condizione di stato critico;
- calcolo delle grandezze caratteristiche dello critico.

Per esaminare la condizione di stato critico da un punto di vista teorico, viene anzitutto richiamata la *equazione di conservazione dell'energia*, la quale è successivamente applicata per le tre sezioni standard, vale a dire le sezioni circolare, ovoidale ed a ferro di cavallo (capitolo 5). Viene analizzata nel dettaglio la definizione del tirante idrico in condizioni di stato critico, con riferimento ai lavori di Chow [5], Henderson [10] e Naudascher [15], i cui risultati sono applicati sia nel tracciamento dei profili di

Gisonni C., Hager W.H.: Idraulica dei sistemi fognari. Dalla teoria alla pratica.
DOI 10.1007/978-88-470-1445-9_6, © Springer-Verlag Italia 2012

corrente in moto permanente (capitolo 8) che nello studio del funzionamento dei dispositivi di misura della portata (capitoli 10, 11, 12 e 13). Oltre al tirante critico, sono fornite indicazioni relative alla valutazione della pendenza critica. Infine, la condizione di stato critico viene esaminata anche alla luce di un caso di pratico interesse: la transizione tra un canale a debole pendenza ed uno a forte pendenza.

6.2 Descrizione dello stato critico

Il *carico specifico* H_*, (o *energia specifica*) misurato rispetto al fondo del canale, è definito come (capitolo 1)

$$H_* = h + \frac{Q^2}{2gA^2}, \tag{6.1}$$

intendendo con h il tirante idrico, A la sezione idrica trasversale, g l'accelerazione di gravità e Q la portata. Nei *canali a pelo libero* la sezione idrica A è funzione del tirante idrico h e, qualora il canale considerato non risulti *prismatico*, dell'ascissa x; diversamente, nel caso di canale prismatico, risulta $A = A(h)$. Per contro, nel caso di moto in pressione in tubazioni, la sezione trasversale può cambiare solo al variare di x. A tal proposito, si tiene a ricordare che il moto a pelo libero può verificarsi sia negli alvei a cielo aperto che in canali a sezione chiusa; pertanto, in questi ultimi possono avere luogo sia correnti a pelo libero che moti in pressione.

Si consideri un canale a portata costante Q, per il quale il carico specifico H_* all'ascissa $x = x_*$ sarà unicamente funzione del tirante idrico h. Indicando con $A(x = x_*) = A_*$ la sezione idrica all'ascissa considerata, si vuole ricercare la relazione che lega il carico tra H_* al tirante idrico h.

I canali a pelo libero presentano una sezione trasversale A che aumenta per incrementi del tirante h. Per cui, per una sezione idrica continua, deve risultare $dA_*/dh > 0$. Per lo studio analitico di una funzione continua, è di fondamentale importanza la determinazione dei *punti estremanti*, ovvero i punti in cui la funzione assume valore massimo e minimo. A tal proposito, le prime due derivate della Eq. (6.1), in cui $A = A_*(h)$, sono

$$\frac{dH_*}{dh} = 1 - \frac{Q^2}{gA_*^3} \frac{dA_*}{dh}; \tag{6.2}$$

$$\frac{d^2H_*}{dh^2} = \frac{3Q^2}{gA_*^4} \left(\frac{dA_*}{dh}\right)^2 - \frac{Q^2}{gA_*^3} \frac{d^2A_*}{dh^2}. \tag{6.3}$$

La funzione $H_*(h)$ presenta un punto estremante quando $dH_*/dh = 0$ e tale estremo corrisponde ad un punto di massimo se $d^2H_*/dh^2 < 0$, ovvero ad un punto di minimo quando $d^2H_*/dh^2 > 0$. La funzione adimensionale $1 - (dH_*/dh)$ è dunque pari ad una grandezza pari al quadrato del *numero di Froude* (inglese: "Froude number"), così chiamato in onore dell'inglese William Froude (1810–1879). Dunque, risulta

$$\mathsf{F}^2 = \frac{Q^2}{gA_*^3} \frac{dA_*}{dh}. \tag{6.4}$$

Di conseguenza, al punto estremante della funzione $H_*(h)$ ricavato a partire dalla Eq. (6.2) corrisponde $F = 1$. Non si ottengono, invece, indicazioni utili ponendo $F = 1$ nella Eq. (6.3). In ogni caso, sostituendo il termine posto al membro sinistro della Eq. (6.4) nel membro destro della Eq. (6.2), e derivando l'espressione ottenuta rispetto ad h, si ricava

$$\frac{d^2 H_*}{dh^2} = -2F\frac{dF}{dh}. \qquad (6.5)$$

Per portata costante, il numero di Froude deve ridursi all'aumentare del tirante idrico, quindi $dF/dh < 0$. Questo significa che la derivata seconda è positiva e quindi il punto estremante della funzione carico specifico $H_*(F = 1)$ è un *punto di minimo*. Dunque, è possibile formulare una prima definizione della condizione di stato critico (pedice c): *una corrente a superficie libera defluisce in stato critico quando il carico specifico è minimo.*

La Eq. (6.1) può essere risolta nell'incognita Q, ottenendo

$$Q = A[2g(H_* - h)]^{1/2}. \qquad (6.6)$$

Nell'ipotesi di carico specifico H_* costante, la portata sarà massima in corrispondenza del tirante idrico $h = h_c$, ovvero per $F = 1$. Quindi, la Eq. (6.6) fornisce il legame sussistente tra la portata ed il tirante idrico. In base alla seconda definizione della condizione di stato critico, si può affermare che:

Per un assegnato valore del carico specifico H_*, una corrente a pelo libero convoglia il valore massimo della portata in condizione di stato critico.

Inoltre, si può dimostrare che in condizione di stato critico:

- la velocità della corrente eguaglia la celerità $(gh)^{1/2}$ di una perturbazione che si propaga sulla superficie libera;
- la spinta totale S, secondo la Eq. (1.11), attinge anch'essa il valore minimo.

È quindi evidente che la condizione di stato critico influenza in maniera determinante le condizioni di deflusso di una corrente a pelo libero. Inoltre, poiché il numero di Froude di una corrente in pressione è praticamente pari a zero, tale parametro rappresenta una caratteristica peculiare delle *correnti a pelo libero*.

6.3 Caratteristiche dello stato critico

6.3.1 Tirante critico

Per semplicità di trattazione, si consideri un *canale rettangolare* a larghezza costante b. Assumendo che la portata Q sia costante, anche la portata per unità di larghezza $q = Q/b$ risulterà una quantità costante. Essendo la sezione idrica $A = bh$, dalla Eq. (6.1) si ricava

$$H_* = h + \frac{q^2}{2gh^2}. \qquad (6.7)$$

Essendo $A = bh$ e quindi $dA/dh = b$, la Eq. (6.4) fornisce l'espressione del numero di Froude per un canale rettangolare:

$$F^2 = \frac{q^2}{gh^3}. \tag{6.8}$$

Poiché condizione preliminare affinché si verifichi lo stato critico (pedice c) è che risulti $F = 1$, il tirante critico h_c è pari a

$$h_c = (q^2/g)^{1/3}, \tag{6.9}$$

ed il corrispondente *carico critico specifico*, in base alle Eq. (6.7) e (6.9), è dato da

$$H_{*c} = h_c \left[1 + \frac{1}{2} \frac{q^2}{gh_c^3} \right] = \frac{3}{2} h_c. \tag{6.10}$$

Eliminando il tirante di stato critico nelle Eq. (6.9) e (6.10), si ottiene la seguente relazione tra la *portata critica* q_c ed il carico specifico H_*:

$$q_c = g^{1/2} \left[\frac{2}{3} H_* \right]^{3/2}. \tag{6.11}$$

Le equazioni comprese tra la (6.7) e la (6.11) valgono per i soli canali a sezione rettangolare, nel qual caso è evidente che le espressioni ricavate sono molto semplici e consentono di calcolare in via esplicita tutti i parametri dello stato critico.

6.3.2 *Influenza della geometria del fondo del canale*

Esiste un serie di relazioni caratteristiche della condizione di stato critico ma, allo stato attuale, non si è ancora definito quale tra esse rappresenti la condizione necessaria affinché si verifichi tale condizione di moto. Allo scopo di esaminare nel dettaglio tali espressioni, si consideri un canale (Fig. 6.1) la cui quota di fondo $z(x)$ varia in maniera continua. L'origine del sistema di riferimento può essere fissata arbitrariamente.

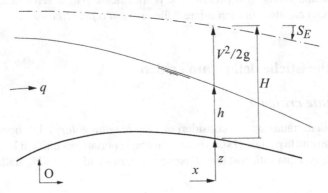

Fig. 6.1. Schema di una corrente in un canale con pendenza di fondo variabile in modo continuo

Il carico totale H della corrente in un canale rettangolare è data da (capitolo 1)

$$H = z + h + \frac{q^2}{2gh^2} = z + H_*.$$ (6.12)

In primo luogo, consideriamo la condizione necessaria affinché si verifichi lo stato critico in un fluido perfetto, e cioè nel caso di una corrente per la quale la cadente energetica S_E – diversamente da quanto mostrato in Fig. 6.1 – risulti pari a zero. Tutte le derivate di H rispetto a x devono quindi essere identicamente nulle. Nella fattispecie, le prime due derivate spaziali dell'Eq. (6.12) sono

$$\frac{dH}{dx} = \frac{dz}{dx} + \frac{dh}{dx}\left(1 - \frac{q^2}{gh^3}\right) = 0;$$ (6.13)

$$\frac{d^2H}{dx^2} = \frac{d^2z}{dx^2} + \frac{d^2h}{dx^2}\left(1 - \frac{q^2}{gh^3}\right) + \frac{3q^2}{gh^4}\left(\frac{dh}{dx}\right)^2 = 0.$$ (6.14)

Considerando la condizione di stato critico espressa dall'Eq. (6.8), in base alle Eq. (6.13) e (6.14) si ricava che:

- la condizione $q^2/(gh^3) = 1$ può essere soddisfatta solo in corrispondenza del *punto estremante* della geometria del fondo del canale, ovvero per $dz/dx = 0$;
- la pendenza della superficie idrica dh/dx in condizione di stato critico è pari a

$$\frac{dh_c}{dx} = \pm\left(-\frac{h_c}{3}\frac{d^2z_c}{dx^2}\right)^{1/2}.$$ (6.15)

Quindi, la pendenza risultante è direttamente proporzionale alla radice quadrata del prodotto tra la curvatura del fondo ed il tirante idrico valutati nel punto di stato critico. Naturalmente, per avere rilevanza fisica, il termine posto sotto radice quadrata deve risultare positivo, e quindi deve risultare $d^2z_c/dx^2 < 0$. Di conseguenza, in un canale prismatico il tirante critico si instaura unicamente in corrispondenza dei punti di *massimo locale* del profilo del fondo del canale.

Rimuovendo l'ipotesi di fluido perfetto, le resistenze al moto non sono nulle e quindi risulta $dH/dx = -S_E$ e $d^2H/dx^2 = -dS_E/dx$, anziché $dH/dx = 0$ e $d^2H/dx^2 = 0$; di conseguenza, le quantità poste al membro destro delle Eq. (6.13) e (6.14) cambiano e si ha che:

- la condizione di stato critico si verifica nel punto in cui la pendenza del canale $S_o = -dz/dx$ eguaglia la cadente energetica S_E. La condizione $S_o = S_{Ec}$ è denominata *moto pseudo-uniforme*, per analogia alla definizione data nel capitolo 5;
- poiché solitamente la curvatura della linea dell'energia dS_E/dx è molto più piccola della curvatura del profilo del fondo, il punto di stato critico non è localizzato nel punto più alto del profilo del fondo, ma poco più a valle.

6.3.3 Influenza della geometria della sezione

Si consideri una corrente che defluisce in un canale orizzontale, in assenza di resistenze al moto, in cui la geometria della sezione trasversale varia uniformemente. Per semplicità di trattazione, si consideri nuovamente un canale rettangolare di larghezza variabile $B = B(x)$. Il carico specifico è quindi pari a

$$H = h + \frac{Q^2}{2gB^2h^2}.$$ (6.16)

Ponendo pari a zero le prime due derivate dell'Eq. (6.16), si ottiene

$$\frac{dH}{dx} = \frac{dh}{dx}\left(1 - \frac{Q^2}{gB^2h^3}\right) - \frac{Q^2}{gB^3h^2}\frac{dB}{dx} = 0;$$ (6.17)

$$\frac{d^2H}{dx^2} = \frac{d^2h}{dx^2}\left(1 - \frac{Q^2}{gB^2h^3}\right) - \frac{Q^2}{gB^3h^2}\frac{d^2B}{dx^2} + \frac{3Q^2}{gB^4h^2}\left(\frac{dB}{dx}\right)^2 +$$

$$+ \frac{4Q^2}{gB^3h^3}\frac{dB}{dx}\frac{dh}{dx} + \frac{3Q^2}{gB^2h^4}\left(\frac{dh}{dx}\right)^2 = 0.$$ (6.18)

Le suddette relazioni possono essere riscritte, introducendo il numero di Froude $F^2 = Q^2/(gB^2h^3)$:

$$\frac{dH}{dx} = \frac{dh}{dx}(1 - F^2) - \frac{h}{B}F^2\frac{dB}{dx} = 0;$$ (6.19)

$$\frac{d^2H}{dx^2} = \frac{d^2h}{dx^2}(1 - F^2) - \frac{h}{B}F^2\frac{d^2B}{dx^2} + \frac{3h}{B^2}F^2\left(\frac{dB}{dx}\right)^2 +$$

$$+ \frac{4}{B}F^2\frac{dB}{dx}\frac{dh}{dx} + \frac{3}{h}F^2\left(\frac{dh}{dx}\right)^2 = 0.$$ (6.20)

Avvalendosi ancora una volta della condizione di stato critico $F = 1$, dall'Eq. (6.19) si ricava $(h/B)(dB/dx) = 0$. In generale, tale condizione è soddisfatta solo quando $dB/dx = 0$, poiché né h né B^{-1} possono essere quantità nulle. Quindi, lo stato critico potrà verificarsi unicamente in corrispondenza di un *punto estremante della larghezza della sezione*, e quindi in corrispondenza di una contrazione $(d^2B/dx^2 > 0)$ o di una espansione $(d^2B/dx^2 < 0)$, nel rispetto della Eq. (6.20). Ponendo $F = 1$, l'Eq. (6.20) si semplifica in

$$-\frac{h_c}{B}\frac{d^2B}{dx^2} + \frac{3}{h_c}\left(\frac{dh}{dx}\right)^2_c = 0,$$ (6.21)

da cui si ricava:

$$\left(\frac{dh}{dx}\right)_c = \pm\left(\frac{1}{3}\frac{h_c^2}{B}\frac{d^2B}{dx^2}\right)^{1/2}.$$ (6.22)

La soluzione dell'Eq. (6.22) ha significato fisico solo se risulta $d^2B/dx^2 > 0$; quindi il punto estremante sarà necessariamente costituito da una *contrazione della sezione trasversale*.

Rimuovendo l'ipotesi di assenza di resistenze al moto, la cadente energetica è pari a $dH/dx = -S_E$ e la sezione di stato critico può essere posizionata risolvendo la relazione $(h/B)(dB/dx) = S_E$; nella fattispecie, lo stato critico sarà localizzato poco più a valle del punto di contrazione della sezione del canale.

6.3.4 Analisi dei risultati

Alla luce della precedenti elaborazioni, risulta chiaro che lo stato critico si verifica qualora risultino soddisfatte almeno due condizioni, e cioè:

- una *condizione necessaria*, per la quale l'alveo deve presentare un andamento curvo del profilo del fondo oppure una sezione trasversale caratterizzata da geometria variabile. La condizione di stato critico potrà verificarsi solo in corrispondenza del punto più alto del profilo del fondo oppure nella sezione di minima larghezza del canale;
- una *condizione sufficiente*, secondo la quale deve risultare $F = 1$. Ovviamente tale condizione è valida in assenza di fenomeni di sommergenza che potrebbero rigurgitare la corrente da valle.

La condizione necessaria può essere estesa a qualunque moto permanente in canali per i quali il carico totale è espresso come

$$H = z + h + \frac{Q^2}{2gA^2}.$$ (6.23)

Per correnti in regime di moto assolutamente turbolento, la cadente energetica ricavata dalla formula di Manning-Strickler (capitolo 5) è

$$\frac{dH}{dx} = -S_E = -\frac{n^2 Q^2}{A^2 R_h^{4/3}}.$$ (6.24)

Nel più generale dei casi, considerando il moto di una corrente in cui:

- il profilo del fondo $z(x)$ è variabile;
- la portata $Q(x)$ varia lungo il canale;
- l'alveo non è prismatico;
- la scabrezza delle pareti $n(x)$ è variabile,

si ottiene:

$$\frac{dz}{dx} + \frac{dh}{dx}(1 - F^2) + \frac{Q}{gA^2}\frac{dQ}{dx} - \frac{Q^2}{gA^3}\frac{\partial A}{\partial x} = -\frac{n^2 Q^2}{A^2 R_h^{4/3}}.$$ (6.25)

Ricordando, però, che in condizione di stato critico vale $F = 1$, il punto di stato critico sarà localizzato nella sezione in cui risulta:

$$S_o - S_E - S_Q - S_F = 0,$$ (6.26)

essendo:

- $S_o = -dz/dx$ è la pendenza al fondo;
- $S_E = $ è la cadente energetica dovuta alle perdite di carico per attrito e ricavata mediante l'Eq. (6.24);
- $S_Q = (A/Q)[(dQ/dx)(dA/dx)]$ è la pendenza legata alla variazione locale di portata;
- $S_F = (\partial A/\partial x)/(\partial A/\partial h)$ è la pendenza dovuta alla variazione locale di geometria della sezione trasversale.

La rimozione di uno o più dei suddetti quattro termini consente di semplificare l'Eq. (6.26). I casi in cui $S_o \neq 0$ e $S_F \neq 0$ sono già stati illustrati nei paragrafi 6.3.2 e 6.3.3, rispettivamente.

Hager [6] ha dimostrato che lo stato critico può verificarsi in presenza di una variazione locale di:

- profilo del fondo del canale;
- caratteristiche di scabrezza;
- portata;
- geometria della sezione trasversale.

Per contro, lo stato critico *non* può verificarsi in un canale con le seguenti caratteristiche:

- pendenza costante $S_o \neq S_c$;
- pareti sono caratterizzate da scabrezza uniforme;
- portata costante lungo il canale;
- sezione trasversale costante.

Dunque, le *condizioni necessarie* affinché si possa verificare lo stato critico sono diametralmente opposte a quelle che rendono possibile il moto uniforme. L'unica eccezione è costituita dal caso in cui la pendenza di fondo S_o sia proprio pari alla pendenza critica S_c; tale circostanza viene illustrata nel paragrafo 6.4.5.

Oltre alle suddette condizioni necessarie, deve essere soddisfatta anche la *condizione sufficiente* per l'instaurarsi dello stato critico, espressa dall'uguaglianza $F = 1$. Pertanto, si vuole qui rimarcare che è errato affermare che la condizione $F = 1$ basta per far insorgere lo stato critico.

Come spiegato in maniera dettagliata nel capitolo 8 riguardante il tracciamento dei profili di corrente in moto permanente, le correnti caratterizzate da $F < 1$ sono dette *subcritiche* o lente, mentre quelle con $F > 1$ sono denominate *supercritiche* o veloci. Finora, la condizione $F = 1$ è stata utilizzata unicamente per rappresentare lo stato critico; tale condizione riveste un significato altrettanto rilevante per indicare la transizione da corrente subcritica a corrente supercritica. Detto H il carico totale definito nell'Eq. (6.23), con S_E la cadente energetica fornita dall'Eq. (6.24), e considerando un alveo cilindrico ($\partial A/\partial x \equiv 0$) con pendenza del fondo costante ($\mathrm{d}S_o/\mathrm{d}x \equiv 0$) e portata costante lungo il canale ($\partial Q/\partial x \equiv 0$), si ricava l'equazione del profilo della superficie libera:

$$\frac{\mathrm{d}H}{\mathrm{d}x} = -S_o + \frac{\mathrm{d}h}{\mathrm{d}x}\left(1 - \frac{Q^2}{gA^3}\frac{\mathrm{d}A}{\mathrm{d}h}\right) = -S_E. \qquad (6.27)$$

La *pendenza della superficie idrica* è allora pari a:

$$\frac{\mathrm{d}h}{\mathrm{d}x} = \frac{S_o - S_E}{1 - \frac{Q^2}{gA^3}\frac{\mathrm{d}A}{\mathrm{d}h}} = \frac{S_o - S_E}{1 - F^2}. \qquad (6.28)$$

Sostituendo nell'Eq. (6.28) la condizione di stato critico ($F = 1$), emerge che:

1. se risulta $S_o \neq S_E$, assenza di moto uniforme, la superficie idrica diventa verticale ($dx/dh = 0$);
2. se risulta $S_o = S_E$, si ricade nel caso indefinito $dh/dx = 0/0$.

In forza dell'ipotesi fondamentale di distribuzione delle pressioni di tipo idrostatico (capitolo 1), su cui è basata l'Eq. (6.28), il caso in cui la superficie idrica è verticale non ha alcuna rilevanza fisica. Dunque, si può dedurre che le condizioni di stato critico ($F = 1$) e di moto pseudo-uniforme ($S_o = S_E$) si instaurino contemporaneamente; a tale conclusione, d'altronde, si era già pervenuti nel paragrafo 6.3.2. Tali considerazioni sono ovviamente valide nelle ipotesi portata costante ($dQ/dx = 0$) in un canale prismatico.

La pendenza della superficie idrica $(dh/dx)_c$ in corrispondenza dell'ascissa di stato critico $x = x_c$ può essere calcolata utilizzando la regola de L'Hopital. Differenziando l'Eq. (6.28) rispetto alla variabile spaziale x, è possibile ricavare un'espressione leggermente modificata dell'Eq. (6.15), in virtù della presenza del termine relativo alle perdite di carico. A tal fine, ricordiamo la convenzione per cui, procedendo secondo il verso positivo delle x, ad un aumento del tirante idrico è associato il segno $+$, mentre il segno $-$ indica un abbassamento della superficie idrica. Poiché in presenza di correnti accelerate le perdite di carico localizzate risultano nulle, la condizione di stato critico riguarda unicamente il caso della *transizione* da corrente subcritica a corrente supercritica. In caso contrario, invece, insorge il risalto idraulico (capitolo 7), a cui si accompagna una significativa dissipazione d'energia.

Poiché l'Eq. (6.15), analogamente all'Eq. (6.22), mostra che la pendenza critica della superficie idrica $(dh/dx)_c$ assume un valore finito, la condizione di stato critico deve essere localizzata in una determinata sezione trasversale; ovviamente, a distanza infinitesimale a monte ed a valle da tale sezione si instaurano rispettivamente condizioni di corrente subcritica e supercritica. In definitiva, si parla di *sezione critica*, ovvero, nel caso di flusso mono-dimensionale (Fig. 6.1), di *ascissa critica* $x = x_c$. Nella sezione critica la corrente presenta le seguenti caratteristiche:

- tirante critico $h = h_c$;
- velocità critica $V = V_c$;
- portata critica $Q = Q_c$;
- carico totale critico $H = H_c$.

Tali condizioni evidenziano ulteriormente le differenze tra stato critico e moto uniforme: Infatti, mentre lo stato critico è definito in corrispondenza di una *unica* sezione, il moto uniforme rappresenta una condizione asintotica che può verificarsi solo in canali infinitamente lunghi, eccetto nel caso in cui $S_o = S_E$.

In sintesi, si può affermare che:

- la condizione di stato critico rappresenta quel tipo di moto in cui, fissata una portata Q, il carico totale H_c è minimo o, parimenti, assegnato un valore del carico totale, la portata Q_c risulta massima;

- in generale, lo stato critico si verifica quando il *numero di Froude* assume valore $F = 1$ e sussiste una variazione locale della geometria dell'alveo; ovviamente, ciò è valido in assenza di rigurgito da valle;

- affinché si instauri la condizione di stato critico è necessario che si abbia la variazione locale di una o più caratteristiche della corrente, quali ad esempio un innalzamento del fondo dell'alveo, una riduzione della scabrezza, un incremento o riduzione di portata, oppure una riduzione della sezione trasversale. A tal riguardo, la Fig. 6.2 (a sinistra) illustra i quattro casi fondamentali in cui può verificarsi lo stato critico, oltre ad alcuni casi particolari (Fig. 6.2 a destra) nei quali il punto estremante giace sulla linea dell'energia $H(x)$, ma non corrisponde ad un punto di minimo energetico;

- *condizione sufficiente* affinché si verifichi lo stato critico è che risulti $F = 1$ in corrispondenza del punto di stato critico; pertanto, lo stato critico può verificarsi solo in presenza di correnti veloci a valle della sezione critica;

- la condizione di stato critico può avere luogo unicamente sottoforma di *transizione* da corrente subcritica ($F < 1$) a corrente supercritica ($F > 1$). Dunque, lo stato critico viene ad essere localizzato in corrispondenza della cosiddetta sezione di

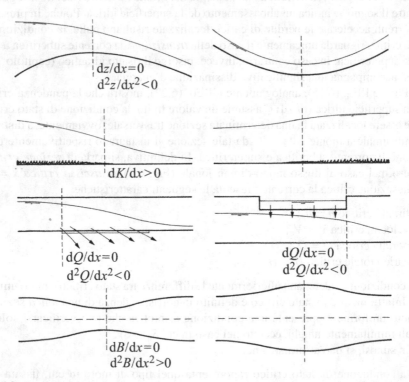

Fig. 6.2. Configurazioni di moto (a sinistra) in cui sussistono le condizioni sufficienti per lo stato critico (con indicazione delle relazioni matematiche) e casi in cui (a destra) la linea dell'energia presenta un punto estremante senza minimo energetico; $(---)$ ubicazione della sezione con valori estremi del carico specifico. $K = 1/n$ indica il coefficiente di scabrezza

stato critico ed i parametri idraulici individuati presso tale sezione sono l'ascissa critica x_c, il tirante critico h_c, la velocità critica V_c, ed il carico totale critico H_c;

- la relazione univoca tra il tirante di stato critico h_c e la *portata critica* Q_c in corrispondenza del punto di stato critico è rappresentata dalla condizione $F = 1$. Quindi, il valore della portata critica non dipende né della pendenza di fondo né dalla scabrezza, ma dipende unicamente dalla geometria della sezione;

- poiché la portata di stato critico $Q = Q_c$ dipende solo dalla geometria della sezione trasversale, come risulta dall'Eq. (6.11), spesso si utilizza la condizione di stato critico per eseguire *misure di portata* (capitoli 10, 11, 12 e 13).

6.3.5 Importanza del numero di Froude

Le correnti a pelo libero che si caratterizzano per una scala geometrica non troppo piccola sono rette dalle legge di similitudine alla Froude. Se la portata Q ed il tirante idrico h assumono valori molto piccoli, le *azioni viscose* risultano predominanti, introducendo una forte influenza del numero di Reynolds sulle caratteristiche del moto. Inoltre, nel caso di correnti caratterizzate da curvatura della superficie libera particolarmente accentuata, gli *effetti capillari* dovuti alla tensione superficiale giocano un ruolo fondamentale, per cui il comportamento della corrente risulta influenzato dal numero di Weber. Tali effetti sono tipici nella modellazione idraulica in cui i fenomeni reali vengono riprodotti in laboratorio costruendo modelli fisici in scala ridotta; i risultati della sperimentazione potranno essere ritenuti attendibili solo se i cosiddetti *effetti scala* risultano trascurabili. Fino ad oggi molti ricercatori si sono dedicati allo studio della complessa teoria della modellistica idraulica e tra questi vale la pena ricordare [3, 11–14, 16–18].

Nella modellazione idraulica delle correnti a pelo libero in cui gli effetti scala siano trascurabili, il parametro idraulico principale è rappresentato dal *numero di Froude*, il cui valore consente di trarre importanti conclusioni circa il comportamento idraulico della corrente; infatti:

- se $0 < F \leq 0.3$ la corrente ha un comportamento *assimilabile al moto in pressione*, essendo $F^2 < 10^{-1}$. La superficie idrica è piana e regolare e può essere considerata alla stregua di una copertura rigida della corrente defluente nel canale;

- se $0.3 < F \leq 0.7$ la corrente è *subcritica*, ed è caratterizzata da tipici fenomeni di rigurgito o accelerazione del flusso. In tal caso, la corrente risente certamente dell'andamento della superficie libera che può presentare un gradiente significativo;

- se $0.7 < F \leq 1.5$ si parla di *correnti di transizione*, le quali presentano un comportamento relativamente instabile in quanto fortemente sensibile a piccole perturbazioni, soprattutto nel caso di correnti ritardate (con riduzione della velocità nella direzione del moto). Si pensi, ad esempio, al risalto idraulico ondulato (capitolo 7) o al frangimento di onde a fronte ripido;

- se $1.5 < F \leq 3$ la corrente è *supercritica*, e presenta un comportamento stabile paragonabile a quello di una corrente lenta. Tale tipo di corrente risente poco degli effetti dovuti alla insorgenza di onde di shock e risalti idraulici per cui il suo deflusso può essere facilmente controllato mediante accorgimenti appropriati (capitolo 16);

- se $3 < F$ le correnti sono *ipercritiche*, con $F^2 > 10^1$. In tal caso le correnti posseggono elevati contenuti di energia cinetica e risultano estremamente stabili, a meno che non siano interessate da disturbi significativi. Pertanto, è importante evitare che le correnti ipercritiche vengano perturbate dalla presenza di ostacoli o singolarità, in corrispondenza dei quali possono provocare ingenti danni per effetto dell'elevato valore delle forze idrauliche in gioco.

Si tenga presente che tale classificazione delle correnti a pelo libero non va intesa in modo rigido; pertanto, i suddetti valori dei numeri di Froude che delimitano i vari tipi di corrente vanno considerati con la giusta approssimazione.

Infine, si ritiene opportuno sottolineare che, nonostante il numero di Froude fornisce utilissime indicazioni sulle principali caratteristiche idrauliche di una corrente in ogni sua sezione, oggigiorno, la valutazione del numero di Froude locale della corrente non viene quasi mai effettuata in sede progettuale; in molti casi, le conseguenze di questa carenza progettuale sono state disastrose. Nell'intento di fornire ai tecnici pratici strumenti per il calcolo del numero di Froude, nel prosieguo del capitolo vengono proposte alcune semplici formulazioni che, auspicabilmente, potranno trovare applicazione durante le fasi di progettazione.

6.4 Calcolo delle caratteristiche dello stato critico

6.4.1 Istruzioni per il calcolo

In condizione di stato critico è importante calcolare i due seguenti parametri:

1. il numero di Froude F mediante l'Eq. (6.4);
2. la relazione tra la portata Q ed il tirante idrico h_c, per $F = 1$.

L'Eq. (6.4) consente allora di calcolare il numero di Froude e, quindi, di caratterizzare la corrente da un punto di vista cinetico ($F < 1$ subcritica o lenta, $F > 1$ supercritica o veloce). Inoltre, in presenza di risalti idraulici, la conoscenza dell'ordine di grandezza del numero di Froude è fondamentale per trarre indicazioni circa i fenomeni del trascinamento d'aria e della formazione di onde di shock. Pertanto, il numero di Froude va generalmente considerato come il parametro idraulico più importante in presenza di correnti veloci.

Per quanto riguarda il tirante di stato critico, è utile conoscere h_c in modo da poterlo confrontare con altre altezze idriche caratteristiche. Ad esempio, nell'ambito del tracciamento dei profili di corrente, il parametro h/h_c dà informazioni sul numero di Froude della corrente. Secondo l'Eq. (6.4), il numero di Froude può anche essere definito come

$$F = Q/Q_c, \tag{6.29}$$

in cui Q_c è la portata critica, espressa dalla relazione

$$Q_c = [gA^3/(dA/dh)]^{1/2} \tag{6.30}$$

in cui il pedice "*" è stato soppresso, rispetto alla Eq.(6.4). Quindi, nel momento in cui la portata Q risulta pari alla portata Q_c di stato critico, il numero di Froude è $F = 1$. Analizzando l'Eq. (6.30) risulta evidente che Q_c è funzione esclusivamente della geometria locale della sezione del canale, mentre non dipende dalla pendenza di fondo S_o o dalla scabrezza delle pareti. Dunque, la portata critica viene determinata passando per la definizione della funzione $A(h)$ in corrispondenza del punto di ascissa critica $x = x_c$.

Volendo calcolare anche il *carico specifico critico* H_c, noti il tirante di stato critico h_c, la corrispondente sezione idrica A_c e la velocità critica $V_c = Q_c/A_c$, risulta

$$H_c = h_c + V_c^2/(2g). \tag{6.31}$$

Il rapporto H_c/h_c tra il carico specifico ed il tirante in stato critico dipende unicamente dalla forma della sezione trasversale. In un canale rettangolare, dall'Eq. (6.10) si ottiene $H_c/h_c = 3/2$.

Esempio 6.1. Si consideri un canale rettangolare di larghezza b e sezione idrica trasversale $A = bh$. La derivata della funzione sezione idrica rispetto al tirante h, vale a dire la larghezza di pelo libero, è $dA/dh = b$. Sostituendo tale relazione nell'Eq. (6.30) si torna all'Eq. (6.9) valida per il calcolo della portata critica.

Nei paragrafi successivi vengono proposte espressioni approssimate per il calcolo del numero di Froude F, della portata critica Q_c e del carico specifico critico H_c relativamente alle tre sezioni geometriche standard riportate nel capitolo 5, ovvero le sezioni circolare, ovoidale ed a ferro di cavallo.

6.4.2 Sezione circolare

Secondo quanto riportato nel capitolo 5, nel caso della sezione circolare vale la seguente espressione approssimata per il calcolo della sezione idrica trasversale:

$$A/D^2 = \frac{4}{3}y^{3/2}\left[1 - \frac{1}{4}y - \frac{4}{25}y^2\right], \tag{6.32}$$

in cui D è il diametro ed $y = h/D$ il grado di riempimento. Considerando l'intero intervallo di definizione del grado di riempimento $0 < y < 1$ risulta che la relazione sopra riportata è caratterizzata da una massima deviazione inferiore all'1.3% rispetto al corrispondente valore esatto.

La derivata di A rispetto al grado di riempimento y è

$$\frac{1}{D}\frac{dA}{dh} = 2y^{1/2}\left[1 - \frac{5}{12}y - \frac{28}{75}y^2\right]. \tag{6.33}$$

Andando a sostituire le Eq. (6.32) e (6.33) nell'Eq. (6.4) si ricava [8]

$$F = \frac{Q}{(gD^5)^{1/2}}\frac{3}{4}\left(\frac{3}{2}\right)^{1/2}y^{-2}\frac{[1 - (5/12)y - (28/75)y^2]^{1/2}}{[1 - (1/4)y - (4/25)y^2]^{3/2}}. \tag{6.34}$$

Tabella 6.1. Valori della quantità $f_K y^2$ ricavati dall'Eq. (6.34) in funzione del grado di riempimento y

y	0	0.1	0.2	0.3	0.4	0.5	0.6
$f_K y^2$	0.919	0.935	0.952	0.970	0.988	1.006	1.022

y	0.65	0.7	0.75	0.8	0.9	0.95	1
$f_K y^2$	1.028	1.032	1.034	0.031	1.006	0.977	0.929

Quindi, il parametro $f_K = F/[Q/(gD^5)^{1/2}]$ dipende dal solo grado di riempimento y. I valori della quantità $f_K y^2$ calcolati tramite l'Eq. (6.34) per $0 < y < 1$ oscillano tra 0.919 e 0.929 (Tabella 6.1). Invece, per valori del grado di riempimento $0.3 < y < 0.95$ tipici per alvei fognari, i valori di $f_K y^2$ differiscono dall'unità al più del 3%. La quantità $f_K y^2$ può, allora, essere approssimativamente posta pari all'unità, per cui il *numero di Froude* di un canale circolare può essere espresso dalla relazione [8]

$$F = \frac{Q}{\sqrt{gDh^4}}. \tag{6.35}$$

Quindi, il numero di Froude per sezione circolare risulta proporzionale alla portata Q, al quadrato del tirante idrico h e solamente alla radice quadrata del diametro D. L'Eq. (6.35) si presenta come una espressione semplice e che consente di determinare in via esplicita tutti i parametri in essa contenuti.

Ponendo $F = 1$ nell'Eq. (6.35) e risolvendo l'equazione nell'incognita *tirante critico* h_c, si ricava la relazione elementare

$$h_c = [Q/(gD)^{1/2}]^{1/2}, \tag{6.36}$$

in base alla quale h_c dipende unicamente dalla radice quarta del diametro D. Considerando valori del tirante di stato critico compresi nell'intervallo $0.2 < h_c/D < 0.9$, i valori h_c calcolati mediante l'Eq. (6.36) differiscono dai corrispondenti valori esatti di scarti inferiori al 3%. L'espressione esatta del tirante h_c non viene qua riportata, in quanto troppo complessa per essere utilizzata nelle pratiche applicazioni. Nella Tabella 6.2 sono riportati i valori esatti (pedice e) del grado di riempimento $y_e = (h_c/D)_e$ e quelli approssimati (pedice a) $y_a = (h_c/D)_a$ ricavati dall'Eq. (6.36).

Tabella 6.2. Grado di riempimento critico y secondo la espressione geometrica esatta (pedice e) ed approssimata (pedice a) in funzione della portata relativa $q_D = Q/(gD^5)^{1/2}$

q_D	0	0.1	0.2	0.3	0.4	0.5
y_e	0	0.3129	0.4486	0.5547	0.6444	0.7221
y_a	0	0.3162	0.4472	0.5477	0.6325	0.7071

q_D	0.6	0.7	0.8	0.9	0.95	1
y_e	0.7891	0.8449	0.8892	0.9222	0.9349	0.9454
y_a	0.7746	0.8367	0.8944	0.9487	0.9747	1

Tabella 6.3. Carico specifico critico relativo $Y_c = H_c/D$ in funzione della portata relativa $q_D = Q/(gD^5)^{1/2}$ secondo l'Eq. (6.37)

q_D	0	0.1	0.2	0.3	0.4	0.5	0.6	0.7	0.8	0.9	1
Y_c	0	0.419	0.635	0.809	0.962	1.100	1.227	1.346	1.458	1.565	1.667

Oltre al tirante di stato critico, anche il *carico specifico critico* H_c rappresenta un parametro di pratico interesse. Hager [8] ha introdotto una espressione per la determinazione del carico specifico critico relativo $Y_c = H_c/D$, valida in un intervallo di definizione $0.1 < Q/(gD^5)^{1/2} < 0.75$, secondo cui

$$\frac{H_c}{D} = \frac{5}{3}q_D^{3/5} = \frac{5}{3}\left[\frac{Q}{(gD^5)^{1/2}}\right]^{3/5}. \tag{6.37}$$

L'Eq. (6.37) fornisce valori che deviano da quelli esatti a meno 4% ed i cui valori numerici sono riportati nella Tabella 6.3.

Per valori del grado di riempimento inferiori al 10%, può essere utilizzata una espressione, la cui applicazione risulta però più articolata, di seguito riportata:

$$Y_c = \frac{H_c}{D} = \frac{41}{32}q_D^{1/2}\left[1 + \frac{1}{9}q_D^{1/2}\right], y_c < 0.1. \tag{6.38}$$

Eliminando la portata relativa $Q/(gD^5)^{1/2}$ tra le Eq. (6.36) e (6.37), si ricava una relazione tra il tirante di stato critico h_c e il carico critico H_c secondo cui

$$\frac{h_c}{D} = \frac{2}{3}\left(\frac{H_c}{D}\right)^{5/6}. \tag{6.39}$$

La Fig. 6.3 mostra graficamente la variazione del grado di riempimento critico h_c/D e del carico specifico critico H_c/D in funzione della portata relativa $q_D = Q/(gD^5)^{1/2}$.

I progettisti sono spesso dissuasi dal calcolo dei tiranti di stato critico a causa della forma matematica piuttosto complessa delle relazioni disponibili in letteratura. Le equazioni sopra illustrate si prestano ad un uso semplice e speditivo per il calcolo delle grandezze idrauliche relative allo stato critico; è quindi auspicabile che tali espressioni vengano utilizzate, in modo da evitare pericolosi errori progettuali causati da una errata valutazione delle condizioni di deflusso della corrente idrica. Peraltro, le espressioni approssimate si presentano formalmente simili alle corrispondenti relazioni valide per sezioni rettangolari, considerando l'Eq. (6.35) per il numero di Froude, e le Eq. (6.37) e (6.39) per il calcolo del carico specifico di stato critico.

Esempio 6.2. Calcolare i parametri di stato critico per una portata $Q = 0.8$ m^{3}s^{-1} defluente in un canale circolare di diametro $D = 0.9$ m.

Essendo $q_D = Q/(gD^5)^{1/2} = 0.8/(9.81 \cdot 0.9^5)^{1/2} = 0.332$, dall'Eq. (6.36) si ricava il grado di riempimento critico $y_c = h_c/D = q_D^{1/2} = 0.332^{1/2} = 0.577$, e quindi il tirante di stato critico $h_c = 0.577 \cdot 0.9 = 0.519$ m.

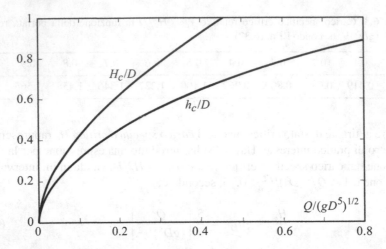

Fig. 6.3. Parametri critici per la sezione circolare

Secondo l'Eq. (6.37), il carico specifico critico relativo è $Y_c = 1.667 \cdot 0.332^{3/5} = 0.860$. Dunque, risulta $H_c = 0.860 \cdot 0.9 = 0.774$ m. Utilizzando l'Eq. (6.39) si ottiene $y_c = (2/3)0.860^{5/6} = 0.588$, mentre dall'Eq. (6.36) si ricava un valore più piccolo (2%).

6.4.3 Sezione ovoidale

Secondo quanto riportato nel paragrafo 5.5.4, la sezione idrica di un profilo ovoidale standard può essere espressa mediante la seguente espressione approssimata:

$$A/T^2 = \frac{25}{36}y^{3/2}[1 - 0.15y - 0.10y^4], \qquad (6.40)$$

in cui $T = 3r$ è l'altezza totale della sezione e $y = h/T$ è il grado di riempimento. La derivata della sezione trasversale A calcolata rispetto al tirante idrico h è uguale a

$$\frac{\mathrm{d}(A/T^2)}{\mathrm{d}(h/T)} = \frac{75}{72}y^{1/2}\left[1 - \frac{1}{4}y - \frac{11}{30}y^4\right]. \qquad (6.41)$$

Mettendo a sistema l'Eq. (6.41) con l'Eq. (6.4) si perviene alla seguente espressione del *numero di Froude*

$$F = \frac{Q}{\sqrt{gT^5}} \frac{\left[\frac{75}{72}y^{1/2}(1 - 0.25y - 0.367y^4)\right]^{1/2}}{\left[\frac{25}{36}y^{3/2}(1 - 0.15y - 0.10y^4)\right]^{3/2}}. \qquad (6.42)$$

Analogamente a quanto riportato nel paragrafo 6.4.2, si definisce il fattore f_E quale espressione di ordine zero dell'Eq. (6.42)

$$f_E = \frac{F}{Q/(gT^5)^{1/2}} = \frac{36}{25}\left(\frac{3}{2}\right)^{1/2} y^{-2}. \qquad (6.43)$$

La somma dei termini di ordine maggiore trascurati nell'Eq. (6.43) varia tra 0.953 per $y = 1$ e 1.056 per $y = 0.68$ e nel complesso, per $0 < y < 0.95$, assume valori compresi tra 1 e 1.056. Moltiplicando la costante ricavata dall'Eq. (6.43) per il valore medio 1.02, si ricava l'espressione approssimata

$$\frac{F}{Q/(gT^5)^{1/2}} = \frac{9}{5}y^{-2}. \tag{6.44}$$

I valori del *numero di Froude* per sezione ovoidale calcolati mediante l'Eq. (6.44) nell'intervallo $0 < y < 0.95$ differiscono dai corrispondenti valori esatti di una quantità inferiore al 3%, e, quindi, possono essere utilizzati nelle pratiche applicazioni. Esplicitando F da tale relazione, si ricava:

$$F = \frac{9}{5}\frac{Q}{\sqrt{gTh^4}}. \tag{6.45}$$

L'Eq. (6.45) assomiglia all'Eq. (6.35); entrambe sono caratterizzate da una relazione quadratica tra il numero di Froude F ed il tirante idrico h e da una dipendenza meno significativa di F dalla dimensione caratteristica della sezione, ovvero l'altezza T nel caso considerato.

Il *tirante di stato critico* h_c può essere calcolato in via esplicita mediante l'Eq. (6.45) come

$$h_c = 1.34[Q/(gT)^{1/2}]^{1/2}. \tag{6.46}$$

Prendendo in considerazione l'intero intervallo di definizione del grado di riempimento, ovvero $0 < y < 0.95$, l'Eq. (6.46) fornisce valori di h_c molto prossimi ai corrispondenti valori esatti (errore massimo pari a $\pm 2\%$).

Per quanto riguarda il *carico critico relativo* $Y_c = H_c/T$, l'espressione corrispondente a quella valida per sezioni circolari è

$$Y_c = y_c + \left(\frac{Q}{\sqrt{gTD^4}}\right)^2 \frac{1}{2(A_c/D^2)^2}. \tag{6.47}$$

Eliminando Q tra le Eq. (6.46) e (6.47), si può ricavare la seguente relazione approssimata tra Y_c e y_c

$$Y_c = \frac{4}{3}y_c\left[1 + 0.15y_c^2\right], \tag{6.48}$$

la quale, per $0 < y_c < 0.95$, è caratterizzata da errori inferiori a $\pm 1\%$. Una relazione più semplice, ma caratterizzata da deviazioni dell'ordine del $\pm 7\%$ è:

$$Y_c = \sqrt{2}y_c. \tag{6.49}$$

Eliminando il tirante h_c tra le Eq. (6.46) e (6.49), si perviene alla relazione esplicita tra la *portata critica* Q e il carico critico H_c

$$Q = 0.278\sqrt{gT}H_c^2. \tag{6.50}$$

Quindi, la portata critica dipende essenzialmente dall'energia critica ed in maniera meno significativa dalla geometria della sezione idrica, in analogia con quanto constatato per la sezione circolare.

Esempio 6.3. Si determinino le caratteristiche di stato critico per una sezione ovoidale standard di altezza $T = 1.8$ m, in cui defluisce una portata $Q = 2$ m^{3}s^{-1}. Il tirante di stato critico è $h_c = 1.34[2/(9.81 \cdot 1.8)^{1/2}]^{1/2} = 0.924$ m secondo l'Eq. (6.46). La sezione trasversale idrica corrispondente ad un grado di riempimento $y_c = h_c/T = 0.924/1.8 = 0.514$ è ricavata dall'Eq. (6.40) ed è pari a $A_c/T^2 = 0.234$. Quindi si ottiene, $A_c = 0.234 \cdot 1.8^2 = 0.759$ m^2. Il carico specifico critico è allora $H_c = 0.924 + 4/(2 \cdot 9.81 \cdot 0.759^2) = 1.278$ m. Dall'Eq. (6.48), risulta $Y_c = 1.33 \cdot 0.514[1 + 0.15 \cdot 0.514^2] = 0.711$, a cui corrisponde $H_c = 0.711 \cdot 1.8 = 1.279$ m. La portata calcolata in base all'Eq. (6.50) è pari a 1.91 m^{3}s^{-1} ed è circa il 95% del valore assegnato uguale a $Q = 2$ m^{3}s^{-1}.

6.4.4 Sezione a ferro di cavallo

Secondo i risultati riportati nel paragrafo 5.5.4, la sezione idrica di un profilo a ferro di cavallo può essere espressa dalla relazione approssimata

$$A/T^2 = 2.11y^{3/2}[1 - 0.6y^{3/2} + 0.1y^3], \tag{6.51}$$

essendo T l'altezza della sezione e $y = h/T$ il grado di riempimento. I valori delle sezioni idriche dedotti in base all'Eq. (6.51) differiscono dai valori geometricamente esatti con errori contenuti entro il $\pm 3.6\%$. La derivata dell'Eq. (6.51) è

$$\frac{d(A/T^2)}{d(h/T)} = 3.17y^{1/2}[1 - 1.2y^{3/2} + 0.3y^3]. \tag{6.52}$$

Dunque, utilizzando l'Eq. (6.4) il *numero di Froude* è calcolato come

$$F = \frac{0.58}{y^2} \frac{Q}{(gT^5)^{1/2}} \frac{(1 - 1.2y^{3/2} + 0.3y^3)^{1/2}}{(1 - 0.6y^{3/2} + 0.1y^3)^{3/2}}. \tag{6.53}$$

Per valori di $y < 0.95$, il termine $f_H = F/[(0 \cdot 58/y^2)Q/(gT^5)^{1/2}]$ varia tra 1.0 e 1.12, per cui, considerandone il valore medio, si ottiene

$$\frac{F}{Q/(gT^5)^{1/2}} = 0.62y^{-2}. \tag{6.54}$$

Il *numero di Froude* approssimato per una sezione a ferro di cavallo è quindi

$$F = 0.62\frac{Q}{\sqrt{gTh^4}}. \tag{6.55}$$

L'Eq. (6.55) è analoga all'Eq. (6.35) valida per sezioni circolari ed all'Eq. (6.45) per sezioni ovoidali. Ponendo $F = 1$ nell'Eq. (6.55) si può ricavare il *tirante di stato critico* per una sezione a ferro di cavallo, che risulta espresso dalla relazione

$$h_c = 0.787(Q/\sqrt{gT})^{1/2}. \tag{6.56}$$

Il *carico critico relativo* $Y_c = H_c/T$ in un profilo a ferro di cavallo è determinato con una accuratezza del $\pm 1\%$ come

$$Y_c = 1.30y_c\left(1 + \frac{5}{8}y_c^{5/2}\right). \tag{6.57}$$

Di seguito si riporta anche una ulteriore espressione per il calcolo del carico specifico, che presenta un margine di errore maggiore ($\pm 10\%$) rispetto ai valori geometricamente esatti, pur se con una forma matematica più semplice:

$$Y_c = 1.8 y_c^{6/5}. \tag{6.58}$$

Analogamente all'Eq. (6.50), anche in questo caso si può ricavare una conveniente
relazione di tipo esplicito tra Q e H_c, secondo cui

$$\frac{Q}{\sqrt{gT^5}} = \frac{3}{5} Y_c. \tag{6.59}$$

Esempio 6.4. Dato un profilo a ferro di cavallo con altezza $T = 1.5$ m, calcolare le caratteristiche della condizione di stato critico per una portata di $Q = 2$ m^{3}s^{-1}. Il tirante
di stato critico è ricavato mediante l'Eq. (6.56) e risulta pari a $h_c = 0.787(2/(9.81 \cdot$
$1.5)^{1/2})^{1/2} = 0.568$ m. Quindi, il grado di riempimento critico è $y_c = 0.568/1.5 =$
0.379. Per quanto riguarda la sezione idrica, si ha $A_c/T^2 = 0.426$, da cui $A_c =$
$0.426 \cdot 1.5^2 = 0.96$ m^2. La velocità critica è $V_c = Q/A_c = 2.08$ ms^{-1}, mentre il carico specifico critico risulta pari a $H_c = 0.568 + 2.08^2/19.62 = 0.789$ m. Tramite
l'Eq. (6.57) si ottiene invece $H_c = 0.780$ m (-1.2%), mentre dall'Eq. (6.58) risulta
$H_c = 0.843$ m ($+6.8\%$).

6.4.5 Pendenza critica

Oltre al tirante h_c ed al carico specifico H_c in condizioni di stato critico, è possibile considerare un'ulteriore grandezza di riferimento: la *pendenza critica* S_c. Essa
rappresenta la pendenza fittizia di un canale in cui la corrente uniforme defluisce
in condizione di stato critico. Se la pendenza effettiva del canale risulta $S_o < S_c$,
in moto uniforme la corrente è subcritica altrimenti, per $S_o > S_c$, la corrente risulta
supercritica.

Nel capitolo 5 si è concluso che la formula di moto uniforme di Manning e Strickler fornisce risultati che riproducono correttamente le condizioni reali del moto.
Quindi, nell'ipotesi secondo cui la cadente energetica S_E eguagli la pendenza del
fondo del canale S_o ed indicando con n il coefficiente di scabrezza di Manning, con A
la sezione idrica trasversale e con $R_h = A/P$ il raggio idraulico funzione del perimetro
bagnato P, la pendenza di fondo S_o richiesta affinché si verifichi il *moto uniforme* è

$$S_o = \frac{n^2 Q^2}{A^2 R_h^{4/3}}. \tag{6.60}$$

Sostituendo al posto della portata Q la portata critica ricavata dall'Eq. (6.4) e ponendo
$F = 1$, si può calcolare la pendenza critica come

$$S_c = \frac{gA}{dA/dh} \cdot \frac{n^2}{(A/P)^{4/3}}. \tag{6.61}$$

Il membro destro dell'Eq. (6.61) dipende esclusivamente dal valore di n, dal tirante idrico e dalla geometria della sezione trasversale. Sostituendo, allora, nell'Eq. (6.61) le espressioni $A = T^2(A/T^2)$, $P = T(P/T)$ e $h = T(h/T)$, si ricava una relazione generalizzata che esprime la pendenza critica in funzione delle grandezze adimensionali sopra indicate:

$$j_c = \frac{T^{1/3}}{n^2 g} S_c = \frac{1}{[\mathrm{d}(A/T^2)/\mathrm{d}(h/T)]} \cdot \frac{(P/T)^{4/3}}{(A/T^2)^{1/3}}. \tag{6.62}$$

Dunque, j_c dipende esclusivamente dalla particolare geometria della sezione e dal grado di riempimento $y = h/T$. Per sezioni circolari, all'altezza T dovrà essere ovviamente sostituito il diametro D della condotta.

Sezione circolare

Il perimetro bagnato di una sezione circolare è

$$P/D = \arccos(1 - 2y), \tag{6.63}$$

mentre, secondo l'Eq. (3.8), il raggio idraulico può essere calcolato come

$$R_h/D = (2/3)y[1 - (1/2)y]. \tag{6.64}$$

Avvalendosi delle suddette relazioni, j_c può essere ricavato mediante l'Eq. (6.62). Nell'intervallo $y_c < 0.9$, j_c può essere calcolato in via approssimata, con una approssimazione del ±5%, grazie all'espressione

$$j_c = \frac{[3/(2y_c)]^{1/3}}{1 - 0.87y_c}, \tag{6.65}$$

la quale consente di agevolare la determinazione della pendenza critica $j_c = [D^{1/3}/(n^2 g)]S_c$ per una sezione circolare ($T = D$). Come si può vedere, S_c diminuisce drasticamente al ridursi del coefficiente di scabrezza ed in maniera meno marcata all'aumentare del diametro D. Per valori ridotti del grado di riempimento, ovvero per $y_c < 0.2$, si può applicare la formula empirica $S_c = (gn^2)[3/(2h_c)]^{1/3}$ secondo cui la pendenza critica risulta indipendente dal diametro D.

Esempio 6.5. Quanto vale la pendenza critica del canale relativo all'Esempio 6.2 in presenza di un coefficiente di scabrezza $n^{-1} = 85$ m$^{1/3}$s^{-1}?

Essendo $Q = 0.8$ m^{3}s^{-1}, $D = 0.9$ m ed essendo il tirante di stato critico pari a $h_c = 0.519$ m, si ricava $y = y_c = 0.519/0.9 = 0.577$, da cui $j_c = [3/(2 \cdot 0.577)]^{1/3}/(1 - 0.87 \cdot 0.577) = 2.76$ per mezzo dell'Eq. (6.65). Quindi, ponendo $T = D$, la pendenza critica è pari a $S_c = gn^2 D^{-1/3} j_c = 9.81/(85^2 \cdot 0.9^{1/3})2.76 = 0.40\%$.

La portata critica relativa è $q_{Nc} = nQ/(S_c^{1/2} D^{8/3}) = 0.2$, a cui corrisponde un grado di riempimento critico $y_c = 0.575$ e quindi un tirante di stato critico $h_c = 0.517$ m (-0.3%).

Quanto vale la pendenza critica se la portata è $Q = 0.1$ m^{3}s^{-1}? Essendo $Q = 0.1$ m^{3}s^{-1}, dall'Eq. (6.36) risulta $h_c = [0.1/(9.81 \cdot 0.9)^{1/2}]^{1/2} = 0.183$ m e $y_c = 0.183/0.9 = 0.204$. Quindi, secondo l'Eq. (6.65), si ottiene $j_c = [3/(2 \cdot 0.204)]^{1/3}/(1 - 0.87 \cdot 0.204) = 2.36$ ed è possibile ricavare allora la pendenza critica pari a $S_c = gn^2 D^{-1/3} j_c = 9.81/(85^2 0.9^{1/3})2.36 = 0.33\%$.

Essendo $y_c = y_N = 0.204$, risulta $q_N = 0.030$ e $n^{-1} S_o^{1/2} D^{8/3} = Q/q_N = 0.1/0.030 = 3.28$ m^{3}s^{-1}. Quindi si ha $S_o = [3.28/(85 \cdot 0.9^{8/3})]^2 = 0.262\%$. La differenza dello 0.06% rispetto al valore precedentemente calcolato è dovuta alle approssimazioni di calcolo.

Sezione ovoidale

Per una sezione ovoidale, il perimetro bagnato P è funzione del grado di riempimento $y = h/T$ secondo la seguente relazione:

$$P/T = 0.693[\arccos(1 - 2y)]^{5/4}, \quad y < 0.95. \tag{6.66}$$

Se $0.05 < y < 0.9$, le deviazioni rispetto ai valori geometrici esatti sono contenute entro il $\pm 3\%$. Per $y < 0.85$, il *raggio idraulico* R_h può essere approssimato con una accuratezza del $\pm 9\%$ mediante la relazione

$$R_h/T = 0.29 y^{3/4}. \tag{6.67}$$

Sostituendo le Eq. (6.40), (6.41), (6.66) e (6.67) nell'Eq. (6.62) si ottiene una espressione valida per il calcolo della pendenza critica, valida per $y_c < 0.95$ ed analoga all'Eq. (6.65)

$$j_c = \frac{[4/(3y_c)]^{1/3}}{1 - 0.87 y_c^{1/2}}, \quad y_c < 0.95. \tag{6.68}$$

Esempio 6.6. Calcolare la pendenza critica per il caso dell'Esempio 6.3 in corrispondenza di un valore del coefficiente di scabrezza $n^{-1} = 75$ m$^{1/3}$s^{-1}. Risultando $Q = 2$ m^{3}s^{-1}, $T = 1.8$ m, e $h_c = 0.924$ m, si ha $y_c = 0.514$. Sostituendo tale valore nell'Eq. (6.68) si ricava $j_c = [4/(3 \cdot 0.514)]^{1/3}/(1 - 0.87 \cdot 0.514^{1/2}) = 3.65$, e quindi la pendenza critica risulta pari a $S_c = g/(n^{-2} T^{1/3}) j_c = 9.81/(75^2 \cdot 1.8^{1/3})3.65 = 0.52\%$. Dall'Eq. (5.20), essendo $y = y_c = 0.514$, si ricava la portata relativa $q_v = 0.446$. Poiché la larghezza della sezione è $B = 1.2$ m, $Q_v = Q/q_v = 2/0.446 = 4.48$ m$^{1/3}$s^{-1}, dall'Eq. (5.42) si ottiene $S_c = 1.294^{16/3}[Q_v/(n^{-1} B^{8/3})]^2 = 3.95[4.48/(75 \cdot 1.2^{8/3})]^2 = 0.53\%$, valore maggiore dello 0.01% rispetto a quello precedentemente calcolato.

Sezione a ferro di cavallo

Il perimetro bagnato P di una sezione a ferro di cavallo è espresso in funzione del grado di riempimento $y = h/T$, mediante la seguente espressione caratterizzata da una accuratezza del $\pm 5\%$:

$$P/T = 0.10[\arccos(1 - 2y)]^{4/5}, \tag{6.69}$$

in cui l'esponente è il reciproco di quello che compare nell'Eq. (6.66). Il raggio idraulico può essere invece approssimato con una accuratezza del $\pm 6\%$ come

$$R_h/T = 0.65 y(1 - 0.6 y^3). \tag{6.70}$$

Sostituendo le Eq. (6.51), (6.52) e (6.69) nell'Eq. (6.62), analogamente a quanto fatto nel caso dell'Eq. (6.68), si ottiene l'espressione per il calcolo della pendenza critica j_c, valida per $y_c < 0.85$ e caratterizzata da una precisione del $\pm 10\%$:

$$j_c = \frac{[4/(3y_c)]^{1/3}}{1 - y_c^{3/2}}, \quad y_c < 0.85. \tag{6.71}$$

6.4.6 Sintesi dei risultati

Per comodità di lettura, i risultati relativi al calcolo dei parametri di stato critico per sezioni circolare, ovoidale ed a ferro di cavallo sono stati sintetizzati nel quadro sinottico della Tabella 6.4.

Dall'analisi della Tabella 6.4 si nota che:

- il *numero di Froude* F può essere determinato a partire dalla funzione $f = F/F_o$ in cui $F_o = Q/(gTh^4)^{1/2}$ è un valore di riferimento del numero di Froude. I valori del fattore f per le tre sezioni standard sono compresi tra 0.62 e 1.8;
- il *tirante di stato critico* h_c può essere espresso come $y_f = h_c/h_{co}$ ovvero in funzione di $h_{co} = [Q/(gT)^{1/2}]^{1/2}$. I valori numerici di y_f riferiti alle tre sezioni considerate corrispondono alla radice quadrata della precedente serie di valori del fattore f e sono, cioè, compresi tra 0.787 e 1.34;
- il *carico critico relativo* $Y_c = H_c/T$ può essere espresso sia in funzione della portata Q che del grado di riempimento critico $y_c = h_c/T$; è il caso di notare che nelle espressioni relative alla sezione circolare e a ferro di cavallo l'esponente ha lo stesso valore;
- la *pendenza critica relativa* j_c è espressa, secondo un accettabile grado di approssimazione, da una semplice funzione di potenza del grado di riempimento e per l'intero campo di definizione di y_c. In tutti e tre i casi, l'esponente di y_c è sempre $1/3$; quando $y_c \to 1$, il valore di j_c diventa molto elevato.

Tabella 6.4. Sintesi dei parametri di stato critico

Parametro (Normalizzato)	Sezione a ferro di cavallo	Sezione circolare	Sezione ovoidale
Numero di Froude $\dfrac{F}{Q/(gTh^4)^{1/2}}$	0.62	1.0	1.8
Tirante idrico critico $y_c = h_c/\sqrt{Q/(gT)^{1/2}}$	0.787	1.0	1.34
Carico specifico critico $H_c/T = f_1(q_D)$	$1.36q_D^{3/5}$	$5/3q_D^{3/5}$	$0.527q_D^{1/2}$
$H_c/T = f_2(y_c)$	$1.8y_c^{6/5}$	$(3y_c/2)^{6/5}$	$\sqrt{2}y_c$
Pendenza critica $j_c = [T^{1/3}/(n^2g)]S_c$	$[4/(3y_c)]^{1/3}/$ $(1 - y_c^{3/2})$	$[3/(2y_c)]^{1/3}/$ $(1 - 0.87y_c)$	$[4/(3y_c)]^{1/3}/$ $(1 - 0.87y_c^{1/2})$

In ultimo, va ricordato che nelle suddette relazioni all'altezza della sezione T va sostituito il diametro della condotta D nel caso di sezione circolare. Le relazioni riportate nella Tabella 6.4 rappresentano espressioni approssimate caratterizzate da precisione orientativamente pari al $\pm 5\%$ ed in grado di agevolare il calcolo dei parametri di stato critico.

6.5 Transizione in collettori da debole a forte pendenza

6.5.1 Ipotesi di calcolo

Se all'imbocco di un pozzetto la corrente è subcritica, mentre allo sbocco risulta supercritica, è chiaro che all'interno del pozzetto la corrente deve passare attraverso la condizione di stato critico. Ciò implica che la pendenza del collettore in ingresso (pedice o) S_{oo} è inferiore a quella del collettore di valle (pedice u) S_{ou} che, a sua volta, è maggiore della pendenza critica. In questo paragrafo viene esaminato, con maggiore dettaglio rispetto a quanto fatto nel paragrafo 6.4, il caso di un pozzetto attraverso il quale transita una portata Q di valore elevato, per cui si rende necessario lo studio del passaggio da corrente lenta ad una veloce. In particolare, non è sufficiente determinare il solo tirante di stato critico h_c, ma bisogna tracciare l'intero *profilo idrico* in prossimità del punto di stato critico, in modo da consentire un adeguato dimensionamento del canale a valle del pozzetto stesso, al fine di evitarne il funzionamento in pressione; una analoga procedura è illustrata anche nel paragrafo 7.4, relativa al caso in cui si formi un risalto idraulico [7].

Poiché nel collettore di valle la corrente defluisce con una velocità maggiore di rispetto alla sezione di monte, è lecito ritenere che il diametro D_u del tratto di valle possa essere più piccolo di quello D_o del collettore di monte. In generale, in corrispondenza del pozzetto è possibile adottare una riduzione lineare $D(x)$ tra i due diametri d'estremità, secondo cui

$$D = D_o - \theta x. \tag{6.72}$$

L'origine del sistema di riferimento $x = 0$ è posta in corrispondenza dell'ultima sezione del canale in arrivo da monte (Fig. 6.4) e l'asse delle ascisse coincide con quella dell'asse del canale. Quindi, l'angolo di contrazione θ è definito come $\theta = (D_o - D_u)/L_u$ in cui L_u è la lunghezza del tratto lungo cui ha luogo la transizione da corrente lenta a corrente veloce.

Per prevenire fenomeni di distacco della corrente dal fondo del canale, il profilo del fondo presenta una pendenza gradualmente variabile e compresa tra il valore di monte S_{oo} a quello di valle S_{ou}. La geometria più semplice del profilo $z(x)$ è quella rappresentata da un arco di cerchio di raggio R_u; in presenza di piccole differenze tra le pendenze di fondo d'estremità, l'arco di cerchio può essere approssimato con un *profilo parabolico* del tipo:

$$z = -x^2/(2R_u). \tag{6.73}$$

Il tronco di transizione all'interno di un pozzetto di ispezione ha una sezione trasversale è ad U, ovvero costituita da una sezione rettangolare sovrapposta ad una

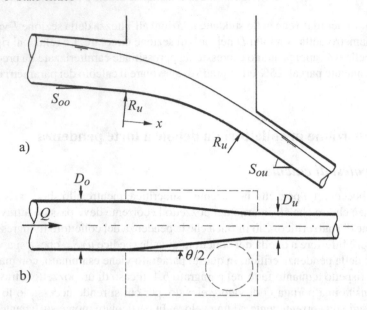

Fig. 6.4. Pozzetto di ispezione al cui interno si verifica il passaggio da corrente lenta a corrente veloce: a) sezione longitudinale e b) pianta

sezione semicircolare. L'area di una siffatta sezione idrica A può essere espressa in funzione del grado di riempimento ed approssimata dalla seguente relazione, valida per $y = h/D < 1.2$:

$$A/D^2 = \frac{4}{3}y^{3/2}\left(1 - \frac{1}{3}y\right),\qquad(6.74)$$

in cui il diametro D varia lungo l'asse x secondo l'Eq. (6.72).

Nel caso di un restringimento graduale del canale, la *perdita di carico* è dovuta unicamente alla scabrezza delle pareti. Per canali fognari standard, la cadente dovuta alle perdite per attrito S_f è data dall'Eq. (6.24). Poiché un pozzetto di ispezione rappresenta, da un punto di vista idraulico, un manufatto breve (capitolo 8), la variazione della cadente S_f lungo il pozzetto risulta marginale e la sua influenza sul profilo del pelo libero è ancor più trascurabile. Le pendenze dei tratti a monte ed a valle del pozzetto sono tali che $S_{oo} < S_f < S_{ou}$; il tirante idrico in corrispondenza della sezione iniziale del pozzetto è $h_o < h_{oN}$, mentre il tirante di valle, alla fine del pozzetto, è $h_u > h_{uN}$. Allo scopo di semplificare le successive elaborazioni numeriche, si assume che la *cadente energetica* sia costante e pari a $S_E = S_{fm} = S_{oo}$. Se ipotizziamo di ruotare in senso antiorario il pozzetto di un angolo S_{oo}, la linea dell'energia risulta orizzontale, e quindi si ottiene uno schema idraulico equivalente in cui $dH/dx = 0$. La Fig. 6.5 mostra lo schema idraulico equivalente al cui interno sono indicati il tirante critico h_c, il corrispondente carico specifico H_c ed è individuato il punto x_c in cui si instaura lo stato critico.

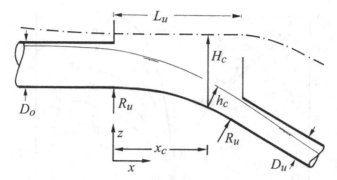

Fig. 6.5. Schema idraulico equivalente con (—) pelo libero, (— · —) linea dell'energia

6.5.2 Punto di stato critico

Sulla base dello schema di Fig. 6.5, nel tratto di transizione $0 < x < L_u$ il carico totale espresso dall'Eq. (6.23) può essere riformulato come

$$H = -\frac{x^2}{2R_u} + h + \frac{Q^2}{2gA^2}. \tag{6.75}$$

La *posizione del punto di stato critico* può essere individuata derivando l'Eq. (6.75) nell'ipotesi di portata costante e ponendo tale derivata pari a zero:

$$\frac{dH}{dx} = 0. \tag{6.76}$$

Tenendo conto della Eq. (6.75), in virtù della Eq. (6.76), si ricava:

$$\frac{dH}{dx} = -\frac{x}{R_u} + \frac{dh}{dx} - \frac{Q^2}{gA^3}\left(\frac{\partial A}{\partial x} + \frac{\partial A}{\partial h}\frac{dh}{dx}\right) = 0, \tag{6.77}$$

che, mettendo in evidenza dh/dx, diventa

$$-\left[\frac{x}{R_u} + \frac{Q^2}{gA^3}\frac{\partial A}{\partial x}\right] + \frac{dh}{dx}\left[1 - \frac{Q^2}{gF^3}\frac{\partial A}{\partial h}\right] = 0. \tag{6.78}$$

Il termine contenuto all'interno della seconda parentesi quadra è pari a $(1 - F^2)$ e, quindi, si annulla in corrispondenza del punto di stato critico x_c, per cui si ha

$$\frac{x_c}{R_u} + \frac{Q^2}{gA^3}\frac{\partial A}{\partial x} = 0. \tag{6.79}$$

Imponendo la condizione di stato critico $F = 1$ ottenuta dall'Eq. (6.4) si ottiene $Q^2/gA^3 = (\partial A/\partial h)^{-1}$. Sostituendo tale termine e le espressioni costituite dalle derivate $\partial A/\partial x$ e $\partial A/\partial h$ ricavate dall'Eq. (6.74) nell'Eq. (6.79) ed essendo $y_c = h_c/D_c$, si perviene a

$$\frac{x_c}{R_u} = -\frac{\partial A/\partial x}{\partial A/\partial h} = \frac{\theta}{3}y_c\left[1 + \frac{1}{3}y_c\right]\left[1 - \frac{5}{9}y_c\right]^{-1}. \tag{6.80}$$

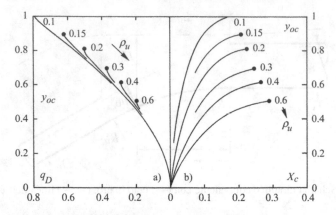

Fig. 6.6. Relazioni tra grandezze idrauliche nella sezione di stato critico; tirante critico relativo $y_{oc} = h_c/D_o$ in funzione di $\rho_u = \theta^2 R_u/D_o$ e di a) portata relativa $q_D = Q/(gD_o^5)^{1/2}$ e b) distanza critica $X_c = x_c\theta/D_o$. ($\bullet$) Valore massimo

Quindi, la posizione del punto di stato critico $x_c/(R_u\theta)$ dipende dal solo grado di riempimento y_c valutato proprio nel punto di stato critico.

Introduciamo i parametri adimensionali rapportati al diametro del canale di monte D_o:

$$X = \theta x/D_o; \qquad y_o = h/D_o; \qquad \rho_u = R_u\theta^2/D_o \qquad (6.81a)$$

e prendiamo atto delle seguenti equivalenze:

$$D_c = D_o - \theta x_c = D_o(1 - X_c) \qquad (6.81b)$$

$$y_c = h_c/D_c = h_c/[D_o(1-X_c)] = y_{oc}/(1-X_c), \qquad (6.81c)$$

in cui $y_{oc} = h_c/D_o$ può essere rappresentato in funzione unicamente di x_c e ρ_u (Fig. 6.6b). Utilizzando l'espressione $y_{oc} = y_{oc}(X_c,\rho_u)$, il parametro h_c/D_c può essere eliminato, e si ricava una relazione $y_{oc} = y_{oc}(q_D,\rho_u)$ in cui $q_D = Q/(gD_o^5)^{1/2}$ (Fig. 6.6a).

Esempio 6.7. Dati $D_o = 1.5$ m, $D_u = 0.8$ m, $R_u = 4$ m, $L_u = 3$ m, $Q = 4$ m^{3}s^{-1}, posizionare il punto di stato critico di ascissa x_c.

Essendo $\theta = (D_o - D_u)/L_u = (1.5-0.8)/3 = 0.233$, $\rho_u = 4\cdot0.233^2/1.5 = 0.145$ e $Q/(gD_o^5)^{1/2} = 4/(9.81\cdot1.5^5)^{1/2} = 0.463$, dal grafico riportato in Fig. 6.6a si ricava $y_{oc} = 0.726$, mentre il grafico di Fig. 6.6b indica $X_c = 0.087$. Possono, quindi, essere calcolate a ritroso le quantità dimensionali $h_c = 0.726\cdot1.5 = 1.09$ m e $x_c = 0.087\cdot 1.5/0.233 = 0.56$ m.

Come verifica, essendo $D_c = D_o - \theta x_c = 1.5 - 0.233\cdot0.56 = 1.37$ m, si può ricavare il tirante critico in una sezione circolare mediante l'Eq. (6.36) come $h_c = [4/(9.81\cdot1.37)^{1/2}]^{1/2} = 1.05$ m, valore di poco inferiore a quello sopra calcolato pari a 1.09 m.

Per un assegnato valore di ρ_u la funzione $y_{oc}(q_D)$ si interrompe in corrispondenza del massimo (pedice M) valore della portata relativa q_{DM}, rappresentativo quindi della massima portata che può transitare attraverso il pozzetto; tale portata può essere calcolata in maniera approssimata come

$$q_{DM} = 0.14\rho_u^{-0.8}. \tag{6.82}$$

Esplicitando alcuni dei parametri contenuti nell'Eq. (6.82) si ricava $Q_M = 0.14g^{1/2}$ $D_o^{3.3}/(\theta^2 R_u)^{0.8}$. Quindi, la massima portata Q_M dipende in maniera significativa dal diametro D_o e dall'angolo di contrazione θ.

Noti la distanza x_c ed il tirante di stato critico h_c, si può procedere al calcolo del carico specifico critico, il quale è funzione della portata relativa $q_D = Q/(gD_o^5)^{1/2}$ e risulta indipendente da ρ_u, secondo l'espressione

$$Y_{oc} = H_c/D_o = 1.28q_D^{1/2}\left[1 + \frac{1}{4}q_D^{1/2}\right]. \tag{6.83}$$

Esempio 6.8. Nell'Esempio 6.7, risultava $D_c = 1.37$ m. L'Eq. (6.74) fornisce $A_c = (4/3)(1.37 \cdot 1.09^3)^{1/2}[1 - 1.09/(3 \cdot 1.37)] = 1.305$ m^2. Dunque, la velocità critica è $V_c = 4/1.305 = 3.06$ ms^{-1} mentre il carico di stato critico è pari a $H_c = 1.09 + 3.06^2/19.62 = 1.57$ m. Invece, il carico specifico della corrente all'imbocco del pozzetto è $H_o = H_c - x_c^2/2R_u = 1.57 - 0.56^2/(2 \cdot 4) = 1.53$ m.

Poiché la portata relativa all'ingresso del pozzetto risulta $q_D = 4/(9.81 \cdot 1.5^5)^{1/2} = 0.463$, dall'Eq. (6.83) è possibile ricavare $H_c/D_o = 1.28 \cdot 0.463^{1/2}(1 + 0.25 \cdot 0.463^{1/2}) = 1.02$, da cui si ottiene $H_c = 1.02 \cdot 1.5 = 1.53$ m.

6.5.3 Profilo di corrente

Sostituendo l'Eq. (6.83) nel sistema di Eq. (6.75) e (6.76), si ricava una relazione che consente di tracciare il *profilo del pelo libero*:

$$1.28q_D^{1/2}\left[1 + \frac{1}{4}q_D^{1/2}\right] = \frac{X^2}{2\rho_u} + y_o + \frac{(9/32)q_D^2}{(1-X)y_o^3\left[1 - \dfrac{y_o/3}{1-X}\right]^2}. \tag{6.84}$$

Il profilo del pelo libero $y_o(x)$, essendo $y_o = h/D_o$, dipende unicamente da q_D e ρ_u. La Fig. 6.7 mostra i valori $y_o(x)$ per diverse portate $q_D = 0.1, 0.2, 0.3$ e 0.4 ed all'interno dei profili di corrente sono anche segnalati con dei cerchi in grassetto i punti di stato critico.

Assegnata una portata Q e le caratteristiche geometriche del pozzetto (D_o, R_u, θ), è possibile anzitutto calcolare i parametri q_D e ρ_u; quindi, può essere determinato il profilo di corrente. Nella fattispecie, si può ricavare il tirante idrico nella sezione terminale del pozzetto avvalendosi del grafico riportato in Fig. 6.7, costruito sulla base del valore minimo del diametro che garantisce ancora il deflusso della corrente a pelo libero. Per valori di ρ_u diversi da quelli diagrammati in Fig. 6.7, i corrispondenti

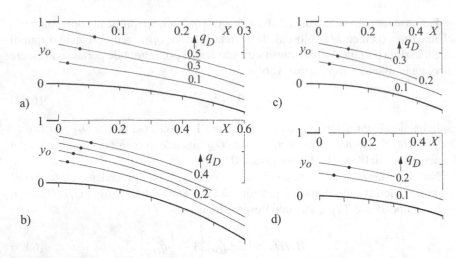

Fig. 6.7. Profili di corrente adimensionali $y_o(X)$ in funzione della portata relativa $q_D = Q/(gD_o^5)^{1/2}$ per valori di $\rho_u = \theta^2 R_u/D_o$ pari a a) 0.1; b) 0.2; c) 0.3; d) 0.4. ($\bullet$) Punto di stato critico [7]

valori di y_o possono essere interpolati tra i valori di y_o corrispondenti a valori noti di ρ_u. Ovviamente si può anche procedere per via analitica, ricavando il valore di y_o dall'Eq. (6.84) e tenendo presente che essa restituisce due soluzioni distinte, una per F < 1 e una per F > 1.

Esempio 6.9. Assegnati:

- a monte $D_o = 1.5$ m, $S_{oo} = 0.2\%$, $n_o^{-1} = 85$ m$^{1/3}$s^{-1};
- a valle $D_u = 0.8$ m, $S_{ou} = 20\%$, $n_u = n_o$;
- le caratteristiche geometriche del pozzetto $L_u = 3$ m, $R_u = 15$ m,

determinare il profilo di corrente per una portata di $Q = 3$ m^{3}s^{-1}.

In moto uniforme, si ha $h_{No} = 1.11$ e $h_{Nu} = 0.38$ m. In condizione di stato criti-co, invece, risulta $h_{co} = 0.90$ m e $h_{cu} \cong D = 0.8$ m. La corrente di moto uniforme, allora, presenta F$_o$ < 1 e F$_u$ > 1. Essendo $\theta = (D_o - D_u)/L_u = 0.7/3 = 0.233$ se-condo l'Eq. (6.82) la portata massima è $Q_M = 0.14 \cdot 9.81^{0.5} 1.5^{3.3} 0.233^{-1.6} 15^{-0.8} = 1.97$ m^{3}s^{-1} < $Q = 3$ m^{3}s^{-1}.

Per un dato diametro del canale di monte D_o, la massima portata defluente at-traverso il pozzetto può essere aumentata solamente andando a ridurre θ oppure R_u, i quali sono entrambi legati alla pendenza del fondo del canale di valle S_{ou}. Infatti, essendo $S_{ou} = -dz/dx$, per $x = L_u$ si ha $S_{ou} = L_u/R_u$, e quindi l'angolo di contrazione può essere espresso come $\theta = (D_o - D_u)/(S_{ou}R_u)$.

Dunque, nell'Esempio 6.9 il diametro del canale di valle D_u risulta eccessiva-mente piccolo rispetto alla pendenza al fondo S_{ou} prescritta. Il *diametro minimo di valle* D_{um} richiesto può essere ricavato sostituendo la precedente espressione di θ

nell'Eq. (6.82), da cui si ricava:

$$D_{um} = D_o - S_{ou}(R_u D_o)^{1/2}(0.14/q_D)^{5/8}. \qquad (6.85)$$

Quindi, il diametro minimo richiesto aumenta al ridursi della pendenza di fondo dell'alveo ed all'aumentare della portata relativa $q_D = Q/(gD_o^5)^{1/2}$.

Esempio 6.10. Si consideri nuovamente il pozzetto di ispezione dell'Esempio 6.9. In virtù dei dati assegnati, risulta $q_D = 3/(9.81 \cdot 1.5^5)^{1/2} = 0.348$ e, dall'Eq. (6.85), è possibile calcolare il diametro minimo del canale di valle $D_{um} = 1.5 - 0.2(15 \cdot 1.5)^{1/2}(0.14/0.348)^{5/8} = 0.96$ m. Quindi, si sceglie $D_u = 1.1$ m in corrispondenza del quale risulta $\theta = (1.5 - 1.1)/(0.2 \cdot 15) = 0.133$ e $\rho_u = 0.133^2 15/1.5 = 0.178$.

Essendo la lunghezza del pozzetto $L_u = S_{ou}R_u = 3$ m, l'ascissa relativa di valle è uguale a $X_u = \theta L_u/D_o = 0.133 \cdot 3/1.5 = 0.266$. Per $q_D = 0.35$, la Fig. 6.7a fornisce $y_o = 0.48$, ed essendo $\rho_u = 0.2$, dalla Fig. 6.7b si ricava $y_o = 0.58$. Attraverso un processo d'interpolazione a partire da $\rho_u = 0.178$, si ottiene $y_o = 0.56$, a cui corrisponde il tirante idrico $h_o = y_o D_o = 0.56 \cdot 1.5 = 0.84$ m. Utilizzando il grafico di Fig. 6.6a, risulta $y_{oc} = 0.61$, mentre in base alla Fig. 6.6b, si ha $X_c = 0.07$, cui corrisponde, allora, $x_c = X_c D_o/\theta = 0.07 \cdot 1.5/0.133 = 0.79$ m.

Una volta ubicato il punto di stato critico, i tiranti idrici h_o e h_u valutati rispettivamente nelle sezioni d'imbocco e di sbocco del pozzetto sono ricavabili sia utilizzando la Fig. 6.7 che risolvendo l'Eq. (6.84). Quindi, i profili di corrente a monte ed a valle del pozzetto possono essere tracciati nel modo convenzionale, avvalendosi cioè delle equazioni caratteristiche dei profili di corrente e delle corrispondenti procedure di calcolo (capitolo 8).

In questo paragrafo si è mostrato che è possibile valutare le caratteristiche idrauliche di una corrente in un tratto di transizione da corrente lenta a corrente veloce; per ottenere tale scopo è stato necessario introdurre alcune ipotesi semplificative. Si tenga inoltre presente che in tale contesto non è stata considerata l'eventuale insorgenza di *onde di shock* (capitolo 16), causate dal passaggio dal tratto di canale convergente al canale prismatico di valle; tali onde di shock possono dare luogo a notevoli ondulazioni della superficie idrica. Allo stato attuale, non esistono studi sperimentali sulla determinazione dell'altezza delle onde di shock per la configurazione geometrica considerata. Infine, andrebbe portato in conto anche il fenomeno del *aerazione della corrente* in canali a forte pendenza (paragrafo 5.6); infatti, i tiranti idrici di una corrente aerata sono certamente maggiori di quelli calcolati mediante la precedente procedura.

L'Eq. (6.85) può essere utilizzata in fase di progettazione preliminare; il parametro R_u contenuto all'interno di tale equazione rappresenta una variabile di progetto che, comunque, va fissata con cautela, poiché valori molto bassi possono provocare il distacco della corrente dal fondo del canale.

6.5.4 Verifiche sperimentali

Lo studio delle correnti in corrispondenza del passaggio da debole a forte pendenza è di particolare importanza nei settori dell'ingegneria idraulica che si occupano di dighe e di opere di irrigazione. Nel paragrafo precedente è stato considerato il comportamento idraulico di un manufatto di transizione caratterizzato da un aumento della pendenza del fondo, combinato ad una riduzione della larghezza della sezione. Si tenga presente che, al momento, non sono stati ancora condotti studi sperimentali specifici su tale specifica configurazione. Nel seguito, invece, è presentata una breve sintesi delle varie prove sperimentali eseguite su canale *rettangolare* con larghezza costante, i cui risultati sono stati riassunti da Hager [9].

Nel 1931, Hasumi considerò un manufatto costituito da un canale sub-orizzontale fino al punto di transizione ($x = 0$) e da una canale di valle a forte pendenza con angolo α pari a $45°$ o $60°$. Il canale era largo $b = 402$ mm e la transizione tra i due tratti di canale era realizzata sia a spigolo vivo che con raccordo caratterizzato da raggio di curvatura $R_u = 200$ mm. La Fig. 6.8 mostra uno schema del fenomeno, in cui N indica il tirante idrico misurato perpendicolarmente al fondo del canale.

Il *profilo della superficie idrica* $N(x)$ può essere espresso in termini adimensionali, definendo alcuni parametri normalizzati rispetto al tirante di stato critico $h_c = [Q^2/(gb^2)]^{1/3}$, e precisamente $X_c = x/h_c$ e $y_c = N/h_c$:

$$\frac{y - y_a}{y_o - y_a} = \tanh[\sigma(X_a - X)], \tag{6.86}$$

in cui $(X_a; y_a) = (-0.75; +0.75)$ rappresentano le coordinate dell'origine fittizia del profilo di corrente, mentre $y_o = y(X \to \infty) = 1.10$ è il massimo tirante idrico a monte del punto di transizione. Il parametro $\sigma = 0.40$ definisce, invece, la pendenza del profilo $y(X)$. L'Eq. (6.86) è valida per $-4 \leq X \leq +4$ ed al suo interno sono incluse tutte le osservazioni di Hasumi per $\alpha = 45°$ e $60°$ e per diversi valori della portata.

L'*andamento dell'altezza piezometrica* risulta pressoché idrostatico a monte del punto di transizione e presenta un minimo in prossimità del punto angoloso del fondo, per poi divenire parallelo al fondo del canale di valle (Fig. 6.8a). È importante conoscere il valore della *pressione minima* p_m oppure $p_m/(\rho g h_c) = -1.03$, il quale

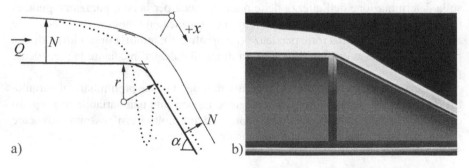

Fig. 6.8. a) Schema della corrente in corrispondenza di un brusco aumento di pendenza, (—) profilo di corrente, ($\cdots$) linea piezometrica; b) tipica configurazione del flusso

risulta praticamente indipendente dalla portata e dall'angolo α per una transizione a spigolo vivo. La pressione minima è individuata nel punto di ascissa $x_m = (1/3)h_c$, quindi poco più a valle del punto angoloso sul fondo del canale.

L'altezza piezometrica minima $P_m = p_m/(\rho g h_c)$ nel caso della configurazione geometrica *con raccordo* varia essenzialmente con il raggio di curvatura $r = h_c/R_u$ e con l'angolo α. In base ai pochi dati disponibili in letteratura, l'altezza piezometrica minima può essere calcolata approssimativamente come

$$P_m = 0.75 r^{0.75} \tan \alpha. \tag{6.87}$$

Quindi, tipicamente la depressione è dello stesso ordine di grandezza del tirante critico. Si ricordi che correnti aerate possono distaccarsi dal fondo del canale in corrispondenza dello spigolo, ed in tal caso le condizioni di moto cambiano radicalmente.

Il tirante idrico nel punto angoloso h_c è confrontabile col tirante idrico valutato in corrispondenza di uno sbocco libero (capitolo 11). Nel caso di spigoli raccordati, invece, la sezione di sbocco va localizzata all'inizio del tratto curvilineo del fondoalveo e risulta $h_e = 0.72h_c$, quasi indipendente da α e r. Invece, nel caso di spigolo vivo, il rapporto tra il tirante allo sbocco ed il tirante di stato critico vale $h_e/h_c = 0.65$.

Westernacher [19] considerò un *manufatto di salto* in un canale rettangolare largo 0.60 m, con raggio di curvatura del fondo pari a $R_u = 0.20$ m o 0.30 m e con $\alpha = 52.5°$ ($\tan \alpha = 1.50$). Il canale in arrivo era orizzontale. Detta x_o l'ascissa in cui è individuato il tirante idrico h_o (Fig. 6.9), la portata relativa $q_o = Q/[b(gR_u^3)^{1/2}]$ può essere legata a $X_o = x_o/R_u$ come

$$h_o/R_u = 0.90(0.078 + X_o)^{0.09} q_o^{0.605}. \tag{6.88}$$

Tale relazione va applicata esclusivamente per la configurazione geometrica considerata, e solo quando risulta $-2 \le X_o \le 0$ e $q_o < 0.60$. Il rapporto tra tiranti idrici $y_e = h_e/h_o$ è

$$y_e = 0.715(r/h_c)^{0.09}. \tag{6.89}$$

La *altezza piezometrica minima* $p_m/(\rho g)$ è posizionata ad un angolo di 40° dalla verticale nel punto terminale del canale orizzontale ed è pari a

$$p_m/(\rho g R_u) = -0.8(h_c/R_u)^2. \tag{6.90}$$

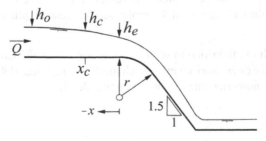

Fig. 6.9. Manufatto di salto di Westernacher [19]

Weyermuller e Mostapha [20] hanno considerato il caso del brusco passaggio da un canale in ingresso orizzontale ad un canale di valle con pendenza compresa tra 1 e 100% ($\alpha = 45°$). Contrariamente a quanto mostrato in Fig. 6.8, i profili di pelo libero non possono essere generalizzati. Nella fattispecie, è stato scoperto che il rapporto tra tiranti idrici $y_e = h_e/h_c$ varia sia in ragione del fattore di forma b/h_c che della pendenza del canale di valle; inoltre, il canale sperimentale utilizzato aveva dimensioni così ridotte da poter dar luogo ad effetti scala. Pertanto, è auspicabile che in futuro vengano effettuati ulteriori studi sperimentali per la maggiore comprensione del fenomeno di transizione da canali a debole pendenza a canali a forte pendenza.

Recentemente, un interessante contributo è stato proposto da Castro-Orgaz e Hager [2] che mediante la soluzione numerica delle equazioni di Boussinesq (capitolo 1) hanno ottenuto risultati in ottimo accordo con le osservazioni sperimentali.

6.6 Sezioni composte

Analogamente al caso del moto uniforme (capitolo 5), anche per la condizione di stato critico viene proposta una breve analisi delle procedure che consentono di determinare le principali caratteristiche idrauliche di una corrente in un alveo a *sezione composta*. Come già detto al capitolo 5, non esiste in letteratura una classificazione delle sezioni composte per cui, nel loro caso, non è possibile definire formule di natura generica per il calcolo di un qualsiasi parametro di stato critico.

In particolare, viene di seguito illustrata una procedura per il calcolo del tirante di stato critico h_c in un profilo mistilineo. Anzitutto, è necessario ricercare una legge che esprima la variazione della sezione idrica A con il tirante h; la $A = A(h)$ può essere espressa mediante una serie di valori puntuali, calcolati per via grafica o analitica, che possono poi essere eventualmente interpolati mediante una opportuna legge di regressione. Quindi, una volta definita la funzione $A = A(h)$, si può procedere con il calcolo della derivata della funzione sezione idrica rispetto al tirante idrico dA/dh. Ponendo $F = 1$ nell'Eq. (6.4), si può ricavare una espressione rappresentativa delle caratteristiche idrauliche in condizioni di stato critico. Le principali difficoltà di tale procedura sono dettate dai seguenti aspetti:

- in presenza di sezioni composte particolarmente complesse le elaborazioni analitiche possono risultare inadatte e si preferisce procedere per via numerica;
- in sezioni composte particolarmente articolate può accadere che la curva dell'energia specifica al variare del tirante idrico presenti più punti di minimo locale.

La valutazione dello stato critico in sezioni composte ha cominciato ad attirare l'attenzione di studiosi e ricercatori a partire dagli anni '80, impegnandoli in approfondite indagini sia di tipo numerico che di tipo sperimentale [1, 4].

Simboli

A	[m²]	sezione idrica
b	[m]	larghezza del canale rettangolare
B	[m]	larghezza del canale rettangolare
D	[m]	diametro della condotta
f	[-]	numero di Froude relativo per sezione ovoidale
f_K	[-]	numero di Froude relativo per sezione circolare
f_H	[-]	numero di Froude relativo per sezione a ferro di cavallo
F	[-]	numero di Froude
g	[ms⁻²]	accelerazione di gravità
h	[m]	tirante idrico
h_c	[m]	tirante critico
H	[m]	carico totale
H_*	[m]	carico specifico
H_c	[m]	carico critico specifico
L_u	[m]	lunghezza di transizione
j_c	[-]	pendenza critica relativa
$1/n$	[m¹ᐟ³s⁻¹]	coefficiente di scabrezza di Manning
N	[m]	tirante idrico misurato perpendicolarmente al fondo del canale
p	[Nm⁻²]	pressione
P	[m]	perimetro bagnato
q	[m²s⁻¹]	portata per unità di larghezza
q_c	[m²s⁻¹]	portata critica per unità di larghezza
q_D	[-]	portata normalizzata rispetto al diametro
Q	[m³s⁻¹]	portata
Q_c	[m³s⁻¹]	portata critica
r	[-]	raggio di curvatura
R_h	[m]	raggio idraulico
R_u	[m]	raggio di curvatura del profilo del fondo-alveo
S_c	[-]	pendenza critica
S_E	[-]	cadente energetica
S_F	[-]	pendenza legata alla variabilità della geometria della sezione
S_Q	[-]	pendenza dovuta alla variazione locale di portata
S_o	[-]	pendenza di fondo
T	[m]	altezza della sezione valutata dal fondo fino all'intradosso
V	[ms⁻¹]	velocità media
x	[m]	ascissa
X	[-]	ascissa relativa
x_a	[-]	$= -0.75 h_c$ nell'Eq. (6.86)
X_c	[-]	$= x/h_c$
y	[-]	grado di riempimento
y_a	[-]	$= +0.75 h_c$ nell'Eq. (6.86)
y_c	[-]	$= h_c/D$ oppure $= N/h_c$ nell'Eq. (6.86)
y_{oc}	[-]	tirante critico normalizzato rispetto a D_o

y_o	[-]	$= h_o/D$ oppure $= 1.10$ nell'Eq. (6.86)
Y_c	[-]	carico specifico critico relativo
z	[m]	quota assoluta del fondo dell'alveo
α	[-]	angolo del fondo del canale
θ	[-]	angolo di contrazione
ρ	$[\text{kgm}^{-3}]$	densità
ρ_u	[-]	raggio relativo del profilo del fondo-alveo
σ	[-]	parametro di pendenza

Pedici

a	valore approssimato
c	stato critico
e	valore esatto
m	minimo
N	moto uniforme
o	imbocco, monte
u	sbocco, valle
*	rispetto al fondo dell'alveo

Bibliografia

1. Blalock M.E., Sturm T. W.: Minimum specific energy in compound channel. Journal of the Hydraulics Division **107**(6), 699–717 (1981).
2. Castro-Orgaz O., Hager W.H.: Curved-streamline transitional flow from mild to steep slopes. Journal of Hydraulic Research **47**(5): 574–584 (2009).
3. Chadwick A., Morfett J.: Hydraulics in civil and environmental engineering. Spon, London (1996).
4. Chaudhry M.H., Bhallamudi S.M.: Computation of critical depth in symmetrical compound channels. Journal of Hydraulic Research **26**(4): 377–396 (1998).
5. Chow V.T.: Open channel hydraulics. McGraw-Hill, New York (1959).
6. Hager W.H.: Critical flow condition in open channel hydraulics. Acta Mechanica **54**: 157–179 (1985).
7. Hager W.H.: Übergang von Flach- auf Steilstrecke in Kanalisationen [Transizione in alvei da debole a forte pendenza]. Gas-Wasser-Abwasser **67**(7): 420–426 (1987).
8. Hager W.H.: Froudezahl im Kreisprofil [Numeri di Froude in canali circolari]. Korrespondenz Abwasser **37**(7): 789–791 (1990).
9. Hager W.H.: Übergang von Flach- auf Steilstrecken [Transizione in alvei da debole a forte pendenza]). Wasser und Boden **47**(9): 20–24 (1995).
10. Henderson F.M.: Open channel flow. MacMillan, New York (1966).
11. Ivicsics L.: Hydraulic models. Research Institute for Water Resources Development, Budapest (1975).
12. Kobus H.: Hydraulic modelling. Pitman, Boston (1980).
13. Kobus H.: Symposium on Scale effects in modelling hydraulic structures. Technische Akademie, Esslingen (1984).
14. Miller D.: Discharge measurement structures. IAHR Hydraulic Structures Design Manual 8. Balkema, Rotterdam (1994).

15. Naudascher E.: Hydraulik der Gerinne und Gerinnebauwerke [Idraulica dei canali e dei manufatti]. Springer, Wien (1987).
16. Novak P., Cabelka J.: Models in hydraulic engineering. Pitman, Boston (1981).
17. Novak P., Guinot V., Jeffrey A., Reeve D.E.: Hydraulic Modelling – an Introduction: Principles, Methods and Applications. Spon Press, London (2010).
18. Sharp J.J.: Hydraulic modelling. Butterworths, London (1981).
19. Westernacher A.: Abflussbestimmung an ausgerundeten Abstürzen mit Fliesswechsel [Misura della portata su sbocco arrotondato con passaggio attraverso lo stato critico]. Dissertation TU, Karlsruhe (1965).
20. Weyermuller R.G., Mostapha M.G.: Flow at grade-break from mild to steep slopes. Journal of the Hydraulics Division ASCE **102**(HY10): 1439–1448; **103**(HY8): 946–947; **103**(HY9): 1110–1111; **104**(HY2): 307–308 (1976).

Risalto idraulico e bacini di dissipazione

Sommario La transizione da corrente veloce a corrente lenta induce la insorgenza di un risalto idraulico; tale fenomeno viene qui illustrato a partire dai concetti fondamentali e dalla applicazione del principio di conservazione della quantità di moto. In particolare, oltre al classico caso riferito alla sezione rettangolare, vengono illustrati anche i casi in cui il risalto idraulico ha luogo in sezioni di geometria ricorrente nelle applicazioni progettuali: sezione circolare, sezione ovoidale e sezione a ferro di cavallo. Nella seconda parte sono inoltre illustrati alcuni manufatti, il cui utilizzo può essere opportuno quando si rende necessario indurre significative perdite di energia alla corrente idrica. La parte finale del capitolo è dedicata alla descrizione dei principali bacini di dissipazione standardizzati e di alcuni manufatti particolari che possono indurre considerevoli dissipazioni di energia.

7.1 Introduzione

I processi di moto si caratterizzano, nella maggior parte dei casi, per una continua e graduale variazione delle grandezze coinvolte, quali, ad esempio, pendenza di fondo, scabrezza, tirante idrico o portata, i cui valori possono cambiare sia nella direzione prevalente del deflusso che in quella trasversale. Pertanto, le equazioni della meccanica del continuo possono essere tranquillamente applicate, essendo rispettate le ipotesi sui cui si basano le trattazioni di Eulero ovvero di Navier-Stokes. In altri termini, tutte le grandezze che partecipano al processo di moto possono essere rappresentate mediante *funzioni continue* dotate di derivata continua in ogni punto del proprio dominio di definizione.

Esistono però in natura anche fenomeni idraulici caratterizzati da una palese discontinuità del flusso in alcune zone del campo di moto; si pensi, ad esempio, alla zona di frangimento di un'onda. Anche nei canali a superficie libera possono verificarsi discontinuità della corrente idrica che, sebbene localizzate in punti singolari, non possono essere trattate con il classico approccio basato su equazioni differenziali. Infatti, in tali casi le equazioni di continuità e del moto non possono essere espresse in forma differenziale, ma devono piuttosto essere espresse in forma integrale; nel caso particolare di discontinuità in un moto monodimensionale è possibile fare ricorso a relazioni integrali che vanno applicate globalmente alla regione in cui è presente la

Gisonni C., Hager W.H.: Idraulica dei sistemi fognari. Dalla teoria alla pratica.
DOI 10.1007/978-88-470-1445-9_7, © Springer-Verlag Italia 2012

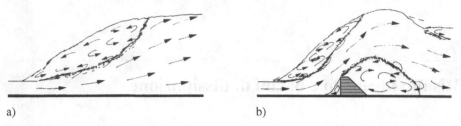

a)   b)

Fig. 7.1. Zone di ricircolazione per: a) risalto idraulico classico; b) risalto idraulico indotto da un ostacolo (bacino di dissipazione)

discontinuità. Questo capitolo si occupa in particolare del *risalto idraulico* (inglese: "hydraulic jump"), anche noto come *salto di Bidone*, che rappresenta in modo esemplare l'occorrenza di discontinuità in una corrente idrica a superficie libera; vengono inoltre trattati manufatti in cui la dissipazione di energia è affidata alla formazione di un risalto idraulico. Il termine *risalto idraulico* esprime la condizione di transizione da corrente supercritica (veloce) a corrente subcritica (lenta) cui si accompagna una notevole produzione locale di turbolenza, con conseguente dissipazione di energia (Fig. 7.1a). I classici casi in cui può manifestarsi un risalto idraulico sono rappresentati, ad esempio, da una brusca riduzione della pendenza di fondo di un canale, ovvero dalla presenza di una corrente veloce che defluisce verso un serbatoio a livello costante e sufficientemente elevato. Il risalto idraulico può spostarsi lungo un canale, fino a trovare una posizione stabile che, nel rispetto della equazione del moto, dipenderà dalle condizioni al contorno sussistenti a monte ed a valle del risalto stesso.

Il *bacino di dissipazione* (inglese: "stilling basin") è un manufatto avente la funzione di contenere al proprio interno un risalto idraulico in tutte le condizioni di flusso che possono verificarsi (Fig. 7.1b). La progettazione di questi manufatti, essenzialmente utilizzati nei casi in cui si rende necessario imporre notevoli dissipazioni di energia, va eseguita in modo tale da minimizzarne gli ingombri, secondo alcune tipologie che saranno illustrate nel seguito del capitolo. In buona sostanza, il fenomeno dissipativo risiede essenzialmente nella trasformazione di energia meccanica in energia termica; infatti, in corrispondenza di un risalto idraulico si assiste alla formazione di vortici di larga scala che, per effetto della viscosità, tendono ad estinguersi generando calore.

Nel prosieguo del presente capitolo, in analogia a quanto fatto nei precedenti, vengono illustrati dapprima i fondamenti teorici e le nozioni di base sul fenomeno del risalto idraulico, per poi introdurre le procedure di calcolo utili nella pratica.

7.2 Il risalto idraulico

Sulla scorta di quanto definito nel precedente capitolo 6 le correnti a pelo libero possono essere distinte in correnti lente e correnti veloci, a seconda che il valore assunto dal *numero di Froude*

$$F = \frac{Q}{(gA^3)^{1/2}} \left(\frac{dA}{dh} \right)^{1/2} \tag{7.1}$$

sia inferiore o superiore all'unità ($F = 1$). Nell'Eq. (7.1) Q indica la portata, g l'accelerazione di gravità, A la sezione idrica, h il tirante idrico, mentre il termine (dA/dh) rappresenta la larghezza della sezione in corrispondenza della quale si valuta il tirante idrico e risulta quindi espressa come derivata della sezione stessa rispetto al tirante idrico del quale è funzione nota.

Come già ribadito nel primo capitolo, la base teorica dell'idraulica è costituita dalle tre equazioni fondamentali che scaturiscono dai rispettivi principi di conservazione della massa, della energia e della quantità di moto. Si consideri dapprima, per semplicità, un *canale prismatico di sezione rettangolare* a portata costante ed avente larghezza b. In tal caso, dall'Eq. (7.1), l'espressione del numero di Froude per canale rettangolare si specializza nella espressione $F = q/(gh^3)^{1/2}$, essendo $q = Q/b$ la portata per unità di larghezza del canale; l'*energia specifica H* rispetto al fondo del canale e la corrispondente *spinta totale S* sono espresse dalle relazioni

$$H = h + \frac{q^2}{2gh^2}; \tag{7.2}$$

$$S = \frac{h^2}{2} + \frac{q^2}{gh}. \tag{7.3}$$

Derivando le suddette relazioni rispetto al tirante idrico h, si ottiene

$$\frac{dH}{dh} = 1 - \frac{q^2}{gh^3} = 1 - F^2; \tag{7.4}$$

$$\frac{dS}{dh} = h - \frac{q^2}{gh^2} = h(1 - F^2), \tag{7.5}$$

da cui:

$$h \cdot \frac{dH}{dh} = \frac{dS}{dh}. \tag{7.6}$$

La proporzionalità tra la variazione di energia specifica dH/dh e la variazione di spinta totale dS/dh è valida per tutte le sezioni trasversali. Ne consegue che, in generale, la spinta totale S resta costante se non ci sono variazioni dell'energia specifica H, e viceversa. Tale affermazione è, comunque, valida solo per correnti in stato critico ($F = 1$) nel caso di transizione da corrente lenta a corrente veloce.

Esprimendo le suddette relazioni in termini di *differenze finite* piuttosto che di differenziali, e considerando due sezioni idriche caratterizzate rispettivamente dai tiranti idrici $(h + \Delta h)$ e h, la differenza di energia specifica $\Delta H = H(h + \Delta h) - H(h)$ è pari a

$$\frac{\Delta H}{h} = \frac{\Delta h}{h} \left[1 - \frac{q^2}{gh^3} \frac{(1 + \Delta h/2h)}{(1 + \Delta h/h)^2} \right], \tag{7.7}$$

ovvero, sviluppando in serie di Taylor fino al secondo ordine $(\Delta h/h)^2$, si ha

$$\frac{\Delta H}{h} \cong \frac{\Delta h}{h} \left[1 - F^2 \left(1 - \frac{3}{2} \frac{\Delta h}{h} \right) \right]. \tag{7.8}$$

Analogamente, per la spinta totale si ottiene la relazione

$$\frac{\Delta S}{h^2} \cong \frac{\Delta h}{h}\left[1 + \frac{1}{2}\frac{\Delta h}{h} - F^2\left(1 - \frac{\Delta h}{h}\right)\right]. \tag{7.9}$$

Si tenga presente che le Eq. (7.8) e (7.9) esprimono le differenze ΔH e ΔS nell'ipotesi che siano trascurabili i termini di ordine superiore a $(\Delta h/h)^2$. Linearizzando le suddette equazioni, coerentemente con quanto ottenuto in precedenza, si ottiene $h\Delta H = \Delta S$. Tale equazione è quindi valida per piccole variazioni Δh, ovvero quando la variazione di tirante idrico è infinitesima. Nel caso in cui la variazione è di entità tale da non poter ritenere trascurabili i termini di secondo ordine, si avrà una maggiore differenza tra la variazione dell'energia specifica e quella della spinta totale; in tal caso, infatti, eliminando il termine F^2 tra le Eq. (7.8) e (7.9), si ottiene

$$\frac{\Delta S}{h^2} = \left(1 + \frac{\Delta h}{2h}\right)\frac{\Delta H}{h}. \tag{7.10}$$

Da quest'ultima relazione scaturiscono le seguenti importanti *considerazioni*:

1. qualora l'energia specifica sia costante ($\Delta H = 0$), tale sarà anche la spinta totale;
2. qualora la spinta totale sia costante ($\Delta S = 0$), non è detto che l'energia specifica sia anch'essa costante;
3. dal momento che l'energia non può che diminuire nel verso del moto, nel caso in cui risulti $\Delta S = 0$, il tirante idrico deve aumentare ($\Delta h > 0$) in modo che la spinta totale resti costante.

La prima considerazione si applica solo alle situazioni in cui si abbia una transizione da corrente lenta a corrente veloce, mentre la terza corrisponde tipicamente alla transizione da corrente veloce a corrente lenta, per la quale è quindi evidente che si manifesterà una *dissipazione di energia* $\Delta H > 0$.

7.3 Equazioni del risalto idraulico

7.3.1 Equazione fondamentale

Prima di soffermarsi sulle caratteristiche del risalto idraulico si ritiene opportuno introdurre il concetto essenziale di *altezze idriche coniugate* (inglese: "sequent flow depths") che si definiscono come i tiranti idrici della corrente nelle sezioni immediatamente a monte ed a valle del risalto (Fig. 7.2), conoscendo i quali è possibile stimare le perdite di energia indotte da un risalto idraulico.

Poiché al risalto idraulico sono associate notevoli perdite di energia, è necessario fare ricorso al principio di conservazione della quantità di moto (capitolo 1). Nel caso particolare di *canale prismatico*, qualora le forze resistenti al moto siano compensate dalla pendenza del fondo, l'applicazione del suddetto principio è semplice. Infatti, secondo quanto illustrato nel paragrafo 1.3, esso si riconduce alla semplice equazione $S_1 - S_2 = 0$, avendo indicato con i pedici «1» e «2» rispettivamente la sezione a monte e quella a valle del risalto idraulico. La spinta totale S di una corrente

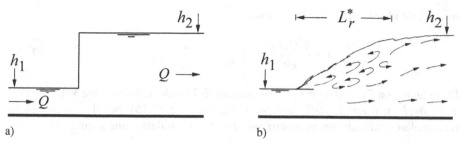

Fig. 7.2. Risalto idraulico: a) schema teorico; b) risalto tipico in un canale rettangolare

monodimensionale può essere espressa come (capitolo 1)

$$S = z_s A + \frac{Q^2}{gA},$$ (7.11)

in cui z_s è l'affondamento del baricentro della sezione idrica A rispetto alla superficie libera. Nell'ipotesi di portata costante, l'uguaglianza delle spinte totali è dunque espressa dalla seguente equazione:

$$z_{s1} A_1 + \frac{Q^2}{gA_1} = z_{s2} A_2 + \frac{Q^2}{gA_2},$$ (7.12)

dove sia z_s che la sezione idrica A sono funzioni esclusivamente del tirante idrico per una assegnata geometria della sezione. Analogamente a quanto già esposto nei capitoli 5 e 6, le grandezze z_s e A possono essere espresse in forma adimensionale attraverso i parametri $Z_s = z_s/T$ e $\Phi = A/T^2$, in modo da rappresentare rispettivamente il grado di riempimento e la superficie relativa, essendo T la massima altezza utile della sezione del canale. L'Eq. (7.12) può allora essere riscritta come

$$Z_{s1} \Phi_1 + \frac{Q^2}{gT^5} \Phi_1^{-1} = Z_{s2} \Phi_2 + \frac{Q^2}{gT^5} \Phi_2^{-1}.$$ (7.13)

Poiché, assegnata la geometria della sezione, sia Z_s che Φ dipendono esclusivamente dal grado di riempimento, l'Eq. (7.13) fornisce una relazione tra le grandezze $y_1 = h_1/T$, $y_2 = h_2/T$ e la portata adimensionale $Q^2/(gT^5)$. Pertanto, dopo avere esaminato il caso semplice della sezione rettangolare, nel prosieguo della trattazione l'Eq. (7.13) verrà specializzata per le tre sezioni maggiormente ricorrenti nella pratica progettuale: circolare, ovoidale ed a ferro di cavallo.

7.3.2 Sezione rettangolare

In un canale a sezione rettangolare, detta b la sua larghezza, l'affondamento del baricentro della sezione idrica si trova in corrispondenza della metà del tirante idrico, e cioè $z_s = h/2$. Quindi, in virtù della Eq. (7.12), il principio di *uguaglianza delle spinte totali* può essere espresso dalla relazione

$$\left(\frac{bh^2}{2} + \frac{Q^2}{gbh} \right)_1 = \left(\frac{bh^2}{2} + \frac{Q^2}{gbh} \right)_2,$$ (7.14)

ovvero, dividendo per $(bh_1^2/2)$, si ottiene

$$1 + \frac{2(Q/b)^2}{gh_1^3} = \left(\frac{h_2}{h_1}\right)^2 + \frac{2(Q/b)^2}{gh_2 h_1^2}. \tag{7.15}$$

Denotando con $F_1 = Q/(gb^2 h_1^3)^{1/2}$ il numero di Froude della corrente veloce e con $Y^* = h_2/h_1$ il *rapporto delle altezze coniugate*, l'Eq. (7.15), per il caso di canale rettangolare (indicato con asterisco), può essere riformulata come segue:

$$1 + 2F_1^2 = Y^{*2} + 2F_1^2 Y^{*-1}. \tag{7.16}$$

Trascurando la soluzione banale $Y^* = 1$, l'Eq. (7.16) ha una unica radice positiva $(Y^* > 0)$, che peraltro è l'unica soluzione fisicamente significativa:

$$Y^* = \frac{1}{2}\left[(1 + 8F_1^2)^{1/2} - 1\right]. \tag{7.17}$$

La suddetta relazione fu per la prima volta formalizzata dall'Idraulico francese Jean-Baptiste Charles Joseph Bélanger (1790–1874) nel 1838 [10]. Il caso di risalto idraulico in alveo rettangolare su fondo orizzontale, con forze resistenti al moto trascurabili, è certamente uno degli argomenti maggiormente studiati nel passato, e da questo hanno preso spunto i successivi approfondimenti per molteplici tipologie di risalto idraulico, cosicché Rajaratnam [21] lo ha definito come *risalto idraulico classico*. Il grafico rappresentativo dell'Eq. (7.17) è riportato nella Fig. 7.3a. Si noti che per elevati valori del numero di Froude F_1, l'Eq. (7.17) è ben approssimata dalla più semplice relazione

$$Y^* = \sqrt{2}F_1 - (1/2), \tag{7.18}$$

con errori del valore di Y^* che, per $F_1 > 2.5$, sono inferiori all'1%. L'Eq. (7.17) va utilizzata quando risulta $F_1 > 2$, poiché al di sotto di tale limite si assiste alla formazione di un *risalto ondulato*, analizzato nel seguito del capitolo. Dall'analisi delle Eq. (7.17) e (7.18) è possibile dedurre che:

- il rapporto delle altezze coniugate Y^* varia proporzionalmente al numero di Froude F_1. Quindi, per un prefissato valore del tirante idrico h_1, la altezza coniugata h_2^* varia linearmente con la portata per unità di larghezza Q/b;
- per canali a sezione rettangolare, il fenomeno dipende dai soli parametri Y^* e F_1 senza alcuna influenza dei parametri geometrici della sezione.

Oltre alla funzione $Y^*(F_1)$, è certamente di pratico interesse anche la valutazione della *perdita di energia* $\Delta H = H_1 - H_2$. Si definisce *efficienza* di un risalto idraulico il parametro

$$\eta = \frac{H_1 - H_2}{H_1} \tag{7.19}$$

dato dal rapporto tra la energia dissipata e l'energia specifica a monte del risalto. Per il risalto idraulico classico l'efficienza è espressa dall'equazione

$$\eta^* = 1 - \frac{Y^* \left[1 + F_1^2/(2Y^{*3})\right]}{1 + (1/2)F_1^2}. \tag{7.20}$$

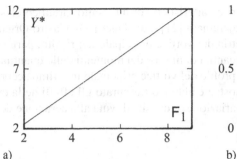
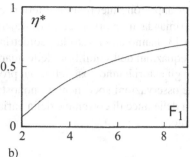

a)   b)

Fig. 7.3. Risalto idraulico classico: a) rapporto delle altezze coniugate Y^*; b) efficienza η^* in funzione del numero di Froude F_1 della corrente di monte

Poiché, in virtù dell'Eq. (7.18), il parametro Y^* può essere espresso in funzione di F_1 come $Y^* = \sqrt{2}F_1 \left[1 - (2\sqrt{2}F_1)^{-1} \right]$, trascurando il contributo del termine con F_1^{-1}, si ottiene la relazione $\eta^* = 1 - 2\sqrt{2}F_1^{-1}$, che può essere ulteriormente modificata nella seguente relazione approssimata:

$$\eta^* = \left(1 - \frac{3}{2F_1} \right)^2. \tag{7.21}$$

I valori di η^* calcolati mediante l'Eq. (7.21), rispetto a quelli forniti dalla relazione esatta costituita dall'Eq. (7.20), si caratterizzano per un errore non superiore al 9% per $F_1 > 2.5$, ed addirittura inferiore all'1% per $F_1 > 3.5$. Il grafico della funzione $\eta^*(F_1)$ è riportato nella Fig. 7.3b.

È opportuno ribadire che tutte le relazioni fin qui riportate sono rigorosamente valide per il cosiddetto risalto idraulico classico, e cioè in canale prismatico di sezione rettangolare, su fondo orizzontale, in assenza di resistenze al moto e con pareti perfettamente lisce. Inoltre, alcune esperienze di laboratorio hanno mostrato che la portata per unità di larghezza deve essere almeno pari a $0.1 \text{ m}^2\text{s}^{-1}$, al fine di prevenire effetti scala provocati dall'influenza di azioni dovute alla viscosità del fluido [14].

Studi sperimentali [13] hanno consentito di formulare relazioni che esprimono alcune grandezze fondamentali del risalto idraulico. In particolare, la *lunghezza del vortice principale* L_r^* (inglese: "roller length"), definita come la distanza tra la sezione di monte del risalto ed il punto di ristagno sulla superficie libera (Fig. 7.2b), può essere stimata mediante la relazione

$$L_r^*/h_2^* = 4.3, \tag{7.22}$$

mentre la *lunghezza del risalto* L_j^* (inglese: "jump length") può essere calcolata in base alla seguente relazione:

$$L_j^*/h_2^* = 6.0. \tag{7.23}$$

In linea generale, si può ritenere che l'agitazione turbolenta residua a valle del risalto si attenui rapidamente, per cui non sono richiesti particolari accorgimenti per la protezione del fondo del canale; laddove il risalto avvenga in un bacino di dissipazione, quest'ultimo dovrà avere lunghezza almeno pari a $L_B = L_j^*$.

Per approfondimenti sulle ulteriori caratteristiche di un risalto idraulico classico, si rimanda ai lavori specifici di Rajaratnam [21] o di Hager [13]. Castro-Orgaz e Hager [3] hanno analizzato la geometria del vortice principale del risalto, partendo dalle equazioni dell'equilibrio delle quantità di moto e dei momenti delle quantità di moto; gli autori hanno così definito il profilo del vortice principale in ottimo accordo con le osservazioni sperimentali, nonostante abbiano trascurato gli effetti della curvatura delle linee di corrente e della variazione di densità dovuta alla aerazione della corrente.

7.3.3 Sezione circolare

Risalto idraulico diretto

Il termine $z_s A$ che compare nell'Eq. (7.12) rappresenta fisicamente la spinta idrostatica P_s, normalizzata rispetto al peso specifico (ρg), generata dalla distribuzione idrostatica delle pressioni. Ad esempio, Hörler [16] formulò la relazione

$$P_s/(\rho g T^3) = \frac{1}{8}(\sin\delta - \frac{1}{3}\sin^3\delta - \delta\cos\delta), \tag{7.24}$$

in cui δ è la metà dell'angolo al centro e T coincide con il diametro D. Esprimendo la sezione idrica adimensionalizzata ed il grado di riempimento secondo le relazioni

$$A/T^2 = \frac{1}{4}(\delta - \sin\delta\cos\delta); \tag{7.25}$$

$$y = \frac{h}{T} = \frac{1}{2}(1 - \cos\delta), \tag{7.26}$$

l'Eq. (7.11) può essere modificata allo scopo di ricavare la spinta totale per la sezione circolare come segue:

$$\frac{S}{T^3} = \frac{P_s}{\rho g T^3} + \frac{Q^2}{g T^5 (A/T^2)}. \tag{7.27}$$

Il rapporto $[(P_s/(\rho g T^3))/(A/T^2)]$ corrisponde all'affondamento relativo $Z_s = z_s/T$ del baricentro della sezione idrica rispetto all'altezza della sezione stessa. Sostituendo le Eq. (7.25) e (7.27) nell'Eq. (7.13) si ottiene quindi

$$\frac{Q^2}{g T^5} = (Z_{s1}\Phi_1 - Z_{s2}\Phi_2)(\Phi_2^{-1} - \Phi_1^{-1})^{-1}. \tag{7.28}$$

La Fig. 7.4 mostra l'andamento dell'altezza coniugata $y_2 = h_2/T$ al variare della portata adimensionale, per diversi valori di $y_1 = h_1/T$. Nella stessa figura, la condizione $h_1 = h_2$ è rappresentata dalla curva punteggiata. Il confronto tra valori calcolati e misurati sperimentalmente mostra un buon accordo [16], anche se si riscontrano valori misurati di h_2 che sono sistematicamente minori di quelli calcolati; tali differenze possono essere dovute all'effetto di azioni viscose alla scala del modello fisico, per bassi valori del numero di Reynolds.

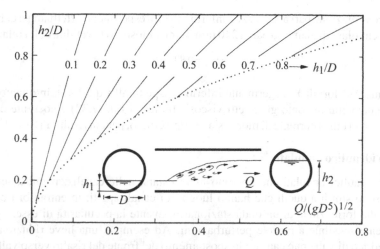

Fig. 7.4. Altezze coniugate per la sezione circolare; la linea $(\cdot \cdot \cdot)$ rappresenta la condizione $h_2 = h_1$. Per sezione ovoidale ed a ferro di cavallo il parametro $Q/(gB^2T^3)^{1/2}$ sostituisce $Q/(gD^5)^{1/2}$

Hager [12] ha formulato un'*espressione approssimata* per le altezze coniugate a partire dalla similarità che caratterizza le curve di Fig. 7.4:

$$\frac{y_2 - y_1}{1 - y_1} = \left(\frac{q_D - y_1^2}{q_o - y_1^2} \right)^{0.95} \quad \text{per} \quad y_1 < 0.7, \tag{7.29}$$

in cui $q_D = Q/(gD^5)^{1/2}$ e q_o è espresso dalla seguente relazione:

$$q_o = q_D(y_2 = 1) = \frac{3}{4}y_1^{3/4}\left[1 + \frac{4}{9}y_1^2\right]. \tag{7.30}$$

Per assegnati valori di y_1 e q_D, va dapprima determinato il valore del parametro q_o mediante l'Eq. (7.30) e quindi y_2 va calcolato mediante l'Eq. (7.29). È opportuno sottolineare che i valori di h_2 calcolati portando in conto gli effetti delle resistenze al moto sono sempre leggermente inferiori rispetto ai valori misurati sperimentalmente; ne consegue che il valore dell'altezza coniugata stimato mediante l'Eq. (7.29) può essere ritenuto un limite superiore.

Per evitare relazioni particolarmente complicate, si può fare riferimento ad alcune espressioni semplificate della sezione idrica A e della spinta idrostatica P_s, che possono essere rispettivamente stimate mediante le relazioni $A/D^2 = y^{1.5}$ e $P_s/(\rho gD^3) = 0.5y^{2.5}$, essendo $y = h/D$. Inserendo tali relazioni nell'Eq. (7.12) ed esprimendo il numero di Froude della corrente veloce (pedice 1) come $F_1 = Q/(gDh_1^4)^{1/2}$, si ottiene il seguente *rapporto delle altezze coniugate* $Y = h_2/h_1$ [25]:

$$1 + 2F_1^2 = Y^{2.5} + 2F_1^2 Y^{-1.5}. \tag{7.31}$$

La soluzione asintotica dell'Eq. (7.31) per $F_1 \to \infty$ è data dalla relazione $Y = (2F_1^2)^{0.4}$, che, per $2 < F_1 < 10$, può essere approssimata dalla relazione $Y = 1.16F_1^{0.85}$ con un'approssimazione pari a $\pm 2\%$. A conferma di ciò, esperimenti effettuati su canale a sezione circolare di diametro pari a 240 mm, hanno mostrato la validità della relazione

$$Y = \mathsf{F}_1^{0.90}, \tag{7.32}$$

che fornisce valori di Y leggermente inferiori rispetto all'Eq. (7.31), in quanto porta indirettamente in conto gli effetti viscosi. Inoltre, l'Eq. (7.32) è coerente con la condizione in cui la corrente di monte sia in stato critico, per cui risulta $Y(\mathsf{F}_1 = 1) = 1$.

Risalto idraulico ondulato

I risalti idraulici ondulati che possono manifestarsi nelle canalizzazioni a sezione chiusa sono simili a quelli che hanno luogo nei canali aperti; in entrambi i casi si assiste alla formazione di un'onda stazionaria, avente la peculiarità di essere particolarmente sensibile a piccole perturbazioni. Ad esempio, una lieve riduzione del tirante idrico di valle può causare lo spostamento del fronte del risalto verso valle per una distanza misurabile in multipli del tirante idrico stesso [2, 18, 19].

Ogni piccolo disturbo della corrente supercritica induce la formazione di *onde di shock* (inglese: "shockwaves"), ovvero onde a fronte ripido, che possono essere osservate anche nel caso di risalto idraulico ondulato. In linea generale, con riferimento a canali rettangolari, è possibile distinguere quattro tipologie di risalto idraulico ondulato a seconda del valore assunto dal numero di Froude $\mathsf{F}_o = V_o/(gh_o)^{1/2}$ [23]:

*   *Tipo A*, che si verifica allorché risulti $1 \leq \mathsf{F}_o \leq 1.20$, cui corrisponde una superficie essenzialmente piana e liscia, senza la presenza di onde di shock;
*   *Tipo B*, caratterizzato da valori $1.20 < \mathsf{F}_o < 1.28$, con la formazione di una superficie idrica ondulata, insieme a onde di shock trasversali;
*   *Tipo C*, che si distingue per la presenza di una superficie libera con geometria tipicamente tridimensionale ed un vortice principale che si estende fino al primo punto di massimo della superficie ondulata; tale tipologia si manifesta per $1.28 \leq \mathsf{F}_o \leq 1.36$;
*   *Tipo D*, che si manifesta per $1.36 < \mathsf{F}_o < 1.60$, anch'essa con la presenza di una superficie ondulata tridimensionale che risulta però frangente nella parte centrale.

Lo schema di un risalto idraulico ondulato in una condotta circolare di diametro D è mostrato in Fig. 7.5, in cui h_o è il tirante idrico della corrente in arrivo e Q è la portata; quindi il grado di riempimento ed il numero di Froude a monte del risalto sono rispettivamente definiti come $y_o = h_o/D$ e $\mathsf{F}_o = Q/(gDh_o^4)^{1/2}$. Inoltre, h_{1M}, h_{2M}, ecc. indicano i tiranti idrici massimi (pedice M) che si verificano in corrispondenza dei colmi lungo l'asse della condotta, mentre h_{1m}, h_{2m}, ecc. rappresentano i corrispondenti tiranti minimi (pedice m) misurati nei cavi dell'onda. Le distanze tra i colmi sono indicate come L_1, L_2, ecc., mentre le massime altezze idriche rilevate lungo le pareti sono indicate dai simboli t_{1M}, t_{2M}, ecc.. Nella realtà è generalmente possibile osservare distintamente solo le prime tre ondulazioni del risalto idraulico, in quanto le successive sono fortemente attenuate. Ovviamente, nel caso in cui il valore di h_{1M} sia sufficientemente elevato, si può innescare nella condotta un brusco passaggio da moto a superficie libera a moto in pressione (inglese: "choking").

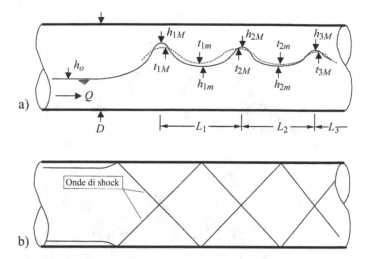

Fig. 7.5. Schema teorico di un risalto idraulico ondulato in un canale a sezione circolare: a) sezione in asse al canale; b) pianta

Le tipologie di risalto idraulico ondulato prima descritte per canali rettangolari possono essere adottate anche nel caso di canale a sezione circolare. In particolare, per valori del numero di Froude F_o inferiori a 2, e per gradi di riempimento $0.30 < y_o < 0.70$, le prove su modello fisico hanno mostrato che si verifica un risalto di Tipo A qualora risulti $1 \leq F_o \leq 1.50$, ovvero di Tipo B per valori modesti del grado di riempimento $(0.30 < y_o < 0.45)$; la condizione di insorgenza di entrambi i risalti di Tipo C e Tipo D è data dalla relazione $y_o = 1.5 - 0.60F_o$.

Secondo quanto indicato dall'Eq. (7.32), il rapporto Y delle altezze coniugate di un risalto idraulico diretto in una condotta, descritto nel seguito, dipende esclusivamente dal numero di Froude nella sezione a monte del risalto F_o, ovvero F_1 analogamente a quanto illustrato per il risalto idraulico classico in canali a sezione rettangolare, in cui il rapporto delle altezze coniugate $Y^*(F_1)$ è espresso dall'Eq. (7.17). Le prove di laboratorio hanno mostrato che il primo massimo del risalto ondulato $Y_{1M} = h_{1M}/D$ ha valori contenuti tra i suddetti due estremi.

I valori massimi dei tiranti idrici in asse al canale (pedice e) $Z_{ie} = h_{ie}/D$, la distanza tra le creste successive del risalto ondulato, nonché le caratteristiche geometriche della ondulazione i-esima in prossimità della parete, possono essere stimate mediante le seguenti relazioni, dedotte sulla base di risultati sperimentali [6]:

$$Z_{iM} = \alpha F_o y_o - 0.10; \tag{7.33}$$

$$Z_{im} = \beta F_o y_o - 0.10; \tag{7.34}$$

$$L_i/D = 9.5(y_o/F_o); \tag{7.35}$$

$$t_{iM}/D = \alpha F_o y_o - \gamma; \tag{7.36}$$

$$t_{im}/D = 0.94 F_o y_o - 0.06, \tag{7.37}$$

nelle quali vanno considerati i seguenti valori dei coefficienti: $\alpha = 1.20$, 1.15 e 1.10,

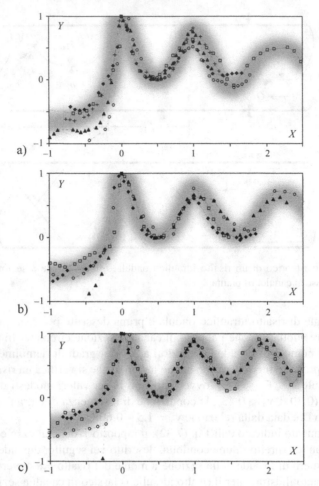

Fig. 7.6. Profili normalizzati in asse alla condotta $Y(X)$ per diverse serie di esperimenti: a) tipo A; b) tipo B; c) tipo C [6]

$\beta = 0.965$, 0.975 e 1.00, e $\gamma = 0.15$, 0.125 e 0.10, rispettivamente per $i = 1$, 2 e 3. Le suddette relazioni mostrano una attenuazione dei colmi nella direzione del flusso. Si noti inoltre che i primi colmi sono caratterizzati da valori più elevati in asse al canale che alla parete, fino alla terza cresta in corrispondenza della quale divengono identici. È altresì opportuno sottolineare che le suddette relazioni sono a rigore valide sono nell'intervallo $0.50 < F_o y_o < 1$.

Nella Fig. 7.6 sono riportati i *profili assiali del risalto* $Y(X)$ per varie tipologie di risalto, essendo $Y = (h - h_{1m})/(h_{1M} - h_{1m})$ e $X = (x - x_{1m})/L_1$; la progressiva x è misurata per convenzione a partire dalla prima cresta. Questi profili ricordano quelli dell'onda cnoidale, caratterizzata da una notevole ripidità della cresta e da una forma più arrotondata del cavo. Ulteriori osservazioni sperimentali hanno mostrato che il tirante idrico a valle del risalto tende asintoticamente ad assumere il valore h_2, così come determinato dall'Eq. (7.32).

I valori estremi dei tiranti idrici sono rappresentati dal primo massimo e dal corrispondente minimo della superficie idrica e quindi vanno opportunamente tenuti in conto all'atto del *dimensionamento idraulico* della canalizzazione. La condizione limite di progetto, per verificare la eventuale entrata in pressione della canalizzazione, è data dalla seguente relazione, dedotta dall'Eq. (7.33) per $i = 1$:

$$Z_{1M} = 1.20 F_o y_o - 0.10. \tag{7.38}$$

Il deflusso in pressione della corrente (inglese: "choking flow") può essere prevenuto imponendo la condizione $Z_{1M} = h_{1M}/D < 1$, ovvero $F_o y_o < 0.92$.

Il parametro $C_o = F_o y_o$, introdotto da Stahl e Hager [25], può quindi essere definito *fattore di sovraccarico* e va tenuto a riferimento per lo studio della eventuale formazione di un risalto idraulico in una condotta a sezione circolare. Nel caso di risalto idraulico diretto, ovvero nel caso in cui risulti $F_o > 2$, il passaggio da moto a superficie libera a moto in pressione si verifica allorché risulti $C_o > 1$, mentre, per risalto idraulico ondulato, la condizione limite di progetto è data dalla relazione

$$C_o < 0.90 \quad \text{per} \quad 1 < F_o < 2. \tag{7.39}$$

Quindi, la massima capacità (pedice C) di convogliamento idraulico di una condotta, in condizioni di deflusso a superficie libera, può essere espressa mediante la relazione

$$Q_C/(gD^3 h_o^2)^{1/2} < 0.90 \quad \text{per} \quad 1 < F_o < 2. \tag{7.40}$$

Alcuni tipici andamenti dei risalti idraulici ondulati sono illustrati nelle Fig. 7.7 e 7.8.

Caratteristiche del risalto idraulico

La *dissipazione di energia* nel risalto idraulico che si manifesta in un canale circolare è significativamente inferiore rispetto a quella che si verifica nel corrispondente canale rettangolare. Per tale motivo, un manufatto di dissipazione a risalto non dovrebbe mai essere realizzato in una canalizzazione circolare, anche perché, in tal caso, il risalto idraulico è poco stabile e le sue caratteristiche sono particolarmente sensibili a piccole variazioni delle condizioni di monte o di valle.

I risalti idraulici in canali circolari possono presentare caratteristiche peculiari in funzione del grado di riempimento di monte y_1 e del corrispondente numero di Froude F_1. In particolare, come già illustrato in precedenza, il risalto è ondulato per valori di F_1 contenuti fino a 1.5, con il frangimento della prima ondulazione che si verifica approssimativamente nell'intervallo $1.5 < F_1 < 2$.

Nel caso in cui risulti $F_1 > 2$, le ondulazioni della superficie libera svaniscono e si assiste alla formazione del cosiddetto *risalto idraulico diretto*, che presenta le seguenti caratteristiche:

- per $y_1 < 1/3$, il fronte del risalto non è rettilineo. Si notano due rigonfiamenti della superficie libera in corrispondenza delle pareti (pressoché simmetrici rispetto

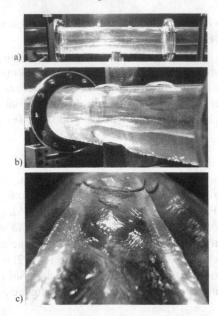

Fig. 7.7. Risalto idraulico ondulato per $y_o = 0.43$ e $F_o = 1.47$: a) vista generale; b) andamento della superficie libera; c) vista da valle [6]

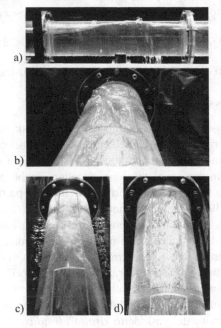

Fig. 7.8. Risalto idraulico ondulato per $y_o = 0.62$ e $F_o = 1.50$, corrispondente ad una condizione di *choking*: a) vista generale; b) dettaglio con formazione di onde di shock; c) vista da valle; d) vista dall'alto [6]; si notino le aperture sulla sommità del canale per l'accesso degli strumenti di misura

all'asse del canale) che delimitano un getto di superficie; in tale condizione sono visibili due zone di separazione della corrente ed una zona di ricircolazione in corrispondenza del fondo [13];

- per $y_1 \geq 1/3$, il risalto ha geometria essenzialmente bidimensionale, simile a quella del risalto idraulico classico (paragrafo 7.3.2).

Le lunghezze caratteristiche del risalto idraulico in condotta circolare sono:

- *lunghezza di ricircolazione L_R*, misurata per convenzione a partire dalla estremità di monte del più lungo dei due rigonfiamenti fino al punto di ristagno in corrispondenza della superficie libera. Il valore della lunghezza relativa $\lambda_R = L_R/h_2$ dipende essenzialmente da F_1 secondo la relazione $\lambda_R = 2F_1^{1/2}$;
- *lunghezza di aerazione L_a*, misurata sempre a partire dalla estremità di monte del più lungo dei due rigonfiamenti fino alla sezione in cui l'aerazione della corrente è trascurabile (sono al più presenti singole bolle d'aria). La lunghezza relativa di aerazione $\lambda_a = L_a/h_2$ è indicativa della lunghezza del risalto e può essere espressa come $\lambda_a = 4F_1^{1/2}$, ovvero $\lambda_a = 2\lambda_R$.

Nella Fig. 7.9 sono illustrate alcune tipologie di risalto; in particolare, si notano un risalto ondulato (Fig. 7.9a) ed un risalto diretto con funzionamento a pelo libero a valle del risalto (Fig. 7.9b), mentre le Fig. 7.9c e 7.9d, entrambe caratterizzate da una

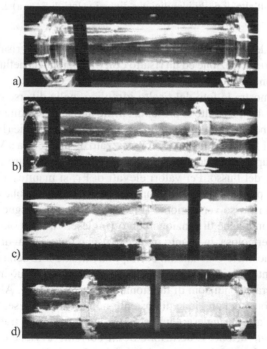

Fig. 7.9. Vista laterale di un risalto idraulico in canale circolare per diversi valori di $F_1 =$ a) 1.1; b) 2.3; c) 4.1; d) 6.5

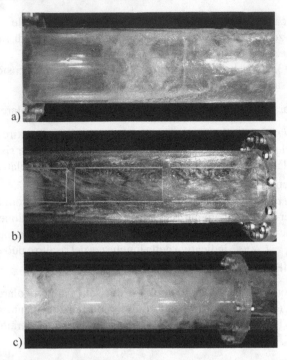

Fig. 7.10. Viste dall'alto di risalti idraulici per diversi valori di F_1 = a) 2.3; b) 4.1; c) 6.5

intensa aerazione della corrente, esibiscono, rispettivamente, un risalto idraulico con un'estesa zona di ricircolazione ed un risalto con transizione da deflusso a pelo libero a funzionamento in pressione.

La Fig. 7.10 mostra le foto del risalto idraulico, nelle diverse condizioni, visto dall'alto. Per $y_1 \geq 1/3$, il risalto si presenta simile al risalto idraulico classico con un fronte rettilineo e ben definito e con un macrovortice di superficie (Fig. 7.10a). Invece, per $y_1 < 1/3$, il fronte del risalto è caratterizzato da una forma a V (Fig. 7.10b); in prossimità della superficie si concentra la zona di trasporto, mentre sul fondo prevale una ricircolazione del flusso. Per valori elevati di F_1, si manifesta la transizione al funzionamento in pressione, e sono chiaramente distinguibili zone di trasporto verso valle e zone di riflusso verso monte (Fig. 7.10c). Nel prosieguo ci si soffermerà su quest'ultima condizione di funzionamento (inglese: "flow choking"), che risulta particolarmente pericolosa, in quanto induce brusche fluttuazioni di pressione.

La Fig. 7.11 mostra le viste laterali corrispondenti alle foto della Fig. 7.10. Si noti il repentino aumento dei tiranti idrici, con un fronte ripido che può innescare, a breve distanza, indesiderate condizioni di funzionamento in pressione. Altrettanto interessante è la transizione tra la regione di corrente non aerata (inglese: "black water") e quella di corrente aerata (inglese: "white water") seguita da un tratto in cui prevale il fenomeno di *deaerazione*. L'*aerazione della corrente* avviene essenzialmente in corrispondenza degli strati di corrente che si mescolano nelle zone di deflusso prima e dopo il risalto, mentre il fenomeno di *deaerazione* è essenzialmente innescato dalla

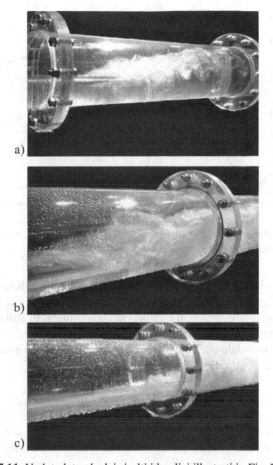

a)

b)

c)

Fig. 7.11. Veduta laterale dei risalti idraulici illustrati in Fig. 7.10

notevole turbolenza generata dal risalto idraulico; ulteriori risultati, specificamente riferiti al fenomeno di aerazione della corrente, verranno illustrati nel prosieguo del presente capitolo.

Gli studi sperimentali disponibili in letteratura non portano in conto l'effetto della *pendenza del fondo*, anche se, sulla scorta di risultati similari ottenuti per sezioni rettangolari, è possibile affermare che l'influenza della pendenza longitudinale è trascurabile quando essa è inferiore al 5% [13].

7.3.4 Sezioni ovoidale ed a ferro di cavallo

La sezione ovoidale e quella a ferro di cavallo sono sezioni ricorrenti nella pratica tecnica, caratterizzate da una costruzione geometrica policentrica. Per tale motivo, la formulazione di espressioni analitiche della spinta idrostatica risulta essere particolarmente complicata, oltre che di scarsa utilità, per entrambe le sezioni; ai fini dello

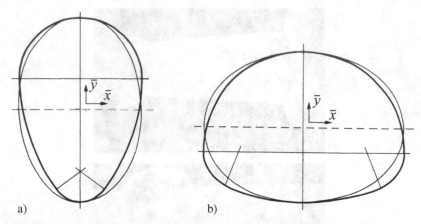

Fig. 7.12. a) Sezione ovoidale; b) sezione a ferro di cavallo 2 : 1.5, confrontate con le corrispondenti ellissi (—) che le approssimano, secondo l'Eq. (7.41)

studio del risalto idraulico, verrà di seguito illustrata una procedura semplificata per il calcolo di tale grandezza nelle sezioni ovoidale e a ferro di cavallo. È appena il caso di notare che, a tutt'oggi, non esistono studi sperimentali sulla formazione del risalto idraulico per le suddette sezioni.

Sia la sezione ovoidale che quella a ferro di cavallo possono essere approssimate con *ellissi* aventi eccentricità 1 : 2, e quindi di equazione

$$\left(\frac{\bar{x}}{B}\right)^2 + \left(\frac{\bar{y}}{T}\right)^2 = \left(\frac{1}{2}\right)^2, \tag{7.41}$$

in cui B e T sono rispettivamente la larghezza e la altezza della sezione. Pertanto, la sezione idrica A, corrispondente ad un assegnato grado di riempimento $y = h/T$, è data dalla relazione

$$\frac{A}{BT} = \frac{1}{4}[\arccos(1-2y) - 2(1-2y)(y-y^2)^{1/2}], \tag{7.42}$$

che, nel caso particolare in cui $B = T = D$, diventa coincidente con l'Eq. (7.25) precedentemente riportata per la sezione circolare.

Per la stima della spinta idrostatica in canali di sezione ellittica, è possibile fare riferimento alla relazione proposta da Hjelmfelt [15]:

$$\frac{P_s}{\rho g B T^2} = \frac{1}{8}(2y-1)[\arccos(1-2y) - 2(1-2y)(y-y^2)^{1/2}] + \frac{2}{3}(y-y^2)^{3/2}. \tag{7.43}$$

Si noti che il secondo membro di quest'ultima relazione fornisce risultati in perfetto accordo con quelli forniti dall'Eq. (7.24) relativa al caso di sezione circolare. Pertanto, le Eq. (7.42) e (7.43), che esprimono la variazione della spinta idrostatica $P_s(y)$ e della sezione idrica $A(y)$ con il grado di riempimento y, sono ugualmente valide per le sezioni circolare, ovoidale ed a ferro di cavallo. Se ne deduce che l'Eq. (7.29), e quindi la Fig. 7.4, si applicano anche alle sezioni ovoidale ed a ferro di cavallo, purché la portata normalizzata sia espressa come $q_D = Q/(gB^2T^3)^{1/2}$ invece di $q_D = Q/(gD^5)^{1/2}$, valida per la sezione circolare. Tale approssimazione riveste notevole utilità pratica, in quanto consente una semplice determinazione delle altezze coniugate per tutte e tre le sezioni.

Esempio 7.1. Si calcoli la altezza coniugata in un canale di sezione ovoidale, di dimensioni 120:180 [cm], essendo $h_1 = 50$ cm e $Q = 1500 \, \text{Ls}^{-1}$.

Partendo dai valori assegnati, $B = 1.2$ m e $T = 1.8$ m, è possibile calcolare la portata relativa $q_D = 1.5/(9.81 \cdot 1.2^2 1.8^3)^{1/2} = 0.165$. Essendo $y_1 = h_1/T = 0.5/1.8 = 0.278$, dalle Eq. (7.30) e (7.29), è possibile calcolare, rispettivamente, $q_o = 0.297$ e $(q_D - y_1^2)/(q_o - y_1^2) = (0.165 - 0.278^2)/(0.297 - 0.278^2) = 0.40$. Risulterà quindi $(y_2 - y_1)/(1 - y_1) = 0.40^{0.95} = 0.419$, da cui si deduce il valore $y_2 = 0.581$, e quindi quello della altezza coniugata $h_2 = 0.581 \cdot 1.8 = 1.05$ m.

7.4 Funzionamento in pressione indotto da risalto idraulico

7.4.1 Introduzione

Sebbene la normale condizione di funzionamento di un collettore fognario è il deflusso a superficie libera, in particolari circostanze (ad esempio rigurgito da valle, portate superiori a quelle di progetto, ecc.) si può innescare il funzionamento in pressione. Tale condizione, pur se anomala, merita attenzione da parte dei tecnici in quanto foriera di possibili danni e disfunzioni del sistema fognario.

La repentina transizione dal deflusso a pelo libero al moto in pressione viene normalmente descritta con il termine *sovraccarico* (inglese: "surcharge" o "choking") o *entrata in pressione*; la condizione opposta è invece costituita dal passaggio dal moto in pressione al funzionamento a pelo libero. Entrambi i fenomeni si caratterizzano per la presenza di discontinuità nel processo di moto; si tenga presente che, in condizione di moto uniforme, è impossibile riprodurre artificialmente in laboratorio il deflusso di una corrente in una condotta a sezione piena, poiché la ricerca di tale condizione sperimentale evolve sempre nel *choking* della condotta (capitolo 5).

Le cause determinanti il passaggio dal moto a pelo libero a quello in pressione, oltre al fenomeno di natura opposta, in canali a sezione chiusa sono molteplici e generalmente riconducibili ad una scarsa ventilazione della corrente (con conseguente presenza di tratti in cui la pressione è inferiore a quella atmosferica), alla formazione di ondulazioni superficiali per disturbi indotti da imbocchi mal raccordati ed alla presenza di curve o restringimenti. Tale fenomeno si manifesta anche per correnti lente, ma è particolarmente rilevante per correnti veloci. In particolare, ci si soffermerà sul caso in cui il sovraccarico sia provocato dalla formazione di un risalto idraulico, per effetto del rigurgito indotto dal tronco posto a valle. Tale fenomenologia, peraltro, non è stata ancora del tutto chiarita dai ricercatori impegnati sull'argomento (capitolo 5), ed è auspicabile che nel futuro il suo studio venga ulteriormente approfondito.

Una *variazione di pendenza* da debole a forte (Fig. 7.13a) può generare una accelerazione della corrente la quale, di conseguenza, può dar vita all'entrata in pressione del collettore per effetto dell'impatto sulla corrente di valle. La Fig. 7.13b mostra

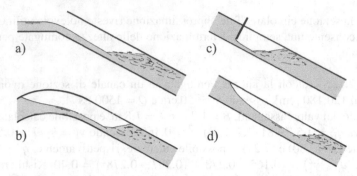

Fig. 7.13. Sviluppo di un risalto idraulico in una condotta circolare provocato da: a) variazione di pendenza; b) presenza di un sifone; c) paratoia; d) sacca d'aria

la tipica condizione di deflusso in un tratto a sifone, che presenta la transizione alla condizione di moto in pressione a valle del punto alto. La situazione rappresentata in Fig. 7.13c è riferita al deflusso della corrente idrica attraverso una paratoia, mentre quella schematizzata nella Fig. 7.13d illustra la presenza di una sacca d'aria in una corrente idrica in pressione. In tutti i casi sopra elencati, si assiste ad una aerazione della corrente idrica per effetto del risalto idraulico che viene a formarsi, con la conseguente formazione di un flusso bifase (*miscela aria-acqua*). In funzione delle particolari condizioni locali, le cavità gassose possono essere trascinate dalla corrente nella direzione del moto, ovvero risalire verso monte per effetto delle forze di galleggiamento. Ovviamente, la disponibilità di una quantità d'aria più o meno elevata condiziona le caratteristiche del risalto idraulico.

La presenza di aria nelle correnti idriche che defluiscono in sistemi fognari presenta alcuni vantaggi, quali appunto l'aerazione della corrente e la riduzione dei danni da cavitazione, che si possono generalmente ritenere preferibili ai corrispondenti svantaggi, quali ad esempio:

- possibilità di innesco di correnti pulsanti con presenza di grosse cavità gassose;
- riduzione della portata convogliata per la presenza di flusso bifase;
- improvvisa espulsione di grosse quantità di aria intrappolata nel sistema, talvolta pittorescamente denominata con il termine *geysering*.

Nella progettazione delle fognature, viene quindi di norma imposta la condizione di *corrente a superficie libera*, anche allo scopo di garantire una sufficiente ventilazione nelle varie condizioni di esercizio. Nel paragrafo successivo, viene presentata una caratterizzazione del risalto idraulico in canali a sezione circolare, con conseguente transizione al moto in pressione nel collettore; particolare attenzione viene dedicata alla valutazione delle altezze coniugate, alla efficienza della dissipazione di energia ed alla lunghezza del risalto.

7.4.2 Altezze coniugate

Nel 1943 Kalinske e Robertson hanno per primi presentato una relazione che legava i tiranti idrici posti a monte ed a valle di un risalto idraulico in un canale *circolare*. Detto $y = h/D$ il grado di riempimento, P_s la spinta idrostatica, $S_o = \arcsin \Theta$ la pendenza longitudinale del canale, e $\beta_a = Q_a/Q$ il rapporto tra la portata di aria (pedice a) e quella idrica (Fig. 7.14), la relazione che lega i tiranti idrici h_1 e h_2, rispettivamente a monte ed a valle del risalto, è la seguente:

$$P_{s1}/(\rho g) + QV_1/g + \frac{\pi}{4}D^2 L_j S_o = P_{s2}/(\rho g) + (1 + \beta_a)QV_2/g. \qquad (7.44)$$

Introducendo nell'Eq. (7.44) le espressioni della lunghezza del risalto e della portata d'aria, successivamente riportate, è possibile ricavare la soluzione rappresentata nella Fig. 7.15, analogamente a quanto illustrato in Fig. 7.4. In particolare, per un assegnato valore della portata normalizzata $q_D = Q/(gD^5)^{1/2}$ e del grado di riempimento di monte $y_1 = h_1/D$, il grado di riempimento coniugato di valle $y_2 = h_2/D$ può essere determinato per diversi valori della pendenza S_o. Inoltre, dalla Fig. 7.15 si evince che, per un valore costante della portata q_D, il tirante idrico h_2 diminuisce all'aumentare del tirante di monte h_1. Tale risultato è valido solo nel caso in cui risulta $y_2 > 1$, ovvero in presenza di una brusca entrata in pressione del collettore, mentre qualora risulti $y_2 < 1$ resta valida la procedura illustrata nel paragrafo 7.3.

Ad ogni valore del grado di riempimento $y_1 = h_1/D$ corrisponde un valore del numero di Froude al di sotto del quale il risalto idraulico introduce nella corrente una quantità d'aria di cui una sola parte viene effettivamente trasportata verso valle, mentre la restante porzione va periodicamente in ricircolo verso monte attraverso il vortice superficiale principale. Il *valore limite* y_{1L} (pedice L) del tirante idrico di monte è rappresentato dalla linea tratteggiata rappresentata in Fig. 7.15 e può essere espresso in funzione di F_1, per $S_o < 0.4$, dalla seguente relazione:

$$y_{1L} = \frac{1}{2}\left[\frac{3}{4} + S_o^{0.7}\right] F_1^{0.6}. \qquad (7.45)$$

Quindi, per $y_1 < y_{1L}$ il valore del coefficiente di aerazione β_a ed i grafici riportati in Fig. 7.15 possono ritenersi validi solo in prima approssimazione, per effetto delle limitazioni sopra richiamate.

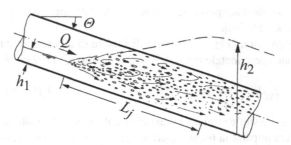

Fig. 7.14. Schema di risalto idraulico in un canale circolare di assegnata pendenza con moto in pressione a valle

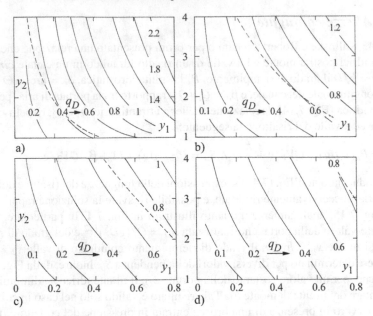

Fig. 7.15. Tiranti coniugati $y_1 = h_1/D$ e $y_2 = h_2/D$ in funzione della portata relativa $q_D = Q/(gD^5)^{1/2}$ per diversi valori della pendenza $S_o = $ a) 0; b) 10%; c) 20% e d) 30%. La linea tratteggiata rappresenta il valore y_{1L} secondo l'Eq. (7.45) [8]

Per ciò che concerne la definizione delle *lunghezze caratteristiche dei risalti*, è opportuno distinguere:

- lunghezza del vortice L_r;
- lunghezza del risalto L_j;
- lunghezza di aerazione L_a.

Per sezioni rettangolari chiuse Haindl [8] definì la seguente espressione per la *lunghezza del vortice*:

$$\lambda_r = L_r/h_1 = 5.75(\mathsf{F}_1 - 2), \quad \mathsf{F}_1 < 10. \tag{7.46}$$

La *lunghezza di ventilazione* può essere invece calcolata approssimativamente come $L_a[m] = 10Q \, [\mathrm{m^3 s^{-1}}]/b \, [\mathrm{m}]$.

Kalinske e Robertson [17], sulla scorta di misure di laboratorio hanno fornito la seguente relazione sperimentale per la stima della *lunghezza del risalto* [8]:

$$\lambda_j = L_j/h_1 = 1.9[2\exp(1.5y_1) + \exp(-10S_o) - 1](\mathsf{F}_1 - 1), \tag{7.47}$$

tramite la quale è possibile stimare la distanza dal piede del risalto del punto in cui la superficie idrica impatta la parte superiore della condotta (Fig. 7.14). Rispetto all'Eq. (7.23) relativa al risalto idraulico classico, nella sezione circolare si nota che λ_j dipende anche dalla pendenza S_o.

7.4.3 Aerazione della corrente

Kalinske e Robertson [17] hanno definito il *coefficiente di aerazione*

$$\beta_a = 0.0066(F_1 - 1)^{1.4}, \qquad (7.48)$$

in cui il numero di Froude F_1 per la sezione circolare è fornito dall'Eq. (7.1), ovvero, in via approssimata, dalla relazione $F_1 = Q/(gDh_1^4)^{1/2}$, in accordo con l'Eq. (6.35).

Ulteriori studi sul *trasporto di bolle d'aria* sono stati effettuati da Falvey [5], mentre Ahmed et al. [1] hanno investigato nel dettaglio il rapporto tra la portata di aria trasportata dalla corrente e quella intrappolata nella condizione di moto in pressione in canali a sezione rettangolare. Infine, Hager [8] ha curato una nota riepilogativa degli studi eseguiti sul trasporto di aria a valle di un risalto idraulico.

7.4.4 Criterio di choking

Per quanto detto, il rapporto delle altezze coniugate $Y(F_1)$ è dato dall'Eq. (7.32), la quale però è valida per correnti a pelo libero mentre necessita di alcune correzioni affinché possa essere applicata anche in presenza di *choking* per tenere opportunamente in conto la presenza del *flusso misto aria-acqua*. Sulla base di evidenze sperimentali, il rapporto delle altezze coniugate può essere espresso come $Y = F_1$, invece che mediante l'Eq. (7.32), nel caso in cui risulta $h_2/D > 0.9$. In condizione di choking (pedice c) la altezza piezometrica di valle h_2 risulta maggiore del diametro D del canale. In particolare, la condizione di *choking incipiente* è data da $h_2/D = 1$ per cui, risultando $Y_c = F_1$, la corrispondente portata risulta pari a

$$\frac{Q_c}{(gD^3 h_1^2)^{1/2}} = 1. \qquad (7.49)$$

Pertanto, la massima portata di una corrente a pelo libero in un alveo a valle di un risalto idraulico dipende fortemente dal diametro D del canale e varia linearmente con il tirante idrico di monte h_1.

Nel capitolo 16 verrà introdotto il cosiddetto *fattore di sovraccarico* ("choking number"), a partire dalle considerazioni sin qui esposte circa la presenza del risalto idraulico in canali a sezione circolare. Il *fattore di sovraccarico* rappresenta un parametro di notevole importanza quando si ha a che fare con correnti veloci.

7.5 Risalto idraulico in sezione a U

La sezione a forma di U riveste notevole importanza nelle pratiche applicazioni, in quanto tipicamente si ricorre ad essa in corrispondenza di manufatti particolari quali, ad esempio, i pozzetti di cambio speco da sezione circolare a rettangolare; nonostante ciò, la sezione ad U è stata raramente oggetto di specifici studi sperimentali.

La *sezione ad U* si compone di una parte inferiore di forma semicircolare di diametro D, all'interno della quale la corrente defluisce per gradi di riempimento

$h/D \leq 1/2$, e di una porzione superiore costituita da una sezione rettangolare di larghezza D che, quindi, risulta chiamata in causa nel computo della sezione idrica qualora risulti $h/D > 1/2$. Detto $y = h/D$, la sezione idrica A e la spinta idrostatica P_s possono essere calcolate mediante le seguenti relazioni:

$$A/D^2 = y + \frac{\pi}{8} - \frac{1}{2}; \tag{7.50}$$

$$P_s/(\rho g D^3) = \frac{1}{2}\left(y - \frac{1}{2}\right)^2 + \frac{\pi}{8}\left(y - \frac{1}{2}\right) + \frac{1}{12}. \tag{7.51}$$

Come per la sezione circolare, tali relazioni possono essere approssimate, per $y < 1$, dalle seguenti espressioni [7]:

$$A/D^2 = \frac{4}{3}y^{3/2}\left(1 - \frac{1}{3}y\right); \tag{7.52}$$

$$P_s/(\rho g D^3) = \frac{8}{15}y^{5/2}\left[1 - \frac{1}{4}y\right]. \tag{7.53}$$

Nel caso di canale prismatico pressoché orizzontale, a partire dall'equilibrio delle spinte totali, espresso analiticamente dall'Eq. (7.13), è possibile ricavare il rapporto tra le *altezze coniugate*

$$\frac{8}{15}y_1^{5/2}\left(1 - \frac{1}{4}y_1\right) + \frac{Q^2/(gD^5)}{\frac{4}{3}y_1^{3/2}\left(1 - \frac{1}{3}y_1\right)} = \frac{8}{15}y_2^{5/2}\left(1 - \frac{1}{4}y_2\right) + \frac{Q^2/(gD^5)}{\frac{4}{3}y_2^{3/2}\left(1 - \frac{1}{3}y_2\right)}. \tag{7.54}$$

Risolvendo la precedente equazione rispetto alla portata normalizzata $q_D = Q/(gD^5)^{1/2}$, è possibile ricavare il grafico riportato in Fig. 7.16, il quale risulta equivalente a quello rappresentato in Fig. 7.4 per canali a sezione circolare.

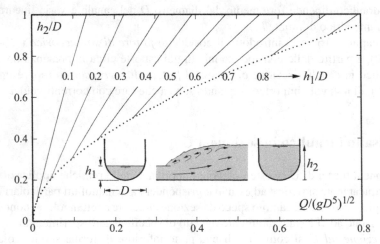

Fig. 7.16. Altezze coniugate in un canale con sezione ad U, (...) $h_1 = h_2$

Inoltre, in analogia alla Eq. (7.29) valida per sezione circolare, anche per la sezione ad U è possibile ricavare la seguente espressione approssimata:

$$\frac{y_2 - y_1}{1 - y_1} = \frac{q_D - y_1^2}{q_o - y_1^2}, \quad \text{con} \quad q_o = 0.87 y_1^{0.85}. \tag{7.55}$$

Per assegnati valori della portata Q e del grado di riempimento y_1, è stato dimostrato sperimentalmente che il valore relativo della altezza coniugata y_2 risulta sempre inferiore a quello calcolato, e ciò trova spiegazione nell'effetto delle forze resistenti al moto dovute alla scabrezza delle pareti, precedentemente trascurate. Peraltro, lo scarto tra i valori osservati e quelli calcolati tendono a diminuire all'aumentare della dimensione del canale, per cui si può ritenere che l'utilizzo dell'Eq. (7.55) risponde sufficientemente bene alle esigenze pratiche di calcolo.

Per quanto riguarda la *lunghezza del risalto L_j*, non esiste in letteratura una valutazione specifica della sua dipendenza dal numero di Froude e dal grado di riempimento; ad ogni modo, Hager [7] ne ha fornito una stima approssimata mediante la relazione

$$L_j / h_2 = 6. \tag{7.56}$$

Si rileva che il risalto idraulico in un canale con sezione ad U presenta sempre lunghezza maggiore del corrispondente risalto in un canale a sezione rettangolare.

Il risalto idraulico in un collettore con sezione ad U può comunque presentare all'apparenza caratteristiche apprezzabilmente diverse da quelle del risalto in canale a sezione rettangolare:

- per piccoli valori di y, la superficie libera della corrente in arrivo ha larghezza inferiore alla larghezza D della sezione (Fig. 7.17);
- lungo il risalto idraulico si verifica una espansione laterale della corrente. Per contro, il flusso di corrente in arrivo da monte è concentrato in corrispondenza della zona centrale del canale, formando quindi un getto compatto in asse allo

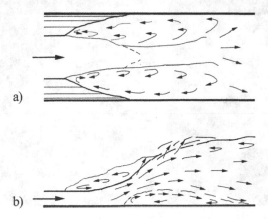

Fig. 7.17. Schematizzazione del processo di moto in presenza di valori ridotti del grado di riempimento y_1: a) superficie libera; b) sezione della corrente idrica

stesso; tale getto, per effetto della massa di fluido circostante, tende ad essere sollevato dal fondo, assumendo di conseguenza la configurazione di un getto di superficie;

- dalla vista della sezione trasversale si nota la presenza del cosiddetto *vortice di fondo* sottoposto al getto precedentemente descritto (Fig. 7.17b). Tale elemento rappresenta una peculiarità del caso della sezione ad U, non presente nel caso di sezione rettangolare; tale aspetto è comune ai risalti idraulici che si verificano in canali con geometrie tali che, all'aumentare del grado di riempimento, aumenta la larghezza di pelo libero (ad esempio la sezione trapezoidale);
- nella Fig. 7.17a è riportata la vista in pianta delle due *zone di ricircolazione laterale*, che si presentano come due strutture cuneiformi che delimitano il getto di superficie. La lunghezza del risalto L_j è riferita al punto ideale di intersezione dei due cunei, rappresentati dalla linea tratteggiata in Fig. 7.17a.

La Fig. 7.17 rappresenta ovviamente una schematizzazione del complesso processo di moto che si presenta nella realtà, quasi sempre caratterizzato da una notevole asimmetria del fronte del risalto. Nella maggior parte dei casi, si osservano notevoli *oscillazioni longitudinali* con un risalto stabilmente asimmetrico, come mostrato nelle foto della Fig. 7.18. Si può, quindi, senz'altro affermare che il risalto idraulico in canali non rettangolari, con sezione che si allarga all'aumentare del tirante idrico, risulta generalmente poco stabile e meno compatto rispetto al caso del risalto idraulico classico [13]. In definitiva, si può concludere che, se si intende imporre notevoli dissipazioni di energia ad una corrente veloce, non è opportuno ricorrere al risalto idraulico in canali a sezione circolare o ad U.

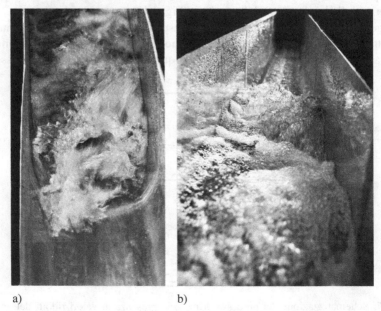

a)   b)

Fig. 7.18. Risalti idraulici tipici in canali ad U per $y_1 = 0.13$ con $F_1 =$ a) 4.6 e b) 6.5

La *tridimensionalità* del risalto in un canale ad U è ulteriormente esaltata nel caso in cui il grado di riempimento risulti molto basso ($y \ll 1/2$); in tal caso, infatti, si assiste ad una notevole espansione del getto costituito dalla corrente veloce di monte. Allorché il grado di riempimento y_1 attinge valori prossimi a 0.5, questo effetto si riduce ed il risalto tende ad essere assimilabile a quello in canale rettangolare [9].

7.6 Manufatti di dissipazione

7.6.1 Introduzione

Nei sistemi fognari i risalti idraulici si manifestano naturalmente laddove le condizioni della corrente e la geometria dei canali siano tali da causarne la formazione, ed in tali casi l'aspetto della dissipazione energetica è certamente secondario. Nel caso in cui si voglia intenzionalmente indurre una notevole perdita di energia ad una corrente idrica, bisogna fare ricorso a manufatti appositamente concepiti che sono i *bacini di dissipazione* (inglese: "stilling basins"), al cui interno il processo dissipativo è efficientemente affidato ad un risalto idraulico. In generale, poiché a valle di un bacino di dissipazione il bilancio energetico della corrente idrica è sempre negativo, si usa il termine *perdita di energia* (capitolo 2).

Per verità, nei sistemi fognari, è raro che si debba fare ricorso a notevoli dissipazioni energetiche; infatti, le portate sono generalmente piccole (se confrontate con le portate di sistemi idrografici naturali), ed anche i valori delle velocità della corrente difficilmente sono particolarmente elevati, dovendo essere contenuti entro i limiti imposti dalla normativa. Un caso particolare è costituito dai manufatti di salto o caduta e dai pozzi a vortice (capitolo 15), per i quali l'aspetto della dissipazione energetica deve essere opportunamente analizzato. Pertanto, nel prosieguo del paragrafo, viene fatto riferimento al caso in cui si renda necessario indurre una significativa dissipazione di energia in corrispondenza di manufatti di dissipazione, quale può essere, ad esempio, il canale emissario di un impianto di depurazione o il manufatto di sbocco di un collettore pluviale. Si riassumono di seguito le principali tipologie di manufatti, sulla base della classificazione effettuata da Hager [11].

Nel passato sono stati sviluppati vari criteri di progettazione dei bacini di dissipazione che hanno condotto alla definizione di numerose tipologie di *bacini standardizzati*. Si faccia, ad esempio, riferimento al "bacino ad impatto" dell'USBR (paragrafo 7.6.4) che, oltre ad essere stato oggetto di sperimentazione su modello fisico, è stato approfonditamente studiato anche mediante esperienze su prototipo. Questa struttura è stata applicata con successo in numerose circostanze, ed anche assoggettata ad alcune modifiche sulla base delle passate esperienze; oggi si può affermare che, seguendo le specifiche di progetto, è possibile dimensionare tale tipo di manufatto senza fare ricorso ad ulteriori prove su modello fisico.

Tutti i manufatti di dissipazione considerati hanno *sezione rettangolare*; il bacino di dissipazione può quindi essere prismatico, nel qual caso si può rendere necessario il collegamento ad un tronco di raccordo a valle dello stesso, ovvero può presentarsi divergente in pianta in modo da non rendere necessaria la realizzazione di un tronco di raccordo con le opere poste a valle. In linea di principio, è preferibile fare riferimento a bacini prismatici, poiché in presenza di espansione della corrente si manifestano fenomeni di *separazione dello strato limite*, che possono ridurre l'efficienza del processo dissipativo, con conseguente pericolo di erosione o escavazione localizzata a valle del manufatto. Nel prosieguo del capitolo, vengono presentati in dettaglio i particolari bacini di dissipazione concepiti da Smith [24] ed il Bacino VI dell'U-SBR [20] precedentemente citato. La tipologia di bacini di dissipazione prismatici verrà esaminata sulla base del bacino proposto da Vollmer [27, 28].

7.6.2 Meccanismo dissipativo

Per dissipazione di energia si intende, in generale, la riduzione del flusso di energia in una corrente idrica, per effetto della *viscosità del fluido*. La potenza dissipata è principalmente localizzata in prossimità delle zone perimetrali della corrente, laddove si formano complesse strutture vorticose che, migrando verso la regione più interna del flusso, innescano moti con elevata turbolenza. Nelle correnti idriche in esame, si assiste alla continua evoluzione di questo meccanismo di generazione della turbolenza, accompagnato dai conseguenti processi dissipativi con trasformazione di energia meccanica in calore.

In senso stretto, si può affermare che la dissipazione d'energia è legata alla formazione locale di macrovortici ed al loro successivo decadimento. La generazione di moti ad elevata turbolenza è generalmente accompagnata dalla formazione di *superfici di scorrimento* in prossimità delle pareti che confinano la corrente. In un risalto idraulico classico (Fig. 7.1a), tali superfici di scorrimento insorgono spontaneamente, comportando l'insorgere di zone di separazione della corrente particolarmente estese, con presenza di vortici superficiali o localizzati sul fondo; in alternativa, è possibile forzare lo sviluppo di ulteriori zone di separazione mediante l'inserimento di elementi strutturali addizionali come soglie o sbarramenti (Fig. 7.1b).

Le *zone di separazione* in una corrente idrica possono essere innescate nei modi più svariati; ciò ha indotto numerosi studiosi ad occuparsi dello sviluppo di elementi strutturali che potessero ottimizzare l'efficienza dei bacini di dissipazione. Se l'estensione della zona di separazione è eccessiva, come ad esempio nel caso di un brusco allargamento del canale, la formazione di superfici di scorrimento si accompagna ad un *mescolamento del getto*, che risulta insufficiente ai fini della dissipazione. In tal caso, il getto formato dalla corrente di monte si propaga verso valle senza aumentare significativamente la propria larghezza, e quindi senza un effettivo allargamento della corrente. A titolo esemplificativo, la Fig. 7.19 illustra due condizioni: nella prima (Fig. 7.19a, sinistra) il meccanismo dissipativo evolve in modo efficiente, in quanto il getto resta ben confinato fintanto che l'angolo di apertura delle pareti resta piccolo; nella seconda (Fig. 7.19a, destra), invece, per effetto del brusco allargamento si verifica una insufficiente dissipazione di energia, a meno che non vengano inseriti elementi strutturali che possano contribuire alla stabilizzazione della corrente ed ad un efficace mescolamento del getto, essenziali per ottenere un soddisfacente processo dissipativo.

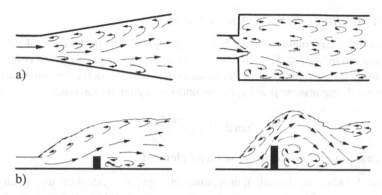

Fig. 7.19. 'Buona' (a sinistra) ed insufficiente (a destra) dissipazione energetica in: a) bacino d'espansione; b) bacino provvisto di setto

L'effetto che può avere una *soglia* su un risalto idraulico dipende essenzialmente dalla altezza della soglia stessa; infatti, una soglia di altezza confrontabile con quella della corrente idrica di monte indurrà una moderata deviazione del getto, contribuendo ad un accettabile mescolamento con la corrente di valle (Fig. 7.19b, sinistra). Per contro, se la soglia ha altezza eccessiva (Fig. 7.19b, destra), la corrente idrica degenera in un getto che impatta la zona di valle e può creare problemi di escavazione sul fondo, se costituito da materiale sciolto e non opportunamente protetto.

Si definisce *adeguata dissipazione di energia*, quella indotta da un fenomeno che soddisfi i seguenti requisiti [26]:

- elevata efficienza, che quindi necessita di un modesto tirante idrico a valle;
- contenuta lunghezza del risalto;
- assenza di danni da cavitazione;
- assenza di oscillazioni della superficie idrica a valle del risalto;
- moderata formazione di spray;
- bassi valori delle sollecitazioni dinamiche sulla struttura;
- assenza di danni da escavazione.

Il suddetto elenco non pretende certamente di essere esaustivo e va comunque sottolineata la impossibilità di perseguire allo stesso tempo tutti gli obiettivi sopraindicati. Pertanto un *adeguato bacino di dissipazione* deve essere in grado di realizzare soddisfacenti efficienze nel processo dissipativo, con tiranti idrici di valle che non siano molto diversi da quelli che si verificherebbero senza l'ausilio di elementi strutturali addizionali; gli ulteriori requisiti possono essere soddisfatti con l'adozione di tecniche particolari delle quali andranno comunque valutati i costi. Nel caso specifico delle applicazioni di interesse per l'idraulica dei sistemi fognari, l'esigenza di realizzare notevoli dissipazioni di energia è certamente meno sentita rispetto al caso dei grossi impianti idraulici (ad esempio, sbarramenti di ritenuta), per i quali sia l'entità delle portate di progetto che i valori delle velocità della corrente possono risultare molto superiori. Hager [13] ha dedicato ai bacini di dissipazione un testo che costituisce un valido riferimento bibliografico.

7.6.3 Il bacino di dissipazione di Smith

Il concetto originario messo a punto da Smith per questo manufatto risale al 1955 ed è stato in seguito modificato [24] con una *graduale espansione di angolo* θ (Fig. 7.20), il cui valore va fissato in funzione del numero di Froude F_o della corrente in arrivo e del rapporto di espansione $\beta = b_1/b_o$, secondo la seguente relazione:

$$\tan \theta = \frac{(\beta - 1)^{1/3}}{4.5 + 2F_o}. \tag{7.57}$$

Il manufatto è costituito dai tre seguenti elementi:

- canale di *imbocco* prismatico, di sezione rettangolare o circolare, avente larghezza b_o e tirante idrico h_o, cui corrisponde un numero di Froude F_o; questo bacino è indicato per correnti idriche caratterizzate da bassi valori del numero di Froude ($1 < F_o < 3$). La pendenza del canale dovrebbe essere inferiore a quella critica S_c; la lunghezza $L_P = D/2 = b_o/2$ è misurata dalla sezione terminale del canale di imbocco fino all'inizio del tratto divergente;
- *tratto di raccordo*, avente lunghezza $L_T = (\beta - 1)/(2\tan \theta)$ e larghezza b_1 misurata nella sezione iniziale del bacino di dissipazione, il cui valore è dato dalla relazione
$$b_1 \ [\text{m}] = 1.1 Q^{1/2} \ [\text{m}^3 \text{s}^{-1}] \tag{7.58}$$

Per prevenire fenomeni di separazione della corrente, il valore di θ non deve essere elevato;
- *bacino*, composto da uno scivolo e contenente una serie di blocchi, avente lunghezza L_B così espressa:
$$L_B/h_2^* = 2.7, \tag{7.59}$$

dove h_2^* è l'altezza coniugata del risalto idraulico, calcolata con l'Eq. (7.17).

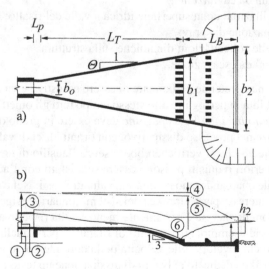

Fig. 7.20. Bacino di dissipazione di Smith: ① Δz, ② h_o, ③ $V_o^2/(2g)$, ④ Δz_E, ⑤ H, ⑥ h_1

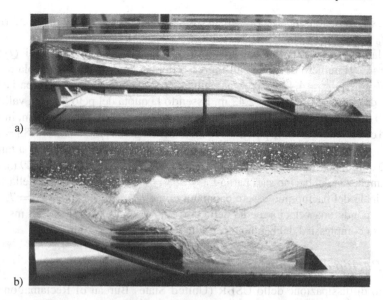

Fig. 7.21. Bacino di dissipazione di Smith in funzione: a) vista laterale; b) dettaglio della corrente in corrispondenza dei blocchi

È opportuno soffermare l'attenzione sui seguenti aspetti:

- il valore del *tirante idrico di monte* h_1, al piede del risalto, va ricavato mediante la costruzione del profilo di corrente, a partire dalla sezione terminale del canale di imbocco. In corrispondenza della sezione di sbocco si può ritenere che l'altezza piezometrica sia pari al 50% del tirante idrico. La somma delle perdite di carico localizzate, lungo il tratto in esame, può essere approssimativamente assunta pari a $\Delta H = 0.15 V_o^2 / (2g)$;
- i valori di altezza, larghezza e distanza tra i *blocchi* devono essere pari a h_1 oppure a $h_2^*/8$, e la fila di blocchi va ubicata ad una distanza pari a $L_B/3$ dalla sezione iniziale del bacino;
- la *platea* del bacino va fissata a profondità $d_2 = 0.9 h_2^*$ al di sotto della quota del pelo libero di valle. La differenza Δz tra il fondo del canale di imbocco e la platea del bacino deve essere almeno pari alla larghezza del canale stesso, e cioè $\Delta z \cong b_o$. Il raccordo tra l'imbocco, pressoché orizzontale, e lo scivolo con pendenza 1:3 deve essere effettuato in maniera opportunamente dolce.

La Fig. 7.21 illustra le prove su modello fisico di un bacino di dissipazione.

Esempio 7.2. Sono assegnati i seguenti dati: $Q = 22.7 \text{ m}^3\text{s}^{-1}$ con $D = 1.83$ m, quota dello sbocco del canale = 100.00 m, quota della superficie libera di valle = 101.50 m. Ipotesi: $\Delta z = 0.90$ m, da cui si ricava la quota della platea posta a 99.10 m.

La velocità media è pari $V_o = Q/A_o = 22.7/(0.785 \cdot 1.83^2) = 8.63 \text{ ms}^{-1}$, da cui $F_o = 8.63/(9.81 \cdot 1.83)^{1/2} = 2.04$. Si assume quindi che l'altezza piezometrica è pari al 50% del diametro del canale. L'energia specifica H_o, secondo la precedente ipotesi sulla pressione, è quindi pari a $H_o = 0.5 \cdot 1.83 + 8.63^2/19.62 = 4.72$ m, da cui risulta $H_1 = H_o + \Delta z = 0.15 \cdot 8.63^2/19.62 = 4.72 + 0.90 - 0.57 = 5.05$ m.

La larghezza b_1 ricavata dall'Eq. (7.58) è pari a 5.24 m, e quindi $Q/b_1 = 4.33$ m^{2}s^{-1}. Il numero di Froude all'ingresso del bacino può essere calcolato come $F_1 = Q/(gb_1^2 h_1^3)^{1/2} = 4.47$. L'altezza coniugata h_2 secondo l'Eq. (7.17) è pari a $h_2 = 2.69$ m, da cui $d_2 = 0.90 \cdot h_2 = 2.42$ m. Essendo la quota del pelo libero a valle pari a 101.50 m, la platea del bacino va fissata a quota $101.50 - 2.42 = 99.08$ m, in buon accordo con il valore assunto pari a 99.10 m. Essendo $\beta = b_1/b_o = 5.24/1.83 = 2.86$, l'angolo di raccordo può essere calcolato mediante l'Eq. (7.57) ed è pari a $\tan\theta = 0.143$; è quindi possibile calcolare la lunghezza $L_T = (b_1 - b_o)/(2\theta) = 11.9$ m. Inoltre, la lunghezza del bacino sarà pari a $L_B = 3d_2 = 7.26$ m. La larghezza della sezione terminale del bacino può essere calcolata come $b_2 = b_1 + 2\tan\theta \cdot L_B = 7.32$ m, cui corrisponde una velocità media della corrente $V_2 = Q/(b_2 d_2) = 1.28$ ms^{-1}. La lunghezza complessiva del bacino è pertanto pari a circa $L = 20$ m.

7.6.4 Bacino di dissipazione USBR

Il bacino di dissipazione dello USBR (United States Bureau of Reclamation) tipo VI [2] si specializza per il fatto che il suo funzionamento non dipende dal *tirante idrico di valle*. Il bacino, la cui caratteristica peculiare è rappresentata dalla presenza di un *setto trasversale sospeso*, può essere usato per velocità della corrente in arrivo $V_o < 10$ m s^{-1} e portate $Q < 13$ m^{3}s^{-1}. Per portate superiori è possibile ricorrere alla installazione di più bacini in parallelo.

Il parametro di progetto fondamentale è rappresentato dalla *portata Q*, a partire dalla quale è possibile stimare la larghezza b del manufatto, con un'approssimazione del $\pm 10\%$, secondo la relazione

$$b = 3.3(Q^2/g)^{1/5}. \tag{7.60}$$

Per effetto dell'azione esplicata dal setto trasversale (Fig. 7.22), il *tirante idrico di valle* non può in alcun modo influenzare il funzionamento del bacino, sempre che la quota della superficie libera di valle sia inferiore a quella dell'asse del canale di alimentazione; sono assolutamente da evitare livelli idrici superiori che indurrebbero un cattivo funzionamento del manufatto.

Il canale di alimentazione (di diametro D) deve avere una pendenza inferiore a $15°$ e può anche avere sezione rettangolare. Le *misure* essenziali del manufatto (Fig. 7.22), sono espresse in funzione della sua larghezza b, secondo le seguenti relazioni:

Altezza totale	$T = (3/4)b$
Lunghezza totale	$L = (4/3)b$
Altezza della soglia	$s = (1/6)b$
Distanza del setto	$a = (7/12)b$
Altezza del muro d'ala di valle	$c = (2/5)b$

Ulteriori caratteristiche geometriche del manufatto sono rappresentate dal suo spessore $e = (1/10)T$, dalla lunghezza del muro d'ala $f = (1/4)b$, e dalla altezza del

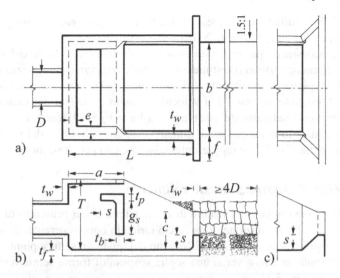

Fig. 7.22. Bacino USBR VI: a) pianta; b) sezione longitudinale; c) progetto alternativo della soglia terminale [2]

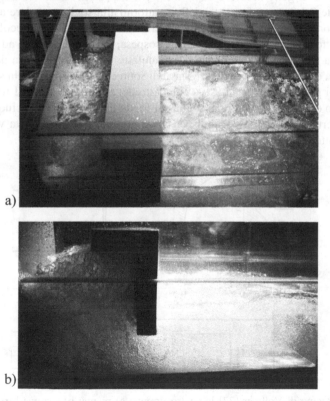

Fig. 7.23. Prove di laboratorio sul bacino USBR VI: a) vista laterale; b) impatto sul setto

setto $g_s = (3/8)b$. Infine, per gli spessori strutturali vengono raccomandati i seguenti valori: $t_w = t_f = t_b \cong (1/12)b$ e $t_p \cong 0.20$ m.

Laddove necessario, per prevenire fenomeni di erosione a valle del manufatto, va predisposto un opportuno rivestimento del fondo (*riprap*) di lunghezza pari a 4D. Il diametro del pietrame costituente il rivestimento d_B [m] deve essere almeno pari a $d_B = V_b/2$, essendo V_b [ms^{-1}] la velocità al fondo all'uscita dal manufatto, che può essere approssimativamente assunta pari a $V_b = V_2 = Q/(bh_2)$. Le suddette indicazioni completano la procedura di dimensionamento idraulico del bacino USBR Tipo VI, che nella Fig. 7.23 è rappresentato durante una prova su modello fisico.

7.6.5 Bacino di dissipazione di Vollmer

Vollmer [27] ha sviluppato un bacino di dissipazione il cui principio di funzionamento è basato sulla formazione di un flusso idrico in controcorrente. Esso consiste nella realizzazione di un manufatto all'interno del quale un setto a pianta triangolare devia la portata in arrivo verso una soglia sospesa di forma semicircolare come rappresentato in Fig. 7.24.

La dimensione fondamentale del bacino è costituita dal *diametro D* del canale di alimentazione. Il getto in arrivo da monte viene dapprima suddiviso dal setto triangolare; parte del flusso è forzato a defluire attorno alla soglia circolare a valle della quale si ricongiunge con la restante parte della corrente idrica. Per piccole portate la corrente sottopassa la soglia semicircolare sospesa, se questa è fissata ad una opportuna altezza al di sopra della platea del manufatto. In corrispondenza della portata massima, la corrente idrica defluisce sia al di sotto che al di sopra della suddetta soglia per poi giungere nel successivo comparto del manufatto, dove il livello idrico è governato dalla presenza di una soglia sul fondo della platea. Il bacino può anche essere coperto, nel qual caso è indispensabile prevedere una adeguata ventilazione del manufatto [28].

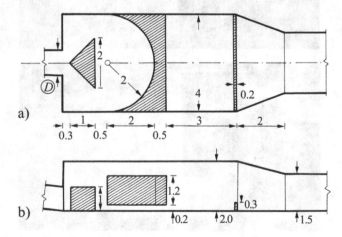

Fig. 7.24. Bacino di Vollmer [27] in controcorrente: a) pianta; b) sezione longitudinale; le quantità numeriche rappresentano multipli del diametro della condotta in ingresso D

7.7 Considerazioni sulla dissipazione di energia

Sulla scorta di quanto illustrato nei paragrafi precedenti, è opportuno effettuare le seguenti precisazioni:

* il *risalto idraulico* è un fenomeno idraulico che caratterizza la brusca transizione da corrente veloce a corrente lenta;
* il *bacino di dissipazione* rappresenta il manufatto in corrispondenza del quale si vuole concentrare la dissipazione di energia.

Nei sistemi fognari è raro che si faccia ricorso ai bacini di dissipazione, a meno di situazioni particolari, quali ad esempio i manufatti di scarico. Ad ogni modo, possono verificarsi condizioni per le quali può formarsi un risalto idraulico, nel qual caso la sua posizione va opportunamente definita mediante valutazioni idrauliche. A titolo esemplificativo, in Fig. 7.25 sono illustrate alcune delle situazioni che possono indurre la formazione di risalti idraulici all'interno di canalizzazioni fognarie, anche se quest'ultime non sono state espressamente valutate in questo capitolo.

La Fig. 7.25a mostra la sezione longitudinale di un *pozzetto di caduta* (capitolo 15), caratterizzato dall'impatto della corrente sulla parete opposta al canale di alimentazione e da un'elevata turbolenza del processo di moto. La dissipazione di energia in tale manufatto può essere considerevole.

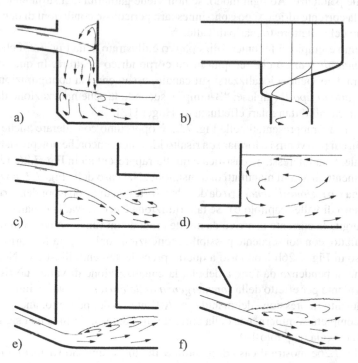

Fig. 7.25. Possibili fenomeni di dissipazione energetica in un sistema fognario

La Fig. 7.25b illustra un *pozzo a vortice* (capitolo 15). In questo tipo di manufatto la dissipazione di energia è affidata sia alle forze resistenti al moto agenti lungo le pareti del manufatto di imbocco e della canna del pozzo, sia alla camera di dissipazione presente al piede del pozzo. In taluni casi, in presenza di una corrente veloce nel canale di alimentazione si può formare un risalto idraulico a monte del manufatto, con ovvie ripercussioni negative, in termini di scarsa stabilità della corrente ed insufficiente aerazione della corrente lungo il pozzo di caduta.

La Fig. 7.25c mostra lo schema di un pozzetto di *salto*, in corrispondenza del quale si ha una efficiente dissipazione di energia solo se si manifesta la presenza di un cuscino d'acqua a valle del salto. Nel caso in cui il tirante idrico a valle del salto non sia sufficientemente elevato, si può avere la formazione di onde di shock che possono attingere ampiezza tale da indurre il passaggio da deflusso a pelo libero a moto in pressione ("choking") nel collettore di valle (capitolo 16).

Nel caso di immissione di una corrente in pressione in un *bacino* di calma, simile a quello raffigurato in Fig. 7.25d, si innescano moti turbolenti dai quali trae origine la dissipazione di energia. Tale processo di moto è assimilabile a quello di un *getto di parete*, il cui comportamento idraulico è stato studiato da Rajaratnam [22].

Una ulteriore tipologia di fenomeno dissipativo che può verificarsi in un collettore fognario è rappresentato dalla *variazione di pendenza* da forte a debole (Fig. 7.25e). In tal caso si può avere la formazione di un risalto idraulico che si localizzerà a monte o a valle del punto di transizione, a seconda del valore assunto dalla portata e della entità delle pendenze. Ad ogni modo, se non viene garantita una sufficiente ventilazione della corrente idrica, si possono innescare pericolose condizioni di depressione all'interno del collettore fognario di valle.

L'ultimo esempio di fenomeno dissipativo è illustrato nella Fig. 7.25f che descrive un *canale di scarico* che recapita in un corpo idrico ricettore. In questo caso il risalto idraulico viene a localizzarsi sul canale, assumendo la configurazione denominata *risalto di tipo B* (inglese: "B-jump"), secondo la schematizzazione dei risalti idraulici in canali rettangolari effettuata da Hager [13].

Oltre ai casi rappresentati nella Fig. 7.25 è opportuno considerare anche altre situazioni in cui può venirsi a formare un risalto idraulico, ancorché non previsto in fase progettuale. Una interessante casistica è quella rappresentata in Fig. 7.26, relativa al funzionamento di alcuni manufatti di transizione. Nel caso della Fig. 7.26a viene presentata una *variazione di pendenza* da debole a forte con una corrispondente riduzione del diametro di valle (capitolo 6). Se tale riduzione è eccessiva, la canalizzazione di valle rigurgita la corrente in arrivo da monte creando un funzionamento in pressione del manufatto, con conseguente possibile esondazione dal sistema fognario.

Il caso di Fig. 7.26b è opposto a quello precedentemente illustrato. Nel caso di variazione di pendenza da forte a debole, la canalizzazione di valle può rigurgitare quella di monte per effetto della *sommergenza della corrente di valle*, innescando un funzionamento in pressione del manufatto. All'interno del pozzetto, anche in condizioni di completa sommergenza della corrente di monte, si verifica una significativa perdita di energia (capitolo 14).

La Fig. 7.26c mostra il caso di manufatti in cui avvengono *variazioni di portata*, come gli sfioratori laterali o i pozzetti di confluenza, in corrispondenza dei qua-

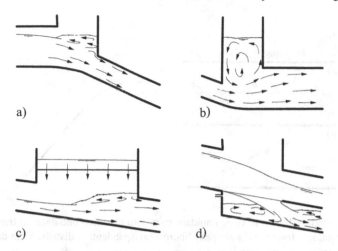

Fig. 7.26. Esempi di dissipazioni energetiche solitamente non considerate in fase progettuale

li non si può escludere la formazione di un risalto idraulico che, se non opportunamente considerato in fase di progetto, può comportare una pericolosa variazione della condizione di funzionamento del manufatto stesso, e quindi del sistema fognario.

Infine, la Fig. 7.26d rappresenta un derivatore di portata con *luce di fondo* in corrispondenza del quale la corrente veloce in arrivo si divide in due parti (capitolo 20). Anche in tal caso, le condizioni di funzionamento del manufatto possono essere pericolosamente compromesse dalla formazione di un risalto idraulico nel canale di scarico o a valle della luce di fondo, a causa della scarsa ventilazione ovvero di una insufficiente pendenza di fondo.

Volendo sintetizzare i concetti fin qui esposti, si ribadisce che i canali caratterizzati da presenza di corrente veloce devono essere trattati con particolare cautela. In particolare, le seguenti due condizioni di funzionamento vanno analizzate con attenzione:

* per valori contenuti del numero di Froude $(1 < F < 2)$ la corrente supercritica non è stabile e può generare la formazione di un risalto idraulico ondulato con *ondulazioni superficiali* che possono causare il sovraccarico del collettore in corrispondenza dei punti di colmo. In canali a sezione rettangolare il risalto idraulico ondulato presenta un profilo assimilabile a quello ottenuto dalla sovrapposizione di un onda solitaria e onde cnoidali (Fig. 7.27 e 7.28). Il massimo valore della altezza idrica h_M di una onda solitaria è dato dalla relazione

$$h_M/h_o = F_o^2, \quad F_o < \sqrt{2}, \tag{7.61}$$

in cui h_o e F_o sono rispettivamente il tirante idrico ed il numero di Froude della corrente in arrivo (capitolo 1). Per $F_o > 2^{1/2}$, si assiste al frangimento della cresta dell'onda solitaria [23];

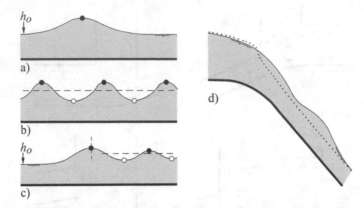

Fig. 7.27. a) Onda solitaria; b) onde cnoidali; c) risalto idraulico ondulato; d) transizione da canale orizzontale a forte pendenza; pelo libero corrispondente a distribuzione di pressione (- - -) idrostatica e (—) idrodinamica

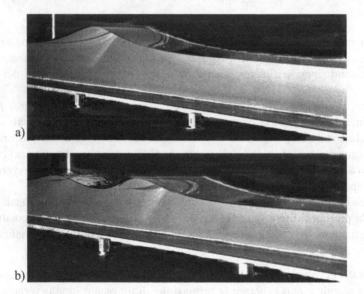

Fig. 7.28. a) Onda solitaria e b) cnoidale in un canale a sezione rettangolare

- per numeri di Froude $F_o > 2$, si formano *onde di shock*, la cui generazione può essere innescata da minime perturbazioni indotte al flusso, quale ad esempio una discontinuità sul fondo, un cambiamento di direzione o una brusca espansione del canale. L'ampiezza di tale tipo di onda dipende essenzialmente dal numero di Froude della corrente in arrivo (capitolo 16).

Solo recentemente, sono stati sviluppati studi sperimentali sull'insorgenza di tali fenomeni in collettori a sezione circolare. I risultati di questi studi, insieme a quelli sul comportamento di correnti veloci in canali a sezione rettangolare, sono riportati nel capitolo 16. Appare quindi chiara la fondamentale importanza del numero di Froude, all'aumentare del quale crescono le possibilità che si verifichino disfunzioni nel funzionamento idraulico del sistema fognario, laddove questa circostanza non sia stata opportunamente portata in conto in fase di progetto. Inoltre, sarebbe buona norma, in concomitanza con elevati valori del numero di Froude F, assumere in fase di progetto valori più contenuti del grado di riempimento (preferibilmente non superiore a 0.50), in modo da portare in conto gli effetti della aerazione della corrente; infatti, le *correnti aerate* si caratterizzano per la presenza di tiranti idrici più elevati rispetto alle correnti idriche con trascurabile presenza di aria. Infine, con particolare riferimento al caso delle correnti veloci, un corretto dimensionamento idraulico di qualsivoglia manufatto non può prescindere dalla conoscenza della linea dei carichi totali.

Simboli

a	[m]	distanza del setto
A	[m^2]	sezione idrica
b	[m]	larghezza del canale rettangolare
b_o	[m]	larghezza del canale di imbocco
B	[m]	larghezza della sezione
c	[m]	altezza del muro d'ala di valle
C_o	[-]	fattore di sovraccarico
d_B	[m]	diametro del rivestimento rip rap
d_2	[m]	profondità di installazione della platea del bacino di Smith
D	[m]	diametro
e	[m]	spessore del manufatto
f	[m]	lunghezza del muro d'ala
F	[-]	numero di Froude
g	[ms^{-2}]	accelerazione di gravità
g_s	[m]	altezza del setto
h	[m]	tirante idrico
h_M	[m]	tirante massimo
H	[m]	energia specifica
L	[m]	lunghezza totale
L_a	[m]	lunghezza di aerazione
L_B	[m]	lunghezza del bacino
L_P	[m]	lunghezza del tratto di imbocco
L_j	[m]	lunghezza del risalto
L_r	[m]	lunghezza del vortice
L_R	[m]	lunghezza di ricircolazione
L_T	[m]	lunghezza del tratto di raccordo
P_s	[N]	spinta idrostatica
q	[m^{2}s^{-1}]	portata per unità di larghezza
q_D	[-]	portata normalizzata
q_o	[-]	portata di riferimento
Q	[m^{3}s^{-1}]	portata

Q_a	$[\text{m}^3\text{s}^{-1}]$	portata d'aria
s	$[\text{m}]$	altezza della soglia
S	$[\text{m}^2]$	spinta totale
S_c	$[-]$	pendenza critica del canale
S_o	$[-]$	pendenza del canale
t	$[\text{m}]$	altezza di colmo rilevata lungo la parete, spessore strutturale
T	$[\text{m}]$	massima altezza utile della sezione
V	$[\text{ms}^{-1}]$	velocità media
V_b	$[\text{ms}^{-1}]$	velocità al fondo
V_o	$[\text{ms}^{-1}]$	velocità della corrente in arrivo
x	$[\text{m}]$	ascissa
X	$[-]$	progressiva adimensionalizzata
y	$[-]$	grado di riempimento
Y	$[-]$	rapporto delle altezze coniugate
z_s	$[\text{m}]$	affondamento del baricentro della sezione idrica
Z_s	$[-]$	affondamento del baricentro adimensionalizzato
β	$[-]$	rapporto di espansione
β_a	$[-]$	coefficiente di aerazione
δ	$[-]$	metà dell'angolo al centro
Δz	$[\text{m}]$	differenza di quota
ΔH	$[\text{m}]$	perdita di energia
λ_a	$[-]$	lunghezza relativa di aerazione
λ_j	$[-]$	lunghezza relativa del risalto
λ_R	$[-]$	lunghezza relativa di ricircolazione
λ_r	$[-]$	lunghezza relativa del vortice
Φ	$[-]$	sezione idrica adimensionalizzata
η	$[-]$	efficienza
ρ	$[\text{kgm}^{-3}]$	densità
θ	$[-]$	angolo di espansione
Θ	$[-]$	inclinazione del canale

Pedici

1   a monte del risalto idraulico, primo colmo
2   a valle del risalto idraulico, secondo colmo
a aria
b setto
B bacino
c condizione di *choking*
C massima capacità di convogliamento
e in asse
f al fondo
L condizione limite
m minimo
M massimo

o   in arrivo
w   parete
*   risalto idraulico classico

Bibliografia

1. Ahmed A.A., Ervine D.A., McKeogh E.J.: The process of aeration in closed conduit hydraulic structures. Symposium on Scale Effects in Modelling Hydraulic Structures **4**(13): 1–11, H. Kobus, ed. Technische Akademie, Esslingen (1984).
2. Bradley J.N., Peterka A.J.: The hydraulic design of stilling basins: Small basins for pipe or open channel outlets – no tailwater required. Proc. ASCE Journal of the Hydraulics Division **83**(HY5 Paper 1406): 1–17 (1957).
3. Castro-Orgaz O., Hager W.H.: Classical hydraulic jump: Basic flow features. Journal of Hydraulic Research **47**(6): 744–754 (2009).
4. Chanson H., Montes J.S.: Characteristics of undular hydraulic jumps: Experimental apparatus and flow patterns. Journal of Hydraulic Engineering **121**(2): 129–144 (1995).
5. Falvey H.T.: Air-water-flow in hydraulic structures. Engineering Monograph 41, US Department of Interior. Water and Power Resources Service, Denver (1980).
6. Gargano R., Hager W.H.: Undular hydraulic jumps in circular conduits. Journal of Hydraulic Engineering **128**(11): 1008–1013 (2002).
7. Hager W.H.: Abflussgm U-Profil [Correnti in canali con sezione ad U]. Korrespondenz Abwasser **34**(5): 468–482 (1987).
8. Hager W.H.: Wassersprung im geschlossenen Kanal [Risalto idraulico nelle condotte a sezione chiusa]. 3R-International **28**(10): 674–679 (1989).
9. Hager W.H.: Hydraulic jump in U-shaped channel. Journal of Hydraulic Engineering **115**(5): 667–675 (1989).
10. Hager W.H.: Geschichte des Wassersprunges [Storia del risalto idraulico]. Schweizer Ingenieur und Architekt **108**(25): 728–735 (1990).
11. Hager W.H.: Energiedissipation an Auslassbauwerken [Dissipazione d'energia in piccoli manufatti di sbocco]. Gas – Wasser – Abwasser **70**(2): 123–130 (1990).
12. Hager W.H.: Basiswerte der Kanalisationshydraulik [Fondamenti di idraulica dei collettori fognari]. Gas - Wasser - Abwasser **70**(11): 785–787 (1990).
13. Hager W.H.: Energy dissipators and hydraulic jump. Kluwer Academic Publishers, Dordrecht-Boston-London (1992).
14. Hager W.H., Bremen R.: Classical hydraulic jump: Sequent depths. Journal of Hydraulic Research **27**(5): 565–585 (1989).
15. Hjelmfelt A.T.: Flow in elliptical channels. Water Power **19**(10): 429–431 (1967).
16. Hörler A.: Gefällswechsel in der Kanalisationstechnik bei Kreisprofilen [Variazione di pendenza in canali fognari a sezione circolare]. Schweiz. Zeitschrift für Hydrologie 29(2): 387–426 (1967).
17. Kalinske A.A., Robertson J.M.: Closed conduit flow. Transactions ASCE **108**: 1435–1447; 1513–1516 (1943).
18. Montes J.S., Chanson H.: Characteristics of undular hydraulic jumps: Experiments and analysis. Journal of Hydraulic Engineering **124**(2): 192–205 (1998).
19. Ohtsu I., Yasuda Y., Gotoh H.: Discussion to Characteristics of undular hydraulic jumps: Experimental apparatus and flow patterns. Journal of Hydraulic Engineering **123**(2): 161–162 (1997).

20. Peterka A.J.: Hydraulic design of stilling basins and energy dissipators. Engineering Monograph 25. US Department of Interior. Bureau of Reclamation, Denver (1958).
21. Rajaratnam N.: Hydraulic jumps. Advances in Hydroscience 4: 197–280, V.T. Chow, ed. Academic Press, New York (1967).
22. Rajaratnam N.: Turbulent jets. Developments in Water Science 5, V.T. Chow, ed. Elsevier, Amsterdam (1976).
23. Reinauer, R., Hager W.H.: Non-breaking undular hydraulic jump. Journal of Hydraulic Research 33(5): 683–698 (1995).
24. Smith C.D.: Outlet structure design for conduits and tunnels. Journal of Waterway, Port, Coastal and Ocean Engineering 114(4): 503–515 (1988).
25. Stahl H., Hager W.H.: Hydraulic jump in circular pipe. Canadian Journal of Civil Engineering 26: 368–373; 34(2): 279–287; 34(4): 567–573 (1998).
26. Vischer D.L., Hager W.H.: Energy dissipators. IAHR Hydraulic Structures Design Manual 9. Balkema, Rotterdam (1995).
27. Vollmer E.: Ein Beitrag zur Energieumwandlung durch Gegenstrom-Tosbecken [Un contributo sulla dissipazione di energia in bacini di dissipazione in controcorrente]. Mitteilung 21. Institut für Wasserbau, Universität Stuttgart, Stuttgart (1972).
28. Vollmer E.: Energieumwandlung und Leistungsfähigkeit des Gegenstrom-Tosbeckens [La dissipazione d'energia e l'efficienza dei bacini di dissipazione in controcorrente]. Mitteilung 35. Institut für Wasserbau, Universität Stuttgart, Stuttgart (1975).

8

Profili di corrente

Sommario Il profilo di corrente rappresenta l'andamento della superficie libera di una corrente in un canale a pelo libero. In condizioni di moto permanente, il profilo di corrente dipende dal valore della portata defluente e dalle condizioni al contorno. Nella maggior parte dei casi, il tracciamento di un profilo di corrente può risultare piuttosto laborioso, ma si rende necessario nei casi in cui è fondamentale valutare gli effetti di rigurgito indotti sulla corrente da eventuali ostacoli o singolarità presenti lungo un canale. Viene proposto un metodo semplificato per il calcolo dei profili di corrente, basato sull'utilizzo di soluzioni analitiche delle equazioni differenziali che descrivono le correnti gradualmente varie; in tal modo, è possibile evitare il ricorso ad algoritmi numerici iterativi. Tale metodo è descritto in maniera dettagliata, anche con l'ausilio di schemi di calcolo, con riferimento alle sezioni maggiormente utilizzate per i collettori fognari: circolare, ovoidale, a ferro di cavallo e rettangolare.

8.1 Introduzione

Il *profilo di corrente* (inglese: "backwater curve") è una curva che descrive l'andamento della superficie libera che si instaura tra due o più sezioni di un canale. Nella Fig. 8.1 è rappresentata la porzione di un collettore fognario, infinitamente lungo sia verso monte che verso valle, alle cui estremità la corrente tenderà a raggiungere la condizione di moto uniforme, purché risultino soddisfatte le condizioni enunciate nel capitolo 5. Ovviamente, trattandosi di modelli monodimensionali del flusso, i profili di corrente non forniscono alcuna informazione sulle caratteristiche locali interne alla singola sezione, quali distribuzioni di velocità o formazione di zone di distacco del flusso dalla parete.

La Fig. 8.1a si riferisce al caso di una corrente idrica ritardata, in cui si manifesta una riduzione delle velocità medie lungo l'ascissa x. Nella stessa figura, inoltre, sono indicati i profili di corrente in condizione di moto uniforme e stato critico; è chiaro che, poiché non sussistono variazioni di portata e di geometria della sezione trasversale, la funzione $h_c(x)$ resta costante, mentre il tirante di moto uniforme h_N cambia passando da un tratto all'altro dell'alveo alla luce della variazione della pendenza di fondo S_o.

Gisonni C., Hager W.H.: Idraulica dei sistemi fognari. Dalla teoria alla pratica.
DOI 10.1007/978-88-470-1445-9_8, © Springer-Verlag Italia 2012

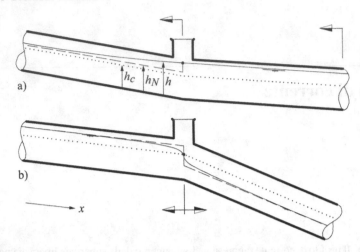

Fig. 8.1. Profili di corrente, con indicazione delle direzione di calcolo nel caso di una corrente: a) ritardata e b) accelerata; (—) profilo di corrente $h(x)$, (- - -) tirante di moto uniforme h_N, (...) tirante di stato critico h_c

Per correnti subcritiche ($F < 1$), la velocità V è per definizione minore della velocità critica c, che rappresenta la celerità di propagazione di un piccolo disturbo indotto sulla corrente. Nella fattispecie, ipotizzando, per esempio, che la corrente risulti disturbata dalla presenza di una soglia in corrispondenza dell'ascissa $x = x_o$, la perturbazione si propaga con velocità [2, 11]

$$\frac{\mathrm{d}x}{\mathrm{d}t} = V \pm c = c(F \pm 1). \tag{8.1}$$

La perturbazione che si propaga verso monte rappresenta un effetto di rigurgito (inglese: "backwater effect"), mentre un disturbo che procede verso valle si spegne rapidamente. Nel caso di *correnti veloci* ($F > 1$) le piccole perturbazioni possono muoversi esclusivamente verso valle poiché la velocità di deflusso della corrente è maggiore della celerità di propagazione del disturbo. La prima formulazione di tale fenomeno fu proposta nel 18° secolo dai matematici francesi Lagrange e Laplace, i cui studi hanno indirizzato le *procedure di calcolo* dei profili di corrente introducendo la "Prima Regola Fondamentale":

Per correnti lente (F < 1), la direzione di calcolo risulta sempre opposta alla direzione di deflusso della corrente; al contrario per correnti veloci (F > 1), il calcolo procede secondo la direzione di deflusso della corrente.

Quindi, con riferimento alla Fig. 8.1a, il calcolo del profilo di corrente lenta deve procedere da valle verso monte; invece, nel caso della corrente di Fig. 8.1b, il calcolo ha inizio nella sezione in cui si instaura la condizione di stato critico, ed a partire da essa ci si sposta sia verso monte che verso valle. In tal modo, sarà garantito il rispetto di quando indicato dalla Prima Regola Fondamentale. La sezione di stato critico è anche denominata punto di controllo o *sezione di controllo* (inglese: "control section"), poiché in corrispondenza di tale sezione la corrente è forzata ad attraversare lo stato critico. I profili di corrente in canali prismatici tendono sempre, in via asintotica, alla condizione di moto uniforme. Infatti, nella Fig. 8.1a la corrente è caratterizzata da una condizione di moto uniforme nel tratto, ipotizzato indefinitamente lungo, a valle della sezione in cui si ha il cambio di pendenza; procedendo verso monte, invece, le altezze idriche si riducono, tendendo verso il tirante di moto uniforme che è più piccolo rispetto al tratto di valle.

Nel caso rappresentato in Fig. 8.1b, il calcolo ha inizio in corrispondenza della sezione di variazione della pendenza del canale in cui risulta $F = 1$. Quindi, il moto uniforme rappresenta una condizione asintotica cui la corrente tende sia a monte che a valle. Secondo quanto illustrato, è allora possibile enunciare la "Seconda Regola Fondamentale":

L'altezza di moto uniforme h_N rappresenta una condizione asintotica che, quindi, non può essere intersecata dal profilo idrico $h(x)$.

Le precedenti considerazioni hanno valore qualitativo e servono a descrivere il fenomeno; nel seguito del capitolo vengono illustrati i principi fondamentali che reggono il calcolo dei profili di corrente. In particolare, vengono dapprima ricavate le equazioni rappresentative dei profili di corrente; quindi, sulla base di una opportuna classificazione dei profili di corrente, vengono fornite le soluzioni dell'equazione del profilo di corrente per canali aventi sezione geometrica standard.

8.2 Equazione dei profili di corrente

Le *ipotesi fondamentali* alla base dell'equazione dei profili di corrente sono le seguenti:

- moto mono-dimensionale;
- distribuzione idrostatica della pressione e velocità uniforme nella sezione, il che equivale a trascurare la curvatura delle linee di corrente;
- moto della corrente continuo e fluido omogeneo, per cui le grandezze idrauliche fondamentali sono rappresentate da funzioni derivabili;
- moto stazionario (inglese: "steady flow") con portata costante.

Come detto nel capitolo 1, nel caso di una corrente continua possono essere applicati i principi di conservazione dell'energia e della quantità di moto. In Fig. 8.2 è illustrato il caso di una corrente continua in cui Q è la portata, $z = z(x)$ il profilo geometrico del fondo del canale e $h = h(x)$ il profilo della superficie libera. Inoltre, $S_o = S_o(x) = -\mathrm{d}z/\mathrm{d}x$ rappresenta la pendenza di fondo del canale e $S_e = -\mathrm{d}H/\mathrm{d}x$ la cadente energetica.

Il *carico totale H* (inglese: "energy head"), calcolato rispetto ad un sistema di riferimento arbitrario (x, z), è definito come

$$H = z + h + \frac{V^2}{2g},$$
(8.2)

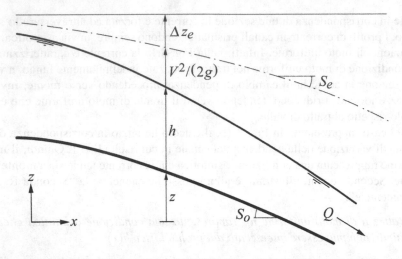

Fig. 8.2. Corrente continua a superficie libera: definizione dei simboli

in cui $V = Q/A$ è la velocità media di portata ed A la sezione idrica. Secondo quanto illustrato in Fig. 8.2, il carico totale diminuisce procedendo lungo la direzione del moto e Δz_e rappresenta proprio la perdita d'energia. Considerando una distanza elementare Δx, si ha che $\Delta H/\Delta x = -\Delta z_e/\Delta x = -S_e$ oppure, ragionando in termini infinitesimali, $dH/dx = -S_e$. In base all'Eq. (8.2), la variazione di carico totale può essere espressa secondo la seguente relazione:

$$\frac{dH}{dx} = \frac{dz}{dx} + \frac{dh}{dx} + \frac{1}{2g}\frac{d}{dx}\left(\frac{Q^2}{A^2}\right) = -S_e. \qquad (8.3)$$

Tenendo conto che $dz/dx = -S_o$ e considerando che, nell'ipotesi di portata costante, risulta $d/dx(Q^2/A^2) = -(2Q^2/A^3)(dA/dx)$, si ricava:

$$\frac{dh}{dx} - \frac{Q^2}{gA^3}\frac{dA}{dx} = S_o - S_e. \qquad (8.4)$$

Nell'ambito del procedimento di calcolo del profilo di corrente, l'applicazione della suddetta relazione si rivela alquanto scomoda poiché la sezione idrica A ed il tirante idrico h non sono noti. Inoltre, la stessa sezione idrica A è una funzione del tirante h e può variare con l'ascissa x qualora sussistano variazioni della sezione trasversale, come ad esempio in corrispondenza di un generico pozzetto. In generale, allora, la sezione idrica trasversale è definita dalla funzione $A = A[x, h(x)]$. In base alle regole del calcolo infinitesimale, la derivata totale della sezione idrica A rispetto alla variabile x è data da

$$\frac{dA}{dx} = \frac{\partial A}{\partial x} + \frac{\partial A}{\partial h} \cdot \frac{dh}{dx}, \qquad (8.5)$$

in cui $\partial A/\partial x$ è la derivata parziale della sezione idrica A rispetto alla coordinata spaziale x. Sostituendo l'Eq. (8.5) nell'Eq. (8.4), si ricava l'*equazione delle correnti gradualmente varie* (inglese: "generalized equation of gradually varied flow") [2]:

$$\frac{dh}{dx} = \frac{S_o - S_e + S_F}{1 - F^2},\qquad(8.6)$$

al cui interno, sono riportate le tre seguenti pendenze:

- S_o è la pendenza di fondo, eventualmente variabile, generalmente nota;
- S_e è la cadente energetica che tiene conto delle dissipazioni di energia continue e localizzate (capitolo 2);
- S_F è un parametro aggiuntivo che compare solo nel caso di canali non prismatici, dato dalla seguente relazione:

$$S_F = \frac{Q^2}{gA^3}\frac{\partial A}{\partial x}.\qquad(8.7)$$

Si nota che questo termine è proporzionale al quadrato della velocità; inoltre, il termine a destra dell'Eq. (8.7) mostra che, a parità di ogni altro parametro, la pendenza del pelo libero aumenta o diminuisce a seconda se, rispettivamente, si verifichi un'espansione ($\partial A/\partial x > 0$) o una contrazione ($\partial A/\partial x < 0$) della sezione trasversale.

Il numero di Froude F, come definito nel capitolo 6, è dato dalla relazione:

$$F^2 = \frac{Q^2}{gA^3}\frac{\partial A}{\partial h}.\qquad(8.8)$$

Al fine di agevolare la lettura dei paragrafi successivi, si ritiene opportuno riportare le seguenti definizioni, anche con la terminologia comunemente adottata nella letteratura tecnica di lingua inglese:

- nel caso in cui il tirante idrico h aumenta secondo x ($dh/dx > 0$) si parla generalmente di *corrente ritardata* o di *backwater curve*;
- nel caso in cui il tirante idrico h si riduce secondo x ($dh/dx < 0$) si parla generalmente di *corrente accelerata* o di *drawdown curve*.

Nella pratica, i profili di corrente vengono raramente determinati utilizzando l'Eq. (8.6), poiché la sezione trasversale è sovente caratterizzata da un'espressione matematica piuttosto complessa. Inoltre, non è stato ancora chiarito come includere nel termine S_e le perdite di carico addizionali legate alla variazione della sezione trasversale. Si tenga presente che, nel caso di un canale non prismatico, la procedura di calcolo può essere semplificata, considerando il canale stesso come composto da una serie di tratti a sezione costante; tale procedura è sufficientemente precisa qualora la lunghezza dei tratti non risulti eccessiva. I collettori fognari si distinguono per essere canali prismatici in cui le uniche variazioni di sezione sono localizzate in corrispondenza dei pozzetti o di manufatti particolari.

8.3 Profili di corrente nei canali prismatici

Si consideri un tratto di canale cilindrico, per cui risulta $\partial A/\partial x = 0$; inoltre, si assuma che la cadente S_e sia pari alla cadente dovuta alle perdite di carico distribuite S_f, secondo quanto detto nel capitolo 2. L'Eq. (8.6) si semplifica nella seguente relazione [8, 12, 15]:

$$\frac{dh}{dx} = \frac{S_o - S_f}{1 - F^2}. \tag{8.9}$$

Nella pratica tecnica, la pendenza di fondo di un collettore è tipicamente costante, con cambi di pendenza che vengono localizzati in corrispondenza di un apposito pozzetto di ispezione; pertanto, il termine al membro destro dell'Eq. (8.9) dipende esclusivamente dal tirante idrico h. Allora, la soluzione generale dell'Eq. (8.9) può essere scritta come:

$$x + \text{const} = \int \left(\frac{1 - F^2}{S_o - S_f} \right) dh. \tag{8.10}$$

Non è possibile elaborare ulteriormente l'Eq. (8.10), poiché non si dispone di una relazione esplicita tra il numero di Froude F, la cadente S_f ed il tirante idrico h; ad ogni modo, l'espressione sopra riportata rappresenta la soluzione generale dell'equazione differenziale (8.9).

Indipendentemente dalla sezione geometrica considerata, dall'Eq. (8.9) si può dedurre che (paragrafo 6.3.4):

- se $F = 1$, la pendenza del pelo libero è infinitamente grande, in quanto $dx/dh = 0$;
- se $S_o = S_f$, si ottiene la condizione $dh/dx = 0$, corrispondente ad un profilo della corrente che si dispone parallelamente al fondo;
- se $S_o - S_f = 0$ e contemporaneamente $1 - F^2 = 0$, la pendenza del pelo libero non può essere definita.

Si consideri in primo luogo il caso in cui risulta $S_o = S_f$ e $1 - F^2 \neq 0$. La derivata seconda dell'Eq. (8.9) è pari a

$$-2F\frac{dF}{dx}\frac{dh}{dx} + (1 - F^2)\frac{d^2h}{dx^2} = -\frac{dS_f}{dx}. \tag{8.11}$$

Poiché le funzioni $F = F(x)$ e $S_f = S_f(x)$ dipendono unicamente dal tirante idrico $h(x)$, si può scrivere $F = F[h(x)]$ e $S_f = S_f[h(x)]$, per cui l'Eq. (8.11) diventa:

$$-2F\frac{dF}{dh}\left(\frac{dh}{dx}\right)^2 + (1 - F^2)\frac{d^2h}{dx^2} = -\frac{dS_f}{dh}\frac{dh}{dx}. \tag{8.12}$$

Poiché entrambe le funzioni dF/dh e dS_f/dh risultano diverse da zero, per $dh/dx = 0$ risulta anche $d^2h/dx^2 = 0$. Inoltre, si può dimostrare che tutte le derivate di ordine superiore della funzione $h(x)$ sono identicamente nulle. Ciò porta ad enunciare la "Terza Regola Fondamentale":

In tutte le condizioni di moto diverse dallo stato critico, la condizione di moto uniforme viene raggiunta in modo asintotico.

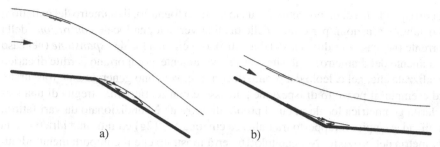

Fig. 8.3. Variazione della pendenza di fondo a cui si accompagna la formazione di zone di separazione della corrente dal fondo del canale, nel caso del passaggio: a) da alveo a debole ad alveo a forte pendenza; b) da alveo a forte ad alveo a debole pendenza

Il secondo caso, in cui risulta $F = 1$ e $S_o \neq S_f$, è puramente teorico; infatti, il pelo libero non può essere perpendicolare al fondo del canale, se si assume che la distribuzione delle pressioni sia idrostatica. Tuttavia, tale condizione, ancorché priva di un opportuno significato fisico, rientra nella formulazione più generale per la descrizione delle correnti a pelo libero (capitoli 17, 18 e 19).

Il terzo caso, in cui risulta contemporaneamente $S_o = S_f$ e $F = 1$, è stato esaminato in maniera dettagliata nel capitolo 6. Inserendo le due condizioni nell'Eq. (8.9), si evince che dh/dx non può essere pari a zero; tale condizione è denominata *moto pseudo-uniforme* (capitolo 6). È possibile quindi definire due valori della pendenza del pelo libero $(dh/dx)_c$, in analogia a quelli definiti dalle Eq. (6.15) e (6.22).

I profili di corrente esaminati in tale contesto si riferiscono al caso particolare in cui i *parametri fondamentali*, quali ad esempio la portata, la geometria della sezione trasversale, la scabrezza e la pendenza di fondo, risultino costanti lungo il canale. Tale ipotesi semplificativa è ovviamente inaccettabile nei casi in cui si abbiano fenomeni di distacco del flusso principale dal fondo del canale; ad esempio, in corrispondenza del passaggio da un alveo a debole pendenza ad un alveo a forte pendenza si forma una zona di separazione appena a valle del punto in cui si ha il cambiamento di pendenza (Fig. 8.3a), mentre nel caso opposto il distacco si verifica proprio in prossimità della singolarità (Fig. 8.3b).

Nella Fig. 8.3 i profili di corrente si riferiscono alla porzione di alveo localizzata *in prossimità del punto di rottura della pendenza*. Nella maggior parte dei casi, l'esatta geometria della singolarità considerata non è nota e può condizionare le caratteristiche della corrente nella regione di transizione. In generale, in presenza di una siffatta sezione di controllo, la *procedura di calcolo* deve tener conto delle seguenti raccomandazioni:

- si può assumere che la pendenza del pelo libero sia verticale ($dx/dh = 0$, $F = 1$);
- è bene evitare condizioni di deflusso prossime allo stato critico ($0.8 < F < 1.2$); infatti, i profili di corrente sono fisicamente significativi solo al di fuori di tale intervallo;
- le correnti transcritiche devono invece essere analizzate conducendo un'analisi di tipo locale (paragrafo 6.5).

In corrispondenza di un pozzetto o di un manufatto fognario, il diametro del collettore può subire variazioni, per effetto delle quali si verifica una locale *contrazione* della corrente (nel caso di riduzione del diametro), ovvero una locale *espansione* (nel caso di aumento del diametro). Tali singolarità, ovviamente, comportano perdite di carico localizzate che, nel calcolo del profilo di corrente, vengono generalmente trascurate. Ad esempio, il pozzetto di ispezione può essere considerato alla stregua di una singolarità geometrica locale in cui il profilo di corrente è condizionato da vari fattori, quali, ad esempio, il rapporto tra l'altezza cinetica $V^2/(2g)$ ed il tirante idrico h, e la geometria del pozzetto. Nel capitolo 16 verrà mostrato che il comportamento idraulico di manufatti di ispezione e di altri tipi di pozzetti dipende fondamentalmente dal *numero di Froude* della corrente idrica.

Per quanto riguarda la corrente idrica nel tratto di collegamento tra due pozzetti successivi, essa è poco influenzata dal numero di Froude; resta ovviamente escluso il caso in cui la corrente defluisce in stato critico, con $F \sim 1$. Quindi, per valori del numero di Froude F sufficientemente minori o maggiori dell'unità, al posto dell'Eq. (8.9) può essere utilizzata la seguente relazione approssimata:

$$\zeta_F \frac{dh}{dx} = S_o[1 - (S_f/S_o)], \tag{8.13}$$

in cui $\zeta_F = 1$ per $F \ll 1$, mentre $\zeta_F = -F^2$ quando $F \gg 1$. Dunque, secondo l'Eq. (8.13) il parametro che influisce maggiormente sul calcolo del profilo è il rapporto tra la cadente S_f e la pendenza S_o. Utilizzando l'equazione di Manning e Strickler, in cui n è il coefficiente di scabrezza e R_h il raggio idraulico, si ricava:

$$S_f/S_o = \frac{n^2 V^2}{R_h^{4/3} S_o} = \frac{V^2}{gh_m} \cdot \frac{n^2 gh_m}{R_h^{4/3} S_o} = F^2 \chi. \tag{8.14}$$

Quindi, nel calcolo del profilo di corrente oltre al quadrato del numero di Froude $F^2 = V^2/(gh_m)$ gioca un ruolo importante anche la *caratteristica di scabrezza* $\chi = n^2 gh_m/(R_h^{4/3} S_o)$ già introdotta nel Capitolo 5.

Nei profili di rigurgito, definita la scala delle lunghezze $X = S_o x/h_N$, in corrispondenza di manufatti particolari è possibile utilizzare un allungamento fittizio del canale, poiché la variazione del tirante idrico Δh è significativa solo se valutata su una distanza Δx di una certa rilevanza. Ad esempio, un pozzetto di ispezione presenta tipicamente un valore piccolo del parametro di scala X e, quindi, viene considerato come un elemento *locale*. La eventuale presenza di pozzetti è generalmente trascurabile ai fini del calcolo del profilo di corrente, che sarà quindi strettamente riferito al tratto di collettore compreso tra due pozzetti successivi e senza fornire dettagli sull'andamento della superficie idrica all'interno del manufatto locale (capitoli 14 e 16). Da quanto sopra illustrato, si può trarre la "Quarta Regola Fondamentale":

> *I profili di corrente riproducono solo l'andamento globale della corrente idrica e non forniscono informazioni sulle condizioni di deflusso in corrispondenza di singolarità.*

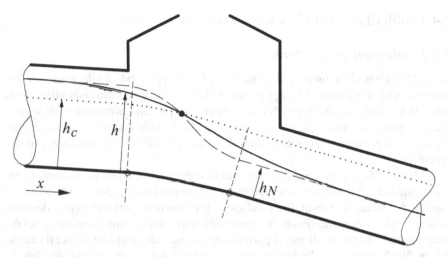

Fig. 8.4. Passaggio da un tratto a debole ad un tratto a forte pendenza con riduzione del diametro del canale: (—) superficie idrica $h(x)$, ($\cdots$) andamento del tirante di stato critico $h_c(x)$, (- - -) profilo di moto uniforme $h_N(x)$. (•) punto di stato critico

È importante rimarcare che, per correnti veloci, la condizione al contorno è costituita dal tirante idrico presente nel tratto di monte, mentre per correnti lente la condizione al contorno va ricercata nel tirante idrico nel tratto di valle. In linea di massima, a meno di fenomeni particolari (capitolo 16) le variazioni di tirante idrico derivanti dalla presenza di un pozzetto possono essere trascurate.

Nella Fig. 8.4 è rappresentato l'andamento del profilo di corrente in corrispondenza di una graduale variazione della pendenza del fondo. In particolare, il fondo del canale varia secondo una curva continua e, come descritto nel paragrafo 6.5, si verifica contemporaneamente un restringimento della sezione del canale. La condizione di stato critico è localizzata all'ascissa x in cui la curva $f_1 = S_o - S_f = 0$ interseca la curva $f_2 = 1 - F^2 = 0$. All'interno del pozzetto di ispezione si può adottare la procedura esaminata nel capitolo 6 mentre, esternamente al pozzetto, vanno utilizzati i normali profili di corrente. Come è evidente dalla Fig. 8.4, nella zona di transizione la superficie idrica, e di conseguenza anche le linee di corrente, possono presentare una curvatura non trascurabile. Nel paragrafo 6.5 è stata illustrata un'analisi più dettagliata del processo di moto che si verifica in corrispondenza del passaggio da alvei a debole ad alvei a forte pendenza.

L'equazione del profilo di corrente cambia al variare della particolare sezione geometrica assegnata al canale. Nel seguito, sono prese in considerazione due tipologie di sezione, la sezione circolare e quella rettangolare. In generale, il problema è retto da espressioni piuttosto complesse ma, alla luce delle semplificazioni sin qui esposte, può essere adottata una procedura speditiva che, ai fini pratici, risulta comunque caratterizzata da un accettabile grado di accuratezza.

8.4 Profili di corrente in canali a sezione circolare

8.4.1 Soluzione particolare

Hager [6] ha introdotto un procedimento semplificato per il calcolo dei profili di corrente in collettori circolari. Si tenga presente che, ancora oggi, sono disponibili pochi modelli di calcolo validi per canali a sezione chiusa; peraltro, la procedura di seguito illustrata può essere utilizzata per validare i risultati di modelli numerici. Ad ogni modo, non sono presenti in letteratura studi di natura sperimentale su questo argomento specifico.

In base all'Eq. (8.9) è chiaro che i profili di corrente dipendono fondamentalmente dai parametri di moto uniforme e stato critico. Ai fini pratici, come evidenziato nei capitoli 5 e 6, anche queste due condizioni fondamentali possono essere descritte mediante relazioni approssimate che tengono conto della sezione geometrica del canale; partendo da queste ultime, si può ricavare un metodo semplificato per il calcolo del profilo di corrente. Nella fattispecie, in condizione di *moto uniforme* (pedice N) dall'Eq. (5.14), in cui $y_N = h_N/D$ (Fig. 8.5), si deduce che:

$$\frac{nQ}{S_o^{1/2}D^{8/3}} = \frac{3}{4}y_N^2\left(1 - \frac{7}{12}y_N^2\right), \quad y_N < 0.95. \tag{8.15}$$

Quindi, la cadente legata alle perdite di carico continue è data dalla seguente relazione:

$$S_f = \frac{n^2Q^2}{D^{8/3}}\left[\frac{3}{4}y^2\left(1 - \frac{7}{12}y^2\right)\right]^{-2}. \tag{8.16}$$

Secondo l'Eq. (6.36) la condizione di *stato critico* (pedice c) è retta dalla seguente relazione approssimata:

$$\frac{Q}{(gD^5)^{1/2}} = y_c^2. \tag{8.17}$$

Introducendo i parametri adimensionali di moto uniforme:

$$X = S_o x/h_N, \quad Y = h/h_N \quad e \quad Y_c = h_c/h_N, \tag{8.18}$$

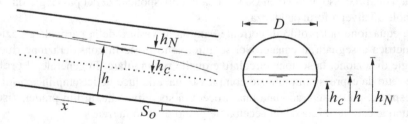

Fig. 8.5. Profilo di corrente schematico in un canale circolare a debole pendenza: a) profilo longitudinale; b) sezione trasversale

si ottiene l'*equazione per correnti gradualmente varie in alvei a sezione circolare* [6]:

$$\frac{dY}{dX} = \frac{1 - \frac{y_N^4\left(1 - \frac{7}{12}y_N^2\right)^2}{y^4\left(1 - \frac{7}{12}y^2\right)^2}}{1 - (Y_c/Y)^4},\qquad(8.19)$$

in cui compare l'ascissa x normalizzata rispetto alla lunghezza h_N/S_o, mentre il tirante idrico h è rapportato al tirante di moto uniforme h_N.

Secondo l'Eq. (8.19) la pendenza del pelo libero dY/dX dipende da quattro parametri, ovvero X, Y, Y_c e $y_N = h_N/D$. Vista la forma matematica dell'Eq. (8.19), non è possibile determinare una soluzione generale cui corrisponda una famiglia di curve. In ogni caso, per valori ridotti del grado di riempimento $y_N < 0.3$, il termine $(7/12)\,y^2$ può essere ritenuto trascurabile rispetto all'unità e, quindi, sostituendo nell'Eq. (8.19) la relazione semplificata $y_N/y = h_N/h = Y^{-1}$, si ricava la seguente espressione:

$$\frac{dY}{dX} = \frac{1 - Y^{-4}}{1 - (Y_c/Y)^4}.\qquad(8.20)$$

L'Eq. (8.20) è nota come *equazione di Tolkmitt* [14] ed è valida per il calcolo dei profili di corrente in canali a sezione parabolica. Secondo Forchheimer [3], la soluzione generale di tale equazione è:

$$X = Y - \frac{1}{4}(1 - Y_c^4)\left[\ln\left|\frac{Y+1}{Y-1}\right| + 2\arctan Y\right] + C,\qquad(8.21)$$

in cui C è la costante di integrazione determinata mediante l'imposizione di una *condizione al contorno* asintotica (pedice r). Poiché la condizione di moto uniforme non può essere raggiunta che in via asintotica, si assume generalmente che:

- per correnti ritardate (*backwater*), il profilo di corrente risulta superiore dell'1% rispetto alla corrispondente altezza di moto uniforme, per cui si ha $Y_r(X = X_r) = 1.01$;
- nel caso di correnti accelerate (*drawdown*), il profilo si trova sottoposto di circa l'1% rispetto al tirante di moto uniforme, ovvero $Y_r(X = X_r) = 0.99$.

Nella Fig. 8.6 è rappresentata la soluzione generale $Y(X)$ per diversi valori di Y_c; nella stessa figura il tirante di moto uniforme è indicato con una linea tratteggiata, mentre il tirante di stato critico con una linea punteggiata. Le curve di moto uniforme e di stato critico si intersecano in corrispondenza del punto singolare (pedice s) $(X_s; Y_s) = (0; 1)$ dell'Eq. (8.20); inoltre, la curva $Y_c = 1$ è indicata in grassetto. Prima di applicare il grafico riportato nella Fig. 8.6, nel paragrafo successivo viene illustrata la soluzione generale dei profili di corrente in canali circolari.

8.4.2 Soluzione generale

La soluzione generale dell'Eq. (8.19) considera valori di y_N variabili nell'intervallo $0 < y_N < 0.9$. Le curve $Y(X)$ per valori arbitrari $y_N > 0$ sono simili a quelle rappresentate in Fig. 8.6 ricavate per il caso particolare $y_N = 0$; le curve intersecano l'altezza di stato critico (nella Fig. 8.6 le intersezioni sono individuate da piccoli cerchi)

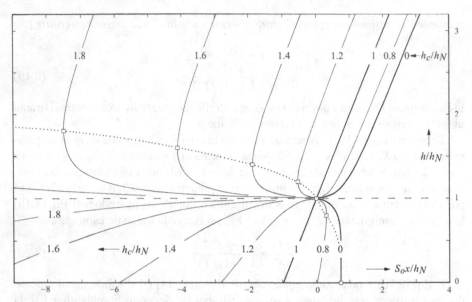

Fig. 8.6. Profili di corrente $Y(X)$ in collettori circolari al variare di $Y_c = h_c/h_N$ (con $Y_c \ll 1$), $X = S_o x/h_N$ e $Y = h/h_N$; la trasformazione $X \to X^*$ generalizza la soluzione per valori generici di $y_N < 0.95$; (- - -) moto uniforme, (...) stato critico

e tendono asintoticamente alla curva di moto uniforme $Y = 1$. Per portare in conto il *parametro di forma* y_N, la coordinata longitudinale X nell'Eq. (8.18) deve essere distorta mediante la trasformazione:

$$X^* = \lambda X, \tag{8.22}$$

in cui il *parametro di trasformazione* λ dipende dal valore arbitrario di y_N. Nella fattispecie, il parametro λ può essere calcolato come:

$$\lambda = (1 - 1.1 y_N^2)^{1/2}, \quad y_N < 0.9. \tag{8.23}$$

Quindi, a partire dall'Eq. (8.21), si può ricavare la seguente soluzione approssimata dell'equazione dei profili di corrente in funzione della condizione al contorno $(X_r^*; Y_r)$:

$$X^* - X_r^* = Y - Y_r - \frac{1}{4}(1 - Y_c^4) \left[\ln \left| \frac{Y+1}{Y-1} \cdot \frac{Y_r-1}{Y_r+1} \right| + 2\arctan Y - 2\arctan Y_r \right]. \tag{8.24}$$

Come detto nel paragrafo 8.4.1, le condizioni al contorno generalizzate sono $(X_r^*; Y_r)$ = $(0; 1.01)$ per i profili rigurgitati da valle e $(X_r^*; Y_r) = (0; 0.99)$ nel caso di profilo governato da monte. Quindi, la Fig. 8.6 può essere direttamente utilizzata per ricavare la soluzione generale, avendo cura di operare la trasformazione $X \to X^* = \lambda X$. Sulla base di quanto esposto, i profili di corrente in collettori circolari possono essere calcolati *in via esplicita*, con buona approssimazione e senza dover ricorrere a laboriosi metodi d'integrazione numerica.

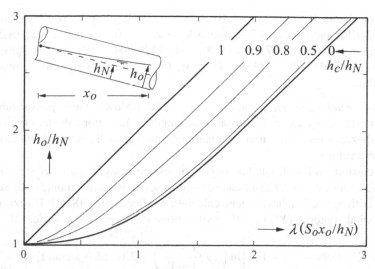

Fig. 8.7. Lunghezza di rigurgito $X_o^* = \lambda X_o$ in funzione del rapporto tra le altezze idriche h_o/h_N, per diversi valori di h_c/h_N

8.4.3 Lunghezze caratteristiche dei profili di corrente

Prima di illustrare alcuni esempi numerici, si ritiene utile esaminare alcuni casi particolari. Si definisce *lunghezza di rigurgito* (inglese: "backwater length") (pedice o) la distanza che intercorre tra una generica sezione di un collettore fognario in cui la corrente risulta lenta ($h > h_N > h_c$) e la sezione in cui sussiste la condizione di moto uniforme ($h = h_N$); essa può anche essere interpretata come la lunghezza del tratto di canale che risente dell'effetto di rigurgito. Considerando per una generica sezione la coppia di valori ($X_o^*; Y_o$), e per la sezione di moto uniforme le coordinate (0;1.01), dall'Eq. (8.24) si ricava:

$$X_o^* = Y_o - 1.01 + \frac{1}{4}(1 - Y_c^4)\left[\ln\left(201\frac{Y_o - 1}{Y_o + 1}\right) + 2(0.785 - \arctan Y_o)\right]. \quad (8.25)$$

La Fig. 8.7 illustra la soluzione dell'Eq. (8.25) e rappresenta un ingrandimento della porzione in alto a destra della Fig. 8.6.

Esempio 8.1. Si consideri un collettore di diametro $D = 1250$ mm con pendenza di fondo $S_o = 0.5\text{‰}$ e portata $Q = 1050\,\text{ls}^{-1}$; calcolare la lunghezza di rigurgito sapendo che il tirante di valle è pari a 1.10 m ed il coefficiente di scabrezza è $n^{-1} = 90\,\text{m}^{1/3}\text{s}^{-1}$:

1. dall'Eq. (8.15) si ricava il tirante di moto uniforme $y_N = 0.76$, da cui risulta $h_N = 0.76 \cdot 1.25 = 0.95$ m;
2. mediante l'Eq. (8.17) può essere calcolato il tirante di stato critico $y_c = 0.438$, per cui si ottiene $h_c = 0.438 \cdot 1.25 = 0.55$ m;
3. il numero di Froude è minore di 1, poiché $h_c/h_N = 0.55/0.95 = 0.58 < 1$;
4. essendo $y_N = 0.76$, dall'Eq. (8.23) si ottiene $\lambda = (1 - 1.1 \cdot 0.76^2)^{1/2} = 0.604$;

5. poiché risulta $Y_o = h_o/h_N = 1.10/0.95 = 1.158$ e $Y_c = h_c/h_N = 0.55/0.95 =$ 0.58, utilizzando la Fig. 8.7 si ottiene $X_o^* = \lambda X_o = 0.75$; invece, l'Eq. (8.25) restituisce $X_o^* = \lambda X_o = 0.714$, da cui $X_o = 0.714/0.604 = 1.182$ e $x_o = X_o h_N/S_o = 1.182 \cdot 0.95/0.0005 = 2245$ m. Dunque, la lunghezza di rigurgito è maggiore di 2 km.

La *lunghezza della corrente accelerata* (inglese: "drawdown length") è costituita dalla distanza tra una sezione definita arbitrariamente e la sezione di stato critico. Per tale lunghezza, è necessario trattare separatamente il caso di corrente lenta da quello di corrente veloce.

Nel caso in cui $F < 1$, tale lunghezza può essere denominata *lunghezza di chiamata allo sbocco* ed è riferita ad una sezione generica ubicata a monte della sezione di stato critico; tale lunghezza viene calcolata mediante l'Eq. (8.24). Utilizzando le condizioni al contorno $(X^*, Y) = (0; 0.99)$ e ponendo $Y_o = Y_c < 1$, si ricava:

$$X_o^* = Y_c - 0.99 + \frac{1}{4}(1 - Y_c^4)\left[\ln\left(199\frac{1 - Y_c}{1 + Y_c}\right) + 2(0.785 - \arctan Y_c)\right]. \quad (8.26)$$

La funzione $X_o^*(Y_c)$ sopra riportata è definita fino al valore massimo $\lambda X_o = 0.72$ (Fig. 8.8). L'Eq. (8.26) può essere approssimata dalla più semplice relazione:

$$X_o^* = (Y_c - 1) + (1 - Y_c^4)[1.72 - Y_c]. \quad (8.27)$$

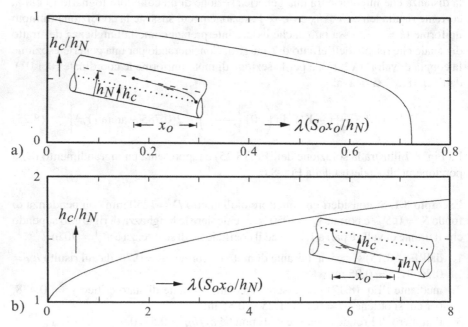

Fig. 8.8. Lunghezza di *drawdown* $X_o^* = \lambda X_o$ in funzione di h_c/h_N per: a) $F < 1$; b) $F > 1$

Esempio 8.2. Determinare la lunghezza di chiamata allo sbocco nel caso dell'Esempio 8.1:

1. il tirante di moto uniforme è $h_N = 0.95$ m;
2. il tirante di stato critico è $h_c = 0.55$ m;
3. il numero di Froude è $F < 1$, e quindi la corrente è lenta;
4. l'operatore di trasformazione è $\lambda = 0.604$;
5. $Y_c = h_c/h_N = 0.58$; entrando nella Fig. 8.8a si ricava $X_o^* = 0.58$. Invece, l'Eq. (8.26) fornisce $X_o^* = 0.574$, mentre dall'Eq. (8.27) si ottiene $X_o^* = 0.591$ (+3%). Allora, la lunghezza di chiamata allo sbocco è pari a $x_o = 0.591 \cdot 0.95/(0.0005 \cdot 0.604) = 1860$ m. Questo significa che, a monte della sezione di stato critico, ci vogliono circa 2 km prima che si stabilisca la condizione di moto uniforme.

Nel caso della *lunghezza della corrente accelerata* per correnti veloci ($F > 1$) si utilizza la condizione al contorno $Y_o = Y_c > 1$ e la condizione di moto uniforme $(X_o^*; Y) = (0; 1.01)$. L'espressione rappresentata graficamente nella Fig. 8.8b è:

$$X_o^* = Y_c - 1.01 + \frac{1}{4}(1 - Y_c^4)\left[\ln\left(201\frac{Y_c - 1}{Y_c + 1}\right) + 2(0.785 - \arctan Y_c)\right], \quad (8.28)$$

la quale, se $1 < Y_c < 1.6$, è approssimata dalla seguente relazione:

$$X_o^* = 10(Y_c - 1)^{1.8}. \tag{8.29}$$

Esempio 8.3. Calcolare la lunghezza di *drawdown* in un alveo di diametro $D = 800$ mm in cui defluisce una portata $Q = 1.5$ m^{3}s^{-1}, con pendenza di fondo $S_o = 1.7\%$ e scabrezza $n^{-1} = 75$ m$^{1/3}$s^{-1}:

1. il tirante di moto uniforme è $y_N = 0.74$, a cui corrisponde $h_N = 0.59$ m;
2. il tirante di stato critico è $y_c = 0.915$, ovvero $h_c = 0.73$ m;
3. il numero di Froude è maggiore dell'unità, visto che risulta: $Y_c = h_c/h_N = 1.237 > 1$;
4. l'operatore di trasformazione è $\lambda = 0.631$;
5. essendo $Y_c = 1.237$ dall'Eq. (8.29) si ricava $X_o^* = 0.751$, mentre l'Eq. (8.28) restituisce $X_o^* = 0.728$ (-3%), da cui $x_o = X_o^* h_N/(\lambda S_o) = 0.728 \cdot 0.59/(0.631 \cdot 0.017) = 40$ m. Quindi, la condizione di moto uniforme è localizzata 40 m a valle della sezione di stato critico.

8.5 Classificazione dei profili di corrente

Lo studio dei profili di corrente fu inizialmente rivolto, quasi esclusivamente, ai canali rettangolari di larghezza b; come caso particolare, è stato sovente esaminato il caso di alveo rettangolare infinitamente largo, in cui $h/b \ll 1$. L'equazione differenziale che regge il problema presenta una forma simile a quella dell'Eq. (8.20), con l'unica differenza che gli esponenti presenti al numeratore e denominatore sono pari a 3 invece che a 4. Con riferimento a questa semplice tipologia di profilo di corrente, Chow [2] introdusse una classificazione dei profili, secondo cui esistono cinque tipi di *profili di corrente*:

- profili di tipo H, per canali orizzontali;
- profili di tipo M, per canali a debole pendenza (M sta per *mild*, ovvero lieve);
- profili di tipo C, per canali con pendenza pari alla pendenza critica;
- profili di tipo S, per canali a forte pendenza (S sta per *steep*, ovvero ripido);
- profili di tipo A, per canali in contro-pendenza (con pendenza avversa al moto).

Inoltre, le curve possono ulteriormente essere divise in tre classi:

- Classe 1 in cui $h > h_N > h_c$, cui, ad esempio, appartiene il profilo di corrente lenta $(Y > Y_c)$ ritardata $(Y > 1)$;
- Classe 2 in cui $h_N > h > h_c$, cui appartengono i profili di corrente lenta accelerata;
- Classe 3 in cui $h < h_N < h_c$, in cui ricadono i profili di corrente veloce $(Y < Y_c)$ accelerata $(Y < 1)$.

In totale, sarebbe quindi possibile definire 15 diverse tipologie di profilo. Tra esse i profili di tipo H e A non hanno alcun interesse pratico per il comportamento idraulico dei sistemi fognari; pertanto, resterebbero da trattare solo i profili di tipo M, C e S. Inoltre, poiché una corrente idrica che defluisce in condizioni prossime a quelle di stato critico ($F \approx 1$) si caratterizza per la presenza di instabilità della superficie idrica, con conseguente formazione di ondulazioni di ampiezza significativa, nella pratica progettuale si tende ad evitare tale condizione di funzionamento. Pertanto, nel seguito sono trattati solo i profili di tipo M e S (Fig. 8.9).

Moltiplicando sia il numeratore che il denominatore del termine a destra dell'Eq. (8.20) per Y^4, la pendenza del pelo libero risulta pari $(dY/dX)_0 = Y_c^{-4}$ per $Y = 0$; quindi, la pendenza della superficie libera è positiva per correnti caratterizzate da tiranti idrici ridotti. Per elevati valori delle altezze idriche, invece, si ha $Y^{-1} \to 0$; essendo Y_c caratterizzato da un valore finito, dall'Eq. (8.20) si ottiene $(dY/dX)_\infty = 1$, a cui corrisponde $dh/dx = S_o$; dunque, la superficie idrica risulta orizzontale.

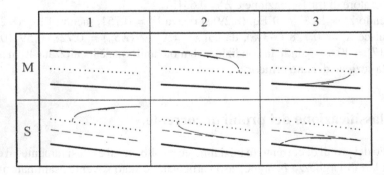

Fig. 8.9. Classificazione dei profili di corrente in alvei prismatici (estesa da [2]) con: (– – –) tirante di moto uniforme, ($\cdots$) tirante di stato critico e (—) profili di corrente per le curve ad M ed a S

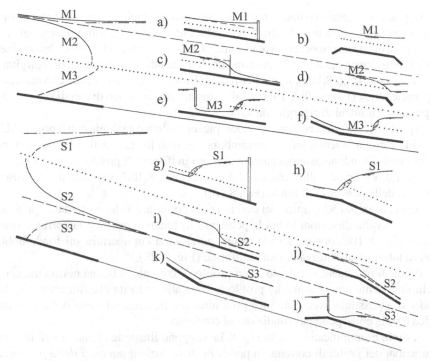

Fig. 8.10. Esempi di profili di corrente: andamenti tipici nel caso di canali a pendenza costante (a sinistra) ed in presenza di singolarità (a destra), i.e. variazioni della pendenza [2]; (– – –) moto uniforme, (···) stato critico, (——) pelo libero

Si noti che, a differenza di altre equazioni rappresentative dei profili di corrente, l'Eq. (8.20) non ammette punti di flesso. Quindi, tutti i profili saranno caratterizzati da curve continue la cui concavità è rivolta o verso l'alto o verso il basso. Sulla base di tali informazioni, è possibile tracciare le principali tipologie di profilo di corrente; in particolare, i profili di tipo M e S sono rappresentati nella Fig. 8.9.

Il *profilo* M1 (Fig. 8.10a,b) rappresenta certamente il profilo di corrente tipico di corsi d'acqua naturali, nel tratto a monte di laghi o sbarramenti di ritenuta; tale tipologia può talvolta essere riscontrata in canali fognari rigurgitati da valle, quali ad esempio i collettori utilizzati come capacità di invaso per la laminazione delle portate di piena.

Il *profilo* M2 è caratteristico di canali a debole pendenza in cui la corrente è accelerata. Tale tipo di profilo si verifica in presenza di un brusco allargamento del canale (Fig. 8.10c) o di un notevole aumento della pendenza del fondo (Fig. 8.10d) per effetto del quale la corrente diventa veloce.

Il *profilo* M3 è raramente riscontrabile all'interno di collettori fognari, poiché caratterizza una corrente veloce in un canale a debole pendenza; tale circostanza comporta la probabile formazione di un risalto idraulico all'interno del collettore. Questo tipo di profilo è tipicamente presente a valle di paratoie (Fig. 8.10e) o in un canale a debole pendenza preceduto da un canale a forte pendenza (Fig. 8.10f).

Il *profilo* S1 scaturisce dalla presenza di un risalto idraulico, per poi tendere asintoticamente all'orizzontale. Analogamente alle curve M3, tale profilo ricorre nei casi in cui si ha una transizione da corrente supercritica a corrente subcritica. Casi emblematici sono rappresentati dal funzionamento di un canale a forte pendenza rigurgitato da un ostacolo (Fig. 8.10g), oppure con recapito in un lago con quota elevata della superficie idrica (Fig. 8.10h). Tale profilo è quindi caratteristico di canali soggetti ad importanti fenomeni di rigurgito da valle.

Il *profilo* S2, in cui la corrente è veloce, presenta alcune analogie con il profilo M2, in cui la corrente è lenta; infatti, entrambi presentano lo stato critico in una sezione di estremità e tendono asintoticamente al moto uniforme. Il profilo S2 si verifica in presenza di un brusco allargamento del canale (Fig. 8.10i) o a valle di un brusco aumento della pendenza di fondo (Fig. 8.10j).

Infine, il *profilo* S3 è tipico dei casi in cui la corrente è veloce ritardata, quali, ad esempio, a valle di sezioni in cui la pendenza di fondo si riduce e la corrente resta veloce (Fig. 8.10k) oppure a valle di una paratoia la cui apertura sul fondo abbia altezza inferiore all'altezza di moto uniforme (Fig. 8.10l).

Prima di procedere al calcolo di un profilo di corrente, è buona norma tracciare preliminarmente uno schema del profilo in base alla suddetta classificazione; in tal modo sarà possibile avere una idea preliminare sulle caratteristiche della corrente idrica e sulle corrispondenti condizioni al contorno.

A titolo esemplificativo, nella Fig. 8.11 vengono illustrate alcune possibili configurazioni dei profili di corrente in presenza di *variazioni puntuali della pendenza* di un canale prismatico. Si noti che le equazioni fin qui illustrate non consentono il calcolo dell'esatto andamento del profilo idrico in prossimità della sezione di stato critico, in corrispondenza del quale il profilo tende a diventare ortogonale al fondo. Tale aspetto particolare viene specificamente trattato nel capitolo 6.

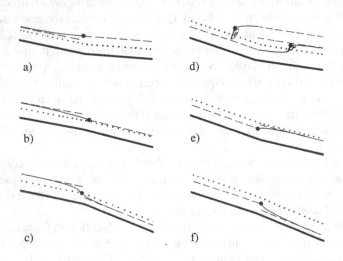

Fig. 8.11. Possibili profili di corrente in presenza di incrementi o riduzioni della pendenza di fondo con: (– – –) moto uniforme, (…) stato critico, (—) pelo libero

Analogamente, anche la presenza di eventuali *risalti idraulici* non può essere trattata mediante le precedenti equazioni, poiché queste non tengono conto della dissipazione energetica associata alla presenza del risalto. L'individuazione della sezione in cui si stabilisce un risalto idraulico può essere effettuata mediante una opportuna procedura basata sulla risoluzione per tratti del profilo di corrente, e nel rispetto della uguaglianza delle spinte totali (capitolo 7). Inoltre, ai fini del calcolo del profilo, il passaggio da corrente veloce a corrente lenta è ubicato in unica sezione, anche se, nella realtà, il risalto ha una lunghezza finita (capitolo 7).

Nel successivo sottoparagrafo viene illustrata la procedura di calcolo da eseguire passo dopo passo, ai fini del tracciamento del profilo di corrente.

8.5.1 Procedura di calcolo dei profili di corrente

I profili di corrente possono essere considerati come curve che descrivono la variazione del tirante idrico tra diverse condizioni di moto uniforme. Poiché il tirante idrico di moto uniforme dipende dai seguenti parametri:

- pendenza di fondo;
- scabrezza;
- portata;
- geometria della sezione trasversale.

la variazione di solo uno di essi comporta l'interruzione della condizione di equilibrio tra forze motrici e resistenti e quindi la definizione di una nuova altezza di moto uniforme, che verrà asintoticamente raggiunta mediante un profilo di corrente. Nei sistemi fognari, tipicamente, la variazione di almeno uno dei suddetti parametri si realizza all'interno di un opportuno manufatto o pozzetto; pertanto, con riferimento allo studio idraulico di un canale fognario si può concludere che:

> È possibile tracciare il profilo di corrente in un collettore fognario quando i tiranti di moto uniforme h_N e di stato critico h_c non variano tra due pozzetti successivi.

Pertanto, la procedura di calcolo può essere eseguita per ogni tratto fognario che sia caratterizzato da valori costanti di h_N e h_c.

Si illustrano di seguito le fasi operative da seguire per il calcolo del profilo di corrente lungo un generico tratto fognario.

1. Definizione dei *parametri fondamentali*:
   - portata Q;
   - diametro D;
   - pendenza di fondo S_o;
   - coefficiente di scabrezza n;
   - condizione al contorno $(x_r; h_r)$.

2. Calcolo dell'*altezza di moto uniforme*:
   Il grado di riempimento in condizione di moto uniforme dipende dalla portata adimensionale $q_N = nQ/(S_o^{1/2} D^{8/3})$ secondo la espressione, già riportata nel

paragrafo 5.5.3:

$$y_N = \left[\frac{2}{7}\left(3 - \sqrt{9 - 28q_N}\right)\right]^{1/2}.$$ (8.30)

Ovviamente, il tirante di moto uniforme è poi calcolato come $h_N = y_N \cdot D$.

3. Calcolo dell'*altezza di stato critico*:
La portata relativa $q_D = Q/(gD^5)^{1/2}$ è legata al grado di riempimento in stato critico, secondo la seguente relazione:

$$y_c = h_c/D = [Q/(gD^5)^{1/2}]^{1/2},$$ (8.31)

da cui è possibile calcolare il tirante di stato critico come $h_c = y_c \cdot D$.

4. Calcolo del rapporto $Y_c = h_c/h_N$. Se $Y_c < 1$ la corrente in moto uniforme è lenta (*alveo a debole pendenza*), viceversa risulta veloce (*alveo a forte pendenza*). Se la condizione al contorno h_r è tale che $h_r/h_c > 1$, allora la corrente è lenta e quindi il calcolo procede da valle verso monte, e cioè in direzione opposta a quella di deflusso. Qualora, invece, risulti $h_r/h_c < 1$, la corrente è veloce e la direzione di calcolo coincide con quella del deflusso.

5. Schematizzazione del profilo di corrente secondo la *classificazione dei profili* illustrata al paragrafo precedente. Lo schema deve tener conto delle condizioni al contorno e deve indicare le sezioni di stato critico in corrispondenza delle quali il rapporto h_c/h_N passa da minore a maggiore dell'unità. Viceversa, se esistono sezioni in cui il rapporto cambia da $h_c/h_N > 1$ a $h_c/h_N < 1$, allora si formerà un risalto idraulico.

6. Calcolo del *profilo di corrente* secondo l'Eq. (8.24):

$$X^* - X_r^* = \mathrm{f}(Y, Y_r, Y_c).$$ (8.32)

Si noti che la procedura esaminata non richiede l'impostazione di una specifica distanza di discretizzazione Δx, poiché la soluzione è caratterizzata da una precisa forma analitica e non richiede algoritmi numerici.

7. Qualora, procedendo da monte verso valle, si passi da $h/h_c < 1$ (corrente veloce) a $h/h_c > 1$ (corrente lenta), si ha la formazione di un risalto idraulico, per il quale va calcolato il tirante idrico coniugato di corrente lenta h_2, secondo quando riportato nel capitolo 7. Il risalto idraulico sarà ubicato nella sezione in cui il profilo idrico $h(x)$, nel tratto con corrente lenta, coincide con la curva di variazione del tirante coniugato $h_2(x)$. Si ricorda che nella sezione in cui si verifica il risalto deve risultare soddisfatta l'uguaglianza delle spinte totali.

8. Una volta calcolato il profilo di corrente, esso può essere facilmente rappresentato nelle forme grafiche ritenute più opportune. Una particolare rappresentazione può essere effettuata utilizzando l'ascissa adimensionale $S_o x/h_N$ per la progressiva e l'ordinata adimensionale h/h_N per il tirante idrico. In alternativa, è possibile utilizzare le grandezze adimensionali $S_o x/D$ e h/D, in modo da avere una rappresentazione grafica più vantaggiosa nei casi in cui si intende sovrapporre

diversi profili di corrente corrispondenti a diversi valori della portata defluente nel collettore, con i rispettivi gradi di riempimento.

La procedura illustrata consente un'agevole determinazione analitica dei profili di corrente, la cui costruzione potrebbe risultare più laboriosa secondo i tradizionali metodi di calcolo. In tal caso, la soluzione è basata sull'utilizzo di una relazione esplicita (anche disponibile in forma grafica), rendendo così non necessario il ricorso a procedimenti di integrazione numerica che richiedono passi di integrazione sufficientemente piccoli per soddisfare i criteri di convergenza.

8.5.2 Profili di corrente in due tratti contigui

Per agevolare la comprensione della procedura di calcolo e la sua applicazione ad un intero sistema fognario, si ritiene utile illustrare alcuni casi esemplificativi del funzionamento idraulico di due collettori fognari separati da un pozzetto. In particolare, si considerino due collettori fognari di uguale diametro nei quali defluisce la medesima portata, ma caratterizzati da un *cambiamento della pendenza del fondo*. A partire dai sei casi elementari riportati sulla sinistra della Fig. 8.10, è possibile considerare diversi casi di interesse pratico, riportati nella Fig. 8.12, nei quali il profilo di corrente complessivo scaturisce dalla combinazione di profili di tipo-M e tipo-S. Delle varie combinazioni possibili, alcune sono prive di significato fisico, quali ad esempio i casi M1–M3, M2–M3, S1–S2 e S1–S3; infatti, tali combinazioni comporterebbero la presenza di un risalto idraulico in corrispondenza della transizione da corrente lenta a corrente veloce, il che è impossibile. Per contro, si assiste alla formazione di un *risalto idraulico* nei profili di corrente composti dalle combinazioni M3–M1, M3–M2, S2–S1 e S3–S1; questi quattro casi richiedono particolare cautela. Per le combinazioni M3–M2 e S2–S1 la superficie idrica, a ridosso della singolarità, ha un andamento che non risulta, rispettivamente, monotono crescente o decrescente.

Come detto in precedenza, la direzione del calcolo è *opposta* a quella della corrente per $h > h_c$, mentre è *concorde* con la corrente per $h < h_c$. Quindi, la direzione di calcolo sarà da valle verso monte nei casi M1, M2 e S1, e da monte verso valle per i profili M3, S2 e S3.

Se si considerano combinazioni miste di profili di tipo-M e profili di tipo-S, le combinazioni M1–S2, M1–S3, M2–S3 e S1–M3 sono fisicamente impossibili (Fig. 8.13). Per tutte le combinazioni che prevedono profili M1 e S1 i calcoli procedono da valle verso monte, a meno che la condizione di deflusso non cambi repentinamente per effetto della formazione di un risalto idraulico. Per configurazioni che coinvolgono profili M3 o S3, la direzione dei calcoli è concorde con quella della corrente, fin dove interviene la formazione di un risalto idraulico.

I profili M2 e S2 richiedono particolare attenzione, perché richiedono il *cambiamento della direzione* di calcolo in determinate sezioni; uno specifico esempio è rappresentato dal caso della combinazione M2–S1, per la quale la corrente si presenta lenta a monte del punto di rottura della pendenza e veloce a valle del punto stesso. Questo caso è emblematico della importanza della selezione di appropriate condizioni al contorno, in presenza di una sezione di controllo (capitolo 6).

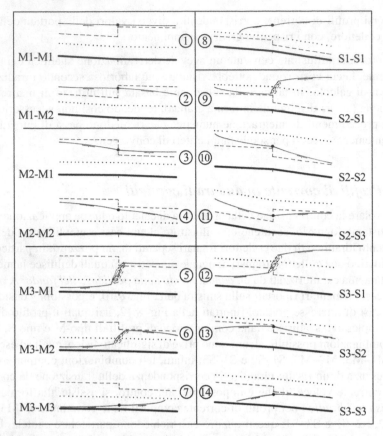

Fig. 8.12. Possibili combinazioni di due profili tipo-M (*sinistra*), o due profili tipo-S (*destra*); (– – –) moto uniforme, (···) stato critico, (——) pelo libero

Le situazioni rappresentate nelle Fig. 8.12 e 8.13 possono essere estese ad un generico sistema fognario; è sufficiente considerare l'intero sistema come composto da *coppie di tratti contigui*. In tal caso, partendo dalle definizioni

- $Y_r = h_r/h_N$ valore al contorno;
- $Y_c = h_c/h_N$ caratteristiche cinetiche del moto uniforme;
- $Y_r/Y_c = h_r/h_c$ caratteristiche cinetiche della condizione al contorno,

è possibile determinare inizialmente il tipo di profilo, in modo da poter disegnare qualitativamente il profilo di corrente atteso. La Tabella 8.1 riproduce le caratteristiche dei 28 casi possibili; tale informazione può essere agevolmente inglobata in un codice di calcolo per gestire il calcolo sul singolo tronco fognario. In pratica, è possibile costruire uno schema di calcolo che caratterizzi ciascuna singolarità o pozzetto con una etichetta numerica che indichi il *tipo di combinazione*. In tal modo, le caratteristiche di funzionamento idraulico sono rappresentate in maniera compatta, mettendo in risalto i tratti fognari caratterizzati da condizioni particolarmente sfavorevoli.

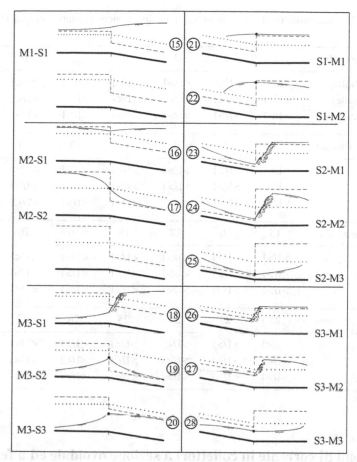

Fig. 8.13. Combinazioni di profili tipo-M e tipo-S (*sinistra*), e profili tipo-S e tipo-M (*destra*); (− − −) moto uniforme, (· · ·) stato critico, (——) pelo libero

Per concludere questo importante paragrafo, si ritiene opportuno soffermare l'attenzione su alcune importanti considerazioni, da tenere ben presenti quando si vuole tracciare il profilo di corrente in un sistema di collettori fognari:

- i profili di corrente sono riferiti esclusivamente a *correnti gradualmente varie*, e quindi con distribuzione idrostatica delle pressioni;
- le variazioni dei parametri geometrici ed idraulici imposte da pozzetti o manufatti particolari devono essere trascurabili. Se tale condizione è soddisfatta, il profilo di corrente può essere tracciato, prescindendo dalla presenza di queste singolarità;
- condizioni di deflusso prossime allo stato critico vanno escluse in sede progettuale e possono comportare difficoltà nel calcolo del profilo di corrente;
- in presenza di correnti veloci, possono svilupparsi *onde a fronte ripido* (inglese "shock waves"), la cui trattazione non è contemplata nelle equazioni esposte in questo capitolo, ma verrà diffusamente affrontata nel capitolo 16.

Tabella 8.1. Caratteristiche delle combinazioni in due tronchi fognari contigui (Fig. 8.12 e 8.13)

Combinazione tipo	1	2	3	4	5	6	7
Y_r (monte/valle)	>1/>1	>1/<1	<1/>1	<1/<1	<1/>1	<1/<1	<1/<1
Y_c (monte/valle)	<1/<1	<1/<1	<1/<1	<1/<1	<1/<1	<1/<1	<1/<1
Y_r/Y_c (monte/valle)	>1/>1	>1/>1	>1/>1	>1/>1	<1/>1	<1/>1	<1/<1

Combinazione tipo	8	9	10	11	12	13	14
Y_r	>1/>1	>1/>1	>1/>1	>1/<1	<1/>1	<1/>1	<1/<1
Y_c	>1/>1	>1/>1	>1/>1	>1/>1	>1/>1	>1/>1	>1/>1
Y_r/Y_c	>1/>1	<1/>1	<1/<1	<1/<1	<1/>1	<1/<1	<1/<1

Combinazione tipo	15	16	17	18	19	20	21
Y_r	>1/>1	<1/>1	<1/>1	<1/>1	<1/>1	<1/<1	>1/>1
Y_c	<1/>1	<1/>1	<1/>1	<1/>1	<1/>1	<1/>1	>1/<1
Y_r/Y_c	>1/>1	>1/>1	>1/<1	<1/>1	<1/<1	<1/<1	>1/>1

Combinazione tipo	22	23	24	25	26	27	28
Y_r	>1/<1	>1/>1	>1/<1	>1/<1	<1/>1	<1/<1	<1/<1
Y_c	>1/<1	>1/<1	>1/<1	>1/<1	>1/<1	>1/<1	>1/<1
Y_r/Y_c	>1/>1	<1/>1	<1/>1	<1/<1	<1/>1	<1/>1	<1/<1

8.6 Profili di corrente in collettori a sezione ovoidale ed a ferro di cavallo

8.6.1 Introduzione

Le equazioni che reggono il problema del calcolo dei profili di corrente in collettori circolari possono essere adattate al caso di canali a sezione ovoidale ed a ferro di cavallo (inglese: "horseshoe"). Nel fare ciò, però, emergono le seguenti due problematiche:

- ad ogni geometria della sezione trasversale è associata una specifica equazione differenziale;
- al posto del solo diametro D per la sezione circolare, le altre sezioni richiedono almeno due parametri geometrici, che comportano notevoli difficoltà nella ricerca di una soluzione parametrica delle equazioni differenziali.

In linea di principio, il profilo di un canale prismatico avente una generica sezione trasversale può essere calcolato in maniera del tutto analoga a quanto fatto per i collettori circolari, pur se con un impegno computazionale che può essere molto oneroso. Peraltro, bisogna considerare alcuni aspetti che derivano dalla pratica tecnica nei sistemi fognari; in particolare:

- la sezione circolare è certamente quella maggiormente diffusa nella realizzazione di collettori fognari;
- a parità dei parametri geometrici e idraulici principali, non esistono differenze sostanziali tra i profili di corrente che caratterizzano canali con diversa sezione trasversale.

Ovviamente, ciò non significa che i profili di corrente in canali non circolari non hanno una concreta rilevanza ai fini pratici; piuttosto, si vuole evidenziare che, in queste situazioni meno frequenti, può essere applicata una *procedura approssimata*, basata sulla trattazione esposta nel paragrafo 8.4. Nel seguito, sono illustrate le modifiche da apportare alle equazioni precedentemente indicate, per la loro applicazione al caso dei collettori con sezione ovoidale ed a ferro di cavallo.

8.6.2 Metodo della sezione equivalente

Sia la sezione ovoidale che quella a ferro di cavallo possono essere considerate come sezioni circolari deformate. Per questo motivo, il profilo di corrente in collettori aventi tali sezioni può essere studiato come un profilo lievemente deformato rispetto al corrispondente profilo che si avrebbe in un canale a sezione circolare (Fig. 8.14). Si ricorda che lo studio dei profili di corrente parte dalla valutazione di due condizioni fondamentali: il moto uniforme e lo stato critico. A tal proposito, si tenga presente che:

- il *tirante di moto uniforme* per una sezione diversa da quella circolare può essere calcolato in maniera esatta, partendo dalla reale geometria del canale;
- il corrispondente *tirante di stato critico*, può essere accuratamente stimato sulla base di considerazioni di minimo energetico (capitolo 6).

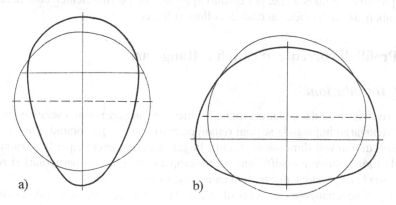

Fig. 8.14. Sezione trasversale effettiva e corrispondente sezione circolare equivalente nel caso di sezione: a) ovoidale e b) a ferro di cavallo

Per il tracciamento del profilo di corrente è possibile fare ricorso al *metodo della sezione equivalente*, nell'ambito del quale i tiranti di moto uniforme h_N e stato critico h_c vengono calcolati con riferimento all'effettiva geometria del collettore, mentre il tirante idrico h è calcolato per una *sezione circolare equivalente*. A partire dalla sezione trasversale effettiva, la sezione circolare equivalente può essere definita sulla base di tre criteri distinti:

- a parità di velocità di moto uniforme;
- a parità di sezione idrica in condizione di massimo riempimento;
- a parità di altezza della sezione trasversale.

Gli ultimi due criteri forniscono risultati poco discosti tra loro, atteso che sia la sezione ovoidale che quella a ferro di cavallo presentino eccentricità relativamente basse. Per la valutazione del profilo di corrente, si ritiene di raccomandare il criterio di equivalenza basato sulla *uguaglianza della sezione idrica in condizione di massimo riempimento*. In tal caso, la procedura diventa indipendente dal valore della portata ed è caratterizzata da una accuratezza più che sufficiente. Naturalmente, il diametro fittizio D_f della sezione circolare equivalente non corrisponderà ad un valore commerciale del diametro D. Il *procedimento di calcolo* è così articolato:

- calcolo del tirante di moto uniforme h_N nella sezione effettiva;
- calcolo del tirante di stato critico h_c nella sezione effettiva;
- definizione del tirante al contorno $h(x = x_r) = h_r$;
- classificazione del profilo di corrente nel collettore con sezione circolare equivalente;
- calcolo del profilo di corrente nel collettore con sezione circolare equivalente;
- trasformazione dei risultati ottenuti, riportando i tiranti idrici nel canale con sezione trasversale effettiva.

Lakshmana Rao e Sridharan hanno studiato i profili di corrente in canali caratterizzati da diverse geometrie per la sezione trasversale, mostrando che le differenze tra i vari profili ottenuti sono comunque piccole. Pertanto, tale considerazione rafforza la bontà della procedura proposta che, per quanto approssimata, è sufficientemente accurata per le applicazioni tecniche al caso di collettori fognari.

8.7 Profili di corrente in canali rettangolari

8.7.1 Introduzione

Per la realizzazione dei collettori fognari, oltre alle canalizzazioni a sezione circolare, trovano largo impiego le sezioni rettangolari (o scatolari), soprattutto nel caso di collettori di notevoli dimensioni. Infatti, la gamma commerciale per le sezioni rettangolari *prefabbricate* è sufficientemente ampia e solo in casi particolari si rende necessaria la costruzione di canali in calcestruzzo *gettati in opera*.

La sezione rettangolare è molto differente da quella circolare, rendendo improponibile il criterio di equivalenza illustrato nel paragrafo precedente. Inoltre, trattandosi di una geometria elementare, essa può essere analizzata in dettaglio.

In base a quanto verrà esposto nel paragrafo 8.7.2, i profili di corrente in canali rettangolari possono essere rappresentati nel sistema di riferimento X, Y e Y_c, come definiti dall'Eq. (8.18). In questo caso, però, compare il parametro aggiuntivo $y_b = h_N/b$; quindi, per la sezione rettangolare, l'equazione per correnti gradualmente varie presenta quattro parametri, rendendo maggiormente articolata la definizione della sua soluzione generale. Nella pratica professionale vengono sicuramente privilegiati i metodi di calcolo semplificati; il metodo approssimato descritto nel seguito trascura la esplicita influenza della larghezza b del canale. Il metodo proposto è simile a quello descritto nel paragrafo 8.4.2 e la procedura di calcolo corrispondente è analoga a quella riportata nel paragrafo 8.5.1.

8.7.2 Equazione del profilo di corrente

La geometria della sezione rettangolare è descritta dal tirante idrico h e dalla larghezza b del canale; la sezione idrica corrispondente è $A=bh$, mentre il perimetro bagnato è dato da $P = b+2h$ ed il raggio idraulico è definito come $R_h = A/P = bh/(b+2h)$.

Ritenendo che la formula di Manning e Strickler sia applicabile anche nel caso di correnti gradualmente variate, la *cadente* dovuta alle forze resistenti al moto è fornita dalla seguente relazione:

$$S_f = \frac{n^2 Q^2}{A^2 R_h^{4/3}}, \tag{8.33}$$

in cui Q rappresenta la portata ed n il coefficiente di scabrezza di Manning (capitolo 2). Sostituendo nell'Eq. (8.33) le espressioni dei parametri geometrici A e P si ottiene:

$$S_f = \left(\frac{nQ}{bh}\right)^2 \left(\frac{b+2h}{bh}\right)^{4/3}. \tag{8.34}$$

In condizione di moto uniforme, è valida l'uguaglianza $S_o = S_f$ per cui la pendenza di fondo soddisferà la relazione:

$$S_o = \left(\frac{nQ}{bh_N}\right)^2 \left(\frac{b+2h_N}{bh_N}\right)^{4/3}. \tag{8.35}$$

Rapportando membro a membro le Eq. (8.34) e (8.35), si ottiene la seguente espressione del rapporto tra la cadente e la pendenza del canale:

$$S_f/S_o = \left(\frac{b+2h}{b+2h_N}\right)^{4/3} \left(\frac{h_N}{h}\right)^{10/3}. \tag{8.36}$$

Si ricorda, inoltre, che il numero di Froude in un canale rettangolare è (capitolo 6):

$$F = \frac{Q}{(gb^2 h^3)^{1/2}} \tag{8.37}$$

mentre il tirante di stato critico definito in base alla relazione $h_c^3 = Q^2/(gb^2)$.

Dunque, a partire dall'Eq. (8.9), è possibile ricavare l'*equazione di una corrente gradualmente varia in un canale rettangolare*:

$$\frac{1}{S_o}\frac{dh}{dx} = \frac{1 - \left(\frac{b+2h}{b+2h_N}\right)^{4/3}\left(\frac{h_N}{h}\right)^{10/3}}{1 - \left(\frac{h_c}{h}\right)^3}. \tag{8.38}$$

Sostituendo all'interno della suddetta equazione i parametri X, Y e Y_c, dati dall'Eq. (8.18), e $y_b = h_N/b$, si ottiene l'equazione *adimensionale* per correnti gradualmente varie in un canale rettangolare [5]:

$$\frac{dY}{dX} = \frac{1 - \left(\frac{1+2y_bY}{1+2y_b}\right)^{4/3}Y^{-10/3}}{1 - (Y_c/Y)^3}. \tag{8.39}$$

Come già detto, la soluzione $Y(X)$ dell'Eq. (8.39) dipende dai due parametri Y_c e y_b; in particolare il parametro di forma y_b varia nell'intervallo $0 < y_b < \infty$.

La *trattazione classica* dei profili di corrente considera $y_b = 0$, ed è quindi riferita al caso di *canale infinitamente largo* [9,10]. In tal caso, l'Eq. (8.39) si semplifica nella seguente equazione differenziale, analoga all'Eq. (8.20) valida per canali circolari:

$$\frac{dY}{dX} = \frac{1 - Y^{-10/3}}{1 - (Y_c/Y)^3}. \tag{8.40}$$

Nel caso opposto in cui, invece, il canale rettangolare è *infinitamente stretto* e risulta $y_b^{-1} = 0$, l'Eq. (8.39) si trasforma nella seguente equazione, valida quando i tiranti idrici non sono troppo bassi:

$$\frac{dY}{dX} = \frac{1 - Y^{-7/3}}{1 - (Y_c/Y)^3}. \tag{8.41}$$

In generale, allora, considerando l'intero intervallo di variazione della larghezza di una sezione rettangolare, è possibile scrivere un'equazione di validità generale [1]:

$$\frac{dY}{dX} = \frac{1 - Y^N}{1 - (Y_c/Y)^M}, \tag{8.42}$$

in cui gli esponenti M ed N sono funzione della forma geometrica della sezione rettangolare. Chow [2] ha fornito la risoluzione di tale equazione in forma tabellare, in cui i parametri M e N vengono assunti come variabili indipendenti dal tirante idrico Y. Tale assunzione è giustificata nel caso delle sezioni rettangolare e triangolare e, approssimativamente, anche per quella circolare, mentre fornisce risultati errati per i canali trapezoidali o con sezioni caratterizzate da geometrie complesse. Sebbene il *metodo di Chow* sia largamente diffuso, esso presenta l'indubbio svantaggio legato alla necessità di interpolare i valori riportati tabella; per contro, il procedimento descritto nel seguito di questo paragrafo consente di ottenere la soluzione esplicita dell'equazione del profilo. Per questo motivo, il metodo di Chow, così come quello proposto da Henderson [7], non verrà ulteriormente approfondito. Ovviamente, un'alternativa alla procedura che si va ad illustrare è rappresentata dai tradizionali metodi numerici per la integrazione dell'equazione differenziale del profilo di corrente nella sua forma generale, ovvero dell'Eq. (8.9).

Sebbene l'Eq. (8.40) sia stata risolta in via analitica da Gill [4], la soluzione proposta si presta male alle elaborazioni da effettuare nelle pratiche applicazioni. Per ricavare il metodo approssimato di seguito illustrato, gli esponenti che compaiono al numeratore dell'Eq. (8.39) devono essere approssimati con numeri interi. Inoltre, l'espressione $[(1+2y_bY)/Y]^{1/3}$ può essere sviluppata secondo uno sviluppo in serie a partire dalla condizione di moto uniforme $Y = 1$, risultando così semplificata in $(1+2y_b)^{1/3}[1-(1/3)(Y-1)/(1+2y_b)]$. Così facendo, l'equazione *modificata* dei profili di corrente in canali rettangolari è:

$$\frac{dY}{dX} = \frac{Y^3 - \left[\frac{1+2y_bY}{1+2y_b}\right]\left[1 - \frac{Y-1}{3(1+2y_b)}\right]}{Y^3 - Y_c^3}.$$

(8.43)

Sebbene sia possibile estrarre una soluzione in forma chiusa, l'equazione presenta i quattro parametri X, Y, Y_c e y_b ed il suo utilizzo potrebbe avere scarsa utilità ai fini pratici. Grazie ad un'analisi di tipo numerico [5] è stato dimostrato che il parametro di forma y_b ha scarsa influenza sul profilo di corrente.

Tenendo presente che, nei collettori fognari, y_b varia tipicamente tra 0.1 e 10, con valori che mediamente sono prossimi a $y_b = 1$, nel caso di correnti non troppo discosti dalla condizione di moto uniforme ($0 < Y < 3$), l'Eq. (8.43) si semplifica nella seguente:

$$\frac{dY}{dX} = \frac{Y^3 - \frac{1}{3}(1+2Y)\left[1 - \frac{Y-1}{9}\right]}{Y^3 - Y_c^3} = \frac{(Y-1)(27Y^2 + 29Y - 10)}{27(Y^3 - Y_c^3)},$$

(8.44)

la cui soluzione è rappresentata in Fig. 8.15, limitatamente agli intervalli $-9 < X < 4$ e $0 < Y < 3$. Si noti la similitudine tra tale diagramma e quello riportato nella Fig. 8.6 per i canali a sezione circolare. È possibile allora sviluppare lo stesso procedimento anche per canali a sezione rettangolare con l'unica differenza che, rispetto all'Eq. (8.24), la soluzione dell'Eq. (8.44) non può essere espressa in via esplicita.

Allo scopo di ricavare una soluzione analitica più semplice dell'Eq. (8.39), ancorché approssimata, si può modificare il termine che compare in parentesi al numeratore. In particolare, ponendo $y_b = 1$, si ottiene il termine $[(1+2Y)/Y]^{1/3}$ che fornisce una deviazione dal valore esatto contenuta entro il 10%, per tiranti che variano nell'intervallo $0.5 < Y < 5$. Nel campo delle correnti uniformi ($Y \sim 1$), si ricava un'espressione approssimata analoga all'Eq. (8.20):

$$\frac{dY}{dX} = \frac{1 - Y^{-3}}{1 - (Y_c/Y)^3},$$

(8.45)

la cui risoluzione è certamente più agevole; l'integrazione dell'Eq. (8.45) viene dettagliatamente illustrata nel paragrafo successivo.

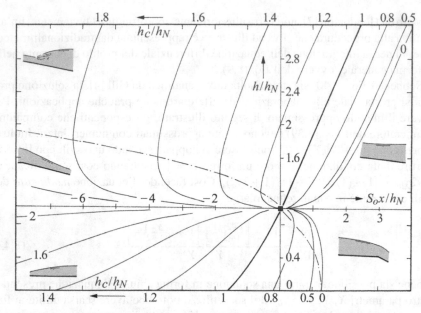

Fig. 8.15. Soluzione dell'Eq. (8.41) per correnti gradualmente varie in canali rettangolari [5]

8.7.3 Soluzione approssimata

La soluzione integrale dell'equazione differenziale (8.45) è stata già ricavata nel 1860 dallo studioso francese Jacques Antoine Bresse (1822–1883) [6]. Imponendo la condizione al contorno $Y(X = X_r) = Y_r$, la soluzione integrale può essere espressa come:

$$
X - X_r = Y - Y_r - (1 - Y_c^3) \left\{ \frac{1}{6} \ln \left[\left(\frac{1 - Y_r}{1 - Y} \right)^2 \left(\frac{1 + Y + Y^2}{1 + Y_r + Y_r^2} \right) \right] + \frac{1}{\sqrt{3}} \arctan \left(\frac{1 + 2Y}{\sqrt{3}} \right) - \frac{1}{\sqrt{3}} \arctan \left(\frac{1 + 2Y_r}{\sqrt{3}} \right) \right\}. \quad (8.46)
$$

Quest'ultima consente di determinare in maniera esplicita i profili di corrente nei canali rettangolari, in analogia all'Eq. (8.24) specificamente dedotta per canali a sezione circolare. Pertanto, il *procedimento di calcolo* non differisce da quello illustrato nel paragrafo 8.5.1.

Esempio 8.4. Calcolare il profilo di corrente in un canale rettangolare di larghezza $b = 1.2$ m e lunghezza $L = 120$ m, con pendenza di fondo $S_o = 3\%$ e scabrezza $n = 1/90 \, \mathrm{m^{-1/3} s^{-1}}$, in cui defluisce una portata $Q = 3.1 \, \mathrm{m^3 s^{-1}}$. All'inizio del canale la corrente è in condizione di stato critico, mentre a valle sussiste una condizione al contorno costituita da un tirante idrico $h_u = 1.20$ m.

1. *Moto uniforme*: risolvendo per via iterativa l'Eq. (8.35), il parametro di forma y_b può essere calcolato a partire dalla seguente espressione:

$$\frac{n^2 Q^2}{S_o b^{16/3}} = \frac{y_b^{10/3}}{(1 + 2y_b)^{4/3}}. \tag{8.47}$$

Risulta, quindi, $y_b = 0.351$, pe cui $h_N = 0.351 \cdot 1.2 = 0.421$ m.

Il parametro di forma y_b può essere determinato anche ricorrendo alla soluzione esplicita della relazione approssimata introdotta da Sinniger e Hager [13], secondo cui

$$y_b = \left[\left(\frac{nQ}{S_o^{1/2} b^{8/3}} \right)^{-3/5} - \frac{2}{3} \right]^{-1}. \tag{8.48}$$

Essendo $nQ/(S_o^{1/2} b^{8/3}) = 3.1/(90 \cdot 0.03^{1/2} 1.2^{8/3}) = 0.122$, si ottiene $y_b = [0.122^{-0.6} 0.666]^{-1} = 0.3495$, con uno scarto rispetto al valore precedente all'incirca pari al 5%.

2. *Stato critico*: secondo quanto riportato nel capitolo 5, risulta:

$$h_c = [Q^2/(gb^2)]^{1/3}, \tag{8.49}$$

e quindi, si ottiene $h_c = [3.1^2/(9.81 \cdot 1.2^2)]^{1/3} = 0.879$ m. Dunque, la corrente uniforme è una corrente supercritica, risultando $h_N < h_c$, mentre a valle del canale la corrente risulta subcritica poiché $h_u > h_c$; ciò significa che lungo il canale si può formare un risalto idraulico, con passaggio da corrente veloce a corrente lenta.

3. *Condizioni al contorno*: a monte va imposto il valore dell'altezza idrica $h_{ro} = h_c = 0.879$ m, dopodiché il calcolo procede secondo la direzione della corrente; a valle risulta $h_{ru} = h_u = 1.20$ m, a partire dal quale il tracciamento del profilo di va eseguito contro la direzione del moto della corrente.

4. *Classificazione dei profili di corrente*: a monte si sviluppa una corrente del tipo S2 (profilo di corrente veloce accelerata tendente asintoticamente al moto uniforme); a valle si ha un profilo di corrente tipo S1 (corrente lenta ritardata in canale a forte pendenza).

5. *Calcolo dei profili di corrente*: essendo $X_r(Y_r = Y_c = 0.879/0.421 = 2.088) = 0$, l'Eq. (8.46) diventa

$$X = Y - 2.088 - (1 - 2.088^3) \cdot$$

$$\cdot \left\{ \begin{array}{l} \dfrac{1}{6} \ln \left[\dfrac{(1 - 2.088)^2}{(1 - Y)^2} \dfrac{(1 + Y + Y^2)}{(1 + 2.088 + 2.088^2)} \right] + \\[2mm] + \dfrac{1}{\sqrt{3}} \arctan \left(\dfrac{1 + 2Y}{\sqrt{3}} \right) - \dfrac{1}{\sqrt{3}} \arctan \left(\dfrac{1 + 2 \cdot 2.088}{\sqrt{3}} \right) \end{array} \right\} =$$

$$= Y - 2.088 + 8.103 \left\{ \frac{1}{6} \ln \left[0.159 \frac{(1+Y+Y^2)}{(1-Y)^2} \right] + \right.$$

$$\left. + \frac{1}{\sqrt{3}} \arctan \left(\frac{1+2Y}{\sqrt{3}} \right) - 0.720 \right\} = Y - 7.922 +$$

$$+ 1.351 \ln \left[0.159 \frac{(1+Y+Y^2)}{(1-Y)^2} \right] + 4.677 \arctan \left(\frac{1+2Y}{\sqrt{3}} \right).$$

Assegnato il valore del tirante idrico relativo Y, la progressiva normalizzata X può essere calcolata di conseguenza. Quindi, ponendo $h = Yh_N$ e $x = Xh_N/S_o$, è possibile calcolare il profilo di corrente veloce (Tabella 8.2); la lunghezza di *drawdown* è pertanto pari a 132.70 m.

Per quanto riguarda il cacolo del profilo di corrente lungo il tratto di valle del canale, la condizione al contorno è $x_r(h_r = h_u) = 1.20$ m e la corrispondente progressiva normalizzata risulta $X_r = S_o x_r/h_N$ ($Y_r = h_u/h_N = 1.20/0.421 = 2.85$) $= 0.03 \cdot 120/0.421 = 8.551$. Sostituendo i suddetti parametri, oltre all'altezza relativa di stato critico $Y_c = 2.088$, nell'Eq. (8.46), si ha:

$$X - 8.551 = Y - 2.85 - (1 - 2.088^3) \cdot$$

$$\cdot \left\{ \frac{1}{6} \ln \left[\frac{(1-2.85)^2}{(1-Y)^2} \frac{(1+Y+Y^2)}{(1+2.85+2.85^2)} \right] + \right.$$

$$\left. + \frac{1}{\sqrt{3}} \arctan \left(\frac{1+2Y}{\sqrt{3}} \right) - \frac{1}{\sqrt{3}} \arctan \left(\frac{1+2\cdot 2.85}{\sqrt{3}} \right) \right\}$$

$$= Y - 2.85 + 8.103 \left\{ \frac{1}{6} \ln \left[0.286 \frac{(1+Y+Y^2)}{(1-Y)^2} \right] + \right.$$

$$\left. + \frac{1}{\sqrt{3}} \arctan \left(\frac{1+2Y}{\sqrt{3}} \right) - 0.761 \right\}.$$

Ovvero, ricavando X in funzione di Y

$$X = Y - 0.465 + 1.351 \ln \left[0.286 \frac{1+Y+Y^2}{(1-Y)^2} + 4.678 \arctan \left(\frac{1+2Y}{\sqrt{3}} \right) \right].$$

Tabella 8.2. Profilo di corrente veloce calcolato a partire dalla condizione al contorno di monte

x [m]	0	0.135	1.24	4.32	11.3	17.26	28.50
X [-]	0	0.010	0.089	0.308	0.805	1.266	2.031
Y [–]	2.088	2.0	1.8	1.6	1.4	1.3	1.2
h [m]	0.879	0.842	0.758	0.674	0.589	0.547	0.505
x [m]	37.0	49.95	57.40	67.30	81.67	106.9	132.70
X [–]	2.638	3.559	4.091	4.796	5.82	7.62	9.456
Y [–]	1.15	1.1	1.08	1.06	1.04	1.02	1.01
h [m]	0.484	0.463	0.455	0.446	0.438	0.429	0.425

Tabella 8.3. Profilo di corrente lenta calcolato a ritroso a partire dalla condizione al contorno di valle

x [m]	120.0	117.3	116.3	115.85
X [–]	8.55	8.36	8.285	8.254
Y [–]	2.85	2.50	2.3	2.088
h [m]	1.20	1.05	0.97	0.879
F_2 [–]	0.627	0.767	0.863	1.0
h_1^* [m]	0.622	0.729	0.795	0.879

La soluzione $Y(X)$ della suddetta espressione, insieme al profilo di corrente $h(x)$, sono riportati nella Tabella 8.3, dalla quale si evince che la corrente lenta si estende per il tratto compreso tra l'ascissa $x = 115.85$ m e la sezione finale del canale. Dunque, il profilo di corrente veloce prevale lungo una porzione significativa del canale.

In maniera analoga, sono stati calcolati i tiranti h_1^*, coniugati delle altezze idriche $h = h_2$ mediante l'Eq. (7.14), che, ponendo $F_2 = Q/(gb^2 h_2^3)^{1/2}$, può essere riscritta come

$$h_1^*/h_2 = \frac{1}{2}[(1 + 8F_2^2)^{1/2} - 1]. \tag{8.50}$$

L'Eq. (8.49) è analoga all'Eq. (7.17); in questo caso, l'Eq. (7.18) non può essere utilizzata ma, per valori ridotti del numero di Froude $F_2 < 0.25$, si può ricorrere all'utilizzo della seguente relazione:

$$h_1^*/h_2 = 2F_2^2[1 - 2F_2^2]. \tag{8.51}$$

Confrontando i dati riportati nelle Tabelle 8.2 e 8.3, si evince che il tirante coniugato di corrente veloce h_1^* (Tabella 8.3) è sempre superiore al tirante h (Tabella 8.2) della corrente veloce accelerata di monte; ciò significa che, nel tratto di lunghezza pari a 120 m, la spinta totale della corrente veloce è sempre superiore a quella della corrente lenta imposta dal tirante idrico h_u. Pertanto, il risalto idraulico avrà luogo lungo il tratto interessato solo nel caso in cui venga adeguatamente aumentato il valore del tirante idrico di valle h_u.

8.8 Considerazioni conclusive sui profili di corrente

In questo capitolo sono stati illustrati i fondamenti teorici e le procedure di calcolo per il tracciamento dei profili di corrente in collettori fognari con *sezione standard*. In particolare si è mostrato che in alcuni casi è possibile utilizzare soluzioni analitiche esplicite, avendo così a disposizione un potente strumento di calcolo che non è vincolato da criteri di convergenza, a differenza dei tradizionali metodi di integrazione numerica. Le procedure illustrate possono essere agevolmente inserite in un programma di calcolo automatico, in modo da poter trattare reti di fognatura articolate e composte da numerosi collettori.

Lo schema di calcolo presentato nel capitolo può essere seguito passo-passo, avendo cura di determinare preventivamente le due condizioni fondamentali della corrente: altezza di moto uniforme e di stato critico. Il procedimento può essere applicato anche nei casi in cui si hanno cambiamenti delle condizioni di deflusso. Particolare attenzione va dedicata ai casi in cui si può formare un *risalto idraulico*. Nel caso di bacini urbani di modesta estensione, le procedure proposte consentono un calcolo sistematico dei profili di corrente lenta e veloce, nonché dell'andamento del tirante idrico coniugato, in modo da poter valutare la progressiva in cui si localizza il risalto idraulico. Una progettazione accurata dovrebbe anche verificare la stabilità della posizione del risalto idraulico al variare della condizione al contorno di valle. Si ricordi, infine, che il risalto idraulico si presenta instabile ed ondulato qualora il numero di Froude della corrente in ingresso è compreso nell'intervallo 1 < F < 1.7 (capitolo 7).

Simboli

A	[m^2]	sezione idrica
b	[m]	larghezza del canale
c	[ms^{-1}]	velocità critica (o celerità)
C	[-]	costante di integrazione
D	[m]	diametro
F	[-]	numero di Froude
g	[ms^{-2}]	accelerazione di gravità
h	[m]	tirante idrico
h_c	[m]	tirante di stato critico
h_m	[m]	tirante idrico medio
h_N	[m]	tirante di moto uniforme
H	[m]	energia specifica
L	[m]	lunghezza del canale rettangolare
n	[m$^{-1/3}$s]	coefficiente di scabrezza di Manning
P	[m]	perimetro bagnato
Q	[m^{3}s^{-1}]	portata
R_h	[m]	raggio idraulico
S_e	[-]	cadente energetica
S_f	[-]	cadente legata alle perdite di carico continue
S_F	[-]	cadente dovuta alla variazione di sezione trasversale
S_o	[-]	pendenza di fondo
t	[s]	tempo
V	[ms^{-1}]	velocità
x	[m]	ascissa
X	[-]	coordinata longitudinale normalizzata
X^*	[-]	coordinata longitudinale trasformata
y	[-]	grado di riempimento
y_b	[-]	parametro di forma per la sezione rettangolare
y_N	[-]	grado di riempimento in condizione di moto uniforme
Y	[-]	tirante idrico relativo
Y_c	[-]	parametro cinetico del moto uniforme
z	[m]	quota del fondo del canale

λ [-]   operatore di trasformazione
χ [-]   caratteristica di scabrezza
ζ_F [-]   coefficiente

Pedici

c stato critico
f fittizio (sezione circolare equivalente)
N moto uniforme
o sezione di riferimento per la lunghezza di rigurgito
r valore al contorno
s singolare

Bibliografia

1. Bakhmeteff B.A.: Hydraulics of open channels. McGraw Hill, New York (1932).
2. Chow V.T.: Open channel hydraulics. McGraw Hill, New York (1959).
3. Forchheimer P.: Hydraulik [Idraulica], ed. 1. Teubner, Leipzig, Berlin (1914).
4. Gill M.A.: Discussion to Numerical errors in water profile computation. Proc. ASCE, Journal of Hydraulics Division 102(HY9): 1405–1407 (1976).
5. Hager W.H.: Stau- und Senkungskurven im Kanalbau [Profili di corrente ritardata ed accelerata]. Gas – Wasser – Abwasser 61(5): 157–167; 61(11): 398 (1981).
6. Hager W.H.: Stau- und Senkungskurven im Kreisprofil [Profili di corrente ritardata ed accelerata in canali a sezione circolare]. Gas – Wasser – Abwasser 70(6): 422–430; 70(7): 520–523 (1990).
7. Henderson F.M.: Open channel flow. MacMillan, London (1966).
8. Liggett J.A.: Fluid mechanics. McGraw-Hill, New York (1994).
9. Müller R.: Geschlossene Berechnung von Stau- und Senkungslinien [Soluzione in forma chiusa dei profili di corrente]. Mitteilung 9, P.G. Franke, ed. Institut für Hydraulik und Gewässerkunde, Technische Hochschule, München (1972).
10. Rouse H., Ince S.: History of hydraulics. Iowa Institute of Hydraulic Research, State University of Iowa. Edwards Brothers, Ann Arbor (1957).
11. Press H., Schröder R.: Hydromechanik im Wasserbau [Idromeccanica applicata alle costruzioni idrauliche]. Ernst & Sohn, Berlin (1966).
12. Ranga Raju K.G.: Flow through open channels. McGraw-Hill, New Delhi (1990).
13. Sinniger R.O., Hager W.H.: Constructions hydrauliques - Ecoulements stationnaires. Presses Polytechniques et Universitaires Romandes, Lausanne (1989).
14. Tolkmitt G.: Stauwerke [Manufatti di controllo nelle correnti a pelo libero]. Engelmann, Leipzig (1892).
15. Townson J.M.: Free-surface hydraulics. Unwin-Hyman, London (1991).

9

Opere di attraversamento e condotte limitatrici di portata

Sommario Si illustra il comportamento idraulico di tre particolari manufatti, per i quali possono presentarsi sia condizioni di deflusso a superficie libera che in pressione. I *tombini* sono opere idrauliche tipicamente utilizzate per la realizzazione di intersezioni tra canali ed infrastrutture di trasporto realizzate in rilevato; vengono illustrate le diverse condizioni di funzionamento idraulico che si possono incontrare nella pratica. Vengono quindi descritti i principali criteri di progetto, unitamente ad un confronto tra i risultati della procedura di calcolo e le prove su modello fisico. Le *condotte limitatrici* servono a contenere il deflusso di una portata entro un valore prefissato. Tali dispositivi sono caratterizzati da funzionamento in pressione, secondo due distinte condizioni di deflusso che vengono analizzate. Le procedure di dimensionamento idraulico sono illustrate con l'ausilio di esempi numerici. I *sifoni rovesci* possono essere installati secondo diverse configurazioni, per cui non è possibile definire un criterio generale di progetto.

9.1 Introduzione

È ben noto che, per il buon funzionamento dei sistemi fognari, deve essere generalmente garantita la condizione di deflusso a superficie libera; esistono però alcune eccezioni, costituite da manufatti in cui si ha *moto in pressione* (inglese: "pressurized flow"). Il tombino è certamente una di queste strutture, ed è correntemente utilizzato nei casi in cui un canale interseca un rilevato stradale o ferroviario. Le *condotte limitatrici* (inglese: "throttling pipes") sono certamente meno comuni nella pratica tecnica, e vengono normalmente utilizzate per regolare la portata derivata da una vasca di laminazione o quella inviata verso l'impianto di depurazione a valle di uno scaricatore di piena. I *sifoni rovesci* (inglese: "inverted siphons") sono invece manufatti fognari che possono essere utilizzati per sottopassare strade, ferrovie o altre infrastrutture, nei casi in cui l'attraversamento aereo è reso impossibile o sconveniente per motivi tecnici, ambientali o economici.

La definizione dei criteri di dimensionamento idraulico per i suddetti manufatti è resa complicata dalla difficoltà di prevedere la *condizione di moto* che ne caratterizza il funzionamento durante l'esercizio; ad esempio, può capitare che il progettista ipotizzi una condizione di moto in pressione, mentre nella realtà la condotta ha lunghezza

Gisonni C., Hager W.H.: Idraulica dei sistemi fognari. Dalla teoria alla pratica.
DOI 10.1007/978-88-470-1445-9_9, © Springer-Verlag Italia 2012

talmente breve da poter sviluppare solo un deflusso a superficie libera. Ovviamente, le conseguenze di errori progettuali di tal guisa possono essere imprevedibili e drammatiche, dal momento che, in linea generale, una corrente a pelo libero necessita di un carico più elevato rispetto a quella in pressione; quindi, nel caso di un tombino progettato in modo errato, la stabilità del rilevato può essere seriamente compromessa. È evidente l'importanza della definizione di criteri di progetto per i cosiddetti *sottopassi*, che viene affrontata in questo capitolo, dopo una attenta descrizione delle varie condizioni di moto che si possono verificare. La descrizione dei criteri di progetto è supportata da utili esempi di calcolo.

9.2 Tombini

9.2.1 Descrizione

Il tombino (inglese: "culvert") è un manufatto di attraversamento in *sottopasso*, e può essere caratterizzato da una duplice condizione di funzionamento: a pelo libero o in pressione. Tale circostanza garantisce una certa flessibilità all'atto della progettazione, purché questa sia sviluppata tenendo conto delle effettive condizioni di deflusso che si verificheranno in fase di esercizio del manufatto; le conseguenze di una errata valutazione possono essere terribili, soprattutto in ambiente urbano, con danni alle strutture e minaccia della pubblica incolumità.

I tombini sono caratterizzati da varie geometrie che possono essere opportunamente semplificate, in modo da poter definire un criterio generale di progetto. Nella maggior parte dei casi, la sezione corrente dei tombini ha forma circolare, ma può anche essere rettangolare o ovoidale. Si consideri, quindi, un canale prismatico a sezione circolare con diametro D, scabrezza equivalente in sabbia k_s e pendenza longitudinale S_o costante. La velocità della corrente in arrivo è generalmente modesta o comunque di entità confrontabile con quella all'uscita del tombino; il funzionamento del manufatto dipende dai valori dell'energia specifica H nella sezione di imbocco (pedice o) e di uscita (pedice u), piuttosto che dai tiranti idrici corrispondenti. Lo schema rappresentato in Fig. 9.1 mostra un tombino di lunghezza L_d, con imbocco raccordato con raggio r_d.

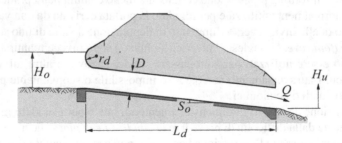

Fig. 9.1. Schema del tombino (sezione longitudinale)

9.2.2 Condizioni di funzionamento

Una prima classificazione delle *condizioni di funzionamento* è stata effettuata da Chow [2] ed è illustrata nella Fig. 9.2. È possibile innanzitutto distinguere tra condizione di deflusso a pelo libero ed in pressione. Inoltre, il processo di moto può essere governato dalla condizione di monte che si verifica all'imbocco, ovvero dalla condizione di valle in corrispondenza dello sbocco. Utilizzando come parametro di normalizzazione delle lunghezze il diametro D, il funzionamento di un tombino può presentare i seguenti casi.

Per piccoli valori del carico all'imbocco ($H_o/D < 1.2$) e pendenza S_o superiore a quella critica S_c (capitolo 6), si innescherà una condizione di *stato critico* all'imbocco, ovviamente in assenza di sommergenza da valle. Il caso ① (Fig. 9.2) è dunque governato dalla relazione tra l'energia specifica H_o e la portata Q; in tale condizione la ventilazione è garantita in entrambe le estremità del manufatto.

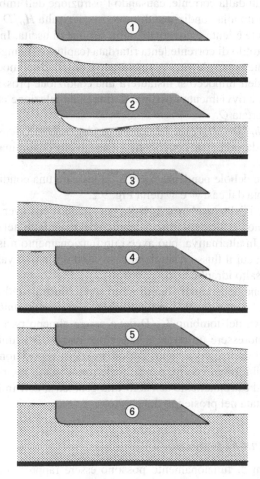

Fig. 9.2. Diverse condizioni di funzionamento di un tombino

Per valori più elevati del carico all'imbocco ($H_o/D > 1.2 \div 1.5$), non rigurgitato da valle, si instaura una condizione di *imbocco sotto battente* (inglese: "gated flow"); in corrispondenza di tale condizione viene inibita la normale ventilazione del tombino, che può avvenire mediante aerofori installati a valle dell'imbocco. Nel caso ② di Fig. 9.2 la corrente è certamente governata da monte in corrispondenza della sezione di imbocco, e la lunghezza del tombino non sortisce alcun effetto diretto sul valore della portata convogliata, ma può avere qualche influenza sulla portata d'aria associata alla formazione di un flusso bi-fase aria-acqua. La transizione del funzionamento dal caso ① al caso ② è dominata dalla presenza di *vortici all'imbocco*, attraverso i quali viene intrappolata aria da parte della corrente idrica, con conseguenti oscillazioni della superficie idrica che danno vita ad instabilità del processo di moto. Questo rappresenta un aspetto critico del funzionamento del manufatto [12], accettabile per portate relativamente modeste. L'installazione di eventuali elementi che inibiscano la formazione dei vortici può essere oltremodo dannosa, in quanto può trattenere corpi grossolani trasportati dalla corrente, causando l'ostruzione dell'imbocco.

Il caso ③ è riferito alla condizione di moto in cui risulta $H_o/D < 1.2$ e $S_o < S_c$; in tal caso la corrente è lenta e governata dalla sezione di uscita. In generale, è possibile costruire il profilo di corrente lenta ritardata (capitolo 8) lungo il tombino; per lunghezze sufficientemente elevate del manufatto e tiranti idrici modesti allo sbocco, in corrispondenza dell'imbocco si instaurerà una condizione prossima al *moto uniforme*, per la quale è ovviamente possibile definire una relazione che lega l'energia specifica H_o alla portata Q.

Qualora risulti $h_c/D < H_u/D < 1$ e debole pendenza $S_o < S_c$ (caso ④), la corrente è lenta e governata da valle; tale condizione viene talvolta denominata come *parziale sommergenza*.

Per $H_u/D \geq 1$ e debole pendenza $S_o < S_c$ si instaura una condizione di *moto in pressione*, raffigurata dai casi ⑤ e ⑥ della Fig. 9.2.

Per valori elevati della pendenza $S_o > S_c$, per i quali si può avere l'imbocco sotto battente, è opportuno verificare il funzionamento del manufatto nel caso si instauri il moto in pressione. In alternativa, può aversi un funzionamento misto con un primo tratto di tombino in cui il flusso è simile al caso ② ed il tratto di valle simile al caso ⑤ separati da un risalto idraulico.

La classificazione delle condizioni di moto sopra illustrate è dovuta a Chow [2] e Henderson [5], ed è riferita alla configurazione denominata *tombino lungo* in cui la lunghezza relativa del tombino L_d/D deve essere almeno pari a $10 \div 20$. Queste strutture possono essere utilizzate anche come dispositivo limitatore di portata in alcuni sistemi di drenaggio urbano. Per chiarezza di esposizione, si precisa che la configurazione di tombino corto, per la quale i processi di moto sono particolarmente complessi ed estremamente sensibili alla geometria dell'imbocco, non verrà specificamente trattata nel prosieguo del capitolo.

9.2.3 Diagramma di progetto

Le varie condizioni di funzionamento possono essere rappresentate mediante opportune equazioni di progetto. La relazione tra l'energia specifica di stato critico

$H_c < (1.2 \div 1.4)D$ e la portata Q discende dall'Eq. (6.37), per cui il *caso* ① è rappresentato dalla relazione

$$\frac{H_{oc}}{D} = \frac{5}{3} \left[\frac{Q}{(gD^5)^{1/2}} \right]^{3/5}.$$ (9.1)

La condizione di moto uniforme in un canale circolare è stata descritta nel paragrafo 5.5.3. Definita la *caratteristica di scabrezza* $\chi = S_o^{1/2} D^{1/6}/(ng^{1/2})$, il *caso* ③ può quindi essere rappresentato dall'Eq. (5.31) ovvero dalla seguente relazione:

$$\frac{H_{oN}}{D} = \frac{2}{\sqrt{3}} \left(\frac{nQ}{S_o^{1/2} D^{8/3}} \right)^{1/2} \left[1 + \left(\frac{9}{16}\chi \right)^2 \right].$$ (9.2)

Si ricorda che in fase di progetto è opportuno imporre un grado di riempimento non superiore al 85%, garantendo comunque un franco idrico adeguato. Inoltre, secondo quanto riportato da Hager e Wanoschek [3], si avrà comunque stato critico qualora risulti $\chi > 2$.

La condizione di imbocco sotto battente può essere descritta mediante l'equazione generalizzata di Bernoulli (capitolo 1). Pertanto, nel *caso* ② la portata può essere valutata mediante la seguente relazione:

$$Q = C_d(\pi/4)D^2[2g(H_o - C_d D)]^{1/2},$$ (9.3)

in cui il valore del coefficiente di efflusso C_d dipende essenzialmente dalla caratteristica geometrica dell'imbocco $\eta_d = r_d/D$ secondo l'equazione

$$C_d = 0.96[1 + 0.5\exp(-15\eta_d)]^{-1}.$$ (9.4)

Dall'analisi delle suddette equazioni si evince che, per un assegnato valore del diametro D, la portata dipende esclusivamente dall'energia specifica H_o vigente all'imbocco del tombino; si noti, inoltre, che un minimo smussamento dell'imbocco ($\eta_d \geq 0.15$) può contribuire ad un significativo aumento della portata, con un costo di intervento relativamente modesto. Nonostante ciò, la maggioranza dei manufatti viene progettata con imbocco a spigolo vivo, per semplificarne la realizzazione. Inoltre, per impedire che si verifichino danni dovuti alla cavitazione, è necessario realizzare imbocchi di dimensioni maggiori in modo da garantire adeguati valori della pressione sul fondo della condotta.

Il *moto in pressione* (pedice p) è descritto dall'equazione generalizzata di Bernoulli (capitolo 2), per effetto della quale, se tra le due sezioni di estremità del tombino esiste una differenza di energia $H_d = H_o + S_o L_d - H_u$, il valore della portata defluente è pari a

$$Q_p = (\pi/4)D^2[2gH_d/(1 + \Sigma\xi)]^{1/2},$$ (9.5)

in cui il termine $\Sigma\xi$ rappresenta la somma di tutti i termini di perdita di energia, includendo sia le resistenze continue che quelle localizzate all'imbocco; infatti, per come è espressa l'Eq. (9.5), la perdita allo sbocco è già portata in conto. Per un tombino rettilineo, con un imbocco sufficientemente arrotondato ($\eta_d > 1/6$), solo la resistenza al moto esercitata dalle pareti deve essere portata in conto (capitolo 2). Nel

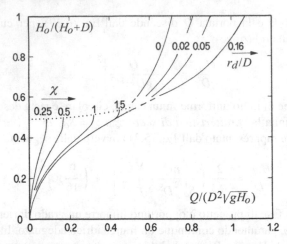

Fig. 9.3. Diagramma di progetto per tombini non rigurgitati, con caratteristica di scabrezza $\chi = S_o^{1/2} D^{1/6}/(ng^{1/2})$ ed imbocco arrotondato con rapporto $\eta_d = r_d/D$. (...) moto uniforme a bocca piena, (- - -) transizione tra deflusso a superficie libera ed imbocco sotto battente

caso specifico di tubo idraulicamente scabro, il termine $\Sigma \xi$ può essere espresso come $\Sigma \xi = \xi_f = 2 \cdot 4^{4/3} [n^2 g L_d / D^{4/3}]$, in cui $1/n$ è il coefficiente di scabrezza di Manning e Strickler.

Le suddette equazioni, dalla Eq. (9.1) alla Eq. (9.5), coinvolgono parametri sia geometrici che idraulici. Sinniger e Hager [12] hanno definito un diagramma di generale applicazione, introducendo una *portata di riferimento* $D^2 (gH_o)^{1/2}$ ed un *carico di riferimento* $(H_o + D)$. Tale diagramma è rappresentato nella Fig. 9.3 in cui il carico relativo all'imbocco $H_o/(H_o + D) \leq 1$ è riportato in funzione della portata relativa $Q/[D^2 (gH_o)^{1/2}]$. Nella porzione di grafico in basso a sinistra, si ha *moto uniforme* in funzione del parametro χ, e la condizione di deflusso a bocca piena è indicata dalla curva punteggiata. Sul lato destro, il grafico è limitato dalla curva che corrisponde alla condizione di *stato critico*. Dal grafico di Fig. 9.3 si evince che il tombino funzionerà a bocca piena in corrispondenza del punto di coordinate (0.55; 0.55), mentre si avrà una condizione di *imbocco sotto battente* per valori più elevati del carico. In quest'ultima condizione di esercizio il valore della portata dipende dal grado di arrotondamento dell'imbocco $\eta_d = r_d/D$, ed è massimizzato per $\eta_d \geq 1/6$. Ovviamente, la condizione di deflusso in pressione non può essere inclusa nel grafico della Fig. 9.3, poiché coinvolge ulteriori parametri.

Esempio 9.1. Un tombino ha lunghezza $L_d = 20$ m, con pendenza $S_o = 1\%$ e coefficiente di scabrezza $1/n = 70$ m$^{1/3}$s^{-1}. Il suo imbocco è arrotondato con $r_d = 0.2$ m, ed il carico specifico allo sbocco è pari a $H_u = 0.60$ m. Per un diametro $D = 1.5$ m, si determini il valore della portata defluente attraverso il manufatto nel caso in cui il carico specifico all'imbocco è pari a $H_o = 2.5$ m.

Essendo $\eta_d = 0.2/1.5 = 0.13$ e $H_o/(H_o + D) = 2.5/(1.5 + 2.5) = 0.625$, dalla Fig. 9.3 si ottiene $Q/[D^2 (gH_o)^{1/2}] = 0.675$, da cui si ricava $Q = 0.675[1.5^2(9.81 \cdot$

$2.5)^{1/2}] = 7.5 \ \mathrm{m^3 s^{-1}}$. Tale valore di portata potrebbe essere incrementato del 5% aumentando l'arrotondamento dell'imbocco fino a $r_d = 0.25$ m.

Il dislivello energetico è pari a $H_d = 2.5 + 0.01 \cdot 20 - 0.6 = 2.1$ m, mentre il coefficiente di perdita di carico totale è $\Sigma \xi = \xi_f = 2 \cdot 4^{4/3} 9.81 \cdot 20/(70^2 1.5^{4/3}) = 0.30$; in caso di moto in pressione, il valore della portata può essere valutato dall'Eq. (9.5), da cui $Q_p = (\pi/4)1.5^2[19.62 \cdot 2.1/(1+0.3)]^{1/2} = 9.95 \ \mathrm{m^3 s^{-1}} > Q$.

Nel caso in esame, il valore della portata calcolato per il moto in pressione non è fisicamente significativo, in quanto si è certamente nel caso ② di Fig. 9.2. In definitiva, il risultato cercato è $Q = 7.5 \ \mathrm{m^3 s^{-1}}$.

9.2.4 Equazioni di progetto

La Fig. 9.3 ha lo svantaggio di presentare il parametro di progetto H_o sia sull'asse delle ascisse che su quello delle ordinate e pertanto si presta meglio a operazioni di verifica piuttosto che di progetto. A tale scopo, si può utilizzare una procedura diversa, finalizzata alla determinazione del *diametro del tombino D*. Normalmente, un tombino è progettato in modo da soddisfare la condizione di carico a monte $H_o/D > 1$. In conformità a quanto rappresentato in Fig. 9.3, la transizione tra deflusso a pelo libero ed imbocco sotto battente è data per $H_o/D < 1.2$ dalla relazione

$$Q_{cM} = 0.61(gD^5)^{1/2}. \tag{9.6}$$

Se è richiesta una condizione di esercizio a superficie libera, allora il massimo (pedice M) valore della portata convogliata dipende essenzialmente dal diametro D, e l'Eq. (9.6) può essere utilizzata per definire la *massima portata a pelo libero*.

Il funzionamento con *imbocco sotto battente* ($H_o/D > 1.2$) può essere descritto dalla

$$D/H_o = \delta \bar{q}^{1/2} \left[1 + \frac{1}{8}(\bar{q})^{1/2} \right]^2, \tag{9.7}$$

in cui $\bar{q} = Q/(gH_o^5)^{1/2}$ è detto numero di Froude della condotta rispetto al carico all'imbocco H_o, e δ è un coefficiente pari a 1.05 per imbocco ben raccordato, mentre $\delta = 1.2$ per imbocco a spigolo vivo. Per piccoli valori di $\bar{q}$, il diametro dipende fondamentalmente da H_o mentre è poco influenzato dalla portata. Dall'Eq. (9.7) si vede che l'effetto dell'arrotondamento dell'imbocco è al più pari al 15%.

Per funzionamento del tombino con *moto in pressione* si può ritenere di assumere un valore medio delle perdite di carico complessive $\Sigma \xi = 1/3$, per cui il diametro, sulla scorta dell'Eq. (9.5), sarà dato dalla relazione

$$D = [Q/(gH_d)^{1/2}]^{1/2}, \tag{9.8}$$

dalla quale si vede che il valore del diametro è condizionato dal valore della portata più che da quello del salto energetico disponibile. Ad ogni modo, è buona norma effettuare una verifica del diametro ottenuto con l'Eq. (9.8) mediante una soluzione rigorosa dell'Eq. (9.5).

Esempio 9.2. Si consideri il medesimo tombino dell'Esempio 9.1, con $L_d = 20$ m, $S_o = 1\%$, $1/n = 70$ m$^{1/3}$s^{-1}, $r_d = 0.20$ m e $H_u = 0.60$ m. Si determini il minimo valore del diametro da adottare per una portata di progetto $Q_D = 5$ m^{3}s^{-1}.

1. Per la *massima portata a pelo libero*, l'Eq. (9.6) fornisce $D_c = [(5/0.61)^2/9.81]^{1/5}$ $= 1.47$ m; dall'Eq. (9.1) risulta quindi $H_{oc}/D = (5/3)[5/(9.81 \cdot 1.47^5)^{1/2}]^{3/5} =$ 1.24. Questa è la condizione di transizione tra deflusso a superficie ibera ed imbocco sotto battente.

2. In caso di *moto in pressione*, per $H_d = 1.47 + 0.01 \cdot 20 - 0.60 = 1.07$ m, dall'Eq. (9.5) si ottiene $D_p = [5/((\pi/4)(1.3/19.62 \cdot 1.07)^{1/2}]^{1/2} = 1.25$ m $< D_c$, per cui il funzionamento è governato dalla condizione precedente.

3. Il caso di *moto uniforme* è governato dal valore del parametro di scabrezza $\chi = 70 \cdot 0.01^{1/2} 1.5^{1/6}/9.81^{1/2} = 2.4$ che risulta maggiore di 2 e quindi la condizione 1. è ancora determinante.

4. Nel caso di *imbocco sotto battente*, assumendo $H_o = 1.24 \cdot 1.47$ m $= 1.82$ m dalla condizione 1., si ottiene $\bar{q} = 5/(9.81 \cdot 1.82^5)^{1/2} = 0.36$; quindi dall'Eq. (9.7) si ha $D/H_o = 1.05 \cdot 0.60(1 + 0.60/8)^2 = 0.73$ e quindi $D = 0.73 \cdot 1.82 = 1.33$ m.

In definitiva, la condizione di funzionamento è intermedia tra quella di transizione e quella di imbocco sotto battente. Per realizzare una condizione di funzionamento ben definita, bisognerebbe imporre un diametro $D = 1.60$ m, di modo che dall'Eq. (9.1) risulta $H_o/D = 1.09$ e quindi $H_o = 1.74$ m; in tale condizione il punto di coordinate $[H_o/(H_o + D); Q/D^2(gH_o)^{1/2}] = [0.52; 0.47]$ corrisponde certamente al funzionamento idraulico del caso ① di Fig. 9.2.

9.2.5 Tombino semplice

Condizioni di moto

Tale struttura ha una particolare geometria che può essere descritta mediante le seguenti specifiche:

- bacino di calma a monte con trascurabile velocità di arrivo;
- imbocco a spigolo vivo con parete verticale;
- tubazione circolare rettilinea con assegnata scabrezza e pendenza costante;
- sbocco libero a pressione atmosferica;
- lunghezza del manufatto pari ad almeno dieci volte il suo diametro.

A seconda del valore della pendenza S_o, la corrente può defluire in condizione critica o con imbocco sotto battente (nel caso $S_o > S_c$), oppure si può instaurare moto uniforme (nel caso $S_o < S_c$), come illustrato in Fig. 9.4.

La *condizione critica* è rappresentata dall'Eq. (9.1), che introducendo il numero di Froude della condotta $\mathsf{F}_D = Q/(gD^5)^{1/2}$, può essere riscritta in termini di $Y_c = H_c/D$ come

$$Y_c = \frac{5}{3}\mathsf{F}_D^{3/5}. \tag{9.9}$$

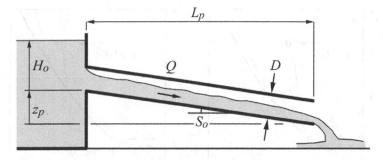

Fig. 9.4. Schema di tombino semplice con sbocco libero a pressione atmosferica

La condizione di *moto uniforme* è essenzialmente espressa dall'Eq. (9.2), ma può essere approssimata dalla più semplice relazione

$$Y_N = 2^{1/2} \mathsf{F}_N^{5/9} \left(1 + \frac{1}{6}\chi^2\right), \tag{9.10}$$

in cui $Y_N = H_N/D$ e $\mathsf{F}_N = \mathsf{F}_D/\chi$, essendo $\chi = S_o^{1/2} D^{1/6}/(ng^{1/2})$ la *caratteristica di scabrezza*. È possibile dimostrare che il moto uniforme sarà subcritico per $\chi < 1$ e supercritico per $\chi \geq 1$. Quest'ultima condizione ha scarso rilievo nel caso specifico, poiché è associata all'instaurarsi di una sezione di controllo all'imbocco del tombino.

Il funzionamento con *imbocco sotto battente* (pedice g) è descritto dall'Eq. (9.3), che può essere riscritta come segue:

$$\mathsf{F}_D = 1.11 C_d [Y_g - C_d]^{1/2}, \tag{9.11}$$

in cui $Y_g = H_g/D$ è il carico specifico relativo all'imbocco, e può essere assunto $C_d = 0.64$ (imbocco a spigolo vivo); quindi la portata varia essenzialmente con la radice quadrata di Y_g.

Il *moto in pressione* (pedice p) segue l'equazione generalizzata di Bernoulli (Fig. 9.4), in virtù della quale, assumendo il valore della pressione allo sbocco pari a $(1/2)D$, risulta

$$z_p + H_p = (1 + \xi_e + \xi_f)\frac{V_p^2}{2g} + \frac{D}{2}, \tag{9.12}$$

in cui z_p è la differenza di quota tra imbocco e sbocco, H_p il carico specifico a monte, $\xi_e = 0.50$ il coefficiente di perdita all'imbocco, ξ_f il coefficiente di perdita distribuita e V_p la velocità media in condotta. Nel caso di condotta idraulicamente liscia, il valore dell'indice di resistenza può essere calcolato come $f = 0.2\mathsf{R}^{0.2}$, essendo $\mathsf{R} = V_p D/\nu$ il numero di Reynolds, mentre, per moto assolutamente turbolento, risulta $f = 2 \cdot 4^{4/3}(gn^2/D^{1/3})$, in cui g è la accelerazione di gravità e $1/n$ è il coefficiente di scabrezza di Manning. Introducendo la scabrezza equivalente in sabbia k_s, e ricordando quanto discusso nel paragrafo 2.2.3, l'indice di resistenza per moto puramente turbolento può essere espresso come $f = 0.19(k_s/D)^{1/3}$. Il valore della pressione interna nella sezione di sbocco (capitolo 11) non viene considerato a causa

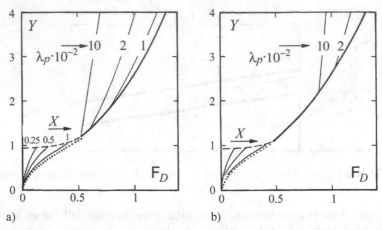

a)   b)

Fig. 9.5. Diagramma generale di funzionamento del tombino, in cui sono indicati (...) condizione critica, (—) moto uniforme, (—) imbocco sotto battente e (—) moto in pressione; (- - -) limite di entrata in pressione (choking). $S_o =$ a) 0.003; b) 0.010 [4]

della complessità dei parametri da cui dipende. Per tombini di notevole lunghezza e con elevata pendenza, tale semplificazione è certamente accettabile.

In definitiva, detto $Z_p = z_p/D = S_o(L_p/D) = S_o\lambda_p$, in cui $\lambda_p = L_p/D$ è la lunghezza relativa, l'Eq. (9.12) può essere riscritta come segue:

$$F_D = 1.11[(S_o\lambda_p + Y_p - 0.50)/(1.5 + f\lambda_p)]^{1/2}. \tag{9.13}$$

I grafici riportati in Fig. 9.5 mostrano, per le quattro possibili condizioni di funzionamento, la variazione dell'energia specifica relativa di monte Y in funzione del numero di Froude F_D della condotta.

I grafici sono stati costruiti assumendo per il coefficiente di resistenza il valore $f = 0.014$. Nel punto di coordinate $(Y; F_D)_f = (1.2; 0.53)$, corrispondente al *deflusso a bocca piena*, le curve relative alla condizione in cui c'è controllo da parte dell'imbocco intersecano quelle relative alla condizione in cui le resistenze in condotta governano il funzionamento. Dalla stessa figura si osserva che l'effetto della pendenza longitudinale è particolarmente evidente per la condizione di moto in pressione.

Condizioni di funzionamento intermedie

A seconda del valore della pendenza S_o, si può avere deflusso in pressione o con imbocco sotto battente. La condizione di transizione (pedice t) tra queste due situazioni dipende dai parametri S_o, λ_p e f, e può essere definita sulla scorta delle Eq. (9.11) e (9.13), riscritte per $C_d = 0.64$, come

$$Y_t = \frac{(S_o + 0.26f)\lambda_p - 0.11}{0.41f\lambda_p - 0.39}. \tag{9.14}$$

Per $Y > Y_t(> 1.2)$ il moto avviene in pressione; diversamente si ha funzionamento con imbocco sotto battente. Un aumento della pendenza contribuisce ad un aumento di Y_t e quindi elimina la possibilità di funzionamento in pressione.

La validità di questa trattazione è stata verificata nel corso di esperimenti eseguiti su una condotta in plexiglass di diametro interno pari a $D = 0.100$ m, di lunghezza variabile tra 20 e 60 volte il diametro, e pendenze comprese tra il 0.3% ed il 3.2%. Per elevati valori della pendenza, la condizione di transizione da $Y < 1.2$ a $Y > 1.2$ comporta la formazione di un *risalto idraulico* lungo il tombino. Per qualunque valore del carico di monte, la condizione di imbocco sotto battente si trasforma in moto in pressione nel caso in cui viene applicata un'ostruzione nella sezione di sbocco, accompagnata dalla espulsione nella sezione di imbocco dell'aria intrappolata nel tombino. Una volta stabilitosi il moto in pressione, questo risulta abbastanza stabile ed il ritorno alla condizione precedente può avvenire solo per effetto di una sufficiente portata di aria immessa nella sezione di imbocco.

In un tombino a forte pendenza ($S_o > S_c$), si possono manifestare due tipi di *funzionamento di transizione*: (1) corrente veloce a monte seguita da un risalto idraulico, con ventilazione del tombino garantita dai vortici che si formano all'imbocco e successiva deaerazione della corrente a valle del risalto; e (2) innesco di un risalto idraulico che manda in pressione il tratto di tombino a valle del risalto stesso, inibendo l'aerazione della corrente attraverso la sezione di sbocco. Gli esperimenti hanno mostrato che il tipo (1) si manifesta fino a $F_D = 1.05$, mentre il tipo (2) occorre per $F_D > 0.95$, per cui nell'intervallo $0.95 < F_D < 1.05$ si può assistere ad entrambi i tipi di transizione.

Fotografie

Si riportano alcune fotografie che descrivono efficacemente le caratteristiche fondamentali di questo complesso processo di moto. Le foto si riferiscono al caso in cui il tombino ha pendenza $S_o = 1\%$ e lunghezza pari a $40D$. La Fig. 9.6 mostra la vista laterale della tubazione per diversi valori del numero di Froude F_D. In particolare, per $F_D = 0.51$ la superficie libera si presenta significativamente ondulata, per effetto di una corrente veloce con $F_1 = 1.25$ a monte del risalto. Nel caso $F_D = 0.63$, la altezza coniugata a valle del risalto è maggiore del diametro D, per cui la condotta va in pressione, realizzando una transizione di tipo (2). Infine, la Fig. 9.6c illustra il caso in cui $F_D = 1.27$, con $Y = 4.1$; in tale condizione la condotta funziona interamente in pressione, con una totale espulsione dell'aria.

La Fig. 9.7 presenta alcune viste dall'alto della zona di imbocco per $F_D = 0.63$, con una visibile contrazione della corrente (Fig. 9.7a), ed il risalto idraulico che, mandando in pressione la condotta, ne impedisce la ventilazione dalla sezione di valle (Fig. 9.7b).

Il fenomeno di entrata in pressione ("choking") di un tombino è generalmente brusco, assimilabile ad un colpo d'ariete in un flusso bifase. La Fig. 9.8 illustra la sequenza del fenomeno: esso si innesca se la larghezza di pelo libero si riduce a meno del 40% del diametro della condotta (Fig. 9.8a); il tratto di condotta a valle del risalto entra in pressione (Fig. 9.8b); il risalto migra verso monte fino a raggiungere una posizione di equilibrio (Fig. 9.8c). Tale fenomenologia può avere luogo solo nel caso in cui l'azione esercitata dalla pendenza del fondo è inferiore a quella delle forze resistenti al moto e la condotta è sufficientemente lunga.

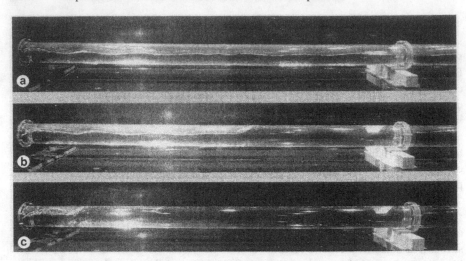

Fig. 9.6. Condizioni di moto per $F_D =$ a) 0.51; b) 0.63; c) 1.27. Verso del moto da sinistra a destra

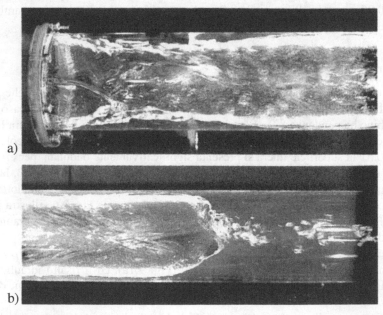

Fig. 9.7. Vista dall'alto del funzionamento del tombino per $F_D = 0.63$. a) Dettaglio dell'imbocco; b) risalto idraulico

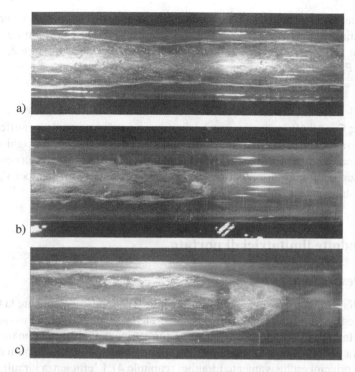

Fig. 9.8. Sovraccarico incipiente: a) deflusso a superficie libera prossimo alla entrata in pressione; b) condizione di incipiente sovraccarico allo sbocco; c) transizione da deflusso a superficie libera a moto in pressione

Lunghezze caratteristiche

Per $H/D > 1.2$, in un tombino lungo si possono presentare tre distinte *condizioni di funzionamento*:

- deflusso a superficie libera lungo l'intero tombino;
- deflusso a superficie libera a monte seguito da risalto idraulico;
- deflusso a superficie libera nel tratto di valle.

In alcuni casi si può avere una combinazione degli ultimi due tipi con la formazione di sacche d'aria; in tal caso, è interessante stimare le lunghezze delle cavità di monte L_o e di valle L_u per localizzare la sezione di transizione.

Si riporta di seguito la sintesi dei risultati sperimentali conseguiti su un tombino costituito da tubazione liscia con pendenza compresa tra 0.3 e 1.0% e lunghezza variabile tra 20 e 60 diametri.

La *lunghezza di monte L_o*, ovvero il suo valore relativo $\lambda_o = L_o/D$ è pressoché costante e pari a 0.60 per valori del numero di Froude della condotta inferiori a $F_D = 0.60$. Il funzionamento avverrà in pressione per $S_o < 1\%$, purché risulti $F_D > 0.60$ ($\pm 10\%$).

La transizione tra la condizione critica e l'imbocco sotto battente, come precedentemente stimato, avviene per $F_D = 0.53$, che rappresenta un valore limite inferiore affinché si verifichi il tipo (3). In tal caso la *lunghezza relativa di valle* $\lambda_u = L_u/D$ varia con F_D secondo la relazione

$$\lambda_u = 0.10F_D^{-4.5}, \quad F_D > 0.50. \tag{9.15}$$

Per $0.53 < F_D < 0.60$, la dispersione dei dati sperimentali è notevole, per effetto della significativa influenza di effetti locali all'imbocco ed allo sbocco. Ad ogni modo, si può affermare che, per $F_D \geq 0.60$, i punti tendono ad allinearsi lungo una certa curva. La condizione di moto in pressione alla sezione di uscita si verifica per $F_D > 1.1$, come illustrato nel capitolo 11.

9.3 Condotte limitatrici di portata

9.3.1 Descrizione

Una condotta limitatrice (inglese: "throttling pipe") ha fondamentalmente la funzione di limitare la portata che la attraversa ad un prefissato valore di progetto (pedice D) $Q = Q_D$. In linea di principio, una condotta limitatrice dovrebbe funzionare a superficie libera per $Q < Q_D$, e derivare una portata massima Q_D, attraverso un controllo basato su principi esclusivamente idraulici (capitolo 4). L'efficienza idraulica di una condotta limitatrice può essere definita come $\eta_D = (Q - Q_D)/Q_D$.

La condotta limitatrice è generalmente collegata ad un manufatto di controllo delle portate, quale può essere una vasca di laminazione o uno sfioratore laterale in un sistema fognario misto. Poiché nelle vasche di laminazione si possono avere notevoli escursioni del livello della superficie idrica, è difficile attuare una stretta limitazione delle portate defluenti mediante principi esclusivamente idraulici; per tale motivo la ATV [1] raccomanda la installazione di condotte limitatrici prevalentemente per *scaricatori di piena*, quali ad esempio gli sfioratori laterali (capitolo 18) o gli scaricatori a luce di fondo (capitolo 20). La Fig. 9.9 mostra un tipico schema di funzionamento di uno sfioratore laterale, attrezzato con una condotta limitatrice, il cui imbocco è

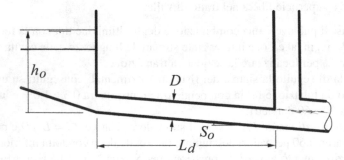

Fig. 9.9. Condotta limitatrice installata a valle di uno sfioratore laterale

generalmente a spigolo vivo e realizzato in corrispondenza di una parete verticale. Il diametro dovrebbe essere non inferiore a $D = 0.20$ m [1], mentre per il limite superiore non esistono indicazioni particolari, anche se, come si vedrà nel seguito, non si va di norma oltre $D = 0.50$ m. In alcuni casi, al fine di limitare la portata defluente, potrebbe essere necessario ridurre ulteriormente il valore del diametro, ma ciò può comportare rischi di ostruzione (capitolo 3).

In funzione della *lunghezza relativa* L_d/D, si può distinguere tra condotta limitatrice breve ($L_d/D < 10$) e condotta limitatrice lunga. L'effetto limitatore di portata risiede principalmente nell'azione delle forze resistenti nel moto in pressione, per cui il ricorso a condotte limitatrici brevi non è raccomandato. È buona prassi che la lunghezza minima sia compresa tra un valore minimo $L_d/D = 20$ [1] ed un valore massimo $L_d = 100$ m oltre il quale è opportuno non spingersi per motivi di manutenzione e pulizia del manufatto [8].

Un fondamentale parametro di progetto di una condotta limitatrice è rappresentato dalla sua *pendenza di fondo* S_o. Per valori elevati della pendenza ($S_o > S_c$) il funzionamento della condotta è governato dalla sezione di ingresso, in corrispondenza della quale possono verificarsi sia condizioni di deflusso in stato critico che sotto battente. In tali condizioni, le resistenze al moto esercitate dalla condotta hanno un effetto trascurabile ai fini della limitazione di portata. Per contro, nel caso di pendenze modeste ($S_o < S_c$) la condotta funzionerà a pelo libero in moto uniforme ovvero in pressione, con effetti significativi ai fini della riduzione di portata. In definitiva, una condotta limitatrice efficiente deve possedere i seguenti requisiti:

- diametro contenuto;
- lunghezza sufficientemente elevata (come multiplo del diametro);
- pendenza prossima a zero per agevolare l'instaurarsi di moto in pressione.

La portata di progetto, in corrispondenza della quale si risente dell'effetto limitatore, è denominata *portata di soglia* Q_K; in un sistema fognario misto, essa può essere denominata come *massima portata da inviare alla depurazione* ovvero, *massima portata nera diluita*. La ATV [1] raccomanda i seguenti ulteriori criteri di progetto:

- il *rapporto di strozzamento* dato dal rapporto tra la portata limitata in corrispondenza della massima portata in arrivo da monte e la portata di soglia Q_K dovrebbe essere inferiore a 1.2;
- la *velocità minima* in periodo di tempo asciutto dovrebbe essere almeno pari a V_s [ms^{-1}] $= 0.50 + 0.55D$ [m] (capitolo 3). Da tale condizione discende la definizione della minima pendenza di progetto S_o.

Nel successivo paragrafo vengono illustrate le procedure di dimensionamento idraulico di una condotta limitatrice.

9.3.2 *Dimensionamento idraulico*

Perdite all'imbocco

In generale, il raccordo tra uno scaricatore di piena e la condotta limitatrice avviene con continuità della pendenza di fondo e con imbocco a spigolo vivo (pedice *e*) tra la parete verticale ed il vertice superiore della condotta. Ad esempio, detto h_u il valore del tirante idrico nella sezione terminale dello sfioratore laterale (capitolo 18) di diametro $D_u = D$, è possibile stimare la *perdita all'imbocco*. Il coefficiente di perdita è espresso come $\xi_e = \Delta H_e / [V^2/(2g)]$, essendo ΔH_e la perdita di carico all'imbocco e V la velocità in condotta; il coefficiente ξ_e dipende dal tirante idrico relativo della corrente in arrivo $y_u = h_u/D$ e dagli angoli α_1 e α_2 (Fig. 9.10a). Nel caso limite $y_u \to 1$, il valore del coefficiente tende a zero ($\xi_e = 0$), mentre il limite superiore è attinto per $y_u \gg 1$. Per un imbocco a spigolo vivo in corrispondenza di un serbatoio, il coefficiente vale $\xi_e = 0.50$ (capitolo 2).

Nel caso in cui sia necessario portare in conto l'effetto del *tirante idrico della corrente in arrivo* sul valore del coefficiente ξ_e si può fare ricorso alla relazione suggerita da Sinniger e Hager [12]

$$\xi_e = \xi_{e\infty} 2\sin^2(\alpha_o/2)[1 - y_u^{-1}]^{2-(\alpha_o/\pi)}, \tag{9.16}$$

in cui il valore $\xi_{e\infty}$ varia con gli angoli di imbocco α_1 e α_2 (Fig. 9.10b), e α_o indica la direzione della corrente rispetto all'asse della condotta. Ad esempio, nel caso in cui sia $\alpha_o = 90°$, l'Eq. (9.16) diventa

$$\xi_{e90} = \xi_{e\infty}[1 - y_u^{-1}]^{1.5}. \tag{9.17}$$

Questa espressione differisce dalle osservazioni di Kallwass [6] in quanto l'Eq. (9.17) non contiene esplicitamente gli angoli di raccordo. Ad ogni modo, poiché per y_u prossimo a uno il suo effetto è trascurabile sul funzionamento dello sfioratore a soglia alta (capitolo 18), anche l'effetto su ξ_e diviene trascurabile nel caso limite $y_u \to 1$; è quindi lecito porre $\xi_e = \xi_{e\infty}$. In pratica, ai fini progettuali è possibile adottare un valore medio di $\xi_e \cong 0.40$.

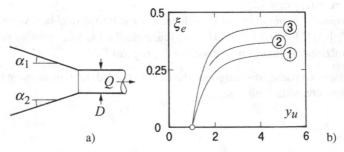

Fig. 9.10. a) Geometria dell'imbocco dallo sfioratore laterale alla condotta limitatrice; b) coefficiente di perdita ξ_e secondo Kallwass [6] in funzione del grado di riempimento $y_u = h_u/D$, per ① $\alpha_1 = \alpha_2 = 13.5°$ ② $\alpha_1 = 0$, $\alpha_2 = 27°$ ③ $\alpha_1 = 0$, $\alpha_2 = 13.5°$

Innesco automatico

Se la condotta limitatrice opera a superficie libera, la ventilazione avviene attraverso la sezione di sbocco. Analogamente a quanto visto per i tombini, anche per le condotte limitatrici con un grado di riempimento a monte maggiore di $h_u/D > 1.2$ si possono generare due tipi di funzionamento, e cioè imbocco sotto battente e moto in pressione. La transizione tra queste due condizioni è stata studiata da Li e Patterson [7], e Kallwass [6]. La condizione di *innesco automatico* (inglese: "self-priming") avviene in concomitanza con i seguenti fenomeni (Fig. 9.11):

(a) deflusso in una condotta divergente;
(b) innesco di un risalto idraulico;
(c) presenza di ondulazioni superficiali.

Per piccole pendenze S_o e condotta sufficientemente lunga ($L_d/D > 20$), può verificarsi un risalto idraulico. Per condotte orizzontali, l'auto-adescamento non può essere osservato se $L_d/D < 8$. Per elevate pendenze di fondo e lunghezze superiori a $35D$, è possibile che si inneschi un moto in pressione per effetto delle onde di shock che vanno a lambire il vertice superiore della condotta. Se la condotta è troppo breve, o se la pendenza è troppo elevata, l'auto-adescamento può essere generato da ondulazioni della superficie nel caso in cui il valore del carico specifico all'imbocco sia elevato ($H_o/D = 10$).

Per una assegnata condotta limitatrice operante con un carico della corrente in arrivo $H_o/D = 1.2 \div 1.5$, il moto in pressione induce il deflusso di una portata superiore alla condizione con imbocco sotto battente. Questa evenienza è dovuta alla depressio-

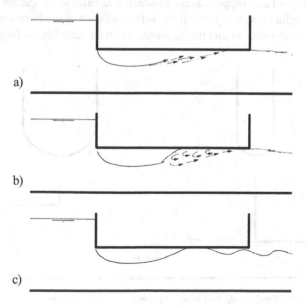

Fig. 9.11. Condizioni di moto in una condotta limitatrice secondo Li e Patterson [7]: a) corrente divergente; b) risalto idraulico; c) ondulazioni superficiali

ne che si forma a valle della sezione di imbocco. Per un valore di $D^{1/3}/(n^2 g) \cong 750$, Li e Patterson [7] hanno sperimentalmente riscontrato:

- stabile funzionamento con imbocco sotto battente per $Q/(gD^5)^{1/2} < 0.6$;
- stabile funzionamento in pressione per $Q/(gD^5)^{1/2} > 1.6$.

Tra questi due casi limite, per i quali ci può comunque essere una influenza della pendenza di fondo, Blaisdell, che discusse i risultati di Li e Patterson [7], individuò un tratto di transizione instabile che deve essere evitato. Il valore della pendenza per il quale si verifica questa sconveniente regione di transizione (pedice t) può essere stimato mediante la relazione

$$S_t \, [\%] = \frac{1}{80} \left[\frac{L_d}{D} + 20 \right]. \qquad (9.18)$$

Quindi, per una pendenza pari a $S_o = 0.35\%$ si avrà che una lunghezza pari a $L_d/D = 8$ è sufficiente a indurre il moto in pressione, mentre la condotta dovrà essere lunga almeno $45D$ se la pendenza è pari a 0.8%. È opportuno rimarcare che questi valori si riferiscono alla configurazione analizzata da Li e Patterson, e possono quindi essere soggetti a notevoli variazioni per piccoli cambiamenti delle caratteristiche geometriche. Anche i risultati di Kallwass [6] devono essere considerati con cautela, poiché sono basati sulla assunzione di un valore prefissato del coefficiente di scabrezza.

Caratteristiche dello sbocco

Lo *sbocco* di una condotta limitatrice può avvenire secondo modalità diverse. Ad esempio, in Fig. 9.12, è rappresentato lo scarico attraverso un canale con sezione ad U che convoglia la portata verso il pozzetto successivo; in alternativa, lo sbocco può avvenire liberamente su una platea piana, o con un salto libero. Negli ultimi due

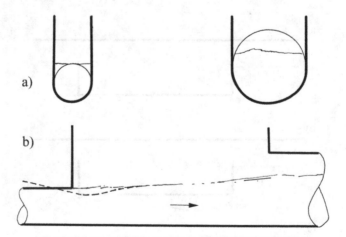

Fig. 9.12. Moto in pressione da una condotta limitatrice verso un pozzetto, (- - -) linea piezometrica, (—) superficie libera; a) sezione trasversale all'imbocco e allo sbocco; b) sezione longitudinale

casi, ovviamente, la distribuzione di pressione è significativamente diversa da quella idrostatica, per cui la linea piezometrica non coincide con il pelo libero della corrente. Per verità, queste stesse ultime due configurazioni ricorrono poco frequentemente nella pratica, mentre più sovente si verifica il caso in cui la condotta limitatrice trovi recapito in un pozzetto con sezione corrente ad U (capitolo 14). In questo caso non vanno considerate perdite di energia allo sbocco, poiché la velocità resta praticamente costante.

In ogni caso, uno sbocco libero, non rigurgitato, dovrebbe essere garantito per scollegare idraulicamente il funzionamento della condotta limitatrice da quello del pozzetto. Per il buon funzionamento di questo manufatto è particolarmente importante la manutenzione e la rimozione di accumuli di sedimenti che si possono formare in periodi di tempo asciutto.

9.3.3 Calcolo della portata

Caratteristiche della transizione

Per *imbocco sotto battente*, con una sagoma a spigolo vivo ($\eta_d = 0$), il coefficiente di efflusso è pari a $C_d = 0.64$ secondo l'Eq. (9.4). Per *moto in pressione* con un carico specifico di valle pari a $H_d = H_o + S_oL_d - D$, con coefficiente totale delle perdite di carico $\Sigma\xi = \xi_e + \xi_f$ per l'imbocco e le resistenze continue, essendo $(\pi/4)C_d = 0.50$, il valore della portata relativa $q_d = Q/(gD^5)^{1/2}$ può essere calcolato secondo l'Eq. (9.5). Per le diverse condizioni di funzionamento, si avrà quindi:

$$\text{Imbocco sotto battente:} \quad q_d = 0.71(Y_o - 0.64)^{1/2}; \qquad (9.19)$$

$$\text{Moto in pressione:} \quad q_d = 0.94 \left[\frac{Y_o + j_d - 1}{1 + 9j_d\chi_d^{-2}}\right]^{1/2}. \qquad (9.20)$$

Nelle suddette equazioni, $Y_o = H_o/D$ è il carico specifico relativo alla sezione di imbocco, $j_d = S_oL_d/D$ è la pendenza relativa della condotta, e $\chi_d = S_o^{1/2}D^{1/6}/(ng^{1/2})$ la caratteristica di scabrezza. L'Eq. (9.20) coinvolge quattro parametri e non può essere semplicemente riportata in grafico. Nelle pratiche applicazioni, la pendenza di realizzazione oscilla tra 0.3% e 0.5%, per cui il parametro j_d varia approssimativamente tra 0.1 e 0.2; pertanto, definendo il parametro $R_d = gL_dn^2/D^{4/3}$, l'Eq. (9.20) può essere approssimata dalla più semplice relazione

$$q_d = 0.94 \left[\frac{Y_o - 0.9}{1 + 9R_d}\right]^{1/2}. \qquad (9.21)$$

Uguagliando i secondi membri delle Eq. (9.19) e (9.21) si ottiene il valore del parametro caratteristico di scabrezza corrispondente ad un funzionamento in transizione tra imbocco sotto battente e moto in pressione

$$R_d^* = \frac{1}{9}\left[1.75\frac{Y_o - 0.90}{Y_o - 0.64} - 1\right]. \qquad (9.22)$$

Per $R_d < R_d^*$, ovvero una condotta breve, si ha la prevalenza del funzionamento con imbocco sotto battente, mentre per $R_d > R_d^*$ prevale il moto in pressione.

Esempio 9.3. Una condotta limitatrice ha lunghezza pari a $L_d = 20$ m, diametro $D = 0.30$ m, e pendenza di fondo $S_o = 1\%$ con un coefficiente di scabrezza $1/n = 90$ m$^{1/3}$s^{-1}. Qual'è il valore della portata derivata per un carico $H_o = 1.0$ m?

Il carico relativo all'imbocco è $Y_o = 1/0.3 = 3.33$ ed il parametro di scabrezza caratteristica alla transizione vale $R_d^* = (1/9)[1.75(3.33 - 0.90)/(3.33 - 0.64) - 1] = 0.065$. Nel caso in esame il valore effettivo del parametro di scabrezza caratteristica è pari $R_d = 9.81 \cdot 20/(90^2 0.3^{4/3}) = 0.12 > R_d^*$, per cui si avrà moto in pressione. Essendo $j_d = 0.01 \cdot 20/0.3 = 0.67$ e $\chi_d = 90 \cdot 0.01^{1/2} 0.3^{1/6}/9.81^{1/2} = 2.35$, dall'Eq. (9.20) è possibile calcolare la portata relativa che risulterà pari a $q_d = 0.94[(3.33 + 0.67 - 1)/(1 + 9 \cdot 0.67/2.35^2)]^{1/2} = 1.12$, ovvero, attraverso la formula approssimata data dall'Eq. (9.21), risulterà $q_d = 0.94(3.33 - 0.90)/(1 + 9 \cdot 0.12)]^{1/2} = 1.02$ inferiore del 10% rispetto al valore stimato con l'Eq. (9.20). In definitiva, risulterà $Q_d = 1.12(9.81 \cdot 0.3^5)^{1/2} = 0.173$ m^{3}s^{-1}.

Qualora ci fosse stato deflusso con imbocco sotto battente, dall'Eq. (9.19) si sarebbe ottenuto il valore $q_d = 0.71(3.33 - 0.64)^{1/2} = 1.16$, leggermente superiore a quello corrispondente al moto in pressione.

L'obiettivo principale di una condotta limitatrice di portata è quello di indurre un *moto in pressione*, e ciò può essere essenzialmente ottenuto andando ad aumentare il valore del parametro R_d, attraverso i seguenti accorgimenti:

- aumento della lunghezza L_d;
- aumento del coefficiente di scabrezza n;
- riduzione del diametro D.

In pratica, dei tre accorgimenti sopra elencati, il primo è senza dubbio quello più facilmente praticabile, con l'effetto di un corrispondente aumento lineare del parametro R_d; in alternativa, compatibilmente con i possibili problemi di ostruzione, si può ridurre il diametro della condotta, con un corrispondente aumento, più che lineare, del parametro R_d.

L'*effetto di R_d* sulla portata relativa q_d è comunque marginale. Il valore massimo R_{dM} (pedice M) da poter considerare per tale parametro può essere stimato ipotizzando una lunghezza massima della condotta $L_{dM} = 100$ m, caratterizzata da un diametro minimo (pedice m) $D_m = 0.20$ m; ipotizzando un coefficiente di scabrezza $1/n = 85$ m$^{1/3}$s^{-1}, è possibile calcolare il valore massimo del parametro di scabrezza $R_{dM} = gL_{dM}n^2/D_m^{4/3} = 9.81 \cdot 100 \cdot 0.012^2/0.2^{4/3} = 1.20$. Quindi, il denominatore dell'Eq. (9.21) tende a $[1 + 9R_d]^{1/2} \rightarrow 3R_d^{1/2}$, di modo che il valore minimo della portata relativa tenda al valore $q_{dm} = 0.31[(Y_o - 0.9)/R_d]^{1/2}$, da cui

$$Q_m = 0.31 \frac{D^{8/3}}{n L_d^{1/2}} (H_o - 0.9D)^{1/2}. \tag{9.23}$$

L'Eq. (9.23) dimostra la importanza del diametro D; infatti, ad un aumento del diametro D del 50% corrisponde un valore della portata Q_m tre volte superiore. Per contro, l'effetto della lunghezza L_d è decisamente inferiore.

Esempio 9.4. Si calcoli il valore della portata per il caso dell'Esempio 9.3, assumendo per la condotta i valori di diametro $D = 0.25$ m e lunghezza $L_d = 80$ m.

Essendo $R_d = 9.81 \cdot 80/(90^2 0.25^{4/3}) = 0.615 > R_d^*$ si avrà moto in pressione, con un valore della portata relativa $q_d = 0.94[(4 + 3.2 - 1)/(1 + 9 \cdot 3.2/2.28^2)]^{1/2} = 0.915$ e quindi una portata $Q = 0.915(9.81 \cdot 0.25^5)^{1/2} = 0.090$ m^{3}s^{-1}. La portata si è quindi ridotta del 48%. Nel rispetto dell'Eq. (9.23), il valore minimo della portata è pari a $Q_m = 0.31(0.25^{8/3}/0.011 \cdot 80^{1/2})[1 - 0.9 \cdot 0.25]^{1/2} = 0.069$ m^{3}s^{-1}, inferiore di circa il 25%.

Limitazione della portata defluente

Il presupposto fondamentale del criterio di progetto è il seguente: la massima portata che effettivamente defluisce attraverso la condotta limitatrice Q_M sia al più maggiore del 20% rispetto alla portata di progetto Q_K (massimo valore teorico della portata derivata, definita al paragrafo 9.3.1); deve cioè risultare $Q_M/Q_K \leq 1.2$. Il massimo incremento del tirante idrico relativo a monte della condotta $\Delta Y_o = Y_{oM} - Y_{oD}$ può essere calcolato dalle Eq. (9.19) e (9.20):

$$\text{Imbocco sotto battente:} \quad \Delta Y_o = 0.44 Y_{oD} - 0.28; \tag{9.24}$$

$$\text{Moto in pressione:} \quad \Delta Y_o = 0.44[Y_{oD} + j_d - 1]. \tag{9.25}$$

Per un identico valore del tirante idrico relativo Y_{oD}, e per $j_d = 0.2$, le funzioni $\Delta Y_o(Y_{oD})$ espresse dalle Eq. (9.24) e (9.25) sono praticamente coincidenti. Quindi, ai fini dell'effetto di limitazione della portata, non esiste una apprezzabile differenza tra il deflusso con imbocco sotto battente e il funzionamento in pressione.

Esempio 9.5. Calcolare di quanto deve aumentare il tirante idrico di monte nell'Esempio 9.3 per incrementare la portata di progetto del 20%.

Con $Y_{oD} = 3.33$ e $j_d = 0.67$, dall'Eq. (9.25) si ottiene, per funzionamento in pressione $\Delta Y_o = 0.44(3.33 + 0.67 - 1) = 1.32$, e quindi $\Delta H_o = 1.32 \cdot 0.30 = 0.40$ m. Infatti, volendo verificare il corrispondente valore della portata, questo sarà pari a, dalla Eq. (9.20), $q_{dM} = 0.94[(3.33 + 1.32 + 0.67 - 1)/(1 + 9 \cdot 0.67/2.35^2)]^{1/2} = 1.35$ m^{3}s^{-1}, valore effettivamente maggiore del 20% rispetto alla portata di progetto $q_{dD} = 1.12$ stimata nell'Esempio 9.3.

Vincoli progettuali

Il progetto di una *condotta limitatrice* coinvolge una numerosa serie di parametri:

- portata di progetto $Q_D = Q_K$;
- lunghezza della condotta L_d;
- diametro della condotta D;
- coefficiente di scabrezza n;
- carico all'imbocco H_o;
- pendenza di fondo S_o.

Inoltre, è opportuno considerare anche il valore massimo della portata derivata $Q_M = 1.2 Q_D$. La *portata di progetto* determina la geometria del manufatto, mentre la verifica del valore della massima portata derivata dipenderà dal massimo valore del carico che si stabilisce all'imbocco. Ne consegue che il problema progettuale di una condotta limitatrice, in combinazione con un manufatto di separazione delle portate (capitolo 18), è particolarmente complesso.

Per piccole portate $Q \leq 0.020$ m^{3}s^{-1}, con diametro minimo della condotta $D = 0.20$ m, il valore della portata adimensionale è al più pari a $q_d = 0.36$, cui corrisponde un valore del carico relativo all'imbocco pari a circa $Y_o = 0.9$, calcolato dall'Eq. (9.19) relativa al caso di funzionamento con imbocco sotto battente. Nel caso di funzionamento in pressione, ad una caratteristica di scabrezza $R_d = 0.5$, secondo l'Eq. (9.21) corrisponde un valore del carico relativo all'imbocco pari a $Y_o = 1.1$. Se ne deduce che, per piccole portate, la condotta è incapace di realizzare una effettiva azione limitatrice, a causa del notevole incremento del carico Y_o corrispondente alla massima portata. Le condotte limitatrici dovrebbero avere un carico relativo all'imbocco pari almeno a 3, al quale corrisponde un valore della portata relativa q_d prossimo a 1, e quindi una *portata minima* pari a $Q_D = 0.050$ m^{3}s^{-1} per una condotta di diametro $D = 0.20$ m. Per valori inferiori delle portate di progetto, è meglio fare ricorso al limitatore a vortice (capitolo 4). Sulla scorta delle precedenti considerazioni, si può dedurre che tale aspetto non è stato accortamente considerato dalle normative vigenti per la progettazione dei sistemi fognari.

È opportuno fare una riflessione sull'utilizzo di una condotta limitatrice, intesa come dispositivo idraulico, alla luce del rapporto tra le portate derivate massima e di progetto. Portate di progetto pari a 50 ls^{-1} rappresentano un valore di portata di tempo asciutto che trova applicazione in bacini aventi estensione relativamente grande. D'altro canto, non è perfettamente chiaro il motivo per cui sia fissata la limitazione del 20% come massimo incremento del valore della portata derivata; infatti, non esistono dati certi sugli effetti indotti su un impianto di trattamento dall'arrivo di una portata maggiore, ad esempio, del 50% rispetto a quella di progetto. Tali considerazioni portano ad escludere l'utilizzo di questo tipo di dispositivi per bacini di piccole estensioni, senza il supporto di reali valutazioni scientifiche in tal senso; pertanto sono auspicabili approfondimenti scientifici, oltre che accurate osservazioni di campo, per approfondire questa problematica.

Va infine rilevato che la maggioranza dei tecnici specializzati, e con essi gli autori del presente testo, sono convinti della scarsa efficienza di numerose condotte limitatrici attualmente in esercizio, che si trovano quasi sempre ad operare al di fuori delle prescrizioni normative. D'altronde sono ben pochi i manufatti di questo tipo che siano stati oggetto di una seria operazione di verifica a posteriori. È quindi evidente la esigenza di proporre metodi migliorativi per il controllo delle portate scaricate dai sistemi fognari, che possano essere di ausilio nella risoluzione di situazioni critiche, soprattutto ai fini della tutela ambientale.

9.4 Sifone rovescio

9.4.1 Descrizione della struttura

Il sifone rovescio (inglese: "inverted siphon") è un condotto in pressione utilizzato per sottopassare un'altra struttura o infrastruttura (Fig. 9.13). Tale dispositivo soffre notoriamente di notevoli problemi di *sedimentazione* [9].

È ben noto che il rapporto tra il minimo valore della portata di tempo asciutto (generalmente durante le ore notturne) è di gran lunga inferiore a quello della massima portata pluviale di progetto, anche di due ordini di grandezza; analoghe considerazioni possono essere estese ai valori delle velocità medie. Per tale motivo in un sistema fognario di tipo misto è da escludere il ricorso ad un unico sifone, mentre si possono considerare *batterie di sifoni in parallelo* aventi diametri variabili, in modo tale da poter garantire il deflusso delle massime portate di progetto, pur nel rispetto dei limiti di velocità minima. In alcuni casi, è possibile dotare il manufatto di uno scaricatore di piena che allontani le portate meteoriche, convogliando verso il sifone esclusivamente le portate di tempo asciutto.

Il sifone rovescio si compone di tre parti: imbocco, condotta (o batteria di condotte) e manufatto di sbocco. In Fig. 9.14 viene illustrato uno schema tipico di installazione di un sifone composto da due condotti in parallelo. La struttura dell'imbocco contiene due soglie sfioranti poste a diverse quote, di modo che la portata in arrivo viene progressivamente suddivisa tra le condotte, soddisfacendo i requisiti di velocità e di capacità idrovettrice. A monte delle suddette soglie viene normalmente prevista una stazione di *grigliatura* con una spaziatura delle barre compresa tra 0.05 e 0.10 m. La stazione di grigliatura può essere ovviamente alloggiata in un manufatto cha abbia

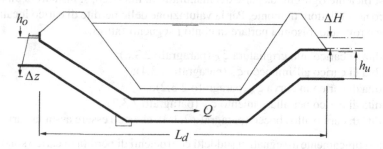

Fig. 9.13. Sezione longitudinale di un sifone rovescio

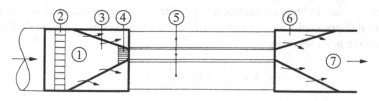

Fig. 9.14. Elementi componenti un sifone rovescio: ① imbocco, ② grigliatura grossolana, ③ soglia di sfioro, ④ grigliatura fine, ⑤ condotte del sifone, ⑥ scarico, ⑦ manufatto di scarico

dimensioni tali da consentire l'accesso a mezzi meccanici per la manutenzione ordinaria. Analogamente all'imbocco, anche lo sbocco è presidiato da soglie sfioranti a quota diversa, in modo da prevenire riflussi verso monte.

È buona norma che la condotta avente diametro minore garantisca una velocità non inferiore a 0.60 ms^{-1} in corrispondenza della portata minima di tempo asciutto. In ogni caso è bene fare sì che il *diametro minimo* sia almeno pari a 0.30 m per sistemi fognari misti [11] e 0.25 m per sistemi fognari separati.

Le *condotte del sifone* sono normalmente orizzontali ed hanno generalmente sezione circolare, anche se, per strutture particolarmente grandi, si può far ricorso a sezioni rettangolari. Il raccordo dall'imbocco dovrebbe avere pendenza pari ad almeno 1:3, mentre il tratto ascendente verso l'uscita ha pendenze variabili tra 1:6 e 1:1. Per agevolare le operazioni di manutenzione e svuotamento, è buona norma installare nel punto più depresso del sifone una derivazione per un impianto di sollevamento equipaggiato con opportuna valvola di ritegno.

Il *manufatto di scarico* e di raccordo con la canalizzazione posta a valle deve essere progettato in modo da minimizzare le perdite di carico. Talvolta, per motivi di sicurezza, i sifoni rovesci sono equipaggiati con griglie anche in corrispondenza del manufatto di scarico.

9.4.2 Dimensionamento idraulico

Per un assegnato valore della portata minima di progetto Q_m, della portata media di tempo asciutto Q_{ta} e della massima portata da inviare all'impianto di trattamento Q_K, è possibile calcolare i tiranti idrici di moto uniforme e di stato critico nel collettore a monte ed in quello a valle del sifone [11]. Per corrente veloce in arrivo da monte, se c'è un sufficiente rigurgito da parte del manufatto di imbocco, si instaurerà un risalto idraulico nel collettore di monte. Per la valutazione delle perdite di carico localizzate nel sifone rovescio, bisogna portare in conto i seguenti fattori:

- perdita di carico alla grigliatura ξ_R (paragrafo 2.3.8);
- perdita di carico all'imbocco ξ_e (paragrafo 2.3.4);
- perdita di carico in curva ξ_k (paragrafo 2.3.2);
- perdita di carico per allargamento ξ_E (paragrafo 2.3.3);
- perdita di carico allo sbocco (paragrafo 2.3.3), che può essere assunta pari a zero.

Valori tipicamente assegnati ai suddetti coefficienti di perdita di carico sono $\xi_R = 0.5$, $\xi_e = 0.4$, $\xi_k = 4 \cdot 0.15 = 0.6$, $\xi_E = 0.5$, e quindi un valore complessivo pari a $\Sigma \xi = 2 + \xi_f$ essendo $\xi_f = 2 \cdot 4^{4/3}[gL_d n^2 / D^{4/3}]$ il coefficiente per le perdite di carico distribuite. In buona sostanza, alle perdite di carico distribuite è buona norma sommare il doppio della altezza cinetica. L'equazione di conservazione dell'energia si specializza nella seguente:

$$h_o + \Delta_z + \frac{V_o^2}{2g} = h_u + \frac{V_u^2}{2g}(1 + \sum \xi), \qquad (9.26)$$

essendo h il tirante idrico, Δz la differenza di quota tra imbocco e sbocco e V la velocità media di portata. In via approssimata, nel caso di corrente lenta, si può ritenere che la velocità sia pressoché costante, e quindi $V_o = V_u = V_d$. Pertanto, la portata convogliata dalla i-esima condotta, detto $\Delta h = h_o + \Delta z - h_u$, sarà pari a

$$Q_i = A_i V_i = A_i \left[\frac{2g\Delta h}{\Sigma \xi} \right]^{1/2}. \tag{9.27}$$

L'Eq. (9.27) è dapprima applicata per il valore della massima portata da inviare all'impianto di trattamento $Q_K = n_{ta}Q_{ta}$ (essendo n_{ta} un opportuno valore del coefficiente di diluizione), ipotizzando per il diametro valori a partire da $D = 0.30$ m, fino a $D = 1.0$ m. Quindi, si selezionano diverse combinazioni di diametri di modo tale che la capacità totale del sistema sia superiore al valore di progetto del $10 \div 20\%$. Poiché il rapporto fra la portata di soglia Q_K e quella minima Q_m è generalmente elevato, il manufatto sarà costituito da una batteria di condotte in parallelo tali da garantire sia la capacità di portata del sistema, che il rispetto della velocità minima. Il valore del coefficiente di diluizione n_{ta} viene generalmente imposto dalla normativa ambientale vigente, ed è buona norma che non sia inferiore a 3.

Esempio 9.6. Sia assegnata $Q_{ta} = 0.67$ m^{3}s^{-1}, $Q_K = 3Q_{ta} = 2$ m^{3}s^{-1} nel collettore in arrivo avente diametro $D_o = 1.25$ m, pendenza $S_{oo} = 0.3\%$, e scabrezza $1/n_o = 85$ m$^{1/3}$s^{-1}, mentre il collettore di valle ha diametro $D_u = 1.25$ m, pendenza $S_{ou} = 0.35\%$, e scabrezza $n_u = n_o$. Sia inoltre assegnato il dislivello $\Delta z = 0.85$ m. Il sifone rovescio ha un coefficiente di scabrezza $1/n = 90$ m$^{1/3}$s^{-1}, con lunghezza $L_d = 65$ m e la differenza di livello idrico ammissibile è pari a $h_o - h_u = 1.05$ m. Definire le dimensioni delle condotte del sifone in modo che la velocità minima non sia inferiore a $V_u = 0.6$ ms^{-1}.

Essendo $\xi_f = 12.7 \cdot 9.81 \cdot 65/(85^2 D^{4/3}) = 1.12 D^{-4/3}$ e $A_i = (\pi/4)D_i^2$, la portata Q_i può essere calcolata per vari valori del diametro D_i (Tabella 9.1). Si possono pertanto considerare le possibili combinazioni di condotte:

① $D_1 = 0.40$ m, $D_2 = 0.60$ m, $D_3 = 0.80$ m;

② $D_1 = 0.30$ m, $D_2 = 0.70$ m, $D_3 = 0.80$ m;

③ $D_1 = 0.50$ m, $D_2 = 0.60$ m, $D_3 = 0.80$ m;

④ $D_1 = 0.50$ m, $D_2 = 0.60$ m, $D_3 = 0.70$ m.

La combinazione scelta è la ① in quanto è tale da garantire la portata totale $Q_K = 0.237 + 0.627 + 1.22 = 2.08$ m^{3}s^{-1} > 2 m^{3}s^{-1}. Dalla stessa Tabella 9.1 è possibile vedere i corrispondenti valori delle velocità per le necessarie verifiche di funzionamento.

Shrestha e De Vries [10] hanno messo a punto un codice di calcolo per la progettazione di sifoni rovesci tenendo anche conto della presenza di sedimenti.

Tabella 9.1. Portate Q_i per vari valori del diametro D_i riferiti all'Esempio 9.6

D_i	ξ_f	$\Sigma\xi$	A_i	Q_i	V_i
[m]	[–]	[–]	[m^2]	[m^{3}s^{-1}]	[m s^{-1}]
(1)	(2)	(3)	(4)	(5)	(6)
0.3	5.58	7.6	0.071	0.117	1.14
0.4	3.8	5.8	0.126	0.237	1.88
0.5	2.82	4.8	0.196	0.406	2.07
0.6	2.21	4.2	0.283	0.627	2.22
0.7	1.8	3.8	0.385	0.896	2.33
0.8	1.5	3.5	0.503	1.22	3.49

Simboli

A	[m^2]	sezione idrica
C_d	[-]	coefficiente di efflusso
D	[m]	diametro
f	[-]	indice di resistenza
F_1	[-]	numero di Froude della corrente di monte
F_D	[-]	numero di Froude della condotta
F_N	[-]	numero di Froude in condizione di moto uniforme
g	[m/s^2]	accelerazione di gravità
h	[m]	tirante idrico
H	[m]	energia specifica
H_d	[m]	dislivello energetico
j_d	[-]	pendenza relativa
k_s	[m]	scabrezza equivalente in sabbia
L_d	[m]	lunghezza del tombino, della condotta limitatrice e del sifone
L_o	[m]	lunghezza della cavità di monte
L_p	[m]	lunghezza del tombino semplice
L_u	[m]	lunghezza della cavità di valle
n_{ta}	[-]	coefficiente di diluizione della portata media di tempo asciutto
$1/n$	[m$^{1/3}$s^{-1}]	coefficiente di scabrezza di Manning
$\bar{q}$	[-]	numero di Froude della condotta rapportato al carico specifico
q_d	[-]	portata relativa
Q	[m^{3}s^{-1}]	portata
Q_K	[m^{3}s^{-1}]	portata di soglia, massima portata da inviare a depurazione
Q_{ta}	[m^{3}s^{-1}]	portata media di tempo asciutto
r_d	[m]	raggio di raccordo
R_d	[-]	parametro caratteristico di scabrezza
R_d^*	[-]	valore di R_d in condizione di transizione
R	[-]	numero di Reynolds
S_c	[-]	pendenza critica
S_o	[-]	pendenza di fondo

V	[ms^{-1}]	velocità media
V_s	[ms^{-1}]	velocità minima richiesta
y	[-]	tirante idrico relativo
Y	[-]	carico relativo
Y_c	[-]	carico critico relativo
Y_o	[-]	carico specifico relativo all'imbocco
z_p	[m]	differenza di quota
Z_p	[-]	$= z_p/D$
α	[-]	angolo di ingresso
δ	[-]	coefficiente
Δz	[m]	differenza di quota
η_d	[-]	raggio di curvatura relativo
η_D	[-]	efficienza di una condotta limitatrice
λ_o	[-]	lunghezza relativa della cavità di monte
λ_u	[-]	lunghezza relativa della cavità di valle
λ_p	[-]	lunghezza relativa del tombino semplice
ν	[m^{2}s^{-1}]	viscosità cinematica
χ_d	[-]	caratteristica di scabrezza
ξ	[-]	coefficiente di perdita di energia
ξ_e	[-]	perdita di carico all'imbocco
ξ_E	[-]	perdita di carico per allargamento
ξ_f	[-]	perdita di carico per attrito
ξ_k	[-]	perdita di carico in curva
ξ_R	[-]	perdita di carico alla grigliatura

Pedici

c	stato critico
D	dato di progetto
e	imbocco a spigolo vivo
f	attrito
g	imbocco sotto battente
i	contatore
K	condizione critica per l'impianto di depurazione
m	minimo
M	massimo
N	moto uniforme
o	monte, imbocco
p	moto in pressione
t	transizione
u	valle, sbocco

Bibliografia

1. ATV: Richtlinien für die hydraulische Dimensionierung und den Leistungsnachweis von Regenwasser-Entlastungsanlagen in Abwasserkanälen und -leitungen [Linee guida pe il dimensionamento idraulico ed il funzionamento di sistemi fognari misti]. Arbeitsblatt A111. ATV, St. Augustin (1993).
2. Chow V.T.: Open channel hydraulics. McGraw Hill, New York (1959).
3. Hager W.H., Wanoschek R.: Die Hydraulik des Durchlasses [L'idraulica dei tombini]. Wasserwirtschaft 76(5): 197–202 (1986).
4. Hager W.H., Del Giudice G.: Generalized culvert design diagram. Journal of Irrigation and Drainage Engineering 124(5): 271–274 (1998).
5. Henderson, F.M.: Open channel flow. MacMillan, New York (1966).
6. Kallwass G.J.: Der Füllzustand beim Abfluss in Kreisdurchlässen [Condizioni di riempimento per tombini a sezione circolare]. Wasserwirtschaft 57(10): 367–370 (1967).
7. Li W.-H., Patterson C.C.: Free outlets and self-priming action of culverts. Proc. ASCE, Journal of Hydraulics Division 82(HY3), Paper 1009: 1–22; 82(HY5) Paper 1131: 5–8; 83(HY1) Paper 1177: 23–40; 83(HY4) Paper 1348: 3–5 (1956).
8. Munz W.: Berechnung der Drosselstrecke von Regenüberläufen und Regenbecken [Calcolo di una condotta limitatrice a servizio di scaricatori di piena in fognatura mista]. Gas – Wasser – Abwasser 57(12): 869–875 (1977).
9. Muth W.: Düker [Sifoni rovesci]. Wasser und Boden 26(5): 141–147 (1974).
10. Shrestha P., De Vries J.J.: Interactive computer-aided design of inverted syphons. Journal of Irrigation e Drainage Engineering 117(2): 233–254 (1991).
11. SIA: Sonderbauwerke der Kanalisationstechnik [Manufatti speciali nelle fognature]. SIA Dokumentation 40. SIA, Zurigo (1981).
12. Sinniger R.O., Hager W.H.: Constructions Hydrauliques. Presses Polytechniques Romandes, Lausanne (1989).

10

Stramazzi

Sommario Gli stramazzi sono prevalentemente utilizzati come dispositivo di misura della portata, ma possono anche essere impiegati per realizzare una sezione di controllo nella estremità di valle di un canale. L'obiettivo è quello di illustrare le varie tipologie di stramazzo, con i rispettivi vantaggi che ne hanno consentito un diffuso impiego nella pratica delle costruzioni idrauliche. Tra gli *stramazzi* in parete sottile vengono in particolare considerate le luci di forma rettangolare e triangolare, per le quali viene analizzata la accuratezza nella misura di portata. Inoltre vengono fornite utili indicazioni progettuali per la loro corretta installazione in sistemi fognari, anche nel caso in cui il loro funzionamento sia rigurgitato. Per portate particolarmente elevate, lo stramazzo deve soddisfare requisiti di resistenza strutturale. Infine, vengono attentamente analizzati anche gli stramazzi *a soglia cilindrica* ed *a larga soglia*, che vengono normalmente utilizzati quando i valori dei tiranti idrici in gioco sono superiori a 2 m.

10.1 Introduzione

Gli stramazzi (inglese: "overfalls") sono dispositivi che possono essere impiegati per indurre un effetto di rigurgito su un canale per effetto della quota imposta dalla soglia, consentendo comunque il deflusso di portate di notevole entità in corrispondenza di elevati valori dei tiranti idrici. La luce a stramazzo, pertanto, si presta come un elemento ideale per esercitare un *controllo idraulico*, garantendo al contempo una precisa *misura della portata*, purché le condizioni di installazione siano rispettose di opportuni requisiti.

In generale, uno stramazzo costituisce un ostacolo per una corrente idrica e la geometria della soglia sfiorante può essere caratterizzata da diverse forme (Fig. 10.1). In particolare, con riferimento alla geometria della *sezione trasversale della soglia*, è possibile effettuare la seguente classificazione:

- rettangolare;
- triangolare;
- circolare.

Per quanto concerne la configurazione della soglia nella *sezione longitudinale*, è possibile distinguere in:

Gisonni C., Hager W.H.: Idraulica dei sistemi fognari. Dalla teoria alla pratica.
DOI 10.1007/978-88-470-1445-9_10, © Springer-Verlag Italia 2012

- soglia in *parete sottile*;
- soglia *larga*;
- soglia arrotondata.

In particolari applicazioni che coinvolgono il deflusso di portate ben più elevate che quelle dei sistemi fognari (ad esempio, opere di sfioro di sbarramenti di ritenuta) si fa ricorso a 'profili normalizzati', oppure a profili con soglia poligonale. La *disposizione planimetrica* della soglia può essere:

- frontale;
- obliqua;
- convergente;
- sfioratore laterale.

Dalle suddette classificazioni si evince la molteplicità delle luci a stramazzo che, inoltre, possono essere caratterizzate da efflusso libero o rigurgitato, con la vena che può essere eventualmente aderente alla parete di valle della soglia (vena non aerata). Le leggi della foronomia delle luci a stramazzo sono state oggetto di numerosi studi nel diciannovesimo secolo ed il noto idraulico francese Henri Bazin [3] va sicuramente ricordato tra quelli più attivi sull'argomento, con lo specifico obiettivo di definire un dispositivo standardizzato per la misura delle portate. Rehbock [13] definì la configurazione geometrica di base per la installazione di una luce a stramazzo, valutando anche il corrispondente valore del coefficiente di efflusso. Un ulteriore sviluppo nella ricerca è dovuto agli studiosi americani Kindsvater e Carter [11], che si soffermarono sul concetto del *carico efficace sullo stramazzo* (inglese: "substitute overfall depth") precedentemente introdotto da Rehbock, in modo da poter portare in conto gli effetti della viscosità e della tensione superficiale. Infine, è opportuno citare il contributo dell'inglese White [15] che ha definito la esatta ubicazione della sezione di misura della quota della superficie libera.

Nel prosieguo del capitolo, la trattazione si limiterà alle applicazioni tipiche dei sistemi fognari, per i quali solo alcune delle configurazioni sopra elencate rivestono pratico interesse; infatti, rispetto al caso dei grossi sbarramenti di ritenuta, le correnti idriche defluenti nelle fognature si caratterizzano per valori delle portate notevolmente inferiori e con considerevole contenuto di materiale solido che può provocare fenomeni di interrimento o ostruzione.

Le *soglie a pianta obliqua* (Fig. 10.1c), le *soglie a zig zag* (inglese: "labyrinth weirs") e le *soglie ad altezza variabile* (inglese: "proportional weirs") non verranno analizzate nel dettaglio, mentre ci si soffermerà sulla caratterizzazione delle *soglie frontali* disposte ortogonalmente alla corrente in arrivo da monte. Le *soglie laterali* di sfioro, disposte lateralmente o con una direzione obliqua rispetto alla corrente idrica, verranno specificamente trattate nei capitolo 17 e 18. Si precisa, altresì, che saranno considerati i casi della vena libera e sommersa, ma non quello del getto aderente alla parete (Fig. 10.1d), di scarso interesse pratico. Il caso dell'efflusso libero dalla estremità terminale di un canale verrà specificamente illustrato nel capitolo 11.

Circa la configurazione della *soglia* verranno attentamente descritte le caratteristiche idrauliche di quelle in parete sottile, a larga soglia ed a soglia arrotonda-

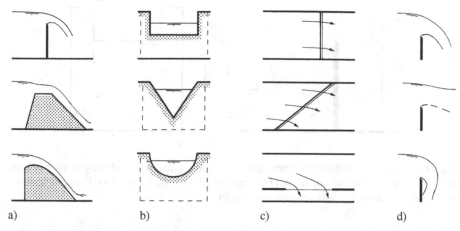

a)   b)   c)   d)

Fig. 10.1. Classificazioni geometriche ed idrauliche delle soglie di sfioro: a) sezioni longitudinali; b) sezioni trasversali; c) planimetrie; d) forma dei getti, incluso vena libera, sfioro rigurgitato e vena aderente

ta; inoltre, non saranno considerate sezioni trasversali diverse da quella rettangolare e triangolare, che sono certamente quelle più diffuse per la loro semplicità di realizzazione.

Ulteriori riferimenti bibliografici che riepilogano gli studi effettuati nel passato sono quelli di Lakshmana Rao [12], Bos [4], Ackers et al. [2], e Herschy [10].

10.2 Stramazzi in parete sottile

10.2.1 Stramazzo rettangolare in parete sottile

Uno *stramazzo rettangolare in parete sottile* (inglese: "rectangular sharp-crested weir") può essere indifferentemente installato sia in un canale prismatico a sezione rettangolare, nel qual caso si parta di *installazione standard*, che in canali con diversa sezione trasversale; ad esempio, nel caso in cui si utilizzi una soglia di sfioro rettangolare in un collettore a sezione circolare, si tratterà di una *installazione non standard*, per la quale le considerazioni di carattere idraulico, di seguito illustrate, sono valide solo in via approssimata.

Lo stramazzo in parete sottile in un canale rettangolare è costituito da una parete verticale sottile e liscia. Tipicamente, lo spessore del ciglio è di 2.0 mm, con una estremità a spigolo vivo a monte, mentre la porzione di valle è smussata a 45° (Fig. 10.2). In funzione del rapporto tra il valore della larghezza b della soglia e quella B del canale, è possibile distinguere tra:

- soglia rettangolare con contrazione laterale;
- soglia rettangolare senza contrazione laterale.

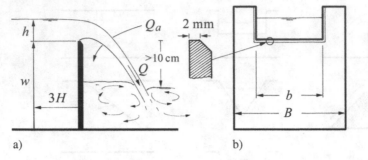

a)   b)

Fig. 10.2. Soglia rettangolare in parete sottile, in configurazione standard, con contrazione totale: a) sezione longitudinale in cui Q è la portata idrica e Q_a è la portata d'aria; b) sezione trasversale con dettaglio della geometria del ciglio

La Fig. 10.2 illustra lo schema di una soglia standard con contrazione laterale totale, per la quale valgono le seguenti condizioni [4]:

- larghezza della soglia tale che: $B - b > 4h$;
- tirante h (detto pure *carico*) misurato rispetto al ciglio, tale che: $h/b < 0.5$;
- altezza w della soglia, tale che: $h/w < 0.5$.

Per prevenire l'insorgenza di effetti scala la larghezza b e l'altezza w della soglia devono essere pari ad almeno 0.30 m. Il rapporto di restringimento è dato da $\beta = b/B$.

Per prevenire la condizione con *vena aderente* (Fig. 10.4b) il carico sulla soglia di sfioro deve essere pari ad almeno 30 mm, meglio se 50 mm; in tal modo gli effetti della viscosità e della tensione superficiale saranno trascurabili. Ai fini della accuratezza della misura della portata sfiorata, il massimo valore del carico h sulla soglia deve essere inferiore al doppio dell'altezza w della soglia, dovendo essere $w \geq 0.10$ m. La accuratezza della misura della portata dipende fortemente dalla correttezza delle condizioni di installazione della soglia; per tale ragione, la scelta e la disposizione dello stramazzo devono tenere conto della accessibilità del manufatto e del rispetto delle condizioni idrauliche richieste per il suo corretto *funzionamento*. In linea generale, quindi, le soglie sfioranti sono poco adatte come dispositivo mobile per la misura della portata, come sarà chiarito nel capitolo 13.

La *scala di deflusso* di uno stramazzo rettangolare è la seguente:

$$Q = C_d b_e (2gh_e^3)^{1/2}, \tag{10.1}$$

in cui C_d è il coefficiente di efflusso, $b_e = b + \Delta b$ la effettiva (pedice e) larghezza di sfioro e $h_e = h + \Delta h$ l'effettivo carico sulla soglia. Secondo quanto presentato da Kindsvater e Carter [11] la correzione della larghezza dipende dal rapporto di restringimento $\beta = b/B$ secondo le seguenti regole:

- $\Delta b = +3$ mm per $\beta < 0.8$;
- $\Delta b = -1$ mm per $\beta = 1$.

La correzione del carico è invece pari a $\Delta h = 1$ mm, indipendentemente dal valore di β.

Il *coefficiente di efflusso* C_d varia linearmente con il carico relativo h/w secondo la relazione

$$C_d = 0.392 + 0.050(h/w + 0.2)\beta^{2.5}. \tag{10.2}$$

Per una soglia prismatica ($\beta = 1$), la Eq. (10.2) diventa

$$C_d = 0.402 + 0.050(h/w). \tag{10.3}$$

Secondo Rehbock [13], il coefficiente di efflusso può essere calcolato come

$$C_d = 0.4023 + 0.054(h/w), \tag{10.4}$$

mentre Ackers et al. [2] ha probabilmente formulato l'espressione più accurata, che è la seguente:

$$C_d = 0.3988 + 0.060(h/w). \tag{10.5}$$

La *ubicazione* della sezione in cui misurare la quota della superficie libera dovrebbe essere individuata ad una distanza compresa tra tre e cinque volte il valore di h. La *accuratezza* di una luce a stramazzo rettangolare è compresa tra l'1 ed il 2% nelle installazioni di laboratorio, mentre può oscillare tra il 5 ed il 10% nelle applicazioni in campo, anche a seconda della precisione delle condizioni di installazione.

Esempio 10.1. Calcolare il valore della portata misurata da uno stramazzo prismatico di larghezza $b = 0.50$ m ed altezza $w = 0.30$ m per un valore del carico $h = 0.125$ m.

Essendo $\beta = 1$ e $\Delta h = 0.001$ m, il valore effettivo del carico sulla soglia sarà pari a $h_e = 0.126$ m, con larghezza effettiva $b_e = 0.499$ m. Risulterà allora $h/w = 0.125/0.300 = 0.417$, da cui si ottiene, mediante l'Eq. (10.3), il valore $C_d = 0.423$, ovvero $C_d = 0.425$ e $C_d = 0.424$, rispettivamente dalle Eq. (10.4) e (10.5). Le varie formule forniscono quindi valori di C_d con differenze pari approssimativamente a $\pm0.25\%$. Assumendo $C_d = 0.424$, il valore della portata risulta essere pari a $Q = 0.424 \cdot 0.499(19.62 \cdot 0.126^3)^{1/2} = 0.0419$ m³s⁻¹.

Esempio 10.2. Stabilire il valore della portata nel caso in cui la soglia dell'Esempio 10.1 sia installata in un canale di larghezza $B = 1.0$ m.

In tal caso risulta $\beta = 0.5/1 = 0.5$, da cui discende il valore del coefficiente di efflusso $C_d = 0.392 + 0.050(0.417 + 0.2)0.5^{2.5} = 0.397$, secondo l'Eq. (10.2). In tale configurazione la portata misurata è pari a $Q = 0.397 \cdot 0.503(19.62 \cdot 0.126^3)^{1/2} = 0.0396$ m³s⁻¹, che risulta essere del 6% inferiore a quella dell'esempio precedente, per effetto del restringimento.

La Fig 10.3 mostra alcune viste laterali di una luce a stramazzo in parete sottile in un canale rettangolare, dalle quali si nota anche che il *profilo inferiore della vena* ha un punto alto a valle del ciglio dello stramazzo. La stabilità del processo di efflusso è garantita da una adeguata aerazione della corrente, con conseguente sussistenza della pressione atmosferica anche al di sotto della vena idrica, ed in assenza della quale possono innescarsi pulsazioni della vena stessa.

a)   b)

Fig. 10.3. Luce a stramazzo rettangolare senza contrazione: a) dettaglio dell'efflusso sul ciglio;
b) vena effluente

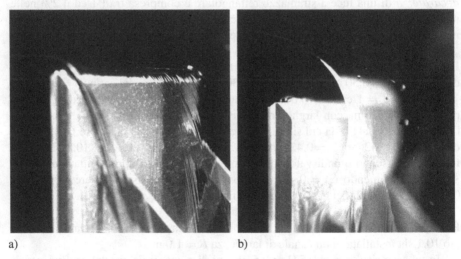

a)   b)

Fig. 10.4. Casi di efflusso con piccolo valore del carico: a) onde capillari innescate dall'effetto
della tensione superficiale; b) efflusso con vena aderente

Per valori del carico sullo stramazzo inferiori a 50 mm, si possono avere due *configurazioni di flusso alternative*: la prima è rappresentata nella Fig. 10.4a che mostra
una vena libera in cui sono visibili increspature superficiali di piccolissima ampiezza
(onde capillari) generate dall'effetto della tensione superficiale; la seconda è illustrata
dalla foto di Fig. 10.4b, corrispondente al caso di *vena aderente*. Per entrambi i casi,
l'Eq. (10.1) non è applicabile, per effetto della curvatura non trascurabile delle linee
di corrente che fa cadere in difetto le ipotesi che reggono l'equazione generalizzata
di Bernoulli.

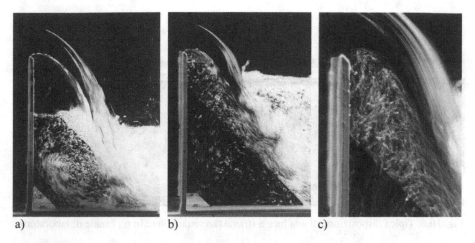

a)　　　　　　　　　　b)　　　　　　　　c)

Fig. 10.5. Effetti della sommergenza sullo stramazzo: a) nullo; b) significativo; c) notevole

La Fig. 10.5 illustra gli effetti del fenomeno di *sommergenza* dello stramazzo, con diversi gradi di severità. In particolare, nel caso di Fig. 10.5a la quota della superficie libera a valle dello stramazzo è sufficientemente sottoposta a quella del ciglio, per cui non vi è alcun significativo effetto di sommergenza.

La Fig. 10.5b illustra la condizione in cui l'altezza della cavità gassosa sottoposta alla vena effluente è inferiore al carico agente sulla soglia; in tal caso c'è un significativo effetto del fenomeno di sommergenza. Inoltre, in questa stessa foto si nota che a valle della soglia, per effetto della esistenza di una evidente depressione, il livello idrico all'interno della cavità è significativamente superiore a quello della superficie idrica a pressione atmosferica. Infine, nel caso della Fig. 10.5c il profilo inferiore della vena è soggetto all'azione di una zona di depressione di intensità tale da far defluire, a parità di carico sulla soglia, una portata superiore rispetto alla condizione di vena aerata. Tali ultime due condizioni di funzionamento devono essere escluse, ai fini di una corretta misura della portata.

La Fig. 10.6 mostra la disposizione convenzionale di una luce a stramazzo per la misura delle portate in laboratorio. Le pareti del canale, rettilineo ed a sezione rettangolare, sono costituite da materiale liscio, quale vetro o PVC. A monte dello stramazzo è buona norma installare un raddrizzatore di flusso che migliora la qualità della corrente in arrivo, mentre un piatto galleggiante attenua la presenza di eventuali increspature superficiali. La quota della superficie libera può essere misurata con un idrometro, la cui accuratezza è normalmente dell'ordine di almeno 0.2 mm. La soglia è costituita da una sottile parete verticale, generalmente realizzata in materiale metallico, il cui ciglio è sagomato secondo le caratteristiche geometriche descritte in Fig. 10.2. La vena effluente viene adeguatamente aerata mediante una apposita tubazione che garantisce la pressione atmosferica al di sotto della parte inferiore del profilo.

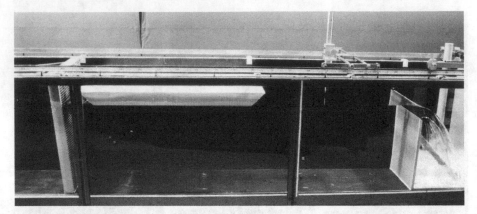

Fig. 10.6. Tipica disposizione di una luce a stramazzo rettangolare in un canale di laboratorio

10.2.2 Stramazzo triangolare in parete sottile

Per modesti valori del carico sulla soglia ($h < 0.10$ m), la sensibilità dello stramazzo rettangolare diventa insufficiente ai fini tecnici. Lo *stramazzo triangolare* (inglese: "triangular weir") è invece in grado di fornire risultati precisi. Esso è generalmente costituito da un piatto metallico in cui viene ricavata una sagoma triangolare simmetrica, di angolo α, che viene inserita, con il vertice disposto verso il basso, all'interno di una canale rettangolare di larghezza B (Fig. 10.7).

La quota del pelo libero di valle deve essere sottoposta di almeno 50 mm rispetto al ciglio inferiore della soglia, al fine di garantire una vena aerata. Inoltre, la altezza w della soglia deve essere almeno pari al carico h. La configurazione della *soglia triangolare standard* presenta un ciglio sottile (condizione di parete sottile) di spessore pari a $e = 1$ mm, con un angolo di rastremazione pari a $60°$ (Fig. 10.7b).

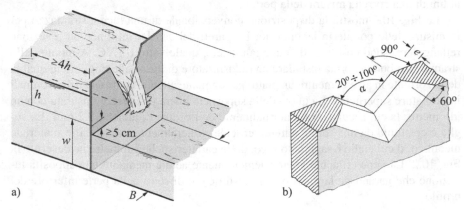

Fig. 10.7. Stramazzo triangolare standard: a) vista generale; b) dettaglio della geometria del ciglio

Tabella 10.1. Caratteristiche dello stramazzo triangolare a contrazione parziale (CP) e completa (CC), secondo la classificazione di Bos [4]

Parametro	CP	CC
h/w	< 1.2	≤ 0.4
h/B	< 0.4	≤ 0.2
$h > 50$ mm	< 600 mm	< 380 mm
w	> 100 mm	≥ 450 mm
B	≥ 600 mm	≥ 900 mm

Lo stramazzo triangolare è stato introdotto per la prima volta dall'inglese James Thomson nel 1859, per cui tale dispositivo viene talvolta denominato *Stramazzo Thomson*. Bos [4] ha effettuato una classificazione delle condizioni di funzionamento di uno stramazzo triangolare, al fine di poter distinguere tra stramazzo a contrazione parziale e stramazzo a contrazione completa (Tabella 10.1). In particolare, per una precisa misura delle portate, è auspicabile l'installazione a contrazione completa.

La *scala di deflusso* di uno stramazzo triangolare non rigurgitato è data dalla relazione

$$Q = \frac{8}{15} C_d \tan(\alpha/2)(2gH^5)^{1/2}, \qquad (10.6)$$

in cui C_d è il coefficiente di efflusso, α è l'angolo del vertice, e $H = h + Q^2/[2gB^2(h + w)^2]$ è l'energia specifica della corrente in arrivo misurata rispetto al ciglio dello stramazzo.

Sulla base di una dettagliata analisi dei dati disponibili in letteratura, Hager [6] ha definito la seguente scala di deflusso per stramazzi triangolari, valida per $14° \leq \alpha \leq 100°$ e per acqua a temperatura ordinaria:

$$C_d = \frac{1}{\sqrt{3}} \left[1 + \left(\frac{h^2 \tan(\alpha/2)}{3B(h + w)} \right)^2 \right] \left[1 + \frac{0.66}{h^{3/2} \tan(\alpha/2)} \right]. \qquad (10.7)$$

Nella suddetta equazione il fattore $3^{-1/2}$ è una costante del dispositivo, il primo termine tra parentesi quadra esprime l'effetto della velocità della corrente in arrivo, mentre il secondo termine include gli effetti della viscosità e della tensione superficiale per piccoli valori di h (in quest'ultimo termine, trattandosi di una regressione empirica ricavata su dati di laboratorio, il valore di h va inserito in [cm]). In tal caso, la portata sfiorata può essere calcolata secondo la relazione

$$Q = \frac{8}{15} C_d \tan(\alpha/2)(2gh^5)^{1/2}, \qquad (10.8)$$

in cui compare h al posto di H rispetto all'Eq. (10.6).

Nel caso in cui la velocità di arrivo della corrente sia trascurabile, e se $\alpha = 90°$, allora le Eq. (10.7) e (10.8) si semplificano nella seguente relazione:

$$Q = 0.308 \left[1 + \frac{0.66}{h^{3/2}} \right] (2gh^5)^{1/2}, \qquad (10.9)$$

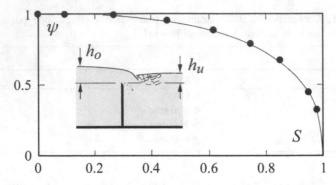

Fig. 10.8. Stramazzo triangolare rigurgitato: schema e Eq. (10.10) confrontata con esperimenti per il rapporto $\psi = Q_s/Q$ in funzione del grado di sommergenza $S = h_u/h_o$

in cui, analogamente alla Eq. (10.7), il solo valore di h all'interno della parentesi quadra va espresso in centimetri.

Per misure di laboratorio, in cui è richiesta una notevole *accuratezza*, la portata può quindi essere misurata con deviazione massima pari a $\pm 1\%$. Si noti l'importante effetto di h sulla portata Q, in ragione del quale, a titolo esemplificativo, un piccolo errore di misura di 1 mm, su un valore di h pari a 100 mm, induce un errore del 2.5% sulla misura della portata. Per *misure in campo*, la accuratezza è tipicamente dell'ordine del $\pm 5\%$, con valori ritenuti normalmente accettabili se contenuti entro il $\pm 10\%$.

Per uno *stramazzo triangolare rigurgitato*, il parametro $S = h_u/h_o$ è importante (Fig. 10.8). Hager [6] ha espresso il rapporto tra la portata in presenza di sommergenza Q_s e quella dello stramazzo libero Q, data dall'Eq. (10.9), secondo la seguente relazione:

$$Q_s/Q = (1 - S^{2.5})^{0.385}, \tag{10.10}$$

che interpola i dati sperimentali della letteratura americana degli anni '40.

La esecuzione di misure precise di portata dovrebbe avvenire in condizioni di stramazzo non rigurgitato, perché, in caso contrario, verrebbero introdotti ulteriori dubbi circa la accuratezza della misura del valore h_u, affetto da notevole incertezza a causa delle rilevanti oscillazioni della superficie libera.

La Fig. 10.9 mostra la vista laterale di uno stramazzo triangolare operante con diversi gradi di sommergenza; al crescere del grado di sommergenza S, il dislivello tra monte e valle diminuisce, anche con una riduzione del trasporto d'aria. Dalle foto si apprezza come le bolle d'aria possono essere utilizzate come tracciante per la visualizzazione del campo di moto nella vena idrica. In particolare, da una attenta analisi delle immagini dalla Fig. 10.9a alla 10.9d, si scorge chiaramente la configurazione di un getto che impatta sulla corrente idrica di valle, che diventa un getto di superficie in Fig. 10.9e, con le tipiche ondulazioni in superficie. Infine, la Fig. 10.9f mostra il funzionamento in presenza di un elevato grado di sommergenza, con un aspetto quasi statico del fenomeno.

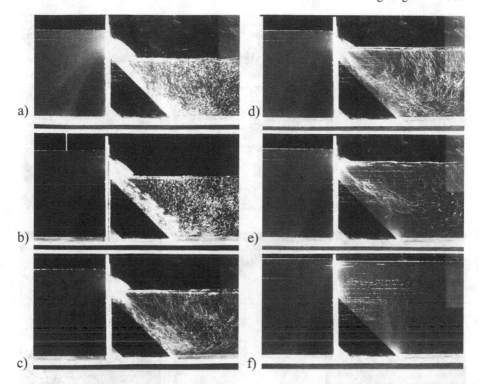

Fig. 10.9. Vista laterale di stramazzi triangolari per diversi valori del grado di sommergenza $S =$ a) 0; b) 0.10; c) 0.27; d) 0.45; e) 0.61; f) 0.95

La Fig. 10.10 illustra la vista dall'alto del processo di moto per diversi valori del grado di sommergenza. Si noti la trasparenza della vena stramazzante per $S = 0.27$ a confronto con quella rilevata per $S = 0$, con la totale scomparsa delle increspature capillari. Dalle foto si nota altresì che la transizione tra la condizione del getto che impatta sulla corrente idrica di valle a quella di getto di superficie si verifica per $S = 0.61$, con un netto fronte triangolare formato dalla vena effluente a valle della soglia.

10.3 Stramazzi a larga soglia

La Fig. 10.11a illustra lo schema di uno *stramazzo a larga soglia* (inglese: "broad-crested weir"), caratterizzato dalla altezza w della soglia, dal tirante idrico della corrente in arrivo h misurato rispetto alla soglia, dalla corrispondente energia specifica $H = h + Q^2/[2gb^2(h+w)^2]$, dalla lunghezza L_w della soglia e dal raggio di curvatura R_w del ciglio di monte. In generale, lo *stramazzo standard a larga soglia* presenta entrambe le facce verticali, con la superficie della soglia orizzontale e i cigli a spigolo vivo, sia a monte che a valle. Nel caso in cui il ciglio di monte sia a spigolo vivo, si forma un *distacco della vena* (Fig. 10.11b) che induce la formazione di una

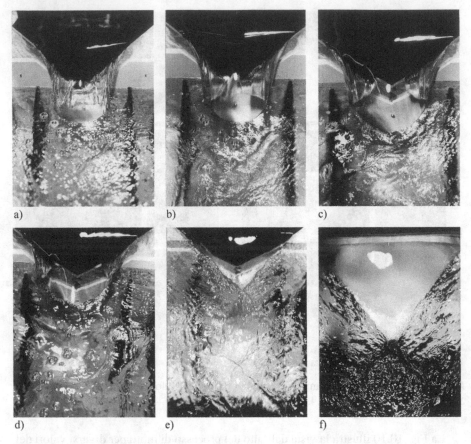

Fig. 10.10. Vista dall'alto delle condizioni di deflusso di Fig. 10.9: $S =$ a) 0; b) 0.10; c) 0.27; d) 0.45; e) 0.61; f) 0.75. Direzione della corrente dall'alto verso il basso

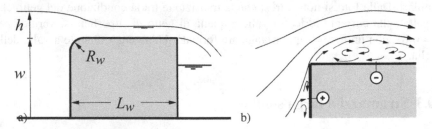

Fig. 10.11. Stramazzo a larga soglia: a) schema; b) dettaglio della separazione del flusso in corrispondenza del ciglio di monte a spigolo vivo ($R_w = 0$)

depressione immediatamente a ridosso del ciglio di monte ed una pressione superiore a quella idrostatica sul paramento di monte della soglia.

Per stramazzi a larga soglia con spigolo vivo a monte ($R_w = 0$) il *profilo della superficie libera* dipende dalla lunghezza relativa della soglia $\zeta_w = H/L_w$. A tal pro-

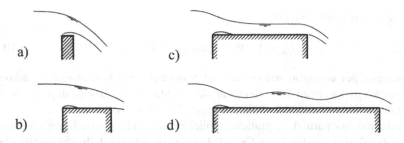

Fig. 10.12. Aspetti del profilo della superficie libera per stramazzi a larga soglia con spigoli vivi e facce verticali, per diversi valori della lunghezza relativa della soglia $\zeta_w = H/L_w$: a) $0 < \zeta_w < 0.1$; b) $0.1 \leq \zeta_w < 0.35$; c) $0.35 \leq \zeta_w < 1.5$; d) $1.5 \leq \zeta_w$

posito la Fig. 10.12 descrive le varie tipologie di profilo per soglie caratterizzate da diversi valori della lunghezza relativa, comprendendo anche la soglia di lunghezza sufficientemente breve (Fig. 10.12a) da poter essere assimilata alla soglia in parete sottile, discussa nel paragrafo 10.2.

La *portata* Q viene espressa in funzione della energia H della corrente in arrivo e del corrispondente coefficiente di afflusso C_D, in modo da portare in conto gli effetti della velocità di arrivo, secondo la relazione

$$Q = C_D b (2gH^3)^{1/2}. \tag{10.11}$$

Ancora una volta, si può ritenere che gli effetti della viscosità e della tensione superficiale siano trascurabili per valori del carico sulla soglia superiori a 50 mm. In tali condizioni, il *coefficiente di efflusso* dello stramazzo a larga soglia può essere stimato mediante la seguente equazione [8]:

$$C_D = 0.326(1 + C_w) \left[\frac{1 + (9/7)\zeta_w^4}{1 + \zeta_w^4} \right] C_B C_R \tag{10.12}$$

in cui compaiono i coefficienti C_w, C_B e C_R, di seguito illustrati nel dettaglio. Il valore base del coefficiente di efflusso (0.326) è significativamente inferiore al valore dello stramazzo in parete sottile (0.42). Nell'Eq. (10.12) il parametro C_w rende conto dell'effetto della velocità di arrivo e può essere posto $C_w = 0$ per $H/w < 1/2$. Il successivo termine, in parentesi quadra, rende conto dell'effetto della lunghezza relativa della soglia $\zeta_w = H/L_w$ e varia tra 1, per soglie molto lunghe, e $9/7 = 1.29$ per soglie brevi ($\zeta_w > 1.5$). Il coefficiente C_B rende conto dell'eventuale effetto della contrazione laterale, qualora il canale in arrivo abbia larghezza superiore a quella della soglia. Per canale prismatico, risulta ovviamente $C_B = 1$, mentre per rapporti di restringimento $\beta = b/B$ compresi tra 0.25 e 0.75, il coefficiente C_B può essere valutato come segue [8]:

$$C_B = 1 - \frac{0.133}{1 + \zeta_w^4}. \tag{10.13}$$

L'ultimo coefficiente dell'Eq. (10.12) C_R rende conto dell'effetto dell'*arrotondamento del ciglio* di monte, che dipende dal valore del raggio relativo del ciglio

$\rho_w = 3R_w/w$ secondo la relazione

$$C_R = 1 + 0.1[\rho_w \exp(1 - \rho_w)]^{1/2}. \tag{10.14}$$

Ad esempio, per un ciglio arrotondato con valore $\rho_w \cong 0.3$, si ottiene un aumento della portata pari a circa l'8%, dovuto ad una significativa riduzione di pressione che si manifesta in prossimità del ciglio di monte (Fig. 10.11b).

Nella maggior parte delle pratiche applicazioni, i suddetti coefficienti assumono i seguenti valori: $C_w = 0$ e $C_B = C_R = 1$; la *scala di deflusso* dello stramazzo a larga soglia vale allora

$$Q = 0.326 \left[\frac{1 + (9/7)\zeta_w^4}{1 + \zeta_w^4} \right] b(2gH^3)^{1/2}. \tag{10.15}$$

Nel rispetto delle condizioni:

- minimo valore del tirante: $h = 50 \div 75$ mm;
- minima larghezza della soglia: $b = 0.30$ m;
- minima altezza della soglia: $w = 0.15$ m;
- lunghezza della soglia: $0.08 \le h/L_w \le 0.85$;
- modesto valore della velocità di arrivo: $0.18 \le h/(h+w) \le 0.60$,

lo stramazzo a larga soglia si caratterizza per un'apprezzabile accuratezza della misura della portata pari a circa $\pm(2 \div 3)\%$, e quindi inferiore a quella dello stramazzo in parete sottile.

Gli stramazzi a larga soglia non sono sensibili alla presenza di fenomeni di sommergenza da valle. Il fattore di sommergenza $\psi = Q_s/Q$ sembra essere essenzialmente funzione del carico relativo di sfioro $\zeta_w = H/L_w$. Detto $\sigma_L = H_L/H$ il valore limite (pedice L) di sommergenza per il quale la scala di deflusso è espressa dall'Eq. (10.15) in condizioni non rigurgitate, questo può essere stimato mediante la relazione [8]

$$\sigma_L = 0.85 \tanh(L_w/H). \tag{10.16}$$

Quindi, uno stramazzo in parete sottile ($L_w/H = 0$) è caratterizzato da un valore $\sigma_L = 0$, ovvero può funzionare correttamente solo in assenza di sommergenza. Nel caso $L_w/H = 1$ (soglia breve) il valore limite è pari a $\sigma_L = 0.65$, secondo l'Eq. (10.16), mentre per $L_w/H = 10$ (soglia lunga) si ottiene $\sigma_L = 0.85$. Dunque gli stramazzi a larga soglia risentono molto poco della presenza di fenomeni di sommergenza. L'Eq. (10.15) trova teorica applicabilità nel caso in cui risulti $\sigma < \sigma_L$, anche se viene sconsigliata la esecuzione di misure di portata in presenza di fenomeni di sommergenza.

Le principali *caratteristiche del moto* su uno stramazzo standard a larga soglia ($0.10 \le H/L_w \le 0.40$), illustrate nella Fig. 10.13 [9], sono:

- *profilo di pelo libero* h/H in funzione della progressiva relativa $X = x/H$;
- *zona di separazione al fondo*, a valle del ciglio, di altezza massima pari a $0.20H$, localizzata ad una distanza pari a $0.44H$;
- *distribuzione di pressione sul fondo*, inizialmente pari a $0.565H$, con un valore massimo di $0.73H$ ubicato alla distanza $x = 1.05H$;

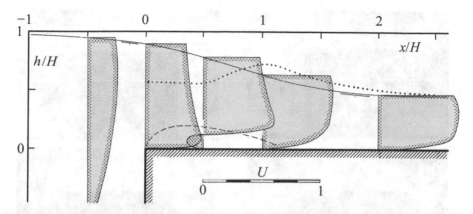

Fig. 10.13. Principali caratteristiche del flusso su uno stramazzo standard a larga soglia ($0.10 \leq$ $H/L_w \leq 0.40$), con indicazione di (——) pelo libero, (- - -) limite della zona di separazione, ($\cdots$) pressioni al fondo, e profili di velocità $U(Z)$

- *profili di velocità* $U(Z)$, essendo $U = u/(2gH)^{1/2}$ la componente orizzontale della velocità e $Z = z/H$ la coordinata verticale relativa, misurati alle posizioni $X = -0.5, 0, 0.5, 1$ e 2.

La Fig. 10.14 riporta alcune fotografie che illustrano il funzionamento tipico di stramazzi a larga soglia. In particolare, per $\zeta_w = 0.06$ la superficie libera è ondulata con

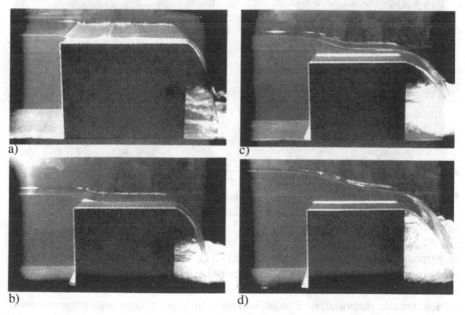

Fig. 10.14. Vista laterale del funzionamento di uno stramazzo standard a larga soglia per $\zeta_w =$ a) 0.06; b) 0.13; c) 0.27; d) 0.39

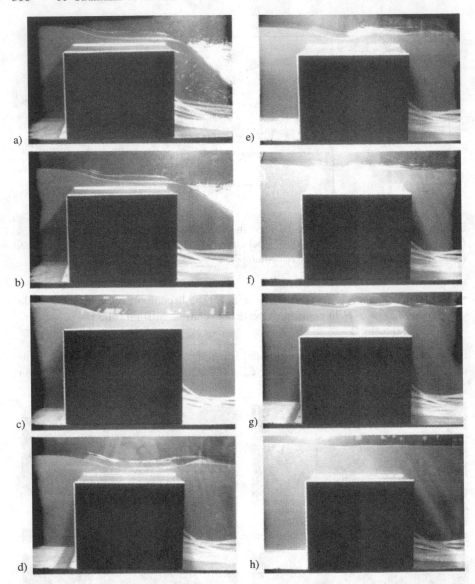

Fig. 10.15. Condizioni di sommergenza su stramazzo a larga soglia per $\zeta_w =$ a) 0.03; b) 0.20; c) 0.52; d) 0.68; e) 0.78; f) 0.85; g) 0.90; h) 0.95. Si noti che la soglia è effettivamente sommersa solo per $\zeta_w > 0.78$

increspature bidimensionali, mentre per $0.1 < \zeta_w < 0.4$ la regione centrale della soglia è caratterizzata da un tirante idrico pressoché costante e pari a circa $0.46H$. Spesso, si assume che la condizione di deflusso sulla soglia sia pari alla condizione di stato critico, ma tale supposizione è indubbiamente falsa, per effetto della presenza della *zona di separazione* ubicata sul ciglio di monte, al di sopra della quale defluisce la corrente idrica.

La Fig. 10.15 si riferisce a condizioni di *corrente rigurgitata* (inglese: "submerged flow") su uno stramazzo a larga soglia. Detto $y_u = h_u/H$ il rapporto di sommergenza e h_u la quota della superficie libera rispetto alla soglia, si possono distinguere i seguenti sei tipi di funzionamento:

- *plunging jet* (getto libero, con direzione quasi verticale, che impatta la superficie idrica sottostante) per $y_u < 0.45$;
- *corrente idrica regolare*, per $y_u \cong 0.52$, caratterizzata quindi da superficie idrica pressoché orizzontale;
- *getto di superficie* (inglese: "surface jet") per $y_u > 0.60$, con corrente veloce sulla soglia ed un risalto idraulico in prossimità del ciglio di valle;
- *onda superficiale* con la presenza di un risalto idraulico lungo la soglia. Per $y_u \cong 0.78$, il fronte del risalto è prossimo alla fine della zona di separazione, e da questo punto in poi la vena è effettivamente sommersa;
- *superficie ondulata* per $y_u \cong 0.85$;
- *getto di superficie* per $y_u \cong 0.95$, con superficie idrica pressoché orizzontale.

Ulteriori informazioni sulla caratterizzazione del comportamento idraulico di stramazzi a larga soglia sono state raccolte da Hager e Schwalt [9]. Si noti in particolare il comportamento con superficie ondulata per piccoli valori del rapporto di sommergenza.

Le caratteristiche dell'efflusso su *soglie simmetriche*, aventi la forma di un rilevato, (inglese: "embankments") caratterizzate da pendenza dei paramenti di monte e di valle pari a 1:2 sono state studiate sperimentalmente da Fritz e Hager [5], che hanno in particolare analizzato le caratteristiche della corrente idrica a valle della soglia in presenza ed assenza di sommergenza. La scala di deflusso data dall'Eq. (10.15) è stata generalizzata ed estesa anche al caso di soglia con sezione trapezia.

10.4 Stramazzo cilindrico

Uno *stramazzo cilindrico* (inglese: "cylindrical weir") è un dispositivo di sfioro costituito da una soglia con sezione semi-circolare posizionata in testa ad un setto costituito da due pareti verticali (Fig. 10.16a). La sagomatura della soglia viene generalmente realizzata utilizzando una tubazione commerciale, sezionata secondo il diametro. La soglia semi-circolare sporge rispetto al paramento di valle della parete, per consentire una adeguata aerazione della vena (Fig. 10.16b).

La *portata Q* sfiorata da un siffatto stramazzo è influenzata dalla altezza della soglia *w*, dal tirante idrico *h* rispetto al ciglio della soglia, oltre che dal raggio R_K della soglia. Detto $H = h + Q^2/[2gA_o^2]$ il carico specifico rispetto alla soglia, in cui A_o è la corrispondente sezione idrica, la *scala di deflusso* è espressa dall'equazione

$$Q = C_d b(2gH^3)^{1/2}. \tag{10.17}$$

A seguito della analisi della bibliografia di riferimento, Hager [7] ha valutato la possibilità di esprimere il *coefficiente di efflusso* C_d come funzione della curvatura relativa

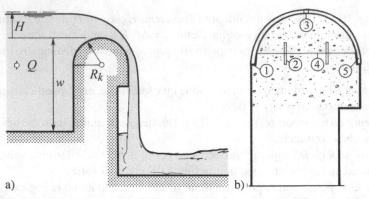

Fig. 10.16. Stramazzo cilindrico: a) simboli; b) dettaglio della possibile rifinitura del ciglio con ① supporto e sigillatura, ② armatura, ③ foro per la ventilazione della cavità durante il getto di calcestruzzo, ④ giunto strutturale, ⑤ mezza tubazione

della cresta $\rho_K = H/R_K$. Rouvé e Indlekofer [14] distinsero due tipi di funzionamento: vena libera e vena aderente. Ovviamente la prima condizione è quella da considerare ai fini pratici e dovrebbe essere garantita se risulta $H/R_K \leq 1.5$; in tal caso le pressioni sul paramento della soglia sono superiori a quella atmosferica, prevenendo così l'insorgenza di fenomeni di cavitazione.

Hager [7] ha mostrato che il funzionamento dello stramazzo non è affetto da effetti scala per valori del carico sullo sfioro $H \geq 70$ mm; in tali condizioni, il valore del coefficiente di efflusso C_d è espresso dalla relazione

$$C_d = 0.374 \left(1 + \frac{3\rho_K}{11 + 2.5\rho_K} \right). \tag{10.18}$$

Per bassi valori del carico sulla soglia ($\rho_K \to 0$), si ottiene il valore minimo del coefficiente di efflusso $C_d = 0.374$, compreso tra i valori caratteristici dello stramazzo a larga soglia e quello in parete sottile. Per contro, nelle massime condizioni di sfioro ($\rho_K = 1.5$) il coefficiente di efflusso aumenta del 30% attingendo il valore $C_d = 0.49$, per effetto della curvatura delle linee di corrente in corrispondenza del ciglio della soglia.

Allo stato attuale, non esistono indicazioni specifiche sul *limite di sommergenza* di stramazzi cilindrici, anche se, stante la geometria compatta della soglia, si può ritenere che la sommergenza faccia risentire il suo effetto allorché il livello idrico a valle raggiunge il ciglio della soglia. Ne consegue che l'Eq. (10.18) è valida solo nei casi in cui la quota della superficie idrica a valle della soglia è inferiore a quella del ciglio della soglia stessa.

10.5 Confronto tra gli stramazzi

Nel presente capitolo sono state passate in rassegna le varie tipologie di luci a stramazzo maggiormente ricorrenti nelle applicazioni progettuali. L'utilizzo di tali dispositivi per la misura delle portate, sia in laboratorio che in campo, è generalmente affidato specificamente a *stramazzi in parete sottile*. Per valori delle portate fino a circa 40 Ls^{-1}, si raccomanda l'uso di stramazzi triangolari in parete sottile, mentre gli stramazzi rettangolari in parete sottile con vena aerata sono normalmente utilizzati nei casi in cui si è ragionevolmente sicuri che le portate siano superiori a 20 Ls^{-1}. L'accuratezza tipica di questi due stramazzi è pari a circa $\pm 1\%$ in condizioni di laboratorio, ed oscilla tra il 2 ed il 5% per misure di campo, a seconda della situazione in situ. Normalmente una tale accuratezza nella misura è più che adeguata alle esigenze pratiche nei sistemi fognari. È opportuno evidenziare che, anche per motivi di tipo strutturale, il massimo valore del carico sullo sfioro per una soglia rettangolare in parete sottile è pari a circa 1 m; d'altronde, per un carico pari a 0.60 m si ottiene un valore della portata pari a circa 800 Ls^{-1} per metro di larghezza della soglia, che può essere considerato un valore limite orientativo nelle pratiche applicazioni.

Gli stramazzi a larga soglia o a ciglio arrotondato trovano applicazione per valori del carico sullo sfioro a partire da circa 0.50 m; il limite superiore per stramazzo in larga soglia è approssimativamente pari a 1.5 m, cui corrisponde un valore della portata pari a 3 m^{3}s^{-1} per unità di lunghezza della soglia.

Per stramazzi cilindrici, i limiti applicativi dipendono essenzialmente dal valore del diametro commerciale disponibile per la realizzazione della soglia; ritenendo che si possano reperire tubazioni di diametro fino a 2 m, allora il limite superiore del carico sulla soglia può essere considerato pari a 3 m, cui corrisponde un valore della portata sfiorata pari a circa 11 m^{3}s^{-1} per metro di lunghezza della soglia. Per contro, tale valore rappresenta un limite inferiore rispetto a dispositivi di sfioro standard utilizzati nei grossi impianti idraulici (dighe e traverse), quali ad esempio il profilo Creager-Scimeni o quello proposto dal Waterways Experiment Station (WES). Dunque, si può concludere che la scelta del *tipo di stramazzo* dipende dal valore della portata di progetto, e quelli fin qui illustrati trovano certamente applicazione nei sistemi fognari.

Ai fini della misura della portata, è bene che venga imposta la *condizione di efflusso libero*, per la quale il valore della portata dipende esclusivamente dalla lettura di un'unica quota del pelo libero, normalmente ad una distanza a monte dello stramazzo pari a $3 \div 5$ volte il valore del carico rispetto al ciglio dello stramazzo stesso. Si ricorda, inoltre, che va opportunamente considerato il limite di sommergenza dello stramazzo, dipendente essenzialmente dalla geometria della soglia; per stramazzi in parete sottile è sufficiente accertarsi che la superficie idrica a valle sia sottoposta rispetto alla quota del ciglio, mentre per stramazzi in larga soglia il valore limite di sommergenza σ_L può arrivare ad essere pari al $70 \div 80\%$.

Per strutture in cui possono intervenire successivi aggiustamenti della quota del ciglio, è certamente conveniente ricorrere ad uno stramazzo in parete sottile, realizzato da un piatto metallico, possibilmente fissato ad una parete in calcestruzzo mediante bulloni su fori con occhiello, in modo da consentire piccoli aggiustamenti. In linea generale, è bene accertarsi che la quota del ciglio non subisca cambiamenti incontrollati, che potrebbero compromettere il corretto funzionamento del dispositivo, il cui accorto *dimensionamento idraulico* tiene opportunamente conto delle condizioni della corrente a monte ed a valle della soglia.

Simboli

A	[m^2]	sezione idrica
b	[m]	larghezza della soglia
B	[m]	larghezza del canale
C_B	[-]	coefficiente di effetto del restringimento laterale
C_d	[-]	coefficiente di efflusso
C_D	[-]	coefficiente di efflusso funzione di H
C_R	[-]	coefficiente di effetto dell'arrotondamento del ciglio
C_w	[-]	coefficiente di effetto della velocità di arrivo
e	[m]	spessore del ciglio
g	[ms^{-2}]	accelerazione di gravità
h	[m]	carico sulla soglia
H	[m]	energia specifica di efflusso
L_w	[m]	lunghezza della soglia
Q	[m^{3}s^{-1}]	portata
Q_a	[m^{3}s^{-1}]	portata d'aria
R_K	[m]	raggio di curvatura del ciglio di uno stramazzo cilindrico
R_w	[m]	raggio di curvatura del ciglio
S	[-]	grado di sommergenza
u	[ms^{-1}]	componente orizzontale della velocità
U	[-]	$= u/(2gH)^{1/2}$ velocità orizzontale relativa
w	[m]	altezza della soglia
x	[m]	ascissa
X	[-]	$= x/H$
y_u	[-]	$= h_u/H$ rapporto di sommergenza
z	[m]	coordinata verticale
Z	[-]	coordinata verticale relativa
α	[-]	angolo del vertice dello stramazzo triangolare
β	[-]	rapporto di restringimento
ρ_K	[-]	curvatura relativa della cresta dello stramazzo cilindrico
ρ_w	[-]	raggio relativo del ciglio
σ_L	[-]	valore limite di sommergenza
ψ	[-]	fattore di sommergenza
ζ_w	[-]	$= H/L_w$ lunghezza relativa della soglia

Pedici

e	efficace
L	limite
o	monte
s	sommergenza
u	valle

Bibliografia

1. ATV: Bauwerke der Ortsentwässerung [Manufatti nei sistemi di drenaggio urbano]. Arbeitsblatt A241. ATV, St. Augustin (1978).
2. Ackers P., White W.R., Perkins J.A., Harrison A.J.M.: Weirs and flumes for flow measurement. J. Wiley & Sons, New York (1978).
3. Bazin H.: Expériences nouvelles sur l'écoulement en déversoir. Dunod, Parigi (1898).
4. Bos M.G.: Discharge measurement structures. Rapport 4. Laboratorium voor Hydraulica en Afvoerhydrologie. Landbouwhogeschool, Wageningen (1976).
5. Fritz H.O., Hager W.H.: Hydraulics of embankments weirs. Journal of Hydraulic Engineering 124(9): 963–971 (1998).
6. Hager W.H.: Scharfkantiger Dreiecküberfall [Stramazzi triangolari in parete sottile]. Wasser, Energie, Luft 82(1/2): 9–14 (1990).
7. Hager W.H.: Abfluss über Zylinderwehr [Efflusso da uno stramazzo cilindrico]. Wasser und Boden 44(1): 9–14 (1992).
8. Hager W.H.: Breitkroniger Überfall [Stramazzo in larga soglia]. Wasser, Energie, Luft 86(11/12): 363–369 (1994).
9. Hager W.H., Schwalt M.: Broad-crested weir. Journal of Irrigation and Drainage Engineering 120(1): 13–26 (1994).
10. Herschy R.W.: Streamflow measurement. Elsevier, Amsterdam (1985).
11. Kindsvater C.E., Carter R.W.: Discharge characteristics of rectangular thin-plate weirs. Journal of the Hydraulics Division ASCE 83(HY6) Paper 1453: 1–36; 1958, 84(HY2) Paper 1616: 93–100; 1958, 84(HY3) Paper 1690: 21–30; 1958, 84(HY6) Paper 1856: 39–41; 1959, 85(HY3): 45–49 (1957).
12. Lakshmana Rao N.S.: Theory of weirs. Advances in Hydroscience 10: 309–406. Academic Press: New York (1975).
13. Rehbock T.: Wassermessung mit scharfkantigen Überfallwehren [Misura della portata con stramazzo in parete sottile]. Zeitschrift VdI 73(24): 817–823 (1929).
14. Rouvé G., Indlekofer H.: Abfluss über geradlinige Wehre mit halbkreisförmigem Überfallprofil [Efflusso da stramazzi rettilinei con soglia semicircolare]. Bauingenieur 49(7): 250–256 (1974).
15. White W.R.: Thin plate weirs. Proc. Institution Civil Engineers 63: 255–269 (1977).

11

Sbocco libero da canali e condotte

Sommario In corrispondenza della sezione terminale di un collettore, ovvero nel caso in cui si presenti un salto, è possibile effettuare una misura della portata defluente, disponendo così di un mezzo alternativo a quello dei dispositivi illustrati nel capitolo precedente. Verranno passate in rassegna le caratteristiche di funzionamento idraulico dello sbocco di una corrente da canali a sezione rettangolare e circolare, soffermandosi anche sulla corrispondente scala di deflusso e sulla sua attendibilità ai fini della misura della portata. Vengono, inoltre, illustrate le caratteristiche geometriche delle vene effluenti da canali con sbocco libero in atmosfera, analizzandone le differenze rispetto al caso in cui la vena viene guidata attraverso pareti laterali. Il capitolo si completa con alcune considerazioni sull'effetto della scabrezza e sulle condizioni di funzionamento in cui l'efflusso da un canale avviene in pressione piuttosto che a superficie libera.

11.1 Introduzione

In numerose applicazioni, può risultare sconveniente, o eccessivamente onerosa, la installazione di una stazione di misura della portata defluente in un collettore fognario, magari ricorrendo a manufatti del tipo di quelli illustrati nel capitolo 10. Peraltro la gestione di stazioni di misura, soprattutto in collettori di dimensioni non accessibili, risulta particolarmente gravosa. È in questi casi, allora, che la misura della portata può essere convenientemente effettuata in corrispondenza di uno *sbocco libero* della canalizzazione (inglese: "end overfall") o mediante altri dispositivi che saranno illustrati nel capitolo 13.

In corrispondenza dello sbocco dalla sezione terminale di un collettore la corrente può defluire senza particolari accorgimenti, realizzando così un getto in atmosfera. Lungo le canalizzazioni fognarie sono molteplici le condizioni in cui si può pensare di realizzare una condizione di sbocco libero; basti pensare ai pozzetti di salto, di immissione ovvero ai manufatti di scarico o di separazione delle portate, che, pur non essendo stati specificamente progettati per la misura delle portate, possono essere agevolmente adattati a tale scopo, senza grosse difficoltà.

Nella fattispecie, nel seguito del capitolo vengono analizzate le configurazioni di manufatti di sbocco in:

Gisonni C., Hager W.H.: Idraulica dei sistemi fognari. Dalla teoria alla pratica.
DOI 10.1007/978-88-470-1445-9_11, © Springer-Verlag Italia 2012

- canale a sezione rettangolare;
- collettore a sezione circolare.

I canali a sezione trapezia, per i quali è stato effettuato qualche studio in passato [11], sono certamente poco interessanti nell'ambito delle applicazioni ai sistemi fognari.

L'efflusso dalla sezione terminale di *canali rettangolari* è stato approfonditamente studiato da numerosi ricercatori, e per tale fenomeno, partendo dal principio di conservazione della quantità di moto, è possibile definire una relazione che lega il tirante idrico nella sezione terminale al valore del numero di Froude della corrente in arrivo. Particolare attenzione va rivolta agli effetti della curvatura delle linee di corrente, oltre che della pendenza di fondo del canale e della scabrezza delle sue pareti.

Dall'analisi della letteratura tecnica traspare chiaramente che i *canali circolari*, invece, nonostante siano diffusamente impiegati, non sono stati considerati con altrettanta attenzione. Hager [13, 14] ha redatto un esauriente stato dell'arte sull'argomento, le cui risultanze di pratica utilità vengono illustrate nel seguito del presente capitolo.

11.2 Canale rettangolare

11.2.1 Descrizione del moto

La Fig. 11.1 mostra uno schema dello sbocco dalla sezione terminale di un canale a sezione rettangolare, con l'indicazione dei parametri principali: tirante di moto uniforme h_o, pendenza di fondo S_o, tirante finale h_e (pedice e). Lo studioso americano Hunter Rouse (1906–1996), professore ed eminente ricercatore della Università di Iowa (USA), ha sicuramente gettato le basi per uno studio sistematico del fenomeno.

Dall'applicazione del *principio di conservazione della quantità di moto*, trascurando le resistenze al moto e la pendenza del fondo, Rouse ha determinato che, per una corrente lenta in arrivo, il rapporto tra lo spessore verticale del getto t_∞ ed il tirante di moto uniforme h_o vale $t_\infty/h_o = 2/3$. Nella sezione terminale, il tirante idrico

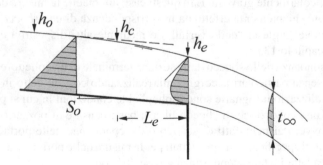

Fig. 11.1. Sbocco terminale in canale rettangolare per corrente lenta in arrivo; parametri fondamentali e tipico andamento della distribuzione delle pressioni

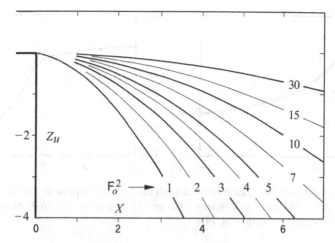

Fig. 11.2. Profilo inferiore della vena $Z_u(X)$ in funzione del numero di Froude F_o [23]

relativo è pari a $h_e/h_o = 0.715$ [22]. La differenza tra i due valori è dovuta alla diversa distribuzione di pressione residua all'interno del getto (Fig. 11.1).

Successivamente, lo stesso Rouse [23] studiò l'effetto del numero di Froude $F_o = Q/(gb^2h_o^3)^{1/2}$ della corrente in arrivo e definì lo spessore asintotico del getto

$$t_\infty/h_o = \frac{2F_o^2}{1+2F_o^2}. \tag{11.1}$$

Quindi, per corrente lenta in arrivo che tende a divenire veloce poco a monte dello sbocco, il valore del numero di Froude è pari a $F_o = 1$, per il quale l'Eq. (11.1) fornisce il valore $t_\infty/h_o = 2/3$, prima evidenziato. Per contro, nel caso in cui $F_o \to \infty$, l'Eq. (11.1) fornisce $t_\infty/h_o \to 1$, e cioè lo spessore del getto resta uguale al tirante idrico della corrente in arrivo. Rouse [23] determinò, inoltre, sperimentalmente il profilo inferiore della vena $Z_u(X)$, avendo definito $Z_u = z_u/h_o$ e $X = x/h_o$. La Fig. 11.2 illustra il diagramma generalizzato della funzione $Z_u(X)$.

Delleur et al. [9] ha invece investigato l'effetto della pendenza di fondo S_o e della scabrezza delle pareti sul tirante finale relativo $T_e = h_e/h_o$. La scabrezza delle pareti viene caratterizzata mediante la pendenza critica S_c, secondo quanto illustrato nel capitolo 6. Per valori di $S_o/S_c < -5$ gli esperimenti hanno evidenziato un valore pressocché costante del parametro $T_e = 0.75$ (Fig. 11.3b), che diminuisce fino a $T_e = 0.715$ per $S_o/S_c \to 0$. Per valori più elevati della pendenza di fondo il valore di T_e tende a diminuire, attingendo per $S_o/S_c = 10$ il valore $T_e = 0.45$.

La Fig. 11.3a illustra come varia la distanza L_e tra la sezione terminale e quella in cui è ancora valida la distribuzione idrostatica della pressione (Fig. 11.1), in cui il tirante idrico è pari a $h_c = [Q^2/(gb^2)]^{1/3}$. Si noti che il rapporto L_e/h_c varia con la pendenza critica S_c, e quindi l'ubicazione della sezione di stato critico varia con la portata; ciò comporta che, per un assegnato canale, la posizione dell'eventuale sezione di misura varia con la portata.

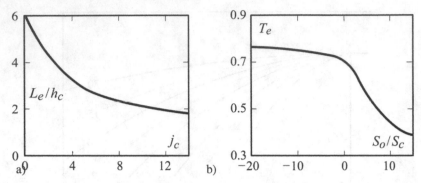

Fig. 11.3. a) Distanza L_e/h_c della sezione di stato critico dalla sezione di sbocco in funzione di $j_c = (S_o - S_c) \times 10^3$ secondo Carstens e Carter [4]; b) tirante relativo T_e in funzione del rapporto S_o/S_c secondo Delleur et al. [9]

Rajaratnam e Muralidhar [19] hanno considerato uno sbocco libero *non confinato* (o non guidato) in cui, a differenza del caso precedente, si tiene conto delle deformazioni trasversali della vena effluente, a causa delle azioni esplicate dalla tensione superficiale. Considerando il *numero di Weber* $W = V_c/[\sigma/(\rho h_c)]^{1/2}$, le prove di laboratorio hanno mostrato che il getto effluente da un canale rettangolare tenderà a contrarsi se $W < 16$, ovvero, in caso contrario, ad espandersi lateralmente. Definito il parametro $D = [q^2/(gz^3)]^{1/3} = h_c/z$, detto *numero del salto* (inglese: "drop number") in cui z è la coordinata verticale con origine nella sezione terminale, positiva verso il basso, è possibile calcolare il profilo superiore della vena in asse al getto che, per $F_o = 1$, sarà dato dalla relazione:

$$D_o = h_c/z_o = 204(x/h_c)^{-6.56}, \quad 1.8 < x/h_c < 10. \tag{11.2}$$

In corrispondenza della sezione terminale, il tirante relativo vale $T_e = 0.705$, confrontabile con il valore $T_e = 0.715$ stimato da Rouse.

L'*effetto della scabrezza* è stato sistematicamente studiato da Rajaratnam et al. [21], il quale ha concluso che l'efflusso libero da un canale con corrente lenta può essere considerato idraulicamente liscio se risulta $k_s/h_c < 0.10$, con k_s scabrezza equivalente in sabbia. Per $k_s/h_c > 0.4$, invece, ci si trova in regime di tubo idraulicamente scabro ed il rapporto tra i valori dei tiranti idrici finali nel canale scabro (pedice r) ed in quello liscio vale $h_{er}/h_e = 0.80$. Ai fini della misura della portata è opportuno che questa venga effettuata in condizioni di *canale liscio*.

Infine, si riporta la formula pubblicata da Hager [12]:

$$T_e = \frac{F_o^2}{0.4 + F_o^2}, \tag{11.3}$$

dalla quale risulta $T_e = 0.714$ per $F_o = 1$.

11.2.2 Profilo della superficie libera

Il *profilo della superficie libera* $T(X)$, essendo $T = t/h_o$, è assimilabile a quello di una parte di *onda solitaria* (capitolo 1) e può essere descritto dall'Eq. (1.29) ponendo $z = 0$ ed assumendo che le forze resistenti siano compensate dalla pendenza del fondo. La soluzione per la parte di monte del profilo ($X \leq 0$), nel caso di corrente lenta, vale

$$X = \frac{2}{\sqrt{3}} \left[(1 - T_e)^{-1/2} - (1 - T)^{-1/2} \right], \tag{11.4}$$

mentre per $F_o > 1$ si ha

$$X = -2 \left[\frac{F_o^2}{3(F_o^2 - 1)} \right]^{1/2} \left[\text{Arctanh} \left(\frac{F_o^2 - T}{F_o^2 - 1} \right)^{1/2} - \text{Arctanh} \left(\frac{F_o^2 - T_e}{F_o^2 - 1} \right)^{1/2} \right]. \tag{11.5}$$

I risultati forniti dalle Eq. (11.4) e (11.5) riproducono bene le osservazioni sperimentali di Rouse [23], purché T_e sia valutato tramite l'Eq. (11.3).

Per la rappresentazione della porzione di valle del profilo ($X > 0$) è possibile dedurre una semplice relazione, applicando il principio di conservazione della quantità di moto proiettato sull'orizzontale; se ne ottiene un valore pressoché costante dello *spessore verticale t* del getto, e pari al tirante idrico finale h_e. Il profilo inferiore $Z_u(X)$ della vena è descritto dalla parabola avente la seguente equazione [13], in cui $\varepsilon = (T_e/F_o)^2$:

$$X = \varepsilon^{-1} [(Z_o'^2 - 2\varepsilon Z_u)^{1/2} - Z_o'], \tag{11.6}$$

in cui il parametro

$$Z_o'^2 = 2(1 - T_e F_o^{-2})(1 - T_e)^2 \tag{11.7}$$

rappresenta la pendenza del profilo inferiore $Z_u(X)$ nella sezione di sbocco.

Facendo ricorso al seguente sistema di coordinate generalizzate:

$$\bar{X} = (\varepsilon/Z_o')X \quad \text{e} \quad \bar{Z}_u = (\varepsilon/Z_o'^2)Z_u, \tag{11.8}$$

il profilo inferiore della vena è descritto dalla equazione

$$\bar{X} = (1 - 2\bar{Z}_u)^{1/2} - 1. \tag{11.9}$$

Questo approccio consente di descrivere il profilo della vena mediante l'insieme di soli due parametri, invece dei tre utilizzati nella Fig. 11.2. Infatti, trasformando l'Eq. (11.9) per esprimerla in funzione dei parametri originariamente considerati, si ottiene l'equazione del *profilo inferiore della vena*:

$$\frac{1.77 F_o^2 X}{[(F_o^2 + 0.4)(F_o^2 - 0.6)]^{1/2}} = \left[1 - (2.5^2 F_o^2) \frac{F_o^2 + 0.4}{F_o^2 - 0.6} Z_u \right]^{1/2} - 1. \tag{11.10}$$

Poiché l'Eq. (11.10) fornisce il profilo inferiore $Z_u(X)$ della vena, il profilo superiore della vena stessa sarà ovviamente dato dalla relazione $Z_o(X) = Z_u(X) + T_e$.

Numerosi studi recenti si sono occupati di questo particolare fenomeno idraulico e tra questi è opportuno citare quelli condotti da Marchi [17], Montes [18], e Khan

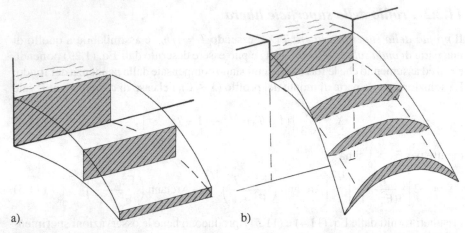

Fig. 11.4. Configurazione del getto nel caso di efflusso a) guidato; b) non guidato [10]

e Steffler [16]. Ferreri e Ferro [10] si sono occupati dell'*efflusso non guidato* di una corrente lenta da un canale rettangolare, concludendo che è necessaria una lunghezza del canale pari ad almeno $20h_c$ per attenuare le eventuali perturbazioni indotte nel tratto di canale presente a monte. A differenza dell'efflusso guidato, l'efflusso non guidato si espande lateralmente secondo la rappresentazione riportata nella Fig. 11.4.

Il valore del tirante idrico relativo T_e nella sezione terminale è influenzato dal rapporto di forma b/h_c della sezione; per tale motivo, si raccomanda una larghezza del canale sempre superiore a $b = 0.20$ m. Per coloro che fossero interessati alla condizione di efflusso non aerato, certamente da evitare nelle realizzazioni fognarie, si rinvia al lavoro di Christodoulou [6].

11.2.3 Scala di deflusso

Per un canale rettangolare di larghezza b, caratterizzato da un valore n del coefficiente di scabrezza di Manning-Strickler e da pendenza di fondo S_o, l'equazione di *moto uniforme* è espressa dalla relazione (capitolo 5)

$$S_o = S_f = \left(\frac{nQ}{bh_o}\right)^2 \left[\frac{b+2h_o}{bh_o}\right]^{4/3}. \tag{11.11}$$

Definendo i parametri adimensionali

$$\Phi = S_o h_e^{1/3}/(n^2 g), \quad \zeta = 1 + 2(h_e/b)T_e^{-1}, \tag{11.12}$$

ed esprimendo F_o secondo l'Eq. (11.3), è possibile riscrivere l'Eq. (11.11) come segue [13]

$$\Phi = \frac{2}{5}\frac{(\zeta T_e)^{4/3}}{1-T_e}. \tag{11.13}$$

Quindi, per un canale di geometria assegnata in cui si osservi un determinato valore h_e del tirante idrico nella sezione terminale, possono essere calcolati i corrisponden-

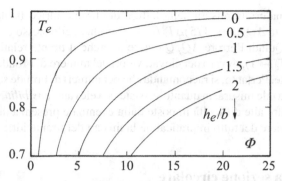

Fig. 11.5. Tirante relativo nella sezione di sbocco $T_e = h_e/h_o$ in funzione del parametro $\Phi = S_o h_e^{1/3}/(n^2 g)$ e del rapporto di forma h_e/b

ti valori di Φ e quindi di $h_o = h_e/T_e$ (Fig. 11.5). Per valori di $\tau = h_e/b > 0.5$, il parametro T_e può essere calcolato in via esplicita mediante la relazione

$$T_e = \frac{2.5\Phi - (2\tau)^{4/3}}{2.5\Phi + 1.68\tau^{1/3}}. \tag{11.14}$$

Il valore della *portata* Q discende allora dall'Eq. (11.3):

$$\frac{Q^2}{gb^2 h_e^3} = \frac{2}{5T_e^2(1 - T_e)}. \tag{11.15}$$

Esempio 11.1. Un canale rettangolare, avente larghezza $b = 0.90$ m e pendenza $S_o = 2\%$, è caratterizzato da un coefficiente di scabrezza $1/n = 85$ m$^{1/3}$s^{-1}. Calcolare il valore della portata Q corrispondente ad un valore dell'altezza finale pari a $h_e = 0.32$ m.

Essendo $\Phi = 85^2 0.02 \cdot 0.32^{1/3}/9.81 = 10.07$ e $\tau = h_e/b = 0.32/0.90 = 0.356$, dall'Eq. (11.13) ovvero dalla Fig. 11.5 si ottiene $T_e = 0.924$, per cui dall'Eq. (11.15) è possibile calcolare il valore del parametro $Q^2/(gb^2 h_e^3) = 2/[5 \cdot 0.924^2(1 - 0.924)] = 6.16$, e quindi la portata è pari a $Q = 6.16^{1/2}(9.81 \cdot 0.9^2 0.32^3)^{1/2} = 1.27$ m^{3}s^{-1}.

Dall'Eq. (11.14), per un valore del parametro $\tau = 0.356$, si ottiene $T_e = [2.5 \cdot 10.07 - (2 \cdot 0.356)^{4/3}]/[2.5 \cdot 10.07 + 1.68 \cdot 0.356^{1/3}] = 0.931$ (maggiore di circa l'1% rispetto al valore stimato dal grafico). Sempre usando l'Eq. (11.15), è quindi possibile calcolare il valore del parametro $Q^2/(gb^2 h_e^3) = 2/[5 \cdot 0.931^2(1 - 0.931)] = 6.69$, dal quale si ottiene il valore della portata $Q = 6.69^{1/2}(9.81 \cdot 0.9^2 0.32^3)^{1/2} = 1.32$ m^{3}s^{-1} superiore del $+4\%$ a quella precedentemente stimata.

L'Eq. (11.15) è molto sensibile ad eventuali errori nella stima di T_e, in quanto, in prima approssimazione, risulta $\Delta Q/Q = (1/5)[(3T_e - 2)/(1 - T_e)](\Delta T_e/T_e)$; se, ad esempio $T_e = 0.9$ e $\Delta T_e/T_e = 1\%$, ne consegue $\Delta Q/Q = 1.4\%$. Un errore di tale entità potrebbe essere facilmente provocato da una scorretta scelta del valore del coefficiente di scabrezza n, o da un'inesatta stima della pendenza di fondo S_o.

D'altro canto, una errata misura nella lettura del tirante idrico finale comporta un errore sulla portata $\Delta Q/Q = (1/5)\Delta T_e/(1 - T_e)^2$ che, nello stesso esempio, implica $\Delta Q/Q = 18\%$. Quindi l'errore $\Delta Q/Q$ cresce allorché il tirante relativo allo sbocco tende all'unità $(T_e \rightarrow 1)$, ovvero per elevati valori del numero di Froude della corrente in arrivo da monte. Pertanto, si raccomanda che per numeri di Froude superiori a 5 non si faccia ricorso a tale misura, in quanto sussiste una elevata *sensibilità alla lettura del tirante idrico*, oltre alle difficoltà imposte dalla eventuale presenza di *onde di shock* che possono rendere del tutto impraticabile la misura del tirante idrico.

11.3 Canale a sezione circolare

11.3.1 Descrizione del moto

L'efflusso da canali a sezione circolare, con grado di riempimento inferiore all'unità, è stato originariamente studiato all'inizio del ventesimo secolo. Smith [24] si è per primo occupato di trasferire alla sezione circolare la caratterizzazione idraulica all'epoca disponibile per la sezione rettangolare. La Fig. 11.6a rappresenta lo schema del fenomeno, con la definizione dei parametri principali: il diametro D del canale, il tirante idrico h_o della corrente in arrivo, il tirante idrico h_e allo sbocco e la pendenza di fondo S_o. Nel caso di corrente lenta in arrivo da monte, la canalizzazione presenterà un funzionamento in pressione a monte dello sbocco non appena si attingerà il valore $y_e = h_e/D = 0.56$; per contro, per valori del grado di riempimento nella sezione terminale $y_e = h_e/D$ inferiori a 0.56, si avrà deflusso a superficie libera.

Nel discutere i risultati di Smith, Rajaratnam e Muralidhar [20] hanno suggerito un valore minimo della lunghezza a monte dello sbocco pari a $L_o = 12H_o$, in cui H_o è l'energia specifica a monte, con l'imbocco della canalizzazione opportunamente smussato. Il rapporto h_e/h_c è stato messo in relazione al rapporto S_o/S_c, essendo S_c la pendenza critica (capitolo 6). Dalla Fig. 11.6b si vede che i valori estremi sono pari a $h_e/h_c = 0.76$ per canali con forte contropendenza, ed $h_e/h_c = 0.48$ per elevati valori della pendenza. Dallo stesso grafico si nota che, per collettori con pendenza avversa alla direzione della corrente, il valore di h_e/h_c risente poco della variazione della pendenza, mentre l'influenza della pendenza di fondo è significativa quando essa

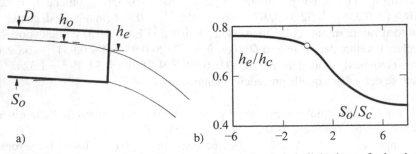

Fig. 11.6. Efflusso da un canale circolare con pendenza S_o: a) simboli; b) tirante finale relativo h_e/h_c in funzione della pendenza relativa S_o/S_c

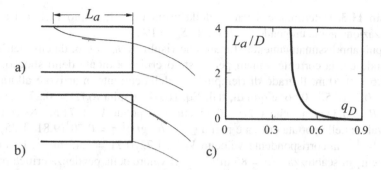

Fig. 11.7. Efflusso dallo sbocco di una tubazione *orizzontale*. Transizione da a) moto in pressione a deflusso a pelo libero; b) da deflusso a pelo libero a moto in pressione; c) lunghezza relativa di superficie libera L_a/D in funzione di q_D

attinge valori positivi elevati. Quest'ultimo caso ha scarso interesse pratico, perché ad esso corrispondono elevati valori del numero di Froude e quindi una scarsa precisione di lettura dei tiranti idrici, con conseguente errore sulla stima della portata per quanto visto al paragrafo 11.2.3.

Blaisdell, discutendo anch'egli i risultati di Smith [24], si soffermò sulla *transizione* da moto in pressione a deflusso a superficie libera, definendo una relazione tra la lunghezza L_a (Fig. 11.7a), misurata a partire dal punto in cui si instaura il moto a pelo libero fino alla sezione terminale, ed il cosiddetto *numero di Froude della condotta* $q_D = Q/(gD^5)^{1/2}$. Secondo quanto illustrato nella Fig. 11.7c un canale circolare orizzontale presenta deflusso a superficie libera per $q_D < 0.43$ e moto in pressione per $q_D > 0.91$. Per valori intermedi di q_D si realizzano le condizioni di moto rappresentate nelle Fig. 11.7a e 11.7b.

Rajaratnam e Muralidhar [20] hanno determinato il valore del rapporto $h_e/h_c = 0.725$ per una condotta orizzontale, sufficientemente lunga e per $F_o = 1$, per la quale la *scala di deflusso* in funzione del tirante terminale è data dalla relazione

$$\frac{Q}{(gD^5)^{1/2}} = 1.54(h_e/D)^{1.84}. \tag{11.16}$$

In canalizzazioni con pendenze diverse da zero (Fig. 11.6) è necessario portare in conto l'effetto delle resistenze al moto, ma in letteratura non esistono studi sperimentali indicativi al riguardo, salvo un recente contributo illustrato nel seguito.

Esempio 11.2. Determinare la portata Q di una canalizzazione orizzontale ($S_o = 0$) avente diametro $D = 1.25$ m ed un tirante idrico allo sbocco $h_e = 0.42$ m.

Per $S_o = 0$, dalla Fig. 11.6b si ottiene $h_e/h_c = 0.72$. Dall'Eq. (6.36) il tirante di stato critico nel canale è pari a $h_c = [Q/(gD)^{1/2}]^{1/2}$, da cui $Q = h_c^2(gD)^{1/2} = (h_e/0.72)^2(gD)^{1/2} = (0.42/0.72)^2(9.81 \cdot 1.25)^{1/2} = 1.20 \text{ m}^3\text{s}^{-1}$. Dall'Eq. (11.16), se $F_o = 1$, si può calcolare il valore della portata $Q = (9.81 \cdot 1.25^5)^{1/2}1.54(0.42/1.25)^{1.84} = 1.13 \text{ m}^3\text{s}^{-1}$. La differenza tra i due valori, pari a circa il 6%, può essere causata dalla accuratezza nella lettura della Fig. 11.6b.

Esempio 11.3. Determinare il valore della portata dell'Esempio 11.1, nel caso la canalizzazione abbia un pendenza di fondo $S_o = 1\%$.

Si può approssimativamente stimare che risulti $h_e/h_c = 0.6$, da cui, nell'ipotesi secondo cui la corrente transiti per lo stato critico a monte dello sbocco, $h_o = 0.42/0.6 = 0.70$ m. Il grado di riempimento della corrente in arrivo è allora $y_o = h_o/D = 0.7/1.25 = 0.56$, e quindi, dall'Eq. (6.64), risulta $R_h/D = 0.27$, cui corrisponde $R_h = 0.33$ m, nonché $A/D^2 = 0.45$, cui corrisponde $A = 0.71$ m^2. Ne consegue che il valore della portata critica è pari a $Q_c = h_o^2(gD)^{1/2} = 0.70^2(9.81 \cdot 1.25)^{1/2} = 1.72$ m^{3}s^{-1} e la corrispondente velocità $V_o = 1.72/0.71 = 2.42$ ms^{-1}. Essendo il coefficiente di scabrezza $1/n = 85$ m$^{1/3}$s^{-1}, il valore della pendenza critica può essere calcolato e risulta pari a $S_c = n^2V_c^2/R_{ho}^{4/3} = 0.012^2 2.42^2/0.33^{4/3} = 0.35\%$, da cui $S_o/S_c = 1/0.35 = 2.87$.

Per $S_o/S_c = 2.87$, dalla Fig. 11.6b si ricava il valore del rapporto $h_e/h_o = 0.58$; da una seconda iterazione si ottiene quindi $h_o = 0.42/0.58 = 0.725$ m. Se ne deduce dunque $y_o = 0.725/1.25 = 0.58$, da cui $R_{ho} = 0.34$ m e $A_o = 0.74$ m^2; il valore della portata è allora pari a $Q_c = h_o^2(gD)^{1/2} = 0.725^2(9.81 \cdot 1.25)^{1/2} = 1.84$ m^{3}s^{-1} e $V_o = 1.84/0.74 = 2.49$ ms^{-1}; conseguentemente si ottiene il valore della pendenza critica $S_c = 0.012^2 2.49^2/0.34^{4/3} = 0.36\%$, ovvero $S_o/S_c = 1/0.36 = 2.76$, che corrisponde all'incirca al valore stimato.

Per $h_o = 0.725$ m e $S_o = 1\%$, la portata in moto uniforme, secondo l'Eq. (5.14), è data da $nQ/(S_o^{1/2}D^{8/3}) = 0.75 \cdot 0.58^2(1 - 0.583 \cdot 0.58^2) = 0.203$, da cui $Q = 0.203 \cdot 85 \cdot 0.01^{1/2} 1.25^{8/3} = 3.13$ m^{3}s^{-1}, valore circa tre volte superiore a quello calcolato nell'Esempio 11.2.

11.3.2 Effetto del numero di Froude della corrente in arrivo

Clausnitzer e Hager [5] hanno sperimentalmente studiato gli effetti del numero di Froude F_o e del grado di riempimento $y_o = h_o/D$ della corrente in arrivo. Approssimando la sezione idrica mediante la relazione

$$A = (Dh^3)^{1/2}, \tag{11.17}$$

e la spinta idrostatica come

$$P/(\rho g) = \frac{1}{2}(Dh^5)^{1/2}, \tag{11.18}$$

nell'ipotesi che la pressione residua nel getto sia trascurabile alla sezione di sbocco, il principio di *conservazione della quantità di moto* fornisce la seguente equazione:

$$\frac{1}{2}(Dh_o^5)^{1/2} + \frac{Q^2}{g(Dh_o^3)^{1/2}} = \frac{Q^2}{g(Dh_e^3)^{1/2}}. \tag{11.19}$$

Esprimendo il numero di Froude come $F_o = Q/(gDh_o^4)^{1/2}$ secondo l'Eq. (6.35), l'Eq. (11.19) può essere risolta nell'incognita $Y_e = h_e/h_o$, ed ha la seguente soluzione:

$$Y_e = \left(\frac{2F_o^2}{1+2F_o^2}\right)^{2/3}. \tag{11.20}$$

Nei casi limite in cui $F_o = 1$ e $F_o \to \infty$, l'Eq. (11.20) fornisce, $Y_e(1) = (2/3)^{2/3} = 0.763$ e $Y_e(\infty) = 1$. Il valore attualmente accettato per Y_e, pari a 0.725, secondo quanto concluso da Rajaratnam e Muralidhar [20], è in ragionevole accordo con l'approccio semplificato.

Per $F_o > 2$ la superficie libera si abbassa progressivamente dal valore h_o a h_e, e si può assistere alla formazione di una ondulazione della superficie per numeri di Froude inferiori. La lunghezza L_e del tratto di chiamata allo sbocco dipende essenzialmente da F_o ed il suo valore può essere stimato come

$$L_e/h_o = 5 + 0.90 F_o. \tag{11.21}$$

Esempio 11.4. Si consideri l'Esempio 11.3. Il moto uniforme in un canale circolare è descritto dall'Eq. (5.14). Il numero di Froude della corrente in arrivo può essere espresso in funzione del grado di riempimento di monte $y_o = h_o/D$ secondo la relazione $F_o = Q/(gDh_o^4)^{1/2} = Q/[(gD^5)^{1/2}y_o^2] = (S_o^{1/2}D^{1/6})/(ng^{1/2})](3/4)[1 - (7/12)y_o^2]$. L'Eq. (11.20) può quindi essere riscritta come $h_e/D = y_o[2F_o^2/(1+2F_o^2)]^{2/3}$. Detto il parametro $\kappa = (S_o^{1/2}D^{1/6})/(ng^{1/2})$ caratteristica di scabrezza (capitolo 5), si ottiene

$$h_e/D = y_o \left[1 + \frac{8/9}{\kappa^2(1 - (7/12)y_o^2)^2} \right]^{-2/3}, \tag{11.22}$$

che, per assegnati valori di h_e/D e κ, si può risolvere per y_o.

Con $n = 0.012$ m$^{-1/3}$ s, $D = 1.25$ m, $S_o = 0.01$, la caratteristica di scabrezza vale $\kappa = 0.01^{1/2}1.25^{1/6}/(0.012 \cdot 9.81^{1/2}) = 2.76$ e la soluzione dell'Eq. (11.22) per $h_e/D = 0.336$ è $h_o/D = 0.366$, ovvero $h_o = 0.458$ m. Conseguentemente, si ottiene $F_o = (3/4)\kappa[1 - (7/12)y_o^2] = 0.75 \cdot 2.76[1 - 0.58 \cdot 0.366^2)] = 1.91$ e $Y_e = 0.918$.

La portata $Q = (gDh_o^4)^{1/2}F_o = (9.81 \cdot 1.25 \cdot 0.458^4)^{1/2}1.91 = 1.40$ m^{3}s^{-1} è molto inferiore a quella calcolata nell'Esempio 11.3. Le differenze possono essere attribuite all'effetto della pendenza, definito in via approssimativa nella Fig. 11.6b. La lunghezza del tratto interessato dal fenomeno di chiamata allo sbocco può essere calcolata mediante l'Eq. (11.21), ed è quindi pari a $L_e/h_o = 5 + 0.9F_o = 5 + 0.9 \cdot 1.91 = 6.72$, da cui $L_e = 6.72 \cdot 0.46 = 3.10$ m.

11.3.3 Geometria del getto

La Fig. 11.8 definisce i parametri fondamentali che governano la geometria del getto. Sono da ritenersi noti i valori di h_e, h_o e L_e, e quindi può essere definito il sistema di coordinate adimensionali $X_e = x/L_e$ e $Z_e = (h - h_e)/(h_o - h_e)$, essendo x l'asse delle ascisse parallelo al fondo del canale con origine nella sezione terminale.

Profilo generalizzato della chiamata allo sbocco

Clausnitzer e Hager [5] hanno eseguito esperimenti su canale circolare, nelle seguenti condizioni: grado di riempimento $y_o < 90\%$ e numero di Froude F_o compreso tra 1 e 8. La Fig. 11.9 indica che il profilo idrico nel tratto terminale del canale, ovvero

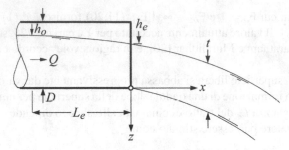

Fig. 11.8. Schema per la definizione della geometria del getto (canale circolare)

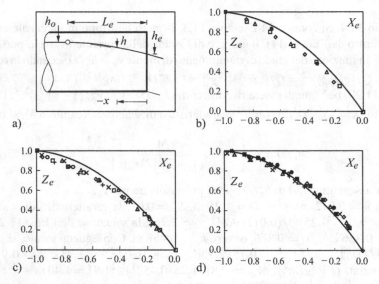

Fig. 11.9. Profilo idrico della chiamata allo sbocco: a) definizione dei simboli. Curva $Z_e(X_e)$ per diversi valori di y_o = b) 0.2; c) 0.4; d) 0.6 e F_o = (×) 0.8, (○) 1.3, (+) 1.9, (●) 2.5, (■) 3.8, (△) 5.2, (◇) 6.1, (□) 8.0; (—) Eq. (11.23)

quello dove si risente della cosiddetta "chiamata allo sbocco", nel piano di simmetria della sezione idrica segue la parabola, valida fino alla sezione terminale, di equazione

$$Z_e = 1 - (1 + X_e)^2. \tag{11.23}$$

Traiettoria della vena inferiore

In un canale rettangolare, nel caso di correnti veloci con notevole contenuto cinetico ($F_o > 3$), per le quali risulta $(1 - F_o^2) \rightarrow -F_o^2$, il profilo della vena può essere espresso ricorrendo alla progressiva adimensionale $(x/h_o)F_o^{-1}$. Nel caso di *sezione circolare*, è possibile fare riferimento al seguente sistema di coordinate adimensionali: progressiva $X = (x/h_o)F_o^{-0.8}$ ed abbassamento $Z = z/h_o$. Per valori del grado di riempimento

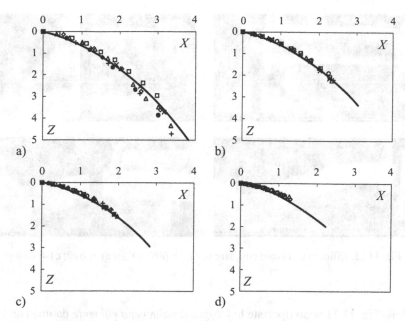

Fig. 11.10. Profilo della vena inferiore $Z(X)$ per y_o = a) 0.2; b) 0.4; c) 0.6; d) 1.0. (—) Eq. (11.24); simboli definiti in Fig. 11.9

$0.2 < y_o < 0.9$ e $F_o \leq 8$, il profilo della vena inferiore $Z(X)$ in asse al canale può essere espresso dall'equazione [5]

$$Z = \frac{1}{3}X + \frac{1}{4}X^2. \tag{11.24}$$

La Fig. 11.10 illustra che i dati sono molto ben approssimati dall'Eq. (11.24); si noti che anche il profilo della vena inferiore è rappresentato da una parabola, ma con una pendenza nella sezione di sbocco pari a $dZ/dX = 1/3$, in disaccordo con l'assunzione che viene generalmente fatta circa la tangenza della vena alla linea di fondo $(dZ/dX = 0)$. È inoltre opportuno sottolineare come il profilo della vena inferiore della sezione circolare si discosti apprezzabilmente da quello della sezione rettangolare, specialmente per $F_o = 1$; tale circostanza è evidentemente dovuta all'*effetto di forma della sezione trasversale*.

Traiettoria della vena superiore

Lo spessore verticale del getto $T(X)$, essendo $T = t/h_e$ (Fig. 11.8), può essere espresso secondo la relazione

$$T = 1 + 0.06X, \tag{11.25}$$

dalla quale si nota che, a differenza della sezione rettangolare in cui lo spessore rimaneva essezialmente costante, nel caso della sezione circolare esso tende ad aumentare.

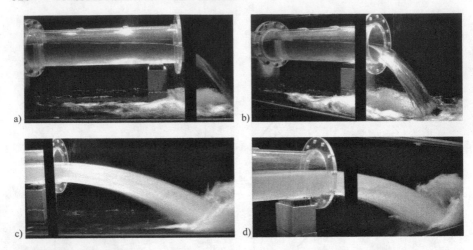

Fig. 11.11. Efflusso da canale circolare per $y_o = 60\%$ e $F_o =$ a) 1; b) 2; c) 4; d) 8

Nella Fig. 11.11 sono riportate le fotografie della *vena effluente* da una condotta con grado di riempimento $y_o = 60\%$. Per $F_o = 1$ il getto risente dell'effetto gravitativo e, nel punto in cui la vena impatta il canale recipiente, si nota una notevole ricircolazione verso monte della corrente idrica (Fig. 11.11a). Tale fenomeno può essere attribuito al notevole angolo con cui il getto impatta sul fondo. La condizione $F_o = 2$ (Fig. 11.11b) presenta un angolo di impatto visibilmente inferiore rispetto al caso in cui $F_o = 1$, con conseguente riduzione del fenomeno di ricircolazione. Per $F_o = 4$ (Fig. 11.11c), il getto comincia a perdere compattezza, soprattutto nella vena inferiore, fino ad essere completamente aerato per $F_o = 8$ (Fig. 11.11d), nel qual caso la ricircolazione verso monte è quasi inesistente a causa del basso valore dell'angolo di impatto con la platea sottostante.

11.3.4 Effetti di sommergenza

La Fig. 11.12a illustra lo schema, con la relativa definizione dei simboli, del caso in cui l'efflusso di una corrente veloce è rigurgitato allo sbocco per effetto di una quota del pelo libero superiore alla quota del pelo libero della corrente in arrivo. Si definisce *condizione limite di sommergenza* quella in cui si sviluppano onde di schock in corrispondenza della sezione di sbocco. Per tiranti idrici di valle superiori a quelli della condizione limite, si forma un risalto idraulico che tende a risalire lungo la condotta. La corrente effluente dalla sezione di sbocco presenta una *onda stazionaria* (pedice w) che in asse alla condotta presenta altezza h_w. I parametri principali sono rappresentati da h_{ow}, tirante idrico laterale nella condizione limite, e h_{uw}, tirante idrico di valle. Tutti i suddetti tiranti idrici sono misurati rispetto al fondo del canale nella sezione terminale.

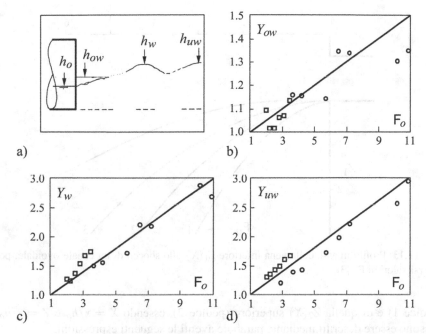

Fig. 11.12. Condizione limite di sommergenza: a) definizione e simboli; b) tirante idrico laterale relativo $Y_{ow} = h_{ow}/h_o$; c) ampiezza d'onda relativa $Y_w = h_w/h_o$ e d) tirante idrico relativo di valle $Y_{uw} = h_{uw}/h_o$ in funzione di F_o per $y_o = $ (o) 0.2 e (□) 0.6. (—) Curva interpolante i dati sperimentali

Dall'analisi dei dati sperimentali, il valore del tirante idrico laterale relativo $Y_{ow} = h_{ow}/h_o$ può essere stimato come (Fig. 11.12b)

$$Y_{ow} = 1 + 0.05(F_o - 1). \tag{11.26}$$

La *massima ampiezza relativa dell'onda* $Y_w = h_w/h_o$ ed il tirante relativo di valle $Y_{uw} = h_{uw}/h_o$ sono pressoché uguali ed i loro valori possono essere così valutati (Fig. 11.12c e 11.12d):

$$Y_w = Y_{uw} = 1 + 0.2(F_o - 1). \tag{11.27}$$

Quindi, la quota della superficie idrica a valle dello sbocco può essere significativamente superiore alla superficie idrica della corrente in arrivo, in funzione del numero di Froude F_o della corrente stessa. Una progettazione accorta dovrebbe prevedere, a vantaggio di sicurezza, che risulti $Y_{ow} = 1$, e cioè che la quota della superficie libera nel corpo idrico ricettore in cui si scarica sia al più pari alla quota del pelo libero nel canale di scarico.

11.3.5 Canale a sezione ovoidale

Lo studio delle traiettorie di un getto effluente dalla sezione terminale di un collettore ovoidale è stato effettuato da Biggiero [3]. Gli andamenti della vena $Z_1(X)$ inferiore

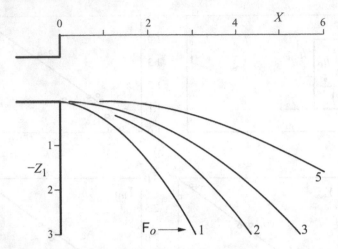

Fig. 11.13. Profilo in asse della vena inferiore $Z_1(X)$ allo sbocco di un canale ovoidale, per diversi valori di F_o [3]

(pedice 1) e di quella $Z_2(X)$ superiore (pedice 2), essendo $X = x/h_o$ e $Z = z/h_o$, possono essere descritti mediante parabole aventi le seguenti espressioni:

$$Z_1 = -\theta_1 - A_1 X^2, \tag{11.28}$$

$$Z_2 = T_e - \theta_2 X - A_2 X^2, \tag{11.29}$$

in cui $T_e = h_e/h_o$ è il tirante relativo nella sezione terminale.

Nel campo di valori $1 \leq F_o \leq 3.6$, Biggiero ha determinato il valori sperimentali dei coefficienti θ_i, A_i e T_e che dipendono essenzialmente dal numero di Froude F_o della corrente in arrivo e sono ben approssimati dalle seguenti relazioni [14]:

$$A_1 = 0.28 F_o^{-1}, \quad A_2 = (1/3) F_o^{-1.4}, \tag{11.30}$$

$$\theta_1 = 0.05(3.7 - F_o), \quad \theta_2 = 1.70 \theta_1, \tag{11.31}$$

$$T_e = 1 - 0.25 F_o^{-5/3}. \tag{11.32}$$

La Fig. 11.13 mostra la traiettoria della vena inferiore $Z_1(X)$ per $1 \leq F_o \leq 5$, che appare sensibilmente diversa da quella che caratterizza il getto effluente da un canale a sezione rettangolare (Fig. 11.2).

11.4 Sbocco con cavità

11.4.1 Caratteristiche dello sbocco da canali circolari

Wallis et al. [25] ha classificato le seguenti quattro *tipologie di efflusso* per canali a sezione circolare:

- efflusso a superficie libera (Fig. 11.6a);
- efflusso con cavità allo sbocco (Fig. 11.7a);
- efflusso con espulsione della cavità (Fig. 11.7b);
- efflusso in pressione.

La condizione di deflusso a superficie libera in prossimità dello sbocco avviene in condizioni di stato critico se la corrente in arrivo da monte è lenta, mentre se la corrente è veloce essa si mantiene tale (paragrafo 11.3.2); nel caso di formazione di una cavità a monte della sezione terminale, essa è caratterizzata da una lunghezza L_a, misurata a partire dal punto di transizione (Fig. 11.7a). L'espulsione della cavità avviene non appena essa attinge una lunghezza tale che $L_a/D \leq 1$. La Fig. 11.14 illustra le suddette quattro tipologie di efflusso in funzione del numero di Froude della condotta $f = 4Q/[\pi(gD^5)^{1/2}]$, sulla base di osservazioni sperimentali su condotte aventi diametro almeno pari a $D = 0.10$ m, per evitare l'insorgenza di effetti scala dovuti alla tensione superficiale.

Esempio 11.5. Qual è la tipologia di efflusso dell'Esempio 11.2? Per $y_e = 0.42/1.25 = 0.336$ e $f = (4/\pi)[1.20/(9.81 \cdot 1.25^5)^{1/2}] = 0.279$, la Fig. 11.14 indica una tipologia intermedia tra stato critico ed efflusso con cavità.

Esempio 11.6. Determinare per quale valore della portata si innesca la condizione oscillante con efflusso in pressione.

Secondo la Fig. 11.14, la transizione tra la condizione di espulsione della cavità e quella di efflusso in pressione si attinge nel punto di coordinate ($y_e = 0.61$, $f = 0.64$), punto ($\triangle$) di Fig. 11.14. Dal valore di $f = 0.64$, si ottiene la portata $Q = 0.64(\pi/4)(9.91 \cdot 1.25^5)^{1/2} = 2.75$ m^{3}s^{-1}.

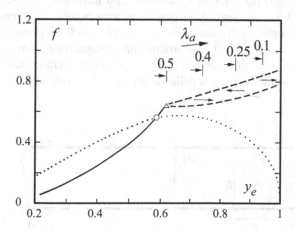

Fig. 11.14. Diagramma di efflusso $f(y_e)$, con $y_e = h_e/D$ e $f = (4/\pi)[Q/(gD^5)^{1/2}]$ [25]. (—) Stato critico per $S_o = 0$, ($\cdots$) efflusso con cavità con (o) formazione, e ($\triangle$) espulsione della cavità in funzione di $\lambda_a = L_a/D$. (- - -) Condizione oscillante prossima all'efflusso in pressione

11.4.2 Descrizione del fenomeno

La Fig. 11.15b illustra uno schema dell'efflusso con formazione di una cavità all'e-
stremità di un canale a sezione circolare; sono indicati il punto di ristagno S, in cui
avviene la transizione da moto in pressione a superficie libera, il tirante idrico terminale h_e, lo spessore del getto $t_t(x_t)$, e la coordinata verticale z_t, positiva verso il basso
con origine sul fondo della sezione di sbocco. Ai fini pratici, è importante stimare
il valore del tirante idrico in corrispondenza della sezione terminale, la ubicazione
del punto di ristagno, nonché i profili della superficie idrica a monte ed a valle della
sezione di sbocco. Inoltre, può essere interessante conoscere le condizioni idrauliche
per le quali si realizza la condizione di efflusso con cavità.

La Fig. 11.15a si riferisce ad un processo di moto assimilabile a quello in esame,
denominato *bolla di Benjamin* (inglese: "Benjamin bubble") (paragrafo 5.7.5), che
può manifestarsi in una condotta circolare con pendenza nulla e fluido non viscoso,
purché siano garantite alcune particolari condizioni al contorno. In assenza di rigurgito da valle, il valore asintotico del tirante idrico a è pari a circa il 58% del diametro
della condotta, con la formazione di un moto a potenziale. Sebbene Benjamin [2]
abbia descritto questo fenomeno nell'ambito dello studio delle correnti di densità,
Cola [7, 8] ha notevolmente contribuito allo studio del deflusso di correnti idriche in
presenza di cavità gassose, a punto tale che sarebbe forse più giusto riferirsi alla *Cola
bubble* piuttosto alla *Benjamin bubble*.

La Fig. 11.16 illustra alcune tipiche condizioni di deflusso per diversi valori del *numero di Froude della condotta* definito come $f = V/(gD)^{1/2}$, essendo
$V = Q/(\pi D^2/4)$ la velocità media di portata per deflusso a sezione piena. La condizione di funzionamento dipende esclusivamente da f; in corrispondenza del valore
limite $f = 0.544$ si verifica la transizione tra normale deflusso a superficie libera e
formazione di cavità, mentre la transizione al funzionamento in pressione si verifica
in corrispondenza del valore $f = 1.15$. L'effetto della pendenza di fondo sul processo
di moto è trascurabile per valori di S_o contenuti nell'intervallo $-1\% < S_o < 1\%$ [15].

Per $f = 0.80$ la cavità viene ad essere praticamente espulsa dalla condotta, con una
corrispondente lunghezza di transizione $X_t = x_t/D = 0.60$ dal punto di ristagno allo
sbocco (Fig. 11.16a). Per $f = 0.73$ si ottiene una configurazione simile (Fig. 11.16b),
ma con il punto di flesso del profilo di pelo libero spostato verso la sezione terminale,
ed una corrispondente lunghezza della cavità $X_t = 1.1$. Tale situazione si presenta

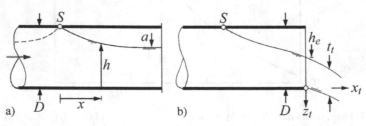

Fig. 11.15. a) Efflusso con cavità in un canale circolare lungo; b) schema della cavità in
prossimità della sezione di sbocco

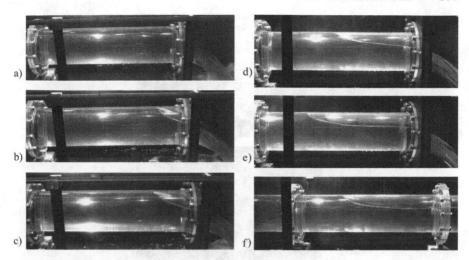

Fig. 11.16. Efflusso con cavità da un canale circolare in funzione di $f =$ a) 0.80; b) 0.73; c) 0.70; d) 0.66; e) 0.64; f) 0.586

come intermedia tra le condizioni di *espulsione della cavità* e *flusso con cavità* così come definite da Wallis et al. [25]. La lunghezza della cavità aumenta considerevolmente per ulteriori diminuzioni del valore del parametro f, dando luogo a lunghezze pari a $X_t = 1.8$ per $f = 0.66$ (Fig. 11.16d), ovvero $X_t = 3.0$ per $f = 0.64$ (Fig. 11.16e). Per $f = 0.586$ la lunghezza della cavità attinge il valore $X_t = 6.8$ (Fig. 11.16f), assumendo una configurazione geometrica molto prossima a quella della *Cola bubble*, fatta eccezione per la estremità terminale che risente della chiamata allo sbocco.

La Fig. 11.17 presenta alcune vedute dall'alto delle cavità e si vede che quelle corrispondenti ai valori più elevati del parametro f hanno una minore curvatura a ridosso del punto di ristagno. Le cavità relative ai valori di f più bassi (Fig. 11.17b e 11.17c) si caratterizzano per una notevole instabilità e possono facilmente oscillare di $\pm 0.25D$ lungo la direzione del moto.

I tipici andamenti della superficie idrica per valori di f compresi tra 0.60 e 0.70 sono illustrati nella Fig. 11.18, dalla quale si apprezza che, a ridosso del punto di ristagno, l'angolo formato dal pelo libero è approssimativamente pari a $33°$ ($\pm 3°$) ed il tirante idrico relativo allo sbocco è pressoché costante e pari a 0.625 ± 0.02. Per tale condizione di moto, durante gli esperimenti si è riscontrata la tendenza alla *formazione di un'onda* di ampiezza pari a circa $0.02D$. Al diminuire ulteriore di f, tale ondulazione di superficie si amplifica ulteriormente, fino allo stabilirsi di una condizione di deflusso a superficie libera.

La Fig. 11.19 mostra una sequenza fotografica in cui si assiste alla transizione dall'*efflusso con cavità* (inglese: "cavity flow") verso la *corrente a tamponi* (inglese: "slug flow"), illustrata nel capitolo 5, generata da una graduale riduzione del valore di f fino al limite inferiore per la sussistenza della condizione di efflusso con cavità.

Dapprima, si verifica il frangimento dell'onda formatasi a valle del punto di ristagno (Fig. 11.19a), ed una sacca d'aria risale la corrente verso la zona di bassa

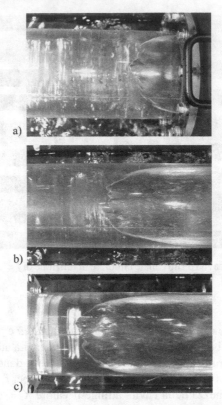

Fig. 11.17. Viste dall'alto della cavità in prossimità del punto di ristagno per $f =$ a) 0.73; b) 0.66; c) 0.586

pressione (Fig. 11.19b) ubicata a monte del punto di ristagno. Una volta formatasi una cavità isolata (Fig. 11.19c), una notevole quantità d'aria viene intrappolata dal risalto idraulico e la cavità viene a trovarsi in depressione. Quindi, viene a formarsi un nuovo punto di ristagno con la corrispondente onda frangente a valle (Fig. 11.19d), generando un'ulteriore sacca d'aria che risale verso monte. Nel prosieguo ci si soffermerà esclusivamente sulla condizione di *cavity flow*, mentre il deflusso di corrente idrica con presenza di sacche d'aria è stato illustrato nel capitolo 5.

11.4.3 Forma della cavità

Nel caso di canale rettangolare, la forma della cavità si dimostra essere parzialmente assimilabile al *profilo di un'onda solitaria* (capitolo 1 e paragrafo 11.2.2). Per un canale a sezione circolare, la definizione del profilo della superficie libera è più articolata, anche se espressa come $T(X)$, essendo $T = t/a$ l'altezza relativa rispetto al tirante idrico asintotico a, in funzione dell'ascissa normalizzata $X = x/a$. Partendo da considerazioni energetiche, il valore massimo della portata si ottiene per un valore prossimo a $a/D = 2/3$, confortato anche da osservazioni sperimentali.

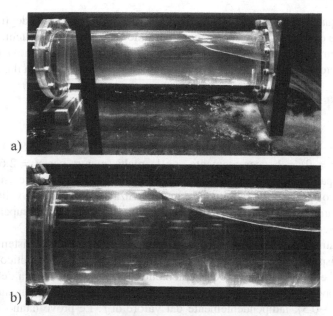

Fig. 11.18. Viste laterali di cavità per $f=$ a) 0.66; b) 0.586

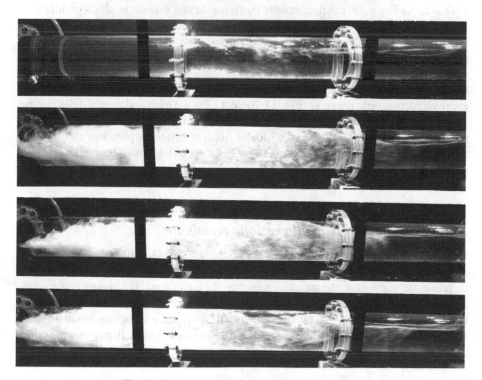

Fig. 11.19. Transizione da *cavity flow* a *slug flow*

Dall'equazione del bilancio energetico, Eq. (1.29), tenendo conto degli effetti della curvatura delle linee di corrente e considerando la differenza sussistente tra il carico piezometrico h nel moto in pressione ed il tirante idrico t in un moto a pelo libero caratterizzato da una significativa curvatura della superficie, si ricava il profilo $T(\chi)$

$$T = \frac{2}{3}\left[1 + 0.5\exp\left(-\frac{3}{2}\chi\right)\right],$$ (11.33)

essendo $\chi = \bar{x}/D$ con $\bar{x} = 0$ in corrispondenza del punto di ristagno S. Ovviamente, risulta $T(\chi = 0) = 1$, coerentemente con la realtà, mentre per $\chi = 2.6$ si ha una differenza pari a circa 1% rispetto al valore $T = 2/3$. Quindi il valore asintotico del tirante idrico $a/D = 2/3$ è raggiunto ad una distanza pari a circa $3D$ a valle del punto S. Cavità caratterizzate da valori $f < 0.64$ presentano un profilo della superficie idrica ben rappresentato dall'Eq. (11.33).

I risultati di esperienze di laboratorio mostrano un lieve, ma non sistematico, scostamento rispetto ai valori dell'Eq. (11.33), indicando un valore asintotico $T = 0.625$ piuttosto che $T = 2/3$, come precedentemente assunto. La pendenza della superficie della cavità, in corrispondenza del punto di ristagno, è praticamente costante $(dT/d\chi = -0.5)$, indipendentemente dal valore di f. Le prove hanno altresì evidenziato che il valore del numero di Froude corrispondente al valore asintotico di $a/D = 2/3$ è $F = 1.23$, cui tipicamente corrisponde una superficie idrica ondulata.

I profili della cavità e della vena per diversi valori del numero di Froude sono presentati nella Fig. 11.20. Il valore $f = 1.16$ corrisponde al limite superiore di portata per l'esistenza di *cavity flow*, per cui la condotta è in pressione per l'intera lunghezza ed il tirante idrico terminale è pari a D (Fig. 11.20a). Per $f = 0.79$ e 0.70, il tirante relativo nella sezione di sbocco è significativamente più basso e la cavità ha lunghezza approssimativamente pari a D (Fig. 11.20b e 11.20c). Tipici andamenti della condizione di *cavity flow* sono quelli presentati nelle Fig. 11.20d e 11.20e, rispettivamente riferite ai valori $f = 0.64$ e $f = 0.63$, dalle quali si evince la presenza di un tratto con superficie idrica pressoché orizzontale. Per $f = 0.60$, la lunghezza della cavità è pari a circa $7D$ e si comincia a notare la formazione di una singola onda stazionaria, relativamente stabile e senza frangimento.

11.4.4 Tirante relativo nella sezione terminale

Il tirante relativo nella sezione terminale $y_e = h_e/D$ (Fig. 11.15b) può essere stimato a partire dal principio di conservazione della quantità di moto, purché le condizioni di pressione siano considerate correttamente. In condizioni di efflusso con cavità, la *pressione residua* nella sezione di sbocco è certamente trascurabile, mentre nel caso di espulsione della cavità le distribuzioni di pressione e velocità sono di difficile determinazione. Il principio di conservazione della quantità di moto può essere scritto come segue [15], adottando il *coefficiente di pressione* σ_p:

$$\frac{\rho Q^2}{(\pi/4)D^2} + \frac{\rho g \pi D^3}{8} - \sigma_p \frac{\rho V^2}{2}\frac{\pi D^2}{4} = \frac{\rho Q^2}{(\pi/4)Dh_e}.$$ (11.34)

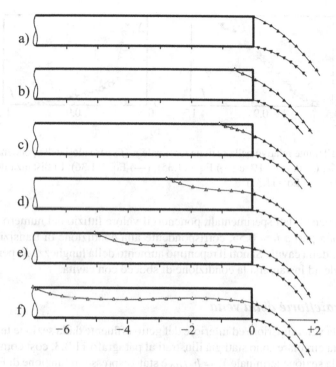

Fig. 11.20. Profili della cavità e della vena per $f =$ a) 1.16; b) 0.79; c) 0.70; d) 0.64; e) 0.63; f) 0.60

Risolvendo la suddetta equazione rispetto a y_e, ed esprimendo la soluzione in funzione del parametro f, si ottiene

$$y_e = \frac{2f^2}{1 + (2 - \sigma_p)f^2}. \tag{11.35}$$

Nel caso di efflusso con cavità, la soluzione potrebbe essere basata sull'ipotesi $\sigma_p = 1$; risultati sperimentali indicano che si può assumere un coefficiente globale pari a $\sigma_p = 2/3$. L'Eq. (11.35) va applicata ai casi in cui $0.544 < y_e < 1$, e cioè per $0.65 < f < 1.20$. La Fig. 11.21a mostra l'andamento della funzione $y_e(f)$, evidenziando un sostanziale accordo tra i valori stimati e quelli misurati. I dati sperimentali possono essere altresì approssimati dalla relazione

$$y_e = \frac{5}{6}f, \quad 0.5 \le y_e \le 1, \tag{11.36}$$

per la quale il tirante idrico h_e aumenta linearmente con la velocità V.

La *distanza* del punto di ristagno $X_t = x_t/D$ dalla sezione terminale è anch'essa funzione di f; la Fig. 11.21b mostra che la funzione

$$X_t = 0.09(f - f_t)^{-3/2}, \quad 0.6 \le f < 1.2 \tag{11.37}$$

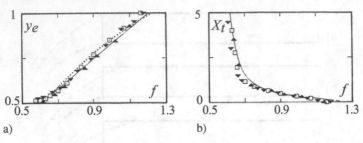

Fig. 11.21. a) Tirante relativo nella sezione terminale $y_e(f)$ per valori della pendenza al fondo $S_o = (\blacktriangledown) - 1\%$, ($\square$) 0, ($\blacktriangle$) +1% e ($\cdots$) Eq. (11.35), (—) Eq. (11.36); b) distanza del punto di ristagno $X_t(f)$, (—) Eq. (11.37)

approssima bene i dati sperimentali, ponendo il valore fittizio del numero di Froude della condotta pari a $f_t = 0.55$, corrispondente alla condizione di transizione verso l'espulsione della cavità. Si noti il repentino aumento della lunghezza X_t per $f < 0.70$, quando tende ad instaurarsi la condizione di sbocco con cavità.

11.4.5 Traiettorie della vena

I profili della vena superiore ed inferiore del getto effluente dalla sezione terminale di una condotta circolare sono stati già illustrati al paragrafo 11.3.3, così come il tirante relativo nella sezione terminale $Y_e = h_e/h_o$ è stato espresso in funzione di F_o secondo l'Eq. (11.20). Nel caso di sbocco con cavità, tutte le lunghezze sono normalizzate rispetto al tirante idrico finale h_e, invece che rispetto a quello della corrente in arrivo h_o. Detto $Z_e = z_t/h_e$ l'abbassamento relativo del profilo della vena inferiore rispetto al fondo della sezione terminale, e definita l'ascissa normalizzata $X_e = (x_t/h_e)F_e^{-0.8}$ con $F_e = Q/(gDh_e^4)^{1/2}$ (numero di Froude nella sezione terminale), Hager [15] ha proposto la relazione

$$Z_e = \frac{1}{3}X_e + \frac{1}{4}X_e^2, \quad f < 0.79. \tag{11.38}$$

L'Eq. (11.38) è identica all'Eq. (11.24) eccetto che per la scelta del parametro di riferimento. Per $f > 0.79$ la espulsione della cavità genera una nuova condizione di moto, per cui l'Eq. (11.38) cade in difetto.

Lo *spessore in asse della vena* $Z_t(X_e)$, con $Z_t = t_t/h_e$, varia secondo la seguente relazione:

$$Z_t = 1 - 0.265v \cdot X_e, \tag{11.39}$$

nella quale il parametro v assumerà valore $v = 1$ per sbocco con cavità ($f \leq 0.70$), ovvero $v = 2$ nel caso di sbocco con espulsione della cavità ($f > 0.70$). Pertanto, se ne deduce che lo spessore assiale della vena è sensibilmente ridotto nel caso di sbocco con cavità, come può apprezzarsi dalla Fig. 11.20.

11.4.6 Distribuzione della velocità

La distribuzione della velocità in asse $v(z)$, con z quale coordinata verticale positiva verso l'alto ed origine sul fondo della sezione terminale, dipende anch'essa fonda-

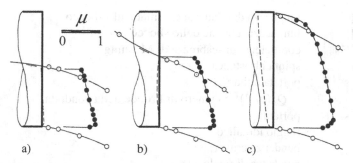

Fig. 11.22. Distribuzione della velocità in asse $\mu(Z)$ nella sezione terminale per $f =$ a) 0.63; b) 0.75; c)1.16. Punti sperimentali (•) velocità locale, (o) traiettoria, (- - -) distribuzione di pressione

mentalmente dal parametro f. La Fig. 11.22 illustra l'andamento dei valori misurati $\mu(Z)$, essendo $\mu = v/(gD)^{1/2}$ la componente orizzontale normalizzata della velocità e $Z = z/D$.

Per $f = 0.63$ la velocità cresce quasi linearmente dalla vena superiore a quella inferiore, e i valori della pressione relativa (linea tratteggiata) sono pressoché nulli, indicando un valore atmosferico della pressione all'interno del getto (Fig. 11.22a). Per $f = 0.75$ si rileva un valore leggermente negativo della pressione nella sezione terminale (Fig. 11.22b), mentre per $f = 1.16$ si nota che il valore della velocità tende ad annullarsi in corrispondenza del vertice della condotta e la pressione attinge valori apprezzabilmente negativi ed all'incirca pari a $-0.50(\rho gD)$. La velocità aumenta in prossimità del fondo della condotta, accompagnata da una corrispondente riduzione del valore della pressione all'interno del getto (Fig. 11.22c).

Simboli

a	[m]	tirante idrico asintotico
A	[m^2]	sezione idrica
A_i	[-]	curvatura iniziale della vena idrica
b	[m]	larghezza canale
d	[m]	ampiezza del salto
D	[m]	diametro
D	[-]	numero del salto
f	[-]	$= 4Q/[\pi(gD^5)^{1/2}]$ numero di Froude della condotta
f_t	[-]	valore di transizione del numero di Froude della condotta
F	[-]	numero di Froude
g	[ms^{-2}]	accelerazione di gravità
h	[m]	tirante idrico
h_e	[m]	tirante allo sbocco
H	[m]	energia specifica
j_c	[-]	pendenza relativa
k_s	[m]	scabrezza equivalente in sabbia
L_a	[m]	lunghezza del tratto con moto a superficie libera

L_e	[m]	lunghezza del tratto di chiamata allo sbocco
L_o	[m]	lunghezza a monte dello sbocco
$1/n$	$[\mathrm{m}^{1/3}\mathrm{s}^{-1}]$	coefficiente di scabrezza di Manning
P	[N]	spinta idrostatica
q	$[\mathrm{m}^2\mathrm{s}^{-1}]$	portata unitaria
q_D	[-]	$= Q/(gD^5)^{1/2}$ numero di Froude della condotta
Q	$[\mathrm{m}^3\mathrm{s}^{-1}]$	portata
R_h	[m]	raggio idraulico
S_c	[-]	pendenza critica
S_o	[-]	pendenza di fondo
t	[m]	spessore verticale del getto
T	[-]	$= t/h_e, t/a$
T_e	[-]	tirante finale relativo
v	$[\mathrm{ms}^{-1}]$	componente orizzontale della velocità
V	$[\mathrm{ms}^{-1}]$	velocità
W	[-]	numero di Weber
x	[m]	ascissa
$\bar{x}$	[m]	ascissa con origine nel punto di ristagno
X	[-]	ascissa relativa
X_e	[-]	$= x/L_e$ o $(x_t/h_e)\mathsf{F}_e^{-0.8}$
y	[-]	grado di riempimento
y_e	[-]	$= h_e/D$
Y	[-]	$= h/h_o$ tirante relativo
Y_{ow}	[-]	$= h_{ow}/h_o$
Y_{uw}	[-]	$= h_{uw}/h_o$
Y_w	[-]	$= h_w/h_o$
z	[m]	coordinata verticale
Z	[-]	coordinata verticale adimensionalizzata
Z_e	[-]	$= (h - h_e)/(h_o - h_e)$ oppure z_t/h_e
$Z_o{}'$	[-]	pendenza allo sbocco del profilo inferiore della vena idrica
Z_t	[-]	$= t_t/h_e$
ε	[-]	parametro relativo al numero di Froude
θ	[-]	pendenza al contorno della vena
ζ	[-]	parametro di forma
κ	[-]	caratteristica di scabrezza
λ_a	[-]	lunghezza relativa
μ	[-]	componente orizzontale normalizzata della velocità
ν	[-]	parametro di traiettoria
ρ	$[\mathrm{kgm}^{-3}]$	densità
Φ	[-]	parametro di scabrezza
σ	$[\mathrm{Nm}^{-1}]$	tensione superficiale
σ_p	[-]	coefficiente di pressione
τ	[-]	rapporto di forma
χ	[-]	ascissa normalizzata

Pedici

c   stato critico
D   valore normalizzato rispetto a $(gD^5)^{1/2}$
e   sezione finale, sbocco
o   in arrivo, superiore
r   canale scabro
t   getto effluente
u   inferiore
w   onda stazionaria
1   vena inferiore
2   vena superiore

Bibliografia

1. ATV: Bauwerke der Ortsentwässerung [Strutture per il drenaggio urbano]. Arbeitsblatt A241. ATV, St. Augustin (1978).
2. Benjamin T.B.: Gravity currents and related phenomena, Journal of Fluid Mechanics **31**: 209–248 (1968).
3. Biggiero V.: Sul tracciamento dei profili delle vene liquide (On the nappe geometry of liquid jets). VIII Convegno di Idraulica Pisa. A11: 1–19 (1963).
4. Carstens M.R., Carter R.W.: Discussion to Hydraulics of the free overfall, by A. Fathy and M. Shaarawi. Proc. ASCE Journal of the Hydraulics Division **81**(Paper 719): 18–28 (1955).
5. Clausnitzer B., Hager W.H.: Outflow characteristics from circular pipe. Journal of Irrigation and Drainage Engineering **123**(10): 914–917 (1997).
6. Christodoulou G.C.: Brink depth in nonaerated overfalls. Journal of Irrigation and Drainage Engineering **111**(4): 395–403 (1985).
7. Cola R.: Esame teorico e sperimentale dei fenomeni ondosi di vuotamento di una condotta a sezione circolare. Atti dell' Istituto Veneto di Scienze, Lettere ed Arti **125**: 257–294 (1967).
8. Cola R.: Sul moto permamente in prossimità del sbocco di una condotta a sezione circolare. L'Acqua **48**(3): 70–79 (1970).
9. Delleur J.W., Dooge J.C.I., Gent K.W.: Influence of slope and roughness on the free overfall. Proc. ASCE Journal of the Hydraulics Division **82**(HY4) Paper 1038: 30–35 (1956).
10. Ferreri G.B., Ferro V.: Efflusso non guidato di una corrente lenta da un salto di fondo in canali a sezione rettangolare. XXII Convegno di Idraulica e Costruzioni Idrauliche Cosenza **1**: 195–213 (1990).
11. Ferro V.: Theoretical End-Depth-Discharge Relationship for Free Overfall. Journal of Irrigation and Drainage Engineering **126**(2): 136–138 (1999).
12. Hager W.H.: Hydraulics of plane free overfall. Journal of Hydraulic Engineering **109**(12): 1683–1697; **110**(12): 1887–1888 (1983).
13. Hager W.H.: Abflussverhältnisse beim Endüberfall [Processi di efflusso da salti di fondo]. Österreichische Wasserwirtschaft **45**(1/2): 36–44 (1993).
14. Hager W.H.: Ausfluss aus Rohren [Processi di efflusso da canali circolari]. Korrespondenz Abwasser **40**(2): 184–186 (1993).

15. Hager W.H.: Cavity outflow from a nearly horizontal pipe. International Journal of Multiphase Flow **25**: 349–364 (1998).
16. Khan A.A., Steffler P.M.: Modelling overfalls using vertically averaged and moment equations. Journal of Hydraulic Engineering **122**(7): 397–402 (1996).
17. Marchi E.: On the free overfall. Journal of Hydraulic Research **31**(6): 777–796 (1992).
18. Montes J.S.: A potential flow solution for the free overfall. Proc. Institution of Civil Engineers Water Maritime & Energy **96**: 259–266; 112: 81–87 (1992).
19. Rajaratnam N., Muralidhar D.: Unconfined free overfall. Journal of Irrigation and Power **21**(1): 73–89 (1964).
20. Rajaratnam N., Muralidhar D.: End depth for circular channels. Proc. ASCE Journal of the Hydraulics Division **90**(HY2): 99–119; **90**(HY5): 261–270; **90**(HY6): 293–297; **91**(HY3): 281–283; 92(HY1): 81 (1964).
21. Rajaratnam N., Muralidhar D., Beltaos S.:Roughness effects on rectangular free overfall. Proc. ASCE Journal of the Hydraulics Division **102**(HY5): 599–614; **103**(HY3): 337–338 (1976).
22. Rouse H.: Discharge characteristics of the free overfall. Civil Engineering **6**(4): 257–260 (1936).
23. Rouse H.: Discussion to Energy loss at the base of a free overfall, by W.L. Moore. Transactions ASCE **108**: 1343–1392 (1943).
24. Smith C.D.: Brink depth for a circular channel. Proc. ASCE Journal of the Hydraulics Division **88**(HY6): 125–134; **89**(HY2): 203–210; **89**(HY3): 389–405; **89**(HY4): 249–258; **89**(HY6): 253–256; **90**(HY1): 259 (1962).
25. Wallis G.B., Crowley C.J., Hagi Y.: Conditions for a pipe to run full when discharging liquid into a space filled with gas. Journal of Fluids Engineering **99**(6): 405–413; **100**(3): 136 (1977).

Venturimetri per canali

Sommario Il venturimetro per canali, anche detto *canale Venturi*, è diffusamente utilizzato per la misura di portata in sistemi fognari, in quanto il suo funzionamento è compatibile con la presenza di materiali grossolani trasportati dalla corrente. Tale dispositivo è costituito da un restringimento della sezione del canale, quasi sempre senza innalzamento del fondo, tale da indurre il passaggio della corrente da lenta a veloce. Pertanto, a differenza delle luci a stramazzo, tale dispositivo non provoca accumulo di sedimenti nel collettore in cui è installato.

Sono presentati venturimetri definiti *lunghi* e *corti*, a seconda della propria dimensione nel verso della corrente, con i rispettivi vantaggi e svantaggi ai fini applicativi. Per i manufatti specificamente raccomandati per i sistemi fognari, vengono fornite le necessarie regole di dimensionamento idraulico. Infine, si descrive anche il funzionamento di un ulteriore dispositivo, raccomandato nei casi in cui si ha una notevole oscillazione dei valori di portata da misurare a fronte di modeste oscillazioni del tirante idrico della corrente in arrivo. Il progetto di un venturimetro per canali dipende in modo significativo dalla velocità di arrivo della corrente, dalla configurazione del restringimento e dalla curvatura delle linee di corrente. Per manufatti di dimensione sufficientemente grande, si può essere sicuri della assenza di effetti scala, e quindi la scala di deflusso qui illustrata può essere utilizzata per il dimensionamento idraulico di un canale Venturi avente geometria convenzionale.

12.1 Introduzione

Il venturimetro per canali, detto anche *canale Venturi* (inglese: "Venturi flume"), è un manufatto per la misura della portata, essenzialmente costituito da un *restringimento locale* della sezione corrente; nel passato sono state proposte diverse configurazioni geometriche di tale manufatto, le più importanti delle quali verranno trattate in questo capitolo.

La *sezione longitudinale* del canale Venturi può avere una pendenza di fondo costante, oppure presentare una soglia o un rialzo sul fondo (Fig. 12.1a). La eventuale realizzazione della soglia va accortamente valutata, in quanto essa può interferire con il materiale solido trasportato dalla corrente idrica. Nel caso in cui i tiranti idrici di valle siano notevoli, si tende ad incrementare il livello idrico di monte, in modo da ridurre gli effetti di sommergenza e di rigurgito; un ulteriore espediente per contenere

Gisonni C., Hager W.H.: Idraulica dei sistemi fognari. Dalla teoria alla pratica.
DOI 10.1007/978-88-470-1445-9_12, © Springer-Verlag Italia 2012

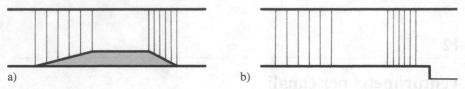

Fig. 12.1. Sezione longitudinale del canale Venturi, con a) rialzo del fondo (sconsigliato) e b) salto di fondo a valle del manufatto

gli effetti della sommergenza consiste nella realizzazione di un salto di fondo a valle del manufatto (Fig. 12.1b). In definitiva, il canale Venturi può essere considerato come un tratto di *canale orizzontale*, in modo da poter essere trattato mediante un approccio idraulico semplificato.

I venturimetri per canali vengono utilizzati in condotte a pelo libero, con sezione rettangolare o ad U (paragrafo 12.2.6). Palmer e Bowlus [16] hanno proposto una configurazione per canale ad U che è stata successivamente modificata e migliorata da Wells e Gotaas [20]. In Italia, i primi studi sistematici su questo tipo di manufatto sono dovuti a Nebbia [15].

In un collettore di sezione rettangolare, la *geometria del tronco venturimetrico* presenta generalmente una sezione rettangolare in corrispondenza della sezione ristretta. Nel caso di elevata differenza tra il valore massimo e quello minimo della portata da misurare, la sezione ristretta del tronco venturimetrico ha forma trapezoidale, con una complessa sagomatura dell'imbocco venturimetrico. La *sezione standard* di un canale Venturi è rettangolare, in modo da ridurre le difficoltà costruttive ed i corrispondenti costi di realizzazione.

Quindi, in un *canale rettangolare*, la sezione ristretta può essere realizzata mediante un restringimento a tutta altezza (Fig. 12.2a), ovvero mediante un restringimento della larghezza sul fondo che lasci inalterata la larghezza in sommità della sezione corrente, di modo che la sezione ristretta si presenti di forma trapezia (Fig. 12.2b).

Dal punto di vista *planimetrico* è possibile distinguere diverse tipologie di manufatto; nel prosieguo vengono considerate quelle maggiormente ricorrenti (Fig. 12.3):

- tronco a pianta poligonale;
- tronco con imbocco raccordato.

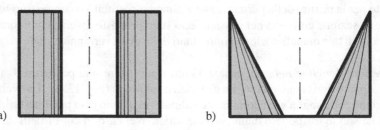

Fig. 12.2. Sezione ristretta del venturimetro installato in canale rettangolare: a) sezione rettangolare e b) sezione trapezia

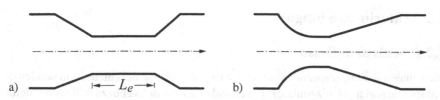

Fig. 12.3. Planimetria di tronchi venturimetrici: a) tipo poligonale e b) con imbocco raccordato

La prima tipologia, sicuramente di più semplice realizzazione, induce inevitabilmente la formazione di zone di separazione del flusso in prossimità delle discontinuità delle pareti, rendendone più complesso il dimensionamento idraulico. La seconda tipologia, il cui imbocco è raccordato con un arco di circonferenza, si caratterizza per una buona funzionalità idraulica, oltre che per una maggiore eleganza del manufatto; essa è talvolta denominata *venturimetro tipo Khafagi*, dal nome del suo ideatore egiziano, Anwar Khafagi (1912–1972), che conseguì il dottorato presso il Politecnico Federale di Zurigo (ETH) nel 1942 [9].

È inoltre possibile distinguere due ulteriori tipologie di venturimetro a seconda della lunghezza del manufatto:

- tipo *corto*, con breve lunghezza del tronco a sezione ristretta ($L_e/h_o < 1$);
- tipo *lungo*, nel caso in cui risulti $L_e/h_o > 1$.

La lunghezza del manufatto influenza il suo comportamento idraulico, poiché un manufatto corto certamente presenterà brusche variazioni geometriche, provocando anche la formazione di zone di separazione del flusso che sono normalmente assenti in manufatti aventi maggiore lunghezza e con un imbocco ben raccordato. La Fig. 12.4 illustra due casi estremi, è cioè il *venturimetro tipo Khafagi*, classificabile come manufatto lungo dotato di imbocco raccordato, ed il *venturimetro corto senza gola* (inglese: "cut-throat") (paragrafo 12.3), certamente più compatto e spigoloso del precedente.

Nei seguenti paragrafi vengono nell'ordine illustrati i seguenti aspetti: dimensionamento idraulico del venturimetro *lungo* per canali (paragrafo 12.2), e funzionamento del cosiddetto venturimetro *corto* (paragrafo 12.3). Il capitolo si chiude con alcune raccomandazioni utili alla progettazione e realizzazione dei suddetti manufatti (paragrafo 12.4).

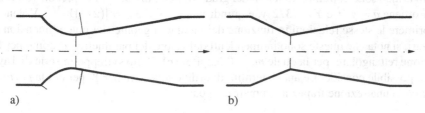

Fig. 12.4. a) Venturimetro tipo Khafagi; b) Venturimetro corto senza gola

12.2 Venturimetro lungo

12.2.1 Scala di deflusso

In un canale a sezione trapezia e simmetrica rispetto all'asse del canale, con pendenza delle sponde pari a m (orizzontale): 1 (verticale), e base di larghezza b, il valore della sezione idrica A corrispondente ad un tirante h, è pari a

$$A = bh + mh^2,$$ (12.1)

mentre la larghezza del pelo libero è data da $B_s = \partial A/\partial h = b + 2mh$.

La portata critica (pedice c) è quindi quella corrispondente al deflusso di una corrente avente numero di Froude $\mathsf{F} = 1$ (capitolo 6) e risulta quindi

$$Q_c = \frac{[g(b_c h_c + m_c h_c^2)^3]^{1/2}}{(b_c + 2m_c h_c)^{1/2}}.$$ (12.2)

Pertanto, l'energia critica specifica H_c sarà pari a

$$H_c = h_c + \frac{Q_c^2}{2gA_c^2}$$ (12.3)

ovvero, esprimendo Q_c secondo l'Eq. (12.2):

$$H_c = h_c + \frac{b_c h_c + m_c h_c^2}{2(b_c + 2m_c h_c)}.$$ (12.4)

Se definiamo il grado di riempimento relativo $y_c = m_c h_c/b_c$ e l'energia specifica relativa $Y = m_c H_c/b_c$, la portata adimensionale $q = [m_c^3/(gb_c^5)]^{1/2}Q_c$ e l'energia specifica relativa Y possono essere espresse, a partire dalle Eq. (12.2) e (12.4), secondo le relazioni

$$q = \frac{[y(1+y)]^{3/2}}{(1+2y)^{1/2}},$$ (12.5)

$$Y = y + \frac{y(1+y)}{2(1+2y)}.$$ (12.6)

Le relazioni che consentono di calcolare portata ed energia specifica in condizione di stato critico sono entrambe funzioni del grado di riempimento y. Per piccoli valori di y si ottiene $q = y^{3/2}$ e $Y = (3/2)y$, e quindi $y = (2/3)Y$ e $q = [(2/3)Y]^{3/2}$. Volendo esprimere le stesse relazioni in funzione dei parametri geometrici non adimensionalizzati, si nota che queste sono indipendenti dal valore del parametro m_c come per la sezione rettangolare, per la quale $m_c = 0$ (capitolo 6). Dallo sviluppo in serie di Taylor è possibile considerare anche termini di ordine superiore per Y, per cui la *portata critica* in una sezione trapezia simmetrica è pari a

$$q = [(2/3)Y]^{3/2}[1 + 0.70Y].$$ (12.7)

Per $Y \leq 2$, l'Eq. (12.7) devia in misura inferiore all'1% rispetto all'espressione esatta; per $Y > 2$, va considerato nell'ambito dello sviluppo in serie di Taylor un ulteriore termine quadratico Y^2 all'interno della parentesi quadra dell'Eq. (12.7). Ad ogni modo, per $Y > 2$, si risente della presenza di altri effetti ben più significativi, come sarà illustrato nel seguito.

Esempio 12.1. Calcolare la portata critica per un venturimetro a sezione trapezia in cui $m_o = 0$ (canale in arrivo rettangolare), $m_c = 2$ (sezione contratta trapezia), essendo $b_o = 1.2$ m, $b_c = 0.50$ m ed il tirante a monte $h_o = 0.87$ m.

Ipotizzando dapprima che sia $H_o \approx h_o = 0.87$ m, il valore relativo della energia critica specifica è pari a $Y = m_c H_c / b_c = 2 \cdot 0.87 / 0.5 = 3.48$, e quindi la portata adimensionale sarà pari a $q = [(2/3)3.48]^{3/2}[1 + 0.70 \cdot 3.48] = 12.14$, dall'Eq. (12.7); il valore della portata sarà allora pari a $Q_c = q/[m_c^3/(gb_c^5)]^{1/2} = 12.14(9.81 \cdot 0.5^5)^{1/2}2^{-3/2} = 2.38$ m^{3}s^{-1}.

Il valore dell'energia specifica della corrente in arrivo è allora pari a $H = h_o + Q^2/(2gb_o^2h_o^2) = 0.87 + 2.38^2/(19.62 \cdot 1.2^2 0.87^2) = 1.13$ m, e quindi molto superiore a quello ipotizzato trascurando l'altezza cinetica. Il valore effettivo della portata critica sarà determinato nell'Esempio 12.2.

Sia il tirante critico h_c che il corrispondente carico energetico H_c sono *parametri non direttamente misurabili*, in quanto nella sezione di stato critico, e cioè nella sezione ristretta, la superficie libera presenta una forte inclinazione; ne consegue che è possibile incorrere in notevoli errori di stima della portata per effetto della imprecisa ubicazione della sezione in cui si verifica effettivamente il passaggio attraverso lo stato critico. È quindi opportuno misurare il tirante idrico a monte del canale Venturi, dove il suo valore è praticamente costante e pari a h_o. Inoltre, nella generalità dei casi, la pendenza del collettore è dell'ordine di qualche punto per mille, per cui, ritenendo che le resistenze al moto siano compensate dalla pendenza di scorrimento, è lecito ipotizzare che l'energia specifica sia *essenzialmente costante* attraverso il manufatto. Ne consegue che il carico specifico della corrente in arrivo H_o è uguale al carico specifico di stato critico H_c (Fig. 12.5). Tale assunzione è assolutamente identica a quella che normalmente viene fatta per lo studio del funzionamento degli stramazzi.

In analogia con le luci a stramazzo (capitolo 10), la sezione in cui avviene la *misura del tirante idrico* dovrebbe essere ubicata da una a due volte il valore del tirante

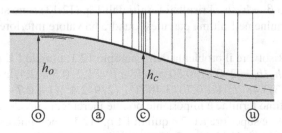

Fig. 12.5. Tipico andamento della superficie libera attraverso un venturimetro per canali: sezione di monte (o), inizio del manufatto (a), sezione critica (c) e sezione di valle (u)

stesso a monte della sezione di inizio del manufatto. Nel caso di canale rettangolare, il principio di conservazione dell'energia impone, nel rispetto della suddetta ipotesi, la seguente equazione:

$$H_o = h_o + \frac{Q^2}{2gb_o^2h_o^2} = H_c. \tag{12.8}$$

L'Eq. (12.8), definendo il grado di riempimento della corrente in arrivo (pedice o) come $y_o = m_c h_o / b_c$ ed il rapporto di restringimento $\beta = b_o / b_c$, può essere riscritta come segue:

$$Y = y_o + \frac{q^2}{2\beta^2 y_o^2}. \tag{12.9}$$

Esplicitando il termine q secondo l'Eq. (12.7) si ottiene quindi:

$$Y = y_o + \frac{4Y^3}{27} \left[(1 + 0.7Y)/(\beta y_o) \right]^2. \tag{12.10}$$

Poiché l'effetto del termine y_o nella parentesi quadra è trascurabile, ed approssimando $y_o \cong Y$, si può ancora scrivere

$$Y = y_o + \frac{4Y}{27} \left[(1 + 0.7y_o)/\beta \right]^2. \tag{12.11}$$

Risolvendo l'Eq. (12.11) nell'incognita Y e sviluppando la soluzione nell'ipotesi che sia $(1 + 0.7y_o)/\beta \ll 1$, si ottiene la relazione

$$Y = y_o \left[1 - \frac{4}{27\beta^2}(1 + 0.7y_o)^2 \right]^{-1} \cong y_o \left[1 + \frac{4}{27\beta^2}(1 + 0.7y_o)^2 \right], \tag{12.12}$$

che, inserita nell'Eq. (12.7), consente di pervenire alla formulazione della *scala di deflusso* esplicita che fornisce il valore della portata defluente in funzione della geometria del tronco venturimetrico e del tirante idrico misurabile h_o

$$\frac{Q}{m_c^{-3/2} g^{1/2} b_c^{5/2}} = \left[(2/3)y_o \right]^{3/2} [1 + 0.7y_o] \left[1 + \frac{2}{9\beta^2}(1 + 0.7y_o)^2 \right]. \tag{12.13}$$

In definitiva, il valore della portata misurata da un *venturimetro a sezione trapezia simmetrica*, installato in un canale a sezione rettangolare, dipende essenzialmente dal grado di riempimento $y_o = m_c h_o / b_c$ a monte del manufatto e dal suo rapporto di restringimento $\beta = b_o / b_c$. I risultati forniti dall'Eq. (12.13) sono sufficientemente accurati, se il termine nell'ultima parentesi quadra ha valore inferiore a 1.2.

Esempio 12.2. Risolvere il problema dell'Esempio 12.1, usando l'Eq. (12.13).

Con $y_o = m_c h_o / b_c = 2 \cdot 0.87/0.50 = 3.48$ e $\beta = 1.2/0.5 = 2.4$, la portata relativa è pari a $q = [(2/3)3.48]^{3/2}[1 + 0.70 \cdot 3.48][1 + (2/9/2.4^2)(1 + 0.7 \cdot 3.48)^2] = 17.67$. L'effetto dell'ultimo termine è importante poiché incrementa il valore di q di circa il 46%. Il suo valore è superiore a 0.2 e quindi l'Eq. (12.12) non può essere applicata. Con una portata $Q = 1.46 \cdot 2.38 = 3.47$ m^{3}s^{-1}, la velocità della corrente in arrivo è pari a $V_o = 3.47/(1.2 \cdot 0.87) = 3.32$ ms^{-1}, da cui si ha il valore dell'energia specifica

$H_o = 0.87 + 3.32^2/19.62 = 1.43$ m e quindi $Y = 2 \cdot 1.43/0.50 = 5.73$. Inserendo tale valore nell'Eq. (12.7) si ottiene $q = [(2/3)5.73]^{3/2}[1 + 0.70 \cdot 5.73] = 37.4$, valore tre volte superiore a quello stimato nell'Esempio 12.1. Quindi, se ne deduce che il restringimento imposto dal venturimetro considerato è eccessivo, visto anche l'elevato valore della velocità V_o. In tali condizioni, la superficie idrica nel canale di monte si presenta ondulata, con conseguenti difficoltà di lettura del valore di h_o e quindi scarsa accuratezza della misura. Nel seguente paragrafo verrà esplicitamente definito il *valore massimo accettabile* del numero di Froude per la corrente a monte del manufatto.

Nel *canale Venturi a sezione rettangolare* i termini contenenti y_o si annullano e quindi, dall'Eq. (12.13), si deduce la corrispondente scala di deflusso:

$$\frac{Q}{(gb_c^5)^{1/2}} = [(2/3)(h_o/b_c)]^{3/2} \left[1 + (2/9)(b_c/b_o)^2\right]. \tag{12.14}$$

12.2.2 Discussione dei risultati

Nell'Eq. (12.13), riferita a venturimetro con gola a sezione trapezia, appaiono due termini addizionali rispetto alla classica scala di deflusso:

- il tirante relativo di monte $m_c h_o/b_c$, ovvero il parametro di osservazione $m_c h_o/b_o$;
- il rapporto di restringimento $\beta^{-1} = b_c/b_o$.

Per quanto visto nel capitolo 6, la portata adimensionale è assimilabile al numero di Froude in un canale a sezione trapezia. Pertanto, la presente procedura è basata su una *similitudine alla Froude*.

Tipicamente, il rapporto di restringimento è circa pari a $\beta^{-1} = 0.4$, per cui il secondo membro dell'Eq. (12.13) può essere approssimato con una funzione di potenza, da cui si ottiene

$$\frac{Q}{(gb_c^5/m_c^3)^{1/2}} = 0.95 y_o^{1.73}. \tag{12.15}$$

Ovviamente, per diversi valori assegnati a β, si ottengono espressioni corrispondenti che sono formalmente simili all'Eq. (12.15). Tale tipo di equazione è stata spesso utilizzata per pratiche applicazioni.

Come già detto in precedenza, il modello utilizzato tiene conto delle forze dovute alla massa ed all'inerzia del volume di fluido interessato. Se le dimensioni del tronco venturimetrico divengono troppo piccole, possono subentrare alcuni effetti, dettati da parametri quali ad esempio:

- la *viscosità*, la cui influenza è espressa mediante il numero di Reynolds $R_c = V_c(4R_{hc})/\nu$, con R_h il raggio idraulico e ν la viscosità cinematica;
- la *tensione superficiale*, la cui influenza è espressa mediante il numero di Weber $W_c = V_c/[\sigma/(\rho h_c)]^{1/2}$, essendo σ la tensione superficiale e ρ la densità del fluido;
- la *scabrezza delle pareti* k_s/R_{hc}, in cui k_s è la scabrezza equivalente in sabbia.

Tutti questi effetti sono trascurabili nelle applicazioni fognarie, a patto che:

- il fluido abbia caratteristiche molto prossime a quelle dell'acqua;
- le larghezze coinvolte siano superiori ai valori minimi di $b_o = 0.30$ m e $b_c = 0.10$ m;
- il tirante idrico nel canale in arrivo sia almeno pari a $h_o = 50$ mm.

I cosiddetti *effetti scala* possono quindi essere ritenuti trascurabili in modelli aventi dimensioni non eccessivamente piccole. Si noti che la scala geometrica tra prototipo e modello non è significativa in senso assoluto, perché il modello idraulico deve avere dimensioni tali da rispettare comunque le *lunghezze minime* precedentemente indicate. Una dettagliata analisi delle problematiche connesse agli effetti scala è stata presentata da Ackers et al. [1], Kobus [12] e Miller [14].

In precedenza si è messo in evidenza che il *numero di Froude* nel canale di monte deve essere contenuto entro certi limiti, per evitare che la corrente sia eccessivamente disturbata a ridosso del tronco venturimetrico a causa della transizione da corrente lenta a veloce. Se la sezione di controllo è eccessivamente ristretta, si sviluppa una *superficie ondulata* nel canale di monte e la lettura della quota del pelo libero diviene imprecisa. Secondo quanto verrà più dettagliatamente illustrato nel capitolo 13, il massimo valore del numero di Froude della corrente in arrivo è pari a $F_o = Q/(gb_o^2 h_o^3)^{1/2} = 0.5$. Quindi i risultati ottenuti nell'Esempio 12.2 sono irrealizzabili nella pratica in quanto risulta $F_o = 1.14$.

12.2.3 Effetto della curvatura delle linee di corrente

Le ipotesi di base dell'idraulica, ovvero moto monodimensionale con velocità uniforme e distribuzione idrostatica delle pressioni, possono essere ritenute accettabili fintanto che la pendenza della superficie libera e la sua curvatura sono sufficientemente piccole. Per quanto visto nel capitolo 1, gli effetti della pendenza e della curvatura del pelo libero, in un canale orizzontale, aumentano rispettivamente con $(dh/dx)^2$ e $h(d^2h/dx^2)$. Quindi, l'effetto della curvatura della superficie libera dipende dal parametro tirante idrico h, e la *approssimazione di acque basse* richiede che il termine corrispondente sia tipicamente inferiore a 10^{-1}.

Partendo dall'*equazione generalizzata dell'energia*, Eq. (1.29), in luogo dell'Eq. (12.3), l'energia specifica in un canale orizzontale a sezione rettangolare può essere espressa come

$$H = h + \frac{Q^2}{2gb^2h^2}\left(1 + \frac{2hh'' - h'^2}{3}\right). \tag{12.16}$$

La condizione sufficiente per il deflusso in *stato critico* è $dH/dh = (dH/dx)/(dh/dx) = 0$. Derivando l'Eq. (12.16) si ottiene [6]

$$\frac{Q^2}{gb_c^2 h_c^3} = 1 + \frac{2hh'' - h'^2 - h^2h'''/h'}{3}. \tag{12.17}$$

A confronto dell'approccio monodimensionale (paragrafo 12.2.1), si nota la comparsa dei seguenti termini:

- $h'^2 = (\mathrm{d}h/\mathrm{d}x)^2$: quadrato della pendenza della superficie libera;
- $hh'' = h(\mathrm{d}^2h/\mathrm{d}x^2)$: curvatura relativa della superficie libera;
- $h^2h'''/h' = h^2(\mathrm{d}^3h/\mathrm{d}x^3)/(\mathrm{d}h/\mathrm{d}x)$: variazione relativa della curvatura della superficie libera.

Arrestandosi al più basso ordine di approssimazione nell'Eq. (12.16) per l'energia specifica, si ottiene

$$H = h + \frac{Q^2}{2gb^2h^2}. \tag{12.18}$$

Per un moto a potenziale su fondo orizzontale, ovvero, in via approssimata, per una corrente idrica in cui le resistenze al moto siano compensate dalla pendenza di fondo, l'energia specifica è *costante* lungo il canale, per cui si ottiene $\mathrm{d}H/\mathrm{d}x = \mathrm{d}^2H/\mathrm{d}x^2 = \mathrm{d}^3H/\mathrm{d}x^3 = 0$. Per portata costante, differenziando l'Eq. (12.18) si ottiene

$$H' = h'\left(1 - \frac{Q^2}{gb^2h^3}\right) - \frac{Q^2b'}{gb^3h^2} = 0, \tag{12.19}$$

$$H'' = h''\left(1 - \frac{Q^2}{gb^2h^3}\right) + \frac{3Q^2(b'h + bh')^2}{gb^4h^4} - \frac{Q^2(2b'h + b''h)}{gb^3h^3} = 0, \tag{12.20}$$

$$H''' = h'''\left(1 - \frac{Q^2}{gb^2h^3}\right) - \frac{12Q^2(b'h + bh')^3}{gb^5h^5} + \frac{9Q^2(b'h + bh')}{gb^4h^4} \cdot$$

$$\cdot \frac{(b''h + 2b'h' + bh'')}{gb^4h^4} - \frac{Q^2(b'''h + 3b''h' + 3b'h'')}{gb^3h^3} = 0. \tag{12.21}$$

Al più basso ordine di approssimazione, la portata in condizione di stato critico è definita dall'equazione $Q^2/(gb^2h^3) = 1$, ovvero $\mathsf{F} = 1$. Secondo l'Eq. (12.19), la ubicazione dello stato critico è dato dalla condizione $b' = 0$, e cioè nella sezione ristretta del canale. Inserendo $b' = 0$ nelle Eq. (12.20) e (12.21) si ottiene

$$\frac{3}{h}h'^2 - \frac{b''h}{b} = 0, \tag{12.22}$$

$$-\frac{12(bh')^3}{b^3h^2} + \frac{9bh'(b''h + bh'')}{b^2h} - \frac{b'''h + 3b''h'}{b} = 0. \tag{12.23}$$

L'Eq. (12.22), valida nella sezione di stato critico avente progressiva $x = x_c$, indica che il quadrato della pendenza della superficie libera è espresso dalla relazione

$$h'^2 = \frac{b''h^2}{3b}. \tag{12.24}$$

Per garantire una soluzione reale dell'equazione, b'' deve essere positivo; dovendo essere rispettata la condizione di minimo della funzione di larghezza $b(x)$, deve quindi risultare $b' = 0$ e $b'' > 0$. La *transizione attraverso lo stato critico* si sviluppa quindi in sezioni caratterizzate da un *restringimento locale*, come già illustrato nel capitolo 6. L'Eq. (12.23) inoltre dimostra che

$$hh'' = \frac{4}{3}h'^2 - \frac{2}{3}(h^2/b)b'' + \frac{1}{9}b'''/bh'. \tag{12.25}$$

Inserendo la espressione di h'^2 data dall'Eq. (12.24) e considerando una geometria dell'*imbocco ad arco di circonferenza*, per la quale risulta $b''' = 0$, si può scrivere quindi:

$$hh'' = -(2/9)h^2b''/b. \tag{12.26}$$

Derivate di ordine superiore possono essere ottenute allo stesso modo [6]

$$h^2h'''/h' = -(5/3)h^2b''/b. \tag{12.27}$$

L'effetto della curvatura della linea di corrente può quindi essere portato in conto attraverso il parametro $u = h^2b''/b$, e dipende cioè dal quadrato del tirante critico diviso per la larghezza della sezione critica e moltiplicato per il raggio di curvatura nella sezione stessa. Inserendo tale termine nelle Eq. (12.16) e (12.17) si ottengono, rispettivamente, le seguenti equazioni:

$$H = h + \frac{Q^2}{2gb^2h^2}\left[1 - \frac{7u}{27}\right], \tag{12.28}$$

$$\frac{Q^2}{gb^2h^3} = \left[1 - \frac{8u}{27}\right]^{-1}, \tag{12.29}$$

da cui:

$$H = \frac{3h}{2}\left[1 - \frac{5u}{27}\right]. \tag{12.30}$$

Talvolta, a causa della ripidità della superficie libera, è opportuno assumere come grandezza di misura la *energia critica specifica* H_c, piuttosto che l'altezza di stato critico h_c. Sostituendo ad u il parametro di curvatura $U = H^2b_c''/b_c$ si può quindi scrivere che

$$u = \frac{4U}{9}\left[1 + \frac{1}{6}U\right], \tag{12.31}$$

da cui l'Eq. (12.30) può essere riscritta come

$$H = (3/2)h\left[1 - \frac{20}{243}U\right]. \tag{12.32}$$

Quindi, inserendo le Eq. (12.31) e (12.32) nell'Eq. (12.29) si ottiene in definitiva la scala di deflusso [6]:

$$Q = (2/3)^{3/2}b_c(gH_c^3)^{1/2}[1 + (14/243)U]. \tag{12.33}$$

Per *linee di corrente parallele* ($U = 0$), l'Eq. (12.33) si semplifica nell'Eq. (12.7). Per un assegnato valore della energia specifica H_c, la portata convenzionalmente calcolata è quindi sempre troppo piccola. Si noti che solo i termini del primo ordine sono stati conservati nell'Eq. (12.33), mentre sono stati trascurati i termini in U^2. Il risultato è pertanto valido per valori di U inferiori a 1.

Di recente, Castro-Orgaz [5] ha dimostrato che l'approssimazione di moto a potenziale fornisce risultati in ottimo accordo con i dati sperimentali per valori del parametro di curvatura inferiori a $U = 4$, proponendo una procedura numerica di dimensionamento che tiene conto della curvatura delle linee di corrente.

Esempio 12.3. Sia dato un canale Venturi a sezione rettangolare con larghezze $b_o = 1.50$ m e $b_c = 0.60$ m, ed un raggio di curvatura $R_c = 1/b_c'' = 2.0$ m. Si determini la portata misurata per un valore del tirante idrico a monte pari a $h_o = 0.28$ m.

Ipotizzando una altezza cinetica $V_o^2/(2g) = 0.05$ m, si ha allora $H_o = 0.33$ m e quindi $U = 0.33^2/(2 \cdot 0.60) = 0.09$. Dall'Eq. (12.33) si calcola: $Q = (2/3)^{3/2}0.60(9.81 \cdot 0.33^3)^{1/2}[1 + (14/243)0.09] = 0.195$ m^{3}s^{-1}. A questo punto, per $H_o = 0.33$ m e $Q = 0.195$ m^{3}s^{-1}, si può calcolare a ritroso il valore del tirante idrico $h_o = 0.31$ m; se ne deduce che il valore assunto per l'altezza cinetica $V_o^2/(2g)$ era troppo grande.

Si può quindi condurre una seconda iterazione, considerando $H_o = 0.29$ m, cui corrisponde il valore del parametro di curvatura $U = 0.29^2/(2 \cdot 0.60) = 0.07$, e quindi, sempre dall'Eq. (12.33) si può calcolare il valore della portata $Q = (2/3)^{3/2}0.60(9.81 \cdot 0.29^3)^{1/2}[1 + (14/243)0.07] = 0.160$ m^{3}s^{-1}. In tal caso risulta che il tirante idrico corrispondente è pari a $h_o = 0.28$ m, come richiesto.

In questo esempio, l'effetto della curvatura delle linee di corrente è trascurabile perché il valore del fattore $[1 + (14/243)U]$ è pari a $[1 + (14/243)0.07] = 1.004$ e quindi molto prossimo all'unità.

Per il *venturimetro a sezione trapezia*, i calcoli sono molto più articolati, data la presenza degli ulteriori parametri geometrici $s = mh/b$ e $t = m''h/b''$. Secondo quanto evidenziato da Hager [6], l'effetto del parametro t è trascurabile, mentre il principale fattore di correzione è dato da $[1 + U/(6S)] = [1 + H_c/6m_cR_c)]$, essendo R_c il raggio di curvatura dell'imbocco del tronco venturimetrico. Per $m_cH_c/b_c > 1$ e $H_c^2/(b_cR_c) < 1$, la *scala di deflusso generalizzata*, invece che dall'Eq. (12.7), è data da

$$q = [(2/3)Y]^{3/2}[1 + 0.70Y][1 + H_c/(6m_cR_c)]. \qquad (12.34)$$

12.2.4 Condizione di sommergenza

In una condizione di *deflusso libero* con il passaggio da corrente lenta a veloce, la portata Q misurata da un canale Venturi dipende solo dal tirate idrico di monte h_o. Nel caso si verifichi una *condizione di sommergenza*, il tirante idrico di monte h_o varierà non solo con la portata, ma dipenderà anche dal tirante idrico di valle h_u. La transizione dalla condizione di deflusso libero a quella di sommergenza (pedice L) è denominata *limite di sommergenza* (inglese: "modular limit") ed è rappresentata dal parametro σ_L; essa rappresenta una caratteristica di fondamentale importanza per tutti i manufatti utilizzati per la misura della portata.

In generale, un canale Venturi può presentare diverse *condizioni di funzionamento* a seconda del valore assunto dal tirante idrico a valle, come descritto nella Fig. 12.6:

- corrente veloce con formazione di un'onda di shock (capitolo 16);
- corrente veloce nel tratto di espansione della gola venturimetrica, con conseguente formazione di un risalto idraulico diretto (capitolo 7); per tale motivo alle volte il canale Venturi è anche denominato *misuratore a risalto*;

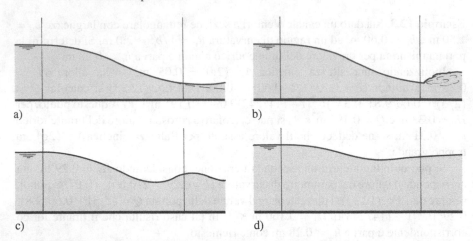

Fig. 12.6. Condizioni di moto in un canale Venturi per valori crescenti del tirante idrico di valle: a) corrente veloce con formazione di un'onda di shock; b) risalto idraulico diretto; c) risalto idraulico ondulato; d) condizione di sommergenza con ricircolazione superficiale

- superficie idrica con risalto ondulato a valle (capitolo 7);
- corrente fortemente rigurgitata da valle con formazione di un getto di superficie (capitolo 10).

Entrambi i casi a) e b) della Fig. 12.6 rappresentano condizioni tipiche di funzionamento del venturimetro e la formazione di un risalto idraulico diretto è la conferma dell'assenza di una qualsiasi forma di rigurgito da valle. Il passaggio da risalto idraulico diretto a risalto ondulato avviene generalmente per valori del numero di Froude compresi tra 1 e 2, per cui la presenza di un risalto ondulato può coesistere con entrambe le condizioni di efflusso libero o sommerso. Tale condizione di transizione è difficile da considerare in dettaglio, poiché dipende essenzialmente dalla formazione di un risalto idraulico in un canale divergente ed è pertanto dettata dalla particolare geometria del manufatto.

Il *limite di sommergenza* è spesso espresso in termini percentuali; ad esempio, un limite di sommergenza del 70% indica che il manufatto risulta *sommerso* appena il tirante idrico di valle h_u diventa di ampiezza superiore al 70% del tirante idrico di monte h_o. Quindi, in tal caso, il deflusso non sarà rigurgitato per $h_u/h_o < 70\%$.

Per canali Venturi con pendenza di fondo costante, o addirittura dotati di soglia di fondo, i tiranti idrici vanno misurati rispetto alla quota del fondo della sezione di stato critico. Generalmente i venturimetri per canali presentano limiti di sommergenza compresi tra il 70 e l'80%, significativamente più alti rispetto alle soglie in parete sottile. Il limite di sommergenza di un canale Venturi è quindi confrontabile con quello di uno stramazzo a larga soglia (capitolo 10). Dal momento in cui il tirante idrico di valle h_u supera il limite di sommergenza, la portata diventa estremamente sensibile al valore di h_u e, di conseguenza, la *accuratezza* della misura risulta insoddisfacente; per tale motivo i venturimetri per canali dovrebbero sempre funzionare in condizioni di *deflusso libero*. In alcuni casi, il problema della sommergenza può essere superato inserendo un gradino a valle del manufatto, come già illustrato nella Fig. 12.1b.

12.2.5 Confronto con le osservazioni di laboratorio

I primi venturimetri per canali sono stati utilizzati alla fine della Prima Guerra Mondiale negli USA, e tale manufatto fu diffusamente impiegato in Italia ben prima dell'inizio del secondo conflitto mondiale [15]; ad ogni modo, il primo venturimetro concepito secondo specifiche tecniche precise fu quello proposto da Khafagi [11], a seguito di prove di laboratorio. Hager [8] ha rivisitato il quadro delle conoscenze sui canali Venturi.

Il *venturimetro tipo Khafagi* ha le seguenti caratteristiche (Fig. 12.7):

- imbocco raccordato con arco di circonferenza;
- sezione trasversale rettangolare;
- gola venturimetrica non prismatica;
- tratto divergente con angolo di apertura circa pari a 1:10.

Purtroppo i dati sperimentali originali non sono disponibili, ma è nota semplicemente la procedura di calcolo, che peraltro tiene superficialmente conto dell'effetto della curvatura delle linee di corrente. Per $U < 0.5$, le equazioni originali di progetto proposte da Khafagi sono in buon accordo con l'Eq. (12.33), analogamente a quelle successivamente pubblicate da Blau [3].

Barczewski e Juraschek [2] hanno analizzato una serie di prove sperimentali effettuate su venturimetri tipo Khafagi e rilevarono un'apprezzabile influenza del tirante relativo h_o/b_c, che può essere considerato un indicatore della curvatura delle linee di corrente. Con riferimento al proprio dominio di applicabilità, l'Eq. (12.33) ben riproduce i loro dati sperimentali.

Robinson e Chamberlain [17] hanno successivamente introdotto il *canale Venturi a sezione trapezia* con una inclinazione costante m delle pareti ed un opportuno tronco di raccordo con la sezione rettangolare di monte. Per valori di m pari a $3^{1/2}$, 1 e $3^{-1/2}$, e valori della larghezza nella sezione ristretta b_c pari a 0, 50 e 100 mm, i risul-

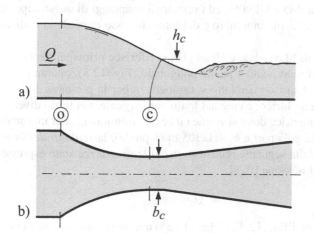

Fig. 12.7. Venturimetro tipo Khafagi: a) sezione longitudinale con indicazione della *sezione critica*; b) pianta [11]

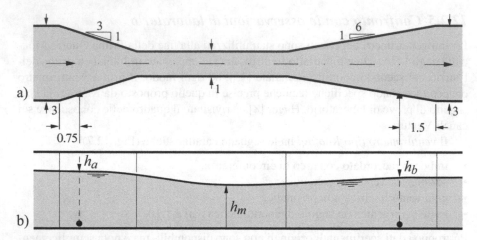

Fig. 12.8. Canale Venturi rettangolare lungo secondo Skogerboe e Hyatt [18]: a) pianta; b) sezione. Distanze espresse in piedi (1 ft = 0.305 m), (•) sezioni di misura

tati sperimentali sono in buon accordo con quelli forniti dalla procedura di progetto convenzionale. Questo venturimetro si caratterizza per le seguenti peculiarità: costi di costruzione poco competitivi, applicazione maggiormente diffusa nei sistemi di irrigazione, piuttosto che in quelli di drenaggio, e limite di sommergenza compreso tra l'80 ed il 90%.

Bos e Reinink [4] hanno curato un successivo sviluppo del venturimetro a sezione trapezia, adottando un'unica inclinazione delle sponde (1:1) ed inibendo la formazione di fenomeni di separazione della corrente mediante l'imposizione di un rapporto di convergenza all'imbocco inferiore a 1:2. È stato successivamente verificato che la procedura di progetto convenzionale trova applicabilità purché i tiranti idrici siano modesti ed il deflusso non sia rigurgitato. Il limite di sommergenza di tale manufatto è compreso tra l'85 ed il 90%, ed i principali svantaggi di questo tipo di dispositivo sono dati dal notevole ingombro e dal fatto che esso richiede la realizzazione di un gradino.

Lo studio di Skogerboe e Hyatt [18] si riferisce principalmente a *canali Venturi lunghi* con fondo piano e pianta poligonale (Fig. 12.8), operanti in condizioni di *sommergenza*. Questo manufatto si caratterizza per la presenza di tre sezioni per la lettura del tirante idrico, e cioè nel tratto convergente, nel tratto divergente, e lungo la gola venturimetrica dove si verifica il tirante minimo h_m. Per un canale avente una larghezza della gola pari a $b_c = 0.305$ m (1 piede), la *scala di deflusso* del venturimetro è data dalla seguente relazione, in cui le grandezze sono espresse nel sistema di misura anglosassone [ft; s]:

$$Q = 2.87 h_a^{1.525}. \tag{12.35}$$

A confronto con l'Eq. (12.33), l'Eq. (12.35) non porta in conto tutti i possibili effetti; il limite di sommergenza σ_L è pari a circa l'88%, e la portata in condizioni di sommergenza Q_s può essere espressa mediante il *fattore di sommergenza* $\psi = Q_s/Q$. Detto

$S = h_u/h_o$ il rapporto tra i tiranti idrici, i dati sperimentali sono ben approssimati dalla seguente relazione

$$\psi = 1 - (S - \sigma_L)^{1.5}, \tag{12.36}$$

in cui $\sigma_L = 0.88$ è appunto il limite di sommergenza.

Dalle suddette considerazioni si può concludere che non esistono particolari controindicazioni all'impiego di venturimetri lunghi, il cui svantaggio principale è rappresentato dal notevole spazio di ingombro e quindi dai costi connessi. Dunque, sono essenzialmente le ragioni economiche a far preferire il venturimetro breve a quello lungo. Una eccezione può essere rappresentata dal venturimetro tipo Khafagi, visto che può essere considerato come un dispositivo di misura che rappresenta un compromesso tra i due suddetti estremi progettuali.

12.2.6 Canale Venturi mobile per pozzetti fognari

Un particolare tipo di venturimetro per canali è stato concepito da Palmer e Bowlus [16], consistente in un *dispositivo portatile* che può essere inserito nella sezione di uscita di un pozzetto avente sezione ad U con diametro D. La sezione ristretta ha una lunghezza $L_e = D$ ed una geometria trapezia con inclinazione delle sponde $m = 2$ (Fig. 12.9), mentre sul fondo è presente una soglia di altezza $s_e/D = 1/3$ [20]; la larghezza di base ha una dimensione ottimale pari a $b_e = D/3$. La soglia di fondo presenta a monte una rampa di raccordo con inclinazione 1:3, mentre a valle il salto avviene in modo brusco. La sezione di misura del tirante idrico di monte h_o dovrebbe essere ubicata a monte della soglia, ad una distanza compresa tra $(1/2)D$ e $(3/2)D$.

Il rapporto tra le portate osservate e quelle calcolate secondo la procedura convenzionale (vedi anche capitolo 13) vale circa 0.97 per $(h_o - s_e)/D \to 0$, è pari a 1.0 per $(h_o - s_e)/D = 0.75$ e cresce rapidamente fino a 1.1 per $(h_o - s_e)/D \cong 0.92$. Si può quindi ritenere che nel normale dominio di funzionamento del dispositivo, e cioè per $0.1 < (h_o - s_e)/D < 0.85$, il valore del *coefficiente di efflusso* varia in modo contenuto, e comunque in misura inferiore al $\pm 3\%$.

Il *limite di sommergenza* varia poco al variare del tirante di monte h_o, con un valore massimo pari all'85%. Le modifiche introdotte da Wells e Gotaas [20] hanno certamente contribuito a migliorare la funzionalità del manufatto per la misura di

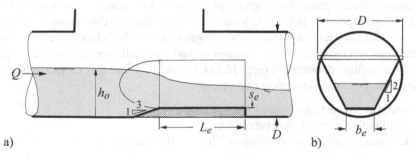

Fig. 12.9. Venturimetro di Palmer-Bowlus, come modificato da Wells e Gotaas [20]: a) sezione longitudinale; b) sezione trasversale

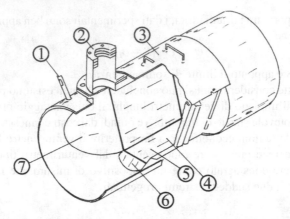

Fig. 12.10. Venturimetro Palmer-Bowlus modificato da [13]: ① supporto, ② dispositivo per la misura del tirante idrico, ③ coperchio di chiusura, ④ rialzo del fondo, ⑤ sezione ristretta, ⑥ rampa di monte, ⑦ raccordo laterale

portata in fognatura. La Fig. 12.10 è stata estratta dal lavoro di Komiya et al. [13] che hanno ulteriormente approfondito lo studio di questo tipo di manufatto, sul quale pare non siano stati eseguiti ulteriori indagini sperimentali. A tale proposito, si rinvia al capitolo 13 per la spiegazione delle condizioni di funzionamento di *venturimetri mobili* o *portatili*, con particolare riferimento al loro possibile utilizzo nelle canalizzazioni fognarie.

12.3 Venturimetro corto

Il primo canale Venturi di tipo *corto*, talvolta denominato *venturimetro senza gola* (inglese: "cut-throat Flume"), è stato introdotto nel 1967 da Skogerboe e Hyatt [19]. Il tronco venturimetrico fu inserito in un canale rettangolare, con un rapporto di contrazione a monte pari a 1:3, e di divergenza a valle pari a 1:6. Il manufatto presenta un'unica sezione ristretta, senza una gola venturimetrica prismatica di lunghezza finita. Questo tipo di venturimetro trova applicazione sia in condizione di deflusso libero che di sommergenza, e richiede la lettura del tirante idrico in due sezioni prestabilite. In particolare, il tirante di monte h_a va rilevato ad (1/3) della lunghezza del convergente, mentre il tirante di valle h_b va osservato ad (1/6) della lunghezza del divergente dalla sua sezione di estremità (Fig. 12.11). I principali *vantaggi* di questa tipologia di manufatto possono essere così sintetizzati:

- semplice geometria costruttiva;
- similitudine tra modello e prototipo;
- le sezioni di misura sono ubicate all'interno del manufatto.

Il venturimetro corto è stato poi sviluppato da Keller [10] usando un rapporto tra le larghezze $b_c/b_o = 0.52$; sulla base dei suoi dati sperimentali la *scala di deflusso*

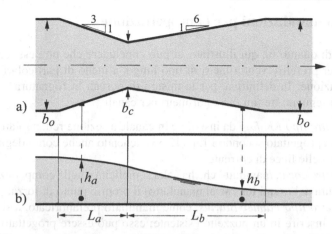

Fig. 12.11. Venturimetro corto secondo Keller [10]: a) pianta; b) sezione longitudinale con indicazione delle sezioni di misura. (•) Sezioni di misura

del manufatto, in assenza di sommergenza, può essere così formulata [8]:

$$Q = (2/3)^{3/2}(gb_c^2h_a^3)^{1/2}[1 + 0.25h_a/b_c]. \qquad (12.37)$$

Tale equazione è simile all'Eq. (12.33), con un fenomeno di chiamata allo sbocco sul tirante idrico h_a. Le differenze tra i valori sperimentali e quelli calcolati con l'Eq. (12.37) sono contenute entro una fascia di ampiezza del ±5%. Il *limite di sommergenza* σ_L è essenzialmente funzione del tirante idrico relativo h_a/b_c secondo la relazione

$$\sigma_L = (2/3)(b_c/h_a)^{1/3}. \qquad (12.38)$$

L'Eq. (12.38) è valida per $0.5 < \sigma_L < 0.95$ e dimostra che correnti idriche con bassi tiranti idrici sono molto meno sensibili alla sommergenza rispetto a quelle caratterizzate da tiranti idrici più elevati in cui si ha una significativa curvatura delle linee di flusso. Ovviamente, in presenza di sommergenza, la misura della portata non è attendibile.

Esempio 12.4. Sia assegnato un canale Venturi corto, con $b_o = 1.0$ m, $b_c = 0.52$ m, $h_a = 0.47$ m e $h_b = 0.32$ m. Calcolare il valore della portata.

Dall'Eq. (12.38) è possibile calcolare il valore del limite di sommergenza $\sigma_L = (2/3)(0.52/0.47)^{1/3} = 0.69$, per cui il tirante di valle dovrà essere inferiore al valore limite $h_{bL} = 0.69 \cdot 0.47 = 0.33$ m. Poiché $h_b = 0.32$ m < 0.33 m, la condizione di deflusso libero è garantita.

Dall'Eq. (12.37) si può quindi calcolare il valore della portata che sarà pari a $Q = (2/3)^{3/2}(9.81 \cdot 0.52^2 0.47^3)^{1/2}[1 + 0.25(0.47/0.52)] = 0.35$ m^{3}s^{-1}. Il valore del numero di Froude della corrente in arrivo è pari a $F_a = Q/(gb_a^2h_a^3)^{1/2} = 0.35/(9.81 \cdot 0.84^2 0.47^3)^{1/2} = 0.35 < 0.5$, per cui è da escludere la formazione di ondulazioni delle superficie libera.

12.4 Raccomandazioni per la progettazione

Sulla scorta di quanto fin qui illustrato, si può concludere che non esistono ragioni particolari per preferire venturimetri di tipo lungo, a meno di particolari condizioni di installazione. In definitiva, per la misura di portata in fognatura, si possono considerare i seguenti tre tipi di venturimetri per canali:

- *venturimetro tipo Khafagi* da installare in canale a sezione rettangolare; tale manufatto va progettato secondo l'Eq. (12.33), tenendo anche conto degli effetti di curvatura delle linee di corrente;
- *venturimetro corto*, manufatto che ha nella semplicità e nella compattezza (sezioni di misura dei tiranti interne al manufatto) il proprio punto di forza;
- *venturimetro tipo Palmer-Bowlus*, come manufatto prefabbricato, a sezione trapezia, da inserire in un pozzetto esistente; esso può essere progettato mediante l'Eq. (12.34).

Dalla analisi della bibliografia si può concludere che il *canale Venturi con sezione trapezia*, installato in collettore rettangolare e con imbocco tipo Khafagi, richiede certamente ulteriori studi sistematici di laboratorio. Tale tipo di manufatto, analizzato da Hager [7], è stato anche applicato per la misura della portata all'ingresso di alcuni impianti di depurazione delle acque reflue. La interessante peculiarità di questo dispositivo è data dalla possibilità di misurare portate variabili in un intervallo abbastanza ampio, con contenuti valori delle perdite di carico. La Fig. 12.12 mostra le fotografie di un modello fisico realizzato in laboratorio secondo le indicazioni dell'Eq. (12.34).

Le indicazioni progettuali fornite consentono di dimensionare venturimetri per canali che, in assenza di fenomeni di sommergenza, garantiscono un'accuratezza del-

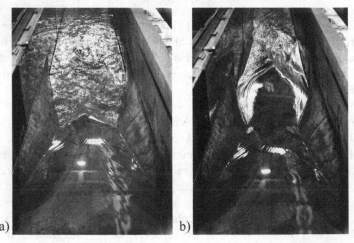

Fig. 12.12. Modello fisico di un canale Venturi a sezione trapezia: a) condizione di deflusso libero con risalto idraulico diretto (VAW 26784); b) formazione di onde di shock in presenza di corrente veloce a valle (VAW 26782)

la misura pari ad almeno ±3%, avendo l'accortezza di evitare valori eccessivamente piccoli dei tiranti idrici e delle portate. Circa il limite di sommergenza di questi manufatti, esistono varie indicazioni al riguardo, ma si può generalmente ritenere che non sia inferiore all'80%. In definitiva, i venturimetri per la misura di portata in canali a pelo libero sono strutture che trovano piena applicazione nei sistemi fognari, facendo però attenzione alla loro *corretta realizzazione*, oltre che alla loro corretta modalità di funzionamento (ad esempio, scarsa accuratezza della misura in presenza di effetti di sommergenza).

Simboli

A	[m^2]	sezione idrica
b	[m]	larghezza del canale
B_s	[m]	larghezza di pelo libero
D	[m]	diametro del canale
F	[-]	numero di Froude
g	[ms^{-2}]	accelerazione di gravità
h	[m]	tirante idrico
H	[m]	energia specifica
k_s	[m]	scabrezza equivalente in sabbia
L_e	[m]	lunghezza della gola venturimetrica
m	[-]	pendenza delle sponde della sezione trapezoidale
q	[-]	portata adimensionale critica
Q	[m^{3}s^{-1}]	portata
R_c	[m]	raggio di curvatura dell'imbocco del venturimetro
R_h	[m]	raggio idraulico
R	[-]	numero di Reynolds
s	[-]	$= mh/b$ tirante idrico relativo nella sezione trapezoidale
s_e	[m]	altezza della soglia di fondo
S	[-]	$= h_u/h_o$ rapporto tra i tiranti idrici
t	[-]	$= m''h/b''$ curvatura relativa nella sezione trapezoidale
u	[-]	parametro di curvatura relativo a h
U	[-]	parametro di curvatura relativo a H
V	[ms^{-1}]	velocità
W	[-]	numero di Weber
x	[m]	ascissa
y_c	[-]	$= m_c h_c/b_c$ grado di riempimento critico
y_o	[-]	$= m_c h_o/b_c$ grado di riempimento della corrente in arrivo
Y	[-]	$= m_c H_c/b_c$ energia specifica relativa
β	[-]	$= b_o/b_c$ rapporto di restringimento
ψ	[-]	fattore di sommergenza
ν	[m^{2}s^{-1}]	viscosità cinematica
ρ	[kgm^{-3}]	densità del fluido
σ	[Nm^{-1}]	tensione superficiale
σ_L	[-]	limite di sommergenza

Pedici

a   inizio del venturimetro, sezione di lettura di monte
b   sezione di lettura di valle
c   sezione critica
e   gola o tronco venturimetrico
L   limite di sommergenza
m   minimo
o   monte
s   superficiale
u   valle

Bibliografia

1. Ackers P., White W.R., Perkins J.A., Harrison A.J.M.: Weirs and flumes for flow measurement. John Wiley & Sons, New York (1978).
2. Barczewski B., Juraschek M.: Ermittlung der Abflussbeziehung von Venturikanälen [Valutazione della scala di deflusso di venturimetri per canali]. Wasserwirtschaft **73**(5): 149–154 (1983).
3. Blau E.: Die modellmässige Untersuchung von Venturikanälen verschiedener Grössen und Form [Studi di modelli di canali Venturi aventi differenti dimensioni e forma]. Veröffentlichung 8. Forschungsanstalt für Schiffahrt, Wasser- und Grundbau. Akademie-Verlag, Berlin (1960).
4. Bos M.G., Reinink Y.: Required head loss over long-throated flumes. Journal of Irrigation and Drainage Division ASCE **107**(IR1): 87–102 (1981).
5. Castro-Orgaz C.: Hydraulic design of Khafagi flumes. Journal of Hydraulic Research **46**(5): 691–698 (2008).
6. Hager W.H.: Critical flow conditions in open channel hydraulics. Acta Mechanica **54**: 157–179 (1985).
7. Hager W.H.: Venturikanäle [Canali Venturi]. Gas - Wasser - Abwasser **69**(7): 389–395 (1989).
8. Hager W.H.: Venturikanäle langer und kurzer Bauweise [Canali Venturi di tipo lungo e corto]. Gas – Wasser – Abwasser **73**(9): 733–744 (1993).
9. Hager W.H.: Discussion on "Hydraulic design of Khafagi flumes". Journal of Hydraulic Research **48**(2): 280–282 (2010).
10. Keller R.J.: Cut-throat flume characteristics. Journal of Hydraulic Engineering **110**(9): 1248–1263; **112**(11): 1105–1107 (1984).
11. Khafagi A.: Der Venturikanal [Il canale Venturi]. Versuchsanstalt für Wasserbau, Mitteilung 1. Leemann, Zürich (1942).
12. Kobus H. (ed.): Symposium on scale effects in modelling hydraulic structures. Technische Akademie, Esslingen (1984).
13. Komiya K., Utsumi H., Satori T.: Flow test on a 500mm Palmer-Bowlus flume. Flow - Its measurement and control in science and industry **2**: 613–619 (1981).
14. Miller D.S. (ed.): Discharge characteristics. IAHR Hydraulic Structures Design Manual 8. Balkema, Rotterdam (1994).
15. Nebbia G.: Venturimetri per canali a sezione di forma generica. Primi risultati sperimentali. Collana dell'Istituto di Costruzioni Idrauliche ed Impianti Speciali Idraulici della Reale Università di Napoli. Pubblicazione n. 18 (1938).

16. Palmer H.K., Bowlus F.D.: Adaption of the Venturi flumes to flow measurements in conduits. Trans. ASCE **101**: 1195–1239 (1936).
17. Robinson A.R., Chamberlain A.R.: Trapezoidal flumes for open-channel flow measurement. Trans. American Society of Agricultural Engineers **3**: 120–124 (1960).
18. Skogerboe G.V., Hyatt M.L.: Analysis of submergence in flow measuring flumes. Journal of the Hydraulics Division ASCE **93**(HY4): 183–200; 1968 **94**(HY3): 774–794; **94**(HY6): 1530–1531 (1967).
19. Skogerboe G.V., Hyatt M.L.: Rectangular cut-throat flow measuring flumes. Journal of Irrigation and Drainage Division ASCE **93**(IR4): 1–13; 1968 **94**(IR3): 357–362; **94**(IR4): 527–530; 1969 **95**(IR3): 433–439 (1967).
20. Wells E.A., Gotaas H.B.: Design of Venturi flumes in circular conduits. Trans. ASCE **123**: 749–775 (1958).

13

Misuratori mobili di portata

Sommario La gestione di un sistema fognario può richiedere che si debba procedere alla misura estemporanea della portata defluente in un collettore, anche accontentandosi di una stima approssimata del suo valore. Sono illustrati alcuni dispositivi mobili, di notevole utilità per la misura in campo della portata defluente in canali a sezione rettangolare, trapezia e circolare. Particolare attenzione è riservata alla definizione della scala di deflusso, del limite di sommergenza oltre che delle migliori condizioni di impiego per i vari dispositivi che, se correttamente installati, garantiscono una accuratezza della misura pari a ±5%. Infine, viene illustrato il funzionamento di un particolare venturimetro mobile (piatto Venturi), il cui utilizzo è raccomandato per la misura di portata in canali di notevoli dimensioni, con larghezza fino a 3 m. L'impiego di stramazzi come dispositivi mobili di misura non è raccomandato, a causa della elevata precisione richiesta in fase di installazione dalla quale dipende la accuratezza della misura.

13.1 Introduzione

Il parametro *portata* (inglese: "discharge") è di fondamentale importanza per la progettazione e la gestione dei sistemi fognari e depurativi; basti pensare al caso in cui è necessario conoscere il valore della portata in arrivo ad un impianto di depurazione, o ancora al caso in cui si vuole stimare la quantità di *acque parassite* che vengono drenate all'interno di un collettore fognario a causa della presenza di una falda molto superficiale. Inoltre, la stima della portata in determinate sezioni di chiusura di un sistema di collettori può anche tornare utile per la validazione dei risultati ottenuti da modelli numerici.

In generale, è possibile distinguere due tecniche di misura della portata:

* misura mediante stazione *fissa*, opportunamente attrezzata per la lettura e la eventuale registrazione dei dati, nonché per la verifica di un buon funzionamento del sistema di misura;
* misura mediante stazione *mobile*, da ubicarsi in diverse sezioni di una rete di collettori, a seconda di dove si rende necessario ottenere una stima della portata defluente ai fini dell'esercizio del sistema fognario, oppure allo scopo di valutare la portata di progetto per la progettazione di un eventuale intervento di adeguamento del sistema per rispondere a nuove esigenze di servizio.

Gisonni C., Hager W.H.: Idraulica dei sistemi fognari. Dalla teoria alla pratica.
DOI 10.1007/978-88-470-1445-9_13, © Springer-Verlag Italia 2012

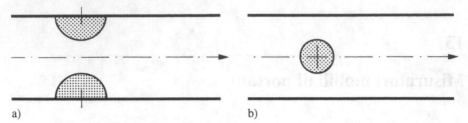

Fig. 13.1. Canale Venturi in a) installazione fissa e b) mobile

Nel primo caso, la stazione di *misura della portata* è attrezzata con tutti i componenti necessari, che sono installati in modo fisso e quindi risultano sempre disponibili; invece, una stazione *mobile* si presta ad una stima occasionale della portata stessa. Questo capitolo si sofferma sulla seconda tipologia, illustrando dispositivi che consentono una misura sufficientemente attendibile della portata defluente in un collettore, senza particolari vincoli di ubicazione della sezione di misura.

A differenza del capitolo 12, dedicato ai classici venturimetri per canali a pelo libero, in questo capitolo ci si occuperà del *canale Venturi mobile* (inglese: "mobile Venturi flume"), che ha fornito buoni risultati nelle pratiche applicazioni. Nel seguito vengono anche considerati altri dispositivi mobili della portata, per i quali sono messi in rilievo i rispettivi vantaggi.

13.2 Canale Venturi mobile

13.2.1 Principio di funzionamento

Il canale Venturi mobile può essere considerato come un classico venturimetro per canali (capitolo 12), ma con configurazione *invertita*, nel senso che, mentre nel venturimetro classico gli elementi che restringono la sezione sono installati alle pareti, nel caso del dispositivo mobile il restringimento è costituito da un ostacolo disposto in asse ad un canale prismatico, che può avere indifferentemente sezione rettangolare, trapezia o circolare.

L'utilizzo del *canale Venturi mobile* consente di stimare la portata mediante la lettura di un singolo valore del tirante idrico, rendendolo particolarmente indicato nelle applicazioni ai sistemi fognari, in cui la presenza di materiale grossolano rende inutilizzabili i metodi di misura basati sulla lettura di pressioni o velocità. La geometria del *tronco venturimetrico* può essere arbitraria, purché sia in grado di indurre il passaggio da corrente lenta a corrente veloce (capitolo 6). All'atto pratico, la forma del tronco venturimetrico deve rispondere al seguente duplice requisito: consentire un'esatta sagomatura ed evitare fenomeni di separazione del flusso in corrispondenza dell'ostacolo. Per tale motivo il tronco venturimetrico ha generalmente una forma arrotondata e, in particolare, la forma più diffusa è quella di un *cilindro* con sezione circolare. La Fig. 13.1 mostra un canale a sezione rettangolare in cui è installato un tronco venturimetrico, sia nella configurazione fissa che in quella mobile.

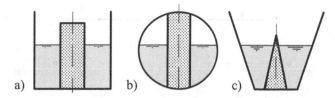

Fig. 13.2. Diverse condizioni di installazione di un canale Venturi mobile in: a) canale rettangolare; b) canale circolare; c) canale trapezio

Il tronco venturimetrico a sezione circolare rappresenta, in generale, un compromesso ottimale, mentre un corpo *conico*, che richiede la definizione di un ulteriore parametro geometrico (Fig. 13.2), può essere specificamente indicato per canali a sezione trapezia. Il *principio di funzionamento* di un dispositivo di misura mobile è analogo a quello di un dispositivo fisso e consiste nella realizzazione di una sezione di stato critico, di modo che la portata dipenda esclusivamente dal livello energetico della corrente in arrivo. L'interesse dei tecnici è rivolto alla definizione della scala di deflusso del dispositivo e del suo limite di sommergenza.

13.2.2 Canale Venturi mobile in sezione rettangolare

Diskin [2] è stato uno dei primi a descrivere l'utilizzo di questo dispositivo mobile per la misura della portata, facendo ricorso a corpi venturimetrici simili a pile di ponte, invece che a semplici cilindri, per i quali determinò la scala di deflusso e stimò un limite di sommergenza pari a circa l'80%. In presenza di liquami bruti, stracci e corpi grossolani possono essere intercettati dall'ostacolo, compromettendo la accuratezza della misura.

Successivamente, Hager [3] introdusse la forma del *cilindro circolare* installato sulle pareti laterali di un canale. Un siffatto dispositivo necessita di particolari attenzioni per la pulizia del manufatto per evitare che la sua scala di deflusso risulti influenzata dall'accumulo di corpi grossolani, e comunque il suo funzionamento idraulico risente degli effetti della curvatura delle linee di corrente (capitolo 12), come mostrato dallo stesso Hager [4].

Ueberl e Hager [11] hanno eseguito prove sperimentali su un *tronco venturimetrico standard*, costituito da un cilindro circolare installato in un canale a sezione rettangolare (Fig. 13.3). In assenza di fenomeni di sommergenza, a valle dell'ostacolo si formano *onde di shock* con una tipica conformazione a losanghe della superficie libera (capitolo 16), a riprova della esistenza di corrente veloce a valle del dispositivo, come richiesto per il corretto funzionamento di un venturimetro per canali non rigurgitato. In tale configurazione, invece del tirante idrico di monte h_o, viene misurato il valore del carico specifico H all'interno del cilindro che è dotato, sul lato di monte, di fori di diametro pari a 5 mm disposti ad interasse di circa 50 mm nel piano verticale di simmetria. Se l'allineamento dei suddetti fori è opposto alla corrente idrica che lo investe, con uno scostamento massimo compreso entro $\pm 5°$, il tirante idrico all'interno del cilindro è pari al carico specifico nel *punto di ristagno*, e quindi

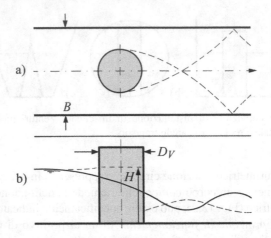

Fig. 13.3. Installazione di un canale Venturi mobile, con fila di fori a monte per la misura del carico specifico H nel punto di ristagno all'interno del cilindro: a) pianta; b) sezione longitudinale

al carico specifico H della corrente. Di seguito, si procede alla determinazione della portata Q misurata da tale dispositivo, in funzione del diametro del cilindro D_V e della larghezza B del canale rettangolare.

Nel rispetto della teoria dello stato critico (pedice c), la *portata critica* è data dalla relazione (capitolo 12)

$$Q_c = (B - D_V)[g(2H/3)^3]^{1/2},\tag{13.1}$$

che deve però essere corretta per portare opportunamente in conto gli effetti di viscosità, tensione superficiale e curvatura delle linee di corrente. I primi due effetti possono essere semplicemente trascurati, avendo cura di adottare dimensioni sufficientemente grandi del dispositivo, ovvero tali da soddisfare i seguenti requisiti dimensionali: $B \geq 0.30$ m, $(B - D_V) \geq 0.10$ m e $H \geq 0.10$ m.

In tal caso, la portata segue la *similitudine di Froude* e quindi la portata effettiva Q può essere espressa come $Q = qQ_c$, in cui q rappresenta la correzione dovuta all'effetto della curvatura delle linee di corrente, che può essere a sua volta valutata attraverso il parametro di curvatura $U = 2H^2/[D_V(B - D_V)]$, come espresso nel capitolo 12. In prima approssimazione, sulla scorta dell'Eq. (12.33), si può assumere $q = 1 + (14/243)U$, anche se Ueberl e Hager [11] hanno specializzato tale espressione per elevati valori di U nella seguente relazione:

$$q = 1 + \frac{(14/243)U}{1 + (1/7)(1 - \delta)U},\tag{13.2}$$

in cui $\delta = D_V/B < 1$ è il rapporto di restringimento. Per grandi valori di U, l'effetto della curvatura tende a $q_\infty = q(U \gg 1) = 1 + 0.4/(1 - \delta)$. Quindi, al ridursi di δ, si ottengono valori di q_∞ decrescenti. Per contro, al crescere di δ, aumenta la curvatura delle linee di corrente, con una conseguente riduzione della pressione lungo la superficie del cilindro, provocando un aumento di portata. In generale, si può ritenere che

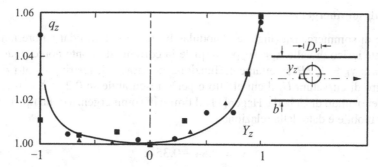

Fig. 13.4. Effetto dell'asimmetria di posizione Y_z sul coefficiente di correzione della portata q_z per diversi gradi di restringimento $\delta = $ (■) 0.32, (▲) 0.40, (●) 0.52

il *grado di restringimento* ottimale (inglese: "constriction degree") è pari a $\delta = 0.40$, con valori che possono oscillare nell'intervallo $0.3 < \delta < 0.6$, anche in funzione della massima portata da misurare e del limite di sommergenza. L'Eq. (13.2), nel caso in cui risulta $U < 5$, può quindi essere riscritta come

$$q = 1 + \frac{0.058U}{1 + 0.08U}. \tag{13.3}$$

Dunque il grado di restringimento ha un effetto indiretto sulla portata.

La Fig. 13.4 mostra l'*effetto dell'asimmetria* di posizionamento dell'ostacolo sulla portata misurata, espresso dal rapporto $q_z = Q/Q_a$, essendo Q_a il valore della portata misurata per la posizione assiale (pedice a) del cilindro. La coordinata trasversale normalizzata $Y_z = 2y_z/(B - D_V)$ varia tra gli estremi -1 e $+1$, che corrispondono al cilindro appoggiato ad una delle due pareti. Dalla Fig. 13.4 si apprezza che gli scostamenti della portata misurata sono contenuti entro il valore $\pm 1\%$ per $|Y_z| < 0.5$, e che quindi un minimo disassamento del cilindro non comporta grossi errori di misura. Inoltre, il valore del rapporto $q_z = Q/Q_a$ è massimo qualora l'ostacolo venga posizionato a ridosso di una delle pareti. Quindi, le suddette caratteristiche semplificano notevolmente l'impiego di un siffatto dispositivo che, inducendo una accettabile ostruzione nel canale, è in grado di fornire una stima sufficientemente accurata della portata anche in assenza di un perfetto posizionamento del cilindro, spesso reso difficoltoso dalla presenza di sedimenti sul fondo o da precarie condizioni di visibilità.

Esempio 13.1. In un canale rettangolare di larghezza $B = 1.2$ m, si determini il valore della portata corrispondente ad un'energia specifica $H = 0.57$ m, nel caso venga utilizzato un tronco venturimetrico di diametro $D_V = 0.60$ m. Il grado di restringimento è pari a $\delta = 0.6/1.2 = 0.50$, cui corrisponde un valore del parametro di curvatura $U = 2 \cdot 0.57^2/[(1.2 - 0.6)0.6] = 1.81$; pertanto, dall'Eq. (13.3) si ricava il valore del coefficiente di correzione relativo all'effetto della curvatura delle linee di corrente che sarà pari a $q = 1 + 0.058 \cdot 1.81/(1 + 0.08 \cdot 1.81) = 1.09$. In definitiva, dall'Eq. (13.1) si ottiene $Q_c = (1.2 - 0.6)[9.81(2 \cdot 0.57/3)^3]^{1/2} = 0.44$ m³s⁻¹, e quindi risulta $Q = Q_c q = 0.44 \cdot 1.09 = 0.48$ m³s⁻¹.

Limite di sommergenza

Il limite di sommergenza (inglese: "modular limit") è definito dal valore massimo del tirante idrico di valle $h_u = h_L$ per il quale la corrente di monte non è rigurgitata. Il rapporto $y_L = h_L/H$ è certamente funzione del grado di restringimento δ e del parametro di curvatura U, il cui effetto è però trascurabile se $0.2 < \delta < 0.7$. Sulla scorta dei risultati di Ueberl e Hager [11] il limite di sommergenza di un tipico canale Venturi mobile è dato dalla relazione

$$y_L = 0.84 - 0.35\delta. \tag{13.4}$$

Per quelli che sono i valori maggiormente ricorrenti del grado di restringimento δ, il tirante idrico di valle h_u può attingere valori massimi variabili tra il 60 ed il 75% dell'energia specifica di monte H; al valore ottimale $\delta = 0.4$ corrisponde un limite di sommergenza $y_L = 0.70$. Questo dispositivo presenta, in generale, un limite di sommergenza certamente migliore rispetto a quello degli stramazzi con soglia breve (capitolo 10), mentre esso è leggermente inferiore a quello che caratterizza un classico venturimetro par canali in configurazione fissa (capitolo 12).

La distanza L_f del *fronte* del risalto idraulico dalla estremità di valle del cilindro (Fig. 13.5a), ovvero la lunghezza relativa $\lambda = L_f/D_V$, è un *indicatore visivo* del limite di sommergenza; infatti, secondo quanto illustrato in Fig. 13.5b si può dire che

$$y_L = 0.6 + (1/6)(L_f/H), \tag{13.5}$$

da cui, sostituendo la espressione di y_L secondo l'Eq. (13.4), si ottiene

$$L_f/H = 1.5(1 - 1.5\delta). \tag{13.6}$$

Quindi per $0.2 < \delta < 2/3$ il fronte del risalto è sempre posizionato a valle del cilindro, mentre la corrente si può ritenere rigurgitata qualora il fronte interessi il cilindro, nel qual caso l'Eq. (13.1) non è più valida.

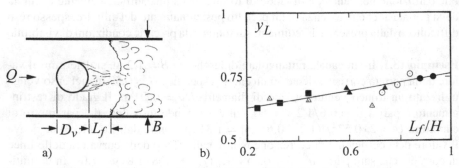

Fig. 13.5. Distanza L_f del fronte del risalto dall'estremità di valle del cilindro: a) schema; b) dati per $\delta = $ (●) 0.26, (○) 0.32, (▲) 0.40, (△) 0.52, (■) 0.60

Esempio 13.2. Stimare il limite di sommergenza per il caso dell'Esempio 13.1. Con $\delta = 0.50$, dall'Eq. (13.4) si ottiene $y_L = 0.84 - 0.35 \cdot 0.5 = 0.67$, per cui il tirante idrico di valle non dovrà superare il valore $h_L = 0.67 \cdot 0.57 = 0.38$ m.

Ipotizzando che il piede del risalto idraulico sia posizionato nella sezione in cui le onde di shock raggiungono le pareti (Fig. 13.3a), è possibile calcolare le caratteristiche della corrente a valle. Fino al piede del risalto (pedice 1), si può ritenere che l'energia sia pressoché costante. Per $H = 0.57$ m e $Q = 0.480$ m^{3}s^{-1}, si può quindi calcolare il corrispondente valore del tirante idrico $h_1 = 0.137$ m, per il quale risulta $H_1 = 0.137 + 0.48/(19.62 \cdot 1.2^2 0.137^2) = 0.571$ m. Essendo la velocità media pari a $V_1 = 0.48/(1.2 \cdot 0.137) = 2.92$ ms^{-1}, si può stimare il valore del numero di Froude della corrente al piede del risalto $F_1 = V_1/(gh_1)^{1/2} = 2.92/(9.81 \cdot 0.137)^{1/2} = 2.52$ e quindi, dall'Eq. (7.18), il corrispondente rapporto delle altezze coniugate $Y = 2^{1/2}F_1 - (1/2) = 1.41 \cdot 2.52 - 0.5 = 3.06$; da cui, $h_2 = Yh_1 = 3.06 \cdot 0.137 = 0.42$ m. L'energia specifica a valle del risalto sarà pari a $H_2 = 0.42 + 0.48^2/(19.62 \cdot 1.2^2 0.42^2) = 0.466$ m. In definitiva, per il caso in esame si può stimare che il tirante relativo di valle sia pari a $h_u/H = h_2/H = 0.42/0.57 = 0.74$ e quindi leggermente superiore al limite di sommergenza precedentemente calcolato.

L'*effetto di sommergenza* può espresso mediante il rapporto di sommergenza (capitolo 10)

$$\psi = Q_s/Q, \tag{13.7}$$

che risulta essere funzione del parametro $y_u = (h_u - h_L)/(H - h_L)$.

Per $\psi = 1$, la portata in condizioni di sommergenza (pedice s) è pari a quella in condizioni di deflusso libero, mentre la totale sommergenza corrisponde alla condizione $\psi = 0$, ovvero allorché risulta $h_u = H$. Dagli esperimenti su modello fisico è emerso che non sussistono effetti di U e δ sul parametro ψ. Per $y_u < 0.6$, il rapporto di sommergenza è pari a $\psi = 1 - (y_u/1.8)^2$. Quest'ultima espressione può essere leggermente modificata affinché risulti congruente con la condizione asintotica $\psi(y_u = 1) = 0$, secondo quanto formulato da Ueberl e Hager [11]

$$\psi = [1 - (y_u/1.8)^2][1 - y_u^{10}]. \tag{13.8}$$

Per $y_u = 0.5$, la riduzione di portata è pari a solo il 10%. Ovviamente, per una misura precisa della portata è preferibile ricorrere a condizioni di *deflusso libero*, per le quali, in laboratorio (Fig. 13.6), si ottiene un'accuratezza circa pari a $\pm 1.5\%$. In presenza di sommergenza, la accuratezza della misura è al più pari a $\pm 5\%$.

Esempio 13.3. Determinare la portata per l'Esempio 13.1 nel caso in cui il tirante di valle sia pari a $h_u = 0.50$ m.

Essendo $h_u = 0.50$ m, e $H = 0.57$ m, risulta $h_L = 0.38$ m (Esempio 13.2), da cui $y_u = (0.5 - 0.38)/(0.57 - 0.38) = 0.63$; dall'Eq. (13.8), è quindi possibile calcolare il valore del rapporto di sommergenza $\psi = [1 - (0.63/1.8)^2][1 - 0.63^{10}] = 0.88 \cdot 0.99 = 0.87$, per effetto del quale il valore della portata è pari a $Q = 0.87 \cdot 0.48 = 0.417$ m^{3}s^{-1}.

Ulteriori dettagli sul canale Venturi mobile sono illustrati nel paragrafo 13.3.

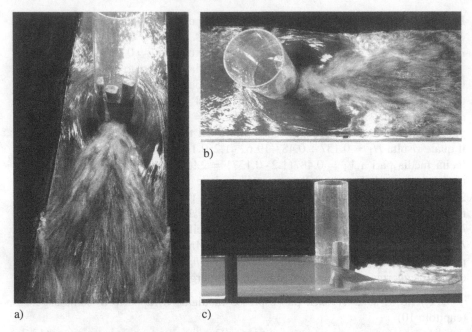

a)   b)   c)

Fig. 13.6. Canale Venturi mobile in una canaletta rettangolare (laboratorio): a) vista verso monte; b) vista dall'alto; c) vista laterale (flusso da sinistra a destra)

13.2.3 Canale Venturi mobile con ostacolo conico

Spesso, al fine di garantire una condizione di deflusso non rigurgitato, la sezione venturimetrica può richiedere un notevole dislivello dei carichi specifici tra monte e valle del dispositivo, in un canale rettangolare. Per valori elevati delle portate, potrebbe essere opportuno ricorrere ad un *canale Venturi trapezio* con un cilindro circolare, ma è ben noto ai più che la sezione rettangolare è di gran lunga quella maggiormente ricorrente nei collettori principali dei sistemi fognari. Per tale motivo, si può pensare di ricorrere ad un ostacolo a forma di *cono*, invece che di cilindro, in modo da rendere fruibile la scala di deflusso del dispositivo in un ampio intervallo di portate. La Fig. 13.7 mostra entrambe le suddette configurazioni.

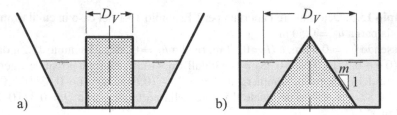

a)   b)

Fig. 13.7. Canale Venturi mobile costituito da: a) cilindro in sezione trapezia; b) cono in sezione rettangolare

Hager [5] ha analizzato gli effetti della curvatura delle linee di corrente nel caso di canali rettangolari con un ostacolo a forma di cono cilindrico. In tale caso, la *correzione della portata* è data dal parametro

$$q = 1 + \frac{\alpha U}{1 + \alpha U}, \qquad (13.9)$$

in cui $\alpha = 1/27 = 0.037$ per inclinazioni relative del cono $S_K = mH/(B - D_V) > 0.5$, essendo m (orizzontale): 1 (verticale) la pendenza del cono. Dall'Eq. (12.7), relativa alla portata critica per una sezione trapezia, si può ricavare la seguente relazione:

$$\left[\frac{m^3}{g(B - D_V)^5} \right]^{1/2} Q = [(2/3)mH/(B - D_V)]^{3/2} \left[1 + 0.70 \frac{mH}{B - D_V} \right], \qquad (13.10)$$

in cui D_V è il diametro di base del cono. Se viene misurato il tirante di monte h_o invece dell'energia specifica H, si rimanda a quanto illustrato nel paragrafo 12.2.1.

Esempio 13.4. In un canale rettangolare di larghezza $B = 0.90$ m viene inserito un cono circolare con diametro di base $D_V = 0.55$ m ed inclinazione $m = 0.50$ (angolo di apertura: 26.5°). Calcolare la portata corrispondente ad un valore dell'energia specifica $H = 0.42$ m.

Nel caso in esame il parametro S_K è pari a $S_K = mH/(B - D_V) = 0.5 \cdot 0.42/(0.9 - 0.55) = 0.60$, per cui dall'Eq. (13.10) si ottiene $[0.5^3/9.81(0.9 - 0.55)^5]^{1/2}Q_c = 1.56Q_c = [(2/3)0.6]^{3/2}[1 + 0.7 \cdot 0.6] = 0.359$, cui corrisponde un valore della portata $Q_c = 0.23$ m^{3}s^{-1}.

L'effetto della curvatura delle linee di corrente è pari a $U = 2H^2/[(B - D_V)D_V] = 2 \cdot 0.42^2/[(0.9 - 0.55)0.55] = 1.83$, per cui dall'Eq. (13.9) è possibile ottenere il valore del coefficiente correttivo della portata $q = 1 + 0.037 \cdot 1.83/(1 + 0.037 \cdot 1.83) = 1.063$, da cui risulta $Q = 1.063Q_c = 0.245$ m^{3}s^{-1}.

Poiché non sono a tutt'oggi disponibili dati circa l'impiego di dispositivi dotati di prese di pressione, nella pratica è prevalente il riferimento alla misura del tirante idrico di monte h_o, a partire dal quale il valore dell'energia H viene calcolato per un valore ipotizzato della portata Q. Ne consegue una determinazione della portata effettiva attraverso una procedura iterativa. Inoltre, le caratteristiche di sommergenza di tale dispositivo non sono mai state studiate.

Hager e Züllig [7] hanno utilizzato questo dispositivo per alcune applicazioni reali. La Fig. 13.8 illustra una versione modificata del venturimetro tipo Palmer-Bowlus (capitolo 12) in un *canale con sezione a U*. Il cono circolare, con una opportuna base di supporto, viene così a costituire una struttura compatta, che va fissata attraverso opportuni elementi di ancoraggio alle pareti del canale. Per installazioni semi-permanenti, si può prevedere il montaggio di un motore elettrico che, mantenendo in rotazione, continua o intermittente, il corpo conico impedisce l'accumulo di sostanze solide.

Il tronco venturimetrico può essere anche totalmente immerso nella corrente, senza inficiare significativamente la bontà della misura (Fig. 13.9).

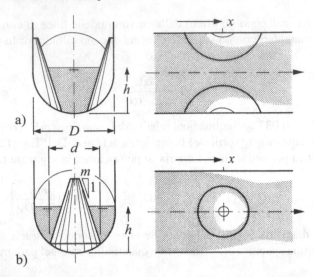

Fig. 13.8. Canale Venturi mobile in un canale con sezione a U: a) venturimetro tipo Palmer-Bowlus modificato; b) configurazione con cono circolare centrale

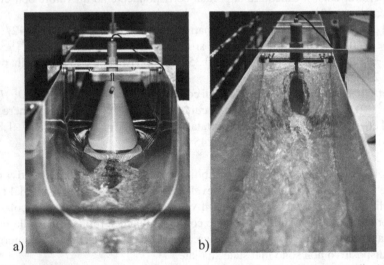

Fig. 13.9. Funzionamento di un canale Venturi con cono circolare in presenza di: a) portata modesta; b) portata elevata

Eventuale materiale di granulometria fine, trasportato in sospensione dalla corrente, tenderà a non accumularsi in prossimità del dispositivo, a causa dell'azione del *vortice a ferro di cavallo* (inglese: "horseshoe vortex") generato dall'ostacolo; inoltre si è riscontrato che la presenza di materiale più grossolano, trasportato sul fondo ed accumulatosi a monte del cono, non influenza il regolare funzionamento del dispositivo.

Una peculiarità che caratterizza la fattura dei normali *pozzetti di ispezione* (inglese: "standard manhole") è la scarsa accuratezza nella realizzazione della sezione ad U, spesso gettata in opera (capitolo 14) e quindi con tolleranze costruttive dell'ordine del centimetro. Poiché la portata dipende linearmente dalla larghezza netta $(B - D_V)$, la accuratezza del dispositivo può risultare insoddisfacente. Hager e Züllig [7] hanno proposto di ricorrere all'inserimento di un dispositivo mobile all'interno di un tratto di canale *prefabbricato* con sezione ad U, le cui dimensioni sono approssimate al millimetro, in modo da definire con accettabile precisione la geometria del manufatto. La condizione ideale di installazione prevede l'inserimento del dispositivo in un tronco di canale predisposto per l'alloggiamento, eventualmente anche con l'inserimento del motore per la rotazione del corpo conico; il rilevamento del tirante idrico può essere agevolmente eseguito mediante un misuratore ad ultrasuoni. L'installazione di idonee schede di acquisizione dei dati, corredate di *data logger*, può consentire la registrazione in continuo degli idrogrammi in un tronco fognario, utile senz'altro ai fini gestionali. Il bloccaggio e la tenuta idraulica del dispositivo sono garantiti dall'inserimento di opportuni elementi in materiale plastico (Fig. 13.10).

Fig. 13.10. Canale Venturi mobile, modificato per la misura di portate in pozzetti con sezione passante ad U [7]

13.3 Canale Venturi mobile in canale circolare

13.3.1 Dispositivo base

Hager [6] ha proposto l'adozione di un dispositivo mobile per canale a sezione circolare; il dispositivo può essere installato in un *collettore circolare* avendo accesso da un normale pozzetto di ispezione, in modo da superare i problemi dovuti alla scarsa finitura del tronco di collettore con sezione ad U, generalmente gettato in opera all'interno del pozzetto (paragrafo 13.2.3). Infatti, la tolleranza costruttiva di una tubazione commerciale è dell'ordine del millimetro a fronte di quella più grossolana di manufatti realizzati in cantiere. Il tronco venturimetrico è costituito da un cilindro verticale di diametro d; la Fig. 13.11 illustra la modalità basilare di installazione del dispositivo nella sezione di *uscita* di un pozzetto.

La sezione trasversale in corrispondenza del passaggio attraverso lo stato critico dipende dalla sezione del cilindro e da quella del collettore, con parziale riempimento. Indicando con $\delta = d/D$ il rapporto di restringimento del cilindro, e con $y = h/D$ il grado di riempimento, si può scrivere

$$A/D^2 = (4/3)y^{3/2}[1 - (1/4)y - (4/25)y^2] - \delta[y - (1/12)\delta^2].\qquad(13.11)$$

La condizione di stato critico è convenzionalmente definita dalla Eq. (6.2) (capitolo 6) che per la sezione circolare può essere riscritta come:

$$\frac{Q^2}{gD^5} = \frac{(A/D^2)^3}{\mathrm{d}(A/D^2)/\mathrm{d}y}\qquad(13.12)$$

e l'energia specifica relativa $Y = H/D$ è pari a

$$Y = y + (1/2)\frac{(A/D^2)^3}{\mathrm{d}(A/D^2)/\mathrm{d}y},\qquad(13.13)$$

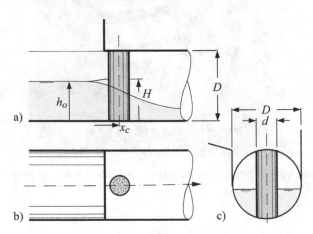

Fig. 13.11. Installazione di un canale Venturi mobile *a valle* di un pozzetto di ispezione: a) sezione longitudinale; b) pianta; c) sezione trasversale

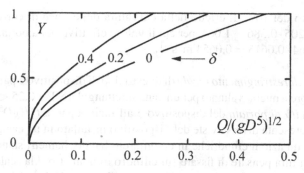

Fig. 13.12. Energia specifica relativa $Y = H/D$ in funzione della portata adimensionale $Q/(gD^5)^{1/2}$ per diversi valori del rapporto di restringimento $\delta = d/D$

in cui la larghezza di pelo libero adimensionalizzata può essere espressa come

$$d(A/D^2)/dy = y^{1/2}[2 - (5/6)y - (3/4)y^2] - \delta. \tag{13.14}$$

Per uno specifico grado di riempimento $y < 1$ ed un assegnato rapporto di restringimento δ, la portata può quindi essere definita in funzione dei parametri y e δ. Inoltre, sostituendo l'espressione del grado di riempimento tra le Eq. (13.12) e (13.13), si ottiene la relazione $Q(H)$ che regola il funzionamento del dispositivo (Fig. 13.12).

È possibile inoltre considerare la seguente approssimazione della *scala di deflusso*, in cui $\sigma = 0.525 - 0.36\delta$:

$$Q_c/(gD^5)^{1/2} = (Y/1.45)^{1/\sigma}. \tag{13.15}$$

Gli *effetti di curvatura* variano esclusivamente in funzione del parametro y/δ^2, per cui, sulla base di esperimenti effettuati [6] con $Y < 1$ e per rapporti di restringimento $0.25 < \delta < 0.35$, il corrispondente fattore correttivo può essere così stimato:

$$q = 0.985 + 0.205Y. \tag{13.16}$$

Per questo particolare tipo di canale Venturi mobile, il limite di sommergenza è approssimativamente pari all'80%, indipendentemente dal valore di Y.

Esempio 13.5. In un collettore circolare di diametro $D = 0.70$ m viene installato un tronco venturimetrico rappresentato da un cilindro circolare di diametro $d = 0.20$ m. Il valore osservato del carico specifico è $H = 0.27$ m. Determinare il valore della portata.

Il rapporto di restringimento è presto valutato e pari a $\delta = 0.2/0.7 = 0.286$, con l'energia specifica relativa pari a $Y = 0.27/0.70 = 0.386$. Essendo $\sigma = 0.525 - 0.360 \cdot 0.286 = 0.422$ e quindi $1/\sigma = 2.37$, la portata critica adimensionalizzata valutata secondo l'Eq. (13.15) è pari a $Q_c/(gD^5)^{1/2} = (0.386/1.45)^{2.37} = 0.0434$, da cui il valore della portata $Q_c = 0.0434(9.81 \cdot 0.7^5)^{1/2} = 0.0558$ m^{3}s^{-1}. Se invece si usano le Eq. (13.11)÷(13.14) si ottiene $Q_c = 0.0479(9.81 \cdot 0.7^5)^{1/2} = 0.0615$ m^{3}s^{-1}

con un aumento del 10%. L'effetto della curvatura delle linee di corrente è pari a
$q = 0.985 + 0.205 \cdot 0.386 = 1.064$, per cui il valore effettivo della portata misurata è
pari a $Q = 1.064 \cdot 0.0615 = 0.0654 \, \text{m}^3\text{s}^{-1}$.

Il *rapporto di restringimento ideale* di questo tipo di dispositivo è pari a $\delta = 0.30$,
e quindi inferiore a quello valutato per un canale rettangolare. Per $0.25 < \delta < 0.35$, la
massima *capacità di portata* del dispositivo è all'incirca pari a $Q/(gD^5)^{1/2} = 0.35$.
La Fig. 13.13 presenta diverse viste del dispositivo installato in un canale sperimentale. Poiché le tubazioni cilindriche in commercio hanno diametri standardizzati, si
potrebbe addirittura pensare di fissare sul cilindro di diametro d la scala di deflusso
valida per la sua installazione in un collettore di diametro D, in modo da agevolare
la lettura del dato misurato.

Dalle fotografie si nota come la superficie idrica è assolutamente priva di ondulazioni per piccoli valori della portata; anche per valori più elevati, quale ad esempio
la portata meteorica in un collettore misto, non si riscontra un significativo aumento di perturbazioni della superficie idrica, nonostante la maggiore turbolenza della
corrente a monte dell'ostacolo. L'*effetto della pendenza* non è stato appositamente
valutato, ma esso dovrebbe essere inferiore all'1% per evitare la formazione di un
risalto idraulico in prossimità del cilindro, il cui impiego è quindi sconsigliato per la
misura della portata in collettori con pendenze più elevate.

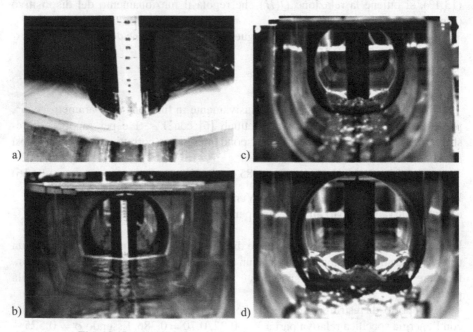

Fig. 13.13. Viste del tronco venturimetrico in un canale circolare

Un problema che può affliggere questo tipo di dispositivi, se installati per lunghi periodi, può essere rappresentato dal progressivo accumulo di *solidi*, principalmente stracci e corpi grossolani, che possono ostruire la sezione. In assenza di apposite esperienze di campo relative a lunghi periodi di installazione, è bene utilizzare questi dispositivi nella loro originale accezione di *misuratori mobili di portata*. Un ulteriore lavoro sull'argomento è quello di Samani et al. [10].

13.3.2 Dispositivo ottimizzato

Kohler e Hager [8] hanno proposto l'adozione di un venturimetro mobile da installarsi nella sezione *a monte* del pozzetto, di modo che le tolleranze costruttive del *cilindro in plexiglass* e della canalizzazione fognaria prefabbricata fossero entrambe dell'ordine di ±1 mm. La Fig. 13.14 illustra uno schema di installazione del dispositivo, denominato dagli autori come *Pipe Flume* (venturimetro per canale circolare).

La configurazione originaria del dispositivo (paragrafo 13.3.1) presenta due svantaggi particolari che vengono rimossi da quest'ultima modalità di installazione:

* la *zona di ristagno* a monte del cilindro è particolarmente turbolenta, con conseguenti oscillazioni del carico idraulico osservato in corrispondenza del cilindro che possono anche essere pari a ±5%;
* l'effetto della *pendenza del collettore* sulla ubicazione della sezione in cui misurare il tirante idrico non è trascurabile, analogamente a tutti i tronchi venturimetrici in generale.

Il dispositivo così ottimizzato è provvisto di una fila di fori realizzati in asse al cilindro, con interasse approssimativamente pari a $0.3d$, attraverso i quali l'acqua entra all'interno del cilindro. Il *livello di riempimento H* misurato all'interno del cilindro corrisponde esattamente alla profondità di ristagno e può essere tipicamente misurato con fluttuazioni contenute entro un'ampiezza pari a ±0.5 mm, escluden-

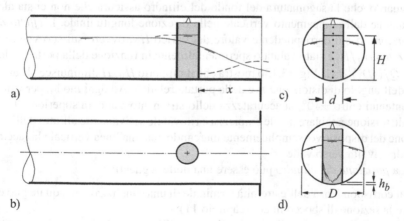

Fig. 13.14. Cilindro circolare installato come canale venturimetrico in una canalizzazione fognaria a sezione circolare, ubicato *a monte* del pozzetto: a) sezione longitudinale; b) pianta; c) vista da monte con fila verticale di fori; d) vista da valle

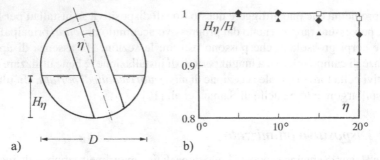

Fig. 13.15. Effetto della distorsione angolare: a) schema; b) carico normalizzato H_η/H in funzione dell'angolo η per $q^* \times 10^{-2} = $ (▲) 0.24, (♦) 1.47, (□) 19.6

do così le complicazioni indotte dalla pendenza del collettore sulla definizione della sezione in cui misurare il tirante idrico. La lettura del valore di H può essere effettuata visivamente attraverso la superficie in Plexiglass, oppure attraverso un trasduttore di pressione installato sul fondo del cilindro ed eventualmente collegato ad un *data logger*.

Il *posizionamento* del dispositivo avviene inserendo il cilindro nel tronco fognario a monte del pozzetto, e quindi bloccando lo stesso con un meccanismo ad incastro; è inoltre buona norma assicurare il dispositivo con una corda ad un punto fermo, in modo da evitarne il trascinamento verso valle da parte della corrente idrica in concomitanza di una notevole portata meteorica. Le installazioni di campo, fin qui realizzate, non hanno palesato particolari problemi di sigillatura del dispositivo, qualora si provveda a sagomare bene il fondo del cilindro.

Condizioni di accesso particolarmente disagiate possono comportare un alloggiamento non perfettamente verticale del dispositivo, il cui asse può deviare di un angolo η rispetto alla verticale (Fig. 13.15a) nel piano trasversale. Si precisa, a tale riguardo, che la sagomatura del fondo del cilindro assicura che non ci sia alcuna deviazione dall'allineamento verticale nella direzione longitudinale. L'*effetto della distorsione* η sul corrispondente valore del carico H_η, ovvero sul suo valore normalizzato H_η/H, è stato valutato sperimentalmente in funzione della portata relativa $q^* = Q/(gD^5)^{1/2}$; la Fig. 13.15b mostra che il rapporto H_η/H diminuisce all'aumentare dell'angolo di distorsione η e della portata relativa. Ad ogni modo, per valori di η contenuti entro $\pm 10°$, la accuratezza dello strumento è ancora superiore al $\pm 1\%$; una distorsione angolare di tale ampiezza è rilevabile visivamente all'atto dell'installazione del dispositivo, semplicemente marcando con una linea verticale la faccia del cilindro rivolta verso valle.

La *posizione del cilindro* può essere una delle seguenti:

- in corrispondenza dell'estremità terminale di una canalizzazione, quale può essere la sezione di sbocco libero (capitolo 11);
- in una sezione intermedia di un collettore, all'ingresso di un normale pozzetto di ispezione (Fig. 13.14), il cui fondo dovrà essere sagomato in modo da guidare la corrente (sezione ad U).

Indicando con $X = x/D$ la progressiva longitudinale normalizzata, essendo x la progressiva longitudinale a partire dalla sezione terminale, l'effetto dello sbocco è trascurabile per $X \geq 2.5$; pertanto, il dispositivo andrà posizionato ad opportuna distanza dalla sezione di estremità.

Per quanto riguarda la installazione a monte di un normale *pozzetto di ispezione*, i risultati sperimentali indicano che l'*effetto della pendenza di fondo* è trascurabile fino a valori pari a $S_o = 3\%$; in tali condizioni il dispositivo fornisce garanzie di buon funzionamento. Si consideri inoltre che per elevati valori delle pendenze si formano risalti idraulici che tendono a migrare verso monte in misura tanto più marcata quanto più elevato è il valore del grado di restringimento δ. Quindi, valori della pendenza S_o superiori al 3% sono incompatibili con un'accurata misura della portata, per effetto della scarsa *stabilità* della corrente in arrivo da monte.

Il *limite di sommergenza* di questo dispositivo diminuisce all'aumentare del rapporto $Y = H/D$; in ogni caso, il valore limite del parametro $y_L = h_L/H$ risulta sempre maggiore del 60%, essendo h_L il massimo valore accettabile del tirante idrico di valle. Il *venturimetro mobile per canale circolare* si caratterizza quindi per un valore del limite di sommergenza confrontabile con quello del canale Venturi corto (capitolo 12).

La *scala di deflusso* di un *Pipe Flume* è stata precedentemente illustrata al paragrafo 13.3.1, anche se possono insorgere alcune complicazioni di calcolo, se si intende portare in conto gli effetti della geometria della sezione trasversale e della curvatura delle linee di corrente. La portata relativa $q^* = Q/(gD^5)^{1/2}$ dipende dal valore del carico relativo nel cilindro $Y = H/D$ e dalla altezza relativa di soglia $Y_b = h_b/D$, essendo h_b il tirante idrico minimo imposto dalla presenza del cilindro (Fig. 13.14d). L'equazione di semplice impiego è data dalla funzione di potenza

$$q^* = M(Y - Y_b)^r, \tag{13.17}$$

in cui M è un coefficiente di proporzionalità e r un esponente che vale $r = 2$ per sezione rettangolare, $r = 2.5$ per sezione triangolare e $r = 3$ per sezione parabolica. Da un'attenta analisi dei dati sperimentali si può ritenere che il valore dell'esponente r possa essere costantemente assunto pari a $r = 2.5$, adottando opportune correzioni per il valore del coefficiente M.

L'*effetto del restringimento* $M_1(\delta)$ è dato dalla seguente equazione:

$$M_1 = 0.611 - 0.560\delta, \tag{13.18}$$

da cui si nota un effetto lineare della larghezza. L'effetto della pendenza di fondo, come già evidenziato prima, è assolutamente trascurabile. L'*effetto del grado di riempimento* $M_2(Y)$ ovvero della curvatura delle linee di corrente è pari a

$$M_2 = 0.64 \ln(3.62/Y). \tag{13.19}$$

In definitiva, la scala di deflusso generalizzata per il dispositivo *Pipe Flume*, installato a monte di un pozzetto con sezione ad U passante, è espresso dall'Eq. (13.17) in cui andrà posto $M = M_1 \cdot M_2$ [8] e quindi

$$q^* = 0.64(0.611 - 0.56\delta) \ln(3.62/Y)(Y - Y_b)^{2.5}. \tag{13.20}$$

In tale equazione, l'altezza minima di deflusso può essere espressa come $Y_b =$ $Y_h + Y_\delta$, essendo $Y_h = 3$ [mm]$/D$ la altezza capillare relativa e $Y_\delta = (1/2)[1 - (1 - \delta^2)^{1/2}] \cong (1/4)\delta^2$ la altezza relativa del restringimento. In definitiva, la portata relativa dipende esclusivamente dal grado di riempimento Y e dal grado di restringimento δ. Per valori $Y > 0.3$, i dati sperimentali si collocano in una fascia di ampiezza $\pm 5\%$ rispetto a quelli stimati dall'Eq. (13.20). Tale accuratezza può tranquillamente essere raggiunta anche nelle applicazioni in campo.

Esempio 13.6. Determinare la portata misurata da un venturimetro mobile in un collettore di diametro $D = 0.80$ m con diametro del cilindro pari a $d = 0.25$ m, per un valore del carico specifico nel punto di ristagno pari a $H = 0.63$ m.

Essendo $Y = 0.63/0.80 = 0.788$, e $Y_b = 0.003/0.80 + 0.25(0.25/0.80)^2 = 0.028$, per un grado di restringimento $\delta = 0.25/0.80 = 0.313$, l'Eq. (13.20) fornisce il seguente valore della portata relativa $q^* = 0.64(0.611 - 0.56 \cdot 0.313) \ln(3.62/0.788)$ $(0.788 - 0.028)^{2.5} = 0.64 \cdot 0.436 \cdot 1.525 \cdot 0.504 = 0.214$, e quindi $Q = q^*(gD^5)^{1/2} =$ $0.214(9.81 \cdot 0.80^5)^{1/2} = 0.384$ m^{3}s^{-1}.

La Fig. 13.16 si riferisce ad una condizione di sbocco libero a monte del quale è installato un dispositivo tipo Pipe Flume con $Y = 0.32$. Dalla vista laterale si apprezza una corrente regolare, con superficie libera priva di increspature che, superato il cilindro, effluisce dalla sezione terminale; la stessa figura mostra, per la medesima condizione di funzionamento, anche una vista da valle e dall'alto.

Ulteriori prove sperimentali sono state eseguite aggiungendo sabbia alla corrente idrica in arrivo, in modo da verificare potenziali fenomeni di *intasamento* (inglese: "clogging"). Il dispositivo ha una notevole capacità di auto-pulizia, grazie alla formazione di un vortice a ferro di cavallo che è in grado di rimuovere i sedimenti che si accumulano in prossimità del cilindro, in analogia con il processo di escavazione localizzata che si verifica al piede delle pile di ponti fluviali. Peraltro, oltre a non accumularsi a monte dell'ostacolo, i sedimenti tendono ad essere trasportati verso valle senza penetrare all'interno del cilindro attraverso i fori delle prese di pressione presenti sul suo lato di monte. La misura della portata non risente quindi della presenza di trasporto solido nella corrente idrica. Tali riscontri di laboratorio sono stati confermati anche a seguito di applicazioni del dispositivo in collettori fognari con notevole trasporto di materiale sabbioso o limoso; non sono stati registrati problemi di sorta, anche dopo un mese ininterrotto di funzionamento.

Osservazioni di campo effettuate in fognature caratterizzate dalla presenza di notevole trasporto di corpi grossolani hanno mostrato che la principale causa di *occlusione* del dispositivo è provocata dalla eventuale presenza di grosse quantità di carta o stracci; quindi, laddove si pensi di effettuare prolungate campagne di misura di portata, è opportuno effettuare una ispezione quotidiana del dispositivo, per sincerarsi dell'assenza di ostruzioni.

Fig. 13.16. Fotografie di un Pipe Flume per $Y = 0.32$: a) vista laterale; b) vista da valle; c) pianta

13.4 Misuratori mobili di portata con contrazione laterale

13.4.1 Piatto Venturi

Balloffet [1] ha proposto l'adozione di semplici elementi mobili, da inserire in canali rettangolari, per la misura della portata, anche se nel suo studio non ha affrontato il fenomeno di sommergenza per questi particolari dispositivi. La Fig. 13.17 mostra diverse configurazioni, con e senza sagomatura del dispositivo con prolungamento nella direzione della corrente; la scala di deflusso di tale dispositivo può essere determinata agevolmente.

Poiché le installazioni illustrate nelle Fig. 13.17b e 13.17c sono assimilabili a quelle di un venturimetro corto (capitolo 12), ci si soffermerà specificamente sull'elemento della Fig. 13.17a, che si distingue per semplicità e compattezza. Esso può senz'altro essere utilizzato come *dispositivo mobile* in canali a sezione rettangolare di

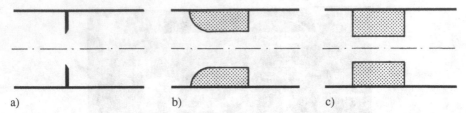

a)   b)   c)

Fig. 13.17. Elementi per il restringimento di un canale rettangolare, finalizzati alla misura della portata (modificata da [1])

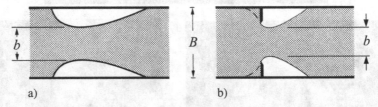

a)   b)

Fig. 13.18. Misura della portata mediante a) venturimetro corto; b) piatto Venturi

sufficiente larghezza, indicativamente con $B \geq 2$ m, dotati di manufatti per l'accesso al collettore. A differenza dei canali Venturi di tipo corto, in cui la corrente è guidata lungo il tratto convergente, nel caso del *piatto Venturi* (inglese: "plate-Venturi") si innescano zone di separazione del flusso (Fig. 13.18). A parità di larghezza della sezione contratta, il piatto Venturi di Fig. 13.18b richiede la installazione di elementi aventi larghezza inferiore a quelli del venturimetro corto di Fig. 13.18a.

13.4.2 Scala di deflusso

Secondo Hager [6], la portata di un *piatto Venturi* può essere stimata mediante l'Eq. (13.1), mentre gli effetti della curvatura delle linee di corrente sono portati in conto attraverso il parametro U, introdotto al paragrafo 13.2.2. Il raggio di curvatura delle linee di corrente non è più dato dalla geometria del dispositivo, ma dalla effettiva geometria delle linee di corrente in prossimità del dispositivo. Si può dimostrare che le linee di corrente hanno una curvatura che dipende dal rapporto H/b della corrente, essendo b la larghezza della sezione contratta a valle della luce di efflusso (Fig. 13.18b). Indicando con $\delta_B = b/B$ il rapporto di restringimento e con $W = H/b$ il carico specifico normalizzato, la *scala di deflusso*, con approssimazione pari a $\pm 3\%$, è data dalla seguente relazione:

$$Q = bg^{1/2}[(2/3)H]^{3/2}\left[0.828 + 0.057(\delta_B + 2\delta_B^4)\right]\left[1 + \frac{W^2}{3 + 5W^2}\right], \quad (13.21)$$

in cui il primo termine rappresenta il valore della portata critica così come definito dall'Eq. (13.1), il secondo termine comprende gli effetti del restringimento ed il terzo termine rende conto della velocità di arrivo delle corrente a monte del dispositivo. L'Eq. (13.21) è stata sperimentalmente verificata per i seguenti intervalli di variazione dei parametri fondamentali: $0.6 \leq \delta_B \leq 0.8$ e $H/b < 2$.

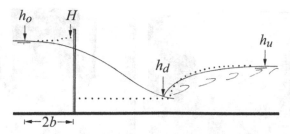

Fig. 13.19. Determinazione del limite di sommergenza con indicazione del profilo del pelo libero (—) in asse al canale, (...) alle pareti

La corrente idrica defluisce liberamente fintanto che i fronti di shock che si sviluppano a tergo dell'ostacolo non raggiungono le pareti, ed il vortice principale generato dal risalto idraulico viene ad interessare la zona di ricircolazione della corrente (Fig. 13.19); in asse alla corrente, il tirante idrico attinge il suo valore minimo h_d. Partendo da un approccio semplificato, è possibile dedurre una relazione tra il rapporto di sommergenza $S = h_u/h_o$ ed il numero di Froude $F_o = Q/(gB^2 h_o^3)^{1/2}$ della corrente di monte (Fig. 13.19), definendo così il seguente *limite di sommergenza* (pedice L):

$$S_L = [\sin(F_o \cdot 90°)]^{1/2}. \tag{13.22}$$

In linea generale, il deflusso in condizioni di sommergenza è da evitare, così come per tutti gli altri dispositivi utilizzati per la misura della portata.

Esempio 13.7. Si consideri un piatto Venturi installato in un canale largo $B = 2.7$ m con una sezione ristretta $b = 1.8$ m. Determinare il valore della portata per un valore del carico specifico $H = 0.96$ m.

Essendo $\delta_B = 1.8/2.7 = 0.67$ e $W = 0.96/1.8 = 0.53$, dall'Eq. (13.21) si può calcolare l'effetto del restringimento $[0.828 + 0.057(0.67 + 2 \cdot 0.67^4)] = 0.889$, nonché l'effetto della velocità di arrivo $[1 + 0.53^2/(3 + 5 \cdot 0.53^2)] = 1.064$, per cui ne risulta un valore della portata pari a $Q = 1.8 \cdot 9.81^{1/2}[(2/3)0.96]^{3/2}0.889 \cdot 1.064 = 2.73$ m^{3}s^{-1}.

Per $H = 0.96$ m, il tirante idrico corrispondente è $h_o = 0.90$ m, da cui $F_o = Q/(gB^2 h_o^3)^{1/2} = 2.73/(9.81 \cdot 2.7^2 0.90^3)^{1/2} = 0.38$. Dall'Eq. (13.22) è quindi possibile calcolare il limite di sommergenza del dispositivo che risulta pari a $S_L = [\sin(0.38 \cdot 90°)]^{1/2} = [\sin 34.2°]^{1/2} = 0.75$, per cui il tirante di valle non dovrà superare il valore limite $h_L = 0.75 \cdot 0.90 = 0.675$ m.

La Fig. 13.20 illustra diverse condizioni di funzionamento del dispositivo: deflusso libero (Fig. 13.20a) e limite di sommergenza (Fig. 13.20b), entrambe fotografate sia dall'alto che da valle. Si notino le differenze del processo di moto tra il tratto in cui il getto si espande a valle del restringimento ed il tratto più a valle interessato dalla presenza di un risalto idraulico. In entrambe le condizioni di funzionamento, il risalto idraulico presenta un fronte arcuato con due protrusioni verso monte in corrispondenza delle pareti. Se il rigurgito da valle è tale da spingere verso monte queste

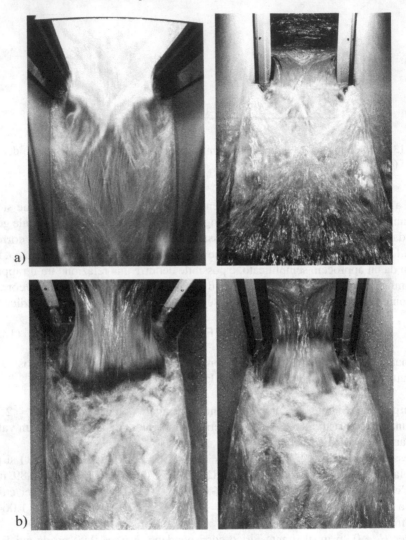

Fig. 13.20. Pianta (sinistra) e vista da valle (destra) del funzionamento di un piatto Venturi per: a) deflusso libero; b) condizione di sommergenza

propaggini del fronte del risalto fino ad interessare le zone di ricircolazione presenti immediatamente a valle del restringimento, allora la struttura della corrente veloce collassa innescando il fenomeno di sommergenza.

13.4.3 Aspetti pratici

A meno di casi particolari, il chiusino di accesso ai pozzetti fognari ha un diametro pari a 0.60 m, per cui la massima larghezza di un elemento provvisorio da calare in fognatura non dovrebbe superare 0.55 m. Il fissaggio alle pareti di un elemento ven-

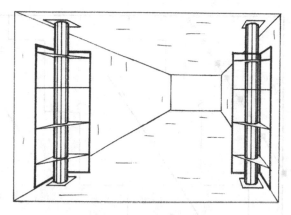

Fig. 13.21. Installazione di una stazione di misura mobile in un canale rettangolare

turimetrico avviene generalmente mediante supporti saldati ad un profilato metallico a L la cui massima larghezza è pari a 0.40 m. Il grado di restringimento $\delta_B = b/B$ dovrebbe essere non inferiore a 0.75 per evitare problemi di *stabilità* della corrente; da quanto detto, si deduce che la massima larghezza del collettore è pari a $B = 3$ m. Nel caso in cui questo dispositivo debba essere installato in collettori di maggiore larghezza, gli elementi venturimetrici devono essere calati in fognatura attraverso manufatti di accesso aventi dimensioni adeguate.

L'*elemento piatto* è costituito da una lamina di acciaio con una cresta sottile (capitolo 10), che viene reso solidale ad un altro piatto, ad esso perpendicolare, ed allineato con la parete; la struttura può essere eventualmente rinforzata con l'inserimento di elementi triangolari di irrigidimento saldati tra i due piatti verticali (Fig. 13.21). Il dispositivo, così costituito, va fissato al fondo ed al soffitto del canale, avendo cura di sigillare le parti a contatto con le pareti. Lo stesso dispositivo, con lievi modifiche, può essere installato anche in canali a cielo aperto.

L'*energia specifica H* potrebbe essere misurata nell'angolo della zona morta che si forma a monte del dispositivo a ridosso della parete del canale (Fig. 13.19), anche se in quel punto le oscillazioni del pelo libero possono essere sensibili a causa della elevata vorticosità del flusso. Quindi, il carico specifico viene determinato a partire dal tirante idrico di monte h_o, misurato in asse, ad una distanza pari a $2b$ a monte della sezione in cui è ubicato il restringimento. La trasformazione della relazione $Q(H)$ in quella $Q(h_o)$ può essere ottenuta ricorrendo ai valori relativi di alcune grandezze, specificamente, $w = h_o/b$ e $q^* = Q/(gb^5)^{1/2}$; si ottiene allora [6]:

$$W = w + \frac{1}{2}\left(\frac{q^*\delta_B}{w}\right)^2, \tag{13.23}$$

$$q^* = [(2/3)W]^{3/2}\left[0.828 + 0.057(\delta_B + 2\delta_B^4)\right]\left[1 + \frac{W^2}{3 + 5W^2}\right]. \tag{13.24}$$

La Fig. 13.22 mostra un tipico andamento della relazione $q^*(w)$ per diversi valori del grado di restringimento δ_B.

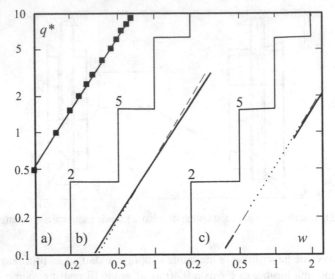

Fig. 13.22. Portata relativa $q^* = Q/(gb^5)^{1/2}$ in funzione del tirante relativo a monte $w = h_o/b$ per diversi valori grado di restringimento $\delta_B = $ a) 0.20; b) 0.66; c) 0.33

13.5 Misura della portata con stramazzi mobili

L'inserimento di canali Venturi di tipo convenzionale in collettori con sezione rettangolare o ad U può risultare difficoltoso; per tale motivo, in passato sono stati condotti diversi studi sulla misura della portata attraverso stramazzi mobili. In tutte le applicazioni, è stato sempre fatto riferimento a stramazzi in parete sottile di tipo rettangolare o triangolare (capitolo 10). In tal caso gli *stramazzi* sono costituiti da piatti metallici di piccolo spessore, installati nella sezione di entrata del canale in un pozzetto, avendo cura di fissare il dispositivo alle pareti, anche garantendo una buona tenuta idraulica. Come detto in precedenza, la finitura della sezione ad U, passante attraverso un pozzetto ordinario, lascia spesso a desiderare, creando problemi per un corretto alloggiamento dello stramazzo, con ovvie conseguenze sulla esatta definizione della quota della soglia e della sua perfetta orizzontalità.

Inoltre, in corrispondenza di questo tipo di dispositivi, si verifica una notevole riduzione della velocità della corrente a monte degli stessi, innescando potenzialmente fenomeni di accumulo di *sostanze solide* nel collettore fognario a monte del punto di misura; pertanto l'installazione per lunghi periodi di una soglia presenta gli svantaggi già evidenziati, in generale, per i dispositivi mobili (paragrafo 13.3).

Un significativo *svantaggio* degli stramazzi mobili è rappresentato dalla esigenza di determinare il carico sullo sfioro, misura che deve normalmente avvenire ad una distanza pari ad almeno due diametri del canale a monte dello stramazzo stesso, ciò comportando ovvi problemi di accessibilità. Inoltre, per fognature di diametro inferiore a $D = 0.50$ m, il carico sulla soglia è talmente modesto che l'errore di misura nella lettura della quota della superficie libera induce notevoli errori di stima della portata. Le suddette limitazioni giustificano il loro utilizzo solo in casi particolari, e non come dispositivo da raccomandare in generale.

I venturimetri mobili offrono sicuramente maggiori vantaggi e garanzie di accuratezza della misura della portata a confronto degli stramazzi mobili. Peraltro tali conclusioni sono in perfetto accordo con quelle esposte da Saitenmacher [9] che confrontò il funzionamento idraulico di uno stramazzo triangolare mobile con quello di un tradizionale canale Venturi.

Simboli

A	$[m^2]$	sezione idrica
b	$[m]$	larghezza della sezione contratta
B	$[m]$	larghezza del canale
d	$[m]$	diametro del cilindro in un canale circolare
D	$[m]$	diametro del canale
D_V	$[m]$	diametro del cilindro, diametro di base del cono
F	$[-]$	numero di Froude
g	$[ms^{-2}]$	accelerazione di gravità
h	$[m]$	tirante idrico
h_B	$[m]$	altezza di soglia
h_L	$[m]$	tirante nella condizione limite di sommergenza
h_u	$[m]$	tirante idrico di valle
H	$[m]$	energia specifica
H_η	$[m]$	energia specifica in presenza di distorsione angolare
L_f	$[m]$	distanza del fronte del risalto dall'estremità di valle del cilindro
m	$[-]$	pendenza trasversale
M	$[-]$	coefficiente di proporzionalità
q	$[-]$	parametro di correzione dovuta all'effetto di curvatura delle linee di corrente
q_z	$[-]$	coefficiente di correzione della portata dovuta all'asimmetria di posizionamento
q^*	$[-]$	$= Q/(gb^5)^{1/2}$ portata relativa per sezione rettangolare $= Q/(gD^5)^{1/2}$ portata relativa per sezione circolare
Q	$[m^3s^{-1}]$	portata
Q_a	$[m^3s^{-1}]$	portata per installazione simmetrica
Q_c	$[m^3s^{-1}]$	portata critica
Q_s	$[m^3s^{-1}]$	portata in condizione di sommergenza
r	$[-]$	esponente
S	$[-]$	rapporto di sommergenza
S_L	$[-]$	limite di sommergenza
S_K	$[-]$	inclinazione relativa del cono
S_o	$[-]$	pendenza di fondo
U	$[-]$	parametro di curvatura legato ad H
V	$[ms^{-1}]$	velocità media
w	$[-]$	$= h_o/b$ tirante relativo a monte
W	$[-]$	$= H/b$ carico specifico normalizzato

x	[m]	progressiva
X	[-]	$= x/D$ progressiva normalizzata
y	[-]	grado di riempimento
y_L	[-]	limite di sommergenza
y_u	[-]	parametro di sommergenza relativo
y_z	[m]	coordinata trasversale
Y	[-]	rapporto di energia specifica
Y_b	[-]	altezza relativa di soglia
Y_h	[-]	altezza capillare relativa
Y_z	[-]	coordinata trasversale normalizzata
Y_δ	[-]	altezza relativa di restringimento
α	[-]	parametro di inclinazione del cono
δ	[-]	rapporto di restringimento di un canale Venturi mobile
δ_B	[-]	rapporto di restringimento del piatto Venturi
η	[-]	angolo di distorsione
λ_f	[-]	distanza relativa dal fronte del risalto
ψ	[-]	rapporto di sommergenza
σ	[-]	parametro ausiliario

Pedici

a	in asse
c	stato critico
L	limite di sommergenza
o	monte
s	sommergenza
u	valle
1	a monte del risalto
2	a valle del risalto

Bibliografia

1. Balloffet A.: Critical flow meters. Journal of the Hydraulics Division ASCE **81**(HY4, Paper 743): 1–31 (1955).
2. Diskin M.H.: Temporary flow measurement in sewers and drains. Journal of Hydraulics Division ASCE **89**(HY4): 141–159; **90**(HY2): 383–387; **90**(HY6): 241–247 (1963).
3. Hager W.H.: Der "mobile" Venturikanal [Canale Venturi mobile]. Gas - Wasser - Abwasser **65**(11): 684–691 (1985).
4. Hager W.H.: Modified Venturi channel. Journal of Irrigation and Drainage Engineering **111**(1): 19–35 (1985).
5. Hager W.H.: Modified, trapezoidal Venturi channel. Journal of Irrigation and Drainage Engineering **112**(3): 225–241 (1986).
6. Hager W.H.: Venturi flume of minimum space requirements. Journal of Irrigation and Drainage Engineering **114**(2): 226–243; **115**(5): 913 (1988).

7. Hager W.H., Züllig H.: Der modifizierte, mobile Venturikanal zur Anwendung in der Kanalisationstechnik [Canale Venturi mobile modificato per l'applicazione in sistemi fognari]. Korrespondenz Abwasser **34**(5): 460–467 (1987).

8. Kohler A., Hager W.H.: Mobile flume for pipe flow. Journal of Irrigation and Drainage Engineering **123**(1): 19–23 (1997).

9. Saitenmacher L.: Die Abwassermengenmessung im Kanalisationsnetz [Misura di portata nelle fognature]. Wissenschaftliche Zeitschrift TU Dresden **16**(1): 153–159 (1967).

10. Samani Z., Jorat S., Yousaf M.: Hydraulic characteristics of circular flume. Journal of Irrigation and Drainage Engineering **117**(4): 558–566 (1991).

11. Ueberl J., Hager W.H.: Mobiler Venturikanal im Rechteckprofil [Canale Venturi mobile in canale rettangolare]. Gas – Wasser – Abwasser **74**(9): 761–768 (1994).

14

Pozzetti di ispezione

Sommario Nei punti del sistema fognario in cui interviene la variazione di anche un solo parametro idraulico o geometrico è opportuno prevedere la realizzazione di un apposito manufatto. Peraltro, anche in assenza di qualsivoglia variazione, è comunque buona norma prevedere la realizzazione di un manufatto di accesso; infatti, la normativa italiana vigente e le Direttive Comunitarie raccomandano che ogni canalizzazione sia opportunamente corredata da un sufficiente numero di pozzetti di ispezione, ubicati a distanze tali da agevolare le attività di manutenzione ordinaria. I pozzetti di linea o di ispezione rappresentano quindi manufatti ordinari, che verranno descritti, mentre altre tipologie di pozzetti speciali verranno illustrate nei capitoli successivi.

Il pozzetto di ispezione standard si caratterizza per la presenza di *rinfianchi* che possono giungere fino alla quota del cielo fogna, in modo da accompagnare la corrente idrica attraverso il manufatto. Il deflusso avviene normalmente a superficie libera, ma può anche verificarsi il funzionamento in pressione del collettore sul quale il pozzetto è realizzato; per tali condizioni di funzionamento, vengono forniti i valori dei coefficienti di perdita di carico attraverso il pozzetto. In chiusura viene discusso il fenomeno di *choking* del pozzetto, che può comportare la transizione da deflusso a pelo libero a moto in pressione.

14.1 Introduzione

I *pozzetti* ordinari (inglese: "manholes") sono essenzialmente utilizzati per dare luogo alle indispensabili esigenze di ispezione del sistema fognario. Ciò comporta che l'interasse tra due pozzetti dipende dalla dimensione del collettore su cui sono installati. In linea generale, per l'ispezione e la manutenzione delle opere fognarie, si può considerare un interasse massimo pari orientativamente a 50–100 volte il diametro del collettore fognario. In Italia, specifiche raccomandazioni normative [13] indicano interassi inferiori a 20–25 metri per collettori non praticabili (con altezza inferiore a 1.05 m), e comunque non superiori a 150 m per i collettori aventi altezza superiore a 2 metri.

Inoltre, tale manufatto viene utilizzato per consentire le seguenti attività:

- manutenzione ordinaria e straordinaria;
- ricostruzione di collettori danneggiati;

Gisonni C., Hager W.H.: Idraulica dei sistemi fognari. Dalla teoria alla pratica.
DOI 10.1007/978-88-470-1445-9_14, © Springer-Verlag Italia 2012

- ventilazione delle canalizzazioni fognarie;
- punto di fuoriuscita delle portate, in casi eccezionali di occlusione del sistema.

Sebbene l'ultima condizione sopra elencata dovrebbe essere tassativamente esclusa in condizioni normali di esercizio, essa può manifestarsi nei casi in cui le portate defluenti eccedono quelle previste in progetto. Tale condizione può anche verificarsi a causa di una errata progettazione o realizzazione dei manufatti fognari. Per impedire la *fuoriuscita dei reflui* dai pozzetti, tali manufatti devono soddisfare numerosi requisiti di natura strutturale, costruttiva e idraulica, oltre che tecnologica. Queste ultime condizioni vengono nel seguito specificamente considerate.

Tra due pozzetti successivi, salvo casi particolari, le canalizzazioni fognarie hanno sezione costante e sono quindi *prismatiche*, di modo che eventuali variazioni delle caratteristiche geometriche risultino localizzate in corrispondenza del manufatto; tra queste è opportuno ricordare le più ricorrenti (Fig. 14.1):

- cambiamento di pendenza;
- cambiamento di materiale (e quindi di scabrezza delle pareti);
- cambiamento di direzione della corrente;
- cambiamento di sezione;
- variazione di portata.

Normalmente i cambiamenti di *pendenza* consistono nel collegamento di un tratto a maggiore pendenza ad un tratto successivo con pendenza inferiore (Fig. 14.1a), o viceversa, come già descritto nel capitolo 6.

Solitamente la *scabrezza* delle pareti non subisce variazioni sostanziali, ma può verificarsi, ad esempio, nel caso in cui una nuova canalizzazione venga collegata ad una canalizzazione già in esercizio da svariato tempo (Fig. 14.1b); tale circostanza può essere facilmente portata in conto all'atto dello studio del profilo di corrente, come illustrato nel capitolo 8.

In un sistema fognario è tutt'altro che infrequente che una canalizzazione sia soggetta ad un cambiamento di *direzione* (Fig. 14.1c), che viene generalmente concentrato all'interno di un pozzetto, opportunamente concepito. Tale tipologia di manufatto, avente alcune caratteristiche idrauliche di funzionamento assimilabili a quelle dei pozzetti di confluenza, verrà dettagliatamente illustrata nel capitolo 16.

In un pozzetto è possibile anche individuare il punto in cui la canalizzazione fognaria varia le proprie *caratteristiche geometriche*, in termini di dimensioni o di diversa tipologia di speco. In linea generale questo tipo di manufatto viene realizzato cercando di stabilire una gradualità nella variazione di sezione, in modo da minimizzare il disturbo arrecato dal manufatto alla corrente idrica (Fig. 14.1d). Un caso particolare è rappresentato dagli sfioratori laterali (capitolo 18), in cui avviene una sensibile riduzione di diametro dal collettore in arrivo al canale derivatore diretto verso l'impianto di depurazione, come mostrato in Fig. 14.1f. Le perdite di carico sono in genere modeste per correnti subcritiche, mentre in presenza di correnti veloci si può assistere alla formazione di onde di shock, con effetti non sempre prevedibili (capitolo 16).

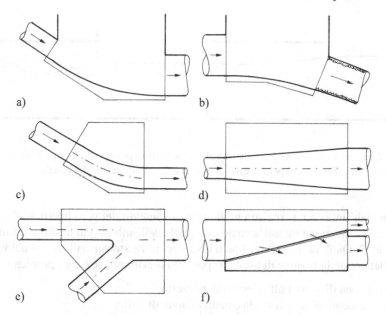

a)   b)

c)   d)

e)   f)

Fig. 14.1. Singolarità che richiedono l'installazione di un pozzetto

In un sistema fognario esistono punti in cui avviene una significativa variazione di *portata*: i pozzetti di confluenza (Fig. 14.1e) realizzano immissioni concentrate di portata (capitolo 16), a differenza dei manufatti di separazione o partizione (capitoli 18 e 20). I collegamenti tra le fognature provenienti da edifici e la rete fognaria comunale devono anche essere progettati con attenzione, avendo cura di verificare gli effetti di eventuali fenomeni di rigurgito indotti dalle canalizzazioni principali [16].

Questo capitolo si riferisce specificamente ai *pozzetti di ispezione standard* con una sezione corrente di tipo ad U, di raccordo tra il collettore fognario a monte e quello a valle del pozzetto, entrambi a sezione circolare. In un siffatto pozzetto, la pendenza, la scabrezza, la direzione del moto, il diametro del collettore e la portata non subiscono variazioni. Inoltre, vengono presentati alcuni risultati sul *funzionamento in pressione del pozzetto*, con particolare attenzione alla condizione di transizione da deflusso a superficie libera a moto in pressione, anche nota come *entrata in pressione* o *choking* (capitolo 5).

14.2 Entrata in pressione dello sbocco del pozzetto

La Fig. 14.2 mostra la condizione di *choking* all'uscita di un pozzetto di ispezione, in presenza di corrente lenta (Fig. 14.2a) ovvero di corrente veloce (Fig. 14.2b), con grado di riempimento superiore al 50%.

Per *corrente lenta* in arrivo, la sezione di sbocco del pozzetto è assimilabile a quella di un restringimento (capitoli 2 e 9); per effetto del fenomeno di rigurgito

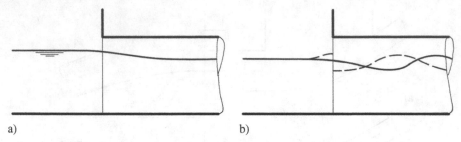

a)   b)

Fig. 14.2. Entrata in pressione del collettore allo sbocco di un pozzetto per corrente a) subcritica e b) supercritica. Profilo del pelo libero (–) in asse e (- - -) alle pareti del canale

imposto dall'imbocco, si registra un lieve innalzamento del pelo libero, realizzando quindi una condizione idraulica analoga a quella dell'imbocco di un attraversamento (capitolo 9). Qualora il livello del pelo libero nel pozzetto superi la quota del vertice del collettore nella sezione di uscita, si possono registrare i seguenti problemi:

- formazione di vortici all'interno del pozzetto;
- trascinamento di aria verso la canalizzazione di valle.

In presenza di *corrente veloce*, nel collettore di valle si realizza una configurazione di moto che ricorda quella dell'allargamento di una corrente (paragrafo 16.3.4). In asse al canale, il pelo libero si abbassa, mentre in prossimità delle pareti, a monte della sezione di imbocco, si registra un innalzamento. Per effetto della espansione della corrente immediatamente a valle dell'imbocco, in corrispondenza delle pareti si verificano innalzamenti della superficie idrica con ondulazioni che assumono una particolare geometria, tipica del deflusso di correnti supercritiche (capitolo 16). La prima onda ha generalmente altezza maggiore rispetto alle successive, ed anche il primo cavo dell'onda che si forma viene a costituire un minimo assoluto nell'oscillazione di pelo libero. La geometria dei fronti di shock dipende essenzialmente dal valore locale del numero di Froude.

La configurazione delle ondulazioni della superficie libera ha un aspetto particolare per le correnti veloci nelle quali, a differenza delle correnti subcritiche, si riscontra una geometria tridimensionale oltre che una elevata sensibilità anche a piccole perturbazioni imposte dall'esterno. Pertanto, le seguenti condizioni di funzionamento possono innescare il fenomeno di entrata in pressione ("choking") del collettore in uscita dal pozzetto:

- pelo libero che viene a lambire il cielo del collettore;
- interruzione della ventilazione della corrente, cui può fare seguito la brusca sommergenza della corrente veloce in arrivo, con conseguente formazione di un risalto idraulico mobile;
- formazione di un risalto idraulico stabile all'interno del pozzetto.

Questi fenomeni sono stati studiati sistematicamente solo negli ultimi anni ed è emersa l'esigenza di prestare particolare attenzione al valore del grado di riempimento da assumere in sede progettuale, soprattutto in presenza di correnti veloci. Infatti, le correnti supercritiche possono facilmente generare fenomeni di transizione al moto in pressione se la quota del pelo libero è molto prossima al cielo della canalizzazione fognaria.

Nel paragrafo 16.5.2, vengono specificamente illustrati i criteri di progetto per il buon funzionamento di un pozzetto di ispezione su collettore circolare in presenza di corrente supercritica. Nel capitolo 16 viene altresì esaminato il comportamento idraulico di pozzetti particolari (di curva, di confluenza, ecc.) con le rispettive raccomandazioni ai fini progettuali.

14.3 Moto in pressione nel pozzetto

14.3.1 Suggerimenti progettuali

Quando la corrente defluisce in un pozzetto con gradi di riempimento elevati (prossimi al 100%) i tecnici tendono a modellare il processo di moto mediante un opportuno valore del coefficiente di perdita di carico. I pozzetti tradizionali possono essere caratterizzati da molteplici parametri geometrici; la pianta può essere rettangolare o circolare. Inoltre il collettore può essere interrotto all'interno del manufatto (Fig. 14.3b) o, più frequentemente, sostituito da una *sezione aperta ad U* (Fig. 14.3a).

La seconda opzione è sicuramente da preferire rispetto al deflusso non guidato della corrente attraverso il pozzetto, sotto il profilo idraulico, igienico e gestionale; infatti, la formazione di zone morte nel flusso della corrente, oltre ad indurre notevoli perdite di carico, provoca la formazione di depositi in corrispondenza degli angoli del pozzetto, con ovvie sgradevoli conseguenze. Per tali motivi, l'incremento di costo connesso alla realizzazione di un pozzetto con sezione passante ad U trova piena giustificazione nelle scelte progettuali. In tale ottica, perdono di interesse gli studi sulle perdite di carico attraverso i pozzetti effettuati da Sangster et al. [15], Hare [7], oppure Black e Piggott [4]. Il primo studio sistematico sul funzionamento idraulico di un *pozzetto guidato* è dovuto ad Ackers [2], il quale provò che le perdite di carico dovute al deflusso a superficie libera sono in genere trascurabili, ma possono aumentare notevolmente in condizioni di funzionamento in pressione del collettore fognario.

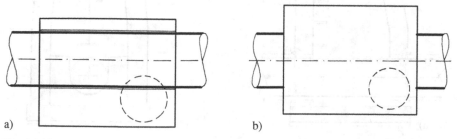

a)   b)

Fig. 14.3. Pozzetti a pianta rettangolare con a) sezione passante con rinfianco laterale; b) sbocco ed imbocco non guidati (sconsigliati ai fini progettuali)

14.3.2 Risultati di Liebmann

Liebmann [9] si occupò esclusivamente di *moto in pressione* nei pozzetti di ispezione. In tale condizione la perdita di carico totale comprende la perdita dovuta alla decelerazione della corrente in ingresso al pozzetto, quella dovuta alla formazione di vortici all'interno del manufatto, e quindi quella connessa all'accelerazione in corrispondenza dello sbocco dal pozzetto. Gli esperimenti di Liebmann hanno riguardato un pozzetto di geometria standardizzata (pedice S) di diametro $D_s = 3D$ e con rinfianco di altezza pari a $0.5D$, $0.75D$, D e $1.25D$ (Fig. 14.4). La pendenza del canale sperimentale, avente diametro $D = 0.30$ m, era pari a 0.3%.

La perdita di carico localizzata ΔH_s (capitolo 2) può essere espressa in funzione del grado di riempimento $y_s = h_s/D$, essendo h_s il tirante idrico nel pozzetto, tenendo eventualmente conto della presenza di una condizione di sommergenza (Fig. 14.5). Fino a $y_s = 0.5$, la perdita è nulla ($\Delta H_s = 0$), poiché la corrente in arrivo è interamente guidata dalla sezione ad U attraverso il pozzetto. Al crescere di y_s si verifica un significativo aumento di ΔH_s, particolarmente per la condizione di funzionamento in pressione ($y_s > 1$). Dal grafico si vede che ΔH_s attinge un valore massimo per $y_s \cong 1.5$ e tende a decrescere a fronte di un ulteriore aumento di y_s.

Nel caso in cui l'altezza del rinfianco sia pari al 50% del diametro, il *processo di moto nel pozzetto* può essere così descritto (Fig. 14.5a):

- per $y_s = 60\%$, il rinfianco è sommerso dalla corrente, la quale presenta nel pozzetto una componente rotazionale;
- per $y_s = 70\%$, la superficie libera comincia ad oscillare con ampiezza crescente delle ondulazioni al crescere di y_s;

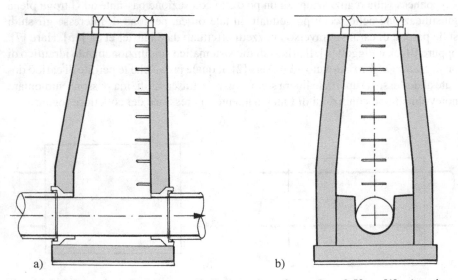

Fig. 14.4. Pozzetto standard per canali di dimensione fino a $D = 0.50$ m [1]: a) sezione longitudinale; b) sezione trasversale con rinfianco di altezza pari a D

- per $y_s = 105\%$ sia l'imbocco che lo sbocco del pozzetto sono sommersi e viene trasportata aria nel collettore di valle. In tale ultima condizione le oscillazioni di superficie si amplificano ulteriormente con zone vorticose che interessano l'intera superficie del pozzetto;
- per $y_s = 120\%$, le oscillazioni improvvisamente si attenuano e i due vortici ad asse verticale ubicati sui lati del pozzetto si congiungono in un unico vortice, anch'esso ad asse verticale, il cui senso di rotazione è indifferentemente orario o antiorario; esso induce notevoli perdite di carico alla corrente guidata per effetto di una *vorticità di larga scala*;
- per $y_s = 150\%$, il macrovortice svanisce e si innescano *pulsazioni*. La lettura di valori medi di pressione all'interno del pozzetto è resa difficile dalle notevoli oscillazioni. Per gradi di riempimento superiori al 160%, la superficie idrica nel pozzetto ritorna ad essere sufficientemente tranquilla, con due vortici laterali in corrispondenza dei rinfianchi. Una dettagliata descrizione del fenomeno è riportata anche da Matsushita [12].

La Fig. 14.5 prova che l'effetto del rinfianco è significativo ai fini della stima della perdita di carico attraverso il pozzetto; i valori più bassi delle perdite di carico si hanno per *pozzetti con rinfianco di altezza* pari al 100% del diametro D. Tale criterio di progetto è quindi fortemente raccomandato per ottenere un'opera efficiente in termini idraulici, igienici e gestionali, a fronte di costi certamente accettabili.

Il massimo valore del *coefficiente di perdita di carico* $\xi_{sM} = \Delta H_s/[V^2/2g]$, essendo V la velocità nel collettore in arrivo, per il pozzetto standard è pari a $\xi_{sM} = 0.86$, indipendentemente dal valore del numero di Reynolds $R = VD\nu^{-1}$ della corrente in

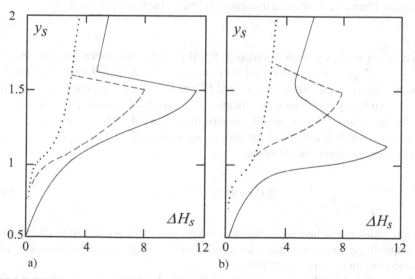

Fig. 14.5. Perdita di carico localizzata ΔH_s [cm] in funzione del grado di riempimento $y_s = h_s/D$ per a) sommergenza variabile, e b) portata variabile. Altezza del rinfianco $t_b/D = (\text{---})$ 50%, (- - -) 75%, (· · ·) 100 e 125% [9]

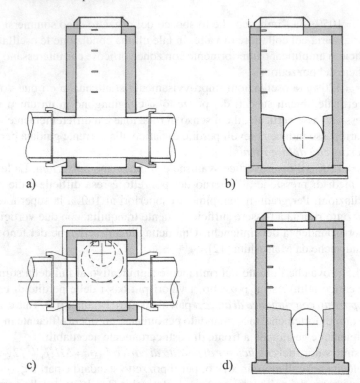

Fig. 14.6. Pozzetto con altezza del rinfianco pari al 100%,raccomandato dalle norme ATV [1] per collettori circolari con diametri superiori a $D = 0.50$ m: a) sezione longitudinale; b) sezione trasversale. Pozzetto per collettore ovoidale: c) pianta; d) sezione trasversale

arrivo, in cui v è la viscosità cinematica. Per il pozzetto con altezza del rinfianco pari al 100% (Fig. 14.6), il valore del coefficiente è pari a circa 0.1 per $R = 3 \times 10^5$, aumenta fino al valore massimo $\xi_{sM} = 0.17$ per $R = 4 \times 10^5$ ed infine decresce fino al valore iniziale per ulteriore incremento di R. Quindi, rispetto al pozzetto standard con rinfianco pari al 50%, il pozzetto con rinfianco pari al 100% induce perdite di carico cinque volte inferiori; per quest'ultimo, assumendo $\xi_s = 1/6$, la perdita di carico localizzata può essere stimata come

$$\Delta H_s = (1/6)[V^2/(2g)]. \tag{14.1}$$

La significativa riduzione di ξ_s può essere spiegata dalla assenza di vortici di larga scala; quindi, se la corrente è sufficientemente guidata attraverso il pozzetto, le perdite di carico saranno comunque contenute.

Infine, ulteriori indagini eseguite da Gothe e Valentin [6] hanno confermato che i pozzetti con rinfianchi del 100% non presentano lo spiacevole funzionamento di tipo pulsante.

14.3.3 Risultati di Lindvall e Marsalek

Lindvall [10] rilevò sperimentalmente in pozzetti con rinfianco al 50% una notevole oscillazione del pelo libero che tendeva a scomparire con rinfianco innalzato al 100%, per pozzetti il cui diametro relativo variava tra valori di D_s/D compresi tra 1.7 e 4.1. A differenza di Liebmann, Lindvall individuò un valore minimo di ξ_s, risultando $\xi_s = 0.20$ per $y_s = 150\%$ e $D_s/D = 3$. Per $1 < y_s < 5$, il valore fornito dall'Eq. (14.1) sembra attendibile. L'*effetto del diametro del pozzetto* può essere valutato mediante la relazione

$$\Delta H_s = \frac{1}{12}(D_s/D - 1)\left[V^2/(2g)\right],\qquad(14.2)$$

che si riduce all'Eq. (14.1) per $D_s/D = 3$.

Marsalek [11] ha studiato pozzetti a pianta circolare e quadrata, con rinfianchi di altezza relativa pari a a 0, 50 e 100%. Sebbene i valori di ξ_s per pozzetti quadrati risultassero leggermente superiori a quelli per pozzetti circolari, l'Eq. (14.2) può essere usata per entrambi i casi con buona approssimazione.

Infine, secondo Dick e Marsalek [5] e l'ASCE [3], la perdita di carico attraverso il pozzetto di linea, per elevati valori del grado di riempimento, dipende solo dalla *geometria del pozzetto* e dall'altezza relativa del rinfianco.

14.3.4 Ulteriori risultati

Johnston e Volker [8] hanno analizzato il pozzetto di linea standard come caso particolare di un pozzetto di confluenza. Gli autori hanno messo in relazione la perdita di energia con il numero di Froude della condotta $F_D = V/(gD)^{1/2}$, giungendo a conclusioni preliminari che meritano ulteriori osservazioni sperimentali.

Pedersen e Mark [14] hanno dimostrato che il coefficiente di perdita ξ_s è essenzialmente composto dalle perdite di imbocco e di sbocco del collettore all'interno del manufatto. Per pozzetto con rinfianco del 100%, al posto dell'Eq. (14.2), gli autori proposero

$$\Delta H_s/[V^2/(2g)] = 0.025(D_s/D).\qquad(14.3)$$

Quest'ultima equazione sembra applicabile in casi di notevole sommergenza, ovvero per $D_s/D < 4$, e può senz'altro essere considerata come un valore limite inferiore per ξ_s.

Esempio 14.1. Un pozzetto di linea ed il rispettivo collettore hanno rispettivamente diametro $D_s = 2$ m e $D = 0.70$ m. Calcolare l'energia specifica H_o a monte del pozzetto per un valore della pressione a valle $h_p = 0.35$ m al di sopra del cielo della fogna, per una portata $Q = 0.81$ m^{3}s^{-1}.

Essendo $V_o = Q/(\pi D^2/4) = 0.81/(3.14 \cdot 0.7^2/4) = 2.1$ ms^{-1}, l'altezza cinetica è pari a $V_o^2/2g = 0.23$ m, e quindi $H_u = 0.35$ $m + 0.23$ m $= 0.58$ m al di sopra del cielo del collettore. Per un rapporto $D_s/D = 2/0.7 = 2.86$ dall'Eq. (14.2) si ottiene il valore della perdita di carico $\Delta H_s = (1/12)(2.86 - 1)0.23$ m $= 0.04$ m, da cui $H_o = H_u + \Delta H_s = 0.58$ m $+ 0.04$ m $= 0.62$ m.

Simboli

D	[m]	diametro del collettore
D_s	[m]	diametro del pozzetto
F_D	[-]	numero di Froude della condotta
g	[ms^{-2}]	accelerazione di gravità
h_p	[m]	pressione
h_s	[m]	tirante idrico nel pozzetto
H	[m]	energia specifica
Q	[m^{3}s^{-1}]	portata
R	[-]	numero di Reynolds
t_b	[m]	altezza del rinfianco
V	[ms^{-1}]	velocità nel collettore in arrivo
y_s	[-]	grado di riempimento del pozzetto
ΔH_s	[m]	perdita di carico localizzata
ξ_s	[-]	coefficiente di perdita di carico nel pozzetto
v	[m^{2}s^{-1}]	viscosità cinematica

Pedici

M	massimo
o	monte
s	geometria standard
u	valle

Bibliografia

1. ATV: Bauwerke der Ortsentwässerung [Strutture di drenaggio urbano]. Arbeitsblatt A241. ATV, St. Augustin (1978).
2. Ackers P.: An investigation of head losses at sewer manholes. Civil Engineering and Public Works Review **54**(7/8): 882–884; **54**(9): 1033–1036 (1959).
3. ASCE: Design and construction of urban storm water management systems. ASCE Manuals and Reports of Engineering Practise 77. American Society of Civil Engineers, New York (1992).
4. Black R.G., Piggott T.L.: Head losses at two pipe stormwater junction chambers. Second National Conference on Local Government Engineering Brisbane: 219–223 (1983).
5. Dick T.M., Marsalek J.: Manhole head losses in drainage hydraulics. 21 IAHR Congress Melbourne **6**: 123–131 (1985).
6. Gothe E., Valentin F.: Schachtverluste bei Überstau [Perdite di carico attraverso pozzetti con moto in pressione]. Korrespondenz Abwasser **39**(4): 470–478 (1992).
7. Hare C.: Magnitude of hydraulic losses at junctions in piped drainage systems. Conference on Hydraulics in Civil Engineering Sydney: 54–59; also in Civil Engineering Transactions The Institution of Engineers, Australia **25**(1983): 71–76 (1981).
8. Johnston A.J., Volker R.E.: Head losses at junction boxes. Journal of Hydraulic Engineering **116**(3): 326–341; **117**(10): 1413–1415 (1990).
9. Liebmann H.: Der Einfluss von Einsteigschächten auf den Abflussvorgang in Abwasserkanälen [Effetto dei pozzetti sul moto in fognatura]. Wasser und Abwasser in Forschung und Praxis 2. Erich Schmidt, Bielefeld (1970).

10. Lindvall G.: Head losses at surcharged manholes with a main pipe and a 90° lateral. 3rd International Conference on Urban Storm Drainage Göteborg **1**: 137–146 (1984).

11. Marsalek J.: Head losses at sewer junction manholes. Journal of Hydraulic Engineering **110**(8): 1150–1154 (1984).

12. Matsushita F.: The lost head characteristics of the various stands - The hydraulics of the stands of the open pipeline system (II). Trans. Japan Society of Irrigation and Drainage Engineering **111**: 85–94 (1984).

13. Ministero LL. PP. Istruzioni per la progettazione delle fognature e degli impianti di trattamento delle acque di rifiuto. Servizio Tecnico Centrale, Circolare n. 11633 del 7 gennaio 1974.

14. Pedersen F.B., Mark O.: Head losses in storm sewer manholes: Submerged jet theory. Journal of Hydraulic Engineering 116(11): 1317–1328; 118(5): 814–816 (1990).

15. Sangster W.M., Wood H.W., Smerdon E.T., Bossy H.G.: Pressure changes at open junctions in conduits. Proc. ASCE Journal of the Hydraulics Division **85**(HY6): 13–42; **85**(HY10): 157; **85**(HY11): 153; **86**(HY5): 117 (1959).

16. Speerli J., Volkart P.: Rückstau in Hausanschlüsse an die Kanalisation [Sommergenza indotta dalle fognature sulle connessioni degli edifici]. Mitteilung 111. Versuchsanstalt für Wasserbau, Hydrologie und Glaziologie, ETH Zürich, Zürich (1991).

15

Manufatti di salto

Sommario In via generale è possibile considerare due tipi di manufatti di salto: i pozzetti di salto e i pozzi a vortice. Verranno descritte entrambe le tipologie, delineandone gli ambiti di applicazione, i principi di funzionamento idraulico, nonché i fondamentali criteri di progettazione, anche alla luce di recenti risultati ottenuti da ricercatori italiani che hanno ottenuto diffusione internazionale.

In linea generale, i *pozzetti di salto* vengono impiegati in corrispondenza di salti di altezza non superiore ai 10 m, e richiedono particolare attenzione da parte del progettista nei riguardi dello studio della traiettoria della vena liquida e delle condizioni di sbocco della corrente dal pozzetto. Inoltre, tale manufatto presenta particolari problematiche connesse alla presenza di aria ed all'insorgere di vibrazioni. I pozzi a vortice sono manufatti per i quali è fondamentale la caratterizzazione della corrente in arrivo; vengono quindi illustrati i criteri per la progettazione del manufatto di imbocco e di sbocco, soffermandosi sulle caratteristiche della corrente mista aria-acqua all'interno del pozzo di caduta.

15.1 Introduzione

Nei bacini urbani caratterizzati da forti pendenze, la progettazione del sistema fognario può seguire due diverse tipologie di intervento:

- posa in opera di canalizzazioni fognarie con elevate pendenze che assecondano la topografia locale;
- realizzazione di *manufatti di salto* per collegare collettori fognari sub-orizzontali, separati da grossi dislivelli di quota.

La prima soluzione è perseguibile fino a pendenze di circa 30°, sempre che il collettore recipiente sia anch'esso caratterizzato dalla presenza di correnti supercritiche. In questo caso non è necessario prevedere particolari dispositivi di dissipazione dell'energia ma, ovviamente, in ragione di pendenze così elevate, è necessario adottare particolari cautele (capitolo 5), tra cui anche la scelta di materiali costruttivi adeguatamente resistenti ai fenomeni di abrasione provocati da sedimenti trasportati ad elevata velocità.

Gisonni C., Hager W.H.: Idraulica dei sistemi fognari. Dalla teoria alla pratica.
DOI 10.1007/978-88-470-1445-9_15, © Springer-Verlag Italia 2012

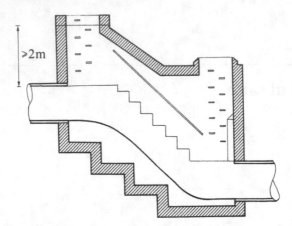

Fig. 15.1. Pozzetto di salto con fondo sagomato ad S, modificato secondo le indicazioni dell'ATV [1], con passo d'uomo

I manufatti di salto trovano generalmente applicazione nei casi in cui la topografia presenta un profilo a gradini, intercalato da tratti sub-orizzontali in cui la corrente può facilmente presentarsi come subcritica. In questi casi si può prevedere di inserire un manufatto di dissipazione all'interno del pozzetto di salto. È altresì frequente il ricorso a manufatti del genere quando si rende necessario realizzare un profilo del collettore fognario con salti lungo il percorso, affinché la pendenza di scorrimento del collettore induca velocità accettabili in corrispondenza delle portate di progetto.

A seconda dell'ampiezza della differenza di quota fra i punti da collegare idraulicamente e del rapporto tra tale dislivello ed il diametro del collettore, è possibile distinguere tra i seguenti manufatti:

- *pozzetto di salto* o di caduta (inglese: "drop manhole"), cui si fa ricorso per differenze di quota generalmente inferiori a $7 \div 8$ m;
- *pozzo a vortice* (inglese: "vortex drop"), il cui impiego è raccomandato per salti di altezza superiore a 5 m.

Il pozzetto con fondo sagomato ad S non può essere considerato un pozzetto di salto vero e proprio, perché induce ridotte dissipazioni di energia; una siffatta struttura, per effetto del suo limitato sviluppo lineare, potrebbe essere dimensionata idraulicamente secondo le indicazioni riportate nel capitolo 5. La Fig. 15.1 illustra tale tipologia di manufatto. Per essa non sono disponibili risultati di prove su modello fisico, ma si può facilmente intuire che possono verificarsi problemi legati alla possibile entrata in pressione del collettore di valle; quindi, a fronte dell'elevato costo di realizzazione di una struttura del genere, la incertezza connessa al suo funzionamento ne sconsiglia l'impiego.

Nel prosieguo del presente capitolo vengono specificamente discussi i pozzetti di salto ed i pozzi a vortice, i quali rappresentano *manufatti speciali* caratterizzati da peculiari problematiche idrauliche che, in questo ambito, vengono accuratamente illustrate; lunghe campagne sperimentali su modello fisico consentono oggi di poter disporre di adeguati criteri di progetto. Inoltre, entrambi i manufatti sono interessati dal deflusso di correnti idriche fortemente aerate, i cui effetti devono essere considerati con attenzione.

15.2 Pozzetti di salto

15.2.1 Schema del pozzetto

In presenza di salti di ampiezza limitata, contenuti entro il limite massimo di 10 m, è possibile fare ricorso ad un pozzetto di salto, per il quale sono disponibili alcune linee guida progettuali predisposte dalla Società svizzera degli Ingegneri ed Architetti [21]. Il manufatto, concepito per sistemi fognari misti, è composto dagli elementi illustrati nella Fig. 15.2.

Il collettore in arrivo può essere indifferentemente caratterizzato dalla presenza di corrente lenta o veloce; la *portata di tempo asciutto* defluisce attraverso una condotta verticale separata avente diametro minimo pari a 0.30 m. In tal modo si previene la formazione di spray, garantendo adeguate condizioni di igiene durante la fase di ispezione del manufatto, oltre a ridurre la rumorosità del pozzetto in condizioni ordinarie.

In presenza di *portate pluviali* la corrente idrica tende ad impattare il muro opposto, deviando quindi verso il basso. È possibile prevedere un'opportuna sagomatura del muro in prossimità della zona di impatto, in modo che la componente del getto diretta verso l'alto non raggiunga il chiusino di copertura del pozzetto (particolare ⑦ della Fig. 15.2). Il fondo del manufatto può essere eventualmente rivestito con materiale resistente all'abrasione, come ad esempio lastre di basalto, o anche materiali

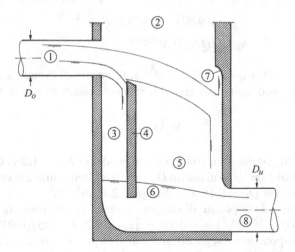

Fig. 15.2. Pozzetto di salto secondo le indicazioni SIA [21]: ① collettore di monte, ② accesso, ③ salto per le portate di tempo asciutto, ④ setto deflettore, ⑤ camera di caduta, ⑥ cuscino d'acqua, ⑦ zona di impatto, ⑧ collettore di valle

sintetici di ultima generazione. Tale configurazione del manufatto induce significative dissipazioni energetiche, a vantaggio delle condizioni di deflusso nel collettore di valle.

Di seguito si elencano le principali ragioni per cui tale manufatto va impiegato solo in presenza di salti di altezza limitata:

- formazione di corrente bifase (aria-acqua) che può provocare malfunzionamenti del manufatto;
- pulsazioni e funzionamento intermittente per la presenza di aria;
- scarsa dissipazione di energia;
- mancanza di un manufatto per l'imbocco della corrente nel collettore di valle;
- elevato livello di rumorosità, soprattutto se in area urbana.

Il dimensionamento idraulico di un pozzetto di salto richiede la conoscenza della massima portata Q_K di tempo asciutto (pedice K) e di quella meteorica Q_P (pedice P). Esso mira alla determinazione della condizione di imbocco, del diametro della tubazione verticale per le portate nere, delle dimensioni della camera di caduta per le portate pluviali e della condizione di sbocco verso il collettore di valle. È buona norma prevedere anche l'installazione di una condotta di aerazione per garantire la pressione atmosferica all'interno del pozzetto. Nei paragrafi successivi vengono illustrate le procedure per il dimensionamento idraulico del manufatto.

15.2.2 Condizioni della corrente di monte

Il collettore in arrivo (pedice o) può essere caratterizzato dalla pendenza S_{oo}, dal coefficiente di scabrezza di Manning $1/n$ e dal diametro D_o; è quindi possibile calcolare i valori dei tiranti idrici di moto uniforme h_{No} e di stato critico h_{co}, sfruttando le Eq. (5.15) e (6.36), valide per canali circolari, di seguito riportate:

$$y_N = 0.926[1 - (1 - 3.11q_N)^{1/2}]^{1/2} \tag{15.1}$$

$$h_{co} = [Q/(gD_o)^{1/2}]^{1/2} \tag{15.2}$$

essendo $y_N = h_{No}/D_o$ e $q_N = nQ/(S_{oo}^{1/2}D_o^{8/3})$. Il numero di Froude della corrente in arrivo al pozzetto può, quindi, essere esplicitamente calcolato mediante l'Eq. (6.35) e cioè

$$F_o = Q/(gD_oh_{No}^4)^{1/2}. \tag{15.3}$$

Esempio 15.1. Si consideri un collettore con pendenza $S_{oo} = 1.2\%$, coefficiente di scabrezza $n = 0.012$ sm$^{-1/3}$ e diametro $D_o = 1.20$ m. Determinare le condizioni della corrente in arrivo per $Q_K = 0.16$ m^{3}s^{-1} e $Q_P = 2.45$ m^{3}s^{-1}.

I valori relativi delle portate di progetto saranno rispettivamente pari a $q_{NK} = 0.012 \cdot 0.16/(0.012^{1/2}1.2^{8/3}) = 0.0108$ e $q_{NP} = 0.012 \cdot 2.45/(0.012^{1/2}1.2^{8/3}) = 0.165$, cui corrispondono i seguenti gradi di riempimento in condizioni di moto uniforme $y_{NK} = 0.926[1 - (1 - 3.11 \cdot 0.0108)^{1/2}]^{1/2} = 0.121$, e $y_{NP} = 0.509$. I tiranti di moto uniforme saranno allora pari a $h_{NK} = 1.2 \cdot 0.121$ m $= 0.145$ m e $h_{NP} = 1.2 \cdot 0.509$ m $= 0.611$ m.

I tiranti di stato critico sono pari a $h_{cK} = [0.16/(9.81 \cdot 1.2)^{1/2}]^{1/2} = 0.216$ m e $h_{cP} = [2.45/(9.81 \cdot 1.2)^{1/2}]^{1/2} = 0.845$ m, rispettivamente per la portata di tempo asciutto e quella pluviale. In entrambi i casi il tirante critico è superiore a quello di moto uniforme per cui la corrente è sempre veloce; infatti, i corrispondenti valori del numero di Froude risultano pari a $F_{oK} = 0.16/(9.81 \cdot 1.2 \cdot 0.145^4)^{1/2} = 2.22$, e $F_{oP} = 2.45/(9.81 \cdot 1.2 \cdot 0.611^4)^{1/2} = 1.91$.

In linea generale, è possibile ritenere che la corrente in arrivo sia caratterizzata da condizioni di moto uniforme poco a monte del pozzetto di salto; per garantire che la corrente in arrivo al manufatto risulti gradualmente varia è opportuno imporre una *distanza minima* tra due pozzetti successivi non inferiore a $20D_o$. Nel caso in cui la corrente in arrivo presenti notevoli disturbi, quali ad esempio onde a fronte ripido ("shockwaves", capitolo 16), bisognerà tenerne opportunamente conto all'atto della progettazione.

15.2.3 Geometria del getto

La sommità del *setto deflettore* deve essere sistemata a quota tale da deviare integralmente la massima portata di tempo asciutto verso la tubazione verticale destinata al convogliamento delle portate nere. Invece, la traiettoria inferiore della vena in tempo di pioggia deve superare il ciglio del setto stesso (Fig. 15.2). In generale, la distanza del setto di separazione delle portate di tempo asciutto dalla sezione di sbocco del collettore deve essere almeno pari a 0.50 m.

Con riferimento a collettori di sezione circolare, la Fig. 15.3 illustra lo *sbocco libero* di una corrente, già descritto nel capitolo 11. La lunghezza di riferimento è il tirante di monte h_o in condizioni indisturbate ed approssimativamente assunto pari al tirante di moto uniforme; il tirante presenta altezza h_e in corrispondenza della sezione di sbocco ($x = 0$). Lo spessore del getto nel piano verticale è detto t mentre z è la coordinata verticale.

Per quanto già illustrato nel capitolo 11, la geometria della *traiettoria inferiore del getto* effluente da una condotta circolare, parzialmente piena, può essere descritta in base ai parametri adimensionali $X = (x/h_o)F_o^{-0.8}$ e $Z = z/h_o$. I risultati delle prove eseguite con gradi di riempimento $y < 0.9$ e numeri di Froude $0.8 < F_o < 8$ sono bene

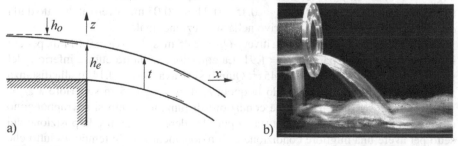

Fig. 15.3. Sbocco terminale del collettore di monte: a) definizione dei parametri; b) foto

interpretati dalla curva

$$Z = -\frac{1}{3}X - \frac{1}{4}X^2. \qquad (15.4)$$

Lo *spessore in asse del getto* t, ovvero il suo valore relativo $T = t/h_e$, varia con la coordinata adimensionale X secondo la relazione

$$T = 1 + 0.06X. \qquad (15.5)$$

Pertanto, lo spessore del getto aumenta linearmente al crescere della distanza dallo sbocco, a partire dal valore iniziale pari proprio a h_e. Tale caratteristica costituisce un elemento di distinzione rispetto al getto effluente da un canale rettangolare, per il quale lo spessore della vena resta praticamente costante.

Il tirante idrico adimensionale $Y_e = h_e/h_o$ dipende sostanzialmente da F_o e, secondo quanto visto al capitolo 11, può essere espresso come

$$Y_e = \left(\frac{2F_o^2}{1 + 2F_o^2} \right)^{2/3}. \qquad (15.6)$$

Per corrente in arrivo in condizioni di stato critico ($F_o = 1$), risulta, quindi, $Y_e = 0.763$, mentre Y_e tende all'unità per grandi valori di F_o. Ulteriori risultati sono illustrati nel capitolo 11.

Esempio 15.2. Determinare la quota del ciglio del setto deflettore per il caso illustrato nell'Esempio 15.1, rispettando la distanza minima di 0.5 m dalla sezione di sbocco del collettore.

Essendo $Q_K = 0.16$ m³s⁻¹ e $h_{NK} = 0.145$ m, si calcola $F_{oK} = 2.22$. Dalla Eq. (15.4) è possibile calcolare la equazione della traiettoria inferiore del getto $z_K = -0.176x - 0.481x^2$.

Alla coordinata $x = 0.50$ m, si ha quindi $z_K = -0.21$ m. Ciò significa che la traiettoria inferiore del getto è 0.21 m al di sotto della generatrice inferiore del collettore in arrivo nella sua sezione finale. Dalla Eq. (15.6) si ricava $Y_e = [2 \cdot 2.22^2/(1 + 2 \cdot 2.22^2)]^{2/3} = 0.938$ e quindi $h_e = 0.938 \cdot 0.145 = 0.136$ m. Quindi lo spessore della vena alla distanza di 50 cm dallo sbocco del canale di monte è, per la Eq. (15.5), pari a $t_K = [1 + 0.06 \cdot 0.5/(0.145 \cdot 2.22^{0.8})]0.136 = 0.15$ m. Dunque, la ubicazione della traiettoria superiore è pari a $t_K + z_K = 0.15 - 0.21 = -0.05$ m, ovvero al di sotto della quota di fondo del collettore in arrivo nella sua sezione finale.

In condizioni di pioggia, risulta invece $Q_P = 2.45$ m³s⁻¹ e $h_{NP} = 0.611$ m, per cui il numero di Froude è pari a $F_{oP} = 1.91$. La equazione della traiettoria inferiore del getto è allora $z_P = -0.199x - 0.145x^2$. Quindi si ricava $z_P = -0.14$ m alla distanza $x = 0.50$ m. In tal caso, risultando la quota $t_K + z_K = -0.05$ m superiore a $z_P = -0.14$ m, i due getti nelle diverse condizioni di funzionamento si sovrappongono e quindi, a discrezione del progettista, si può decidere di ridefinire la posizione del setto per avere una migliore condizione di funzionamento sia in tempo asciutto che in tempo di pioggia.

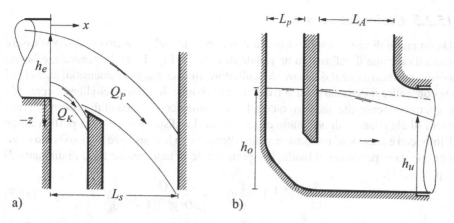

Fig. 15.4. Pozzetto di salto: a) corrente in arrivo; b) corrente in uscita

Le esigenze connesse alle attività di ispezione e manutenzione ordinaria impongono che il manufatto sia caratterizzato da *dimensioni minime* che possono essere così stabilite (Fig. 15.4a):

- larghezza del pozzetto $B_s \geq 1$ m;
- distanza del setto deflettore $L_p \geq 0.50$ m;
- ampiezza della camera di caduta $L_A \geq 1$ m;
- lunghezza totale del pozzetto $L_s = 2$ m.
- è possibile eliminare il setto per salti di ampiezza inferiore a 0.6 m.

15.2.4 Camera di caduta

Il funzionamento idraulico nella *camera di caduta*, così come schematizzata in Fig. 15.2, è stato sin'ora oggetto di un ridotto numero di prove sperimentali sistematiche e, tra di esse, alcune esperienze di laboratorio hanno evidenziato l'insorgere di pulsazioni dovute alla notevole presenza di aria che si accompagna al flusso idrico in elevate concentrazioni. Al fine di ridurre tali vibrazioni, che possono rivelarsi pericolose, è bene prevedere una sufficiente aerazione del pozzetto attraverso il chiusino di copertura; inoltre, anche il collettore in uscita dal manufatto dovrebbe avere dimensioni tali da garantire una adeguata evacuazione dell'aria presente. I dati raccolti relativi al funzionamento idraulico di manufatti di salto realizzati ed in esercizio sono tutt'altro che entusiasmanti, principalmente a causa di un sottodimensionamento della camera di caduta. Infatti, le dimensioni prima riportate costituiscono un minimo e vanno opportunamente studiate, magari avvalendosi dell'ausilio di prove su modello fisico, soprattutto quando l'altezza del manufatto è particolarmente elevata (superiore a 7 m, ma comunque inferiore a 10 m). Rajaratnam et al. [20] hanno eseguito studi sperimentali su pozzetti di salto con imbocco raccordato e senza condotta per le portate di tempo asciutto. Una sistematica indagine sperimentale è stata condotta da Granata et. al. [10], i cui risultati salienti sono riepilogati nel paragrafo 15.2.6.

15.2.5 Uscita del pozzetto

Da un punto di vista idraulico l'uscita della corrente dal pozzetto di salto può essere modellata come il deflusso in un canale di gronda (Fig. 15.2). In generale, è buona norma verificare che il diametro del collettore in uscita abbia dimensioni sufficienti da consentire il deflusso della corrente in condizione di moto a pelo libero, cercando contemporaneamente anche di raccordarne l'imbocco allo scopo di prevenire fenomeni di abrasione o di accumulo di sedimenti. La distribuzione della portata lungo l'imbocco è pressoché uniforme e si può ritenere che le resistenze al moto siano compensate dalla pendenza di fondo. La spinta totale in una sezione ad U di diametro D è pari a [11]:

$$S = \frac{8}{15}D^3 y^{5/2}(1 - \frac{1}{4}y) + \frac{Q^2}{\frac{4}{3}gD^2 y^{3/2}(1 - \frac{1}{3}y)}, \qquad (15.7)$$

avendo indicato con $y = h/D$ il grado di riempimento, Q la portata e g la accelerazione di gravità. Per un canale prismatico con sezione ad U di diametro D_u, la conservazione della quantità di moto tra la sezione iniziale (pedice o) e l'uscita (pedice u) impone che

$$\frac{8}{15}y_o^{5/2}(1 - \frac{1}{4}y_o) = \frac{8}{15}y_u^{5/2}(1 - \frac{1}{4}y_u) + \frac{Q^2}{\frac{4}{3}gD_u^5 y_u^{3/2}(1 - \frac{1}{3}y_u)}. \qquad (15.8)$$

La Fig. 15.5 mostra la relazione tra i gradi di riempimento y_o e y_u e la portata adimensionale $Q/(gD_u^5)^{1/2}$. Per $Q = 0$, si ottiene la soluzione banale $y_o = y_u$, altrimenti risulta sempre $y_o > y_u$.

L'Eq. (15.8) può essere applicata sia per corrente veloce che per corrente lenta nella sezione di uscita del pozzetto. Nel primo caso, l'imbocco è sommerso dal collettore di valle, e quindi il calcolo procede da valle verso monte (capitolo 8). Nel secondo caso, invece, la corrente transita in condizione di *stato critico* all'uscita del manufatto (capitolo 19) risultando, dunque, subcritica lungo il canale di gronda, mentre prevale la condizione di corrente veloce nel collettore di valle. Il numero di Froude nel canale con sezione ad U è dato dalla relazione [11]:

$$F^2 = \frac{Q^2}{gD^5} \frac{2y^{1/2}(1 - \frac{5}{9}y)}{\left[\frac{4}{3}y^{3/2}\left(1 - \frac{1}{3}y\right)\right]^3}. \qquad (15.9)$$

Sostituendo l'espressione di Q desunta dall'Eq. (15.8) ed imponendo $F = 1$, si ottiene la seguente equazione che esprime y_o in funzione di $y_u = y_c$:

$$y_o^{5/2}\left(1 - \frac{1}{4}y_o\right) = y_u^{5/2}\left[\left(1 - \frac{1}{4}y_u\right) + \frac{5}{3}\frac{\left(1 - \frac{1}{3}y_u\right)^2}{1 - \frac{5}{9}y_u}\right]. \qquad (15.10)$$

Nella Fig. 15.5 è indicata anche l'Eq. (15.10) rappresentata dalla linea punteggiata.

Il termine in parentesi quadra dell'Eq. (15.10), per $0 < y_u < 1$, varia tra 2.67 e 2.42, e può mediamente ritenersi pari a 2.5; quindi, l'Eq. (15.10) si semplifica nella seguente:

$$y_o^{5/2}\left(1 - \frac{1}{4}y_o\right) = 2.5 y_u^{5/2}. \qquad (15.11)$$

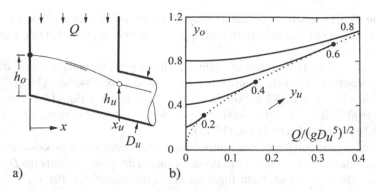

Fig. 15.5. Uscita dal pozzetto di salto: a) schema con simboli; b) grado di riempimento di monte $y_o = h_o/D_u$ in funzione di $y_u = h_u/D_u$ e della portata relativa $Q/(gD_u^5)^{1/2}$ secondo l'Eq. (15.8). ($\cdots$) Eq. (15.10) di stato critico nella sezione di uscita ($y_u = y_c$)

Invece, l'Eq. (15.9), in condizioni di stato critico (F = 1), può essere scritta come:

$$\frac{Q}{(gD^5)^{1/2}} = \frac{8}{9}y_c^{1.9}.$$ (15.12)

In questo modo, nell'ipotesi per cui $y_u = y_c$, le Eq. (15.11) e (15.12) possono essere combinate in modo da fornire la funzione $y_o(Q)$ data dalla relazione

$$y_o^{5/2}\left(1 - \frac{1}{4}y_o\right) = 2.92\left[Q/(gD_u^5)^{1/2}\right]^{1.315}.$$ (15.13)

La Eq. (15.13) può essere sostituita da una semplice espressione, caratterizzata da una accuratezza del $\pm 10\%$, data dalla relazione secondo cui $Q/(gD_u^5)^{1/2} = 0.380 y_o^{1.88}$, ovvero dalla seguente:

$$y_o = \frac{5}{3}\left(\frac{Q}{(gD_u^5)^{1/2}}\right)^{0.5}.$$ (15.14)

In definitiva, in corrispondenza della parete cieca di monte del pozzetto di salto, il tirante idrico varia con la radice quadrata della portata e solo con la radice quarta del diametro. Si noti che il termine $[Q/(gD_u^5)^{1/2}]^{1/2}$ è proprio pari all'altezza di stato critico h_{cu} per il collettore di valle, per cui l'Eq. (15.14) equivale alla

$$h_o = (5/3)h_{cu}.$$ (15.15)

Quindi il tirante idrico di monte è pari a circa il 170% del tirante critico nella sezione di uscita del pozzetto, in analogia con quanto avviene nei canali di gronda a sezione rettangolare, per i quali risulta $h_o = 3^{1/2}h_c$.

Per un assegnato valore della portata Q, il grado di riempimento di monte y_o può essere stimato in funzione della portata relativa, a patto che la corrente passi per lo stato critico all'uscita dal manufatto sussistendo, dunque, una transizione da corrente lenta a corrente veloce all'imbocco del collettore di valle.

Esempio 15.3. Determinare il tirante idrico di monte con gli stessi dati dell'Esempio 15.1 nel caso in cui il collettore di valle presenti diametro $D_u = 1.0$ m e pendenza $S_{ou} = 2\%$.

Per $S_{ou} = 2\%$, la corrente di valle è veloce, per cui nella sezione di uscita del pozzetto la corrente transita per lo stato critico. Essendo $Q/(gD_u^5)^{1/2} = 2.45/(9.81 \cdot 1^5)^{1/2} = 0.782$ la portata relativa pluviale, dall'Eq. (15.12) si ottiene $y_c = [(9/8)0.782]^{1/1.9} = 0.935$, ovvero $h_c = 0.935$ m. La soluzione per l'Eq. (15.13) è $y_o = 1.68$, in accordo con la Eq. (15.15).

Tenendo conto della particolare turbolenza che accompagna il processo di moto e dell'aerazione della corrente per effetto della caduta del getto, il diametro $D_u = 1$ m risulta insufficiente per un buon funzionamento del manufatto. Per $D_u = 1.25$ m, si ottiene $Q/(gD_u^5)^{1/2} = 0.45$, da cui $h_c = 0.87$ m e $h_o = 1.44$ m. Infine, si tenga presente che il diametro del collettore di valle deve essere sufficientemente grande da prevenire il fenomeno di sommergenza della corrente. Se si ritiene opportuno, si può eventualmente ridurre il diametro più a valle ad una distanza ragionevole dal pozzetto.

La *aerazione* e *deaerazione* dei pozzetti di salto non è stata sistematicamente studiata fino ad oggi, anche se, sulla scorta di alcune esperienze di laboratorio, si può ritenere che la portata d'aria possa arrivare ad essere fino al 50% della portata idrica. Prove sperimentali su pozzetti a pianta circolare [10] hanno mostrato che, in talune condizioni, la portata d'aria può anche essere il doppio di quella idrica.

Pertanto, è necessario che le canalizzazioni e gli organi accessori per la ventilazione del pozzetto siano dimensionati con adeguato margine di sicurezza allo scopo di garantire la opportuna aerazione del manufatto.

15.2.6 Dissipazione d'energia e choking

Il progetto di un pozzetto di salto deve tener conto essenzialmente di due aspetti, vale a dire:

* la dissipazione d'energia, la quale dovrà essere tale che l'energia cinetica della corrente allo sbocco del manufatto non risulti maggiore di quella valutata all'imbocco del pozzetto;
* le condizioni di sbocco della corrente in uscita dal pozzetto, con particolare riferimento al *choking* del canale di valle, condizione questa intesa come brusca transizione da moto a pelo libero a moto in pressione.

A tal proposito, risulta di particolare interesse l'attività sperimentale condotta da Granata et al. [10] e dedicata specificamente allo studio del funzionamento idraulico di pozzetti di salto circolari con correnti supercritiche in arrivo al manufatto. Nella fattispecie, la campagna sperimentale è stata condotta su due diversi modelli di pozzetto (Fig. 15.6), realizzati in plexiglass e caratterizzati da un diametro interno D_M rispettivamente pari a 1.00 m e 0.48 m; nel primo caso le prove sono state effettuate variando l'altezza di caduta s tra 0.50 e 2.00 m e la portata Q tra 3 e 80 l/s mentre nel secondo caso l'altezza di caduta s era compresa tra 1.00 ed 1.50 m e la portata Q tra

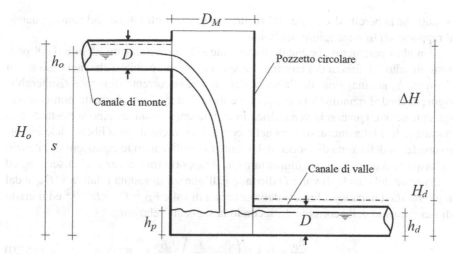

Fig. 15.6. Schema del modello sperimentale di pozzetto di salto [10] con indicazione dei simboli adottati

1.5 e 60 l/s. Inoltre, il diametro D dei collettori a monte ed a valle del pozzetto è stato posto uguale e pari a 200 mm.

Il funzionamento idraulico del pozzetto di salto risulta fortemente influenzato dalla localizzazione del punto di impatto del getto libero sul cuscino d'acqua sottostante. In funzione della zona d'impatto si possono distinguere diversi regimi del moto all'interno del manufatto. In particolare, il parametro da cui dipende la classificazione delle varie tipologie di moto è il numero di impatto I definito secondo la seguente relazione:

$$I = \left(\frac{2s}{g}\right)^{0.5} \cdot \frac{V_o}{D_M}, \qquad (15.16)$$

in cui V_o è la velocità della corrente in ingresso al manufatto, D_M il diametro del pozzetto e s l'altezza del salto. La perdita di carico indotta dal salto della corrente all'interno del pozzetto di caduta può essere calcolata come:

$$\Delta H = K \frac{V_o^2}{2g}, \qquad (15.17)$$

in cui K è il coefficiente di perdita e dipende dal numero d'impatto I secondo la relazione:

$$K = 4.13 \cdot \left(\frac{D_M}{s}\right)^{-2.13} \cdot I^{-2}. \qquad (15.18)$$

Sostituendo la Eq. (15.18) all'interno della Eq. (15.17) ed esplicitando il numero di impatto I, si ricava la seguente espressione valida per il calcolo della perdita di energia:

$$\frac{\Delta H}{s} = 1.03 \cdot \left(\frac{s}{D_M}\right)^{0.13}. \qquad (15.19)$$

Si noti che la perdita d'energia ΔH risulta più grande dell'altezza del salto s quando il rapporto s/D_M è maggiore dell'unità.

Un altro parametro che incide fortemente sul funzionamento idraulico del pozzetto di salto è l'altezza del cuscino d'acqua h_p. Infatti, è chiaro che, nel caso in cui il tirante h_p sia maggiore dell'altezza del salto s, la corrente di monte risulterebbe rigurgitata ed il manufatto funzionerebbe in presenza di una corrente non completamente aerata. Quando la vena idrica in caduta impatta sul cuscino sottostante e la portata è di ridotta entità, ovvero nelle condizioni in cui il getto libero cade in corrispondenza della zona di sbocco del manufatto, utilizzando le equazioni di bilancio della quantità di moto si può dimostrare che il rapporto tra l'altezza del cuscino h_p ed il diametro del canale di valle D dipende dall'altezza di caduta relativa s/D_M e dal rapporto tra il numero di Froude della condotta di valle $F_D = Q/(gD^5)^{1/2}$ ed il grado di riempimento della corrente y_o, secondo la seguente relazione:

$$\frac{h_p}{D} = 0.3 + \left(1 + \frac{s}{D_M}\right) \frac{F_D^2}{y_o^{1.4}}. \tag{15.20}$$

Qualora, invece, la corrente impatti contro la parete del pozzetto opposta al canale di monte, condizione questa che tipicamente si presenta allorché $h_p/D > 1.4$, l'altezza idrica del cuscino non è più funzione del grado di riempimento della corrente in ingresso y_o ma vale la seguente espressione:

$$\frac{h_p}{D} = 0.6 + \left(7.3 - \frac{D_M}{D}\right) F_D^2. \tag{15.21}$$

Oltre all'altezza del cuscino d'acqua h_p, un altro parametro connesso alla condizione di choking è il numero di Froude limite della condotta $F_C = Q_C/(gD^5)^{1/2}$. Difatti, per salti di modesta entità ($s/D \leq 1$), De Martino et al. [7] hanno dimostrato che la condizione di choking dipende dal grado di riempimento y_o, dal rapporto s/D ed appunto dal numero di Froude limite della condotta F_C (capitolo 16). Qualora, però, risulti $s/D > 2$, il fenomeno del choking si complica in maniera significativa e non è più possibile esplicitare un legame funzionale tra il grado di riempimento y_o ed il numero di Froude della condotta F_C. In tal caso, invece, Granata et al. [10] hanno mostrato per via sperimentale che la condizione di choking è correlabile al grado di riempimento y_o ed al numero di Froude della corrente in ingresso al pozzetto F_o. Infatti, introducendo il parametro di choking:

$$\psi = y_o \cdot \left(F_o - \frac{h_p}{D}\right), \tag{15.22}$$

le prove sperimentali hanno mostrato che tale parametro è in grado di predire l'eventuale formazione della condizione di choking. In particolare, definita nel piano (ψ, y_o) la retta di equazione:

$$\psi_{ch} = -5.9 \cdot y_o + 3.5, \tag{15.23}$$

in cui ψ_{ch} rappresenta il valore del parametro ψ in condizione di choking incipiente, il piano (ψ, y_o) risulta suddiviso in due aree, rispettivamente il "dominio di choking"

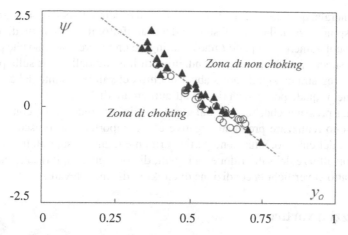

Fig. 15.7. Condizione di choking incipiente rappresentata dalla retta di Eq. (15.23); (▲): $D_M = 1.00$ m,(○): $D_M = 0.48$ m

ed il "dominio di non choking" (Fig. 15.7). In tal modo, quindi, è possibile verificare se all'interno del manufatto considerato sussiste la possibilità che occorra la condizione di transizione da deflusso a pelo libero a moto in pressione. Noto in grado di riempimento y_o ed il numero di Froude della corrente in ingresso F_o e calcolato il rapporto h_p/D mediante una tra le Eq. (15.20) e (15.21), si può calcolare il parametro di rischio ψ e verificare che quest'ultimo risulti maggiore di $k \cdot \psi_{ch}$, intendendo con k un coefficiente di sicurezza. In tal caso la verifica potrà considerarsi soddisfatta, garantendo il deflusso a superficie libera nel collettore di valle.

I risultati sopra esposti valgono solo nel caso in cui la corrente all'interno del pozzetto risulti aerata. A tal riguardo, in linea generale può accadere che:

• il manufatto risulta sufficientemente aerato per effetto del trasporto d'aria dal pozzetto al collettore di valle;
• la ventilazione risulta impedita a causa della sommergenza dello sbocco ovvero per effetto della apertura del getto.

Detto $\beta = Q_a/Q$ il rapporto tra la portata d'aria e la portata totale defluente nel pozzetto, le prove sperimentali hanno evidenziato che il massimo valore della portata d'aria richiesta affinché il manufatto risulti sufficientemente aerato dipende dai parametri $Iy_o^{0.5}$ e $\beta y_o^{0.5}/F_o$. In particolare, nell'ipotesi per cui sussista adeguato trasporto d'aria dal pozzetto al canale di valle, per $Iy_o^{0.5} < 0.4$ si ricava:

$$\left(\frac{\beta y_o^{0.5}}{F_o}\right)_M = 5 \cdot Iy_o^{0.5} - 0.5. \tag{15.24}$$

Se invece la ventilazione del canale di valle risulta impedita dalla sommergenza dello sbocco ovvero dall'apertura del getto, vale la seguente relazione per $0.4 < Iy_o^{0.5} < 3$:

$$\left(\frac{\beta y_o^{0.5}}{F_o}\right)_M = \exp\left(-Iy_o^{0.5}\right). \tag{15.25}$$

In linea generale, quando il getto libero impatta sul cuscino d'acqua sottostante oppure in corrispondenza della zona di sbocco del manufatto, il coefficiente di aerazione β aumenta col numero d'impatto I fino ad attingere un valore massimo che può risultare anche superiore a 2. Invece, in condizione di impatto della vena sulla parete del pozzetto, si registra un significativo abbattimento del valore assunto dal coefficiente di acrazione, il quale poi tende a ridursi all'aumentare di I.

Si tenga presente che, se il manufatto non è in comunicazione con l'atmosfera, si possono realizzare pressioni negative che comportano un brusco incremento dell'altezza del cuscino, situazione particolarmente dannosa soprattutto nel caso di pozzetti con altezze del salto ridotte, nei quali, di conseguenza, il rischio che a valle del manufatto si verifichi la condizione di choking diventa elevato.

15.3 Pozzi a vortice

15.3.1 Ambiti di applicazione

A differenza dei pozzetti di salto, il pozzo a vortice induce una notevole *dissipazione di energia* per effetto delle resistenze al moto esercitate dalle pareti. Tale effetto, certamente positivo, nasce dalla sovrapposizione di componenti del moto sia rettilinee che di rotazione, generando di conseguenza una corrente elicoidale attraverso il pozzo di caduta. Nell'ambito del processo di moto viene a crearsi una corrente idrica anulare stabile (capitolo 5) in cui la fase liquida coesiste con quella gassosa essendone, però, ben distinta. Infatti, mentre la corrente idrica defluisce in aderenza alle pareti, quella aeriforme transita all'interno di un *nucleo gassoso*, in cui la pressione dell'aria è leggermente superiore a quella atmosferica.

Si ricorre all'installazione dei pozzi a vortice laddove è sconveniente realizzare collettori fognari con pendenze elevatissime, sempre nel rispetto, però, delle seguenti condizioni:

- differenza di quota non inferiore a $5 \div 10$ m, a seconda del diametro del pozzo;
- corrente in arrivo stabilmente subcritica ($F_o < 0.7$) o stabilmente supercritica ($F_o > 1.5$).

Mentre la corrente in uscita da un collettore a forte pendenza è certamente supercritica, quella restituita da un pozzo a vortice può essere lenta. Tale differente comportamento idraulico può eventualmente orientare il tecnico nella definizione della scelta progettuale.

In ogni caso, il progetto di un pozzo a vortice dipende sostanzialmente dalle caratteristiche cinetiche della corrente in arrivo ed il suo dimensionamento idraulico coinvolge i seguenti tre elementi:

- *manufatto di imbocco* (inglese: "vortex intake");
- *pozzo verticale* di caduta (inglese: "vertical shaft");
- *manufatto di sbocco* (inglese: "outlet chamber").

I dati di fatto dimostrano che esistono numerosi casi in cui questo tipo di manufatto è talvolta progettato in maniera errata o non sufficientemente accurata [5], provocando malfunzionamenti che, nei casi più eclatanti, possono creare situazioni di rischio per la pubblica incolumità in ambiente urbano.

Nei seguenti paragrafi vengono quindi delineati i criteri e le raccomandazioni fondamentali per un adeguato dimensionamento idraulico dei manufatti.

15.3.2 Manufatto di imbocco

Il canale di alimentazione del pozzo è a sezione rettangolare ed ha larghezza b, pendenza S_o e coefficiente di scabrezza di Manning n; si indichi inoltre con D_s il diametro del pozzo di caduta (pedice s). L'obiettivo del manufatto di imbocco è quello di trasformare il flusso della corrente da sub-orizzontale a verticale attraverso un *imbocco tangenziale*.

La Fig. 15.8a illustra il manufatto di imbocco per *corrente lenta in arrivo* secondo la geometria definita da Drioli [8], in cui a è la distanza della parete esterna del canale di alimentazione dal centro del pozzo, c la larghezza minima della spirale, e la eccentricità, ΔR il raggio del raccordo all'imbocco del pozzo ed s lo spessore minimo del setto di accesso. La geometria del manufatto può essere descritta dalle seguenti relazioni:

$$a = R + \Delta R + \frac{1}{2}b + c + s, \tag{15.26}$$

$$e = \frac{1}{7}(b + s). \tag{15.27}$$

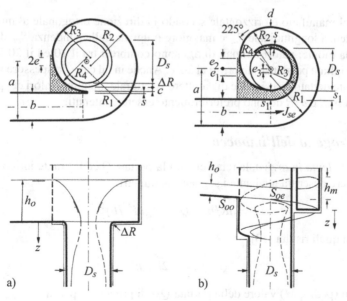

Fig. 15.8. Geometria del pozzo a vortice per corrente in arrivo a) lenta e b) veloce; pianta (in alto) e sezione (in basso)

I raggi della voluta sono così determinati:

$$R_4 = R + \Delta R + c + e, \tag{15.28}$$

$$R_3 = R_4 + e, \tag{15.29}$$

$$R_2 = R_4 + 3e, \tag{15.30}$$

$$R_1 = R_4 + 5e. \tag{15.31}$$

Un ragionevole dimensionamento del manufatto può essere effettuato imponendo valori dei parametri geometrici tali che risulti $0.8 < D_s/a < 1$ e $\Delta R > D_s/6$; lo spessore s è semplicemente dettato da requisiti di carattere strutturale.

Nel caso di *corrente veloce in arrivo* la geometria del manufatto di imbocco può essere espressa in funzione del raggio del pozzo $R = (1/2)D_s$ secondo quanto riportato da Kellenberger [17]:

$$R_1 = (a + R + s + d)/2, \quad e_1 = a - R_1; \tag{15.32}$$

$$R_2 = (2R + s + d)/2, \quad e_2 = R + s + d - R_2; \tag{15.33}$$

$$R_3 = (a + R + s - b)/2, \quad e_3 = a - b - R_3; \tag{15.34}$$

$$R_4 = R + s, \quad s_1 = a - b - R. \tag{15.35}$$

Il dimensionamento del manufatto va eseguito nel rispetto delle seguenti condizioni:

$$(R + s + d) \le a \le (3R + s), \tag{15.36}$$

$$0.8R \le b \le 2R, \tag{15.37}$$

$$0.8R \le d \le 2R. \tag{15.38}$$

Il fondo del manufatto è orizzontale secondo la direzione ortogonale al moto, mentre la pendenza longitudinale S_{oe} è maggiore o uguale della pendenza S_{oo} del canale in arrivo da monte; valori ottimali di S_{oe} sono compresi tra il 10 ed il 20%, mentre sono sconsigliate pendenze superiori al 30%. Anche in tal caso, lo spessore s è fondamentalmente dettato da esigenze di carattere strutturale, mentre i valori dei parametri geometrici b/R e d/R devono preferibilmente essere contenuti.

15.3.3 Progetto dell'imbocco

Per *corrente lenta in arrivo*, la relazione tra la portata Q ed il tirante idrico di monte h_o può essere descritta mediante i seguenti parametri:

$$h^* = aR/b, \quad Q^* = (gaR^5/b)^{1/2} \tag{15.39}$$

in virtù dei quali risulta [13]

$$Q/Q^* = \sqrt{2}h_o/h^*. \tag{15.40}$$

Il massimo (pedice M) valore della portata Q_M di progetto è pari a

$$Q_M = 4R^3(5g/b)^{1/2}. \tag{15.41}$$

Infatti, per $Q > Q_M$ il nucleo centrale del vortice viene a chiudersi (*choking*), non assicurando il deflusso della portata d'aria necessaria per il buon funzionamento del manufatto.

Per *corrente veloce in arrivo*, la portata di progetto Q_M è funzione del diametro del pozzo D_s secondo le seguente relazione [17]:

$$Q_M = [g(D_s/1.25)^5]^{1/2}. \tag{15.42}$$

Dalle suddette equazioni si nota che le capacità idrovettrici dei due manufatti, in presenza di corrente lenta e corrente veloce, sono tra loro confrontabili.

La differenza fondamentale tra l'imbocco *subcritico* e quello *supercritico* risiede nel fatto che, mentre il primo è caratterizzato da valori via via decrescenti del tirante idrico lungo la spirale di imbocco, nel secondo si generano onde di *shock* di notevole ampiezza, a causa del cambiamento di direzione imposto dal manufatto alla corrente. Infatti, nel caso di imbocco *supercritico*, si riscontra la formazione di una onda fissa di altezza massima h_M, il cui valore può essere stimato secondo la seguente relazione proposta da Hager [12]:

$$\frac{h_M}{R_1} = \left[\frac{2^{1/2}Q}{(gbh_oR_1^3)^{1/2}} - \frac{1}{2}S_{oe} \right](1.1 + 0.15F_o), \tag{15.43}$$

in cui R_1 è il raggio espresso secondo l'Eq. (15.32), h_o e $F_o = V_o/(gh_o)^{1/2}$ sono, rispettivamente, il tirante idrico ed il numero di Froude della corrente in arrivo nel canale rettangolare e S_{oe} è la pendenza della rampa di accesso (Fig. 15.9). Il valore della coordinata angolare α_M, in corrispondenza della quale si verifica il massimo valore del tirante idrico h_M (Fig. 15.9), può essere stimato dalla seguente relazione:

$$\alpha_M/F_o = 75°(h_o/R_1)^{1/2}. \tag{15.44}$$

La Fig. 15.10 mostra le foto relative a due esperimenti su un modello fisico dell'imbocco *supercritico*. Nella Fig. 15.10a la corrente a superficie libera è caratterizzata da un unico punto di massimo dell'altezza idrica, mentre nella foto in Fig. 15.10b si notano due sezioni distinte in cui il tirante idrico presenta un massimo locale. I criteri

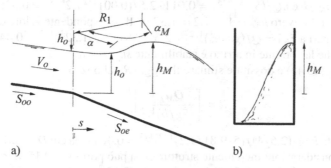

Fig. 15.9. Onda di shock fissa lungo il muro esterno del manufatto di imbocco *supercritico*: a) vista laterale; b) sezione con massima altezza idrica

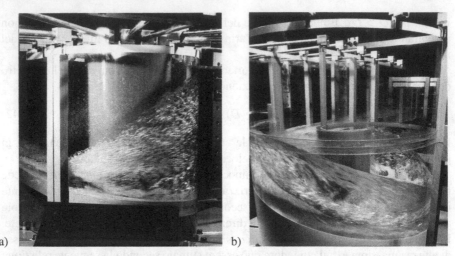

a)   b)

Fig. 15.10. Imbocco supercritico per pozzo a vortice; viste laterali per $F_o =$ a) 5.7; b) 1.8

di progetto proposti da Kellenberger [17] prevengono la sommergenza della corrente veloce, per effetto della quale si potrebbe innescare un risalto idraulico lungo la rampa elicoidale o addirittura nel canale di alimentazione; in quest'ultima condizione il processo di moto nel manufatto di imbocco verrebbe ad essere totalmente stravolto.

Esempio 15.4. Si consideri un canale rettangolare di larghezza $b = 1.20$ m con pendenza $S_{oo} = 0.1\text{‰}$ e coefficiente di scabrezza $n = 0.011$ sm$^{-1/3}$. Dimensionare il manufatto di imbocco per una portata di progetto pari a $Q = 2.5$ m^{3}s^{-1}.

In condizioni di moto uniforme, essendo il raggio idraulico $R_{ho} = bh_o/(b+2h_o)$, si può scrivere (capitolo 5)

$$Q = (1/n)S_{oo}^{1/2}bh_oR_{ho}^{2/3},$$

o

$$\frac{nQ}{S_{oo}^{1/2}b^{8/3}} = \frac{y_o^{5/3}}{(1+2y_o)^{2/3}},$$

in cui $y_o = h_{No}/b$ e $nQ/(S_{oo}^{1/2}b^{8/3}) = 0.011 \cdot 2.5/(0.001^{1/2}1.2^{8/3}) = 0.53$; si ottiene, quindi, $y_o = 1.1$ ovvero $h_{No} = 1.1 \cdot 1.2 = 1.32$ m. Il corrispondente valore del numero di Froude è pari a $F_{No} = Q/(gb^2h_o^3)^{1/2} = 2.5/(9.81 \cdot 1.2^2 1.32^3)^{1/2} = 0.44 < 0.7$. Se ne deduce che la corrente in arrivo è stabilmente *subcritica*.

Dall'Eq. (15.41) è possibile stimare il raggio R del pozzo

$$R = \left[\frac{Q_M/4}{(5g/b)^{1/2}}\right]^{1/3},$$

per cui risulta $R = [(2.5/4)/(5 \cdot 9.81/1.2)^{1/2}]^{1/3} = 0.46$ m, da cui $D_s = 2R \cong 1$ m. Per effetto di considerazioni meramente strutturali, si può porre $s = 0.15$ m, $c = 0.10$ m, $\Delta R = 0.10$ m, e quindi $a = 0.5 + 0.1 + 0.6 + 0.1 + 0.15 = 1.45$ m. Pertanto il requisito $0.8 < D_s/a < 1$ può essere considerato pressoché soddisfatto.

Dalle Eq. (15.39) si ottengono i valori $h^* = aR/b = 1.45 \cdot 0.5/1.2 = 0.60$ m e $Q^* = (9.81 \cdot 1.45 \cdot 0.5^5/1.2)^{1/2} = 0.61$ m^{3}s^{-1}, per cui, secondo l'Eq. (15.40), il valore del tirante idrico nella voluta per $Q = 2.5$ m^{3}s^{-1} deve essere pari a $h_o = (Q/Q^*)(h^*/2^{1/2}) = (2.5/0.61)(0.6/2^{1/2}) = 1.74$ m. Tale valore è significativamente superiore al tirante di moto uniforme $h_{No} = 1.32$ m, per cui ne consegue un inaccettabile *effetto di rigurgito* sul canale di alimentazione del pozzo a vortice; in tal caso si può ridurre la pendenza del canale a monte del pozzo oppure bisogna adottare un diametro del pozzo più grande.

Se si assume $D_s = 1.20$ m anziché $D_s = 1$ m, si ottiene $a = 0.6 + 0.1 + 0.6 + 0.1 + 0.15 = 1.55$ m, da cui $D_s/a = 0.78 \cong 0.8$. Inoltre, per $h^* = 1.55 \cdot 0.6/1.2 = 0.78$ m e $Q^* = (9.81 \cdot 1.55 \cdot 0.6^5/1.2)^{1/2} = 0.99$ m^{3}s^{-1}, il corrispondente valore del tirante $h_o = (2.5/0.99)(0.78/2^{1/2}) = 1.39$ m è tale da indurre un modesto valore del rigurgito sul tratto di monte.

In definitiva, la geometria del manufatto di imbocco *subcritico* è descritta dai seguenti parametri geometrici: $R = D_s/2 = 0.60$ m, $a = 1.55$ m, $b = 1.2$ m, $e = (1.2 + 0.15)/7 = 0.20$ m, $R_4 = 1.0$ m, $R_3 = 1.2$ m, $R_2 = 1.6$ m e $R_1 = 2.0$ m.

Esempio 15.5. Si consideri un canale rettangolare di larghezza $b = 1.20$ m, coefficiente di scabrezza $n = 0.011$ sm$^{-1/3}$ e pendenza $S_{oo} = 3\%$. Dimensionare il manufatto di imbocco per una portata di progetto pari a $Q = 2$ m^{3}s^{-1}.

Per $nQ/(S_{oo}^{1/2}b^{8/3}) = 0.011 \cdot 2/(0.03^{1/2}1.2^{8/3}) = 0.079$, il grado di riempimento in moto uniforme è pari a $y_{No} = 0.26$, secondo le indicazioni dell'Esempio 15.4, e quindi risulta $h_{No} = 0.31$ m. Il corrispondente valore del numero di Froude è $F_{No} = 2/(9.81 \cdot 1.2^2 0.31^3)^{1/2} = 3.08 > 1.5$, per cui la corrente in arrivo al pozzo è stabilmente *supercritica*.

Il diametro del pozzo è dato da $D_s = 1.25(Q_M^2/g)^{1/5} = 1.04$ m, secondo l'Eq. (15.42), che può essere approssimato a $D_s = 1.20$ m. Fissando $s = 0.10$ m e $d = 0.9$ m, dall'Eq. (15.36) si ottiene $(0.6 + 0.1 + 0.9)$ m $\leq a \leq (1.8 + 0.1)$ m, e quindi si può assumere $a = 1.9$ m. Pertanto, le condizioni dettate dalle Eq. (15.37) e (15.38) sono soddisfatte. La geometria del manufatto di imbocco è allora data dai seguenti parametri: $R_1 = (1.9 + 0.6 + 0.1 + 0.9)/2 = 1.75$ m, $R_2 = (2 \cdot 0.6 + 0.1 + 0.9)/2 = 1.10$ m, $R_3 = (1.9 + 0.6 + 0.1 - 1.2)/2 = 0.70$ m e $R_4 = (0.6 + 0.1) = 0.70$ m. Inoltre, risulta $e_1 = (1.9 - 1.75) = 0.15$ m, $e_2 = (0.6 + 0.1 + 0.9 - 1.1) = 0.5$ m, $e_3 = (1.9 - 1.2 - 0.70) = 0$ e $s_1 = (1.9 - 1.2 - 0.6) = 0.10$ m.

Le caratteristiche dell'onda di shock per $S_{oe} = 0.1$ sono le seguenti: $h_M/R_1 = [2^{1/2}2/(9.81 \cdot 1.2 \cdot 0.31 \cdot 1.75^3)^{1/2} - 0.5 \cdot 0.1](1.1 + 0.15 \cdot 3.08) = 0.92$, da cui si ha $h_M = 0.92 \cdot 1.75$ m $= 1.61$ m. Tale valore del tirante idrico, per l'Eq. (15.44), si troverà nella posizione angolare $\alpha_M = 75(0.31/1.75)^{1/2}3.08 = 97°$.

Jain [14] ha introdotto il cosiddetto *imbocco tangenziale*, costituito da una rampa avente pendenza superiore al canale di alimentazione e larghezza linearmente decrescente fino ad innestarsi tangenzialmente nel pozzo di caduta. Questo manufatto semplificato sembra essere particolarmente adatto per portate modeste ed è talvolta denominato come imbocco *tipo Milwaukee*, dal nome della cittadina americana in cui è stato sistematicamente utilizzato. Alcune indicazioni progettuali ai fini del dimensionamento idraulico sono riportate in un recente lavoro di Yu e Lee [23].

Una variante è costituita dal *pozzo a vortice con setto verticale* proposto da Quick [19]. Jain e Ettema [15] hanno redatto un interessante stato dell'arte sulle varie tipologie di pozzi a vortice.

I pozzi a vortice possono anche essere usati come manufatto di confluenza di più collettori fognari; Volkart [22] ha proposto un criterio di progetto per un pozzo a vortice da realizzarsi alla particolare confluenza di due tronchi fognari, mentre Bruschin e Mouchet [3] hanno addirittura introdotto un manufatto di caduta in cui convergono quattro canalizzazioni fognarie. Normalmente, le quote di imbocco delle varie canalizzazioni sono diverse; ad ogni modo, è opportuno ribadire la necessità di ricorrere a prove su modello fisico, laddove le condizioni progettuali non consentano di adottare un manufatto standard.

Un particolare manufatto di imbocco

Uno studio condotto da Del Giudice e Gisonni [5] ha mostrato che esistono numerosi casi in cui, per errore progettuale o particolari condizioni locali, un manufatto di *imbocco subcritico* si trova a funzionare in presenza di una corrente supercritica in arrivo da monte. Tale condizione è certamente inaccettabile per i seguenti motivi:

• formazione di un risalto idraulico nel collettore a monte dell'imbocco, con possibile transizione da deflusso a superficie libera a moto in pressione;
• presenza di ondulazioni superficiali di notevole ampiezza, innescate dalla formazione del risalto, che possono propagarsi fino all'interno del manufatto di imbocco con conseguente alterazione del suo regolare funzionamento (i.e., chiusura del *nucleo gassoso* per la regolare ventilazione della corrente).

Sulla base di tali considerazioni e con il conforto di una accurata indagine sperimentale, Del Giudice et al. [6] hanno proposto una modifica strutturale (Fig. 15.11) del manufatto di imbocco subcritico per consentirne il regolare funzionamento del pozzo a vortice anche in presenza di una corrente veloce.

Tale modifica consiste nella realizzazione di un gradino di altezza *s* lungo il collettore a monte dell'imbocco, in modo da forzare la formazione di un risalto idraulico immediatamente a valle del gradino stesso. In tale modo, la corrente in arrivo al manufatto di imbocco sarà certamente lenta; per garantire le caratteristiche di gradualità della corrente subcritica, il gradino dovrà essere posto a distanza L_{LB} dal manufatto di imbocco. Tale configurazione permette di avere in arrivo al pozzo a vortice una corrente priva delle ondulazioni superficiali che si formano immediatamente a valle del risalto idraulico e che potrebbero compromettere il buon funzionamento del manufatto di imbocco

Secondo lo schema di Fig. 15.11, la corrente veloce di monte è caratterizzata dal tirante idrico h_o e dal numero di Froude F_o; per contro, la corrente subcritica a valle del gradino è caratterizzata dal tirante idrico h_v, coincidente con il tirante idrico deducibile dalla scala di deflusso del manufatto di imbocco, e cioè dalla Eq. (15.40). Partendo dall'applicazione del principio di conservazione della quantità di moto, con l'ausilio delle osservazioni sperimentali, Del Giudice et al. [6] hanno mostrato che,

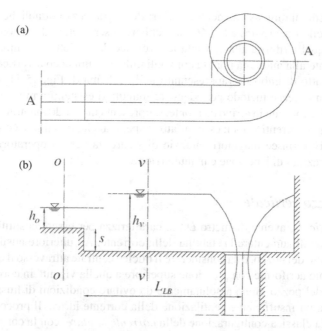

Fig. 15.11. Schema del tratto ribassato a monte dell'imbocco (a) pianta; (b) sezione A-A

per assicurare un risalto idraulico stabile a valle del gradino, la sua altezza relativa s/h_o deve soddisfare la condizione

$$\frac{s}{h_o} \geq \sqrt{1 - 2\left(1 + 2F_o^2 - Y^2 - \frac{2F_o^2}{Y}\right)} - 1 \qquad (15.45)$$

in cui $Y = h_v/h_o$ è il rapporto delle altezze coniugate.

Pertanto, assegnata la portata massima di progetto Q_M e le corrispondenti caratteristiche idrauliche della corrente veloce in arrivo, h_{oM} e F_{oM}, ed essendo noto dalla Eq. (15.40) il corrispondente tirante h_v, la Eq. (15.45) consente di calcolare l'altezza s del gradino.

Per evitare che le fluttuazioni della superficie libera, che si formano a valle del risalto, perturbino il funzionamento dell'imbocco a vortice, il gradino deve essere posto ad una adeguata distanza L_{LB}. I risultati sperimentali hanno mostrato che distanza relativa del gradino $\Lambda_B = L_{LB}/L_B$ deve esser superiore a 2, essendo L_B la lunghezza del risalto di tipo-B che si sviluppa a valle di un salto positivo [18] che può essere calcolata mediante la relazione

$$\log_{10}\left(\frac{L_B}{\Delta H}\right) = 1.58 - 1.71\frac{\Delta H}{H_o} \qquad (15.46)$$

in cui H_o è l'energia totale della corrente in arrivo e $\Delta H = H_o - H_v$ è la dissipazione di energia indotta dal risalto, essendo H_v l'energia totale all'ingresso dell'imbocco a vortice. In sede di dimensionamento, i valori delle grandezze idrauliche di progetto da inserire nelle Eq. (15.45) e (15.46) dovrebbero essere dettati dalla condizione più gravosa tra quella riferita alla capacità idrovettrice del collettore di monte e quella corrispondente alla massima portata convogliabile dall'imbocco a vortice.

Il manufatto di imbocco rappresentato nello schema di Fig. 15.11, oltre a rappresentare un efficace metodo per adeguare manufatti esistenti a mutate condizioni cinetiche della corrente in arrivo da monte, rappresenta un valido manufatto di imbocco a vortice per correnti veloci; esso, infatti, rispetto al classico imbocco supercritico di Fig. 15.8b, fornisce maggiori garanzie di sicurezza per gli operatori durante le normali operazioni di ispezione e manutenzione.

15.3.4 Pozzo verticale

Il *pozzo verticale*, avente diametro D_s, si caratterizza per essere costituito da *pareti lisce*, al fine di aumentare la stabilità della corrente. Ad ulteriore ausilio del buon funzionamento del pozzo, è da considerare il nucleo centrale attraverso il quale defluisce la corrente aeriforme con pressione superiore a quella vigente in corrispondenza delle pareti del pozzo. Sono assolutamente da evitare condizioni di flusso pulsante, provocate da un'insufficiente ventilazione della corrente idrica. Il processo del moto presenta la classica configurazione della *corrente anulare*, con la corona circolare occupata dalla corrente idrica ed il nucleo centrale attraverso cui defluisce l'aria.

Sebbene la superficie del pozzo sia poco scabra, devono essere tenuti in conto gli effetti delle resistenze al moto lungo le pareti del pozzo. È quindi possibile considerare un profilo di moto permanente assimilabile a quello in un canale a superficie libera che, partendo dalla struttura di imbocco, si sviluppa con uno spessore decrescente della corrente anulare lungo il pozzo, fino a raggiungere una condizione di equilibrio tra le forze motrici e quelle resistenti (Fig. 15.8). I parametri di riferimento sono la velocità finale V^* ed il corrispondente valore della altezza cinetica $z^* = V^{*2}/(2g)$, essendo

$$V^* = (1/n)^{3/5} \left(\frac{Q}{\pi D_s} \right)^{2/5}, \quad z^* = \frac{(1/n)^{6/5}}{2g} \left(\frac{Q}{\pi D_s} \right)^{4/5}. \qquad (15.47)$$

La velocità nel pozzo V può essere espressa in funzione della ascissa verticale z che ha origine in corrispondenza dell'imbocco del pozzo. Vale la seguente relazione [17]:

$$(V/V^*)^2 = \mathrm{Tanh}(z/z^*), \qquad (15.48)$$

nella quale V^* è la *velocità uniforme nel pozzo* che si attinge allorché il pozzo presenti una lunghezza L_s superiore alla profondità limite (pedice L) pari a $z_L = 3z^*$, ovvero

$$z_L = \frac{3}{2} \frac{(1/n)^{6/5}}{g} \left(\frac{Q}{\pi D_s} \right)^{4/5}. \qquad (15.49)$$

La *efficienza* η del pozzo a vortice è data da $\eta = \Delta H/H_a$, in cui $\Delta H = H_a - H(z)$, essendo $H_a = H_o + L_s$ l'energia specifica della corrente calcolata rispetto al

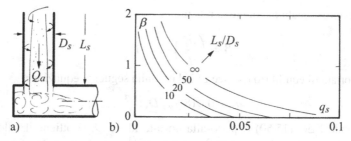

Fig. 15.12. Portata d'aria in pozzi a vortice: a) simboli; b) coefficiente di aerazione β in funzione della portata relativa q_s e della lunghezza relativa L_s/D_s

fondo alla camera di sbocco (Fig. 15.12a). L'efficienza rappresenta una caratteristica fondamentale dei pozzi a vortice perché, grazie ad essa, è possibile stimare il valore della energia residua al piede del pozzo che dovrà essere opportunamente dissipata.

Esempio 15.6. Calcolare l'efficienza del pozzo a vortice dell'Esempio 15.4, ipotizzando che esso presenti una lunghezza della canna verticale $L_s = 18$ m.

Ponendo $1/n = 90$ m$^{1/3}$s^{-1}, $D_s = 1.20$ m e $Q = 2.5$ m^{3}s^{-1}, dalle Eq. (15.47) si calcolano i valori dei parametri di riferimento $z^* = (90^{6/5}/19.62) \cdot (2.5/\pi \cdot 1.2)^{4/5} = 8.12$ m e $V^* = (2gz^*)^{1/2} = (19.62 \cdot 8.12)^{1/2} = 12.62$ ms^{-1}. Il valore limite della lunghezza del pozzo è pari a $z_L = 3z^* = 3 \cdot 8.12$ m $= 24.36$ m $> L_s$. Pertanto, al piede della canna verticale, non si raggiunge la velocità di equilibrio e la velocità allo sbocco V_s sarà deducibile dall'Eq. (15.48): $(V_s/V^*)^2 = \text{Tanh}(18/8.12) - \text{Tanh}(2.22) = 0.977$; in definitiva si ottiene $V_s = 0.977^{1/2} 12.62$ ms$^{-1} \cong 12.50$ ms^{-1}.

Se, allora, la corrente in arrivo è caratterizzata da un tirante idrico $h_o = h_{No} = 1.32$ m e velocità $V_{No} = 2.5/(1.2 \cdot 1.32) = 1.58$ ms^{-1}, il valore dell'energia specifica è pari a $H_o = 1.32 + 1.58^2/19.62 = 1.45$ m, per cui il carico energetico rispetto all'uscita è pari a $H_a = H_o + L_s = 1.45 + 18 = 19.45$ m. La efficienza del pozzo è data da $\eta = [19.45 - 12.5^2/(19.62)]/19.45 \cong 0.60$, e cioè il 60% dell'energia della corrente in arrivo al pozzo viene dissipato lungo la canna verticale.

Secondo le Eq. (15.47), si può ottenere un valore ridotto della velocità in uscita dalla canna del pozzo, e quindi un significativo valore della efficienza η, ricorrendo ad una canna con elevata scabrezza e piccolo diametro; tale considerazione, però, è in contrasto con la esigenza di garantire una corrente bifase stabile. Per tale motivo, un pozzo a vortice ben progettato deve affidare la sua capacità di dissipazione energetica all'effetto combinato della canna verticale e del manufatto di dissipazione da realizzare al piede del pozzo stesso.

La *portata d'aria* (inglese: "air demand") del flusso anulare all'interno del pozzo dipende fondamentalmente dalla lunghezza relativa L_s/D_s e dalla portata idrica relativa $q_s = nQ/(\pi D_s^{8/3})$. La portata di aria (pedice a) $Q_a = \beta Q$ può essere agevolmente stimata in funzione del coefficiente di aerazione della corrente β dato dal grafico di Fig. 15.12b, ricavato da Hager e Kellenberger [13]. In via approssimativa, il valore di β può essere stimato mediante la relazione:

$$\beta = \left(\frac{q_e}{q_s}\right)^{1/2} - 1, \tag{15.50}$$

in cui la portata di equilibrio (pedice e) è data dalla seguente equazione:

$$q_e = 0.018(L_s/D_s)^{1/3}. \tag{15.51}$$

Derivando l'Eq. (15.50) rispetto alla portata idrica Q, si ottiene il valore della portata d'aria massima $Q_M = (1/2)^2 q_e (1/n)\pi D_s^{8/3}$, cui corrisponde il valore della portata relativa $q_M = (1/4)q_e$. Quindi, ponendo $q_s = q_M$ nell'Eq. (15.50), il massimo (pedice M) valore della portata d'aria, è pari a

$$Q_{aM} = Q. \tag{15.52}$$

Il valore della portata d'aria è quindi sempre inferiore al valore della portata idrica di progetto Q_M. Pertanto, a confronto con altri manufatti di salto e caduta, i pozzi a vortice si caratterizzano per una minore portata d'aria. Tale aspetto può essere interpretato come segno di una contenuta produzione di energia turbolenta e quindi di un processo di moto sufficientemente regolare. Alcuni dettagli del processo di moto sono stati osservati da Farroni et al. [9].

Esempio 15.7. Determinare la portata di aria Q_a per l'Esempio 15.6. Essendo $D_s = 1.20$ m, $L_s = 18$ m, $Q = 2.5$ m^{3}s^{-1} e $n = 0.011$ sm$^{-1/3}$ si può calcolare $q_s = 0.011 \cdot 2.5/(\pi \cdot 1.2^{8/3}) = 0.0054$. Quindi, essendo $L_s/D_s = 18/1.2 = 15$, dall'Eq. (15.51) si ottiene $q_e = 0.018 \cdot 15^{1/3} = 0.044$, e quindi dall'Eq. (15.50) si ricava il valore del coefficiente $\beta = (0.044/0.0055)^{1/2} - 1 = 1.85$. Allora, la portata d'aria risulta $Q_a = \beta Q = 1.85 \cdot 2.5$ m^{3}s^{-1} = 4.6 m^{3}s^{-1}. In questo esempio la portata d'aria è significativa in ragione di un modesto valore della portata idrica.

Assumendo un valore della velocità dell'aria $V_a = 25$ ms^{-1}, il sistema di ventilazione dovrà essere realizzato con una condotta di diametro almeno pari a $D_a = (4Q_a/\pi V_a)^{1/2} = 0.48$ m. Il valore di progetto del diametro non coincide necessariamente con il valore del diametro necessario per la massima portata idrica (Fig. 15.11).

Il massimo valore della portata d'aria si verifica in corrispondenza di una portata idrica $Q_M = 0.25 \cdot 0.044 \cdot 90\pi \cdot 1.2^{8/3}$ m^{3}s^{-1} = 5.1 m^{3}s^{-1} e quindi, secondo l'Eq. (15.52), $Q_{aM} = 1 \cdot 5.1$ m^{3}s^{-1} = 5.1 m^{3}s^{-1}. Se, effettivamente, può verificarsi tale valore di portata, i manufatti che compongono il sistema devono essere dimensionati di conseguenza.

15.3.5 Manufatto di sbocco

Il principale obiettivo del *manufatto di sbocco* è quello di dissipare l'energia residua favorendo l'instaurarsi di una corrente *subcritica* al piede del pozzo, senza che insorgano zone ad elevata velocità di deflusso; per tale motivo, tale manufatto è anche denominato *camera di dissipazione* (inglese: "stilling chamber") o di smorzamento. Inoltre, devono essere opportunamente favorite sia la deaerazione della corrente idrica che il cambiamento della direzione del flusso da verticale ad orizzontale.

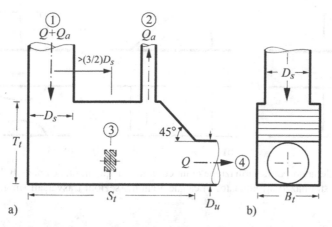

Fig. 15.13. Schema del manufatto di dissipazione al piede di un pozzo a vortice: a) sezione longitudinale e b) trasversale [17]

Fig. 15.14. Modello idraulico di una camera di dissipazione

La Fig. 15.13 illustra lo schema di una camera di dissipazione la cui prova su modello fisico è riportata nella foto di Fig. 15.14. Le dimensioni fondamentali del manufatto sono:

- lunghezza $S_t \cong 4\bar{D}$;
- larghezza $B_t = (1 \div 1.2)\bar{D}$;
- altezza $T_t \cong 2\bar{D}$,

in cui $\bar{D}$ è il maggiore tra il diametro del pozzo D_s e quello del collettore di valle D_u. In generale, il manufatto di sbocco deve essere dimensionato in maniera tale da assicurare adeguati franchi di sicurezza per garantire un buon funzionamento, oltre che per agevolare la ordinaria attività di manutenzione. Infatti, una camera eccessi-

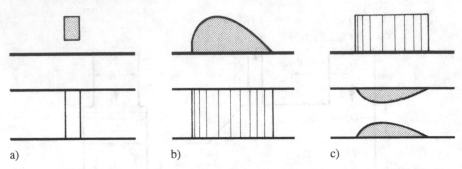

a)   b)   c)

Fig. 15.15. Elementi per la formazione di un cuscino d'acqua in una camera di dissipazione: a) soglia; b) stramazzo arrotondato; c) canale Venturi; sezioni trasversali (in alto) e piante (in basso)

vamente piccola può indurre fenomeni di sommergenza sul pozzo di caduta, inibendo la necessaria circolazione dell'aria, cui consegue un funzionamento pulsante del manufatto.

Il pozzo verticale non deve essere prolungato all'interno della camera di dissipazione, la cui copertura può essere raccordata con il collettore di valle, realizzando una soletta inclinata di 45° (Fig. 15.13). Per opere di una certa importanza, è opportuno procedere al dimensionamento di un *sistema di aerazione*, sulla base di valori della velocità dell'aria orientativamente pari a $30\,\mathrm{ms}^{-1}$, e comunque inferiori a $50\,\mathrm{ms}^{-1}$, il cui buon funzionamento è cruciale ai fini della funzionalità complessiva dell'opera. Ulteriori dettagli sulla progettazione della camera di dissipazione sono stati forniti da Kellenberger e Volkart [16], Balah e Bramley [2] e Del Giudice et al. [6].

La *efficienza* di una camera di dissipazione può giungere fino all'80%. Per meglio controllare le condizioni di deflusso verso valle, è possibile ricorrere alla realizzazione di elementi ausiliari, schematicamente illustrati in Fig. 15.15, il cui obiettivo è anche quello di creare un cuscino d'acqua che protegga la platea del manufatto dall'impatto del getto proveniente dal pozzo di caduta. Le soglie trasversali devono essere preferibilmente ubicate in modo da lasciar defluire indisturbate le portate minori, prevenendo, quindi, accumuli di sostanze e sedimenti trasportati dalla corrente. Per tale motivo sono invece sconsigliati gli stramazzi o le soglie, che hanno l'unico vantaggio di creare permanentemente un cuscino d'acqua. Infine, un dispositivo tipo canale Venturi (capitolo 12) combina gli effetti vantaggiosi dei due precedenti dispositivi, ma è di più complessa realizzazione. In generale, la sezione ristretta dovrebbe essere ubicata almeno ad una distanza pari a $(3/2)D_s$ a valle dell'asse del pozzo di caduta (Fig. 15.13a).

Simboli

a	[m]	distanza
b	[m]	larghezza del canale di alimentazione
B_s	[m]	larghezza del pozzetto
B_t	[m]	larghezza della camera di dissipazione
c	[m]	larghezza minima della spirale

d	[m]	larghezza della spirale di immissione dopo il primo giro di 180°
D	[m]	diametro del collettore
D_M	[m]	diametro del pozzetto di salto
D_s	[m]	diametro del pozzo di caduta
$\bar{D}$	[m]	diametro caratteristico della camera di dissipazione
e	[m]	eccentricità
F	[-]	numero di Froude
F_D	[-]	numero di Froude della condotta
F_C	[-]	numero di Froude limite della condotta
g	[ms^{-2}]	accelerazione di gravità
h	[m]	tirante idrico
h_e	[m]	tirante terminale allo sbocco
h_p	[m]	altezza del cuscino d'acqua
H	[m]	energia specifica
I	[-]	numero d'impatto
k	[-]	coefficiente di sicurezza rispetto al choking
K	[-]	coefficiente di perdita
L_A	[m]	ampiezza della camera di caduta
L_{LB}	[m]	distanza del gradino a monte dell'imbocco subcritico
L_B	[m]	lunghezza del risalto di tipo-B a valle di un gradino
L_p	[m]	distanza del setto deflettore
L_s	[m]	lunghezza del pozzetto, altezza del pozzo
n	[sm$^{-1/3}$]	coefficiente di scabrezza di Manning
q_e	[-]	portata relativa di equilibrio
q_N	[-]	$= nQ/(S_o^{1/2}D^{8/3})$ portata adimensionale di moto uniforme
q_s	[-]	$= nQ/(\pi D^{8/3})$ portata idrica relativa nel pozzo
Q	[m^{3}s^{-1}]	portata
Q^*	[m^{3}s^{-1}]	portata in condizione d'equilibrio
R	[m]	raggio del pozzo
R_h	[m]	raggio idraulico
s	[m]	ampiezza del salto o spessore del setto nel pozzo
S	[m^3]	spinta totale
S_c	[-]	pendenza critica
S_o	[-]	pendenza di fondo
S_t	[m]	lunghezza della camera di dissipazione
t	[m]	spessore verticale del getto
T	[-]	$= t/h_e$
T_t	[m]	altezza della camera di dissipazione
V_o	[ms^{-1}]	velocità in ingresso
V^*	[ms^{-1}]	velocità uniforme nel pozzo
x	[m]	ascissa
X	[-]	$= (x/h_o)F_o^{-0.8}$
y	[-]	grado di riempimento
Y	[-]	rapporto tra tiranti idrici o altezze coniugate

Y_e	[-]	tirante allo sbocco adimensionale
z	[m]	coordinata verticale
z^*	[m]	altezza cinetica in condizioni di equilibrio nel pozzo
Z	[-]	$= z/h_o$
α	[-]	posizione angolare
β	[-]	coefficiente di acrazione
η	[-]	efficienza della camera di dissipazione
ΔH	[m]	perdita di energia
ΔR	[m]	raggio del raccordo all'imbocco del pozzo
Δs	[m]	altezza di caduta
Λ_B	[-]	$= L_{LB}/L_B$, distanza relativa del gradino
ψ	[-]	parametro di choking

Pedici

a	aria
c	stato critico
ch	choking incipiente
C	limite
e	equilibrio
K	tempo asciutto
L	limite
m	minimo
M	massimo
N	moto uniforme
o	in ingresso
p	cuscino d'acqua
P	portata pluviale/meteorica
s	pozzo di caduta
u	in uscita
v	a valle del gradino

Bibliografia

1. ATV: Bauwerke der Ortsentwässerung [Strutture di drenaggio urbano]. Arbeitsblatt A241. Abwassertechnische Vereinigung, St. Augustin (1991).
2. Balah M.I.A., Bramley M.E.: Standard stilling basin design for use with medium-head vortex drop shafts. Proc. Institution of Civil Engineers **86**(1): 91–107 (1989).
3. Bruschin J., Mouchet P.-L.: Ouvrage de jonction de quatre collecteurs. Ingénieurs et Architectes Suisse **111**(6): 88–91 (1985).
4. Del Giudice G., Gisonni C., Rasulo G.: Vortex shaft design for supercritical approach flow. Journal of Hydraulic Engineering **136**(10): 837–841 (2010).
5. Del Giudice G., Gisonni C.: Vortex dropshaft retrofitting: case of Naples city (Italy). Journal of Hydraulic Research **49**(6): 804–808 (2011).
6. Del Giudice G., Gisonni C., Rasulo G.: Hydraulic Features of the Dissipation Chamber for Vortex Drop Shafts. XXXIII IAHR Congress. Vancouver (2009).

7. De Martino F., Gisonni C., Hager W.H.: Drop in combined sewer manhole for super critical flow. Journal of Irrigation and Drainage 128(6): 397–400 (2002).

8. Drioli C.: Installazioni con pozzo di scarico a vortice. L'Energia Elettrica 46(2): 81–102; 46(6): 399–409 (1969).

9. Farroni A., Ianetta S., Remedia G.: Rilievi del campo cinematico di uno scaricatore a vortice. XXI Convegno di Idraulica e Costruzioni Idrauliche L'Aquila B(04): 527–537 (1988).

10. Granata F., de Marinis G., Gargano R., Hager W.H.: Hydraulics of circular drop manholes. Journal of Irrigation and Drainage Engineering 137(2): 102–111 (2011).

11. Hager W.H. Abfluss im U-Profil [Deflusso in canale ad U]. Korrespondenz Abwasser 34(5): 468–482 (1987).

12. Hager W.H.: Vortex drop inlet for supercritical approaching flow. Journal of Hydraulic Engineering 116(8): 1048–1054 (1990).

13. Hager W.H., Kellenberger M.H.: Die Dimensionierung des Wirbelfallschachtes [Il progetto del pozzo a vortice]. gwf - Wasser/Abwasser 128(11): 585–590 (1987).

14. Jain S.C.: Tangential vortex-inlet. Journal of Hydraulic Engineering 110(12): 1693–1699 (1984).

15. Jain S.C., Ettema R.: Vortex-flow intakes. In: J. Knauss (ed.), IAHR Hydraulic Structures Design Manual 1: 125–137, Balkema, Rotterdam (1987).

16. Kellenberger M., Volkart P.: Der Wirbelfallschacht in Kanalisationsnetzen [Pozzo a vortice nei sistemi fognari]. Schweizer Ingenieur und Architekt 104(16): 364–371 (1986).

17. Kellenberger M.: Wirbelfallschächte in der Kanalisationstechnik (Pozzi a vortice nei sistemi fognari). Mitteilung 98. Versuchsanstalt für Wasserbau, Hydrologie und Glaziologie, ETH, Zürich (1988).

18. Ohtsu I., Yasuda Y.: Transition from supercritical to subcritical flow at an abrupt drop. Journal of Hydraulic Research 29(3), 309–328 (1991).

19. Quick M.C.: Analysis of spiral vortex and vertical slot vortex drop shafts. Journal of Hydraulic Engineering 116(3): 309–325; 118(1): 100–107 (1990).

20. Rajaratnam N., Mainali A., Hsung C.Y.: Observations on flow in vertical drop shaft in urban drainage systems. Journal of Environmental Engineering 123(5): 486–491 (1997).

21. SIA: Sonderbauwerke der Kanalisationstechnik [Strutture speciali nelle opere fognarie]. SIA-Dokumentation 40. Schweizerischer Ingenieur- und Architektenverein, Zürich (1980).

22. Volkart P.: Vereinigungs- und Wirbelfallschacht kombiniert [Manufatto di combinato di confluenza e pozzo a vortice]. Schweizer Ingenieur und Architekt 102(11): 190–195 (1984).

23. Yu D., Lee J.H.W.: Hydraulics of tangential vortex intake for urban drainage. Journal of Hydraulic Engineering 135(3): 164–174 (2009).

16

Pozzetti e manufatti ricorrenti

Sommario I manufatti fognari possono indurre notevoli perdite di carico in presenza di particolari condizioni di funzionamento. Viene illustrato come, in corrispondenza di pozzetti per fognature, le perdite di carico per correnti *subcritiche* sono assimilabili al caso di correnti in pressione. In tal modo, la conoscenza delle condizioni di valle e dei coefficienti di perdita di carico consente di determinare le condizioni di deflusso della corrente idrica nei tratti a monte dei manufatti. Inoltre, viene dettagliatamente descritto il funzionamento idraulico di pozzetti e manufatti speciali in presenza di correnti *supercritiche*. In particolare, vengono considerate le caratteristiche idrauliche dei manufatti per canali a sezione rettangolare e circolare, per i quali viene anche fatto cenno ad alcune tecniche finalizzate al miglioramento della funzionalità dei manufatti.

16.1 Introduzione

Nei sistemi fognari, oltre ai pozzetti di ispezione e di caduta (capitoli 14 e 15), viene fatto sovente ricorso a manufatti di confluenza (inglese: "junction manholes") o di curva (inglese: "bend manholes"). Questo tipo di manufatti è di cruciale importanza, in quanto un sistema di drenaggio urbano è generalmente costituito da un reticolo idrografico artificiale fortemente ramificato, facente capo ad un punto di recapito finale (ad esempio, un impianto di depurazione dei reflui). Nei casi in cui le velocità della corrente idrica sono modeste, il funzionamento del sistema fognario risente in modo marginale degli effetti indotti dalla presenza di tali manufatti, sempre che sia garantito il funzionamento a superficie libera. Ben più delicato è il caso in cui le velocità risultano elevate, con conseguenti effetti dinamici locali che possono ripercuotersi in modo negativo sulla funzionalità dell'intero sistema fognario; infatti, in presenza di correnti *veloci*, si può assistere all'insorgenza dei seguenti fenomeni:

- formazione di onde a fronte ripido (onde di shock), che possono formarsi in corrispondenza del manufatto e propagarsi verso valle;
- *saturazione* o *sovraccarico* (inglese: "choking") del pozzetto;
- interruzione del trasporto di aria verso il collettore di valle;

Gisonni C., Hager W.H.: Idraulica dei sistemi fognari. Dalla teoria alla pratica.
DOI 10.1007/978-88-470-1445-9_16, © Springer-Verlag Italia 2012

- transizione da deflusso a pelo libero a moto in pressione in uno o più collettori confluenti nel manufatto;
- effetti di rigurgito, specialmente in corrispondenza delle connessioni minori (ad esempio, allacciamento degli edifici alla rete principale).

Per scongiurare tali effetti indesiderati, i manufatti di confluenza e di curva devono essere opportunamente progettati da un punto di vista idraulico, tenendo soprattutto conto delle caratteristiche cinetiche della corrente in arrivo (subcritica o supercritica). Nel paragrafo 16.2 viene spiegato che, nel caso di corrente subcritica, lo studio dei manufatti di curva e confluenza può essere effettuato sulla base di un approccio monodimensionale, a differenza del caso di corrente supercritica. Il paragrafo 16.3 illustra le caratteristiche idrauliche di manufatti realizzati in canali a sezione rettangolare, in presenza di correnti veloci; il paragrafo 16.4 si sofferma sul comportamento idraulico di pozzetti realizzati su canali fognari a sezione circolare. Infine, il paragrafo 16.5 delinea i criteri essenziali di progetto per le principali tipologie di pozzetti ricorrenti nella pratica progettuale.

È opportuno sottolineare che, nel caso di correnti veloci, la stima delle *perdite di energia* indotte dal singolo manufatto è assolutamente secondaria rispetto alla verifica della funzionalità idraulica del manufatto stesso e della insorgenza di discontinuità nella corrente idrica. Il prosieguo del presente capitolo illustra, quindi, le procedure di progetto dei vari pozzetti e manufatti, a seconda che essi siano interessati da correnti lente o correnti veloci.

16.2 Corrente lenta

16.2.1 Modello teorico

Il manufatto di confluenza rappresenta certamente la tipologia di pozzetto più complessa ed articolata da considerare; peraltro, il pozzetto di linea ed il pozzetto di curva possono essere considerati come casi particolari del pozzetto di confluenza. Attualmente, il dimensionamento idraulico di questi manufatti viene effettuato sulla base di particolari assunzioni, talvolta arbitrarie. In ogni caso, la geometria del manufatto deve essere tale da prevenire la formazione di zone di separazione della corrente. Come precedentemente mostrato nel capitolo 2, il deflusso di una corrente idrica, il cui numero di Froude tende a zero ($F \to 0$), può essere assimilato ad un moto in pressione, con scostamenti che sono tanto più significativi quanto più è elevato il valore dello stesso numero di Froude.

Il ricorso al principio di conservazione della quantità di moto per stimare la dissipazione di energia al passaggio della corrente attraverso un manufatto di confluenza richiede la conoscenza della distribuzione di pressioni alle pareti oltre che dei flussi di quantità di moto. È possibile stimare l'andamento delle pressioni alle pareti anche nel caso di geometrie particolari con brusche deviazioni planimetriche, mentre tale distribuzione è sicuramente di più difficile determinazione nel caso di pareti curve, in corrispondenza delle quali si verificano fenomeni di *separazione* della corrente, caratterizzati da una notevole instabilità. La Fig. 16.1 illustra due tipologie di pozzetto

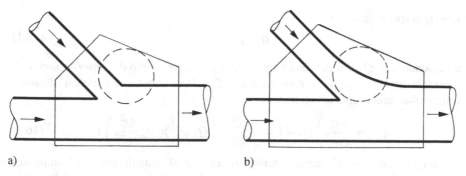

a)   b)

Fig. 16.1. Manufatto di confluenza con a) parete a spigolo vivo; b) parete arrotondata

di confluenza: la prima (Fig. 16.1a) presenta un profilo poligonale della parete con la presenza di uno *spigolo vivo* in corrispondenza del quale verrà a localizzarsi l'inizio della zona di separazione; il profilo arrotondato (Fig. 16.1b) si caratterizza, invece, per il fatto che la posizione della zona di separazione dipenderà dal valore della portata defluente nei vari tronchi di canalizzazione, con conseguenti difficoltà nella stima delle forze di pressione risultanti. Per tale motivo, nella pratica progettuale si preferisce fare riferimento allo schema di calcolo corrispondente alla configurazione della Fig. 16.1a relativa al manufatto con spigolo vivo.

Secondo Hager [23], il coefficiente di perdita di carico di un manufatto di confluenza caratterizzato da un angolo α può essere calcolato per analogia allo schema di immissione in una condotta in pressione, trascurando, cioè, l'effetto della superficie libera ed ipotizzando che il numero di Froude della corrente sia molto prossimo a zero. Assumendo che le forze resistenti al moto siano compensate dalla pendenza di fondo, ai fini pratici si può assumere che si instauri un moto a potenziale nella zona in cui la corrente è soggetta ad un fenomeno di contrazione (Fig. 16.2a). A causa della brusca deviazione planimetrica rappresentata dallo spigolo vivo, la sezione contratta (pedice e) è ubicata leggermente a valle del punto di singolarità P. Avendo definito

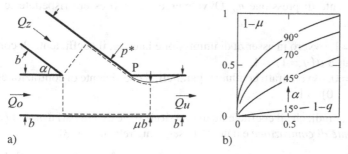

a)   b)

Fig. 16.2. a) Schema di calcolo di una confluenza; b) coefficiente di contrazione $\mu(q)$ secondo la Eq. (16.6)

l'energia specifica come

$$H = p + \frac{V^2}{2g} \tag{16.1}$$

ed essendo $E = Q \cdot H$ il flusso di energia specifica, il principio di *conservazione dell'energia* impone che, per il caso asintotico $F = 0$, si abbia, nelle ipotesi di canale rettangolare con tirante idrico unitario:

$$\left(p_o + \frac{Q_o^2}{2gb_o^2}\right) Q_o + \left(p_z + \frac{Q_z^2}{2gb_z^2}\right) Q_z = \left(p_e + \frac{Q_e^2}{2gb_e^2}\right) Q_e, \tag{16.2}$$

in cui i pedici o, z ed e si riferiscono, rispettivamente, al tratto di monte, all'immissione laterale ed alla sezione contratta, mentre p indica l'altezza piezometrica. Ponendo la larghezza della sezione contratta pari a $b_e = \mu b_u$, e $Q_e = Q_u$, in cui il pedice u si riferisce alla sezione di valle, per una confluenza in cui i canali hanno uguale larghezza ($b_o = b_z = b_u = b$), il principio di *conservazione della quantità di moto*, applicato tra la sezione di monte e la sezione contratta, implica che

$$p_o b + \frac{Q_o^2}{gb} + p_z b \cos\alpha + \frac{Q_z^2 \cos\alpha}{gb} = p_u b + \frac{Q_u^2}{g\mu b} + p^* b \cos\alpha. \tag{16.3}$$

L'altezza piezometrica p^* (Fig. 16.2a) corrisponde al valore intermedio della pressione alla parete compreso tra i valori limite p_z e p_e, esprimibile secondo la seguente relazione in cui n_p è un numero positivo da determinare:

$$p^* = \frac{p_z + n_p p_e}{1 + n_p}. \tag{16.4}$$

Ai valori estremi di n_p corrispondono i valori $p^*(0) = p_z$ e $p^*(\infty) = p_e$.

Vischer [55] ha dimostrato che i valori delle pressioni p_o e p_z devono essere identici per soddisfare la continuità della pressione in corrispondenza del punto di confluenza; inoltre, l'equazione di continuità impone che

$$Q_o + Q_z = Q_u. \tag{16.5}$$

Pertanto, è possibile eliminare le altezze piezometriche nelle Eq. (16.2), (16.3) e (16.4), ottenendo una equazione che esprime il coefficiente di contrazione μ in funzione del rapporto delle portate $q = Q_o/Q_u$, dell'angolo di immissione α e del coefficiente di pressione n_p. Ovviamente, devono essere rispettate le seguenti condizioni:

- per $q = 1$, ovvero in assenza di immissione laterale, il coefficiente di contrazione sarà pari a $\mu(q = 1) = 1$;
- per $\alpha = 0$, ovvero tratti confluenti paralleli, il coefficiente di contrazione sarà pari a $\mu(\alpha = 0) = 1$.

Si ottiene, quindi, che il coefficiente di pressione deve essere pari a $n_p = 1/2$, mentre il *coefficiente di contrazione* è dato dalla seguente relazione [23]:

$$\mu^{-1} = \frac{1 + [(1-q)(2-q)(1 - 2/3\cos\alpha - 1/3\cos^2\alpha) + 1/9\cos^2\alpha]^{1/2}}{(1 + 1/3\cos\alpha)}. \tag{16.6}$$

La Fig. 16.2b mostra l'andamento del coefficiente $(1 - \mu)$ in funzione del parametro $(1 - q)$ per diversi valori dell'angolo α. La validità di tale legame è stata confermata da dati sperimentali ottenuti per piccoli valori di α e q, mentre si notano scostamenti notevoli per $\alpha \to 90°$ e per $q \to 1$.

La *perdita di energia* dipende, essenzialmente, dall'allargamento della corrente nel tratto a valle della confluenza, in cui la larghezza effettiva della corrente aumenta da μb a b (Fig. 16.2a). In virtù del principio di conservazione della quantità di moto si ha

$$p_e - p_u = \frac{Q_u^2}{gb^2}(1 - \mu^{-1}) \qquad (16.7)$$

e l'equazione generalizzata della conservazione dell'energia (capitolo 2) fornisce

$$p_o - p_e = \frac{Q_u^2}{2gb^2}\left[\mu^{-2} - q^3 - (1 - q)^3\right]. \qquad (16.8)$$

Eliminando il parametro p_e tra le Eq. (16.7) e (16.8) si ottiene

$$p_o - p_u = \frac{Q_u^2}{2gb^2}\left[(\mu^{-1} - 1)^2 + 3q(1 - q)\right]. \qquad (16.9)$$

Ricordando che la velocità della corrente in uscita dalla confluenza può essere calcolata come $V_u = Q_u/(b \times 1)$, i *coefficienti di perdita di carico* possono essere espressi come segue:

$$\xi_o = \frac{H_o - H_u}{Q_u^2/(2gb^2)}, \quad \xi_z = \frac{H_z - H_u}{Q_u^2/(2gb^2)}; \qquad (16.10)$$

ed i loro valori possono essere stimati secondo le seguenti relazioni:

$$\xi_o = (\mu^{-1} - 1)^2 - 1 + 3q - 2q^2, \qquad (16.11)$$

$$\xi_z = (\mu^{-1} - 1)^2 + q - 2q^2. \qquad (16.12)$$

Da un confronto dei risultati forniti dalle suddette equazioni con i dati sperimentali raccolti da Vischer [55] o Favre per immissioni in condotte in pressione, si nota un eccellente accordo per $\alpha < 70°$. Allorché risulta $\alpha \to 90°$ oppure $q \to 1$ si riscontrano scostamenti rilevanti, essenzialmente dovuti all'ipotesi che la corrente laterale si immette anch'essa con lo stesso angolo α nel volume di controllo (Fig. 16.2a). Ad ogni modo, a causa dell'effetto prevalente della corrente trasportata dal tronco di monte, la effettiva direzione di immissione della corrente laterale può essere caratterizzata da un angolo $\gamma = \sigma\alpha$, con $\sigma < 1$. Da stime effettuate, è possibile assumere per tale coefficiente il valore $\sigma = 8/9$; la Fig. 16.2b può, quindi, essere ancora utilizzata, purché il valore dell'angolo α sia sostituito dal valore corretto $\sigma\alpha$; ad esempio, se $\alpha = 70°$, ai fini del calcolo bisognerà assumere un valore dell'angolo pari a circa $62°$.

La procedura precedentemente illustrata conferma quanto già evidenziato nell'ambito del capitolo 2 circa la possibilità di stimare le *perdite di energia* nelle correnti a superficie libera in analogia al moto in pressione all'interno delle tubazioni, a patto che il numero di Froude della corrente F_u sia inferiore a 0.70. Pertanto, la notevole quantità di dati sperimentali specificamente riferiti al moto nelle condotte in pressione può essere ritenuta di pratico riferimento per analoghe situazioni di moto in canali a pelo libero in cui la corrente è stabilmente subcritica.

16.2.2 Correnti subcritiche e transcritiche

Kumar Gurram et al. [38] hanno presentato uno studio sperimentale effettuato su una semplice configurazione della confluenza di correnti lente, il cui schema è rappresentato nella Fig. 16.3. Anche in questo caso, per applicare il *principio di conservazione della quantità di moto*, è necessario conoscere la distribuzione della pressione lungo la parete del tronco laterale. In linea generale, poiché la corrente accelera lungo il tratto in cui avviene l'incremento di portata, si può ritenere che la pressione lungo la parete decresca nel verso del moto. Si indichi con $\eta = (P_u - P_o) \sin \alpha / [(1/2)\rho g b h_z^2]$ il *coefficiente di pressione* relativo alle spinte sulla parete nella sezione di valle (pedice u) e di monte (pedice o), in cui α è l'angolo della confluenza e h_z il tirante idrico nel tronco laterale. Generalmente, viene assunto $\eta = 0$ ma gli esperimenti hanno, invece, evidenziato che

$$\eta = \cos \alpha, \tag{16.13}$$

indipendentemente dal numero di Froude e dal rapporto tra le portate confluenti.

I tiranti idrici su entrambi i lati del punto di confluenza P (Fig. 16.3b) sono stati sperimentalmente misurati ed è risultato che $h_1/h_2 = 1.0$, con un'approssimazione del $\pm 2.5\%$ per qualunque configurazione. Inoltre, i valori dei tiranti idrici h_1 e h_3, misurati alle pareti del canale laterale (Fig. 16.3a), soddisfano la relazione

$$h_3/h_1 = 1 - 0.09 q F_u. \tag{16.14}$$

Il rapporto h_3/h_1 decresce al crescere del parametro $q F_u$ e quindi, come si vedrà in seguito, al crescere del numero di Froude della corrente laterale F_z.

La *zona di separazione* ha inizio in corrispondenza del punto E (Fig. 16.3b), ed è caratterizzata da una lunghezza L_s e da una larghezza massima b_s, misurata in corrispondenza della sezione contratta (pedice e). Queste lunghezze caratteristiche dipendono dal numero di Froude della corrente di valle $F_u = Q_u/(g b^2 h_u^3)^{1/2}$. In particolare,

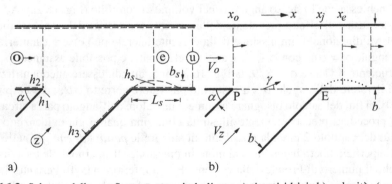

a)   b)

Fig. 16.3. Schema della confluenza, con simboli per a) tiranti idrici; b) velocità. (– –) Delimitazione dei volumi di controllo ed indicazione delle sezioni significative per i tiranti idrici

il *rapporto delle larghezze* b_s/b può essere stimato secondo la relazione

$$\frac{b_s}{b} = \frac{1}{2}\left(\mathsf{F}_u - \frac{2}{3}\right)^2 + 0.45 q^{1/2}\left(\frac{\alpha}{90°}\right), \qquad (16.15)$$

mentre il *rapporto delle lunghezze* è espresso dalle seguenti:

$$\frac{L_s}{b} = 3.8 \sin^2 \alpha \left(1 - \frac{1}{2}\mathsf{F}_u\right) q^{1/2}; \quad \mathsf{F}_u < 1; \qquad (16.16)$$

$$\frac{L_s}{b} = 0.26\left(1 + \frac{3\alpha}{90°}\right) q^{1/2}; \quad \mathsf{F}_u = 1. \qquad (16.17)$$

Si noti che la lunghezza L_s per una corrente transcritica è significativamente inferiore al valore corrispondente al caso di corrente lenta a valle della confluenza. Tale circostanza è dovuta al notevole gradiente di pressione che, in prossimità dello stato critico, si instaura a ridosso della *zona separazione*. Il valore del tirante idrico minimo h_s all'interno della zona di separazione è praticamente indipendente dall'angolo della confluenza e può essere stimato mediante la seguente espressione:

$$\frac{h_s}{h_u} = 1 - 0.6 q^{1/2} \mathsf{F}_u^{5/2}, \qquad (16.18)$$

dalla quale si evince la notevole influenza del numero di Froude di valle, il cui effetto è comunque trascurabile per $\mathsf{F}_u < 0.5$.

La Fig. 16.4 illustra alcuni tipici andamenti delle velocità e dei tiranti idrici alle pareti per diversi valori dell'angolo di confluenza; dalla stessa figura si apprezza anche come le linee di corrente provenienti dalla confluenza sono orientate verso il tronco di valle in misura inferiore rispetto all'angolo di confluenza α.

La velocità della corrente laterale aumenta passando dal punto P al punto E (Fig. 16.3). Ad opportuna distanza dal punto di confluenza, la *quantità di moto della corrente laterale* è pari a $M_z = \rho g Q_z V_z \cos \alpha$. Inoltre, in prossimità del punto di confluenza, sia la corrente di monte che quella laterale risultano accelerate per effetto della presenza del fenomeno di contrazione della sezione idrica utile. Infine, si tenga conto del fatto che l'angolo effettivo di immissione è pari a γ (Fig. 16.3b) invece di α. Pertanto, la quantità di moto della corrente laterale andrà correttamente espressa come $M_z = \tau[\rho g Q_z V_z \cos \alpha]$, essendo

$$\tau = \frac{\cos(\sigma\alpha)}{\cos(\alpha)} q^{-1}. \qquad (16.19)$$

Quindi, il contributo di quantità di moto apportato dalla corrente laterale non è influenzato dal numero di Froude della corrente di valle, e si può assumere $\sigma = 0.85$ in accordo con quanto precedentemente visto per confluenze caratterizzate da bassi valori del numero di Froude. Per contro, l'effetto del parametro τ è notevole per elevati valori dell'angolo di confluenza α e piccoli valori del rapporto di portate $q_z = Q_z/Q_u$, ovvero ridotti valori della portata laterale immessa rispetto a quella di valle. Assumendo le seguenti ipotesi: (1) forze resistenti compensate dalla pendenza di fondo, (2)

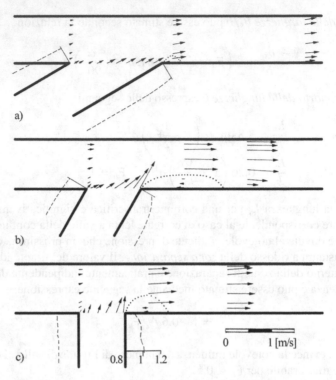

Fig. 16.4. Distribuzione delle velocità in corrispondenza di una confluenza, con (– –) profilo di pelo libero alla parete e (· ·) zona di separazione. Diversi andamenti per valori di $(F_u, \alpha) =$ a) $(0.25;30°)$; b) $(0.50;60°)$; c) $(1.00;90°)$, nel caso in cui $q_L = Q_L/Q_u = 0.75$

moto prevalentemente monodimensionale sia nel tratto di monte che in quello laterale, (3) quantità di moto della corrente laterale espressa come $M_z = \tau[\rho g Q_z V_z \cos\alpha]$, e (4) tiranti idrici h_o e h_z uguali tra loro, il *principio di conservazione della quantità di moto* può essere espresso dall'equazione

$$\frac{bh_o^2}{2} + \frac{Q_o^2}{gbh_o} + \frac{Q_z^2 \cos\alpha}{gbh_z} \cdot \frac{Q_u \cos(\sigma\alpha)}{Q_z \cos\alpha} = \frac{bh_u^2}{2} + \frac{Q_u^2}{gbh_u}. \tag{16.20}$$

Il rapporto delle altezze idriche $Y = h_z/h_u$ deve, quindi, soddisfare l'equazione

$$Y^3 - (1 + 2F_u^2)Y + 2F_u^2[(1-q_z)^2 + q_z \cos(\sigma\alpha)] = 0 \tag{16.21}$$

ed il suo valore dipende dal numero di Froude F_u della corrente di valle, dal rapporto delle portate $q_z = Q_z/Q_u$ e dall'angolo di confluenza α. Nel caso in cui Y è prossimo all'unità, l'Eq. (16.21) può essere risolta in modo esplicito e ha soluzione

$$Y = 1 + \frac{q_z F_u^2 [2 - q_z - \cos(\sigma\alpha)]}{1 - F_u^2}. \tag{16.22}$$

Poiché sia q_z che $\cos(\sigma\alpha)$ sono minori di uno, il rapporto Y non può che essere maggiore dell'unità, per cui la differenza tra i tiranti idrici, ritenuta trascurabile per ipotesi, è essenzialmente funzione del denominatore $(1 - F_u^2)$. In definitiva, per $F_u < 0.3$ il suo effetto è trascurabile, essendo $F_u^2 \ll 1$, mentre, per $F_u > 0.7$, l'Eq. (16.22) non può essere applicata poiché non sono trascurabili i termini del secondo ordine nell'Eq. (16.21), cui bisogna fare ricorso in tal caso. Il termine $q_z F_u$ è essenzialmente pari a $Q_z V_u$ e corrisponde al *flusso di quantità di moto* della corrente laterale.

L'effetto della corrente immessa lateralmente scompare nelle seguenti due condizioni asintotiche:

- portata laterale nulla ($q_z = 0$) e $Y = 1$, per ogni valore dell'angolo di confluenza α e del numero di Froude di valle F_u;
- totale assenza di portata ($F_u - 0$) e $Y = 1$, per ogni valore di α e q_z.

È quindi possibile mitigare l'*effetto di rigurgito* in corrispondenza di una confluenza, imponendo una delle seguenti condizioni:

- basso valore del numero di Froude di valle, $F_u < 0.5$;
- rapporto di portate q non prossimo al valore $q_M = 1 - (1/2)\cos(\sigma\alpha)$, per il quale il termine $q_z[2 - q_z - \cos(\sigma\alpha)]$ attinge il valore massimo (pedice M) e quindi anche il rapporto delle altezze idriche Y diventa pari a

$$Y_M = 1 + \frac{[1 - (1/2)\cos(\sigma\alpha)]\, F_u^2}{1 - F_u^2};\qquad(16.23)$$

- valore contenuto dell'angolo di confluenza α; infatti, anche dall'Eq. (16.23), si vede che angoli di confluenza inferiori a $45°$ inducono un effetto trascurabile sul valore di Y.

I risultati sperimentali hanno confermato la validità della procedura sopra esposta, con specifico riferimento ai casi in cui risulta $\alpha < 90°$ e $F_u < 1$. La Fig. 16.5 mostra alcune viste laterali di una confluenza a $90°$ con corrente in condizioni transcritiche, per diversi valori del rapporto $q_z = Q_z/Q_u$.

Nello studio di una confluenza è importante valutare la estensione della *zona di separazione* ai fini del tracciamento del profilo di corrente e della definizione delle caratteristiche del fenomeno di aerazione della corrente. Dalle foto della Fig. 16.6 si nota che la zona di separazione è praticamente assente per $q_z = 0$ (Fig. 16.6a), mentre si notano increspature di superficie a valle del punto di confluenza E. Nel caso in cui $q_z = 0.5$ (Fig. 16.6b), si nota l'effetto della contrazione della corrente con una zona di ricircolazione a ridosso della parete; tali caratteristiche vengono ulteriormente amplificate per $q_z = 1$ (Fig. 16.6c). Ulteriori informazioni su questa tipologia di confluenza sono riportate nei lavori sperimentali di Hsu et al. [29, 30], Weber et al. [57], Chiapponi e Longo [9], e negli studi numerici di Huang et al. [31] e Shabayek et al. [53]. La simulazione numerica di questo particolare processo di moto sarà certamente oggetto di ulteriori approfondimenti nel prossimo futuro da parte di studiosi del settore.

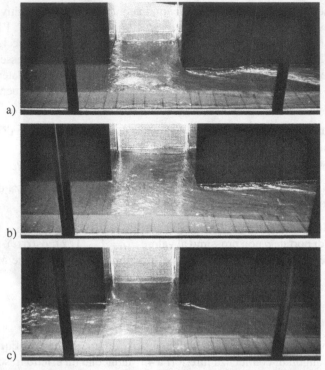

Fig. 16.5. Deflusso transcritico in una confluenza a 90° per $q_z =$ a) 0; b) 0.5; c) 1

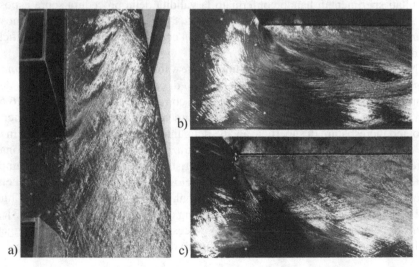

Fig. 16.6. Zona di separazione per confluenza a 90° e $q_z =$ a) 0; b) 0.5; c) 1

16.2.3 Coefficienti di perdita di carico localizzata

I valori dei coefficienti di perdita riportati nel paragrafo 2.3.5 si riferiscono ad immissioni a spigolo vivo, mentre nel prosieguo ci si soffermerà su *confluenze raccordate*, le quali sono maggiormente utilizzate; in tal modo, è possibile anche quantificare l'effetto dell'arrotondamento della parete in corrispondenza del punto di confluenza.

Ancora una volta, la principale fonte bibliografica è rappresentata dal lavoro di Idel'cik [32], nel caso specifico con un raggio di curvatura $R_z = b_z$. Indicato con $q_z = Q_z/Q_u$ il rapporto tra la portata immessa lateralmente e quella di valle, i coefficienti di perdita ξ_o e ξ_z, rispettivamente per il canale di monte e quello laterale, possono essere espressi in funzione di q_z per diversi valori del rapporto tra le sezioni idriche $m = A_z/A_u$. La Fig. 16.7 indica che le perdite sono trascurabili per $q_z \cong 0.5$; per $q_z \to 1$ il valore del coefficiente ξ_z va ad aumentare, mentre ξ_o tende a diminuire. Inoltre, in valore assoluto, i coefficienti aumentano notevolmente al diminuire del rapporto m.

Dal confronto con i valori degli stessi coefficienti corrispondenti al caso di confluenza a spigolo vivo, si nota una significativa riduzione dei coefficienti di perdita, a conferma del fatto che l'arrotondamento della confluenza rappresenta un accorgimento *idraulicamente efficace* per correnti lente. Più avanti, si vedrà che tale affermazione non è in generale valida nel caso di correnti veloci.

La Fig. 16.8 si riferisce al caso di una confluenza a 90° e, coerentemente con quanto visto in Fig. 2.10, mostra che un aumento del raggio di curvatura R_z comporta una riduzione dei coefficienti di perdita; tale risultato resta confermato anche per confluenze caratterizzate da angoli inferiori a 90°.

Oltre a queste informazioni mutuate dalle confluenze nei moti in pressione, è possibile trovare in letteratura alcuni lavori specifici sui *pozzetti di confluenza* per canali a pelo libero, quali quelli di Sangster et al. [49] e Townsend e Prins [54]; i dati sperimentali indicano, comunque, che angoli di confluenza pari o inferiori a 45° comportano valori molto piccoli dei coefficienti di perdita di energia.

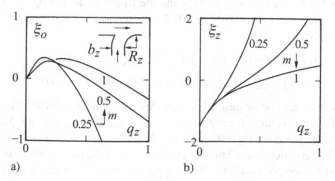

Fig. 16.7. Valori dei coefficienti di perdita di energia in confluenze raccordate con $\alpha = 90°$, per diversi valori del rapporto tra le sezioni idriche $m = A_z/A_u$ con $R_z = b_z$; a) coefficiente di monte ξ_o, e b) coefficiente laterale ξ_z in funzione del rapporto di portate $q_z = Q_o/Q_u$, per $0.7 < A_o/A_u < 1.1$ [32]

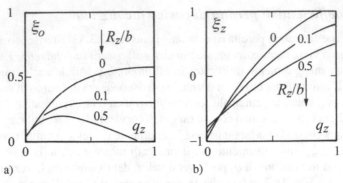

Fig. 16.8. Valori dei coefficienti di perdita per una confluenza a 90° e diversi valori della curvatura relativa R_z/b, nel caso di sezioni idriche uguali per tronchi confluenti [35]: a) coefficiente $\xi_o(q_z)$ relativo al tronco di monte; b) coefficiente $\xi_z(q_z)$ relativo al tronco laterale, con $q_z = Q_z/Q_u$

Secondo Lindvall [40] la eventuale sommergenza di un pozzetto non ha praticamente effetto sulla dissipazione di energia attraverso il manufatto; in particolare, i suoi dati sono riferiti ad un pozzetto di confluenza a 90° tra canali di sezione circolare, con raggio di curvatura relativo $R_z/D = 1$ e rinfianco di altezza pari al 100%. Nel caso di pozzetto completamente rigurgitato, i coefficienti di perdita sono espressi dalle relazioni

$$\xi_o = 0.475[3.3 - (D_z/D_u - 0.42)^2]\Omega + 0.024\delta_s, \tag{16.24}$$

$$\xi_z = 0.07 + 0.133(\delta_s + 10)\Omega - 0.575\Omega^{3.5}, \tag{16.25}$$

in cui $\Omega = [1 - (Q_o/Q_u)^2(D_u/D_o)^2]$ è un coefficiente di velocità e $\delta_s = D_s/D_u$ il rapporto tra il diametro D_s del pozzetto in pianta ed il diametro del collettore di valle.

In verità, le suddette relazioni sono state formulate sulla base di serie limitate di dati sperimentali. Ad ogni modo, i *valori massimi* di ξ_o e ξ_z si ottengono per $q \to 1$, mentre l'effetto del parametro δ_s è praticamente trascurabile. Per $\delta_s = 3$, $D_u/D_o = 1$ e $0.42 < D_z/D_u \le 1$, le Eq. (16.24) e (16.25), essendo $\Omega = 1 - (Q_o/Q_u)^2$, possono essere così riscritte:

$$\xi_o = 0.475[3.3 - (D_z/D_u - 0.42)^2][1 - (Q_o/Q_u)^2] + 0.07, \tag{16.26}$$

$$\xi_z = 1.73[1 - (Q_o/Q_u)^2] - 0.575[1 - (Q_o/Q_u)^2]^{3.5} + 0.07. \tag{16.27}$$

I suddetti valori dei coefficienti di perdita, apparentemente elevati, trovano applicazione nel caso specifico di un pozzetto completamente rigurgitato. La Fig. 16.9 illustra l'andamento delle Eq. (16.26) e (16.27), dal quale si evince un effetto marginale del diametro del canale laterale. A differenza delle precedenti indicazioni, sia ξ_o che ξ_z sono sempre positivi e viene apparentemente a mancare quell'effetto di aspirazione che caratterizzava le configurazioni precedentemente esaminate.

Marsalek [42] ha analizzato sperimentalmente alcuni particolari manufatti di confluenza ovvero i pozzetti di confluenza in controcorrente (inglese: "counter flow junctions"), in cui i tronchi confluenti sono caratterizzati dalla presenza di una curva a

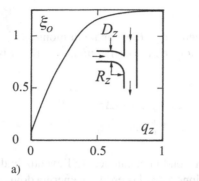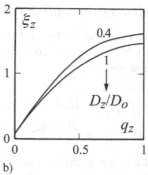

Fig. 16.9. Coefficienti di perdita in un pozzetto di confluenza con rinfianchi pari al 100% per $\alpha = 90°$ e $R_z/D_z = 1$. a) $\xi_o(q_z)$ e b) $\xi_z(q_z)$ per diversi rapporti dei diametri D_z/D_o, e della portate $q_z = Q_z/Q_u$ [41]

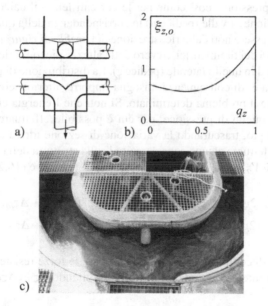

Fig. 16.10. Pozzetto di confluenza in controcorrente: a) schema in sezione ed in pianta; b) coefficienti di perdita ξ_o o ξ_z in funzione di $q_z = Q_z/Q_u$ [42]; c) confluenza a Y in un impianto di depurazione

90° (Fig. 16.10a). Sulla scorta delle osservazioni effettuate, è stato notato che, in tal caso, l'effetto di rigurgito del pozzetto è trascurabile, a differenza dei manufatti standard analizzati nel capitolo 14. Nel caso di altezza del rinfianco pari al 100%, i valori di ξ_o e ξ_z sono ovviamente identici e sono riportati in funzione di $q_z = Q_z/Q_u$ (Fig. 16.10b). In via approssimativa, si può assumere $\xi = 1$ per tutti i valori delle portate, ovvero nel pozzetto viene dissipata una quantità di energia pari all'intera altezza cinetica della corrente in uscita dal pozzetto stesso.

16.2.4 Calcolo dei profili di corrente

Per assegnati valori dei coefficienti di perdita ξ_o (nel canale di monte) e ξ_z (nel canale laterale), la equazione di conservazione dell'energia può essere rispettivamente scritta come segue:

$$H_o + \Delta z_o = H_u + \xi_o[V_u^2/2g] + \Delta z_{fo}, \tag{16.28}$$

$$H_z + \Delta z_z = H_u + \xi_z[V_u^2/2g] + \Delta z_{fz}, \tag{16.29}$$

in cui H è l'energia specifica rispetto al fondo del canale, Δz l'eventuale dislivello del fondo, V la velocità media nella sezione e Δz_f la perdita di energia dovuta alle resistenze al moto. Ovviamente, a seconda che la corrente sia a superficie libera ovvero in pressione, il carico piezometrico è rispettivamente pari al *tirante idrico h*, ovvero alla *altezza piezometrica* h_p.

Per i moti in pressione, così come per le correnti lente, il calcolo va effettuato partendo dalla sezione di valle (pedice u) in corrispondenza della quale, allora, tutti i parametri devono essere noti dalla ricostruzione del *profilo di rigurgito*. Vanno, invece, calcolati i valori dei tiranti idrici, ovvero delle altezze piezometriche, nel tronco di monte (pedice o) ed in quello laterale (pedice z). La distribuzione di portata fra i rami non sempre è nota e, di conseguenza, bisogna imporre ulteriori condizioni da soddisfare per rendere il problema determinato. Si noti che l'energia cinetica è sempre molto inferiore a quella di pressione, per cui è possibile effettuare alcune semplificazioni; ad esempio, trascurando la variazione di sezione idrica (cfr. capitolo 2 e 10), è possibile effettuare alcune considerazioni sulla struttura della corrente. Infatti, definite le velocità $V_o = Q_o/A_u$ e $V_z = Q_z/A_u$, le Eq. (16.28) e (16.29) diventano

$$h_o + Q_o^2/(2gA_u^2) + \Delta z_o = h_u + (1+\xi_o)Q_u^2/(2gA_u^2) + \Delta z_{fo}, \tag{16.30}$$

$$h_z + Q_z^2/(2gA_u^2) + \Delta z_z = h_u + (1+\xi_z)Q_u^2/(2gA_u^2) + \Delta z_{fz}. \tag{16.31}$$

Per manufatti di confluenza *senza* salto di fondo, le forze resistenti al moto sono pressoché compensate dalla pendenza di fondo, risultando $\Delta z \cong \Delta z_f$; si ha quindi:

$$h_o - h_u = \frac{(1+\xi_o)Q_u^2 - Q_o^2}{2gA_u^2}, \tag{16.32}$$

$$h_z - h_u = \frac{(1+\xi_z)Q_u^2 - Q_z^2}{2gA_u^2}. \tag{16.33}$$

I dislivelli idrici $\Delta h_i = h_i - h_u$ aumentano al crescere della differenza tra le portate $\Delta Q_i = Q_u - Q_i$, e per elevati valori dei coefficienti ξ_i. Nel caso di valori negativi dei coefficienti $\xi_i = (Q_i/Q_u)^2 - 1$, il corrispondente dislivello idrico è nullo ($\Delta h = 0$). Le Eq. (16.32) e (16.33) trovano ovviamente applicazione sia nel caso delle correnti subcritiche che per i moti in pressione e, per una assegnata distribuzione di portata tra i rami confluenti, possono essere risolte in modo esplicito.

Spesso, i livelli idrici nei rami confluenti sono uguali, cioè $h_o = h_z$; in tal caso, la condizione ulteriore da soddisfare è che risulti $\xi_o - \xi_z = q_o - q_z$, ovvero la differenza tra i coefficienti di perdita è pari a quella tra le portate relative. Essendo $q_o = 1 - q_z$, si ottiene $\xi_o - \xi_z = 1 - 2q_z$, da cui, per $q_z = 0$, risulta $\xi_o = 1 + \xi_z$, mentre, per $q_z = 1$, risulta $\xi_o = \xi_z - 1$; infine, si ha $\xi_o = \xi_z$ nel caso in cui $q_z = 1/2$.

Esempio 16.1. Si consideri una confluenza ben raccordata con condotte di uguale diametro pari a $D = 0.80$ m; le caratteristiche della corrente a valle della confluenza sono $Q_u = 0.75$ m^{3}s^{-1}, $h_u = 0.64$ m, pendenza di fondo 0.2% e parametro di scabrezza $n = 0.011$ sm$^{-1/3}$. Determinare i tiranti idrici nei rami confluenti per una distribuzione di portate $Q_z/Q_u = 1/3$.

Dalla Fig. 16.7, per $m = 1$, si ottengono i valori dei coefficienti $\xi_o = 0.1$ e $\xi_z = -0.12$. Per un grado di riempimento $y_u = h_u/D = 0.64/0.80 = 0.8$, la corrispondente sezione idrica, secondo l'Eq. (5.16), è pari a $A_u/D^2 = (4/3)0.8^{3/2}[1 - 0.25 \cdot 0.80 - 0.16 \cdot 0.8^2]$ e quindi $A_u = 0.67 \cdot 0.8^2 = 0.43$ m^2. Dunque, essendo $Q_o = (2/3)0.75$ m^{3}s$^{-1} = 0.50$ m^{3}s^{-1} e $Q_z = 0.25$ m^{3}s^{-1}, le differenze tra i tiranti idrici possono essere calcolate dalle Eq. (16.32) e (16.33); risulta $h_o - h_u = [(1 + 0.1)0.75^2 - 0.5^2]/(19.62 \cdot 0.43^2) = 0.10$ m, e $h_z - h_u = [(1 - 0.12)0.75^2 - 0.25^2]/(19.62 \cdot 0.43^2) = 0.12$ m, da cui si ottiene $h_o = 0.74$ m e $h_z = 0.76$ m.

Esempio 16.2. Determinare gli effetti della scabrezza delle pareti e della pendenza di fondo per l'Esempio 16.1.

L'effetto combinato di queste due grandezze può essere descritto mediante la pendenza totale $J = S_o - S_f$. Essendo il raggio idraulico di valle pari a $R_{hu} = 0.244$ m ed i valori delle cadenti pari a $S_{fo} = [n(Q_o + Q_u)/2]^2/[A^2 R_{hu}^{4/3}] = [0.011(0.5 + 0.75)/2]^2/[0.43^2 0.244^{4/3}] = 0.17\%$ e $S_{fz} = [(Q_z + Q_u)/(Q_o + Q_u)]^2 S_{fo} = 0.11\%$, si ottiene $J_o = 0.20 - 0.17 = 0.03\%$, e $J_z = 0.20 - 0.11 = 0.09\%$. Ipotizzando che le lunghezze dei tronchi confluenti siano pari a $L_s = 2.5$ m, per cui la lunghezza totale del percorso della corrente idrica è pari a $L = 5$ m, le differenze di quota sono pari a $\Delta z_{do} = 0.0003 \cdot 5 = 0.0015$ m e $\Delta z_{dz} = 0.0009 \cdot 5 = 0.0045$ m, rispettivamente per la corrente proveniente da monte e quella laterale. Come si vede, si tratta di altezze sicuramente trascurabili rispetto alle perdite localizzate dovute alla confluenza e stimate nell'Esempio 16.1.

16.2.5 Confluenza con gradino

Secondo le Eq. (16.32) e (16.33) le differenze di tirante idrico $h_o - h_u$ e $h_z - h_u$ aumentano significativamente all'aumentare della grandezza $(1 + \xi_i)[Q_u^2/(2gA_u^2)]$, corrispondente a $(1 + \xi_i)[V_u^2/2g]$. Per prevenire fenomeni di rigurgito nei collettori confluenti, è possibile inserire nel manufatto un salto sul fondo (inglese: "bottom drop"), la cui altezza va fissata in funzione della portata di progetto, in modo che si stabiliscano condizioni di *moto uniforme* in tutti i rami confluenti (Fig. 16.11).

La determinazione della altezza del gradino può essere effettuata a partire dal principio di conservazione della quantità di moto. Per semplificare i calcoli, si consideri un manufatto di *confluenza fittizia* (pedice E) in cui i canali interessati hanno

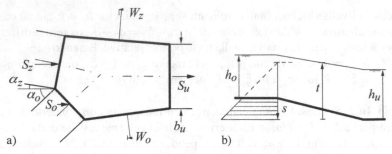

a)   b)

Fig. 16.11. Manufatto di confluenza con *salto di fondo*: a) pianta con indicazione delle forse
dirette verso valle; b) sezione con distribuzione delle pressioni sul salto

sezione rettangolare di caratteristiche

$$h_E = h, \quad \text{e} \quad A_E = A, \tag{16.34}$$

per cui, la larghezza del canale è pari a $b_E = A_E/h_E = A/h$. Quindi, le corrispondenti
energie specifiche risultano uguali. Invocando ancora l'ipotesi che le resistenze al moto siano compensate dalla pendenza di fondo, l'equazione che descrive il fenomeno
è la seguente [22]:

$$[b_o h_o^2/2 + V_o Q_o/g]\cos\alpha_o - [b_u h_u^2/2 + V_u Q_u/g] + W + Z + B = 0 \tag{16.35}$$

in cui V è la velocità, α_o l'angolo di immissione del canale di monte, W è la spinta
alla parete, Z è il contributo della quantità di moto laterale e B la reazione esplicata
dal fondo, tutti aventi direzione concordi con il canale di valle. Le suddette forze sono
espresse dalle relazioni di seguito riportate.

Il valore medio della altezza piezometrica sul salto è pari a $t = (1/2)(h_o + s + h_u)$,
essendo $(1/2)(b_o\cos\alpha_o + b_u)$ la larghezza media del salto; la *reazione di fondo B* per
un salto di ampiezza s per unità di larghezza $s(t - s/2)$, è, quindi, pari a (Fig. 16.11b)

$$B = (1/2)s(b_o\cos\alpha_o + b_u)(1/2)(h_o + h_u). \tag{16.36}$$

La *reazione alla parete* dipende dalla larghezza effettiva $(b_u - b_o\cos\alpha_o)$ moltiplicata
per la media dei quadrati dei tiranti idrici $h_m^2 = (1/2)(h_o^2 + h_u^2)$, da cui si ottiene

$$W = (1/2)(b_u - b_o\cos\alpha_o)(h_o^2 + h_u^2). \tag{16.37}$$

Ovviamente, per un manufatto di confluenza prismatico, la reazione alla parete è
nulla.

La Fig. 16.12 mostra quattro diversi tipi di immissione laterale: a) rigurgitata,
non considerata nel seguito; b) getto immerso (inglese: "plunging jet"); c) getto libero (inglese: "free jet"), e d) con impatto sulla parete opposta. Nei casi b) e c), il
contributo della quantità di moto laterale è compensato dalla reazione della parete;
inoltre, nei casi c) e d), la pressione all'interno del getto è prossima a zero, per cui
non va considerato alcun contributo di pressione da parte del getto stesso.

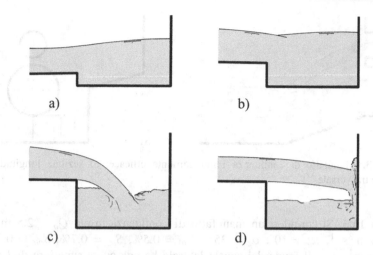

Fig. 16.12. Diverse condizioni di immissione laterale in un manufatto di confluenza

Il contributo della *quantità di moto laterale* è, quindi, pari a $Z = \varepsilon V_z Q_z/g$, in cui ε è un coefficiente di quantità di moto ($0 < \varepsilon \leq 1$). Nei casi b) e c) risulta $\varepsilon = 1$, mentre nel caso d) si può ritenere $\varepsilon < 1$. L'elevato numero di parametri in gioco può essere ridotto considerando le seguenti grandezze adimensionali:

$$Y_o = h_o/h_u, \quad Y_z = h_z/h_u, \quad \beta_o = b_o/b_u, \quad \beta_z = b_z/b_u \tag{16.38}$$
$$S = s_o/h_u, \quad S_z = s_z/h_u, \quad q_o = Q_o/Q_u, \quad q_z = Q_z/Q_u.$$

Quindi, indicando con $V_o = Q_o/(b_o h_o)$ e $V_z = Q_z/(b_z h_z)$ le velocità nei rispettivi tronchi, e con $F_u = Q_u/(g b_u^2 h_u^3)^{1/2}$ il numero di Froude della corrente di valle, ricordando che per l'equazione di continuità risulta $q_z = 1 - q_o$, la confluenza è governata dalla seguente equazione [22]:

$$S = 1 - Y_o + \frac{4 F_u^2 \left[1 - \dfrac{q_o^2 \cos\alpha_o}{\beta_o Y_o} - \dfrac{\varepsilon(1-q_o)^2 \cos\alpha_z}{\beta_z Y_z} \right]}{(1 + Y_o)(1 + \beta_o \cos\alpha_o)}. \tag{16.39}$$

La altezza relativa del salto S dipende, quindi, da ben nove parametri; per $F_u = 0$, l'Eq. (16.39) fornisce la corretta relazione $s_o + h_o = h_u$, in accordo con quanto rilevato da Vischer [55] per immissioni in pressione.

Allo stato attuale, non sono disponibili studi sperimentali su manufatti di confluenza dotati di salto di fondo. Il coefficiente di quantità di moto ε ha un effetto marginale sul risultato dell'Eq. (16.39), dalla quale si evince che la *massima altezza del salto* corrisponde al valore $\varepsilon = 0$. Ovviamente, l'Eq. (16.39) fornisce soluzioni fisicamente accettabili solo per $S > 0$.

A piccoli valori degli angoli di confluenza α_o e α_z corrispondono *minime* perdite di energia, soprattutto laddove le pareti del manufatto non presentino spigoli vivi. La Fig. 16.13 illustra un manufatto di confluenza che, mettendo in atto i suddetti principi, risulta idraulicamente efficace.

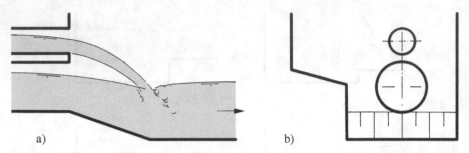

Fig. 16.13. Manufatto di confluenza idraulicamente efficace: a) sezione longitudinale; b) sezione trasversale

Esempio 16.3. Si consideri un manufatto di confluenza in cui $Q_o = 2.5$ m^{3}s^{-1}, $Q_z = 1.7$ m^{3}s^{-1}, $\alpha_o = 10°$, $\alpha_z = 35°$, $S_{oo} = 0.5\%$, $S_{oz} = 0.7\%$, $S_{ou} = 0.3\%$ e $1/n = 85$ m$^{1/3}$s^{-1}. Il fondo del canale laterale ha una quota superiore di 1 m rispetto al canale di valle. Dimensionare il manufatto di confluenza secondo quanto precedentemente illustrato.

La Tabella 16.1 riepiloga i parametri fondamentali. Sulla scorta di quanto illustrato nel capitolo 5, relativamente alla condizione di moto uniforme, il diametro può essere calcolato dalla relazione $D \geq 1.55(nQ/S_o^{1/2})^{3/8}$. Le larghezze fittizie dei canali sono, quindi, $b_o = 1.04$ m, $b_z = 0.84$ m e $b_u = 1.34$ m. Essendo $h_{co} = 0.86$ m, $h_{cz} = 0.75$ m e $h_{cu} = 1.05$ m, la corrente risulta supercritica nel ramo di monte ed in quello laterale, mentre è lenta nel collettore di valle, inducendo potenzialmente la formazione di un risalto idraulico.

I parametri adimensionali valgono $Y_o = h_o/h_u = 0.70$, $Y_z = h_z/h_u = 0.58$, $\beta_o = b_o/b_u = 0.78$, $\beta_z = b_z/b_u = 0.63$, $q_o = 0.60$, $\cos\alpha_o = 0.98$, $\cos\alpha_z = 0.82$ e $\varepsilon = 1$. Il cosiddetto *parametro di confluenza* $A_s = 1 - q_o^2\cos\alpha_o/(\beta_o Y_o) - \varepsilon(1 - q_o)^2\cos\alpha_z/(\beta_z Y_z) = 1 - 0.65 - 0.36 = -0.01$ indica che non sussiste praticamente alcun effetto dinamico. Essendo $\mathsf{F}_u^2 = Q_u^2/(gb_u^2h_u^3) = 0.66$ e $B_s = 4\mathsf{F}_u^2 A_s/(1 + Y_o)(1 + \beta_o\cos\alpha_o) = 4 \cdot 0.66(-0.01)/(1.7 \cdot 1.6) = -0.01$, dall'Eq. (16.39) si ottiene $S = 1 - Y_o + B_s = 0.29$, per cui la altezza del salto è pari a $s_o = S \cdot h_u = 0.33$ m (Fig. 16.14).

Se $s_z > 1.5$ m, allora sarà $\varepsilon = 0$ e, dall'Eq. (16.39), si ottiene $s_o = 0.70$ m. Quindi, la corrente laterale risente semplicemente della chiamata allo sbocco. La configurazione di minima perdita di energia, imponendo $\alpha_o = \alpha_z = 0$, fornisce un valore del salto pari a $s_o = 0.25$ m.

Tabella 16.1. Valori relativi all'Esempio 16.3

Canale	Q [m^{3}s^{-1}]	S_o [%]	D [m]	Q_v [m^{3}s^{-1}]	V_v [ms^{-1}]	h_N [m]	V_N [ms^{-1}]
Monte	2.5	0.5	1.25	3.4	2.77	0.81	2.96
Laterale	1.7	0.7	1.00	2.2	2.80	0.67	3.02
Valle	4.2	0.3	1.60	5.1	2.53	1.15	2.72

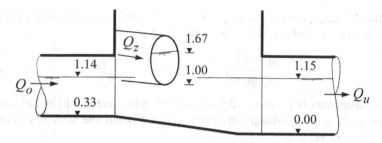

Fig. 16.14. Schema del manufatto di confluenza per l'Esempio 16.3

16.3 Corrente veloce

16.3.1 Descrizione del fenomeno

La presenza di una corrente veloce (inglese: "supercritical channel flow") è caratterizzata da fenomeni peculiari, sostanzialmente diversi da quelli che si manifestano in presenza di correnti lente. Innanzitutto, laddove una corrente lenta si presenta come un flusso monodimensionale, una corrente veloce ha caratteristiche spiccatamente *bi-dimensionali*. In condizioni di moto stazionario, dette u e v le componenti della velocità rispettivamente nella direzione della corrente x e nella direzione trasversale y (Fig. 16.15), le equazioni dinamiche del moto bidimensionale si specializzano come segue [8]:

$$\frac{u}{g}\frac{\partial u}{\partial x} + \frac{v}{g}\frac{\partial u}{\partial y} + \frac{\partial h}{\partial x} = S_{ox} - S_{fx}, \tag{16.40}$$

$$\frac{u}{g}\frac{\partial v}{\partial x} + \frac{v}{g}\frac{\partial v}{\partial y} + \frac{\partial h}{\partial y} = S_{oy} - S_{fy}, \tag{16.41}$$

in cui S_{ox} e S_{oy} sono le pendenze di fondo, rispettivamente nella direzione x e y. Corrispondentemente, l'*equazione di continuità* bidimensionale è

$$\frac{\partial(uh)}{\partial x} + \frac{\partial(vh)}{\partial y} = 0. \tag{16.42}$$

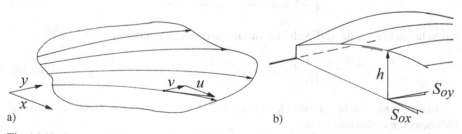

a)   b)

Fig. 16.15. Corrente bidimensionale: a) definizione della componenti della velocità; b) sezione trasversale della corrente

Le perdite di energia per unità di lunghezza, dovute alle resistenze continue al moto, possono essere espresse secondo l'equazione di Manning

$$S_{fx} = \frac{u(u^2+v^2)^{1/2}}{(1/n)^2 h^{4/3}}, \quad S_{fy} = \frac{v(u^2+v^2)^{1/2}}{(1/n)^2 h^{4/3}}. \tag{16.43}$$

Una volta assegnata la geometria del fondo e tre opportune condizioni al contorno per le incognite u, v e h, il sistema di equazioni differenziali alle derivate parziali può essere risolto per via numerica [39, 58].

Nel caso in cui si possa assumere la condizione di *moto a potenziale*, il termine sorgente $(S_o - S_f)$ può essere trascurato, soddisfacendo la condizione di *moto irrotazionale*

$$\frac{\partial u}{\partial y} = \frac{\partial v}{\partial x}, \tag{16.44}$$

che, inserita nella Eq. (16.40), fornisce [58]

$$\frac{u}{g}\frac{\partial u}{\partial x} + \frac{v}{g}\frac{\partial v}{\partial x} + \frac{\partial h}{\partial x} = \frac{1}{2g}\frac{\partial(u^2)}{\partial x} + \frac{1}{2g}\frac{\partial(v^2)}{\partial x} + \frac{\partial h}{\partial x} = 0 \tag{16.45}$$

che può, a sua volta, anche essere riscritta come

$$\frac{\partial}{\partial x}\left[\frac{u^2+v^2}{2g}+h\right] = 0, \quad \text{ovvero} \quad \frac{V^2}{2g}+h = H, \tag{16.46}$$

in cui $V^2 = u^2 + v^2$ è il quadrato del modulo della velocità e H è la costante di integrazione, pari all'energia specifica. Identico risultato si ottiene a partire dall'Eq. (16.41), per cui si può concludere che l'energia specifica, rispetto al fondo, è dovunque pari al valore H ed, in particolare, nella sezione iniziale della corrente risulta $H = h_o + V_o^2/(2g)$.

Le relazioni comprese tra la Eq. (16.40) e la (16.43) non sono immediatamente applicabili, poiché non è generalmente disponibile una relazione che leghi le incognite u, v e h in funzione delle coordinate (x,y). Il sistema di equazioni differenziali alle derivate parziali può, quindi, essere trasformato in un sistema di equazioni differenziali *ordinarie* mediante la applicazione del *metodo delle caratteristiche*. Si definisca la coordinata curvilinea $y_\pm(x)$ in accordo con Abbott [3]

$$\left[\frac{dy}{dx}\right]_\pm = \frac{-uv \pm c[V^2-c^2]^{1/2}}{c^2-u^2}, \tag{16.47}$$

lungo la quale i gradienti di velocità variano secondo l'equazione

$$\left[\frac{dv}{du}\right]_\pm = \frac{-uv \pm c[V^2-c^2]^{1/2}}{v^2-c^2}, \tag{16.48}$$

in cui $c = (gh)^{1/2}$ è la *celerità elementare* e F il numero di Froude di una corrente bidimensionale definito come

$$F^2 = (u^2+v^2)/c^2 = (V/c)^2. \tag{16.49}$$

È possibile dimostrare che la curva caratteristica positiva $(dy/dx)_+$ è in ogni punto perpendicolare alla curva $(dv/du)_-$, e viceversa. Le curve caratteristiche possono essere determinate mediante una procedura numerica che fornisce una relazione tra l'inclinazione della curva caratteristica ed il numero di Froude locale. Per obiettivi motivi di lunghezza, si omettono qui i dettagli riportati in pubblicazioni specifiche [8, 39, 58].

Dalle Eq. (16.47), si vede che sono possibili soluzioni reali delle equazioni solo se è soddisfatta la condizione $(V^2 - c^2)^{1/2}/c = (F^2 - 1)^{1/2} \geq 0$, e, quindi, solo nel caso in cui risulta $F > 1$ ed il sistema di equazioni è di tipo iperbolico. Pertanto, la formazione di *onde stazionarie* è possibile solo per correnti supercritiche. Di contro, nel caso di correnti subcritiche, il sistema di equazioni di riferimento diventa di tipo ellittico, e la ricerca della sua soluzione comporta lo studio di un problema di valori al contorno, come nei problemi di efflusso. In conclusione di questa breve introduzione ai moti bidimensionali, è possibile effettuare le seguenti due conclusioni:

- le correnti subcritiche in acque basse possono essere trattate con un *approccio monodimensionale*, poiché le variazioni di quota della superficie libera sono normalmente trascurabili nella direzione trasversale al moto;
- le correnti supercritiche in acque basse sono particolarmente sensibili a piccole perturbazioni, che tendono ad innescare la formazione di onde stazionarie. Pertanto, l'*approccio bi-dimensionale* è reso necessario dal fatto che la superficie libera non è orizzontale nella direzione trasversale al moto.

Nel seguito del capitolo, vengono analizzate diverse configurazioni geometriche di canali interessati dal deflusso di correnti supercritiche, supportando tali analisi con il conforto di riscontri sperimentali, anche recenti. In particolare, vengono esaminati i seguenti due aspetti di maggiore importanza:

- caratteristiche idrauliche fondamentali, tra cui i massimi sovralzi idrici;
- *saturazione* o *sovraccarico* (choking) del canale, con improvvisa transizione da deflusso a superficie libera a moto in pressione.

Il primo aspetto è di cruciale importanza per la definizione del *franco idraulico* che va opportunamente imposto al fine di evitare fenomeni di esondazione dalla canalizzazione fognaria. Il secondo aspetto, invece, coinvolge quelle situazioni in cui la corrente veloce tende a divenire repentinamente subcritica, con pericolosi effetti di rigurgito sui collettori di monte.

In particolare, sono analizzati i comportamenti idraulici dei seguenti manufatti in presenza di correnti veloci in canali rettangolari:

- brusca deviazione planimetrica;
- restringimento o allargamento di sezione;
- canale in curva;
- confluenza.

La parte terminale del paragrafo è, invece, dedicata alla trattazione del comportamento idraulico di pozzetti, su canali circolari, in presenza di correnti veloci.

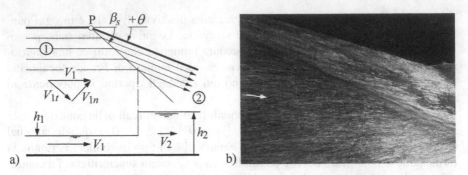

Fig. 16.16. a) Pianta (alto) e sezione (basso) della brusca deviazione planimetrica; b) particolare della corrente a valle del punto di deviazione P. Si noti la lieve curvatura del fronte di shock per effetto della dissipazione di energia

16.3.2 Brusca deviazione planimetrica

Descrizione

La brusca deviazione di una parete in un canale orizzontale a sezione rettangolare larga rappresenta il *fenomeno di base* per lo studio delle correnti veloci. La Fig. 16.16 mostra uno schema con una corrente indisturbata, avente tirante idrico h_1 e velocità V_1, la quale nel punto P viene ad essere improvvisamente deviata di un angolo pari a $+\theta$.

A valle del punto di deviazione P, la corrente incidente subisce un cambiamento di direzione ed è possibile distinguere due zone: *regione di moto indisturbato* ① e *regione di moto disturbato* ②, separate da una *linea di disturbo* lungo la quale si sviluppa un'onda di shock avente origine nel punto P ed angolo β_s che prende il nome di *angolo di Mach* o *angolo di shock* β_s (inglese: "shock-angle"). Nella regione di moto disturbato la corrente idrica è caratterizzata da velocità V_2 e tirante idrico h_2.

Relazioni caratteristiche del fronte di shock

I fenomeni dissipativi non sono trascurabili, a causa della apprezzabile variazione del tirante idrico attraverso il *fronte di shock*; pertanto, le caratteristiche principali della corrente e le relazioni che legano i parametri idraulici nelle regioni ① e ② possono essere determinate solo mediante il ricorso al *principio di conservazione della quantità di moto*. In analogia al caso di una espansione *tipo Borda* (capitolo 2) o a quello di un risalto idraulico diretto (capitolo 7), la corrente è governata dalle perdite di carico che sono incognite a priori. Ipotizzando una distribuzione idrostatica della pressione e supponendo che la velocità sia costante, è possibile dedurre le seguenti tre relazioni [10]:

$$\frac{h_2}{h_1} = \frac{1}{2}\left[(1 + 8\mathsf{F}_1^2 \sin^2 \beta_s)^{1/2} - 1\right], \qquad (16.50)$$

$$\frac{h_2}{h_1} = \frac{\tan \beta_s}{\tan(\beta_s - \theta)}, \qquad (16.51)$$

$$F_2^2 = Y_s^{-1} \left[F_1^2 - \frac{1}{2Y_s}(Y_s - 1)(Y_s + 1)^2 \right], \qquad (16.52)$$

in cui $F_1 = V_1/(gh_1)^{1/2}$ è il numero di Froude della corrente incidente e $Y_s = h_2/h_1$ il rapporto tra i tiranti idrici. Per assegnati valori dei parametri h_1, V_1 e θ, le incognite h_2, β_s e $F_2 = V_2/(gh_2)^{1/2}$ possono essere ricavate mettendo a sistema le tre suddette equazioni. Nel caso in cui $F_1 \sin \beta_s > 1$, è possibile utilizzare le seguenti soluzioni approssimate [24]:

$$Y_s = \sqrt{2}F_1 \sin \beta_s - \frac{1}{2}, \qquad (16.53)$$

$$\beta_s - \theta = 1.06 F_1^{-1}. \qquad (16.54)$$

Per $\beta_s < 45°$ e $F_1 > 2$, l'Eq. (16.54) comporta scostamenti inferiori a $2°$ rispetto alla soluzione esatta. Inoltre, al suo interno gli angoli θ e β_s vanno espressi in gradi. Invece, l'Eq. (16.53) può essere interpretata come la generalizzazione del rapporto tra le altezze coniugate in un risalto idraulico classico ($\beta_s = 90°$), illustrato nel capitolo 7; quindi, il fronte di shock può essere interpretato come un particolare tipo di risalto idraulico, che si caratterizza per l'assenza del vortice principale di superficie e per la presenza di una corrente veloce a valle del fronte. Infatti, dall'Eq. (16.52), è possibile dimostrare che

$$F_2 = F_1/(1 + F_1\theta/\sqrt{2}) > 1, \qquad (16.55)$$

in cui θ va espresso in radianti. Secondo quanto riportano Ippen e Harleman [34], in analogia a quanto visto per i risalti idraulici, le onde di shock possono essere così classificate:

- *onde di shock ondulate* se $1 < Y_s < 2$;
- *onde di shock dirette* in cui il fronte è particolarmente pronunciato ($Y_s \geq 2$).

Le relazioni comprese tra la Eq. (16.53) e la (16.55) sono state verificate sperimentalmente per $Y_s > 2$. La Fig. 16.16b mostra la foto di un tipico fronte di shock diretto.

Esempio 16.4. Sia assegnato in canale rettangolare largo avente pendenza pari al 7% ed un coefficiente di scabrezza $n = 0.011$ sm$^{-1/3}$, con una portata per unità di larghezza pari a $q = 15$ m^{2}s^{-1}. Determinare il tirante idrico che si instaura a valle di una brusca deviazione planimetrica pari a $\theta = 4°$, nel caso in cui la corrente idrica in arrivo sia caratterizzata dalla condizione di moto uniforme.

Il tirante idrico di moto uniforme nel canale rettangolare largo ($R_h = h$) è pari a $h_1 = h_N = [nq/(S_o^{1/2})]^{3/5} = 0.75$ m, cui corrisponde il valore della velocità $V_1 = q/h_1 = 20$ ms^{-1} e del numero di Froude $F_1 = V_1/(gh_1)^{1/2} = 20/(9.81 \cdot 0.75)^{1/2} = 7.37 > 2$; quindi, l'applicazione dell'Eq. (16.54) fornisce risultati sufficientemente precisi.

Dall'Eq. (16.54) l'angolo di shock è $\beta_s = 4° + (180/\pi)1.06/7.37 = 12.2°$, mentre dall'Eq. (16.53) risulta $Y_s = 1.41 \cdot 7.37 \sin(12.2°) - 0.5 = 1.7$. Inoltre, si ha $F_2 = 7.37/[1 + 7.37 \cdot (4 \cdot \pi/180°)/1.414] = 5.4$. Il risultato è, quindi, $h_2 = Y_s h_1 = 1.28$ m, con angolo di shock $\beta_s = 12.2°$ e $F_2 = 5.4$.

Eliminando β_s dalle Eq. (16.53) e (16.54), il rapporto dei tiranti idrici può essere scritto come [24]

$$Y_s = 1 + \sqrt{2}\mathsf{F}_1\theta, \tag{16.56}$$

da cui si vede che l'altezza del fronte di shock è esclusivamente funzione del cosiddetto *numero di shock* $\mathsf{S}_1 = \theta\mathsf{F}_1$ (inglese: "shock number"). Indipendentemente dai valori singolarmente assunti dai parametri F_1 e θ, uno stesso valore del numero di shock S_1 comporta il medesimo effetto sulla corrente idrica. Si noti, altresì, che il numero di shock determina il rapporto tra gli angoli $\beta_s/\theta = 1 + 1.06 S_1^{-1}$, dall'Eq. (16.54), ed il rapporto tra i numeri di Froude $\mathsf{F}_2/\mathsf{F}_1 = 1 + \mathsf{S}_1/2^{1/2}$, in coerenza con l'Eq. (16.55). Inoltre, detto $\mathsf{F}_2 = V_2/(gh_2)^{1/2}$ il numero di Froude di valle, la corrispondente velocità è pari a $V_2 = \mathsf{F}_2(gh_2)^{1/2} = \mathsf{F}_1(1 + \mathsf{S}_1/2^{1/2})(gh_1)^{1/2}Y_s^{1/2} = V_1$, se si considera che $Y_s^{1/2} = 1 + (1/2)2^{1/2}\mathsf{S}_1$, a meno dei termini di ordine superiore $O(\mathsf{S}_1^2)$. Sulla base di questa analisi è possibile trarre le seguenti conclusioni:

- l'*altezza relativa del fronte* Y_s dipende esclusivamente dal numero di shock S_1;
- a parità di numero di shock gli effetti dei parametri θ e F_1 sono equivalenti;
- la velocità V_2 a valle del fronte è pressoché uguale alla velocità V_1 della corrente indisturbata.

Queste importanti caratteristiche idrauliche possono essere generalmente estese a tutti i fronti di shock (onde di shock) i quali, quindi, comportano un notevole disturbo della superficie idrica, pur non causando un significativo cambiamento delle velocità di deflusso e, contestualmente, determinando piccole variazioni dei restanti parametri idraulici in corrispondenza del fronte di shock.

Superficie del fronte di shock

Schwalt e Hager [24] hanno studiato sperimentalmente il fenomeno di brusca deviazione planimetrica di una corrente veloce. Dette $X = x/(h_1\mathsf{F}_1)$ e $Y = y/h_1$ le coordinate adimensionali dirette lungo e perpendicolarmente alla parete deviata e con origine nel punto di deviazione P, è possibile definire la superficie idrica generalizzata $G = (h - h_1)/(h_2 - h_1)$ indicata in Fig. 16.17. Per $X < 4$, le altezze idriche crescono verso la parete dove attingono il valore massimo; per valori più elevati di X, la superficie presenta un massimo pari circa a $G = 1.2$, non ubicato in adiacenza alla parete. Questi risultati sono limitati al campo $X \leq 6$ per valori del numero di shock $\mathsf{S}_1 < 1$.

Di particolare interesse è il *profilo alla parete* (pedice w) dell'onda di shock $G_w = G(X, Y = 0)$, in cui $G_w = (h_w - h_1)/(h_2 - h_1)$. La Fig. 16.18 illustra l'andamento del profilo generalizzato alla parete $\gamma_w = (h_w - h_1)/(h_M - h_1)$ in funzione di X, in cui il massimo (pedice M) tirante idrico alla parete vale

$$\frac{h_M}{h_1} = 1 + \sqrt{2}\mathsf{S}_1\left(1 + \frac{1}{4}\mathsf{S}_1\right) \tag{16.57}$$

ed è localizzato all'ascissa $X_M = 1.75$.

Dal confronto tra l'Eq. (16.56) e l'Eq. (16.57) si nota che in quest'ultima compare un secondo termine, in coerenza con la *teoria delle acque basse* (inglese: "shallow-water theory"). Per $\mathsf{S}_1 < 1$, questo termine è comunque piccolo e può eventualmente

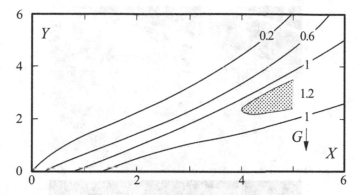

Fig. 16.17. Superficie generalizzata dello shock $G(X, Y)$ per $S_1 = \theta F_1 < 1$

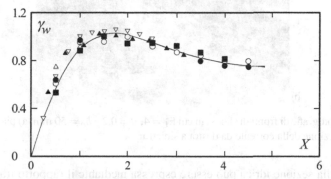

Fig. 16.18. Profilo generalizzato alla parete $\gamma_w(X)$ indotto da una brusca deviazione planimetrica, per diverse combinazioni di valori del numero di Froude F_1 e dell'angolo di deviazione θ [51]

essere trascurato. La Fig. 16.18 mostra il rapido aumento del tirante idrico alla parete fino ad attingere il valore massimo, per poi restare pressoché costante. È opportuno sottolineare che la velocità della corrente non subisce variazioni apprezzabili all'interno dell'intero dominio indicato nella Fig. 16.17.

La Fig. 16.19 riporta alcune fotografie in cui è ben visibile il *fronte di shock* generato da una brusca deviazione planimetrica, con la separazione tra le regioni di flusso disturbato e non disturbato. In particolare, nella Fig. 16.19b si nota la ripidità del fronte prossimo al frangimento, con conseguente trascinamento d'aria in seno alla corrente.

Aerazione della corrente

Finora si è considerata la brusca deviazione planimetrica imposta ad una corrente puramente idrica, le cui caratteristiche idrauliche sono definite esclusivamente dal tirante idrico h_1 e dal numero di Froude F_1. In molti casi, la corrente in arrivo è notevolmente aerata ed è opportuno valutare l'effetto della aerazione della corrente (inglese: "air entrainment") sulla formazione del fronte di shock. La concentrazione

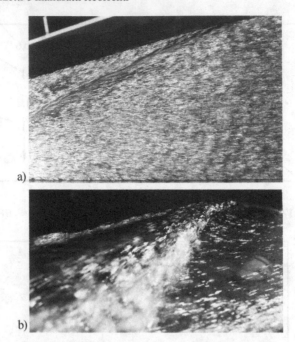

Fig. 16.19. Fotografie di fronti di shock, in cui $F_1 = 4$, $\theta = 0.2$ e $h_o = 50$ mm; a) pianta; b) vista da valle. Direzione della corrente da destra a sinistra

C di aria nella sezione idrica può essere espressa mediante il rapporto tra la portata d'aria Q_a e la portata totale $(Q_a + Q)$, essendo Q la portata idrica; risulta cioè:

$$C = \frac{Q_a}{Q_a + Q} = \frac{Q_a}{Q_m}, \tag{16.58}$$

avendo indicato con Q_m la portata della miscela (pedice m). Il *tirante idrico della miscela* h_m è quindi pari a

$$h_m = h/(1 - C) \tag{16.59}$$

e poiché C è sistematicamente inferiore all'unità, il tirante idrico della corrente aerata è sempre superiore al tirante idrico h di una corrente di sola acqua; tale considerazione è di fondamentale importanza ai fini della valutazione del *franco idrico* per una corrente aerata.

Partendo da considerazioni relative alla quantità di moto, si dimostra che la quantità di moto della corrente aerata $\rho_m Q_m V_m$ è pari a quella della corrente puramente idrica $\rho Q V$, in quanto l'incremento di portata è compensato dalla diminuzione di densità, posto che la velocità dell'acqua sia pari a quella delle bolle d'aria da essa trasportate, ovvero $(V_m = V)$.

Applicando alla corrente aerata le relazioni che vanno dalla Eq. (16.50) alla (16.52), è possibile dimostrare che si ottengono risultati identici a quelli delle espressioni comprese tra la Eq. (16.53) e la (16.55), posto che il numero di shock $S = \theta F$ sia sostituito dal *numero di shock della miscela* $S_m = \theta F_m$. Per $S_m < 0.5$, l'Eq. (16.56) è ancora valida, mentre per valori superiori, ma comunque inferiori a $S_m < 1.5$, va aggiunto un secondo termine funzione di S_m [46]

$$Y_m = \left(1 + \frac{1}{\sqrt{2}} S_m\right)^2. \tag{16.60}$$

In precedenza, si è visto che l'*angolo di shock* β_s può essere stimato mediante l'Eq. (16.54); nel caso di correnti aerate, le osservazioni sperimentali hanno evidenziato uno scostamento sistematico rispetto al valore così stimato. In definitiva, l'*angolo di shock per correnti aerate* β_m può essere stimato mediante la seguente relazione:

$$\beta_m/\theta = 1 + \frac{0.75}{S_m}, \tag{16.61}$$

da cui si evince una riduzione della costante numerica dell'Eq. (16.54) dal valore 1.06 al valore 0.75. Le Eq. (16.60) e (16.61) trovano applicazione sia nel caso di correnti puramente idriche che in quello di correnti aerate, avendo indicato con $F_m = V_m/(gh_m)^{1/2}$ il *numero di Froude della miscela*.

La Fig. 16.20 presenta la formazione dell'onda di shock indotta da una brusca deviazione in presenza ed in assenza di aerazione della corrente incidente. Si noti come il fronte di shock è meglio definito nel caso di corrente non aerata, mentre nell'altro caso si riscontra un significativo accumulo di aria localizzato nel fronte stesso e causato da una zona di *depressione* che si forma in corrispondenza della discontinuità sulla cresta dell'onda. Le bolle d'aria trascinate dalla corrente in direzione del fronte di shock tendono a spostarsi verso la superficie libera per effetto della spinta di galleggiamento, per poi sfuggire nell'atmosfera, di modo che la concentrazione di

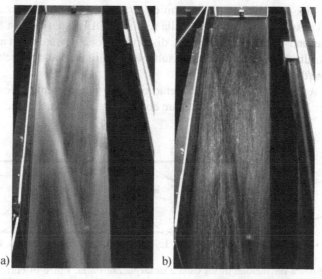

Fig. 16.20. Fronte di shock a) *con* e b) *senza* aerazione della corrente ($S_{om} = 6.17$)

aria nella corrente idrica si riduce drasticamente a valle del fronte di shock. Tale circostanza fa sì che il fronte di shock può essere reso facilmente visibile in laboratorio, semplicemente aerando la corrente in arrivo.

Canale con brusca deviazione

Lo studio della brusca deviazione planimetrica di una parete trova immediata applicazione nel caso di una *curva a spigolo vivo* o *a gomito* (inglese: "mitre bend") con piccolo angolo di deviazione (Fig. 16.21), in cui la parete è soggetta ad una deviazione positiva nel punto A e negativa nel punto B. In linea generale, deviazioni positive della corrente comportano un sovralzo della superficie libera, mentre deviazioni negative (corrispondenti cioè ad un allontanamento della parete dalla corrente idrica) inducono una depressione della superficie idrica. Questa seconda condizione non può essere trattata mediante le equazioni delle acque basse a causa della presenza di una significativa curvatura delle linee di corrente e di fenomeni di *separazione della corrente alla parete*.

La regione di corrente indisturbata è individuata a monte della spezzata delineata dai vertici ACB, mentre nelle due regioni delimitate dai vertici ACE e BCD la corrente è disturbata con linee di corrente parallele alle pareti. Nella regione delimitata dai vertici CDFE, le linee di corrente presentano una significativa deviazione, la cui ampiezza dipende dalle caratteristiche idrauliche h_1 e F_1 della corrente di monte. Sulla base di questa semplice considerazione, si può procedere alla identificazione di tutte le regioni triangolari caratterizzate da specifici valori del tirante idrico e della velocità, tenendo conto degli effetti della distribuzione di pressione e della viscosità del fluido.

Il punto C è ubicato all'intersezione di due fronti di shock e delimita le due regioni di corrente disturbata. Se gli effetti della distribuzione non idrostatica delle pressioni e della viscosità sono trascurati, in virtù della teoria sulla interferenza di onde, le regioni EFG e ACE sono identiche. Nella regione CDFE si verifica un fenomeno di *inversione* secondo cui, sebbene le linee di corrente sono deviate di un angolo pari a $+2\theta$ rispetto alla direzione originaria, risultano ristabilite le caratteristiche idrauliche della corrente di monte h_1 e F_1.

La Fig. 16.21 rappresenta l'andamento tipico di una corrente veloce a valle di una singolarità geometrica. La particolare configurazione della superficie libera, con

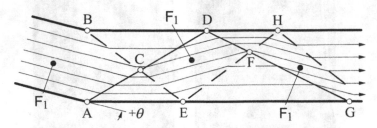

Fig. 16.21. Brusca deviazione di un canale di larghezza finita. Linee di corrente e punti di riflessione, (•) zone con valore costante F_1

punti di minimo e di massimo che si individuano lungo le pareti, collegati da fronti di shock, viene detta superficie con *ondulazioni trasversali* (inglese: "crosswaves"). Ovviamente, un approccio monodimensionale non consente di determinare la geometria della superficie idrica e, quindi, di stimare i franchi idrici necessari per prevenire la esondazione della corrente ovvero il funzionamento in pressione in un canale caratterizzato da sezione rettangolare chiusa.

Trattamento del fronte di shock

In presenza di una corrente supercritica, il fenomeno della formazione di un fronte di shock può essere generato da un *disturbo alla corrente* indotto dal brusco cambiamento di uno dei parametri di base, tra cui:

- geometria del fondo del canale;
- geometria della sezione trasversale;
- scabrezza delle pareti;
- variazione di portata.

È, quindi, opportuno pensare a metodi o tecniche per la *riduzione delle onde di shock*, impostando il dimensionamento idraulico dei manufatti in modo da evitare eccessive concentrazioni di flusso, compatibilmente con le esigenze costruttive ed economiche. In alcuni casi, si può addirittura pensare di realizzare un manufatto di dissipazione, per risolvere le problematiche provocate dalla esistenza di correnti caratterizzate da notevoli velocità. Una tale soluzione, da un punto di vista strettamente idraulico, appare forzata e, nella maggioranza dei casi, addirittura sconveniente; infatti, in linea generale, è sempre preferibile cercare soluzioni che consentano di preservare la condizione di *corrente veloce* attraverso ogni tipo di manufatto. Tali soluzioni sono certamente convenienti sia da un punto di vista idraulico che per quanto riguarda gli aspetti strutturali ed economici.

Allo stato attuale, esiste una vasta gamma di *metodi per la riduzione delle onde di shock*, i quali sono essenzialmente basati sulle seguenti assunzioni:

- trascurabilità degli effetti dello strato limite;
- distribuzione idrostatica delle pressioni;
- trascurabilità degli effetti della pendenza di fondo e delle resistenze al moto;
- definizione della soluzione con riferimento alla sola portata di progetto.

È possibile rinunciare a tali semplificazioni, a patto che la progettazione sia effettuata sulla scorta di adeguate simulazioni numeriche di correnti veloci bidimensionali, ovvero sulla base di una attenta sperimentazione su modello fisico di dimensione tale da evitare l'insorgenza di effetti scala. Ancora oggi, i *modelli fisici in scala* rappresentano uno strumento economico ed affidabile per la soluzione dei suddetti problemi tecnici, e sono generalmente più utilizzati rispetto alla modellazione numerica.

Nel seguito del capitolo, viene analizzato il comportamento idraulico di alcuni manufatti ricorrenti in presenza di corrente veloce, quali restringimenti ed allargamenti di sezione, curve e confluenze. Per tali manufatti, vengono anche illustrate alcune tecniche per ridurre l'ampiezza delle onde di shock. Dopo le indicazioni iniziali, specificamente riferite a manufatti realizzati per canali a sezione rettangolare, vengono anche considerate le caratteristiche di pozzetti realizzati su canali fognari a sezione circolare (paragrafo 16.4). Fino alla fine degli anni '90, la letteratura tecnica sull'argomento si presentava abbastanza scarna, soprattutto per la difficoltà di riprodurre adeguate condizioni sperimentali per le correnti veloci. In questo specifico settore, gli autori del presente libro hanno sviluppato un apposito dispositivo di laboratorio, il cosiddetto *jet-box* [18], che consente di alimentare il canale sperimentale, sia a sezione rettangolare che a sezione circolare, con correnti veloci che, ancorché caratterizzate da elevati valori del numero di Froude, si presentano omogenee e regolari, agevolando lo studio del comportamento dei manufatti di seguito illustrati.

16.3.3 Restringimento di sezione

Dimensionamento tradizionale

Un *restringimento di sezione* (inglese: "channel contraction") può essere realizzato secondo diverse configurazioni geometriche; nel prosieguo, ci si riferisce esclusivamente ad un restringimento effettuato secondo un raccordo poligonale, con riduzione lineare della larghezza, poiché l'impiego di raccordi con pareti curve è raramente utilizzato in fognatura (Fig. 16.22).

Un restringimento di sezione sarà progettato in modo idraulicamente corretto se riesce a realizzare una superficie idrica con profondità crescente lungo il tronco di raccordo e privo di ondulazioni significative nel tratto di valle. La corrente in arrivo,

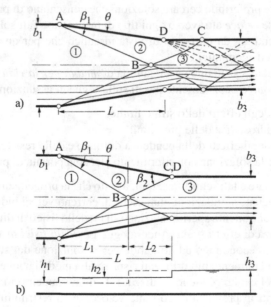

Fig. 16.22. a) Schema del moto in un restringimento poligonale; b) condizione di progetto in pianta (alto) ed in sezione (basso), con indicazione del profilo idrico in asse (———) al canale ed alla parete (– – –) [33]

regione ① di Fig. 16.22, presenta tirante idrico h_1 e velocità V_1, e quindi numero di Froude $F_1 = V_1/(gh_1)^{1/2}$. In analogia con il fenomeno di brusca deviazione planimetrica (paragrafo 16.3.2), l'*origine del disturbo* è costituita dall'angolo di contrazione θ nel punto A. Nella regione ② di Fig. 16.22, i parametri caratteristici sono, quindi, il tirante idrico h_2 e la velocità $V_2 = V_1$, nel rispetto dell'Eq. (16.55). Per contro, il punto D genera un'onda di shock negativa, per cui il canale di valle presenta la tipica configurazione della superficie libera con onde di shock trasversali, e quindi una scarsa uniformità della corrente nel canale di valle.

Ippen e Dawson [33] hanno suggerito un criterio di progetto in cui l'angolo di contrazione θ va imposto in modo che il fronte positivo di shock sia diretto verso il punto di origine del fronte negativo, in maniera, quindi, che i punti C e D di Fig. 16.22a vengano a coincidere (Fig. 16.22b). In tal modo, secondo il *principio di interferenza delle onde*, i fronti di shock nel canale di valle vengono ad essere soppressi. Un siffatto manufatto di restringimento presenta, quindi, tre distinte regioni di moto: regione della corrente in arrivo ①, regione del restringimento ② e regione di valle ③, con i corrispondenti tiranti idrici h_1, h_2 e h_3. Applicando in sequenza le relazioni dedotte nel paragrafo 16.3.2, è possibile determinare il valore dell'angolo di contrazione $\theta(< 10°)$ secondo la seguente relazione [24]:

$$\arctan \theta = \left[\frac{b_1}{b_3} - 1\right] \frac{1}{2F_1}. \tag{16.62}$$

Bisogna comunque garantire la condizione $F_1 > 2$, al fine di prevenire la condizione di *sommergenza* del manufatto di restringimento. L'Eq. (16.62) è un chiaro esempio del principale difetto di una procedura di progetto fondata sul principio di interferenza; infatti, un minimo scostamento dalla condizioni di progetto può comportare la formazione di onde di shock di notevole ampiezza, comportando una ridottissima *flessibilità progettuale*. Peraltro, Reinauer e Hager [48] hanno sperimentalmente dimostrato che il principio di interferenza delle onde, così come mutuato dallo studio dei fenomeni ottici, non può essere integralmente trasferito nello studio dei fenomeni idraulici, soprattutto a causa delle caratteristiche non lineari di questi ultimi. Inoltre, mentre in ottica le onde sono praticamente monodimensionali, in idraulica le onde hanno dimensione finita ed hanno ampiezza dello stesso ordine di grandezza del tirante idrico.

Nuovo criterio di progetto

Reinauer e Hager [48] hanno sperimentalmente studiato il fenomeno del restringimento di sezione in presenza di una corrente veloce, per canali con pendenze longitudinali fino a 30°. La Fig. 16.23 illustra lo schema per la definizione delle grandezze principali in un canale a pendenza nulla; si noti che in pianta è considerato solo metà canale, stante la simmetria del fenomeno.

Nel punto di deviazione A si genera un'onda di shock con angolo β_1 a causa della deviazione del muro di sponda di ampiezza pari a θ. Il fronte si propaga fino al punto B, in corrispondenza dell'asse del canale, e viene riflesso verso la parete nel punto C. Nel punto finale del tronco di raccordo (punto E di Fig. 16.23), si sviluppa un fronte

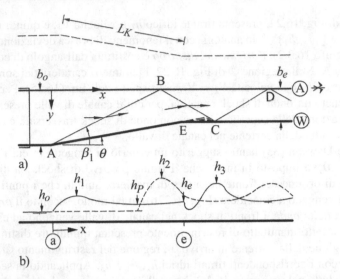

Fig. 16.23. Restringimento di sezione in un canale orizzontale: a) pianta e b) sezione con i profili di pelo libero lungo la parete (——) ed in asse al canale (– – –)

negativo di shock che provoca un notevole disturbo alla superficie idrica nel canale di valle. Dalla vista in sezione della Fig. 16.23b si rilevano le caratteristiche essenziali del profilo di pelo libero che si sviluppa alla parete (pedice w) ed in asse (pedice a) al canale; in particolare, è possibile distinguere le seguenti tre onde di shock: l'*onda 1* di altezza h_1 e l'*onda 3* di altezza h_3 lungo la parete, ed in asse l'*onda 2* di altezza h_2. A valle dell'onda 1, il tirante idrico a ridosso della parete è pressoché costante e pari a h_p, per poi attingere il valore h_e in corrispondenza del punto E. La velocità è praticamente costante lungo il tronco di raccordo, così come per il caso della brusca deviazione planimetrica (paragrafo 16.3.2).

Le caratteristiche delle onde di shock dipendono principalmente dai seguenti parametri:

- numero di Froude $F_o = V_o/(gh_o)^{1/2}$ della corrente in arrivo, con $V_o = Q/(b_o h_o)$;
- rapporto di restringimento $\omega = b_e/b_o$;
- angolo di deviazione θ;
- pendenza di fondo S_o.

Le prove di laboratorio hanno evidenziato che gli *effetti scala* sono soppressi purché il tirante idrico della corrente in arrivo sia superiore al valore minimo $h_o = 50$ mm. Inoltre, si è visto che il rapporto di restringimento ω non influenza significativamente le onde 1 e 2, le cui caratteristiche sono essenzialmente governate dal numero di shock $S_o = \theta F_o$; per $S_o < 0.5$ le onde di shock sono appena percettibili, mentre per $S_o > 2$ assumono ampiezza certamente importante.

Ai fini pratici, per le varie onde di shock fin qui considerate, è importante conoscere la massima altezza del fronte e la posizione in cui l'onda si verifica. Detto α in [°] la inclinazione del fondo e θ in [rad] l'angolo di contrazione, le massime altezze relative delle tre onde sono espresse dalle relazioni

$$Y_1 = h_1/h_o = \left(1 + \frac{1}{\sqrt{2}} S_o\right)^2,$$ (16.63)

$$Y_2 = h_2/h_o = (1 + \sqrt{2}S_o)^2,$$ (16.64)

$$Y_3 = h_3/h_o = \omega^{-1} + 1.8 S_o^{1/2} - 0.2\alpha^{0.6},$$ (16.65)

dalle quali si nota che α ha effetto solo sull'onda 3. Le Eq. dalla (16.63) alla (16.65) sono valide entro i limiti della sperimentazione effettuata e, cioè, per $0.2 < \omega < 1$, $\alpha < 45°$ e $S_o < 2$ [48]. La definizione della posizione dei suddetti massimi è decisamente più complessa, poiché dipende dal particolare andamento del profilo del pelo libero che è a sua volta influenzato dalla pendenza del canale.

Si può notare che l'Eq. (16.63) fornisce il medesimo valore della altezza di shock valutata nel caso di brusca deviazione planimetrica; in particolare, per il massimo valore assunto nella sperimentazione, $S_o = 2$, si ottiene $Y_1 \cong 6$, quindi un notevole sovralzo idrico. Ad ogni modo, il massimo sovralzo idrico viene registrato in corrispondenza della onda 2, cui corrisponde $Y_2 \cong 15$ per $S_o = 2$. A titolo esemplificativo, un restringimento di sezione pari a $\omega = 0.5$, in un canale avente pendenza $\alpha = 10°$, comporta un sovralzo idrico nella onda 3 pari a $Y_3 = 3.75$.

In definitiva, dalle evidenze sperimentali è possibile concludere che l'*effetto della pendenza di fondo* consiste nel far diminuire la altezza dell'onda di shock 3, per cui, ai fini pratici, è possibile assumere $\alpha = 0$, in modo da avere risultati cautelativi. In generale, ai fini progettuali si può suggerire di assumere $S_o = 1$, con rapporti di contrazione compresi nell'intervallo $0.50 < \omega < 0.80$; valori di ω inferiori a 0.50 possono rappresentare una eccessiva variazione imposta alla corrente, mentre manufatti caratterizzati da $\omega > 0.80$ non sono interessanti da un punto di vista tecnico, anche perché, a fronte di un modesto restringimento, si devono sostenere costi costruttivi comunque significativi.

Il parametro di progetto fondamentale è costituito dalla *massima portata* Q_M, in corrispondenza della quale si verificano le massime altezze delle onde di shock; infatti, qualunque portata Q inferiore a Q_M indurrà sovralzi idrici più contenuti.

La condizione di *saturazione* (choking) della corrente in corrispondenza di restringimenti rappresenta un limite progettuale da portare in debito conto. Se il numero di Froude F_o o il rapporto di contrazione ω sono troppo piccoli, allora la corrente supercritica non riesce a restare tale, con conseguente formazione di un *risalto idraulico* la cui sezione iniziale può interessare il canale a monte del restringimento. La Fig. 16.24 illustra una tipica sequenza di foto in cui, per $F_o = 2.40$, si assiste ad una corrente instabile che inizialmente è governata da notevole sovralzo idrico nella sezione finale del restringimento (Fig. 16.24a); la instabilità della corrente è tale che si forma un risalto idraulico che tende a migrare verso monte (Fig. 16.24b,c,d,e) fino a stabilire la propria sezione iniziale all'inizio del tronco di raccordo (Fig. 16.24f).

Assegnata una corrente veloce in arrivo, il numero di Froude F_o può essere gradualmente ridotto fino al raggiungimento di una condizione di *saturazione incipiente*, per $F_o = F_o^-$, in corrispondenza della quale il tirante idrico nel punto E è pari al tirante di stato critico e si stabilisce un risalto idraulico, con transizione da corrente veloce

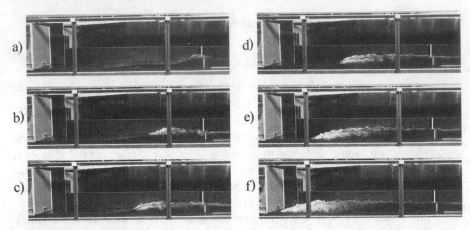

Fig. 16.24. Foto della condizione di saturazione (choking) in un restringimento di sezione ($F_o = 2.40$)

a corrente lenta nel tronco di raccordo, seguito nuovamente da corrente veloce nel canale di valle. Poiché in condizioni di *saturazione* il restringimento presenta tiranti idrici superiori a quelli indotti dalla presenza delle onde di shock, tale condizione di funzionamento va assolutamente esclusa in fase di progetto. Nel caso in cui si instauri la condizione di saturazione, per ripristinare la corrente veloce lungo l'intero restringimento di canale e rimuovere il risalto idraulico è necessario che la corrente in arrivo da monte sia caratterizzata da un numero di Froude F_o^+ molto più elevato di F_o^-. Per un assegnato valore del numero di Froude in un canale pressoché orizzontale, il valore limite (pedice L) del rapporto di contrazione è dato dalla relazione

$$\omega_L = F_o \left(\frac{3}{2 + F_o^2} \right)^{3/2}. \tag{16.66}$$

Pertanto, la corrente veloce sarà soggetta a fenomeno di saturazione se $\omega < \omega_L$; si tenga altresì presente che, per pendenze α superiori a $5°$, con $\omega > 0.5$, è improbabile che il fenomeno si manifesti [48].

16.3.4 Allargamento di sezione

Un allargamento di sezione (inglese: "channel expansion") può essere realizzato attraverso differenti configurazioni geometriche. Nei sistemi fognari, questo cambiamento di sezione viene generalmente realizzato mediante un *brusco allargamento* (Fig. 16.25), mentre geometrie più articolate trovano applicazione nelle opere di scarico di sbarramenti di ritenuta, in cui le portate sono particolarmente elevate [44].

Si consideri il caso di un canale a sezione rettangolare in cui la pendenza di fondo compensa le forze resistenti al moto, con corrente in arrivo (pedice o) caratterizzata da tirante idrico h_o e numero di Froude $F_o = V_o/(gh_o)^{1/2}$. Nella sezione di brusco allargamento, la larghezza b_o del canale in arrivo diventa pari alla larghezza b_u del canale di valle (pedice u).

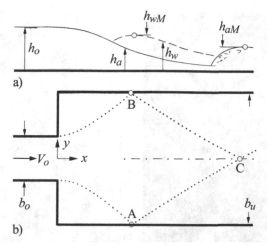

Fig. 16.25. Brusco allargamento di sezione: a) sezione con profilo idrico in asse $h_a(x)$ e alla parete $h_w(x)$; b) pianta con $(\cdots)$ tracce dei fronti di shock

In corrispondenza di un allargamento di sezione, la superficie idrica della corrente proveniente da monte subisce un graduale abbassamento (Fig. 16.25a). Per un breve tratto a valle della sezione di allargamento, la corrente presenta ancora una sezione idrica pressoché rettangolare, anche se in assenza dell'azione di contenimento delle pareti laterali; se ne deduce, quindi, che in tale tratto la distribuzione delle pressioni non può essere idrostatica. Successivamente, il getto tende ad espandersi per occupare l'intera larghezza di valle b_u, delimitando due zone di ricircolo localizzate negli spigoli. In corrispondenza dei punti di impatto A e B dei fronti della corrente in espansione, vengono generate *onde di shock* assimilabili a quelle descritte per una brusca deviazione planimetrica, rispetto alla quale la corrente incidente risulta essere già disturbata dal fenomeno di espansione; in tal caso, quindi, la determinazione della relazione tra la massima (pedice M) altezza dell'onda di shock h_{wM} ed il tirante idrico di monte h_o è particolarmente ostica. A valle degli stessi punti A e B, i fronti subiscono una riflessione che contribuisce a delimitare diverse regioni della corrente veloce (Fig. 16.26).

In analogia con la Fig. 16.21, la regione ACB risente esclusivamente della corrente in arrivo a monte dell'allargamento e presenta il *tirante idrico massimo* nei punti A e B. Nella regione ACE, il tirante idrico è mediamente più elevato rispetto alla regione a monte del punto A, ed attinge il valore massimo in asse h_{aM} in corrispondenza del punto C. A valle di quest'ultimo, si riscontra la tipica conformazione della superficie libera caratterizzata dalla presenza di onde di shock trasversali, con punti di minimo e di massimo del tirante idrico sia in asse che alle pareti del canale, tutti di ampiezza inferiore rispetto a quelli registrati a monte.

I *tiranti idrici massimi*, determinanti ai fini della definizione del franco idrico da imporre in fase progettuale, si manifestano in corrispondenza della prima onda di shock sia in asse (pedice a) che alla parete (pedice w) del canale. La Fig. 16.27

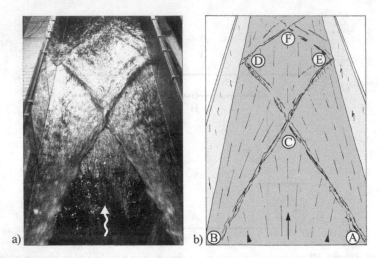

Fig. 16.26. Superficie libera a valle del brusco allargamento per $b_u/b_o = 3$, $F_o = 2$ e $h_o = 96$ mm: a) foto da monte; b) schema [25]

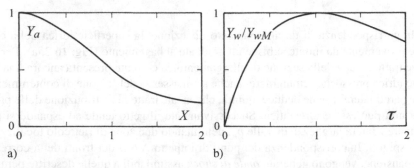

Fig. 16.27. Profilo idrico per brusco allargamento: a) in asse e b) alla parete del canale; valido per $1 < F_o < 10$ e $1.8 < \beta_e < 6$ [25]

mostra il profilo idrico in asse $Y_a(X)$ ed alla parete $Y_w(X)$, essendo rispettivamente $Y_a = h_a/h_o$ e $Y_w = h_w/h_o$, mentre la progressiva adimensionale è definita come $X = x/(b_o F_o)$; la figura è valida per diversi valori del rapporto di allargamento $\beta_e = b_u/b_o \geq 1$. In particolare, il *profilo in asse* è indipendente dai parametri β_e e F_o e può essere espresso dalla seguente relazione fino al punto C:

$$Y_a = 0.2 + 0.8 \exp(-X^2). \tag{16.67}$$

D'altro canto, il *profilo alla parete* $Y_w(X)$ è descritto dalla relazione

$$Y_w = Y_{wM} \cdot \tau \cdot \exp(1 - \tau) \tag{16.68}$$

in cui il *tirante idrico massimo alla parete* $Y_{wM} = h_{wM}/h_o$, per $1.8 < \beta_e < 6$, può essere stimato mediante la seguente equazione:

$$Y_{wM} = 1.27 \beta_e^{-0.4}. \tag{16.69}$$

L'ascissa normalizzata τ è definita come

$$\tau = \frac{X - X_m}{X_M - X_m} \qquad (16.70)$$

e dipende, quindi, dalle posizioni X_m e X_M in cui sono registrate, rispettivamente, la *altezza minima* e la *altezza massima* dell'onda di shock, da stimare secondo le relazioni

$$X_m = (1/6)(\beta_e - 1), \quad X_M = 0.52\beta_e^{0.86}. \qquad (16.71)$$

Più precisamente, l'ascissa X_m è riferita alla transizione tra la regione di ricircolo e il limite di monte del fronte, in corrispondenza del quale si registra il valore minimo del tirante $h_{wm} = 0$; per quanto concerne la ascissa X_M, essa è individuata dai punti A e B di Fig. 16.26, in corrispondenza dei quali il tirante idrico attinge il valore massimo h_{wM}.

Esempio 16.5. Sia assegnato un canale rettangolare in cui la corrente idrica ha velocità $V_o = 6$ ms^{-1} e tirante $h_o = 0.60$ m. Descrivere le caratteristiche della corrente generata da un brusco allargamento da $b_o = 0.8$ m a $b_u = 3.0$ m.

Ai valori $V_o = 6$ ms^{-1} e $h_o = 0.60$ m corrisponde un numero di Froude $F_o = 6/(9.81 \cdot 0.6)^{1/2} = 2.50$; dai dati del problema si calcola il valore del rapporto di allargamento $\beta_e = 3.0/0.8 = 3.75$. Le posizioni dei tiranti idrici estremi, secondo le Eq. (16.71), sono quindi pari a $X_m = (1/6)(3.75 - 1) = 0.46$ e $X_M = 0.52 \cdot 3.75^{0.86} = 1.62$; la progressiva normalizzata è, dunque, espressa come $\tau = (X - 0.46)/1.16$. Mediante l'Eq. (16.69) è possibile stimare il massimo tirante idrico relativo alla parete $Y_{wM} = 1.27 \cdot 3.75^{-0.4} = 0.75$, per cui l'espressione del profilo idrico alla parete, secondo la Eq. (16.68), è la seguente:

$$Y_w = 0.75[(X - 0.46)/1.16]\exp[1 - (X - 0.46)/1.16]. \qquad (16.72)$$

È quindi possibile calcolare i valori del massimo tirante idrico alla parete, $h_{wM} = 0.75 \cdot 0.60 = 0.45$ m, e la sua distanza dalla sezione di brusco allargamento: $x_M = b_o F_o X_M = 0.8 \cdot 1.62 \cdot 2.5 = 3.2$ m.

Altre indicazioni, reperibili dalle fonti bibliografiche precedentemente citate, riguardano ulteriori caratteristiche della geometria della superficie libera e dei profili di velocità ad essa associati, che non risultano comunque determinanti ai fini progettuali. Si può aggiungere che la zona di ricircolo potrebbe essere eliminata, prevedendo un'espansione lineare del canale con graduale allargamento del canale di monte fino all'ascissa x_m, il cui valore può essere stimato secondo l'Eq. (16.71). In tal modo, verrebbe a realizzarsi un *graduale allargamento*, piuttosto che uno brusco, con il vantaggio di prevenire eventuali accumuli di sedimenti nelle zone morte della corrente idrica.

Le caratteristiche interne di correnti idriche in espansione sono state, inoltre, oggetto di un lavoro di Hager e Yasuda [27], i quali hanno dimostrato che le equazioni delle acque basse bidimensionali (2D), espresse dalle Eq. (16.40)–(16.43), tendono asintoticamente al sistema di equazioni del moto vario lineare monodimensionale (1D), così da poter stabilire un'analogia tra *correnti permanenti bi-dimensionali* e *correnti in moto vario mono-dimensionale*.

16.3.5 Correnti veloci in curva

Una *corrente veloce in curva* (inglese: "supercritical bend flow") presenta una fenomenologia simile a quella di una brusca deviazione planimetrica di una parete, per effetto della quale si formano un fronte positivo di shock lungo la parete esterna ed uno negativo lungo la parete interna della curva stessa; procedendo verso valle, la superficie idrica presenta punti di minimo e di massimo con la tipica configurazione caratterizzata dalla presenza di *onde trasversali* (inglese: "crosswaves"). Knapp [37] ha studiato le correnti veloci in curva in canali a sezione rettangolare ed ha proposto una procedura di progetto.

Si consideri un canale rettangolare in cui è presente una curva di angolo ζ. La configurazione della corrente, nell'ipotesi di fluido non viscoso, può essere semplificata come segue: i valori estremi delle altezze idriche si manifestano nelle posizioni caratterizzate da coordinata angolare θ, 2θ e così via (Fig. 16.28). Invece, nella sezione di uscita della curva, a causa dell'assenza di dissipazione viscosa, le ondulazioni della superficie si propagano indefinitamente nel canale di valle.

Per un'onda di shock di ampiezza infinitesima, l'angolo elementare di shock è $\beta_s = \arcsin(F_o^{-1})$. Knapp [37] ha fornito la seguente relazione tra l'angolo θ, l'angolo del fronte β_s ed il raggio di curvatura relativo b/R dell'asse del canale:

$$\theta = \arctan\left[\frac{b/R}{(1+2b/R)\tan\beta_s}\right]. \tag{16.73}$$

La Fig. 16.28b indica che il valore di θ aumenta al crescere di F_o e di b/R; per piccoli valori di F_o, le curve in figura sono tratteggiate poiché la superficie si presenta

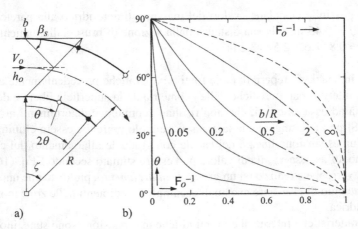

Fig. 16.28. Corrente veloce in curva: a) schema del processo di moto; b) angolo θ in funzione del numero di Froude F_o della corrente in arrivo e del raggio di curvatura relativo b/R [24]

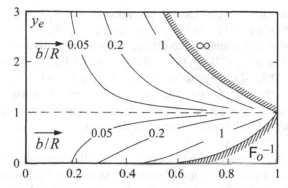

Fig. 16.29. Corrente veloce in curva in un canale rettangolare: rapporto tra i valori estremi dei tiranti idrici $y_e = h_e/h_o$ in funzione di $F_o = V_o/(gh_o)^{1/2}$ e della curvatura relativa della linea di mezzeria b/R [24]

ondulata e non caratterizzata dalla presenza di onde di shock. Invece, per valori più elevati del numero di Froude della corrente in arrivo, si sviluppano vere e proprie onde di shock, purché risulti $b/R < 0.5$; in tal caso, l'Eq. (16.73) può essere scritta come

$$\tan\theta = \frac{b/R}{1+(1/2)(b/R)}\sqrt{F_o^2 - 1} \cong (b/R)F_o. \qquad (16.74)$$

I valori delle *altezze d'onda estreme* (pedice e) possono essere ottenuti partendo dal principio di conservazione dell'energia e la Fig. 16.29 illustra il risultato ottenuto da Knapp [37]. Per $(b/2R)F_o^2 < 1$ il rapporto tra le altezze estreme $y_e = h_e/h_o$ può essere stimato mediante la relazione

$$y_e = \left[1 \pm \frac{1}{2}(b/R)F_o^2\right]^2, \qquad (16.75)$$

in cui il segno + ed il segno − sono, rispettivamente, riferiti al massimo sovralzo idrico ed al minimo valore del tirante idrico in curva. In analogia al numero di shock $S = \theta F$, valido per una brusca deviazione planimetrica, è possibile definire il *numero di curva* (inglese: "bend number") come $B = (b/R)^{1/2}F$.

Rispetto alla deviazione angolare in una brusca deviazione planimetrica, nel caso della curva l'effetto del raggio di curvatura è più contenuto, in quanto compare sotto radice quadrata. Resta invece importante l'effetto del numero di Froude F_o della corrente in arrivo, tale da indurre fronti di shock di notevole ampiezza anche per modesti valori di F_o.

Esempio 16.6. Si consideri un canale rettangolare di larghezza $b_o = 1.2$ m, con una corrente idrica caratterizzata da velocità $V_o = 7$ ms^{-1} e tirante $h_o = 0.50$ m. Determinare l'altezza dei muri di sponda da realizzare in corrispondenza di una curva di ampiezza $\zeta = 35°$, avente raggio di curvatura in asse pari a $R = 8$ m.

Essendo $V_o = 7$ ms^{-1} e $h_o = 0.50$ m, il corrispondente valore del numero di Froude è pari a $F_o = 7/(9.81 \cdot 0.50)^{1/2} = 3.16$; inoltre il raggio di curvatura relativo vale $b/R = 1.2/8 = 0.15 < 0.50$. Quindi, essendo $(1/2)(b/R)F_o^2 = 0.5 \cdot 0.15 \cdot 3.16^2 = 0.75 < 1$, e risultando $y_e = (1 \pm 0.75)^2$, si ottiene $y_M = 3.06$ e $y_m = 0.06$; il massimo ed il minimo valore del tirante idrico alla parete sono rispettivamente pari a $h_M = 3.06 \cdot 0.5 = 1.53$ m e $h_m = 0.06 \cdot 0.5 = 0.03$ m. Dalla Fig. 16.29 si vede che per $F_o^{-1} = 3.16^{-1} = 0.32$ si ottengono valori $y_M = 2.3$ e $y_m = 0.15$, per effetto delle approssimazioni effettuate. Infine, dall'Eq. (16.74) si ottiene $\tan\theta = 0.15 \cdot 3.16 = 0.47$, ovvero $\theta = 25°$, per cui si può ritenere che i valori estremi dei tiranti idrici siano effettivamente localizzati all'interno della curva.

A tutt'oggi, gli effetti della pendenza di fondo e della eventuale pendenza trasversale non sono stati analizzati in modo sistematico, mentre sono state recentemente studiate le caratteristiche idrauliche di correnti in curva per canali circolari (paragrafi 16.4.2 e 16.4.3). La Fig. 16.30 illustra alcune foto relative a correnti veloci in curva per sezioni a ferro di cavallo, dalle quali si nota la notevole inclinazione trasversale della superficie idrica.

Per valori maggiori della portata, nei canali a sezione chiusa può manifestarsi il fenomeno di *saturazione* o *sovraccarico* (choking), con conseguente complicazione della struttura del flusso, provocata sia dalla formazione di una miscela bifase aria-acqua che dalla transizione da deflusso a superficie libera a moto in pressione. La condizione limite di saturazione nei canali a sezione chiusa verrà opportunamente approfondita nel prosieguo del capitolo.

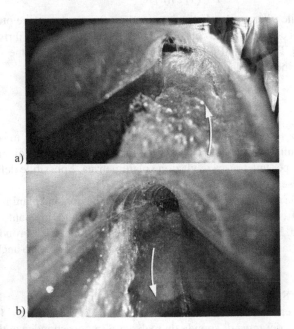

Fig. 16.30. Deflusso di una corrente veloce attraverso una curva di una sezione chiusa: a) vista da monte; b) vista da valle

Studi recenti

Ulteriori approfondimenti degli studi di Knapp [37] sono stati eseguiti da Reinauer e Hager [47], dal cui lavoro è tratta la Fig. 16.31 che illustra il rilievo sperimentale dell'andamento della superficie libera di una corrente veloce in curva per canale rettangolare. Si noti la presenza della notevole onda di shock che si forma in prossimità della parete esterna della curva, mentre il tirante idrico può addirittura azzerarsi a ridosso della parete interna per effetto dell'azione centrifuga delle forze in gioco.

Dalla misura sperimentale dei valori della *velocità* è possibile trarre alcune interessanti informazioni sulle caratteristiche della corrente:

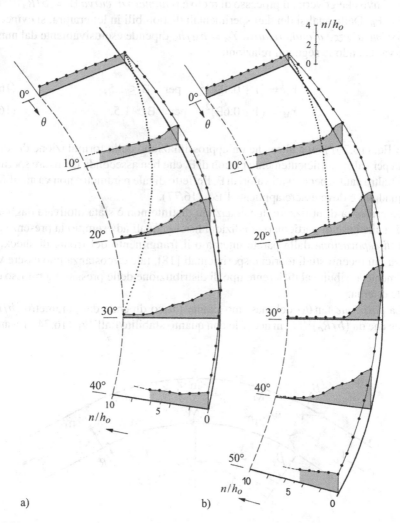

Fig. 16.31. Superficie libera e fronte di (· ·) shock per corrente veloce in curva per $F_o = $ a) 4; b) 6

- la componente *tangenziale* della velocità resta pressoché costante lungo la curva, ed è pari alla velocità della corrente in arrivo per $F_o > 3$;
- la distribuzione della velocità nella direzione *verticale* è anch'essa praticamente costante, ovviamente ad eccezione dello strato limite in prossimità del fondo e delle pareti.

La Fig. 16.32 presenta uno schema del fenomeno, in cui sono indicati i punti di massimo (pedice M) e di minimo (pedice m) del tirante idrico nelle varie posizioni θ, 2θ e via di seguito. La corrente in arrivo si caratterizza per velocità V_o, tirante idrico h_o, e quindi numero di Froude $F_o = V_o/(gh_o)^{1/2}$. Indicato con R_a il raggio di curvatura della linea di mezzeria del canale, ovvero il suo valore relativo b/R_a, il parametro significativo che governa il processo di moto è il *numero di curva* $B = (b/R_a)^{1/2}F$, in cui $F = F_o$. Dalla analisi dei dati sperimentali disponibili in letteratura, si evince che la *massima altezza d'onda relativa* $Y_M = h_M/h_o$ dipende esclusivamente dal numero di curva secondo le seguenti relazioni:

$$Y_M = (1 + 0.4B^2)^2, \quad \text{per} \quad B \leq 1.5, \tag{16.76}$$

$$Y_M = (1 + 0.6B)^2, \quad \text{per} \quad B > 1.5. \tag{16.77}$$

L'Eq. (16.76) non è altro che un'approssimazione della formulazione di Knapp, valida per valori sufficientemente piccoli di B, che ben asseconda le misure sperimentali. D'altro canto, per elevati valori di B, l'effetto di tale parametro non va amplificato dal quadrato e deve essere applicata l'Eq. (16.77).

La esigenza di utilizzare due equazioni distinte non è stata motivata dagli autori [47] sulla base di particolari condizioni fisiche, quali ad esempio la presenza della *zona di separazione* dalla parete interna o il frangimento del fronte di shock; alla luce di più recenti studi teorici e sperimentali [18], tale circostanza può essere verosimilmente attribuita al differente tipo di distribuzione delle pressioni a ridosso della parete esterna.

La *posizione* $\tan \theta_M$ del massimo tirante idrico dipende dal parametro $(b/R_a)F$ invece che da $(b/R_a)^{1/2}F$, in accordo con quanto stabilito dall'Eq. (16.74). La analisi

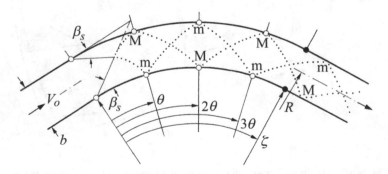

Fig. 16.32. Planimetria schematica di una corrente veloce in curva

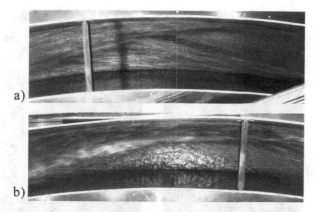

Fig. 16.33. Vista dall'alto di correnti in curva con $b/R_a = 0.07$ e $F_o =$ a) 4; b) 8

dei dati sperimentali ha fornito le seguenti relazioni:

$$\tan \theta_M = (b/R_a)\mathsf{F}, \quad \text{per} \quad (b/R_a)\mathsf{F} \le 0.35, \tag{16.78}$$

$$\tan \theta_M = 0.6[(b/R_a)\mathsf{F}]^{1/2}, \quad \text{per} \quad (b/R_a)\mathsf{F} > 0.35. \tag{16.79}$$

Si può, quindi, dedurre che la formulazione di Ippen e Knapp risulta sperimentalmente verificata solo per piccoli valori del *numero di curva* B.

Per quanto riguarda la stima del valore della *minima* (pedice *m*) altezza d'onda e della rispettiva posizione, si può fare ricorso alle seguenti relazioni:

$$Y_m = (1 - 0.5\mathsf{B}^2)^2, \tag{16.80}$$

$$\tan \theta_m = \sqrt{2}(b/R_a)\mathsf{F}. \tag{16.81}$$

Nei casi in cui si ottengono valori $Y_m < 0$, se ne deduce che esiste una zona in cui la corrente idrica è totalmente distaccata dalla parete interna. La Fig. 16.33 mostra la vista dall'alto di una corrente veloce in curva, per diverse condizioni sperimentali.

La Fig. 16.34 riproduce la vista da monte degli stessi esperimenti. Nell'ultimo caso si vede che il deflusso della corrente in curva occupa solo una parte della sezione del canale, lasciando asciutta un parte del fondo. Il fenomeno della *saturazione* non rappresenta un problema per i canali rettangolari a sezione aperta, ma piuttosto può rivelarsi estremamente dannoso per i collettori a sezione chiusa e quindi per i canali circolari. A tal proposito, i principali risultati ottenuti sono riportati nel prosieguo.

Il *profilo dell'onda di shock* lungo la parete interna e la parete esterna può essere descritto sulla base di semplici relazioni ricavate per via sperimentale. La Fig. 16.35a presenta l'andamento del profilo normalizzato $\tau_M(\theta/\theta_M)$ lungo la parete esterna, essendo $\tau_M = (h - h_o)/(h_M - h_o)$; si noti la perfetta sovrapposizione dei profili relativi a diverse condizioni sperimentali fino $\theta/\theta_M = 1.25$. Per curve di angolo maggiore, dopo il punto di massimo le curve sperimentali tendono a distinguersi a seconda del numero di Froude F_o. Ad ogni modo, per coordinate angolari θ inferiori a 50°, il *profilo dell'onda alla parete esterna* è ben descritto dalla seguente relazione, in cui

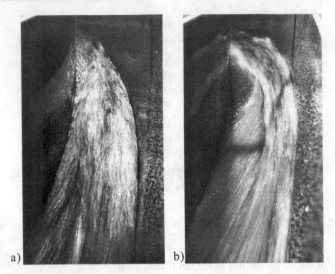

a)   b)

Fig. 16.34. Vista da monte di correnti in curva con $b/R_a = 0.144$ e $F_o =$ a) 4; b) 8

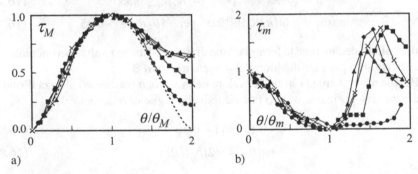

a)   b)

Fig. 16.35. Profili normalizzati relativi alla a) parete esterna e b) parete interna della curva per $b/R_a = 0.07$ e $F_o = (\times)2.5$, (♦) 3, (▲) 4, (■) 6, (●) 8

θ è ovviamente espresso in radianti:

$$\tau_M = [\sin(\theta/\theta_M)]^{1.5}. \tag{16.82}$$

Il profilo normalizzato dell'*onda alla parete interna* $\tau_m(\theta/\theta_m)$ è riportato in Fig. 16.35b, essendo $\tau_m = (h - h_o)/(h_m - h_o)$; i dati si raccolgono attorno ad un'unica curva fino al valore dell'ascissa $\theta/\theta_m = 1.2$. Per i valori più piccoli del numero di Froude F_o, il cavo dell'onda è seguito da una successiva cresta, mentre per valori più elevati di F_o si nota la formazione di una zona di separazione dalla parete interna. L'Eq. (16.82) è stata verificata anche per valori di b/R_a pari a 0.144 e 0.31 (Fig. 16.36a).

Qualora si abbia una *curva parziale* con angolo di deviazione ζ inferiore a θ_M, il profilo si presenta come rappresentato nella Fig. 16.36b, dalla quale si nota che al termine della curva la fase crescente del profilo subisce un deciso arresto. Quindi, in tal

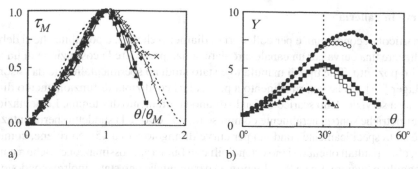

a)   b)

Fig. 16.36. a) Profili alla parete esterna per $b/R_a = 0.144$ e 0.31, (- - -) Eq. (16.82); b) altezza relativa $Y = h/h_o$ per corrente in curva parziale con $\zeta = 30°$ (vuoto) e in curva con $\zeta = 50°$ (pieno). Simboli uguali a quelli di Fig. 16.35

caso, il profilo dell'onda di shock può ancora essere stimato mediante l'Eq. (16.82), nella quale andrà però posto $\theta = \zeta$.

La Fig. 16.37 mostra alcune situazioni sperimentali in cui la corrente veloce in curva è soggetta ad una condizione di sommergenza da valle per effetto di una brusca transizione da corrente supercritica a corrente subcritica lungo la curva. Si nota, in particolare, come la corrente tende a concentrarsi verso la parete esterna, mentre una estesa *zona di ricircolazione* occupa la parte interna della curva. Nel prosieguo del capitolo, con specifico riferimento ai pozzetti di curva, verranno date alcune importanti indicazioni progettuali utili a prevenire l'insorgenza di tali fenomeni, i quali possono comportare il malfunzionamento di estesi tratti del sistema fognario.

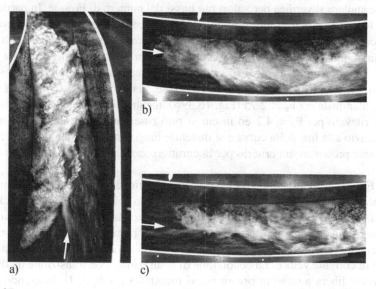

Fig. 16.37. Corrente in curva in condizione di saturazione: a) vista da monte; b) e c) viste dall'alto

Curve in galleria

In particolari condizioni, e per collettori di diametro elevato, è possibile che si debba realizzare una curva per un canale circolare senza prevedere la costruzione di un apposito pozzetto. Tale tipo di manufatto è stato studiato sperimentalmente da Gisonni e Hager [17], anche con riferimento a particolari condizioni di funzionamento di un canale a servizio dello scarico di fondo di uno sbarramento di ritenuta. Le deviazioni planimetriche sono generalmente comprese tra 45° e 90° e la suddetta sperimentazione è stata specificamente condotta per curve di angolo pari a 45°. Si ritiene, comunque, che i risultati ottenuti siano estendibili con buona approssimazione anche a curve di angolo maggiore, fino a 90°. Le prove sperimentali sono state, inoltre, condotte su una curva avente raggio di curvatura relativo $R/D = 3$, essendo D il diametro della galleria.

La Fig. 16.38 riporta le immagini del tratto rettilineo di canale a valle della curva, nel caso di una corrente con grado di riempimento iniziale pari a $y_o = h_o/D = 0.24$, essendo h_o il tirante idrico e $F_o = Q/(gD^4h_o)^{1/2}$ il numero di Froude della corrente in arrivo (capitolo 6). Per $F_o = 5.2$ (Fig. 16.38a), la corrente si presenta stratificata, con la sezione impegnata da acqua nella parte inferiore e da aria in quella superiore. Per $F_o = 5.8$ (Fig. 16.38b), nella sezione di uscita della curva si riscontra una transizione da corrente stratificata a corrente anulare. Un ulteriore incremento del numero di Froude della corrente a monte della curva, fino al valore $F_o = 11.8$ (Fig. 16.38c), comporta che l'intero tratto di canale a valle della curva sia caratterizzato dalla presenza di una corrente anulare (capitolo 5).

La Fig. 16.39 si riferisce, invece, a prove effettuate con un grado di riempimento più elevato e pari a $y_o = 0.61$; la struttura della corrente è certamente simile a quella riscontrata nel caso di $y_o = 0.24$, ma la transizione tra corrente stratificata e corrente anulare si verifica per valori più bassi del numero di Froude. In particolare, la Fig. 16.39a mostra il profilo trasversale della superficie idrica; si nota la presenza di una corrente idrica con aerazione trascurabile (*black water*) sulla parete in uscita dalla curva, mentre sul lato opposto la corrente si presenta fortemente aerata (*white water*). Un aumento di y_o o di F_o comporta un cambiamento della condizione di deflusso, generando una corrente anulare bifase. Per il caso di $y_o = 0.61$, la transizione si manifesta per $F_o \cong 2.75$ (Fig. 16.39b), mentre la Fig. 16.39c mostra il flusso anulare rilevato per $F_o = 4.2$ ed in cui si può osservare la presenza di un vortice che ha inizio alla fine della curva e si distende lungo tutto il canale di valle. Nel seguito viene presentato un criterio per la caratterizzazione idraulica di questo tipo di moto.

La Fig. 16.40 riporta uno schema con la definizione dei parametri principali, tra cui la portata idrica Q e la portata d'aria Q_a, il primo colmo dell'onda di shock di altezza h_M, ubicato a distanza d_1 dalla sezione di uscita della curva, e la altezza h_2 del secondo colmo. Come dimostrato nel capitolo 7, il rapporto tra le altezze coniugate in una condotta circolare rettilinea è pari a $Y = F_1^{0.90}$, in cui il pedice 1 è relativo alla sezione di corrente veloce. La condizione di saturazione, con transizione da deflusso a superficie libera a moto in pressione, si manifesta per $h_2 = D$. Inserendo questa

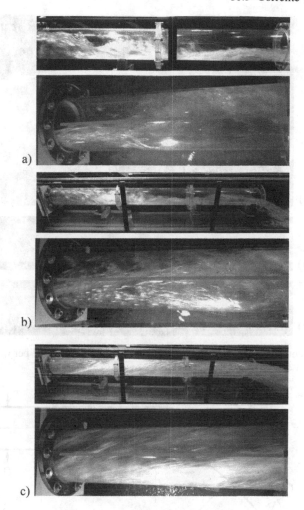

Fig. 16.38. Corrente in uscita da una curva a 45° in galleria per $y_o = 0.24$ e $F_o =$ a) 5.2; b) 5.8; c) 11.8. Vista generale (in alto), sezione di uscita dalla curva (in basso)

condizione nella precedente relazione delle altezze coniugate ed approssimando l'esponente che vi compare all'unità, si perviene alla definizione del cosiddetto *fattore di sovraccarico* (inglese: "choking number"):

$$C = F_1/(D/h_1) = Q/(gD^3h_1^2)^{1/2}. \tag{16.83}$$

Si noti che i tre parametri che governano il fenomeno, e cioè la portata Q, il diametro della condotta D ed il tirante idrico di monte h_1 hanno un effetto praticamente lineare sul fattore di sovraccarico C, che, per come è definito, esprime sia l'influenza sul fenomeno del grado di riempimento del canale che la caratteristica dinamica della corrente rappresentata dal numero di Froude.

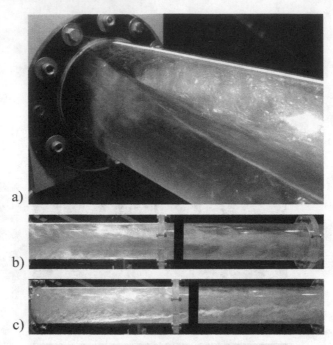

Fig. 16.39. Corrente idrica a valle di curva in galleria di angolo pari a 45° per $y_o = 0.61$ e $F_o =$
a) 2.0; b) 2.75; c) 4.2

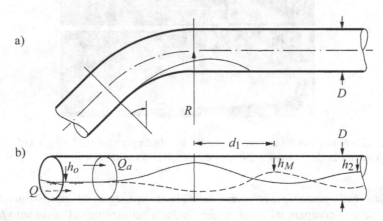

Fig. 16.40. Schema del moto di una corrente veloce attraverso una curva in galleria: a) pianta;
b) sezione longitudinale

La presenza della curva in un collettore circolare, per corrente veloce, genera onde di shock che riducono la capacità idrovettrice del canale rispetto al tratto
rettilineo del medesimo collettore. Il fattore di sovraccarico di una corrente veloce che imbocca una galleria in curva, sulla scorta dell'Eq. (16.83), è definito come
$C_o = F_o/(D/h_o)$ e rappresenta il parametro fondamentale per questo tipo di feno-

meno. Il massimo dell'altezza d'onda $Y_M = (h_M/h_o)(h_o/D)^{2/3}$ nel collettore a valle della curva (Fig. 16.40b) può essere stimato secondo la relazione ricavata da Gisonni e Hager [7]:

$$Y_M = 1.10 \tanh(1.4 C_o) \quad \text{per} \quad C_o > 0.80. \tag{16.84}$$

Per $C_o < 0.80$, la corrente lungo la curva diviene subcritica perché si forma un risalto idraulico all'ingresso della curva stessa. Nei casi in cui $C_o > 1$, il valore massimo dell'altezza relativa dell'onda è pari a $Y_M = 1.1$, per cui risulta $h_M = 1.1(h_o D^2)^{1/3}$, cui corrisponde il valore massimo del grado di riempimento $h_M/D = 1.1(h_o/D)^{1/3}$.

Nel caso in cui sia presente una corrente anulare nel tratto di valle, a distanza d_a dalla sezione terminale della curva, si ristabilisce la condizione di corrente stratificata per effetto di una insufficiente intensità delle azioni centrifughe; il valore relativo di tale distanza può essere stimato mediante la relazione

$$d_a/D = 0.85(C_o - 1)^2, \quad C_o > 1. \tag{16.85}$$

Quindi, per $C_o = 1$, la corrente in uscita dalla curva è al limite della condizione di corrente stratificata; valori di C_o maggiori dell'unità comportano l'insorgenza di corrente anulare nel tratto a valle della curva.

La distanza d_1 dalla sezione terminale della curva può essere stimata secondo la relazione

$$d_1/D = 4.8(C_o - 0.8)^{1/2}, \quad C_o > 0.8. \tag{16.86}$$

In condizioni di saturazione incipiente, si ha, quindi, che il primo massimo dell'onda di shock si trova circa due diametri a valle della curva, con un grado di riempimento pari a $h_M/D = 0.97(h_o/D)^{1/3}$. La seconda onda ha minore interesse da un punto di vista progettuale, in quanto risulta comunque $h_2 < h_M$, mentre le successive onde risultano rapidamente attenuate.

Nel corso della sperimentazione Gisonni e Hager [17] hanno anche misurato il valore della portata d'aria Q_a che si accompagna alla portata idrica Q attraverso la curva. Il valore osservato della portata d'aria è una funzione crescente di C_o e diminuisce al crescere della sezione idrica, poiché si riduce la corrispondente sezione disponibile per il deflusso dell'aria. Per tenere conto di tale circostanza, il rapporto tra le portate, già illustrato nel capitolo 5, è stato espresso secondo il parametro $B = (Q_a/Q)/(1 - y_o)^2$ e tiene, appunto, conto della sezione idrica. I risultati delle prove hanno indicato che B è funzione crescente di C_o, se $C_o > 1$, mentre, per valori inferiori di C_o, il valore della portata d'aria è minimo ed essenzialmente dovuto alla condizione di trasporto d'aria in superficie caratteristica delle correnti a pelo libero. I dati sperimentali sono ben assecondati dalla relazione

$$B = 3 \tanh[3(C_o - 1)], \quad C_o > 1 \tag{16.87}$$

tramite la quale si individua un valore massimo pari a $Q_a/Q = 3(1 - y_o)^2$ per $C_o > 1$, cui corrispondono rapporti delle portate Q_a/Q compresi tra 1 e 2. Si tratta, quindi, di notevoli valori della portata d'aria che devono essere opportunamente garantiti attraverso un idoneo sistema di ventilazione o attraverso i pozzetti ubicati più a

monte. L'introduzione di setti all'interno della canalizzazione, dettagliatamente illustrati nel successivo paragrafo 16.3.7, oltre a rappresentare un potenziale ostacolo
al deflusso di corpi grossolani attraverso la curva, non migliora significativamente il
comportamento idraulico del manufatto.

16.3.6 Manufatti di confluenza

Descrizione del processo di moto

La Fig. 16.41 mostra lo schema di una *confluenza* di due canali (inglese: "channel
junction") in cui il tratto *passante* proveniente da monte (pedice *o*) e l'immissione
laterale (pedice *z*) formano un angolo di confluenza δ, recapitando le rispettive portate
nel tratto di valle (pedice *u*).

Nel suddetto schema, la larghezza del canale di monte è pari a quella del canale di
valle ($b_o = b_u$), mentre risulta non inferiore a quella del canale laterale ($b_z \leq b_o$). Di
particolare interesse sono le caratteristiche locali del processo di moto in prossimità
del punto P di confluenza, per cui è possibile trascurare gli effetti delle resistenze
al moto e della pendenza del fondo. In letteratura, non sono disponibili ricerche effettuate su confluenze in cui i tre canali presentano diverse larghezze b_o, b_z e b_u né,
tantomeno, su casi in cui nessuno dei canali di monte è allineato con quello di valle,
formando distinti angoli di confluenza δ_o e δ_z, diversi da zero.

Con riferimento alle portate in arrivo alla confluenza, si distinguono tre casi:

- $Q_o > 0$ e $Q_z = 0$, ovvero assenza di immissione laterale;
- $Q_o = 0$ e $Q_z > 0$, ovvero assenza di portata proveniente da monte;
- $Q_o > 0$ e $Q_z > 0$, ovvero portata in arrivo da entrambi i canali confluenti.

Per confluenze in cui l'immissione laterale è nulla ($Q_z = 0$), il tirante idrico h_o
ed il numero di Froude F_o sono i parametri che governano il processo di moto; in

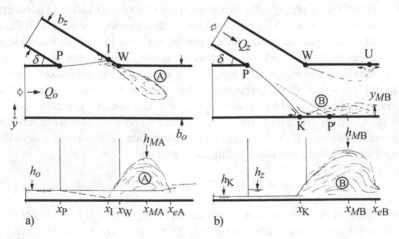

a)   b)

Fig. 16.41. Schema della confluenza nei casi di: a) portata in arrivo solo da monte; b) portata
in arrivo solo lateralmente

tale condizione di funzionamento, a valle del punto P di confluenza, la corrente può espandersi lateralmente ed impattare la parete del tronco laterale, definendo un punto di ristagno I (Fig. 16.41a). Una parte della corrente in arrivo da monte può essere deviata verso il tronco laterale, in misura dipendente dall'angolo di confluenza δ, ma, comunque, la aliquota principale procede verso il canale di valle. Per effetto dell'impatto della corrente sulla porzione di parete compresa tra i punti I e W si genera un'onda stazionaria, definita *onda di parete* A, caratterizzata da un'altezza massima h_{MA} localizzata all'ascissa x_{MA}; inoltre, si indica con x_{eA} l'ascissa del punto in cui l'onda si estingue (pedice e).

Nel caso, invece, in cui la portata in arrivo da monte è nulla ($Q_o = 0$), la corrente proveniente dall'immissione laterale si espande a partire dal punto P ed impatta la parete opposta, definendo un punto di ristagno K. Analogamente al caso precedente, a secondo dell'angolo di confluenza δ, una porzione più o meno importante della corrente viene ad essere deviata verso il tratto di monte, formando una zona di ricircolazione. A valle del punto K, si rileva la formazione di un'onda stazionaria, indicata stavolta come *onda di parete* B, la cui massima altezza h_{MB} è localizzata all'ascissa x_{MB}, mentre la sezione terminale dell'onda è ubicata all'ascissa x_{eB}. Sulla parete opposta a quella dell'onda B, si forma una zona di ricircolazione, con origine nel punto W, delimitata lungo la parete del canale di valle dal punto di ristagno U.

In generale, si definisce *compatta* un'onda continua con superficie regolare, caratterizzata da un regime pressoché idrostatico delle pressioni; tale tipo di onda è caratteristico di confluenze di correnti veloci con basso numero di Froude. Per contro, un'onda *aderente* si caratterizza per la dimensione significativamente inferiore rispetto alla larghezza della corrente di monte, con notevole risalita della superficie idrica in corrispondenza della parete; tale configurazione si rileva in presenza di correnti con elevato numero di Froude. Entrambe le onde A e B possono indifferentemente essere di tipo *compatto* o *aderente* (Fig. 16.42). In presenza di valori elevati del numero di Froude, le onde A e B possono presentare caratteristiche di flusso bifase aria-acqua con notevole nebulizzazione della corrente.

Nel caso di una confluenza in cui sia il *canale di monte* che il *canale laterale* convoglino una portata non nulla, il processo è governato dalle coppie di parametri (h_o, F_o) e (h_z, F_z), rispettivamente riferite al tratto di monte ed a quello laterale

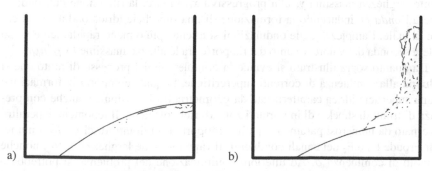

Fig. 16.42. Tipologie di onda di parete: a) compatto; b) aderente

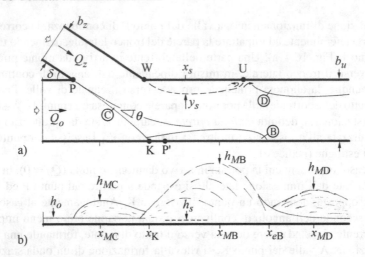

Fig. 16.43. Configurazione schematica della confluenza di correnti veloci: a) pianta; b) sezione con struttura delle onde di shock e (- - -) zona di ricircolazione

(Fig. 16.43). In tal caso, l'onda A viene attenuata o eliminata dalla corrente laterale, ma si forma l'*onda C* con origine nel punto di confluenza P. L'onda C è caratteristica della unione di due correnti veloci aventi diverse altezze idriche e direzione di deflusso; la formazione di un fronte verticale (sovralzo idrico) costituisce l'unica possibilità di trasferire la propria quantità di moto per le due correnti orizzontali, ad elevata velocità, che si incontrano. L'onda C ha un'altezza massima h_{MC} all'ascissa x_{MC}, mentre il fronte di shock si caratterizza per un angolo θ rispetto alla direzione della corrente di valle. Circa l'onda C, è opportuno notare la significativa analogia tra il caso della brusca deviazione planimetrica di una parete e la confluenza di due correnti veloci.

Sempre dalla Fig. 16.43 si vede che il *fronte di shock* costituito dalla onda C impatta la parete opposta nel punto K, generando l'onda B a valle dello stesso, caratterizzata da altezza massima h_{MB} ubicata alla progressiva x_{MB}. Sulla parete opposta, si crea una zona di separazione (pedice s) tra il punto W ed il punto di ristagno U, avente larghezza massima y_s alla progressiva x_s. Inoltre, la riflessione dell'onda B genera l'*onda D*, inducendo la formazione di una superficie idrica ondulata nel canale di valle; l'ampiezza delle ondulazioni si attenua più o meno rapidamente verso valle a seconda del valore assunto dal rapporto tra le altezze massime h_{MD}/h_{MB}.

Da quanto sopra illustrato si evince la complessità del processo di moto che si sviluppa alla confluenza di correnti supercritiche, la quale comporta la formazione di una superficie idrica caratterizzata da geometria tridimensionale, anche con presenza di fronti di shock e di importanti zone di ricircolazione. Il fenomeno è peraltro governato da numerosi parametri, quali il rapporto tra i tiranti idrici h_o/h_z, i numeri di Froude F_o e F_z dei canali confluenti, il rapporto delle larghezze b_o/b_z, nonché l'angolo di confluenza δ. Ad ulteriore complicazione del problema, si potrebbero considerare *geometrie di confluenza* più articolate, comprensive di arrotondamento degli spigoli, salti di fondo o variazione della scabrezza delle pareti. Per questo motivo, nel seguito vengono illustrati i risultati di indagini sperimentali sistematicamente condotte su una *confluenza semplice*, così come schematizzata nella Fig. 16.43.

Limiti di funzionamento

La condizione di *sovraccarico* o *saturazione incipiente* (inglese: "incipient choking") corrisponde alla transizione da corrente veloce a corrente lenta; essa può interessare solo uno o tutti i tratti confluenti. La conoscenza di questa condizione limite (pedice *L*) di funzionamento è fondamentale, poiché essa stravolge le condizioni di funzionamento idraulico fin qui descritte per una confluenza di correnti veloci.

La Fig. 16.44 illustra le diverse fasi di sviluppo di una condizione di *saturazione* in uno solo dei tratti confluenti, con indicazione dei punti di ristagno K e I in corrispondenza dei quali si crea una zona di ricircolazione. La condizione limite dipende, ovviamente, dalla struttura della corrente e quindi dalle caratteristiche geometriche della confluenza.

La Fig. 16.44 mostra le quattro fasi principali attraverso cui può evolvere il fenomeno di saturazione; si passa dalla saturazione incipiente alla formazione di un risalto idraulico stabile in uno dei canali confluenti, mentre continua a sussistere corrente veloce nell'altro. Se viene ridotto il numero di Froude del canale in cui vige ancora la corrente veloce, anche quest'ultimo sarà interessato da saturazione, inducendo una situazione di totale sommergenza dell'intera confluenza.

I dati sperimentali [50] relativi alla condizione di *saturazione incipiente* hanno fornito le seguenti relazioni per il calcolo dei valori minimi del numero di Froude al di sopra dei quali non insorge tale situazione limite (pedice *L*):

$$F_{Lo} = 2 + (\delta/120°)F_z Y^{-1}, \tag{16.88}$$
$$F_{Lz} = 2 + (1/8)(F_o + 5)Y. \tag{16.89}$$

Entrambi i valori limite del numero di Froude dipendono linearmente dal numero di Froude del tratto adiacente e dal rapporto tra i tiranti idrici $Y = h_o/h_z$. Si noti, inoltre, che F_{Lo}, a differenza di F_{Lz}, varia anche in funzione dell'angolo di confluenza δ. Sia F_{Lo} che F_{Lz} hanno un valore limite inferiore pari a $F = 2$, per cui correnti veloci caratterizzate da numero di Froude $F < 2$ saranno sempre soggette a fenomeno di

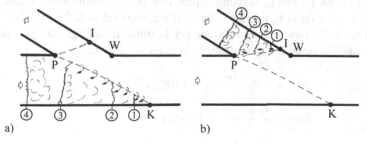

Fig. 16.44. Condizioni limite di funzionamento per una confluenza con saturazione del: a) tratto di monte; b) tronco laterale (passaggio da condizione incipiente ① a risalto idraulico stabile ④)

saturazione in corrispondenza di una confluenza. In definitiva, in fase di progetto di un manufatto di confluenza per canali rettangolari, bisognerà verificare che risultino rispettate entrambe le condizioni: $F_o > F_{Lo}$ e $F_z > F_{Lz}$.

Caratteristiche geometriche delle onde di shock

Secondo quanto riportato in Fig. 16.43, le principali onde di shock che si formano alla confluenza di due correnti veloci sono denominate onde B, C e D. L'onda D, così come le onde successive verso valle, hanno sempre altezza inferiore all'onda B, che insieme all'onda C risulta determinante ai fini delle valutazioni progettuali.

Per ciascuna delle suddette onde di shock è possibile definire il punto di inizio (pedice a), quello in cui si verifica la massima altezza (pedice M) e quello terminale (pedice e). Detti x l'ascissa diretta secondo la corrente principale, y la coordinata trasversale misurata dal muro opposto all'immissione laterale e h il tirante idrico, le caratteristiche geometriche delle onde di shock sono espresse in funzione dei seguenti parametri: $F_o = V_o/(gh_o)^{1/2}$, $F_z = V_z/(gh_z)^{1/2}$, $Y = h_o/h_z$, e $\beta = b_z/b_o$.

A seguito di una sistematica sperimentazione, Schwalt [50] ha fornito le relazioni che consentono di stimare i valori delle caratteristiche geometriche principali delle onde di shock, di seguito riportate.

Onda C
Avendo definito x_P la progressiva del punto di confluenza P, θ l'angolo di shock, $f = 2F_oF_z/(F_o + F_z)$ il numero di Froude efficace, $\bar{h} = (h_o h_z)^{1/2}$ il tirante idrico efficace, e $\bar{b} = (b_o b_z)^{1/2}$ la larghezza efficace, le caratteristiche dell'onda C sono:

$$\tan \theta = \frac{x_{MC} - x_P}{b_o - y_{MC}} = (1/2)\delta(F_z/F_o)^{2/3}Y^{-1}, \tag{16.90}$$

$$L_{MC} = \frac{x_{MC} - x_P}{\bar{h}\cos\theta} = 4.3(f - 2), \tag{16.91}$$

$$Z_{MC} = \frac{h_{MC}}{\bar{h}} - 1 = 1 + 0.25(f\sin\delta)^2. \tag{16.92}$$

Onda B
Schwalt [50] ha fornito le seguenti espressioni per il calcolo delle caratteristiche geometriche dell'onda B, avendo definito il parametro $\Delta = 0.55 + 0.05\delta°$. Inoltre, Schwalt ha anche fornito l'espressione per la stima della larghezza y_{MB} dell'onda misurata nella sezione in cui essa attinge la massima altezza.

$$L_{aB} = \frac{x_{aB} - x_P}{b_o} = (1/\Delta)(F_o/F_z^{1/3})Y^{2/3}, \tag{16.93}$$

$$L_{MB} = \frac{x_{MB} - x_P}{b_o} = 1.65 L_{aB}, \tag{16.94}$$

$$L_{eB} = \frac{x_{eB} - x_P}{(\bar{b}\bar{h})^{1/2}} = 1.35\cos\delta\left[F_o(F_z Y)^{1/3} + 5\right], \tag{16.95}$$

$$B_{MB} = \frac{y_{MB}}{\bar{h}} = 0.3(0.1 + \sin\delta)F_oF_z^{1/3}, \tag{16.96}$$

$$Z_{MB} = \frac{h_{MB}}{\bar{h}} - 1 \quad = 0.25f^2. \tag{16.97}$$

Onda D

Per quanto concerne l'*onda* D si può stimare la sua progressiva iniziale secondo la relazione [52]

$$L_{uD} = \frac{x_{aD} - x_W}{b_o} = (2.5/\Delta)^{3/2}\left[(F_o/F_z^{1/3})Y^{2/3} - 0.7\right]. \tag{16.98}$$

Inoltre, è possibile stimare le caratteristiche geometriche della *zona di ricircolazione o di separazione* (pedice *s*) mediante le seguenti relazioni (Fig. 16.45):

$$L_s = \frac{x_s - x_W}{(\bar{b}\bar{h})^{1/2}} = 1.35\cos\delta(f - 3), \tag{16.99}$$

$$L_{es} = \frac{x_{es} - x_W}{(\bar{b}\bar{h})^{1/2}} = 2.5L_s, \tag{16.100}$$

$$B_s = \frac{y_s}{\bar{b}} = 6.4(\cos\delta)^{1/2}\left[F_z^{-1}Y^{1/3} - 0.05\right]. \tag{16.101}$$

Le suddette relazioni si applicano per angoli di confluenza $\delta > 15°$, soprattutto con riferimento all'onda C, la quale assume caratteristiche significativamente diverse per

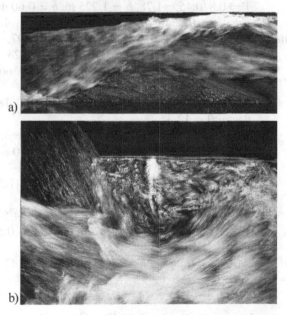

Fig. 16.45. Zona di ricircolazione (in basso) ed onda B (in alto) per diversi angoli di confluenza δ = a) 30°; b) 60°

angoli di confluenza inferiori che, comunque, non sono di particolare interesse nei sistemi fognari reali. Il limite superiore di applicazione è dato dalla condizione $\delta < 70°$, in quanto gli esperimenti hanno dimostrato che una confluenza di correnti veloci, con immissione ortogonale rispetto alla corrente principale, dà sempre luogo alla condizione di saturazione. Ai fini progettuali, per garantire la persistenza della corrente veloce attraverso il manufatto, bisogna realizzare confluenze con angolo inferiore all'*angolo limite di confluenza* che può essere assunto pari a 60°. In definitiva, i manufatti di confluenza dovrebbero avere angoli di incidenza dell'immissione laterale compresi nell'intervallo $30° < \delta < 60°$.

Infine, può essere interessante stimare la condizione di transizione (pedice *t*) per un'onda B di parete tra la formazione di tipo *compatto* e quella *aderente* (Fig. 16.42):

$$F_{ot} = 5(\sin \delta)^{1/2}(F_z - 2)^{1/3}Y^{-1/3}. \tag{16.102}$$

Grazie alle indicazioni fin qui riportate è quindi possibile conoscere le caratteristiche principali della confluenza di due correnti veloci in canali a sezione rettangolare.

Esempio 16.7. Una confluenza di canali rettangolari presenta le seguenti condizioni idrauliche: $Q_o = 10$ m^{3}s^{-1}, $h_o = 0.8$ m, $b_o = 1.5$ m e $Q_z = 4$ m^{3}s^{-1}, $h_z = 0.45$ m, $b_z = 1$ m. Descrivere la struttura della corrente per una confluenza di angolo pari a $\delta = 35°$.

Canali confluenti:
$F_o = 10/(9.81 \cdot 1.5^2 0.8^3)^{1/2} = 2.97$,
$F_z = 4/(9.81 \cdot 1.0^2 0.45^3)^{1/2} = 4.23$,
$Y = 0.8/0.45 = 1.78, \bar{b} = 1.225$ m$, \bar{h} = 0.60$ m,
$(\bar{b}\bar{h})^{1/2} = 0.86$ m$, f = 2 \cdot 2.97 \cdot 4.23/(2.97 + 4.23) = 3.49.$

Condizioni limite:
$F_{Lo} = 2 + (35/120)4.23/1.78 = 2.69 < 2.97$,
$F_{Lz} = 2 + (1/8)(2.98 + 5)1.78 = 3.77 < 4.23$.
Quindi, secondo le Eq. (16.88) e (16.89), non si manifesta saturazione della confluenza.

Onda C:
$\tan \theta = (1/2)35°(\pi/180°)(4.23/2.97)^{2/3}/1.78 = 0.22$,
da cui $\theta = 12.3°$,
$x_{MC} - x_P = 0.60 \cdot \cos 12.3° \cdot 4.3(3.49 - 2) = 3.76$ m,
$h_{MC} = [2 + 0.25(3.49 \cdot \sin 35°)^2]0.60 = 1.80$ m.

Onda B:
Essendo $\Delta = 0.55 + 0.05 \cdot 35° = 2.30$,
$x_{aB} - x_P = [(1/2.30)(2.97/4.23^{1/3})1.78^{2/3}]1.5 = 1.76$ m,
$x_{MB} - x_P = 1.65 \cdot 1.76 = 2.9$ m,
$x_{eB} - x_P = 1.35 \cos 35°[2.97(4.23 \cdot 1.78)^{1/3} + 5]0.86 = 10.3$ m,
$y_{MB} = 0.3(0.1 + \sin 35°)2.97 \cdot 4.23^{1/3}0.6 = 0.58$ m,
$h_{MB} = [1 + 0.25 \cdot 3.49^2]0.60 = 2.43$ m.

Zona di separazione:
$x_s - x_W = 0.86 \cdot 1.35 \cos 35°(3.49 - 3) = 0.47$ m,
$x_{es} - x_W = 2.5 \cdot 0.47 = 1.18$ m,
$y_s = 6.4 \cdot 1.225(\cos 35°)^{1/2}[4.23^{-1}1.78^{1/3} - 0.05] = 1.68$ m.

I risultati indicano la formazione di un'onda C di considerevole altezza, di poco inferiore a quella dell'onda B. In tal caso, risulta una estensione della zona di separazione

$y_s > b_o$ che è ovviamente impossibile. Essendo, infine, $F_{ot} = 5(\sin 35°)^{1/2}(4.23 - 2)^{1/3}/1.78^{1/3} = 4.08 > F_o$, la onda B è di tipo compatto.

16.3.7 Metodi per la attenuazione delle onde di shock

In base a quanto precedentemente illustrato, è evidente che una perturbazione può provocare repentini cambiamenti in una corrente veloce, con formazione di onde di shock che saranno tanto più importanti quanto maggiore è il numero di Froude delle correnti in gioco. Volendo attenuare l'ampiezza delle onde di shock, è possibile ricorrere ad alcuni metodi e tecniche; tra questi va certamente escluso l'incremento di scabrezza delle pareti, poiché, a fronte di un marginale effetto sulla massima altezza dei fronti di shock, ne derivano notevoli svantaggi quali l'incremento di aerazione della corrente e l'innesco di fenomeni di abrasione. Per la *attenuazione delle onde di shock*, in linea di principio, è possibile considerare i metodi illustrati nella Fig. 16.46 [56]:

- *pendenza trasversale di fondo* S_{oy} per compensare l'accelerazione centrifuga delle particelle fluide lungo una linea di corrente di raggio di curvatura R, essendo

$$S_{oy} = \frac{V_o^2}{gR};\tag{16.103}$$

- *setti divisori* per scomporre la larghezza totale del canale b in varie sotto-sezioni nelle quali le rispettive massime altezze di shock saranno ridotte; tale soluzione è difficilmente praticabile nei sistemi fognari, potendo causare l'ostruzione del canale;
- *gradino trasversale* che garantisce un tirante idrico minimo alla parete e quindi una superficie idrica trasversale meno inclinata. Il principale svantaggio di tale metodo è rappresentato dal possibile innesco di fenomeni di abrasione in corrispondenza dello spigolo;
- *piatto di copertura* per confinare la altezza della onda di shock alla parete;
- applicazione di tecniche basate sul principio di *interferenza di onde*, mediante sovrapposizione di due onde identiche, ma in contrapposizione di fase.

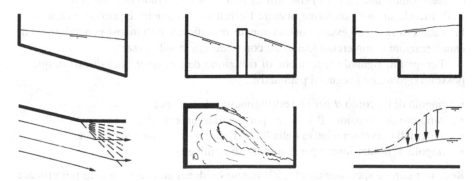

Fig. 16.46. Metodi e tecniche per la attenuazione delle onde di shock

In realtà, l'impiego di elementi quali setti divisori e gradini trasversali ovvero di tecniche di interferenza d'onda trova maggiormente giustificazione nel campo dei grandi impianti idraulici, piuttosto che nelle applicazioni dei sistemi fognari. Per questi ultimi, è quindi raccomandabile il ricorso ai seguenti metodi di attenuazione delle onde di shock:

• riduzione del numero di shock, ovvero
• applicazione di elementi di copertura.

L'ampiezza delle onde di shock è generalmente funzione lineare del numero di shock, per cui una tecnica di attenuazione consiste nel limitare il numero di Froude della corrente in arrivo, ovvero nel contenere l'*intensità del disturbo*, quale ad esempio l'angolo di deviazione, il raggio di curvatura o l'angolo di confluenza. La riduzione del numero di shock può, quindi, essere considerato un *metodo progettuale*, fondato su basi fisiche, che certamente può contribuire al miglioramento della funzionalità idraulica di un manufatto.

Poiché il numero di Froude di una corrente defluente in un collettore circolare è espresso come $F = Q/(gDh^4)^{1/2}$ e la portata Q è un dato di progetto, l'unica possibilità di ridurre F consiste nell'aumento del diametro D o, ancora più efficacemente, del tirante idrico h. Se consideriamo un lungo collettore fognario in cui si può ritenere che sia raggiunta la condizione di moto uniforme (pedice N), dall'Eq. (5.15) si ottiene, per gradi di riempimento $y_N = h_N/D < 0.8$

$$y_N = 1.15 q_N^{1/2}(1+q_N)^{1/2}. \tag{16.104}$$

Tenendo conto della espressione di y_N, il numero di Froude F_N può essere espresso in funzione della portata relativa $q_N = nQ/(S_o^{1/2}D^{8/3})$, secondo la relazione

$$F_N = \frac{Q/(gD^5)^{1/2}}{1.32 q_N(1+q_N)} = \frac{0.76\chi}{1+q_N}, \tag{16.105}$$

in cui $\chi = S_o^{1/2}D^{1/6}/(ng^{1/2})$ è la caratteristica di scabrezza, secondo quanto illustrato al paragrafo 5.6. Considerando un valore medio di progetto $y_N = 0.50$, dall'Eq. (16.104) si ottiene $q_N = 0.15$, e quindi $F_N = (2/3)\chi$ dall'Eq. (16.105). Quindi, realizzando una *piccola pendenza di fondo*, si è in grado di contenere il numero di Froude in moto uniforme, mentre l'effetto del diametro è poco significativo e la scabrezza non può essere concretamente modificata, trattandosi generalmente di canalizzazioni commerciali realizzate con materiali standardizzati.

Per quanto riguarda le tecniche di riduzione dell'*intensità del disturbo*, queste possono riguardare i seguenti parametri:

• angolo di raccordo θ per un restringimento di sezione;
• rapporto di estensione $\beta = b_u/b_o$ per un allargamento di sezione;
• raggio di curvatura relativa della linea d'asse b/R per un canale in curva;
• angolo di immissione δ per manufatti di confluenza.

Recenti ricerche sperimentali [18, 50] hanno evidenziato che il metodo più efficace per ridurre l'ampiezza delle onde di shock è basato su tecniche di *condizionamento della corrente* che intervengono sulla corrente idrica. Per quanto riguarda specificamente la problematica della confluenza di correnti veloci in canali rettangolari, Schwalt [50] ha proposto le seguenti configurazioni geometriche per un *controllo attivo dell'onda di shock*:

- *setto divisorio* per separare le correnti confluenti, e ridurre conseguentemente l'intensità del flusso che alimenta l'onda B;
- *gradino sul fondo* per ridurre la pendenza trasversale della superficie idrica;
- *piatto di copertura* per contenere la altezza dell'onda di shock alla parete.

Sia il setto divisorio che il gradino sul fondo (Fig. 16.46) esercitano un'azione passiva sull'onda di shock. Inoltre, entrambi gli elementi mal si prestano a funzionare sotto diverse condizioni idrauliche delle correnti in arrivo, per cui, una volta progettati per una assegnata condizione di progetto, risultano inefficaci, o addirittura peggiorativi, in condizioni diverse. Peraltro, il loro impiego nelle canalizzazioni fognarie è anche sconsigliato a causa dei fenomeni di sedimentazione o abrasione che ne accompagnano il funzionamento.

Dunque, il metodo più semplice ed affidabile per l'attenuazione della onde di shock è rappresentato dal *piatto di copertura* (inglese: "cover plate"), costituito da un elemento *a mensola* montato sulla parete o sulla banchina di un pozzetto, che limita l'innalzamento del livello idrico e quindi l'ampiezza dell'onda di shock; esso può essere proficuamente utilizzato in manufatti sia di curva che di confluenza. L'obiettivo primario di tale dispositivo è quello di prevenire la condizione di saturazione del manufatto e, quindi, la transizione da corrente veloce a superficie libera a moto in pressione.

La Fig. 16.47a mostra il tipico andamento di una corrente veloce attraverso un pozzetto di curva, in cui il collettore in uscita è sommerso per effetto del fenomeno di saturazione indotto dall'onda di shock. Trattandosi di onde di shock aderenti alla parete (Fig. 16.42b), è possibile intervenire con un adeguato *piatto di copertura* che può anche essere di tipo mobile (Fig. 16.47b) per agevolare le ordinarie operazioni di accesso e manutenzione. I vantaggi di tale dispositivo sono rappresentati dalla possibilità di aggiungerlo a manufatti già realizzati, oltre che dall'assenza di danni indotti da fenomeni di cavitazione, in quanto il piatto è comunque soggetto a pressioni superiori a quella atmosferica.

Da quanto esposto al paragrafo 16.3.6, l'onda B è sempre più alta dell'onda C; la Fig. 16.48 mostra lo schema di installazione di un piatto di copertura di lunghezza L_p, larghezza b_p e posto ad altezza h_p rispetto al fondo. Per escludere che l'onda C possa esondare dal canale, la altezza h_p deve essere comunque superiore all'altezza massima h_{MC} dell'onda C.

La lunghezza L_p del dispositivo deve essere tale da garantire un sufficiente controllo dello sviluppo dell'onda di shock, e quindi contenere il sovralzo idrico nel canale di valle (Fig. 16.49).

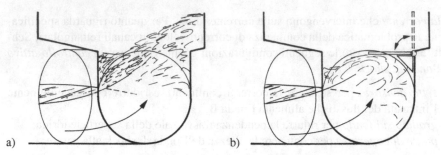

Fig. 16.47. Corrente veloce in arrivo ad un pozzetto di curva: a) corrente libera e b) corrente condizionata con un piatto di copertura mobile

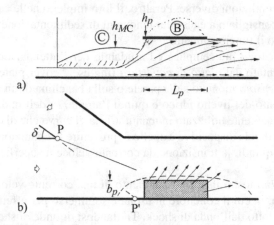

Fig. 16.48. Onde B e C in un manufatto di confluenza dotato di piatto di copertura: a) sezione longitudinale; b) pianta

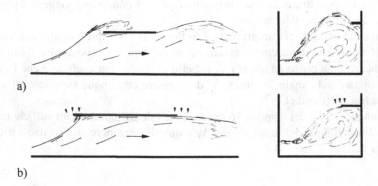

Fig. 16.49. Diverse modalità di installazione di un piatto di copertura in un manufatto di confluenza: a) installazione inefficace; b) installazione corretta

Schwalt [50], sulla scorta di numerosi esperimenti, ha concluso che:

- il *piatto di copertura* è consigliato per confluenze con angolo non superiore a 45°; per angoli superiori, invece, le onde B e C hanno altezza confrontabile e quindi il dispositivo diviene inefficace;
- per confluenze con elevati angoli di immissione, è possibile pensare all'inserimento di un piatto di copertura in *combinazione* con un salto di fondo di altezza confrontabile con quella del tirante idrico della corrente laterale. Tale criterio di progetto necessita, comunque, di ulteriori approfondimenti.

Per confluenze caratterizzate da angoli di immissione δ compresi tra 15° e 45°, è possibile fornire alcune *indicazioni di progetto* per il piatto di copertura (pedice p) con riferimento alla progressiva della sezione iniziale (pedice a) e della sezione finale (pedice e), alla sua larghezza b_p ed alla sua altezza h_p rispetto al fondo. In particolare, il piatto andrà installato a partire dalla progressiva x_{ap} (Fig. 16.43 e 16.48) il cui valore può essere stimato mediante la seguente relazione:

$$\frac{x_{ap} - x_{P'}}{b_o} = \frac{0.27}{\sin\delta} Y^{3/4} F_o F_z^{-1/3} - 1.5, \qquad (16.106)$$

mentre la sezione terminale x_{ep} può essere valutata mediante la relazione

$$\frac{x_{ep} - x_{P'}}{(\overline{bh})^{1/2}} = \frac{1.15}{\sin\delta} Y^{1/2} F_o F_z^{-1/3} - 2.3, \qquad (16.107)$$

risultando, quindi, la lunghezza del piatto $L_p = (x_{ep} - x_{ap})$. La larghezza del piatto deve essere pari a $b_p = h_o + h_z$, mentre la sua quota h_p rispetto al fondo del canale può essere stimata attraverso la relazione

$$\frac{h_p}{h_z} = 2 + 0.67 \sin\delta F_z (F_o Y)^{1/3}. \qquad (16.108)$$

Il numero di Froude F_z della corrente immessa lateralmente ha, quindi, un significativo effetto sull'altezza h_p. I valori più elevati dell'altezza dell'onda di shock si verificano per $2 < (F_o/F_z^{1/3}) Y^{1/3} < 7$, ed in tale intervallo il piatto di copertura comporta una *riduzione dell'altezza* fino al 40%. Dall'Eq. (16.108) si evincono anche i limiti operativi del dispositivo; infatti, per elevati tiranti idrici h_z della corrente laterale, la posizione del piatto è corrispondentemente elevata, comportando valori altrettanto elevati del franco idraulico. La Fig. 16.50 presenta alcuni rilievi fotografici di laboratorio, dai quali si evince il sensibile miglioramento della corrente alla confluenza di due correnti veloci, allorché venga installato il piatto di copertura.

Esempio 16.8. Si progetti un piatto di copertura per l'Esempio 16.7. Essendo $F_o = 2.97$, $F_z = 4.23$, $Y = 1.78$, $h_o = 0.80$ m, $h_z = 0.45$ m, $b_o = 1.5$ m, $(\overline{bh})^{1/2} = 0.86$ m, le Eq. (16.106) e (16.107) forniscono i valori delle progressive iniziale e finale del piatto, rispettivamente pari a $x_{ap} - x_{P'} = [(0.27/\sin 35°)1.78^{0.75}2.98 \cdot 4.23^{-1/3} - 1.5]1.5 = -0.25$ m e $x_{ep} - x_{P'} = [(1.15/\sin 35°)1.78^{1/2}2.98 \cdot 4.23^{-1/3} - 2.3]0.86 =$

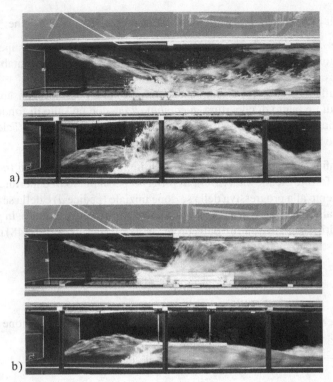

Fig. 16.50. Confluenza con $h_o = h_z = 40$ mm, $F_o = F_z = 8$ e $\delta = 30°$: a) *senza* e b) *con* il piatto di copertura. Vista dall'alto (sopra) e laterale (sotto)

2.25 m. Pertanto, la lunghezza del piatto è pari a $L_p = x_{ep} - x_{ap} = 2.25 + 0.25 = 2.5$ m, praticamente uguale alla larghezza del canale di valle. Inoltre, la larghezza del piatto deve essere pari a $b_p = 0.8 + 0.45 = 1.25$ m, mentre la altezza di installazione rispetto al fondo del canale risulta pari a $h_p = [2 + 0.67\sin 35° 4.23(2.98 \cdot 1.78)^{1/3}]0.45 = 2.17$ m.

In questo caso, il piatto di copertura è posto ad altezza lievemente inferiore all'altezza massima dell'onda B $h_{MB} = 2.44$ m. Infatti, essendo $F_o(Y/F_z)^{1/3} = 2.23$, l'effetto del piatto sull'onda è prossimo al minimo; a conferma di ciò, dall'Eq. (16.102), si ricava che l'onda B è a cavallo della transizione tra onda compatta ed onda aderente, essendo $F_{ot} = 5(\sin 35°)^{0.5}(4.23 - 2)^{0.33} 1.78^{-0.33} = 4.08$.

In taluni casi, può accadere che la lunghezza del dispositivo sia superiore a quella del pozzetto a valle del punto P'; è allora possibile considerare il collettore di valle come parte integrante del piatto di copertura. La Fig. 16.51 illustra uno schema di installazione del piatto di copertura in un pozzetto di confluenza con canali circolari, che verrà dettagliatamente discusso nel paragrafo 16.4.4.

Fino ad oggi, non sono reperibili dati relativi al funzionamento di piatti di copertura effettivamente messi in opera. Si tenga, comunque, presente che, nel caso in cui

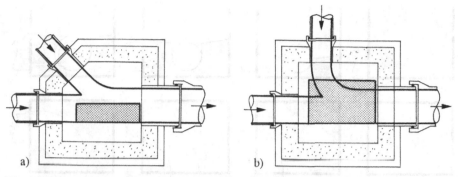

Fig. 16.51. Esempi di installazione di un piatto di copertura in un pozzetto di confluenza a) a 45° con immissione rettilinea e b) 90° con immissione raccordata

si debba mantenere il deflusso della corrente veloce all'interno del pozzetto, i gradini sul fondo menzionati nel paragrafo 16.2.4 non vanno utilizzati.

16.4 Pozzetti di curva in collettori circolari

16.4.1 Introduzione

In un sistema fognario è spesso necessario imporre deviazioni planimetriche delle canalizzazioni; in corrispondenza di tali punti di deviazione è richiesta, allora, la realizzazione di un apposito pozzetto di curva (inglese: "bend manhole"). Nel presente paragrafo vengono specificamente analizzati i pozzetti di curva installati su collettori a sezione circolare, ad integrazione di quanto già illustrato per i canali a sezione rettangolare.

Analogamente a quanto fatto per i manufatti confluenza, viene esaminato il comportamento idraulico dei pozzetti di curva, distinguendo il caso in cui la corrente in arrivo è lenta da quello in cui la corrente è veloce. Per *corrente lenta*, analogamente ad altri manufatti fin qui considerati, è possibile estendere i risultati disponibili per le correnti in pressione. Per quanto concerne, invece, il funzionamento idraulico di un pozzetto di curva soggetto a *corrente veloce* in arrivo, vengono esposti i risultati maturati nel corso di sistematiche campagne di sperimentazione su modello fisico, che hanno consentito di caratterizzare la geometria delle onde di shock, nonché i loro effetti sulla aerazione della corrente e l'insorgenza della condizione di saturazione. Infine, nel paragrafo 16.4.4 viene anche fatto cenno all'impiego di dispositivi per l'attenuazione delle onde di shock, analogamente a quanto visto per i manufatti di confluenza.

16.4.2 Corrente lenta

Analogamente ai manufatti di confluenza, anche per i pozzetti di curva la bibliografia non è particolarmente ricca. Nel caso di corrente lenta, l'interesse pratico è essen-

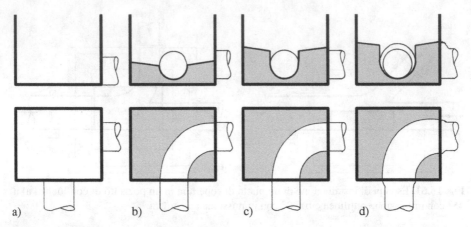

Fig. 16.52. Diverse configurazioni per un pozzetto di curva a 90°; sezione trasversale (in alto) e pianta (in basso)

zialmente rivolto alla determinazione dei *coefficienti di perdita di carico*, in funzione delle caratteristiche geometriche del manufatto, in modo da poter verificare gli effetti di rigurgito sul collettore di monte.

Dick e Marsalek [15] hanno studiato il comportamento idraulico di *pozzetti di ispezione* (o di linea) con rinfianchi di altezza pari all'altezza utile del canale (capitolo 14). Per tale tipo di manufatto, in fase di progetto si possono assumere valori del coefficiente ξ_k variabili tra 0.05 e 0.10, mentre, nel caso in cui i rinfianchi abbiano altezza pari al 50% dell'altezza utile, i valori di ξ_k oscillano tra 0.10 e 0.20. La peggiore configurazione è rappresentata dal pozzetto di linea senza rinfianchi, cui corrispondono valori del coefficiente ξ_k compresi tra 0.20 e 0.30.

Il pozzetto di curva (pedice k) può essere realizzato secondo le quattro configurazioni rappresentate nella Fig. 16.52: non guidata (Fig. 16.52a), guidata con rinfianchi al 50% dell'altezza utile (Fig. 16.52b), guidata con rinfianchi al 100% dell'altezza utile (Fig. 16.52c), e guidata con una sezione ad U di larghezza superiore ai collettori di monte e di valle (Fig. 16.52d). La Tabella 16.2 riepiloga alcuni risultati sperimentali relativi al coefficiente di perdita di carico $\xi_k = \Delta H / [V_o^2/2g]$ per pozzetto di curva su condotte funzionanti in pressione; a tale riguardo va evidenziato che, analogamente al caso del pozzetto di linea (capitolo 14), l'effetto del grado di riempimento sul valore di ξ_k è marginale. Dai valori riportati in tabella si può notare un notevole aumento di ξ_k al crescere dell'angolo di deviazione δ_k; per contro, i valori di ξ_k si

Tabella 16.2. Coefficienti di perdita di carico ξ_k in pozzetti di curva per le configurazioni rappresentate in Fig. 16.52 [15]

Configurazione	a)			b)			c)	d)
Angolo della curva	22.5°	45°	90°	30°	60°	90°	90°	90°
ξ_k	0.3	0.6	1.85	0.45	0.9	1.6	1.1	0.55

riducono al crescere dell'altezza del rinfianco. Dal confronto, si nota che la configurazione standard del pozzetto (caso c della Fig. 16.52) comporta perdite di carico dimezzate rispetto a quelle della curva non guidata (caso a della Fig. 16.52); invece, la configurazione corrispondente al caso d della Fig. 16.52 induce una ulteriore riduzione del 50% rispetto a quella del caso c, ma l'utilizzo è sconsigliato per motivi essenzialmente economici dettati dalla difficoltà di realizzazione.

Marsalek e Greck [43] hanno considerato pozzetti di curva a pianta quadrata con uguale diametro a monte ed a valle del pozzetto stesso. Per valori del grado di sommergenza $S_s = s_s/D_o > 1.8$, non è stato osservato alcun *effetto di rigurgito*; inoltre, per diverse condizioni di funzionamento e con elevati gradi di sommergenza del pozzetto, Marsalek e Greck hanno valutato che, in presenza della configurazione corrispondente alla Fig. 16.52c, il coefficiente resta comunque costante e pari a $\xi_k = 1.1$.

Johnston e Volker [36] hanno, invece, espresso i risultati dei propri esperimenti in funzione del numero di Froude della condotta $F_o = V_o/(gD_o)^{1/2}$; per un angolo di deviazione $\delta = 90°$ e $D_s/D_o = 4$ vale la relazione

$$\xi_k = C_k F_o^{-1}, \tag{16.109}$$

in cui il coefficiente di proporzionalità C_k varia essenzialmente in funzione del grado di sommergenza $S_s = s_s/D_o$ e della geometria del pozzetto. Nel caso di rinfianchi al 100%, i risultati sperimentali sono ben interpretati assumendo $C_k = 0.3$ per $S_s = s_s/D_o \cong 1.4$, e $C_k = 0.22$ per $S_s \cong 5$. In definitiva, ξ_k diminuisce all'aumentare del grado di sommergenza, in analogia a quanto visto con il pozzetto di linea (capitolo 14).

Esempio 16.9. Si consideri un pozzetto di curva con angolo $\delta_k = 45°$. Calcolare il tirante idrico della corrente in arrivo, sapendo che il collettore di valle ha diametro $D_u = 0.70$ m e tirante idrico $h_u = 0.52$ m per una portata $Q = 0.3$ m^{3}s^{-1}, nel caso in cui il pozzetto sia configurato come in Fig. 16.52c.

Il grado di riempimento del collettore a valle della curva è quindi pari a $y_u = 0.52/0.70 = 0.74$; dall'Eq. (5.16a) si ricava la sezione idrica $A_u/D_u^2 = y_u^{1.4} = 0.66$, e cioè $A_u = 0.66 \cdot 0.7^2 = 0.32$ m^2. Quindi, nota la portata, è possibile calcolare la velocità $V_u = 0.3/0.32 = 0.93$ ms^{-1}. In virtù dei valori riportati nella Tabella 16.2, per il caso b) si può stimare un coefficiente di perdita pari a circa $\xi_k = 0.7$, per cui appare lecito calcolare per il caso c) un coefficiente $\xi_k = 0.7(1.1/1.6) = 0.48$ scalando i valori relativi a $\delta_k = 90°$. In definitiva, la perdita di carico localizzata risulta pari a $\Delta H_k = 0.48 \cdot 0.93^2/19.62 = 0.021$ m, e, poiché il numero di Froude $F_u = Q/(gD_u h_u^4)^{1/2} = 0.3/(9.81 \cdot 0.70 \cdot 0.52^4)^{1/2} = 0.42 < 0.5$, si può assumere che le resistenze al moto siano approssimativamente compensate dalla pendenza di fondo e, quindi, il tirante idrico a monte del pozzetto di curva è pari a $h_o = h_u + \Delta H_k = 0.54$ m.

Gli autori del presente testo hanno effettuato alcune prove su pozzetti di curva con angoli di deviazione $\delta_k = 45°$ e $90°$, mirate alla valutazione delle perdite di carico ed alla determinazione del sovralzo in curva. In particolare, il tronco di raccordo lungo la curva era configurato con una sezione ad U di altezza pari al 100% del diametro del collettore. In tal caso, il *coefficiente di perdita di carico* $\xi_k = \Delta H_b/[V_d^2/(2g)]$, espresso in funzione della velocità nel collettore di valle (pedice d) ed in cui ΔH_b rappresenta la sola perdita di carico distribuita lungo il pozzetto di curva, può essere calcolato mediante la relazione

$$\xi_k = C_k y_d^{-1}, \quad y_d < 0.90, \tag{16.110}$$

in cui $y_d = h_d/D$ è il grado di riempimento del collettore di valle, mentre $C_k = 0.07$ per $\delta_k = 45°$ e $C_k = 0.085$ per $\delta_k = 90°$. Dalla suddetta relazione si evince che il coefficiente di perdita diminuisce all'aumentare del grado di riempimento; tale effetto può essere spiegato con lo scostamento dalla forma della sezione circolare allorché y_d attinge valori abbastanza piccoli. L'Eq. (16.110) è stata validata da prove effettuate per numeri di Froude compresi nell'intervallo $0.30 < F_o < 0.70$.

Il *massimo sovralzo idrico* Δh_M fra la parete interna e quella esterna della curva dipende dal rapporto tra la accelerazione centrifuga e quella di gravità. Indicando con R_a il raggio di curvatura in asse, D la larghezza della sezione ad U e V_o la velocità della corrente in arrivo, la teoria del vortice a potenziale fornisce l'espressione del sovralzo $\Delta h_M = DV_o^2/(gR_a)$. Mettendo in grafico la grandezza $\Phi = (\Delta h_M/D)[gR_a/V_o^2]$, indicato come coefficiente di sovralzo, in funzione del grado di riempimento della corrente in arrivo y_o, si ottiene che $\Phi = 0.80$ sia per $\delta_k = 45°$ che per $\delta_k = 90°$ fino a $y_o = 0.60$; per valori più elevati del grado di riempimento, si nota un incremento di Φ fino a 1.20 per $\delta_k = 45°$, ovvero una riduzione di Φ fino a 0.40 per $\delta_k = 90°$, corrispondenti al valore $y_o = 1$.

La Fig. 16.53 mostra alcuni tipici *profili di velocità* per il pozzetto di curva a 90°; la distribuzione di velocità è essenzialmente uniforme sia nella direzione della corrente che in quella radiale, con l'eccezione dei punti più prossimi alla parete.

Una dettagliata analisi dei dati sperimentali ha indicato che non sussiste un significativo aumento della velocità verso il centro di curvatura. Nella stessa figura si può anche osservare che la massima altezza idrica si verifica ad una coordinata angolare pari a circa 60° dalla sezione di imbocco, mentre il minimo si manifesta a circa 75°. Nonostante i due casi mostrati in figura siano simili tra loro, non può non rilevarsi una superficie idrica più complessa nel caso di Fig. 16.53b, dovuta all'impatto della corrente idrica sulla sezione di uscita del pozzetto per $y_o = 0.86$.

La Fig. 16.54 presenta diversi casi tipici di correnti in curva che possono notarsi in canali a servizio di *impianti di depurazione* delle acque reflue. Nel caso di Fig. 16.54a il numero di Froude è approssimativamente pari a 0.40 e si nota una andamento ondulato della superficie libera. La Fig. 16.54b testimonia come una curva a 90° può indurre una notevole dissipazione di energia, fino a comportare una transizione da corrente veloce a corrente lenta. La corrente raffigurata nella Fig. 16.54c si caratterizza per un più elevato numero di Froude che, in combinazione con un piccolo salto di fondo non visibile in foto, induce la formazione di un *risalto idraulico*.

I pozzetti di curva sono strutture fortemente ricorrenti nei sistemi fognari misti. La Fig. 16.55a mostra un pozzetto di curva a 60°, mentre in Fig. 16.55b si apprezza, nella curva di un canale fognario misto, la condizione di deflusso di portate di tempo

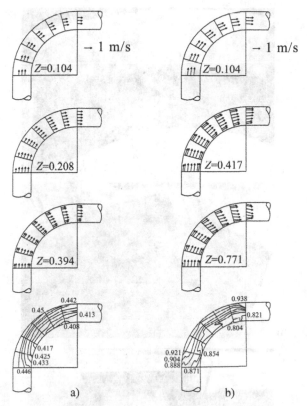

Fig. 16.53. Campo di velocità a diversa profondità $Z = z/D$ in pozzetti di curva con: a) $y_o =$ 0.45, $F_o = 0.41$; b) $y_o = 0.86$, $F_o = 0.56$. In basso, la superficie idrica per entrambe le condizioni

asciutto, testimoniate dalla presenza di depositi fangosi sulle banchine che possono quindi divenire pericolosamente scivolose per gli addetti alla manutenzione.

16.4.3 Corrente veloce

Il deflusso di correnti veloci in pozzetti di curva è paragonabile ai casi citati nel sottoparagrafo 16.3.5. Nei manufatti fognari, la differenza consiste principalmente nella presenza di canali a sezione chiusa, il che impone un limite superiore ai sovralzi idrici. Inoltre, nella sezione di uscita del pozzetto, la corrente può impattare la sezione di imbocco della condotta, generando un *risalto idraulico da impatto*. Nel seguito, viene proposta una sintesi delle conoscenze odierne sui pozzetti di curva, anche con riferimento alla installazione di un *piatto di copertura* della curva stessa (inglese: "bend cover"), talvolta utilizzato per aumentare la capacità del pozzetto e migliorare il comportamento della corrente nel canale di valle.

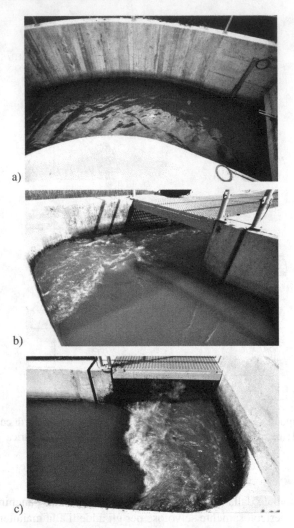

a)

b)

c)

Fig. 16.54. Correnti in curva in canali a servizio di impianti di depurazione

Pozzetti di curva con gradino

Christodoulou [11] ha analizzato il deflusso di correnti *supercritiche* in pozzetti di curva; la Fig. 16.56 mostra lo schema geometrico di riferimento, con angolo δ_k variabile 0 e 90°.

La perdita di carico ΔH_s è legata alla velocità della corrente in arrivo V_o. Le variabili sono rappresentate dal rapporto tra i diametri del pozzetto $\delta_s = D_s/D$, dall'altezza relativa del salto $Z_s = \Delta z_s/D$, dall'angolo di deviazione della curva δ_k, dalla pendenza di fondo del canale di monte S_o e dal *numero di salto* (inglese: "drop number") $D = V_o/(g\Delta z_s)^{1/2}$. Le osservazioni sperimentali, invece, non hanno evidenziato alcuna influenza della pendenza S_o sul coefficiente di perdita $\xi_k = \Delta H_s/[V_o^2/(2g)]$. Per

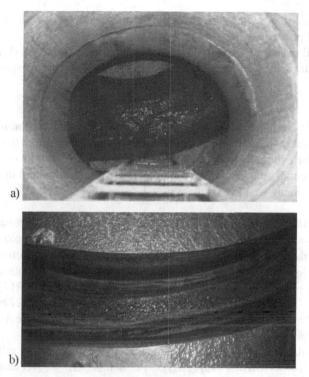

Fig. 16.55. Pozzetto di curva visto a) dal chiusino di accesso; b) dalle banchine

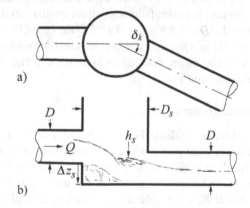

Fig. 16.56. Corrente supercritica in un pozzetto di curva a) pianta; b) sezione longitudinale

$\delta_k = 90°$ i coefficienti di perdita possono essere calcolati secondo la relazione

$$\xi_k = 0.2 + 2.3 D^{-2}, \tag{16.111}$$

in cui il primo termine pari a 0.2 può essere interpretato come la perdita che si realizza nel pozzetto, mentre il secondo termine rappresenta la perdita dovuta all'impatto (pedice I) nel pozzetto, pari a $\Delta H_I = 1.15\Delta z_s$.

Detto h_s il tirante idrico a valle del salto di fondo nel pozzetto (Fig. 16.56), per $\delta_k = 90°$ i valori dell'altezza relativa $y_s = h_s/\Delta z_s$ possono essere espressi come

$$y_s = 0.85(S_o^{-1} - S_{om})^{0.3} \mathsf{D}^{1.5}, \tag{16.112}$$

in cui $S_o < 10\%$ è la pendenza di fondo e $S_{om} = 0.15\%$ rappresenta, invece, la pendenza minima da assicurare. Per $\delta_k = 0°$, nell'Eq. (16.112) al valore 0.85 va sostituito il valore 1. Per evitare l'insorgere della saturazione della condotta di valle, bisogna soddisfare la condizione $h_s/D < 1$; inoltre, per prevenire fenomeni di *sommergenza* della corrente in arrivo, deve risultare $y_s < 1$.

Esempio 16.10. Si consideri un pozzetto di curva con canale in ingresso che presenta $S_o = 6\%$, $D = 1.0$ m, $1/n = 90$ m$^{1/3}$s^{-1} e $Q = 1.2$ m^{3}s^{-1}. L'angolo di deviazione planimetrica della curva è $\delta_k = 45°$. Calcolare l'altezza del salto di fondo.

In condizione di moto uniforme nel canale in ingresso, la portata adimensionale è $q_N = 0.011 \cdot 1.2/0.06^{1/2} = 0.054$, da cui, in accordo con l'Eq. (5.15), risulta $y_N = 0.926[1 - (1 - 3.11 \cdot 0.054)^{1/2}]^{1/2} = 0.274$ e $h_N = 0.274 \cdot 1.0 = 0.27$ m. Inoltre, con $A_o/D_o^2 = y_N^{1.4} = 0.274^{1.4} = 0.163$ dall'Eq. (5.16b), la sezione idrica è $A_o = 0.163 \cdot 1 = 0.163$ m^2, e quindi $V_o = Q_o/A_o = 1.2/0.163 = 7.4$ ms^{-1}.

Partendo dall'Eq. (16.112), il tirante idrico appena a valle del salto nel pozzetto è $y_s = 0.85(6^{-1} - 0.15)^{0.3}[V_o/(g\Delta z_s)^{1/2}]^{1.5} = 0.90/\Delta z_s^{0.75}$. Nel caso in cui debba essere impedita l'insorgenza del rigurgito della corrente di monte, e cioè $y_s < 1$, allora deve risultare $\Delta z_s = (0.90)^{-4/3} = 1.15$ m, a cui corrisponde $\mathsf{D} = 7.4/(9.81 \cdot 1.15)^{1/2} = 2.20$. Se, invece, nel manufatto sussistono condizioni di moto a pelo libero, allora deve risultare $h_s/D = 0.85(6^{-1} - 0.15)^{0.3}[V_o/(g\Delta z_s)^{1/2}]^{1.5}(\Delta z_s/D) \leq 1$, e cioè $\Delta z_s = 1.07^{1/4} = 1.02$ m. Quindi, l'altezza del salto dovrebbe essere pari circa a 1 m ed il pozzetto dovrebbe essere così lungo in modo tale che il getto non impatti sulla parete terminale (capitolo 11).

Pozzetti di curva senza gradino

Del Giudice et al. [12] hanno studiato il caso di pozzetti di curva con fondo allineato, aventi angoli di deviazione pari a $45°$ e $90°$ e soggetti a correnti supercritiche (Fig. 16.60). L'effetto della pendenza di fondo può essere trascurato se $S_o < 2\%$. I pozzetti di curva testati in laboratorio presentavano un raggio di curvatura relativo $\rho_a = D/R_a = 1/3$, in cui R_a è il raggio di curvatura in asse al canale. Nel modello fisico, il pozzetto era realizzato con banchine laterali di altezza pari al 150% del diametro della canalizzazione.

La Fig. 16.57 si riferisce ad un pozzetto di curva con angolo di deviazione pari a $90°$; il numero di Froude ed il grado di riempimento della corrente in arrivo sono rispettivamente pari a $\mathsf{F}_o = 2.18$ e $y_o = 0.35$.

L'inquadratura dalla parte del canale in arrivo mostra un graduale e notevole incremento del profilo idrico in corrispondenza della parete esterna della curva, nonché una depressione della superficie idrica in prossimità della parete interna (Fig. 16.57a,

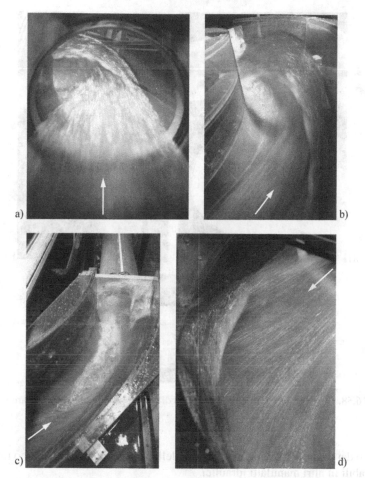

Fig. 16.57. Corrente veloce in un pozzetto di curva: per i dettagli consultare il testo

vista da monte). In Fig. 16.57b, invece, si può notare il completo sviluppo di un'onda di shock, quasi verticale, ben aderente alla parete esterna della curva. Alla fine del pozzetto, la corrente impatta sulla sezione di imbocco della condotta uscente, provocando un *rigonfiamento* (inglese: "swell") di altezza massima z_s (Fig. 16.57c), localizzato sulla parete esterna della curva. Tale rigonfiamento della superficie idrica comporta lo sviluppo di una *zona di ricircolazione* (inglese: "recirculation zone") che, se sufficientemente estesa, può provocare la saturazione ("choking") del manufatto, con conseguente transizione da deflusso a superficie libera a moto in pressione. La capacità idrovettrice del pozzetto è ovviamente governata dalle caratteristiche geometriche del rigonfiamento che, in presenza di portate elevate, può anche estendersi fino alla parete interna della curva, come si vede nella immagine della Fig. 16.57c. L'onda di shock in curva è anche mostrata in Fig. 16.57d; si apprezza il sensibile in-

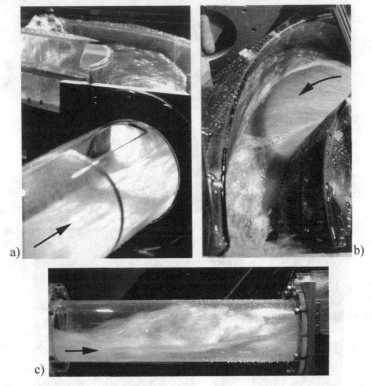

Fig. 16.58. Corrente supercritica nel pozzetto di curva, per i dettagli consultare il testo

cremento dei tiranti idrici, con inclinazioni della superficie idrica che sono raramente
riscontrabili in altri manufatti idraulici.

Le Fig. 16.58a e 16.58b propongono una visione globale del modello di laboratorio, per le medesime condizioni sperimentali della Fig. 16.57; sono visibili, in particolare, la corrente in arrivo nel tratto di monte, l'onda di shock sulla parete esterna
e l'impatto sulla parete terminale del pozzetto.

La Fig. 16.58c mostra la corrente nella condotta a valle del pozzetto; sono visibili
le ondulazioni della superficie idrica, conseguenti alla formazione di onde di shock
alternate (Onda 1 e Onda 2, di seguito descritte) che aderiscono alle pareti della tubazione. In tutte le prove effettuate, sempre in condizioni non rigurgitate da valle,
l'ampiezza di tali fronti non è mai stata tale da provocare fenomeni di saturazione
ovvero funzionamento in pressione della condotta a valle del pozzetto.

Il *campo di velocità* relativo alle condizioni sperimentali riportate nelle Fig. 16.57
e 16.58 è mostrato in Fig. 16.59, in cui i vettori velocità sono riportati al variare del-
l'altezza relativa $Z = z/D$ rispetto al fondo del canale, intendendo con z la coordinata
verticale.

Di seguito sono proposti alcuni commenti, analoghi a quelli già fatti per le correnti lente in pozzetti di curva: (1) la velocità è praticamente costante lungo la curva,

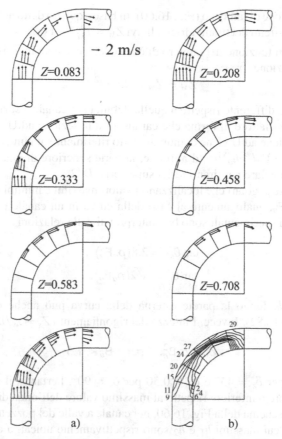

Fig. 16.59. Campo di velocità relativo all'esperimento mostrato nelle Fig. 16.57 e 16.58. In basso: velocità medie (a sinistra) e curve di livello della superficie idrica (a destra)

ad eccezione delle zone in prossimità delle pareti e nella regione di ricircolazione; (2) la componente della velocità in direzione trasversale presenta una lieve tendenza ad aumentare verso il centro di curva; (3) la velocità tende generalmente a diminuire all'aumentare di Z, ad eccezione dello strato in prossimità del fondo; (4) la presenza dell'onda di shock non influenza in modo evidente il campo di velocità, mentre è determinante nella conformazione della superficie libera. In accordo con quanto detto, si può ipotizzare che le correnti supercritiche all'interno dei pozzetti di curva presentino all'incirca *velocità costante* ed uguale alla velocità media di portata nel canale di monte, mentre di particolare interesse da un punto di vista idraulico è la valutazione della geometria della *superficie idrica*, attesa la formazione di sovralzi idrici di notevole ampiezza.

I *sovralzi idrici* presentano un massimo (pedice M) in corrispondenza del tirante idrico h_M localizzato sulla parete esterna, alla coordinata θ_M; per contro la superficie idrica è caratterizzata da un punto di minimo (pedice m), indicato come tirante idrico h_m, alla coordinata θ_m, in cui θ è la coordinata angolare misurata lungo il pozzetto a partire dalla sezione di imbocco (Fig. 16.60). In base a quanto detto nel sottoparagrafo 16.3.5, i valori estremi dei tiranti idrici relativi $Z_M = Y_M^{1/2} - 1$ e $Z_m = Y_m^{1/2} - 1$ possono essere espressi in funzione del numero di curva della corrente in arrivo $\mathsf{B}_o = \rho_a^{1/2}\mathsf{F}_o$ mediante la relazione

$$Z_M = Z_m = 0.50\mathsf{B}_o^2. \tag{16.113}$$

L'Eq. (16.113) è differente rispetto a quella definita per canale a sezione rettangolare, per effetto del fattore di forma che caratterizza la sezione ad U. Ad ogni modo, anche per la sezione ad U viene comunque fatto riferimento al numero di Froude definito come $\mathsf{F}_o = V_o/(gh_o)^{1/2}$; d'altronde, la parte superiore di una sezione ad U è comunque rettangolare per tiranti idrici superiori a $D/2$.

Le coordinate angolari che localizzano i valori massimi e minimi dei tiranti idrici variano con $\rho_a\mathsf{F}_o$, analogamente al caso della curva in un canale rettangolare. Per $\mathsf{B}_o < 1.50$, i dati sperimentali sono ben interpretati dalle relazioni

$$\tan\theta_M = 2.8(\rho_a\mathsf{F}_o)^2, \tag{16.114}$$

$$\tan\theta_m = \sqrt{2}(\rho_a\mathsf{F}_o). \tag{16.115}$$

Il *profilo d'onda* lungo la parete esterna della curva può anche essere descritto mediante l'Eq. (16.82). Invece, l'altezza del rigonfiamento $Z_s = z_s/D$ è pari a

$$Z_s = \sigma_s\mathsf{B}_o^2, \quad \text{per} \quad \mathsf{B}_o < 1.5 \tag{16.116}$$

con $\sigma_s = 0.80$ per $\delta_k = 45°$ e $\sigma_s = 0.50$ per $\delta_k = 90°$. Pertanto, il sovralzo z_s può risultare superiore o inferiore rispetto al massimo valore dell'onda di shock.

Secondo lo schema della Fig. 16.60, nel canale a valle del pozzetto si sviluppano le *onde* 1 e 2, i cui massimi h_1 e h_2 sono rispettivamente ubicati a distanza d_1 e d_2

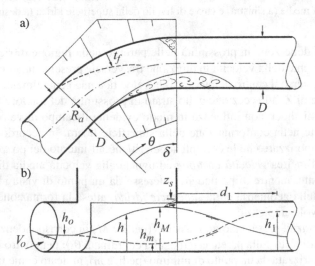

Fig. 16.60. Schema di corrente veloce in un pozzetto di curva a) pianta; b) sezione

dalla sezione terminale del manufatto. Ulteriori dettagli, quali lo spessore t_f dell'onda di shock alla parete (Fig. 16.60) e la perdita di energia indotta dal pozzetto di curva, sono riportati nel lavoro di Del Giudice et al. [12] e non sono qui richiamati perché non manifestano particolare influenza sulle condizioni di funzionamento del pozzetto di curva e, dunque, non sono rilevanti ai fini progettuali.

La *portata limite* o *capacità idrovettrice* (pedice C) del pozzetto viene raggiunta quando Z_s è circa pari a 1.5. In tale condizione, l'impatto della corrente ipercritica sulla parete terminale del pozzetto è tale da innescare la condizione di *saturazione* (choking) del manufatto, con conseguente formazione di un risalto idraulico. Per $\delta_k = 45°$, è stato riscontrato che il canale in arrivo al pozzetto deve avere un grado di riempimento inferiore al valore limite (pedice L) pari a $y_{oL} = 0.70$; per contro, nel caso in cui $\delta_k = 90°$, il valore limite risulta inferiore e pari a $y_{oL} = 0.55$. Qualora risulta $y_o > y_{oL}$, il pozzetto di curva sarà certamente soggetto a saturazione, con conseguente formazione di un risalto idraulico che tende a risalire verso monte. Se ne deduce che, in presenza di canali circolari aventi gradi di riempimento superiori al 55% e 70%, in arrivo a pozzetti di curva con deviazioni δ_k rispettivamente pari a 90° e 45°, la corrente non sarà in grado di attraversare il manufatto in condizioni supercritiche. Tale osservazione è fondamentale per la definizione delle condizioni critiche di funzionamento, corrispondenti ad una brusca transizione da deflusso a superficie libera a moto in pressione, con conseguente innalzamento dei livelli idrici fino alla possibile rimozione del chiusino di accesso al pozzetto. Pertanto, escludendo che in condizioni normali il sistema fognario possa funzionare in pressione, è stata messa a punto una opportuna procedura progettuale basata sui risultati sperimentali.

I risultati sperimentali su pozzetti di curva privi di particolari accorgimenti hanno consentito di stimare la massima portata Q_C che può defluire attraverso il manufatto, anche denominata *capacità idrovettrice*, attraverso il numero di Froude limite $F_{oC} = Q_C/(gD^2h^3)^{1/2}$. Per $0.20 < y_o < y_{oL}$, il numero di Froude limite F_{oC} può essere stimato mediante la relazione

$$F_{oC} = 3\sin\delta_k(1 - y_o) + y_o. \tag{16.117}$$

Questa condizione transitoria corrisponde, quindi, per assegnato valore del grado di riempimento y_o, al limite superiore della portata in arrivo al pozzetto, al di sopra della quale il manufatto è soggetto a *saturazione*.

Per contro, i risultati sperimentali ottenuti da Del Giudice et al. [12] hanno anche mostrato che la corrente in arrivo da monte non sarà in grado di conservarsi veloce, allorché risulta $F_o < 1.50$. Infatti, in tali condizioni per effetto della deviazione planimetrica imposta alla corrente, viene a formarsi un *risalto idraulico ondulato* nella sezione terminale della curva che tende poi a propagarsi verso monte quando F_o viene ad essere ulteriormente ridotto. D'altronde, come regola generale, nel dimensionamento idraulico delle canalizzazioni fognarie si dovrebbe sempre evitare che le correnti defluiscano con un numero di Froude $0.75 < F_o < 1.50$, poiché in tale intervallo possono instaurarsi condizioni di deflusso transcritico, notoriamente associate a sensibili ondulazioni della superficie ed instabilità della corrente idrica.

Esempio 16.11. Dato un pozzetto di curva con $\delta_k = 90°$ e $D = 0.60$ m ed in cui la pendenza di fondo ed il coefficiente di scabrezza del canale in ingresso sono, rispettivamente, pari a $S_o = 3\%$ e $1/n = 85$ m$^{1/3}$s^{-1}, determinare le caratteristiche della corrente in curva in presenza di una portata $Q = 0.90$ m^{3}s^{-1}.

Si ipotizza che la corrente defluisca nel canale di monte in condizioni di moto uniforme per cui, in base all'Eq. (5.15), si ottiene $h_o/D = 0.65$, da cui $h_o = 0.65 \cdot 0.60 = 0.39$ m, $V_o = 4.65$ ms^{-1}, $F_o = 4.65/(9.81 \cdot 0.39)^{1/2} = 2.38$ e $B_o = 2.38(1/3)^{1/2} = 1.37$. Quindi, risulta $h_M/h_o = (1 + 0.50 \cdot 1.37^2)^2 = 3.77$, $\tan \theta_M = 2.8(2.38/3)^2 = 1.76$ e $Z_s = 0.5 \cdot 1.37^2 = 0.94$ in base alle Eq. (16.113), (16.114) e (16.116). Il deflusso della corrente in curva è, allora, caratterizzato da $h_M = 3.77 \cdot 0.39 = 1.47$ m, $\theta_M = 60°$ e $z_s = 0.94 \cdot 0.60 = 0.56$ m.

16.4.4 Riduzione dell'onda di shock

Brusca deviazione planimetrica

Come già illustrato nel sottoparagrafo 16.3.7, l'ampiezza dell'onda di shock che si forma in aderenza alla parete può essere efficacemente ridotta, ricorrendo all'installazione di un *piatto di copertura*. Schwalt [50] ha considerato configurazioni con *curva a gomito* (inglese: "mitre bend") aventi angoli di deviazione δ pari a 30° e 60°, con risultati sperimentali che possono essere di rilievo per le pratiche applicazioni. Il caso può essere trattato analogamente alla confluenza di correnti veloci; per $30° < \delta < 60°$, l'ascissa iniziale x_{ap} del piatto di copertura è localizzata in corrispondenza del punto di coordinata x_P, individuato dal prolungamento della parete del tronco laterale fino al lato opposto (Fig. 16.48b). Per una brusca deviazione planimetrica, ovvero per una confluenza in cui la portata proveniente dal tronco passante è nulla, la progressiva iniziale è pari a $x_{ap} = x_P$, ed il piatto di copertura inizia in corrispondenza del punto P.

Invece, la progressiva della sezione finale del piatto di copertura è indipendente dal valore assunto da δ ed è data dalla relazione

$$\frac{x_{ep} - x_{P'}}{b_z} = 0.6 F_z^{1/2}. \tag{16.118}$$

La *altezza* h_p, misurata rispetto al fondo, a cui viene installato il piatto varia con l'angolo di deviazione δ, con il numero di Froude della corrente in arrivo dal canale laterale F_z e con il rapporto tra le larghezze b_z/b_p secondo la relazione

$$h_p/h_z = 2 + 0.23 \sin \delta F_z (b_z/b_p)^{1/2}. \tag{16.119}$$

La *larghezza* del piatto di copertura dovrebbe essere uguale a $b_p = 1.5 h_z$ per $\delta = 30°$ e $b_p = 2h_z$ per $\delta = 60°$.

La Fig. 16.61 mostra la deviazione planimetrica imposta al flusso di corrente per $\delta = 30°$ con e senza il piatto di copertura. L'installazione del piatto migliora sensibilmente il comportamento della corrente a valle della deviazione, sia in termini di uniformità del flusso che di impatto dell'onda di shock. Per migliorare ulteriormente

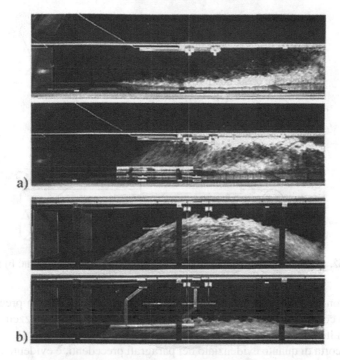

Fig. 16.61. Deviazione della corrente a) *senza* e b) *con* piatto di copertura in pianta (sopra) e sezione (sotto)

le condizioni di deflusso, Schwalt [50] ha suggerito l'utilizzo di un secondo piatto di copertura da installare anche sulla parete opposta.

Esempio 16.12. È assegnata una brusca deviazione di un canale in cui risulta $\delta = 30°$, $F_z = 6$, $h_z = 0.4$ m e $b_z = b_u = 0.9$ m. Si determini la geometria del piatto di copertura. Ponendo il punto P' a $x = 0$, il piatto inizia a $x_{ap} = x_{P'} = 0$ e la sua larghezza è $b_p = 1.5h_z = 0.6$ m. Mediante l'Eq. (16.118) il piatto di copertura termina a $x_{ep} - x_{P'} = 0.6 \cdot 6^{1/2}0.9 = 1.32$ m. La quota cui è installato il piatto è ricavata in base all'Eq. (16.119), da cui $h_p = [2 + 0.23 \sin 30°6(0.9/0.6)^{1/2}]0.4 = 1.15$ m. Quindi, le dimensioni del piatto sono $L_p = 1.32$ m, $b_d = 0.6$ m, e $h_p = 1.15$ m. Dunque, il canale di valle dovrebbe essere alto almeno $1.15/0.9 = 1.25$ m.

Poiché l'altezza dell'onda in assenza di piatto di copertura dovrebbe essere $h_{MB}/h_z = 1 + (\sin \delta/4)F_z^2 = 5.5$, e cioè $h_{MB} = 5.5 \cdot 0.4 = 2.2$ m, la riduzione dell'altezza raggiunta dall'onda è maggiore del 40% ed è quindi significativa.

Pozzetto di curva

Le onde di shock in un pozzetto di curva con sezione passante ad U possono raggiungere altezze considerevoli, a causa dell'elevato numero di curva B_o e dei valori di progetto tipicamente assegnati al grado di riempimento del canale in arrivo, gene-

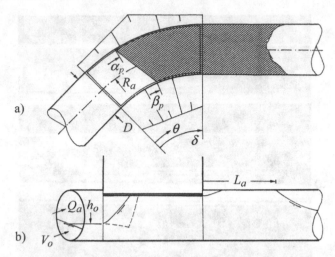

Fig. 16.62. Schema del piatto di copertura in un pozzetto di curva a) pianta; b) sezione

ralmente non inferiori a $y_o \cong 0.50$. Peraltro, come già evidenziato in precedenza, il deflusso in corrente veloce è incompatibile con la presenza di un pozzetto di curva, qualora risulti $y_o > y_{oL}$.

Sulla scorta di quanto evidenziato nei paragrafi precedenti, è evidente che possono considerarsi i seguenti due metodi per ridurre l'ampiezza delle onde di shock: (1) riduzione del numero di curva, e (2) installazione di un *piatto di copertura*. Nella pratica, essendo di fatto impossibile alterare le caratteristiche geometriche ed idrauliche del collettore a monte del pozzetto, viene adottata esclusivamente la seconda soluzione. La Fig. 16.62 mostra uno schema del pozzetto di curva equipaggiato con piatto di copertura (pedice p), in cui sono indicate anche le coordinate angolari α_p e β_p di inizio del piatto di copertura, rispettivamente per la parete esterna ed interna della curva; nella stessa figura è anche indicata la portata d'aria Q_a e la distanza L_a, misurata a partire dalla sezione terminale del pozzetto, a valle della quale si ristabilisce il deflusso a superficie libera.

Le prove di laboratorio hanno evidenziato che la *quota ottimale* del piatto di copertura, misurata rispetto al fondo del pozzetto, è pari a $0.90D$, di modo che la sezione idrica disponibile è sufficientemente ampia, lasciando comunque uno spazio adeguato per assicurare la aerazione della corrente nel collettore a valle del pozzetto. I valori degli *angoli di impatto* per i quali il fronte di shock investe il piatto variano, essenzialmente, in funzione delle grandezze $y_o = h_o/D$ e $F_o = V_o/(gh_o)^{1/2}$, e possono essere stimati mediante le seguenti relazioni [12]:

$$\alpha_p y_o = 10(F_o - 1)^{-1/3}, \tag{16.120}$$

$$\beta_p y_o = 8.5[1 + 2\exp(-(F_o - 1)^2)], \tag{16.121}$$

in cui i valori α_p e β_p [°] devono essere inferiori all'angolo di deviazione del pozzetto δ_k; ovviamente, la soluzione progettuale più semplice è quella che prevede la copertura dell'intera curva all'interno del pozzetto. Il piatto di copertura deve essere

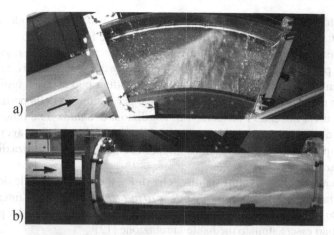

Fig. 16.63. Corrente veloce in curva con piatto di copertura. a) Pianta; b) vista laterale; si noti il confinamento della corrente indotto dal piatto (a sinistra) ed il flusso anulare nel collettore a valle della curva (a destra)

installato in modo da resistere adeguatamente alle *forze di sollevamento*. A vantaggio di sicurezza, si può considerare il massimo valore della pressione agente sul piatto di superficie $A_p = (\delta_k - \alpha_p)R_a D$; calcolando la massima altezza d'onda h_M mediante l'Eq. (16.113), si può stimare il valore della pressione massima agente sul piatto e quindi della forza di sollevamento $P_p = \rho g(h_M - h_o)A_p$. Il piatto dovrebbe essere facilmente rimovibile per agevolare le operazioni di manutenzione ed ispezione del collettore.

Allo stato attuale, mancano riscontri sul funzionamento di tale dispositivo in sistemi fognari reali, soprattutto con riferimento ai possibili rischi di ostruzione del collettore fognario. La Fig. 16.63 mostra alcune fotografie del modello fisico, con specifico riferimento alle condizioni sperimentali in cui $\delta_k = 45°$, $y_o = 0.49$ e $F_o = 3.40$. Si può notare che in un breve tratto si assiste alla transizione da deflusso a superficie libera a moto in pressione, mentre la corrente a valle della curva assume l'aspetto di un flusso anulare.

Le prove di laboratorio hanno anche consentito di stimare il valore della *portata d'aria* Q_a necessaria a prevenire fenomeni di depressione nel collettore a valle del pozzetto; tale portata dipende principalmente dal numero di Froude della corrente in ingresso F_o, dalla portata idrica Q e dal grado di riempimento del canale in ingresso y_o. Alla luce dei risultati sperimentali, la portata d'aria relativa $B = (Q_a/Q)y_o^{4/3}$ risulta prossima a zero per $F_o < 2$, per poi aumentare rapidamente con F_o e rimanere costante e pari a $B = 0.24$ per valori del numero di Froude $F_o > 4$. Tale andamento è ben rappresentato dalla seguente relazione [12]:

$$B = 0.24[\tanh(F_o - 2)^2]^2. \tag{16.122}$$

Le prove su modello fisico hanno evidenziato che la condizione limite per il funzionamento di pozzetti di curva con piatto di copertura è individuata dal *massimo numero di Froude della corrente in arrivo* pari a $F_{oM} = 1 + 1.3y_o^{-1}$. Ad esempio, in presenza di un collettore in arrivo con grado di riempimento $y_o = 0.50$, la corrente idrica deve essere caratterizzata da un valore del numero di Froude inferiore a $F_{oM} = 3.60$.

La presenza del piatto di copertura comporta un incremento della *capacità idrovettrice* del pozzetto pari all'incirca al 60% nel caso in cui $y_o > 0.30$ ed è poco minore per valori inferiori di y_o. Dunque, il piatto di copertura può essere a tutti gli effetti considerato un dispositivo decisamente efficace per l'aumento della portata del manufatto di curva, inibendo l'instaurarsi di condizioni di *saturazione* (chocking) con transizione al moto in pressione. Infine, poiché il valore delle pressioni agenti sul piatto sono sempre superiori a quella atmosferica, è scongiurata l'insorgenza di fenomeni della cavitazione.

In presenza di elevati valori sia di y_o che di F_o, il collettore a valle del pozzetto può essere interessato da una *corrente bifase aria-acqua* che occupa l'intera sezione, per un tratto di lunghezza L_a, misurato a partire dalla sezione finale del pozzetto, il cui valore può essere stimato mediante la relazione [12]

$$L_a/D = 2y_o(F_o - 1)^2.$$ (16.123)

Per tutte le condizioni di deflusso esaminate in laboratorio, fino a $F_o = 5$, quest'ultima condizione di funzionamento non ha mostrato particolari controindicazioni, purché sia garantita una adeguata portata d'aria Q_a. Infatti, la corrente idrica non induce vibrazioni o pulsazioni apprezzabili a valle del pozzetto, né comporta la formazione di sacche d'aria.

Ovviamente, le prove di laboratorio sono state effettuate in maniera tale che il collettore in uscita dal pozzetto non fosse mai rigurgitato da valle. Le condizioni di funzionamento di un *pozzetto di curva sommerso* sono particolarmente sfavorevoli e vanno assolutamente evitate, in quanto comportano l'interruzione del trasporto d'aria verso il collettore di valle.

L'ATV [7] ha fatto proprie le raccomandazioni per l'impiego del piatto di copertura nelle pratiche applicazioni.

Esempio 16.13. Determinare le caratteristiche di un pozzetto di curva munito di piatto di copertura in presenza delle condizioni relative all'Esempio 16.11.

Gli angoli di impatto della corrente sul piatto di copertura sono forniti dalla Eq. (16.120) e (16.121). Quindi, risulta: $\alpha_p = 10/[0.65(2.38 - 1)^{1/3}] = 14°$ e $\beta_p = (8.5/0.65)[1 + 2\exp(-(2.38 - 1)^2)] = 17°$. Utilizzando $h_M = 1.47$ m come massimo carico, la forza agente sul piatto è $P_p = \rho g(h_M - h_o)(\delta_k - \alpha_p)(\pi/180°)R_a D = 1.40$ t. Invece, la portata d'aria è calcolata mediante l'Eq. (16.121) e risulta pari a $Q_a = 0.24[\tanh(F_o - 2)^2]^2 Q/y_o^{4.3} = 0.24[\tanh 0.34^2]^2 0.90/0.65^{4/3} = 0.008$ m^{3}s^{-1}, quindi la portata d'aria presente è sufficiente. La lunghezza del tratto di corrente bifase è $L_a = 2h_o(F_o - 1)^2 = 2 \cdot 0.39(2.38 - 1)^2 = 1.49$ m dall'Eq. (16.123). Il numero di Froude soglia del pozzetto di curva è $F_{oM} = 1 + 1.3/0.65 = 3 > F_o = 2.38$ e, quindi, il progetto del pozzetto così impostato non porta ad una interruzione delle condizioni di deflusso della corrente.

16.5 Criteri di progetto dei pozzetti per fognatura

16.5.1 Introduzione

La funzionalità idraulica di un sistema fognario nel suo complesso risulta certamente condizionata dal buon funzionamento dei numerosi manufatti che ne costituiscono parte integrante. Per tale motivo, in funzione della particolare tipologia di manufatto considerata, è opportuno caratterizzarne il comportamento idraulico allo scopo di tenere in opportuno conto gli effetti conseguenti sul funzionamento complessivo della rete fognaria.

In tale contesto è assolutamente importante che le infrastrutture fognarie deputate al drenaggio delle acque meteoriche siano realizzate in modo da garantire il deflusso a superficie libera delle portate idrologiche di progetto, in modo da prevenire anomale condizioni di funzionamento in pressione, che costituiscono minaccia per la pubblica incolumità e compromettono la tenuta statica dei manufatti.

Come già evidenziato in precedenza, i sistemi fognari devono essere sempre corredati da pozzetti disposti in numero ed ubicazione tali da soddisfare le disposizioni normative vigenti oltre che da consentire le seguenti finalità principali:

- garantire l'accesso alla fognatura per scopi di manutenzione;
- consentire la agevole realizzazione di allacciamenti alla rete fognaria;
- avere una struttura di controllo idraulico, al fine di assecondare deviazioni planimetriche o altimetriche delle canalizzazioni;
- agevolare l'ingresso di portate d'aria necessarie per il deflusso a superficie libera della corrente.

La letteratura tecnico-scientifica di riferimento fornisce svariate indicazioni circa i criteri di dimensionamento da utilizzare per numerose tipologie di manufatti [1,4]. Purtroppo, per quanto numerose, le indicazioni disponibili non sono esaurienti ed esaustive per la grandissima varietà di manufatti che ricorrono nei sistemi fognari. Di conseguenza, la progettazione dei manufatti ordinari viene generalmente affidata all'esperienza del tecnico o a criteri approssimati mentre, solo dove indispensabile, si ricorre ai risultati di specifiche prove di laboratorio su modello fisico.

In questa sede ci si limiterà ad alcune importanti raccomandazioni per la progettazione dei seguenti manufatti [21]:

- pozzetti di linea o di ispezione;
- pozzetti di curva;
- pozzetti di confluenza;
- pozzetti di salto di modesta ampiezza.

Peraltro, tali raccomandazioni sono già contenute nelle Linee Guida per la progettazione dell'Ente Normatore per le Acque Reflue della Germania [7].

Attualmente, in linea generale, i collettori fognari vengono dimensionati in modo da realizzare valori del grado di riempimento non superiori al 70% [2], ammettendo, per le canalizzazioni di maggiore dimensione, anche valori pari all'80%. Tuttavia, in presenza di correnti supercritiche, come verrà illustrato in seguito, anche i semplici

Fig. 16.64. *Manhole geysering* in un sistema fognario misto (Ischia, Italia, 22 settembre 2002; archivio privato Gisonni)

pozzetti di ispezione realizzati su canalizzazioni a sezione circolare possono indurre pericolosi cambiamenti alle condizioni di deflusso, pur se la corrente defluisce con gradi di riempimento ben inferiori a quelli precedentemente indicati.

In questi casi, anche in condizioni di moto permanente, possono instaurarsi particolari discontinuità nella corrente idrica, ed in particolare:

- *onde a fronte ripido* (shock), causate da singolarità presenti lungo un canale prismatico, ovvero
- *risalti idraulici*, nei casi in cui l'equilibrio delle spinte totali in gioco non assicura la conservazione della corrente supercritica attraverso il manufatto.

In presenza di uno qualsiasi dei suddetti fenomeni, si instaurano sensibili incrementi dei tiranti idrici che possono addirittura indurre fenomeni di rigurgito sulla corrente proveniente da monte, fino a provocare l'indesiderato funzionamento in pressione di tratti più o meno estesi di un collettore fognario. La foto rappresentata in Fig. 16.64 illustra in maniera esemplare le conseguenze del funzionamento in pressione di un tronco fognario, per effetto del quale si manifesta la impulsiva rimozione del chiusino del pozzetto, con ovvie conseguenze in termini di pericolo per la pubblica incolumità. Mai come in questo caso risulta particolarmente efficace ed appropriata la suggestiva definizione fornita dalla lingua inglese che descrive la suddetta fenomenologia con il termine tecnico *manhole geysering*.

È pertanto evidente che l'insorgere di onde di shock può causare la repentina transizione da corrente veloce a pelo libero a flusso bifase (aria-acqua) in pressione con evidenti implicazioni negative sul funzionamento idraulico del manufatto; questa singolare condizione è stata denominata nei paragrafi precedenti con il termine *saturazione* o *sovraccarico* (inglese: "choking").

Si ritiene opportuno precisare che le indicazioni progettuali riportate nel prosieguo sono scaturite da un programma di ricerca condotto presso il Laboratorio di Idraulica del Politecnico Federale di Zurigo, in collaborazione con il Dipartimento di Ingegneria Civile della Seconda Università degli Studi di Napoli. In particolare, la sperimentazione su modello fisico fu avviata al fine di trovare soluzioni tecniche alternative all'implementazione del piatto di copertura che, in taluni casi, oltre che rendere difficoltoso l'accesso al pozzetto, può provocare ostruzioni nel collettore fognario (paragrafo 16.4).

16.5.2 Pozzetto di linea o di ispezione

Il *pozzetto di linea* (inglese: "through-flow manhole") rappresenta la configurazione più elementare dei manufatti normalmente realizzati per la ispezione di un tronco fognario. La normativa italiana vigente [45] e le Direttive Comunitarie raccomandano che ogni canalizzazione sia opportunamente corredata da un sufficiente numero di pozzetti di ispezione, ubicati a distanze tali da agevolare le attività di manutenzione ordinaria (capitolo 14); ciò ovviamente comporta che l'interasse tra due pozzetti successivi cresce con la dimensione del collettore su cui sono installati.

Nella configurazione analizzata in laboratorio (Fig. 16.65), il pozzetto collega la tubazione in ingresso e quella in uscita, aventi entrambi diametro D. Secondo corretta prassi progettuale, purtroppo spesso disattesa in fase di realizzazione, il tronco di canale passante è stato realizzato mediante una sezione ad U, in modo da prevenire gli inconvenienti legati allo spagliamento della corrente in arrivo sul fondo del pozzetto. Il tronco di collegamento ha una lunghezza L pari a due volte il diametro D della tubazione, coerentemente con la usuale pratica tecnica.

La Fig. 16.65 illustra lo schema del modello fisico di laboratorio, indicando con il pedice o le caratteristiche idrauliche della corrente in arrivo al manufatto, essendo

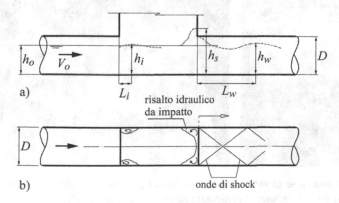

Fig. 16.65. Parametri idraulici per il progetto di un pozzetto di linea: a) sezione longitudinale; b) pianta [21]

h_o e V_o rispettivamente il tirante idrico e la velocità media. Per valori di $y_o = h_o/D$ inferiori al 50% la corrente idrica resta confinata nella metà inferiore della sezione, senza subire alcuna perturbazione da parte del manufatto. Per contro, qualora il grado di riempimento y_o superi il 50%, il flusso in ingresso al pozzetto subisce una brusca espansione, provocata dalla transizione dalla sezione circolare alla sezione ad U, generando un'apprezzabile depressione della superficie libera che risulta essere tanto maggiore quanto più grande è il valore di y_o. Allo stesso tempo, in corrispondenza della sezione di uscita del manufatto, la corrente idrica risente dell'impatto sulle pareti che delimitano la sezione circolare della condotta. Tale ultima circostanza genera l'insorgenza di un rigonfiamento della superficie idrica di altezza h_s che può attingere ampiezza tale da rigurgitare la corrente in arrivo, fino a formare un vero e proprio *risalto idraulico da impatto*.

La Fig. 16.66 mostra un tipico fenomeno di *saturazione*, per effetto del quale viene impedita l'aerazione della corrente in uscita dal pozzetto; nei casi estremi tale discontinuità idraulica può propagarsi verso monte fino a rigurgitare la condotta in arrivo e, quindi, innescare il sollevamento del chiusino a copertura del pozzetto.

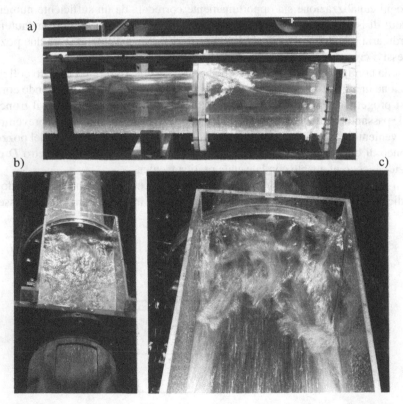

Fig. 16.66. Condizione di *saturazione* all'uscita del pozzetto di linea: $y_o = 0.75$ e $F_o = 1.3$: a) sezione; b) vista da monte; c) particolare della zona di impatto [28]

Nel caso specifico della sezione ad U, simile a quella rettangolare, si può ritenere che il fenomeno sia governato dal numero di Froude definito come $F_U = Q/(gD^2h_o^3)^{1/2}$. I risultati delle esperienze effettuate da Gargano e Hager [16] consentono di stimare il *tirante allo sbocco* h_s con la seguente relazione, valida per valori di y_o e F_U maggiori rispettivamente di 0.50 e 1.50:

$$h_s/h_o = 1 + (1/3)(F_U y_o)^2. \tag{16.124}$$

Dall'Eq. (16.124) deriva che l'ampiezza relativa dell'onda di impatto $[(h_s - h_o)/h_o]$ cresce con il quadrato di $F_U y_o$; inoltre, è interessante osservare che il rapporto $[(h_s - h_o)/D]$ dipende esclusivamente dal cosiddetto *numero di Froude della condotta* definito come $F_D = Q/(gD^5)^{1/2}$.

La conoscenza della *capacità idrovettrice*, ovvero il valore della massima portata convogliabile attraverso il pozzetto, è fondamentale ai fini pratici. Qualora la portata Q risulti superiore alla massima portata Q_C transitabile a pelo libero attraverso il manufatto, potranno insorgere pericolose condizioni di funzionamento in pressione, con conseguente perdita della funzionalità idraulica del manufatto stesso. Ai fini di una generalizzazione dei risultati, la massima portata Q_C può essere espressa attraverso un parametro adimensionale rappresentato dal *valore limite* F_C del numero di Froude della condotta, definito come $F_C = Q_C/(gD^5)^{1/2}$. Gargano e Hager [16] hanno proposto di stimare F_C mediante la relazione

$$F_C = 14.6 - 17.3 y_o \tag{16.125}$$

valida per valori del grado di riempimento y_o compresi tra 0.70 e 0.75. È infatti opportuno sottolineare che il fenomeno di *saturazione* non si è mai manifestato per $y_o < 0.70$, mentre per $y_o > 0.75$, in corrente veloce, è risultato impossibile conservare condizioni con deflusso a superficie libera in uscita dal pozzetto.

In definitiva la massima capacità di convogliamento idraulico del pozzetto è limitata da valori di F_C compresi tra 1.60 e 2.50, con valore medio prossimo a 2. A titolo di esempio, assumendo a scopo cautelativo $F_C = 1.60$, il massimo valore della portata transitabile attraverso un pozzetto di linea installato su una tubazione di diametro $D = 0.80$ m può essere stimato pari a $Q_C = 1.6(gD^5)^{1/2} \approx 2.8$ m^3/s, con un tirante idrico che dovrà essere comunque inferiore a 0.60 m (corrispondente a $y_o = 0.75$).

Poiché, come accennato in precedenza, non è raro incontrare collettori fognari progettati per funzionare con grado di riempimento anche superiore al 80% indipendentemente dalle condizioni delle corrente in arrivo, è inevitabile osservare che tali condizioni sono incompatibili con il regolare funzionamento idraulico dei pozzetti di linea in presenza di correnti veloci, nel qual caso il grado di riempimento di progetto non dovrebbe mai essere superiore al 75%.

16.5.3 Pozzetto di curva

I pozzetti di deviazione planimetrica (o di curva) rappresentano un'opera d'arte essenziale per i sistemi di drenaggio urbano, atteso che il tracciato delle canalizzazioni

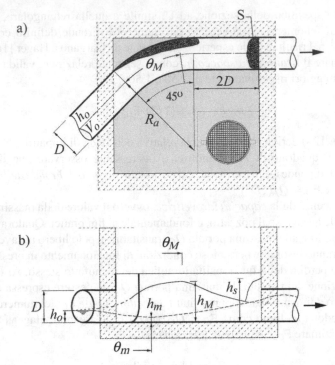

Fig. 16.67. Schema di un pozzetto di curva, migliorato con estensione finale: a) pianta; b) sezione [21]

si sviluppa principalmente lungo gli assi stradali cittadini. Le deviazioni planimetriche possono essere caratterizzate da angoli di diversa ampiezza; di particolare interesse sono i pozzetti di curva con angoli pari a 45° e 90°, normalmente realizzati con raggi di curvatura R_a pari a circa tre volte il diametro D della fognatura in arrivo. Pertanto, le indagini sperimentali sono state eseguite su modello fisico avente le suddette caratteristiche.

In linea di principio, si potrebbe essere portati a supporre che un pozzetto di curva a 90° induca maggiori limitazioni rispetto ad un pozzetto di curva a 45°, soprattutto ai fini della massima portata convogliabile a superficie libera attraverso il manufatto. I risultati sperimentali, come di seguito illustrato, hanno fornito interessanti indicazioni al riguardo, evidenziando che la precedente osservazione non può avere validità generale. La Fig. 16.67 illustra lo schema del pozzetto analizzato nel corso delle prove, per il quale il raggio medio di curvatura R_a è pari a tre volte il diametro D, con specifico riferimento al caso di deviazione δ pari a 45°; le caratteristiche idrauliche della corrente sono date dal tirante h_o e dalla velocità V_o.

Come detto nei paragrafi 16.2 e 16.4.3, per effetto della deviazione planimetrica, vengono a formarsi due onde di shock, la prima delle quali si sviluppa in aderenza alla *parete esterna* ed ha la massima ampiezza h_M, mentre la seconda, lungo la parete interna della curva, presenta il minimo valore del tirante idrico h_m. Ovviamente, ai fini progettuali, la grandezza h_M è di maggiore interesse e può essere espressa in funzione del numero di Froude della sezione ad U, $F_U = Q/(gD^2h_o^3)^{1/2}$, mediante la relazione [12]:

$$h_M/h_o = [1 + 0.50(D/R_a)F_U^2]^2. \tag{16.126}$$

Nel corso delle prove di laboratorio, è emerso che la massima altezza h_M si verifica ad una coordinata angolare θ_M, il cui valore è compreso tra 35° e 55°, in funzione delle caratteristiche del pozzetto e della corrente in arrivo [18]. Di conseguenza, nel caso in cui si utilizzi la classica geometria del pozzetto di curva a 45°, è probabile che si verifichi l'impatto dell'onda di shock in corrispondenza della sezione di uscita del manufatto, compromettendo il deflusso a superficie libera della corrente attraverso il manufatto stesso. Tale circostanza non è stata riscontrata nel pozzetto di curva a 90°, per il quale i massimi tiranti idrici si verificano in una sezione ubicata sempre a monte dell'imbocco della condotta di uscita. Quindi, contrariamente a quanto sarebbe lecito attendersi, il classico pozzetto di curva a 90° ha una capacità di convogliamento superiore all'altrettanto classico pozzetto di curva a 45°.

Allo scopo di migliorare la prestazione del pozzetto di curva a 45°, è stata proposta una lieve modifica della classica configurazione planimetrica del manufatto, consistente nell'inserimento di un *tratto rettilineo* di canale con sezione ad U e lunghezza pari a due volte il diametro D, posto immediatamente a valle della curva (Fig. 16.67). Considerando la geometria ottimizzata del pozzetto a 45°, la massima portata Q_C transitabile attraverso il manufatto, espressa mediante il valore limite del numero di Froude F_C della condotta, può essere calcolata indistintamente per pozzetti di curva a 45° e 90°, mediante la seguente relazione [18]:

$$F_C = (3 - 2y_o)y_o^{3/2}, \tag{16.127}$$

la quale è valida per gradi di riempimento y_o inferiori a 2/3. Infatti, le prove hanno mostrato che è impossibile conservare le caratteristiche di corrente veloce attraverso i pozzetti di curva allorché si abbiano gradi di riempimento superiori al 67%.

Se ne deduce che i pozzetti di curva, in presenza di correnti veloci, conservano la propria funzionalità idraulica per gradi di riempimento massimi inferiori a quelli dei pozzetti di linea, per i quali il massimo grado di riempimento è fissato nel 75%. Inoltre, mentre dall'Eq. (16.125) si deducono valori di F_C prossimi a 2, l'Eq. (16.127) fornisce valori di F_C al più pari a 0.90.

La Fig. 16.68 illustra il comportamento idraulico del pozzetto a 45°, per un grado di riempimento $y_o = 0.50$ e numero di Froude delle corrente in arrivo $F_o = 2.1$; dalla foto si rileva una incipiente condizione di *saturazione*. In particolare, il dettaglio rappresentato nella foto della Fig. 16.68c mostra l'impatto della corrente sulla sezione di uscita del pozzetto, quasi totalmente impegnata dal flusso bifase aria-acqua; in tali condizioni, la saturazione del pozzetto è accompagnata da condizioni di *imbocco sotto battente* (inglese: "gate flow type") della condotta in uscita dal manufatto di curva.

A scopo esemplificativo, analogamente a quanto fatto per il pozzetto di linea, si consideri un pozzetto di curva a 45° realizzato su un collettore a sezione circolare di diametro $D = 0.80$ m; in corrispondenza di un grado di riempimento $y_o = 0.60$

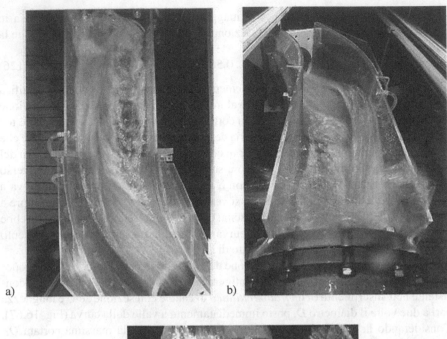

Fig. 16.68. Tipico comportamento idraulico di un pozzetto di curva a 45°, con raccordo rettilineo a valle: a) visto dall'alto; b) visto da valle; c) dettaglio dell'onda di impatto [21]

(comunque inferiore a 0.67) dall'Eq. (16.127) è possibile stimare $F_C = 0.84$, per cui il massimo valore della portata transitabile attraverso il manufatto può essere posto pari a $Q_C = 0.84(gD^5)^{1/2} \approx 1.5 \ \text{m}^3/\text{s}$, valore prossimo alla metà di quello valutato per il pozzetto di linea su condotta di eguali dimensioni.

16.5.4 Pozzetto di confluenza

La Fig. 16.69 illustra lo schema del modello fisico del pozzetto di confluenza in cui, sulla scorta delle risultanze delle prove effettuate sui pozzetti di curva, immediatamente a valle del tronco di confluenza e prima dell'imbocco della condotta di uscita, è presente un tronco rettilineo avente sezione ad U e lunghezza pari a 2D. Tale accorgimento induce una significativa attenuazione delle onde di shock ed è quindi essenziale per incrementare il valore della massima portata convogliabile attraverso il manufatto.

Nella stessa Fig. 16.69 sono indicati i tiranti idrici h_o e h_L e le velocità V_o e V_L riferiti rispettivamente alla corrente in arrivo dal tronco passante (pedice o) e da quello laterale (pedice L). L'angolo δ di confluenza tra i due canali è realizzato con intersezione a spigolo a vivo nel punto di giunzione P.

Le prove su modello fisico hanno evidenziato che i parametri fondamentali che governano il funzionamento idraulico del manufatto sono i gradi di riempimento y_o e y_L insieme con i numeri di Froude $F_o = Q_o/(gD_o h_o^4)^{1/2}$ e $F_L = Q_L/(gD_L h_L^4)^{1/2}$ che caratterizzano le correnti veloci confluenti. Le prove di laboratorio sono state concentrate sulle seguenti tre condizioni di deflusso:

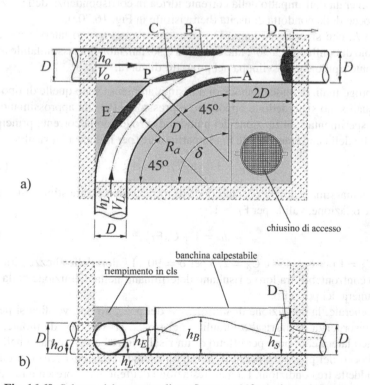

Fig. 16.69. Schema del pozzetto di confluenza a 90°: a) pianta; b) sezione

- condizione I: corrente veloce all'imbocco di entrambi i tratti confluenti;
- condizione II: corrente lenta all'imbocco del tronco laterale e corrente veloce all'imbocco del tronco principale;
- condizione III: corrente lenta all'imbocco del tronco principale e corrente veloce all'imbocco del tronco laterale.

Non è stato investigato in dettaglio il comportamento idraulico del pozzetto nel caso in cui entrambe le correnti in arrivo fossero subcritiche, poiché tale condizione è certamente meno severa ai fini della funzionalità idraulica del manufatto.

In funzione delle portate defluenti nei due canali possono manifestarsi varie tipologie di onda, analogamente a quanto descritto nel sottoparagrafo 16.3.6; nella Fig. 16.69 e nelle foto della Fig. 16.70 sono rappresentate le discontinuità idrauliche rilevabili in un manufatto di confluenza, specificamente riferite alla condizione di deflusso I (correnti ipercritiche in entrambi i tratti confluenti):

- onda A, presente per bassi valori della portata laterale, provocata dall'impatto della corrente sulla parete curva;
- onda B, con altezza massima h_B, generata dall'impatto della corrente sulla parete rettilinea opposta al punto di immissione;
- onda C, generata dalla confluenza delle due correnti nel punto P;
- onda D, con altezza massima h_s, localizzata nella sezione terminale del pozzetto, generata dall'impatto della corrente idrica in corrispondenza della sezione di imbocco della condotta di uscita (ben visibile in Fig. 16.70c);
- onda E, che si sviluppa lungo la parete esterna del tronco laterale nel caso di angolo di confluenza a 90°; tale tipologia è sostanzialmente assimilabile all'onda a fronte ripido che si sviluppa nel pozzetto di curva.

Ai fini progettuali, le onde di shock di massima ampiezza sono quelle di tipo B e D, per le quali sono state dedotte opportune espressioni [19] che approssimano bene i risultati sperimentali, in funzione del numero di Froude della corrente principale F_o e di quello della corrente laterale F_L. In particolare, per l'altezza h_B risulta

$$h_B = 1 + (8/7)(F_L - 1), \qquad (16.128)$$

mentre la massima ampiezza h_s dell'onda di impatto può essere stimata mediante la seguente relazione, valida per $F_L > 1$

$$h_s = 1 + C_\delta F_L, \qquad (16.129)$$

in cui $C_\delta = 1$ per $\delta = 45°$ e $C_\delta = 2/3$ per $\delta = 90°$. I valori delle altezze idriche h_B e h_s sono confrontabili tra loro e risultano determinanti nella definizione della altezza della camera del pozzetto.

In generale, la condizione di *saturazione* del pozzetto può verificarsi per effetto dell'insorgenza di un risalto idraulico nel tronco proveniente da monte, ovvero nel tronco laterale, oppure per effetto di un risalto idraulico da impatto nella sezione di sbocco del pozzetto; peraltro, non è da escludere la coesistenza di due o più delle suddette tre condizioni. La manifestazione del fenomeno presenta in ogni caso caratteristiche impulsive, che nella pratica possono comportare il funzionamento in

Fig. 16.70. Tipico comportamento del pozzetto di confluenza a 90° in presenza di correnti veloci ($y_o = 0.26$, $F_o = 5.95$, $y_L = 0.27$, $F_L = 2.84$): a) visto da monte; b) visto da valle; c) vista di dettaglio del punto di confluenza [21]

pressione dei tronchi fognari, fino alla brusca rimozione del chiusino del pozzetto (*manhole geysering*).

La Fig. 16.71 mostra il caso specifico in cui il pozzetto giunge alla propria condizione limite di funzionamento per effetto dell'onda di impatto presente in corrispondenza della sezione di uscita del manufatto, mentre la corrente è ancora supercritica in entrambi i tronchi confluenti.

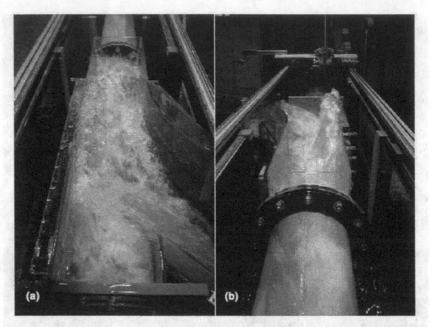

Fig. 16.71. Saturazione del pozzetto a 90° provocata dalla sezione di uscita ($y_o = y_L = 0.34$, $F_o = 4.2$): a) vista da monte; b) vista da valle [21]

Analogamente a quanto fatto per i precedenti manufatti, la massima portata Q_C può essere espressa attraverso il numero massimo di Froude della condotta, definito come $F_C = Q_C/(gD^5)^{1/2}$; Gisonni e Hager [19] hanno mostrato che i dati sperimentali sono ben approssimati dalla relazione

$$F_L = 0.6 F_o y_o \eta^{0.2} \qquad (16.130)$$

essendo $\eta = y_o/y_L$ il rapporto dei gradi di riempimento dei tratti confluenti. L'Eq. (16.130) è valida sia per δ pari a 45° che per δ pari a 90°, purché vengano rispettate le seguenti condizioni:

- il manufatto di confluenza a 90° deve essere sagomato come in Fig. 16.69; pertanto la immissione è composta dall'assemblaggio di un tratto di curva a 45° e di un tronco rettilineo, di lunghezza pari ad una volta il diametro D della condotta;
- il grado di riempimento nel tronco laterale deve essere tale che risulti $y_L < 0.075 F_o$.

In particolare la seconda limitazione indica che il limite superiore di y_L cresce linearmente con il numero di Froude F_o della corrente principale.

16.5.5 Pozzetti con salto di modesta ampiezza

Nel capitolo 15 sono stati illustrati i manufatti di caduta in cui il salto ha ampiezza di svariati metri. Nella progettazione di sistemi fognari, si fa frequentemente ricorso a pozzetti di salto, caratterizzati da un piccolo dislivello, pari al più alla altezza del collettore fognario; tali manufatti consentono di perseguire molteplici obiettivi, tra cui:

- ridurre la pendenza di scorrimento, laddove la fognatura venga realizzata lungo tracciati caratterizzati da eccessive pendenze longitudinali;
- scongiurare effetti di rigurgito indotti sui tronchi fognari presenti a monte, con particolare riferimento al caso di correnti subcritiche;
- agevolare l'immissione di portata in corrispondenza di una confluenza;
- aerare il liquame per effetto del mescolamento macro turbolento indotto dal salto, e quindi evitare l'innesco di fenomeni putrefattivi;
- rispettare vincoli imposti da particolari condizioni locali.

Al fine di giungere ad una caratterizzazione del comportamento idraulico di manufatti di salto, con specifico riferimento a dislivelli di piccola ampiezza, è stata appositamente condotta una campagna di prove sperimentali. Il modello fisico investigato è caratterizzato da una particolare configurazione (Fig. 16.72), comprendente un tubo circolare a monte di diametro D, un pozzetto di salto con sezione trasversale ad U di larghezza pari a D e lunghezza pari a due volte il diametro D, in modo da risultare confrontabile con le dimensioni assegnate realmente nella pratica a questo tipo di manufatti; all'uscita del pozzetto è presente un tubo circolare di eguale diametro D. Sono state considerate e analizzate tre diverse ampiezze del salto, e precisamente pari a $S = s/D = 0.25, 0.50$ e 0.93.

Per effetto della presenza del salto s (Fig. 16.72), la corrente si configura come un getto libero e raggiunge lo speco di uscita del pozzetto con un'altezza idrica h_a,

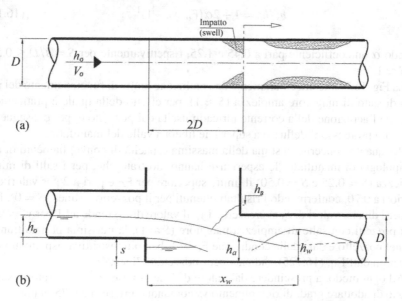

Fig. 16.72. Schema di un pozzetto con salto in fognatura: a) pianta; b) sezione

Fig. 16.73. Condizione di *saturazione incipiente* per $y_o = 0.73$, $F_o = 1.7$, $S = 0.93$

misurata in asse alla corrente. A causa della presenza della sezione di imbocco dello speco di valle, per i maggiori valori del grado di riempimento, la corrente impatta sulla parete opposta, generando un rigonfiamento della superficie libera (inglese: "swell"), di altezza h_s. Le prove su modello fisico hanno evidenziato una sostanziale differenza di comportamento tra pozzetti di salto caratterizzati da minori valori di $S = s/D \leq 0.50$ e quelli aventi maggiore ampiezza ($S \approx 1$). L'analisi dei risultati sperimentali ha consentito di definire la seguente relazione per il calcolo di h_s [14]:

$$h_s/h_o = 1 + 2\alpha(F_o \cdot y_o - 1)^{1/2}, \tag{16.131}$$

essendo α un coefficiente pari a 0.45 e 1.25, rispettivamente per $S = s/D \leq 0.50$ e per $S \approx 1$.

La Fig. 16.73 mostra chiaramente un condizione limite di funzionamento del pozzetto di salto di maggiore ampiezza ($S \approx 1$), per effetto della quale è praticamente impedita l'aerazione della corrente idrica in uscita dal pozzetto e, per conseguenza, viene compromesso il deflusso a superficie libera a valle del manufatto.

Per quanto concerne la stima della massima capacità di convogliamento di questa tipologia di manufatto, le esperienze hanno mostrato che, per i salti di minore ampiezza ($S = 0.25$ e $S = 0.50$) il limite superiore per F_C è pari a 2 per valori di y_o inferiori a 0.70, confermando i risultati ottenuti per il pozzetto in linea ($S = 0$). Inoltre, per i diversi valori di S, al crescere di y_o il valore di F_C tende ad 1 per $y_o = 0.85$. Per i pozzetti con salto di ampiezza maggiore ($S \approx 1$), la massima portata transitabile nel pozzetto è data dalla condizione $F_C = 1$, ben più restrittiva rispetto ai valori deducibili dall'Eq. (16.125), indicata per i pozzetti di linea.

Ad ogni modo, a prescindere dal valore di S, le esperienze di laboratorio suggeriscono di adottare gradi di riempimento y_o comunque inferiori a 0.75 in presenza di corrente veloce, al fine di prevenire fenomeni di *saturazione* dei collettori.

16.5.6 Confronto tra le capacità idrovettrici dei pozzetti

Le considerazioni fin qui illustrate indicano che le curve a 45° e 90° ed i pozzetti di confluenza sono governati dalla medesima fenomenologia di deflusso, purché la configurazione geometrica dei manufatti soddisfi le seguenti condizioni (Fig. 16.67 e 16.69):

*   il pozzetto va configurato con un prolungamento rettilineo, di linea di lunghezza 2D, da realizzare immediatamente a monte della sezione terminale del manufatto;
*   i pozzetti di curva con angolo a 45° ed a 90° ed i manufatti di confluenza presentano un funzionamento idraulico simile se all'interno della curva si inscrive un tronco rettilineo avente sezione ad U e lunghezza pari a D.

Volendo procedere ad un confronto tra pozzetto di linea, pozzetto di curva e pozzetto di confluenza, si consideri il caso in cui per quest'ultimo sia $y_o \cong y_L$, per cui dalla Eq. (16.130) risulta $F_C = 0.60 F_o y_o$. Gli esperimenti sul manufatto di confluenza hanno messo in evidenza che al crescere della portata nel tronco principale aumenta la capacità di convogliamento del manufatto e si riduce la ampiezza dell'onda B, mentre un aumento della portata laterale sortisce effetto opposto. È possibile quindi considerare il comportamento idraulico del pozzetto di confluenza come intermedio tra quello di un pozzetto di linea ($Q_L = 0$) e quello di un pozzetto di curva ($Q_o = 0$). Volendo procedere ad un confronto delle capacità di convogliamento dei suddetti manufatti è possibile, in via approssimativa, considerare un numero massimo di Froude F_C del manufatto pari a 0.80 per il pozzetto di curva, 1.4 per quello di confluenza e 2 per il pozzetto di linea. Analogamente, per quanto riguarda il massimo grado di riempimento di una corrente veloce in arrivo al manufatto, le maggiori limitazioni sono imposte nell'ordine dal pozzetto di curva, da quello di confluenza e da quello di linea, ai quali corrispondono rispettivamente i massimi valori di y_o pari a 0.65, 0.70 e 0.75. Valori dei gradi di riempimento superiori a quelli indicati comportano inevitabilmente la perdita della funzionalità idraulica dei manufatti cui conseguono gli effetti indesiderati già illustrati.

Discorso a parte meritano i pozzetti di salto che, per salti di ampiezza inferiore al 25% del diametro D del collettore in arrivo, forniscono prestazioni idrauliche prossime a quelle dei normali pozzetti di linea, e sono quindi caratterizzati da notevoli valori della capacità di convogliamento. Per contro, la progettazione di manufatti con salto di ampiezza all'incirca pari a D deve essere cautamente eseguita, in quanto è da attendersi una sensibile limitazione sulla massima capacità di convogliamento del manufatto ($F_C < 1$).

I valori limite F_C dei numeri di Froude ed i massimi gradi di riempimento della corrente in ingresso y_C nelle principali tipologie di pozzetto sono riepilogati nella Tabella 16.3. I dati in essa riportati contrastano fortemente l'attuale pratica progettuale, nella quale vengono spesso accettati gradi di riempimento fino all'85%, indipendentemente dal tipo di manufatto considerato e dal regime di deflusso della corrente idrica. Le indagini su modello fisico hanno incontrovertibilmente dimostrato che tale assunzione conduce a malfunzionamento dei sistemi fognari, soprattutto in presenza di correnti veloci, con conseguenze potenzialmente disastrose. Si noti che i valori

Tabella 16.3. Capacità idrovettrice espressa tramite F_C e massimi gradi di riempimento y_C per varie tipologie di pozzetti

Tipologia di pozzetto	Ispezione	Confluenza	Curva	Salto ($S < 0.5$)
Numeri di Froude F_C	2.0	1.4	0.8	1.7
Grado di riempimento y_C	0.75	0.70	0.65	0.75

riportati nella Tabella 16.3 costituiscono una guida progettuale ai manufatti, nella misura in cui viene fatto riferimento alle rispettive configurazioni geometriche, così come descritte nelle Fig. 16.65, 16.67, 16.69 e 16.72.

16.5.7 Raccomandazioni costruttive

Il corretto funzionamento idraulico di manufatti ricorrenti è cruciale per garantire un'adeguata funzionalità dell'intero sistema fognario rispetto alle portate di progetto. A tale scopo, le indagini sperimentali hanno messo in evidenza la esigenza di rivisitare gli attuali criteri progettuali, con specifico riferimento ai pozzetti di linea, di curva, di confluenza e di salto (con dislivello di modesta ampiezza), soprattutto nei casi in cui la condizione di progetto comporta la presenza di corrente veloce in arrivo ai manufatti.

Nei sistemi fognari realizzati mediante canalizzazioni a sezione circolare, appare innanzitutto indispensabile ribadire la esigenza che il tronco dei collettori passanti all'interno dei vari pozzetti sia sagomato mediante una sezione ad U, di altezza utile pari ad almeno il diametro D dei tronchi interessati. Purtroppo, tale indicazione è sovente disattesa nei manufatti fino ad oggi realizzati.

Inoltre, le configurazioni geometriche analizzate in laboratorio, rappresentate nelle Fig. 16.65, 16.67, 16.69 e 16.72, suggeriscono le seguenti raccomandazioni:

* a monte della sezione di uscita del pozzetto di curva e di confluenza è opportuno inserire un tronco rettilineo di lunghezza pari a due volte il diametro D del collettore; peraltro, tale accorgimento consente di agevolare le operazioni di ispezione e manutenzione ordinaria;
* sia nel pozzetto di confluenza che nel pozzetto di curva, la canalizzazione in uscita dal manufatto è allineata con la parete del pozzetto, in modo che eventuali onde di shock possano restare aderenti alla parete stessa, senza invadere la banchina. Tale indicazione contrasta la corrente pratica progettuale, che usualmente prevede che l'imbocco del collettore uscente sia posizionato al centro della parete del manufatto;
* le banchine hanno generalmente altezza pari al diametro D, ma possono essere rialzate se si prevede la formazione di un'onda di shock particolarmente elevata all'interno del manufatto.

Si noti che le sopraindicate indicazioni progettuali non comportano l'adozione di alcun elemento aggiuntivo all'interno dei manufatti, quale ad esempio il piatto di copertura per la riduzione dell'ampiezza dei fronti di shock; pertanto, si tratta di soluzioni tecniche che non inducono rischio di ostruzioni.

I pozzetti così realizzati sono stati assoggettati ad una dettagliata campagna sperimentale in laboratorio fornendo risultati eccellenti; inoltre, alcuni manufatti prototipali non hanno manifestato problemi di sorta in fase di esercizio. Dunque, i criteri progettuali fin qui illustrati costituiscono un significativo avanzamento rispetto ai metodi usualmente utilizzati dai tecnici, soprattutto se in presenza di correnti veloci.

Simboli

A	$[m^2]$	sezione idrica
A_p	$[m^2]$	superficie del piatto di copertura
A_s	$[-]$	parametro di confluenza
b	$[m]$	larghezza
B	$[-]$	reazione di fondo, portata d'aria relativa
$\mathbf{B}$	$[-]$	numero di curva
c	$[ms^{-1}]$	celerità
C	$[-]$	concentrazione d'aria
C_k	$[-]$	coefficiente di proporzionalità
C_δ	$[-]$	coefficiente di proporzionalità
C	$[-]$	fattore di sovraccarico
d_a	$[m]$	distanza dal termine della curva della sezione iniziale della corrente anulare
d_1	$[m]$	posizione della massima altezza d'onda
D	$[m]$	diametro
D	$[-]$	numero del salto
D_s	$[m]$	diametro del pozzetto
E	$[m^4 s]$	flusso di energia specifica
f	$[-]$	numero di Froude efficace
F	$[-]$	numero di Froude
F_D	$[-]$	numero di Froude della condotta
g	$[ms^{-2}]$	accelerazione di gravità
G	$[-]$	superficie idrica generalizzata
h	$[m]$	tirante idrico
h_p	$[m]$	altezza piezometrica
h_s	$[m]$	tirante idrico nel pozzetto, tirante nella zona di separazione
H	$[m]$	energia specifica
J	$[-]$	cadente energetica totale
L_a	$[m]$	lunghezza del tratto di corrente bifase
L_s	$[m]$	lunghezza del pozzetto, lunghezza della zona di separazione
m	$[-]$	rapporto tra sezioni idriche
M	$[N]$	quantità di moto
$1/n$	$[m^{1/3} s^{-1}]$	scabrezza alla Manning
n_p	$[-]$	coefficiente di pressione
P_p	$[N]$	forza di sollevamento agente sul piatto di copertura
p	$[m]$	altezza piezometrica
$p/(\rho g)$	$[m]$	altezza piezometrica

q	[-]	rapporto di portate
Q	[m³s⁻¹]	portata
Q_a	[m³s⁻¹]	portata d'aria
R	[m]	raggio di curvatura
R_a	[m]	raggio della curva
R_h	[m]	raggio idraulico
R_z	[m]	raggio di curvatura
s_s	[m]	limite di sommergenza
s	[m]	ampiezza del salto
S	[-]	altezza relativa del salto
S	[-]	numero di shock
S_f	[-]	cadente energetica dovuta alle resistenze al moto
S_o	[-]	pendenza di fondo
S_s	[-]	grado di sommergenza
t	[m]	altezza piezometrica media sul salto di fondo
t_b	[m]	altezza delle banchine
u	[ms⁻¹]	componente della velocità nella direzione del moto
v	[ms⁻¹]	componente trasversale della velocità
V	[ms⁻¹]	velocità
W	[m³]	spinta alla parete
x	[m]	coordinata longitudinale
X	[-]	coordinata longitudinale adimensionale
y	[-]	grado di riempimento, coordinata trasversale
y_d	[-]	grado di riempimento del canale di valle
y_s	[-]	grado di riempimento nel pozzetto
Y	[-]	rapporto di tiranti idrici, coordinata trasversale adimensionale
Y_s	[-]	altezza relativa dell'onda di shock
Δ	[-]	parametro funzione dell'angolo di confluenza
Δz	[m]	altezza del salto
Z	[-]	quantità di moto laterale, altezza relativa
z_s	[m]	altezza del rigonfiamento
α	[°]	angolo di immissione o confluenza, inclinazione del fondo
α_p	[°]	angolo di installazione del piatto di copertura (parete esterna)
β	[-]	rapporto tra larghezze
β_p	[°]	angolo di installazione del piatto di copertura (parete interna)
β_e	[-]	rapporto d'allargamento
β_s	[°]	angolo di shock
γ	[°]	angolo di immissione effettivo
γ_w	[-]	profilo generalizzato alla parete
δ	[°]	angolo di confluenza
δ_k	[°]	angolo di deviazione della curva
δ_s	[-]	rapporto tra diametri
Δh_M	[m]	massimo sovralzo idrico
ΔH	[m]	perdita di energia connessa al salto
ΔH_I	[m]	perdita di energia da impatto nel pozzetto di curva
ΔH_s	[m]	perdita di energia addizionale dovuta al pozzetto
Δz	[m]	dislivello del fondo

Δz_f	[m]	perdita di energia dovuta alle resistenze al moto
ε	[-]	coefficiente di quantità di moto laterale
ζ	[°]	angolo della curva in un canale
η	[-]	coefficiente di pressione, rapporto dei gradi di riempimento nei tratti confluenti
θ	[rad/°]	angolo di una brusca deviazione planimetrica, coordinata angolare in curva, angolo di shock nella confluenza
Φ	[-]	coefficiente di sovralzo
μ	[-]	coefficiente di contrazione
ρ	[kgm^{-3}]	densità
ρ_a	[-]	raggio di curvatura relativo
σ	[-]	coefficiente di riduzione
σ_s	[-]	coefficiente di rigonfiamento
τ	[-]	parametro di correzione, ascissa normalizzata
ξ	[-]	coefficiente di perdita
ξ_k	[-]	coefficiente di perdita nel pozzetto di curva
ξ_s	[-]	coefficiente di perdita nel pozzetto
χ	[-]	caratteristica di scabrezza
ω	[-]	rapporto di restringimento
ζ	[°]	angolo di deviazione in curva
Ω	[-]	coefficiente di velocità

Pedici

a	in asse, sezione iniziale
b	curva
B	onda B nel pozzetto di confluenza
c	stato critico
C	portata limite
d	collettore a valle del pozzetto di curva
e	sezione contratta, sezione terminale, altezza d'onda estrema
E	confluenza fittizia
I	impatto su parete terminale
k	pozzetto di curva
L	limite, laterale
m	minimo, miscela aria-acqua
M	massimo
N	moto uniforme
o	sezione di monte, tronco passante
p	piatto di copertura
s	pozzetto, rigonfiamento, zona di separazione
t	transizione
u	sezione di valle
U	sezione ad U
v	a sezione piena
w	alla parete

z   immissione laterale
1   a monte dell'onda di shock
2   a valle dell'onda di shock

Bibliografia

1. AA. VV.: Sistemi fognari: Manuale di progettazione costruzione e gestione. Centro Studi
   Deflussi Urbani, Hoepli, Milano (1997).
2. AA.VV.: Manuale di Ingegneria Civile. Volume Primo: Costruzioni Idrauliche. E.S.A.C
   (2001).
3. Abbott M.B.: An introduction to the method of characteristics. Elsevier, New York (1966).
4. ASCE: Design and construction of urban storm water management systems. ASCE
   Manuals and Reports of Engineering Practice 77. ASCE, New York (1992).
5. ATV: ATV-Handbuch Bau und Betrieb der Kanalisation [Costruzione e gestione delle
   fognature], 4th ed. W. Ernst & Sohn, Berlin (1996).
6. ATV: Bau und Betrieb von Kanalisationen. Ernst & Sohn, Berlin (2000).
7. ATV: Hydraulic Dimensioning and Performance Verification of Sewers and Drains.
   Arbeitsblatt A 110. ATV/DVWK, Hennef (2001).
8. Chaudhry M.H.: Open channel flow. Prentice Hall, Englewood Cliff (1993).
9. Chiapponi L., Longo S.: Experimental study of river junctions. RiverFlow 2008 Cesme 3:
   2117–2124, M. Altinakar, ed. Kubaba, Izmir (2008).
10. Chow V.T.: Open channel hydraulics. McGraw Hill, New York (1959).
11. Christodoulou G.C.: Drop manholes in supercritical pipelines. Journal of Irrigation and
    Drainage Engineering 117(1): 37–47; 118(5): 832–834 (1991).
12. Del Giudice G., Gisonni C., Hager W.H.: Supercritical flow in bend manhole. Journal of
    Irrigation and Drainage Engineering 126(1): 48–56 (2000).
13. Del Giudice G., Hager W.H.: Supercritical flow in 45° junction manhole. Journal of
    Irrigation and Drainage Engineering 127(2): 100–108 (2001).
14. De Martino F., Gisonni C., Hager W.H.: Drop in combined sewer manhole for super
    critical flow. Journal of Irrigation and Drainage 128(6). 397–400 (2002).
15. Dick T.M., Marsalek J.: Manhole head losses in drainage hydraulics. 21st IAHR Congress
    Melbourne, Seminar A6: 123–131 (1985).
16. Gargano R., Hager W.H.: Supercritical flow across combined sewer manhole. Journal of
    Hydraulic Engineering 128(11): 1014–1017 (2002).
17. Gisonni C., Hager W.H.: Studying flow at tunnel bends. Hydropower and Dams 6(2):
    76–79 (1999).
18. Gisonni C., Hager W.H.: Supercritical flow in manholes with a bend extension.
    Experiments in Fluids 32(3): 357–365 (2002).
19. Gisonni C., Hager W.H.: Supercritical flow in the 90° junction manhole. Urban Water 4:
    363–372 (2002).
20. Gisonni C., Gravina D., Vacca A.: Un modello per la simulazione di campi di moto bidi-
    mensionali in presenza di onde a fronte ripido. I Convegno Nazionale di Idraulica Urbana.
    Sorrento 28–30 Settembre 2005.
21. Gisonni C.: Pozzetti per fognature: criteri di progetto in presenza di correnti veloci.
    L'Acqua 5: 9–18 (2005).
22. Hager W.H.: Die Hydraulik von Vereinigungsbauwerken [Hydraulics of junction
    structures]. Gas – Wasser – Abwasser 62(7): 282–288; 63(3): 148–149 (1982).

23. Hager W.H.: Discussion to Separation zone at open-channel junctions. Journal of Hydraulic Engineering 113(4): 539–543 (1987).
24. Hager W.H.: Spillways. Shockwaves and air entrainment. ICOLD Bulletin 81. International Commission for Large Dams, Paris (1992).
25. Hager W.H., Mazumder S.K.: Supercritical flow at abrupt expansions. Proc. Institution Civil Engineers Water, Maritime & Energy 96(9): 153–166 (1992).
26. Hager W.H.: Impact hydraulic jump. Journal of Hydraulic Engineering 120(5): 633–637 (1994).
27. Hager W.H., Yasuda Y.: Unconfined expansion of supercritical water flow. Journal of Engineering Mechanics 123(5): 451–457 (1997).
28. Hager W.H., Gisonni C.: Supercritical flow in sewer manholes. Journal Hydraulic Research 43(6): 659–666 (2005).
29. Hsu C.-C., Wu F.-S., Lee W.-J.: Flow at 90° equal-width open channel junctions. Journal of Hydraulic Engineering 124(2): 186–191 (1998).
30. Hsu C.-C., Lee W.-J., Chang C.-H.: Subcritical open-channel junction flow. Journal of Hydraulic Engineering 124(8): 847–855; 126(1): 87–89 (1998).
31. Huang J., Weber L.J., Lai Y.G.: Three-dimensional numerical study of flows in open-channel junctions. Journal of Hydraulic Engineering 128(3): 268–280 (2002).
32. Idel'cik I.E.: Memento des pertes de charge. 2nd ed. Eyrolles, Paris (1979).
33. Ippen A.T., Dawson J.H.: Design of channel contractions. Trans. ASCE 116: 326–346 (1951).
34. Ippen A.T., Harleman D.R.F.: Verification of theory for oblique standing waves. Trans. ASCE 121: 678–694 (1956).
35. Ito H., Imai K.: Energy losses at 90° pipe junctions. Proc. ASCE Journal of the Hydraulics Division 99(HY9): 1353–1368; 100(HY8): 1183–1185; 100(HY9): 1281–1283; 100(HY10): 1491–1493; 101(HY6): 772–774 (1973).
36. Johnston A.J., Volker R.E.: Head losses at junction boxes. Journal of Hydraulic Engineering 116(3): 326–341; 117(10): 1413–1415 (1990).
37. Knapp R.T.: Design of channel curves for supercritical flow. Trans. ASCE 116: 296–325 (1951).
38. Kumar Gurram S., Karki K.S., Hager W.H.: Subcritical junction flow. Journal of Hydraulic Engineering 123(5): 447–455 (1997).
39. Liggett J.A.: Applied fluid mechanis. McGraw-Hill, New York (1994).
40. Lindvall G.: Head losses at surcharged manholes with a main pipe and a 90° lateral. 3rd International Conference on Urban Storm Drainage Göteborg 1: 137–146 (1984).
41. Lindvall G.: Head losses at surcharged manholes. 4th International Conference Urban Storm Drainage, Lausanne: 140–141 (1987).
42. Marsalek J.: Head loss at junctions of two opposing lateral sewers. 4th International Conference Urban Storm Drainage, Lausanne: 106–111 (1987).
43. Marsalek J., Greck B.J.: Head losses at manholes with a 90° bend. Canadian Journal Civil Engineering 15: 851–858 (1988).
44. Mazumder S.K., Hager W.H.: Supercritical expansion flow in Rouse modified and reversed transitions. Journal Hydraulic Engineering 119(2): 201–219 (1993).
45. Ministero LL. PP. Istruzioni per la progettazione delle fognature e degli impianti di trattamento delle acque di rifiuto. Servizio Tecnico Centrale, Circolare n. 11633 del 7 gennaio 1974.
46. Reinauer R., Hager W.H.: Shockwave in air-water flows. Intl. Journal Multiphase Flow 22(6): 1255–1263 (1996).
47. Reinauer R., Hager W.H.: Supercritical bend flow. Journal of Hydraulic Engineering 123(3): 208–218 (1997).

48. Reinauer R., Hager W.H.: Supercritical flow in chute contraction. Journal of Hydraulic Engineering **124**(1): 55–64 (1998).
49. Sangster W.M., Wood H.W., Smerdon E.T., Bossy H.G.: Pressure changes at open junctions in conduits. Proc. ASCE Journal of the Hydraulics Division **85**(HY6): 13–42; **85**(HY10): 157; **85**(HY11): 153; **86**(HY5): 117 (1959).
50. Schwalt M.: Vereinigung schiessender Abflüsse [Confluenza di correnti supercritiche]. Dissertation 10370 ETH Zürich. Appeared also as VAW Mitteilung 129, D. Vischer, ed. VAW, Zürich (1993).
51. Schwalt M., Hager W.H.: Shock pattern at abrupt wall deflection. Environmental Engineering Water Froum '92, Baltimore ASCE: 231–236 (1992).
52. Schwalt M., Hager W.H.: Experiments to supercritical junction flow. Experiments in Fluids **18**: 429–437 (1995).
53. Shabayek S., Steffler P., Hicks F.: Dynamic model for subcritical combining flows in channel junctions. Journal of Hydraulic Engineering **128**(9): 821–828 (2002).
54. Townsend R.D., Prins J.R.: Performance of model storm sewer junctions. Journal of the Hydraulics Division ASCE **104**(HY1): 99–104 (1978).
55. Vischer D.: Die zusätzlichen Verluste bei Stromvereinigungen [Perdite di carico localizzate nelle confluenze]. Dissertation, Arbeit 147, Theodor-Rehbock-Flussbau-Laboratorium, TH Karlsruhe, Karlsruhe (1958).
56. Vischer D.L., Hager W.H.: Reduction of shockwaves: A typology. Journal of Hydropower and Dams **1**(4): 25–29 (1994).
57. Weber L.J., Schumate E.D., Mawer N.: Experiments on flow at a 90° open-channel junction. Journal of Hydraulic Engineering **127**(5): 340–350 (2001).
58. Wehausen J.V., Laitone E.V.: Surface Waves: 446–778. Handbuch der Physik 9 Strömungsmechanik. S. Flügge, C. Truesdell (eds.). Springer, Heidelberg Berlin New York (1960).

Manufatti di ripartizione

Sommario In alcuni casi di pratico interesse, quale ad esempio un impianto di depurazione di acque reflue, può essere necessario progettare un canale che distribuisca la portata lungo il proprio percorso. Una particolare tipologia di tale manufatto è rappresentata dagli sfioratori laterali che vengono spesso impiegati come scaricatori di piena nei sistemi fognari di tipo misto. Sono prevalentemente illustrati i manufatti per la ripartizione della portata convogliata, una cui particolare applicazione è rappresentata dagli sfioratori laterali installati su *canali rettangolari*. Sono illustrate le caratteristiche principali del processo di moto finalizzate alla definizione del profilo di corrente, per il cui tracciamento viene anche presentata una procedura di calcolo. A tale scopo viene anche introdotto il concetto di *moto pseudo-uniforme*.

Nel paragrafo 17.6, viene mostrato che le equazioni che descrivono il funzionamento di uno sfioratore laterale rappresentano una specializzazione di quelle più generali che fanno riferimento ad un manufatto di ripartizione di portata. Esempi di calcolo guidano il lettore nella applicazione delle procedure di verifica e dimensionamento idraulico per questo tipo di manufatti.

17.1 Introduzione

Un canale di ripartizione (inglese: "distribution channel" o "manifold") presenta aperture laterali dalle quali effluisce la portata che viene distribuita lungo un certo tratto del canale stesso. Manufatti di questo tipo trovano applicazione sia nei sistemi fognario-depurativi o in impianti irrigui, in cui il deflusso avviene prevalentemente a superficie libera, ma anche in numerosi sistemi idrici in pressione; basti pensare alle condotte distributrici all'interno di serbatoi ad uso acquedottistico, ovvero ad impianti di raffreddamento nei sistemi industriali o anche alle condotte sottomarine a servizio degli impianti di trattamento dei reflui. In particolare, nell'ultimo dei casi menzionati, lo *scarico in pressione* attraverso più luci di efflusso viene impiegato per migliorare le condizioni di miscelazione e diffusione dell'effluente nel corpo idrico ricettore. Analoga considerazione può essere fatta per i *canali a pelo libero*, utilizzati per l'alimentazione delle varie vasche in un impianto di depurazione dei liquami (Fig. 17.1). Generalmente, un canale di ripartizione dovrebbe realizzare una *distri-

Gisonni C., Hager W.H.: Idraulica dei sistemi fognari. Dalla teoria alla pratica.
DOI 10.1007/978-88-470-1445-9_17, © Springer-Verlag Italia 2012

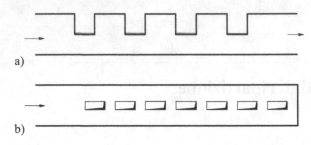

Fig. 17.1. Manufatto di distribuzione: a) in un canale a pelo libero; b) in una tubazione con estremità cieca (portata terminale nulla)

buzione uniforme della portata, obiettivo non semplice da realizzare nelle pratiche applicazioni.

La sezione trasversale di un manufatto di ripartizione può indifferentemente essere rettangolare o circolare. Da un punto di vista pratico, il tecnico è chiamato a rispondere a precise esigenze progettuali; quella maggiormente ricorrente è certamente: come va progettato un manufatto che garantisca una distribuzione uniforme di portata, tenendo conto delle condizioni idrauliche di monte e di valle?

Ovviamente, la risposta a tale domanda passa per un'analisi approfondita del comportamento idraulico del manufatto, per la quale è necessario lo studio della corrente idraulica lungo l'intero tratto di canale interessato dalla variazione di portata. Nel seguito del capitolo, vengono specificamente affrontate le problematiche relative ai canali di ripartizione a sezione *rettangolare* tipicamente utilizzati nei comparti di aerazione degli impianti di depurazione, ma vengono anche fornite indicazioni progettuali per altri manufatti di separazione delle portate correntemente impiegati in sistemi di canali con deflusso a superficie libera.

La Fig. 17.2 illustra diverse tipologie che possono caratterizzare un manufatto di ripartizione:

- *sfioratore laterale* (inglese: "sideweir"), con soglia disposta parallelamente alla direzione della corrente principale;
- *luce laterale* (inglese: "side opening"), con luce di efflusso sotto battente ubicata nella parete del canale;
- *luce di fondo* (inglese: "bottom opening"), con luce di efflusso praticata sul fondo del canale.

Le tre tipologie sopra elencate possono essere normalmente descritte mediante un unico parametro, rappresentato rispettivamente dalla altezza w della soglia per lo sfioratore laterale, dalla altezza s della apertura per la luce laterale e dalla larghezza t della apertura per la luce di fondo. Il ciglio della soglia è generalmente sagomato come una luce in parete sottile, il cui profilo è orizzontale o parallelo al fondo del canale. Nel caso di luci a sezione circolare sul fondo del canale, è possibile considerare luci equivalenti a sezione rettangolare di larghezza t e lunghezza ΔL.

A differenza degli scaricatori di piena per fognatura, la geometria degli sfioratori laterali per la ripartizione di portata è semplice, anche se le forze resistenti al moto

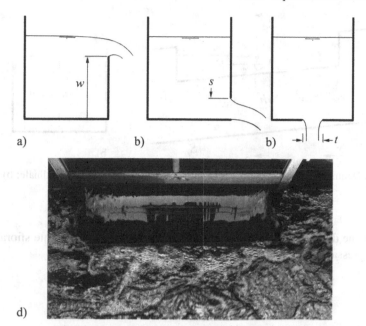

Fig. 17.2. Differenti modalità di efflusso: a) sfioratore laterale; b) efflusso da parete sotto battente; c) luce di fondo; d) efflusso laterale in un bacino di aerazione

e la pendenza di fondo possono giocare un ruolo non trascurabile nei casi in cui la lunghezza del manufatto diventi notevole. Nel prosieguo del capitolo, dopo aver illustrato le equazioni delle correnti a portata variabile (inglese: "spatially varied flow"), viene specificamente descritto il funzionamento di un canale di ripartizione che distribuisce portata attraverso uno sfioro laterale. I fondamenti teorici vengono poi applicati per la definizione di procedure di calcolo utili ai fini del dimensionamento idraulico di questo tipo di manufatto.

Infine, nell'ultimo paragrafo, il manufatto di biforcazione di un canale viene esaminato come caso particolare di un manufatto di ripartizione.

17.2 Equazioni del moto

Detto $E = QH$ il flusso di energia specifica, in cui Q è la portata e H l'energia specifica (capitolo 1), si può applicare la legge di conservazione dell'energia ad un elemento di lunghezza elementare Δx, tenendo conto della pendenza di fondo S_o e delle resistenze al moto espresse dalla inclinazione della cadente energetica S_e. Partendo dalla definizione:

$$E = QH = Q\left[h + \frac{Q^2}{2gA^2}\right],$$

(17.1)

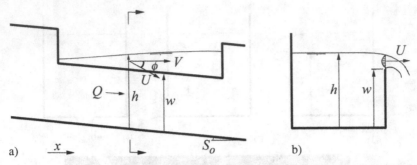

Fig. 17.3. Definizione dei parametri per lo sfioro laterale: a) profilo longitudinale; b) sezione trasversale

la variazione del flusso di energia, tenendo anche conto della corrente sfiorata, può essere espressa come:

$$\frac{dE}{dx} = (S_o - S_e)Q + \left[p + \frac{U^2}{2g}\right]\frac{dQ}{dx},\qquad(17.2)$$

in cui p è l'altezza piezometrica associata alla corrente sfiorata e U la velocità corrispondente (Fig. 17.3). Derivando l'Eq. (17.1) e tenendo conto dell' Eq. (17.2) si ottiene il profilo della superficie libera basato sulla *conservazione dell'energia* [7,28]:

$$\frac{dh}{dx} = \frac{S_o - S_e + \frac{dQ/dx}{Q}\left[p - h + \frac{U^2 - 3V^2}{2g}\right]}{1 - F^2},\qquad(17.3)$$

in cui $F^2 = [Q^2/(gA^3)](\partial A/\partial h)$ è il quadrato del numero di Froude locale della corrente. Applicando la *conservazione della quantità di moto*, Favre [4] dedusse una simile equazione per il profilo $h(x)$, di seguito riportata:

$$\frac{dh}{dx} = \frac{S_o - S_f + \frac{dQ/dx}{Q}\left[\frac{V \cdot U\cos\phi - 2V^2}{g}\right]}{1 - F^2}.\qquad(17.4)$$

Si noti che nell'Eq. (17.4) compare la cadente dovuta alle perdite distribuite di energia S_f, piuttosto che la cadente totale dell'energia S_e, che invece compare nell'Eq. (17.3). Inoltre, all'interno della stessa equazione è contenuto il termine $U\cos\phi$ che rappresenta la componente secondo x della velocità di efflusso. Ipotizzando che risulti $S_e \cong S_f$, la *cadente dovuta all'efflusso laterale* S_L può essere ricavata dalle Eq. (17.3) e (17.4), e può essere espressa come:

$$S_L = -\left[1 - \frac{U\cos\phi}{V}\right]\frac{Q(dQ/dx)}{gA^2}.\qquad(17.5)$$

Poiché, nel caso di sfioro laterale, la portata nel canale si riduce nel verso della corrente, il termine dQ/dx è negativo e, dall'Eq. (17.5), si può concludere che:

- la pendenza S_L è positiva se $V > U\cos\phi$;
- la pendenza S_L è negativa se $V < U\cos\phi$.

Questa *anomalia* è tipica per le correnti a portata variabile, come precedentemente notato nei capitoli 2 e 16. La cadente dell'energia totale si compone quindi di tre termini: pendenza S_o di fondo, pendenza S_f dovuta alle perdite di energia distribuite e cadente addizionale S_L dovuta all'efflusso laterale.

Nel caso di manufatti di scarico, invece che di ripartizione, si può assumere che risulti $V = U\cos\phi$, per cui non esistono perdite di energia addizionali lungo la soglia di sfioro, a meno che non si inneschi un risalto idraulico [9]; in questi casi si parla di *efflusso laterale non forzato*, caratterizzato da una distribuzione pressoché uniforme delle velocità nella sezione trasversale. La condizione di *efflusso laterale forzato*, invece, si presenta tipicamente in sfioratori laterali equipaggiati con setti paraschiuma per prevenire lo sfioro di materiale flottante.

Da un punto di vista matematico, il problema può essere ulteriormente semplificato considerando una *cadente media dovuta alle resistenze distribuite* $S_{fa} = (1/L_v)\int_{L_v} S_f dx$, calcolata sulla lunghezza L_v del canale ripartitore, al posto del valore puntuale della funzione $S_f(x)$. Con buona approssimazione si può stimare $S_{fa} = (1/2)(S_{fo} + S_{fu})$, ovvero pari alla media (pedice a) dei valori della pendenza S_{fo} e S_{fu} valutati alle estremità del tratto di canale interessato; quindi la cadente totale $J = S_o - S_{fa}$ diviene indipendente dalla progressiva x, e l'Eq. (17.4) può essere integrata, conducendo all'*equazione generalizzata di Bernoulli*

$$H = H_r + Jx = h + \frac{Q^2}{2gA^2}, \qquad (17.6)$$

in cui il pedice r è riferito al valore di contorno di seguito specificato. Nei casi più ricorrenti, la pendenza di fondo è pressoché compensata dalle resistenze al moto, per cui è lecito formulare l'ipotesi di *energia specifica costante* lungo il canale di distribuzione. In forza di tale ipotesi, il calcolo del profilo di pelo libero è notevolmente semplificato, risultando

$$H = H_r = h + \frac{Q^2}{2gA^2}. \qquad (17.7)$$

Derivando l'Eq. (17.7) rispetto a x si ottiene:

$$\frac{dH}{dx} = \frac{dh}{dx} + \frac{Q(dQ/dx)}{gA^2} - \frac{Q^2(dA/dx)}{gA^3} = 0. \qquad (17.8)$$

Eliminando la portata Q tra le Eq. (17.7) e (17.8), si ottiene l'*equazione del profilo della superficie libera*:

$$\frac{dh}{dx}\left[1 - \frac{2(H-h)}{A}\frac{\partial A}{\partial h}\right] = 2(H-h)\frac{\partial A/\partial x}{A} - \frac{[2g(H-h)]^{1/2}(dQ/dx)}{gA}. \qquad (17.9)$$

Quest'ultima equazione può essere integrata qualora siano noti la variazione di portata dQ/dx ed il valore al contorno (pedice r) del tirante idrico $h(x = x_r) = h_r$. La conseguente legge di variazione della portata $Q(x)$ può essere successivamente valutata mediante l'Eq. (17.7).

Si noti che le ipotesi $S_L = 0$ e $J = 0$ fanno sì che il problema originario venga suddiviso in due equazioni, finalizzate rispettivamente alla individuazione delle funzioni $h(x)$ e $Q(x)$. In assenza delle suddette ipotesi, si sarebbe dovuto procedere alla soluzione di un sistema di equazioni differenziali non lineari, la cui soluzione non può che essere ottenuta mediante algoritmi numerici. Tra l'altro, il notevole *numero di parametri* in gioco impedirebbe la definizione di una soluzione generale, oltre a rendere complicata la valutazione dell'effetto delle singole grandezze fisiche in gioco.

I vantaggi di un approccio semplificato sono quindi evidenti; va comunque sottolineato che le resistenze al moto devono essere opportunamente portate in conto nei casi in cui la pendenza di fondo si discosti in misura dovuta rispetto alle resistenze al moto, e nei casi in cui la perdita di carico totale dovuta alle resistenze al moto ΔH_f sia una aliquota significativa del carico H_r, e cioè $\Delta H_f > 0.1 H_r$.

17.3 Efflusso laterale

L'efflusso laterale da un canale di ripartizione risente degli effetti di vari parametri: geometria della luce, velocità e direzione della corrente in arrivo al dispositivo di efflusso. In generale, il processo di efflusso è apprezzabilmente differente dal caso semplice di efflusso da un serbatoio in cui la velocità di arrivo della corrente può essere considerata trascurabile.

Secondo quanto presentato da Hager [9], la classica trattazione di De Marchi [3] per la definizione dell'equazione di efflusso è esatta solo per piccoli valori del numero di Froude della corrente. Nel caso più generale, bisogna fare ricorso alle *equazioni generalizzate di efflusso*, quali quelle presentate da Hager e Volkart [11] e qui di seguito riportate:

$$\frac{dQ}{dx} = -0.6 n^* c_k (gH^3)^{1/2} (y - W)^{3/2} \left[\frac{1 - w}{3 - 2y - W}\right]^{1/2} \cdot$$

$$\cdot \left[1 - (J + \theta) \left(\frac{3(1-y)}{y - W}\right)^{1/2}\right], \tag{17.10}$$

$$\frac{dQ}{dx} = -n^* S \left[\frac{2gH^3}{3(4 - 3y)}\right]^{1/2} \left[1 - (J + \theta) \left(\frac{1-y}{y}\right)^{1/2}\right], \tag{17.11}$$

$$\frac{dQ}{dx} = -0.62 A \left[2gH^3 \left(\frac{y}{2 - y}\right)\right]^{1/2}. \tag{17.12}$$

In particolare, l'Eq. (17.10) è specifica per il caso di sfioro laterale, l'Eq. (17.11) per il caso di luce laterale, e l'Eq. (17.12) per il caso di luce di fondo. Nelle suddette equazioni, $y = h/H$ è il tirante idrico relativo rispetto alla energia specifica H, n^* è il numero di lati (Fig. 17.2) sui quali il canale distribuisce la portata ($n^* = 1$ o 2), c_k è un parametro della soglia ($c_k = 1$ per soglia in parete sottile), J è la cadente totale definita al paragrafo 17.2 e θ è l'eventuale angolo secondo il quale il canale subisce una diminuzione di larghezza. La geometria del tipo di efflusso per sfioro laterale, luce laterale e luce di fondo viene rispettivamente definita mediante i seguenti parametri:

$$W = w/H; \quad S = s/H; \quad T = t/H. \tag{17.13}$$

Nel prosieguo del paragrafo ci si sofferma sul caso di sfioro laterale, ma le altre due tipologie possono essere trattate in maniera assolutamente analoga [6, 22].

Si consideri il caso di canale rettangolare con sezione trasversale $A - Bh$, in cui la larghezza B varia *linearmente* con la progressiva x, ovvero:

$$B = b + \theta x, \tag{17.14}$$

essendo b la larghezza nella sezione iniziale $x = 0$; ovviamente risulta $\partial A/\partial x = \theta h$ e $\partial A/\partial h = b + \theta x = B$. Introducendo i parametri adimensionali:

$$X = kx/b; \quad y = h/H; \quad \Theta = \theta/k; \quad W = w/H, \tag{17.15}$$

in cui $k = n^* c_k$ è una costante, l'*equazione adimensionale del profilo della superficie libera*, in virtù dell'Eq. (17.9), può essere scritta come

$$\frac{dy}{dX} = \frac{2\Theta y(1-y) - (\bar{Q}'/k)[2(1-y)]^{1/2}}{(3y-2)(1+\Theta X)}. \tag{17.16}$$

La *intensità adimensionale di efflusso* di uno sfioro laterale, rappresentata dalla grandezza $\bar{Q}'/k = (dQ/dx)/[k(gH^3)^{1/2}]$, in accordo con l'Eq. (17.10) e nell'ipotesi $J = 0$, è espressa dall'equazione

$$\frac{\bar{Q}'}{k} = -0.6(y-W)^{3/2} \left[\frac{1-W}{3-2y-W} \right]^{1/2} \left[1 - \Theta \left(\frac{3(1-y)}{y-W} \right)^{1/2} \right]. \tag{17.17}$$

Quindi, il profilo adimensionale della superficie libera $y(X)$ dipende esclusivamente dai parametri Θ e W, più una condizione al contorno. Una volta determinato il profilo della superficie libera (paragrafo 17.5), la portata può essere stimata mediante l'Eq. (17.7) come

$$\frac{Q}{(gB^2H^3)^{1/2}} = y[2(1-y)]^{1/2}. \tag{17.18}$$

L'approccio qui presentato, avvalendosi di alcune ipotesi semplificative, consente di definire un sistema di equazioni che governano il fenomeno di efflusso, decisamente più semplici rispetto alle equazioni che discenderebbero da una rigorosa analisi teorica. L'*accuratezza* dei risultati forniti da questa metodologia è pari all'incirca al ±10%, essenzialmente dovuta all'approccio monodimensionale, alle approssimazioni accettate nel ricavare l'equazione di efflusso ed all'aver trascurato le perdite di carico dovute al processo di efflusso.

17.4 Moto pseudo-uniforme

17.4.1 Effetto della riduzione di larghezza

La condizione di moto uniforme, definita al capitolo 5, corrisponde ad uno stato di *equilibrio* tra le forze motrici e quelle resistenti che agiscono su una corrente idrica. Il moto uniforme comporta un tirante idrico costante, nella ipotesi di canale prismatico avente pendenza, scabrezza e portata costanti. Dall'Eq. (17.16), si vede che è possibile ottenere una altezza idrica costante $(dy/dX = 0)$, definita di *moto pseudo-uniforme* (pedice *PN*), purché risulti soddisfatta la particolare condizione:

$$(\bar{Q}'/k)_{PN} = \Theta y_{PN}[2(1-y_{PN})]^{1/2} \tag{17.19}$$

e siano escluse le condizioni singolari $y = 2/3$ (stato critico) e $X = 1/\Theta$ (canale di larghezza nulla). Sostituendo la variazione di portata dQ/dx nell'Eq. (17.17), è possibile giungere alla definizione di una relazione che esprime y_{PN} in funzione della altezza relativa di soglia $W = w/H$ e del rapporto di convergenza Θ.

La Fig. 17.4 mostra che le soluzioni reali per y_{PN} possono essere ottenute solo per $\Theta < 0$, mentre la soluzione banale $\Theta = 0$ richiede che sia $y_{PN} = W$, ovvero efflusso laterale nullo, secondo l'Eq. (17.17).

Per $W < 0.8$, il tirante idrico di moto pseudo-uniforme può essere approssimato mediante la relazione:

$$\frac{y_{PN} - 1.5|\Theta|^{1.5}}{1 - 1.5|\Theta|^{1.5}} = 1.2W^{0.8}, \tag{17.20}$$

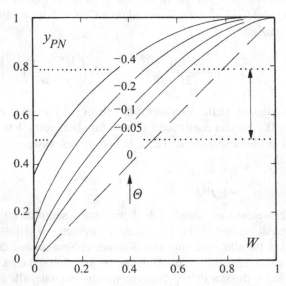

Fig. 17.4. Tirante idrico di moto pseudo-uniforme $y_{PN} = h_{PN}/H$ in funzione della altezza relativa di soglia $W = w/H$ e del rapporto di contrazione $\Theta = \theta/k$

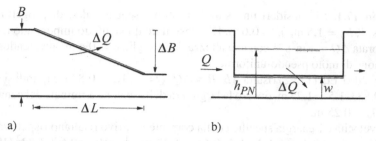

Fig. 17.5. Moto pseudo-uniforme in un canale di distribuzione convergente: a) pianta; b) sezione

che fornisce una espressione esplicita $y_{PN}(\Theta, W)$. Dunque, nella condizione di moto pseudo-uniforme, si instaura un tirante idrico costante $h_{PN} = y_{PN}H$ lungo il tratto in cui avviene efflusso laterale di portata, così come restano costanti i valori della velocità $V = V_{PN} = Q/A_{PN}$ e della variazione di portata $\bar{Q}'_{PN}$; tale condizione rappresenta un importante *approccio progettuale*, da portare debitamente in conto per canali convergenti a portata variabile.

Inserendo la condizione di moto pseudo-uniforme nell'Eq. (17.7), nel caso in cui le sezioni di estremità del canale (Fig. 17.5) abbiano larghezze B e $B - \Delta B$, con portate rispettivamente pari a Q e $Q - \Delta Q$, si ottiene la relazione [21]:

$$H = h_{PN} + \frac{Q^2}{2gB^2 h_{PN}^2} = h_{PN} + \frac{(Q - \Delta Q)^2}{2g(B - \Delta B)^2 h_{PN}^2}, \qquad (17.21)$$

che può essere semplificata nella relazione:

$$\frac{\Delta Q}{Q} = \frac{\Delta B}{B}. \qquad (17.22)$$

Quindi, la riduzione di larghezza ΔB del canale rispetto alla larghezza iniziale B deve essere uguale alla riduzione di portata ΔQ rispetto alla portata Q in arrivo; per il caso limite di portata sfiorata nulla ($\Delta Q \to 0$), il canale avrà sezione prismatica ($\Delta B \to 0$), mentre la portata sfiorata tenderà all'intero valore della portata in arrivo ($\Delta Q \to Q$) nel caso in cui il canale di ripartizione abbia pianta triangolare ($\Delta B \to B$). Il moto pseudo-uniforme rappresenta una condizione di *funzionamento ottimale* in quanto garantisce velocità costante della corrente, con conseguente riduzione della possibilità di sedimentazione ed accumulo di materiale sul fondo; inoltre, un tirante idrico costante minimizza il valore del franco idraulico necessario, così come un valore costante della portata sfiorata per unità di lunghezza rende minima la stessa lunghezza del manufatto.

Nel capitolo 19 viene illustrata la possibilità che uno sfioratore convergente possa essere abbinato ad un canale di gronda divergente, andando a costituire un manufatto particolarmente compatto.

Esempio 17.1. Si consideri uno sfioratore con i seguenti dati di progetto $Q_o = 1.2 \text{ m}^3\text{s}^{-1}$, $B_o = 1.5$ m, $h_o = 0.6$ m. Dimensionare il manufatto imponendo una portata sfiorata $\Delta Q = 1 \text{ m}^3\text{s}^{-1}$ con una altezza della soglia $w = 0.4$ m, avvalendosi della condizione di moto pseudo-uniforme.

Secondo l'Eq. (17.22) risulta $\Delta B/B = \Delta Q/Q = 1/1.2 = 0.833$, e quindi si ottiene $\Delta B = 0.833 \cdot 1.5 = 1.25$ m, ovvero la larghezza della sezione terminale del canale sarà pari a $B_u = 0.25$ m.

La velocità e l'energia specifica della corrente in arrivo risultano rispettivamente pari a $V_o = Q_o/(B_o h_o) = 1.2/(1.5 \cdot 0.6) = 1.33 \text{ ms}^{-1}$ e $H_o = 0.6 + 1.33^2/19.62 = 0.69$ m, mentre il rapporto di convergenza dello sfioratore è assunto pari a $\Theta = \theta \cong -0.1$, ponendo $k = 1$. Inoltre, essendo $W = 0.4/0.69 = 0.58$, risulta $y_{PN} = 0.8$ dalla Fig. 17.4, e quindi, dall'Eq. (17.17), $\bar{Q}'/k = -0.6 \cdot 0.22^{3/2}[0.42/0.82]^{1/2}[1 + 0.1(0.6/0.22)^{1/2}] = -0.052$, per cui si ottiene $Q' = -(9.81 \cdot 0.69^3)^{1/2}0.052 = -0.093 \text{m}^2\text{s}^{-1}$. La lunghezza del canale è allora presto valutata come $\Delta L = Q/(-Q') = 1.2/0.093 = 12.95$ m, con $\theta = -1.25/12.95 = -0.097$.

Normalmente, per un tirante idrico costante $h_{PN} = 0.8 \cdot 0.69 = 0.55$ m si otterrebbe una portata sfiorata $\Delta Q = 0.4 \cdot 19.62^{1/2}(0.55 - 0.40)^{3/2}12.95 = 1.33 \text{ m}^3\text{s}^{-1}$, e cioè il 33% in più rispetto al valore effettivo. Tale riduzione è dovuta alle condizioni cinetiche della corrente in arrivo il cui numero di Froude è pari a $F_{PN} = V_o/(gh_o)^{1/2} = 1.33/(9.81 \cdot 0.55)^{1/2} = 0.57$.

Esempio 17.2. Calcolare l'altezza di sfioro per l'Esempio 17.1. Con $W = 0.4/0.69 = 0.58$ e $\Theta = -0.1$, la Fig. 17.4 fornisce $y_{PN} = 0.80$ e quindi $h_{PN} = 0.55$ m. La altezza idrica sulla soglia di sfioro è allora pari a $h_{PN} - w = 0.55 - 0.4 = 0.15$ m. Dalla Eq. (17.20), risulta $y_{PN} = 1.5 \cdot 0.1^{1.5} + 1.2 \cdot 0.58^{0.8}(1 - 1.5 \cdot 0.1^{1.5}) = 0.047 + 0.776(1 - 0.047) = 0.79(-1\%)$.

Si noti che l'Esempio 17.1 fornisce un numero di dati di progetto superiore a quello normalmente disponibile nella pratica progettuale. Nella generalità dei casi, per la corrente in arrivo sono noti la portata, la larghezza del canale, il tirante idrico e quindi l'energia specifica H_o, mentre va determinata la altezza della soglia in funzione di vari valori di lunghezza della soglia stessa.

Il funzionamento del manufatto sarà tanto più stabile e regolare, quanto più saranno evitati numeri di Froude compresi tra 0.7 e 1.5. Poiché l'energia specifica è definita come $H_{PN} = h_{PN} + Q^2/(2gB^2 h_{PN}^2)$, ovvero $y_{PN}^{-1} = 1 + (1/2)F_{PN}^2$, il campo di variazione di y_{PN} dovrebbe essere $y_{PN} > 0.80$ per *corrente lenta* e $y_{PN} < 0.50$ per *corrente veloce*. L'intervallo di variazione della altezza relativa di soglia è dunque dato da $W>0.4$ per *corrente lenta* e $W < 0.4$ per *corrente veloce* (Fig. 17.4). In linea generale, è bene evitare la condizione di corrente veloce, per cui è opportuno imporre altezze relative della soglia non inferiori al valore minimo $W = 0.4$.

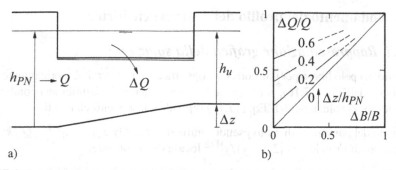

a)   b)

Fig. 17.6. Canale di distribuzione con pendenza avversa del fondo per migliorare la uniformità della corrente: a sezione; b) grafico dell'Eq. (17.24), con (- - -) corrente instabile

17.4.2 Effetto dell'innalzamento del fondo

Per un canale ripartitore con cadente totale $J \neq 0$, l'Eq. (17.21) può essere scritta nella forma più generale:

$$h_{PN} + \frac{Q^2}{2gB^2 h_{PN}^2} = h_u + \frac{(Q-\Delta Q)^2}{2g(B-\Delta B)^2 h_u^2} + \Delta z, \qquad (17.23)$$

in cui $\Delta z = J\Delta L$ è all'incirca pari alla differenza di quota tra le sezioni di estremità (Fig. 17.6a), e

$$\frac{\Delta Q}{Q} = \frac{\Delta B}{B} + \frac{\Delta z}{h_{PN}} - \frac{\Delta B}{B}\frac{\Delta z}{h_{PN}}, \qquad (17.24)$$

Dunque, la corrente idrica in questo tipo di manufatti può riprodurre condizioni assimilabili a quelle del moto uniforme realizzando una *contropendenza del fondo*. L'innalzamento relativo del fondo $\Delta z/h_{PN}$ non dovrebbe superare il valore 0.5 per evitare condizioni di deflusso prossime allo stato critico. La combinazione di innalzamento del fondo e restringimento di sezione consente di scaricare l'intera portata in arrivo, risultando cioè $\Delta Q/Q = 1$. Nella realtà, tale configurazione non è materialmente realizzabile, poiché larghezze del canale $B_u < 0.20$ m sono incompatibili con le ordinarie operazioni di manutenzione. In alcuni casi, si prevede la realizzazione di una apertura sul fondo per consentire lo svuotamento del canale in fase di manutenzione.

Ovviamente i valori dei tiranti idrici nelle sezioni di estremità variano con le portate in arrivo al manufatto; per tale motivo, la condizione di moto pseudo-uniforme rappresenta la condizione di funzionamento idraulico in concomitanza della *portata di progetto*. Per diversi valori della portata, si può procedere alla determinazione del profilo del pelo libero sulla base delle indicazioni riportate nel paragrafo successivo.

Esempio 17.3. Determinare la portata sfiorata dell'Esempio 17.1, nel caso in cui $\Delta z/h_{PN} = 0.2$.

Essendo $\Delta B/B = 0.833$ e $\Delta z/h_{PN} = 0.2$, dall'Eq. (17.24) si ottiene $\Delta Q/Q = 0.833(1-0.2)+0.2 = 0.866$, e per cui si ricava $(0.866-0.833) \cdot 1.2 = 0.04$ m^{3}s^{-1} di incremento di portata sfiorata lateralmente.

17.5 Andamento del profilo della superficie idrica

17.5.1 Rappresentazione grafica della soluzione

Il profilo del pelo libero per una corrente soggetta a sfioro laterale è teoricamente rappresentato dall'Eq. (17.16), per la quale va opportunamente definita una condizione al contorno; la soluzione dell'Eq. (17.16) dipende dai seguenti elementi:

- segno del parametro di moto pseudo-uniforme $\sigma = \Theta y[2(1-y)]^{1/2} - \bar{Q}'/k$;
- numero di Froude $F = [2(1-y)/y]^{1/2}$ locale della corrente.

Per $y < y_{PN}$ il segno di σ è opposto a quello del caso in cui risulta $y > y_{PN}$, ed analogamente si può dire per la pendenza del pelo libero dy/dX. Nel caso in cui $y > 2/3$, la corrente nel canale rettangolare è subcritica, mentre è ovviamente veloce nel caso opposto. La Fig. 17.7 riepiloga i sei possibili casi di andamento del pelo libero; nella stessa figura è anche indicato il riferimento della altezza di moto pseudo-uniforme.

In un canale di distribuzione *prismatico* ($\Theta = 0$), il tirante idrico aumenta per $F < 1$ e diminuisce per $F > 1$; questo concetto fondamentale, originariamente introdotto da De Marchi [3], è valido anche per canale *convergente* purché sia $\sigma > 0$, e cioè nel caso di modesta riduzione della larghezza del canale. Invece, nel caso in cui risulta $\sigma < 0$, ovvero nel caso di canale fortemente convergente, il profilo del pelo libero si abbassa per corrente lenta e si innalza per corrente veloce. Si noti che la condizione di moto pseudo-uniforme ha un *effetto di omogeneizzazione* sul profilo; peraltro, anche in condizioni di funzionamento diverse da quelle di progetto, i tiranti idrici sono molto prossimi a quello pseudo-uniforme. Si noti, inoltre, che in nessun caso il profilo presenta un punto di minimo o di massimo locale. Il valore massimo del tirante idrico si verificherà comunque in corrispondenza di una delle due sezioni di estremità del manufatto; tale caratteristica della corrente resta sempre valida a meno di insorgenza di un *risalto idraulico* lungo la soglia, condizione descritta nel seguito.

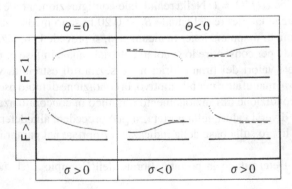

Fig. 17.7. Classificazione dei profili di pelo libero in un canale con sfioro laterale, nel caso $J = 0$, in funzione del numero di Froude e del parametro σ [11]; (- - -) tirante pseudo-uniforme, ($\cdots$) corrente transcritica

L'Eq. (17.16) può essere risolta considerando le più generali *condizioni al contorno* (pedice r). Nel caso di corrente lenta, il calcolo viene eseguito procedendo *contro* la direzione della corrente; per tale condizione $F_r = 0$, ovvero $y_r = 1$, rappresenta la più estrema delle condizioni al contorno che possa essere imposta a valle. Tutte le altre condizioni, ovvero $y_r < 1$, sono ubicate più a monte tra la sezione in cui vige il tirante di ristagno $h_r = H$ ed il tirante di moto pseudo-uniforme $h_r = h_{PN}$. Per corrente lenta con $h_r < h_{PN}$, si dimostra che la condizione di valle estrema è rappresentata dal tirante di stato critico; in tal caso, $y_r = 2/3$ ($F_r = 1$) rappresenta la condizione al contorno generale da imporre, purché risulti $2/3 < y_r < y_{PN}$.

Nel caso di corrente veloce, per $y_{PN} < y_r < 2/3$, la condizione al contorno è rappresentata da $y_r = 2/3$ ($F_r = 1$), e la direzione del calcolo è *coerente* con quella della corrente (Fig. 17.7). Nel caso in cui risulti $W < y_r < y_{PN}$, la condizione al contorno estrema è data da $y_r = W$.

In definitiva, le condizioni al contorno da imporre in un manufatto di ripartizione sono le seguenti:

- $y_r = 1$ per corrente lenta, e $y_r = 2/3$ per corrente veloce, in canale prismatico;
- $y_r = 1$ e $y_r = 2/3$ per corrente lenta, e $y_r = 2/3$ e $y_r = W$ per corrente veloce in canale convergente.

Le Fig. 17.8 e 17.9 raffigurano la *soluzione generale* del profilo di pelo libero $y(X)$ per corrente lenta ($2/3 < y < 1$) e veloce ($W < y < 2/3$) per canali caratterizzati da rapporto di convergenza $\Theta = 0$, 0.1, −0.2 e −0.4. Per un'assegnata condizione al contorno y_r, e dati i valori di W e Θ, la progressiva X_r può essere determinata ed il profilo $y(X)$ può essere ottenuto per via esplicita. La applicazione dei diagrammi è analoga a quella illustrata nei capitolo 8 o 18; si ricorda che tali risultati discendono fondamentalmente dalla ipotesi di *energia specifica costante H* lungo il canale di ripartizione.

Esempio 17.4. Si consideri un canale prismatico, dotato di soglia laterale di sfioro, con larghezza $B = 0.7$ m, lunghezza $\Delta L = 4$ m ed altezza della soglia $w = 0.35$ m. Determinare la portata sfiorata per un tirante idrico di valle pari a $h_u = 0.52$ m, essendo la portata corrispondente pari a $Q_u = 0.27$ m^{3}s^{-1}.

Essendo la velocità pari a $V_u = 0.27/(0.7 \cdot 0.52) = 0.74$ ms^{-1}, l'energia specifica risulta pari a $H_u = 0.52 + 0.74^2/19.62 = 0.55$ m, con un valore del numero di Froude pari a $F_u = 0.74/(9.81 \cdot 0.52)^{1/2} = 0.33$. La corrente è dunque lenta ed il calcolo deve essere sviluppato *contro* il verso del flusso.

Nel caso di soglia in parete sottile, per cui $c_k = 1$, si ottiene $k = 1$. Quindi, per il tirante idrico al contorno $y_r = h_u/H_u = 0.52/0.55 = 0.94$ e la altezza relativa di soglia $W = 0.35/0.55 = 0.64$, la applicazione della Fig. 17.8a conduce alla determinazione di $X_r = -2.9$. Per $\Delta L = 4$ m, secondo la definizione data nell'Eq. (17.15), il valore della lunghezza adimensionale della soglia è pari a $\Delta X = -1 \cdot 4/0.7 = -5.7$, da cui $X_o = X_r + \Delta X = -2.9 - 5.7 = -8.6$. Spostandosi lungo la curva di valore $W = 0.64$ (non indicata in figura), si stima il tirante relativo $y_o = 0.71$ alla progressiva calcolata $X_o = -8.6$ (Fig. 17.8a), da cui risulta $h_o = 0.71 \cdot 0.55 = 0.39$ m. Il corrispondente valore della portata può essere dedotto

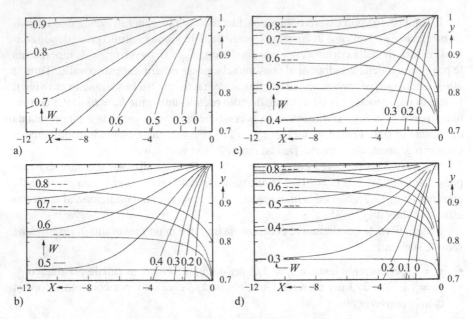

Fig. 17.8. Profili del pelo libero $y(X)$ in canale rettangolare di distribuzione per corrente *lenta*, per $\Theta =$ a) 0; b) −0.1; c) −0.2; d) −0.4; (- -) altezza di moto pseudo-uniforme

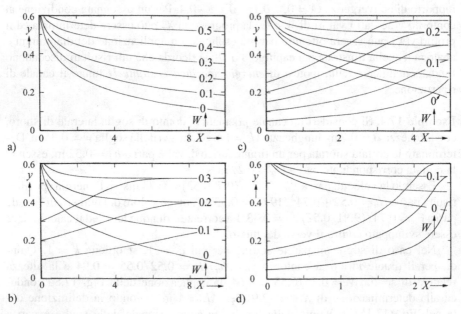

Fig. 17.9. Profili del pelo libero $y(X)$ in canale rettangolare di distribuzione per corrente *veloce* in arrivo, per $\Theta =$ a) 0; b) −0.1; c) −0.2; d) −0.4

dall'Eq. (17.18), ovvero $Q_o/(9.81 \cdot 0.7^2 0.55^3)^{1/2} = 0.71[2(1-0.71)]^{1/2} = 0.54$, e quindi si ottiene $Q_o = 0.54 \cdot 0.9 = 0.48$ m^{3}s^{-1}. In definitiva, la portata sfiorata è pari a $\Delta Q = Q_o - Q_u = 0.48 - 0.27 = 0.21$ m^{3}s^{-1}.

Esempio 17.5. Calcolare il valore della portata sfiorata nel caso dell'Esempio 17.4 se la larghezza del canale in arrivo è $B_o = 1.1$ m.

Essendo $h_u = 0.52$ m, $Q_u = 0.27$ m^{3}s^{-1}, $b_u = 0.7$ m e $w = 0.35$ m, l'energia specifica è pari a $H_u = 0.52 + 0.27^2/(19.62 \cdot 0.7^2 \cdot 0.52^2) = 0.55$ m, e quindi si possono calcolare i valori $y_u = 0.52/0.55 = 0.94$ e $W = 0.35/0.55 = 0.64$. Inoltre, con $\theta = \Delta B/\Delta L = -0.4/4 \sim -0.1$, e quindi $\Theta = 0.1/1 = -0.1$, dalla Fig. 17.8b si ottiene $X_u = -4.1$ per $y_u = 0.94$ e $W = 0.64$. Dall'Eq. (17.14), si ricava la larghezza in corrispondenza della sezione iniziale $x = 0$, $b = B - \theta x$, corrispondente al valore $B - (\theta/k)(kx/b)b = B - \Theta X b$, e quindi, per $B(X_u) = 0.7$ m, si ottiene $b = 0.7/(1 + 0.1 \cdot 4.1) = 0.50$ m.

La lunghezza di sfioro adimensionale è pari a $\Delta X = -1 \cdot 4/0.41 = -8.00$, e la estremità di monte è ubicata a $X_o = -4.1 - 8.00 = -12.10$, sezione in cui la corrente idrica ha praticamente attinto l'altezza di moto pseudo-uniforme $y_{PN} = 0.85$, e quindi $h_o = 0.85 \cdot 0.55 = 0.47$ m. Dall'Eq. (17.14) si ottiene $B/b = 1 + \Theta X = 1 + 0.1 \cdot 12.10 = 2.21$, da cui si calcola $B = 2.21 \cdot 0.50 = 1.10$ m e quindi il valore della portata $Q_o = (9.81 \cdot 1.10^2 0.55^3)^{1/2} 0.85[2(1-0.85)]^{1/2} = 0.65$ m^{3}s^{-1}; se ne deduce che il valore della portata sfiorata è allora pari a $\Delta Q = 0.65 - 0.27 = 0.38$ m^{3}s^{-1}, che, rispetto a quella dell'Esempio 17.4, risulta superiore del 80%.

Esempio 17.6. La portata in arrivo ad un canale di ripartizione *prismatico* avente larghezza $B_o = 1.6$ m è pari a $Q_o = 4.7$ m^{3}s^{-1}. Determinare la lunghezza necessaria per scaricare una portata $\Delta Q = 0.7$ m^{3}s^{-1}, essendo la altezza della soglia pari a $w = 0.2$ m ed il tirante idrico della corrente in arrivo $h_o = 0.7$ m.

La velocità della corrente in arrivo è pari a $V_o = 4.7/(1.6 \cdot 0.7) = 4.2$ ms^{-1}, e la corrispondente energia specifica è $H_o = 0.7 + 4.2^2/19.62 = 1.6$ m; essendo il numero di Froude $F_o = 1.60$, la corrente in arrivo è debolmente *supercritica*. Per $W = 0.2/1.6 = 0.125$ e $y_o = 0.7/1.6 = 0.44$, la Fig. 17.9a indica il valore al contorno $X_r = 0.75$. Dovendo essere la portata finale pari a $Q_u = 4.7 - 0.7 = 4.0$ m^{3}s^{-1}, dall'Eq. (17.18) si ottiene $4/(9.81 \cdot 1.6^2 \cdot 1.6^3)^{1/2} = 0.4 = y_u[2(1-y_u)]^{1/2}$, la cui soluzione fisicamente rilevante è data da $y_u = 0.35$. Dalla Fig. 17.9a, seguendo la curva (non tracciata) relativa al valore $W = 0.125$, per $y_u = 0.35$, si ottiene $X_u = 2.1$, da cui si calcola $\Delta X = 2.1 - 0.75 = 1.35$. Pertanto, la lunghezza della soglia sarà pari a $\Delta x = \Delta X \cdot B_o = 1.35 \cdot 1.6 = 2.16$ m, approssimabili a 2.2 m.

Gli esempi precedenti indicano che, nonostante l'ausilio dei diagrammi, i procedimenti di calcolo possono essere laboriosi. In generale, si riscontrano significative riduzioni della portata sfiorata rispetto all'approccio convenzionale, che trascura gli effetti della velocità e della direzione della corrente in arrivo alla soglia di sfioro. Si ricorda che la procedura fin qui illustrata non porta in conto gli effetti delle resistenze al moto e della pendenza di fondo, ed assume che l'energia specifica sia costante lungo il manufatto. Tali semplificazioni si rendono necessarie per giungere alla definizione di soluzioni di carattere generale, ed in assenza delle quali si rende necessario procedere alla *integrazione numerica* delle equazioni che descrivono il moto della corrente. Ad ogni modo, nella realtà, il valore della cadente totale J è molto prossimo a zero, per cui i grafici delle Fig. 17.8 e 17.9 forniscono risultati di buona approssimazione. Esperimenti condotti su modello fisico hanno confermato che la procedura illustrata fornisce risultati soddisfacenti nei casi in cui il numero di Froude della corrente non è eccessivamente prossimo all'unità.

17.5.2 Soluzioni similari

Analogamente al caso degli sfioratori laterali (capitolo 18), è possibile ricorrere a metodi di similarità per la soluzione di problemi inerenti le correnti a portata variabile. In questo paragrafo sono presentate soluzioni in cui la altezza relativa della soglia W non compare esplicitamente; per quanto concerne l'influenza del valore del tirante relativo y rispetto all'altezza relativa della soglia W, è possibile distinguere i seguenti tre casi (Fig. 17.10):

- *caso 1* $1 > y > W$, ovvero $1 > y > y_{PN}$, in cui y è compreso tra i due valori limite pari a $y = 1$ e $y = W$, ovvero $y = 1$ e $y = y_{PN}$, con asintoto orizzontale del profilo in entrambe le sezioni di estremità;
- *caso 2* $1 > y > y_c$, quindi con un asintoto orizzontale alla fine e verticale all'inizio, in cui risulta $F = 1$;
- *caso 3* $y_c > y > W$, ovvero $y_c > y > y_{PN}$, con un inizio verticale ($F = 1$) ed un altezza finale pari a $y = W$, ovvero $y = y_{PN}$.

Per il *caso 1* la lunghezza di riferimento $X_{-1/2}$ è la lunghezza riferita alla metà del tirante idrico di sfioro $X[y = (1 + W)/2]$; dalla Fig. 17.8a si ottiene la seguente espressione:

$$X_{-1/2} = 3.8 \tan(90°W). \tag{17.25}$$

Il profilo idrico normalizzato $Y_- = (Y - W)/(1 - W)$ può essere espresso mediante la coordinata normalizzata $X_- = X/X_{-1/2}$ secondo la seguente relazione (Fig. 17.11a):

$$Y_- = (5/8)(X_- + 1.8), \tag{17.26}$$

che è valida per $0.2 < Y_- \le 0.95$ e dalla quale si deduce che il profilo di pelo libero tra $y = W$ e $y = 1$ è essenzialmente *lineare* (Fig. 17.8a).

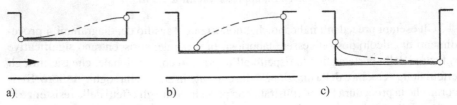

a)   b)   c)

Fig. 17.10. Condizioni limite al contorno (○) per canale prismatico di distribuzione per corrente lenta (caso a e b) e corrente veloce (caso c)

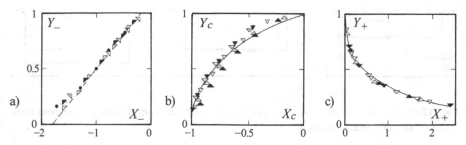

Fig. 17.11. Profili normalizzati del pelo libero per canale di distribuzione *prismatico*, per $W =$ (▶) 0.1, (◇) 0.2, (□) 0.3, (◁) 0.4, (▷) 0.5, (▽) 0.6, (•) 0.7, (○) 0.8, (◣) 0.9

Il *caso 2* coinvolge il tirante di stato critico $y_c = 2/3$ come valore limite inferiore; in tal caso, si definiscono il tirante normalizzato $Y_c = (y - 2/3)/(1 - 2/3) = 3y - 2$ e la progressiva normalizzata $X_c = X/\chi_c$, in cui χ_c è la distanza tra le sezioni in cui i tiranti sono pari ai valori al contorno $y = 1$ e $y = 2/3$. Dalla Fig. 17.8a si ottiene:

$$\chi_c = 1.1 + 1.9[\tan 90°(1.5W)^{1.5}] \qquad (17.27)$$

ed il profilo corrispondente, per $W < 0.55$, è dato dalla relazione (Fig. 17.11b):

$$Y_c = (1 + X_c)^{0.4}. \qquad (17.28)$$

Per il *caso 3*, in cui la corrente in arrivo è veloce, si definisce il tirante idrico normalizzato $Y_+ = (Y - W)/(2/3 - W)$, che può essere espresso in funzione della progressiva normalizzata $X_{+1/3} = X(Y_+ = 1/3)$, analoga alla $X_{-1/2}$ già definita per il *caso 1* di corrente lenta in arrivo. Dalla elaborazione della Fig. 17.9a, si ottiene:

$$X_{+1/3} = 3.4(1 - 1.2W^2) \qquad (17.29)$$

ed il profilo può essere espresso secondo la seguente equazione (Fig. 17.11c):

$$Y_+ = 1 - 0.65X_+^{0.3}. \qquad (17.30)$$

Le Eq. (17.26), (17.28) e (17.30) descrivono quindi il profilo idrico per canali ripartitori *prismatici*, mediante il semplice impiego di una coppia di parametri.

Per un canale di distribuzione a pianta *convergente*, è possibile considerare molteplici condizioni di funzionamento, ma nel presente paragrafo si analizzano le sole condizioni assimilabili a quelle viste per il canale prismatico (Fig. 17.12), ovvero:

- nel *caso 1*, in cui $y_{PN} < y < 1$, in analogia al canale prismatico, si assume la lunghezza di riferimento $X_{-1/2} = X[(1 + y_{PN})/2]$, definendo le coordinate generalizzate $X_- = X/X_{-1/2}$ e $Y_- = (y - y_{PN})/(1 - y_{PN})$;
- il *caso 2* si riferisce alla condizione $2/3 < y < y_{PN}$, e le coordinate generalizzate sono $X_c = X/\chi_c$ e $Y_c = 3y - 2$;
- nel *caso 3*, in cui $y_{PN} < y < 2/3$, le coordinate generalizzate sono ancora $X_{+1/3} = X[Y_{+1/3} = 1/3]$ e $Y_{+1/3} = (y - y_{PN})/(2/3 - y_{PN})$.

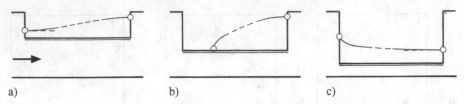

a)   b)   c)

Fig. 17.12. (○) Condizioni al contorno per canale ripartitore *convergente* per corrente lenta (caso a e b) e corrente veloce (caso c)

Per $-0.4 \leq \Theta \leq -0.05$, le lunghezze di riferimento sono date dalle seguenti espressioni:

$$X_{-1/2} = 2 + 10W^{2.5}, \tag{17.31}$$

$$\chi_c = 8.2[1 + 7(-\Theta^{1.6}]W, \tag{17.32}$$

$$X_{+1/3} = -0.02/(\Theta W), \tag{17.33}$$

ed i corrispondenti profili sono rispettivamente retti dalle equazioni (Fig. 17.13):

$$Y_- = 1 - [\text{Tanh}(-0.74X_-)]^{1.5}, \tag{17.34}$$

$$Y_c = [\sin(1 + X_c)90°]^{0.75}, \tag{17.35}$$

$$Y_+ = 1 - 0.70X_+^{0.35}. \tag{17.36}$$

Si noti che il parametro $X_{-1/2}$ è indipendente da Θ. Le Eq. (17.34), (17.35) e (17.36) descrivono il profilo idrico per canali di distribuzione *non prismatici*, mediante una coppia di parametri, comprendendo anche gli effetti del rapporto di convergenza Θ e dell'altezza della soglia relativa W. Il confronto con i risultati sperimentali è riportato nella Fig. 17.13 e mostra un accordo più che soddisfacente.

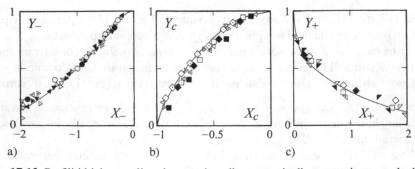

a)   b)   c)

Fig. 17.13. Profili idrici normalizzati espressi mediante coppia di parametri per canale di distribuzione *convergente*, con vari valori di Θ e W. Per i simboli si faccia riferimento alla Fig. 17.11

Esempio 17.7. Si risolva il problema dell'Esempio 17.5 mediante le equazioni a due parametri.

Con $H_u = 0.55$ m, $y_u = 0.94$, $y_{PN} = 0.85$, $W = 0.64$ e $\Theta = -0.1$, si applica il caso 1. Dall'Eq. (17.31) risulta dunque $X_{-1/2} = 2 + 10 \cdot 0.64^{2.5} = 5.28$; per definizione, risulta $Y_{-u} = (y_u - y_{PN})/(1 - y_{PN}) = (0.94 - 0.85)/(1 - 0.85) = 0.60$. Dall'Eq (17.34) si ottiene la soluzione $X_{-u} = -(1/0.74)\,\mathrm{Arctanh}\,(1 - Y_{-u})^{2/3} = -1.35\,\mathrm{Arctanh}\,(0.54) = -1.35 \cdot 0.49 = -0.67$. Si ricorda che dall'Esempio 17.5 la lunghezza adimensionale del canale è pari a $\Delta X = -8.00$; ne consegue che $\Delta X_{-} = -8.00/5.28 = -1.52$, mentre $X_{-o} = -0.67 - 1.52 = -2.19$, da cui $Y_{-o} = 1 - \lceil \mathrm{Tanh}\,(0.74 \cdot 2.19)\rceil^{1.5} = 0.11$ secondo l'Eq. (17.34). In definitiva, si calcola $y_o = y_{PN} + (1 - y_{PN})Y_{-} = 0.85 + (1 - 0.85)0.11 = 0.86$, valore praticamente coincidente con il valore di y_{PN} dell'Esempio 17.5.

Esempio 17.8. Si risolva il problema dell'Esempio 17.6 mediante le equazioni a due parametri.

Per un canale prismatico con corrente veloce in arrivo, si fa ricorso all'Eq. (17.30). Essendo $W = 0.125$, si ottiene $X_{+1/3} = 3.4(1 - 1.2 \cdot 0.125^2) = 3.34$ dall'Eq. (17.29). Per $y_o = 0.44$, si ricava il valore $Y_{+o} = (0.44 - 0.125)/(0.66 - 0.125) = 0.59$, e quindi, dall'Eq. (17.30), si ottiene $X_{+o} = [(1 - Y_{+o})/0.65]^{1/0.30} = 0.215$. Essendo, inoltre, $y_u = 0.35$, si ha $Y_{+u} = (0.35 - 0.125)/(0.66 - 0.125) = 0.42$ e quindi $X_{+u} = 0.685$. Poiché $\Delta X_{+} = 0.685 - 0.215 = 0.47$, la lunghezza corrispondente è pari a $\Delta X = \Delta X_{+} \cdot X_{+1/3} = 0.47 \cdot 3.34 = 1.57$, pari a circa il 16% in più rispetto al valore calcolato nell'Esempio 17.6 uguale a 1.35.

La Fig. 17.14 presenta un confronto tra il comportamento idraulico di un canale ripartitore prismatico e quello di un canale convergente, entrambi interessati da una corrente veloce in arrivo; dalle fotografie si nota la formazione di un'onda stazionaria che generalmente caratterizza la superficie libera nei casi in cui la corrente veloce presenta un basso valore del numero di Froude.

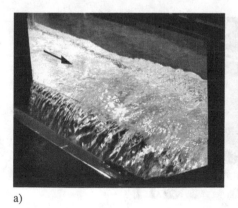

a)   b)

Fig. 17.14. Canale di distribuzione: corrente in arrivo debolmente supercritica in canale a) prismatico; b) convergente

La procedura di calcolo basata sulle soluzioni similari comporta la necessità di effettuare una ulteriore trasformazione di coordinate, ma presenta l'indubbio vantaggio di essere esclusivamente basata su relazioni analitiche, a differenza del procedimento presentato al paragrafo 17.5.1, il quale si fonda anche sull'uso di grafici. Inoltre, la formulazione *analitica* esplicita evita di ricorrere a laboriose soluzioni numeriche.

Nel paragrafo 18.4, viene illustrato un procedimento analogo per gli sfioratori laterali in canali circolari.

17.6 Canali ripartitori

17.6.1 Canale ripartitore equivalente

I canali ripartitori di portata (inglese: "distribution channels") possono presentarsi come un manufatto unitario in cui è presente un certo numero di *uscite laterali*. La Fig. 17.15 illustra un canale dotato di sfiori laterali, il cui comportamento idraulico, a rigore, dovrebbe essere studiato mediante il calcolo del profilo idrico lungo ognuna delle singole aperture, combinato con la definizione del profilo di corrente nei tratti intermedi (capitolo 8); tale procedura risulta particolarmente complicata ed onerosa da un punto di vista progettuale.

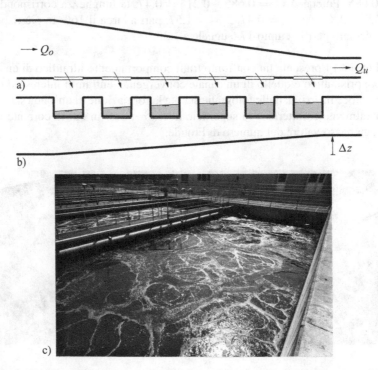

Fig. 17.15. Canale di ripartizione con riduzione di larghezza ed innalzamento del fondo: a) pianta; b) sezione; c) vasca di aerazione con ingresso distribuito di portata

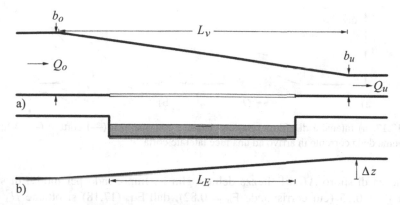

Fig. 17.16. Sistema equivalente ad un canale di ripartizione: a) pianta; b) sezione

Per canali di ripartizione del tipo indicato in Fig. 17.15 è possibile considerare uno schema di *canale equivalente* (pedice *E*), qualora il numero di luci sia superiore a cinque, tra loro ravvicinate, di modo che il loro interasse sia inferiore a dieci volte il tirante idrico della corrente in arrivo oppure sia inferiore alla lunghezza della singola luce. Il canale equivalente è caratterizzato da una lunghezza L_v pari alla lunghezza effettiva del canale di ripartizione, con un'unica apertura laterale di lunghezza L_E pari alla somma delle lunghezze delle singole aperture (Fig. 17.16). Le perdite di carico sono calcolate lungo la lunghezza L_v come $S_{fa} = \int_{L_v} S_f \mathrm{d}x$, mentre il processo di efflusso laterale è riferito alla lunghezza L_E.

Il sistema equivalente così definito riproduce il comportamento idraulico del canale effettivo, purché la singola luce laterale abbia una lunghezza minima al di sotto della quale l'angolo di efflusso, e quindi la portata sfiorata per unità di lunghezza, dipendono dalla lunghezza della soglia; in caso contrario, si introdurrebbero *discontinuità* al moto, facendo cadere la validità dell'ipotesi di corrente a portata gradualmente variabile. All'inizio di una soglia laterale in parete sottile, gli effetti di contrazione del getto tendono a ridurre il valore della portata scaricata per unità di lunghezza; per contro, la direzione obliqua della corrente in prossimità della sezione terminale della soglia tende a far aumentare il valore della portata scaricata per unità di lunghezza, rispetto al tratto intermedio della soglia stessa (Fig. 17.17). Per una corrente continua, questi effetti locali possono essere trascurati e si può ipotizzare che la intensità di efflusso vari esclusivamente con le caratteristiche geometriche globali della luce laterale. Inoltre, nel caso di luci laterali corte, cadono anche le ipotesi di efflusso libero e perdita localizzata J_L pari a zero.

Esempio 17.9. Si consideri un canale prismatico di larghezza $b = 0.50$ m con una portata $Q_o = 0.45$ m³s⁻¹. Si distribuisca la portata su una lunghezza $L_v = 25$ m.

Per ottenere una distribuzione sufficientemente *uniforme* di portata, è necessario realizzare condizioni di corrente lenta. Il tirante di stato critico è pari a $h_{co} = (Q_o^2/gb^2)^{1/3} = (0.45^2/9.81 \cdot 0.5^2)^{1/3} = 0.44$ m, per cui deve risultare $H_o > H_{co} = 1.5 \cdot 0.44 = 0.66$ m. Queste indicazioni sono sufficienti per determinare la

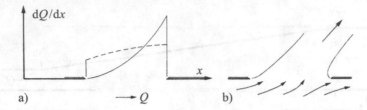

Fig. 17.17. a) Intensità di efflusso da luce laterale con apertura (—) corta e (- - -) lunga; b) schema della corrente in arrivo ad una luce laterale corta

lunghezza di sfioro ΔL e l'altezza della soglia w. Imponendo per motivi di sicurezza $y_o = 0.75$ (cui corrisponde $F_o = 0.82$), dall'Eq. (17.18) si ottiene $H_o^{3/2} = [Q/(gb^2)^{1/2}]/\{y_o[2(1-y_o)]^{1/2}\} = [0.45/(9.81\cdot0.5^2)^{1/2}]/\{0.75[2(1-0.75)]^{1/2}\} = 0.54$, ovvero $H_o = 0.667$ m; si assume allora $H_o = 0.69$ m.

La lunghezza della soglia di sfioro dipende dalla altezza relativa della soglia secondo l'Eq. (17.17). È possibile calcolare $\Delta X(0) = 1.1$, $\Delta X(0.2) = 1.6$, $\Delta X(0.4) = 2.8$ e $\Delta X(0.5) = 4.2$, da cui si deducono i valori corrispondenti $\Delta x(0) = (b/k)\Delta x = (0.5/1)1.1 = 0.55$ m, $\Delta x(0.2) = 0.8$ m, $\Delta x(0.4) = 1.4$ m e $\Delta x(0.5) = 2.1$ m. Supponiamo si scelga l'opzione $\Delta x = 2$ m, con cinque aperture di lunghezza pari a 0.40 m ed altezza relativa di soglia $W = 0.5$, corrispondente a $w = 0.50\cdot0.69 = 0.35$ m. Dalla Fig. 17.8a, con $X_u = 0$, in corrispondenza di $X_o = 2/0.5 = 4$ e $W = 0.50$, si ottiene $y_o = 0.70$, generando corrente lenta lungo il canale di ripartizione.

I punti di mezzeria delle cinque luci sono localizzati alle progressive $x_1 = -0.20$ m, $x_2 = -0.60$ m, $x_3 = -1.0$ m, $x_4 = -1.4$ m, $x_5 = -1.8$ m, da cui si ricava $X_{1...5} = -0.4, ... -3.6$. I corrispondenti valori dei tiranti idrici possono essere ricavati dalla Fig. 17.8a e sono pari a $y_1 = 0.996$, $y_2 = 0.97$, $y_3 = 0.92$, $y_4 = 0.85$, $y_5 = 0.76$, cui corrispondono, per l'Eq. (17.18), i rispettivi valori di portata $Q_1 = 0.08$ m^{3}s^{-1}, $Q_2 = 0.24$ m^{3}s^{-1}, $Q_3 = 0.37$ m^{3}s^{-1}, $Q_4 = 0.466$ m^{3}s^{-1}, $Q_5 = 0.473$ m^{3}s^{-1}. Le differenze di portata scaricata dalle luci contigue sono $\Delta Q_{12} = 0.16$ m^{3}s^{-1}, $\Delta Q_{23} = 0.13$ m^{3}s^{-1}, $\Delta Q_{34} = 0.10$ m^{3}s^{-1}, $\Delta Q_{45} = 0.01$ m^{3}s^{-1}, indicando un notevole incremento di portata sfiorata verso la fine del canale di distribuzione.

17.6.2 Effetto delle resistenze

Un canale di ripartizione delle portate può avere lunghezza considerevole, espressa come multiplo elevato del valore dei tiranti idrici in gioco, per cui le resistenze al moto non sono più trascurabili e l'ipotesi di energia specifica costante cade in difetto. L'esempio illustrato di seguito è finalizzato alla determinazione delle *perdite di energia continue* per il caso in cui la superficie idrica lungo il manufatto abbia una configurazione semplice.

Esempio 17.10. Calcolare le perdite di energia distribuite lungo un canale di ripartizione.

La stima delle perdite di energia distribuite può essere eseguita in modo approssimato, poiché il profilo idrico $h(x)$ e la portata locale $Q(x)$ non sono note in modo esplicito. Assumendo una variazione *lineare* di tutti i parametri, allora il tirante idrico $h(x)$, la larghezza del canale $b(x)$ e la velocità media $V(x)$ sono rispettivamente espresse dalle relazioni:

$$h(x) = h_o + (h_u - h_o)(x/L);$$
$$b(x) = b_o + (b_u - b_o)(x/L);$$
$$V(x) = V_o + (V_u - V_o)(x/L).$$

Definiamo i parametri espressi attraverso i seguenti valori relativi $\alpha_o = (h_u - h_o)/h_o$, $\beta_o = (b_u - b_o)/b_o$ e $\gamma_o = (V_u - V_o)/V_o$, nonché la progressiva relativa $X_L = x/L$. Secondo Manning e Strickler, la cadente S_f per moto assolutamente turbolento varia con il raggio idraulico $R_h = h(x) \cdot b(x)/[b(x) + 2h(x)]$ secondo la relazione:

$$S_f = \frac{n^2 V^2}{R_h^{4/3}}, \tag{17.37}$$

il cui valore medio (pedice *a*) lungo la lunghezza L è dato da

$$S_{fa} = \int_0^1 S_f dX_L. \tag{17.38}$$

Inserendo le espressioni di $h(x)$, $b(x)$ e $V(x)$ nell'Eq. (17.38) si ottiene

$$S_{fa} = \frac{n^2 V_o^2}{R_{ho}^{4/3}} \int_0^1 (1 + \gamma_o X_L)^2 (R_{ho}/R_h)^{4/3} dX_L$$

$$\cong S_{fo} \int_0^1 (1 + \gamma_o X_L)^2 (R_{ho}/R_h) dX_L. \tag{17.39}$$

Il rapporto dei raggi idraulici R_{ho}/R_h varia con il parametro di forma $\delta_o = h_o/b_o$ secondo la relazione:

$$\frac{R_{ho}}{R_h} = \frac{1}{1 + 2\delta_o} \frac{1}{1 + \alpha_o X_L} + \frac{2\delta_o}{1 + 2\delta_o} \frac{1}{1 + \beta_o X_L}. \tag{17.40}$$

Il risultato della integrazione fornisce la seguente espressione:

$$S_{fa}/S_{fo} = \frac{1}{(1 + 2\delta_o)a_o^3} [2a_o^2 \gamma_o + (1/2)a_o^2 \gamma_o^2 - \alpha_o \gamma_o^2 + (\gamma_o - \alpha_o)^2 \ln|1 + a_o|]$$

$$+ \frac{2\delta_o}{(1 + 2\delta_o)\beta_o^3} [2\beta_o^2 \gamma_o + (1/2)\beta_o^2 \gamma_o^2 - \beta_o \gamma_o^2 + (\gamma_o - \beta_o)^2 \ln|1 + \beta_o|] \tag{17.41}$$

che, per un canale prismatico ($\beta_o = 0$), si semplifica in

$$S_{fa}/S_{fo} = \frac{1}{(1 + 2\delta_o)a_o^3} [2a_o^2 \gamma_o + (1/2)a_o^2 \gamma_o^2 - \alpha_o \gamma_o^2 + (\gamma_o - \alpha_o)^2 \ln|1 + a_o|]$$

$$+ \frac{2\delta_o}{1 + 2\delta_o} [1 + \gamma_o + (1/3)\gamma_o^2]. \tag{17.42}$$

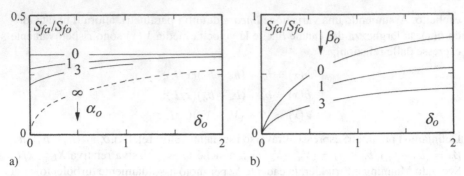

Fig. 17.18. Rapporto S_{fa}/S_{fo} tra la cadente media e quella della corrente in arrivo espresso in funzione di $\delta_o = h_o/b_o$ per: a) canale prismatico con portata nulla a valle ($V_u = 0$), e diversi valori di $\alpha_o = (h_u - h_o)/h_o$; b) condizione di moto pseudo-uniforme con $\alpha_o = \gamma_o = 0$

Il rapporto S_{fa}/S_{fo} dipende, quindi, dai tre parametri α_o, γ_o e δ_o, e la Fig. 17.18 mostra il risultato per $V_u = 0$, corrispondente a $\gamma_o = -1$. Si noti che $S_{fa}/S_{fo} \leq 1/3$, ovvero il valore medio della cadente è più piccolo di un terzo della cadente S_{fo} della corrente in arrivo.

In condizioni di *moto pseudo-uniforme* si ha approssimativamente $\alpha_o = \gamma_o = 0$, e $\beta_o = (Q_u - Q_o)/Q_o$, per cui dall'Eq. (17.41) si ottiene:

$$S_{fa}/S_{fo} = \frac{2\delta_o}{1+2\delta_o} \frac{1\text{n}|1+\beta_o|}{\beta_o}. \tag{17.43}$$

La Fig. 17.18b mostra che il rapporto S_{fa}/S_{fo} cresce con δ_o. Per ogni valore di β_o, il rapporto è comunque minore di 1, ed è possibile considerare una semplice espressione per il valore medio della cadente, stimato come $S_{fa} = (1/2)(S_{fo} + S_{fu})$, ipotesi già illustrata nel paragrafo 17.2.

17.6.3 Caratteristiche dell'efflusso laterale

Per una *luce lunga*, *l'angolo di efflusso laterale* dipende esclusivamente dalla geometria dell'apertura e dalle condizioni idrauliche della corrente in arrivo; nel caso di soglia di sfioro laterale, i parametri che governano il processo sono y e W, e quindi l'altezza relativa di efflusso h/w ed il numero di Froude locale della corrente [9]. Per contro, nel caso di *luce corta* si aggiunge l'effetto della lunghezza ΔL della apertura stessa, che può essere portato in conto solo considerando la viscosità e la tensione superficiale del fluido; ne scaturisce la presenza di *effetti scala*, analogamente a quelli visti per gli stramazzi soggetti a piccoli valori del carico sulla soglia. La Fig. 17.19 mostra una serie di immagini fotografiche per le quali la condizione della corrente in arrivo è la medesima; le foto si riferiscono ad esperimenti effettuati in un canale a sezione rettangolare di larghezza pari a 0.30 m con diverse luci laterali; per una delle luci (la penultima verso valle) la lunghezza viene progressivamente ridotta, partendo dalla lunghezza iniziale pari a 0.20 m fino alla lunghezza minima pari a 0.001 m. Fino ad un valore della lunghezza $\Delta L = 0.050$ m, non si notano particolari effetti

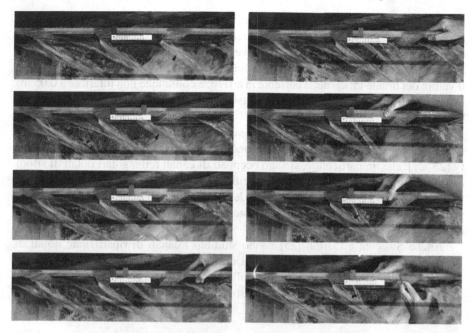

Fig. 17.19. Aperture laterali con efflusso da un canale di ripartizione, con condizione invariabile della corrente in arrivo [5]; effetto della progressiva riduzione della lunghezza di efflusso $\Delta L[\text{mm}] = 200$ (alto a sinistra), 100, 50, 30, 20, 10, 5, 1 (basso a destra)

della riduzione di lunghezza, ma al di sotto di tale limite l'angolo di efflusso tende a divenire ortogonale alla direzione della corrente principale ($\phi = 90°$). Per lunghezze estremamente brevi, l'efflusso avviene perpendicolarmente all'asse del canale di ripartizione, indipendentemente dal numero di Froude della corrente locale e dal tirante idrico. In tali condizioni, ovviamente, la procedura di calcolo fin qui illustrata non è più applicabile.

La Fig. 17.20 mostra il differente comportamento di due aperture adiacenti, evidenziando la palese differenza tra una apertura 'lunga' ed una 'corta'. Per quest'ulti-

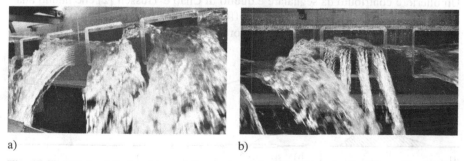

a)   b)

Fig. 17.20. Effetto della lunghezza delle aperture laterali sull'angolo di efflusso di un canale di ripartizione con soglie di sfioro: a) vista da valle; b) vista laterale

ma, come già visto in precedenza, l'angolo di efflusso è prossimo a $\phi = 90°$, e diviene non più trascurabile la perdita di carico dovuta all'efflusso che, secondo l'Eq. (17.5), è pari a $S_L = -Q(\mathrm{d}Q/\mathrm{d}x)/gA^2$. Si ribadisce, quindi, che l'approccio presentato è valido nel caso in cui la lunghezza minima dell'apertura è compresa tra una e due volte il valore del tirante idrico della corrente in arrivo, e comunque non inferiore a 0.05 m; in assenza di tale requisito non si può più assumere che la corrente vari con continuità lungo il canale.

In letteratura non sono numerosi gli studi eseguiti sui canali di ripartizione; è comunque opportuno citare le ricerche condotte presso la Oklahoma State University [25–27], che, in particolare, si sono occupati di canali rettangolari dotati di sifoni disposti sulle pareti laterali. Nel caso specifico, l'effetto della direzione della corrente è risultato essere trascurabile a causa dei modesti valori delle velocità, mentre è stato portato in conto l'effetto delle resistenze al moto, data la notevole lunghezza dei manufatti.

Anche Sweeten e Garton [25] hanno studiato i canali di ripartizione dotati di sfiori laterali. I loro risultati sperimentali non sono qui riportati, in quanto carenti delle informazioni necessarie; peraltro, sulla base delle proprie osservazioni, gli autori propongono una equazione di efflusso semi-empirica che è dimensionalmente scorretta.

17.6.4 Moto pseudo-uniforme

La condizione di *moto pseudo-uniforme* è stata diffusamente considerata dagli studiosi come una efficace modalità di funzionamento che potesse migliorare la uniformità di distribuzione della portata. In particolare, degni di nota sono i risultati ottenuti dal gruppo di ricercatori coordinato dal professore A.S. Ramamurthy presso la Concordia University a Montreal (Canada), sin dal 1975. Fondamentalmente, vengono considerati tre *metodi* differenti (Fig. 17.21) per favorire l'instaurarsi di condizioni di moto pseudo-uniforme:

- innalzamento locale della quota di fondo (Fig. 17.21a);
- restringimento locale della larghezza del canale (Fig. 17.21b);
- aumento graduale dell'altezza della soglia (Fig. 17.21c).

Un ulteriore contributo da segnalare è quello di Chao e Trussell [2] che hanno analizzato la variabilità del coefficiente di efflusso in funzione del numero di Froude in un canale distributore. Al fine di migliorare la *uniformità dell'efflusso*, pur senza

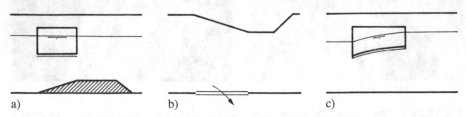

a)   b)   c)

Fig. 17.21. Metodi che favoriscono la formazione di condizioni di moto pseudo-uniforme [20]

considerare esplicitamente la condizione di moto pseudo-uniforme, gli autori hanno suggerito i seguenti accorgimenti:

- aggiustamento della geometria dell'apertura (ad es., l'altezza della soglia);
- aumento di larghezza del canale per diminuire la velocità di deflusso;
- riduzione lineare della larghezza del canale;
- riduzione lineare della larghezza del canale combinata ad una variazione dell'altezza della soglia;
- riduzione progressiva della lunghezza delle soglie, mantenendo costante l'altezza.

Per le applicazioni specifiche al caso di canali di distribuzione in impianti di depurazione delle acque reflue, il terzo metodo è sicuramente da preferire in quanto conserva un buon funzionamento anche in presenza di portate diverse da quella di progetto.

Esempio 17.11. Si consideri un canale di ripartizione di lunghezza $L_v = 15$ m, larghezza iniziale $b_o = 1.2$ m e portata in arrivo $Q_o = 2.1$ m^{3}s^{-1}. Dimensionare il manufatto in modo da distribuire metà della portata in arrivo, con un'altezza minima della soglia pari a $w = 0.40$ m.

Il tirante di stato critico è $h_{co} = [Q_o^2/(gb_o^2)]^{1/3} = (2.1^2/9.81 \cdot 1.2^2)^{1/3} = 0.68$ m, da cui $H_{co} = 1.5h_{co} = 1.02$ m. Per ottenere un numero di Froude sufficientemente basso, la energia specifica è posta pari a $H_o = 1.10$ m, per cui risulta $W = w/H = 0.4/1.10 = 0.36$.

Nelle ipotesi di energia specifica costante, in forza dell'Eq. (17.22), per sfiorare metà della portata in arrivo la larghezza del canale deve essere ridotta dal valore iniziale $b_o = 1.2$ m al valore $b_u = 0.60$ m. La Fig. 17.4 pone l'altezza relativa y_{PN} in funzione di Θ. Ad esempio, essendo $W = 0.36$, a $\Theta = -0.05$ corrisponde un valore $y_{PN} = 0.51$, ovvero $y_{PN}(\Theta = -0.1) = 0.59$, $y_{PN}(\Theta = -0.2) = 0.69$, e $y_{PN}(\Theta = -0.4) = 0.80$.

Dai suddetti risultati, ricordando i limiti da imporre a y_{PN} per un buon funzionamento, si deduce che Θ deve essere inferiore a -0.2, oppure va aumentato il valore di W. Supponiamo di scegliere i valori $W = 0.36$ e $\Theta = -0.3$, cui corrisponde $y_{PN} = 0.75$. L'Eq. (17.19) fornisce dunque $\bar{Q}'/k = -0.3 \cdot 0.75[2(1 - 0.75)]^{1/2} = -0.16$, da cui, con $k = 1$, si ottiene $Q' = dQ/dx = -1 \cdot 0.16(9.81 \cdot 1.1^3)^{1/2} = -0.57$ m^{2}s^{-1} e quindi il valore della lunghezza $\Delta x = -\Delta Q/Q' = 1.05/0.57 = 1.84$ m. Peraltro, con $\Theta = -0.3$ si ottiene $\Delta L = \Delta B/\Theta = 0.6/0.3 = 2$ m, lunghezza prossima al valore prima calcolato. Essendo $h_{PN} = 0.75 \cdot 1.1 = 0.83$ m e $w = 0.4$ m la altezza di efflusso è $h_{PN} - w = 0.43$ m.

Il canale di ripartizione può dunque essere concepito con cinque aperture laterali, ciascuna di lunghezza 0.40 m, e l'angolo di contrazione equivalente sarebbe pari a $\Theta = -0.6/15 = -0.04$. A partire da questo risultato, diverso da $\Theta = -0.05$ inizialmente assunto, è comunque opportuno procedere ad una seconda iterazione.

Quindi, si può concludere che la procedura progettuale di un canale di ripartizione è piuttosto articolata; inoltre, per il dimensionamento definitivo del manufatto è bene portare in conto anche gli effetti delle resistenze al moto. In prima istanza, la proget-

Fig. 17.22. Canale di ripartizione con luci di sfioro laterali

tazione può essere basata sulla condizione di moto pseudo-uniforme per la *portata di progetto*, procedendo quindi alla verifica di funzionamento in corrispondenza di portate diverse secondo la procedura generale illustrata nel paragrafo 17.5. Quindi, per diversi valori della portata, si può procedere alla valutazione del profilo del pelo libero, della portata sfiorata e dei tiranti idrici nelle sezioni di estremità.

Il dimensionamento di tali manufatti dovrebbe essere sempre impostato in modo da garantire *corrente lenta* per l'intera lunghezza del canale, anche se in alcuni casi particolari si può ammettere un funzionamento in corrente veloce. In ogni caso, è bene evitare che la corrente sia caratterizzata da numeri di Froude nell'intervallo $0.75 < F < 1.5$. Sono, inoltre, da escludere condizioni di funzionamento che prevedono l'insorgenza di un *risalto idraulico*, in presenza del quale la corrente è caratterizzata da una discontinuità localizzata con ovvie conseguenze sulla accuratezza della procedura di calcolo qui illustrata. La Fig. 17.22 illustra il funzionamento di un canale di ripartizione munito di soglie ravvicinate, evidenziando anche l'armoniosità di questo fenomeno idraulico.

17.7 Manufatti di biforcazione

17.7.1 Caratteristiche della corrente

Un canale di biforcazione (inglese: "channel bifurcation") è un manufatto che suddivide la corrente in arrivo in due flussi distinti. Il canale di biforcazione può essere assimilato ad un canale di ripartizione, ma se ne differenzia, da un punto di vista idraulico, per la compattezza che lo contraddistingue. Al pari di un manufatto di confluenza, anche il manufatto di biforcazione può essere considerato un *manufatto breve*.

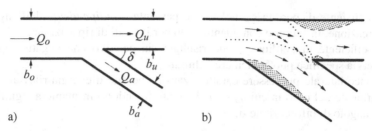

Fig. 17.23. Canale di biforcazione: a) schema generale; b) ($\rightarrow$) andamento della superficie idrica con ($\rightarrow\rightarrow\rightarrow$) correnti al fondo, (...) limiti delle zone di separazione (ombreggiate)

Da un punto di vista idraulico, il funzionamento idraulico di una biforcazione è più complesso rispetto a quello di una confluenza, per la quale le caratteristiche della corrente risultano pressoché monodimensionali; per contro, una biforcazione è caratterizzata da fenomeni di separazione della corrente, con formazione di vortici di larga scala. Per questo motivo, gran parte della letteratura inerente le biforcazioni è basata su indagini sperimentali. Nel seguito, vengono riassunte le principali informazioni disponibili in letteratura, mentre un accurato stato dell'arte è stato predisposto da Hager [10].

La Fig. 17.23 a mostra un canale rettangolare di biforcazione, in cui δ è l'angolo di biforcazione. Nella Fig. 17.23b è invece rappresentata la complessa distribuzione di correnti secondarie che si sviluppano in corrispondenza del manufatto; in particolare, si rileva una intensa corrente sul fondo del canale, diretta verso il tronco laterale, che si caratterizza anche per una notevole capacità di trasporto di sedimenti. Per tale motivo, nelle opere di presa, il prelievo idrico viene generalmente effettuato in corrispondenza del tronco passante, affetto da un minore trasporto solido di fondo rispetto alla derivazione laterale.

Mock [15] analizzò il deflusso di una corrente lenta in un manufatto di biforcazione, con canali di uguale larghezza. Indicando con $q_a = Q_a/Q_o$ il rapporto tra portate, in cui i pedici o, a e u si riferiscono, rispettivamente, al tronco di monte, laterale e di valle, i coefficienti di perdita d'energia rapportati alla velocità della corrente in ingresso V_o sono (capitolo 2):

$$\xi_u = \frac{H_o - H_u}{V_o^2/2g} \quad \text{e} \quad \xi_a = \frac{H_o - H_a}{V_o^2/2g}. \qquad (17.44)$$

In base ad osservazioni sperimentali, Mock ricavò che

$$\xi_a = 1 - (5/4)q_a + 0.725q_a[1 + q_a^2]\tan(\delta/2), \qquad (17.45)$$

$$\xi_u = 0.45q_a(q_a - 0.5). \qquad (17.46)$$

Si può quindi affermare che:

- le relazioni ricavate risultano analoghe a quelle valide nel caso di correnti in pressione per cui è possibile ricorrere all'applicazione di quest'ultime, a patto che i numeri di Froude siano preferibilmente inferiori a 0.5, e comunque non superiori a 0.7, come discusso nel paragrafo 2.4;

- il coefficiente di perdita ξ_u nel tronco passante è *indipendente* dall'angolo di biforcazione, in accordo con quanto detto per i canali di ripartizione;
- il coefficiente di perdita ξ_u può risultare sia positivo che negativo, per cui l'energia specifica può aumentare o diminuire;
- il tronco laterale può essere caratterizzato da perdite d'energia rilevanti, particolarmente nel caso in cui $q_a \to 1$, le quali dipendono in maniera significativa dall'angolo di biforcazione δ.

Il comportamento tipicamente assunto dalla corrente in un manufatto di biforcazione è rappresentato in Fig. 17.24. Quando $q_a = 0$, e cioè nel caso in cui l'immissione di portata nel tronco laterale risulti nulla, il deflusso nel canale laterale è governato da una intensa ricircolazione (Fig. 17.24a). In tal caso, poiché il tirante idrico nel canale laterale risulta dello stesso ordine di grandezza di quello nel tronco principale, l'intera altezza cinetica della corrente in arrivo viene dissipata, risultando quindi $\xi_a(0) = 1$.

Quando $q_a > 0$, il deflusso della corrente può essere assimilato a quello di una corrente subcritica in corrispondenza di una curva (Fig. 17.24b). In funzione dei valori assunti dall'angolo di biforcazione e dal rapporto di portata, può formarsi una zona di separazione in prossimità sia del lato interno della biforcazione che, in aggiunta, in sinistra idraulica del tronco passante (Fig. 17.24c). In tal modo, le perdite risultano nuovamente significative, e possono essere calcolate mediante l'Eq. (17.45). Se attraverso il manufatto di biforcazione transita refluo urbano, le particelle possono sedimentare in corrispondenza delle zone di separazione determinando, di conseguenza, la necessità di procedere ad interventi di manutenzione straordinaria. In fase progettuale, è bene non prevedere manufatti di biforcazione con pareti a spigolo vivo, sebbene si ricorra spesso a tale geometria per consentire l'alloggiamento di paratoie che controllano il deflusso su entrambi i tronchi della biforcazione.

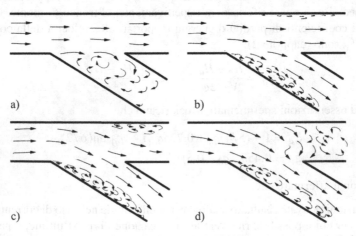

Fig. 17.24. Comportamento della corrente in un canale di biforcazione per $q_a = Q_a/Q_o =$ a) 0; b) 1/3; c) 2/3; d) 1 [15]

17.7.2 Biforcazione a T

Una biforcazione a T presenta un canale passante rettilineo ed un tronco ortogonale in derivazione di larghezza uguale o minore (Fig. 17.25). Quando $F_u < F_o < 0.75$, ed in assenza di rigurgito del tronco principale dal canale laterale, la *distribuzione di portata* può essere calcolata utilizzando la seguente relazione, in cui $\beta_a = b_a/b_o \leq 1$ è il rapporto tra le larghezze [13]:

$$q_a = Q_a/Q_o = (1.55 - 1.45F_o)\beta_a + 0.16(1 - 2F_o). \tag{17.47}$$

Non esiste invece una relazione per il calcolo del rapporto tra i tiranti idrici nei rami a monte ed a valle del manufatto.

Anche Lakshmana Rao et al. [14] si sono occupati del manufatto di biforcazione a T; essi proposero una espressione alternativa all'Eq. (17.47), secondo cui

$$Q_u/Q_o = \tanh[5(0.56 - F_a)F_u^{1/2}]. \tag{17.48}$$

Le correnti con numero di Froude $F_a > 1/3$ presentano un risalto idraulico, che può essere caratterizzato ponendo $F_a = 1/3$ (Fig. 17.26b). Il coefficiente di contrazione C_c del tronco laterale (Fig. 17.26c) dipende dal numero di Froude della corrente di valle F_u secondo la relazione

$$\frac{1 - C_c}{1 - C_{c\infty}} = [\tanh(3F_u)]^{2/3}, \tag{17.49}$$

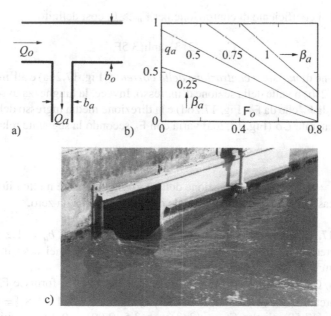

Fig. 17.25. Biforcazioni a T: a) simboli; b) rapporto di portata in funzione del numero di Froude della corrente in ingresso F_o, per correnti supercritiche nel tronco laterale ($F_a > 1$), e del rapporto di larghezza $\beta_a = b_a/b_o$ [13]; c) ingresso al canale laterale con effetto locale di chiamata allo sbocco

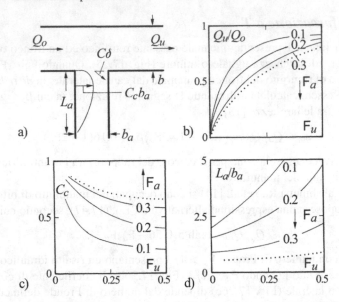

Fig. 17.26. Biforcazione a T: a) schema generale; b) distribuzione di portata Q_u/Q_o; c) coefficiente di contrazione C_c e d) lunghezza relativa di separazione L_a/b_a in funzione dei numeri di Froude $F_u = Q_u/(gb_u^2h_u^3)^{1/2}$ e $F_a = Q_a/(gb_a^2h_a^3)^{1/2}$; (...) risalto idraulico nel ramo laterale [14]

in cui $C_{c\infty}$ è il coefficiente di contrazione per $F_u \gg 0$, così definito

$$C_{c\infty} = (2/3)\tanh(3.5F_a). \tag{17.50}$$

La sezione di *massima contrazione della corrente* (Fig. 17.26a) è all'incirca localizzata a $(1/2)b_a$ a valle della sezione d'ingresso. Invece, la lunghezza di separazione dipende sia da F_u che da F_a (Fig. 17.26d) e la direzione media ingresso della corrente nel canale laterale $C\delta$ (Fig. 17.26a) varia con F_u secondo la seguente relazione:

$$C = (2/3)(1 - F_u). \tag{17.51}$$

Quando $Q_u = 0$ ($q_a = 1$) l'inclinazione della corrente laterale è molto più accentuata rispetto al caso in cui la portata nel canale di valle è diversa da zero.

Esempio 17.12. Dato un canale di biforcazione con $b_o = b_u = 1.2$ m e $b_a = 0.80$ m. determinare le principali caratteristiche idrauliche nel caso in cui risulti $Q_o = 0.75 \text{ m}^3\text{s}^{-1}$, $Q_u = 0.60 \text{ m}^3\text{s}^{-1}$ e $F_u = 0.22$.

Con $Q_u/Q_o = 0.6/0.75 = 0.8$ e $F_u = 0.22$, l'Eq. (17.48) fornisce $F_a = 0.56 - 1/(5F_u^{1/2})\text{arctanh}(Q_u/Q_o) = 0.56 - 0.43(1/2)\ln[(1+0.8)/(1-0.8)] = 0.09$. Inoltre, dall'Eq. (17.50), risulta $C_{c\infty} = (2/3)\tanh(3.5 \cdot 0.09) = 0.20$, per cui si ha $(1 - C_c)/(1 - C_{c\infty}) = [\tanh(3 \cdot 0.22)]^{2/3} = 0.69$ e $C_c = 1 - 0.69(1 - 0.20) = 0.45$ dall'Eq. (17.49). In accordo con quanto illustrato nella Fig. 17.26c C_c risulta alquanto più piccolo ed il flusso di corrente laterale si presenta fortemente contratto. Con

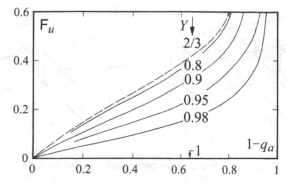

Fig. 17.27. Tirante relativo $Y = h_o/h_u$ per biforcazioni a T in funzione del rapporto di portata $1 - q_a$ e del numero di Froude F_u nel ramo di valle

$C = (2/3)(1 - 0.22) = 0.52$ dall'Eq. (17.51), l'angolo di biforcazione medio è uguale a $0.52 \cdot 90° = 47°$, e la sezione contratta è localizzata a $0.5 \cdot 0.8 = 0.40$ m a valle della sezione d'immissione. Ricavando $L_a/b_a = 4$ dalla Fig. 17.26d, la lunghezza di separazione è uguale a $L_a = 4 \cdot 0.8 = 3.2$ m.

Joliffe [12] si occupò delle correnti sub- e super-critiche in manufatti di biforcazione per correnti a pelo libero, realizzati su canali a sezione circolare aventi uguale diametro e $\delta = 90°$. Per correnti di valle *subcritiche* ($F_u < 0.6$), il rapporto di portata è indipendente dalla pendenza del canale di monte ed è dato dalla relazione

$$Q_a/Q_o = \exp[-(7/3)F_u]. \tag{17.52}$$

Invece, per correnti in ingresso supercritiche ($F_o > 1$) il rapporto di portata risulta pari a

$$Q_a/Q_o = F_o/(8.8F_o - 4). \tag{17.53}$$

Ramamurthy et al. [23] analizzarono l'effetto di *sommergenza* nelle biforcazioni a T con tronchi di uguale larghezza b. La Fig. 17.27 mostra un diagramma al cui interno il tirante relativo $Y = h_o/h_u$ è riportato in funzione del rapporto di portata $q_a = Q_a/Q_o$ e del numero di Froude della corrente di valle $F_u = Q_u/(gb^2h_u^3)^{1/2}$. Le prove su modello fisico hanno mostrato che Y non può risultare inferiore a 0.80, se si vuole prevenire la formazione di un risalto idraulico.

Esempio 17.13. Data una biforcazione a T con larghezza $b = 1.2$ m, $h_u = 0.8$ m, e $Q_u = 0.95$ m³s⁻¹, determinare il tirante idrico di monte per $Q_o = 1.2$ m³s⁻¹.

Con $1 - q_a = 1 - 0.25/1.2 = 0.79$ e $F_u = 0.95/(9.81 \cdot 1.2^2 \cdot 0.8^3)^{1/2} = 0.35$, dalla Fig. 17.27 è possibile ricavare $Y = 0.95$, per cui $h_o = 0.95h_u = 0.95 \cdot 0.8 = 0.76$ m. Dunque, il numero di Froude di monte è $F_o = 1.2/(9.81 \cdot 1.2^2 \cdot 0.76^3)^{1/2} = 0.48$. Essendo $V_u = 0.95/(1.2 \cdot 0.8) = 1$ ms⁻¹ e $V_o = 1.2/(1.2 \cdot 0.76) = 1.32$ ms⁻¹, le energie specifiche sono, rispettivamente, pari a $H_u = 0.8 + 1^2/19.62 = 0.851$ m e

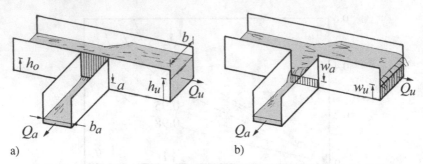

a)   b)

Fig. 17.28. Manufatti di biforcazione particolari, studiati da: a) [1]; b) [17, 18]

$H_o = 0.76 + 1.32^2/19.62 = 0.849$ m. Il coefficiente di perdita d'energia è $\xi_u = (H_o - H_u)/[V_o^2/2g)] = -0.002/[1.32^2/19.62] = -0.023$, valore prossimo a 0. Dall'Eq. (17.46) si può calcolare $\xi_u = -0.027$.

Peruginelli e Pagliara [19] si sono occupati della determinazione delle *perdite d'energia* nelle biforcazioni con angoli compresi tra $\delta = 45°$ e $\delta = 90°$. I coefficienti di perdita d'energia semi-empirici sono presentati in funzione del numero di Froude e del rapporto tra le portate provenienti dai tronchi di monte e laterale. Invece, la struttura della corrente tridimensionale in canali di biforcazione è stata studiata da un punto di vista numerico da Neary e Odgaard [16] e da Shettar e Keshava Murthy [24], i quali hanno fornito anche una analisi dettagliata delle correnti secondarie; le previsioni teoriche risultano in accordo con le osservazioni sperimentali.

I manufatti di biforcazione caratterizzati da geometrie più complesse, comprendenti, ad esempio, uno sbarramento che ostruisce l'ingresso al ramo laterale o un salto di fondo, sono stati studiati rispettivamente da Acuna e al. [1] e da Nougaro et al. [17, 18]. I comportamenti tipicamente assunti dalla corrente al loro interno sono mostrati in Fig. 17.28.

Simboli

A	[m²]	sezione idrica
b	[m]	larghezza del canale nella sezione iniziale
B	[m]	larghezza del canale
c_k	[-]	parametro di soglia
C	[-]	coefficiente d'angolo della biforcazione
C_c	[-]	coefficiente di contrazione
E	[m⁴s⁻¹]	flusso di energia specifica
F	[-]	numero di Froude
g	[ms⁻²]	accelerazione di gravità
h	[m]	tirante idrico
H	[m]	energia specifica
J	[-]	cadente totale
k	[-]	$= n^* c_k$ costante
L_a	[m]	lunghezza della zona di separazione

L_E	[m]	lunghezza della singola luce del canale equivalente
L_v	[m]	lunghezza del canale di ripartizione
ΔL	[m]	lunghezza di efflusso
n^*	[-]	numero di soglie laterali
$1/n$	$[\mathrm{m}^{1/3}\mathrm{s}^{-1}]$	coefficiente di scabrezza di Manning
p	[m]	altezza piezometrica
q	[-]	intensità di portata
q_a	[-]	$= Q_a/Q_o$ rapporto di portate
Q	$[\mathrm{m}^3\mathrm{s}^{-1}]$	portata
ΔQ	$[\mathrm{m}^3\mathrm{s}^{-1}]$	portata sfiorata
R_h	[m]	raggio idraulico
s	[m]	altezza della apertura laterale
S	[-]	$= s/H$ altezza relativa
S_e	[-]	cadente energetica
S_f	[-]	cadente dovuta alla perdite distribuite di energia
S_L	[-]	cadente dovuta all'efflusso laterale
S_o	[-]	pendenza di fondo
t	[m]	larghezza della apertura sul fondo
T	[-]	$= t/H$ larghezza della apertura relativa
U	$[\mathrm{ms}^{-1}]$	velocità di efflusso laterale
V	$[\mathrm{ms}^{-1}]$	velocità
w	[m]	altezza della soglia
W	[-]	$= w/H$ altezza della soglia relativa
x	[m]	ascissa
X	[-]	$= kx/b$ ascissa relativa
X_L	[-]	progressiva relativa
y	[-]	$= h/H$ tirante idrico relative
Y	[-]	tirante idrico normalizzato
Δz	[m]	innalzamento della quota di fondo
α_o	[-]	rapporto tra tiranti idrici
β_a	[-]	$= b_a/b_o$ rapporto tra larghezze
β_o	[-]	differenza di larghezza relativa
γ_o	[-]	differenza di velocità relativa
δ	[-]	angolo di biforcazione
δ_o	[-]	parametro di forma
ϕ	[-]	angolo di efflusso laterale
θ	[-]	angolo di contrazione
Θ	[-]	$= \theta/k$ rapporto di convergenza
ρ	$[\mathrm{kgm}^{-3}]$	densità
σ	[-]	parametro di moto pseudo-uniforme
χ_c	[-]	massima distanza tra le sezioni in cui valgono le condizioni al contorno in assenza di risalto idraulico
ξ_a	[-]	coefficiente di perdita d'energia nel tronco laterale del manufatto di biforcazione
ξ_u	[-]	coefficiente di perdita d'energia nel canale di valle

Pedici

a   media, canale laterale
c   stato critico
E   canale equivalente
o   monte
PN   pseudo-uniforme
r   condizione al contorno
u   valle

Bibliografia

1. Acuna E., Aravena L., Flores J., Miquel J., Fuentes R.: Determinacion del coefficiente de gasto de compuertas laterales con resalto rechazado. 5 Congreso Latinoamericano de Hidraulica (Lima) A1: 1–10 (1972).
2. Chao J.-L., Trussell R.R.: Hydraulic design of flow distribution channels. Journal of Environmental Engineering Division ASCE **106**(EE2): 321–334; **106**(EE6): 1212–1213; **107**(EE1): 299–303; **107**(EE2): 432–433; **107**(EE5): 1109 (1980).
3. De Marchi G.: Saggio di teoria del funzionamento degli stramazzi laterali. L'Energia Elettrica **11**(11): 849–860 (1934).
4. Favre H. : Contribution à l'étude des courants liquides. Rascher, Zürich (1933).
5. Hager W.H.: Some scale effects in distribution channels. Symposium Scale Effects in Modelling Hydraulic Structures **2**(9): 1–6. H. Kobus, ed. Technische Akademie, Esslingen (1984).
6. Hager W.H.: Bodenöffnung in Entlastungsanlagen von Kanalisationen [Aperture sul fondo di canali di distribuzione]. Gas – Wasser – Abwasser **65**(1): 15–23 (1985).
7. Hager W.H. : L'écoulement dans des déversoirs latéraux. Canadian Journal of Civil Engineering **13**(5): 501–509 (1986).
8. Hager W.H.: Flow in distribution conduits. Proc. Institution of Mechanical Engineers **200**(A3): 205–213 (1986).
9. Hager W.H.: Lateral outflow over sideweirs. Journal of Hydraulic Engineering **113**(4): 491–504; **115**(5): 682–688 (1987).
10. Hager W.H.: Abflussverhältnisse in Kanalverzweigungen [Caratteristiche del moto alla biforcazione di un canale]. Korrespondenz Abwasser **38**(10): 1350–1357 (1991).
11. Hager W.H., Volkart P.: Distribution channels. Journal of Hydraulic Engineering **112**(10): 935–952; **114**(2): 235 (1986).
12. Joliffe I.B.: Accurate pipe junction model for steady and unsteady flows. 2nd International Conference Urban Storm Drainage Urbana: 93–100 (1981).
13. Krishnappa G., Seetharamiah K.: A new method of predicting the flow in a 90° branch channel. La Houille Blanche **18**(7): 775–778 (1963).
14. Lakshmana Rao N.S., Sridharan K., Yahia Ali Baig M.: Experimental study of the division of flow in an open channel. Conference Hydraulics and Fluid Mechanics: 139–142. The Institution of Engineers, Australia, Sydney (1968).
15. Mock F.-J.: Strömungsvorgänge and Energieverluste in Verzweigungen von Rechteckgerinnen [Caratteristiche del moto e perdite di carico alla biforcazione di canali rettangolari]. Mitteilung 52. Institut für Wasserbau und Wasserwirtschaft, TU Berlin, Berlin (1960).

16. Neary V.S., Odgaard A.J. : Three-dimensional flow structure at open-channel diversions. Journal of Hydraulic Engineering **119**(11): 1223–1230 (1993).

17. Nougaro J., Boyer P.: Sur la séparation des eaux dans les dérivations de canaux à section rectangulaire. La Houille Blanche **29**(3): 199–203 (1974).

18. Nougaro J., Boyer P., Claria J.: Comportement d'une dérivation de canaux lorsque les biefs aval sont pourvus de retenues. La Houille Blanche **30**(4): 267–273 (1975).

19. Peruginelli A., Pagliara S.: Energy loss in dividing flow. Entropy and energy dissipation in water resources. V.P. Singh, M. Fiorentino (eds.). Kluwer, Dordrecht (1992).

20. Ramamurthy A.S., Subramanya K., Carballada L.: Uniformly discharging outlets for irrigation systems. Proc. 2nd World Congress on Water Resources. Water for Human Needs **5**: 323–326 (1975).

21. Ramamurthy A.S., Subramanya K., Carballada L.: Uniformly discharging lateral weirs. Journal of Irrigation and Drainage Division ASCE **104**(IR4): 399–412 (1978).

22. Ramamurthy A.S., Tran D.M., Carballada L.B.: Open channel flow through transverse floor outlets. Journal of Irrigation and Drainage Engineering **115**(2): 248–254; **117**(1): 148–151 (1989).

23. Ramamurthy A.S., Tran D.M., Carballada L.B.: Dividing flow in open channels. Journal of Hydraulic Engineering **116**(3): 449–455; **118**(4): 634–637 (1990).

24. Shettar A.S., Keshava Murthy K.: A numerical study of division of flow in open channels. Journal of Hydraulic Research **34**(5): 651–675 (1996).

25. Sweeten J.M., Garton J.E.: The hydraulics of an automated furrow irrigation system with rectangular sideweir outlets. Trans. American Society Agricultural Engineers **13**: 746–751 (1970).

26. Sweeten J.M., Garton J.E., Mink A.L.: Hydraulic roughness of an irrigation channel with decreasing spatially-varied discharge. Trans. American Society Agricultural Engineers **12**: 466–470 (1969).

27. Uhl V.W., Garton J.E.: Semi-portable sheet metal flume for automated irrigation. Trans. American Society Agricultural Engineers **15**: 256–260 (1972).

28. Yen B.C., Wenzel H.G.: Dynamic equations for steady spatially varied flow. Journal of the Hydraulics Division ASCE **96**(HY3): 801–814 (1970).

18

Sfioratori laterali

Sommario L'efficienza di un sistema fognario di tipo misto dipende fortemente dal corretto funzionamento dei manufatti per lo scarico delle portate di piena e, in particolare, degli sfioratori laterali. Il regolare funzionamento idraulico di tali manufatti è di primaria importanza, poiché le eventuali disfunzioni possono compromettere lo stato ambientale dei corpi idrici recettori. Per quanto riguarda gli sfioratori laterali, è possibile distinguere due tipologie: sfioratori a *soglia alta* e sfioratori a *soglia bassa*. Entrambe le tipologie di sfioratore laterale vanno opportunamente studiate, portando in conto gli effetti della velocità e della direzione della corrente in arrivo, nonché le caratteristiche geometriche della soglia sfiorante.

Viene presentata una semplice procedura di dimensionamento idraulico che consente di soddisfare le esigenze progettuali senza ricorrere alla risoluzione delle più complicate equazioni che reggono teoricamente il fenomeno. La parte finale del capitolo è dedicata ad un tipo di manufatto più compatto, il cosiddetto sfioratore laterale corto, il cui funzionamento è essenzialmente governato dal numero di Froude della corrente in arrivo.

18.1 Introduzione

All'inizio del terzo millennio esiste ancora una notevole confusione nel settore della progettazione dei manufatti di scarico delle portate di piena a servizio di *sistemi fognari misti* (inglese: "combined sewer systems"). Aldilà di quelle che sono le informazioni di base sul funzionamento idraulico degli stramazzi (capitolo 10), si trovano in letteratura svariate tipologie di manufatti per i quali non esiste una procedura progettuale standardizzata. Tale circostanza discende anche dalla incompletezza del quadro delle conoscenze sul comportamento idraulico di uno sfioratore laterale. Dunque, obiettivo di questo capitolo è quello di contribuire a colmare tale importante lacuna, anche ai fini di migliorare l'efficienza di tali manufatti in termini di tutela ambientale dei corpi idrici naturali.

Esistono due tipologie di manufatti per la separazione delle portate basati sull'impiego di una luce di efflusso: lo *sfioratore laterale* (inglese: "sewer sideweir"), in cui è presente una *soglia di sfioro* (inglese: "overflow"), ed il *derivatore* (inglese: "leaping weir"), in cui l'efflusso della portata scaricata avviene mediante una *luce sotto battente* (inglese: "orifice"). Inoltre, mentre uno sfioratore tende a lasciar proseguire

Gisonni C., Hager W.H.: Idraulica dei sistemi fognari. Dalla teoria alla pratica.
DOI 10.1007/978-88-470-1445-9_18, © Springer-Verlag Italia 2012

verso valle le portate da convogliare all'impianto di depurazione, un derivatore tende a deviare queste ultime dal flusso principale. Nel successivo capitolo 20, verrà illustrato che i derivatori sono prevalentemente utilizzati quando la corrente in arrivo è di tipo veloce.

Uno sfioratore laterale può assumere due distinte configurazioni:

- con la cresta della soglia posta a quota elevata, in modo da rigurgitare la corrente di monte;
- con una cresta posta a quota ribassata, in modo da indurre condizioni di corrente veloce lungo la soglia.

Gli sfioratori laterali a *soglia alta* (inglese: "high weir crest") si prestano meglio ad una trattazione teorica, dal momento che le caratteristiche idrauliche della corrente, in prossimità di tali manufatti, non si discostano significativamente da quelle che sono le ipotesi alla base dei modelli teorici propri dell'Idraulica. Per tale tipo di sfioratori, la corrente nel collettore in arrivo presenta valori elevati del tirante e risulta essere lenta lungo tutto lo sviluppo della soglia, prevenendo la formazione di risalti idraulici nelle immediate vicinanze del manufatto. Inoltre, nei casi in cui la pendenza del collettore in arrivo risulti sufficientemente bassa, tale configurazione consente di sfruttare il collettore fognario come un *invaso in linea*, la cui capacità di accumulo può contribuire alla attenuazione delle portate al colmo di piena in concomitanza di eventi meteorici intensi.

La sezione trasversale del canale sfioratore è generalmente sagomata ad U; gli eventuali tronchi di raccordo al collettore in arrivo ed al canale *derivatore* (diretto verso l'impianto di depurazione) dovranno preferibilmente essere *linearmente convergenti*. La pendenza di fondo lungo lo sfioratore deve essere sufficientemente elevata per evitare fenomeni di sommergenza in corrispondenza delle portate minime. Il canale sfioratore può essere dotato di soglia laterale su uno solo o entrambi i lati, avendo cura che lo sfioro avvenga sempre in condizioni di efflusso libero, e quindi non rigurgitato dal canale emissario per lo scarico delle portate meteoriche. La Fig. 18.1. illustra uno schema tipico di uno sfioratore laterale, con la definizione dei principali parametri idraulici e geometrici che ne governano il funzionamento.

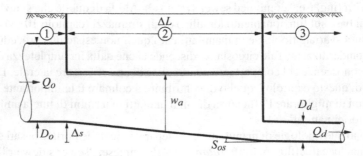

Fig. 18.1. Tipica configurazione di uno sfioratore laterale a soglia *alta*: ① collettore in arrivo, ② canale sfioratore di lunghezza ΔL, con soglia di sfioro orizzontale, ③ condotta limitatrice di portata

La soglia laterale è sempre orizzontale e può essere eventualmente provvista di una lastra metallica in modo tale da realizzare le condizioni di soglia in parete sottile e da consentire eventuali regolazioni nell'altezza; tali regolazioni, ovviamente, non possono che essere effettuate da personale autorizzato e dopo che sia stato preventivamente redatto un opportuno calcolo idraulico. Infatti, modifiche del genere possono comportare notevoli variazioni delle caratteristiche idrauliche della corrente in arrivo, nonché dell'entità delle portate sfiorate. L'esperienza mostra che tali accortezze vengono applicate di rado, andando a costituire una delle principali cause di disfunzioni che nel passato hanno afflitto questo tipo di manufatto.

Inoltre, gli sfioratori laterali a soglia alta possono essere attrezzati con setti paraschiuma per evitare lo sfioro di schiume e materiale flottante, anche se tali espedienti, oltre a complicare l'interpretazione del funzionamento idraulico del manufatto, possono comportare problemi di occlusione dello stesso.

Gli sfioratori laterali *a soglia bassa* (inglese: "low weir crest") sono stati spesso utilizzati in passato, nell'intento di realizzare manufatti con minore lunghezza della soglia di sfioro, nei casi in cui gli spazi erano limitati. In effetti, tale tipo di struttura presenta una lunghezza limitata e non induce rigurgito sul collettore in arrivo. A tali vantaggi, però, fa fronte una notevole complicazione concettuale per lo studio del comportamento idraulico del manufatto ed il conseguente dimensionamento. In linea generale, il ricorso a tale tipo di sfioratore è sconsigliato per le nuove realizzazioni ma, a causa del largo impiego che se ne è fatto in passato, esso è ricorrente nelle fognature e pertanto si è ritenuto opportuno presentare alcuni approfondimenti nell'ambito del presente capitolo, anche sulla base di esperienze su modello fisico effettuate dagli stessi autori del presente testo.

Nel prosieguo del capitolo viene dettagliatamente illustrato lo *sfioratore laterale a soglia alta*, per il quale viene anche presentata una procedura di dimensionamento accompagnata da esempi applicativi. Il notevole numero di parametri geometrici coinvolti rende certamente necessaria un'opera di *standardizzazione* di questo tipo di manufatti; l'intento di chi scrive è quello di dare un contributo al raggiungimento di questo importante obiettivo. Si noti che i risultati principali fanno riferimento alla condizione di *corrente lenta in arrivo* (inglese: "subcritical approach flow"), che è la condizione ideale per l'impiego di tale tipo di manufatto. Nel caso di *corrente veloce in arrivo* (inglese: "supercritical approach flow") si raccomandano manufatti derivatori, illustrati nel capitolo 20.

I dettagli relativi alla condotta limitatrice di portata sono stati in parte discussi nel paragrafo 9.3, ma vengono ripresi nei paragrafi successivi a proposito dei dispositivi di controllo delle portate da inviare all'impianto di depurazione.

18.2 Impostazione progettuale

18.2.1 Conoscenze di base

Allo stato attuale, esistono alcuni riferimenti bibliografici relativi al funzionamento idraulico ed alla progettazione di sfioratori laterali nei sistemi fognari, tra i quali vale la pena citare i lavori di Biggiero e Pianese [2], Hager [8] e Biggiero et al. [3]. Degni di nota sono anche i lavori di Kallwass [15] e Taubmann [20], oltre alle linee guida predisposte dalla Associazione Svizzera di Ingegneri ed Architetti [18], la quale ha proposto una procedura di calcolo sulla base delle conoscenze disponibili all'epoca della redazione. Nel prosieguo del capitolo, viene proposto un aggiornamento del quadro delle conoscenze, che consente di formulare procedure di dimensionamento idraulico per gli sfioratori laterali in collettori fognari a sezione circolare con caratteristiche geometriche standardizzate.

Per manufatti con caratteristiche geometriche ed idrauliche particolari, la progettazione deve avvalersi della sperimentazione su modello fisico in scala adeguata.

18.2.2 Descrizione del manufatto standard

Tra i manufatti *scolmatori* (inglese: "storm water outlet"), quello maggiormente diffuso è lo sfioratore laterale a soglia alta con dispositivo limitatore delle portate nere diluite da inviare al trattamento. Tra i principali vantaggi di tale manufatto possono essere considerati i seguenti:

- limitata variazione della portata convogliata all'impianto di depurazione, anche in corrispondenza della massima portata pluviale;
- sconnessione idraulica rispetto a fenomeni di rigurgito indotti dal corpo idrico recettore;
- utilizzo della capacità di invaso del collettore fognario.

Invece, i principali svantaggi possono essere individuati nelle seguenti caratteristiche:

- effetti di rigurgito indotto sul tratto di canale a monte del manufatto;
- possibilità di indurre valori bassi delle velocità e quindi di innescare fenomeni di sedimentazione.

Prima di procedere oltre conviene brevemente ricordare quali sono le portate che entrano in gioco nel dimensionamento idraulico degli sfioratori:

- *portata di tempo asciutto* Q_{Ta}, che arriva dal collettore e prosegue indisturbata nel derivatore, senza indurre fenomeni di sedimentazione, per poi giungere all'impianto di trattamento;
- *portata di progetto* Q_K dell'impianto di trattamento, anche detta *portata di soglia* o *massima portata nera diluita*, oltre la quale inizia ad essere sfiorata portata meteorica in eccesso in arrivo da monte;
- *portata pluviale massima* Q_M convogliata dal collettore in arrivo durante un evento meteorico.

Inoltre, andrebbe considerato anche il valore della portata Q_d che imbocca il derivatore in corrispondenza della portata massima Q_M in arrivo dal collettore in ingresso al manufatto; infatti, il valore di Q_d dovrebbe essere contenuto entro il valore massimo $1.2 \cdot Q_K$, per evitare scompensi all'impianto di depurazione.

In generale, è bene limitare la pendenza del collettore in arrivo a valori significativamente inferiori all'1%, in modo da garantire una *corrente in arrivo stabilmente lenta* ($F_o < 0.75$). Gli sfioratori laterali a *doppia soglia*, o bilaterali, hanno certamente il vantaggio di presentare una minore lunghezza del manufatto, oltre ad una simmetria completa della corrente idrica.

Uno sfioratore laterale può considerarsi composto di tre parti (Fig. 18.1):

- *collettore di monte* con la eventuale transizione tra il collettore circolare di diametro D_o e la sezione ad U lungo lo sfioratore;
- *canale sfioratore* la cui soglia di sfioro ha cresta orizzontale ed altezza media (pedice m) w_m rispetto al fondo; la pendenza del canale sfioratore (pedice s) ha pendenza di fondo $S_{os} = \Delta s/\Delta L$, essendo Δs il dislivello tra le sezioni estreme e ΔL la lunghezza del tratto di sfioro;
- *condotta limitatrice di portata* (pedice d) avente diametro D_d, pendenza S_{od} e lunghezza L_d;

La portata sfiorata viene raccolta da un canale di gronda (capitolo 19), nel quale le altezze idriche devono essere sufficientemente inferiori alla cresta della soglia di sfioro in maniera da evitare fenomeni di rigurgito.

18.3 Sfioratori laterali a soglia alta

18.3.1 Collettore di monte

In uno sfioratore laterale, è fondamentale fissare la altezza della soglia w_o, superata la quale comincia l'efflusso delle portate in eccesso; sono anche importanti il dislivello del fondo Δs e la minima velocità di deflusso in condizioni di progetto.

Secondo quanto raccomandato dalla Associazione Tecnica Tedesca per le Acque Reflue [1], la altezza w_o della soglia deve essere compresa tra 0.5 e $0.8D_o$, mentre il dislivello Δs, tra le sezioni iniziale e terminale dello sfioratore, deve avere valore non inferiore a 0.03 m (Fig. 18.1). Il dislivello Δs può essere imposto in maniera tale che si instauri lungo la soglia un valore h_{Ta} del tirante idrico pressoché costante in corrispondenza della portata di tempo asciutto Q_{Ta}. Per assegnati valori delle portate Q_{Ta}, Q_K e Q_M e dei diametri D_o e D_d, il dimensionamento idraulico deve definire tutti i parametri geometrici del manufatto ad eccezione della lunghezza del canale sfioratore, per la cui determinazione sono necessarie ulteriori valutazioni.

Esempio 18.1. Si considerino le seguenti portate $Q_{Ta} = 0.018$ m^{3}s^{-1}, $Q_K = 0.18$ m^{3}s^{-1} e $Q_M = 2$ m^{3}s^{-1}; il collettore fognario ha diametro $D_o = 1.10$ m e pendenza $S_{oo} = 0.4\%$, mentre la condotta di derivazione ha diametro $D_d = 0.35$ m, pendenza $S_{od} = 0.5\%$ e lunghezza $L_d = 35$ m. Dimensionare il manufatto scolmatore, essendo assegnato il valore $n = 0.012$ sm$^{-1/3}$ al coefficiente di scabrezza.

La Tabella 18.1 contiene le caratteristiche idrauliche della corrente in arrivo (pedice o) in condizioni di moto uniforme (pedice N) secondo quanto definito nei capitoli 5 e 6. Si noti che per tutte e tre le portate il valore del numero di Froude è prossimo all'unità.

Assumendo un'altezza relativa della soglia pari a $w_o = D_o/2 = 0.55$ m, si ottiene per $Q_K = 0.18$ m^{3}s^{-1} un valore della velocità della corrente $V_{oK} = 0.18/0.475 =$

Tabella 18.1. Condizioni della corrente in arrivo per l'Esempio 18.1

Condizione	Q [m³s⁻¹]	q_N [-]	h_o [m]	V_o [ms⁻¹]	F [-]	H [m]
Tempo asciutto	0.018	0.003	0.065	0.79	1.30	0.097
Portata di soglia	0.180	0.026	0.207	1.44	1.28	0.311
Portata pluviale massima	2.000	0.289	0.840	2.59	0.86	1.183

0.38 ms⁻¹, abbastanza basso per quanto visto nel capitolo 3. Ad ogni modo, nelle condizioni assegnate, è difficile attingere i valori definiti nella Tabella 3.5. Secondo le indicazioni della SIA [18], il valore minimo della velocità della corrente in arrivo ad uno sfioratore può essere stimato secondo la relazione:

$$V_{mo}(Q_K)[\text{ms}^{-1}] = 0.5 - 0.3 S_{oo}[\text{‰}], \tag{18.1}$$

che fornisce appunto $V_{mo} = 0.38$ ms⁻¹ per $S_{oo} = 0.4\%$.

La differenza di quota di fondo Δs, in corrispondenza della portata Q_{Ta}, può essere stimata assumendo l'uguaglianza dei tiranti idrici nelle sezioni estreme dello sfioratore ($h_{oT} = h_{uT}$). Secondo l'Eq. (5.14), imponendo $y_{Nu} = y_{No}$, si ottiene:

$$S_{os}^{1/2} = \frac{nQ/(D_d^{8/3})}{(3/4)y_{Nu}^2[1 - (7/12)y_{Nu}^2]}. \tag{18.2}$$

Essendo $h_{No} = 0.065$ m, come da Tabella 18.1, sarà allora $y_{Nu} = 0.065/0.35 = 0.186$, mentre $nQ/(D_d^{8/3}) = 0.012 \cdot 0.018/0.35^{8/3} = 0.0035$. Quindi, risulterà $S_{os}^{1/2} = 0.0035/0.0254 = 0.138$, per cui la pendenza di fondo lungo lo sfioratore è pari a $S_{os} = 1.9\%$. La differenza di quota $\Delta s = S_{os}\Delta L$ resta automaticamente determinata un volta nota la lunghezza ΔL.

18.3.2 Canale sfioratore

Equazione di efflusso

Il comportamento della corrente idrica in prossimità di uno stramazzo frontale risulta generalmente influenzato dai seguenti fattori (capitolo 10):

- caratteristiche geometriche della soglia;
- caratteristiche geometriche del ciglio dello sfioro;
- tirante relativo $(h - w)/h$ che si stabilisce sulla soglia;
- tirante assoluto $(h - w)$ che si stabilisce sulla soglia;
- proprietà del fluido.

Nel caso di acqua, o più in generale di comuni acque reflue, il fluido non esercita una particolare influenza sul processo di efflusso; inoltre, eventuali effetti indotti dalla tensione superficiale e dalla viscosità possono essere trascurati se l'analisi si rivolge a valori dei carichi sulla soglia $(h - w)$ non inferiori ai 0.050 m (capitolo 10). La *soglia in parete sottile* costituisce una condizione progettuale standard per vena pienamente aerata, quale deve essere quella di uno sfioratore laterale.

Il parametro principale è quindi costituito dalla geometria della soglia che influenza il valore della portata sfiorata Q, la quale dipende notoriamente dal tirante $(h - w)$ oltre che dalla velocità di arrivo della corrente. Per tale motivo, in luogo del tirante, viene spesso considerato il *carico specifico sullo sfioro* $(H - w)$, in modo da portare in conto anche gli effetti indotti dalla velocità di arrivo della corrente. La portata sfiorata Q può quindi essere valutata mediante la ben nota relazione:

$$Q = C_D b (2g)^{1/2} (H - w)^{3/2}, \qquad (18.3)$$

in cui C_D è il coefficiente di efflusso, $H = h + Q^2 / [2gb^2 h^2]$ è l'energia specifica, essendo b la larghezza del canale e g la accelerazione di gravità, mentre w è l'altezza della soglia. Il valore del coefficiente C_D dipende esclusivamente dalla geometria della soglia ed assume tipicamente i valori $C_D = 0.402$ e $C_D = 0.325$, rispettivamente nel caso di stramazzo in parete sottile ed in parete grossa; nel capitolo 10, è stato illustrato come il valore di C_D varia con il raggio di curvatura relativo H/R per soglie con ciglio arrotondato.

A differenza degli stramazzi, nel caso degli sfioratori laterali la corrente in arrivo presenta una velocità *non perpendicolare* alla soglia, e tale circostanza deve essere opportunamente portata in conto [7]. Inoltre, lo studio del processo di efflusso su uno stramazzo frontale viene condotto trascurando la velocità di arrivo della corrente poiché i valori del tirante h e dell'energia specifica H a monte della soglia sono poco diversi tra loro, e pertanto possono essere ritenuti pressoché coincidenti. Tale assunzione non è certamente valida nel caso degli sfioratori laterali, dal momento che la velocità di arrivo non è trascurabile e quindi il valore di H è significativamente superiore a quello di h. Ulteriore effetto da portare in conto è quello dell'inclinazione della parete su cui è presente la soglia di sfioro; nel caso di luci a stramazzo, così come per sfioratori laterali a soglia alta, essa è generalmente verticale, a differenza del caso di soglia bassa in canale sfioratore con sezione ad U. Ad ogni modo, il processo di efflusso in uno sfioratore laterale con sezione ad U è assimilabile al caso di uno sfioratore in un canale a sezione rettangolare, atteso l'elevato grado di riempimento che si verifica nel caso di soglia alta.

Spesso gli sfioratori laterali possono essere di tipo *convergente*, con una graduale riduzione della larghezza. In tal caso, le linee di corrente assumono una direzione tale da aumentare il valore della componente della velocità perpendicolare alla linea di cresta della soglia; tale tipo di manufatti si caratterizza per un più elevato valore della portata sfiorata per unità di lunghezza della soglia, rispetto a sfioratori con sezione prismatica.

L'effetto dei suddetti parametri geometrici ed idraulici è stato analizzato, anche con l'ausilio di dati sperimentali, da Hager [11], che propose l'*equazione generaliz-*

zata di efflusso (capitolo 17):

$$\frac{dQ}{dx} = -0.6n^* c_k (gH^3)^{1/2} (y - W)^{3/2} \left[\frac{1 - W}{3 - 2y - W} \right]^{1/2} \cdot$$

$$\cdot \left[1 - (\theta + S_{os}) \left(\frac{3(1 - y)}{y - W} \right)^{1/2} \right], \tag{18.4}$$

in cui:

- n^* è il numero di lati su cui avviene lo sfioro ($n^* = 1$ o 2);
- c_k è il coefficiente di cresta ($c_k = 1$ per soglia in parete sottile);
- $(gH^3)^{1/2}(y - W)^{3/2} = g^{1/2}(h - w)^{3/2}$ è l'effetto della altezza di sfioro efficace;
- $[(1 - W)/(3 - 2y - W)]^{1/2}$ include gli effetti della velocità e della direzione della corrente in arrivo;
- il termine della seconda parentesi quadra rappresenta gli effetti dell'angolo di convergenza θ e della pendenza di fondo S_{os}.

L'Eq. (18.4) è stata ricavata per il caso di canale rettangolare, ma può essere ugualmente applicata anche per canali che presentano una sezione trasversale con profilo ad U, quando il grado di riempimento assume valori elevati. Tutti i parametri di lunghezza adimensionalizzati rispetto all'energia specifica H, quali, ad esempio, il tirante idrico relativo $y = h/H$ e la altezza relativa di soglia $W = w/H$; nell'Eq. (18.4) tali parametri variano con la progressiva x. A prima vista l'Eq. (18.4) potrebbe apparire complicata, ma va sottolineato che essa tiene conto dei principali fattori che influenzano il complesso processo di efflusso su una soglia laterale; pertanto è possibile considerare alcune semplificazioni dell'equazione stessa.

Prima di procedere oltre è opportuno considerare i due seguenti *casi limite*:

- Il primo, con soglia di sfioro ortogonale alla corrente in arrivo, la cui velocità è trascurabile; in tal caso, risulta $h = H$ ovvero $y = 1$. Ciò riconduce lo studio dello sfioratore a quello di uno stramazzo con velocità di arrivo della corrente pari a zero; entrambi i termini racchiusi tra parentesi quadre tendono ad uno e le Eq. (18.3) e (18.4) diventano coincidenti. Questa condizione si verifica nella sezione terminale di uno sfioratore laterale, nel caso in cui l'intera portata in arrivo venga sfiorata.
- Il secondo caso è quello per il quale i valori del tirante si discostano poco dall'altezza di soglia, cioè quando $(h - w) \rightarrow 0$ ovvero, in termini adimensionali, quando $y \rightarrow W$. In tale condizione, il comportamento idraulico è assimilabile a quello di un canale a portata costante, dato che la portata sfiorata tende ad annullarsi. Il primo termine tra parentesi quadre tende a $3^{-1/2}$, con una riduzione della portata sfiorata pari a circa il 40% rispetto al caso precedente. Il termine successivo tende a $(y - W)^{3/2}$, e quindi a zero. Tale termine ha generalmente un effetto secondario, quantificabile nella misura del 10%; infatti, per uno sfioratore convergente con $\theta = -0.1$, assumendo $y = 0.8$ e $W = 0.5$, il valore del termine considerato è pari a circa 1.14, per cui la sua variazione con il tirante idrico locale $h(x)$ è spesso trascurata.

In definitiva, ai fini tecnici, la variazione di portata lungo la soglia, talvolta denominata *intensità di sfioro*, può essere espressa mediante l'equazione:

$$\frac{dQ}{dx} = -0.6n^*c_w(gH^3)^{1/2}(y-W)^{3/2}\left[\frac{1-W}{3-2y-W}\right]^{1/2}, \qquad (18.5)$$

in cui, gli effetti della geometria della soglia sono compresi nel coefficiente globale c_w. Per un uno *sfioratore laterale standard*, con soglia in parete sottile e sezione pressoché prismatica, si può assumere $c_w = 1$. Per diverse configurazioni geometriche, Hager et al. [11] hanno fornito alcune raccomandazioni per il dimensionamento.

Esempio 18.2. Determinare l'intensità di sfioro di uno sfioratore laterale con sezione trasversale ad U di diametro $D = 0.7$ m e tirante $h = 0.55$ m, con portata $Q = 0.21$ m^{3}s^{-1} ed un'altezza di sfioro $w = 0.40$ m. Il diametro del canale di monte è $D_o = 1.2$ m e quello di valle $D_d = 0.25$ m, per una lunghezza $\Delta L = 2.8$ m ed un dislivello $\Delta s = 0.05$ m.

Con $S_{os} = \Delta s/\Delta L = 0.05/2.8 = 0.018$, e $\theta = (D_d - D_o)/\Delta L = (0.25 - 1.2)/2.8 = -0.34$ si ottiene $(\theta + S_{os}) = -0.32$. Inoltre, essendo la sezione trasversale $A = \pi D^2/8 + (h - D/2)D = 0.39 \cdot 0.7^2 + (0.55 - 0.35)0.7 = 0.33$ m^2, risulta $V = Q/A = 0.21/0.33 = 0.64$ ms^{-1} e $V^2/(2g) = 0.021$ m, per cui l'energia specifica equivale a $H = h + V^2/(2g) = 0.55 + 0.02 = 0.57$ m. I parametri adimensionali sono, rispettivamente, $y = h/H = 0.55/0.57 = 0.965$ e $W = 0.4/0.57 = 0.70$. Sostituendo nell'Eq. (18.4), si ottiene, per creste sfioranti a doppia soglia, $dQ/dx = -1.2 \cdot 1 (9.81 \cdot 0.57^3)^{1/2} \cdot (0.965 - 0.7)^{3/2}[(1 - 0.7)/(3 - 2 \cdot 0.965 - 0.7)]^{1/2} \cdot [1 - (-0.32)(3(1 - 0.965)/(0.965 - 0.70))^{1/2}] = -1.2 \cdot 1.348 \cdot 0.136 \cdot 0.90 \cdot 1.20 = -0.238$ m^{2}s^{-1}. Quindi, a causa della rilevante contrazione, il fattore di correzione $c_w = 1.20$ assume un valore maggiore di quello per sfioratore laterale standard.

Convenzionalmente, si pone $dQ/dx = -C_d n^*(2g)^{1/2}(h - w)^{3/2}$, intendendo con $C_d = 0.42$ il coefficiente di portata medio. Allora, $dQ/dx = -0.42 \cdot 2 \cdot 19.62^{1/2}(0.55 - 0.40)^{3/2} = -0.216$ m^{2}s^{-1}, in cui la riduzione del 10% è principalmente dovuta a θ. In questo caso, l'effetto dovuto alle caratteristiche idrauliche della corrente in arrivo sono marginali perché il numero di Froude della corrente di monte è piccolo essendo $F \cong 0.64/(9.81 \cdot 0.55)^{1/2} = 0.28$.

Profilo della superficie idrica

Determinata l'equazione per il calcolo della portata sfiorata, lo studio del manufatto va completato con la definizione del corrispondente profilo $h(x)$ della superficie libera. Come già visto nel capitolo 1, il problema potrebbe essere risolto con l'utilizzo di equazioni differenziali, basate sull'applicazione del *principio di conservazione della quantità di moto*.

Analogamente a quanto fatto nel capitolo 17, è possibile ipotizzare che le forze resistenti siano compensate dalla pendenza del canale e che le perdite energetiche dovute all'efflusso laterale siano trascurabili in assenza di setti paraschiuma [19]. La validità di tale approssimazione va opportunamente verificata, se la presenza di tali elementi è indispensabile per evitare lo sfioro di materiale flottante.

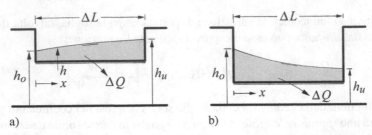

Fig. 18.2. Profilo della superficie idrica $h(x)$ per: a) corrente lenta; b) corrente veloce

Gli sfioratori laterali a soglia alta vengono solitamente adottati qualora si è in presenza di correnti subcritiche, caratterizzate da modeste variazioni locali del tirante idrico. In via semplificativa, è possibile ipotizzare che il *profilo di pelo libero* $h(x)$ dipenda solo dai valori dei tiranti idrici alle estremità del manufatto h_o e h_u. Tale approccio consente quindi di prescindere dalla conoscenza delle caratteristiche idrauliche della corrente lungo lo sfioratore. Dalla Fig. 18.2, si vede che è possibile scrivere la seguente relazione:

$$h(x) = h_o + (h_u - h_o)(x/\Delta L)^{1/2}, \tag{18.6}$$

in cui x è la progressiva con origine nella sezione iniziale dello sfioratore, tale che $h(x = 0) = h_o$ e $h(x = \Delta L) = h_u$. L'Eq. (18.6) restituisce il corretto andamento parabolico del profilo, che risulta crescente nel caso di corrente subcritica ($h_o < h_u$) e decrescente per corrente supercritica ($h_o > h_u$).

Il valore medio h_m del tirante idrico lungo la soglia risulta quindi pari a

$$h_m = h_o + \frac{2}{3}(h_u - h_o) \tag{18.7}$$

e, cioè, superiore al valore dato dalla media aritmetica $(1/2)(h_o + h_u)$.

Nell'ipotesi di *energia specifica costante*, l'equazione di Bernoulli diventa:

$$h_o + \frac{Q_o^2}{2gA_o^2} = h_u + \frac{Q_u^2}{2gA_u^2}. \tag{18.8}$$

Come già fatto in precedenza, è possibile ipotizzare che le forze motrici e quelle resistenti si equilibrino tra loro; inoltre, il valore dell'altezza cinetica di valle $Q_u^2/(2gA_u^2)$ per corrente lenta è molto minore del corrispondente tirante idrico h_u; in particolar modo, quando nel collettore di arrivo defluisce una portata pari alla massima portata pluviale di progetto, il termine cinetico diventa trascurabile, per cui l'Eq. (18.8) può essere riscritta come

$$h_o = h_u - \frac{Q_o^2}{2gA_o^2} \simeq h_u - \frac{Q_o^2}{2gA^{*2}}, \tag{18.9a}$$

in quanto risulta $Q_u \ll Q_o$ e quindi $Q_u^2/(2gA_u^2) \to 0$. Nonostante ciò, l'Eq. (18.9a) risulta essere un'equazione implicita, dal momento che h_o compare anche all'interno della sezione idrica A_o. Tuttavia, dato che $Q_o^2/(2gA_o^2) < h_o$ è possibile considerare in luogo di A_o, valutato con il tirante di monte h_o, una sezione idrica fittizia A^* valutata in funzione del tirante di valle h_u. Nel caso di sezione trasversale ad U, si ha che $A^* = \pi D_o^2/8 + (h_u - D_o/2)D_o$ e l'approssimazione è tanto più corretta quanto più il numero di Froude F_o della corrente in arrivo tende a zero, implicando quindi che $h_o = h_u$. Il procedimento può essere iterato, fino ad ottenere una soluzione sufficientemente accurata, valutando nuovamente il valore della sezione A^* in funzione del valore di h_o determinato nella iterazione precedente.

L'Eq. (18.9a) afferma che $h_u > h_o$ e che la differenza $(h_u - h_o)$ aumenta all'aumentare dell'altezza cinetica della corrente in arrivo. Poiché la non uniformità della distribuzione di portata sfiorata lungo la soglia aumenta al crescere della differenza di tirante $(h_u - h_o)$, secondo la potenza (3/2), bisogna evitare condizioni di funzionamento in cui h_o e h_u siano molto diversi tra loro. A tale scopo, si può adottare lo schema di *sfioratore convergente* (capitolo 17). Inserendo l'espressione della sezione trasversale A^* nell'Eq. (18.9a) si ottiene la seguente equazione:

$$\frac{h_o}{h_u} = 1 - \frac{f^2/2}{\left[\frac{\pi}{8} + \left(y_u - \frac{1}{2}\right)\right]^2}, \qquad (18.9b)$$

in cui $f = Q_o/(gD_o^4 h_u)^{1/2}$ è una portata relativa e $y_u = h_u/D_o$ il grado di riempimento di valle. Quest'ultima equazione, valida per canale con sezione ad U, fornisce una soluzione *esplicita* per il tirante di monte h_o, una volta assegnati i valori di f e y_u, ovvero della portata Q_o e del tirante di valle h_u.

Determinazione della portata sfiorata

Il valore della portata sfiorata ΔQ, funzione dei valori medi dei parametri coinvolti, è dato a partire dall'Eq. (18.5):

$$\frac{\Delta Q}{\Delta L} = 0.6 n^* c_w g^{1/2}(h_m - w_m)^{3/2} \left[\frac{H_m - w_m}{3H_m - 2h_m - w_m}\right]^{1/2}, \qquad (18.10)$$

ovvero, tenendo conto dell'Eq. (18.7):

$$\frac{\Delta Q}{\Delta L} = \frac{1}{3} 0.6 n^* c_w g^{1/2}(h_o + 2h_u - 3w_m)^{3/2} \left[\frac{H_u - w_m}{9H_u - 2h_o - 4h_u - 3w_m}\right]^{1/2}. \qquad (18.11)$$

Se il valore della velocità di valle V_u è sufficientemente piccolo da poter assumere $h_u = H_u$, allora si ottiene l'equazione:

$$\frac{\Delta Q}{\Delta L} = 0.2 n^* c_w g^{1/2}(h_o + 2h_u - 3w_m)^{3/2} \left[\frac{h_u - w_m}{5h_u - 2h_o - 3w_m}\right]^{1/2}, \qquad (18.12)$$

che, in termini adimensionali, può essere scritta come

$$\frac{\Delta Q}{g^{1/2}D_o h_u^{3/2}} = 0.2 \left[\frac{h_o}{h_u} + 2 - 3\frac{w_m}{h_u}\right]^{3/2} \left[\frac{1 - \frac{w_m}{h_u}}{5 - 2\frac{h_o}{h_u} - 3\frac{w_m}{h_u}}\right]^{1/2} \frac{n^* c_w \Delta L}{D_o}. \qquad (18.13)$$

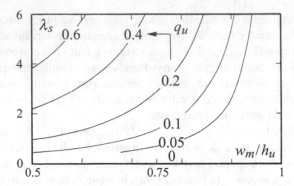

Fig. 18.3. Variazione della lunghezza relativa dello sfioratore laterale $\lambda_s = n^* c_w \Delta L / D_o$ in funzione dell'altezza di sfioro relativa w_m/h_u e della portata sfiorata adimensionalizzata $q_u = \Delta Q/(g D_o^2 h_u^3)^{1/2}$, nel caso in cui risulti $Q_u/Q_o \to 0$

Generalmente, il dimensionamento di uno sfioratore consiste nel *calcolo della lunghezza* del manufatto per assegnati valori dei parametri geometrici ed idraulici della corrente in arrivo D_o, h_o e Q_o. Assumendo, per canale con sezione ad U, una approssimazione della sezione idrica di monte mediante una sezione rettangolare equivalente

$$A^* = (\pi/8)D_o^2 + (h_o - D_o/2)D_o \cong D_o h_o \cong D_o h_u, \qquad (18.14)$$

l'Eq. (18.9a), invece che nell'Eq. (18.9b), si semplifica nella seguente:

$$\frac{h_o}{h_u} = 1 - \frac{(Q_u + \Delta Q)^2}{2 g D_o^2 h_u^3}. \qquad (18.15)$$

Sostituendo l'espressione di h_o/h_u tra le Eq. (18.13) e (18.15). si ottiene l'espressione della lunghezza relativa della soglia di sfioro $\lambda_s = n^* c_w \Delta L / D_o$ in funzione della portata sfiorata adimensionalizzata $q_u = \Delta Q/(g D_o^2 h_u^3)^{1/2}$, di $Q_u/(g D_o^2 h_u^3)^{1/2}$ e della altezza relativa della soglia w_m/h_u. In particolare, si consideri che, in corrispondenza della massima portata pluviale di progetto, la portata Q_u che imbocca il derivatore deve essere soltanto una piccola aliquota della portata sfiorata ΔQ, ovvero $Q_u \ll \Delta Q$. In tale condizione ci si trova nella situazione limite in cui $Q_u/\Delta Q \to 0$, ed il rapporto $Q_u/(g D_o^2 h_u^3)^{1/2}$ diventa trascurabile nella relazione che lega λ_s alle variabili q_u e w_m/h_u.

La Fig. 18.3 mostra che la lunghezza di soglia λ_s cresce in modo significativo all'aumentare della portata sfiorata q_u e dell'altezza di soglia w_m/h_u; il grafico può essere adoperato sia per la determinazione della portata q_u, e quindi di ΔQ, se sono noti λ_s e w_m/h_u, sia per valutare la lunghezza di sfioro λ_s, e quindi ΔL, qualora siano noti q_u e w_m/h_u. Si noti che per $q_u > 0.6$ perdono validità le ipotesi alla base della procedura, che pertanto non è più applicabile.

Esempio 18.3. Dato uno sfioratore con $Q_M = 1.2$ m^{3}s^{-1}, $Q_u = 0.07$ m^{3}s^{-1}, $D_o = 0.90$ m, $D_d = 0.20$ m e $w_m = 0.5$ m, qual è la lunghezza dello sfioratore richiesta affinché si stabilisca un tirante di valle $h_u = 0.80$ m?

Convenzionalmente, si potrebbe determinare l'efflusso attraverso il coefficiente di portata medio $C_d = 0.42$

$$\Delta Q = n^* C_d (2g)^{1/2} (h_u - w_m)^{3/2} \Delta L, \tag{18.16}$$

da cui risulta $\Delta L = 1.13/[0.42 \cdot 19.62^{1/2}(0.8 - 0.5)^{3/2}] = 3.70$ m.

I parametri che governano il metodo con grafico sono $w_m/h_u = 0.5/0.8 = 0.625$ e $q_u = \Delta Q/(gD_o^2 h_u^3)^{1/2} = 1.13/(9.81 \cdot 0.9^2 0.8^3)^{1/2} = 0.56$, da cui $n^* c_w \Delta L/D_o = 5.76$. Ponendo $n^* c_w = 1$ (sfioratore unilaterale), la lunghezza dello sfioratore è $\Delta L = 5.76 \cdot 0.9 = 5.18$ m mentre, utilizzando l'Eq. (18.15), si ottiene $h_o/h_u = 0.82$, a cui corrisponde $h_o = 0.82 \cdot 0.8 = 0.66$ m. Con $f = 1.2/(9.81 \cdot 0.9^4 0.8)^{1/2} = 0.53$ e $y_u = 0.8/0.9 = 0.89$, risulta invece $h_o/h_u = 1 - 0.5 \cdot 0.53^2/(0.39 + 0.89 - 0.5)^2 = 0.77 (-6\%)$ dall'Eq. (18.9b).

Usando il tirante valutato come media aritmetica $\bar{h}_m = (1/2)(h_o + h_u) = (0.66 + 0.80)/2 = 0.73$ m, anziché il tirante di valle h_u, si potrebbe calcolare $\Delta L = 5.5$ m, che è considerevolmente più grande di $\Delta L = 3.7$ m ottenuto con $h_u = 0.8$ m $(+50\%)$. In entrambe le formule, gli effetti del flusso della corrente di valle non sono considerati, e ciò potrebbe rivelarsi significativo nella corretta stima della lunghezza dello sfioratore.

Tornando all'Eq. (18.9a), si potrebbe anche verificare l'ipotesi $h_o \cong h_u$. Con $h_o = 0.66$ m, la sezione idrica di monte è pari a $A_o = (\pi/8)0.9^2 + (0.66 - 0.45)0.9 = 0.51$ m^2 e $V_o = 1.2/0.51 = 2.37$ ms^{-1}, valori che possono essere paragonati a $A^* = (\pi/8)0.9^2 + (0.8 - 0.45)0.9 = 0.63$ m^2 e $V^* = 1.9$ ms^{-1}. Le altezze cinetiche relative, rispetto al tirante h_u, calcolate a monte ed a valle dello sfioratore risultano, rispettivamente, $V_o^2/(2gh_u) = 0.36$ e $V^{*2}/(2gh_u) = 0.23$ e, quindi, sono poco differenti in quest'esempio. Una seconda iterazione, basata su $h_o = 0.66$ m, restituirebbe un risultato ancora migliore.

Esempio 18.4. Qual è la portata sfiorata in uno sfioratore a doppia soglia (Fig. 18.4) con $h_u = 1.2$ m, $w_m = 0.8$ m, $D_o = 1.5$ m e $D_d = 0.35$ m se la sua lunghezza è $\Delta L = 4.5$ m?

Con $w_m/h_u = 0.8/1.2 = 0.67$ e $\lambda_s = 2 \cdot 1 \cdot 4.5/1.5 = 6$, la Fig. 18.3 fornisce $q_u \cong 0.5$, da cui $\Delta Q = 0.5(9.81 \cdot 1.5^2 1.2^3)^{1/2} = 3.12$ m^{3}s^{-1}. Dall'Eq. (18.15), il rapporto tra i tiranti al contorno è $h_o/h_u = 1 - (1/2)q_u^2 = 1 - 0.5 \cdot 0.5^2 = 0.87$, da cui $h_o = 0.87 \cdot 1.2 = 1.05$ m.

L'Eq. (18.16) fornisce $\Delta Q = 2 \cdot 0.42 \cdot 19.62^{1/2}(1.2 - 0.8)^{3/2}4.5 = 4.23$ m^{3}s^{-1}, e cioè un valore maggiore del $+36\%$ rispetto alla portata sfiorata precedentemente calcolata. Ancora a proposito della portata sfiorata, utilizzando il tirante medio $\bar{h}_m = (1/2)(1.05 + 1.20) = 1.125$ m, si potrebbe ottenere $\Delta Q = 3.10$ m^{3}s^{-1}, che più si avvicina a $\Delta Q = 3.12$ m^{3}s^{-1}.

Il principale vantaggio dell'Eq. (18.13) è rappresentato dalla semplicità, in quanto essa può essere risolta in modo esplicito per entrambi i parametri di progetto, la lunghezza ΔL e la portata sfiorata ΔQ. Un'ulteriore semplificazione può essere ottenuta

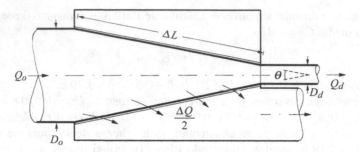

Fig. 18.4. Sfioratore laterale a doppia soglia con condotta limitatrice di portata

dallo sviluppo in serie di Taylor, a seguito del quale si può scrivere:

$$q_u = 0.6(1 - W_m)^{3/2} \left[1 - \frac{0.36 q_u^2}{(1 - W_m)} \right] \lambda_s, \qquad (18.17a)$$

in cui $W_m = w_m/h_u$ e $q_u = \Delta Q/(g D_o^2 h_u^3)^{1/2}$, come già definiti in precedenza. Per piccoli valori di q_u, il termine tra parentesi quadre tende all'unità e l'Eq. (18.17a) tende all'Eq. (18.16), che a sua volta è rigorosamente valida per $F_o \to 0$. Pertanto, la accuratezza della Eq. (18.16) si riduce al crescere del numero di Froude della corrente in arrivo. Si noti che le equazioni dalla (18.13) alla (18.17a) sono basate sull'ipotesi di *corrente lenta in arrivo* allo sfioratore laterale; inoltre, la procedura illustrata trascura l'effetto di riduzione della larghezza del canale sfioratore, in quanto il valore della velocità nella sezione terminale del manufatto è ritenuto trascurabile.

L'Eq. (18.17a) può essere risolta in forma esplicita in q_u, mediante la relazione

$$\frac{\Delta Q}{(g D_o^2 h_u^3)^{1/2}} = 0.6(1 - W_m)^{3/2} \lambda_s [1 - (0.36(1 - W_m) \lambda_s)^2]. \qquad (18.17b)$$

Trascurando i termini di ordine maggiore o uguale al secondo, l'Eq. (18.17b) restituisce nuovamente l'Eq. (18.16). Il termine $(1 - W_m)\lambda_s$ dovrebbe risultare inferiore a 0.25 e, comunque, si annulla nel caso in cui il carico sulla soglia $(h_u - w_m)$ o la lunghezza dello sfioratore ΔL tendano a zero.

In definitiva, le varie formulazioni fin qui presentate tendono alla classica formula di efflusso da uno stramazzo, nel caso in cui siano rispettati i seguenti *limiti di applicazione*:

- $q_u \to 0$, ovvero valore modesto della portata sfiorata;
- $F_o \to 0$, con basso valore del numero di Froude della corrente in arrivo ($F_o < 0.3$);
- $h_m/w_m \to 1$, ovvero il carico rispetto alla soglia di efflusso è basso;
- $\Delta L/D_o < 1$, corrispondente a lunghezza breve della soglia di sfioro.

Tali limiti risultano particolarmente stringenti rispetto alle reali condizioni di funzionamento degli sfioratori laterali. Infatti, è piuttosto frequente che il tirante di valle h_u si incrementi al di là del valore di progetto, così come può verificarsi una riduzione del tirante di monte al di sotto del valore progettuale; peraltro, non è da escludere la formazione di un risalto idraulico lungo la soglia di sfioro. Tutte queste circostanze possono avere un impatto fortemente negativo sul funzionamento del manufatto fognario e dovrebbero essere tenute in opportuno conto in sede progettuale.

Esempio 18.5. Risolvere di nuovo l'Esempio 18.4 applicando l'Eq. (18.17b). Dato $W_m = 0.67$ e $\lambda_s = 6$, grazie ad un procedimento iterativo la soluzione dell'Eq. (18.17a) è $q_u = 0.505$, praticamente identica alla soluzione ottenuta tramite l'Eq. (18.13). Applicando l'Eq. (18.17b), in forma approssimata, si ottiene $0.36(1 - W_m)\lambda_s = 0.36 \cdot 0.33 \cdot 6 = 0.72$, che è un valore eccessivo e perciò questa relazione non può essere usata in questo contesto.

L'uso dell'Eq. (18.17a) consente una semplice valutazione dei seguenti parametri:

- lunghezza della soglia ΔL per un'assegnata portata pluviale massima Q_M;
- portata sfiorata ΔQ, in corrispondenza di valori della portata inferiori a Q_M;
- altezza w_m della soglia.

Quindi, il dimensionamento idraulico di uno sfioratore laterale a soglia alta può essere effettuato mediante la procedura esplicita, prima illustrata, basata sul principio di conservazione dell'energia. Tale procedura non richiede la conoscenza di coefficienti numerici di natura sperimentale, ma scaturisce da considerazioni fisiche sul processo di moto, unite ad opportune ipotesi semplificative.

Metodo di Uyumaz e Muslu

Uyumaz e Muslu [21] hanno proposto un metodo semplificato per il calcolo della portata scaricata da uno sfioratore laterale nel caso di canale circolare *prismatico*, partendo dalla classica relazione di efflusso rappresentata dall'Eq. (18.16). Gli autori assumono che il tirante idrico di riferimento sia $h_m = (1/2)(h_e + h_u)$ invece che h_u, essendo h_e il tirante idrico ad inizio soglia (Fig. 18.5), e che il coefficiente di efflusso C_d dipenda da:

- numero di Froude F_o della corrente in arrivo;
- altezza relativa della soglia w/D;
- lunghezza relativa della soglia $\Delta L/D$.

I loro dati sono riferiti alle condizioni sperimentali di una soglia in parete sottile caratterizzata da: $0.24 < w/D < 0.56$, $1 < \Delta L/D < 3.4$ e $F_o < 2$. Il valore del *coefficiente di efflusso medio* C_{dm} può essere espresso mediante la seguente relazione, scaturita da un'analisi dei dati sperimentali di Hager [8], valida per parete dello sfioratore pressoché verticale ($h_m/D > 0.4$):

$$C_{dm} = 0.40 + 0.01(\Delta L/D) - \frac{0.185 F_o^2}{\Delta L/D}. \qquad (18.18)$$

Dalla suddetta relazione si evince l'effetto di F_o è significativo ed un suo incremento comporta una riduzione di C_{dm}. Si noti che l'Eq. (18.18) è valida solo per sfioratori prismatici corti, con l'effetto del parametro $\Delta L/D$ che tende a zero per manufatti particolarmente lunghi. L'Eq. (18.18) richiede comunque una procedura di calcolo iterativa, poiché il valore del tirante idrico h_e non è inizialmente noto. Al riguardo è disponibile un interessante analisi presentata da Naudascher [16].

18.3.3 Condotta limitatrice di portata

In entrambe i casi di corrente lenta e veloce, la condotta limitatrice di portata (pedice d), già esaminata nel capitolo 9, è un componente fondamentale del manufatto sfioratore e governa il deflusso della portata verso l'impianto di depurazione. Per assegnati valori della pendenza S_{od}, lunghezza L_d, diametro D_d e scabrezza n_d (Fig. 9.9), è possibile determinare la relazione che lega il tirante h_{od} all'imbocco della condotta alla corrispondente portata defluente $Q = Q_d$, tenendo conto delle perdite di energia continue e localizzate. Nel capitolo 9 sono state illustrate le diverse modalità di funzionamento del dispositivo limitatore, rette dalle Eq. (9.19) e (9.20) rispettivamente riferite alla condizione di efflusso con imbocco sotto battente e con condotta in pressione.

Una volta definite le relazioni $Q_d(h_{od})$ per la condotta limitatrice e $Q_u(h_u)$ per il canale sfioratore, lo sfioratore laterale può essere dimensionato tenendo conto di vari *scenari di funzionamento*. Per corrente lenta, ovviamente, le valutazioni numeriche vanno fatte partendo dalla sezione estrema di valle dello sfioratore. Per contro, nel caso di sfioratore laterale caratterizzato dalla presenza di un risalto idraulico, i calcoli partono da entrambe le sezioni di estremità, procedendo verso la sezione in cui è localizzato il risalto, in corrispondenza della quale i profili sono raccordati con la discontinuità che lega le altezze coniugate. Tale procedura è certamente articolata e viene illustrata più in dettaglio nei paragrafi 18.4.5 e 18.5, mentre nel paragrafo 18.6 vengono presentati alcuni recenti risultati sperimentali relativi a sfioratori laterali dotati di condotta limitatrice di portata.

18.4 Sfioratori a soglia bassa

18.4.1 Descrizione del comportamento idraulico

A differenza degli sfioratori a soglia alta, lungo uno sfioratore a soglia bassa può formarsi un risalto idraulico, anche in presenza di una corrente lenta in arrivo. Poiché la velocità in prossimità del canale derivatore è bassa, generalmente si innesca la formazione di un *risalto idraulico* lungo la soglia sfiorante, con conseguente complicazione della procedura di dimensionamento del manufatto.

La Fig. 18.5 mostra uno sfioratore a soglia bassa, in cui si nota che a monte del manufatto il pelo libero è soggetto ad un fenomeno di *chiamata allo sbocco*, con abbassamento del tirante idrico da h_o a h_e, analogamente a quanto si verifica nel caso di uno sbocco libero (capitolo 11). Per corrente lenta in arrivo, il passaggio da corrente lenta a corrente veloce è localizzato leggermente a monte della sezione iniziale della soglia di sfioro. Invece, per corrente veloce in arrivo, l'effetto di chiamata allo sbocco è meno marcato ed il rapporto h_e/h_o tende all'unità al crescere del numero di Froude.

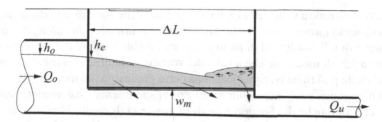

Fig. 18.5. Schema di sfioratore a soglia bassa

La corrente risulta essere accelerata tra la sezione iniziale della soglia e la sezione in cui ha inizio il risalto idraulico. La particolare geometria dello sfioratore e, nella fattispecie, le ridotte dimensioni del derivatore, che deve quindi fungere da limitatore di portata, provocano un rallentamento della corrente in prossimità dell'imbocco del derivatore stesso. Ciò, unitamente al fatto che la corrente in arrivo risulta essere veloce, porta alla formazione di un risalto idraulico, che può essere localizzato in prossimità della parete di chiusura del manufatto (Fig. 18.6a), ovvero poco più a monte di esso (Fig. 18.6b).

Le eventuali particelle trasportate sul fondo del canale proseguono con velocità pressoché costante, mentre in superficie si risente del fenomeno di ricircolazione imposto dalla presenza del vortice principale del risalto. Il *risalto idraulico da impatto* (inglese: "impact hydraulic jump") ha caratteristiche sensibilmente diverse dal risalto idraulico classico (capitolo 7), e può essere generalmente osservato in prossimità di paratoie di regolazione installate su canali in cui defluisce una corrente veloce. Detto $\lambda_g = L_g/L_r^*$ il rapporto tra la lunghezza L_g tra il piede del risalto e la parete, e la lunghezza L_r^* del vortice principale, si forma un risalto idraulico da impatto se $\lambda_g < 1.2$ [10]. Il verificarsi di tale condizione comporta, tuttavia, due complicazioni; la prima è legata all'impossibilità di avvalersi, per tale tipologia di risalto, degli strumenti teorici sviluppati per il caso classico del risalto idraulico, e comporta, quindi, la necessità, ai fini della valutazione delle caratteristiche idrauliche della corrente, di ricorrere ad un differente modello che descriva in maniera più appropriata il fenomeno in esame. La seconda riguarda invece la possibilità che, in corrispondenza

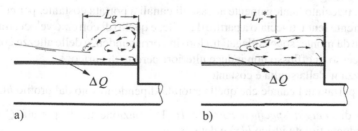

Fig. 18.6. Risalto idraulico lungo uno sfioratore a soglia bassa: a) risalto idraulico da impatto sulla parete di chiusura del manufatto; b) risalto idraulico classico con tratto di corrente lenta tra la sezione terminale del risalto ed il muro di chiusura

della parete verticale a valle della soglia, si generino delle onde di superficie che, propagandosi verso monte, inducono un *funzionamento idraulico instabile*. Per evitare l'instaurarsi di tali condizioni di moto è opportuno che il valore del rapporto λ_g sia superiore a 1.5, di modo tale che a valle del vortice si stabilisca un tratto di corrente lenta nel quale può ritenersi ripristinata una certa gradualità del moto.

A tutt'oggi non sono disponibili osservazioni sperimentali sistematiche sulle caratteristiche idrauliche di sfioratori laterali in presenza di risalto idraulico; Hager et al. [11] ha provato ad applicare un approccio classico a tale problema, ottenendo risultati in soddisfacente accordo con gli esiti di una limitata serie di prove di laboratorio. Nel prosieguo, viene illustrato un modello semplificato, sia per il caso di canale sfioratore prismatico che per quello convergente. Ad ogni modo, si ritiene opportuno ribadire, ancora una volta, che non è generalmente consigliabile la realizzazione ex novo di sfioratori laterali a soglia bassa, anche se esistono numerosi manufatti di questo tipo che, verosimilmente, dovranno essere oggetto di interventi di adeguamento nel prossimo futuro.

18.4.2 Sfioratore prismatico

Sebbene nella maggior parte dei casi gli sfioratori laterali a soglia bassa trovino impiego in canali che presentano lungo la soglia di sfioro una variazione lineare della larghezza in pianta, il caso di sfioratori ubicati lungo canali cilindrici è oggetto di studio per la semplicità che ne caratterizza la sua configurazione geometrica. L'introduzione di alcune *ipotesi semplificative* consente di agevolare in maniera significativa la caratterizzazione idraulica del processo di efflusso. Nella fattispecie, si assume che:

- nel caso di canale a sezione circolare, la variazione della sezione idrica A in funzione del tirante h, per gradi di riempimento $y = h/D$ inferiori all'85%, può essere approssimata dalla seguente, con errore contenuto entro il 10%:

$$A = (h/D)^{1,4} D^2; \qquad (18.19)$$

- le perdite di carico per unità di lunghezza S_e sono compensate dalla pendenza del fondo S_o, di modo che l'energia specifica H rimanga costante lungo lo sfioratore;
- l'efflusso lungo la soglia di sfioro non risente degli effetti locali presenti alle sezioni estreme di monte e di valle del manufatto;
- qualora lungo la soglia si stabilisca un risalto idraulico, il profilo di corrente può essere tracciato analogamente al caso di canali a portata costante, per cui il ramo di corrente lenta, tracciato a partire da valle, e quello di corrente veloce, tracciato a partire da monte, sono collegati tra loro in corrispondenza delle altezze coniugate;
- il processo di efflusso non induce ulteriori perdite di carico;
- l'altezza w della soglia è costante;
- sia la portata nel canale che quella sfiorata dipendono solo dal profilo $h(x)$.

Nel caso di *energia specifica costante H*, la relazione tra la portata $Q(x)$ ed il corrispondente tirante idrico $h(x)$ è data da

$$H = h + \frac{Q^2}{2gA^2}. \qquad (18.20)$$

Definendo le coordinate adimensionali:

$$X = \frac{x}{(D/H)^{0.6}H}; \quad y = h/H, \tag{18.21}$$

come progressiva normalizzata e tirante idrico relativo, essendo inoltre $q = [dQ/dx]/ (gH^3)^{1/2}$ la cosiddetta *intensità adimensionale di efflusso*, l'equazione caratteristica del profilo di corrente può essere ottenuta derivando l'Eq. (18.20) e ponendo $dH/dx = 0$. Ponendo, inoltre, $c = h_c/H$ si ottiene l'equazione [9]:

$$\frac{dy}{dX} = -\frac{0.372(1-y)^{1/2}q}{(y-c)y^{0.4}}. \tag{18.22}$$

In virtù dell'Eq. (18.5), l'intensità adimensionale di efflusso può essere espressa come

$$q = -0.6n^*[(y-W)^3(1-W)/(3-2y-W)]^{1/2}. \tag{18.23}$$

Analogamente al capitolo 17, n^* denota il numero di soglie laterali ($n^* = 1$ o 2) e $W = w/H$ la altezza relativa di soglia. Sostituendo l'espressione di q nell'Eq. (18.22) si ottiene l'equazione *del profilo di corrente*, in termini adimensionali, lungo lo sfioratore:

$$\frac{dy}{n^*dX} = \frac{0.223[(1-y)(y-W)^3(1-W)]^{1/2}}{(y-c)y^{0.4}[3-2y-W]^{1/2}}. \tag{18.24}$$

Conseguentemente, la funzione $y(X)$ varia esclusivamente con l'altezza di soglia W e l'altezza critica relativa $c = h_c/H$; in particolare, ricordando l'Eq. (18.19), per sezione circolare risulta $c = h_c/H = 0.737$. Il profilo idrico risulta pertanto *orizzontale* ($dy/dX = 0$) nei seguenti due casi (Fig. 18.7):

- $y = 1$, corrispondente alla sezione terminale dello sfioratore, con $Q = 0$;
- $y = W$, ovvero tirante idrico pari all'altezza della soglia.

Il profilo idrico risulta essere *verticale* ($dX/dy = 0$) nella condizione di stato critico ($y = c$). L'Eq. (18.24) rappresenta, quindi, un'equazione generale per la descrizione del profilo di corrente lungo sfioratori in canali circolari; per la sua risoluzione, vanno imposte due opportune condizioni al contorno, come già illustrato nel capitolo 17:

- nel caso di correnti subcritiche ($c < y < 1$), la condizione al contorno nella sezione di ascissa $X = 0$, corrispondente all'estremo di valle del tronco in esame, risulta pari a $y = 1$; si ha cioè $X(y = 1) = 0$;

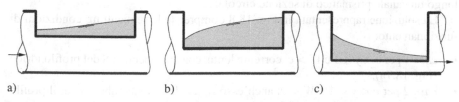

a)   b)   c)

Fig. 18.7. Tipico andamento del profilo idrico in sfioratore prismatico, per i vari casi: a) caso 1; b) caso 2; c) caso 3

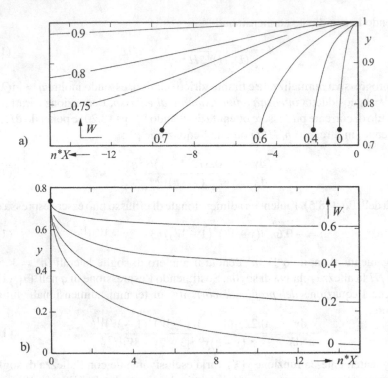

Fig. 18.8. Profilo idrico generalizzato $y(n^*X)$, per diversi valori della altezza relativa W della soglia, basato sulla soluzione dell'Eq. (18.24) per: a) corrente lenta; b) corrente veloce in arrivo a *canale circolare prismatico* [9]

- per correnti veloci ($W < y < c$), la condizione al contorno alla sezione di ascissa $X = 0$, che corrisponde in tal caso all'estremo di monte, è pari a $y = c$; si ha cioè $X(y = c) = 0$.

La soluzione generale dell'Eq. (18.24) ottenuta per via numerica, per differenti valori dell'altezza di soglia W, è riportata nei grafici della Fig. 18.8. In particolare, il grafico di Fig. 18.8a è riferito a correnti subcritiche, mentre quello di Fig. 18.8b vale per correnti supercritiche; entrambi, comunque, si riferiscono al caso di soglia disposta lungo un canale prismatico di sezione circolare.

La soluzione rappresentata in Fig. 18.8 comprende le seguenti tre condizioni di funzionamento:

- *caso* 1 per $c < y < 1$ e $W > c$: corrente lenta, con andamento a S del profilo idrico (Fig. 18.7a);
- *caso* 2 per $c < y < 1$ e $W < c$: anch'esso tipico di correnti subcritiche; il profilo ha tangente pressoché verticale nella sezione iniziale, con tirante idrico crescente verso valle (Fig. 18.7b);

- *caso* 3 per $W < y < c$: la corrente in arrivo è supercritica; anche in tal caso la tangente iniziale al profilo è quasi verticale, ma il valore del tirante lungo la soglia va diminuendo verso valle (Fig. 18.7c).

Le soluzioni numeriche, rappresentate graficamente nella Fig. 18.8, possono essere espresse mediante opportune approssimazioni che consentono di ricostruire con buona precisione i profili idrici nei tre casi esaminati e per diversi valori del parametro W; le *equazioni generalizzate del profilo idrico* sono costituite dalle seguenti relazioni [9], rispettivamente riferite a ciascuno dei tre casi prima definiti:

$$\frac{y - W}{1 - W} = 1.06 + 0.32(1 - W)^{1.15} n^* X, \tag{18.25}$$

$$\frac{y - W}{1 - W} = 1 - \left[\frac{n^* X}{\exp[1.4\tan(W/1.4)]} \right]^{0.4}, \tag{18.26}$$

$$\frac{y - W}{c - W} = 0.8 - \frac{0.3(n^* X)^{1/2}}{[1.4 - 2.5(W - 0.1)^{2.5}]^{1/2}}. \tag{18.27}$$

I termini a primo membro delle relazioni dalla Eq. (18.25) alla Eq (18.27) sono normalizzati in modo da variare tra zero e uno. Alcune sistematiche osservazioni sperimentali sono disponibili solo per il caso 3, negli studi di Sassoli [17] e di Buffoni et al. [4], rispettivamente riferiti a sfioratore laterale semplice ($n^* = 1$) e sfioratore laterale a doppia soglia ($n^* = 2$).

Hager [9] analizzò i suddetti dati sperimentali, osservando che l'Eq. (18.27) riproduceva bene la porzione più a monte del profilo, ma con significativi scostamenti verso la parte terminale della soglia. Sulla scorta dei dati sperimentali, l'Eq. (18.27) può essere sostituita dalla successiva equazione, valida per *corrente veloce in arrivo*:

$$\frac{y - W}{c - W} = N \exp \left[\frac{-n^* X/2}{1.4 - 2.5|W - 0.1|^{2.5}} \right], \tag{18.28}$$

in cui $N = 0.725$ per $n^* = 1$ e $N = 0.80$ per $n^* = 2$. Nel caso in cui lungo la soglia si formi un risalto idraulico, l'Eq. (18.28) è valida fino alla sezione in cui si instaura l'altezza idrica coniugata di corrente veloce.

Esempio 18.6. Dato uno sfioratore prismatico ad una soglia con diametro $D = 0.90$ m, portata in ingresso $Q_o = 1.2 \text{ m}^3\text{s}^{-1}$, altezza della soglia $w = 0.40$ m e lunghezza $\Delta L = 3.7$ m, quanta acqua deve sfiorare affinché il tirante appena a monte dello sfioratore sia $h_e = 0.65$ m?

Essendo $h_e = 0.65$ m, l'energia specifica all'inizio dello sfioratore è $H_e = 0.65 + 1.2^2/[19.62 \cdot 0.9^4 (0.65/0.9)^{2.8}] = 0.93$ m in base alle Eq. (18.19) e (18.20). Inoltre, $W = 0.40/0.93 = 0.43$ e $c = 0.737$. Essendo $y_e = h_e/H = 0.65/0.93 = 0.70$, la condizione al contorno è localizzata a $X_e = -0.48$ grazie all'Eq. (18.28). Essendo $\Delta L = 3.7$ m, risulta $\Delta X = 3.7/[(0.9/0.93)^{0.6}0.93] = 4.06$, da cui $X = X_e + \Delta X = -0.48 + 4.06 = 3.58$; l'Eq. (18.28) fornisce $(y - W)/(c - W) = 0.17$, e $y = y_u = 0.48$, quindi $h_u = 0.48 \cdot 0.93 = 0.45$ m. Utilizzando l'Eq. (18.20), la portata di valle risulta, allora, $Q_u = A_u[2g(H - h_u)]^{1/2} = (0.45/0.9)^{1.4} 0.9^2 [19.62(0.93 - 0.45)]^{1/2} = 0.94 \text{ m}^3\text{s}^{-1}$ e così si ha $\Delta Q = Q_o - Q_u = 1.20 - 0.94 = 0.26 \text{ m}^3\text{s}^{-1}$.

Utilizzando la formula di efflusso convezionale applicata ad h_e, con una riduzione del 5% di C_d posto pari a 0.40, si ottiene $\Delta Q = 0.40 \cdot 19.62^{1/2}(0.65 - 0.40)^{3/2}3.7 = 0.82 \text{ m}^3\text{s}^{-1}$, un valore circa tre volte più grande! Se invece il calcolo si basa sull'utilizzo del tirante medio inizialmente sconosciuto $\bar{h} = (1/2)(h_e + h_u) = 0.55$ m, risulta allora $\Delta Q = 0.38 \text{ m}^3\text{s}^{-1}$, che è ancora maggiore del +46%. Per flussi su sfioratori supercritici, l'approccio convenzionale sbaglia sempre in confronto alle relazioni sperimentali.

18.4.3 Sfioratore convergente

Nel caso in cui le dimensioni del manufatto, lungo il quale è disposta la soglia di sfioro, vadano riducendosi da quelle del collettore di diametro D_o a quelle del derivatore di diametro D_d, è necessario considerare, ai fini della caratterizzazione idraulica del processo di efflusso, la presenza del parametro aggiuntivo θ, angolo di contrazione in pianta del tronco di sfioro (Fig. 18.4). In tal caso, a secondo membro dell'Eq. (18.24) compare esplicitamente la coordinata x, per cui l'equazione differenziale da integrare non risulta più del tipo $dy/dX = f_1(y)$, bensì del tipo $dy/dX = f_2(X, y)$; ne consegue una maggiore difficoltà nel presentare una soluzione in forma generale, dal momento che la condizione al contorno risulta funzione di X.

Hager et al. [11] hanno ricavato la soluzione per canale sfioratore con sezione ad U, la cui sezione idrica può essere espressa come $A/D^2 = (h/D)^{1.5}$, relazione molto prossima a quella $A/D^2 = (h/D)^{1.4}$ valida per sezioni circolari. La seguente trattazione rappresenta una *semplificazione* del reale processo di efflusso, sicuramente caratterizzato da una tridimensionalità del campo di moto. D'altronde, lo studio idraulico di un canale a portata variabile, non prismatico, eventualmente contenente anche un risalto idraulico, non può essere affrontato per via esclusivamente teorica, ma richiede il supporto di un'adeguata campagna sperimentale con prove su modello fisico in scala; un particolare studio di tale tipo è illustrato nel paragrafo 18.5.

Per uno *sfioratore linearmente convergente*, il diametro varia secondo la funzione:

$$D(x) = D_o - \theta x, \tag{18.29}$$

in cui $\theta = (D_o - D_d)/\Delta L$. Nel tratto lungo il quale è disposta la soglia, il canale presenta una sezione trasversale ad U, mentre il collettore in arrivo ed il derivatore hanno sezione circolare. Per applicare la procedura utilizzata per canali sfioratori prismatici (paragrafo 18.4.2), si riterrà ancora valida l'Eq. (18.19), invece della relazione specifica per sezioni ad U, data da $A/D^2 = (h/D)^{1.5}$. Tale assunzione comporta che, per $h/D > 1$, sia stimato un valore della sezione idrica leggermente inferiore a quello della sezione a U, ma tale approssimazione è più che accettabile, atteso il basso valore delle velocità che si registrano verso la parte terminale dello sfioratore.

In maniera del tutto analoga a quanto fatto nel caso di canale cilindrico, è possibile ricavare l'equazione del profilo di corrente lungo lo sfioratore. Infatti, risultano ancora valide le Eq. (18.19) e (18.20), dalle quali, unitamente alla Eq. (18.29), è possibile dedurre la seguente equazione del *profilo idrico per sfioratore convergente*:

$$\frac{dy}{dX} = -\frac{0.372(1-y)^{1/2}q}{(y-c)y^{0.4}} + \frac{1.2y(1-y)(dD/dx)}{3.8(D/H)^{0.4}(y-c)}, \tag{18.30}$$

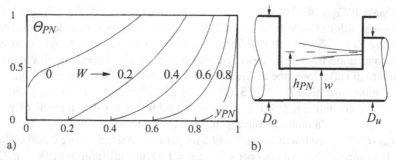

Fig. 18.9. Condizioni di moto pseudo-uniforme: a) rapporto di convergenza $\Theta_{PN}(y_{PN}, W)$ secondo l'Eq. (18.32); b) profili idrici schematici, con (—) $h(x)$ e (- - -) h_{PN}

nella quale, rispetto all'Eq. (18.22), compare anche l'effetto della variazione del diametro dD/dx. Sostituendo, poi, in luogo di q l'espressione della variazione di portata data dall'Eq. (18.23), l'Eq. (18.30) diventa:

$$\frac{dy}{n^*dX} = \frac{0.223[(1-y)(y-W)^3(1-W)]^{1/2}}{(y-c)y^{0.4}[3-2y-W]^{1/2}} - \frac{0.316\theta}{n^*(D/H)^{0.4}}\frac{y(1-y)}{y-c}, \qquad (18.31)$$

in cui a secondo membro compaiono due termini la cui differenza può ovviamente essere sia positiva che negativa. Sostituendo nel termine $(D/H)^{0.4}$ il diametro medio $D_m = (1/2)(D_o + D_u)$, e cioè $(D/H)^{0.4} \cong (D_m/H)^{0.4}$, il secondo membro dell'Eq. (18.31) diventa indipendente da X, analogamente all'Eq. (18.24).

L'Eq. (18.31) consente, inoltre, di determinare il tirante di moto pseudo-uniforme h_{PN} (capitolo 17) una volta imposta la condizione $dy/dX = 0$. Dopo ovvi passaggi si giunge quindi alla relazione:

$$\Theta_{PN} = \frac{\sqrt{2}\theta}{n^*(D_m/H)^{0.4}} = \frac{[(1-W)(y_{PN}-W)^3]^{1/2}}{y_{PN}^{1.4}[(1-y_{PN})(3-2y_{PN}-W)]^{1/2}}, \qquad (18.32)$$

nella quale i termini a primo membro risultano tutti noti e l'unica incognita è proprio $y_{PN} = h_{PN}/H$. La Fig. 18.9, costruita mediante l'Eq. (18.32), mostra che y_{PN} cresce al crescere di Θ_{PN} e W. Per $y_{PN} > 0.4$, la espressione di Θ_{PN} può essere ulteriormente semplificata dalla seguente approssimazione:

$$\Theta_{PN} = \frac{(y_{PN}-W)^{3/2}}{(1-y_{PN})^{1/2}}. \qquad (18.33)$$

Quindi, il valore assunto rapporto di convergenza Θ_{PN} dello sfioratore in pianta, affinché lungo la soglia si stabiliscano condizioni di moto pseudo-uniforme, dipende in modo significativo dal valore del tirante idrico sulla soglia $(y-W)$.

Esempio 18.7. Calcolare il tirante di moto pseudo-uniforme nel caso dell'Esempio 18.6, qualora risulti $D_d = 0.50$ m invece di $D = 0.90$ m.

Con $W = 0.43$, $y = 0.70$, e $\theta = (0.9-0.5)/3.7 = 0.11$, ed assumendo $D \cong D_m = 0.70$ m, da cui $(D_m/H)^{0.4} = 0.89$, si ottiene $\Theta_{PN} = 2^{1/2}0.11/(1 \cdot 0.89) = 0.17$ e la soluzione dell'Eq. (18.32) è $y_{PN} = 0.62$, oppure $y_{PN} = 0.65$ dall'Eq. (18.33). Il tirante di monte è allora $h_{PN} = 0.62 \cdot 0.9 = 0.56$ m, ed il numero di Froude della corrente di monte è $F_o = 1.2/(9.81 \cdot 0.9 \cdot 0.56^4)^{1/2} = 1.29 > 1$ in presenza del quale probabilmente compaiono le onde di superficie. Per prevenire l'insorgere di tali condizioni, il diametro di valle dovrebbe essere ulteriormente ridotto, fino a $D_u = 0.3$ m.

Il termine correttivo $T = [-0.316\theta/n^*(D_m/H)^{0.4}] \times [y(1-y)/(y-c)]$, che compare all'interno dell'Eq. (18.31), può essere suddiviso nei due termini Θ e $T_v = y(1-y)/(y-c)$. L'angolo di convergenza θ è tipicamente dell'ordine di 10^{-1}, mentre $(D_m/H)^{0.4}$ è prossimo a 1, per cui Θ è un parametro il cui valore è dell'ordine di 10^{-2}. Il termine T_v è pari a zero per $y = 0$ e $y = 1$ e tende all'infinito per $y \to c$. Quindi, l'effetto del termine T non è generalmente trascurabile e va considerato come una correzione del primo termine nell'Eq. (18.31), sempre che siano escluse condizioni prossime allo stato critico ($y \cong c$).

Riscrivendo l'Eq. (18.31) come

$$\frac{dy}{n^* dX} = \frac{0.223[(1-Y)(y-W)^3(1-W)]^{1/2}}{(y-c)y^{0.4}[3-2y-W]^{1/2}} \left[1 - \frac{\Theta y^{1.4}(1-y)^{1/2}[3-2y-W]^{1/2}}{[(1-W)(y-W)^3]^{1/2}} \right] \tag{18.34}$$

e considerando il caso limite in cui $y \to W$, per il quale risulta nulla la portata sfiorata, allora il termine tra parentesi quadre resta significativamente inferiore a 1 per $(y - W) > 0.2$. Considerando i valori medi $y_m = (1/2)(y_o + y_u)$ e $W_m = (1/2)(W_o + W_u)$, il termine P tra parentesi quadre dell'Eq. (18.34)

$$P = \frac{\sqrt{2}\theta}{n^*(D_m/H)^{0.4}} \frac{y_m^{1.4}(1-y_m)^{1/2}[3-2y_m-W_m]^{1/2}}{[(1-W_m)(y_m-W_m)^3]^{1/2}} \tag{18.35}$$

diventa indipendente da X e l'Eq. (18.31) può essere riscritta come segue:

$$\frac{dy}{n^*(1-P)dX} = \frac{0.223[(1-y)(1-W)(y-W)^3]^{1/2}}{y^{0.4}(y-c)[3-2y-W]^{1/2}}. \tag{18.36}$$

La progressiva fittizia $n^*(1-P)X$ ingloba i termini introdotti per la geometria convergente della soglia; ad eccezione di questa unica differenza, l'Eq. (18.36) è identica all'Eq. (18.24) dedotta per sfioratori prismatici, per cui lo studio degli sfioratori convergenti in pianta può sostanzialmente essere ricondotto a quello degli sfioratori in canali cilindrici. Le corrispondenti soluzioni, date dalle relazioni comprese dalla Eq. (18.25) alla Eq. (18.27), o dall'Eq. (18.28), sono ancora applicabili purché si operi preventivamente la trasformazione $n^*X \to n^*(1-P)X$.

Esempio 18.8. Ricalcolare l'Esempio 18.6 per i diametri $D_o = 0.90$ m e $D_u = 0.50$ m. Essendo l'energia specifica $H = H_e = 0.93$ m, $W = 0.43$ e $y_e = 0.70 < c$, la corrente di monte è lievemente supercritica, ed il tirante idrico si riduce lungo lo sfioratore. Inoltre, la riduzione è più piccola rispetto al caso corrispondente del canale prismatico. In accordo con l'Esempio 18.6, risulta $y_u = 0.48$, e $y_{PN} = 0.62$ dall'Esempio 18.7. Dall'Eq. (18.7) il tirante medio è allora $y_m = 0.65$.

Essendo $\theta = 0.4/3.7 = 0.11$, $n^* = 1$ e $(D_m/H)^{0.4} = 0.89$ il termine correttivo è $P = [(1.41 \cdot 0.11)/(1 \cdot 0.89)][0.65^{1.4}0.35^{1/2}1.27^{1/2}0.57^{-1/2}0.22^{-3/2}] = 0.175 \cdot 4.68 = 0.82$ e risulta essere elevato. In tal caso, allora, il metodo semplificato si rivela solo una mera approssimazione poiché trascura i termini di ordine più grande, quindi non può essere applicato.

Qualora risulti $P > 0.5$, l'effetto della riduzione di diametro è significativo e non è più lecito trascurare l'influenza della condizione di *moto pseudo-uniforme* sul profilo idrico. In tal caso, è possibile approssimare il tirante relativo di valle y_u con quello di moto pseudo-uniforme y_{PN}; quindi, il tirante idrico medio può essere calcolato con l'Eq. (18.7) e la portata sfiorata con l'Eq. (18.23).

Esempio 18.9. Ricalcolare l'Esempio 18.8. Sono dati $D_o = 0.90$ m, $D_u = 0.50$ m, $Q_o = 1.2$ m^{3}s^{-1}, $w = 0.40$ m, $\Delta L = 3.7$ m e $h_e = 0.65$ m. Inoltre, $H = 0.93$ m e $h_{PN} = y_{PN} \cdot H = 0.62 \cdot 0.93$ m$= 0.58$ m.

Il tirante medio dall'Eq. (18.7) è $h_m = 0.70 + (2/3)(0.58 - 0.70) = 0.62$ m, a cui corrisponde $y_m = 0.62/0.93 = 0.67$. Essendo $W = 0.43$, l'intensità media di efflusso è $q = -0.6 \cdot 1[0.24^3 0.57/1.23]^{1/2} = -0.048$, da cui $\Delta Q/\Delta x = -0.048(9.81 \cdot 0.93^3)^{1/2} = -0.135$ m^{2}s^{-1} ed allora $\Delta Q = 0.135 \cdot 3.7 = 0.50$ m^{3}s^{-1}. Si è ricavato un valore circa pari al doppio di quello ottenuto nell'Esempio 18.6.

La Fig. 18.10 confronta i profili idrici di uno sfioratore prismatico con quelli di uno *sfioratore convergente* nei casi di corrente lenta e veloce. In entrambi i casi, la configurazione convergente induce un profilo idrico più prossimo all'orizzontale rispetto al canale prismatico. La condizione di *moto pseudo-uniforme* è, pertanto, un importante indirizzo progettuale che andrebbe applicato a tutti i canali a portata variabile; infatti, se il tirante idrico al contorno h_r è pari all'altezza di moto pseudo-uniforme h_{PN}, allora il tirante idrico, la velocità e la portata sfiorata per unità di lunghezza restano costanti lungo la soglia di sfioro. Ovviamente, tale condizione può essere imposta per la sola portata di progetto, mentre per le altre condizioni di funzionamento bisogna ricorrere ai metodi di calcolo illustrati nel capitolo 17.

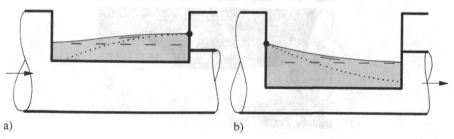

a)   b)

Fig. 18.10. Confronto dei profili idrici in uno sfioratore laterale ($\cdots$) prismatico e (—) convergente per corrente: a) lenta e b) veloce; ($\bullet$) tirante idrico al contorno, (- - -) tirante idrico pseudo-uniforme

18.4.4 Il risalto idraulico negli sfioratori

Il funzionamento di sfioratori a soglia bassa è frequentemente accompagnato dalla presenza di un risalto idraulico, le cui caratteristiche sono significativamente diverse da quelle del risalto classico illustrate nel capitolo 7. La Fig. 18.11 illustra anche la differenza tra lo schema semplificato, che assume una variazione lineare del tirante idrico tra i valori al contorno h_o e h_u, e l'approccio modificato, che prevede invece un profilo idrico decrescente nel primo tratto, seguito da un profilo crescente a valle della sezione finale del risalto.

Come già accennato in precedenza, il risalto idraulico lungo uno sfioratore può presentarsi con due differenti tipologie: *risalto idraulico da impatto* (Fig. 18.6a) e risalto idraulico ordinario (Fig. 18.6b) con caratteristiche idrauliche ben definite (capitolo 7).

Ai fini della determinazione delle altezze coniugate del risalto h_1 e h_2, è possibile considerare la seguente relazione, dedotta dal principio di conservazione della quantità di moto e trascurando la componente dell'efflusso laterale:

$$h_2/h_1 = \mathsf{F}_1. \tag{18.37}$$

Tale equazione è molto simile all'Eq. (7.18), scaturita dall'applicazione dell'equazione globale dell'equilibrio dinamico, nel caso di canale rettangolare con portata costante e per elevati valori del numero di Froude. L'Eq. (18.37) interpreta bene i

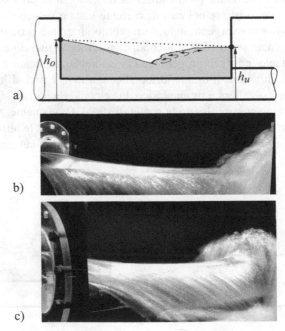

Fig. 18.11. a) (—) Profilo di pelo libero in uno sfioratore con risalto idraulico, (···) approccio semplificato con profilo idrico lineare, (•) altezze idriche al contorno; b) e c) risalto idraulico da impatto [9]

dati sperimentali di Sassoli [17] e Buffoni et al. [4], nei casi in cui risulta $F_1 < 3$. Per risalti idraulici che non risentono dell'impatto (Fig. 18.6b), è possibile valutare la lunghezza del vortice L_r e la lunghezza del risalto L_j tramite le relazioni seguenti, dedotte dall'elaborazione di risultati sperimentali su canali rettangolari o con sezione ad U (capitolo 7):

$$L_r \cong 4.3 h_2, \qquad\qquad\qquad (18.38)$$
$$L_j \cong 6.0 h_2. \qquad\qquad\qquad (18.39)$$

Le caratteristiche essenziali del risalto idraulico da impatto sono state illustrate al paragrafo 18.4.1; si ricorda che tale tipo di risalto può provocare un *funzionamento idraulico instabile*, per evitare il quale la distanza tra il piede del risalto e la parete terminale dello sfioratore deve essere superiore a $1.5 L_r$, di modo tale che a valle del vortice si stabilisca un tratto di corrente lenta nel quale può ritenersi ripristinata una certa gradualità del moto.

18.4.5 Procedura di calcolo per sfioratori convergenti

La possibile presenza di un risalto idraulico negli sfioratori convergenti a soglia bassa rende necessario predisporre una specifica procedura di calcolo. Il tracciamento del profilo idrico lungo lo sfioratore è effettuato secondo i criteri già delineati per i profili di corrente nel capitolo 8, per cui la definizione delle altezze di moto uniforme e di stato critico è di fondamentale rilevanza. Inoltre, negli sfioratori laterali convergenti è allo stesso modo importante determinare la *altezza pseudo-uniforme*. Nonostante le significative differenze rispetto ai normali profili di corrente, dovute soprattutto alla presenza dell'efflusso laterale, anche per gli sfioratori laterali valgono le stesse regole, di seguito riportate:

- il funzionamento di uno *sfioratore in corrente lenta* è controllato da una condizione al contorno di valle e quindi il calcolo procede da valle verso monte;
- il funzionamento di uno *sfioratore in corrente veloce* è controllato da una condizione al contorno a monte e quindi il calcolo procede nella stessa direzione della corrente.

Nel caso più generale, bisogna specificare tutte le *condizioni al contorno*, consistenti nei valori del tirante idrico e della portata sia nella sezione di monte (pedice o) che in quella di valle (pedice u) del manufatto. Quindi, si procede al calcolo nell'ipotesi di corrente lenta o veloce lungo l'intero sviluppo dello sfioratore, salvo poi verificare che:

- la corrente sia effettivamente veloce lungo tutto lo sfioratore;
- si formi un risalto idraulico lungo il canale sfioratore;
- la corrente sia effettivamente lenta lungo tutto lo sfioratore.

Una volta individuata quale delle tre situazioni si verifichi, si può procedere alla determinazione del profilo idrico $h(x)$ e quindi della portata $Q(x)$. Si riassume di seguito lo *schema di calcolo* idraulico, il quale è composto dai seguenti passaggi:

1. calcolo delle caratteristiche della corrente di monte (Q_o, n_o, S_{oo} e D_o) e della corrente di valle (Q_u, n_u, S_{ou} e D_u);
2. calcolo dei tiranti idrici di moto uniforme, h_{No} e h_{Nu};
3. calcolo dei tiranti idrici di stato critico, h_{co} e h_{cu};
4. determinazione delle altezze idriche al contorno h_o e h_u, e dei corrispondenti valori dell'energia specifica H_o e H_u; sono, così, rispettivamente determinati i valori dei tiranti idrici relativi $y_o = h_o/H_o$ e $y_u = h_u/H_u$;
5. assegnazione della altezza media w_m della soglia di sfioro e calcolo dei rispettivi valori relativi $W_o = w_m/H_o$ e $W_u = w_m/H_u$; assegnazione della lunghezza della soglia ΔL;
6. calcolo del parametro Θ dall'Eq. (18.32) e, quindi, delle due altezze di moto pseudo-uniforme, h_{PNo} e h_{PNu};
7. calcolo del profilo idrico $h(x)$ per *corrente veloce* tenendo conto della condizione di moto pseudo-uniforme. Calcolo simultaneo del profilo dell'altezza coniugata di valle $h_2(x)$ secondo l'Eq. (18.37);
8. calcolo del profilo idrico $h(x)$ per *corrente subcritica* e confronto con il profilo idrico $h_2(x)$, determinato al passo precedente;
9. tracciamento del profilo definitivo $h(x)$, con l'inclusione dell'eventuale risalto idraulico, e stima della distribuzione di portata $Q(x)$;
10. analisi del risultato finale ed eventuale variazione di qualche parametro di input per migliorare le caratteristiche di funzionamento del manufatto.

La procedura di calcolo composta dalla suddetta successione di passaggi è certamente impegnativa, ed andrebbe ripetuta per varie portate oltre a quella di progetto. Come già più volte affermato in precedenza, sono fortemente sconsigliate le condizioni di funzionamento caratterizzate dalla presenza di risalto idraulico, per effetto del quale perdono validità alcune ipotesi poste a base della precedente trattazione.

Vengono di seguito riportati due esempi relativi al calcolo di uno sfioratore laterale convergente, in assenza ed in presenza di un risalto idraulico.

Esempio 18.10. Si consideri un collettore fognario di diametro $D_o = 1.25$ m, pendenza $S_{oo} = 1\%$ e coefficiente di scabrezza $1/n = 85$ m$^{1/3}$s^{-1}, con una portata massima $Q_o = 4$ m^{3}s^{-1}. Lo sfioratore laterale ha una soglia di lunghezza $\Delta L = 6.5$ m con una altezza media $w_m = 0.60$ m. La condotta limitatrice di portata ha diametro $D_u = 0.30$ m ed il tirante idrico di valle è pari a $h_u = 0.90$ m. Determinare il profilo idrico $h(x)$ per $Q_u = 0.1$ m^{3}s^{-1}:

1. $Q_o = 4$ m^{3}s^{-1}, $1/n_o = 85$ m$^{1/3}$s^{-1}, $S_{oo} = 1\%$, $D_o = 1.25$ m;
2. $Q_u = 0.1$ m^{3}s^{-1}, $D_u = 0.30$ m; non sono note scabrezza $1/n_u$ e pendenza S_{ou} della condotta limitatrice.
3. *moto uniforme*: $q_{No} = 0.26$, da cui risulta (capitolo 5) $y_{No} = 0.694$ e $h_{No} = 0.87$ m. Il valore corrispondente del numero di Froude per la corrente in arrivo $F_o = 4/(9.81 \cdot 1.25 \cdot 0.87^4)^{1/2} = 1.51 > 1$. Per la condotta limitatrice non sono disponibili indicazioni;
4. *stato critico*: $h_{co} = 1.07$ m e $h_{cu} = 0.24$ m (capitolo 6);
5. condizioni al contorno (pedice r):

a monte: $h_{or} = h_{No} = 0.87$ m, $Q_o = 4$ m^{3}s^{-1}, $H_o = 1.87$ m;
a valle: $h_{ur} = 0.90$ m, $Q_u = 0.10$ m^{3}s^{-1}, $H_u = 0.91$ m;
la differenza tra le energie specifiche è pari a $(H_o - H_u)/H_u = 1.05$ e rende pertanto probabile la formazione di un risalto idraulico;

6. *canale sfioratore*: $w_m = 0.60$ m, da cui $W_o = 0.6/1.87 = 0.32$ e $W_u = 0.6/0.91 = 0.66$; lunghezza della soglia $\Delta L = 6.5$ m;

7. *moto pseudo-uniforme*: $\theta = (1.25 - 0.3)/6.5 = 0.146$ è l'angolo di convergenza; essendo $(D_m/H_o)^{0.4} = (0.775/1.87)^{0.4} = 0.70$, con soglia unica ($n^* = 1$), si ha $\Theta_o = 1.41 \cdot 0.146/(1 \cdot 0.7) = 0.29$, e $y_{PN} = 0.58$ dall'Eq. (18.32). Risulta, quindi, $h_{PNo} = 0.58 \cdot 1.87 = 1.08$ m $> h_o - h_{No} = 0.87$ m, per cui la condizione di moto pseudo-uniforme non influenza il profilo idrico. Per la condizione al contorno di valle, risulta $W_u = 0.66$ e $(D_m/H_u)^{0.4} = 0.94$, ed anche $\Theta_u = 1.41 \cdot 0.146/(1 \cdot 0.94) = 0.22$; il tirante di moto pseudo-uniforme è quindi pari a $y_{PN} = 0.86$ da cui si ricava $h_{PNu} = 0.86 \cdot 0.91 = 0.78$ m;

8. il profilo idrico è descritto dall'Eq. (18.28):

$$\frac{y(X) - 0.32}{0.737 - 0.32} = 0.725 \exp\left[\frac{-X/2}{1.4 - 2.5(0.32 - 0.1)^{2.5}}\right], \qquad (18.40)$$

ovvero

$$y(X) = 0.32 + 0.302 \exp(-0.372X). \qquad (18.41)$$

La condizione al contorno di monte è $h_{No} = 0.87$ m, ovvero $y_o = 0.87/1.87 = 0.465$, cui corrisponde il valore $X_o = 2$ dall'Eq. (18.41). La Tabella 18.2 presenta i risultati dei profili $y(X)$ e $h(x)$. In virtù dell'Eq. (18.20), la portata è data dalla relazione:

$$Q = (h/D)^{1.4}D^2[2g(H-h)]^{1/2}. \qquad (18.42)$$

Il numero di Froude F_1 varia con il diametro $D(x)$, il tirante idrico $h(x)$ e la portata $Q(x)$ secondo l'Eq. (6.35). Dalla Tabella 18.2 si vede che l'altezza coniugata h_2 è sempre inferiore a 1.35 m;

9. l'eventuale tratto in corrente *lenta* non esiste, in quanto dalla Tabella 18.2 si vede che il tirante di valle $h_u = 0.90$ m è sempre inferiore a h_2. Quindi, la corrente

Tabella 18.2. Profilo idrico, calcolato a partire da *monte*, con $H_o = 1.87$ m e $Q_o = 4$ m^{3}s^{-1}

x[m]	0	1	2	3	4	5	6	6.5
D [m]	1.25	1.10	0.96	0.81	0.67	0.52	0.37	0.30
X [-]	2.0	2.37	3.60	4.65	5.96	7.76	10.48	12.42
y [-]	0.464	0.43	0.40	0.37	0.35	0.34	0.33	0.32
h [m]	0.87	0.80	0.75	0.70	0.66	0.63	0.61	0.60
Q [m^{3}s^{-1}]	(4.15)	3.55	3.06	2.56	2.14	1.74	1.37	1.19
F_1 [-]	1.55	1.69	1.77	1.85	1.92	1.94	1.93	1.93
h_2 [m]	1.35	1.35	1.33	1.30	1.27	1.22	1.18	1.16
h_{eff} [m]	0.87	0.80	0.75	0.70	0.66	0.85	1.10	1.20
Q [m^{3}s^{-1}]	4.0	3.55	3.06	2.56	2.14	1.70	1.30	1.00

è veloce lungo tutto lo sfioratore con la formazione di un *risalto idraulico da impatto* nella sezione terminale, di altezza pari a circa 1.20 m. La lunghezza di tale risalto può essere stimata come $L_p \cong L_r/3 = 1.5h_2 = 1.75$ m. Il valore del tirante idrico medio lungo il risalto può essere calcolato con l'Eq. (18.7) ed è quindi pari a $h_{mu} = 0.64 + (2/3)(1.2 - 0.64) = 1.01$ m, mentre il corrispondente valore della portata sfiorata può essere stimato mediante la classica relazione di efflusso $\Delta Q = 0.42 \cdot 19.62^{1/2}(1.01 - 0.60)^{3/2}1.75 = 0.85$ m^{3}s^{-1};

10. i valori dei tiranti idrici effettivi h_{eff} sono riportati nella Tabella 18.2;

11. si noti che il valore della portata sfiorata $\Delta Q = 4 - 0.1 = 3.9$ m^{3}s^{-1} non è compatibile con il valore del tirante al contorno di valle $h_{ru} = 0.9$ m, che deve essere quindi aumentato almeno fino a $h_{ru} = 1.2$ m.

Esempio 18.11. Ricalcolare l'Esempio 18.10, imponendo $h_{ru} = 1.3$ m. I punti 1, 2, 3, 5 e 7 sono identici a quelli dell'Esempio 18.10:

4. *condizioni al contorno* (pedice *r*): nella sezione terminale sono assegnati $h_{ru} = 1.3$ m e $Q_u = 0.1$ m^{3}s^{-1}; si ha quindi $H_u = 1.30$ m. La perdita di energia lungo il manufatto è ora sensibilmente inferiore rispetto al caso precedente ed è pari a $(1.87 - 1.30)/1.87 = 0.30$;

6. *moto pseudo-uniforme*: $\theta = (1.25 - 0.3)/6.5 = 0.146$ è l'angolo di convergenza; essendo $(D_m/H_u)^{0.4} = (0.775/1.3)^{0.4} = 0.81$, con soglia unica ($n^* = 1$), si ha $\Theta_u = 0.25$; dall'Eq. (18.32) risulta quindi $y_{PN} = 0.71$, da cui $h_{PNu} = 0.92$ m;

8. dall'Eq. (18.25) è possibile dedurre l'espressione del profilo:

$$\frac{y - W}{1 - W} = 1.06 + 0.32(1 - 0.46)^{1.15}1 \cdot X, \quad o \tag{18.43}$$

$$y(X) = 0.46 + 0.54(1.06 + 0.16X) = 1.03 + 0.085X. \tag{18.44}$$

La Tabella 18.3 illustra il profilo idrico per corrente *lenta*, basato sui valori $X_r = -0.35$ e $x_r = -0.35(0.3/1.30)^{0.6}1.3 = -0.19$ m, in modo da poter calcolare le coordinate adimensionali X e $y(X)$;

9. i valori del profilo idrico effettivo sono riportati nella Tabella 18.3, dalla quale si nota la presenza di un *risalto idraulico* alla progressiva $x = 5.8$ m. La variazione

Tabella 18.3. Profilo idrico, a partire dalla sezione di valle ($x = 6.5$ m) per $H_u = 1.30$ m

x [m]	6.5	6	5	4	3	2	1	0
$D \cdot$ [m]	0.30	0.37	0.52	0.67	0.81	0.96	1.10	1.25
X [-]	0.35	1.13	2.25	3.08	3.78	4.34	4.85	5.28
y [-]	1.00	0.93	0.84	0.77	0.71	0.66	0.62	0.58
h [m]	1.30	1.21	1.09	1.00	0.92	0.86	0.81	0.75
h_2 [m]	1.16	1.18	1.22	1.27	1.30	1.33	1.35	1.35
h_{eff} [m]	1.30	1.21	0.63	0.66	0.70	0.75	0.80	0.87
Q [m^{3}s^{-1}]	0.10	0.96	1.70	2.14	2.56	3.06	3.55	4.00

della portata $Q(x)$ è ottenuta dall'Eq. (18.20) tenendo conto dei rispettivi valori dell'energia specifica H_o e H_u;

10. la procedura di calcolo è dunque lunga e laboriosa per sfioratori in cui è presente un risalto idraulico. All'atto pratico, devono essere assunti diversi valori del tirante idrico di valle h_u in modo da variare la portata sfiorata ΔQ con lo stesso tirante h_u. Si può anche pensare di ottimizzare la lunghezza della struttura, in quanto il tratto di sfioratore a monte del risalto è poco efficace in termini di portata sfiorata per unità di lunghezza.

18.5 Sfioratori laterali di lunghezza limitata

18.5.1 Introduzione

In numerose situazioni reali, le dimensioni del manufatto possono essere condizionate dagli spazi effettivamente disponibili. Ad esempio, nel caso di sfioratori esistenti, può essere necessario incrementare la portata di progetto per effetto della crescente urbanizzazione; in tal caso, qualora non sia possibile aumentare la lunghezza del manufatto, bisogna necessariamente ricorrere ad un aumento del valore della *massima portata sfiorata*, abbassando l'altezza della soglia. Ma tale espediente, per quanto finora visto, può compromettere l'uniformità del comportamento idraulico del manufatto, e quindi l'efficacia dell'intervento di adeguamento strutturale, anche ai fini del controllo delle sostanze inquinanti disciolte nelle acque scaricate. A titolo esemplificativo, la Fig. 18.12 illustra il comportamento di uno sfioratore bi-laterale a soglia bassa, per due diverse lunghezze del manufatto.

Lo studio del funzionamento idraulico di sfioratori laterali di lunghezza limitata è stato avviato di recente, mediante prove su modello fisico. L'interesse tecnico di questo tipo di manufatto è dato dalla sempre più ricorrente esigenza di non scaricare le portate sfiorate direttamente nel corpo idrico ricettore; il rispetto della normativa ambientale vigente impone, in molti casi, di fare defluire le portate sfiorate attraverso una *vasca a pioggia* (inglese: "stormwater storage basin"), dove ha luogo un processo di sedimentazione primaria, a seguito del quale le acque possono essere inviate al recapito finale. Al termine dell'evento meteorico, le portate residue di svuotamento della vasca a pioggia possono, invece, essere inviate verso l'impianto di depurazione, in quanto potenzialmente caratterizzate da un significativo carico inquinante.

Gli sfioratori di lunghezza limitata sono stati introdotti per la prima volta in un lavoro di Hörler e Hörler [14], che cercarono di migliorare il comportamento idraulico di manufatti di sfioro soggetti all'arrivo di una corrente veloce. Per questo tipo di manufatto, la corrente lungo la soglia può essere suddivisa in due tratti distinti: un primo in cui è presente una corrente veloce con profilo decrescente, ed un secondo tratto lungo il quale è presente un risalto idraulico.

Gisonni e Hager [6] hanno definito le caratteristiche essenziali dello *sfioratore laterale corto*, di seguito elencate:

- lunghezza L inferiore a tre volte il diametro del collettore in arrivo;
- altezza della soglia w pari ad almeno la metà del diametro del collettore in arrivo;

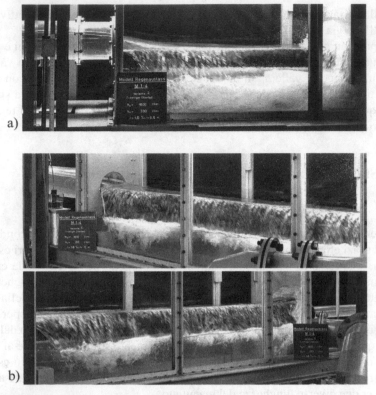

Fig. 18.12. Sfioratore bilaterale a soglia bassa con $S_{oo} = 0.1\%$ e $Q_o = 10Q_K$ [20] nel caso di sfioratore: a) corto; b) lungo

- pianta convergente e simmetrica per migliorare l'uniformità dell'efflusso;
- soglia in parete sottile, anche per consentire futuri aggiustamenti dell'altezza;
- numero di Froude F_o della corrente in arrivo inferiore a 1.5;
- stabilizzazione della corrente con il cosiddetto *piatto terminale*, il cui dettaglio è descritto nel seguito.

Per caratterizzare lo specifico funzionamento idraulico dello sfioratore laterale corto, Gisonni e Hager [6] hanno eseguito una serie di prove sperimentali; in particolare, allo scopo di semplificare la modellazione sperimentale del fenomeno fisico, riducendo di fatto l'elevato numero di parametri in gioco, in tutte le prove la portata in uscita dal manufatto Q_u risultava uguale a zero, imponendo, quindi, che l'efflusso laterale di portata fosse pari alla portata in ingresso allo sfioratore.

18.5.2 Piatto terminale

Si è già accennato in precedenza che, per valori bassi del rapporto w/D_o, la corrente in arrivo, anche se subcritica, subisce un'accelerazione a causa del fenomeno di richiamo allo sbocco; quindi, dopo aver attraversato la sezione di stato critico, la

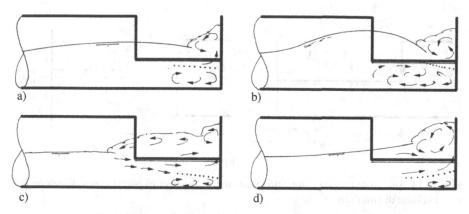

Fig. 18.13. Fasi del ciclo di instabilità della corrente in uno sfioratore laterale di lunghezza limitata; per maggiori dettagli consulta il testo; ($\cdots$) superficie di separazione

corrente, divenuta supercritica, defluisce lungo lo sfioratore (Fig. 18.13a). Poiché il canale sfioratore ha pendenze modeste, esso può indurre la formazione di un risalto che, in funzione delle caratteristiche geometriche del sistema e di quelle idrauliche della corrente, si disporrà al termine della soglia o alternativamente lungo di essa. In realtà, il processo di moto risulta ancora più complesso in presenza di una soglia di lunghezza limitata; in tal caso, la corrente, veloce lungo il tronco di sfioro, impatta la parete verticale posta al termine del manufatto, generando la formazione di due macrovortici che inducono un funzionamento idraulico instabile. A causa dell'impatto e del confinamento laterale dovuto alle pareti verticali della soglia, si genera un vortice in prossimità del fondo con rotazione oraria, associato ad un secondo vortice antiorario, che governa la deviazione della corrente verso l'alto in prossimità della parete terminale. La *superficie di separazione* (inglese: "shear layer") tra i due vortici si presenta instabile e l'innalzamento del pelo libero rigurgita la corrente in arrivo (Fig. 18.13a), generando una sorta di onda solitaria che, propagandosi verso monte, può addirittura occupare l'intera sezione del collettore. Le osservazioni sperimentali hanno indicato che tale circostanza si verifica a partire da valori del grado di riempimento pari a circa il 60%.

Il ciclo di instabilità che si viene quindi a generare trae origine dal fatto che, nelle fasi iniziali, il pelo libero è pressoché orizzontale e tale è anche la superficie di separazione tra il vortice in superficie e quello sul fondo (Fig. 18.13a). A causa dell'azione di impatto sulla parete terminale, l'interfaccia di separazione tra i vortici viene spinta verso il basso e il vortice presente sul fondo viene alimentato da un'aliquota significativa della corrente in arrivo. Ciò comporta un incurvamento del pelo libero, assimilabile a quello di un getto immerso, con un contestuale rigonfiamento della superficie libera poco a monte della parete verticale (Fig. 18.13b); appena la superficie idrica raggiunge una sufficiente ripidità, l'onda in superficie frange con conseguente formazione di un risalto idraulico (Fig. 18.13c). A questo punto, per effetto del fenomeno di ricircolazione che avviene nella parte terminale della soglia, l'interfaccia di separazione tra i vortici subisce un innalzamento e la corrente tende

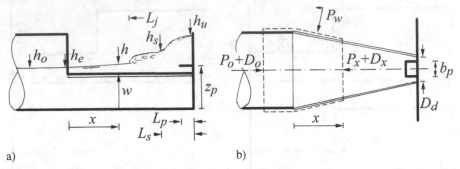

a)   b)

Fig. 18.14. Sfioratore laterale con piatto terminale: a) sezione; b) pianta con indicazione del (- - -) volume di controllo

ad alimentare il vortice prossimo alla superficie (Fig. 18.13d); si forma, quindi, un nuovo rigonfiamento della superficie idrica, le cui dimensioni possono diventare tali da dare inizio ad un successivo ciclo di instabilità.

La descrizione del fenomeno evidenzia come, in sede progettuale, sia necessario prevenire instabilità di questo tipo, al fine di garantire un funzionamento corretto ed efficiente di tali manufatti; infatti, l'innalzamento incontrollato del livello idrico nel collettore di monte può provocare la transizione da corrente a pelo libero a moto in pressione, con conseguenti sollecitazioni strutturali, anche di tipo pulsante [13].

La instabilità della corrente è fondamentalmente provocata dalle fluttuazioni della superficie di separazione tra i due vortici. In Fig. 18.14 sono illustrate, rispettivamente, la sezione e la pianta di uno sfioratore laterale in cui è installato il cosiddetto *piatto terminale*; tale dispositivo, costituito da una piastra orizzontale montata sulla parete verticale a valle della soglia, ha la funzione di rendere più stabile l'interfaccia di separazione tra i vortici in prossimità della parete verticale. Il dimensionamento di tale dispositivo consiste nel determinare la larghezza in pianta b_p, la lunghezza L_p e la quota z_p al di sopra del fondo del collettore. Di seguito, sono riportate alcune indicazioni progettuali, elaborate in seguito alle analisi sperimentali condotte da Gisonni e Hager [6], da tener presenti in fase di dimensionamento.

Il numero di Froude della corrente in arrivo non influenza, in modo apprezzabile, le dimensioni del dispositivo; invece, il parametro principale di cui tener conto è il grado di riempimento $y_o = h_o/D$, sempre che la quota di attacco z_p risulti maggiore di $z_p = 0.15D_o$. La larghezza b_p della piastra deve essere tale che $b_p \geq (1/2)D_u$, con una lunghezza minima $L_p = (1/6)L$, purché si tratti sempre di uno sfioratore di lunghezza limitata. Infatti, nel caso in cui risulti $L/D_o > 3$, non si rende necessaria l'installazione del *piatto terminale*, poiché i fenomeni di instabilità tendono a scomparire. La quota relativa $Z_p = z_p/D_o$ alla quale installare la piastra varia in funzione della lunghezza relativa della soglia L/D_o e del grado di riempimento $y_o = h_o/D_o$ secondo la seguente relazione [6]:

$$Z_p = 0.38(L/D_o)^{0.75} y_o^{1/3}, \tag{18.45}$$

dalla quale si vede che la quota di progetto del dispositivo cresce all'aumentare sia della lunghezza dello sfioratore che del grado di riempimento della corrente in arrivo.

È consigliabile, comunque, che la quota z_p non risulti mai superiore a quella fornita dall'Eq. (18.45), né maggiore del tirante idrico h_o; in caso contrario, l'azione di stabilizzazione dell'interfaccia tra i vortici può risultare inefficace.

Esempio 18.12. Progettare un piatto di chiusura per uno sfioratore laterale con portata $Q_o = 1.5$ m³s⁻¹, diametri $D_o = 1$ m e $D_d = 0.25$ m, con una pendenza del fondo $S_{oo} = 1.6\%$ e $n = 0.011$ sm⁻¹ᐟ³. La lunghezza dello sfioratore è $L = 2.5$ m.

Essendo $q_{No} = nQ_o/(S_{oo}^{1/2}D_o^{8/3}) = 0.011 \cdot 1.5/(0.016^{1/2}1^{8/3}) = 0.130$, il tirante relativo di moto uniforme è $y_{No} = 0.926[1 - (1 - 3.11 \cdot 0.13)^{1/2}]^{1/2} = 0.44$ dall'Eq. (5.15a), da cui $h_{No} = 0.44 \cdot 1 = 0.44$ m, ed il numero di Froude della corrente in arrivo è $\mathsf{F}_{No} = 1.5/(9.81 \cdot 1 \cdot 0.44^4)^{1/2} = 2.50 > 1$, a cui corrisponde una corrente stabilmente supercritica.

Con $L/D_o = 2.5$ e $y_o = y_{No} = 0.44$, la quota relativa di installazione del piatto di chiusura è $Z_p = 0.38 \cdot 2.5^{0.75}0.44^{0.33} = 0.58$ dall'Eq. (18.45), da cui $z_p = 0.58 \cdot 1 = 0.58$ m, la sua larghezza è $b_p \geq 0.5 \cdot 0.25 = 0.125$ m e la sua lunghezza $L_p \geq (1/6)2.5 = 0.42$ m. I valori scelti alla fine sono $z_p = 0.58$ m, $b_p = 0.15$ m, $L_p = 0.45$ m.

Sulla base di ulteriori prove di laboratorio eseguite con l'uso di sabbia di granulometria uniforme di diametro compreso tra 1 e 2 mm, è stato possibile osservare che il *piatto terminale* ha un effetto positivo anche sul fenomeno di *risospensione di sedimenti*. Infatti, in assenza di tale dispositivo, l'instabilità dei vortici e la conseguente turbolenza provocano il sollevamento dal fondo delle particelle, che vengono poi ad essere sfiorate con la corrente idrica; di contro, in presenza del piatto terminale, si ottiene una rilevante riduzione del fenomeno di risospensione. In ultimo, c'è da sottolineare la semplicità e l'efficacia del dispositivo, che può essere facilmente applicato anche a manufatti già realizzati ed in esercizio. Si tenga, però, presente che l'efficienza del piatto terminale tende a ridursi quando il dispositivo viene installato in manufatti in cui la portata che imbocca il derivatore rappresenta un'aliquota non trascurabile della portata in arrivo allo sfioratore.

18.5.3 Legge di variazione della portata sfiorata

La portata Q lungo uno sfioratore varia con la progressiva relativa $\bar{X} = x/L$, di modo che risulti $Q(\bar{X} = 0) = Q_o$ e $Q(\bar{X} = 1) = Q_u$; introducendo la portata relativa $q_x = (Q - Q_u)/(Q_o - Q_u)$, si ottengono le corrispondenti condizioni $q_x(0) = 1$ e $q_x(1) = 0$. Gisonni e Hager [6] hanno analizzato il caso in cui $Q_u = 0$, ed i risultati sperimentali sono ben interpretati dalla seguente relazione:

$$q_x = 1 - \bar{X}^{1+\mathsf{F}_o}, \qquad (18.46)$$

la cui validità è stata confermata anche nel caso in cui Q_u sia diverso da zero [5], e cioè con il collettore derivatore in funzione, purché risulti $\mathsf{F}_o < 1$. Dall'Eq. (18.46) si vede che la variazione di portata, nei limiti di applicabilità della relazione stessa, non dipende dalla altezza relativa della soglia e dal grado di riempimento della corrente in arrivo.

Il numero di Froude F_o della corrente nel collettore di arrivo gioca, dunque, un ruolo di primaria importanza nella distribuzione di portata lungo lo sfioratore. Si noti che per $F_o \to 0$ la portata è distribuita uniformemente lungo la soglia, mentre al crescere di F_o aumenta il grado di *non-uniformità* della portata sfiorata per unità di lunghezza. In particolare, per valori elevati di F_o si ha che la maggior parte della portata viene sfiorata nelle sezioni terminali della soglia, poiché all'inizio dello sfioratore si presentano valori non molto elevati del tirante. Allo stesso tempo, però, una riduzione di F_o comporta una riduzione della massima portata sfiorata dal manufatto; dunque, la progettazione di tale dispositivo scaturisce anche dalla scelta di una configurazione ottimale, ottenuta ricercando un giusto compromesso tra uniformità del comportamento idraulico e capacità di scarico.

18.5.4 Profilo della superficie idrica

Sempre sulla base dei risultati sperimentali conseguiti su sfioratori corti dotati di piastra di estremità, Gisonni e Hager [6] hanno ricavato una relazione che, almeno in prima approssimazione, consente di stabilire l'andamento della superficie idrica lungo la soglia di sfioro. Anche in tal caso, è possibile evidenziare la notevole influenza che il numero di Froude F_o della corrente in arrivo ha sul fenomeno di sfioro.

Nella Fig. 18.14a è schematizzato il tratto con corrente in arrivo (pedice o), la sezione appena a monte dello sfioratore (pedice e), la sezione di rigonfiamento (pedice s) e la sezione di valle (pedice u). Il profilo idrico in asse $h(x)$ è suddiviso in due tratti: un primo compreso tra le sezioni in cui vigono le altezze idriche h_e e h_s, seguito dal tratto occupato dal rigonfiamento della superficie idrica avente altezza massima h_u e lunghezza L_s.

L'andamento del profilo idrico può essere normalizzato, tenendo conto dei valori estremi h_e e h_u del tirante idrico, rispettivamente nella prima ed ultima sezione della soglia; è possibile definire un tirante adimensionale $Y_p = (h - h_e)/(h_u - h_e)$, che quindi varia tra 0 e 1. Dall'analisi dei risultati sperimentali è emersa ancora l'importanza del numero di Froude F_o, in funzione del quale è possibile definire l'andamento del profilo idrico secondo la relazione [6]:

$$Y_p = \bar{X}^{1+F_o}. \tag{18.47}$$

Analogamente a quanto affermato per la legge di variazione della portata, anche il profilo idrico presenta una scarsa uniformità nel caso di elevati valori del numero di Froude della corrente in arrivo; tali condizioni di funzionamento andrebbero quindi evitate.

Il *profilo idrico*, in generale, può essere calcolato con buona approssimazione, accettando le seguenti ipotesi semplificative:

• moto monodimensionale con distribuzione idrostatica delle pressioni;
• resistenze al moto compensate dalla pendenza di fondo;
• legge di distribuzione della portata data dall'Eq. (18.46);
• sezione idrica trasversale approssimata con una funzione di potenza, del tipo di quella fornita dall'Eq. (18.19).

Tuttavia, data la particolare tipologia di sfioratori in esame, non sempre è possibile soddisfare tali ipotesi; infatti, nelle sezioni terminali della soglia di sfioro si verifica un rigonfiamento del pelo libero, con la formazione di un risalto idraulico in presenza del quale non è lecito trascurare la corrispondente perdita di energia. Pertanto, è opportuno che il profilo di corrente sia valutato secondo un approccio basato sulla valutazione della quantità di moto della corrente. Il problema, in tal caso, può essere risolto analizzando separatamente il tratto di corrente veloce, tracciato a partire dalla sezione di monte, e quello di corrente lenta, tracciato a partire dalla sezione di valle. I due profili sono separati da un risalto idraulico, in corrispondenza del quale i valori dei tiranti coniugati sono legati dalla seguente relazione, di origine sperimentale:

$$h_2/h_1 = (2F_1^2)^{0.4} - 0.2. \tag{18.48}$$

Il rapporto tra le altezze coniugate cresce quasi linearmente con il numero di Froude F_1 della corrente veloce, fornendo risultati molto prossimi a quelli dell'Eq. (18.37) nel caso in cui $1 < F_1 < 5$.

Di particolare importanza è anche il rapporto $Y_u = h_u/h_e$, anch'esso valutabile tramite la conservazione della quantità di moto; indicando con $\Delta = D_d/D_o$ il rapporto tra i diametri nella prima ed ultima sezione dello sfioratore, Gisonni e Hager [6] hanno proposto la seguente espressione:

$$Y_u = \left(1 + \frac{4F_o^2}{1 + \Delta^{1/2}}\right)^{2/5}. \tag{18.49a}$$

Dall'Eq. (18.49a) si nota che, entro i limiti di validità dei risultati sperimentali, Y_u è indipendente dall'angolo di convergenza in pianta del tronco di sfioro, dall'altezza della soglia e dalla lunghezza dello sfioratore, ma dipende principalmente dal numero di Froude F_o della corrente in arrivo. La stessa Eq. (18.49a) mostra una buona aderenza ai risultati sperimentali fino a valori del numero di Froude pari a $F_o = 3$. Nel lavoro di Gisonni e Hager [6] sono anche presentate le relazioni sperimentali per la stima della lunghezza del risalto in funzione di F_o.

Esempio 18.13. Determinare la variazione di portata ed il profilo del pelo libero nel caso dello sfioratore laterale dell'Esempio 18.12.

Essendo $F_o = 2.5$, la variazione di portata è $Q/Q_o = 1 - \bar{X}^{3.5}$ da cui risulta $Q/Q_o(0) = 1$, $Q/Q_o(0.2) = 1$, $Q/Q_o(0.4) = 0.96$, $Q/Q_o(0.6) = 0.83$, $Q/Q_o(0.8) = 0.54$, e $Q/Q_o(1) = 0$. Si noti che più del 50% della portata sfiora oltre l'ultimo 20% di lunghezza dello sfioratore.

Essendo $D_d = 0.30$ m, il rapporto tra i diametri è $\Delta = 0.3/1 = 0.3$ e quindi, dall'Eq. (18.49), risulta $Y_u = [1 + 4 \cdot 2.5^2/(1 + 0.3^{1/2})]^{0.4} = 3.12$, cioè $h_u = 3.12 \cdot 0.44 = 1.37$ m. Dunque, la non uniformità del profilo del pelo libero è considerevole.

Ponendo $h_o \cong h_e$, a causa del ridotto effetto di richiamo (capitolo 20), l'equazione del profilo è $(h - 0.44)/(1.37 - 0.44) = \bar{X}^{3.5}$ dall'Eq. (18.47), da cui $h(\bar{X}) = 0.93\bar{X}^{3.5} + 0.44$. I tiranti che ne derivano sono $h(0) = 0.44$ m, $h(0.2) = 0.44$ m, $h(0.4) = 0.48$ m, $h(0.6) = 0.60$ m, $h(0.8) = 0.87$ m e $h(1) = 1.37$ m.

Del Giudice e Hager [5] hanno proposto una ulteriore espressione per il calcolo di Y_u, assumendo un canale rettangolare equivalente invece che la sezione ad U, e partendo da un approccio basato sul bilancio energetico piuttosto che sulla quantità di moto. Sulla scorta di tali ipotesi, gli autori hanno proposto la seguente relazione, che fornisce un buon accordo con i dati sperimentali per $F_o > 0.8$:

$$Y_u = 1 + \beta F_o^2. \tag{18.49b}$$

Per valori del numero di Froude inferiori a $F_o = 1$, la relazione interpreta ottimamente i dati sperimentali se si assume $\beta = 2/3$. Per assegnate condizioni della corrente in arrivo, h_o e F_o, è quindi immediato stimare il valore del tirante idrico h_u in prossimità del muro terminale. Si noti che $\beta = 0.50$ corrisponderebbe ad una condizione di moto a potenziale, e che $\beta = 2/3$ tiene conto dell'incremento di energia specifica dovuto all'efflusso laterale, come si avrà modo di illustrare nel paragrafo 18.5.6.

18.5.5 Valutazione della portata sfiorata

Il processo di efflusso laterale da sfioratori brevi è caratterizzato dalla presenza di moti vorticosi, soprattutto nella parte terminale del manufatto; per tale motivo, viene qui illustrato un metodo semplificato per la valutazione della portata sfiorata, che comunque tiene conto delle principali caratteristiche idrodinamiche della corrente. Nel caso in cui la corrente in arrivo presenta un tirante idrico tale che $(h_o - w) > 0$, allora il valore della portata ΔQ sfiorata lateralmente dipende dal valore del carico $(h_o - w)$ sulla soglia, dalla velocità di efflusso $[2g(h_o - w)]^{1/2}$, oltre che dalla lunghezza L dello sfioratore. Tutti i restanti parametri che influenzano il processo di efflusso sono inglobati in un *coefficiente medio di efflusso* C_{da}. In seguito ad osservazioni sperimentali [6] è stato possibile constatare che C_{da} dipende significativamente dal numero di Froude F_o secondo la relazione:

$$C_{da} = 1 + \frac{1}{2}(L/D_o)F_o^2. \tag{18.50}$$

È qui appena il caso di ricordare che il coefficiente di efflusso assume valori superiori all'unità poiché, a fronte della lunghezza di sfioro L considerata nell'Eq. (18.50), esistono due soglie sfioranti.

Nei casi in cui la portata terminale Q_u sia molto inferiore rispetto alla portata in arrivo Q_o, ed in assenza del piatto terminale, nell'Eq. (18.50) il coefficiente $(1/2)$ si riduce a $(1/3)$ per effetto della scarsa uniformità di efflusso lungo la soglia. Si precisa che l'Eq. (18.50) è valida per $F_o < 3$.

È quindi possibile stimare la *portata sfiorata* dal manufatto tramite la relazione:

$$\Delta Q = C_{da}[2g(h_o - w)^3]^{1/2}L. \tag{18.51}$$

L'Eq. (18.51) non può essere applicata in via esplicita, poiché il coefficiente C_{da} dipende sia dalla portata di progetto Q_o che dalla lunghezza dello sfioratore L; quest'ultima non è ovviamente nota all'atto del dimensionamento.

Per la *valutazione della lunghezza dello sfioratore* è possibile ricorrere alla procedura messa a punto da Gisonni e Hager [6], di seguito illustrata. I parametri fondamentali, da portare in conto in fase di progetto, sono la lunghezza adimensionale Λ ed il numero di Froude generalizzato Ψ, definiti come segue:

$$\Lambda = \left(\frac{2D_o}{h_o}\right)^{1/3} \left(\frac{h_o - w}{h_o}\right) \frac{L}{D_o}; \quad \Psi = \left(\frac{h_o}{2D_o}\right)^{1/6} \left(\frac{h_o}{h_o - w}\right)^{1/2} F_o. \quad (18.52)$$

Inserendo tali parametri nell'Eq. (18.51) si ottiene:

$$\Lambda = \Psi^{-2}[(1 + 2\Psi^3)^{1/2} - 1]. \quad (18.53)$$

Si dimostra che la soluzione elementare, con $C_{da} \cong 1$, è valida nei casi in cui risulta $\Psi < 0.5$. Qualora la corrente in arrivo fosse supercritica, allora il valore del coefficiente di efflusso, come definito dall'Eq. (18.50), può assumere valori significativamente superiori all'unità.

Esempio 18.14. Qual è l'altezza dello sfioratore richiesta per l'Esempio 18.13?
Essendo $F_o = 2.5$, $L = 2.5$ m e $D_o = 1$ m, $C_{da} = 1 + 0.5(2.5/1)2.5^2 = 8.8$, e $w = h_o - [(\Delta Q / C_{du} L)^2 / 2g]^{1/3} = 0.44 - [(1.5/8.8 \cdot 2.5)^2 / 19.62]^{1/3} = 0.38$ m.

Esempio 18.15. Qual è la lunghezza dello sfioratore per un'altezza $w = 0.35$ m?
Essendo $F_o = 2.5$, $w = 0.35$ m, $h_o = 0.44$ m e $D_o = 1$ m, si ottiene $\Psi = [0.44/(2 \cdot 1)]^{1/6}[0.44/(0.44 - 0.35)]^{1/2}2.5 = 4.3$, da cui risulta $\Lambda = 0.63$ mediante l'Eq. (18.53). La lunghezza richiesta dello sfioratore è allora $L = 0.63(0.44/ 2 \cdot 1)^{1/3}[0.44/(0.44 - 0.35)]1 = 1.86$ m. Dall'Eq. (18.50), il coefficiente di efflusso è $C_{da} = 1 + 0.5(1.86/1)2.5^2 = 6.81$ e quindi risulta più piccolo di quello nell'Esempio 18.14.

L'Eq. (18.51) può anche essere impiegata per stimare il valore della *portata sfiorata* ΔQ, purché risulti $\Delta Q / Q_o \cong 1$; i parametri determinanti sono allora i seguenti:

$$f = \left(\frac{L}{D_o}\right)^{1/2} F_o; \quad \lambda = \left(\frac{h_o - w}{h_o}\right)^{3/2} \left(\frac{L^3}{h_o D_o^2}\right)^{1/2}, \quad (18.54)$$

che, inseriti nell'Eq. (18.51), conducono ad un'equazione la cui soluzione è di seguito indicata:

$$f = \frac{1}{2^{1/2}\lambda}[1 - (1 - 4\lambda^2)^{1/2}]. \quad (18.55)$$

La funzione $\lambda(f)$ ha il punto di massimo (pedice M) $\lambda_M = \lambda(f = 2^{1/2}) = 1/2$, con λ che può assumere valori compresi nell'intervallo $0 < \lambda < 1/2$. Per piccoli valori di λ, ovvero piccoli valori della altezza di sfioro $(h_o - w)$, f tende al valore asintotico $f = 2^{1/2}\lambda$ cui corrisponde $C_{da} = 1$, con scarsa influenza del parametro. Per $\lambda > 0.25$, l'effetto del numero di Froude della corrente in arrivo diventa significativo e non può essere trascurato.

Esempio 18.16. Qual è l'efflusso laterale ΔQ per $F_o = 2.5$, $D_o = 1$ m, $h_o = 0.44$ m e $w = 0.35$ m, se la lunghezza è solo $L = 1.5$ m?

Il parametro $\lambda = [(0.44 - 0.35)/0.44]^{3/2}[1.5^3/(0.44 \cdot 1^2)]^{1/2} = 0.26$ è appena al limite della significatività, e l'Eq. (18.55) porta a $f = 0.40$, da cui $F_o = 0.40(1/1.5)^{1/2} = 0.33$ e $Q_o = (gD_o h_o^4)^{1/2}F_o = (9.81 \cdot 1 \cdot 0.44^4)^{1/2}0.33 = 0.20$ m^{3}s^{-1}. Il corrispondente coefficiente di efflusso derivante dall'Eq. (18.50) è $C_{da} = 1 + 0.5(1.5/1)0.33^2 = 1.08$. La riduzione della lunghezza fino a $L = 1.5$ m da vita ad una corrente in arrivo subcritica, con un efflusso laterale notevolmente ridotto.

18.5.6 Perdite localizzate dovute all'efflusso laterale

Già nel capitolo precedente è stato mostrato che il processo di sfioro su una soglia laterale implica l'insorgenza di *dissipazioni energetiche aggiuntive* S_L dovute alla separazione della portata lungo il manufatto. Tali dissipazioni sono state definite tramite l'Eq. (17.5), nella quale il trasferimento di quantità di moto è governato dal termine $\Phi = [1 - (U \cdot \cos\phi/V)]$, in cui U è la velocità di efflusso laterale, ϕ è l'angolo di efflusso laterale e V è la velocità media di portata corrispondente alla portata Q defluente nel canale; pertanto, $U \cdot \cos\phi$ rappresenta la componente della velocità media della corrente sfiorata lungo la progressiva x.

Il parametro che governa lo scambio di quantità di moto è $\Omega = -(dQ/dx)B/Q$, pari al rapporto tra la variazione infinitesima di portata (dQ/dx) e la portata Q ad una generica ascissa x, in cui il canale ha larghezza B [7]. Ricordando che (dQ/dx) può essere calcolata a partire dalla distribuzione di portata espressa dall'Eq. (18.46), si ottiene $\Omega = (D_o/L)(1 + F_o)[(1 - \theta\bar{X})/(\bar{X}^{-F_o} - \bar{X})]$. A questo punto, definendo il parametro $\omega = [\Omega/(1+\Omega)]^{F_o/(1+F_o)}$, che può assumere valori compresi tra 0 e 1, si dimostra facilmente che

$$\Phi = \omega. \tag{18.56}$$

In tal modo, è possibile valutare la componente della velocità $U \cdot \cos\phi$ di efflusso, una volta noti il numero di Froude F_o della corrente in arrivo e le caratteristiche geometriche dello sfioratore laterale. Può inoltre concludersi che l'effetto di Φ sulla dissipazione di energia lungo lo sfioratore è piccolo e può praticamente essere trascurato; pertanto, si può ritenere accettabile l'ipotesi di *energia specifica costante* lungo lo sfioratore, sulla quale si fondano le relazioni proposte nei paragrafi 18.3 e 18.4. Da un punto di vista ingegneristico, questa conclusione è di notevole interesse, poiché consente di affrontare un problema idraulico alquanto complesso ricorrendo ad un approccio semplificato.

Per ciò che concerne gli sfioratori laterali di lunghezza limitata, è possibile valutare le *perdite di carico* lungo la soglia ricorrendo al teorema di Bernoulli generalizzato (capitolo 1), applicato tra la sezione iniziale e terminale della soglia. Partendo dall'Eq. (18.49a), il coefficiente di perdita $\xi_s = \Delta H/[V_o^2/2g]$ dipende esclusivamente da F_o e da $\Delta = D_u/D_o$. A seguito della campagna di prove sperimentali, è stato possibile osservare che ξ_s varia tra -1 e $+1$, con $\xi_s = 0$ per valori di F_o prossimi a 1.5. Per valori del numero di Froude $F_o < 1.5$, si è notato un lieve incremento di energia specifica dovuto allo sfioro laterale; per $F_o > 1.5$ si rileva, invece, una riduzione causata principalmente dalla formazione di un risalto idraulico, in corrispondenza della parete terminale del manufatto. Gli sfioratori laterali convergenti si caratterizzano per la presenza di perdite di carico lievemente inferiori agli sfioratori di tipo prismatico.

18.5.7 Prove di laboratorio

Per agevolare l'illustrazione del complesso processo di moto negli sfioratori laterali di lunghezza limitata, si ritiene utile riportare alcune fotografie relative agli esperimenti eseguiti su manufatti aventi lunghezza relativa L/D_o pari a 4, 2 e 1, su cui è installato il cosiddetto piatto terminale; inoltre, tutte le prove illustrate fanno riferimento al caso in cui la portata di estremità è nulla ($Q_u = 0$).

Nel caso di manufatti di maggiore lunghezza, con $L/D_o = 4$, si nota un andamento del processo di efflusso assimilabile a quello degli sfioratori ordinari; la Fig. 18.15 presenta alcune *viste laterali* del funzionamento idraulico per diversi valori del numero di Froude F_o, essendo fissati il grado di riempimento $y_o \cong 0.7$ e l'altezza relativa della soglia $w/D_o = 0.60$. Per $F_o = 0.13$ e 0.30 la superficie idrica è quasi orizzontale, al pari di un classico stramazzo. All'aumentare di F_o fino a 0.75 si nota la formazione di un'onda stazionaria in prossimità della sezione iniziale, accompagnata da un so-

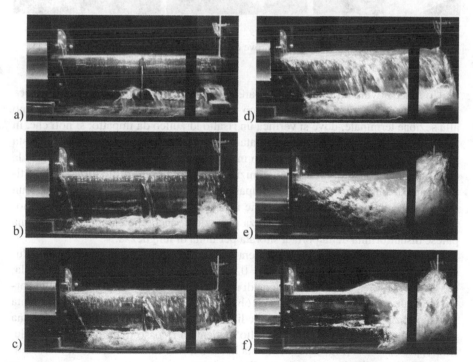

Fig. 18.15. Viste laterali di uno sfioratore con $y_o \cong 0.7$, $w/D_o = 0.60$ e diversi valori di $F_o =$ a) 0.13; b) 0.30; c) 0.50; d) 0.75; e) 1.25; f) 2.50 ($y_o \cong 0.42$); la corrente defluisce da sinistra verso destra [6]

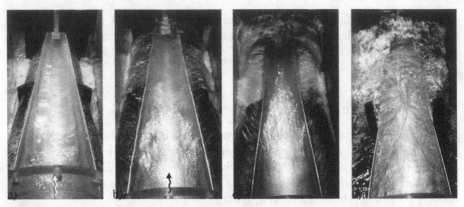

Fig. 18.16. Viste da monte di alcune prove di Fig. 18.15: F_o = a) 0.30; b) 0.75; c) 1.25; d) 2.50

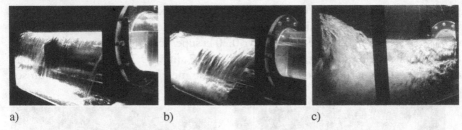

a)   b)   c)

Fig. 18.17. Altre viste laterali per le prove di Fig. 18.15: F_o = a) 0.30; b) 0.75; c) 1.25

vralzo idrico dovuto all'impatto sulla parete di estremità. Nel caso di corrente veloce in arrivo, con $F_o = 1.25$, il profilo idrico in asse al canale cresce gradualmente fino alla sezione terminale, dove si verifica un risalto idraulico da impatto; si noti che, in tal caso (Fig. 18.15e), la corrente sfiorata ha una componente longitudinale opposta a quella del flusso principale. Nel caso in cui $F_o = 2.5$ e $y_o = 0.42$ (Fig. 18.15f) la corrente idrica non sfiora lungo parte iniziale della soglia; il profilo idrico mostra tiranti rapidamente crescenti, fino ad impattare la parete terminale dove ha luogo un repentino rigonfiamento della superficie idrica. Quest'ultima condizione di funzionamento risulta piuttosto stabile e senza pulsazioni, ancorché caratterizzata da una palese disuniformità della portata sfiorata per unità di lunghezza.

La Fig. 18.16 mostra le corrispondenti *viste da monte* di alcune delle prove illustrate nella figura precedente. Per $F_o = 0.3$, la corrente è particolarmente tranquilla, così come per $F_o = 0.75$, ad eccezione di modeste increspature superficiali nella parte terminale dello sfioratore (Fig. 18.16b). Il tratto iniziale del manufatto presenta una superficie idrica sorprendentemente liscia anche per $F_o = 1.25$ (Fig. 18.16c), ma l'accrescimento dei tiranti idrici è molto evidente a ridosso della parete terminale. Infine, per $F_o = 2.5$ (Fig. 18.16d) si nota la formazione di fronti di shock incrociati, assimilabili a quelli di un risalto idraulico ondulato.

La Fig. 18.17 esibisce ulteriori dettagli del comportamento idraulico degli sfioratori laterali di lunghezza limitata.

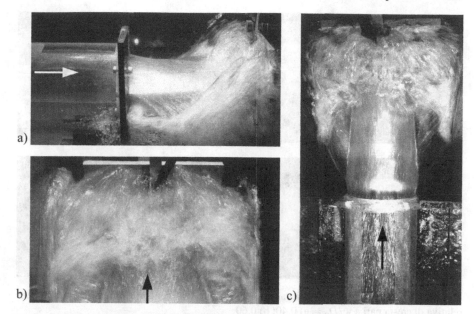

Fig. 18.18. Corrente veloce in uno sfioratore laterale corto con $L/D_o = 2$, $y_o = 0.66$, $w/D_o = 0.4$ e $F_o = 1.25$: a) vista laterale; b) vista da monte; c) vista dall'alto

Allorché la lunghezza si riduce a $L/D_o = 2$, o addirittura $L/D_o = 1$, la configurazione del processo di efflusso è sensibilmente diversa rispetto al manufatto di lunghezza intermedia con $L/D_o = 4$. Il profilo della superficie idrica si compone di un tratto iniziale e di un tratto terminale in cui sono preponderanti fenomeni locali, mentre è assolutamente assente il tratto intermedio con corrente gradualmente varia. La Fig. 18.18 esibisce le riprese fotografiche relative a prove eseguite su sfioratori di lunghezza $L/D_o = 2$, nei quali si apprezza un primo tratto in cui la superficie idrica è essenzialmente orizzontale, seguito da un secondo tratto impegnato dal repentino sovralzo idrico in prossimità della parete terminale.

18.6 Sfioratori laterali con condotta limitatrice di portata

18.6.1 Introduzione

Le osservazioni sperimentali condotte su sfioratori brevi, descritte nei paragrafi precedenti, sono state successivamente estese da Del Giudice e Hager [5] a sfioratori laterali convergenti in pianta, dotati di *condotta limitatrice*, avente la funzione di contenere le oscillazioni della portata inviata all'impianto di depurazione. Le prove sono state eseguite sulla installazione sperimentale precedentemente messa a punto da Gisonni e Hager [6], con collettore in arrivo e condotta limitatrice di diametro rispettivamente pari a $D_o = 0.240$ m e $D_d = 0.100$ m; lo sfioratore, con pendenza di fondo pari a $S_o = 0.3\%$, ha pianta simmetrica convergente di lunghezza pari a 1.00 m

Fig. 18.19. Vista laterale dello sfioratore convergente con condotta limitatrice, per altezza relativa di cresta pari a $w/D_o =$ a) 0.40; b) 0.60

con due soglie di sfioro, in parete sottile, di altezza relativa pari a $\bar{W} = w/D_o = 0.40$, 0.60 e 0.80. Le prove sono state condotte con valori del numero di Froude F_o compresi tra 0.15 e 1.50. La condotta limitatrice (pedice d), realizzata in plexiglass per consentire la visualizzazione della corrente, aveva lunghezze $L_d/D_d = 20$, 40 e 60, essendo collegata alla sezione terminale dello sfioratore mediante un imbocco a spigolo vivo; lo sbocco della condotta limitatrice era libero e quindi privo di eventuale rigurgito da valle.

La Fig. 18.19 mostra il tipico andamento della corrente per un'altezza intermedia della soglia e corrente veloce in arrivo; si noti la orizzontalità della superficie idrica fino al *risalto idraulico* innescato dall'impatto sulla parete terminale. Dalle foto si nota che, anche in presenza di una corrente veloce, lo sfioratore di tipo convergente garantisce una uniformità della corrente certamente superiore a quella che caratterizza il comportamento di uno sfioratore laterale prismatico, a parità di condizioni idrauliche della corrente in arrivo.

La Fig. 18.20 illustra un inquadramento della installazione sperimentale [5], con il dettaglio del dispositivo utilizzato per la misura della portata scaricata dallo sfioratore laterale (Fig. 18.20b). In corrispondenza della portata di progetto, generalmente, la condotta limitatrice è soggetta a moto in pressione (Fig. 18.20c) oppure è caratterizzata da una condizione di imbocco sotto battente, a seconda della pendenza del manufatto e dell'altezza della soglia rispetto al diametro D_d.

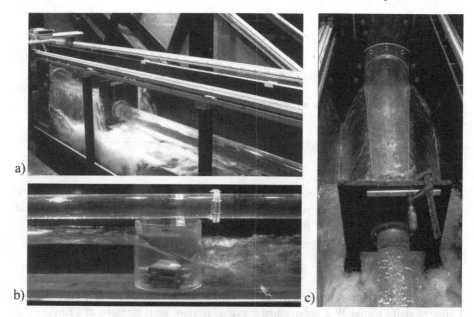

Fig. 18.20. Condotta limitatrice a valle dello sfioratore: a) inquadramento dell'installazione; b) misura della portata sfiorata mediante canale Venturi di tipo mobile; c) corrente bifase aria-acqua nella condotta limitatrice

18.6.2 Efficienza della condotta limitatrice

Nel presente paragrafo si intende fornire alcune indicazioni in merito all'efficienza del dispositivo limitatore nei confronti dell'escursione della portata che imbocca il derivatore.

Il calcolo della portata sfiorata ΔQ dipende da numerosi parametri, quali le caratteristiche idrauliche della corrente in arrivo e la geometria della soglia di sfioro, ma è possibile effettuare una stima di ΔQ mediante l'approccio semplificato, e descritto precedentemente dalle Eq. (18.50) e (18.51). La validità delle formule proposte è stata verificata sperimentalmente anche per corrente lenta in arrivo ($F_o < 1$), per cui la portata sfiorata da uno sfioratore convergente in pianta, a doppia soglia, dotato di condotta limitatrice di portata, può essere valutata mediante la seguente espressione:

$$\Delta Q = \left(1 + \frac{1}{2}\frac{\Delta L}{D_o}F_o^2\right)[2g(h_o - w)^3]^{1/2}\Delta L. \tag{18.57}$$

È opportuno ricordare come durante un evento meteorico la portata Q_d che imbocca il derivatore non si mantiene costante e pari al valore di soglia Q_K, ma può aumentare in funzione delle caratteristiche geometriche del manufatto ed idrodinamiche della corrente. Il rapporto $\eta = Q_d/Q_K$ rappresenta il *parametro di efficienza* della condotta limitatrice di portata; secondo le indicazioni della ATV [1], deve risultare $\eta \leq \eta_L = 1.20$. La Fig. 18.21a illustra l'andamento della funzione $\eta(F_o)$ per diversi valori della

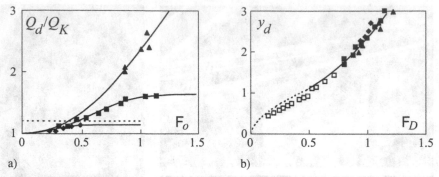

Fig. 18.21. a) Efficienza $\eta(F_o)$ per $\bar{W} = w/D_o = $ (▲) 0.40, (■) 0.60, (♦) 0.80, (···) limite ATV $\eta_L = 1.20$. b) caratteristiche di portata della condotta limitatrice $y_d(F_D)$ con e senza efflusso laterale, (—) Eq. (18.67), (- - -) funzionamento senza innesco del moto in pressione

altezza relativa della soglia $\bar{W} = w/D_o$; il valore limite (pedice L) η_L è rispettato se l'altezza della soglia $\bar{W}$ è abbastanza elevata, oppure se il numero di Froude F_o è sufficientemente piccolo. Ad esempio, dalla figura si vede che uno sfioratore con $\bar{W} = 0.60$ è in grado di rispettare la prescrizione della ATV se F_o è contenuto entro il valore 0.50. Gli esperimenti hanno evidenziato che altezze di soglia $\bar{W} \geq 2/3$ soddisfano le indicazioni della ATV, indipendentemente dal numero di Froude F_o. Del Giudice e Hager [5] si sono ovviamente limitati a valutare il parametro limite $\eta_L = 1.20$ in termini strettamente idraulici e quantitativi. Ad ogni modo, è qui il caso di evidenziare che sono poco chiare le ragioni che hanno indotto l'ATV a stabilire il valore limite $\eta_L = 1.20$, indipendentemente dalle caratteristiche della rete fognaria e dai parametri qualitativi delle acque di scarico.

Il valore limite η_L dovrebbe essere fissato dalle Autorità o Istituzioni competenti, magari assumendo il valore proposto dalla ATV come un riferimento. Si tenga comunque presente che un incremento di η_L comporta indubbiamente minori oneri costruttivi per il manufatto derivatore, per cui il progettista deve individuare una soluzione di compromesso tra l'efficienza del manufatto e la massima portata scaricata. Si può ritenere che lo *sfioratore laterale ottimale* ha una lunghezza relativa $\Delta L/D_o$ compresa tra 3 e 6 (e comunque inferiore a 10) ed un rapporto dei diametri D_d/D_o variabile tra 0.1 e 0.4. Oltre le suddette indicazioni, vanno opportunamente considerate anche le eventuali limitazioni normative imposte sui valori minimi dei diametri e delle velocità di deflusso in fognatura (capitolo 3).

Si è già accennato al fatto che la *capacità di scarico*, ovvero la massima portata sfiorabile da un manufatto, può essere stimata mediante l'Eq. (18.57). Per valori bassi del numero di Froude della corrente in arrivo ($F_o < 0.75$), l'effetto sulla variazione del coefficiente di efflusso è molto contenuto; ad esempio, assumendo $F_o = 0.50$ e $\Delta L/D_o = 4$, si ottengono valori del coefficiente tipicamente pari a $C_{da} = 1.5$. Ai fini della stima della capacità di scarico del manufatto, si può trascurare il valore della portata finale Q_u inviata al depuratore, assumendo $\Delta Q \cong Q_o$. In tali ipotesi, considerando il valore limite inferiore dell'altezza della soglia $w/D_o = 2/3$, l'Eq. (18.57) diventa:

$$\frac{Q_o/\Delta L}{(gD_o^3)^{1/2}} = 2\left(y_o - \frac{2}{3}\right)^{3/2}. \tag{18.58}$$

Questa relazione può essere utilizzata per un dimensionamento preliminare della lunghezza dello sfioratore, essendo assegnati i valori della portata di progetto Q_o, del diametro del collettore D_o e del corrispondente grado di riempimento y_o.

18.6.3 Caratteristiche della portata derivata

Le caratteristiche del moto di una corrente in uno sfioratore laterale dotato di condotta limitatrice di portata sono analoghe a quelle dei *manufatti fognari* descritti nel capitolo 9. In generale, nel caso di condotte limitatrici di portata lunghe come quelle trattate in tale contesto, possono verificarsi quattro diverse tipologie di imbocco, e cioè: (1) imbocco in condizione di stato critico, (2) imbocco in moto uniforme, (3) imbocco sotto battente, e (4) imbocco in pressione. Per sfioratori con altezza della soglia $\bar{W} > 2/3$ e rapporto tra i diametri $D_d/D_o < 1/2$, possono verificarsi unicamente le tipologie di imbocco ③ e ④, visto che il tirante di imbocco relativo risulta $h_u/D_d > 1.2$ (capitolo 9). A seconda del valore assunto dal rapporto tra la pendenza del fondo del canale S_o e quella critica S_c, possono rispettivamente ricorrere la condizione di *imbocco in pressione* o *sotto battente*, con sezione di controllo all'imbocco della condotta.

La condizione di *imbocco sotto battente* è retta dall'Eq. (9.11), al cui interno compare il numero di Froude della condotta $\mathsf{F}_D = Q/(gD_u^5)^{1/2}$ ed il carico relativo all'imbocco $y_d = h_u/D_d$:

$$\mathsf{F}_D = 1.11C_d(y_d - C_d)^{1/2}, \tag{18.59}$$

in cui $C_d = 0.70$. Il valore del coefficiente di efflusso è stato stabilito in base ai risultati di prove sperimentali e risulta incrementato del 10% rispetto al corrispondente valore caratteristico di un tipico imbocco da un serbatoio di notevoli dimensioni, poiché in tal caso lo schema geometrico dell'imbocco prevede un tronco convergente a monte della condotta limitatrice di portata. A tal riguardo, La Fig. 18.21b mostra l'accordo sussistente tra le risultanze teoriche derivanti dall'utilizzo dell'Eq. (18.59) e le corrispondenti osservazioni sperimentali.

Qualora il tirante idrico sia talmente basso da non innescare il funzionamento dello sfioratore, potrebbe essere possibile considerare condizioni di imbocco in *stato critico*; tale modello teorico può non essere appropriato a causa del considerevole contenuto energetico della corrente in arrivo. Se si assume il valore del tirante idrico al posto della corrispondente energia specifica, la stima del valore della portata derivata è più prossima alla realtà. Quindi, ai fini del calcolo, il termine $h_u = y_d D_d$ può essere considerato come una energia specifica di valle piuttosto che un tirante idrico. Si ricorda che il funzionamento in pressione della condotta limitatrice si innesca per $y_d \cong 1.2$, come mostrato anche dalla Fig. 18.21b.

In condizione di *moto in pressione* si può utilizzare l'equazione generalizzata di Bernoulli, secondo la quale risulta (capitolo 9):

$$z_d + H_d = (1 + \xi_e + \xi_f)\frac{V_d^2}{2g} + \sigma_d D, \qquad (18.60)$$

in cui $\xi_e \leq 0.5$ è il coefficiente di perdita di carico all'imbocco, ξ_f il coefficiente relativo alla perdita di carico distribuita, z_d la differenza di quota tra imbocco e sbocco, $V_d = Q_d/(\pi D_d^2/4)$ la velocità nella condotta limitatrice e $\sigma_d D$ l'altezza piezometrica valutata nella sezione di sbocco. Per sbocco libero in atmosfera il valore minimo di σ_d è pari a 0.50; invece, nel caso di sbocco guidato da appositi manufatti di guida del getto si può assumere $\sigma_d = 2/3$. Infine, per un getto caratterizzato da distribuzione idrostatica delle pressioni si può porre $\sigma_d = 1$. Si tenga presente che, pur essendo il valore massimo del coefficiente di perdita all'imbocco pari a 0.5, nel caso di sfioratori convergenti è possibile assumere $\xi_e = 1/3$ (paragrafo 9.3).

Calcolando le perdite di carico distribuite mediante la formula di Manning-Strickler, dall'Eq. (5.4) si ottiene $\xi_f = (2 \cdot 4^{4/3} g n^2/D^{1/3})(L_d/D_d)$, dove n è il coefficiente di scabrezza di Manning. Ad esempio, nel caso in cui $1/n = 85$ m$^{1/3}$s^{-1} e $D_d = 0.20$ m, risulta $\xi_f = 0.030(L_d/D_d)$. Essendo $\lambda_d = L_d/D_d$ la lunghezza relativa della condotta limitatrice ed S_o la sua pendenza, risulta [12]

$$\mathsf{F}_D = 1.11\left[\left(y_d + S_o\lambda_d - \frac{1}{2}\right)\bigg/\left(\frac{4}{3} + 0.03\lambda_d\right)\right]^{1/2}. \qquad (18.61)$$

Le Eq. (18.57) e (18.59) presentano una dipendenza del numero di Froude della condotta F_D da y_d analoga a quella che caratterizza la suddetta relazione, nella quale, però, compaiono anche S_o e λ_d, oltre a y_d. Assegnati i parametri geometrici della condotta limitatrice, la portata Q può essere calcolata a partire dall'Eq. (18.61). Ovviamente, la transizione (pedice t) tra la condizione di moto sotto battente e quella in pressione è espressa da

$$(S_o\lambda_d)_t = C_d^2\left(\frac{4}{3} + 0.03\lambda_d\right)^2 (y_d - C_d) + 0.5 - y_d. \qquad (18.62)$$

L'imbocco in pressione prevale nel caso di condotte limitatrici lunghe con pendenze ridotte, mentre l'imbocco sotto battente rappresenta una condizione tipica delle condotte limitatrici caratterizzate da pendenze elevate. Sarebbe auspicabile che vengano eseguiti ulteriori studi sperimentali sulle condotte limitatrici, allo scopo di confermare i risultati sopra descritti; inoltre, al momento, non esiste alcun tipo di studio specifico relativo al caso della corrente bifase aria-acqua nelle condotte limitatrici di portata.

18.6.4 Raccomandazioni progettuali

Sulla scorta delle analisi illustrate nei paragrafi precedenti, è possibile fornire alcune indicazioni di carattere progettuale, finalizzate alla realizzazione di manufatti che abbiano un funzionamento idraulico ottimale:

- per *manufatti di lunghezza limitata* ($L/D_o < 3$) è opportuno fare ricorso ad elementi di stabilizzazione della corrente, quale ad esempio il *piatto terminale*, da installare nella parte terminale dello sfioratore;
- un manufatto *compatto* ed *economicamente conveniente* presenta generalmente lunghezze della soglia di sfioro comprese tra 3 e 6 volte il diametro D_o del collettore in arrivo (al più, si può arrivare a lunghezze pari a $10D_o$);
- l'*altezza della soglia* dovrebbe essere almeno pari al 50% del diametro D_o del collettore in arrivo, per evitare l'insorgenza di fenomeni idraulici locali e condizioni di efflusso poco uniformi;
- l'*altezza della soglia* dovrebbe essere superiore a $w/D_o = 0.67$, per avere funzionamento del manufatto in corrente lenta;
- è consigliabile che lo sfioratore abbia pianta *linearmente convergente*, con valore del rapporto di contrazione D_u/D_o tipicamente variabile tra 0.10 e 0.40;
- il *numero di Froude della corrente in arrivo* dovrebbe essere inferiore a 0.75, al fine di agevolare una distribuzione uniforme della portata sfiorata lungo la soglia;
- è opportuno che la geometria della soglia di sfioro sia simmetrica, e che la cresta della soglia sia sagomata a spigolo vivo.

Per manufatti che rispettano le suddette indicazioni, sono state illustrate le procedure per il dimensionamento idraulico e la definizione delle principali caratteristiche idrauliche della corrente. Per manufatti che abbiano caratteristiche geometriche significativamente diverse da quelli sperimentati in laboratorio, si raccomanda la esecuzione di opportune prove su modello fisico.

18.7 Considerazioni finali

In chiusura del presente capitolo è opportuno richiamare le conclusioni principali degli studi sugli sfioratori laterali disponibili in letteratura; alcuni aspetti del loro funzionamento idraulico sono certamente meritevoli di ulteriori approfondimenti, specialmente con riferimento alla carenza di osservazioni sistematiche su manufatti reali. Ad ogni modo, è bene tenere in opportuna considerazione le seguenti osservazioni di carattere generale:

- lo studio sperimentale mediante applicazione di *similitudine alla Froude* deve essere condotto su modelli fisici di dimensioni adeguate, per prevenire l'insorgenza di *effetti scala*. A titolo esemplificativo, la condotta limitatrice non può avere diametro inferiore a 0.10 m; fenomeni di efflusso, con altezza idrica inferiore a 0.05 m rispetto al ciglio della soglia, sono certamente influenzati dalla tensione superficiale del fluido. Se ne deduce che il *modello idraulico* di uno sfioratore laterale ha generalmente dimensioni impegnative;
- il funzionamento idraulico degli sfioratori laterali è governato da numerosi *parametri geometrici*, tra cui i diametri delle canalizzazioni di monte e di valle, la pendenza longitudinale, l'altezza ed il numero delle soglie di sfioro, la lunghezza della soglia sfiorante ed i coefficienti di scabrezza delle pareti. Inoltre, non meno importante è il ruolo giocato dai numerosi *parametri idraulici* (ad esempio le

portate in entrata ed uscita dal manufatto, profilo idrico in asse e lungo la soglia, andamento della velocità della corrente lungo lo sfioratore);
- il dimensionamento idraulico degli sfioratori laterali può essere effettuato mediante il ricorso a modelli semplificati, validati da sistematiche osservazioni sperimentali. Ad esempio, risulta particolarmente utile il ricorso a condizioni di moto *pseudo-uniforme*, già introdotto nel capitolo 17. La progettazione di sfioratori laterali in collettori fognari rappresenta comunque un compito delicato, che va affrontato con adeguate conoscenze idrauliche, soprattutto per quanto concerne gli effetti indotti dalle condizioni idrauliche imposte dai manufatti presenti a monte ed a valle;
- le osservazioni sperimentali hanno evidenziato che gli *sfioratori laterali a soglia bassa* non sono generalmente consigliati. Tale tipologia di manufatti è sovente interessata dalla formazione di un risalto idraulico lungo la soglia, per effetto del quale vengono meno le ipotesi di gradualità del moto. Per garantire il buon funzionamento idraulico di uno sfioratore laterale, si raccomanda un'altezza minima della soglia di sfioro $w_o/D_o = 0.5$, ed un numero di Froude $F_o < 0.75$, di modo che la corrente in arrivo sia stabilmente subcritica;
- le *osservazioni sperimentali* sugli sfioratori laterali, descritte nel presente capitolo, consentono di trarre utili indicazioni per migliorare la funzionalità idraulica dei manufatti, in termini essenzialmente quantitativi. Gli aspetti qualitativi legati al rischio di scaricare sostanze inquinanti nel corpo idrico ricettore non sono stati, a tutt'oggi, oggetto di studi sistematici e richiedono necessari approfondimenti, soprattutto mediante la acquisizione di dati di campo relativi a sistemi fognari di tipo misto.

Simboli

A	[m^2]	sezione idrica
b	[m]	larghezza del canale
b_p	[-]	larghezza del piatto terminale
c	[-]	$= h_c/H = 0.737$
c_k	[-]	coefficiente di cresta
c_w	[-]	coefficiente di efflusso globale
C_d	[-]	$= 0.42$ coefficiente di portata medio
C_{da}	[-]	coefficiente di medio efflusso
C_D	[-]	coefficiente di efflusso funzione dell'energia specifica della corrente in arrivo
D	[m]	diametro
D_o	[-]	diametro del collettore in arrivo
D_d	[-]	diametro della condotta limitatrice di portata
f	[-]	portata relativa; numero di Froude relativo
F	[-]	numero di Froude
F_D	[-]	numero di Froude della condotta
g	[ms^{-2}]	accelerazione di gravità
h	[m]	tirante idrico
H	[m]	energia specifica
L	[m]	lunghezza dello sfioratore laterale corto

L_d	[m]	lunghezza della condotta limitatrice di portata
L_g	[m]	lunghezza dal piede del risalto alla parete terminale
L_j	[m]	lunghezza del risalto idraulico
L_p	[-]	lunghezza del piatto terminale
L_r	[m]	lunghezza del vortice
L_r^*	[m]	lunghezza del vortice principale (risalto idraulico classico)
L_s	[m]	lunghezza del rigonfiamento idrico
n^*	[-]	numero di lati su cui avviene lo sfioro
$1/n$	[$m^{1/3}s^{-1}$]	coefficiente di scabrezza di Manning
N	[-]	coefficiente
q	[-]	intensità adimensionale di efflusso
q_u	[-]	$= \Delta Q/(gD_o^2 h_u^3)^{1/2}$ portata sfiorata adimensionalizzata
q_x	[-]	$= (Q - Q_u)/(Q_o - Q_u)$
Q	[$m^3 s^{-1}$]	portata
Q_K	[$m^3 s^{-1}$]	portata di soglia
Q_M	[$m^3 s^{-1}$]	portata pluviale massima
Q_o	[$m^3 s^{-1}$]	portata in arrivo
Q_{Ta}	[$m^3 s^{-1}$]	portata di tempo asciutto
R	[m]	raggio di arrotondamento del ciglio di sfioro
S_e	[-]	cadente energetica
S_L	[-]	cadente energetica dovuta all'efflusso laterale
S_o	[-]	pendenza di fondo
T	[-]	termine correttivo dell'Eq. (18.31)
U	[ms^{-1}]	velocità di efflusso laterale
V	[ms^{-1}]	velocità
V_d	[ms^{-1}]	velocità nella condotta limitatrice di portata
w	[m]	altezza della soglia di sfioro
W	[-]	$= w/H$ altezza relativa di soglia
$\bar{W}$	[-]	$= w/D_o$
x	[m]	ascissa
X	[-]	$= x/[(D/H)^{0.6}H]$ ascissa normalizzata
$\bar{X}$	[-]	$= x/L$ ascissa normalizzata rispetto alla lunghezza dello sfioratore
y	[-]	$= h/H$ tirante idrico relativo, $= h/D$ grado di riempimento
y_u	[-]	$= h_u/D_o$
y_d	[-]	$= h_u/D_d$
Y_p	[-]	$= (h - h_e)/(h_u - h_e)$ tirante idrico adimensionale
Y_u	[-]	$= h_u/h_e$ rapporto tra tiranti di estremità
z_d	[m]	quota di imbocco della condotta limitatrice di portata
z_p	[m]	quota di attacco del piatto terminale
Z_p	[-]	$= z_p/D_o$
β	[-]	coefficiente energetico per il calcolo di Y_u
ΔL	[m]	lunghezza del canale sfioratore
ΔQ	[$m^3 s^{-1}$]	portata sfiorata
Δs	[m]	differenza di quota
Δ	[-]	$= D_d/D_o$ rapporto tra diametri di estremità

η	[-]	parametro di efficienza della condotta limitatrice di portata
θ	[-]	angolo di convergenza
Θ	[-]	rapporto di convergenza
λ	[-]	lunghezza relativa
λ_d	[-]	lunghezza relativa della condotta limitatrice di portata
λ_g	[-]	parametro di posizionamento relativo del risalto idraulico
λ_s	[-]	lunghezza relativa dello sfioratore
Λ	[-]	lunghezza adimensionalizzata dello sfioratore corto
Ψ	[-]	numero di Froude adimensionalizzato della corrente in ingresso
σ_d	[-]	coefficiente di altezza piezometrica
ω	[-]	valore normalizzato di Ω
Ω	[-]	coefficiente di scambio della quantità di moto
ϕ	[-]	angolo di efflusso laterale
Φ	[-]	coefficiente di trasferimento della quantità di moto
ξ_e	[-]	coefficiente di perdita di carico all'imbocco
ξ_f	[-]	coefficiente di perdita di carico dovuta all'attrito
ξ_s	[-]	coefficiente di perdita di carico nello sfioratore

Pedici

c	stato critico
d	condotta limitatrice di portata
e	inizio soglia
K	soglia critica per l'impianto di trattamento
L	limite
m	medio
M	massimo
N	moto uniforme
o	monte, in arrivo
p	piatto terminale
PN	pseudo-uniforme
r	condizione al contorno
s	canale sfioratore, rigonfiamento idrico
t	transizione
Ta	di tempo asciutto
u	valle
1	sezione a monte del risalto
2	sezione a valle del risalto

Bibliografia

1. ATV: Richtlinien für die hydraulische Dimensionierung und den Leistungsnachweis von Regenwasser-Entlastungsanlagen in Abwasserkanälen und -leitungen [Linee guida per il dimensionamento idraulico ed il collaudo di scarichi pluviali]. Arbeitsblatt A111. Abwassertechnische Vereinigung, St. Augustin (1993).

2. Biggiero V., Pianese D.: Gli sfioratori laterali nelle reti di drenaggio urbane. Orientamenti attuali in idrologia urbana, a cura di Calomino F. e P. Veltri. BIOS, 549–574 (1987).

3. Biggiero V., Della Morte R., La Loggia R.: Sistemi di Fognature. Manuale di progettazione. Capitolo 17: Scolmatori. Hoepli, Milano (1997).

4. Buffoni F., Sassoli F., Viti C.: Ricerca sperimentale sugli sfioratori bilaterali in canali a sezione circolare. 20 Convegno di Idraulica e Costruzioni Idrauliche Padova C(2): 679–688 (1986).

5. Del Giudice G., Hager W.H.: Sewer sideweir with throttling pipe. Journal of Irrigation and Drainage Engineering 125(5): 298–306 (1999).

6. Gisonni C., Hager W.H.: Short sewer sideweir. Journal of Irrigation and Drainage Engineering 123(5): 354–363 (1997).

7. Hager W.H.: Lateral outflow over sideweirs. Journal of Hydraulic Engineering 113(4): 491–504; 115(5): 682–688 (1987).

8. Hager W.H.: Streichwehre mit Kreisprofil [Sfioratori laterali in canali circolari]. gwf - Wasser/Abwasser 134(3): 156–163 (1993).

9. Hager W.H.: Supercritical flow in circular-shaped sideweirs. Journal of Irrigation and Drainage Engineering 120(1): 1–12 (1994).

10. Hager W.H.: Impact hydraulic jump. Journal of Hydraulic Engineering 120(5): 633–637 (1994).

11. Hager W.H., Hager K., Weyermann H.: Die hydraulische Berechnung von Streichwehren in Entlastungsbauwerken der Kanalisationstechnik [Dimensionamento idraulico di sfioratori laterali]. Gas – Wasser – Abwasser 63(7): 309–329 (1982).

12. Hager W.H., Del Giudice G.: Generalized culvert design diagram. Journal of Irrigation and Drainage Engineering 124(5): 271–274 (1998).

13. Hamam M.A., McCorquodale J.A.: Transient conditions in the transition from gravity to surcharged sewer flow. Canadian Journal of Civil Engineering 9(2): 189–196 (1982).

14. Hörler A., Hörler E.: Streichwehre mit niedrigen Überlaufschwellen in kreisförmigen Kanälen [Sfioratori laterali a soglia bassa in canali circolari]. gwf – Wasser/Abwasser 114(2): 579–584 (1973).

15. Kallwass G.J.: Beitrag zur hydraulischen Berechnung gedrosselter Regenüberläufe [Contributo al dimensionamento di sfioratori laterali con limitatore di portata]. Dissertation TH Karlsruhe, Karlsruhe (1964).

16. Naudascher E.: Hydraulik der Gerinne und Gerinnebauwerke. Springer, Wien (1992).

17. Sassoli F.: Ricerca sperimentale sugli sfioratori laterali in canale a sezione circolare. 8 Convegno di Idraulica Pisa A(12): 1–19 (1963).

18. SIA: Sonderbauwerke der Kanalisationstechnik [Manufatti speciali nelle opere fognarie]. SIA-Dokumentation 40. Schweizerischer Ingenieur und Architektenverein, Zürich (1980).

19. Sinniger R.O., Hager W.H.: Constructions hydrauliques – Ecoulements stationnaires. Presses Polytechniques Romandes, Lausanne (1989).

20. Taubmann K.-C.: Regenüberläufe [Sfioratori laterali]. Gas – Wasser – Abwasser 52(10): 297–308 (1972).

21. Uyumaz A., Muslu Y.: Flow over sideweirs in circular channels. Journal of Hydraulic Engineering 111(1): 144–160 (1985).

19

Canali di gronda

Sommario I canali di gronda rappresentano un'ulteriore applicazione della teoria sui canali a portata variabile in cui, a differenza degli sfioratori laterali, la portata aumenta nella direzione del moto. Si tratta, generalmente, di manufatti di breve lunghezza in cui è possibile trascurare gli effetti delle resistenze al moto. La differenza di comportamento idraulico tra sezione rettangolare e sezione ad U è trascurabile, per cui nelle pratiche applicazioni si può considerare un canale rettangolare equivalente. Vengono illustrate le differenti condizioni di funzionamento, per le quali sono anche proposte opportune procedure di dimensionamento che evitano il ricorso a complesse ed onerose soluzioni numeriche.

Le caratteristiche tridimensionali del processo di moto sono descritte in dettaglio, soprattutto al fine di fornire una stima dei sovralzi idrici che caratterizzano il funzionamento di un canale di gronda. Inoltre, viene attentamente considerato il fenomeno di formazione di particolari macrovortici che possono condizionare il funzionamento idraulico del manufatto.

19.1 Introduzione

Per *canale di gronda* (inglese: "side channel") si intende un manufatto idraulico che raccoglie un afflusso idrico laterale, per poi convogliare la portata verso un recapito posto più a valle. Un esempio classico di canale di gronda è rappresentato dalla cunetta stradale. A differenza di un collettore fognario, dove le immissioni sono *concentrate* in punti singolari, per un canale di gronda l'immissione di portata avviene in modo *distribuito* lungo la sua estensione. In tal caso è possibile applicare la teoria delle correnti a portata variabile, purché la lunghezza del canale sia superiore di almeno un ordine di grandezza rispetto al tirante idrico. Se, invece, le due lunghezze sono confrontabili, è allora il caso di fare riferimento alla trattazione illustrata per i *manufatti di confluenza* (capitolo 16); ad ogni modo, le immissioni provenienti da allacciamenti privati al sistema fognario principale sono generalmente di entità tale da non poter essere considerate delle vere e proprie immissioni concentrate.

Il comportamento idraulico di un canale di gronda può essere analizzato mediante un modello monodimensionale se le componenti della velocità trasversali alla direzione del moto sono trascurabili. Tale semplificazione non sempre è accettabile, come verrà discusso nel paragrafo 19.4. Nel prosieguo del presente capitolo, viene consi-

Gisonni C., Hager W.H.: Idraulica dei sistemi fognari. Dalla teoria alla pratica.
DOI 10.1007/978-88-470-1445-9_19, © Springer-Verlag Italia 2012

derato il caso di una corrente con *portata linearmente crescente*, per il quale, nelle ipotesi di moto monodimensionale, è possibile ricavare le equazioni caratteristiche del profilo di corrente, nonché una soluzione analitica di validità generale (che scaturisce da un approccio semplificato), in analogia con quanto già mostrato per gli sfioratori laterali (capitolo 18).

Infine, vengono anche illustrate alcune procedure semplificate, utili alla progettazione preliminare di un canale di raccolta. Il capitolo si chiude con la discussione su alcune caratteristiche della corrente idrica bidimensionale che si instaura nei canali di gronda.

19.2 Equazioni di base

Le correnti a portata variabile possono verificarsi in uno dei seguenti casi:

- portata decrescente lungo il percorso, come ad esempio si verifica negli sfioratori laterali (capitolo 18) o negli scaricatori con luce di fondo (capitolo 20);
- correnti con portata crescente lungo il percorso, nel caso dei canali di gronda.

L'equazione che governa il profilo di corrente deve scaturire dal *principio di conservazione della quantità di moto*, a causa della presenza di perdite di energia indotte dalla corrente immessa lateralmente, le quali non potrebbero essere valutate dall'applicazione del *principio di conservazione dell'energia*. Indicando con $U \cdot \cos\phi$ la componente della velocità della corrente laterale secondo la direzione del moto principale (Fig. 19.2) e con $(\rho g)U\cos\phi(dQ/dx)$ il corrispondente contributo laterale di quantità di moto, l'*equazione del profilo di pelo libero* è espressa dalla seguente relazione [2,9]:

$$\frac{dh}{dx} = \frac{S_o - S_f - \left[2 - \frac{U\cos\phi}{V}\right]\frac{QQ'}{gA^2}}{1 - F^2}, \tag{19.1}$$

in cui ρ è la densità del fluido, g la accelerazione di gravità, h il tirante idrico, x la progressiva nella direzione del flusso, S_o la pendenza di fondo, S_f la pendenza della linea dell'energia, A la sezione idrica trasversale secondo la direzione x, Q la portata, $Q' = dQ/dx$ l'intensità di portata laterale e $V = Q/A$ la velocità media di portata (Fig. 19.2); inoltre, il termine $F^2 = Q^2(\partial A/\partial h)/(gA^3)$ rappresenta il quadrato del numero di Froude locale, come già introdotto al capitolo 6. L'Eq. (19.1) è basata sulla consueta ipotesi di corrente idrica mono-dimensionale e, quindi, caratterizzata

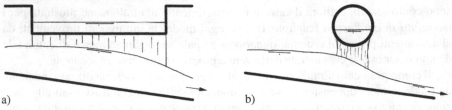

a)   b)

Fig. 19.1. Immissione di portata in: a) un canale di gronda; b) una immissione puntuale

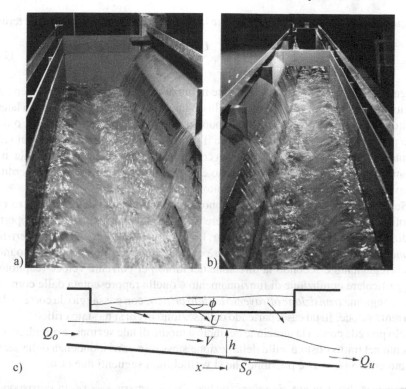

Fig. 19.2. Funzionamento di un canale di gronda visto a) da valle e b) da monte; c) schema con definizione dei parametri principali

da distribuzione idrostatica della pressione; la descrizione dettagliata della deduzione dell'Eq. (19.1) è riportata nel capitolo 17.

Per $Q' = 0$, ovvero in assenza di afflusso laterale, nel caso in cui $\partial A / \partial x = 0$, l'Eq. (19.1) si riduce all'Eq. (6.25) o all'Eq. (8.6), ovvero all'equazione del profilo di corrente in alveo cilindrico. L'Eq. (19.1) rappresenta, quindi, la relazione fondamentale per il moto permanente delle correnti a pelo libero; tale equazione può essere specializzata mediante l'introduzione di coefficienti correttivi α e β, per tenere conto della eventuale rimozione delle ipotesi di distribuzione uniforme di velocità e di regime idrostatico delle pressioni (capitolo 1).

L'Eq. (19.1) può anche essere dedotta a partire dal *principio di conservazione dell'energia* [5]:

$$H = z + h + \frac{Q^2}{2gA^2}; \quad \frac{dH}{dx} = -\left[S_f + \left(1 - \frac{U\cos\phi}{V} \right) \frac{QQ'}{gA^2} \right], \quad (19.2)$$

essendo $dz/dx = -S_o$ la pendenza di fondo; quindi, è possibile esprimere il gradiente del carico idraulico totale come $dH/dx = H' = H'_f + H'_L$, essendo $H'_f = -S_f$ la cadente energetica dovuta alle resistenze distribuite al moto e H'_L la *cadente energetica addizionale* causata dalla portata scaricata lateralmente e, quindi, espressa dal termine

$$H'_L = - \left(1 - \frac{U \cos \phi}{V} \right) \frac{QQ'}{gA^2}. \tag{19.3}$$

Il segno del termine H'_L varia ovviamente in funzione del segno di Q', che viene convenzionalmente assunto positivo per afflusso laterale e negativo per efflusso laterale (capitolo 17); pertanto il carico totale può corrispondentemente aumentare o diminuire per canali a portata variabile lungo il percorso, tenendo anche conto del valore assunto dal rapporto $U \cdot \cos \phi / V$. Questa condizione, apparentemente anomala, trova riscontro nei valori negativi che possono essere assunti dai coefficienti di perdita di carico in talune condizioni di moto (capitoli 2 e 17).

Se tutti i parametri dell'Eq. (19.1) sono noti come funzioni delle grandezze x o h, il profilo della superficie idrica può essere calcolato, avendo imposto una opportuna condizione al contorno (pedice r) $h(x = x_r) = h_r$. Tenendo conto delle *caratteristiche cinematiche della corrente*, il calcolo sarà ovviamente eseguito da valle verso monte per corrente lenta e secondo la direzione del moto per corrente veloce (capitolo 8). Una particolare condizione di funzionamento è quella rappresentata dalle correnti in cui avvenga una *transizione attraverso lo stato critico*, con passaggio da corrente lenta a corrente veloce. In tal caso, partendo dalla sezione in cui si ha stato critico ($F = 1$), il calcolo procede contro la direzione del moto a monte di tale sezione, e quindi secondo corrente nel tratto posto a valle della sezione stessa. In corrispondenza della sezione di stato critico ($F = 1$) è possibile che si verifichino i seguenti due casi:

- presenza di un punto *singolare* (pedice S), di ascissa $x = x_S$, in corrispondenza del quale si annullano sia il numeratore che il denominatore dell'Eq. (19.1) e, quindi, dh/dx risulta non definito. Una valutazione meramente matematica può consentire di valutare la pendenza $(dh/dx)_S$ in corrispondenza del punto singolare;
- presenza di un punto *critico* $x = x_c$ (pedice c), in corrispondenza del quale risulta $F = 1$ ma cui corrispondono un valore diverso da zero del numeratore dell'Eq. (19.1) ed una pendenza del pelo libero $(dh/dx)_c \to \infty$, tendente ad infinito. Ciò comporta localmente la caduta in difetto della condizione di assenza di discontinuità nella corrente.

Entrambi i casi sono rilevanti nella pratica. Nel prosieguo del capitolo, l'equazione fondamentale viene modificata mediante ipotesi semplificative, al fine di ottenere una soluzione generale per la ricostruzione del profilo di corrente.

19.3 Canali di gronda a sezione rettangolare

19.3.1 Equazione della superficie libera

Tipicamente, si assume che la portata affluente lateralmente ad un canale di gronda *cresca linearmente*, in virtù di un valore costante della portata per unità di lunghezza $p_s = Q_s/L_s$, essendo Q_s la portata totale affluente ed L_s la lunghezza del canale

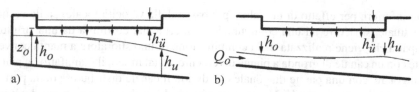

Fig. 19.3. Schema di un canale di gronda: a) con sezione iniziale cieca e corrente lenta ($Q_o = 0$); b) con corrente veloce nella sezione iniziale ($Q_o > 0$)

di gronda (pedice s). Inoltre, è possibile ipotizzare che la componente $U\cos\phi$ della quantità di moto sia trascurabile e che l'afflusso laterale avvenga perpendicolarmente all'asse del canale di gronda. Queste ipotesi non sono sempre rispondenti al reale funzionamento del manufatto; basti pensare agli sfioratori laterali (capitolo 18), in cui la portata sfiorata per unità di lunghezza è variabile lungo la soglia, oppure a canali di gronda con una elevata pendenza longitudinale, nei quali la corrente affluente è costituita da un getto verticale con una non trascurabile componente della quantità di moto nella direzione della corrente principale. Ad ogni modo, le suddette ipotesi sono più che giustificate nel caso di canali di gronda caratterizzati da bassi valori della pendenza longitudinale.

L'origine del canale, avente ascissa $x = 0$ (pedice o), coincide con l'estremità di monte di un canale a sezione iniziale cieca, oppure con la sezione in cui ha inizio l'afflusso laterale in un canale comunque interessato da una portata proveniente da monte $Q_o > 0$. Pertanto, la portata defluente a valle del manufatto (pedice u) risulta essere pari a $Q_u = Q_o + p_s L_s$ (Fig. 19.3).

Nel caso di un canale di gronda con pendenza di fondo S_o non trascurabile, la componente della quantità di moto del getto verticale secondo la direzione della corrente nel canale di gronda è pari a $U\cos\phi = [2g(z_o + h_{\ddot u} + S_o x - h)]^{1/2} S_o$, in cui z_o è la differenza di quota tra la cresta della soglia sfiorante ed il fondo del canale all'ascissa $x = 0$ e $h_{\ddot u}$ è il tirante idrico sulla soglia sfiorante (Fig. 19.3). Nelle configurazioni più ricorrenti, in cui $h_{\ddot u}$ è relativamente piccolo, la pendenza di fondo S_o è pari al più ad alcuni punti percentuali e la altezza z_o ha valori contenuti, il valore del termine $U\cos\phi/V$ è molto inferiore ad 1 e può essere trascurato. Tale assunzione può essere conservata, a vantaggio di sicurezza, anche nella condizione in cui si manifestano fenomeni di sommergenza, consentendo di trascurare grandezze il cui effetto diviene secondario.

Analogamente al caso di uno sfioratore laterale, è possibile introdurre il concetto di *moto pseudo-uniforme*, in modo da progettare un canale di gronda divergente, e cioè a larghezza crescente. Tenendo presente l'Eq. (19.3), per $U\cos\phi/V \to 0$ la cadente energetica dovuta all'efflusso sulla soglia tende al valore $H_L' = -QQ'/(gA^2)$ che, integrata rispetto ad una sezione idrica media A_m (pedice m) lungo il canale di gronda, fornisce la soluzione $\Delta H_L = -Q_u^2/(2gA_m) \cong -V_u^2/(2g)$. Tale approssimazione indica che le perdite di carico aumentano all'aumentare dell'altezza cinetica della corrente nella sezione terminale del canale di gronda. Se confrontiamo un canale di gronda prismatico con uno a pianta divergente di eguale larghezza finale b_u (Fig. 19.4), si può ritenere che le perdite di energia in un *canale di gronda prismatico* siano inferiori, per effetto di un valore più basso della velocità locale. Nella pratica progettuale, si ricorre ad una configurazione intermedia, costituita da una struttura compatta che viene realizzata dalla combinazione di uno sfioratore a pianta convergente con un canale di gronda a pianta divergente. In tal modo, il manufatto ha pianta rettangolare, con una parete diagonale che divide il canale distributore della portata sfiorata dal canale di gronda. Va anche aggiunto che, nella maggior parte degli impianti di depurazione delle acque reflue, i canali di gronda sono prismatici, in quanto tale configurazione consente di contenere i costi di realizzazione dei manufatti.

Si consideri un manufatto standard costituito da un *canale di gronda prismatico*. Inoltre, per evitare inutili appesantimenti della procedura di calcolo, si assuma il valore medio della cadente energetica $S_{fm} = 1/2(S_{fo} + S_{fu})$; tale ultima assunzione è peraltro giustificata dal valore limitato della lunghezza L_s del canale di gronda, per cui la variabilità della cadente locale S_f ha un effetto trascurabile (capitolo 17).

Generalmente, i canali di gronda hanno sezione trasversale di tipo rettangolare o ad U; in particolare, per la portata di progetto, il canale ad U ha un grado di riempimento almeno pari al 50%, ed in tal caso la sua sezione idrica corrisponde a quella di un canale rettangolare il cui fondo sia sollevato di una quantità pari a $[(1/2) - (\pi/8)]D = 0.107D$, ovvero circa il 10% del diametro rispetto al profilo originale del fondo. In tal modo, all'atto del calcolo, invece di considerare le due diverse condizioni corrispondenti alle geometrie in cui il grado di riempimento sia inferiore o superiore al 50%, è possibile riferirsi ad un *profilo equivalente*, utilizzando una sezione rettangolare fittizia piuttosto che la effettiva sezione ad U.

Adottando tali semplificazioni, il *profilo del pelo libero* può essere dedotto mediante l'Eq. (19.1) che diventa:

$$\frac{dh}{dx} = \frac{S_o - S_{fm} - \frac{2p_s^2 x}{gb^2 h^2}}{1 - \frac{p_s^2 x^2}{gb^2 h^3}}. \tag{19.4}$$

L'andamento del pelo libero $h(x)$ dipende, quindi, solo dalla pendenza di fondo S_o, dal valore medio della cadente S_{fm}, dalla portata affluente per unità di lunghezza p_s e dalla larghezza del canale b. Considerando la cadente equivalente $J = S_o - S_{fm}$, già introdotta al capitolo 17, è possibile definire le grandezze di riferimento:

$$x_s = \frac{8p_s^2}{gb^2 J^3}; \quad h_s = \frac{4p_s^2}{gb^2 J^2}. \tag{19.5}$$

Facendo ricorso alle coordinate normalizzate $X = x/x_s$ e $y = h/h_s$, l'*equazione generale del profilo di pelo libero* può essere scritta come segue:

$$\frac{dy}{dX} = 2\frac{y^3 - Xy}{y^3 - X^2}. \tag{19.6}$$

L'Eq. (19.6) diviene indeterminata, vale a dire risulta $dy/dX = 0/0$, nei casi in cui $X = y = 0$ e $X = y = 1$. Il primo caso corrisponde alla condizione asintotica $F \to \infty$ e non viene ulteriormente discusso; il secondo caso corrisponde ad una condizione singolare di moto ($F = 1$) che, però, è in contrasto con la condizione di stato critico

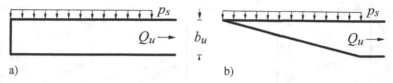

Fig. 19.4. Planimetrie schematiche di canali di gronda: a) di tipo prismatico; b) di tipo triangolare divergente (sezione iniziale di larghezza nulla)

in cui deve risultare $y^3 = X^2$ ($F = 1$) e $y^3 \neq Xy$. In corrispondenza del *punto singolare* (pedice S), la pendenza del pelo libero è pari a $(dy/dX)_S = 1 - 3^{1/2}$ e la funzione $y(X)$ è data dalla relazione:

$$y = 1 + (1 - 3^{-1/2})(X - 1), |X - 1| \ll 1. \tag{19.7}$$

La soluzione numerica deve ovviamente partire dal punto di controllo, e quindi nel punto di stato critico o nel punto singolare. In quest'ultimo caso, l'Eq. (19.7) è utilizzata per iniziare la procedura di calcolo nella immediata prossimità della zona di singolarità, dopodiché si fa ricorso all'Eq. (19.6) che fornisce valori finiti a maggiore distanza. Questa procedura semplificata comporta una configurazione del pelo libero pressoché verticale in prossimità della singolarità, nonostante tale condizione sia irrealistica ed incompatibile con l'ipotesi di distribuzione idrostatica delle pressioni.

19.3.2 Classificazione generale

In Fig. 19.5 viene illustrata una classificazione dei possibili profili di pelo libero, per i quali una prima suddivisione può essere effettuata in virtù di tiranti idrici crescenti o decrescenti, nonché della concavità della superficie idrica che può essere rivolta verso l'alto o verso il basso. I parametri fondamentali sono $\chi_s = J/(p_s h/Q)$, $u = (1 + 3^{1/2})F^2 + (1 - 3^{1/2})$ e $v = (1 - 3^{1/2})F^2 + (1 + 3^{1/2})$.

Il dominio ① è importante poiché interessa canali di gronda con estremità iniziale cieca, ovvero senza corrente in arrivo da monte, e presenza di corrente veloce a valle; tale configurazione è quella maggiormente ricorrente nella pratica.

La Fig. 19.6 illustra graficamente la soluzione generale del profilo di pelo libero $y(X)$ per $0 \leq X \leq 5$ e $0 \leq y \leq 3$, comprendendo anche condizioni di moto in stato critico o moto pseudo-uniforme. La Fig. 19.7 riporta un ingrandimento del dominio rappresentato in Fig. 19.6.

I domini ② e ③ sono relativi a condizioni di corrente lenta, rigurgitata dal canale di valle; per contro, i domini dal ④ al ⑥ si riferiscono al funzionamento in corrente veloce del canale di gronda. Tutte queste ultime condizioni di funzionamento sono raramente riscontrabili nelle pratiche applicazioni.

Per $X < 0.1$, l'Eq. (19.6) può essere approssimata come $dy/dX = 2$, da cui discende la soluzione $y - y_u = 2(X - X_u)$ ovvero $h(x) - h_u = J(x - x_u)$, avendo imposto la condizione al contorno $y(X = X_u) = y_u$. Per canali con sezione iniziale cieca in cui $h(x = 0) = h_o$, la soluzione diventa banalmente $h_o = h_u - J x_u$. Conseguentemente, se si trascurasse la presenza delle resistenze, il profilo della superficie libera sarebbe prossimo all'orizzontale in corrispondenza della sezione cieca.

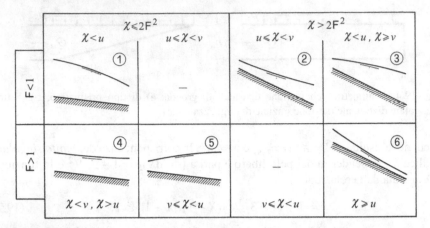

Fig. 19.5. Classificazione dei profili di pelo libero $y(X)$ in funzione dei parametri χ, u e v nei casi $F < 1$ e $F > 1$ [7]

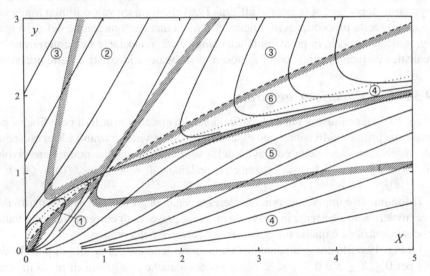

Fig. 19.6. Rappresentazione grafica della soluzione generale del profilo $y(X)$ per un canale di gronda prismatico a sezione rettangolare; classificazione dei domini secondo gli schemi di Fig. 19.5, (- - -) stato critico, ($\cdots$) moto pseudo-uniforme

Per canali di gronda soggetti ad una portata in arrivo da monte ($Q_o > 0$), bisogna aumentare artificialmente il tratto iniziale di una lunghezza $L_o = Q_o/p_s$, in modo da poter applicare ugualmente la Fig. 19.6.

Esempio 19.1. Si consideri un canale di gronda con $Q_s = 0.5$ m^{3}s^{-1}, $L_s = 4$ m, $Q_o = 0$, $b = 0.7$ m, $S_o = 0.2\%$ e $1/n = 80$ m$^{1/3}$s^{-1}. Valutare l'andamento del pelo libero:

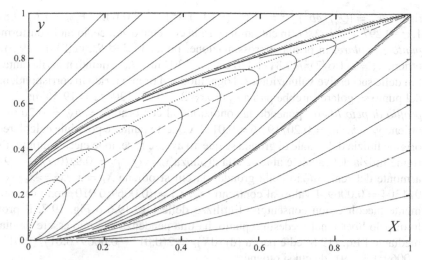

Fig. 19.7. Ingrandimento della Fig. 19.6: profilo $y(X)$ nel caso in cui $0 \le X \le 1$ e $0 \le y \le 1$

1. *moto uniforme*: essendo $q_N = nQ/(S_o^{1/2}b^{8/3}) = 0.362$, dall'Eq. (8.47) è possibile calcolare il tirante di moto uniforme, pari a $y_N = h_N/b = 0.795$, e quindi $h_N = 0.7 \cdot 0.795 = 0.56$ m;

2. *stato critico*: essendo $h_c = [Q^2/(gb^2)]^{1/3} = [0.5^2/(9.81 \cdot 0.7^2)]^{1/3} = 0.373$ m, la corrente in moto uniforme è lenta con un valore corrispondente del numero di Froude pari a $F_N = Q/(gb^2 h_N^3)^{1/2} = 0.5/(9.81 \cdot 0.7^2 0.56^3)^{1/2} = 0.54 < 1$;

3. *punto singolare*: essendo $p_s = Q_s/L_s = 0.5/4 = 0.125$ m^{2}s^{-1} e $J \cong S_o$, dall'Eq. (19.5) risulta $x_S = 8 \cdot 0.125^2/(9.81 \cdot 0.7^2 0.002^3) = 3.25 \times 10^6$ m $> L_s$. Poiché in realtà risulta $J < S_o$, il valore effettivo della distanza x_S risulta ancora maggiore;

4. *profilo di pelo libero*: per $x = L_s$ si ha $X = 4/(3.25 \times 10^6) = 1.23 \times 10^{-6} \ll 1$, per cui si considera la soluzione approssimata $h_o = h_u - Jx_u = h_u - JL_s = 0.56 - 0.002 \cdot 4 = 0.55$ m.

Esempio 19.2. Si consideri un canale di gronda di lunghezza $L_s = 7$ m e larghezza $b = 1.1$ m, con pendenza di fondo pari a $S_o = 3\%$ e coefficiente di scabrezza pari a $1/n = 85$ m$^{1/3}$s^{-1}. Determinare il profilo del pelo libero per una portata laterale $Q_s = 0.7$ m^{3}s^{-1}, considerando che da monte arriva una portata $Q_o = 0.9$ m^{3}s^{-1} in condizioni di moto uniforme:

1. *moto uniforme*: $q_{No} = nQ/(S_o^{1/2}b^{8/3}) = 0.012 \cdot 0.9/(0.03^{1/2}1.1^{8/3}) = 0.047$ nel canale a monte, per cui dall'Eq. (8.47) si ricava $y_{No} = 0.18$ e quindi $h_{No} = 0.18 \cdot 1.1 = 0.20$ m. Inoltre, per il canale di valle si ottiene $q_{Nu} = nQ_u/(S_o^{1/2}b^{8/3}) = 0.012 \cdot 1.6/(0.03^{1/2}1.1^{8/3}) = 0.084$, da cui si ottiene $y_{Nu} = 0.27$ e $h_{Nu} = 0.297$ m;

2. *stato critico*: nel canale di monte risulta $h_{co} = [Q_o^2/(gb^2)]^{1/3} = [0.9^2/(9.81 \cdot 1.1^2)]^{1/3} = 0.41$ m, da cui $F_{No} = Q_o/(gb^2 h_{No}^3)^{1/2} = 2.92 > 1$. Nel canale di valle

risulta $h_{cu} = [Q_u^2/(gb^2)]^{1/3} = [1.6^2/(9.81 \cdot 1.1^2)]^{1/3} = 0.6$ m e $\mathsf{F}_{Nu} = 1.6/(9.81 \cdot 1.1^2 \cdot 0.297^3)^{1/2} = 2.87$. In entrambi i casi la corrente è veloce, in moto uniforme;

3. *punto singolare*: in prima approssimazione, ponendo $J \cong S_o$, nell'Eq. (19.5) si ottiene $x_S = 8(1.6/7)^2/(9.81 \cdot 1.1^2 0.03^3) = 1304$ m $> L_s$, e quindi non rilevante ai fini delle successive valutazioni. Ad ogni modo, il tirante idrico in corrispondenza del punto singolare sarebbe pari a $h_S = Jx_S/2 = 0.03 \cdot 1304/2 = 19.56$ m;

4. *profilo di pelo libero*: ponendo la condizione al contorno $h_r = h_{No} = 0.20$ m, si ottiene $y_r = h_r/h_S = 0.20/19.56 = 0.010$. A questo punto, è possibile calcolare la origine fittizia del canale di gronda se questo avesse la sezione cieca a monte; l'origine fittizia del canale è ubicata alla distanza $x_o = Q_o/p_s = 0.9/(0.7/7) = 9$ m a monte del reale inizio della gronda, da cui si ottiene $X_r = x_r/x_S = x_o/x_S = 9/1304 = 0.0069$. I valori al contorno $(X_r; y_r) = (0.0069; 0.010)$ sono estremamente piccoli e non consentono l'utilizzo delle Fig. 19.6 o Fig. 19.7. Il profilo di pelo libero, nel medesimo punto, ha una pendenza che può essere valutata mediante l'Eq. (19.6) ed è pari a $(dy/dX)_r \cong 2(0.01^3 - 0.0069 \cdot 0.01)/(0.01^3 - 0.0069^2) = 2.91$, da cui si ottiene:

$$y = y_r + (dy/dX)_r \times (X - X_r).$$

Per $x_u = x_o + L_s = 16$ m, cui corrisponde $X_u = 16/1304 = 0.0123$, si ottiene $y_u = 0.01 + 2.91(0.0123 - 0.0069) = 0.0257$, e quindi $h_u = y_u h_S = 0.0257 \cdot 19.56 = 0.5$ m. Il profilo lungo il canale di gronda è quindi di tipo ④ (Fig. 19.5), mentre per il canale a valle il profilo di pelo libero va calcolato, tenendo conto del tirante idrico di moto uniforme $h_{Nu} = 0.295$ m, secondo le procedure delineate nel capitolo 8.

Questo esempio dimostra come la procedura di calcolo possa essere laboriosa per i canali di gronda, pur trascurando gli effetti delle resistenze al moto che possono essere portate in conto in una successiva approssimazione.

Esempio 19.3. Calcolare la cadente dovuta alle resistenze al moto per l'Esempio 19.2. Facendo riferimento alla formula di Manning (capitolo 2), di seguito riportata:

$$S_f = \frac{n^2 Q^2}{b^2 h^2}\left(\frac{b + 2h}{bh}\right)^{4/3},$$

si ottiene $S_{fo} = [0.012 \cdot 0.9/(1.1 \cdot 0.20)]^2 [(1.1 + 2 \cdot 0.20)/(1.1 \cdot 0.20)]^{4/3} = 0.03$ nella estremità di monte del canale di gronda, coerentemente con quanto precedentemente assunto, mentre nella sezione di uscita si ottiene $S_{fu} = [0.012 \cdot 1.6/(1.1 \cdot 0.5)]^2 [(1.1 + 2 \cdot 0.5)/(1.1 \cdot 0.50)]^{4/3} = 0.007$. È possibile, quindi, calcolare il valore medio $S_{fm} = (0.03 + 0.007)/2 = 0.0185$, e quindi $J = S_o - S_{fm} = 0.03 - 0.0185 = 0.0115$. Essendo $(x_r; h_r) = (9\ \text{m}; 0.20\ \text{m})$, dall'Eq. (19.4) si ricava $(dh/dx)_r = [0.0115 - 2 \cdot 0.1^2 9/(9.81 \cdot 1.1^2 0.2^2)]/[1 - 0.1^2 9^2/(9.81 \cdot 1.1^2 0.2^3)] = 0.049$. Adottando una approssimazione lineare analoga a quella dell'Esempio 19.2, si ottiene il tirante idrico di valle $h_u = 0.2 + 0.049 \cdot 7 = 0.542$ m, ovvero un valore superiore di circa il 10% rispetto a quello valutato nell'Esempio 19.2, in assenza di resistenze.

Volendo effettuare una valutazione maggiormente accurata che tenga conto del valore $h_u = 0.54$ m e quindi del corrispondente valore di J, è possibile integrare direttamente l'Eq. (19.4). Si noti che l'Eq. (19.4) non può essere inizialmente risolta, poiché è incognito il tirante idrico di valle. Un metodo di soluzione alternativo consiste nel procedere direttamente alla soluzione dell'Eq. (19.1), esprimendo la cadente S_f mediante la formula di Manning.

19.3.3 Deflusso transcritico

Particolare attenzione va riservata al caso in cui la corrente defluisca in condizioni prossime a quelle di stato critico (deflusso *transcritico*). La *direzione di calcolo* per moti a superficie libera segue le regole già delineate per i profili di corrente:

- per correnti lente il calcolo viene sviluppato nella direzione *contro* corrente, e lo stato critico rappresenta la condizione al contorno posta più a valle;
- per correnti veloci il calcolo viene sviluppato *secondo* la direzione della corrente, e lo stato critico rappresenta la condizione al contorno posta più a monte.

I canali di gronda con pendenza di fondo S_o maggiore della pendenza critica S_c assumono un particolare comportamento idraulico. A valle del tratto interessato dall'incremento di portata ($x > L_s$) non possono instaurarsi condizioni di stato critico finché la pendenza, la scabrezza e la larghezza del canale restano costanti. Dal momento in cui la corrente è lenta nella sezione estrema di monte del canale di gronda, ed essendo $S_o > S_c$, lungo il canale di gronda deve instaurarsi una condizione di attraversamento dello stato critico, per cui il numero di Froude della corrente lungo il canale di gronda, in presenza di variazione di portata, varia da F < 1 a F > 1. Secondo Chow [2], il punto singolare corrisponde a una *sezione di controllo*, con la corrente che risulta lenta per $x < x_S$ e veloce per $x > x_S$ (Fig. 19.8).

Nel caso in cui risulta $x_S > L_s$ il punto singolare è ubicato a valle del canale di gronda e l'Eq. (19.6) non trova applicazione. In tal caso, la condizione di stato critico viene *forzatamente* ad instaurarsi nella sezione terminale del canale di gronda ($x_c = L_s$), con tirante idrico $h = h_c$ (capitolo 6). Hager [4] ha definito che lo stato critico viene ad essere *forzato* nella sezione in cui si ha la transizione da $p_s > 0$ a $p_s = 0$, ovvero nella sezione terminale del canale di gronda. Spesso, viene ipotizzato che si instauri stato critico al termine del canale di gronda, anche se non risulta

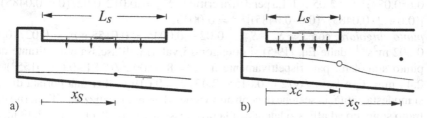

Fig. 19.8. Condizione di moto transcritico in un canale di gronda con indicazione del punto singolare (•) ubicato: a) all'interno; b) all'esterno del tratto con afflusso laterale; (o) punto critico

verificata la condizione necessaria ($x_S > L_s$). Infatti, in corrispondenza della massima portata, la corrente attraversa lo stato critico al termine del canale di gronda solo se risulta $8p_s^2/(gb^2J^3) > L_s$. Tale ultima condizione trova applicazione nei casi in cui la portata per unità di lunghezza, ragguagliata alla larghezza del canale, p_s/b, sia sufficientemente grande e la cadente totale J sia piccola, condizioni che tipicamente corrispondono ad un criterio di economicità per la realizzazione di un canale di gronda.

Esempio 19.4. Si consideri un canale di gronda avente le seguenti caratteristiche: $b = 0.6$ m, $S_o = 2\%$, $Q_o = 0$, $Q_u = 0.2$ m^{3}s^{-1} e $L_s = 10$ m. Determinare il profilo del pelo libero, assumendo per la scabrezza il valore $1/n = 85$ m$^{1/3}$s^{-1}:

1. *moto uniforme*: essendo $q_{Nu} = 0.012 \cdot 0.2/(0.02^{1/2}0.6^{8/3}) = 0.065$, si ottiene $y_{Nu} = 0.225$ e quindi $h_{Nu} = 0.225 \cdot 0.6 = 0.135$ m;
2. *stato critico*: essendo $h_{cu} = [0.2^2/(9.81 \cdot 0.6^2)]^{1/3} = 0.225$ m, in moto uniforme la corrente di valle risulta veloce con un numero di Froude pari a $F_{Nu} = 0.2/(9.81 \cdot 0.6^2 0.135^3)^{1/2} = 2.15$. La pendenza di stato critico può essere calcolata ed è pari a $S_{cu} = [0.012 \cdot 0.2/(0.6 \cdot 0.225)]^2 \cdot [(0.6 + 2 \cdot 0.225)/(0.6 \cdot 0.225)]^{4/3} = 0.005$;
3. *punto singolare*: assumendo, in prima approssimazione, $J = 0.02 - 0.005 = 0.015$, con una portata per unità di lunghezza pari a $p_s = 0.2/10 = 0.02$ m^{2}s^{-1}, dalle Eq. (19.5) si ottengono i valori dell'ascissa e del tirante del punto singolare, pari rispettivamente a $x_S = 8.0.02^2/(9.81 \cdot 0.6^2 0.015^3) = 268$ m e $h_S = 4 \cdot 0.02^2/(9.81 \cdot 0.6^2 0.015^2) = 2.01$ m. Poiché risulta $F_u > 1$ e $x_S > L_s$, la sezione di controllo è forzata nella sezione terminale, con $h_u = h_c = 0.225$ m;
4. *profilo di pelo libero*: per effetto dei valori calcolati al contorno, pari a $(x_r; h_r) = (10$ m$; 0.225$ m$)$, ovvero $(X_r; y_r) = (0.037; 0.112)$, la Fig. 19.7 consente di stimare approssimativamente $y_o = 0.10$, e quindi $h_o = 0.1 \cdot 2.01 = 0.20$ m. Nel paragrafo 19.3.4 viene comunque illustrata una soluzione più precisa.

Esempio 19.5. Determinare il profilo di corrente corrispondente alla portata minima $Q_u = 0.02$ m^{3}s^{-1} per il canale di gronda descritto nell'Esempio 19.4:

1. *moto uniforme*: per $q_{Nu} = 0.012 \cdot 0.02/(0.02^{1/2}0.6^{8/3}) = 0.0065$, si ricava $y_{Nu} = 0.05$ e $h_{Nu} = 0.05 \cdot 0.6 = 0.03$ m;
2. *stato critico*: essendo $h_c = [0.02^2/(9.81 \cdot 0.6^2)]^{1/3} = 0.0485$ m, in moto uniforme la corrente di valle risulta veloce con un numero di Froude pari a $F_u = 0.02/(9.81 \cdot 0.6^2 0.03^3)^{1/2} = 2.05 > 1$. La pendenza critica è $S_{cu} = [0.012 \cdot 0.02/(0.6 \cdot 0.0485)]^2 [(0.6 + 2 \cdot 0.0485)/(0.6 \cdot 0.0485)]^{4/3} = 0.0045$;
3. *punto singolare*: con $J = S_o - S_{cu} = 0.02 - 0.0045 = 0.0155$ e $p_s = 0.02/10 = 0.002$ m^{2}s^{-1}, dalle Eq. (19.5) si ottengono i valori dell'ascissa e del tirante del punto singolare, pari rispettivamente a $x_S = 8 \cdot 0.002^2/(9.81 \cdot 0.6^2 0.0155^3) = 2.43$ m $< L_s$ e $h_S = Jx_S/2 = 0.0155 \cdot 2.43/2 = 0.019$ m. Per una portata di così modesta entità, la sezione di controllo viene ad essere localizzata all'interno del tratto soggetto ad afflusso laterale, alla progressiva $x = x_S$. Per $0 \le x \le 2.43$ m, la corrente è subcritica, mentre è supercritica per $x > 2.43$ m;

4. *profilo di pelo libero*: per $(x_S; h_S) = (2.43 \text{ m}; 0.019 \text{ m})$ si ottiene $X_u = L_s/x_S = 10/2.43 = 4.11$. Dalla Fig. 19.6, si parte dal punto singolare di coordinate $(1; 1)$ e si segue la curva singolare compresa tra i domini ④ e ⑤ fino al valore $X = 4.11$, in corrispondenza del quale si ha $y_u = 1.90$, e quindi $h_u = 1.9 \cdot 0.019 = 0.036$ m; se ne deduce quindi il valore del numero di Froude pari a $F_u = 0.02/(9.81 \cdot 0.6^2 0.036^3)^{1/2} = 1.56$.

L'esempio 19.5 mostra che il punto singolare viene ad essere ubicato all'interno del canale di gronda solo per portate particolarmente piccole, mentre per le portate maggiori, ed in condizioni economicamente vantaggiose da un punto di vista costruttivo, la sezione di controllo resta sempre individuata nella *estremità terminale di valle* del manufatto. Quest'ultimo importante caso è trattato nel seguente paragrafo.

19.3.4 Funzionamento in stato critico

Nella maggior parte dei casi, il canale di gronda presenta una estremità di monte cieca. Per pendenze di fondo S_o superiori alla pendenza critica S_{cu}, la sezione di controllo della corrente è *forzata* in corrispondenza della estremità di valle del canale. In questo paragrafo viene trattata tale condizione di funzionamento, sempre sulla base dei risultati desumibili dalla Fig. 19.6.

La condizione al contorno è rappresentata dalla sezione di valle (pedice *d*), in cui si instaura lo stato critico $(F = 1)$. Tra le due estremità del canale di gronda, il profilo di pelo libero presenta un tirante massimo (pedice *M*) h_M mentre nella sezione iniziale di monte (pedice *o*), in cui la portata è nulla $(Q_o = 0)$, il tirante idrico è pari a h_o. La Fig. 19.9 presenta la variazione dei parametri $y_o = h_o/h_d$ e $y_M = h_M/h_d$ in funzione del parametro $X_d = L_s/x_S$; in alternativa, è possibile utilizzare le seguenti

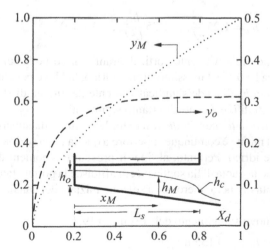

Fig. 19.9. Canale di gronda con condizione di stato critico $h_u = h_c$ nella sezione terminale; (- - -) y_o e ($\cdots$) y_M in funzione di X_d

relazioni che si caratterizzano per scostamenti inferiori al 5%:

$$y_M = X_d^{1/\sqrt{3}}, \quad X_d > 0.02; \tag{19.8}$$

$$y_o = 0.311 \,[\tanh(5X_d)]^{1/\sqrt{3}}, \quad X_d > 0.05. \tag{19.9}$$

Dall'Eq. (19.6) è possibile ricavare la coordinata del punto di massimo $X_M = y_M^2$.

Indicando con $i_s = p_s/b$ la portata affluente per unità di lunghezza ed unità di larghezza del canale di gronda, ricordando che $X_d = L_s/x_S = gL_sJ^3/(8i_s^2)$, dall'Eq. (19.8) si ottiene:

$$h_M = 1.2 \frac{i_s^{0.845} L_s^{0.577}}{g^{0.423} J^{0.268}}; \quad x_M = \left[\left(\frac{gJ^3}{8i_s^2} \right) L_s \right]^{0.155} L_s. \tag{19.10}$$

Quindi, il *massimo tirante idrico* h_M dipende fortemente da i_s e meno significativamente dalla lunghezza L_s; inoltre, l'effetto della cadente J è particolarmente piccolo, per cui si possono accettare stime approssimate del suo valore. La progressiva x_M di ubicazione del punto di massimo tirante idrico dipende in modo considerevole da L_s e, pur se in misura minore, da J; per contro, l'effetto di i_s è marginale.

Il *tirante idrico di monte* $h_o = y_o h_S$ può essere stimato mediante le seguenti relazioni:

$$h_o/h_S = 0.311(5X_d)^{1/\sqrt{3}}, \quad X_d < 0.1; \tag{19.11}$$

$$h_o/h_S = 0.311, \quad X_d > 0.3, \tag{19.12}$$

che possono essere approssimate anche dalle seguenti:

$$h_o \cong 0.95 \frac{i_s^{0.845} L_s^{0.577}}{g^{0.423} J^{0.268}} = 0.79 h_M, \quad X_d < 0.1; \tag{19.13}$$

$$h_o = 1.25 \frac{i_s^2}{gJ^2} \cong 1.25 \frac{h_{cu}^3}{L_s^2 J^2}, \quad X_d > 0.3. \tag{19.14}$$

Per canali di gronda relativamente corti, il tirante idrico nella sezione di monte è sempre pari a circa l'80% del massimo tirante idrico, laddove per canali di gronda di maggiore lunghezza h_o dipende significativamente dal tirante di stato critico $h_{cu}^3 = Q_u^2/(gb^2)$; gli effetti di i_s e J sono altrettanto significativi.

Essendo la *linea dell'energia decrescente*, la quota della superficie idrica nella sezione iniziale di monte è comunque superiore a quella nella sezione dove si verifica il massimo tirante idrico. Pertanto, al fine di prevenire fenomeni di *sommergenza*, basta verificare che la quota della soglia da cui affluisce la portata laterale deve essere superiore alla quota del pelo libero nella sezione iniziale del canale di gronda.

Esempio 19.6. Nuovo svolgimento dell'Esempio 19.4:

1. *moto uniforme*: $h_{Nu} = 0.135$ m;
2. *stato critico*: $h_{cu} = 0.225$ m;
3. *punto singolare*: $x_S = 268$ m, $h_S = 2.01$ m, da cui $X_d = 10/268 = 0.0373$;

4. *profilo del pelo libero*: dall'Eq. (19.8) si ottiene il valore del massimo tirante idrico relativo $y_M = 0.0373^{1/\sqrt{3}} = 0.150$, e quindi $h_M = 0.150 \cdot 2.01 = 0.30$ m; dall'Eq. (19.9) si ricava il tirante idrico relativo nella sezione di monte $y_o = 0.311 \left[\tanh(5 \cdot 0.0373)\right]^{1/\sqrt{3}} = 0.311 \cdot 0.184^{0.577} = 0.117$, e quindi $h_o = 0.117 \cdot 2.01$ m $= 0.235$ m. L'intensità di portata è $i_s = Q_u/(L_s b) = 0.2/(10 \cdot 0.6) = 0.0333$ ms^{-1}. Dalle Eq. (19.10), il valore del massimo tirante idrico risulta pari a $h_M = 1.2 \cdot 0.033^{0.845} 10^{0.577}/(9.81^{0.423} 0.015^{0.268}) = 0.298$ m, e quindi coincidente con quello precedentemente determinato, cui corrisponde il valore della progressiva in cui esso si manifesta $x_M = [9.81 \cdot 0.015^3/(8 \cdot 0.033^2)10]^{0.155} 10 = 6$ m. Per $X_d = 0.0373 < 0.1$, l'Eq. (19.13) fornisce il valore del tirante idrico di monte $h_o \cong 0.79 h_M = 0.79 \cdot 0.30 = 0.237$ m, coerentemente con quello precedentemente determinato.

19.3.5 Canale di gronda con sezione a U

Lo schema di canale di gronda con sezione ad U è stato precedentemente considerato nel capitolo 15, come caso particolare di un pozzetto di salto. Detto $\bar{y} = \bar{h}_o/D$ il grado di riempimento nella sezione di monte, e considerando la presenza di stato critico nella sezione estrema di valle, l'Eq. (15.13) può essere scritta come segue:

$$\bar{y}_o^{5/2}\left(1 - \frac{1}{4}\bar{y}_o\right) = 2.92\left[Q_u^2/(gD^5)\right]^{2/3}. \tag{19.15}$$

In caso di canale rettangolare, detto $y_o = h_o/b$, tale procedura conduce, per $J = 0$, alla

$$y_o = \sqrt{3}\left[Q_u^2/(gb^5)\right]^{1/3}. \tag{19.16}$$

Per canali con sezione ad U che abbiano un tirante idrico superiore a $D/2$, è possibile scrivere una relazione di equivalenza con una sezione rettangolare, ponendo $\bar{h}_o = h_o + 0.11D$ e $D = b$. Per un assegnato valore y_o, è quindi possibile calcolare la portata relativa $Q_u/(gb^5)^{1/2}$. La Tabella 19.1 riporta un confronto tra i risultati forniti dalle Eq. (19.15) e (19.16) per le due sezioni; si noti che le differenze sono contenute entro circa il 2%, per cui è senz'altro lecito ricorrere al concetto di sezione equivalente.

Se il membro destro dell'Eq. (19.16) è sostituito dal tirante di stato critico $h_{cu} = [Q_u^2/(gb^2)]^{1/3}$, risulta allora $h_o/h_{cu} = 3^{1/2}$. Questo risultato è ovviamente valido esclusivamente per $J = 0$, e cioè nelle condizioni in cui le resistenze al moto sono compensate dalla pendenza di fondo del canale. La perdita di energia lungo il

Tabella 19.1. Valori della portata relativa $Q_u/(gb^5)^{1/2}$ secondo: a) Eq. (19.15); b) Eq. (19.16) in funzione del grado di riempimento y_o nella sezione di monte

y_o	0.5	0.6	0.7	0.8	0.9	1
a)	0.157	0.203	0.254	0.309	0.367	0.427
b)	0.155	0.204	0.257	0.314	0.375	0.439

canale di gronda è quindi pari a $\Delta H = H_o - H_{uc} = h_o - (3/2)h_{uc} = (3^{1/2} - 1.5)h_{uc} = 0.232h_{uc} = \xi_s[V_u^2/(2g)]$; in altri termini, essendo $h_{uc} = 2[V_u^2/(2g)]$, si può affermare che la perdita di carico dovuta all'afflusso laterale è pari ad una aliquota della altezza cinetica nella sezione terminale, con un valore del coefficiente di perdita di carico pari a $\xi_s = 2 \cdot 0.232 = 0.464$. Tale valore del coefficiente è certamente considerevole e confrontabile con quello che caratterizza un imbocco (capitolo 2). Pertanto, l'ipotesi di perdite di carico trascurabili lungo un canale di gronda è poco sostenibile, essendo anche smentita dalle osservazioni sperimentali.

19.4 Aspetti pratici del moto nei canali di gronda

Il funzionamento idraulico dei canali di gronda può presentare caratteristiche spic-catamente *tridimensionali* della corrente, per cui l'approccio monodimensionale fin qui illustrato non può che descriverne l'andamento medio. Infatti, in funzione del livello idrico imposto da valle e delle condizioni di afflusso laterale, possono svi-lupparsi *moti a spirale* costituiti dalla sovrapposizione di uno o due vortici ad asse longitudinale che si sovrappongono alla corrente principale. La Fig. 19.10 illustra tre sezioni tipiche delle condizioni di moto che possono verificarsi in un canale di gron-da: nel primo caso, la corrente laterale è libera, con un getto che impatta la superficie (*plunging jet*) generando due celle con moto rotazionale; nel secondo caso, l'afflusso laterale è rigurgitato, dando luogo ad un getto di superficie; nel terzo caso, in cui la sezione è trapezoidale, si sviluppa un getto di parete con la formazione di una singola cella con moto rotazionale.

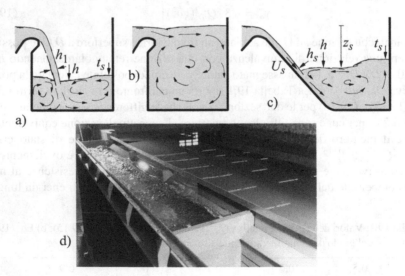

Fig. 19.10. Tipiche configurazioni del moto in canali di gronda a sezione rettangolare con: a) *plunging jet* e b) getto di superficie; canale a sezione trapezia con c) getto di parete; d) prova su modello fisico con canale di gronda rigurgitato

Il profilo del pelo libero $h(x)$, così come determinato nel paragrafo 19.3, rappresenta il valore medio del tirante idrico nella generica sezione trasversale, e non fornisce alcuna informazione sul tirante idrico massimo t_s che si verifica sul lato opposto a quello dell'immissione laterale. Secondo gli studi effettuati da Bremen e Hager [1], il valore calcolato di h corrisponde all'incirca al valore del tirante idrico minimo nella sezione trasversale. Nei casi in cui si verifica l'impatto del getto (Fig. 19.10a e c), tale valore si presenta in prossimità del punto di impatto e non può ovviamente tenere conto del moto a spirale presente nella sezione.

In prima approssimazione, la corrente idrica in un canale di gronda può essere considerata come la *sovrapposizione* di due correnti, una principale ed una secondaria. La corrente principale è stata analizzata nel paragrafo 19.3, mentre quella secondaria è composta da uno o due vortici aventi asse diretto secondo la direzione longitudinale. La conformazione dei vortici dipende essenzialmente dalle caratteristiche geometriche della sezione trasversale del canale di gronda; a tale riguardo, le informazioni disponibili in letteratura sono limitate e tra queste si citano i lavori di Gedeon [3], Marangoni [8] riguardante gli impianti di depurazione, USBR [10], Viparelli [11], e Hager e Bremen [7]. Sulla base di osservazioni sperimentali effettuate su modello fisico, con canale a sezione trapezia avente pendenza laterale pari al 60%, il rapporto tra i tiranti idrici locali (Fig. 19.10c) è espresso dalla relazione:

$$\frac{t_s}{h} = 1 + 5.5 \left[\frac{p_s^2}{ghP_h} (z_s/h)^{1/2} \right]^{1/2}, \tag{19.17}$$

in cui $P_h = b + 2h$ è il perimetro bagnato e z_s la differenza di quota tra le superfici idriche a monte della cresta di sfioro e nel canale di gronda. Per canale di gronda a sezione rettangolare, Hager e Bremen [7] hanno proposto:

$$\frac{t_s}{h} = 1 + \gamma_s \frac{p_s U_s}{gh^2}, \tag{19.18}$$

in cui il coefficiente γ_s è generalmente unitario, ma può assumere valori fino a $\gamma_s = 1.5$; inoltre, nell'Eq. (19.18) U_s rappresenta la velocità dell'afflusso laterale e $h = h(x)$ è il tirante idrico locale stimato secondo l'approccio monodimensionale. Secondo le Eq. (19.17) e (19.18) il rapporto tra tiranti idrici $(t_s/h - 1)$ aumenta al crescere della portata per unità di lunghezza p_s e della velocità del getto laterale U_s, mentre diminuisce al crescere di h. La conoscenza del parametro t_s è fondamentale per la definizione del *franco idraulico* nel manufatto.

Generalmente i canali di gronda recapitano la portata verso un collettore posto a valle; per elevati valori della portata, oppure in presenza di significativi fenomeni di rigurgito da valle, possono svilupparsi particolari condizioni di funzionamento del canale di gronda. La Fig. 19.11d illustra la sezione longitudinale relativa a tale condizione di funzionamento, con imbocco sotto battente (capitolo 9) nel collettore di valle, la cui aerazione può essere garantita solo attraverso un pozzetto eventualmente presente più a valle. Qualora nel canale di gronda si instaurino tiranti idrici particolarmente elevati, l'afflusso laterale può essere rigurgitato, andando a formare un getto di superficie (Fig. 19.10b); in tali condizioni viene a formarsi un *unico vortice*

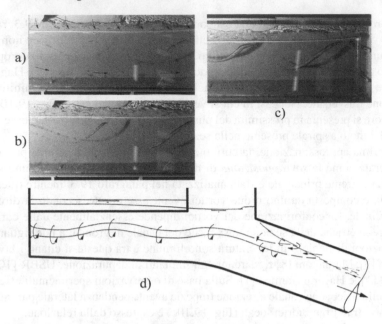

Fig. 19.11. Formazione di macrovortici di crescente intensità all'aumentare della portata laterale: foto da a) a c); schema d): sommergenza di un canale di gronda con formazione di un *Tornado vortex*

ad asse longitudinale che rappresenta il moto secondario sovrapposto a quello principale (Fig. 19.11). Ricordando che la componente tangenziale della velocità cresce avvicinandosi verso il nucleo del vortice, e che in un vortice a potenziale l'energia è pressoché costante nella regione esterna, il valore della pressione nel nucleo del vortice può scendere al di sotto della pressione atmosferica. Tale depressione può attingere intensità tale da richiamare aria da valle, andando a formare un macro vortice ben visibile ad occhio nudo, e denominato *Tornado vortex* nelle esperienze condotte da Hager [6].

La presenza di un siffatto vortice certamente interferisce con il moto principale che ha luogo nel canale di gronda, influenzando anche il tratto a valle di quest'ultimo. Inoltre, stante la presenza di una *corrente anulare mista aria-acqua*, la sezione idrica per il convogliamento della portata verso valle viene ad essere maggiorata, con possibili effetti di rigurgito sulla corrente laterale in arrivo. Non sono altresì da trascurare le pulsazioni della corrente indotte dalla presenza del *Tornado vortex* che possono provocare innalzamenti dei tiranti idrici nel collettore di valle fino a provocarne addirittura il funzionamento in pressione. Pertanto, è bene prevenire condizioni di funzionamento che consentano la formazione di tale macro-vortice, oltre ad assumere adeguati franchi di sicurezza all'atto del dimensionamento idraulico del collettore posto immediatamente a valle del canale di gronda. La Fig. 19.12 mostra un esperimento su modello fisico di un canale di gronda in cui viene a formarsi la struttura macrovorticosa denominata *Tornado vortex*.

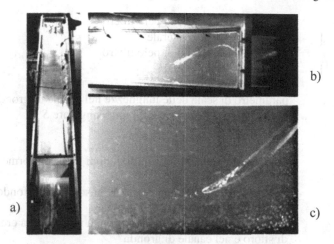

Fig. 19.12. Formazione di un *Tornado vortex* in un canale di gronda per effetto di rigurgito del manufatto da valle

Simboli

A	[m^2]	sezione idrica
b	[m]	larghezza
D	[m]	diametro
F	[-]	numero di Froude
g	[ms^{-2}]	accelerazione di gravità
h	[m]	tirante idrico
$\bar{h}$	[m]	tirante idrico nel canale ad U
h_s	[m]	parametro di riferimento dei tiranti idrici nel canale di gronda
h_S	[m]	tirante idrico singolare
$h_{\ddot{u}}$	[m]	tirante idrico sulla soglia sfiorante
H	[m]	carico idraulico totale
H_f'	[-]	cadente energetica dovuta alle resistenze distribuite al moto
H_L'	[-]	cadente energetica dovuta all'afflusso laterale
i_s	[ms^{-1}]	$= p_s/b$ portata affluente per unità di lunghezza e larghezza
J	[-]	cadente equivalente totale
L_s	[m]	lunghezza del canale di gronda
$1/n$	[m$^{1/3}$s^{-1}]	coefficiente di Manning
p_s	[m^{2}s^{-1}]	portata per unità di lunghezza
P_h	[m]	perimetro bagnato
Q	[m^{3}s^{-1}]	portata
Q_s	[m^{3}s^{-1}]	portata affluente
Q'	[m^{2}s^{-1}]	intensità di portata laterale
q_N	[-]	portata relativa in condizione di moto uniforme
S_f	[-]	cadente energetica
S_o	[-]	pendenza di fondo
t_s	[m]	tirante idrico laterale

u	[-]	parametro del profilo di pelo libero
U	[ms^{-1}]	velocità di afflusso laterale
v	[-]	parametro del profilo di pelo libero
V	[ms^{-1}]	velocità media di portata
x	[m]	ascissa longitudinale
x_s	[m]	parametro di scala delle lunghezze nel canale di gronda
x_S	[m]	ascissa di localizzazione del punto singolare S
X	[-]	$= x/x_s$
y	[-]	$= h/h_s$
y_N	[-]	grado di riempimento in condizioni di moto uniforme
z	[m]	coordinata verticale
z_o	[m]	differenza di quota tra la cresta della soglia ed il fondo del canale all'ascissa $x = 0$
z_s	[m]	differenza di quota tra i tiranti idrici a monte della cresta di sfioro e nel canale di gronda
γ_s	[-]	coefficiente di proporzionalità
ΔH	[m]	perdita di energia lungo il canale di gronda
ϕ	[-]	angolo di afflusso laterale
ρ	[kgm^{-3}]	densità
χ_s	[-]	$= J/(p_s h/Q) = J(V/i_s)$ pendenza relativa
ξ_s	[-]	coefficiente di perdita di carico

Pedici

c stato critico
d stato critico forzato nella sezione di valle
f resistenze dovute per attrito
m media
M massimo
N moto uniforme
o monte
r condizione al contorno
s canale di gronda
S punto singolare
u valle

Bibliografia

1. Bremen R., Hager W.H.: Experiments in side-channel spillways. Journal of Hydraulic Engineering **115**(5): 617–635 (1989).
2. Chow V.T.: Open channel hydraulics. McGraw-Hill, New York (1959).
3. Gedeon D.: Discussion to Side-channel spillway design. Journal of the Hydraulics Division ASCE **88**(HY6): 227–231 (1962).
4. Hager W.H.: Trapezoidal side-channel spillways. Canadian Journal of Civil Engineering **12**: 774–781 (1985).

5. Hager W.H.: Lateral outflow over side weirs. Journal of Hydraulic Engineering **113**(4): 491–504; 1989, **115**(5): 684–688 (1987).

6. Hager W.H.: Tornado-Wirbel im Wasserbau [Il Tornado vortex nell'ingegneria idraulica]. Wasser, Energie, Luft **82**(11/12): 325–330 (1990).

7. Hager W.H., Bremen R.: Flow features in side-channel spillways. 22 Convegno di Idraulica e Costruzioni Idrauliche Cosenza **4**: 91–105 (1990).

8. Marangoni C.: Un particulare tipo di sfioratore costruito all'estremità della derivazione "Castelletto-Nervesa". 8° Convegno di Idraulica Pisa **C**(4): 1–10 (1963).

9. Naudascher E.: Hydraulik der Gerinne und Gerinnebauwerke [Idraulica dei canali e dei manufatti annessi]. Springer, Wien (1992).

10. USBR: Model studies of spillways. Boulder Canyon Project: Final Reports. Bulletin 1 Part VI, Hydraulic Investigations. United States Bureau of Reclamation USBR, Denver, Colorado (1938).

11. Viparelli C.: Sul proporzionamento dei collettori a servizio di scarichi di superficie. L'Energia Elettrica **29**(6): 341–353 (1952).

20

Scaricatori a salto

Sommario Il capitolo è dedicato alla caratterizzazione idraulica del processo di efflusso che ha luogo negli *scaricatori a salto di fondo*, prevalentemente utilizzati in presenza di *correnti veloci*; il loro principio di funzionamento è stato formalizzato per la prima volta circa 50 anni fa. In particolare, per questo manufatto vengono illustrati i criteri di verifica e dimensionamento, sostanzialmente basati sui risultati di prove su modello fisico, eseguite per differenti configurazioni dello scaricatore. Le prove sperimentali hanno dimostrato che la luce di fondo è in grado di limitare la portata convogliata all'impianto di depurazione entro i limiti imposti dalla ATV, già precedentemente illustrati in altri capitoli. La procedura di dimensionamento consente di quantificare le grandezze fondamentali che caratterizzano il funzionamento del manufatto, quali, ad esempio, tiranti idrici, portata derivata e profilo della superficie idrica. Le prestazioni idrauliche sono tali da rendere gli scaricatori a salto particolarmente idonei come manufatti separatori di portate in presenza di correnti veloci.

20.1 Introduzione

Nelle reti di drenaggio urbano, gli scaricatori a salto possono essere considerati come una valida alternativa agli *sfioratori laterali* (capitolo 18), qualora il collettore fognario sia caratterizzato dalla presenza di corrente veloce in arrivo. Nei casi in cui la corrente in ingresso è dotata di elevata energia cinetica, è opportuno che il processo di derivazione della portata verso l'impianto di depurazione non avvenga opponendo ostacoli al deflusso della corrente principale, che possono innescare la formazione di un risalto idraulico; infatti, una tale discontinuità della corrente avrebbe effetti negativi sul funzionamento dello scaricatore, con riferimento sia agli aspetti quantitativi che a quelli qualitativi (ad es., sversamento di inquinanti nel corpo idrico ricettore).

Gli *scaricatori a salto di fondo* (inglese: "bottom opening" o "leaping weir") sono specificamente concepiti per funzionare in presenza di correnti veloci. Degni di citazione sono senz'altro gli studi presentati da Biggiero [3, 4], mentre Hager [8] ha successivamente effettuato un resoconto sugli studi disponibili in letteratura.

Si ricorda, brevemente, che in un sistema di drenaggio misto la definizione del rapporto di diluizione e, conseguentemente, della portata di soglia Q_K è un momento progettuale di fondamentale importanza. Il rapporto di diluizione rappresenta il

Gisonni C., Hager W.H.: Idraulica dei sistemi fognari. Dalla teoria alla pratica.
DOI 10.1007/978-88-470-1445-9_20, © Springer-Verlag Italia 2012

rapporto tra la massima portata Q_K deviata verso l'impianto di depurazione ed un valore di riferimento della portata, generalmente assunto pari alla portata media di tempo asciutto Q_{ta}. In altre parole, la portata di soglia Q_K rappresenta quel valore limite della portata al di sopra del quale si ritiene di poter scaricare nel corpo idrico ricettore le portate in eccesso, senza particolari impatti di natura ambientale. Quindi, convenzionalmente si assume che portate inferiori al valore soglia presentino concentrazioni di sostanze inquinanti tali da richiedere un trattamento prima del loro successivo smaltimento verso il recapito finale.

Detto ciò, il funzionamento degli scaricatori a salto di fondo può riassumersi nel modo seguente: in periodo di tempo asciutto e per portate inferiori o al più pari al valore di soglia, l'intera corrente in arrivo viene derivata mediante un'apertura realizzata sul fondo del collettore. Le dimensioni dell'apertura dipendono dalle caratteristiche idrauliche della corrente in corrispondenza della portata di progetto e della massima portata pluviale. Infatti, il dimensionamento della luce di fondo dovrà essere eseguito in modo tale da minimizzare le inevitabili escursioni della portata derivata in corrispondenza della massima portata pluviale, svolgendo quindi una funzione di limitazione, analoga a quella assicurata dai dispositivi limitatori impiegati per gli sfioratori laterali (capitolo 18).

Questo tipo di manufatto è molto simile a quello impiegato come opera di presa da corsi d'acqua alpini e denominato *briglia tirolese* (inglese: "tyrolean weir"), costituito da una luce a pianta quadrata realizzata sul fondo del corso d'acqua e protetta da una griglia per evitare la derivazione di ghiaie e corpi grossolani che possono intasare l'opera di derivazione [6, 10]. Solo recentemente sono stati condotti studi sperimentali sistematici [11] sul funzionamento idraulico degli scaricatori a salto, probabilmente a causa della complessità del fenomeno, governato da numerosi parametri di carattere idraulico, oltre che dalla geometria del manufatto. In futuro, poi, dovrà essere definito l'effetto del fenomeno di rigurgito sullo scaricatore a salto di fondo, visto che i risultati sperimentali prima citati si basano sull'ipotesi di efflusso libero attraverso la luce. Si tenga comunque presente che, in alcuni lavori, è stata già evidenziata l'influenza determinante che un eventuale effetto di sommergenza può avere sul funzionamento della luce di fondo; pertanto, a tal proposito, vale la raccomandazione generale espressa nel capitolo 19 per i canali di gronda, in virtù della quale è opportuno fissare idonei *franchi idrici* in sede progettuale.

20.2 Schema di calcolo

Taubmann [14] ha proposto una standardizzazione degli scaricatori a salto, in modo da definire i criteri per lo studio del funzionamento idraulico del manufatto. La Fig. 20.1 illustra lo schema di uno scaricatore a salto in cui è raffigurato il collettore in arrivo, sul cui fondo è presente un'apertura che devia le portata nere verso l'impianto di depurazione, mentre le portate meteoriche in eccesso vengono scaricate verso il corpo idrico ricettore, previo eventuale passaggio attraverso una bacino di calma e sedimentazione. La vena effluente dalla luce di fondo deve essere aerata, in modo da garantire l'esistenza di pressione atmosferica e scongiurare l'insorgenza di

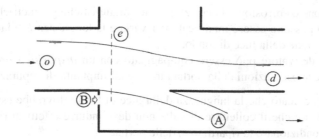

Fig. 20.1. Schema di scaricatore a salto: collettore in arrivo (*o*), corrente deviata verso il trattamento (A), sezione di sbocco (e) ed emissario delle acque pluviali (*d*); aerazione del getto (B)

pulsazioni della corrente idrica. Le indicazioni di Taubmann sono state poi riprese dalla Società Svizzera degli Ingegneri e Architetti nelle proprie norme [13], secondo le quali è possibile ipotizzare che la corrente in arrivo sia prossima al moto uniforme se risultano soddisfatte le seguenti condizioni:

- numero di Froude della corrente in arrivo non inferiore a $F_o = 1.5$;
- diametro costante D_o ed asse rettilineo del collettore in arrivo;
- assenza di disturbi o deviazioni della corrente per un tratto a monte di lunghezza almeno pari ad $10D_o$;
- pendenza di fondo S_o costante e pari ad almeno l'1%.

Lo scaricatore a salto concepito da Taubmann [14] presenta le seguenti caratteristiche (Fig. 20.2):

- il *collettore in arrivo* di diametro D_o si estende oltre la luce di fondo per evitare la formazione di onde di shock dovute alla riduzione di diametro;
- la *luce di fondo* ha forma rettangolare in pianta;
- il foro sul fondo del collettore presenta un profilo ellittico in corrispondenza della estremità di valle della luce. Tale profilo funge da *elemento di separazione* delle portate, ed è spesso realizzato mediante la posa in opera di un setto orizzontale, opportunamente sagomato e realizzato con materiale non soggetto a fenomeni

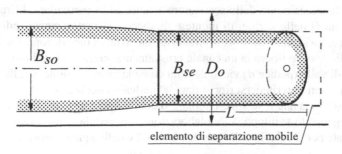

elemento di separazione mobile

Fig. 20.2. Pianta dello scaricatore a salto secondo Taubmann [14]

di abrasione o corrosione; la posizione e le caratteristiche geometriche di questo elemento possono essere modificate per variare la lunghezza L e la capacità di intercettazione della luce di fondo;

- il canale derivatore può essere equipaggiato con un *dispositivo limitatore* per contenere le oscillazioni della portata inviata all'impianto di depurazione.

Va inoltre specificato che la lunghezza della luce di fondo dovrebbe essere pari ad almeno 0.50 m e che il collettore di valle non deve indurre effetti di rigurgito che potrebbero condizionare la ripartizione delle portate.

Il dimensionamento idraulico del manufatto deve tenere conto di almeno due portate:

- *portata di soglia* Q_K al di sotto della quale tutte le portate devono essere intercettate e convogliate verso l'impianto di depurazione (da 'o' ad 'A' nella Fig. 20.1);
- *portata massima* Q_M convogliata dal collettore in arrivo, in corrispondenza della quale occorre valutare il valore della portata ΔQ_M effettivamente derivata ed inviata all'impianto di depurazione (paragrafo 20.5).

La portata di soglia condiziona le caratteristiche geometriche della luce sul fondo, ma bisogna comunque verificare che, in presenza di portate meteoriche consistenti, la portata inviata all'impianto di depurazione non ecceda un certo limite. La progettazione del manufatto viene impostata considerando tre sezioni fondamentali: la sezione di monte (pedice o), la sezione di sbocco (pedice e) in cui ha inizio l'apertura sul fondo e la sezione di valle (pedice d).

Partendo dalle indicazioni di Taubmann, Hager [9] ha sviluppato alcune relazioni utili alla definizione delle misure dell'apertura sul fondo, tenendo anche conto delle condizioni di separazione della corrente in corrispondenza della portata massima. Poiché tali criteri non erano mai stati verificati su installazioni sperimentali o prototipali, Oliveto et al. [11] hanno eseguito una campagna sperimentale sistematica al fine di procedere alla validazione della procedura di progetto.

20.3 Tirante idrico allo sbocco

La Fig. 20.3a presenta lo schema con la definizione dei principali parametri che governano il funzionamento dello scaricatore a salto, ed in particolare il tirante idrico h e la portata Q nelle sezioni di monte e di sbocco, rispettivamente indicate con i pedici o ed e. La sezione di sbocco, situata all'inizio della luce di fondo, è valutata in analogia allo sbocco libero in un canale bruscamente interrotto (capitolo 11); invece la sezione di valle (pedice d) viene definita come la prima sezione a valle della luce (Fig. 20.4) in cui può ritenersi ripristinata la gradualità del moto.

Nel caso di canale a sezione circolare o con sezione ad U di diametro D, al fine di alleggerire lo sviluppo delle elaborazioni, è possibile considerare le relazioni approssimate per il calcolo della sezione idrica A e della spinta idrostatica P:

$$A = (Dh^3)^{1/2}, \tag{20.1}$$

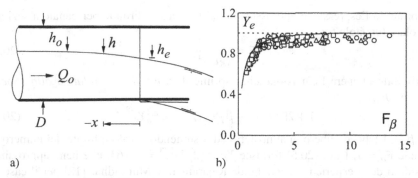

a)   b)

Fig. 20.3. Altezza relativa allo sbocco: a) schema; b) $Y_e(\mathsf{F}_\beta)$ per $\beta = (\circ)$ 40%, ($\triangle$) 60%, ($\square$) 80%, e (—) Eq. (20.6)

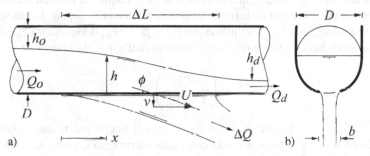

a)   b)

Fig. 20.4. Definizione dei parametri in uno scaricatore a salto: a) sezione longitudinale; (b) sezione trasversale

$$P/(\rho g) = \frac{1}{2}(Dh^5)^{1/2}, \qquad (20.2)$$

essendo ρ la densità del fluido e g la accelerazione di gravità; i valori forniti dalle Eq. (20.1) e (20.2) presentano scarti inferiori al 10% rispetto a quelli calcolati con le formule esatte.

Nel caso di sbocco libero nell'atmosfera, viene solitamente trascurata la pressione interna del getto; quando si è in presenza di una luce sagomata sul fondo di larghezza b, ovvero di larghezza relativa $\beta = b/D \leq 1$, è possibile assumere che $P_e/(\rho g) = [(D-b)h_e^5]^{1/2}$. Quest'ultima relazione, peraltro, preserva la validità delle ipotesi fatte in caso di sbocco libero ($\beta = 1$) o di assenza di luce sul fondo ($\beta = 0$).

Pertanto, nell'ipotesi di distribuzione delle pressioni di tipo idrostatico, e considerando unitario il coefficiente di ragguaglio delle quantità di moto, l'equazione globale dell'equilibrio dinamico, applicata tra la sezione di monte (pedice o) e quella di sbocco (pedice e), può essere scritta come segue:

$$\frac{1}{2}(\rho g)(Dh_o^5)^{1/2} + \frac{\rho Q^2}{(Dh_o^3)^{1/2}} = \frac{1}{2}(\rho g)\left[(D-b)h_e^5\right]^{1/2} + \frac{\rho Q^2}{(Dh_e^3)^{1/2}}. \qquad (20.3)$$

Ricordando l'espressione approssimata del numero di Froude per canale a sezione circolare (capitolo 6):

$$F = \frac{Q}{(gDh^4)^{1/2}},$$ (20.4)

è possibile ottenere l'equazione che esprime il *tirante idrico relativo allo sbocco* $Y_e = h_e/h_o$:

$$1 + 2F_o^2 = (1 - \beta)^{1/2} Y_e^{5/2} + 2F_o^2 Y_e^{-3/2}.$$ (20.5)

Per $\beta = 1$ (sbocco libero in atmosfera) ed assumendo il valore limite del numero di Froude $F_o = 1$, l'Eq. (20.5) fornisce $Y_e = (2/3)^{2/3} = 0.763$, che bene approssima i risultati delle esperienze condotte da Rajaratnam e Muralidhar [12] per il caso di sbocco libero (capitolo 11). Nel caso $\beta = 0$ (assenza di apertura), si ottiene la soluzione banale $Y_e = 1$, e quindi il profilo idrico non risente di alcun fenomeno di chiamata allo sbocco; dunque, una diminuzione di β comporta un incremento di Y_e.

La Fig. 20.3b mostra la variazione del tirante relativo $Y_e = h_e/h_o$ in funzione del *numero di Froude della luce*, definito come $F_\beta = \beta^{-1/2} F_o$; il legame tra Y_e e F_β può essere espresso dalla seguente relazione, ottenuta dall'Eq. (20.5) per $\beta \to 1$:

$$Y_e = \left(\frac{2F_\beta^2}{1 + 2F_\beta^2} \right)^{2/3}.$$ (20.6)

Si noti l'effetto non lineare di β su F_β, e quindi anche sul tirante relativo Y_e. L'Eq. (20.6) si trova in buon accordo con i dati sperimentali, anche se tende lievemente a sovrastimarli probabilmente a causa delle ipotesi poste a base del modello, oltre che alla precisione di lettura del tirante idrico h_o durante le prove.

Esempio 20.1. Si consideri un collettore fognario avente le seguenti caratteristiche $D = 0.90$ m, $S_o = 6\%$, $1/n = 85$ m$^{1/3}$s^{-1} e $Q = 1.2$ m^{3}s^{-1}. Si determini l'abbassamento del pelo libero per effetto della chiamata allo sbocco in presenza di una luce di fondo avente larghezza relativa $\beta = 60\%$.

Essendo $q_N = nQ/(S_o^{1/2} D^{8/3}) = 0.012 \cdot 1.2/(0.06^{1/2} 0.90^{8/3}) = 0.0763$, dall'Eq. (5.15a) si ottiene $y_N = 0.33$ e quindi $h_N = 0.30$ m. Il corrispondente valore del numero di Froude è pari a $F_N = 1.2/(9.81 \cdot 0.9 \cdot 0.3^4)^{1/2} = 4.5$. Per $\beta = 0.60$, il numero di Froude della luce risulta pari a $F_\beta = 0.6^{-1/2} 4.5 = 5.8$, per cui dall'Eq. (20.6) si ricava $Y_e = [2 \cdot 5.8^2/(1 + 2 \cdot 5.8^2)]^{2/3} = 0.99$. Pertanto, all'inizio della luce si verifica un abbassamento del tirante idrico, rispetto a quello di moto uniforme, pari all'1%, ovvero $h_e = 0.99 \cdot 0.30 = 0.297$ m.

20.4 Calcolo della portata derivata e della lunghezza della luce

La portata ΔQ derivata attraverso l'apertura disposta sul fondo dipende in modo abbastanza complesso dalle caratteristiche idrodinamiche della corrente in arrivo e dalla geometria della luce; peraltro, la supercriticità della corrente rende possibile la formazione di onde di shock che conferiscono un carattere tridimensionale al processo di moto. Un modo semplice per ricavare il valore della *portata derivata* ΔQ è quello di adoperare la classica relazione di efflusso, in cui viene considerato un *coefficiente di efflusso* C_{da} *medio* (pedice a). Pertanto è possibile considerare la ben nota relazione:

$$\Delta Q = C_{da}(2gh_o)^{1/2}b\Delta L, \tag{20.7}$$

in cui con C_{da} si intende il coefficiente di efflusso, funzione sia delle caratteristiche idrodinamiche della corrente che di quelle geometriche della luce; b è la larghezza della luce e ΔL è la lunghezza media del getto misurata in corrispondenza del fondo del collettore ed in asse al getto stesso. Se un'aliquota della portata in arrivo prosegue oltre la luce imboccando l'emissario, ovvero risulta $Q_d > 0$, allora risulta $\Delta L = L$. La sezione idrica della portata sfiorata è dunque pari a $b\Delta L$, mentre il valore della velocità di riferimento della corrente in arrivo perpendicolarmente all'apertura è pari a $(2gh_o)^{1/2}$.

Nel caso classico di luce a battente a spigolo vivo, con bassa velocità di arrivo ($F_o \to 0$), il coefficiente di efflusso può essere stimato in via teorica ed è pari a $\pi/(\pi + 2) = 0.611$. All'aumentare del numero di Froude F_o, si riscontra una riduzione del coefficiente di efflusso C_{da} dovuta all'accentuata curvatura delle linee di corrente ed alla riduzione del tirante lungo la luce di fondo. Inoltre, quando la luce assume dimensioni modeste, l'influenza esercitata dai bordi sulla contrazione della vena diventa significativa, comportando un abbattimento del valore della portata derivata. Gli effetti della curvatura e quelli di forma possono essere portati in conto considerando il grado di riempimento $y_o = h_o/D$, essendo h_o il tirante della corrente indisturbata a monte. Pertanto, poiché il valore del coefficiente di efflusso medio diminuisce all'aumentare di F_o, y_o e $D/\Delta L$, è possibile considerare come parametro di riferimento il raggruppamento $\Phi = y_o^{1/2}(D/\Delta L)F_o$. I risultati delle osservazioni sperimentali [11] sono ben rappresentati dalla seguente relazione, con una approssimazione pari a $\pm 5\%$:

$$C_{da} = 0.61 - 0.10\beta^{1/2}\Phi. \tag{20.8}$$

La portata derivata attraverso uno scaricatore a salto è allora pari a:

$$\Delta Q = 0.61(2gh_o)^{1/2}b\Delta L - 0.14\left(\frac{b^3}{Dh_o^2}\right)^{1/2}Q_o. \tag{20.9}$$

L'Eq. (20.9) è analoga alla classica formula relativa all'efflusso da una luce a battente ma, rispetto ad essa, è aggiunto un termine sottrattivo proporzionale alla portata in arrivo da monte.

Nel caso, invece, in cui si voglia determinare la *lunghezza* ΔL della luce di fondo necessaria affinché tutta la portata in arrivo sia convogliata all'impianto di trattamento, basta imporre nell'equazione precedente la condizione $\Delta Q = Q_K$. Secondo Taubmann [14], la *larghezza* della apertura sul fondo dovrebbe essere pari alla larghezza B_s del pelo libero della corrente in arrivo, e cioè $\beta = 2(y_o - y_o^2)^{1/2}$ come da relazione approssimata (capitolo 5). Poiché la portata Q_K da inviare alla depurazione è piccola rispetto alla massima portata in attivo da monte Q_M (a patto che la portata massima sia valutata per fenomeni di piena con periodo di ritorno T almeno pari a 10 anni), il grado di riempimento $y_o = h_o/D$ corrispondente a Q_K è generalmente inferiore al 30%. Per valori $0.10 < y_o < 0.35$, la lunghezza dell'apertura può essere semplicemente stimata mediante la relazione [11]:

$$\Delta L = h_o \mathsf{F}_o. \tag{20.10}$$

Dunque, la lunghezza necessaria della luce di fondo cresce linearmente sia con il tirante idrico h_o che con il numero di Froude F_o della corrente di monte.

Esempio 20.2. Si consideri lo scaricatore a salto dell'Esempio 20.1. Definire la geometria della luce di fondo, volendo inviare alla depurazione una portata pari a $Q_K = 0.2 \ \mathrm{m^3 s^{-1}}$.

Essendo $q_N = nQ/(S_o^{1/2} D^{8/3}) = 0.012 \cdot 0.2/(0.06^{1/2} 0.90^{8/3}) = 0.013$, per l'Eq. (5.15a) la portata in arrivo sarà caratterizzata da un grado di riempimento in moto uniforme pari a $y_o = 0.131$, e quindi da un tirante idrico $h_{oK} = 0.131 \cdot 0.9 = 0.118 \ \mathrm{m}$. Secondo l'Eq. (20.4), il numero di Froude della corrente è quindi pari a $\mathsf{F}_o = 0.2/(9.81 \cdot 0.9 \cdot 0.118^4)^{1/2} = 4.83$. Ipotizzando che la larghezza della luce sia pari alla larghezza del pelo libero della corrente in arrivo, il corrispondente valore della larghezza relativa del pelo libero può essere calcolato secondo l'equazione prima richiamata, per la quale si ottiene il valore $\beta = 2(0.131 - 0.131^2)^{1/2} = 0.67$, e quindi $b = 0.67 \cdot 0.9 = 0.60 \ \mathrm{m}$. La lunghezza dell'apertura sul fondo, secondo l'Eq. (20.10), dovrà essere quindi pari a $\Delta L = 0.118 \cdot 4.83 = 0.57 \ \mathrm{m}$; in definitiva la luce avrà pianta quadrata di dimensioni $0.60 \ \mathrm{m} \times 0.60 \ \mathrm{m}$.

20.5 Escursione della portata derivata

Analogamente a quanto visto per gli sfioratori laterali, l'efficienza di uno scaricatore a salto può essere definita come la capacità del dispositivo di limitare l'escursione della portata derivata oltre Q_K, quando nel collettore è in arrivo una portata pari a quella massima Q_M. Come parametro caratteristico è possibile considerare il rapporto tra la massima portata derivata ΔQ_M, in corrispondenza di una portata in arrivo pari a Q_M, e la portata di soglia Q_K; quanto minore risulterà il valore di tale rapporto tanto maggiore sarà l'*efficienza di separazione* con la quale avviene la partizione. In particolare, si ricorda che l'ATV [2] propone che la portata effettivamente derivata non superi il 120% della portata di soglia Q_K; deve quindi essere rispettata la condizione $M = \Delta Q_M/Q_K \leq 1.2$. In realtà, non sempre è facile rispettare una limitazione di questo tipo in quanto, ad esempio, la portata massima Q_M può facilmente essere di due ordini di grandezza superiore alla portata Q_K da inviare alla depurazione. Ad esempio, nel caso in cui $Q_K = 0.1 \ \mathrm{m^3 s^{-1}}$, allora la massima portata ΔQ_M da derivare verso l'impianto di depurazione non dovrebbe essere superiore a $0.12 \ \mathrm{m^3 s^{-1}}$, qualunque sia il valore di Q_M, che può anche essere pari ad alcuni metri cubi al secondo.

Supponendo che il collettore sia prismatico e sufficientemente lungo, è lecito ritenere che la corrente veloce in arrivo allo scaricatore sia in condizioni prossime a quelle di moto uniforme. Per un collettore a sezione circolare, il numero di Froude corrispondente alla portata massima Q_M, in condizioni di moto uniforme, può essere calcolato mediante la seguente relazione (capitolo 5):

$$F_M = \frac{Q_M}{(gDh_M^4)^{1/2}} = \left(\frac{3}{4}\right)^2 \frac{S_o^{1/2}D^{1/6}}{ng^{1/2}}, \qquad (20.11)$$

dalla quale si nota che F_M è indipendente dal valore della portata, ma è funzione essenzialmente della pendenza di fondo S_o e del coefficiente di scabrezza n. Se ne deduce, allora, che i valori del numero di Froude per le portate Q_K e Q_M sono identici, nei limiti di approssimazione delle ipotesi alla base dell'Eq. (20.11).

Ponendo nell'Eq. (20.9) $Q_o = Q_M$ e, corrispondentemente, $h_o = h_M$, si esprime il valore della massima portata derivata ΔQ_M. Quindi, la efficienza di separazione del manufatto $M = \Delta Q_M/Q_K$ può essere semplicemente espressa come funzione del rapporto $q = Q_M/Q_K$, secondo la seguente relazione [11]:

$$M = 2^{3/2}q^{1/4}[0.61 - 0.20\beta^{-1/2}q^{1/4}], \qquad (20.12)$$

in cui $\beta = b/D$. La funzione $M(q)$ ha il punto di massimo $M_M = 1.32\beta^{1/2}$ per $q = 5.4\beta^2$; ad esempio, per $\beta = 0.6$ risulta $M_M(\beta = 0.6) = 1.02$, e la funzione assume valori addirittura inferiori a $M = 1$ per $q > 2$. Se ne deduce, allora, che la efficienza del manufatto è sempre inferiore a 1.02 per $\beta = 0.6$, valore che può essere considerato un limite inferiore per il parametro β nelle reali applicazioni. Per $\beta = 0.5$ risulta addirittura $M_M(\beta = 0.5) = 0.93$.

In corrispondenza del valore più elevato di $\beta = 0.80$, il punto di massimo della funzione $M(q)$ è $M_M = 1.18$ per $q = 3.5$. Si può quindi ritenere che per i valori di β normalmente utilizzati, variabili tra 0.50 e 0.80, la condizione $M \leq 1.2$ è *sempre* soddisfatta, garantendo un'eccellente prestazione del manufatto in termini di separazione delle portate. Ovviamente, i suddetti risultati sono da ritenersi validi nel caso in cui siano rispettate le ipotesi di base e cioè:

• corrente in arrivo veloce, senza disturbi e con condizioni prossime al moto uniforme;
• corrente derivata con vena completamente aerata;
• assenza di fenomeni di rigurgito da valle sulla corrente derivata.

Esempio 20.3. Si determini la efficienza del manufatto per le condizioni riportate negli Esempi 20.1 e 20.2:

• *portata di soglia*: $Q_K = 0.2$ m^{3}s^{-1}, $F_K = 4.83$, $\Delta L = 0.57$ m, $b = 0.60$ m;
• *massima portata*: $Q_M = 1.2$ m^{3}s^{-1}, $F_M = 4.50$, $h_M = 0.30$ m.

Essendo, secondo l'Eq. (20.9), $\Delta Q_M = [0.61(19.62 \cdot 0.3)^{1/2}0.6 \cdot 0.57 - 0.14(0.6^3/0.9 \cdot 0.3^2)^{1.2}]1.2 = 0.51 - 0.28 = 0.23$ m^{3}s^{-1}, si ricava una efficienza del manufatto $M = \Delta Q_M/Q_K = 0.23/0.2 = 1.15 < 1.2$. Inoltre, dall'Eq. (20.12), si può stimare $M = 2.82 \cdot 6^{1/4}[0.61 - 0.2 \cdot 0.67^{-1/2}6^{1/4}] = 1.01$, per $q = 1.2/0.2 = 6$, ottenendo un valore di M leggermente inferiore a quello ottenuto dall'Eq. (20.9), per effetto delle semplificazioni assunte dagli autori all'atto della deduzione dell'Eq. (20.12).

20.6 Corrente a valle dello scaricatore

In maniera analoga a quanto fatto per il calcolo del tirante h_e nella sezione iniziale della luce di fondo, il bilancio delle quantità di moto totali consente di ricavare anche il valore del tirante h_d nella sezione a valle della luce, e quindi il rapporto $Y_d = h_d/h_o$.

Indicando con $U \cos \phi$ la componente lungo la direzione del moto della velocità media di portata della corrente che imbocca il derivatore, con riferimento alle sezioni o e d delle Fig. 20.1 e 20.4, l'applicazione dell'equazione globale di equilibrio dinamico consente di scrivere:

$$\frac{1}{2}(\rho g)(Dh_o^5)^{1/2} + \frac{\rho Q_o^2}{(Dh_o^3)^{1/2}} = \rho U \cos \phi \Delta Q + \frac{1}{2}(\rho g)(Dh_d^5)^{1/2} + \frac{\rho Q_d^2}{(Dh_d^3)^{1/2}}, \quad (20.13)$$

valida, ovviamente, nelle ipotesi di corrente gradualmente varia e distribuzione uniforme delle velocità.

Definendo il rapporto $R = Q_d/Q_o < 1$ l'Eq. (20.13) diventa:

$$1 + 2F_o^2 = \frac{2U \cos \phi \Delta Q}{g(Dh_o^5)^{1/2}} + Y_d^{5/2} + 2R^2 F_o^2 Y_d^{-3/2}. \quad (20.14)$$

La *componente dell'efflusso laterale* può essere valutata con l'equazione di Bernoulli, che fornisce la relazione: $2U \cos \phi \Delta Q/[g(Dh_o^5)^{1/2}] = 2(1-R)F_o^2$ [11]; inserendo quest'ultima nell'Eq. (20.14) si ottiene:

$$F_o^2 = \frac{Y_d^{3/2}(1 - Y_d^{5/2})}{2R(R - Y_d^{3/2})}. \quad (20.15)$$

L'Eq. (20.15) può essere approssimata dalla seguente:

$$Y_d R^{-2/3} = \left[1 + \frac{1}{3RF_o^2}\right]^{-2/3}. \quad (20.16)$$

La Fig. 20.5a mostra la funzione $Y_q(F_q)$ in cui $Y_q = R^{-2/3}Y_d$ e $F_q = R^{1/2}F_o$, coerentemente con quanto indicato dall'Eq. (20.16); si può osservare l'eccellente accordo con i dati sperimentali. Si noti che il rapporto Y_d risulta, ovviamente, sempre inferiore all'unità e cresce all'aumentare di F_o ed R.

Esempio 20.4. Si determini il tirante idrico a valle della luce per l'Esempio 20.3. Essendo $R = Q_d/Q_o = (Q_o - \Delta Q)/Q_o = (1.2 - 0.23)/1.2 = 0.81$, e $F_o = 4.5$, dall'Eq. (20.16) si ottiene $Y_d = 0.81^{2/3}[1 + 1/(3 \cdot 0.81 \cdot 4.5^2)]^{-2/3} = 0.86$, e quindi $h_d = 0.86 \cdot 0.30 = 0.26$ m, cui corrisponde un valore del numero di Froude pari a $F_d = Q_d/(gDh_d^4)^{1/2} = 0.97/(9.81 \cdot 0.90 \cdot 0.26^4)^{1/2} = 4.83$.

Per evitare fenomeni di rigurgito da valle, si determina l'altezza coniugata. Utilizzando le Eq. (7.29) e (7.30), nelle quali si pone $y_1 = h_d/D = 0.26/0.90 = 0.29$, si ottiene il valore della portata di riferimento $q_o = (3/4)0.29^{0.75}[1 + (4/9)0.29^2] = 0.31$ e della portata derivata adimensionale $q_D = Q/(gD^5)^{1/2} = 0.97/(9.81 \cdot 0.9^5)^{1/2} = 0.40$. Pertanto, ne consegue che $(y_2 - y_1)/(1 - y_1) = [(0.40 - 0.29^2)/(0.31 -$

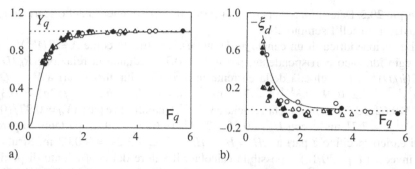

Fig. 20.5. a) Parametro Y_q in funzione di F_q secondo l'Eq. (20.16) (——); b) coefficiente di perdita $\xi_d(F_q)$ e confronto con l'(——) Eq. (20.18)

$0.29^2)]^{0.95} = 1.375$, da cui $y_2 = 0.29 + (1 - 0.29)1.375 = 1.27$. Poiché risulta $y_2 > 1$, non sussiste la condizione di deflusso a superficie libera ($y_2 < 1$) e quindi c'è pericolo che si inneschino fenomeni di rigurgito che possano condizionare il funzionamento della luce.

Essendo noto il tirante h_d della corrente che prosegue nell'emissario, l'applicazione del teorema di Bernoulli generalizzato consente di quantificare la *dissipazione di energia* causata dalla separazione delle correnti in corrispondenza della luce di fondo. Ipotizzando che le resistenze al moto indotte dalle pareti del canale siano compensate dalla pendenza del fondo, ed esprimendo la perdita di energia come $\Delta H = \xi_d[V_o^2/(2g)]$, il teorema di Bernoulli generalizzato si scrive:

$$H_o = h_o + \frac{V_o^2}{2g} = h_d + \frac{V_d^2}{2g} + \xi_d \frac{V_o^2}{2g}. \tag{20.17}$$

Sostituendo h_d dall'Eq. (20.16), ξ_d può essere espresso in funzione del rapporto tra le portate $R = Q_d/Q_o$ e del numero di Froude F_o della corrente in arrivo. Si propone, di seguito, una relazione semplificata che fornisce con buona approssimazione i valori del *coefficiente di perdita* ξ_d:

$$\xi_d = -\frac{1}{3F_q^2} = -\frac{1}{3RF_o^2}. \tag{20.18}$$

Da notare che, per $F_q > 2$, è possibile trascurare la perdita di energia sulla luce poiché $\xi_d \to 0$ (Fig. 20.5b). Per $F_q < 2$ tale effetto è comunque piccolo in quanto la perdita di carico, indipendentemente da F_o, vale $\Delta H/h_o = \xi_d[Q_o^2/(2gDh_o^4)] = -1/(6R)$ e quindi, per gli usuali valori che assume il rapporto R, risulta trascurabile. Le perdite di carico dovute alla derivazione di portata sono dunque trascurabili ed è quindi possibile avvalersi dell'ipotesi di *energia specifica costante* lungo la apertura sul fondo. Tale ipotesi, introdotta per la prima volta da De Marchi nel 1934 e da Chow [7] per lo studio delle correnti a portata variabile, rappresenta certamente un potente modello di studio ai fini ingegneristici.

Esempio 20.5. Determinare la perdita di carico in corrispondenza dello scaricatore a salto descritto nell'Esempio 20.4.

La sezione idrica di un canale ad U può essere stimata come $A \cong (Dh^3)^{1/2}$ ed il raggio idraulico corrispondente, per $h/D < 0.7$, mediante la relazione $R_h/D = 0.42(h/D)^{0.75}$. La velocità della corrente in arrivo risulta allora pari a $V_o = Q_o/(Dh_o^3)^{1/2} = 1.2/(0.9 \cdot 0.3^3)^{1/2} = 7.7$ ms^{-1}, da cui $H_o = h_o + V_o^2/(2g) = 0.3 + 7.7^2/19.62 = 3.32$ m. Inoltre, la velocità a valle del manufatto è pari a $V_d = 0.97/(0.9 \cdot 0.26^3)^{1/2} = 7.71$ ms^{-1} con $H_d = 0.26 + 7.71^2/19.62 = 3.29$ m; pertanto la perdita di carico specifico è pari a $\Delta H = H_o - H_d = 3.32 - 3.29 = +0.03$ m. Sfruttando, invece, l'Eq. (20.18) è possibile calcolare il valore del coefficiente di perdita $\xi_d = -1/(3 \cdot 0.82 \cdot 4.5^2) = -0.02$, per cui risulterebbe $\Delta H = -0.02 \cdot 7.7^2/19.62 = -0.06$ m. Dunque, in questo caso l'applicazione della relazione semplificata sovrastima leggermente la perdita di energia sulla luce.

Il valore medio (pedice a) della cadente energetica può essere stimato secondo la relazione di Manning e Strickler: $S_{fa} = n^2 V_a^2/R_{ha}^{4/3}$. Assumendo $V_a = (1/2)(V_o + V_d) = 7.71$ ms^{-1} e $R_{ha} = (1/2)(R_{ho} + R_{hd}) = 0.5(0.166 + 0.149) = 0.158$ m, si ottiene quindi $S_{fa} = (0.012 \cdot 7.71)^2/0.158^{4/3} = 0.101$. La perdita di energia lungo la luce di fondo è quindi pari a $\Delta H_f = 0.101 \cdot 0.6 = 0.061$ m, mentre l'incremento di energia dovuto alla pendenza di fondo è pari a $S_o \Delta L = 0.06 \cdot 0.6 = 0.036$ m. La variazione di energia è pertanto pari a $\Delta H = 0.036 - 0.061 - 0.02 = -0.045$ m, e risulta, quindi, quasi trascurabile a confronto dell'elevata altezza cinetica della corrente in arrivo pari a circa 3 m. Pertanto, appare più che lecita la assunzione di carico totale costante lungo il manufatto.

20.7 Profilo del pelo libero

La trattazione finora proposta si fonda sull'assunzione che la corrente in arrivo allo scaricatore sia di tipo veloce, e tale permanga per l'intera lunghezza della luce; bisogna, quindi, verificare che non si formi un eventuale risalto idraulico lungo la luce di fondo. Diventa, pertanto, fondamentale valutare l'andamento del profilo idrico in presenza dello scaricatore a salto. Tale studio è reso difficoltoso dall'accentuata curvatura delle linee di corrente in prossimità della luce, che fa decadere l'ipotesi di distribuzione idrostatica delle pressioni; non è, quindi, possibile ricorrere a strumenti semplici di analisi quale ad esempio il teorema di Bernoulli esteso ad una corrente di sezione finita. Per portare in conto gli effetti indotti dalla curvatura delle linee di corrente, si renderebbe necessario il ricorso alle *equazioni di Boussinesq* (capitolo 1), la cui risoluzione richiede, però, il ricorso ad elaborate tecniche di integrazione numerica, con il risultato di una procedura poco utile dal punto di vista applicativo.

Per la valutazione del profilo della vena liquida, si farà, quindi, riferimento ad un approccio semi-empirico supportato dai dati raccolti nel corso dell'esecuzione di numerose prove sperimentali. In precedenza, è stato già fatto cenno all'analogia tra l'efflusso da una luce di larghezza b sul fondo di un canale e lo sbocco libero dalla sezione terminale di un canale, per il quale si è visto (capitolo 11) che i profili della vena

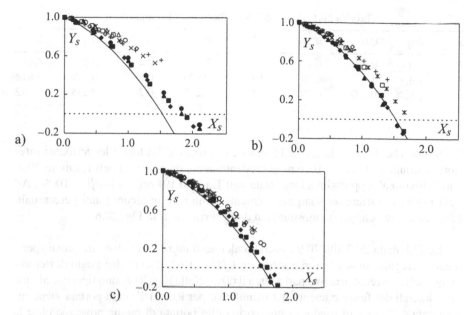

Fig. 20.6. Profilo della vena in asse $Y_s(X_s)$ per $Q_d = 0$ (simboli pieni) e $Q_d > 0$ (simboli vuoti) per $\beta = $ a) 0.40; b) 0.60; c) 0.80; (—) $\beta = 1.0$

superiore ed inferiore possono essere espressi in funzione della progressiva normalizzata $X_s = (x/h_o)F_o^{-0.8}$. Il funzionamento dello sbocco libero è, dunque, assimilabile a quello di uno scaricatore a salto con luce di larghezza $b = D$ (ovvero $\beta = 1$). La Fig. 20.6 riporta i dati sperimentali della traiettoria superiore del getto $Y_s = h/h_e$ in funzione di X_s per diversi valori di $\beta = b/D$ [11]. I dati corrispondenti a $\beta = 60\%$ e 80% sono molto prossimi alla traiettoria dello sbocco libero, mentre quelli relativi a $\beta = 40\%$ sono certamente superiori ad essa. D'altronde, valori di $\beta < 50\%$ sono di scarso interesse pratico, in quanto corrispondono a valori molto bassi del grado di riempimento (inferiori al 7%) e sono da evitare al fine di scongiurare possibili ostruzioni della luce. Per $\beta \geq 0.50$ i dati sperimentali sono ben riprodotti dalla seguente equazione:

$$Y_s = 1 - \gamma X_s^{1.5}, \tag{20.19}$$

in cui va posto $\gamma = 0.54$, qualora la portata in arrivo sia totalmente intercettata ($Q_d = 0$), e $\gamma = 0.40$ con portata parzialmente derivata ($Q_d > 0$). Nella Fig. 20.6 è inoltre indicata, quale termine di confronto, la curva corrispondente alla condizione di sbocco libero (capitolo 11), ovvero $\beta = 1$ e $Q_d = 0$.

Esempio 20.6. Determinare il profilo di pelo libero per lo scaricatore a salto descritto nell'Esempio 20.1.

Sono noti $F_o = 4.50$, $h_o = 0.30$ m e $h_e = 0.297$ m, e l'equazione del profilo è data dalla relazione $Y_s = 1 - 0.4X_s^{1.5}$. La Tabella 20.1 presenta i valori delle coordinate della vena superiore del getto.

Tabella 20.1. Profilo del pelo libero per l'Esempio 20.6

x	$[m]$	0.0	0.1	0.2	0.3	0.4	0.5	0.6
X_s	$[-]$	0	0.1	0.2	0.3	0.4	0.5	0.6
Y_s	$[-]$	1	0.987	0.964	0.934	0.899	0.859	0.814
h	$[m]$	0.297	0.293	0.286	0.277	0.267	0.255	0.242

Si noti che il tirante idrico nella sezione terminale della luce è leggermente inferiore al tirante idrico $h_d = 0.26$ m, precedentemente determinato nell'Esempio 20.4. Ciò è dovuto all'approssimazione insita nell'Eq. (20.19) per il caso $\beta = 100\%$. Ad ogni modo, le differenze sono normalmente contenute in alcuni punti percentuali, coerentemente con quanto mostrato dai dati sperimentali in Fig. 20.6.

Le Fig. dalla 20.7 alla 20.9 mostrano alcune fotografie relative alle prove sperimentali eseguite su scaricatori a salto con $L/D = 1.67$, $\beta = 60\%$ e grado di riempimento della corrente in arrivo pari a circa il 60%. Nella Fig. 20.7 sono riportate alcune viste laterali del funzionamento del manufatto; per $F_o = 1$ l'intera portata viene intercettata dalla luce di fondo, mentre parte della portata di monte prosegue oltre la luce per $F_o = 2$ e 3. Si noti come l'angolo formato dalla vena rispetto all'orizzontale diminuisca all'aumentare del tirante idrico in ingresso. Inoltre, lo spazio tra il canale

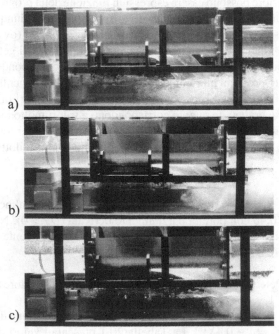

a)

b)

c)

Fig. 20.7. Vista laterale del funzionamento dello scaricatore per $F_o =$ a) 1; b) 2; c) 3

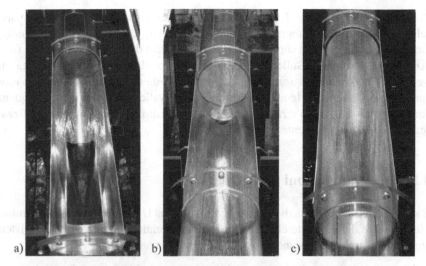

Fig. 20.8. Vista dall'alto del funzionamento dello scaricatore per F_o = a) 1; b) 2; c) 3

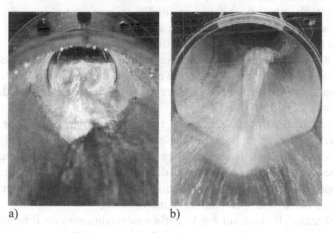

Fig. 20.9. Formazione dell'onda di shock assiale nella sezione terminale dello scaricatore a salto: vista a) da monte; b) da valle

emissario e la luce sul fondo è sufficientemente ampio da scongiurare fenomeni di rigurgito sulla vena effluente.

La Fig. 20.8 mostra, invece, la vista dall'alto delle medesime condizioni sperimentali. Per $F_o = 2$ la contrazione della corrente lungo la apertura sul fondo genera un'onda di shock (Fig. 20.8b). Per $F_o = 1$ (Fig. 20.8a) l'intera portata in arrivo è intercettata, e quindi non si formano onde di shock. Infine, per $F_o = 3$ (Fig. 20.8c) la contrazione della corrente è poco visibile a causa del notevole contenuto cinetico della corrente.

La Fig. 20.9 si riferisce alla prova effettuata con $F_o = 3$ e mostra i dettagli della corrente idrica al termine della luce di fondo, in corrispondenza della quale si forma un'*onda di shock centrale*. La sua altezza massima ha ordine di grandezza pari a quella del tirante idrico di monte. Il disturbo si propaga, poi, verso valle generando la tipica configurazione della superficie idrica in presenza di correnti veloci, con fronti di shock che si riflettono sulle pareti. Per questo tipo di manufatto non è stata mai osservata la condizione di *sommergenza*, per cui è da escludere l'innesco di moto in pressione in assenza di fenomeni di rigurgito da valle. Ad ogni modo, per quanto finora illustrato, va evitato il ricorso a scaricatori a salto con luce di fondo realizzata in canali a pianta convergente.

20.8 Raccomandazioni progettuali

Gli scaricatori a salto in canali a sezione circolare o ad U rappresentano un manufatto di separazione delle portate che ben si presta alle pratiche applicazioni nei sistemi fognari misti, a patto che siano rispettate le seguenti *condizioni*:

- la corrente in arrivo deve essere stabilmente supercritica, con valore del numero di Froude non inferiore a 1.50;
- la corrente da monte deve essere in condizioni prossime al moto uniforme, per cui si raccomanda che il collettore in arrivo sia rettilineo e privo di singolarità per una lunghezza pari ad almeno 30 diametri;
- la luce di fondo deve essere praticata lungo un tronco prismatico di raccordo ad U che collega il collettore di monte con l'emissario di valle; il raccordo deve essere realizzato in modo tale da non arrecare disturbo alla corrente, così da evitare la formazione di onde di shock;
- l'apertura sul fondo deve presentare forma rettangolare, con lunghezza ΔL e larghezza b e con un rapporto di larghezza $\beta = b/D$ non inferiore al 50%;
- la larghezza della luce b deve risultare uguale alla larghezza in superficie della corrente idrica per la massima portata da inviare al trattamento. Inoltre l'apertura sul fondo andrebbe realizzata con l'ausilio di lamine in materiale metallico per agevolare successive operazioni di manutenzione;
- la lunghezza della luce sul fondo varia essenzialmente con il tirante idrico in ingresso h_o ed il corrispondente valore del numero di Froude;
- le aperture praticate sul fondo dei collettori fognari andrebbero realizzate solo in presenza di scarsa possibilità che si verifichino ostruzioni. In ogni caso, è importante che vengano periodicamente effettuate ispezioni e manutenzione del manufatto;
- il canale emissario e lo stesso manufatto di sbocco non devono rigurgitare la luce sul fondo;
- l'efflusso generato dalla apertura sul fondo deve risultare sufficientemente aerato affinché sia garantito uno sbocco idrico completamente libero;
- l'accesso al manufatto deve avere dimensioni tali da garantire la possibilità di effettuare attività di ispezione.

Se le predette condizioni risultano soddisfatte, la luce sul fondo si rivela un manufatto di separazione semplice ed efficace perché caratterizzato da un elevato rendimento dal punto di vista idraulico. Essa può essere considerata come un manufatto analogo agli sfioratori laterali, a patto che la corrente in ingresso sia veloce.

Simboli

A	[m^2]	sezione idrica
b	[m]	larghezza della luce di fondo
B_s	[m]	larghezza del pelo libero
C_{da}	[-]	coefficiente medio di efflusso
D	[m]	diametro del collettore
F	[-]	numero di Froude
F$_\beta$	[-]	$= \beta^{-1/2}$F$_o$ numero di froude della luce
F$_q$	[-]	$= R^{1/2}$F$_o$
g	[ms^{-2}]	accelerazione di gravità
h	[m]	tirante idrico
h_e	[m]	tirante allo sbocco
H	[m]	energia specifica
L	[m]	lunghezza della luce
M	[-]	efficienza di separazione
$1/n$	[m$^{1/3}$s^{-1}]	coefficiente di scabrezza
P	[N]	spinta idrostatica
q	[-]	$= Q_M/Q_K$
q_D	[m^{3}s^{-1}]	$= Q/(gD^5)^{1/2}$ portata normalizzata
q_N	[-]	portata relativa di moto uniforme
q_o	[m^{3}s^{-1}]	portata ausiliaria (cfr. capitolo 7)
Q	[m^{3}s^{-1}]	portata
Q_K	[m^{3}s^{-1}]	portata di soglia
Q_{ta}	[m^{3}s^{-1}]	portata media di tempo asciutto
R	[-]	$= Q_d/Q_o$
R_h	[m]	raggio idraulico
Sf	[-]	cadente energetica
S_o	[-]	pendenza di fondo
U	[ms^{-1}]	velocità di efflusso laterale
V	[ms^{-1}]	velocità media di portata
x	[m]	ascissa
X_s	[-]	$= (x/h_o)$F$_o^{-0.8}$ ascissa normalizzata
y	[-]	$= h/D$ grado di riempimento
Y	[-]	tirante idrico relativo
Y_q	[-]	$= R^{-2/3}Y_d$
Y_d	[-]	$= h_d/h_o$
Y_s	[-]	$= h/h_e$ traiettoria superiore del getto
ΔH_s	[m]	perdita di carico addizionale
ΔL	[m]	lunghezza media del getto
ΔQ	[m^{3}s^{-1}]	portata derivata
β	[-]	$= b/D$ larghezza relativa
γ	[-]	parametro del profilo

Φ [-] $= y_o^{1/2}(D/\Delta L)\mathsf{F}_o$
ρ [kgm^3]   densità
ϕ [-]   angolo di efflusso
ξ_d [-]   coefficiente di perdita

Pedici

a medio
d valle
e sezione di sbocco
M massimo
N moto uniforme
o in arrivo
s superficiale
ta tempo asciutto

Bibliografia

1. ATV: Bauwerke der Ortsentwässerung [Manufatti nei sistemi di drenaggio]. Arbeitsblatt A241. Abwassertechnische Vereinigung, St. Augustin (1978).
2. ATV: Richtlinien für die hydraulische Dimensionierung und den Leistungsnachweis von Regenwasser-Entlastungsanlagen in Abwasserkanälen und -leitungen [Linee guida per la progettazione e la verifica idraulica dei manufatti di sbocco nelle fognature]. Arbeitsblatt A111. Abwassertechnische Vereinigung, St. Augustin (1994).
3. Biggiero V.: Scaricatori a salto per reti di fogne. Ingegneria Sanitaria, n. 4. Istituti Idraulici dell'Università di Napoli, Pubblicazione n. 155 (1961).
4. Biggiero V.: Scaricatori di fogna con luce sul fondo in alvei cilindrici o a valle di salti. Istituti Idraulici dell'Università di Napoli, Pubblicazione n. 198 (1964).
5. Biggiero V.: Scaricatori di piena per fognature. Ingegneri **10**(11/12): 1–36 (1969).
6. Brunella S., Hager W.H., Minor H.-E.: Hydraulics of bottom rack intakes. Journal of Hydraulic Engineering **129**(1): 2–10 (2002).
7. Chow V.T.: Open channel hydraulics. McGraw-Hill, New York (1959).
8. Hager W.H.: Bodenöffnungen in Entlastungsanlagen von Kanalisationen [Luci di fondo utilizzate come opere di scarico nelle fognature]. Gas – Wasser – Abwasser **65**(1): 15–23 (1985).
9. Hager W.H.: Vereinfachte Berechnung von Springüberfällen [Calcolo semplificato dei derivatori a salto]. Gas – Wasser – Abwasser **72**(7): 469–475 (1992).
10. Hager W.H., Minor H.-E.: Hydraulic design of bottom rack intakes. 30 IAHR Congress Thessaloniki **D**: 495–502 (2003).
11. Oliveto G., Biggiero V., Hager W.H.: Bottom outlet for sewers. Journal of Irrigation and Drainage Engineering **123**(4): 246–252 (1997).
12. Rajaratnam N., Muralidhar D.: Unconfined free overfall. Journal of Irrigation and Power **21**(1): 73–89 (1964).
13. SIA: Sonderbauwerke der Kanalisationstechnik [Strutture speciali nelle opere fognarie]. SIA-Dokumentation 40. Schweizerischer Ingenieur- und Architektenverein, Zürich (1980).
14. Taubmann K.-C.: Regenüberläufe [Scaricatori di piena nei sistemi fognari misti]. Gas-Wasser-Abwasser **52**(10): 297–308 (1972).

Indice analitico

Unitext – Collana di Ingegneria

Editor in Springer:
F. Bonadei
francesca.bonadei@springer.com

G. Riccardi, D. Durante
Elementi di fluidodinamica. Un'introduzione per l'Ingegneria
2006, XIV+394 pp, ISBN 978-88-470-0483-2

F. Babiloni, V. Meroni, R. Soranzo
Neuroeconomia, neuromarketing e processi decisionali nell'uomo
2007, X+164 pp, ISBN 978-88-470-0715-4

D. Milanato
Demand Planning. Processi, metodologie e modelli matematici
per la gestione della domanda commerciale
2008, XIV+600 pp, ISBN 978-88-470-0821-2

S. Beretta
Affidabilità delle costruzioni meccaniche. Strumenti e metodi
per l'affidabilità di un progetto
2009, X+276 pp, ISBN 978-88-470-1078-9

M.G. Tanda, S. Longo
Esercizi di Idraulica e di Meccanica dei Fluidi
2009, VI+386 pp, ISBN 978-88-470-1347-6

A. Giua, C. Seatzu
Analisi dei sistemi dinamici
2009, XVI+566 pp, ISBN 978-88-470-1483-1

P.C. Cacciabue
Sicurezza del Trasporto Aereo
2010, X+274 pp, ISBN 978-88-470-1453-4

D. Capecchi, G. Ruta
La scienza delle costruzioni in Italia nell'Ottocento.
Un'analisi storica dei fondamenti della scienza delle costruzioni
2011, XII+358 pp, ISBN 978-88-470-1713-9

S. Longo
Analisi Dimensionale e Modellistica Fisica.
Principi e applicazioni alle scienze ingegneristiche
2011, XII+370 pp, ISBN 978-88-470-1871-6

R. Pinto, M.T. Vespucci
Modelli decisionali per la produzione, la logistica e i servizi energetici
2011, XIV+149 pp, ISBN 978-88-470-1790-0

A. Di Molfetta, R. Sethi
Ingegneria degli acquiferi
2012, XIV+416 pp, ISBN 978-88-470-1850-1

C. Gisonni, W.H. Hager
Idraulica dei sistemi fognari. Dalla teoria alla pratica
2012, XX+682 pp, ISBN 978-88-470-1444-2

La versione online dei libri pubblicati nella serie è disponibile
su SpringerLink. Per ulteriori informazioni, visitare il sito:
http://www.springer.com/series/7281